台灣自然資源開拓史系列(一)
阿里山‧玉山區 ②

阿里山

永遠的檜木霧林原鄉

陳玉峯‧陳月霞　著

前衛出版 AVANGUARD　2005年1月

謹以本書題獻給

清祥先生
陳玉妹女士賢伉儷

暨全體阿里山人

題獻於 2005 年陳清祥先生 80 歲生日
暨 61 年超鑽石婚誌念

【誌謝】

本書研撰乃行政院農委會林務局委託研究
計畫系列 92-00-6-01《阿里山地區自然、
人文與產業變遷史》之報告，於此誌謝！

（註，新增資料大約 10 萬字，表格則刪除大部分）

【誌謝】
本書美編設計等出書規劃經費贊助：
陳色絹　女士
陳月靜　女士
陳月琴　女士
陳昆茂　先生
陳惠芳　女士
陳昆輝　先生
而洪惠音小姐協助處理資料，
於此一併致謝！

出版弁言

渾沌初開以降，宇宙間有恆動律、有恆定律，所有物質恆處恆動中的恆定，有生、無生界皆然。有生界尤其將恆動律演繹得出神入化，以致於人類於智能、知識或文字史變遷過程中，僅止於少數天才渴欲瞭解恆動中的恆定，愛因斯坦名言：「我想知道上帝的想法，其餘的都是細節」，然而，愛氏曾經堅信「上帝不玩骰子」，奈何最後仍然得接受人智無能處，物理學如此，生命史更是大玩、特玩丟骰子的遊戲，生命絕對是恆動律下集荒謬之大成。

2004年底台灣掀起歷史解釋權的紛爭，存在超過百萬年的檜木沒有說話，出水超過250萬年的台灣土地從來沈默，然而，人事紛擾只需稍稍放下片刻，放下人執，而改以土地時空為座標，一切口水泡沫立即沈澱而海闊天空。奈何人種恆處歷史解釋權的貪、瞋、痴，地藏王永遠成不了佛，「往生淨土」是句永恆的玩笑。

筆者在弱冠之年前後，著迷於文史，讀到伏爾泰及其情人之痛斥歐洲史（見陳玉峯、陳月霞，2002），乃興鑽研歷史哲學之趣，很想得知歷史律。直到硬啃

1970～1980年代所謂「中國當代十大哲人」熊十力、牟宗三、唐君毅等等著作，驚覺治理佛學自詡無人能及的歐陽竟無一句話：「吾數十年來黃泉道上，獨來獨往」，領悟中國文史威權、權威的「惡之華」，遂發願改由眾生相有生界、無生界切入（即現今所謂生態學），擺脫人本霸道或人本中心，嘗試從自然史去感知「上帝的想法」。

一輩子迄今，心智活動的主力擺放在三大面向或階段。第一面向，台灣自然史，也就是探索台灣島的前世與今生，拼湊演化大主軸，撰述《台灣植被誌》，其宗旨之一乃欲明白台灣有生界現存者及亡魂，登錄曾經以迄現今所有綠色生靈的族譜或戶籍之總整理，此乃筆者自許「欠台灣土地的天債」，這代台灣人必須償還者；第二面向，意欲撰述台灣自然資源開拓史，因為筆者相信自然資源之開拓，必然轉化為該地人種文化的特質或特徵，但台灣文化出奇地脫軌演出，改由斷代、外來橫向移植的怪現象替代之；第三面向，透過上述兩大面向的瞭解，擬探討人地關係、土地倫理，提出台灣文化結構、台灣哲學的若

干見解。而本書即第二面向自然資源開拓史的重點內涵之一，前此，2002年10月出版的《火龍119》，則僅僅處理1976年阿里山大火事件的一丁點「史料」；另一方面，猶記1981年8月14日，筆者首度勘調阿里山，由森林小火車廂跨上阿里山土地的第一步感受，真箇冰清玉潔、山林聖地。1982年前後，筆者萌生要為阿里山作傳的念頭，而如今開始還願，且希望執筆之際擺脫若干固見。

關於本書，摘要說明如下。

1899年2月發現大檜林，1912年12月正式運出木材的阿里山區，係台灣現代林業史的發端。百餘年來阿里山區開拓史或可劃分為下列各階段：1896～1906年，阿里山的發現、調查及規劃期；1906～1912年，鐵路施工及試伐期；1913～1927年，木材生產高峰期；1928～1940年，內山拓展暨保育、觀光初期；1941～1955年，二次大戰前後濫伐期；1956～1963年，殘材處理、造林木及殘存原始林砍伐期；1964～1976年，民營伐木、殘材處理及觀光遊憩發展期；1977～1982年，森林鐵路及森林遊樂、觀光遊憩期；1983年之後，公路觀光遊憩暨農業上山濫墾期。

本書輯錄相關於阿里山區百餘年事略，依據年代條列之，提供阿里山區進一步研究的基本資訊，但未作歷史解釋；由於阿里山區係純為開採檜木而進行開拓者，故由編年史及現地採訪，整理出歷來各段運輸路線、砍伐森林年代、集材及運輸時程，作為土地開拓史的資料；同時，各林班自開拓以來，原先之原始檜木林或原森林究竟如何，經由林業耆老之訪調、追溯，一一回溯出。此工作係配合植被生態研究的經驗而歸納；其次，儘可能將阿里山區每一林班的施業史、造林史予以登錄；另則登錄有台帳可查之林產物數據，據之而行林產統計。至於造林部分，依各林班歷來台帳，以圖、表登錄或整理之。

本書特就百年來阿里山區之伐木聚落作追溯，包括二萬坪、沼平區、大瀧溪線及眠月等地，追查出原有房舍等，特別是中心區的沼平地帶，以日治時代末期約90棟建物的追查，以及1976年11月9日大火之前的房舍重建資料之工作量最為可觀，完成歷史空間分布的建檔。

歷來一些關於阿里山的重要史料或事件，一併檢附；而關於人物誌方面，僅檢附少數具備對阿里山史料有所助益者，待日後再予整理行業代表人物誌。而因應阿里山區在21世紀的定位議題，本書提出應將阿里山區代表台灣現代林業的起源地，未來在國土分類方面，更不宜純以遊樂區看待，而建請朝向林業

村、博物館面向發展。全書即為阿里山區今後規劃發展、生態導覽、解說教育之基本資訊，任何活化的應用，皆可由書中資料再予組合而延伸。

近日筆者撰寫各地植被調查報告中，偶然在電視上聽見台語老歌《傀儡尪仔》，韻味頗符合現今心情寫照，一個人的一生中不確定受到那幾條線的牽扯，但筆者確定「阿里山──永遠的檜木霧林原鄉」一定是個人身心靈最厚重的中樞脊幹段落，讀者在閱讀本書之際，不妨佐配一曲台灣很俗味的《傀儡尪仔》！

陳玉峯

時2004年12月28日
於大肚台地

本書弁言

人類前瞻的智能包括歷史的透視，不幸的是，迄今為止沒有客觀的歷史或完整的「史實」，歷史的解釋更是充滿歷史學家個人的偏見，受到強烈當代價值觀的扭曲，令人滿意的史實不可得，遑論複雜得無以復加的歷史因果。無論如何，任何地區一部歷史字或辭典，儘可能記載顯著的歷史事件，係提供所有研究之基盤。

台灣史短淺，政權更替頻度卻甚高，不同政權本位之曲解歷史自是難免，土地政策、人地關係當然承受政權的左右，而所謂土地倫理或人地關係的內涵，可表達在自然資源的利用、生活型態的形成、價值文化的建立等等，由地區自然資源開拓史、人地變遷的瞭解，有助於釐清土地倫理的根本內涵，以及政經結構之左右社會、文化，或交互影響的現象。

源自唯用主義、貧窮文化的台灣開拓史 (陳玉峯，1992；1994；1995a；1995b；1996；1997a；1997b；1997c)，百年來的資源利用，先是受到「農業台灣、工業日本及南進基地」的殖民地剝削，繼而「以農林培養工商及反攻大陸」的跳板政策，

其土地生產並非站在台灣人永世經營的立場而兼顧世代 (陳玉峯，1999a)，相反的，受到島國外貿變動，以及次殖民地式的政策所擺佈；台灣的山林伐木，導致土地病變或天災地變愈演愈烈，而50餘年背離本土、消滅自然生態系的農林政策，培植全面摧毀天然林的所謂「林學」，完完全全否定自然價值觀，以人定勝天的偏見，擔負伐木有理的偽理論製造系統，因而在民間發起搶救棲蘭檜木林運動 (1998年迄今) 的同時，由農委會、林業學界、伐木單位，串連部分利益或價值觀相通人士，一波波鼓動經營殘存天然林的企圖，假借諸多偽保育、森林生態系經營的名相，罔顧台灣天然林命脈氣若游絲的事實，試圖持續長年來的天然林伐取 (陳玉峯，1999b；陳玉峯、李根政、許心欣，2000)，千禧年3月，以連署方式，反對棲蘭檜木林納入國家公園系列，3月30日行政院更核准所謂「國家森林生態系永續經營」的計畫，試圖藉由研究、試驗之名，突破天然林禁伐令的限制，且開宗明義的標題為：「天然林一定要經營」，反映歷來整套國家機器，終結250餘萬年演化的生態系的誤

謬，從未產生時代遞變的反省。筆者認為20世紀末乃至新世紀初，反台灣土地、反自然的惡源，不是農民、不是產經企業，而是一小撮既得利益群及人本霸道的學界若干傳統陰魂；而主導20世紀後50年的工技官僚，長期壟斷龐大的共犯結構網，如何扭轉其執著於人本，則為新世紀今後20年的最大挑戰。

自從國際貿易制裁台灣的保育案件發生以來，由開發主流所導演的保育措施，表面工作或文宣口號進行的如火如荼，結構上未能改革的根本問題，即生產與保育，始終由同一批天然林終結者所擔綱，因而改變的，恆停滯於表象工夫的翻新，竭盡所能的文過飾非，骨子裏一步步的欲染指天然林。筆者從事口誅筆伐的十餘年來，從未在本質上檢驗出當局的轉變。千禧政權顛覆以來，全國興起的改造呼籲中，環境保護、生態保育、國土規劃、世代公義的議題，並無任何著墨或著力，此乃因台灣當前文化，係經由前述開發主流所教育出，且今之「專家、學者」早已違背生態公義，儘在抽象學理與中立的「安全網」中，自絕於生界(David W.Orr，1994；轉引自陳玉峯，1999b)，「罕有學者、專家關切且投入生物歧異度及棲地的保護，只有少數教授願意對抗攸關人類生存的嚴重問題」，不僅如此，當前愈是成功的大學、研究所畢業生，愈是終結地球生界的「劊子手」。所謂學有專精，毋寧是擁有片面、破碎的知識，這等專業知識是「無知的知」、「無方向的知」、「無所節制的知」、「無所託付的知」，更可能是「致命的知」、「反生命的知」、「助長病態的知」。

另一方面，近年來國內亦興起土地倫理與環境教育的風潮，這原本是遲來的後現代反思，值得肯定與鼓勵。然而，多年鼓吹的模式，停滯在「文化移植」的窠臼，多在李奧波、卡爾遜的他山之石徘徊，似未能走進台灣本土的認知，淬取緣自在地土地經驗的智慧，從而衍生活水源頭的自然文化，甚至於妄自菲薄、本土為賤，只零星在原住民文化中，摘取過度誇張的保育觀，而不能平實、深入反思時代落差，以及事實究竟。事實上，台灣的自然情操、土地倫理與文化，從來存在，只不過以隱性文化的姿態，未被文字化或抽象化提出。

基於此等背景，筆者自森林調查、自然史研撰、農林土地運動，以迄自然平權的提倡、環境佈道師的培育等從事，深深理解台灣在根源議題的困境，尤其自1997年以降，恆常性延聘2～3位助理，專司各地區山林人員或農民的口述歷史訪調，筆者投入台灣土地倫理的摸索，希冀未來得以闡述本土文化中失

落的環節。9‧21大地震以降的訪調中，鄉野隱性文化的領悟，堅定筆者在此面向的若干既有見解，更擬於今後，矢志人文暨自然史交互影響的土地倫理議題。

筆者不能苟同當今學界的「形式主義」，儘在「專業」的偽裝下，蓄意忽視自然生界的淪亡，更為「專業」之窄化價值、意義，分不清「中立」及「客觀」對研究的偏見之差別，感到不幸與悲哀，但對自己之「強化」自然價值的立場，承認其為當今林學主流眼中之「異端」、「偏見」，無論如何，筆者毋寧在台灣天然林尚未完全淪亡前，成為今之社會的「異端」，也不願後世人痛今社會之「黑暗」！

事實上目前從事山林土地倫理，以及其人地變遷史的探討已屬太遲，蓋因第一代台灣山林人員早已無一倖存，第二代(終戰前後)尚健在者殆屬鳳毛麟角，第三代已屆或退休者為多，第四代以降者，既乏足夠的實地經驗，價值觀更是幡然大異，現世從業人員得有傳承、發揚本土智慧者幾希。是以筆者但盡人事、亡羊補牢，能有多少建樹亦乏保證，此為台灣史歷來遺憾。

本書先由阿里山區著手，搜集相關史料、現地勘驗、口訪耆老，一一拼湊曾經記憶，遺漏、誤謬或曲解亦自難免，期待能人、有識者惠予指正，庶幾乎彌補台灣滄桑是幸。

而關於阿里山的圖片已收集者龐多，限於篇幅，將另行出版圖片專書，本書僅列極其少數點綴。

陳玉峯

時2004年12月28日
於大肚台地

寫在書前──母親母土

緊握一柄長長木勺，母親純熟地自屋後糞坑，舀出濃稠的湯湯水水。不斷蠕動身軀的「屎仔蟲」，成千上萬，從不見天日、陰暗密閉的坑洞，和著湯水乘坐台灣杉製成的掏舀，赤身裸體攤在明亮的天光之中。空氣因為牠們驟然來到，與劇烈擾動，驚嚇地裹著牠們棲身料理的濃烈氣味，向四面八方逃竄。

數量龐大的蛆族，與牠們棲身的湯水，隨著長勺，一回一回，崩落到台灣杉製成的擔屎桶底。這時候，操控長勺的母親，神情自若，一如平常。

那出奇安詳的容顏，靜謐沈穩，如平素手握胡瓢，從容舀起檜木水缸中，清澈甘甜的山泉一般。

許是，這一幕，童年目睹，深刻映我心底，對母親由衷燃起欽服。

彼時，母親在我所居住的阿里山，業已是人人稱羨的「好額人」。非但經營生意興隆的柑仔店，更獨具慧眼，為山上無親人的兵仔與榮民，開設一間休憩的茶室。一個人忙不過，自然雇請了幾位幫手。照道理挑糞這等高挑戰的頭路大可假手他人，可是她卻仍親自為之！

我尚未出世之前，父母與姊姊居住在沼平低凹處的疏開寮，主管家事的母親，除了照料三名稚女之外，亦在屋前屋後闢了數窪菜圃。俟搬遷到車站商圈，母親仍沒放棄數哩遠的菜圃。

孩子陸續出世，亦陸續被母親送到遙遠山腳下的嘉義就學。七個孩子，一個接一個離鄉背井，為前程作準備。離開家的時候，我才小學一年級，每次下山，總碎裂著心，哭花了臉。曾經以為母親的心是鐵打的。「啊！哇！SEZU若哭，我，哇，隨著哭！」母親說。數十年後，憶起往事，她的眼眶依舊紅潤。SEZU是二姐的日名，也是最早被送下山的孩子之一。

每年寒暑假，返鄉探親，我們才得以分攤些許母親的辛勞。無論擔水、劈柴、顧店、記帳，甚至於到車站卸貨，我們都有所體驗；唯獨挑糞，都還僅是母親的形影。

我們還有幫不上的，那是每天清晨三點，父母合力將前一夜分裝打包完成的米菜、日用品與工具，有時還包括買主家中寄來的信件、包裹；一蔞一蔞，

吃重的抬上「犁啊甲(人力拖車)」。這些貨品都是分散在阿里山區各個林班地的工人所注文(訂購)。通常，父親拉車，母親在後推車。他們必須趕在四點，火車開進森林之前，將貨物穩當安裝上車，以便林地工人，順利得其所需。

天亮，父親到工作站上班，或出勤巡山，母親也獨自展開白天的工作。首先清點店裡林林總總貨品，然後，打電話到全台各地，一一跟賣方叮嚀進貨。

母親販售的物品應有盡有，從油鹽醬醋糖，到五穀雜糧、菸酒，還有新鮮的青菜、豆腐、雞鴨魚肉、水果，餅乾糖果、茶葉、水壺、碗筷、鍋鼎、金銀紙錢、鞭炮、香、蠟燭、燈泡、電器、蕃仔火(火柴)、石炭、土炭、火炭、火爐、文具、針線鈕釦、衣服、雨衣、雨鞋、木屐、踏米(日式工作鞋)、球鞋、棉被、草席、鐵釘、鉛線、開山刀、鐮刀、鋸子、繩子、機械零件、成藥、罐頭、飲料、冰棒、便當……，饒富趣味的是，最初她還是從賣檳榔、香菸起店！

我念國中時，家裡開了旅館，母親除了忙碌商店的事務，更親自掌理旅館餐廳。

高中時，班上有位文筆流暢的同窗好友，我對母親欽佩的心意，託付予她，希望將來她能為我的母親作傳。這

話猶言在耳，二十年後，自己意外執筆寫作，為母親作傳，自然義不容辭。

1993年，離鄉十載之後，我頻頻重返阿里山，正式展開追訪母親的故事。

「奈會記得？」向來沈默寡言的母親說，「規頭殼攏嘛記貨，記這項寡濟(多少)？彼項寡濟！賸的攏嘛未記！」

這委實難為她老人家，母親販售物品應有盡有，卻無一標示價錢，所有售價斤兩全在她腦袋，任何人顧店，總要提高嗓門，從她那裡掘出商價。做生意她有原則，進價和運費，再加上兩成差價，便是賣價。而她經營的和興商店，事實上並不是簡單的什貨店，至少含括了，菜市場、五金行、電器行、文具店、服飾店、食品行、藥局、金紙店等等。

「ㄋㄟ！彼時陣，咱是……？」在我耐心地一回又一回，鍥而不捨的糾纏之下，母親被逼得只得向父親求援。

有趣的是，父親除了天賦異稟，博學多聞，更具有異於常人的記憶。許多母親從我這裡收到的「問題」，最後都由父親作答。

母親最為我擔憂的是，我只有一女，將來老了病了，沒有眾多子女可照顧？

「那是因為汝是一個好老母，所以汝子才要照顧汝。」我提醒擁有七名子女

的她，有多少父母，縱然子女成打，病老時子女卻互相推委，無人肯理。

堂妹出閣時，央請母親扶持新娘頭頂上的八卦米篩。「那是愛好命人才會駛做的！」母親不敢答應。「汝是正港的好命人。」我這樣告訴她。

雖然母親一生看似勞碌，但從小父母疼愛，婚後丈夫體貼，自己事業有成，子女又孝順。聰明的堂妹當然知道從她那兒可蔭得些許福份。

1996年，意外受託拍攝阿里山記錄影片，於是為母親作傳的計畫只得暫停，轉而為我出生的母土作傳。可惜，記錄片雖然前後拍錄五年，也更換兩名攝影師，其中一名還特地從美國請來，但是因為拍攝理念無法一致，2000年我購買攝影機親自掌鏡。除了阿里山在地居民，我亦追尋分散在台灣各地的阿里山人，甚至於遠赴日本、澳洲。雖然收錄的影像數量龐大，遺憾的是，至今仍無法剪輯成一理想的影帶！

十幾年來，無論母親或父親的過去、現在與未來，甚至於滋育我的阿里山母土，都成了我生活與生命中最主要的養分。

由父親多采多姿的傳敘，與母親逐一掀開的記憶寶盒，我益發認定，撰述父母親的故事，是我今生今世最重大的志業！

然而，十幾年來日夜浸淫在阿里山百年人文與自然的世界裡，無論所訪問的人事或所拍攝暨收集的歷史影像，都已可觀。除了2002年「火龍119」-1976年阿里山大火與遷村初探之外，接下來《阿里山親子植物》、《阿里山四季植物之旅》、《阿里山地景追憶錄》、《阿里山人物追思集》、《時代兒女——阿里山人的故事》小說集等。都已進駐腦海，也逐步撰寫中。

雖然多年來我經常一人，山上山下來回奔馳，表面上看來，行孤影單，但是心卻溫熱。因為，上至雙親，下至女兒，還有丈夫，都一致關愛支持；他們也都熱切期待我的成果。

對於生養我的父母我除了感恩還是感恩；但對於孕育我的阿里山這片母土，我除了感恩，便是心疼。所謂國在山河破！每次回到山裡，都發現母土一次又一次遭受摧殘與蹂躪，我唯一能作的，只剩下以影像和文字為母土留下些許歷史鴻爪！

十幾年來，在我進行阿里山百年自然生態與人文歷史調查研究與拍攝其間。除了要感謝陳玉峯大力協助之外，更要感謝父母的陪伴。

在母親多次同行上山拍攝期間，母女倆，共同悠遊山林，尋花探景，從母親與阿里山七十幾年的生命歷練當中，

我更能貼近阿里山的自然與人文，更有幸能藉由母親，間接參與阿里山人文歷史的饗宴。

父親，在我心目中，儼然是阿里山博士。在我多方尋訪鄉親時，幾乎每個人都說，「要知影阿里山的代誌，問汝老爸上知。」這句話一點也不假。父親對阿里山事物的博覽，其來有自；除了天資聰穎之外，還有長年事必躬親的山林經驗，更具勤奮多聞，好學不倦的特質；尤其是，永遠的學習與不斷創新的精神，非但使他成為博學多才的長者，更是後輩學習的榜樣。

這本書的完成，父親居功厥偉。十幾年來我不斷的出功課給他，除了多次讓他跪在榻榻米上，一筆一畫，勾勒阿里山各聚落地圖、林鐵路線與伐木、集材作業之外，更拖著他上高山下溪谷，實地進行田野考據。甚至於為了取得影像，還委屈他充當模特兒甚至演員。所有這些他非但無怨無悔，賣力演出，尤有甚者，最後還從受訪者，搖身一變，成為訪問者。2000年，當我決定將訪問的觸角延伸到日本時，受日治教育的他，成了我在日本的最佳助手與導師。有趣的是，即便我不在日本，他亦主動出擊，搖著電話，搭著新幹線，到處尋找日籍阿里山人。

「阿里山──永遠的檜木霧林原鄉」末章，阿里山人物傳當中，我將父親與阿里山七十七年歲月的林業故事，作了粗略的記載。只是母親的傳記因為多旁鶩，無法盡速完成，僅在書末，附上「咱厝的日本人」；然而，念茲在茲，為母親作傳的心願一直沒放棄也未曾中斷。

今逢父親八十大壽，我以相當忐忑的心情，將這部書題贈予他；就當是「學生繳交報告給指導教授」。

事實上，無論身教言教，父親都是為人子女的導師。試想六十年的鑽石美滿婚姻，環顧今世，能有幾人？而父母親的相持相忍、相敬相隨，在我們一一步入結婚禮堂之後，更能體會，經營一段美滿婚姻委實不易，何況要跨越一甲子！

文章劃下句點委實不易，因為真正感恩的語言，尚未表達。不過聊以安慰的是，十幾年來父母與我同心協力，一起為阿里山的歷史奔波，默契早已培養。

陳月霞

2004年12月28日
於台中大肚山

小學四年級參加學校為畢業生舉辦的台北神社旅行，祖母為其趕製一套新制服，由祖父連夜自二萬坪徒步至母親就讀的奮起湖公學校，為其送上父母溫熱的愛心；站立女生前排最中者為母親──劉玉妹。劉紹銘　提供

1940年母親於奮起湖公學校，畢業師生合照。二排最中央為母親──劉玉妹。　劉紹銘　提供

16歲，於新埔。日治時期，絕大多數的台灣女子髮型都還清湯掛麵，母親已時髦的燙髮。

和同學合照

20歲生人女兒

35歲時事業有成的母親

1941年於神木。岡本謙吉攝

早婚的母親孩子一個個出生，很快就孩子成群。照片中最大的為家中排行老五的五歲作者，身上的客家衣服是精於裁縫的母親親手作的。

結婚之後未滿18歲之前，和夫婿到嘉義，看公公所搭建的儲木場。岡本謙吉　攝

除了左鄰右舍之外，也特別憐惜出門在外的人，住家經常高朋滿座。

請表姊來當幫手

母親販售的物品應有盡有

孩子眾多，生意忙碌，但家畢竟甜蜜。

1939年3月21日，母親曾經在此地留影。2000年，即經過六十一年的同一天，她和我父親找到同一地點，驗證歲月的流轉。陳月霞攝 2000.03.21.

1939年，年輕的她懷抱著襁褓中的二女，和眾人在櫻花樹下留影。

再び故郷を遠遊する竹林伊吾樣と十三年余の阿里山旧友と別れる水紀念

1966. 4. 10.

1966年，當日籍鄰居闊別阿里山三十年，再度返回，尋找親友留念。母親陳玉妹也在其中。

2000年，也就是再隔三十四年之後，父母親又回到同一景點，見證景物全非，唯有山屹立不搖。陳月霞攝2000.03.21.

孩子眾多，生意忙碌，但家畢竟甜蜜。

好景不常，之前從家門前隔著圍籬和鐵道相望，1980年之後，面對家，卻被圍籬阻絕，不得其門而入。陳月霞攝2000.03.21.

物換星移，阿里山的巨變，往往讓人來不及體會。日治時期的公共浴室，要不是父母極佳的辨識能力，恐怕永遠無法尋覓，尤其她們各自站在各自的性別領域，供我研究與遙思當年熱氣騰騰的景象。陳月霞攝2000.03.21.

母親回到少女時曾經工作過的照相館，這地方隨著政權轉移，從檜木群屋，到災區，在到所謂的梅園。陳月霞攝1997.10.11.

母親當年結婚的深山，經過一段頹廢荒蕪之後，因
應觀光需要，居然也讓政府花大把經費，修建成所
謂的特富野步道。2003年因應子女邀約，她們舊地
重訪。陳月霞攝

並不是所有的她待過的地點都蕭條，新婚不久所居住的警察駐在所，就由當年的低矮木屋，長成鋼筋高樓。陳月霞攝1997.10.11.

更早之前，因為我的緣故，母親伴我回到童年居住過的二萬坪，除了長長的軌道與深深的雲霧之外，她說都不認記了。陳月霞攝

右頁：隱沒在柳杉林裡面的紀念碑，乘著觀光列車，也闢路成為觀光景點。陳月霞攝1998.03.26.

往自忠的鐵路，當年叫水山線，如今已被公路所取代，只留下這短短的一小段。陳月霞攝1997.06.18.

父母親1944年便是依賴水山線，以自忠為生活的重心。1998年春天他們才伴我追尋當年兒玉（自忠舊名）的聚落群。陳月霞攝1998.03.26.

不料1999年12月8日，再度回到自忠，景象起了大變
貌。陳月霞攝1999.12.08.

看著當年生活與工作的地區，一夕之間成了廢墟，父母親並沒有太大的情緒。陳月霞攝1999.12.08.

在雲來霧去的阿里山區，人的渺小，隨時可辨。放下塵世煙華，就能體會自然的可怕與可貴。陳玉峯攝1987.11.19.

做為阿里山人，我們的命運是否一如奉祀在日本高麗神社的高句麗，無鄉也無土？陳月霞攝 2002.11.05.日本

見證阿里山文史變遷的陳清祥先生

76歲時分散在世界各地的子女回鄉團聚

在嘉義神社前

76歲時陪女兒作阿里山人文史，和巨大的檜木樹頭合照。見證阿里山近百年的伐木史。

結婚60年的鑽石婚

教孫女包粽子

77歲生日許願

阿里山
永遠的檜木霧林原鄉

【目次】

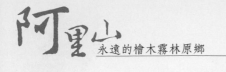

【圖、表目次】

阿里山
——永遠的檜木霧林原鄉

~沒有外籍人士要來阿里山賞
玩迪斯奈樂園或中國式園林造
景；阿里山存在的目的就是阿
里山本尊~

一、前言

依據2002年5月8日，第2,785次行政院院會通過的「挑戰2008—國家發展重點計畫」，其中「觀光客倍增計畫」，包括「阿里山旅遊線」等政策，自民國92～96年度，估計要投資60餘億元於硬體經建設施於阿里山區，用以發展永續觀光，而筆者逕自詮釋，此系列計畫之於阿里山區而言，應代表下列3項意義：

1. 藏富於民的計畫，也就是政府儲、百姓收利息的方案，但是，此等硬體建設必須是符合永續環境、配合在地生態條件者，否則很可能是適得其反。
2. 政府有意一舉解決阿里山區的歷史暨現今龐雜問題，確定阿里山區在台灣國土計畫中的永世定位。若非如此，則筆者懷疑此計畫之前瞻智能。
3. 本系列計畫將確保阿里山自然暨人文資源的傳統與傳承，且針對此等目標，研發出永續發展的技術設計。

然而，由交通部觀光局阿里山國家風景區管理處2003年1月的「阿里山旅遊線計畫（草案）」，以及該處4月2日的「阿里山旅遊線計畫簡報」資料，夥同筆者參與2003年3月12日行政院召開「研商阿里山火車事故後如何振興當地觀光發展因應措施會議」，且依據行政院院臺交字第0920083080號函會議結論第六項，於4月2日前往阿管處暸解預算編列的議題，並勘查該處之施業概況，此外，2002年迄今，先後暸解政府對阿里山區的規劃之後，對政府關於阿里山區的作為有肯定，亦有隱憂，因而2003年4月20日，應行政院政務委員之邀，於阿里山參與行政院游院長主持的產業聯盟會議，提出關於阿里山歷來最重大的議題，包括現今觀光客倍增計畫的問題重點如下：

1. 百年阿里山開拓史及歷來規劃的最重大問題即「去阿里山化」

也就是經歷伐除球性最壯觀的檜木林、遍植外來物種、日本化、中國化、全面資本主義化（平地商業化），以迄近20年來的林下農業化及庭園化之後，檜木原鄉及台灣林業史漸次淪亡，可謂台灣中海拔山地生界亡種滅族的典型例證。當局有必要告別舊世紀，開創阿里山保育養生總規劃。

① 原始檜木林完全消失，破碎林分正逐步瓦解。
② 官方及民間拚命引進外來種。
③ 公園以西洋化、日本化、中國化、庭園化等為導向。
④ 阿里山森林遊樂區自從筆者1981年8月14日首度調查以來，林下原生植物在定期除草作業下，大約百種維管束植物滅絕或將近完全消失。
⑤ 森鐵橋樑駁坎化，且橋樑數量銳減之中，原森鐵樸素古意日漸淪亡（工程為殺手）。
⑥ 傳統阿里山商品滅絕，代之以都會消費品。
⑦ 其他。

2. 目前為止似乎欠缺長遠、永續、明確的

上位計畫、綱要計畫，也就是結構議題似乎從未釐清，故而預算經費可能主導建設，而非終極目標指導預算及工作項目。此一核心問題建請當局斟酌。

3. 大部分目前編列預算擬將進行硬體建設的項目及區域或地點，欠缺自然資源內涵的充分暸解，人文及歷史的縱深更乏掌握。因此，愈多建設有可能代表愈大改造，而非發揚資源本質、特徵，進而保育資源，圖謀永續。因此，筆者對若干預算持保留看法。

4. 阿里山絕非一般風景區，而是森林文化、林業起源地，阿里山五大特徵亟須林務單位傳承與發揚，國家應賦予其在國土規劃面向的永世定位。同理，台灣各大森林遊樂區應予改名，且修訂發展宗旨，用以作市場區隔。

而上述阿里山的5大特徵，依筆者累積阿里山研究22年的經驗歸納如下。

阿里山的本質、內涵或特徵

～從嘉義上玉山，相當於從赤道附近到阿拉斯加的景緻濃縮，阿里山位於台灣山島的心臟，它在台灣、在世界、在歷史、在人文、在自然、在景觀各面向的資產特徵與重要性無與倫比～

1. 全球觀點：

珍稀孑遺活化石生態系的檜木林，全球僅見於北美、日本及台灣；世界上7種檜木，台灣產紅檜與扁柏2種特有種。原阿里山林場曾有30萬餘株檜木，紅檜與扁柏各佔約1／2，另有活化石植物台灣杉5千餘株，由沼平至萬歲山一帶的扁柏林曾有每公頃3,000立方公尺材積的世界記錄，阿里山的原始森林相當於獨步全球的檜木林中心，代表冰河來回、生界遷徙的重點驛站，深富學術與自然史的價值；阿里山檜木林生態系原生生物即為阿里山的本質與精髓，現今殘存巨木區是精華景點，而尚存原生生物豐富的生態文化有待發揚。

2. 在台灣維生系統的意義：

阿里山區正是台灣島中部面海第一道主稜線，截留西南氣流與東北季風鋒面，形成全台最大降雨帶，是中部地區的活水源頭；台灣島係板塊擠壓、逆衝而造山，平均10年一次大地震，且山塊隆起再下崩，河流向源侵蝕與崩塌劇烈，而檜木正是女媧補天、補地、水土保持活神仙，谷地紅檜狀似板根的反應材（reaction wood）配合坡地的侵蝕而生長，對地體變動遠比任何地錨都有效，一株3,000年神木的環境指標意義，即代表該地區3,000年皆安定，因此，阿里山區檜木的復育與環境的穩定，正是確保中部地區地體安全的中樞地段。

3. 景觀傳奇的特徵：

中海拔檜木林因高山島屏風效應，截留最大降水而雲霧水氣旺盛，且風力最小，形成全台雲霧帶的中心，因此，檜木林被生態學者稱之為霧林。檜木霧林層次結構可達5層，高度往往跨越50公尺，全台最高大的樹木集中在此，台灣杉甚至有達

90公尺巨無霸的紀錄；而阿里山區的地形及霧林效應，形成觀看日出、雲海、夕照、古木的最佳場域，1927年8月25日，台灣日日新聞社全台票選台灣八景（總投票數達3億5千9百萬票），阿里山成為八景佼佼者；國府治台之後，1953年11月，省文獻委員會勘定台灣新八景地點，嘉義縣以「阿里山雲海」及「玉山積雪」榮登台灣新八景之二，事實上，遠在日治時代阿里山風景區即已享譽國際，且1928年2月，總督府聘請公園學權威田村剛博士來台規劃阿里山及玉山為國立公園，如今阿里山更是外籍人士來台遊覽的主要目的地，有歷史以來，阿里山都是國家門面、招牌景觀。

4.歷史意義與類古蹟：

阿里山是台灣現代化林業史的嚆矢。日治初期之林政，幾乎係為阿里山而量身訂做者，以台灣林業土地佔據全國一半以上面積，阿里山在史蹟的重要性無可替代，尤為特色者，阿里山森林鐵路的軟、硬體文化遺產，更是活體博物館，政府可以考量依文化資產保存法等相關法規，界定森鐵為國家活體文化資產；此外，阿里山區值得登錄且妥善維修的類三級古蹟建物如阿里山氣象測候站，慈雲寺、1923年鑄鐘、殉職者紀念碑，總統行館及附屬館（第三員工招待所），阿里山博物館，阿里山測候所2棟宿舍，阿里山舊工作站旁側倉庫，原造林工作站，墳墓區日人墳墓、樹靈塔、河合碑，二萬坪之2座紀念碑，以及阿彌陀佛巨石等（應全面評估）。

5.山林文化典範，全台最宜設置林業史活體博物館或林業村：

阿里山是台灣林業技術創造的搖籃，例如—1918年川口安太郎由美國進口鋸改良，研發5齒空的大鋸，推廣至太平山、八仙山及全國；1920年椎葉彌作發明手錐、穿孔線鋸（落頭鋸），推廣至日本；1918年日本御料林的技師前來學習架空集材機，其使用橫向鍋爐（臥鼎）；1916年集材主任捐場健治發明接駁式（中繼）集材法；1916年機關庫主任伊藤孝治郎發明空氣制動機，以Ban-valve氣閥的設計，讓阿里山森鐵進入空前的安全行駛年代。後來，空氣制動機不僅在阿里山森鐵全面採用，亦普及台灣國鐵全線，更推廣至日本。

據上述理由，向行政院長作如下摘要建言：
1. 國家應賦予阿里山永世定位，界定其為山林生態（檜木霧林）、林業文化的永續史蹟區，且奉之為長遠性上位指導原則。
2. 除了現今森林遊樂區特定區域之外，阿里山區應賦予檜木林的復育，確保國土保安，創造新世紀新山林文化。
3. 阿里山觀光產業之發展，應以5大特徵為內涵，愈少硬體就是愈大的建設；建立優質軟體才可能是永續生計與生機。
4. 就聚落發展、觀光利用而言，阿里山最大的限制因子即集水區系窄隘，水量有限，為天然承載量的根本關鍵，今後發展應重質而限量，絕非膨脹而衰退。
5. 沼平火車站附近可設置活體林業村或博

物館，創造觀光產業新賣點。

6. 行政院可以考量積極解決阿里山的歷史問題。

7. 半年內建立阿里山系列軟體文化，以深度解說服務權充立即改良外籍遊客對阿里山、對台灣的觀感或印象。

　　同時，筆者強調：

　　～規劃不只是伸張人的意志，規劃不只是一味強調我們能做什麼、想做什麼；好的規劃必須妥善思考我們該做什麼、不該做什麼，好的規劃不僅要照顧人類的善，更要照顧所有生命的善；經營管理山林土地不是設計一大堆方法、技巧或制度，去巧取豪奪自然資源，而是體會自然之道，如何好好管理人在土地、人在自然界中的行為；環境教育的本質，乃在發現潛存我們內心深處，整個地球演化血脈之中，我們與所有生命共存共榮的關係，且進一步闡述我們與大地原本擁有共同的記憶、和諧、美感，以及維護美麗世界的大愛～

　　凡此背景及前提之下，本研究擬提供相關於阿里山的開發史，或歷來生界變遷史。

從玉山國家公園的東埔往西看，雲霧帶下方為神木溪與沙里仙溪，雲霧帶後方之山脈即阿里山山脈，右上最高點為大塔山，岩壁赤裸的對高岳更清楚。陳月霞攝1985.11.10．東埔

南北縱稜的阿里山山脈主脊，由主脊向西伸出幾道海拔漸降的側稜，分割成格子河系。從玉山風口向西俯瞰，最西側於陽光下之山脈，便是阿里山山脈。中間略偏右之最高點為大塔山，大塔山向西延伸之最高點為鹿堀山，往北延展為松山，往東南延伸到岩壁赤裸處為對高岳。對高岳往南陵線上之白點為祝山，再往南為小笠原山。小笠原山西南方的白點為萬歲山。

河合溪沿塔山下西流，北轉外來吉，朝北略偏西，注入清水溪。這一格子內為百年來伐木、遊憩的聖地。但20世紀後半50年卻捨棄了最壯觀、最驚心動魄、最佳視野的風景區，只在第三側稜的山腰緩坡，實玩日本櫻花。照片中最左為沼平，最右阿里山新站（舊名為第四分道），最近一道山陵線之最高點為萬歲山，萬歲山山腰之建物為氣象所。陳玉峯攝 2001.01.25. 大塔山

二、調查、編述、範圍暨研究概說

百年來所稱阿里山區殆指北起烏松坑山，經松山、大塔山、對高山、祝山、小笠原山、兒玉山（自忠山）、東水山、北霞山，以迄霞山為止，南北直線距離約20公里的縱走稜線以西地域，以及以東之局部地區。

二-1 調查或研究空間範圍

北半球亞熱帶高山島的台灣，水系、山稜區隔出龐雜局部地理區。百年來所稱阿里山區殆指北起烏松坑山，經松山（2,557公尺）、大塔山（2,663公尺）、對高山（2,417公尺，註，一說2,405公尺）、祝山（2,504公尺，註，一說2,489公尺）、小笠原山（2,484公尺）、兒玉山（自忠山，2,609公尺）、東水山（2,609公尺）、北霞山（2,470公尺），以迄霞山（2,399公尺）為止，南北直線距離約20公里的縱走稜線以西地域，以及以東之局部地區。

這條南北縱稜正是阿里山脈主脊，由主脊向西伸出幾道海拔漸降的側稜，分割成格子河系。

其一，烏松坑山往西，經鹿堀山（2,288公尺）至石壁山（1,754公尺），直線距離約9公里的側稜，係南投與嘉義縣界，在此稱為第一西側稜。

其二，由大塔山西延塔山（2,484公尺），陡降至外來吉，為第二條西側稜。

其三，由祝山、小笠原山向西略偏南，經萬歲山（2,471公尺）、香雪山（2,383公尺）、十字路、扶蓉山（1,967公尺），至石桌，為第三西側稜。註，今之1萬分之一的航測圖誤把小笠原山標示為萬歲山。

其四，由東水山、北霞山及霞山各自延伸西向側稜及集水區匯聚至達邦，為第四西側稜，此系統已屬曾文溪上游。

南北主稜在自忠山、東水山附近，向東，經石山、鹿林山至塔塔加鞍部，銜接玉山山塊，為唯一顯著東側稜。

今人所熟悉的阿里山僅限於第三西側

稜，尤其是祝山至阿里山神木方向的西北山坡，大約2平方公里或200公頃的小區域。

第一西側稜與第二西側稜（塔山）之間這一格內，至少有15條小溪所集注的主溪謂之石鼓盤溪，也就是豐山村（イムツ社）以東地域，可謂清水溪最上游的一段集水區，但國府治台後的地圖繪製，多把石鼓盤溪略掉。石鼓盤溪西流即到草嶺（而豐山以西殆已稱為清水溪），即921大地震形成的堰塞湖地域。換句話說，此一格子內，正是清水溪向源侵蝕的大崩塌扇面，依陳玉峯（1999a；b；c）及陳玉峯、楊國禎、林笈克、梁美慧（1999）的檜木林研究理論，此區域必為紅檜等檜木林繁盛處，日治時代伐木區的眠月、匪藤、千人洞即為檜木重大出產地。

第二西側稜與第三西側稜之間，由於大塔山、塔山連線的擎天大砂岩斷崖，地形雄偉拔萃，形成今之阿里山遊樂區的主要地景，從遊樂區入門口附近，以迄整個遊樂區所見小溪澗，皆匯入這二道側稜之間的河合溪，河合溪在今之航照1萬分之一地圖中，標示為「阿里山溪」。

河合溪最上游發源地為對高山，沿塔山下西流，北轉外來吉，朝北略偏西，流到出合山（922公尺）下，注入清水溪，也形成921草嶺堰塞湖積水的第二大來源。

這一格子內為百年來伐木、遊憩的聖地，但20世紀後半50年卻捨棄了最壯觀、最驚心動魄、最佳視野的塔山、大塔山風景區，只在第三側稜的山腰緩坡，賞玩日本櫻花，販售芥茉、假櫻花果（未熟葡萄醃製）等，此或乃過往主事規劃管理單位，

狹隘的格局所導致，更是1976年阿里山大遷村烏龍行政所埋鑄的結局，但在此不必以今非古。

第三西側稜與第四西側稜系之間，存有曾文溪上溯至達邦以上的3條最高支流。發源於自忠山與（東）水山之間鞍部，即曾文溪最東，也是最上游的支流，由此源點流至達邦謂之長谷川溪，今之1萬分之一的航測地圖將之改名為「後大埔溪」；發源於（東）水山與北霞山之間，直接西流至達邦，謂之水山溪，今之地圖則佚名；南部發源於霞山的支流則只有原住民的命名。

以上三格內的檜木林，即20世紀阿里山伐木的林場之主要區域西半壁，阿里山區南北縱稜之東，由兒玉山（自忠山）、石山、鹿林山至塔塔加鞍部的東側稜，橫分割為南、北兩格。北部即陳有蘭溪上游，南部即楠梓仙溪上游，分別屬於南投及高雄縣境。

鹿林山往北延至東埔山（2,782公尺）再朝北下降至同富山（2,285公尺），北抵和社，直線距離約14公里的南北向山稜，將陳有蘭溪上游劃分為東西兩水系，西側為和社溪（又名神木溪）、東側為沙里仙溪，兩溪北流，沙里仙溪北降至東埔溫泉（東埔社），注入陳有蘭溪，復往北西方向流至和社，和社溪在此來會。

和社溪集水區系有神木林道，係阿里山伐木系統在國府治台後，民間伐木業者所開闢；沙里仙溪集水區系有沙里仙林道，係屬南投伐木區。

而楠梓仙溪集水區的楠梓仙溪林道（楠溪林道），亦是阿里山伐木區所延展。

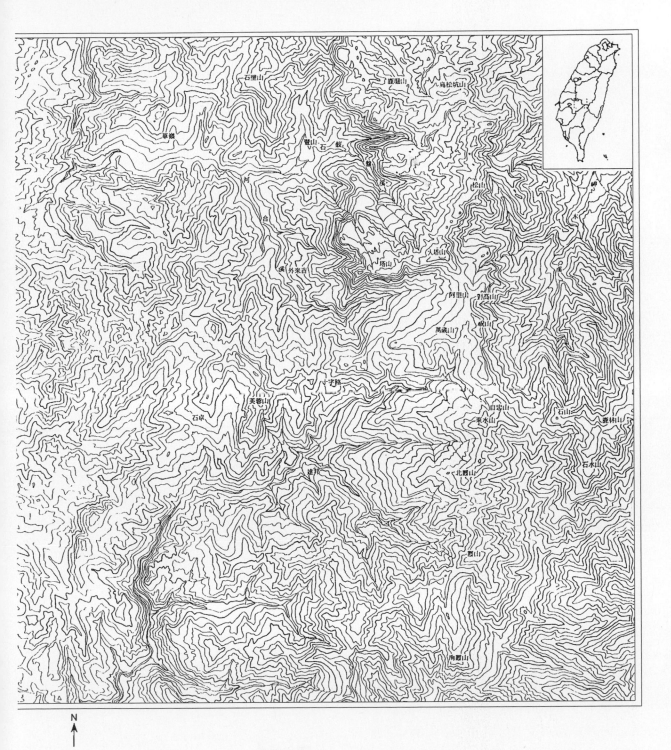

N

1　2　3　4　5公里

【圖1】本研究的地理範圍概示

上述，除了沙里仙溪林道之外，所有敘述區格、阿里山鐵路及公路沿線，以迄嘉義等地，即筆者研究範圍。

圖1示研究或調查的圖面範圍。

二-2、調查或研究內容

筆者最早之研究阿里山區係植物採集，以及植被的樣區調查，大致在1981～1984年間，1985年起則斷續進行口述歷史之訪調，相關文獻夥同生態資訊長年收錄之。而此等早期研究，殆為唯物論或所謂生物科學的調查，尚無延展人文面向思惟。

1988年以降，脫離「專業」象牙塔，也擺脫制式或官僚系統的「形式」保護網，正視社會、生界流轉的荒謬與囿限，包括傳統或慣性的所謂研究模式，不過是某類文化人概念的劃地自限，或遊戲規則，由是以不分割概念為內在要求，不幸的是，文字、方法本身就是一種無法避免的偏見或限制，終究仍在實體之外的概念化約，人類迄今為止只能如此。

而台灣土地倫理的建構，免不了只是文化顯影，必須透過自然史、自然資源開拓史，及其產生的生活型來抽離。因此，歷史事件不可或缺，但筆者對歷史學的重頭戲「歷史解釋」，充滿「不信任」的態度，也懷疑歷史科學或歷史哲學之是否可能。問題是，若嚴苛究竟下去，幾乎沒有所謂「學問」之可得，故而如此的思惟僅僅是個人內在要求的客觀態度。

本系列阿里山區人地變遷描述，最

終目的乃是一種歷史哲學的探討，與其說是要發掘台灣的土地倫理或本土哲學，不如放在為台灣文化注入自然觀的面向，一項三、四百年開拓史或台灣文化所最欠缺的內涵。

以下說明研究內容或撰寫架構。

文獻方面以筆者長期收錄的台灣學資訊為主，日治時代資料，延請郭自得先生、賴青松先生翻譯，已逾十餘年；各種地圖一併收集之。

為提供研究背景，基本資訊的開拓史年表或事件記錄是所必需，故先建立阿里山區年表志略。

關於各地區、定點、事件，儘可能搜集舊照片，進行翻拍為幻燈片，且據此等照片、幻燈片輔助口訪之際，引發受訪人記憶。未來研撰各主題探討，得有影像佐證，或解說之最佳素材。

針對阿里山區已開發林班或任何伐採跡地，追蹤原先原始林優勢社會為何。

任何定點(小區)、特定事件或主題，進行其詳細變遷史之研撰。

二-3、阿里山區歷史年表志略

日治時代或1935年之前，將台灣總督府營林所嘉義出張所(1935)所印行的《阿里山年表》完全翻譯；國府治台之後，以林務局(1997)所印行的《台灣省林務局誌》為基本骨架，摘取相關本研究事誌改寫或照錄。其次，各種方志、嘉義縣志、調查或研究報告、雜誌、媒體等，凡有助於記錄阿里山區記事的任何資訊，皆為引用或參考依據，尤為重要者，筆者等自行口訪、現地勘驗、拍攝、校驗，且自1981年首度採集調查阿里山以來，斷續對本山區之研究，形成實地經驗或判釋之藍本。同時，得由報紙舊檔系列化引述者，儘量收集之。

本年表志略提供系列人地關係探討的基本背景參考。

關於志略敘述，一些細節或附註如下：

1. 有些稱「蕃」之文字，凡屬文件、告示及若干特殊狀況，為求原意，並無更改為「原住民」的用法，非關歧視，特此聲明。

2. 年代以公元為準，然而，採訪耆老過程中，長者記憶多以日治名號為主，故附註以日治及民國年號。

3. 舊部落諸多名稱、日文俗語或外來語，尚待追溯、考據，或筆者不確定者，為避免錯誤，仍以原文記載。

4. 度量衡單位儘量轉化為公制，但一些特屬、專業或不同文化制度的慣用法，或筆者不確定者，仍保留原案。

5. 一些事件筆者認定值得加以詳述者，另闢專節專論。

6. 所依據文獻記錄若與筆者訪調結果有不符者，另行考據查證其他資料，例如阿里山至玉山的登山步道開通年代，《阿里山年表》記載為1925年，筆者再查閱其他文獻，應為1926年；又如嘉義市北門新站落成，《林務局誌》書為1973年10月，依筆者採訪民間人士日記，得知應為1973年4月4日。諸如此等情節必然甚多，以後再發現誤謬者，當予訂正。又，一些數據，經筆者計算、換算，有不符者，保留原稿，但作註解。

7. 日本人爵位、尊稱等，由於尚未釐清如何改稱，故以「　」標示之。

8. 為方便視覺辨識，年表之新的年頭，以不同阿拉伯字體標示。

9. 若干疑義，或為讓歷史事件脈絡較明晰，筆者另行加註。

10. 本節即阿里山區相關事略編年史。

11. 由於阿里山欠缺完整的制式歷史登錄，筆者搜集者包括口述史查訪，故本編　年史事件取捨參差不齊，為提供各種用途，保留原始歧異之內容，而捨棄規格制式化的編列方式。

12. 歷史年表誌略中，凡註解屬於文獻中者，以「(註)」說明；凡筆者註解者，以「註，　」敘述。

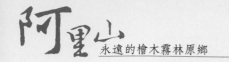

二-4、山林人員口述史訪調

本系列研究關於林業或山區經驗人士之訪調、分析與整理工作，類似人文學科的口頭歷史與深度訪談，在方法策略上，必須破除不必要的心裡障礙，且不斷試驗改進，基本上係透過分區、分階段執行，先行訓練數名口頭歷史調查員，包括計畫執行人，儘可能經由特定人際關係網切入查訪工作，訪談時並須注意特定情境之蘊釀，同時，必須注意訪談的道德觀與行為規範之建立。

1. 基本資料之記錄

對受訪人姓名、級職、年齡、訪談時間與地點、扼要經歷等之記錄後，針對其主要經驗地區調整訪談方向。

2. 基本訪談主題

(1) 地區開拓史(未來分析時，則配合文獻資料，建立時間系列及重要事件之臚列)。

(2) 特定植物或樹種的生態特性、民間文化。

(3) 野生動物的經驗、印象、傳聞等。

(4) 伐木、集材、每木調查、運輸等等經驗敘述。

(5) 造林觀點與經驗。

(6) 生物性災難(變)經驗。

(7) 物理性災難(水災、地震、崩塌等等天災)經驗。

(8) 火災救援、防治。

(9) 巡山與山林保護。

(10) 林業相關文物、建築、碑址、鐵公路系統等等。

(11) 特殊文化相關，例如信仰、迷信、風俗、自然觀、土地倫理、價值觀等等。

(12) 對未來林政、林業之任何建言。

(13) 特殊(定)主題記錄。

(14) 對違法、違規處置經驗。

(15) 其他。

3. 現地勘查、拍攝記錄

依據初步訪談結果，決定進行踏勘及拍攝系列的第二階段工作。

4. 分析研判後，必要時則做複查、複訪工作。

5. 依據訪調結果，釐訂分類、編輯項目，進行篩選、撰寫。

6. 依資訊條件，對特定林業人員撰寫傳記。

7. 口述歷史受訪人名錄(依筆劃順序)如下。

目前已訪談人名：

王明忠、王振昇、王嵩山、王翁吟聰、王慧瑛、王錦、甘天送、安憲明、朱天賜、江秀蓮、江金鐘、何幸池、何素月、何慶芳、吳永川、吳成妹、吳志靖、吳塗井、吳新琴、吳新貴、呂英妹、李　三、李金傳、李紋君、李張寶貴、李習、李勝二、李景山、李傳進、李陳素娥、李陳碧月、李聞觀、沈世明、汪力助、汪明輝、汪忠義、汪雲美、汪鄭清枝、周廷柯、林玉英、林如祿、林哲勝、林素雪、林清全、林清福、林燕、林興、邱捷、邱澄、邱澄

賜、施博吉、柳桂枝、洪正哲、洪祥
國、洪萬生、胡淡雨、胡蔡麗、徐月
齡、徐光男、徐治良、徐金泉、徐俊
樹、徐清松、浦忠成、浦忠勇、翁幸
昭、高木村、高君邁、高志榮、高英
明、高瑞花、高謙福、張育瑞、張阿
田、張阿美、張淑貞、張嘉文、張劉
燈、莊樹林、許丁水、許天送、許武
雄、許金源、許雅雯、郭金明、陳火
生、陳天民、陳文六、陳月琴、陳月
靜、陳月霞、陳玉妹、陳石卿、陳石
廖、陳色絹、陳宏鐘、陳其邦、陳昆
茂、陳明暉、陳明道、陳金讓、陳長
川、陳英傑、陳美詩、陳素香、陳釘
相、陳婉真、陳敏雄、陳清廷、陳清
祥、陳清連、陳清程、陳清福、陳紹
恭、陳紹寬、陳郭秀、陳惠芳、陳僢、
陳穎生、陳麗雪、彭景源、曾明敏、曾
泰元、游泰山、黃不纏、黃永桀、黃永
義、黃秀春、黃坤山、黃金女、黃金
田、黃阿壽、黃英塗、黃國欽、黃淑
莊、黃源雄、楊　田、楊清一、溫英
傑、照智法師、葉士滕、葉韭、詹樓、
福興鋸木工廠、劉李妹、劉猛、劉紹
銘、劉富美、劉朝正、劉雲石、劉壽
增、劉鐵堂、劉鐵榮、歐鹿、歐新貴、
蔡秀鳳、蔡金丹、蔡俊欣、蔡進德、蔡
耀庭、談明和、鄭昭華、鄭圓、鄭榮
治、鄧秀蓮、黎辛妹、蕭月娥、蕭水
興、蕭何雪綿、蕭芙蓉、蕭振鏞、蕭清
蓮、蕭義輝、蕭燕慧、賴水清、賴俊
賢、謝山河、謝振嵩、謝錦鐘、鍾文、
簡文旦、簡陳綢、簡森旺、簡葉文素、
簡遠海、魏德文、蘇裕謙、欒城。

受訪人員當中，已知作古者有高謙福、
詹樓、林興、胡淡雨、鄧秀蓮、林如祿
等，謹致哀悼！

8. 訪談工作人員如下。

陳玉峯、陳月霞、陳相云、陳清祥、陳
清福、楊淑雯、王曉萱、梁美慧、李瓊
如、王豫煌、吳菁燕、黎靜如、林洋
如。

9. 密集訪調時程自1999年之後展開。

49

陳釘相

蘇裕謙

李習

詹樓、蕭何雪綿、蕭芙蓉（陳玉峰攝）

莊樹林

蕭月娥、郭金明

汪鄭清枝

劉猛、陳月霞（陳玉峰攝）

高謙福

謝錦鐘

柳桂枝、陳僭

劉紹銘

照智法師

張育瑞

劉鐵堂

陳紹寬

陳文六

劉壽增

簡葉文素、簡遠海（簡遠海提供）

陳玉峯、陳清祥與陳玉妹，訪問陳釘相

談明和、陳清祥

簡文旦、簡陳綢

陳郭秀

李陳碧月、李陳素娥

江秀蓮、陳玉妹

吳成妹

徐光男

許天送

曾泰元

高瑞花

（以上受訪者照片由陳月霞攝）

邱捷

二-5、日本遺老訪調

阿里山區開拓史第一代耆老似已無一倖存，終戰後歸返日本者以第二代為主，但迄今亦多凋零殆盡，然而，經多方探詢，在阿里山出生，回日本之後，組成如阿里山同鄉會的交誼念舊組織，直到近年始式微，故而決定前往日本搜尋如今尚可追溯之殘存記憶。

2000年8月26日至10月1日期間，由陳月霞、陳清祥、陳玉妹、陳惠芳等一行赴日，配合陳玉峰在台聯繫、資料提供等，先後訪談岡本節子、岡本琴路、岡本恭子、久崗千之助及其妹、伊藤親男及其妻、奧野孝成、菅原房子、菅原昭平等。

2000年9月14～16日，陳清祥、陳玉妹、陳惠芳等，另行採訪中里ミチ子等，此後以迄10月1日之間，陳清祥於日本，依據1981年輯錄的「阿里山小學同窗會會員名簿」，一一去電查詢、訪談。

此間及前後，電訪、寫信連絡等煞費周章，但因年代飄遠，且前日人受訪者原階層過低，除了主任之外，較不重視史實，加以真正參與開發者完全亡故，訪談成效不佳，但盡心力留下任何浮光掠影罷了，爾後再由文獻考據。

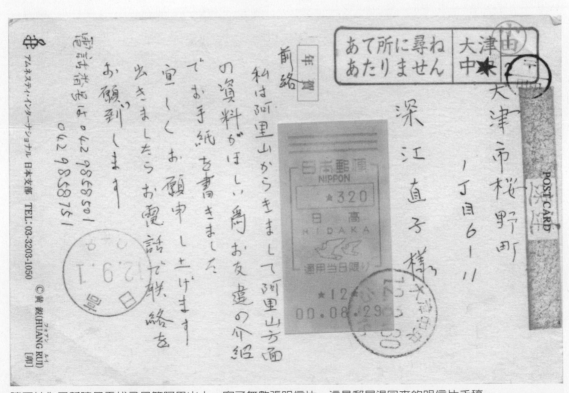

陳玉妹為了幫陳月霞找尋日籍阿里山人，寫了無數張明信片，這是郵局退回來的明信片手稿。

陳清祥、陳玉妹在日本長崎訪問中里。矢真博勝攝2000.9.16. 日本長崎

訪岡本節子，得知其夫岡本謙吉在阿里山拍攝的玻璃底片，皆存放於嘉義友人處，雖無法取得其所拍攝之眾多照片，但幸運的得到節子同意使用其夫遺作的同意書。陳惠芳攝　2000.08.27.

拜訪伊藤猛子女前，伊藤房子與伊藤親男兩姊弟，先請我們在餐廳聚餐。陳月霞攝　2000.09.01.

抵伊藤猛居所，伊藤猛過世多年，屋舍由么兒親男居住。陳月霞攝　2000.09.01.

二-6、方法論

生物學對族群(population)的定義是：特定時間或時程內，在特定地區或範圍內，同種的一群個體之組合體。依據此一族群定義，延展做研究的系列界說、特徵、內涵、因子等，例如基因池(gene pool)，即族群內所有個體的基因或染色體的集合。族群的高度變異，取決於個體的出生、死亡、遷徙等。

特定地區的地體地貌，夥同陽光、降水、大氣流動等無機因子，總成相對於生物的無機環境；隨著氣候變遷、環境變異，生物族群生生息息、來來去去，相對小規模、小變化的在地變化謂之消長或演替，相對大規模、大變化且加上生物種的分化、新種產生等，謂之演化。探尋演化的事實及背後道理，夥同人種特有的心智文化，筆者稱之為大化流轉。

相互比擬，自從日本人、台灣人進入阿里山區伐木營林以來，所有生態系中最強悍的人種族群，介入演化二百五十萬年左右，且發育完滿的最偉大古木林，將此等森林砍伐殆盡，改種為以柳杉為主的各類人工林，並施以硬體建物、道路系統、小規模或局部農業、畜牧，營取野生動物、森林副產物、觀光遊憩，以及任何人種賴以為生計的種種措施，有些地域則因資源耗竭，總體環境不利於聚落經營而消失，留下自然生態系摧毀後的廢墟，後繼以國家造林或任其天然演替。而百年開拓史，正是人種族群所有介入原始生態系的措施之總和，破壞了生物環境，也改變無機環境，改變後環境復影響生界環境。

因此，筆者研究阿里山區開拓史分析及整合的方法論，係透過四階段來建構與剖析。

其一，搜集歷來阿里山區編年史，意識型態係以台灣土地為中心，歷來政權或三、四百年「在台華人開拓史」皆屬外來介入者(陳玉峯，1995a)。然而，此等資訊來源大抵皆屬統治者角度，基本上只提供結構、決策面向，最簡陋或浮面的陳述，何況阿里山區自古無史，二十世紀上半葉的施業台帳又慘遭焚毀，各類「史料」支離破碎、口傳多誤而山林故事幾已蕩然不存，是以，此編年史依據官方特定角度的有限資料，不足以建構開拓史，故而加上各類文獻之相關者，依主觀判斷取捨之，且經由口述史訪談的事件，亦予裁剪併入。凡此編年史或歷史年表誌略，形成本研究在時間軸或事件背景總參考，以免掉入對事件追溯的個案，忽略其總體。

其二，個人口述史的訪調。運用任何管道得知任何曾經在阿里山區工作、生活的人員，透過人際關係先探詢願否接受訪問，出發訪調前先行作業為連繫可密集受訪者的時間、地點、重點等，一次出動3～5人小組，爭取效能、效率。訪調工具如多部錄音機、錄音帶、禮品、照像機、攝影機、各類地圖、相關資料、紙、筆、記錄簿等；為引發受訪人記憶，特定對象會至現場以幻燈機投射若干舊照片所翻拍之幻燈片，增強其聯想或刺激情感，當然，亦儘可能收集的舊照片或資料。

受訪人依個性、記憶力、先前工作內涵等，存有甚大歧異，訪談人本身對阿里山區的瞭解，引話、發問、提醒、刺激的

能力、態度等等，在在相關於訪談結果。為避免誤導，同一事件、案例，最好得有多個受訪人。基本上，對每位受訪人要求其連鎖提供新的受訪者，「老鼠會」式拓展訪談對象。

每次每位受訪者的錄音帶，回研究室後，全部整理為打字稿、電腦建檔存檔，此面向工作量龐大，有時難免有浪費之虞，但因訪談人差異，惟恐轉成訪談結果有所閃失，此一笨拙工作仍受要求。

每位受訪人儘可能要求其提供其族譜世系，留下可繼續追溯的資料。室內整理過程中，若有不清楚或遺漏的少部分，以電話訪錄補充之。

如此，依受訪者陳述所得，建立該受訪人一生或局部在阿里山區的個人史。

其三，整合敘述口述史。依據受訪者的個人史資料，按照各聚落（例如阿里山沼平、自忠、新高口、水山部落……）、事件（例如伐木、集材、鐵路、遷村事件、山葵……）等，將受訪者對各聚落、事件的陳述，歸集至聚落或事件檔，同時，將歷史年表中的結構性資訊，摘要引入，俾令各聚落、地點、地區、事件等資訊集結。換言之，筆者所建立的地區開拓史，實乃由該區民眾或參與者個人史的集合體，誠如基因池的概念收集之。

此等整合型口述史的撰寫，仍然依據有何顯著事例而後登錄，亦即先有相對於研究者的「客觀事實」，而後有「研撰方向」，並非研究者有所研究目的，而依研究旨趣取材。如此而拼湊打散、遺失的各片斷。

其四，研究旨趣與研撰。筆者研究的基調先依據5個w的科學思惟，搜錄相對完整的「客觀史實」，俟基調進行至特定程度後，筆者業已抓出阿里山區開拓史的特徵，至此一階段，筆者始籌思研究旨趣，推衍歷史哲學及生命演化的what for、how come，尤其關注人地關係之間，自然情操為何無法建立？土地倫理何以走向掠奪？除了政策結構的外導之外，當地住民如何形成「文化結構」？也就是說，筆者的方法論絕非設定目的之後的機械論，相反的，係隨時、隨機，因應研究內涵呈現高度轉化的契機，類似生態學整體論（holism），卻不流於一種刻板模式。同時，筆者無法苟同某學科、派別、學術基本教義派的自囿。

研撰形式上自不可能墨守象牙塔型的自瀆與傲慢，蓋因嚴謹度、精確度、客觀性絕非等同於「科學模式」，在台灣隨處可見假借科學形式，卻只流露極端目的論的偏見論著。

研撰重點擺在森林開採史，以及其所形成的聚落，探討聚落生活型、價值觀等議題，建立歷史解說資料庫；而大小議題、事件等，分別以散文體撰寫史料與解說稿「兩棲型」文輯。

2000年8月之後，訪談重點轉向官方管理單位，民間人士則以深度訪談，找尋自然情操及人地價值關係的搜尋。若受訪的「阿里山人」首肯，則建立其出生於阿里山的族譜世系。此間，訪談題目設定如：原始林與人造林予人的感受或差異何在？天然林消失後有何感想？何謂阿里山人？未來往生後打算埋骨何地？對阿里山歷史的省思及未來願景？不同空間分區的族

群，其價值觀、族群特徵有何差異？夥同任何資訊搜集，全方位持續進行之。

特別附註，2000～2002年筆者先後多次以大學公文函請政府單位，包括林務局嘉義林區管理處、阿里山鄉、縣政府等，並動員研究團隊前往口訪、收集資料，要求閱覽公文書、計畫、規劃等，卻礙於行政法規，屢屢遭拒，例如1970年代阿里山邊村等林管處71大冊公文檔、阿里山鄉自日治時代迄今的戶籍資料等等，皆無法獲得同意，更不幸的是，日治時代營林單位資料悉遭焚毀，因而嚴謹治史態度及工作，一直難以突破，準此窘境，除循法規改變、特定管道之外，大概只能等到換政府之後始能研究？令人不勝感嘆！是以本研究宣稱，研究結果僅依民間暨大學研究單位在現實條件下，所獲致的片面成果。無論如何，絕非歷來一些文過飾非的「宣傳性」出版品！本研究密集調查時間超過4年，而零星相關資料收集大約20年。

然而，2003年之後，由於承辦林務局委託研究計畫案，部分公文檔案得以參考，且開始整理自國府治台以降的新聞資料，奈何此等工作曠日費時有若淘金，成果往往事倍功半，但本研究儘可能長期進行之。

1661 年荷人退出台灣之際，少部分荷蘭人曾退
向阿里山山脈，在特富野所屬的小社樂野落籍。

陳月霞攝　2001.01.24　阿里山公路

三、阿里山區歷史年表誌略

三-1、歷史年表誌略

文史登錄有案以來，阿里山以迄嘉義縣市地域之相關於在台華人開拓誌，大抵以顏思齊、鄭芝龍之拓殖北港為嚆矢，1626～1661年的荷蘭統治期間，則以宗教及原住民自治經營台灣，嘉義地區僅留下紅毛埤、井之傳聞，然而，1650年荷蘭統治者的土名戶口表中，已記載有達邦及特富野的地名，更且，1661年荷人退出台灣之際，少部分荷蘭人曾退向阿里山山脈，在特富野所屬的小社樂野落籍（王嵩山，1990）。

明鄭時代，部將賴剛直屯田今之中埔鄉和睦村，設公館，以後該地遂名公館莊，傳四代而移居嘉義市範圍；1683年台灣隸清，設台灣府，下分3縣，中、北部謂之諸羅縣，但機關所在地係位於今之台南縣佳里鎮，直到1704年，派遣宋永清至嘉義治理移民及原住民，及至1706年前後尚無辦公室，乃搭營帳辦公，另則積極興建縣署、學舍等，當時，原住民與移民混居（嘉義縣政府，1963；1967）。

1696年之台灣府誌、1717年之諸羅縣誌，記載了玉山、阿里山的名稱。此後，大約經歷了2個世紀的漫長歲月，對華人而言，阿里山及玉山依然停留在可望不可及的文學化詠述中。

1714年周鍾瑄前來擔任「縣長」，修水利、重文教，因而延請陳夢林創撰縣志，1717年修纂完成的「諸羅縣誌」（周鍾瑄，1717）述及：「……其峙於東南者曰阿里山（山極遼闊，內社八：大龜佛、?囉婆、肚武膋、奇冷岸、畬米基、踏枋、鹿楮、干仔霧）

與大龜佛山（在阿里山之東南）同為邑治之左肩……」，「阿拔泉溪發源於阿里山……；……八掌溪發源於玉山……」，同書檢附之地圖雖然極為簡陋，隱約可推18世紀初期，華人所指稱的「阿里山」，大致落在今之鳥松坑山、大塔山、阿里山區、自忠山以迄霞山一帶，但真正古人目視所及，以及古地圖所示，之能否契合則疑義叢生。

18世紀初期，華人所指稱的「阿里山」，大致落在今之鳥松坑山、大塔山、阿里山區、自忠山以迄霞山一帶，但真正古人目視所及，以及古地圖所示，之能否契合則疑義叢生。
陳玉峯攝 2002.12.16. 大塔山

此等古地圖所繪叢山，在中、高海拔標示的樹木，顯然為針葉林，如圖2，而低海拔大抵為闊葉樹，平地則為竹林及闊葉樹。該書在物產志的「物之屬」系列，列有「柏」，附註謂葉扁而側生，曰側柏，一名扁柏。整部諸羅縣志所能搜錄可能關於阿里山的資訊，殆僅如此，也就是說，在台華人朦朧認知阿里山區，至於檜木之存在與否，無法據下判斷。

清朝統治台灣長達212年，跨越3世紀，嘉義「縣長」更替了將近百人，但並無

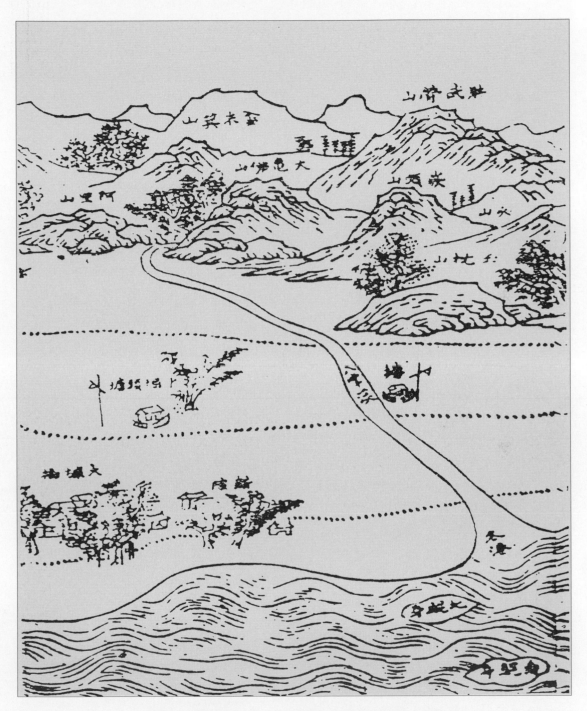

【圖2】諸羅縣誌（1717）關於阿里山區的地圖

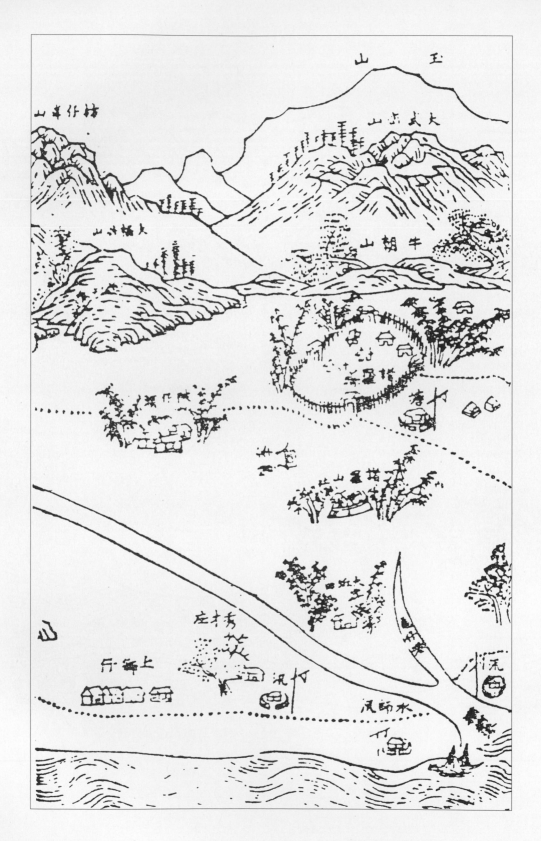

完整詳實的政績文獻可徵，遑論阿里山區資訊。以下簡錄有關事務一、二。

1720年10月1日、12月8日大地震，清統治者下令免除原住民稅賦。

1722年，朱一貴事變後原住民狀況不穩，諸羅知縣孫魯派人安撫阿里山原住民，且縣署重選通事，時24歲的吳鳳膺選。

1725年，為求合理解決華人與原住民的土地糾紛，創設「番大租制」，所謂番大租制，乃是承認華人侵墾原住民土地為既成事實，但不否認原住民才是原土地主人，因而訂立租借關係，也就是說，強佔、漂白或合法化的認定，首開華人墾拓山地之門。自此以迄台灣歸屬日本期間，華人節節入侵內山，至清末，八掌溪流域盡為華人村落，阿里山前山山脈之西坡，到處為華人居，而清水溪源頭、陳有蘭溪上游均有村落，尤其社後坪(豐山)、頭社坪、獺頭、龍美等地。

番大租之外另有「山租」，亦即華人入墾阿里山(並非今之阿里山)，上田每甲年納約穀3石、中田2石、下田1石，園(旱地)則更降一等的租稅，土產則課百分之5，謂之「山面雜租」，1770年正式由官方頒給執照。這些稅賦由官方分得4成、原住民分6成。

然而18世紀的政策亦有反覆變更，端視衝突及主事官員而定。1737年禁止華人原住民通婚；1739年禁止華人入侵原住民土地；1752年勒石劃分華人及原住民邊界。

1750年、1758年、1763年夏季風災、水災嚴重；1758年令歸化原住民改為漢姓。

1769年，原住民殺吳鳳；1772年水災；1776年、1792年、1850年、1862年大地震。

1788年，林爽文事件結束後，阿里山鄒族人12員曾至北京；1811年全台人口約200餘萬人。

19世紀及之前，華人往阿里山拓殖，大致落在海拔1,500公尺以下地域，且多溯河流、河床挺進。無論如何，似乎並無真正深入今之阿里山區，是以阿里山實質開拓史係發軔於19世紀末。

1874年，沈葆禎奏請清廷開山撫番，責成總兵吳光亮於1875年統領兩營兵士，由竹山東進，經大坪頂、鳳凰、鹿谷、東埔、八通關、人水窟以迄玉里，開闢連接前後山道路，同時履勘玉山。斯時嘗題字為紀，惜今已軼，此或即史載第一批攀躋玉山的華人，但不能確定有無登玉山頂。

清末，日人早覬覦台灣的戰略地位，甲午一役則遂其割台。

1895年6月2日(明治28)，日本政府派任第一任台灣總督，海軍大將、伯爵樺山資紀與清廷特派使節李經方，在基隆港外海見面，將台灣及澎湖群島交予日本管轄；6月17日下午4時，日本人於原清廷巡撫衙門(台灣總督府，今之總統府)，舉行「始政式典」。新設嘉義支廳於原來清朝嘉義縣衙門內，歸台南縣管轄。

1895年8月21日(明治28)，台灣總督府改制，實施軍政。嘉義支廳改為嘉義出張所，隸屬台南民政支部之下，原支廳長改名為出張所所長；10月8日，日軍進攻嘉義城而破東門，9日攻下嘉義4個城門；嘉

義出張所自11月1日開始辦公。

1896年3月21日（明治29），台灣總督府廢軍政、歸民政，嘉義出張所復改回台南縣嘉義支廳。

1896年4月1日（明治29），台灣總督府設置專賣局、嘉義支局；5月8日，台灣住民選擇國籍、去留截止。

1896年5月27日（明治29），設嘉義縣，廢嘉義支廳，且將支廳改為嘉義縣下的嘉義辦務署，管轄嘉義西堡、牛稠溪堡、柴頭港堡、嘉義東堡、大目降堡。

1896年9月（明治29），日本陸軍部囑託（屬臨時性職位）陸軍步兵預備中尉長野義虎，決定率先挺身深入台灣山區，由東岸的玉里出發，經過八通關鞍部一帶跨越玉山，經過阿里山一帶，發現了一大片蓊鬱廣袤的針葉林，最後由嘉義附近出山。

註：台灣時報第191號，昭和10年10月號，出自尾崎秀真氏的〈台灣四十年史話〉。

1896年11月13日（明治29），林杞埔（竹山）撫墾署長齊藤音作親自出任隊長，率領一行總計達27名的探險隊前往玉山（其後更名為新高山—台灣人原稱其為玉山，而歐美人則稱其為Morrison）進行探勘，隊中成員包括東京帝大副教授本多靜六、台灣民政局技手月岡貞太郎、大阪朝日新聞記者矢野俊彥、憲兵曹長丹羽正作以及通事與挑夫多名。其行經的路線由林杞埔、楠仔腳社，經和社抵東埔社，同月19日由東埔社出發，沿著溪谷向東前進，當時所望見的一大片針葉樹林，據推測即為後來發現的阿里山森林北端。

途中一行人多因病或其他理由陸續脫隊，唯有齊藤署長1人登上玉山頂峰，他以高度計測出該山頂之標高為4,265公尺，較富士山高出約606尺，齊藤署長即時向總督回報這項事實。

註，事實上齊藤所登頂的山頭為玉山東峰。

1897年3月（明治30），林杞埔撫墾署長齊藤音作受總督府之命，針對新高山西側一帶阿里山森林的概況及開發的可能性進行調查。

齊藤氏於同月13日前往嘉義與台南出差，與當地知事及其他重要官員會面，針對新高山西側大森林之開發事務進行討論，協調的結果決定對當地原住民實施指導教育，實驗性地推動開伐事業，後來找來知母膀社（註，特富野）原住民29名、達邦社原住民10名，告知其撫墾署設立之宗旨，並詢問其原住民部落情事與大森林的現況，供應彼等若干鋤頭、布料等日常必需品，並在5天之中與其懇談，施與同化。

1897年7月6日（明治30），拓殖務省告示第6號公佈。

明治30年6月28日起，台灣之第一高峰Morrison即改名為新高山，遵令奉行。

　　　　　拓殖務大臣子爵　高島鞆之助

參謀本部為使此事得以永傳不朽，特命藤井包總撰寫一份新高山命名記。其全文如下。

「巍巍而高者山也，鞏固不動者山也，故自古表君父恩德，頌國家安寧，常取譬於富岳（註，富士山），蓋因富士山為我國山嶽中之最高者，明治二十八年因戰捷而台灣歸我，又得與富岳伯仲之

1897年6月28日起，台灣之第一高峰Morrison改名為新高山。林久三攝 1927

由八通關方向往玉山觀看，前座看起來較高的為玉山東峰，後面矮一些的為玉山主峰。永井繁樹攝 1925

從北峰看主峰，1968年。徐光男攝

日本富士山（3,778m）。陳月霞攝　1987.07.17.　日本五合目

日本富士山日本人奉為聖山，終其一生，都要上一趟聖山。富士山每年只
在暑期開放約三個月，其他時期封山。圖為暑期朝聖人潮，不分老少，24
小時日夜皆然。陳月霞攝　1987.07.17.

玉山主峰。陳月霞攝 1985.11.01. 玉山北峰。

高山，莫里遜山是也。此名為歐洲人所稱呼，七月參謀本部派測量員於本島著手測量，參謀總長殿下於大本營御前會議上奏此事，談及此山之名，陛下詔令，待測量完成之日再予命名。其後，測量部增發部員數班，在土匪生番起伏叛亂之間，盡其所能測量，其區域往往及於政化未建之處，終於昨年九月竣工，爾來勉力製圖，本年六月將付印之際，殿下使副官將校至京都直所上奏。及至同年下旬，參謀本部次長川上閣下西上恭請聖安，獲賜新高山嘉名，乃將其銘刻於地圖，為萬古不易之名。子之初生父為之命名，今上陛下命名此島中第一高山，即以此可以奉仰對此新邦如愛子之聖德。嗚呼於我大八洲今上陛下聖代，更增此一大島，皇德之彌高比此山之高更高，國安之鞏固比此山之不動更鞏固。陛下震慮之賜注台灣島一如前述，為臣民者豈可不更加鞠躬經營宣揚皇威耶。

明治三十年七月（一八九七年七月）藤井包總誌」

1897年7月（明治30），林圯埔撫墾署長齊藤音作針對新高山大森林之開發事務，向乃木總督提出具體報告。

要旨一如前報告所述，新高山西麓坐擁檜木與杉木之廣大森林，其面積約為10萬公頃，推估其蘊藏之木材總量約超過1億尺締（註，超過3千萬立方公尺），倘若慎重研究開發利用之方式，每年應可生產總量數十萬尺締的貴重大型材木，如此一來不僅有益於生蕃之就業與安撫，同時對於目前台灣本島日益增大之木材需求，有即時紓解之功效。眼前由諸官衙兵營、民屋修繕、電線桿乃至橋樑等，都需要使用大量的木材，然而現時多須仰賴對岸中國福州與內地所產之杉木，且其價格之高可謂匪夷所思，最近嘉義縣廳修繕所需之材木，其每尺締之預估單價竟高達25圓之譜，儘管如此尚有實際購入上之困難，由是之故，新高山西麓大山林之開發實為眼前之急務。

1897年12月1日（明治30），林圯埔撫墾署為了探查新高山西方的原住民與森林狀況，特別籌組了一支調查隊，由齊藤署長出任隊長，離開林圯埔出發東進。

調查隊由林圯埔（竹山）出發之後，沿著清水溪上游，路經全仔社進入石鼓盤社，之後抵獵獵紫社（註，來吉）與知母膀社（註，特富野）附近，調查當地原住民與森林狀況。17日則由知母膀社前往北方的和社街道，發現SIABUNGU峰一帶有巨大的檜木林，當日投宿於MAFUCHIGANAI的原住民狩獵小屋，18日則沿著陳有蘭溪的一條支流前進，通過大塔山的山麓一帶，路經和社與東埔社之後，往南深入RAKUBOYANA山境內，途中經過杉屬、檜屬林木與赤松的混生大森林，探險隊越過RAKUBOYANA山之後，進入一處被認為是楠仔仙溪源頭的地點，當日於BOHOYU紮營露宿。22日，探險隊一行人經過阿漏社之後行抵達邦社，除了於當地過夜之外，同時也調查當地的原住民與林相，之後再連續經過笨仔社、

落鳳社、南撫那社、沙米居社與勃仔社，沿著大埔溪續往下走，途經紅遠社、簡露社與敷勇社之後，抵達蕃薯寮撫墾署。在這段路程中，知母勝社頭目MORU與數名原住民始終同行在側。1898年1月2日，探險隊終於到達台南，5日返回嘉義。在此次探查過程中，得以窺見阿里山森林的部份盛大林況，也增加了新高山西方森林開發的希望。

1898年3月（明治31），嘉義東、西、南、北4區改稱一、二、三、四區街役場；及至1905年6月，4區合併為1區，稱為嘉義區役場，街長改稱區長。

1898年12月26日（明治31），德國人史坦貝爾登上玉山東峰及主峰，證實齊藤氏誤登玉山東峰，此段被遺漏的歷史，詳見陳玉峰（1997）。

1899年2月（明治32），嘉義辦務署第三課主記（後升任課長）石田常平進入阿里山探勘，發現極為廣袤的大型森林。

當時石田主記受命前往達邦社出差，負責監督當地原住民事務官吏駐在所的興建工程，某次由於正逢舊曆過年，由公田聘來的竹材建築師傅必須返鄉，因此工程不得不暫時停止。石田氏自從來到達邦社之後，經常聽聞當地原住民提起，其地東北方約7公里的深山一帶，有一片廣大的檜木林，他便利用這個機會要求知母勝社（特富野）頭目MORU率領2名原住民，一行4人攜帶3天份的糧食，經由知母勝十字路附近入山，經過一天的行程後，果然到達一處鬱鬱蒼蒼、漫天覆蓋著檜木與SAHARA的密林地帶。當天一行人便針對森林的概況進行初步的調查，石田氏對此一森林的

廣闊面積與豐富的木材資源留下深刻的印象。第4天4人返回達邦社。當駐在所工程於2月底竣工之後，石田氏便將探勘阿里山森林的過程，向辦務署長岡田信興氏提出報告，而岡田署長亦立即向台南縣知事磯貝氏（註，磯貝靜藏）秉告此次調查的概要。

台南縣技手小池三九郎進入高山族地界，確定阿里山的確擁有大量美好的森林，雖然石田氏之阿里山踏查報告較早提出，然基於石田氏之林學修養不足，因此內容遠不及小池氏來得詳盡，因此在公式記錄上，多將小池三九郎視為正式的發現者。

註：當時達邦社尚未有警察官駐在當地；1898年4月撫墾署裁撤之後，原住民事務改由鄰近地區的辦務署第三課負責。

1899年5月（明治32），台南縣技手（後升任技師）小池三九郎為了確認阿里山森林的實況，在石田氏的指引之下，由嘉義沿著八掌溪逆流而上，沿途經過觸口、公田庄、鬼仔嶺、無苓咽、達邦社、知母勝、十字路依次入山。

小池技手實地調查之後，確認了阿里山森林的存在，同時調查其所在位置、地形、林況與樹種等情形，返回後向台南縣知事回報，再由縣知事往總督府呈報此事。註，上述觸口至達邦路線即19世紀末、20世紀初，原住民出入山區的主要道路。達邦以上，經十字路至阿里山檜木林可能只是原住民的狩獵路線，當時也無十字路的地名。

1900年3月（明治33），總督府派出鐵道部技手飯田豐二，前往阿里山調查木材運

出之難易度，飯田氏由林圮埔出發，沿著清水溪河谷逆流而上，經石鼓盤溪抵阿里山飯包服，之後更越過分水嶺，進入曾文溪流域，回程經達邦社、公田庄由嘉義出山。

根據飯田氏的調查結果，證實當地森林資源蘊藏豐富，然而在搬運上確實有重重困難。

註：1899年3月總督府設立「臨時台灣鐵道敷設部」，進行建設台灣，縱貫線鐵路，11月改設「台灣總督府鐵道部」，直到1908年4月15日，基隆至高雄始全線通車。因此，總督府寄望阿里山區可提供修築鐵路的木材，責成鐵道敷設部長谷川謹介命令飯田氏前往阿里山調查。

1900年3月（明治33），據聞京都東本願寺有意於台灣新設布教所，定居嘉義的日人加土豐吉為此特前往京都洽談，希望以開採後的阿里山材供建設之用，然雙方會談並不順遂。

1900年6月12日（明治33），為了進一步調查阿里山森林採伐的可能性，總督府再次派遣技師小西成章、技手小笠原富二郎，陪同台南縣技手小池三九郎與嘉義辦務署主記石田常平等人前往阿里山探勘，一行人經由林圮埔、烏松坑、匼籠、松山、眠月、大塔山進入阿里山。

此次調查的歸途係經由十字路、達邦社、公田庄返回嘉義。

註：眠月之地名由來，係於1906年（明治39）河合博士首度經石鼓盤溪入山之際所命。有關「眠月」二字之由來另賦有一詩以茲紀念。註，筆者不同意此說。

註：上註係《阿里山年表》的附註，但筆者懷疑此說之正確性，因其賦詩係在1919年，河合氏舊地重遊的感嘆之作，故其命名應在1919年；而眠月在1920年代之前的台灣人命名應為「薄皮仔林」，意即紅檜林地。此外，河合氏之記錄1906年至眠月，時間上筆者亦懷疑是否有筆誤。

1900年8月27日（明治33），小笠原富二郎等人的調查報告書向總督府提報，敘述阿里山區地理、地質、原住民、森林蓄積等，且就伐木、伐期、造材、運輸、造林、機構、預算等，擬定經營計畫。之後，總督府以此報告為基礎，由鐵道部規劃「以供應縱貫鐵路建設用材為目的之阿里山森林開發案」，預定委託大倉組負責執行，自1901年度起進行開發。

1900年（明治33），東京帝大派員來台勘查，擬設立實驗林。註，一說1901年初派右田半四郎來台交涉。

1900年（明治33），日本人在達邦設立鹿造派出所。

1900年12月（明治33），台南郵便電信局長山木利涉鑑於新年度台南郵電局建築區急需「電話用電柱」5,249根，因而對新發現的阿里山森林抱持希望，遂派遣「第一部擔當技手」黑野多四郎前往阿里山探勘。12月26日，黑野氏的報告提出，說明阿里山森林可充電柱使用的木材，約佔總林野面積之2成，估計有25萬株，但其成本將因山區運輸不便而高出日本本國出產品一、二成，然而，由日本輸入的電柱用材主要是杉木，待其跨海運抵台灣實際使用之際，往往已是伐採後1年以上，接近杉木最早的腐朽期。從長遠立場考量，阿里山檜木即使成本較高，乃有開發的價

值，然而，若只為電柱而開發阿里山，根本不符經濟效益。12月28日，杉木利涉向後藤新平建議，將此事宜委由已擬定隔年度進行伐採的鐵道部負責辦理（李文良，2001）。

1901年5月（明治34），大倉土木組岸本順吉奉鐵道部長谷川謹介部長之命，針對阿里山材運出計劃進行實地探勘。具有多年營林經驗之竹村榮三郎建議，可利用曾文溪之水流將木材散流而下，再由嘉義一帶裝運上車，運往縱貫鐵路延線各地。

當時正值基隆至高雄間的縱貫鐵路施工期間，是故需要大量的木材，因此官方與民間對於阿里山森林的採伐與運出，皆寄與無比的厚望。同年5月鐵路局與大倉組（木材商）曾派出調查隊入山，而民間小由林業家土倉龍次郎研擬計劃，研究各種運輸路線與運材方式，然皆因不合經濟效益，而無具體可行之結論。

大倉土木組日人竹村榮三郎原擬利用曾文溪水流運木材，惟因山岳重疊，溪流湍急，不適於管流木材，所製之枕木亦未克運出。

註：竹村榮三郎歷經月餘的調查後，認為上游河床佈滿大石，旱季、雨季水流差異太大，達邦以下又缺乏建堰堤所需材料，缺乏可行性，因而建議大倉組放棄經營之承辦。

1901年6月24日（明治34），開伐少數阿里山材運往台南，供應台南御遺跡所保存工事之用。

台南關組關善次郎為此工事奔波往來，獲得無償取用阿里山材之許可，採伐作業負責人中川淺吉於同年5月15日由台南車站出發，於灣裡車站下車，沿途投宿於新營、嘉義、水車寮與哆囉焉（註，多林）等地，第5日時抵達阿里山飯包服，率領2名內地人與50名台灣人鋸木工人，著手進行製材作業。

1902年3月（明治35），林業家土倉龍次郎對阿里山林業之經營頗具雄心，於是向總督府提出開發計劃，預定由飯包服經十字路，翻越鬼仔嶺，經公田庄、觸口，修築一條長約8里餘之木馬（山區運輸木材所用之爬犁）道。之後再由觸口轉接輕便軌道車運往嘉義。

總督府方面認為對於如此巨大的阿里山森林，此案並不具備經濟開發的合理性，因此並未許可。

1902年5月（明治35），林學博士河合鈰太郎接受總督府之特命，由嘉義出發，經公田庄、達邦、十字路之路線入阿里山，實地進入曾文溪流域、清水溪流域與石鼓盤溪流域一帶，探勘土倉氏計劃之木馬線路與阿里山一帶森林之地質、林相與蘊藏狀況。

河合博士探查後發現阿里山林相極為優秀，材質良好、蘊藏豐富，因此力主開發，提出利用美國式機械力之運材方案。

1902年（明治35），劃定由鳳凰山以迄玉山一帶為東京帝大演習林。而真正實地移交則在1904年。

1903年5月11日（明治36），日本守備隊開始討伐阿里山原住民，5月30日還防。

1903年（明治36），民政長官後藤新平接到河合博士之報告後，認為此地森林之開發大有可為，不僅有利於拓殖事業之發展，同時有助於台灣之財政經營與收益，

遂訂定阿里山森林開發案之大政方針，並下令各相關部署，進行森林蘊藏量之調查，以及森林鐵道之路線測量。

註，「據說」總督府相當認可河合氏的調查報告，並在1903年度預算中編列2萬餘圓經費，從事森林鐵路及林況之調查。

1903年11月（明治36），鐵道部技手岩田五郎受命後，即著手進行鐵道路線之預測，由嘉義經公田庄，續往東進直抵鬼仔嶺。福山道雄的測量路線則由阿里山飯包服出發，同樣朝向鬼仔嶺前進，測量行動於翌年之3月結束。

根據此次預測之結果，確定阿里山森林鐵道之開通應無疑慮，然而在鬼仔嶺附近有許多「之字型線路」之設計，對火車之運行的確有所不便。

註：鐵道部自1903年11月起，派遣技術人員經歷4月餘的調查，針對「和社溪水運線」、「灣坑頭陸運線」、「清水溪水運及鐵道線」、「獨立山鐵道線」、「柑仔宅鐵道線」、「公田庄鐵道線」、「曾文溪水運線」，以及「楠梓仙溪水運線」等8條可能性的水、路運輸路線，作調查與評比。所有水路皆因斷崖峭壁、巨岩橫陳及水量不穩定，而難有保全之計；陸運則因坡度大，翻山越嶺、沿途險阻，而難以利用。多方探討後，最後決定採行「獨立山鐵道線」（見後）。圖3示8條可能性運材路線。

1903年12月（明治36），殖產局技手小笠原富二郎再度前往阿里山，進行森林調查。所謂森林調查，包括植物分布、林相、材積、造林及伐木事業為內容，日本佔領台灣之後，小笠原此次調查為「正式

的森林調查」之發端。

1904年2月10日（明治37），日俄宣戰。

1904年3月（明治37），鐵道部技手川津秀五郎經由打貓（民雄）前往樟腦寮，循螺旋狀路線攀登獨立山，經紅南坑、交力坪與奮起湖，終抵十字路，進行此一鐵道路線之預測。

此一路線係由川津技手探勘後發現，途中除須環繞獨立山三迴旋外，地形險峻施工不易，但沿線並無任何「之字型線路」，因此一般認為遠較公田庄線為佳，測量作業於同年5月完成。

此外清水溪線與柑子宅線等其他數線雖亦完成踏查，比較下確定無開發之價值。

現行阿里山鐵道之路線計劃，係在如此詳細測量下決定，即以嘉義為起點，迴繞獨立山，經交力坪、奮起湖、二萬坪乃至阿里山。

1904年夏（明治37），藉由殖產局技手小笠原富二郎的阿里山森林調查報告之結果，擬出之經營案大要如下。

一、材積

　針葉樹1,418萬尺締
　闊葉樹384萬尺締

二、鐵道

　嘉義阿里山間距離42哩
　建設費313萬圓

三、林業費

　伐木、集材、運材、製材、貯木場等設備及林內鐵道舖設費150萬圓

四、收支預估

收入年搬出材積15萬尺締　單價10圓
合計收入150萬圓
支出營業費75萬圓
利益75萬圓

五、採伐跡地上直接以人工植林進行造林事業，以求永續之經營。

然而，在集材方法上，河合博士於美國實地考察時發現，美國之山林地帶大抵為丘陵之型態，遠不若台灣之險峻，故美國一般的機械集材法之架線方式並不適合。唯有美國東部險峻地帶開始使用的 Lidgerwood system，其鐵鉤(tong)可下垂深谷，較適合台灣高山之需求，故最後決定採用此一集材架線法。此外，另行投資2萬日圓，派遣林業專業人員，著手針對阿里山森林詳細調查，以求瞭解整體阿里山森林之狀況。

其後擬出之林業經營內容如下：1. 根據現有蘊藏量分為80年採運。2. 針、闊葉樹年伐量合計為5萬立方公尺。3. 修築森

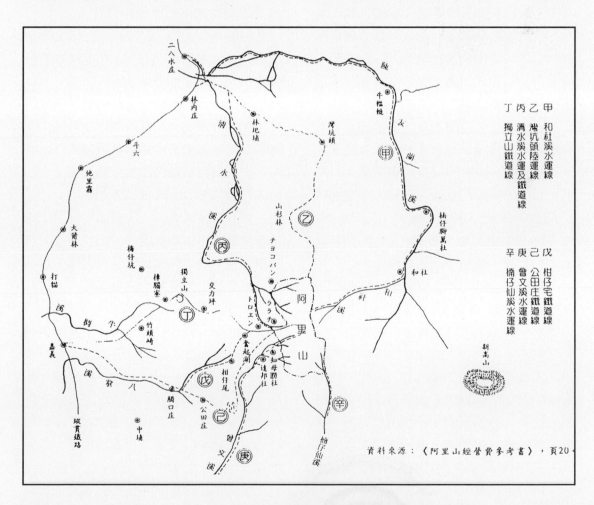

甲　和社溪水運線
乙　崁坑頭陸運線
丙　清水溪水運及鐵道線
丁　獨立山鐵道線
戊　柑仔宅鐵道線
己　公田庄鐵道線
庚　曾文溪水運線
辛　楠仔仙溪水運線

資料來源：《阿里山經營費參考書》，頁20。

【圖3】1903年11月～1904年3月評估阿里山運材路線示意圖(轉引 李文良，2001，頁157)

林鐵路。4.伐採跡地由人工培植柳杉林與扁柏林等，平均以80年為輪伐期。5.選用喬木皆伐作業。6.沿森林鐵道之適當地點，設置製材工廠，以便搬出原木之製材。

估計須投入270萬圓之固定成本，每年花費30萬圓之營業費用，估計可得90餘萬圓的純益。至此正式決定阿里山森林之經營由官方辦理，且對外公開宣佈。

1904年10月（明治37），後藤新平民政長官率領鐵道部長谷川技師、林學專家河合博士一行30餘人，再加上60餘名擔送食糧的挑夫，浩浩蕩蕩百餘人於嘉義廳長岡田的引導下，由嘉義出發，歷經竹頭崎、樟腦寮、交力坪、奮起湖、哆囉焉、十字路等地，直登上阿里山。

入山途中，於奮起湖、十字路兩地各宿一夜，在後藤民政長官親自探查之下，更加確定此一森林事業之開發有望。在結束一整天的視察行程後，一行人是夜宿於小笠原技手預先建於萬歲山下之小屋，於晚餐閒談中後藤慨然歎道：「若不能將此山順利開發，便稱不上是好漢！」。而「萬歲山」命名之典故，係因後藤長官一行人登頂高呼三聲「萬歲」而來，此外兒玉山、後藤岩、祝山、長谷川溪、河合溪等亦於此行中命名。一行人歸途中於十字路夜宿一晚，後經觸口出山歸返嘉義。註，塔山即後藤日文音，祝山即祝局長，兒玉山即兒玉總督，小笠原山即小笠原富二郎，長谷川溪即長谷川技師，河合溪即河合鈰太郎，皆以人名來命名山水。

1904年11月4日（明治37），日本人在達邦設置教育所，開辦原住民孩童教育，由派出所執行之。

1904年11月6日（明治37），彰、雲、嘉、南發生烈震，嘉義地區破害最大，死12人、傷23人，房屋全倒167間、半倒285間、受損708間。而1903年12月底，嘉義西堡嘉義街有日本人423戶、1,281人，台灣人4,773戶、19,655人，合計5,166戶、20,936人。

1904年底（明治37），總督府編列阿里山森林經營預算，向帝國議會提出，然而其時恰逢日俄戰局方酣，日本國內財政窘迫，內閣並未同意此項預算案。

1905年10月28日（明治38），植物學家川上氏等，由嘉義登玉山，描述植物帶及植物採集，詳見陳玉峯（1995a）。

1905年底（明治38），日俄戰爭到此終告結束，台灣總督府雖再度提出阿里山森林經營案，然而日本國內財政窘境仍未解除，因此對各項新興事業多無力資助，同時短期內皆無通過本案之可能。

1906年2月（明治39），有鑑於阿里山森林事業官營方案難以遂行，因此總督府乃改變方針，決定開放民營，將阿里山森林之經營委託於大阪有力之實業家—合名會社藤田組，雙方簽訂經營契約。

1906年3月17日（明治39），嘉義發生芮氏7.2級大地震，震央位於民雄附近，死40人、傷84人；4月14日，再傳強烈地震，自3月17日以來，累積市區房屋全毀649間、半毀1,084間、大破損1,506間、破損1,691間；8月27日又逢暴風雨，損失慘重。

1906年5月（明治39），聘請鐵道部長谷川技師及河合博士指導，藤田組設立嘉義

兒玉總督

後藤新平民政長官

後藤岩。蔡耀庭 提供

塔山。陳玉峯攝 1987.11.17.阿里山

萬歲山。左為萬歲山頂，右為測候所。陳玉峯攝 2002.12.17.祝山

出張所。

由藤田組副社長藤田平太郎兼任出張所所長，聘請農商務省之後藤房治任林業課長，聘請總督府之菅野忠五郎任鐵道課長，立石義雄任經理課長，以總督府之調查材料為基礎，展開阿里山森林之測量、個別立木調查，以及宿舍建築與林道開設等作業。

負責作業之人員如下：

課長　後藤房治

技士　丸山佐四郎

技士　堀田己之助

職員　秋山賢夫

職員　中里正

職員　吉田忠

職員　津村源七

調查人員以阿里山兒玉村內之檜御殿（華南寮之位置）為根據地，由宮城、福島聘任十數名鋸木工，由木曾、秋田一帶聘任數名調查人員。

1906年5月7日（明治39），藤田組著手進行嘉義至竹崎間之測量事務。

測量主任川津秀五郎由嘉義出發前往灣橋、鹿麻產，於5月13日抵達竹頭崎（竹崎），結束測量工作，並準備土地收購之業務。

線路總長為8哩75鎖，最急坡度為50分之1。（註，1鎖約等於20.1公尺）

1906年5月26日（明治39），藤田組著手進行測量竹頭崎至樟腦寮之間的距離。

測量主任進藤熊之助為了調整曲線部分的摩擦，設定直線之最大坡度為20分之1，隨著曲線部分的半徑逐漸縮小，將線路坡度漸次減緩，半徑2鎖半之內的曲線部位，最大坡度設定為25分之1，以達成全線摩擦大小相同之目標，然7月10日測量人員到達樟腦寮之後，發現較預測路線降低50餘尺，若本此方針繼續測量下去，整體之隧道長度將延長許多，不僅增加工作量，同時也增大施工的難度。因之最終決定無論線路之曲直，均設定最大坡度為20分之1，7月13日再度進行測量，所有作業於8月17日完成。

線路總長為5.5哩。

1906年6月20日（明治39），藤田組副社長藤田平太郎由嘉義出發，前往阿里山視察。同月28日經達邦社返回嘉義。

一行人包括鐵道部技師長長谷川謹介、同社理事木村陽二、顧問河合鈰太郎、社員菅野忠五郎、後藤房治、嘉義廳技師小笠原富次郎與嘉義廳警部石田常平，另有其他5名隨行人員。

1906年6月24日（明治39），藤田組阿里山林業事務所成立，後藤房治出任課長，林況調查主任由丸山佐四郎擔任。

1906年7月9日（明治39），藤田組將第1工區—嘉義至竹頭崎間工程委由吉田組開工起造。（註，阿里山森林鐵路實質開工日，亦即森鐵生日或可定為7月9日。但若以人類生日定義，則森鐵生日則以1912年12月20日為準。）

開路工程於鐵道課長直接監督下，在11月間完成，1907年1月下旬軌道的舖設結束，橋樑全部為木造結構，使用巒大山所產之檜木。

1906年7月21日（明治39），藤田組川津秀五郎著手進行測量樟腦寮至梨園寮間之距離。

以左旋方向盤旋上獨立山，於8月22日抵達紅南坑。11月30日，進藤熊之助於樟腦寮起再度展開測量，於獨立山上右旋2圈左旋1圈，進行精密測量，完成與原預定線路之比較。1907年2月下旬抵達梨園寮。線路的總長為5哩20鎖。

1906年8月23日(明治39)，藤田組於萬歲山下整理地基，興建7棟林業事務所及從業人員宿舍。註，應指今之阿里山工作站下方。

1906年8月24日(明治39)，藤田組川津秀五郎著手實測交力坪至十字路間之路線。

1907年1月31日測量工作暫告完成，並開始進行全線之改測作業。線路之總長為14.5哩。

1906年(明治39)，宜蘭廳內高山族地界內發現棲蘭山之檜木林，藤田組出面申請經營權。

棲蘭山檜木林之林相及蘊藏量雖不及阿里山，但其部分地區可利用溪流之力便於出材，藤田組擔心若棲蘭山經營權為其他企業所得，將影響阿里山森林事業之發展，於是乎出面申請棲蘭山之營林權。

1906年10月10日(明治39)，於萬歲山下設置阿里山森林氣象觀測所，由廣澤進擔任觀測員。

1906年11月1日(明治39)，藤田組將第2工區竹頭崎至樟腦寮間工程，委由吉田組與大倉組負責施工。

由樟腦寮派出所進藤熊之助主任負責監工，工程於1907年12月完成，全線舖設1碼30封度之軌條。

1906年11月3日(明治39)，阿里山神

1906年阿里山神社落成。1919年舉行鎮座祭典。
林久三攝 1927

社落成。

1906年11月(明治39)，嘉義廳小笠原富二郎技師於阿里山森林中發現超巨大檜木，認為其中有樹神附身，特圍上木柵，並綁上七五三繩(粗稻草繩)，視為神木祭祀。

神木的樹幹據估周長為60尺，直徑為20尺7寸，最低枝幹距地表為45尺，用材部分材積據估為1,900尺締，總長為135尺，樹齡約2千年，所在位置標高為7,200尺。

註：材積一尺締約為0.33392立方公尺，神木估
　　為約634立方公尺；1尺約為0.30303公尺。

1906年11月(明治39)，總督府殖產局的菊池米太郎由阿里山登塔山途中，首度捕獲帝雉，為紀念日本天皇，名之以mi-kado(日語帝王)，1907年由英國鳥類學者命學名發表，轟動全球鳥界。

1906年(明治39)，小西成章在阿里山區採集了台灣杉標本，後經早田文藏以台灣為屬名，發表新活化石物種而震撼全球

阿里山神社於國府治台不久後，旋被拆除，原地蓋「博愛亭」。轉自林務局1985年

博愛亭於1999年9‧21大震受損，林務局斥資129萬6千元，於2000年4月9日修護完成。陳玉峯攝 2003.04.14.

1959年由何志浩所撰的「國父頌」。陳玉峯攝 2003.04.14.

阿里山神社舉行熱鬧嘉年華，伊藤猛夫妻樂在其中。伊藤房子提供

植物界。

1907年1月上旬（明治40），開闢兒玉村檜御殿前之檜木林，興建工程事務所1棟、職員宿舍1棟、職工宿舍2棟及倉庫2棟。

1907年1月14日（明治40），以阿里山事業所工作所需，進入阿里山的員工漸增，包括日本人及台灣人，合計每日投入工作的人員高達381人，為維護秩序及保護森林資源之理由，新設阿里山警官派出所，由警部二木重吉擔任勤務。

1907年1月17日（明治40），成立阿里山郵便受取所。註，位於二萬坪。

1907年1月28日（明治40），藤田組新見喜三著手進行十字路至阿里山之間線路的實測。

由十字嶺南面斷崖606公尺處開路貫通，越過平遮那開山，4月10日抵達終點飯包服，然而當地平坦地形狹隘，不適作為終點停車場，另於附近搜尋的結果，發現開山的山腰附近二萬坪的寬闊平地，於是將線路導引至此，設置終點停車場。

1907年2月15日（明治40），藤田組將第3工區獨立山之「Spiral」線（螺旋線）工程委由大倉組施工起造。

於近藤熊之助氏監工之下，在同年10月竣工。

1907年3月（明治40），藤田組將第4工區紅南坑至梨園寮之間工程，委由鹿島組施工起造。

工程於近藤熊之助氏之監督下，於10月間約完成9成。

1907年3月（明治40），大阪拓殖博覽會首次展示阿里山檜木材，係取自眠月一帶，現場加工的製成品，人力輸出，經達邦社、公田運往嘉義，此為阿里山材移往日本的開始。

1907年3月30日（明治40），於對高岳山頂建立神社。

1907年3月31日（明治40），任命宮尾舜治氏為殖產局長，並兼任專賣局長。

1907年4月15日（明治40），台灣縱貫鐵路開通。

1907年4月（明治40），藤田組結束阿里山森林鐵道之實測計劃，以及阿里山森林之個別立木之調查。

調查之結果相較於往昔總督府調查之概要，鐵道部分預算約增加150餘萬圓，至於鐵道總預算的部分，包含用地費、土木工程費、材料費、監督費及預備費用等在內，合計達3,735,620圓，平均每哩之建造費用為93,391圓。而針葉樹材積部分約減少500餘萬尺締，因此收益部分將無法如預期般樂觀。除了進行更精密之調查外，同時並變更鐵道線路之設計，測量比較線路之狀況，以求削減不必要之經費，另外還試圖擴大准許開伐森林之區域，藉以增加材積，設法接近預計之收益。

1907年4月30日（明治40），設置阿里山療養所，派駐醫師為後藤周作。

1907年5月（明治40），藤田組將第5區梨園寮至水社寮之間工程，委由吉田組起造。

本工程於交力坪第二派出所主任川津秀五郎督造下，於同年10月完成9成左右。

1907年6月12日（明治40），聯繫阿里山林業事務所與嘉義出張所之間的私設電話

接通。

1907年7月（明治40），藤田組將第6工區水社寮至奮起湖間工程，委由吉田組負責起造。

在川津秀五郎監工下進行隧道挖掘的工程，然10月中旬工程中止，並解僱工人。

1907年10月11日（明治40），藤田組於測量十字路至阿里山之路線中，途中預定開挖隧道高達30餘處，隧道總長合計1哩50餘鎖，同時十字嶺南面斷崖地帶，有許多極為罕見的峻峭地形，最後被迫放棄原訂計劃，改由十字嶺北面清水溪流域的山腰通過，該處雖有3百公尺以上的絕壁，然較諸南面曾文溪測仍較為有利，是故川津秀五郎自任測量主任，著手進行測量作業。11月29日變更測量作業終告結束，此路段全線完全變更。

竹頭崎至阿里山之最短直線距離僅15.5哩，然海拔高低差距高達1,800公尺，路線迂迴旋轉達32哩，費盡辛苦方可到達終點。計劃測量總長度達120餘哩，花費測量費達5萬餘圓。

1907年10月（明治40），開闢哆囉焉舊部落遺址，設置苗圃。

1907年11月（明治40），總督府認為藤田組既已取得阿里山檜木林之經營權，若同時獲得棲蘭山之開發權，將造成壟斷的結果，因此駁回藤田組的棲蘭檜木林申請案。

1907年11月30日（明治40），竹頭崎至樟腦寮之間鋪設約1哩之軌道，以20分之1坡度試行運轉，結果成績斐然，索引力竟超過預估數值。

機關車乃採用美國商Lima公司所製之Shay式型車（註，直立汽缸）。

1907年12月（明治40），藤田組內傳出有意中止阿里山森林事業之說，於是嘉義當地人士發起組織「阿里山森林鐵道布設期成同盟會」，本部設於嘉義俱樂部內，積極地投入促成運作。

1907年12月（明治40），藤田組於竹頭崎展開設置蓄水池之測量作業。

最後未能實現而中止。

1908年1月14日（明治41），藤田組認為阿里山林事業有再度進行根本調查之必要，於是乎在總督府的承認下，突然宣告事業中止（註，一說1月12日，殆為本社宣佈的日期）。

主要的原因在於藤田組與總督府在森林經營方針上，意見相左各不相讓，藤田組認為目前已經投入龐大之固定資本，然而利潤回收卻難達預期，同時今後市場競爭者之出現顯在所難免，種種因素都將危及阿里山森林事業之經營。於工程中止當時，精算已經完成的工程部分，核定測量與建設工程之總支付費用為1,312,772圓。（註，由已知資料推測，藤田組抽退的原因推測有4：1.鐵路建設成本增加；2.針葉林材積比預估值為低；3.不滿總督府駁回開發棲蘭申請案；4.在商言商，未來事業前景難以逆料。）

1908年2月11日（明治41），阿里山上之藤田組相關工作人員舉行集體解散儀式下山（註，一說2月26日舉行阿里山林業事務所職員解散儀式，2月27日全體職員下山，事務所內僅留下萬次郎夫婦留守）。

阿里山上派小關才治、佐藤啟治、恩

嘉義縣水上鄉的北回歸線標記，1908年10月8日（明治41），為配合縱貫鐵路全線通車而設置，設置於至今已接近百年。蔡耀庭 提供

百年間曾數度重建，照片為1991年，地標重建之後，攝於1995年3月24日，恰為陳清祥50週年金婚紀念日，照片中孩童為阿里山第四代，陳清祥長孫陳彥穎。陳月霞攝

藏林之助等3名留守，嘉義出張所則留下堀田己之助、中里正、石田常平三名職員。

1908年2月(明治41)，總督府新設中央研究所嘉義林業試驗支所。

1908年3月下旬(明治41)，佐久間總督巡視中部原住民地界之際，於鐵道部新元鹿之助技師、殖產局賀田直治技師等陪同下，由嘉義順道前往森林鐵道沿線參觀，直抵阿里山上，對於鐵道已完工部分之實況與當地雄偉之森林，留下深刻的印象。

1908年4月(明治41)，宮尾殖產局長(宮尾舜治)前往阿里山森林區域內遍訪各處。總督府方面企圖利用藤田組宣告中止事業之機，使原有之官營事業案復活，大島民政長官亦同意此事，特命鐵道部、殖產局與財務局等各相關部屬，針對向藤田組購買事業之價格、鐵路建設預算與森林施業案等，進行初步的研議。

1908年9月(明治41)，大島民政長官率領土木局長尾局長、峽事務官、鐵道部稻垣技師與林業顧問河合博士等十餘人，進入阿里山區仔細勘查藤田組完工部分現況，以及當地森林之實況。

一行人於阿里山勘查之行歸途中，於竹頭崎至鹿麻產間，因所搭乘之台車激烈衝撞，造成隨行之總督府大久保警部當場死亡，嘉義廳部屬藤井重傷。

此行調查之結果，更加確定總督府開發阿里山森林事業之決心，於是在總督府閣議通過之後，再度向第25屆帝國議會提出官營預算案。

1908年10月8日(明治41)，為配合縱貫鐵路全線通車，選擇在嘉義且最接近鐵路旁，東經120度4分45秒、北緯23度27分4秒51，設置北回歸線標記。

1908年12月5日(明治41)，鐵道部長谷川技師昇任鐵道院管理局長。

1909年2月13日(明治42)，第25屆帝國議會以調查不充分之理由，再度駁回阿里山森林事業官營預算案。

1909年5月(明治42)，內務省台灣課川村竹治課長、農商務省山林局佐藤鋹五郎、台灣總督府林業顧問東京帝國大學林業科教授河合鈰太郎與東大林學科聘僱奧籍講師霍夫曼(音譯)等人，前往阿里山實地探勘。

1909年9月(明治42)，總督府向第25屆帝國議會提出官營阿里山的預算案，其原編列的5個年度經費達590萬圓，如表1。

由於遭駁回，總督府於9月修改此預算，此590萬創業費中之原舉債428圓，改為全部由台灣歲入支辦；藤田組補償金由一次支付改為均分3年分期支付；降低木材販賣價格，由原木平均單價10圓25錢，降為7圓23錢，從而第4次向帝國議會提出申請(見1910年2月12日，註，一說2月10日)。

1909年10月30日(明治42)，參謀本部測量班測定新高山之標高為3,962.12公尺。

1909年11月30日(明治42)，總督府公布廢止太陰曆，全面改用太陽曆。

1910年2月12日(明治43)，向第26屆帝國議會提出阿里山森林官營預算案，眾議院預算總會通過創業費用2,398,902圓，以5年長期事業計劃進行。

針對藤田組所要求之280萬圓事業補償費，總督府之核定金額為180萬圓，而

第26屆帝國議會更刪減為120萬圓，分為明治43、44年度2年償還。

總督府與日本帝國議會經過再三折衝，阿里山官營事業案終於在1910年2月獲得議會通過，總督府始正式進行對阿里山森林之直接經營，編列鐵路舖設費265萬圓及事務費109萬圓。同年4月發布阿里山作業所官制，5月設立阿里山作業所及嘉義出張所。至是乃繼承藤田組之工程，但將原訂經營之5年計劃縮短於3年完成。

註：日本佔領台灣之後，台灣總督府民政局的殖產部之下，設置林務課，掌管林政、林野處分及民林獎勵等，1910年殖產局擴充，除了林務課之外，加設林野調查科、林業試驗場及阿里山作業所，所謂「阿里山作業所」，即爲開發阿里山森林量身訂做的單位，內分庶務課、鐵道課、林業課，以辦理阿里山鐵路之建設、運輸、營業及其他事項，以及阿里山森林產物的採收、加工、販賣、造林及保護等事宜（台銀經研室編，1958）。

1910年3月13日（明治43），嘉義廳津田毅一廳長登阿里山，主司阿里山神木之祭祀典禮。

1910年4月16日（明治43），敕令第106號「阿里山作業所官制」公布。

註：此即台灣總督府設立伐木單位之嚆矢。

1910年4月18日（明治43），總督府財務局事務官峽謙齋兼代理阿里山作業所所長。

1910年5月15日（明治43），敕令第102號「阿里山作業所分課規程」公布。

任命人員如下：

第一任庶務課長代理　殖產局林業課長總督府技師　賀田直治

第一任林業課長　阿里山作業所技師綱島政吉

第一任鐵道課長　阿里山作業所技師兼鐵道部技師　菅野忠五郎

1910年5月（明治43），第一任阿里山作業所嘉義出張所兼任鐵道課長菅野忠五郎，率領所員前往嘉義赴任，著手進行阿里山開發事務，準備鐵路之舖設作業。

1910年6月15日（明治43），「阿里山作業所嘉義出張所事務分掌規程」確定。

出張所所長菅野忠五郎兼任鐵道課課

【表1】總督府提出之官營阿里山預算案（1909年）

年度	庶務	鐵路	林業	補償金	合計
明治 43 年度	55,577	731,734	32,689	600,000	1,420,000
明治 44 年度	28,809	765,484	35,707	600,000	1,430,000
明治 45 年度	29,121	661,519	139,360	600,000	1,430,000
明治 46 年度	59,362	287,096	513,542	0	860,000
明治 47 年度	59,297	193,069	507,634	0	760,000
總計	232,166	2,638,902	1,228,932	1,800,000	5,900,000

資料來源：台灣總督府，〈阿里山森林經營費參考書〉（台北：台灣總督府，1910），頁13。

說明：總預算590萬中有428萬是由總督府舉債支應。

長。

出張所主要人員之配置公佈如下。

第一任庶務組組長　阿里山作業所書記　岡本鉦吉郎

第一任工務組組長　阿里山作業所技手　小山三郎

第一任林業組組長　從缺

第一任樟腦察派出所主任　阿里山作業所技手　進藤熊之助

第一任交力坪派出所主任　阿里山作業所技手　川津秀五郎

第一任奮起湖派出所主任　阿里山作業所技手　鳥崎二郎

1910年6月（明治43），進藤技手著手進行竹頭崎至梨園寮之間路線改測作業。川津技手則負責梨園寮全奮起湖一段。

1910年6月（明治43），第二工區竹頭崎至樟腦寮間路段測量調查結束。

同時將此路段工程委由大倉組起造施工，7月上旬動工，11月竣工。其位置自8哩75鎖至14哩34鎖60節。

1910年6月（明治43），派遣古川義雄技手進行測量，計劃於竹頭崎設置蓄水場。

1910年6月28日（明治43），大倉組著手於第3工區樟腦寮至紅南坑之間，亦即獨立山路段挖掘導坑。1911年4月20日挖掘工程竣工，同年5月著手舖設鐵軌。其位置自14哩34鎖60節至17哩48鎖。

1910年7月上旬（明治43），大倉組承包第4工區紅南坑至梨園寮間之工程，著手進行土木施工部分。1912年初工程竣工。位置自17哩48鎖至19哩47鎖。

1910年7月3日（明治43），鹿島組承包第6工區水社寮至奮起湖間工程，著手進

行挖鑿作業。1911年4月9日工程完成，立即著手舖設軌道，舖設作業於5月上旬完工。其位置自25哩至29哩處。

1910年7月19日（明治43），由鐵道部商借1部美製六輪聯結機關車（Tank Engine），其重量為13.5噸，供嘉義至竹頭崎間之建築工程使用。

1910年9月（明治43），將阿里山事業創業期限由5年縮減為3年，並著手修編預算案。總督府將此修編案向第27屆帝國議會提出，獲得2,447,813圓之預算補助。

1910年10月1日（明治43），開設阿里山警察官吏駐在所。

於北門、灣橋、鹿麻產、竹頭崎之各地臨時停車場間，開始載貨、客車之營業。

1910年10月3日（明治43），鹿島組承包第7工區奮起湖至哆囉焉間之隧道土木工程，並著手開始施工。於1912年12月20日竣工。其位置自29哩至30哩40鎖。

1910年10月（明治43），阿里山企業計劃要項。

一、綱領

(一)阿里山由於受到險峻林地集材及運材作業困難之限制，若以人類之勞力進行著實不易，因此一切作業均以利用機械力為主，僅可能減少勞力之部分，本此方針進行計劃研擬，運材採取鐵道搬運，集材則採用集材機運作，因此創業所需之費用較鉅，然後續之營業費用則相對減少。

(二)阿里山材之樹種雖稱俊秀，然其材質可謂參差不齊差距頗大，因此若非經

一定製材之過程，區分品質之高低，實難以出品販售。此外，鑒於森林鐵道目前仍持續開鑿推進，是以鐵道的運輸量勢必受到開路工程之影響，因此預定將製材工場本部設於二萬坪，而將分工場設於嘉義。

(三)儘管製材工場與蓄水池之距離拉近有利於作業之便利，然嘉義附近實難覓得水源便利之處，因此計劃於竹頭崎附近進行水中貯材。

在貯木場方面，預定於打狗、台北與基隆三地設置相當規模之貯木場，然台北與基隆之地點至今尚未確定，而打狗方面則已與築港局協調，取得1萬坪土地作為貯材所之用。

(四)若將阿里山企業之營運區分為創業期與營業期兩部分，1910年度～1912年度應為創業期，而1913年度起則進行營業期，然限於事業設備之整備情事，與年度預算金額之考量，預計實際將由1912年度下半期開始進行營業。

事業設備之整備可謂攸關重大，若森林鐵道無法全線通車，則阿里山林業根本無從展開，因此鐵道之修築可謂第一要務。然鐵道完成後，若受到伐木、集材作業延誤之影響，而無法立時出材，則造成經濟之負面影響，因此伐木、集材與鐵道之通車時期須準確配合，同時須設置必要之製材設備，使材木得以順利運出。此外，原木必須加工製成各項特定用途之形狀，始得對外銷售取得收益，並且申請營業經費之預算。由是可知，從鐵道修築、伐木、集材、運材、製材乃至販售，都必須選擇最適當的時機同步開展，否則將造成重大的損失。諸項事業預定完成之時期一如後列細目所示。

(五)林業可說是一項一擲千金的事業，因此必須就作業上之細節，錙銖必較，力求生產費用之降低。

此外，林業必須聘僱大量的勞力，是故主辦官員必須以身作則，杜絕奢靡之歪風。因此官舍絕不可過度奢華。工場之建設亦須準此原則，內部裝設之機械類可力求嶄新整潔，然外部建物僅以堅固勞實為標準，絕不可過分強調外觀裝飾。

(六)將來阿里山事業展開後，將進用為數眾多之勞動人員，包括伐木、集材、製材、運材所需之職工及粗工，苗圃、造林所需之勞動者，以及供應蔬菜類之開墾農夫等。針對彼等生活上所需之必要物資，須研擬一套妥善供應計劃，使其得以平地之價格購得各項物品。

隨著時日之流轉，前述各類勞動者勢必就地安家立命，因此須考慮提供其家眷必要之副業。例如米櫧木材無用之部位，可供其栽植香菇，此外收集採伐所得之巨木枝條，亦可製造薪炭。目前正針對可能之方案進行調查。

此外，鑒於警察管理上之便利，山中似不宜使用銀行券或貨幣，考慮採行可通用於平地之兌換券進行交易，目前正研擬各種適當之方案進行檢討。

(七)依據阿里山事業整備方案之預定,原計運出66,784立方公尺之木材,若以此66,784立方公尺原木進行製材、販賣,估算可得150萬圓之純益。若在採伐既有之原始林後,立即於伐木跡地上栽植樹苗,當現有之原始林採伐殆盡後,新植之樹林亦屆可伐之齡(約35年),如此可達原有林業永續經營之目標,於森林技術上亦無甚困難。然而就財政面之條件考量,應將既有原始林之採伐量定為50,088立方公尺,如此純益將減為百萬圓,同時新植林之成長期亦延長為50年,如此應更為符合永久之利益。然而這些僅為暫定之計劃方案,若在實地操作過程中,發現有變更之必要時,得隨時進行變更。

二、細目(事業的動工順序及完工期限)

(一)其他各項事業之動工順序及完成期限,須視鐵道完工之日期設定。鐵道開設工程一如下表所列,目前工程已進行至第7區(表2)。

(二)林內鐵道之動工及完工期

在林內鐵道之部分,由阿里山二萬坪至萬歲山一帶,計約6哩之路段,係劃入創業費用之範圍,因此該路段之動工時期與十字路至阿里山路段相同,預定始於1911年7月,而預計於1912年9月完工。林內鐵道各路線於藤田組時代既已測量完畢,然於官營事業著手興建之前,目前正再次進行測量作業,以視有無改良修正路線之必要。至於萬歲山以外之林內鐵道部分,可於萬歲山開伐之後,亦即1916年度以後,選擇適當之時期動工即可。

(三)集材機械預定於1912年2、3月左右下單訂購,預計同年8月可運抵嘉義,同年9月~10月左右,約與鐵道與林內鐵道完工同時,集材設備可運抵萬歲山,預計於同年12月或1913年1月之際,可開始進行集材作業。

(四)製材所的動工與完工期

一如前述,將於嘉義、二萬坪兩地分設兩處製材所,預定以二萬坪之製材所為本場,而以嘉義製材所為分場,二者中以嘉義分場先行動工及完工,二萬坪本場則較遲。

1. 嘉義製材工場

①工場面積

1910年9月整地完成,10月起進行建地測量作業,預定於11月~12月中旬完成作業。

②工場設計

目前進行中。由於製材所必須因應客戶之需求,將原木製成各種需要的形狀,以便推出販售,因此場內須預留將來擴充之空間,設計上亦須包含未來成長之部分,不過實際施工時,僅須滿足當前之生產需求即可。預計於1911年4月左右進行整地,並著手進行土木工程,預定於1912年2月完工。

③在製材機械方面,預計於1911年8、9月時下單訂購,預定送達時間為1912年3月,到貨後立時安裝,最遲於同年7月可進行試車,待候同年9月

鐵道全線通車之後，即可立即投入生產。

2. 二萬坪製材工場

①二萬坪工場之建地測量早已完成，然整地部分預計較耗費工夫。預定於1911年7月間，十字路至阿里山鐵道土木工程動工後，同時進行整地作業。

②工場設計與嘉義分場部分同時進行，而後俟1912年7、8月之際，工程用鐵道通車之後，由山中採伐材木至嘉義製材場裁切或組合，然後再運往二萬坪，進行建築作業，預計將於1913年1月完工。

③製材機械預定於1912年4月前下單訂購，預計於同年10月前運抵，而後即時送往阿里山上，待1913年1月工場完工後立刻組裝，預計於1913年3月間可進行首次試車。

（五）貯木池之動工及完工期

地形之測量作業早已完成，目前正進行設計作業之測量，預計於1911年3、4月間完工，於該年雨季結束之後，亦即同年8、9月之際開始挖掘作業，預計將於1912年3、4月間完工。

（六）伐木工人之徵募及入山時期

伐木工人不僅須有純熟之技術，同時能夠刻苦耐勞，忍受山林中低度物質水平之生活，然而今日欲招募具有此般良好條件之伐木工，並非易事。但伐木工人素質之高低，確實影響林業之發展甚鉅，同時為了因應將來家族遷移上山所需，必須安排其可行之副

【表2】阿里山森林鐵路之工程分區（1910年）

工程分區	地目	自嘉義至各區哩程	動工日期（明治）	完工日期（明治）	備考
第1區	嘉義~竹頭崎	9哩	43年6月	43年9月	鐵道主任菅野技師於藤田組時代即負責此鐵道之修築，菅野技師主張在沒有預算年度額度之限制下，工程應於1911年度中完工，在菅野的堅持下，預算案果然未明定年度使用額度，然天災之影響仍須估計在內。因此菅野主張若將諸因素考慮在內，中間各區之完工日期雖稍有早晚，最終整體工程應可於1912年9月順利完成。此外，完工前一個半月即應將工程道具漸次運出。
第2區	竹頭崎~樟腦寮	14哩	43年6月（1910年）	43年11月	
第3區	樟腦寮~紅南坑	17.5哩	43年6月	44年8月	
第4區	紅南坑~梨園寮	20哩	43年6月	同上	
第5區	梨園寮~水社寮	25哩	43年6月	同上	
第6區	水社寮~奮起湖	29哩	43年6月	同上	
第7區	奮起湖~哆囉焉	31哩	43年11月	45年1月	
第8區	哆囉焉~十字路	34哩	44年2月	同上	
第9區	十字路~阿里山	41哩	44年7月	45年9月	

業，獎勵彼等勤儉貯蓄之習，杜絕其浮華奢靡之風，除了供應適當之休閒管道外，另須興建簡易之醫院與學校，提昇山中之衛生與教育水平，激發其就地安身與永住之念頭。最初之伐木工人乃由下列各地進行招募。

1. 根據全國調查之結果，針葉樹伐木之技術以木曾地方為首屈一指，其次則紀州、土佐一帶，以木曾地方的傳統伐木習慣而言，約於每年之5、6月入山，於同年的9、10月下山，伐木以外的時期多忙於農務，且其家族係定居於山下之村里，並不喜因伐木作業整家搬遷。然而紀州、土佐一帶之伐木夫與木曾地方有所不同，倘若生活需求與要件得以滿足，舉家遷移並非不可能之事。

備考

木曾地方之伐木風俗，代人（伐木工頭）多習於農曆「八十八夜」（5月1日前後）入山，對於預定採伐之處所進行調查，之後伐木工人才成群上山，7、8、9月可說是伐木作業的高峰，及至10月則終止伐木。而8、9月左右，運材工人即開始入山，將既已伐倒之木材陸續運出，彼等入山後首先確定山中各深谷、河流、溪澗之位置，然後在11月底之前，將這些採伐之木材編成木筏，推進各支流中，由木曾川順流放流而下，於翌年3月左右送抵熱田之白鳥貯木場。木曾川流域之運材夫多習用綿織繩索編筏，而飛驒川流域一帶則多用粗麻網繩。伐木工人中若同時具備運材之技能者，則在伐木作業結束後，繼續滯留山中，從事運材之工作。一般之伐木工則於9、10月伐木作業結束後，直接下山返鄉。通常其伐木之地點距離鄉里少則3里，多則亦不過6、7里，因其每年農曆之盂蘭盆節必下山返鄉之故。木曾地方所稱之「代人」即為伐木工頭之意，其轄下動輒統率數十名伐木工，不僅經驗老到，於鄉里亦孚眾望，因此於木曾地方聘僱伐木工或運材工之時，應優先採用「代人」為宜。

然而近來外木曾一帶，保有優良特質之代人亦日漸減少，此乃由於伐木工人多轉而受僱於製紙會社，傳統代人之生存空間受侵奪之故。

但內木曾一帶尚有許多恪遵舊習之優良代人。而紀州、土佐一帶，係採取木馬運搬木材，因此其技術與木曾之放流搬運自不相同，阿里山事業之開發則同時需要這兩種人才。不過紀州、土佐並不像木曾地方，有如此嚴謹之代人制度，九州方面則差別更大。因此在這些地方招募伐木工人，必須進行各項必要之身家、背景調查。就木曾地方而言，於每年之11月底至翌年5月為止，山中多為大雪所覆蓋，因是無法進行任何山中作業。以堅硬的闊葉樹—如米櫧等為例，伐木技術較為先進者應屬宮崎、熊本與鹿兒島三縣，此地之民風並不排斥舉家遷徙。此外，依木曾地方之傳統習慣，通常將伐木工與運材工明顯區分（一如企業界所重視者，對於集材、運材作業者亦特別要求熟練之工人，如果伐木

工人不熟悉運材方法者，絕對不會讓其參
與運材之作業）。

　　阿里山事業多以機械進行集材作
業，運材則以鐵道運輸為主力，因此
並不須要由木曾、紀州、土佐一帶招
募大批之集材或運材工人，但是山林
中難免遭遇伐倒木四處傾倒，難以處
理，因此仍須由這些地區，募集若干
熟練之集材、運材工人，借助其經驗
妥善運搬這些倒木。此外，在操作集
材機械方面，亦預定招募部分熟悉蒸
氣機械操作之職工。

2. 阿里山之森林採伐，預定以針葉樹種
　 優先，其次再著手砍伐闊葉樹種，
　 因此第一次預定將先由木曾、紀州
　 及土佐一帶，招募40名伐木工人與4
　 名代人，再加上15名集材、運材工
　 人。預計招募之時期為農曆盂蘭盆
　 節前後，或山中伐木作業漸次結束
　 之9、10月左右，直接派遣承辦官員
　 前往該地，循當地之風俗簽定僱傭
　 契約。

3. 至於伐木工人之薪資方面，是為須要
　 深入探究之問題，目前正進行各相
　 關調查，大致上已決定將採取按工
　 計酬之方式，亦即依其勞動之份
　 量，給予適當相應之報酬。但是對
　 於阿里山上多巨大長材的情況而
　 言，有時一棵巨木倒下即高達數十
　 尺以上，遠超過伐倒數十棵小樹之
　 效益，因此以單位材積計算薪資似
　 非十分合適，因此預計將不同大小
　 之樹木分成數個層級，而其各有不
　 同之薪資報酬，如此亦相當程度可

達到同工同酬之效果。

以目前各地方之薪資而言，舉木曾地
方為例，倘若過著質樸的生活，扣除
必要的飲食費用之後，每年可貯蓄60
圓返鄉者，便被鄉里視為成功的象
徵。就此標準來考量時，同樣一年的
時間當中，至少須使其得以儲蓄100
圓至120圓左右為宜，雖然目前調查
還未結束，但大致可得出如此之結
論。

4. 有關派遣伐木工人入山的時期方面，
　 須視鐵道興築之進度，並配合工人
　 招募地區的作業習慣。

　　第一、至少須等到奮起湖之鐵路
全通為宜。否則一旦派遣伐木工人入
山，連彼等生活所需之食糧與日常用
品之運搬，都將成為一大問題。再
者，即使到奮起湖的鐵路全通之後，
也無法立時派遣大批伐木工人入山，
因為奮起湖至阿里山一段，仍有長達
11哩之崎嶇艱困山路，對大批工人同
時入山作業，仍有實質上之困難，是
故至少應待鐵路通車至十字路之後，
方才派遣大批工作人員入山。就具體
時間來說，奮起湖鐵道通車預計在
1911年9月至10月間，十字路鐵道通
車則約在1912年1月至2月間，因此可
於1911年1～2月間，先行派遣少數伐
木工人入山。

　　第二、由於木曾地方伐木工之家
族似不喜舉家因工作而遷移，因此木
曾地方暫定先行招募20～30名伐木
工，於9月～10月間命其入阿里山，
而紀州、土佐及九州一帶，則招募10

～20名家族隨同遷來之伐木工，約於1911年12月至翌年2～3月左右命其入山。

備考

　　木曾地方之伐木工人多於故鄉坐擁相當之田產，因此欲使其賣田鬻地，遷往他鄉，似乎並不容易。但是對於青年人來說，若能使其了解阿里山未來之發展性，以及當地安定生活之實情，說服其遷住亦非不可能之事。至於紀州、土佐及九州等地之優良伐木工人則恰恰相反，大致上都喜歡遷住工作當地，畢竟家鄉的生活亦非十分容易，因此當地尚未成家之青年，一般多不排斥離鄉背井出外發展，甚至年紀較長者亦可能隨之遷往。總地說來，招募之原則上仍以單身前往為原則，待一段時間之觀察後，適合者方准其攜家眷前來定居。

　　第三、集材工與運材工之招募，彼等之入山時期約較伐木工延遲3～4個月，亦即約於1912年4～5月左右入山，其招募之地區原則上與伐木工相同，首次預計募集之人數為30名，不足之部分以本島人與高山族補之。

　　雖說集材、運材基本上以機械力為主，然接近林內線之地區，集材機械並不一定派得上用場，因此這些地區所伐得之木材，可先收集整理待運，俟1912年9月鐵道全通之後，即立時運往嘉義，於嘉義工場製材成品，在1912年度中即可進行販售，賣出所得即可充作該年度之營業費用，因此1911年度中便須積極著手進行準備。

（七）1912年度下半期之伐木量及1913年度以後之伐木量

1. 1912年度為止雖仍屬於創業費之範圍，但同年9月～10月左右鐵路全通之後，立刻需要20萬圓左右之營業費用，因此至少須販售若干木材，藉以取得所需之財源，並為1913年度營業期之正式展開預作準備，以此推估可知，1912年度之伐木量以造材尺計算，針葉樹為5萬尺，闊葉樹為5,000尺，其中以製材尺換算時，須販售針葉樹2萬1,000尺，而闊葉樹為2,500尺，如此預計可取得34～35萬圓之收益。

2. 1913年度以後之伐木量至今尚未預定，將視屆時之銷售情況彈性增減。

（八）販售之方法及價格

1. 正如前項中所述，1912年度即將展開營業販售活動，因此倘若1912年9月鐵道通車之後，反而受限於各項集材裝置未準備完全，導致鐵道無法立即通行運材的話，反而造成不必要的損失，同時無法取得所需之營業費用。由於1912年度，各項配套措施並未完全，因此木材運出之數量必然較少，生產成本也難以正確估算，是故該年度之重點作業除了鐵路試車、木材試賣之外，同時還須進行木材質地之優劣測試，因此該年度所產之木材，將主要以供應台灣各官廳建設之用。

2. 至1913年度時，鐵道、製材工場、設

備、集材裝置與伐木工人等，都將達到一定之整備程度，屆時生產成本將可作較確實之估算，因此銷售價格亦可隨之確定。儘管將阿里山材銷往內地亦為一可行之途徑，然而經由木材商店或資產家之手代銷，卻非理想之途徑。因此目前將以島內官廳之需求為第一優先，第二則為島內民間之需求，最後才慢慢檢討移往內地銷售之可行方案。完畢。

1910年11月3日（明治43），為紀念內田民政長官視察阿里山，特地於沿線栽植杉木等多種樹木；本月內透過代理商柵瀨商會採購2輛美商「Haarlence」（音譯）公司製造之18噸「Shay」機關車，完成組裝之後，立即迴送至竹崎頭試行運轉。

1910年11月（明治43），小山技手進行哆囉焉至十字路間路線的改測作業。

1910年12月31日（明治43），嘉義西堡13街庄住有32,751人。

1911年1月6日（明治44），大倉組承包第8工區哆囉焉至十字路間隧道土木工程，並立即著手施工。工程於1911年12月間完成，1912年10月完成軌道之舖設作業。其位置自30哩40鎖至34哩74鎖40節。

1911年2月17日（明治44），竹頭崎至樟腦寮之間建築用列車開始運行。

1911年3月（明治44），峽謙齋氏升任高等官二等職位，受命為第一任阿里山作業所所長。註，4月任職，1912年6月離職。

1911年5月（明治44），購入10輛美國Lima公司出廠之Bogie型（附加車軸之列車）運材車，總載重量9噸，車身全長20呎，進行實驗性運轉。然由於製造上的缺陷，無法實際使用。

1911年6月17日（明治44），鐵道部工務課新元鹿之助課長受命代理阿里山作業所所長。註，新元為第二任所長，至1913年3月底離職。

1911年6月（明治44），小山三郎技師針對十字路、十字嶺至阿里山之間，最困難路段進行比較測量，經過仔細評量與討論後，原有路線幾乎全數更動。經過此次改測作業後，共計減少2處隧道及1,400呎之橋樑。

1911年8月（明治44），大倉組承包第9工區十字路至平遮那間之路段施工，著手進行土木工程作業。此部份工程於1912年11月下旬竣工，軌道的舖設亦同時完成。十字路以東的橋樑、隧道材料來自二萬坪附近直營採伐之檜木（註，扁柏）與紅檜。其位置自34哩74鎖至36里3鎖。

1911年8月1日（明治44），獨立山頂落下一顆約400才之巨石，墜落時因撞擊地表岩石，遂一分為二，一半反彈撞壞第十號隧道出口支障工事，另一半墜落於16哩2鎖附近，不僅軌道當場折斷，前後數鎖之軌道也因此彎曲。

1911年8月（明治44），鹿島組承包第10工區平遮那至二萬坪間之工程，並即刻著手進行土木工程。1912年12月復舊工程完成（工程中8月底～9月初遭遇暴風雨來襲）。1912年12月12日，軌道舖設工程抵達二萬坪終端停車場。

其位置自36哩30鎖至40哩78鎖45節。

嘉義至阿里山二萬坪間之工程全線完成。全線隧道總數合計達71處，橋樑總數

則為66處，鐵桁係為英國製之 I 型鋼，長度約在30呎～36呎之間，竹頭崎至奮起湖間係採用美製之Carnegie型30封度軌條，而奮起湖至阿里山間係將德製30封度與清帝國時代使用之36封度軌條混用。

1911年8月31日～9月1日(明治44)，發生60年來罕見的大型暴風雨，對全線造成異常嚴重之損害。

奮起湖一帶一整天(自31日上午10點至1日上午10點止)之降雨量達到1,035毫米，風雨直到6日方休。

全線之主要災情如下：

・牛稠溪橋樑全部流失
・11哩33鎖附近之丘陵崩塌，暗橋渠遭土石堵塞，是故50呎之築堤流失。
・第13號至第14號隧道之間，16哩70鎖附近開鑿之路線基地，將近1,000坪左右為土石所埋沒。
・第14號隧道中央至出口之間崩塌破損。
・第17號隧道山上大崩塌，大部分隧道遭毀滅性破壞。
・20哩68鎖附近50餘呎之築堤全部流失。
・22哩15鎖附近發生土石滑動，長約6鎖之開鑿築堤痕跡完全遭到破壞，並形成兩處新的溪谷。
・23哩60鎖附近，右方高約600尺之山上，多達數10萬坪之土石沿岩壁崩塌滑落，左方深達400尺低處受土石流影響，軌道線路中心堆積高達40呎之土石，第28號隧道完全毀滅，第27號至第28號隧道

之間，約長達12鎖之軌道完全失去蹤影，一處隧道坑夫之臨時工寮遭吞食，內有2名日本人及4名台灣人遭活埋。
・第34號、第38號隧道遭土石破壞堵塞。
・第43號隧道土石崩塌埋沒軌道路線。
・第8工區一帶溪水暴漲，臨時工寮遭洪水衝失，坑夫數名行蹤不明。
・竹頭崎機關庫全毀。
・樟腦寮派出所辦公室全毀，宿舍3棟半毀。

1911年9月(明治44)，以藤田組當時所做之個別立木調查為基礎，進行森林調查，並確立阿里山作業區施業方針。

森林調查所得之結果如下(表3)：

1911年10月(明治44)，二萬坪至對高嶽之間林內線的測量作業完成。

最初設定之最大坡度為25分之1，曲線最小半徑為120尺，然而受限於建設預算之不足，兩者分別修改為16.6分之1及100尺，並改採用「Shay」(音譯)型28噸機關車，以補索引力之不足。本線之預測作業由中里正負責，實測作業則由中里正監督，龜谷酉三、杉原龜之進二人負責。

1911年10月11日(明治44)，阿里山郵局開設。

1911年11月(明治44)，林內線第1工區二萬坪至神木間總長計2,742公尺，由阿里山作業所直營開設，預定於1912年3月底完工。

由於阿里山森林事業之經營重心，係

【表3】阿里山區森林蓄積調查結果(1911年)

	針葉樹	闊葉樹
河合溪流域	378,485 立方公尺	756,203 立方公尺
水山溪流域	266,205 立方公尺	554,340 立方公尺
石山溪流域	32,047 立方公尺	407,273 立方公尺
楠仔溪流域	236,049 立方公尺	217,322 立方公尺
石鼓盤溪流域	1,360,618 立方公尺	417,931 立方公尺
合計	2,951,790 立方公尺	3,109,647 立方公尺

註,總和及各區域數字不符,但按原文。

以森林鐵道為運出木材之主要手段,因此在最早之創業費用預算中即明定開闢(一)、由嘉義至二萬坪間約41哩之鐵道幹線。(二)、接駁前一條線路續通往飯包服之林內鐵道。

1911年(明治44),殖產局林務課重松榮一技師與古川義雄技手前往阿里山,進行森林鐵道之拓殖調查。

1912年1月8日上午11時(明治45),鹿島組工人砍伐1株阻擋二萬坪停車場軌道路線之大椎樹時,其樹枝正好壓倒附近的二宮英雄技師(阿里山作業所林業課),當時其正在測量二萬坪藤田村之林業宿舍之位置,二宮技師不幸當場死亡。

1912年1月9日(明治45),總督府事務官神谷由道受命為阿里山作業所庶務課長。

1912年1月16日(明治45),林內線第2工區神木至香雪山「之字型路線」之間路段,總長為1,473公尺之路基工程,由阿里山作業所直營施工,預定於3月31日完成。

1912年2月12日~11月15日(明治45),英人Price前往阿里山區、玉山採集植物,描述了詳實的植物大概,詳見陳玉峰(1995),當時日本人提供給他的阿里山林木資料如下:「11,000公頃林地每木調查出的數據顯示,紅檜有155,783株,平均每株材積340立方英呎;扁柏有152,482株,平均每株材積270立方英呎;台灣杉有5,000株,每株平均材積450立方英呎,可見平均每公頃林地有28株大樹、9,800立方英呎,但材積可能高估。這地方將以每年200公頃的輪伐期作業,伐木後再移植檜木苗造林」。

1912年3月9日(明治45),阿里山作業所中里正技師受命為阿里山派出所第一任所長。註,阿里山派出所即林場或分場之意。

1912年4月10日(明治45),林內線第3工區香雪山至沼平之間之路基工程,總長計1,230公尺,由阿里山作業所直營施工,預定於同年7月底完成。

1912年5月(明治45),自美國訂購之集材機抵達,旋即展開伐木作業。

1912年5月(明治45),香雪山麓展開伐

1912年3月9日（明治45），阿里山作業所中里正技師受命為阿里山派出所（林場或分場之意）第一任所長；照片為中里正技師登山紀念照。伊藤房子提供

木之作業。

1912年5月20日（明治45），疏浚一處位於林內鐵道第3工區終點沼平附近之天然蓄水池，其面積約為550坪。

此水池之用水係供河合溪初期砍伐之集材機械使用，並權充防火之消防用水。

1912年5月25日（明治45），開鑿始於林內線鐵道第3工區終點沼平至萬歲山、香雪山鞍部為止之集材路第1工區。總長為1,386公尺。

1912年5月（明治45），拓殖局總裁元田肇及副總裁宮尾舜治前往阿里山，視察阿里山鐵道施工狀況與阿里山森林。

1912年5月31日清晨5時（明治45），1

輛滿載軌道枕木之建築列車，由奮起湖發車前往哆囉焉途中，於28哩60鎖之橋樑處，因後部Line Shaft損壞，無法繼續操控行駛，只好暫時停車，機關車駕駛決定將煞車鎖死，利用下坡慢慢滑走返回奮起湖，孰料當天正好下著綿綿細雨，機關車越滑越快，煞車幾乎無法發揮作用，車速越來越快，駕駛雖然拼命反轉Reversing Lever，然而卻難以阻止飛奔之車速，最後列車終於在第40號隧道入口附近長約兩鎖半之曲線脫軌，然而車身並未因此而停止，脫軌而出的列車最終墜落高約40呎的橋下溪谷，機關車與貨車同時摔得粉碎，機關車駕駛龜山熊吉、火夫園田兼一與鹿

島組工人1名當場罹難,重傷的有建築工頭野富太郎、軌道工頭鈴木喜藏、工人橋本數馬,車長河野吉郎、3名台灣人工人與3名臨時搭承者。

註:嘉義縣志182頁說死傷12人。

1912年6月1日～20日(明治45),連日豪雨不斷,其中尤以16日～20日之雨勢最為猛烈,鐵道全線受害極為嚴重。

全線之主要災情如下:

- 23哩60鎖附近之臨時線開鑿部位再度大崩落。
- 第38號隧道不耐水壓崩塌毀壞。
- 第43號隧道入口之開鑿缺口大崩塌,坑口再度坍毀變形,坑內各處承受嚴重地壓,但因進行緊急工程之故,最終乃免於坍塌。
- 34哩43鎖附近之開鑿地帶,由200餘尺之山上開始崩塌,數千坪之土石滑動,埋沒下方之線路。
- 7號隧道間發生大面積之地表滑動。
- 第67號隧道崩塌毀壞,該隧道出口形成長約50尺之溪谷地形,延續該處之線路開鑿缺口亦崩毀。二萬坪停車場預定地深陷坍塌,形成一片絕壁地形,原本鬱鬱蒼蒼之森林瞬間化為荒漠,9月起著手從事復舊工程,重新開鑿第67號隧道,發現二萬坪停車場平移了將近1鎖(20.1公尺)之距。
- 距第61號隧道出口約60尺左右,由山上200尺之高處墜下岩層,隧道受偏壓之影響亦呈現歪曲狀。

1912年(明治45),購入美商Riddger Wood公司(音譯)出品之架空式鐵索集材機2台,輔助引擎1台,總價為51,900圓。其最大集材能力為55立方公尺,裝載能力為96立方公尺,集材馬力50馬力,裝載馬力30馬力,集材最大距離為364公尺。

1912年9月(大正1),10輛無蓋貨車交付到貨,即刻進行試車作業。由大阪汽車(火車)會社製造,全長24呎,裝載量12噸之Bogie型列車,試車結果頗為良好。

1912年10月10日(大正1),萬歲山集材鐵道第2工區—香雪山鞍部至長谷川溪越鞍部路段,全長為830公尺,由阿里山作業所直營起造,預計於1913年2月完工。

1912年10月(大正1),新購入之2輛機關車裝設空壓式煞車配備。

1912年10月(大正1),後藤新平男爵與藏原、柵瀨、指田3名議員共同前往阿里山鐵道及阿里山森林視察。

1912年11月15日(大正1),利用二萬坪至萬歲山之林內鐵道路面,舖設盤木修築木馬道,以直營方式施工起造。

1912年12月3日(大正1),新設塔山線集材路,以直營方式施工起造。

該集材路始於林內線鐵道第3工區之終點沼平,另一端延伸至對高岳鞍部,總長為1,864公尺,由阿里山派出所所員負責督造施工。

1912年12月6日(大正1),開始以木馬進行集材。

以木馬對林內線沿線周邊之木材進行集材作業,所收集之木材暫時堆置於阿里山森林鐵道終點二萬坪附近,每日平均可集材17立方公尺,此項作業預定於林內鐵道開通後終止。

1912年12月13日（大正1），建築列車駛抵阿里山鐵道終點停車場二萬坪車站。

1912年12月20日（大正1），阿里山森林鐵道嘉義至阿里山二萬坪之間線路開通，全長為41哩。12月底官營鐵道工程興建費用結算，總額為2,544,893圓餘（註，一說12月23日全線通車）。

1912年12月25日～26日（大正1），由阿里山二萬坪車站至嘉義北門車站之間，7輛載運圓木之聯結列車進行試車作業，使用Shay 18噸級直立汽缸型蒸汽火車頭牽引。

試行運轉所搬運出之圓木，連同貨車停留於嘉義車站內1星期，供一般民眾自由參觀。

嘉義至二萬坪間65公里之森林鐵道竣工後，不久即試車成功，然因諸事未習，其間辛苦非外人所能體會。且因空壓式制動機之操作技術不很熟練，木材搬出之作業並不順利，該年底前僅運出479立方公尺。（註，1912年至1956年的木材生產，詳見1956年。）

1912年（大正1），依據近藤幸吉回憶，1912年嘉義妓館移植了來自日本的八重櫻等，但開花僅1次即不再展顏，遂將這些櫻樹輾轉送至阿里山，種在俱樂部前10株，為當時阿里山所長小野三郎所種，此即阿里山栽種日本櫻花的開端。

1913年1月22日（大正2），阿里山作業所嘉義出張所菅野忠五郎所長奉派赴歐美出差，該所技師高山節繁受命繼任出張所所長。

1913年1月（大正2），二萬坪至阿里山間之森林鐵道陸續完成，開始通車，該地

區之木材集運作業，亦於同月中開始，並利用集材機集材。然7月間暴風雨沖毀鐵路，運材作業被迫中止，經作業所員工奮力搶修，始得勉強出材，該年度搬出量僅3,650立方公尺。

1913年3月19日（大正2），吳鳳廟新建工事落成，設置吳鳳紀念碑，佐久間總督前來揭幕、致祭。

1913年4月1日（大正2），林內線二萬坪～神木之間開始通車。

殖產局高田元治（高田原次郎）局長受命代辦阿里山作業所所長業務，及第三任阿里山作業所長，至1914年3月去職。

阿里山作業所工務組改稱運輸組。同月17日，技師近藤熊之助受命擔任運輸組首任主任。

1913年6月（大正2），嘉義市區開始供電，設置電燈1,845盞；1914年2月，嘉市自來水埋設水管工程完工，3月間通水。

1913年7月1日（大正2），於二萬坪興築「故阿里山作業所技師工學士二宮英雄殉職碑」。

1913年8月12日（大正2），於東京、名古屋試售阿里山檜材。

1913年9月13日（大正2），「阿里山作業所林產物製品販售規則」公布。

1913年（大正2），阿里山作業所在小笠原山西南坡進行造林工作。

1914年2月11日（大正3），運材列車在試車途中，於平遮那大崩脫軌翻覆，隨行負責試車之技師進藤熊之助重傷。同月20日傷重不治，逝於嘉義醫院。

1914年2月（大正3），前一年風災受損鐵道修理竣工，恢復運材。然同年7月又

1913年3月19日（大正2），吳鳳廟新建工事落成。蔡耀庭 提供。

經過五度重修整建擴建之後的吳鳳廟，成為嘉義重要的觀光據點。陳月霞攝 1993.01.29.

陳月霞攝 1993.01.29.

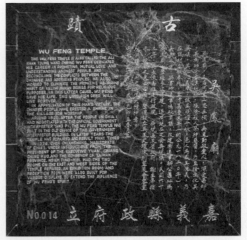

儘管1987年「吳鳳成仁」218週年祭典，全國19個原住民團體人士，在縣府門口靜坐抗議，要求「全面刪除吳鳳神話」；但吳鳳廟依然被列入古蹟保護。陳月霞攝 1996.10.01.

1989年1月13日，吳鳳鄉改為阿里山鄉。

原來門牌為吳鳳鄉第四分道，改成阿里山鄉香林村。

1980年原住民對吳鳳神話的質疑漸顯現，1987年數十年來的「吳鳳故事」的課文走入「歷史」。陳月霞攝 1996.10.01.

遭豪雨沖毀，至11月乃得修復。惟此時集材、運材機械技術已漸趨熟練，機械數量亦不斷增加，因此本年度之實際作業時間雖僅5月餘，然運出之木材竟高達26,808立方公尺。嘉義製材工廠亦於是年開工，單日製材能力為265立方公尺。

1914年春(大正3)，於阿里山河合溪二萬坪附近，進行柳杉、扁柏之造林作業。是為採伐跡地造林之開始。註，其實更早之前，1911年在奮起湖試種扁柏約5公頃，而伐採跡地約在1913年冬季即開始造林(即小笠原山西南)，1914年，沼平車站上方亦進行伐木跡地造林。

1914年3月14日(大正3)，開設阿里山沼平車站，展開車站之相關業務。

1914年3月17日(大正3)，青森縣大森區署長永田正吉受命為阿里山作業所所長，即第4任所長，至1915年7月去職，後來出任首屆台灣總督府營林局長。

1914年4月1日(大正3)，阿里山小學校開校。開校當時以舊阿里山派出所廳舍西側下方之倉庫權充教室，現有校舍鄰接阿里山神社，所在地海拔為2,182公尺，為全國最高之小學校。

1914年7月20日(大正3)，阿里山作業所技師綱島政吉受命為阿里山作業所嘉義出張所所長，並兼任運輸組組長。

1914年8月(大正3)，Lima公司技師及Westinghouse公司技師前來，進行機關車與貫通式空壓制動機之裝卸、操作實驗。

1914年10月24日(大正3)，嘉義社口莊建立吳鳳紀念碑，舉行揭幕典禮，佐久間總督前來致祭。

1914年12月5日(大正3)，嘉義製材工場正式開工作業。

工場建築由高山技師設計，機械部分則由重松技師與深川喜一技手負責設計。單日之製材能力約600石。工場面積為千餘坪，除中央一部分為3層建築外，其餘均為2層鋼筋混凝土建築。內部區分為製材動力、乾燥、鋸屑、修理、分裝等不同空間及送出入台，機械大多為美國Arischarmars公司(音譯)製造，此外還有德國Kirchneil公司(音譯)、國產品牌及嘉義工場自製者。鍋爐與煙囪為英國Bobcock公司(音譯)承製。原料自蓄水池送達工場，以及工場內部的製品移動皆依賴輸送帶自動運送。場內之最大電力輸出約800千瓦。

1915年1月(大正4)，曹洞宗管長日置默仙師前來阿里山巡視。

據聞阿里山與印度聖地「大吉嶺」極為酷似，因此仙師特將昔時訪泰時國王親贈之釋迦尊者像轉贈置於阿里山。

1915年(大正4)，鐵道制動裝置之改良、機件補充及職工訓練等作業，均徐徐步上軌道，經營漸入佳境，惟創業費、藤田組補償費及災害復舊費用等支出，達到6,087,000餘日圓之鉅。

1915年起，準照美國林業地的機械力作業設備，於阿里山林內配置7部集材機，由架高集木柱及鋼索集材，一次拉力約為原木20石左右，1部蒸汽集材機可收集半徑1,212公尺範圍的木材。阿里山森林鐵路主線之外，往森林內延伸支線20餘公里，伐木的速率，每年約推進1.6公里。

註：1915年興建眠月線鐵路，由沼平車站以迄

松山，全長14.371公里，隧道28個，橋樑62座。1934年拆除，鐵軌等運至塔塔加地區建設新伐木鐵道。國府接台後，為殘材處理，1947年重建至石猴段，長8公里。

1915年3月28日（大正4），阿里山森林鐵路火車出軌翻覆，死傷5人。

1915年7月22日（大正4），敕令第131號「營林局官制」公布。永田正吉氏受命為營林局長。

由於宜蘭濁水溪與八仙山森林接連發現，使得營林業務大有進展，遂將阿里山作業所官制廢止，改設營林局，繼續擴大作業，當年度運出之木材高達74,289立方公尺。翌年運出之材積更增為75,149立方公尺。為阿里山木材年生產量之最高紀錄。

註，1915年總督府將林政與林產劃分，在殖產局（行政機構）之外，設置業務機構的「營林局」（為阿里山伐木作業而設置的「阿里山作業所官制」僅止為阿里山量身訂作者，隨著官營伐木擴張至宜蘭及台中之後，不得不修改機構），營林局內分事業課及庶務課，事業課掌管官方的伐木、鐵道營業、造林及其他森林作業；庶務課則管林產物的處理及製品的販賣。營林局之下，設置阿里山、宜蘭及八仙山（1916年）出張所。然而，1920年取消營林局，恢復仍屬殖產局，並內設營林所，下分作業課與營業課，管理伐木、鐵路、造林、林產品販賣等，其下仍有3個出張所。永田正吉於1915年上任局長之後的政績，即改組嘉義事務所，將運材的鐵路主要幹部，撤換為林業專業，令其專心改良機關車，因而原本1輛機關車只能連結3輛材貨車，提昇為可連結

10餘輛材車，因而隔年出材量締造年最高輸出量。

1915年8月（大正4），「故阿里山作業所技師進藤熊之助氏殉職紀念碑」於嘉義公園舉行揭幕儀式。

1915年底（大正4），嘉義北門蓄水池工程竣工。一號池面積為2,377坪，二號池面積為5,941坪，後來面積漸次擴增。

1916年1月17日（大正5），阿里山派出所主任中里正技師轉任宜蘭出張所，原職位由技師重松榮一代理。

1916年1月30日（大正5），營林局技師西田又二受命任營林局嘉義出張所一職。

1916年6月8日（大正5），著手進行石鼓盤溪流域之針葉樹純林調查。11月13日調查結束。負責調查之人員包括高橋哲郎、山崎良邦及石川行雄等人。

1916年6月（大正5），著手調查明治神宮所需之鳥居用材。

1916年8月（大正5），中南部地震。

1916年10月26日（大正5），著手調查水山山區針葉樹純林。1917年3月3日調查結束，調查人員包括福本林作、黑澤慎介、岡田震及石川行雄等人。

1916年（大正5），東京帝大演習林與台灣總督府營林局訂立3年伐木協定，規定阿里山一帶174公頃之針葉樹林，其伐木跡地由演習林施行復舊造林。

1916年間（大正5），總督府農試場技師石井仁三郎寄了蘋果、櫻桃及梨等多株至阿里山試種，由營林所人員栽植於官舍、警察駐在所及神社附近，為阿里山最早的果樹引種；此年內在阿里山神社境內另種了8株栗子。

1916年（大正5），阿里山林場創設修理工廠，一設嘉義市北門至文化路之間，一設在阿里山上。主要工作即修理火車機關車，修理及製作客貨車、運材車、集材機及索道等。

1917年2月21日（大正6），阿里山森鐵貨車翻覆，死1人，傷4人（嘉義縣志）。

1917年3月8日（大正6），殖產局林務課鈴木三郎代理營林局局長職務。

1917年3月（大正6），營林局完成了官有林邊界測量，設置石製界標，今之對高岳山頂仍保有此界碑一塊。

此番訂界標係由台灣總督府營林局，於1917年1月22日，發函給東京帝大台灣演習林（今之台大實驗林），要求派員會勘阿里山作業所與帝大演習林的邊界，從而設立界標區隔之；2月22日帝大致函總督府，要求追加對高岳附近山區為演習林，獲准；3月完成界標後，4月3～7日復勘認可而定界完結。

1917年9月29日（大正6），鐵道部事務官服部仁藏受命出任營林局長一職。

1917年10月25日（大正6），「北白川宮成久王暨王妃殿下」前往嘉義製材工場視察。

1918年3月6日（大正7），搖旗信號手燃火不意失火，總計延燒石鼓盤溪流域樹林達58公頃，據估損毀材積達26,714立方公尺。9日森林火災撲滅，損失達8萬圓。

1918年5月20日（大正7），營林局事務官永山止米郎受命出任營林局嘉義出張所所長。

1918年12月（大正7），明治神宮所需之鳥居大材運出。因屬於總督府之獻材，以軍艦載運移往日本。

1918年12月29日（大正7），森林鐵道開始辦理客運業務，以利山地住民及旅客乘車。自本年開始以迄1924年凡6年，日本政府全面展開全島之樟樹清查，斯時預計，自1924年起，每年以製造樟腦600萬斤計，台灣之樟樹恰可伐至1952年。註，1918年底所謂客運業務，主要對象係林場員工、家屬。

1918年（大正7），日本民間人士興建「阿里山閣旅社」的前身，為阿里山最早的旅社，國府接台後，由「日產管理處」接收，1947年移交吳鳳鄉（今之阿里山鄉）公所以公共造產方式經營。又，本年內，近藤幸吉夥同重松主任、石田書局，向日本工人每人募款1圓，合計134圓，向日本國內採購吉野櫻等24年苗木1,900株，在阿里山俱樂部、官舍、神社、阿里山寺、小學校、路旁及眠月栽植之，3年後開花。

1919年1月23日（大正8），明石元二郎總督視察阿里山，住在檜御殿。註，第7任總督。

1919年2月（大正8），曹洞宗阿里山寺落成。日置默仙師所贈之釋迦尊者像安座其中。

1919年3月8日（大正8），機關車逸出之火星，引燃沼平一帶之山林，大部分造林地帶損毀。

1919年4月1日（大正8），台灣公立嘉義農林學校創立；1921年4月1日，改稱為台南州立嘉義農林學校。

1919年4月25日（大正8），阿里山神社舉行鎮座祭典。

神社中合祀以下八尊神明：

大山祇命（命爲尊稱）、火貝津智命、
瑞波能神、科津比古命　以上祀左座
大國主命、大國魂命、少彥名命、北
白川宮能久親王命　　以上祀右座
例行祭日定爲4月25日及11月3日。

1919年6月（大正8），開鑿八通關越道
路，即東西橫貫連絡步道或騎馬通越路，
部分段落重合於八通關古道。當時由東西
兩端同時興工，至1921年3月完成。耗費
29萬9千多日圓。一俟道路完成即大舉圍
剿當時尚未臣服之原住民，針對大分、馬
西桑社之主要部落展開數年之襲擊，最後
更將原住民遷村於山腳，俾利統治。

1920年（大正9），建阿里山貴賓館及附
屬館於第1林班內，即後來的總統行館。
1945年3月4日，由最後一任主任伊藤猛移
交給國民政府接收人員。

1920年3月1日（大正9），著手進行東京
帝國大學農學部演習林及鹿林山附近臨時
施業案之前期準備調查。

調查於5月11日結束。調查人員包括
小關才治、鳥吉藏等諸氏。

1920年4月7日（大正9），將阿里山森林
鐵道順道搭乘之範圍延長至阿里山沼平
站。註，一說4月1日，可能有一筆誤。

1920年5月16日（大正9），田總督前往
阿里山視察。

1920年9月1日（大正9），廢止營林局官
制，發布營林所官制，將營林局改稱營林
所，由殖產局高田元治郎局長兼任營林所
所長；營林所再度回到殖產局轄下一課之
地位。

1920年10月24日（大正9），「久邇宮暨
王妃殿下」至嘉義製材工場視察。

1920年代，日本國內小學5年級國語
課本第10卷中，登錄有「阿里山森林」的課
文，介紹阿里山的伐木、集材、運搬及鐵
路運輸。

1921年2月25日（大正10），營林所作業
課重松課長、嘉義出張所永山所長及阿里
山派出所主任岡田技師3人擬定阿里山造
林計劃案。

1921年5月5日（大正10），殖產局林務
課佐藤勸課長兼任營林所所長。

1921年6月21日（大正10），阿里山森林
鐵路貨車相撞，2死12傷。註，嘉義縣志
記載2死13傷。

1921年12月31日（大正10），嘉義街合
計9,550戶，人口40,106人。

1922年（大正11），日本東京帝大學生
來台實習，引進1,200株吉野櫻至阿里山
栽種。

1923年3月（大正12），阿里山寺大鐘樓
安裝完成。

1923年5月27日（大正12），化石採集者
擇田俊治在阿里山發現1,200萬年前貝類
化石。

1923年11月3日（大正12），殖產局喜多
孝治局長兼任營林所所長。

1923年（大正12），東京帝大演習林劃
分爲竹山與新高二施業區，下轄溪頭、清
水、桂子頭、楠子腳萬、和社與新高等六
分區，全林區並劃分爲38個林班地。

1924年5月10日（大正13），阿里山寺發
生大火。

1924年12月23日（大正13），農商務書
記官片山三郎受命擔任殖產局局長，同時
兼任營林所所長。

1925年（大正14），台灣第一次森林計劃，劃分29個事業區，奠定全面林業經營基礎；成立中央研究所、林業部；10月，台南州當局，為完成開鑿往玉山道路之多年懸案，乃派遣探險隊勘查，隔年春，大竹內務部長再度實地踏勘，終於定案。

1925年5月1日（大正14），總督府技師重松榮一受命出任殖產局營林所嘉義出張所所長。

1925年6月2日（大正14），「秩父宮殿下」前往嘉義製材工場進行視察。

1925年7月17日（大正14），於阿里山達邦社內舉行獻穀粟拔穗祭。

1925年10月（大正14），就官制進行解釋，將營林所視為總督府內之一個獨立單位。

1925年10月21日（大正14），阿里山寺重建落成，舉行入佛儀式。

1925年11月3日（大正14），伊澤總督前往阿里山視察。註，第10任總督。

1926年4月2日（大正15），本系列研究阿里山現地訪調的最重要受訪人陳清祥先生出生於第四分道。

1926年6月25日（大正15），嘉義出張所重松榮一所長陞敘高等官二等，於同日病歿。

1926年6月27日（大正15），總督府技師岡山震受命出任營林所嘉義出張所所長。

1926年9月17日午後（昭和1），在鹿林山舉行阿里山—玉山登山步道之開工儀式，18日動工。當時所用人力包括隊長、巡查、原住民、苦力及工事指導共計70餘人，11月再增加40人。11月6日開抵玉山頂，13日下山。建築隊亦同時完成了3處避難小屋，即鹿林山、玉山前山及玉山下。旋在11月14日，假鹿林山舉行耗時2個月的阿里山—玉山登山道路之開通典禮。斯時登上主峰之路線係由玉山主峰南稜而上，並非目前之西向坡。此條登山步道的完成，使得原已日漸增加的登山人潮更形劇增。據統計，自1921～1926年各年度登玉山人數為27，60，144，261，188（此年原住民抗日），563人。是以，就發展而言，在1926年前後，新高口（鹿林山之西向前站）已日漸開發，更在1937年左右，形成熱鬧之村莊，同時匯集自水山等較低海拔所生產的樟樹原料，再轉運阿里山而出；1926年間，帝大演習林在新高施業區設立內茅埔作業所。

1927年4月22日（昭和2），營林所嘉義修理工廠職工百餘人，與專賣局職工百餘人，同盟罷工，阿里山亦全面停工（縣誌）。

1927年7月29日（昭和2），高雄州知事高橋吉受殖產局局長之命出任營林所所長。

1927年8月25日（昭和2），臺日社公募投標臺灣八景，新高山與臺灣神社定為別格，而阿里山當選。（縣誌）

1927年8月25日（昭和2），阿里山入選台灣日日新聞社公開徵募的台灣八景之一。

台灣八景　八卦山、高雄壽山、阿里山、鵝鑾鼻、日月潭、基隆旭岡、淡水、太魯閣峽谷

候補　台灣神社、新高山。註，另一說，新高山定為「別格」，亦即八景之上的意思。

1927年9月（昭和2），帝大演習林就沙里仙溪流域之保安林編為新高保安林之施業案，更在2年後（1929.10）對此一保安林實施為期10年之擇伐作業。即此措施，在晚於阿里山大破壞約17年後，沙里仙溪流域之森林亦漸步後塵。夥同阿里山森林鐵路，此兩大開發方向宛若箭頭直指東北亞最高峰挺進。

1927年10月13日（昭和2），上山總督前往阿里山視察。註，第11任總督。

1927年10月21日（昭和2），阿里山林間學校新建落成。註，在今之員工宿舍區內。

1927年11月7日（昭和2），「朝香宮殿下」前往阿里山登山，8日赴阿里山林區視察，9日下山，10日前往嘉義製材工場視察。朝香宮在阿里山即下榻在後來成為蔣介石總統的「行館」處。

1927年12月17日（昭和2），總督府技師福本林作受命出任營林所嘉義出張所所長。

1927年（昭和2），日本當局陸軍測量部重測玉山高度，得海拔13,035日尺，約合3,950公尺；12月，日本本土已成立國立公園協會。本年度，由日本移來吉野櫻3,000株，遍植阿里山。註，櫻花在阿里山的栽植史，資訊混亂，待考。

1927年（昭和2），本年內阿里山森林鐵路的火車機關庫，由二萬坪上移至阿里山的沼平。

1928年1月31日（昭和3），阿里山登山者進入高山族地界之許可制廢止。

1928年2月（昭和3），台灣總督府聘請日本公園學權威田村林學博士探勘阿里山至玉山間之寒、溫、暖、熱帶森林，全境廣袤幾達6萬公頃，準備籌設國立公園。隔年2月，田村剛發表踏實的報告「阿里山風景調查書」。之所以進行觀光規劃，實乃鑑於山林資源即將耗竭，考慮鐵路工程等投資，圖謀長遠之經營，營林所遂接納各界建言，延聘專家籌謀大計。

1928年4月3日，「久邇宮朝融王殿下」視察嘉義製材工場，4日赴阿里山登山。

1928年4月25日（昭和3），阿里山營林所派出所（分場）新建工程落成。

1928年5月10日～12日（昭和3），陸軍特命檢閱使久邇宮邦彥親王赴阿里山視察，由上山總督陪同，歸途於5月14日至台中，韓國人趙明以短刀行刺，未果。

1928年5月14日（昭和3），久邇宮親王，由上山總督陪同，登阿里山，歸途巡視臺中時，有朝鮮人趙明河，以短刀行刺，不果，明河被捕。（縣誌）

1928年7月21日（昭和3），專賣局庶務課課長參事內田隆受殖產局長之命，出任營林所所長。

1928年8月5日（昭和3），川村總督赴阿里山視察。註，第12任總督。

阿里山發電所開始運轉。

發電所位於十字路東南方3公里之長谷川溪左岸海拔600公尺處，以水力發電，水位落差達68公尺，採Francis Turbine（渦輪機），最大電力約100瓩。註，1956年（民國45）遭洪水沖毀後廢棄。

1929年7月8日（昭和4），總督府技師上野忠貞受命出任營林所嘉義出張所所長。

1929年8月10日（昭和4），奈良縣知事百濟文輔受殖產局局長之命，出任營林所所長。

1929年9月21日（昭和4），石塚總督赴阿里山視察。註，第13任總督。

1929年10月（昭和4），大日本山林大會於台北召開，與會出席者赴阿里山視察。

1929年10月29日（昭和4），「東伏見宮妃周子殿下」赴嘉義製材工場視察。

1930年1月20日（昭和5），台灣總督府發布「市制」，嘉義街與新竹街同時升等為「市」，原嘉義街役場廢除，改稱嘉義市役所。首任市尹（即市長）為政所重三郎，於1月25日就職。

1930年4月26日（昭和5），石塚總督於嘉義市公所，接見竹崎庄之吳鳳後裔吳福及吳哖。

1930年7月27日（昭和5），石塚總督於赴新高山登山途中，順道前往阿里山視察。

1930年8月（昭和5），總督石塚偕同法國大使魯美，爬上玉山頂；全台人口4，594，061人。

1930年9月（昭和5），東京帝大演習林為順應事業進展，擴大組織加強分區作業，乃將已設置26年歷史的竹山演習林事務所遷設台中市內，原竹山事務所改為竹山作業所，下設溪頭、清水溝與桂子頭3個保護所，以為業務執行機構；另於水里新設新高作業所，下設對高岳、內茅埔作業所，執行新高作業區之施業。斯時，演習林之管理機構已趨完整，本年度起，人工植林如柳杉、杉木……等，亦屆可伐，是以展開為期5年之自營伐木。

1930年10月（昭和5），台南州下募資重修吳鳳廟，擴大工程，編修傳記；12月8日，台南州下大地震；12月22日嘉義地震，隔年1月24日再地震。

1930年12月8日（昭和5），烏山頭附近大地震；12月22日嘉義激震；1931年1月24日強震。

1930年（昭和5），阿里山上的製材工廠火災，延燒至宿舍。

1931年3月14日（昭和6），河合鈰太郎博士於東京逝世。

1931年4月1日（昭和6），日本政府公布國立公園法。然而在臺灣之森林開發亦不斷蔓衍，是年而舖設了阿里山迄兒玉8公里之鐵路，爾後再延伸新高口；夏季，日人首度登上南玉山。此時期之玉山頂設有「新高神社」，供奉山神，即所謂「御神體」，乃一面鏡子。其旁置有裝滿來自荖濃溪的清水，容量1升，除供奉山神之外，實作為登山者急需之用。神祠另以石門配鎖護之。

1931年4月20日（昭和6），嘉義市役所（市政府）設置阿里山國立公園協會。

協會成立之宗旨如下：「台灣為帝國南面大門之鎖鑰，雖為海上一蕞爾孤島，然島上高於萬尺之高山達48座，超越7，000尺以上者更達115座，可謂舉世罕見之高山國，處處可見山岳雄渾美景天成，溪谷天削引人入勝，1928年2月總督府特聘請公園學權威田村林學博士前來踏查，據其報告，較諸歐美各國之國立公園毫不遜色，以下略舉其地風景之概述。阿里山鐵道以嘉義市為起點，併入塔山線合計長達52哩，征服海拔7，570尺，同時橫跨熱帶、暖帶及溫帶，然其間行程不過數小時。且乘車直達寒帶地區遠眺日本最高靈峰，往返僅約2日。此外亦云：「沿途跋涉

1931年玉山頂設有「新高神社」，供奉山神，即所謂「御神體」，乃一面鏡子。其旁置有裝滿來自荖濃溪的清水，容量1升，除供奉山神之外，實作為登山者急需之用。神祠另以石門配鎖護之。蔡耀庭　提供。

日本神社撤走之後，1980年後赫然出現$的觀音小廟，此廟於國家公園成立之後，拆除。
陳玉峯攝　1985.10.31．玉山

玉山頂在1985除了有觀音小廟，還有墓碑與避難小屋，更有民間團體焚香膜拜。圖為「凌霄寶祭」。
陳月霞攝 1985.10.31. 玉山

高山大澤，親觸天地雄大之勝景，可鍛鍊身心，涵雄渾之氣質，其險峻地勢更增攀登之興味，登緣高山挑戰極限，是乃人性之常。目下台南州致力於修築新高山登山道路，台中州亦研擬開鑿通往標高9,374尺之八通關汽車道路，兩者之實現可謂近在眼前，近來阿里山觀光之風興起，每年之遊客數多達數千，甚至男女學生亦流行新高探勝之行。」

該協會幹部推舉台南州知事擔任協會之名譽會長，由嘉義市尹出任會長，另由營林所嘉義出張所所長、嘉義郡守暨1名民間人士出任副會長（計3名），此外選出理事數名，本部置於嘉義市市政廳內。

1931年5月8日（昭和6），拓務省殖產局之長殖田俊吉受殖產局長之命，山仟營林所所長。

1931年6月11日（昭和6），受豪雨影響，阿里山鐵道全線不通。

1931年6月15日（昭和6），賀陽宮恆憲王殿下蒞臨嘉義製材工場視察。

1931年7月12日～13日（昭和6），太田總督赴嘉義製材工場及阿里山視察。

1931年12月31日（昭和6），嘉義市人口61,254人。

1931～1932年（昭和6～7），陳清祥先生5～6歲，隨父親住在眠月西線，其父在該地集材。

1932年1月1日（昭和7），嘉義市行政區域之「街」，一律改為「町」，包括北門町、檜町等17個町。

1932年（昭和7），岡本謙吉前往阿里山，於今梅園地區開設岡本支店照相館，此相館為迄今史上阿里山之唯一。

1932年4月25日（昭和7），總督府長友綠技師受命為營林所嘉義出張所所長。

1932年8月4日（昭和7），中川總督赴嘉義製材工場視察。

1932年9月5日（昭和7），中川總督赴阿里山視察。註，第16任總督。

1932～1933年（昭和7～8），陳清祥先生6～7歲，其父在大瀧溪線6號伐木寮工作，住工寮。

1933年（昭和8），開築東埔下線鐵路，即由新高口以迄東埔山斷崖之下，長12公里600公尺。此年度，設立了國立公園玉山石碑於今之玉山國家公園鹿林山附近之邊界，亦即位於已廢玉山林道旁。此石碑高尺餘，前曾移至台大實驗林溪頭營林區，舊辦公室前庭園的林區模型內，隨著舊辦公室之拆除、改建，該石不知所終。這些籌設國立公園的具體運動，在當時仍由民間率先興起。最先係由花蓮港有志人士所提倡的太魯閣地區之籌劃，繼之以台南地區所發起的阿里山、新高國立公園運動，最慢者即台北之大屯國立公園。

1933年2月3日（昭和8），於阿里山舉行「故河合林學博士旌功碑」揭幕儀式。該石碑的文字，「博」字少了一點，「功」字的力刻成刀，據傳係河合氏遺言，不敢居功，實乃眾多基層工人辛苦操刀之所致。註，待深入考証。

1933年3月15日（昭和8），於阿里山新設高山觀測所。註，重新改建為今之規模。

1933年8月4日（昭和8），台北州知事中瀨拙夫受殖產局長之命，出任營林所所長。

1934年2月（昭和9），帝大演習林就和

1940年之鹿林山莊，山莊管理員深江盛好全家人與女傭
及四名警察官。深江直子提供。

1967年，興建排雲山莊落成，可容100人棲身，原鹿林山
莊裁撤，漸荒廢。此為徐光男於1968年拍攝之鹿林山
莊。

鹿林山莊裁撤，已荒廢。陳玉峯攝1985.11.08.

鹿林山莊，為登玉山之前站泊宿處。林久三攝 1927.？

社分區內的兒玉山以迄東埔山一帶的針葉樹，與台灣總督府營林局訂立了7年的伐木協定。此即目前塔塔加鄰近地區伐木之開端。

1934年3月24日（昭和9），於阿里山舉行阿里山作業所官制公佈25週年紀年儀式。依據當年參加者所撰寫的紀詳，曾述及盛大的樹靈祭。在引述弔祭殉難、殉職人員之際，附加了說明祭樹靈的緣由：「……一方面對於事業對象之巨樹、老木，亦不能不生起崇敬之念。即使是樹木，也不能說沒有靈魂，對這眾多的樹靈也一併予以弔祭……」，描述樹靈祭典則述道：「……在聳立的摩天巨樹下，以極為嚴肅的心情弔祭幾十萬的樹魂。保持了數百年、數千年樹靈的巨樹，在一斧砍伐下倒下，連想此情，任何人都不免在胸中一掬同情之淚」。然而，當夜在描述了聲、色、酒、亂的夜間活動之後，3月25日清晨，由阿里山搭火車出發，前往兒玉（今之自忠）參觀伐木木登作業。其述曰：「……在供覽的紅檜巨木根部，以大斧把楔打進去，然後開始用鋸，巨木便時時發出悲鳴似的，嘎喳喳地作響。不久，?夫大聲喊出『往左?山去啦！』，聞其喊了三次，其聲響徹山谷，一時發出震耳欲聾，連山都被搖動也似的爆音而倒下去，瞬間大家不由得握緊了拳頭，大呼快哉。既為木登作業感到興趣，又為千仞的斷崖感到膽寒，在返回阿里山的車中彼此以這些為話題，談得天花亂墜」。

1934年4月7日（昭和9），台灣全島詩人大會假嘉義公會堂召開，場內臨時佈置有新高、阿里山國立公園協會提供的，大型

阿里山自然景觀照片數十禎。計有231人參加，比賽首道題目為「阿里山曉望」，連比2天後，9日清晨，主辦單位招待35位與會詩客登阿里山，阿里山營林所特別裝飾列車車廂，也有主催社派2名嚮導解說，免費住宿營林所的俱樂部。隔日10時，加開臨時列車下山。

1934年10月7日（昭和9），「梨本宮守正王殿下」至阿里山視察。

1934年（昭和9），籌建完成鹿林山莊，為登玉山之前站泊宿處。1960年代荒廢，1986年（民國75）之後，由玉山國家公園依外表原貌復建。

1935年1月21日～22日（昭和10），「李王垠殿下」至嘉義製材工場及阿里山視察。

1935年9月21日（昭和10），決議設置新高山、阿里山國家公園（見後）。

1935年9月（昭和10），於阿里山上豎立樹靈塔，此後殆為每年3及9月祭拜。故阿里山作業所技師進藤熊之助殉職紀念碑遷移至二萬坪。

1935年10月（昭和10），為慶祝台灣始政40週年紀年博覽會開幕，於阿里山上創設高山博物館，空間分為入口走廊及前、中、後三室，1999年9‧21大震，地基下陷、側門傾斜、玻璃破損，關閉至今。

1935年（昭和10），帝大演習林再度實施森林調查，為配合經營需要，編成第3次經營案（實施年限至1942年），將全林區編為一個施業區，改分成43個林班，由6分區分別管理。又依森林使用目的，分為特別施業區、雜種地與普通施業區。後者施行皆伐作業，並以天然更新進行復舊造

林；即在本年度，當時之臺灣國立公園委員會決議設立①新高，②次高、太魯閣與③大屯國立公園，夥同日本本土當時已指定的12座，合計15座國立公園。關於新高國立公園方面，係以玉山、秀姑巒山及阿里山為中心的脊樑山脈地區，涵蓋當時台中、台南、高雄三州及花蓮港、台東兩廳，面積廣達1,878.24平方公里；對此三地區之選定，當時國立公園委員之早坂一郎持有異議，他認為新高與次高有重複的弊病，而恆春半島之無規劃國立公園誠乃憾事。

1936年3月（昭和11），台南州農會編列2,126圓經費，於鹿林山、塔塔加附近進行「改良和牛育成實驗」，即今之玉山國家公園遊客中心對面山坡，於3月買進兵庫縣美方所產之改良和牛，公牛1頭滿2歲，母牛2頭（1頭滿1歲，另1頭10個月），於3月10日起，移至塔塔加平原放牧。當地配置1名牧夫，日間放牧、夜間趕回牛舍；1985～1986年間，陳玉峯重新調查該地植被，以對照變遷。

1937年（昭和12），台灣總督府殖產局農務課完成《山地開發調查現狀調查書》之「嘉義奧地地方第一調查區」，包括阿里山、塔山、清水溪上游等7個分區的農牧狀況，提供阿里山地區另一面向之資訊參考。

1937年7月7日（昭和12），日本發動侵略中國戰爭。

1937年12月27日（昭和12），由當時臺灣總督府內務局國立公園協會負責規劃的新高國立公園宣布範圍，由阿里山至巒大山，自關山以迄中央山脈山麓，面積凡185,980公頃，後以二次大戰乃遭擱置。

1938年5月（昭和13），嘉義市役所強迫全市60所寺廟（除了孔廟、城隍廟及地藏庵3所之外）禁止舉行祭祀、典儀。

1939年（昭和14），為戰備儲材，1939年砍伐自忠至東埔山上半部針葉林，至1941年砍到東埔支線12～12.5公里處；東埔山鄰近地區於1939～1942年間所砍伐原木，聚集於東埔山下，樹種以紅檜與雲杉為主，而東埔山頂之鐵杉族群似尚未式微。

1939年（昭和14），鋪設阿里山至新高口的鐵路，長10.7公里。註，存疑。

1940年2月11日（昭和15），台灣人開始改為日式姓名；8月2日，設置「皇民化模範部落」；8月以降，公布系列物資「配給」制度。

1940年（昭和15），陳清祥先生於1935～1940年下山，1940年14歲，回大瀧溪下線，幫父親集材。

1941年（昭和16），為強化戰時體制，宣佈阿里山、八仙山、太平山伐採事業悉歸台灣拓殖會社；全台破壞荒廢林地約20～50萬公頃；開始調查楠梓仙溪森林。

1941年（昭和16），由兒玉（自忠）架設森林鐵路往水山一帶伐採林木，長7.8公里（或7.5公里），即水山支線。此地所運出木材以扁柏為多，先前存有扁柏純林。據林業人員告知，由自忠山以迄塔山之扁柏，木材色黃，或謂「軟絲」之針一級木；此水山線鐵路於1945年後即廢棄，但仍以台車、人力推送殘材、物品等數年。

1941年11月18日（昭和16），台灣總督府指令17號，批給嘉義市人張為政間伐阿

里山事業區201～208、218及227等10個林班，許可伐木材積為柳杉199.01立方公尺、廣葉杉(杉木)4,128.28立方公尺。

1941年12月8日(昭和16)，太平洋戰爭爆發。

1941年12月17日(昭和16)，清晨4時30分，南部大地震，死傷千餘人，屋倒66,000餘家。兒玉(自忠)地區自山稜線部位，裂開約3吋，長數十公尺，所幸人員與房舍無恙。阿里山鐵路災害嚴重，震後3天二萬坪車站邊至平遮那車站間地坪下沉數千方公尺(滑山)，鐵路修護6個月才通車。

1942年4月1日(昭和17)，第一梯次台灣陸軍志願兵入伍；8月2日，開始實施木材配給制。

1942年9月(昭和17)，阿里山營林事業公營制廢止。移轉由台灣拓殖株式會社經營，後改稱台灣拓殖株式會社林業部嘉義出張所；帝大演習林之第3次經營案期滿，以戰爭之故，僅準照第3次經營案成規，編訂第4次經營案，實際年限仍為10年；是年建造塔塔加線鐵路，用以取代其下位之東埔線，此鐵路即穿越今之東埔山莊廚房處。

此時期正值中國對日抗戰末期，諸多林業機關之業務多告停頓，繼而大肆砍伐，森林宛若骨牌般傾毀；而1945年春，美軍轟炸激增，尤以新高口為烈，此乃因該地係日本人所設樟腦局之驛站，而樟腦在當時係重要戰略物質之一。斯時以轟炸導致大火，遂令新高口之繁榮隨之瓦解，1945年以後，人口遂移聚自忠，徒留先前2條已廢棄之鐵道路跡與登玉山路口。此2

鐵路，右側者係霞山線，長9公里，延伸至自忠山腹，左側著即石水山線，長2公里500公尺，目前其鐵軌已拆除，延伸至鹿林山支稜之溪邊。此等地區伐木之後均改造柳杉，如今已鬱然成林。

1942年9月(昭和17)，由於二次大戰之太平洋戰爭發生，台灣總督府緊縮行政機構，營林所遭撤銷，伐木專業等移交公、民合營之「台灣拓殖株式會社」辦理，該會社林業部，經營阿里山、太平山及八仙山三大林場的伐木事業，而竹東、巒大山、太魯閣等，分別委託民營之植松木材株式會社、櫻井組及及南邦林業會社經營之。其餘規模較小的林場，亦分別交付各民營伐木會社處理。又，原營林所之8個出張所改隸山林課，而山林課轄下包括9個山林事務所等，專事造林工作及林產物配給等。

也就是說，阿里山林場的伐木事業，於1942年9月起改隸民間公司經營，官方則處理造林工作及林政，而原伐木等主任以迄員工，絕大部分變成民營公司的員工，原來的官制制服等，一概脫下，同時，新建一棟辦公室(1942年完建)，即沼平車站右上方，今已擱置不用的「阿里山舊工作站」，最後一任工作站主任伊藤猛即在此辦公；至於造林事務等官方事務，則在舊工作站右後上方的日式木造屋內辦公。

1943年4月1日(昭和18)，實施六年制國民義務教育。

1943年9月(昭和18)，台灣總督府公布自1945年開始實施台灣人徵兵制度。

1943年12月31日(昭和18)，嘉義市計

有22,658戶、105,224人，在全台灣11個市中，人口佔第5位。

1943年(昭和18)，興建排雲山莊及北峰測候所。

1944年4月19日(昭和19)，日本政府公布台灣徵兵制，9月1日起施行。

1941～1944年(昭和16～19)，陳清祥先生15～18歲，住兒玉，任職營林所嘉義出張所乙種傭、總督府營林所乙種傭、台灣拓殖株式會社乙種傭、甲種傭，1944年3月24日結婚，婚後至沼平警察駐在所。終戰前阿里山大約2,000多人，2成為日本人，8成為台灣人勞工，但戰爭期日人大多都前去當兵。

1944年8月(昭和19)，太平洋戰爭延伸台灣，10月美軍開始轟炸全台。阿里山區之塔山為重要的防空砲台，於1944年底至1945年8月間斷續遭受空襲。陳清祥先生被日人調去萬歲山頂，充當監視美機來襲的監視員。

1945年4月11日(昭和20)，台灣總督府指令5,053號，批准與「台拓」砍伐的「軍需用材」，包括阿里山事業區150～152、202～206、218、224及225等11個林班，砍伐面積約312.23甲、107,661株針葉樹，材積達27,952.57立方公尺。

1945年8月15日(昭和20)，日本接受「波茨坦宣言」，台灣總督安藤利吉發表日本天皇的「終戰詔令」，隔天，為防止全台妄動，廣播「等待善後措施」。阿里山區一切行事如常，至10月25日之前，仍由日本人主管，10月25日，日本人將職務自動移交阿里山當地台灣人，並交待不可怠忽工作。此後，直到隔年4月1日，中國主管擔

任體制行政派令為止，大約半年期間，實質上殆屬於「無政府狀態」，而阿里山大抵正常運作。陳清祥先生擔任林場巡山、監工，住疏開寮。

1945年10月25日(民國34)，臺灣改隸，阿里山之森林經營由臺灣省行政長官公署農林處、工礦處會同監理。台灣行政長官公署於1945年10月25日假台北中山堂，接受日本投降之受降典禮，是日開印辦公。11月19日，由台南接收主委韓聯和，帶人員至嘉義開始工作，並派警察局長陸公任，兼代嘉義市長，籌立市政府。12月1日嘉義市政府成立，任陳東生為市長，該時台灣設九省轄市，嘉義為三等市(嘉義縣政府，1963)。

1945年11月3日(民國34)，行政長官公署核頒徵用日籍員工暫行辦法，飭所屬各機關如徵用日籍人員，應即詳實開列名單報請派用，規定對徵用之技術員工其原任技師、技手、工手者，暫仍以原名義分別派用，對不徵用之日籍員工亦應分別列冊報告。補充規定：日員中原有屬、囑託、雇員三種名義，「屬」按其原官等分別以服務員、助理員派用，「囑託」改以服務員、助理員派用，「雇員」能以原名義派用。林務局留用人員，均派為服務員，其後自行改以技正、技士任用。(林局誌)

1945年12月8日(民國34)，台灣省農林處林務局於本日創立，與農林處合署開始辦公，首任局長黃維炎就職。(林局誌)

1945年12月25日(民國34)，台灣省行政區改制，阿里山庄改阿里山鄉，鄉公所設於今沼平梅園。

1945年12月31日(民國34)，日僑管理

1967年8月，石牆紅瓦，建地24坪，工程費近100萬元，可容100人的排雲山莊落成。1985年冷杉林間的排雲山莊，紅瓦已褪色。陳月霞攝　1985.10.30.

日本人酷愛登山活動，日本聖山富士山下，建築眾多山莊，日人之登山風氣於治台時期轉移至新高山，亦在新高山沿途興建數座山莊，排雲山莊是其一。圖為日本富士山下之眾多山莊。陳月霞攝　1987.07.17.　日本

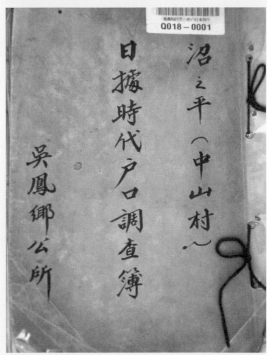

1946年，國府設置吳鳳鄉公所，合併達邦及特富野為達邦村。陳月霞攝　2000.11.14.　達邦

產管理委員會撤銷，由林管局直轄各伐木林場。(林局誌)

　　1947年6月(民國36)，林產管理局成立，阿里山區改稱台灣省政府農林廳林產管理局阿里山林場；並接受林產管理委員會第2、第3組之嘉義製材工廠，改稱阿里山林場第2、第3製材工廠。陳清祥先生任職甲等檢尺技工，21歲。

註，阿里山林場的組織結構如表4。

　　又，阿里山分場是阿里山事業的中心地，分場內設置庶務股、伐木股、集材股及整材股，另有製材工廠及修理工廠。此時期阿里山居民大約2,000餘人，直接或間接從事林場工作。

　　1947年7月(民國36)，省府根據前農林部頒鄉鎮護林協會組織章程，通令各山林管理所及縣市政府，策動轄內各鄉鎮成立護林協會；各山林管理所各自組之保林巡山隊，於林產物搬出之重要道路口，設置林產物檢查站。(林局誌)

　　1947年8月28日～9月12日(民國36)，林產管理局組織作業視察團，由張韶初副局長率領團員9人視察八仙山、阿里山、竹東(鹿場山)等林場。(林局誌)

　　1947年9月5日(民國36)，系統更張，農林處設立林務科，以胡煥奇為科長，全

【表4】阿里山林場組織結構(1947年)

- 場長
  - 秘書
    - 醫務室
      - 職工福利社
    - 第二製材廠
      - 製材工廠
    - 第一製材廠
      - 修理工廠
      - 阿里山分場
        - 楠梓仙溪作業站
    - 修理工廠
    - 貯木場
    - 業務檢查室
      - 業務股
        - 森林鐵路
          - 工程隊
          - 監工區
          - 車庫
          - 車站
    - 人事室
    - 主計室
    - 運輸課
      - 運務股
      - 材料股
    - 工務課
      - 工程股
      - 出納股
    - 總務課
      - 事務股
      - 文書股
      - 利用股
        - 自忠分站
    - 作業課
      - 生產股
        - 竹崎工作站
      - 造林股
        - 奮起湖工作站
        - 草嶺分站
        - 哆囉焉分站

科屬員60餘人，分3組處理林政、林產及經理業務，10個山林管理所與4個模範林場改隸農林處；林產管理局僅保留總務、營林、作業、供需、工務、枕木(增設)6組，秘書(含人事課)、技術、會計、統計4室，外轄各伐木場及直轄台北製材工廠。(林局誌)

1947年10月1日(民國36)，本日至9日間，唐振緒局長偕同聯合國善後救濟總署顧問藍高梓、工程師富利來、上海申報記者楊文育、林管局主任秘書吳符生、作業組長孟傳樓等人，視察阿里山、八仙山、太平山3大林場；其時林管局所屬，有阿里山、八仙山、太平山、竹東、巒大山5林場，以及台北製材工廠，計有職員778人、工員2,496人，作業地域有阿里山、八仙山、太平山、大元山、鹿場山、香杉山、蒲羅灣、麻伊馬來、望鄉山、巒大山、太魯閣大山等11處，合計作業地面積279,692公頃，森林蓄積逾5,000m³，1946～1947年(民國35～36)年均產量131,300m³。(林局誌)

1947年10月6日(民國36)，省府公佈施行：加強枕木生產供應及管制方案。(林局誌)

1947年10月(民國36)，聯合國善後救濟總署澳籍林業顧問藍高梓(G. W. Nunn)奉派來台考察各林場，撰寫「台灣之林業及其森林資源報告」；摘述當年台灣林業及林產工業之情勢，建議規劃各林場之新伐區、新路線，以擴充材源；為此曾調查設計開發楠梓仙溪、大雪山、棲蘭山、西巒大山等處原始森林，意在延續阿里山、八仙山、太平山、巒大山4林場之伐木生產。(林局誌)

1947年10月(民國36)，嘉義山林管理所林政組森林警察黃紹南，執勤時被盜伐人圍殺致死。(林局誌)

1947年11月5日(民國36)，開發楠梓仙溪調查隊，由技正邱文球率領出發前往嘉義進行初步調查工作，預計至本月底前完成。(林局誌)

1947年11月25日(民國36)，楠梓仙溪開發調查隊成立，並先派出蓄積及路線勘查組，全部工作期預定為50日，由副局長張韶初任隊長，技正陳龍馨為副隊長。(林局誌)

1947年12月1日(民國36)，最高峰玉山(名載台灣府誌)，於日人治台後2年(1897)改名為「新高山」(3,950m)，以其高出日本富士山(3,778m)，本日由國府公告改回「玉山」原名。(林局誌)

1947年12月5日(民國36)，成立木材緊急增產委員會並召開第1次會議，因戰後各界需索木材迫切，而各林場器材缺乏，生產不繼情況嚴重。9日召開第2次會議，19日加開臨時會議，31日再度召開會議；經訂定木材生產獎懲辦法，控制來(1948)年度預定生產數量，各林場到達貯木場原木合計應為124,652m³(實際僅產96,264m³)(林局誌)。又，為進行伐木及殘材處理，阿里山眠月線重新舖鐵軌，由沼平修復至石猴段落，長8公里。

1947年12月31日(民國36)，1947年度下期颱風屢次成災，林場建築及運輸線路受損甚鉅，尤以太平山林場為最；阿里山地區全年降雨量高達5,852.8公厘。(林局誌)

1947年（民國36），阿里山閣由日產管理處移交給吳鳳鄉公所（今之阿里山鄉公所）經營管理。

1948年1月22日（民國37），阿里山森林鐵路技助曾慶甲，駕駛25號機關車拖帶運材車8輛，於67.2公里處因列車制動失靈碰崖顛覆，曾員當場殉職。（林局誌）

1948年2月（民國37），省府核發林產管理局組織規程草案；林管局雖自1947年6月16日（民國36）成立，至此始有正式之組織編制且亦僅為草案。其形態表現為自1947年9月5日迄1948年5月31日間，台灣林業之林產與林政形成分治局面，依本規程，林管局僅管轄各伐木林場及直轄台北製材工廠，為名實相符之「林產管理局」。（林局誌）

1948年2月19日（民國37），由於阿里山林場木材砍伐殆盡，嘉義市參議會、市商會、木材公會等，組織「楠梓仙溪開發促進會」。

1948年2月28日（民國37），農林部公布森林法施行細則（計75條，後於1956年1月10日及1969年2月13日由經濟部修正公布）。

1948年3月27日（民國37），公告自即日起台灣度量衡一律改用萬國公制；材積原以日制之尺締、石、才為單位（按日治時代1900年11月8日曾公布台灣度量衡條例，1946年5月14日行政長官公署已核行「台灣省推行標準度量衡計畫」），已自本年元旦起改以立方公尺（㎥）為單位，並參酌當時市價調整材價。度量衡新舊制之換算方式：

1日尺=0.30303公尺（m）

1間=1.81818公尺（m）

1町=109.09公尺（m）

1日里=3.9273公里（km）

1平方日尺=0.09183平方公尺（㎡）

1坪=3.3058平方公尺（㎡）

1台甲=2,933.93坪=0.9699公頃（ha）

1町步=0.9917公頃（ha）

1石=10立方日尺=100才=0.27827立方公尺（㎥）

1尺締=1.2石=120才=0.33392立方公尺（㎥）

1貫=6.25台斤=3.7500公斤（kg）

1台斤=0.6公斤=600公克（gm）

1擔=100台斤=60公斤（kg）

註，1里=36町，1町=60間，1間=6尺。清制 1里=180丈=1,800尺=0.576公里。1清尺=0.32公尺。

1948年4月（民國37），由於1946年冬的火災，加上豪雨、山洪影響，塔塔加線（哆哆咖線）鐵路，也就是自新高口以迄東埔山莊的路段，毀壞而停止使用，當時林場計有5部集材機，除了塔山一部每月尚能出材2,000石之外，其餘4部皆已停擺。1948年4月，當局批准修復塔塔加線，其目的：1、為請准砍伐搬運東埔第6～9、11及12等6個林班，合計187,865石的木材；2、為要砍伐且搬出水山支線93林班之20萬石的闊葉樹，以及1萬石的殘材；為砍伐28林班的杉木等，也就是要維持阿里山林場的事業不致停頓之故。

為此，阿里山林場向糧食局請撥白米1萬台斤，計畫以每日70位工人，在85天之內，修復10.5公里長的塔塔加線鐵路及2座隧道，更且，擬將於6月中旬，著手水山支線1.5公里的鐵路敷設，包括1座隧道。總計需要5,000支鐵軌及3萬支枕木。

　　凡此，皆為前進至楠梓仙溪開展新伐區作預備，當年預計，由新高口經塔塔加，深入楠梓仙溪的鐵路將長達32公里，預計分4階段完成，其一，塔塔加線修復；其二，由塔塔加線終點站，延長2公里的鐵路，抵達塔塔加鞍部。此段落可以砍伐鞍部附近300公頃以上的雲杉林等，此地域的材積達50萬石，但此地為保護帶，故原計畫只擬砍伐8萬3千石，另一方面，亦將開採沙里仙溪森林；其三，由塔塔加鞍部再延長至距新高口17公里處，開放第1及第2區楠梓仙溪森林；其四，由17公里處展延至32公里處，進行楠溪第3區的伐木事業。

　　1948年5月10日（民國37），台灣省合作事業管理處批准「台灣省阿里山木材運銷合作社」成立，股東103人，計有13,809股，每股股金2元；社址暫置嘉義市中山路南洋木材行，北門車站設有廣大的置場及供銷部。理事主席林章、經理劉黎泉等；當年號稱「全省唯一的木材運銷合作社」，乃因多年來阿里山鐵路缺乏機械零件與煤炭，除了阿里山林場本身直營的物資之外，一切民間託運物都無能運輸，龐多木、竹材皆停滯山中漸次腐朽，民間怨聲載道。林場撥出一小部分運輸量，提供眾多託運者相互搶奪，情況極度混亂，由是而成立運銷合作社，期能建立配車秩序。

　　1948年4月（民國37），林學界人士林渭訪、邱欽堂、周楨等，發起組織省級林業團體，定名為「中華林學會台灣省分會」，至1950年改名為「台灣省中華林學會」，「本會係以聯繫林業界人士奉行三民主義，研究林學並協助政府發展林業為設立宗旨」。

　　1948年6月1日（民國37），今日起農林處撤銷林務科，原轄林政、林產、經理3組，10個山林管理所及3模範林場均回隸林產管理局。（林局誌）

　　1948年8月5日（民國37），中美雙方於南京市簽約，合作成立中國農村復興聯合委員會，簡稱農復會（JCRR）。（林局誌）

　　1948年8月31日（民國37），林產管理局訖本月底各模範林場完成歸併，計第1林場併入台中林管所，但竹山及阿里山部分則併入嘉義林管所；第2林場併入高雄林管所成立六龜分所，第3林場併入埔里林管所；第4林場前已併入台北林管所。有關山林管理所為此臨時增置副所長一職位，以併入之模範林場場長充任之。（林局誌）

　　1948年11月28日（民國37），吳鳳鄉原住民為經營阿里山林場事，提出5項要求，希望放寬民有林限制。

　　1948年（民國37），日治時代受到禁止迷信的限制，遲至國府治台，阿里山人終於籌建今之受鎮宮，祭奉玄天上帝為主神。

　　1949年2月1日（民國38），嘉義市米價狂飆，蓬萊白米每台斤28萬元。

　　1949年4月11日（民國38），林政管理與林產管理再度分治之局已成定議，林管局又面臨改組，省府新派李順卿局長於本日就職。據嗣後（1969年8月）中華林學會會報追記當時局面是：（1）局庫存舊台幣16萬（合新台幣4元或0.8美元）；（2）員工薪資已欠發半年以上；（3）各伐木林場作業設備

上：
1948年阿里山人籌建今之受鎮
（森）宮，祭奉玄天上帝為主神。
曾明敏 提供
中：
1955年受鎮宮擴建，照片中為阿
里山第二代柳桂枝。柳桂枝提供
下：
受鎮宮從檜木改建成磚頭，正在
擴建成三層樓的鋼筋水泥龐大建
築，照片中站在龍柱旁為柳桂
枝、陳僭夫婦。陳月霞攝 1997.
04.

正在擴建三層樓的受鎮宮前，陳玉峯刻正授課。陳月霞攝 1997.11.22.

擴建多年的三層鋼筋水泥龐大建築。陳玉峯攝 2000.08.14.

玄天上帝鬍鬚上每年初春都停有被稱為神蝶的大型蛾隻。陳月霞攝 1997.04.

多已陳舊不堪使用而無力更新；（4）年產木材僅約7萬餘㎥而生產成本占售價87%，全部銷材收入不足支應全局開支；（5）木材買空（枕木）賣空（配售）外欠約2萬㎥；（6）執行限制伐木5年計畫，致力戰時剩餘材搬出；（7）軍公民交通需才孔急，材價激漲；（8）全部造林、保林、經理及利用業務限於停頓；（9）森林火災、盜伐、濫墾層出不窮，年達數百次；（10）人浮於事積弊重重，上下內外攻奸互責不已。李氏上任繼續伐植平衡及以林養林政策，並注重木材生產供應問題。（林局誌）

1949年6月14日（民國38），省府公布改制林產管理局組織規程及各縣山林管理所組織規程，員額編制緊縮，局本部由原編411人減為新編278人，供需組改名為供應組。所屬10山林管理所合併為台北、新竹、台中、台南、高雄（駐屏東）、花蓮、台東7山林管理所，撥歸當時之7縣政府兼受林產管理局之督導，各林管所總員額1,150人減為500人，技工1,740人減為800人。林管局所屬6林場之編制員額，亦自955人減為833人，技工6,323人減為4,591人。（林局誌）

1949年6月15日（民國38），台灣幣制改革，舊台幣4萬元折合新台幣1元，新台幣5元折合1美元，發行總額訂為2億元。依新幣值，林產管理局營業收入額1947年度為9,714元，1948年度為116,983元，1949年度為5,181,497元，1950年度（上半年）為16,623,038元；純益額1947年度為384元，1948年度為28,009元，1949年度為1,023,600元，1950年度（上半年）為7,197,320元（省府規定全年應繳庫2,400萬元，額度

僅次於台糖公司）。（林局誌）

1949年6月（民國38），本月中起，原各模範林場分別自有關山林管理所移歸各公立大學及試驗機關，原第1林場竹山及阿里山林地，於7月撥交國立台灣大學農學院成立實驗林管理處；原第2林場種植規那林部分，於本月撥交省林業試驗所（1950年5月15日成為該所附屬金雞納試驗場，1964年5月15日又改為該所六龜分所），其餘少部分由高雄林管所六龜分所保留；原第3林場於本月撥交省立農學院成立實驗林管理處能高林場（1967年5月改名為惠蓀林場）；原第4林場已先於1948年5月歸併台北林管所成立乾溝工作站（屬新店分所）。（林局誌）

1949年8月4日（民國38），農復會允撥80萬美元，修復阿里山鐵路。

1949年8月25日（民國38），中國農村復興聯合委員會（簡稱農復會JCRR）由南京遷駐台北市，本日開始辦公。（林局誌）

1949年9月（民國38），國府遷台，木材需要量邊增，尤以軍公用材為多，林產管理局生產木材一度奉命交由省物資調節委員會主持分配，未久收回自行標售；又，本月內，林管局公佈「殘廢材處理辦法」，對原日本人伐採地由是而產生二度、三度取材。（林局誌）註，國府遷台正確日期為12月7日。

1949年10月（民國38），林務局所有員工職稱全部改為新名，例如原「機關助手」變更為「助理司機」，薪資由日給制改為月俸。

1949年11月4日（民國38），蔣介石總統首次至阿里山，隨行人員有蔣經國等，宿

貴賓館；6日下山。（林局誌）。註，蔣介石當時為總裁，而非總統。

1949年11月16日（民國38），省府公布：台灣省加強保護森林方案。（林局誌）

1949年12月2日（民國38），行政院決議：省農林處改制為農林廳，仍轄林產管理局與林業試驗所2林業機構。（林局誌）

1949年12月16日（民國38），林產管理局召開營林用地放租座談會。（林局誌）

1950年2月（民國39），台灣林務機構改制，奉令將阿里山林場與台南山林管理所之嘉義、林內、左鎮、玉井等四分所，合併改組成立台灣省政府農林廳林務局「玉山林區管理處」。

1950年春（民國39），許姓工人燒木炭導致火災，延燒倉庫及阿里山民間商店區，同年重建。註，民間搶建。

1950年4月1日（民國39），陳清祥先生任職阿里山分場甲種技工。

1950年6月（民國39），省府公布台灣省森林用地租地造林辦法及其施行細則，將低海拔及鄉村附近國有林事業地中，已被濫墾之林地、草生地、伐木跡地及林相敗壞地等，勘劃為租地造林之預定區域，分期放租人民造林，以期與政府造林齊頭併進。（林局誌）

1950年10月14日（民國39），台灣省行政區域調整（9月8日），原為8縣5市者此後改為16縣5市，勢須2～3縣共轄一山林管理所；時國府遷台，提示台灣省林政與林產（作業）必須維持一元化之原則，省府乃於本日改訂林產管理局附屬山林管理所組織規程，而於本月21日通知農林廳及各縣政府，應將原屬各山林管理所仍歸隸林產

管理局，並指示業務劃分事項，如行政區域調整後原屬各鄉鎮之林務人員即森林幹事名額，應由林管局按調整後各縣轄區內林野狀況重行配置。（林局誌）

1950年10月（民國39），由林渭訪、薛承健收集、編撰日治時代林業、木材資料，加上國府治台後若干資訊，輯為《台灣之木材》一書，由台灣銀行金融研究室編為「台灣特產叢刊第7種」，其中，一些關於阿里山者，提供今人暸解終戰前後大概，筆者將於第六章中引介。

1950年春（民國39），倉庫火災，延燒及阿里山合作社及其宿舍區，同年重建。註，民間搶建。

1950年（民國39），吳鳳鄉發生政治迫害事件，社會、政治菁英被長期監禁或處死，或稱湯守仁事件。

1950年11月1日（民國39），本月起各縣山林管理所還隸於林產管理局。（林局誌）

1950年～1954年間（民國39～43），進行開採東埔山附近鐵杉林等。其林相已是祝融襲後的破碎林分，間有扁柏、紅檜、雲杉、華山松、臺灣二葉松或紅豆杉等針葉樹。

1951年（民國40），嘉義縣人口535,680人；原住民1,981人。

1951年4月5日（民國40），徵信新聞報導，林產管理局本年度提高木材生產量，預定產額16萬餘立方公尺，比1950年增加33（阿里山預產32,539立方公尺，而阿里山林場1月份實產2,218.407立方公尺，2月份實產1,336.985立方公尺）。

1951年4月16日（民國40），農復會（JCRR）美籍林業專家沈克夫，由林管局陶

玉田副局長陪同視察阿里山林場。

1951年4月20日(民國40),徵信新聞報導,阿里山林場3月份實產木材材積2,851.783立方公尺;5月16日報導,阿里山4月份產量2,160.179立方公尺。

1951年5月(民國40),省府公布:台灣省森林用地租地造林處理綱要。(林局誌)

1951年5月22日(民國40),草嶺潭潰決,工兵74人死亡,統計流失、死亡134人,重傷3人。

1951年6月23日(民國40),本年1~5月份林場出材為45,775.045立方公尺,其中太平山有19,711.528立方公尺為最高,阿里山10,118.921立方公尺居次;林產管理局擬將嘉義第二、第三製材場及員工,全部遷至羅東,而嘉義縣議會及各民間團體以影響當地繁榮為由,向參議會要求勸阻。然而,各項機器已陸續搬遷中。此外,7月19日報導,阿里山1~6月生產12,116.563立方公尺(徵信新聞;以下簡稱徵信)。

1951年6月25日(民國40),林產管理局計畫開發阿里山新伐區原始森林,美國經濟合作總署同意補助140萬美元。(林局誌)

1951年7月4日(民國40),省府公布台灣省營造保安林獎勵辦法,獎勵省民及各鄉鎮護林協會承租保安林地造林(共曾放租5,000餘公頃,惟多數種植果樹,未收保安林之效,且有越界盜伐濫採主副產物情事,乃於1963年起廢止之)。(林局誌)

1951年7月(民國40),本年初農復會森林專家沈克夫與技正康瀚考查全台林業狀況,本月撰成「台灣之林業情形報告書」,附以改進意見。林產管理局與農復會共同

體認當時林業經營方針亟需釐訂者有7點:(1)遭破壞林地迅速復舊造林,保持水土,提高生產力;(2)重建防風林,使棄耕農田及減產耕地恢復生產力;(3)政府協助積極發展公私有林,激發朝野造林興趣;(4)林務機關加強森林火災之防制;(5)勘查重要集水區之土地利用情形,實施改善計畫;(6)解決林業實際問題,改進森林作業方法;(7)舉辦各項訓練班以提高現場人員素質,並派員赴國外接受現代林業訓練。林產管理局根據前述需要,擬具四年造林計畫以資配合。(林局誌)

1951年7月31日(民國40),林產管理局長李順卿、省府林業顧問福納遜等,於7月22日~29日,考察太平山及阿里山林場。李順卿宣稱,自8月1日起,太平山、阿里山及巒大山林場將推行本年度克難增產,額度百分之30。

1951年9月20日(民國40),嘉義各界代表今北上籲請開發楠梓仙溪,謂其山林豐饒不亞於阿里山,然美援已撥專款,政策亦有決定(聯合報)。

1951年10月11日(民國40),林管局阿里山林場間伐調查完畢,即將展開間伐林木(徵信)。

1951年10月13日(民國40),農復會蔣夢麟博士記者會中發表「書面談話」,宣稱1952年會計年度農復會新計畫預算,業經華盛頓經合總署核定,全部經費共計新台幣51,478,551.07元,以及美金135,000元。而農復會主要工作項目:1.農業技術與增產;2.森林方面,林木增產與如何補救負面影響;3.農會組織;4.畜產;5.鄉

村衛生；6. 水利；7. 土地改革，如減租、地目等則調整、公地放領；8. 農村經濟；9. 食糧肥料；10. 新聞電教處；11. 其他。蔣氏同時表示，台灣森林若不加保護，45年內將完全消滅，故將撥40萬美元援助保護森林（徵信）。

1951年10月14日（民國40），阿里山林場明年度木材生產將增加至3萬5千立方公尺，為台灣6大林場中產量最多者；農復會與省林管局訂定造林五年計畫，自40年度起實施，共撥款36萬元，其中阿里山林場獲21萬元，栽植面積220公頃，以柳杉為主，紅檜次之。

1951年10月16日（民國40），阿里山森林鐵路支線決延長至眠月，用以運輸木材下山，敷設工程定下月初完成（聯合報）。

1951年10月27日（民國40），蔣介石總統66歲生日，偕宋美齡、張群夫婦及國畫家黃君璧等入阿里山；1日乘森林鐵路專車至水山線時，指示林場徐守圍場長將該線兒玉站改名自忠站，兒玉山改名為自忠山，以紀念抗日殉難之張自忠將軍。其一行於11月7日下山，凡20日（林局誌）。註，林務局解說手冊敘述11月4日至水山線，待查。聯合報報導為65歲。

1951年11月3日（民國40），省林產管理局為獎勵造林培育苗木，訂定「台灣省民營造林獎勵費補助暫行事例」。

1951年11月8日（民國40），林產管理局訂定木材牌價出售辦法，也就是每月分三次掛牌公告各種木材價格（徵信）。

1951年11月13日（民國40），農復會宣佈正式成立「林業生產組」，沈可夫為組長；本年度全台六大林場木材生產量為

143,456立方公尺，比39年度之118,533立方公尺增產約21%。

1951年11月23日，（民國40），林產管理局宣布，11月17日起，原訂木材配售辦法廢止，代以木材牌價出售辦法、報價核售辦法，以及標售辦法。牌價每10日公告一次；訂定之牌價依各林場所在地區之批發平均市價八五折訂定之；牌價出售仍按軍公民用木材優先次序、比例分配；林產局於10月份配售軍公商民木材，除了鐵路局枕木專案之外，合計核准151筆，材積總額13,077立方公尺，5,193,570.68元，分別在太平山、竹東、阿里山、八仙山、巒大山等林場提貨；12月上旬，阿里山林場山地皮材每立方公尺561元；針葉樹一級枕木7尺者每根86元3角1分；5尺者每根33元2角6分；闊葉樹枕木7尺者每根38元3角2分；5尺者每根14元3角2分（徵信）。

1951年12月20日（民國40），阿里山林場劃定工作中心（聯合報）。

1952年（民國41），阿里山事業區第1次檢訂調查，檢訂案施業期預定為1954～1963年（民國43～52）。阿里山自本年（1952）以降，人口漸增加至約4,000多人（1955～1966年的過度開發時期）。註，此人口數筆者懷疑正確性，但必有一些非戶籍人口存在。

1952年2月7日（民國41），阿里山麓出現奇景，夜來燐火閃爍，據傳係金礦，成千財迷探索，終無所獲（聯合報）。

1952年2月23日（民國41），鑑於阿里山、八仙山林場已屆伐盡，林管局決定開發新林區，在美援之下，由美籍專家弗瑞芝會同相關人員勘查楠梓仙溪完成，另將勘查八仙山、大小雪山。預估大雪山林區

每年可生產4～6萬立方公尺；楠梓仙溪區域可年產3萬立方公尺；而大雪山區可開採70年（徵信）。

1952年2月23日（民國41），林管局擬請准美援，開闢本省新林區，計劃利用140萬美元訂購器材，用以砍伐阿里山、八仙山2林場內蘊藏林木（聯合報）；3月17日報導，美援會撥款百餘萬，扶助台灣開發林場，將補助阿里山、八仙山2林場，添置伐木機並購買相關器材設備（聯合報）。

1952年3月1日（民國41），聯合報記者報導楠梓仙溪原始林，深隱柳暗花明的阿里山林場中（聯合報）。

1952年3月1日（民國41），美國安全總署撥款美金3百萬元，分2個會計年度，作為開發林產之用。第一批140萬美元，預計阿里山、楠梓仙溪約50～60萬，大小雪山50萬，太魯閣20萬，各林場加強設備20萬；而阿里山林場41年度的木材生產預定為4萬立方公尺（徵信）。

1952年3月3日（民國41），省林產管理局擬訂開發阿里山、太平山及八仙山三大林場近鄰的原生林區，「年增產木材18萬立方公尺，足可維持40餘年」，八仙山、大雪山區蓄積9,731,529m³，造材量5,838,905m³，價值70,402,705美元，工事完成需18月，年搬出50,000m³，可保續70年，工事預算2,136,519美元；阿里山、楠梓仙溪開發計畫，蓄積398,537m³，造材239,122m³，價值6,781,619美元，工事24月，年搬出20,000m³，可保續10年，工事預算926,509.5美元；太平山改道計畫，蓄積1,537,069m³，造材922,241m³，價值35,622,386美元，工事18月，可保續

15年，工事預算471,765美元；阿里山保續計畫，蓄積554,346m³，造材360,325m³，木材價值無法估計，工事12月，年搬出17,000m³，可永久保續，工事預算200,287.5美元。

以上總蓄積12,221,481m³，造材7,260,593m³，價值112,806,710美元（阿里山保續除外），年搬出142,000m³，工事費2,735,081美元。而阿里山楠梓仙溪已計劃使用美援機械計畫者在本年度出材（徵信）。

1952年3月4日（民國41），林管局1日起調整木材價格，二級木之台灣杉、松、鐵杉、雲杉、其他針葉樹等，圓材價格八仙山林場一等620元、二等547元、三等474元、四等399元、等外270元。造林木針葉樹，圓材571元、角材892元、板材981元；電桿木依據造林木調整百分之十，6米長、10公分徑者65元，14米長、22公分徑者1,690元（徵信）。

1952年3月5～12日（民國41），林管局決定每年3月9日～15日為「造林運動週」，「為啟發學生愛林知識」，經與教育廳洽商後，規定上述日期為「學生造林保林運動週」，其造林標準為：國民學校6年級生每人應植20株；初中生每人應植40株；高中生每人應植60株；大學生每人應植80株。造林地係在實習林、學校空地、公地、道路兩旁、私有林地、鐵路沿線等，樹苗、種子由各縣市（局）撥給；而3月12日植樹節，在台北市中山堂舉行紀念大會，表彰林業界有功人士，並在台北市新生南路（台大前）種植路樹木麻黃100株；晚上7時在新公園放映林業電影，此外，另有展

覽、競賽、論文徵求，宣傳一週、熱鬧滾滾，而省農林廳長徐慶鐘則於3月11日，假台灣廣播電台向全台廣播保林、造林伐植平衡等。徵信新聞於12及13日另闢社論談保林造林，其中一段話：「……至如視植樹為奉行功令，製造政績，不惜偽造統計，欺上蒙下，每逢植樹節，懸旗誌慶，開會如儀，貼標語，呼口號，植樹一株，必懸一牌，上書某某手植；若為大小首長，則必依樹作勢，攝影留念，最後一哄而散，樹苗枯死，明年今日，原地再植，更是等而下之」(3月13日)。

1952年3月18日(民國41)，阿里山林場將砍伐檜木(聯合報)。

1952年3月19日(民國41)，林管局召集各縣市建設局長、山林管理所長、造林及林政課長80餘人，舉行林務檢討會議3天，決定41年度造林面積2萬公頃；林務局公布2月份各林場產量：阿里山2,648m³(預定量2,400)；太平山6,492m³(預6,850)；八仙山2,048m³(預4,465)；竹東404m³(預801)；巒大1,224m³(預2,655)；太魯閣197m³(預400)。不如預定原因，2月份工人告假10天過年所致(徵信)。

1952年3月20日(民國41)，中部苦旱，阿里山上飲用水無以為繼，需遠赴9公里外取水(聯合報)。

1952年3月23日(民國41)，阿里山滿山櫻花飛怒放蕊，遊客紛至(聯合報)。

1952年3月29日(民國41)，農復會為謀補救苗栗一帶農民因香茅草油慘跌損失，決協助縣府及林管局在該縣進行造林及水土保持示範工作，第一年撥11萬元，此工作屬於地方造林；1953年8月19日報導指

出，苗栗縣府訂20日召開全縣林務會議，邀請農林廳長徐慶鐘、林管局長皮作瓊、農復會森林組長沈克夫等，討論海岸及公私林地造林，特別是原香茅草地的造林計畫。

1952年4月3日(民國41)，一位名為劉壽春的聾啞工人，在東埔支線橋上，被運木材的列車撞落橋下，被運至阿里山醫務室之後死亡。(註，該等年代，人命、螞蟻等價)

1952年4月11日(民國41)，林管局為阿里山天然林砍伐即將於明年結束，決定自5月開始進行楠溪開發天然林工事，預訂8月可正式伐木，年產造材材積2萬立方公尺，可維持11年，全部價值約1億2,936萬元，針葉樹材積398,527m³，其中紅檜128,801m³，鐵杉69,115m³、雲杉179,216m³、松類18,597m³、冷杉2,132m³、台灣杉(亞杉)677m³。計畫中將自塔塔加本線終點，延長10噸柴油機關車鐵道3.5公里後，再利用索道將第12、13林班木材運輸，今正由調查一隊進行索道測量，下月可供運輸工程。

又悉，阿里山林場今年可生產撫育間伐木1萬立方公尺，加上楠溪新伐木每年2萬，該林場可年產3萬立方公尺，且「去年已開始大規模造林工作，10年後可間伐，25年後可利用間伐，40年後始得皆伐」。

3月份各林場木材生產：阿里山2,646m³(預2,900)；太平山8,332m³(預7,730)；八仙山2,396m³(預4,465)；竹東739m³(預1,304)；巒大山1,680m³(預2,825)；太魯閣376m³(預500)；總生產16,171.762m³(預19,724)，比預定量少35,

513m³，但較40年同期實績12,094.609m³，則增加4,077m³(徵信)。

1952年4月16日(民國41)，徵信新聞社論「再談造林問題」提及，省府吳國楨主席邀請農復會主委蔣夢麟、森林組長沈克夫、林產管理局長李順卿、顧問弗利滋等，會商造林保林問題，最後決定先由兩外籍專家赴問題嚴重的中部大甲溪一帶調查，再據調查報告，商討補救辦法，對所謂問題「之嚴重性，實非筆墨所能形容」，至於「筆墨」可敘述者，例如：南投集集溢寮山(舊星製藥株式會社地一帶)原係優秀香蕉園，自光復後，鄉民受蕉價日昇刺激，「即視香蕉為唯一生產，樹木變為邪物，亂砍濫墾，土地曝露，雨水流失，經過5、6年的今日，童山濯濯，變成廢地，無一作物可生……至於其他各地情形，恐怕亦不例外，據……估，……亂砍濫墾的林地面積已逾3萬多公頃……」，因而力主清查整理，由是而有若干建議。

1952年(民國41)，阿里山4村戶籍人口2,005人。

1952年5月12日(民國41)，4月份木材生產，阿里山2,739.74m³；太平山8,411.36m³；八仙山3,401.32m³；竹東304.62m³；巒大山2,066.215m³；太魯閣1,176.92m³。總計18,099.509m³，達預定量之88%，較40年度同月份實績之6,874.797m3超過幾達2倍(徵信)。

1952年5月19日(民國41)，省府會議決定，為求「林業企業化」，林產管理局將大改組(徵信)，在造林及生產木材兩個主目標之下努力增產；5月20日又報導，由全體省府委員組成的林政改進方案審查會，

19日下午於省府4樓舉行最後一次會議，由吳國楨省主席主持，決定行政、業務及決策分開，負責行政方面是直隸農林廳的「山林管理處」，負責業務的是直隸農林廳而兼受山林管理處監督的「林產局」，另設「林務委員會」，以農林廳長為主任委員，另聘有關單位首長為委員，負責最高決策。此決定將交省府人事室及法制室會同擬訂組織規程，提交府會通過，再送臨時省議會審議。據悉，此一措施將大大提高山林行政效率，造林、伐木皆有詳細計畫，且林產物的出售，將嚴格採用招標方式。

而5月25日則報導此次改組，著重政策、行政、業務三部門分立制度，又，全台天然林材積約有1億8千萬立方公尺，其中6成可以砍伐，約合1億立方公尺，每立方公尺5百元計，則價值為新台幣500億元。由於過去數年來，公私有林年產量僅60萬立方公尺，且未能企業化，發展不力，責成再度改組(徵信)。

1952年6月11日(民國41)，5月份木材生產，阿里山2,105.419m³；太平山8,900.52m³；八仙山5,666.156m³；竹東894.69m³；巒大山2,233.999m³；太魯閣734.67m³。合計20,535.454m³，較預定產量增加958.454m³，較40年度之10,352.99m³約增加1倍；木材加工方面，自製材實際轉製原木4,231.25m³，委託製材實際轉製原木290.96m³(徵信)。

1952年6月19日(民國41)，立委李樹茲向新聞界發表書面意見，對林管局改組案，反對任何形式之劃分，建議將林產管理局改為林務局，並改隸省府直轄。現有

林管局內部，予以合併加強組織，分為林政與業務二組，生產方面實行獨立成立會計等；6月24日報導，吳主席23日在臨時省議會施政總質詢回答「……本省仍無一確定之林業政策……」，而林業機構之改革，「絕非人事問題」(徵信)。

1952年7月1日(民國41)，阿里山鐵路隧道突崩塌，1車箱旅客險被活埋(聯合報)。

1952年7月7日(民國41)，徵信新聞社論指陳，台灣森林佔全台67%以上，林木蓄積達2億立方公尺，直接、間接依賴林業為生的人民30餘萬人，光復後歷年生產增加，民國40年已較35年增加1倍，民國39及40年繳庫金額僅次於台糖。然而，二次大戰之後，濫砍、盜伐嚴重，林野面積日縮，事業興辦應先制定政策。其主張林政並無改變之必要，現有行政與業務雙軌制亦符合經營管理一元化原則，不需強行割裂；7月22日社論「林業機構宜合不宜分」，再度反對省府之欲改組林管局；7月24日報導，省議會於23日第二次大會，農林小組初審結果決定，行政與業務必須分開，同時依照省府原案設立林政處、林產局、林務委員會等3個機構；又，修正通過「台灣省國有森林原野產物處分規則」；同日報導，上半年木材生產共計96,009立方公尺。

1952年8月8日(民國41)，徵信新聞社論檢討「南部水災的透視」，認為水災成因實由森林砍伐所導致，加上人民濫砍樹林，改種香蕉、香茅草、雜糧等。

1952年8月19日(民國41)，臨時省議會正式審查「台灣省林務改進方案」，原則通過，並經激烈辯論，無記名投票，以27對25票否決原改組案，決議將新設的林政處及林產局，由農林廳的隸屬機構改隸於省政府直屬機構。

換句話說，林務改進方案即確立政策，但林務局改組為另一回事。主張將新機構直屬省府的議員，抨擊過去農林廳與林管局主管人事不和、工作效率不佳等。

1952年8月24日(民國41)，南投縣政府訂定20年造林計畫，預定造林面積2,000公頃，樹種以杉木及熱帶樹種為主，造林地以埔里事業區為主(徵信)。

1952年8月26日(民國41)，奮起湖盛產香瓜(註，即佛手瓜)，為「南台唯一的夏季蔬菜」，嘉義市果菜市場每天擁滿來自北港、台南、佳里、高雄等地菜販。據悉，香瓜暢銷南部海岸地帶(徵信)；又，1953年5月10日的報導指出，阿里山特產(應是奮起湖)的香瓜大量出市，每台斤做價6角，產地每天出貨達千餘公斤，產期直至10月為止。

1952年8月28日(民國41)，台灣實業界人士組織「台灣木材防腐股份有限公司」，在新竹建廠，預定10月中完成，目前正安裝機器設備，並自日本聘來技術人員。該公司業務係對木材施以防腐油，保延木材使用壽命。以枕木為例不施防腐者，每年需更換一次，經施用後可保持10年不換。此前，台灣沒有防腐工廠(註，報導有誤)；而1953年1月5日，在新竹公園路，該公司舉行開工典禮，董事長為許金德(徵信)。註，此事業為中美合作，即接受美援而創設。

1952年9月22日(民國41)，林管局預定

明年公、私造林4萬公頃，可望創造紀錄，按日治時代最高造林紀錄為一年2萬5千公頃。造林經費240～250萬新台幣，期待美援援助；本年度計畫伐木60萬立方公尺，實際可達45萬立方公尺，明年度計畫伐木55萬立方公尺，加上今年剩餘15萬立方公尺，明年實際伐木量為40萬立方公尺（徵信）。

1952年9月24日（民國41），阿里山的台灣黑熊夜夜吼叫，居民戰戰兢兢（聯合報）。

1952年9月27日（民國41），阿里山林場明年下半年生產列為48,000立方公尺，楠梓仙溪列有15,000立方公尺（徵信）。

1952年9月28日（民國41），日本林野技術協會理事長松川恭佐，應中國林業學會之邀，來台考察林業2週，分至桃園、台中、日月潭、竹山、烏山頭、阿里山、烏來、宜蘭等地，於27日下午離台。松川建言：1、希望林政當局迅即成立全省性森林計畫（先前只有各林業事業區計畫）；2、繼續實施森林間伐技術；3、希望保護台灣特有樹種，過去對扁柏及紅檜砍伐過甚，應注意保護；4、設置完善苗圃；5、森林經營機械化，人工造林集中化（徵信）。

1952年10月1日（民國41），嘉縣中埔、竹崎、大埔、番路、梅山等鄉鎮，係樹薯粉主要產地。商聯會為鼓勵樹薯粉出口，刻正籌組省樹薯粉商業同業公會，盼廠商登記籌備（徵信）。

1952年11月8日（民國41），開發楠梓仙溪森林計畫已經林管局作最後決定，阿里山林場定下月初開工延長鐵路及架設索道工程，明春可出材（徵信）。（註，事實不然）。

1952年11月17日（民國41），報導指出台灣與日本的木材貿易當局重視，而台灣人口8百多萬。先前，自1932至1941年的10年之間，平均每年台灣輸往日本的木材有32,926立方公尺，以1940年的60,751立方公尺為最多，1935年的21,195立方公尺為最少，樹種以黃檜（註，即扁柏）較多，多運往大阪、東京、神戶、門司、橫濱、名古屋等地；相對的，由日本輸入台灣的木材，平均每年達403,483立方公尺（註，為輸日的12.25倍），1940年輸入550,996立方公尺為最高，1941年輸入220,221立方公尺為最少，樹種以日杉（註，柳杉）為多，日本的出口港為勝浦、廣島、細島、佐伯、宇品、大阪、鹿兒島各地。當時台灣每年之木材對日貿易，約佔全部對外木材貿易總數之95%以上（徵信）。

1952年11月18日（民國41），徵信報導太平山林場即將進行「大規模造林」約300公頃的荒廢林地，經費共需新台幣478,343元，其中270,000元由林管局補助，餘208,343元由農復會補助；省木材業工會亦推行造林計畫，打算由業者集資200餘萬元，籌組大規模造林公司造林。

1952年11月20日（民國41），農復會主委蔣夢麟於15～18日，視察桃園、竹東、瑞竹、竹山、水里、漁池、龍神橋、草嶺等地，他說：這一帶森林的破壞與盜伐，已形成台灣未來的嚴重危機，現在已經影響了台灣的農業發展，將來也必然影響到工業建設，這樣下去20年後，台灣將會變成洪荒時代的漠野。蔣氏強調，濫伐與破

壞源自日據最後幾年，且光復後管理未就緒，最可怕的是迄今仍在繼續破壞，這次視察，最嚴重的現象在苗栗，人們都將山坡樹木砍掉，種香茅草與香蕉，「在路上曾問過一農民，他們知道不知道這樣下去會影響他們自己，那個農民的答覆說是知道的，不過這樣做的原因是為了增加他們種植的收益」，蔣夢麟指出，被破壞最嚴重的是國有林（徵信）。

1952年11月22日（民國41），省府會議決定，本省樟腦局定於11月底撤銷，市內、山地財產分別由公賣、林產兩局接管，並准民間製煉粗品，由公賣局收購精煉（徵信）；同日報導，農復會森林組長沈克夫21日聲稱，當今本省木材消費遠較造林迅速，如此下去，台灣林木資源可能在35年內完全枯竭。

1952年11月26日（民國41），省林管局已撥新台幣50萬元、農復會亦決撥20餘萬元，於明年度大規模「綠化」阿里山，預定在阿里山荒廢林區栽植林木120萬株，佔地約400公頃；又，嘉縣府為配合台省「綠化運動」，決定明年度發動擴大造林計畫，準備協助全境公、私有林植樹300萬株，綠化該縣約8,500公頃的荒廢林地。此計畫預算約76萬元，其中30餘萬元由農復會補助，餘由林管局、嘉縣府及鄉鎮公所籌撥。造林木預定共植示範林100萬株，包括相思樹及杉木各半，推廣造林200萬株，包括杉木60萬株、相思樹140萬株（徵信）；綠化阿里山計畫決自明春開始施行（聯合報）。

1953年1月26日（民國42），康瀚於徵信新聞撰寫專論「為本年大造林計畫進一言」，述及省府已決定於本年度撥省庫2,549萬元為造林經費，預定新植35,830公頃，補植8,255公頃，撫育20,000公頃。而新植之35,830公頃中，國有造林地5,541公頃，委託縣市政府者1,500公頃，獎勵租地造林10,000公頃，獎勵公私有林16,000公頃，獎勵保留地造林11,590公頃，獎勵耕地防風林159公頃，「……台灣林業前途之光明，當以此為嚆矢」。

1953年3月21日（民國42），阿里山林場疑濫伐私有林，且提高租金干涉民營，導致民情激憤，強烈呼籲合理解決（聯合報）。

1953年2月26日（民國42），省府委員會第288次會議通過、公布「台灣省保林獎勵辦法」。

1953年3月3日（民國42），阿里山盈山遍野的櫻花含苞待放，阿里山林場將於15日起增開遊覽專車，沿途商人每年此時可增加收入2倍以上（徵信）；而3月15日以後，雙日開駛普通火車，單日加開遊覽車（火車），即普通車由嘉義站8時5分開，遊覽車8時20分出發，下午3時許抵達阿里山；車資普通車二等55元4角，三等27元7角，遊覽車加收30%，往復（來回）票打85折。至於旅社僅有阿里山閣一家，住宿費甲等30元，乙等20元，伙食費每餐5元。估計由嘉義至阿里山遊覽2天，所需費用約200元。註，旅社尚有其他民間經營者。

1953年3月28日（民國42），省產檜木外銷日本交換杉木及其他應用木材一事，由林產管理局與物資局簽訂合約，本年度供應之檜木為3千立方公尺（徵信）；而日本通商產業省於4月公布「日本木材及木製品

向台灣輸出辦法」。

1953年3月31日(民國42)，阿里山林場擬開發楠梓仙溪原始森林(聯合報)。

1953年4月(民國42)，春雷第一次擊中阿里山神木，最大枝椏折斷。

1953年4月22日(民國42)，為徹底改進本省林務，省府決定將林政與林產業務重新劃分，省府會議21日通過「林務審議委員會組織規程」、林政處編制，呈請行政院核定。同日報導，嘉義縣政府指出吳鳳鄉本年度運銷品可達48萬元。棕櫚年產量25萬公斤，山茶花油1萬5千公斤，愛玉子1萬公斤，油桐子1萬公斤，木耳、香菇皆5千公斤(徵信)，又，4月30日報導，專供農村使用之「紅棕」適逢雨季，突見暢銷，上貨每百斤批價310元，中貨210元，下貨180元；藤13尺1只(50條裝)6元5角；愛玉子每百斤1,500元。

1953年4月25日(民國42)，楠梓仙溪開發森林計畫，省府正式批准，阿里山林場決定下月20日興工，若工程順利，則本年9月底竣工，10月開採。該工程費新台幣240萬元(徵信)；然而，6月16日報導，由於雨季提早降臨，築路工程受阻，需延遲至年底才能著手開採。

1953年5月6日(民國42)，由省議員賴森林、旅日華僑李新生及商界鉅子李好生與廖瀛洲等發起組織的「東台灣開發公司」，已奉經濟部核發執照，正式宣告成立。此一民營開發公司集資300萬，宗旨為協助政府開發東台灣，業務為漁業及林業，林管局已核准撥出台東縣玉里事業區林班，供該公司開採及造林。

1953年5月6日(民國42)，由省議員賴森林、旅日華僑李新生及商界鉅子李好生與廖瀛洲等發起組織的「東台灣開發公司」，已奉經濟部核發執照，正式宣告成立。此一民營開發公司集資300萬，宗旨為協助政府開發東台灣，業務為漁業及林業，林管局已核准撥出台東縣玉里事業區林班，供該公司開採及造林。

1953年6月13～15日(民國42)，台中縣連日豪雨，大肚台地山洪爆發，台中市南屯區汶山里31住戶全部倒塌，190人無家可歸，為台中市70餘年來僅見之災害；台中縣龍井、大肚盡成水鄉澤國，沙鹿、太平等地災情嚴重。而肇禍原因，輿論咸歸咎於大肚山林被盜伐，台中市議會於6月18日的二次大會亦批判大肚山被山林盜伐，而建議不外造林等(徵信)。

1953年6月15日(民國42)，總統令公布施行警察法，以森林警察係屬全國性警察業務，一如防護國營鐵路、航空、工礦、漁鹽等事業設施之專業警察。

1953年6月16日(民國42)，省府決定提前於今年內開發大雪山原始森林。大雪山木材藏量之豐，達9百餘萬立方公尺，號稱「全省之冠」，估計「可供全省75個年頭的需要」，初期工程費為130萬元，將由本年度預算內八仙山延長工程項下移撥，預計明年底出材。按大雪山原訂於43年開發，今提早一年(徵信)；8月30日報導，林產管理局正計畫從本年度下半年起，至45年底止，完成開發大雪山資源工作，此項計畫係經由本年度全省林務會議通過而實施者。首期工程預計修築路程18公里、架空索道3座、工寮14幢、各項房屋43幢；第二期工程範圍廣大，經費較第一期

將增加3倍左右，而全部工程費用，將由省府及農復會負擔。本案已經省府例會通過，送呈行政院核定中。

1953年6月17～19日(民國42)，舉行全省林務檢討會議。徵信新聞社論引農林廳長徐慶鐘：「光復以後林政在省政中是較差的一環！其中原因殊不單純，就中林務處理之未如理想，可謂癥結所在(4月13日，省府動員月會報告)」。

1953年7月4日(民國42)，徵信新聞報導，阿里山林場技工楊根養，在該場連續工作達33年4月而退休，建設廳根據『台灣省工人退休規則』第五條『工作滿三十年以上者可退休，並一次付給三十二個月工資所得的退休金』之規定，通知林管局辦理之。

1953年7月5日(民國42)，施合發木材行盜伐八仙山林場事業區78及79林班木材案，經台中地檢處、省刑警隊會同實勘後，調查工作告一段落(徵信)；8月26日報導，該大盜伐案已經偵察終結，提起公訴，被告邱秀娥(施合發木材行董事長)、康正立(台中山林管理所長)、施英造、張元壽、張慶榮、陳金祥等被起訴；12月8日，台中地方法院宣判，邱、施及康各處有期徒刑15年，褫奪公權10年，追繳所有盜林物，全部財產除保留作家屬生活費外沒收，而楊年無罪。

此轟動全台的八仙山林場盜伐案，依12月9日報導大致如下：40年12月，省警務處刑警總隊接獲密報，指施合發木材鋸子盜伐台中縣八仙山87及89林班(？)木材4萬餘石，該等林班均屬防水林，經盜伐後常遭水患，居民損失慘重，而該兩林班

佔地7千餘公頃，依規定禁伐。盜伐的經過：木商陳和貴在日治時代曾向總督府申請擇伐第78林班第一小班，以及第124及125林班之一部分，1945年9月獲得批准。省木材工會理事長邱秀城則於1946年4月間取得陳和貴之砍伐權，據此為由，獲得台中山林管理所准許入山，藉機鋪設木馬路20餘公里，盜伐78及79林班之檜木約2,500株，材積約7千餘立方公尺，約值2千餘萬元，致使防水林無作用，每逢山洪爆發，洪水傾瀉萬丈，房屋田地損失慘重。而台中山林管理所長康正立曾擬處理殘存木材辦法，藉使施合發木材得能搬運贓木，該辦法雖未經批准，但上好木材已被偷運一空。

1953年7月29日(民國42)林產管理局長皮作瓊夥同農復會森林組長沈克夫等一行多人，前往各造林區進行第一次造林成績抽查，而今年度預定造林35,800公頃，春季造林已完成72%以上(徵信)；8月4日報導，上半年全台六大林場木材產量共計74,680立方公尺，每月平均產量12,477立方公尺。而阿里山10,698m³；太平山37,052m³；八仙山13,014m³；竹東5,429m³；巒大山3,410m3；太魯閣5,077m³。

1953年8月18日(民國42)，農復會宣稱，該會頃核准美金8千元，向日本、琉球購買柳松(？)及琉球松，作為造林及育苗之用。此項購買，將由美國國外業務署經手辦理，預計秋末可運抵台灣(徵信)。

1953年8月20日(民國42)，妮娜颱風於8月16日橫掃東北部，阿里山鐵路中斷；北部青菜奇缺，而阿里山區(奮起湖以下地區)之甘藍菜及菜頭頃正大量出產，若森

鐵恢復交通,每天可運出5千斤左右。產地價格甘藍每斤6角、菜頭8角,估計今年總產量甘藍約有8萬斤、菜頭約5萬斤(微信);同日報導,嘉義縣政府為禁止捕捉「益蟲」青蛙,已通令民眾不應購食,因為鄉村一帶噴射富粒多液體農藥,極易中毒。

1953年8月30日(民國42),嘉義業界關心繁榮嘉市木材界的源泉地之開發,也就是楠梓仙溪新伐區案,據悉,阿里山林場於7月開始伐木,用以製作開發工程所需的運輸工程用材,並於8月初旬點收完畢。今正興工建築空中索道及山道橋樑,可望明年初大批出材(微信)。

1953年9月8日(民國42),省府主席俞鴻鈞對林政改革有重大改變,擬將原屬於省主席裁決之林木特賣權,移交省府委員會(微信);10月13日報導指出,林務機關改組事宜醞釀已久,原改革方案擬將林管局分為林政局與林產局,但延宕年餘未有定論;林管局長皮作瓊認為台灣應該減產林木,因為砍伐已逾過量,而阿里山、太平山、巒大山等地,其可砍伐的時間剩下不超過 12年。

1953年10月9日(民國42),建設廳奉經濟部令,組隊探勘中央山脈礦產資源,全台分為6大分區,本年度先勘台中、南投地區(微信);10月18日報導,探勘隊已抵霧社,擬前往畢祿山、黑巖山、合歡山、奇萊主山及南湖大山,主要為探勘砂金礦。

1953年10月27日(民國42),阿里山地區之大埔、公田、奮起湖等山間出產之苧麻,26日以每百台斤做價650元,也就是風聞苧麻與筍乾將由台北貿易商行外銷,因而叫價突然呈堅,又,主要產地係玉井、埔里等(微信)。

1953年(民國42),在今之東埔山莊左下側建築了林務局招待所,以供出差人員、集材或伐木人員使用。林木砍伐結束後,於1967年(民國56)拆除。

1953年11月(民國42),阿里山森林鐵路購入C型3軸式25噸柴油機關車,應為阿鐵貨運柴油化之開始(繼於1954年12月購入日本三菱28噸柴油機關車,1955年10月再13-B型25噸柴油機關車)。

1953年11月8日(民國42),徵信新聞報導,號稱「木材王國」的嘉義,木材業者年有增加,從事木材生意的業者約有500戶,賴此為生的人口數萬人,「陌生人一到嘉義火車站,下車稍向左行,立即可以看到大大小小的木材批發商行,及堆積如山的各種各樣木材;轟轟音響不息的鋸木廠、製材工廠等,構成了一個遐邇聞名的嘉義木材市場」,「為了保持木材王國的榮譽,嘉市木材界人士,孫海、莊友陵、陳清風、蕭介甫、邱炳輝、張為政等,曾力促政府開發楠梓仙溪天然林……」,否則阿里山林場即將伐盡,正是嘉市木材界瀕危時代之到來。「嘉義縣梅山、竹崎、中埔、大埔等鄉約達33,500立方公尺的台灣杉,亦因公有林出材的減少,價格一直叫高,生產者以千載難逢的機會已到,爭先恐後砍伐應市,形成亂伐的景象。此間業者也就不得不把他們的生意轉向到公私有雜木的身上。據估計嘉義縣內65,500立方公尺的雜木製材來代替其他木料,可以說是雜木最走紅運的時期了。

　　雖然阿里山事業區的『楠梓仙溪』天然林開發，正在著手延長鐵路，可是大量的出材，須在2、3年後；山間的民有杉林正在增加植栽面積，多是5、6年生。因此，雜木在上列2大資源大量出市以前的此後2、3年中，在嘉義木材市場仍可獨占鰲頭。

　　目前嘉市的針葉樹類的紅檜、油杉、亞杉、香杉以及肖楠等材存貨奇缺，業者們即紛向南投縣水裏坑、豐原、羅東等地去搶購木料來嘉消費。檜木上材盤價每石800元，並材也須500元，今後盤木的出產必然下坡，因為各林場廢材整理的承包商加以限制，使承包商無法承製產出的原木，缺貨現狀將更加嚴重。幸得豐原方面出產的松柏源源應市，一般消費者亦暫以松柏品質尚佳，用來代替檜木的不足。在這種的情形下，紅檜木的價格在此後1、2年間，是不會有懸殊的變動。

　　『台灣杉』原來是嘉義縣特產，產數甚多，品質優良，現在每石（總材）尚強持330元，較任何木材的漲幅一路領先，它的市價可以說已達絕頂了。記得10年前，福建省所產的福州杉上市的時候，台灣杉是無人問津的材料。生產者只好要等到樹幹直徑達2公尺以上，始可砍下專供為『棺木』之用，現在卻一躍成為木材的寵兒！台灣杉每公頃（15年生）平均生產量約為800石，時價約值26萬元，因此，辛苦數十年的山地生產者，因而成為巨富者不少。這種杉生育於700公尺至1,000公尺的溫暖地帶，其生長實有驚人的速率，平均樹齡達12年就可間伐，至15年即可全部砍伐。可是由於過去砍植失調，成林現亦寥寥無

幾，產地所有者不肯隨便放手，生產材積突減，反之造林面積日月增多，這在護林政策上，是極可欣慰的現象，而中間業者卻因之大傷腦筋，力尋採購的途徑，致引起價格高漲，南部各大都市的建築工程幾乎改用鐵筋，農村即改為竹材或土磚建築。以農民所產的稻穀百斤換不到1根12尺4吋尾的台灣杉看來，台灣杉的公道價格應該是在每石200元為最高，而現在市價卻漲至330元。如果本年度沒有茶葉公司砍伐了千餘公頃，達50萬石的杉木應市的話，恐怕杉木的價格會一直攀高不止。杉的市場在目前，須看北部為準，因為北部權有茶葉公司的丸杉可以源源上市；林產管理局批准使用的杉木也多數消化於北部地區。嘉義木材商人只好等候採買變流出來的少數木材來維持著生意，以此觀之，台灣杉木的行情在嘉義，還是搖動不定的。

　　闊葉樹的種類甚多，不遑列舉，然如楠木、?等每石丸材已破160大關，枕木用的相思木等硬性的雜木，也趕至每石220元左右。屏東、台東、恆春各地正盛出闊葉樹類，目前供需可得平衡，在相繼出材的現況下，其價格在不久的將來也絕不會有大量的變動。合板工廠已拓展外匯，輸入大量的柳安木，每石僅需280元，這是雜木類的勁敵，由於柳安木的對抗，雜木的紅運勢將跨不過柳安木之上。

　　總之，木材的需要日益增多，保林護林又是政府既定的政策，生產與消費和生活與建設都有密切的關連，為期收取一石二鳥之效果，我們深盼除了努力擴大造林和節流砍運之外，對於防腐及貯水設備的

增強，使木料比現在得耐用二倍，其成就比造林可能更大，台灣的木材也可以托而蔭得自足了」，此段文字為記者賴燕聲之《簡介嘉義木材市場》，可提供今人一探1950年代之嘉義市。

特別附註：上文之所謂「台灣杉」，係指杉木，也就是廣葉杉，為台灣原生針葉樹「巒大杉」之生長於仙人洞附近的族群，由於該地雲霧瀰漫，水氣常凝結降下，或古人稱之為大點雨嶺。19世紀後半，有梅山鄉瑞峰村民至此打獵、採愛玉，看中此地之巒大杉木幽美，乃攜回栽植，移至低海拔之後，生長加速，從而快速被推廣造林。

1953年11月12日（民國42），吳鳳廟重修落成，林金生縣長舉行盛大典禮，嘉義官紳詣廟參拜頂盛。

1953年11月19日（民國42），阿里山旅社為便利旅客，經聯絡嘉義市嘉義旅社代辦入山手續，對團體及學校特訂膳宿舍費用之優待辦法，嘉義旅社：小學生一宿三餐，分10元、11元及12元3種；初中生13元、15元及17元；高中畢業生15元、17元及19元。而阿里山旅社依上價格加2成（徵信）。

1953年11月22日（民國42），為改進高冷地蔬菜品質，阿里山與霧社將設置菜種圃（聯合報）。

1953年11月28日（民國42），為勘定台灣新八景地點，省文獻委員會委員李騰嶽等日前抵嘉，經往實地勘查，決定嘉義縣「阿里山雲海」、「玉山積雪」各為台灣八大景之一（徵信）。

1953年11月30日（民國42），阿里山森林鐵路神木站紀念亭內，樹立「神木頌」一方，由何志浩撰文，闕漢騫寫字（林局誌）。然而，本年內神木遭第一次雷擊，半死。註，神木旁的「介壽亭」係為慶誌蔣介石總統1953年10月31日（民國42）的生日而建造者。

1953年12月1日（民國42），嘉義縣確定移民台東墾荒戶數，業經縣府會同各鄉鎮市公所及申請移民召開座談會，已擬就遷徙計畫，並討論審查結果計有嘉義市5戶47人；民雄5戶26人；新港4戶26人；六腳13戶89人；太保2戶12人；中埔1戶7人；梅山4戶130人；竹崎51戶223人；吳鳳9戶60人；全縣130戶719人（徵信）。

1953年12月8日（民國42），台灣省經濟建設四年計畫（42～45年）修訂後，明年度的林業生產建設目標為：木材54萬立方公尺，薪炭材353,484立方公尺，造林之新植面積25,950公頃、補植6,601公頃、撫育31,710公頃，耕地防風林1,750,000公頃，行道樹1,280,800公頃。

1953年12月12日（民國42），徵信新聞報導，台中縣八仙山與東勢交界之林班又發生盜林案，「砍伐林木之廣，更甚於八仙山」；12月13日的社論《聞八仙山盜林宣判有感》，抨擊山林管理所長，且敘述自1946年至1952年7月之間，重大盜林案計有332次；而台灣檜木在戰前輸日與香港，每年數量曾達4～5萬立方公尺，但台灣軍民年用約80餘萬立方公尺，且「據專家觀察，目前本省用木的情形，極其浪費，如澳洲森林專家南佐治氏（南氏於37年受聯總徵聘來華任森林顧問，一度來台視察）云：『台灣各紙廠製紙原料，均用松柏樅杉各種木材製成化學紙漿，甚至長青松木

亦作製紙廠之製紙原料，而不以之製造成三夾板。然而許多森林的廢木，和不能運出之殘枝敗葉，原可充製紙原料的，卻貨棄於地而不用。如將各林場上棄置的木材，清理一次，我們即可發現許多木材可以作三夾板、？板、火柴桿，以及許多零星木頭可以用作木質紙漿、鐵路枕木、木炭、木柴、屋蓋板、各種工具的手柄、鉛筆桿、木質蒸餾、木衣架等。就經濟立場說，杉木是世界上著名的頭等木料，輸出供應海外市場，可得很高的代價，然而林管局方面，竟將它鋸成小塊，充作枕木用』。40年7月盟總森林專家唐納遜氏應省府邀請來台助我發展林業，唐氏於視察後云：『目前台灣以頭號的檜木，砍伐用以建造簡屋，實屬浪費，殊不知此乃台灣之寶，此種木材，在世界有良好的市場』。由南、唐二氏之言，足見本省用木大有研討之餘地。本省木材由於過去管理不當，盜伐頻仍，對外既不能大量輸出換取外匯，而對內軍需民用又鮮節用，致歷年來本省木材進口量遠超過出口量，自35年至42年4月止之7年間共進口木材達26萬7千噸，而出口僅有2萬8千餘噸，真是從何說起。

總而言之，以本省森林之豐富，若能善加處理，一方面節用，一方面有計畫輸出，吾人可以斷言，木材對於國家財政之幫助，可能不在糖、米之下，林政當局其勉之』。

八仙山新盜伐案，12月17日再度報導：「……被盜伐木材為數甚鉅……被伐林區觸目皆是，如一至雨季，中部人民生命財產威脅極大……」；另再度報導木瓜山林場漏稅案。

1953年12月14日（民國42），徵信新聞記者訪問林產管理局長皮作瓊，述及近年來林業方面的伐植不能平衡，以及光復前後的盜伐、濫伐，使本省林業危機日趨嚴重，皮局長表示，現有森林不出50年將告罄，擬由加強保林造林，以及提高木材利用改進。而「現有總蓄積203,869,979立方公尺，施業限制地蓄積量106,753,954立方公尺，可以施業蓄積97,116,025立方公尺，每年可以砍伐的數量為955,079立方公尺，其中檜木約為12,000立方公尺，其他針葉樹佔3,000立方公尺，闊葉樹佔733,000立方公尺（以上係包括公私有林），而現今需用材約800,000立方公尺，薪炭材1,200,000立方公尺，合計為2百萬立方公尺，每年不敷額最少約在百萬立方公尺」，因此，挽救危機辦法，「在保林造林方面，尤應注重引用國外優良樹種造林，本省現行造林樹種大多為柳杉、廣葉杉、柚木、相思樹、木麻黃、樟樹等，為木材供應及林種（？）特殊功用，應加強試驗國外樹種，實行造林。在提高木材利用方面，他認為造林及製材率應設法提高，本省造材率以往平均只可到百分之五十，實在太低……」

1953年12月16日（民國42），台省臨時省議會首屆第五次大會，於12月14日揭幕，省主席俞鴻鈞作施政總報告，關於改善林政方面：由於日治末濫伐、光復後植伐不平衡，「現已遭受到嚴重的損害。據專家的測量，目前山上雨水排洩的速度，已較戰前加速一倍，因此我們已漸感到水災、旱災的痛苦，今年台中大安溪的決

堤，新竹地區的苦旱，就是顯著的例證……」（徵信）；同日報導，林管局各林場42年度預定木材生產量共計161,240立方公尺，截至11月底業已生產153,511立方公尺，預估至年底可超產1萬立方公尺。1～11月產量（立方公尺）：阿里山19,397.489；太平山70,075.815；八仙山31,949.527；竹東13,153.58；巒大山9,509.469；太魯閣9,426.026；合計153,511.906。

另一方面，12月23日報導，省議員劉金約質詢林政十大錯誤。

1953年12月23日（民國42），徵信新聞嘉義記者報導「大走紅運檳榔」指出，嘉縣檳榔主產於竹崎、梅山、番路、大埔鄉，以及雲林縣古坑鄉海拔100～600公尺的淺山地區，「……古人嗜好，因為昔時談不上衛生與醫術，中藥認為檳榔混合石灰與荖藤，是解毒、殺菌、止渴的藥物，且因其味甜，遂成為茶飯後嗜好品……日本人對省人吃檳榔者寄以一種侮辱的歧視，檳榔滯銷，於是開始砍伐，而消滅了數萬株檳榔樹。光復之初，嘉縣殘存的檳榔不過十萬株。數年來嗜好者激增，掀起農民再植興趣，迅速繁殖幼苗，以多角經營方式分植在鳳梨、甘薯、樹薯、花生的旱田上……栽植二年後即可收穫，轉瞬間上列各鄉鎮的淺山又變成檳榔林。估計嘉縣今達約30萬株，多植的農家有萬株以上，最少者也多於50株。每株年產量平均約1千粒，市價每粒3分計，1株檳榔年產額30元，全部株數約有40萬株，年產1,200萬元……最成熟的〝樸子〞每粒做價4分，稍成熟的〝西螺子〞每粒2分，未成熟的

〝藤子〞每粒1分5厘（均指產地價格），但若以纖維粗幼分別品質的優劣，則幼者為佳。每年6月至翌年2月為盛產期，3月以後，產地業者則烤乾為〝檳榔干〞，供應青黃不接時期之用，又可使用於製造皮革不可或缺的〝單寧劑〞。嘉義市批發商新開業5家，從事販賣檳榔的攤販百人計……檳榔一躍成為水果界的寵兒……小販一律是寡婦或小姑娘，嗜吃者為年輕族群，檳榔子配合石灰、甘草、荖藤，每粒1角，5角8粒。每人每天多者可賣1千粒，少者可賣200粒」。

1953年12月29日（民國42），徵信新聞社論「論改進林政的重點」，指責人謀不臧，也就是林政主管之間不和，以及官商勾結。

1953年12月31日（民國42），嘉義市林森路116號的「華昌木行鋸木工廠」廠地7百坪，機具如大型起重機、42吋菊川式製材機3台、48吋製材機1台，另設有修理工廠及高樓，每天可鋸150石的能力，工人有40餘名。近因阿里山原木貨欠，必須由羅東、花蓮、水里坑、豐原等地洽購，運費耗資龐大，以致生產銳減，機器時而停擺。以擁有電力65馬力而言，該廠乃嘉市規模大型的木材加工廠，然因楠梓仙溪原始林尚未出材，嘉義各廠皆為採購原木而競爭，故而華昌陷入困境（徵信）；及至1954年5月26日報導，經營數十年的華昌宣告倒閉，此間一些嘉市木材業者轉往羅東或東部設廠。

1953年（民國42），阿里山4村戶籍人口2,072人。

1954年1月19日（民國43），阿里山林場

添購2火車頭，試車結果失敗（聯合報）。

　　1954年2月1日（民國43），嘉縣太和村天然潭上游，數年前發現煤礦山脈，初因炭質未熟，未被重視，新近突有許多企業商家前往探勘。礦脈係於大塔山、草嶺、石鼓盤一帶分布，蘊藏面積數百公頃。南投縣議員黃天和已正式提出採炭申請，且將煤炭樣本送省化驗分析，結果說係瀝青炭。省建設廳為將來開礦之準備，將派員調查（徵信）。

　　1954年2月17日（民國43），風景協會建議省府，於阿里山林場加駛遊覽汽油車（聯合報）。

　　1954年2月19日（民國43），徵信新聞之地方經濟素描「南投的林業」文敘述，全縣總面積４１萬公頃，山林３４萬公頃占83%，境內超過3,000公尺的山嶽42座，2,000公尺以上者84座，但屬於南投縣管理的公私有林只有38,291公頃。近年盜伐風熾，「植伐失調，林相日趨殘破」，該記者（胡文）於42年「走過巒大山一次，在海拔三千餘公尺的望鄉山上參觀了巒大山林場的伐木集材，並巡視山中的林區，在這裏可以看到原始森林的壯麗，聳天大木，不少是周秦斤斧；也可以看到林木被摧殘的遺跡，斧痕火燒，到處是未復的瘡痍……伐多於植，前途仍不堪設想」；另提及林地管理仍沿用日治時代辦法，即將國有林地分為保安林、營林用地、不要存置林野地，以及山地保留地等4類，保安林即為國土保安的嚴格限制砍伐地；營林用地即所謂林班地，專供國家伐採木材用地；不要存置林野用地即可供農、林、畜、牧混用的林地，可放租給民間開墾者；山地保留地指原住民專用地，平地人不准染指。

　　1954年2月22日（民國43），地方經濟素描介紹「紅棕」。清朝時代由福建移植紅棕來台，古時即務農之「棕蓑衣」之用，1941年間日本在台總督實施物資管制，將紅棕及苧麻亦劃歸為軍用品，並獎勵民間增植，由是紅棕身價百倍，於是「砍麻竹，栽紅棕」蔚為風潮。先有梅山鄉太和村人江氏，申請租借廣闊的公有地開始栽植紅棕，此即紅棕發祥的先聲，後來嘉義市山產商林輝虎看中此產物有利可圖，入山採購躉售，果然獲利，因而山地住民咸認為種棕有利，梅山、竹崎、番路、大埔等鄉山地遂大量栽植之，甚至「伐竹林改栽棕」者人有人在。當時，百台斤筍干可換2石米，但同量紅棕皮可換5石以上。1953年下半年以來，麻竹筍罐、筍干得以外銷，身價叫高，紅棕價格卻一落千丈，比不上筍干的5分之1，因而農民開始砍紅棕種麻竹。

　　紅棕可製棕索、棕刷、棕地氈、棕蓑衣等，其可謂嘉縣特產，每年可採收2次。其繁殖靠棕子播苗，易栽培，1953年年產量約1百萬公斤，目前價格分乾濕品質不等，自180元至320元左右（徵信）。

　　1954年3月13日（民國43），12日植樹節，「總統手植龍柏，各界合併舉行紀念大會，徐慶鐘報告一年來林政，去年造林３萬５千萬公頃」（徵信），每一年行禮如儀，而3月15日徵信新聞社論「改進林政亟待找個答案」再度談老問題，人謀不臧。

　　1954年3月14日（民國43），櫻花紅透阿里山，賞花遊客漸增多，林場自明日起，將加駛遊覽車箱（聯合報）。

1954年4月13日(民國43),省主席俞鴻鈞12日表示,林政方案預定1～2個月內實施,主目的在謀求伐植平衡(徵信);19日,農林廳副廳長(?)皮作瓊認為台灣森林面積日漸減少,亟應積極造林。

1954年4月22日(民國43),阿里山五峰菜種圃,經營情形良好,然缺乏動力(聯合報)。

1954年5月6日(民國43),省府公布台灣鄉鎮護林協會章程準則,一時氣勢蓬勃,設會蔚為風尚(註1961年為最高峰,各地護林協會多達197單位,會員有55,842人;但成立目的多在爭取林產管理局經費補助,尤在申請國有林副產物之特賣採取)。(林局誌)

1954年6月20日(民國43),嘉縣府勘修阿里山道路一行人,於日昨登山,預定自新高口以迄玉山主峰全線20公里,修復路面及橋樑等(徵信);嘉義縣府派員勘修阿里山道路(聯合報)。

1954年6月27日(民國43),省農林廳皮作瓊26日表示,自民國42年度實施林班標售制度以來,增加國庫收入。

1954年6月29日(民國43),省主席嚴家淦於28日作省政總報告,林業問題亦有著墨;7月1日報導,經濟部長尹仲容6月30日於立法院經委會林業小組做林業報告,提出「台灣林業政策試擬」,主張建立林業制度,調整機構,林政機構與林產機構劃分職權,並建議修訂林業法令規章,徵信新聞刊出全文;7月6日,該報社再以「林政改革問題開朗化」為題論述;7月7日,省農林廳長金陽鎬在省臨時議會報告農林施政;7月11日報導,省府農林廳將邀專家再論林業管理機構如何調整;7月12日

報導,上半年造林事業超過預定計畫,新植部分達124%,29,666.98公頃;補植部分有6,638.83公頃,達106%;撫育10,051.37公頃,達135%;育苗部分1,778,945.7公頃,達89%(?)。

1954年7月16日(民國43),行政院經濟安定委員會第四組,「鑑於省府所擬四年計畫初稿內所列舉之農林漁牧水利等各項生產目標、方針等,多有不切合實際之處」,於是邀集各單位專家修訂之,該批專家61人,有政府高官、公營事業高級技術人員、台大農學院教授等,分糧食作物、特用作物、林產、漁產、畜產、水利等6個審議小組,從而更改省府原案。

林產方面的結論:(1)利用美援,輸入若干普通建築木材,以應一部分軍公與重要公營事業之需,減少各方對省產木材需要之壓力,穩定木材價格,減免森林濫伐;(2)加強伐木工作之設計與管理,在不濫伐原則之下,讓省產木材供應量之逐漸增加。其中高級木材,除省內必須者除外,用以輸出,以抵輸入普通木材所耗之外匯;(3)加強造林工作,以糾正伐木甚於造林之趨勢,造林工作將不求新植面積之誇大,而注重撫育已有之森林,及補植新造林之缺株,俾減少人力物力之浪費而增時效(徵信)。

註:此結論表面上富麗堂皇、重視實際,但依筆者解讀,很可能即中央強制介入要求伐木增產的「政策」指標,個人認為,此即所謂中央政府揭開耗竭利用台灣自然資源的露骨展示,為1956年的「多伐木、多造林、多繳庫」三多「政策」埋下前導!

又,徵信新聞於7月27日刊出行政院

「經濟建設四年計畫」，關於木材部分選錄如下。關於改進伐木工業，計畫(1)改善現有林場之交通設備，以降低運輸成本，主要為連接太平山及大元山二分場，以及建築由嘉義至阿里山公路，用以替代原阿里山鐵路；(2)開發新林場，即八仙山林區之大雪山森林、阿里山林區之楠梓仙溪森林、太魯閣林場，以及太平山林區之棲蘭山森林。

1954年7月29日(民國43)，徵信社新聞社論「本省林業問題」，全文轉錄如下：「本省林業問題，由來已久，至今日似應進入徹底解決的階段，據悉本省當局決定特設專門小組研究林業問題，一、著重林業管理法規之修正，二、在取消「特賣制度」時所發生林班懸案之解決，此實為明智之舉，我們寄望其對於林業問題予以全盤的徹底的解決。

按本省山地面積，約佔全省總面積44.9%，林業實本省重要之資源。據估計生產林地全部蓄積量為206,742,000立方公尺，如有計畫的經營或管理，每年至少可以砍伐20萬立方公尺木材，除成本外，連同副產收入，約可得新台幣約1、2億元。由是無論財政上或國際收支上，均有極大的幫助。但是事實上林業的盈餘繳庫36年僅為1,849元，37年為21,287元，38年為380,568元(38年5月以前係以舊台幣4萬元與新台幣1元折算如上數)，39年為12,383,884元，40年為24,616,441元，41年為28,742,174元，歷年不但盈餘有限，並且每向外輸入數十萬美元的木材，這是值得國人警惕與檢討的。尤以林業管理制度之分歧，更經常的發生濫伐盜伐燒山之現

象。農復會主管當局曾言：「像這樣下去，數年後台灣將無森林，無森林即無水源，到那時日月潭和嘉南大圳將枯乾了，在工業上將無電力供應，在農業上將無水利建設。台灣將和大陸的淮河區域一樣，一片荒廢」。台灣自然環境特殊，如果沒有水利與電力，即將變成一片沙漠，一片黑暗，其受害程度，將遠超過淮河區域的荒廢，這並不是危言聳聽，而是事實發展必然的結果。所以有言：「無森林，即無台灣」，實非虛誇之語。

所以解決林業問題，及改善林業生產，實為當務之急。在成立小組研究之初，我們願提出數點意見，以供參考。

第一、林業管理必須統一：森林之經營，宜於大規模之組織，故管理統一，較為經濟。同時，就社會之利益觀之，則在政府統一管理之下，可為永久之計畫，而不致有木材短乏之患。至於經營計畫，即關於植林方法，植林期間，伐林數量及種類，需規定統一細則，遵照施行。同時各處林場管理人員應派專門幹練人才，如遇有勾結貪污，則需施以重刑。又為加強保林工作，似須增設林警，以備緝私。要之，我們要做到一切規定制度化，始可使林業走來正軌。

第二、特賣制度之殘餘必須肅清：特賣制度原為日據時代之積習，實即為中間階級剝削的包辦制度，其影響林業之發展甚大，亦為製造貪污的淵藪。乃經俞前主席決定取消此制，而改為統一標售制，惟在改革之初，政府為顧全林班之利益，仍有部分的保留，此部殘餘之保留，實為林業上之贅瘤，不免影響林業趨向合理之發

1954年興建楠梓仙溪木材運輸的空中索道，長度達1,000公尺，
陳月霞二叔陳清程於索道頭旁。陳清程 提供

陳清程立索道尾。陳清程 提供

楠梓仙溪工作人員與家屬在巨木上，中
間戴斗笠者為陳清連。陳清程 提供

展。因此，我們認為政府當局似不應姑息少數特權者，而要積極予以根除。換言之，我們要徹底執行標賣制度，不過在標賣中，有關當局應多研究底價之核實，及防止圍標之技術，以奠定新制之基礎。

第三、造林計畫必須多方協助：林業經營貴在「植伐平衡」，即一方面要將達到伐齡之林木隨時予以砍伐利用，一方面又要將伐跡地予以復舊造林，俾能保持森林之永續生產。據估計本省荒廢林野及歷年伐跡地，合計27萬餘公頃，而光復後年來造林面積約計8萬餘公頃，僅達29%左右，相差甚鉅，而其實際成活率如何，猶不得而知，近年來造林計畫雖迭有提出，但其執行未見有效，仍不免為頭痛醫頭，腳痛醫腳。考其原因，即缺乏通盤籌劃，強有力的執行，乃至舊制之阻?，及資金之不充裕等。如要使造林保林計畫得以順利的開展，必須多方的協助，如財政、經濟、社會、教育等均需予以積極的配合，重點的支持，始能獲成效。

第四、木材供需必須注意對外貿易之調節：本省木材不足自給，前已言之，今為適應國家建設以及國防需用起見，欠缺數量自必甚多，彌補之道，除大量的增產及提高木材之利用價值外，還要加強之對外貿易，採取以貨易貨方式，藉以調節本省木材消費之需要。如將本省特產剩餘之檜木輸出國外，換取輸入杉木、電桿木、枕木等，以達到供需平衡之要求。

總之台灣林業是本省的生命線，亦為今後台灣經濟前途未可限量之一面。我們期望當局必須拿出勇氣來，努力根除積弊，加強統一管理，計畫推行造林保林，並爭取多方協助，以保持此島永為美麗的〝綠洲〞」！

1954年8月13日(民國43)，阿里山林場業於本年4月間伐木，用以在5月間興建為楠梓仙溪木材運輸的空中索道，其長度達1,000公尺，可望於本月底竣工，下月開始運材(微信)。

1954年8月14日(民國43)，徵信社論「由農田苦旱說起」一文，似乎將旱象歸因於森林砍伐，而非真正氣象、氣候上之缺雨，可提供生態面向另一省思，特全文轉錄如下：「最近本省各地雨水缺少，新竹區(桃園、新竹、苗栗)旱象已成，其他台南、高雄各區雖情形較好，但據報嘉南大圳的存水量，最少時曾降至460多萬立方公尺，僅為光復後8年多來平均水量1億2千多萬立方公尺之30分之1。這樣低的存水量，如以嘉南大圳每日放水量344萬立方公尺計算，2天即可乾涸，所以曾數度被迫停止放水，今年旱象的情況，可見一斑。

因為各地缺水，所以最近一期各糧區的插秧都受到了影響。以新竹區言，其最適宜插秧的時間，為每年的7月至8月中旬，換句話說，如果最近幾天不下雨，這一區的米穀生產就……，最近的統計，也多少因受缺水的影響未達到預定種植面積，計高雄區種植面積為預定面積87%，台中區種植面積為預定面積之90%，台東區種植面積為預定面積79%，總計全省已種植面積達預定面積86%，有14%的面積，可能已無希望。

當然，這並不是說目前的旱象業已釀成嚴重的災害，而本期稻穀收成所受的影

楠梓仙溪工程人員與家屬。最高男子為陳月霞四叔陳清連，左一懷抱嬰孩者為二嬸。陳清程　提供

陳清程（立左二）與木材商於楠梓仙溪工作站門口。陳清程　提供

響，事實上也並不很大，不過，這也未嘗不是一種值得重視的徵兆，至少，有二種情形是應該注意的：

第一是水利問題。本省的水利事業尚稱發達，但是仍未建立其有效的水利系統，尤其在中部一帶，其防水……的水利工程尤較落後，光復前後，更因林木遭受盜伐濫伐，結果，台中區的水災與新竹區的旱災經常在威脅著我們。為了應付如此的威脅，日據時代曾有一項非常重要的水利設計，那就是著名的石門水庫工程。這工程的設計目標，在消極的意義上是防止台中以北的洪水、新竹區的旱災；在積極的意義上是要增加附近一帶約1萬甲的灌溉面積。石門水庫的設計，在光復後曾受到注意，多年來曾陸續完成勘查測量的工作，但一方面由於經費浩大，一方面由於這工程的價值未被充分認識，所以並未鳩工興建。但是除非我們不企求一勞永逸的解決這一大片地區的水旱問題，否則這工程實有著手進行的必要，我們認為這項工程可列為農復會及美援建設之一項。說到水利，我們還要順便的指出，嘉南大圳已有淤淺現象，應及早設法疏濬，以免日久影響調節水量的功用。

第二點應注意的事情，是糧價問題，目前的糧價頗為平穩，尤其今年青黃不接期間，仍能維持安定，誠屬空前良好現象。但據糧政當局的調查，最近農民因為繳納賦稅以及缺乏生產資金的關係，大都拋賣存糧，因此促成糧價的跌落，如此的現象厲害參半；我們唯恐農村存糧的減少，會與當前的旱災構成明年青黃不接的糧荒，設若不幸如此，則一年多來政府全力推行的『糧食改革方案』所獲得的成績，將為之破壞無遺。這不是杞人憂天，也不是危言聳聽，過去我們對於所謂糧食增產過於自信，更加以缺乏正確的調查，結果釀成去年的糧價劇烈波動，一時弄得大家徬徨不安。基於過往的教訓，我們今天實應未雨綢繆，不可掉以輕心。

最後，我們要提醒政府，新竹區的苦旱是否可以挽救，只是這1、2週內就可明白的事，如果在這期間內再不下雨，該地區除應立即著手補種耐旱雜糧外，對於歉收的農民如何賑濟，應有劍及履及的妥善辦法」。

1954年8月29日（民國43），1～6月木材生產274,786立方公尺，完成全年計畫之50.88%，較去年同期增加68,654立方公尺，增加率33.3%；生產薪炭材65,271立方公尺，完成全年計畫之18.46%，較去年同期減少10,212立方公尺，減產率13.52%；造林新植29,325公頃，超過全年計畫13%，較去年同期增加2,834公頃，增加率10.69%。補植4,530公頃，完成全年計畫之86.62%。撫育14,649公頃，完成全年計畫之46.19%。海岸林新植342公頃，完成全四年計畫之3.22%，較上年同期增加90公頃，增加率35.7%。耕地防風林新植254,400公尺，完成全年計畫之101.76%。行道樹新植1,352.038公尺，完成全年計畫之118.42%（微信）；9月12日報導，今年因氣候溫和，雨水及颱風災害減少，有利木材砍伐及集運，估計若無意外，下半年可生產271,600餘立方公尺，全年將達54萬6千立方公尺。

1954年8月31日（民國43），林產管理局

訂於9月1日起,辦理經營國有林伐木業者及薪炭生產業者登記,登記期至本年11月底止。凡符合資格之省内經營伐木業者或薪炭材業正當公司商號,均得依規定手續向所在山林管理所申請核轉該局登記。申請登記經營國有林伐木業者須具備:1、領有經營伐木業之公司登記執照,或商業登記證,並係木材業工會或商會會員;2、負責人須曾經營伐木事業2年以上,或曾在國内外公私立農業職業學校以上之森林科系畢業,並任林政機關服務5年以上,均能提出有關資格證件者;3、經營之公司商號及其負責人確未違反森林法令規定之不法行為者;4、資本額有足夠繳納用材5千立方公尺以上之樹代金者。而申請登記經營國有林薪炭材生產業者須具備:1、領有經營伐木業或薪炭材之公司登記執照或商業登記證,並係木材業或薪炭業公會或商會會員;2、負責人或其他從業人員有設施炭窯、運材路、貯炭工寮設備之經驗者;3、公司商號及其負責人確未違反森林法令規定之不法行為者;4、資本額有定敷繳納薪炭材1千立方公尺以上之樹代金者(徵信)。

1954年9月18日(民國43),南投信義鄉發生「驚人盜伐森林案」,此案自光復初即已開始,台大實驗林已證明其文件偽造文書盜伐(徵信),然而,9月30日報導,案主聲明係台大實驗林主任欲勒索50萬元,談判不成而引發。10月9日,台大李守藩主任在報上刊登啟事,且將提告訴。1955年3月28日報導,李守藩主任勾結木商,盜伐森林被檢舉,南投縣議會將成立專案調查小組。3月31日,李守藩舉行記者會,提出控告。

1954年9月22日(民國43),阿里山山胞攜繳獵槍(聯合報)。

1954年10月24日(民國43),阿里山麓名碑揭幕,「神木出雲表,勒石頌遐齡」(聯合報);慶祝蔣總統華誕,嘉義縣各界於阿里山上舉行神木頌碑揭幕。

1954年(民國43),鑑於阿里山林場伐材將盡,當局遂向周邊深山原始林拓產,為伐採楠梓仙溪、南玉山一帶森林,著手開鑿林道。先是1949〜1953年(民國38〜42)實施每木調查,初期擬定擇伐作業,即大抵以紅檜、雲杉與鐵杉為目標,伐取樹形較差或枯木為主,後期則採皆伐作業(1960年)。此林道即自東埔山莊(哆哆咖線終點站)為起點,目前之楠梓仙溪工作站為迄點,長約10公里800公尺之楠梓仙溪林道,當時係以人力施工,使用炸藥、鋤鑿而成(註,1953年10月12日開工,1954年1月中旬完成)。1954年12月即行出材,伐採跡地即昔日楠梓仙溪事業區第12林班,後來之玉山事業區第26林班,地當玉山至玉山西峰連線之南。但第一批已伐除林木,係在1955年5月3日(民國44)運抵嘉義,同日,阿里山造林。註,出材等日期,存有不同版本疑義。

1954年(民國43),阿里山4村戶籍人口2,177人;該年遊客11,255人,全台人口8,749,151人,每千人有1.3人至阿里山旅遊。

1955年(民國44),東埔山含今之玉山國家公園塔塔加遊憩區之林木均已砍伐殆盡,隔年開始造林;而1955年春,臺灣大學商得農復會同意,會同林產管理局、林

業試驗所,使用航測全面調查實驗林區。自6月以迄隔年8月完成空中攝影及地面調查,結果發表於農復會第21號特刊,1957年(民國46)再行補查,結論認定台大實驗林面積為33,522公頃,分7個營林區,下轄42林班經營之。其中,對高岳營林區之第28、29及31三林班,面積凡5,902公頃,暫劃交林務局玉山林區管理處經營伐採;另有玉山營林區第32~42第11個林班,面積6,449公頃,編列為保安林,暫不能加以施業砍伐。塔塔加地區即位於第31與33林班界上。換言之,山稜之西屬於31林班(今改為21林班),係伐採地區;山稜之右歸33林班,即編為保安林地,唯其皆屬破壞後草生地植被。

　　1955年1月4日(民國44),徵信報嘉義記者賴燕聲報導嘉義縣特產,可提供今人暸解1950年代嘉義縣山地農產之參考,以下全文引用:「在嘉義許多的特產中,值得我們提起的計有筍乾、筍絲、愛玉子、龍眼、桂竹皮、紅棕、竹紙、仙草干、苧麻、薏仁、芝榔、黃藤與木材、竹材。茲將上列產物近年來產銷情形略述,以供商工界之參考:

一、筍乾與筍絲:年產量5,000餘噸,其主要產地為南投縣竹山鎮方面及雲林縣古坑鄉,嘉義梅山鄉卻佔全部產量之一半。過去曾暢銷大陸,光復亦遠銷日本、香港等地,每年外銷數量最少還有1,500公噸以上。由於42年11月出口底價未劃分品質優劣,一律定為HOB美金25元,以致出口受阻,外銷數量現減至1千公噸左右,為促進出口,等級頗有劃分之必要。

二、竹紙、竹材、桂竹皮:嘉義自3百公尺至2千公尺的山地,到處有桂竹、麻竹、綠竹、孟宗竹、長枝竹、刺竹的密林。特產『竹紙』,是用桂竹做原料,桂竹皮亦然。竹紙(又稱粗紙)主要產地是梅山、竹崎二鄉,多充作普通家庭與一般商戶,以及製造拜拜之金銀紙之用,每年可產40萬件,種類分為白皮紙(每支23元)大棉40元,9吋方紙50元,市內從事此業者約40餘家,產地只是農民一種副業。幾年來生產過剩,而且政府提倡祭典節約收效,銷路激減,如製造方法不求進步,它永遠不可能外銷,前途至為黯淡。『桂竹皮』是製造竹紙時副產物,多用於製笠之用,它不但為農村所愛用,在炎夏的陽光下,我們也曾看到了陸訓司令部國軍所帶用,從事加工各地業者所需的桂竹皮也多採自嘉縣梅山,竹材依照上述,各有其用,嘉義合興鐵工股份公司最近發明了製篾機,以改進製篾的前途,同時竹材將為今後健全農村經銷的一種不可輕視的產品。

三、愛玉子、仙草干:都是清涼飲料,由於科學進步,各種飲料水,廉價登市後,這兩種自然產物自20萬台斤減至4~5萬斤,雖可供外銷,但供應省內消費尚嫌不夠。目前價格,新品上貨12元,普通貨10元,價格均鉅大變動。仙草年產量約30萬台斤,它是野生的農村副產,目前每百台斤價格僅為100元,也許價格低廉,為勞動階級所愛飲。

四、紅棕、芝榔、黃藤、苧麻：主要產地是阿里山一帶的深山。紅棕可製成棕索、刷子、地氈、棕簑衣，價格自180元至320元，視乾及溼品質優劣而定。『芝榔』用於漁網染料，年產量約3千台斤，價格也便宜，每百台斤48元左右，它是自然的生長於深山，因無人培植，年年減產。『黃藤』年產10萬台斤，用途較廣，藤椅、就桌以及手工藝品，價格很平靜，成品自10尺至13尺各種者，13尺每百支14元，10尺7元5角。『苧麻』雖可用於織布，年產4千台斤，被利用於製繩索及製網者為多，過去也曾銷日，今後非增加生產，將僅限於省內消費，價格每百台斤450元。

五、薏仁：此為嘉義多種雜穀中，值得提起的一種。多係山胞所栽植，供於食用及充為漢藥材料。年產僅10萬台斤，薏仁穀每百台斤100元，由於銷路太短，價格一直跌落，生產者無不叫苦，亟待政府設法外銷。

六、龍眼：分為桂圓與福肉，福肉年產量普通年6萬公斤，豐年30萬公斤，桂圓豐年可產100萬公斤，以竹崎、梅山、番路、中埔等鄉為主要產地，曾銷出日本、香港、南洋等地，43年度是普通年，產量激減，市面存貨無多，價格平坦，福肉上品價22元，普通品20元，桂圓上品做9元，普通品7元，去年殆無外銷，公賣局曾製成『桂圓酒』，頗獲好評。

七、木材：木材原來是嘉義的特產，可是阿里山林場砍伐工作達數十年，天然林幾乎砍盡，目前正著手開發新事業區楠梓仙溪森林中。

嘉義有這麼多的特產，但卻年年減產，因係大多無法打開外銷，價格不能轉好所致，人工培植的特產，業者已無興趣，天然生產的尚不敷採取的工資，因此任其荒廢於山中，殊屬可惜！我們認為很多特產大部分無法加工，以致成為廢品，如果政府一面鼓勵出口，一面扶助民營工廠專事加工，那麼，這些特產物的前途必有其更光明的遠景」。

而1月6日，該記者另報導「一年來嘉義工商界」，全文引用：「嘉義縣為嘉南一帶農產、海產、山產雲集地，交通方便，市區方面商工業素有基礎。現有工業計有紡織8家，金屬29家，機械器具53家，窯業77家，化學工業50家，製材及木製品58家，印刷及製訂業16家，食品工業441家，瓦斯電器4家，其他41家，計775家。上述各業中以食品及製材最為發達，化學、紡織、金屬機械等工業雖尚稱幼稚，惟在嘉市自然條件適合之下，如加以適當的策劃，前途頗有可望。

一年來，嘉縣增加了農產物加工廠達30家，新設大規模罐頭工廠，有『嘉津』、『國際』二家，獲得美援貸款的工廠，即有台灣鑄管、長興鉛管、合興鐵工廠等三家，還有規模宏大的豐台農產加工廠也在申請撥款中。這些事實，證明了嘉義工業飛躍的進步，農產物及山產都可集此加工製造，供於省內消費與外銷。在品質方面也因各業競爭熾烈，各廠作精心之改進，多數產品多能夠趕上國際標準。譬如鑄管與製管，台灣鑄管廠與長興鉛管廠的製

品，不單可列為全省之冠，而且足與外貨媲美。合興鐵工廠的各種機械，遠東車輪廠等製造的自行車部分品，也可以代表國貨之精粹，無形中減少了鉅額的外匯。

除去上述幾項特殊工業的成就以外，紡織業因產品滯銷，製材業因木材來源減少而未提高生產。窯業因復興建設之需，走紅運，其他各業仍維持現狀。但是在這許多工廠中，我們找不到一家具有規模的麵粉工廠，這是嘉義縣民所感到的美中不足處。因為嘉義擁有56萬人口，每年所需麵粉相當可觀。希望政府速予在嘉專設麵粉工廠，或指定設備較佳的民營廠，予以增配所需之小麥並專案扶植，以供軍民之需。

商業方面：截至43年10月底辦妥商業登記者，計買賣業2,614家，加工業1,672家，技術業81家，作業勞務承攬186家，集客業(旅館、食糖、戲院)284家，典當業1家，印刷業24家，運送業12家，行紀業11家，代辦業1家，計4,893家。商人數較前年約增加3分之1，無處可棲的失業青年，終於在小本生意及從事技術方面找出路。據此，嘉義年來的商業由於倒閉商店較少，可以算是步入正軌了。因為資金週轉不靈宣告倒閉者，實際上較意欲改業而關門的為少。據縣府工商課長杜慶毅稱：商戶的倒閉與市況的不振，多係受外來貨的刺激，政府將繼續扶植供商業之發展，並提倡盡量用國貨。他說：本市已劃定博愛路一帶為工業地區，為配合實際環境需要，決定於今春3月以前完成該地區水利與電力設施。嘉縣各界甚盼國營或公營工廠能創設於此，並歡迎友邦及華僑投資建

設麻紡織、橡膠、人造絲、造紙、食品、手工藝品等6大工業。凡縣民或僑胞欲投資本縣工商者，縣府將幫助解決設計，指導建廠及生產，使用土地，供水電，產銷介紹、原料採購等問題」。

1955年1月13日(民國44)，草嶺地區4百公頃林地，林管局業已正式核准，自今年度起編入保安林，加強造林保林工作。該局此項命令已達雲林，近期內將正式公告(微信)。

1955年1月17日(民國44)，經濟部15日舉行林業政策座談會，有參與者透露；1.租地造林問題，多數出席者反對出租國有林地給人民，此違反森林法，且違背土地法。森林法規定人民可「承領」國有林，但非「出租」；土地法對縣市政府所管轄的公有土地，非經民意機關同意或行政院核准，不得處分或負擔超過10年期間之租賃，且據42年度森林破壞面積之統計，因租地造林而破壞者，超出火災者3倍，超出盜伐者8倍，超過濫墾者70倍，可見租地造林破壞森林之重大；2.林業機構劃分問題，多數人主張一元化；3.伐木跡地造林問題，應採造伐連鎖，出售林班之際，應將造林費用由伐木代金中扣除，造林後3、5年，驗收後始能結案；4.應重新劃分農林用地，多設保安林；5.應普遍設置森林警察；6.有人主張國有林收益歸國庫，而林業機構的經費由中央劃撥(微信)。

1955年1月18日(民國44)，43年造林面積達3萬3千餘公頃，成活率達75%；林管局決自今年加強推行林班標售制度，該制度自41年起實施以來，至43年底為止，共計標售林班129件，材積30萬8,721立方公

尺，實得標款3,260萬2千餘元；今年將增加森林警察（徵信）。

1955年1月26日（民國44），林產管理局為切實暸解全台森林蓄積的準確數字，經由農復會協助，聘請外籍專家進行航測，現已正進行統計工作，預計44年底完成。按本省現有森林數據，係沿用日治時代之統計，再加減光復後歷年變動之數字所算出者，42年底統計，本省共有森林面積約228萬5千餘公頃，佔全台面積之64%，其中國有林佔9成，公私有林1成，立木約2億3百餘萬立方公尺，而6個林場作業範圍內共有林木蓄積約3,880餘萬立方公尺（徵信），按，前此，1954年7月14日徵信新聞專文介紹此次航測工作。

1955年1月28日（民國44），徵信社論「大甲溪區域開發計畫」提及，大甲溪全長124公里，流域面積1,270平方公里，開發計畫的樞紐為自達見以下至下游之石岡莊之間，在60餘公里間，連續設立8個發電廠，最大發電容量46萬2千3百瓩，灌溉水田9萬8千市畝，並供新高港新興工業用水等。

1955年2月3日（民國44），木材業者孫海刻正於嘉義市籌建大型木材防腐工廠，佔地約萬餘坪，計畫於2～3個月建廠完竣。該廠將是繼羅東、新竹兩廠之後，南台第一家，預定製造電桿及枕木以供應南部地區（徵信）；另，省林產管理局決定今年度撥款6萬元，協助雲林新植保安林45公頃，將於下月開始造植。該造林以古坑草嶺（潭）為主，預定造植杉木25公頃，每公頃3千株，合計7萬5千株；相思樹造20公頃，每公頃3千3百株，合計6萬6千株；

又，2月8日報導，嘉義山林管理所獲准今年度造林經費60萬餘元，擬在草山、瀨頭、觸口、關子嶺、前大埔等地約500公頃國有林地，新植15萬株的相思樹及杉木；7月27日報導，振昌防腐廠（嘉義）訂於8月15日正式開工。

1955年2月23日（民國44），林管局44年度預定伐木總材積為1,018,941.58立方公尺，總面積14,774.483公頃。各山林管林所民營砍伐部分，材積639,933.58立方公尺，面積13,059.39公頃（皆伐2,739.7公頃，擇伐1,363公頃，間伐319.88公頃，除伐266.12公頃，造林障礙木處分8,370.69公頃，但枯損及既伐倒木搬出利用者未列面積）；各林場自營砍伐部分，材積379,008立方公尺（包括殘材整理材積85,533立方公尺），面積1,715.093公頃（皆伐888.953公頃，間伐686.14公頃，殘材整理未列面積）；造林方面，國有林44年度預定新植面積同於43年度，補植面積則因去年旱災而增加。撫育面積較上年度大增。育苗除引進外來種（洋槐、樅木、雲杉、落葉松、樑賴松、羅漢柏等）作試驗性栽培之外，推廣本土種（香杉、亞杉、肖楠等）之插條繁殖；又，廣設固定苗圃，重視高山草生地造林（註，後來絕大部分失敗），並引進寒帶樹種；公、私有造林等等（徵信）。

1955年2月24日（民國44），八仙山林場之八仙山事業區74林班，於2月12日發生火燒，燒毀松林百公頃（徵信）。註，除特定案例之外，此類事件不再記錄。

1955年2月26日（民國44），中縣預定今年為造林年，經核定造林事業費為1,822,333元，由林管局、農復會、縣府、各鄉

1957年4月20日，阿里山區之防腐工廠開工。 陳儕 提供

鎮公所共同籌款；花蓮縣44年度擴大造林計畫（徵信）。註，此後，除了特定地區之外，本史誌不再臚列此等族繁不及備載的所謂造林面積等資訊！

　　1955年3月11及12日（民國44），徵信新聞刊出署名林隱所寫的「台灣林業問題一夕談（上）、（下）」，反映在專制時代台灣林業問題的冰山小角，對照今日，亦可檢討、反諷：

　　「此篇非正式之座談會記錄，係若干農林專家及高級主管等在聚餐時所交換之意見，言談微中，頗多獨到見解，絕非一般虛偽陳套。唯當事人等均不願發表真姓名。好在價值寶貴，其他則勿論矣！
時間：植樹節前一夕。

地點：台北市郊『林間別墅』內。

人物：農林專家甲、乙、丙三人。本省聞人丁一人。中央高級主管戊、己二人，地方主管庚、辛二人，主人一人。

主人：轉眼植樹節即到，一年一度造林保林的宣傳又將展開。近年來談論林業問題，頗為時髦。但有些人往往是『談林色變』，對林業問題的看法，也各有千秋。今晚幸有專家在此，不妨聽聽他們的高見。

戊：我們可把範圍限小些，先談談造林問題。諸位都知道本月份起進出口業方面採取連鎖制度，此種辦法我極贊成。我相信如果在林業方面實施『伐

木和造林的連鎖制度』，利用伐木業者的財力、人力，責成其砍伐跡地上造林，則對林業建設大有裨益！

甲：（笑）今晚如是正式會議，我實不敢多講。好在交換私人意見，即可稍稍放肆。我認為『進出口連鎖制度』辦法極好，值得擁護。但『伐木與造林連鎖制度』非但極難辦到，且亦無此必要，因為：（1）所謂林班立木處分，係指林地上之立木而言。業者於約定期間內將木材搬出，與林地利用一無任何關係。如欲促成其造林，則牽涉到土地利用及造林木權屬問題，甚至又將造成一種新的『緣故關係』，徒增糾紛。（2）即使業者勉強造林，將來驗收標準如何？將來之撫育及管理由政府押業者負責？均成問題。蓋造林為長期事業，並非想像中種下苗木，即可成林。（3）業者在伐木之先，已向政府繳納稅金，現再責成其造林，則經費究應由何方負擔？抑先在稅金內扣除？設若僻遠田地造林費極大，稅金反小則又將如何？（4）台灣伐木業者甚少兼有造林經驗及興趣者。外行及勉強，均將徒勞無功。

乙：我覺得伐木可稱為『森林工業』，造林則為『森林農業』；兩者儘可分別經營，各求其精，不必勉強合併連鎖，此在美國亦復如此。

庚：你們兩位專家的意見，使我十分佩服。

己：提起伐木，使我想起很多外國朋友曾問起我，台灣天然林、人工林像檜木、杉木等十分豐富，但木材價格為

何較菲律賓及美國貴得多？又，木材價格雖貴，亦未刺激民間從事企業性造林事業等等問題，運搬路線太長之故，未知對否？

丙：不錯，但，此外最大的原因就是『浪費』。譬如說『土地的浪費』，據農復會舉辦森林航測的初步結果，認為日人時代迄今一般所謂本省有2億立方公尺蓄積，現在至少要打6折。本省每公頃蓄積達500立方公尺者，實不多見，且極分散，反之，85%左右林地均是林木稀疏，品質不佳，又多腐木。今後怎樣提高單位面積之品質與蓄積，如改良林相及更換有價值之樹種等等，實為一急切之課題。

甲：對！現在這種『汰良留劣』的擇伐方法，實在是要不得的，徒然增加土地的浪費。好的木材愈來愈少，木材當然會愈來愈貴。本人認為此外尚有『伐木的浪費』值得注意。現在本省伐木工具及方法的墨守成規，一無改進，大批梢材、邊材及次等木材均遺置山場，任其腐朽，殊為可惜，如能設法搬出利用，定有助於木材價格之減低。

辛：我不是林業專家，但覺得有件事頗耐人尋味，當時我在美國的時候，見到許多豪華的大飯店內常用檜木之類的樹木做為屏風，視為珍貴。但在我們台灣連廁所都是檜木做的，對照之下，有些好笑。

乙：這看來是好笑，但也蘊藏一個問題；即我們所謂『利用的浪費』，對於貴重的樹木，我們應設法限制其用途及消

費量，把它節省起來輸出國外去換取加倍的普通木材，以解決木材缺乏，並可抑平一般木材價格。我們要想經濟的利用木材，其方法還多著呢？開始時需要政府設法倡導扶植才行！

主人：提起這一點使我想到一件事，有一天我偶然看看台北地圖，發現上面刊印的工商行號幾乎有75%均是木材商，台北並不是木材生產地尚且如此，像羅東、嘉義這樣，更勿論矣！其中以買賣木材的佔多數？甚少從事真正的加工或利用。如此生之者寡，分利者多，木材價格焉得不貴？

丁：要木材價格低，首先要林木不虞匱乏，即如何增加林木的蓄積，相對的使每年可增加伐量，近年來台灣造林風氣很盛，但公私有林地有限，僅佔林地的百分之10，政府似乎應該擴大獎勵租地造林，讓廣大的人民來參加建設森林的資源工作。

己：我對租地造林極其反對！現時的租地造林，都是『造林其名伐木其實』，國家的資源，都被在這種美名之下盜竊一空了！另一方面，講森林應以國有為原則。

庚：據我知道，租地造林的法令，現正在修正中，但立法的原意極為正確，以往雖有一部分流弊，但幸而數年以來，僅批准准予特賣地上林木的，應有若干件！另一方面，也不乏真正大規模造林之例，如在宜蘭、東勢一帶，到處可見。

丙：我認為我們有極其充足的理由可以支持為什麼要擴大租地造林！一般人以為台灣荒廢林地約20萬公頃，但據最近航測的結果，發現至少有40萬公頃，加上一部分看來像森林，其實應重新造林者，共計需急切實施造林面積有50萬公頃之多，但政府每年靠自己力量最多造林5千公頃，如是則至少須100年始能造完。森林固應以國有為原則，但在台灣目前情形下，應多多獎勵人民參加造林工作。譬如宜蘭縣能在短短2、3年中造植萬餘公頃之林木，即為最好的證明，在另一方面講，又可大大地增加了就業的機會！

乙：除去讓人民參加造林工作外，還有一點也同樣重要，即林政當局應加強積極的技術上的指導，多多做推廣教育工作，使人民明瞭何種環境下應造何種樹種。以及教以一般育苗暨造林的方法。使其經濟有效的住居林地，增加國家財富。如以往那樣只著重消極的保護森林，缺乏此種積極的指導，甚不合理。

甲：我們常常覺得目前有一種不合理的現象，即林業人員均壅塞在平地，終年在桌子上等因奉此，對實際問題缺乏全盤瞭解。派往實地工作，往往為素質較低之低級人員，待遇亦很菲薄。一般又誤認為派往現場工作，係屈辱而非榮幸，此種心裡應自上級主管開始矯正！因有些主管將外調做為懲罰屬員的一種手段，極為幼稚可笑！

庚：我認為提高林業人員的素質，確極重要，法令究竟是死的，任何事情均須

要人去做。

乙：林業機關應多派學驗具優職員在實地工作，指導民眾，較差職員應多施以再教育或逐漸淘汰。所謂『兵在精而不在多』，即同此理。

丙：還有一點我要補充。目前學校的畢業生，學校出來以後，即往政府機關裡鑽。此現象均由於經營林業尚未企業化之故。據悉，在日本現在有許多人造林公司，政府委託其造植水源林、保安林等均具成效。我們也可以扶植私人從事造林企業，如此，不但加多了就業機會，而且因為自由競爭的關係可大大地減低成本，增加成活之效。

丁：這一點我也贊成。現在只看到伐木標售而沒有辦理造林投標的。造林業方面也要打破一部分的『緣故關係』才好！我們不要怕荒廢林地多，只要有決心參加造林工作，並促使其企業化，我深信不10餘年就能將全部荒廢林地造林完畢，而使台灣成為真正的『森林王國』。

甲：今天我們談論的已不少，時間也已不早，我想有機會再詳談。

主人：謝謝各位的寶貴意見，如果造林真能辦到企業化、大眾化，則今後的植樹節將變得更有意義了」。

1955年3月16日（民國44），陳月霞女士於阿里山沼平出生。

1955年4月11日（民國44），林管局副局長陶玉田報告，往年台灣森林火燒，每年平均百餘起，41年增加到3百多起，今年迄目前為止，已發生67起，令人懷疑台灣森林何以如此的容易著火？「凡是到過森林裡去的人，大家都知道『此路難行』，不是伐林者，看到『木馬』、『流籠』等東西，已經兩腿發軟，寸步難行了。因此，在森林裡幹些壞事情，很難查究。

林班都排好號碼，公私主權，面積大小，都有依據。不過分界既不清楚，遠離人間，確實難於管理，於是偷伐、盜賣、侵佔，花樣百出，是台灣利之所在，也是罪惡發生的淵源之一。

在森林裡做壞事情，固然不易查究，但木頭要運出山外，瞞不過人，伐掉之後，牛山濯濯，也掩遮不去。歹徒們就更進一步的放了一把火，燒個乾淨，以便消滅痕跡。這種非法行為，使人可疑的，或是已有發現的，為數並不少。如不嚴辦幾次，台灣森林都有變成『癩痢頭』的可能。

木材下山都要經過山下的木材行，每批木材的來源，木材行心裡雪亮，只要他們肯不為利所動，對來路不明的木材，根究起來，誰也逃不掉的。」(微信)

1955年4月21日（民國44），農復會航測日前完成初步調查結果，發現森林總蓄積等數據皆與先前所根據的數字少。台灣森林至多只有1億數千萬立方公尺，今農復會與政府合作，計畫在15年間完成20萬公頃之荒林種植工作，「如果今後林產能夠伐植平衡，則10年以後，本省所需木材可以自給自足」！(微信)

1955年4月27日（民國44），物資局某負責人表示，南韓將撥美金30萬元，指定專作購買台灣檜木(微信)。

1955年5月3日（民國44），阿里山林場因伐材將罄，新開發楠梓仙溪森林，經已

砍伐一部分木材，運抵嘉義。

1955年5月8日（民國44），徵信新聞專稿「當前出口物資——檜木的產銷」，可提供今人瞭解當年檜木資訊，故而全文引述如下：「最近在台北簽字換文的44年度中日貿易計畫中，我國輸出貨品列有檜木150萬美元，這使過去一直為了交換比率的問題，未獲順利出口的檜木，由於我國不再堅持檜木與日杉交換1與2之比，而獲得新的轉機。

台灣與日本都是木材不足的地區，過去本省將木材列為管制出口物資，禁止對外國輸出。日本也有這種情形，當前日本的法令即規定：木材輸出必須換回等量的木材進口，因此如果在交換比率方面不予變通，台檜根本就無法輸日，可望大量的增加。台檜與日杉的互換除了易回相當數量的杉木，不過份影響省內木材供應之外，由於杉木的價格僅及檜木的4分之1，還可賺回一筆可觀的外匯差額。因此林管局已準備供應6千立方公尺的檜木，由物資局辦理出口，並正在考慮以該局所儲備的外銷檜木，供應民間貿易商行出口，以發展檜木的外銷。

檜木是一種最名貴的木材，只台灣及日本有檜木的生產。本省檜木分布於中央山脈海拔1千2百公尺至2千8百公尺之間，有構成純林，也有與其他樹種構成混淆林，其中太平山、三星山、八仙山、阿里山、鹿場大山、巒大山及馬太鞍山、太魯閣大山都係有名的檜木天然林。日本的木曾山，亦為檜木之名產地。

台灣檜木之蘊藏量，估計約3至4千萬立方公尺，全省年產量12～13萬立方公尺。通常所稱檜木有二種：（1）黃檜（日名ヒノキ、學名 *Chamaecyparis obtusa* S.et Z.），（2）紅檜（日名ベニヒ、學名 *Chamaecyparis formosensis* Matsum.）。

檜木具有很多特質，其材質之優良，用途之廣泛及利用價值，均優於本省所生產之任何一種木材。檜木年齡都是數百年以上之大徑木，稍徑度60公分，長度4至8公尺者極為普遍。木質緻密，色澤美觀，氣味芬芳，木理整然，耐水、耐蟻力大，使用壽命長，並且彎曲性小，加工容易。用途除為建築用材之外，尚可做船、艦、車輛、橋樑、枕木、家具、器具等裝飾、雕刻、鉛筆、木型用材等，最近軍事工程用材及軍器用材利用的很多。省內價格，每立方公尺由6百餘元至1千4百多元，僅比普通木材高1倍左右，所以使用的很多，外銷價格每立方公尺為美金1百元，普通杉木僅25美元，因此在省內消費至為可惜。省內檜木牌價如下：（備註：1、太平山林場交貨牌價。2、標準尺寸長度3公尺～5公尺未滿，徑度45公分～60公分未滿。3、單價每立方公尺新台幣元。）

等級	單價
一等原木	1,499.00
二等原木	1,322.00
三等原木	1,148.00
四等原木	977.00
等外	667.00

省產檜木過去外銷的對象以日本、韓國為主。日本人特別喜好檜木的色澤和其特有的香味。日本各地的神社，特別講究

的建築物，大都選用檜木，在日據時代，台檜輸日每年約在2萬立方公尺至5萬立方公尺之間。

光復之後，因省內復興建設用材及軍事設施所需木材甚多，省產木材不敷應用，進口數量又不多，故實施木材出口管制，禁止對國外輸出，外銷停頓，在這一段時期，日本方面因為買不到台灣的檜木，以致很多需用檜木的建築，都改代用品，如果日人對於檜木代用品使用成了習慣，而台灣又不及時爭取輸日，則日本市場即有喪失的可能。

近年來省內木材供需情形較為穩定，政府為推廣省產特殊優良檜木的國外市場爭取外匯，易回價廉量多而為本省所需要的木材，以補本省木材生產之不足起見，僅准許日本杉等量出口，致檜木出口過去因為匯率等關係，虧損甚多，難於展開，近年來檜木出口情形如下（註：44年尚在辦理中）：

年期	數量(立方公尺)	辦理出口單位
40年	150	施合發木材公司
	1,000	中信局
41年	——	——
42年	3,000	物資局
43年	2,000	物資局
44年	6,000	物資局

檜木的外銷，42年和43年兩年之間，經由省物資局辦理出口的檜木，共計5千立方公尺，全部輸往日本，換回日杉1萬立方公尺，以及外匯10萬餘美元。至於歐美地區，亦曾經試圖推銷，但由於歐美人士對這種東方的名貴木材的優點毫無所知，並且他們喜用油漆，就不必用這種上好的木料，而且價格昂貴是不容易推銷的主因，所以除了日本之外，韓國和琉球是檜木的主要銷場，最近韓國標購木材美金2百萬元，其中指定以30萬美元購買檜木，省物資局經與林管局訂約，由後者負責供應外銷，物資局並經向韓國報價，每1立方公尺為美金1百元，如果這批交易成功，則台檜出口，又將恢復韓國的市場。

本省由於木材生產不足，檜木又未能順利出口，以致省內不甚重要的建築也使用檜木，失掉了檜木使用的經濟價值，在本省四年經濟建設計畫中，預定出口的檜木為25,000立方公尺，在本年度中日貿易計畫中也列有150萬美元的檜木輸出，這都是由林管局所屬6個林場及民營廠商所生產之木材中選出外銷，俾易回相當數量的杉木，以供省內消費。杉木在本省消費亦屬重要，過去每年進口約2萬至3萬立方公尺，省內消費木材約3分之2用杉木。光復後因為進口減少改以闊葉樹代之，建築方式亦有變更，近年來省產及進口杉木約3萬立方公尺。因此，檜木的出口，在爭取外匯和充裕省內木材的供應量方面都極端有利，將來能否達到四年計畫所預定的輸出數字，尚有待各方的努力」。

1955年5月8日（民國44），新竹縣政府為發展山地經濟建設，「決撥鉅款獎勵山地同胞栽植藺草」，此計畫經費267,900元，栽植面積81甲地（尖石61甲，五峰20甲），因為藺草銷路甚廣、價格昂貴（徵信）。

1955年5月22日（民國44），省林產管理

局43年度純益達3千9百餘萬元，較42年度增加1倍以上。總收入為213,238,910.15元，總支出為173,634,436.82元。去年各林場盈虧情形：阿里山林場因經營時期長久，生產萎縮，阿里山鐵路又須鉅額維持費，致虧損19萬餘元；太平山林場盈餘2,062萬餘元；八仙山林場盈餘1,800餘萬元；竹東林場盈餘803萬餘元；巒大山林場盈餘622萬餘元；太魯閣林場盈餘399萬餘元。又，阿里山林場的原木生產成本最高，每立方公尺為534.4元（徵信）。

1955年5月28日（民國44），林管局4月份木材總生產量19,332.09立方公尺，原木佔17,681.99立方公尺（包括針葉樹14,510.79立方公尺，闊葉樹1,913.35立方公尺，造林木1,257.95立方公尺）；阿里山林場4月份生產原木1,484.45立方公尺，製品902.5立方公尺（徵信）。

1955年6月28日（民國44），林管局各林場5月份木材生產20,706.283立方公尺，比4月份增加1,373.911立方公尺；阿里山林場生產2,954.377立方公尺（徵信）。

1955年7月15日（民國44），立法院林業考察團胡淳等一行32人，訂自15日出發，環島考察全台林業，預訂為期3週（徵信），此考察團係由立法院特設林產問題研究小組委員，以及經濟委員會共同組成。

1955年7月20日（民國44），徵信新聞記者范劍平撰寫「台灣外銷在日本」，其中關於檜木者，轉引如下：「日本本年6月10日起解除了木材的輸出限制之後，業者對台灣檜木貿易，很感興趣。新中日貿易計畫議訂日杉輸台計畫金額為美金50萬元，檜木輸日則由去年50萬美元，增至150萬美元。台灣方面所需要的杉木是小丸太原木，6至12米的弁甲材以及木漿。現在日本輸出價格小丸太每石約21美元左右，弁甲材378元，木漿14.5美元。最近某公司報價每石11元5角2分，因為日本林野廳北海道的配價需要11元5角，依然出血，因此不能大量輸出。至於電桿木、枕木、坑木因為台灣林管局有供給，又不需要。

日本向台灣輸入檜木，大都用於造船和寺院佛閣的修建，因為用度的限制，尺寸要小口徑50生的，長6米以上，輸入價格大約C.I.F.27.8美元，而市價9千日圓，要損失千元以上，非要在輸出的杉木上賺回不可。台灣方面要先輸出檜木然後輸入杉木，日本進口商希望能單獨出口杉木，或是單獨進口檜木，不用貿易辦法。

最近2年來，日本向台灣輸入檜木5千立方米，輸出杉木1萬立方米，數量成為1與2之比以外，台灣還賺進10多萬美元的外匯。檜木的產地為太平山、三星山、八仙山、阿里山、鹿場大山、巒大山、馬太鞍山、太魯閣等處，標準尺寸為小口徑45生的至60生的，長度自3米至6米，最近已可供給小口徑60生的，長達8米的檜材。在7月初的產地價格，一等原木新台幣1,499元，二等原木1,322元，三等原木1,148元，四等原木977元，等外667元」。

1955年8月21日（民國44），林管局之各林場及山林管理所本年1～6月造林數量，新植3,840.77公頃，補植4,969.67公頃；阿里山林場新植370公頃，補植247.63公頃，撫育1,189.04公頃，育苗37,000平方公尺（徵信）。

1955年8月22日（民國44），工業委員會先前公開徵求民間集資創辦的人造木板廠，現已決定交由紙業公司常務董事趙煦維出面組織的「新時代人造木公司」辦理，該公司集資1千7百餘萬，另由工委會代為申請美援貸款，購買機器，而後分5年歸還。此為台灣首度開始人造木板事業。另，台灣紙業公司頃接中信局函稱，南韓擬向台灣購買模造紙約1～2千令等（徵信）。

1955年9月22日（民國44），林管局8月份木材生產17,527.846立方公尺，7月份19,130.204立方公尺，減產乃因風雨所致。阿里山林場8月份產原木1,339.79立方公尺，製品1,079.004立方公尺（徵信）。

1955年9月26日（民國44），台灣省木材現行配售辦法積弊漸多，影響財政收入至鉅，省府已擬議修訂林管局木材出售辦法，台北市民木材業退休者謝江火提出具體建議；木材出售新訂辦法9月27日提省府會議討論，出售方式以標售為主、配售為輔。而木材業者各自提建言，盼能防止少數人操縱壟斷（徵信）；而省府會議未通過木材出售辦法草案，訂29日再議，然而，至1956年1月3日始修訂通過。

1955年12月1日（民國44），林管局9月份木材生產13,883.578立方公尺；10月份16,097.225立方公尺；阿里山林場10月份生產：普通材2,277.13立方公尺，山地製材1,219.385立方公尺（徵信）；林管局11月份木材產量24,455立方公尺；阿里山林場11月份產原木2,417.78立方公尺，製材1,879.39立方公尺。

1955年（民國44），阿里山4村戶籍人口2,206人；該年遊客17,178人，全台人口9,077,643人。

1956年（民國45），13個林區厲行三多林業，亦即多造林、多伐木、多繳庫。

1956年1月1日（民國45），林產管理局自本年起奉命永久性安置國軍退除役士兵及榮民4,275人，從事造林、保林、伐木、運材、開路、治山等工作，部分榮民先後納入林管局員工編制。退除役軍官之安置依個案處理，原則以將官擔任顧問，校官擔任專員，尉官擔任課員（林局誌）。註，人數與報紙者不同。

1956年1月15日（民國45），林產管理局成立森林警察大隊，內設3課1室，以原任保林督查員陳啟亞為大隊長，潘孚碩為副大隊長，轄7分隊配屬7山林管理所，各伐木林場未予配屬，僅派遣駐衛警員及保林督察員2～3人，由所在山林管理所警察分隊指揮；全部森林員警264人，其警務行政屬於省警務處。（林局誌）

1956年2月1日（民國45），盜伐巒大山3個林班案起訴，被訴嫌犯：農林廳前廳長徐慶鐘、林產管理局前副局長邱欽堂、巒大山林場前場長李家琛、林產管理局前科長王藩章、林產管理局技正邱樹森、台中山林管理所長康正立、新高木材公司總經理吳連居、副經理蘇金塗、中山林場管理所股長陳有信及張慶榮。此案前後調查3年，起訴書長達2萬餘言，資料裝滿2大木箱，重約80公斤，被盜檜木約2萬餘立方公尺，價值約億餘元，盜伐時間起自1947年，至1952年案發為止；本案為監察院所糾舉的十大盜林案中之最大案。註，請見1956年11月8日報導。

1956年2月3日（民國45），台灣省林業檢討會於2月3～4日舉行，省府嚴家淦主席主持開幕，將檢討四年經建計畫中有關林業部份，並研討第二個四年經建計畫及提案；迄昨日為止，共收到提案152件（徵信），而徵信新聞於2月6日的每週評論，針對林政發表「除弊重於興利—說台灣的林政」，全文轉引如下：「在前天閉幕的林業檢討會裏，主管部門曾於一簡略的報告中坦白指陳：「三年來……不論造林、林產處分、生產業務等，均漸趨正軌，過去視林業為神秘者，亦漸消逝。」這裏，兩個「漸」字，和「神秘」的按語，說盡了台灣林政林業的失敗，有弊不能盡革，而祇是「漸漸」改進。姑个論是含在「漸漸」改進，縱或有之，也祇是「漸漸」而已，林深山遠，弊竇重重，怎能不令人興「神秘」之感！今天我們不是在可以「漸漸」進步的時候，既知其有弊，就必須立刻消除。政府的經濟行政，而具有「神秘」的面目，是令人痛心的事！

光復以來，政府的經濟建設絕大部份都已遠超過日據時代的水準，獨有林業管理，日本人致力最多，努力的成績最為顯著，而光復後至今距離重建舊有基礎也最遼遠。我們今天不準備討論技術上的複雜問題，也不想把造成許多弊端的責任歸屬於任何人，祇是想指出林業管理是當前最需要大刀闊斧地改革的一環，盼望當局能針對現況，不姑息、不妥協、無保留地立刻進行澈底改革。

當前論林業的人士，多半從經濟觀點出發，注重木材供應的可能，和如何進行經濟的伐木、運木、製材，我們的看法有異於此。

我們覺得木材供應問題，應該是森林管理的一個自然結果。在清明而有效的管理之下，能夠供應多少，就供應多少；縱使因經濟局勢緊張，非多伐多採應付目前需要不可，也是一種政策，但一切都應該從清廉、公正的管理上出發，因為清廉公正的管理，是政治的首要條件，也是我們將能戰勝共匪，永立不敗的必要前提。供應不缺而弊竇重重，也會蠹蝕我們立國的基礎，敗壞社會經紀。因此，對於台灣林業改革的觀點，我們認為可以用一句話來說明，那就是，除弊先於興利。縱使台灣不能生產一根木材，祇要弊絕風清，再沒有那許多令人惋歎的傳聞，都是成功。

林業的積弊，不在一處，也不在於某一階段，而是一整個系統的許多部份。現在為許多人所詬病的「特賣制度」，固然其本身有欠健全，不如標賣之合乎法律。但是，假如我們認為林木的毛病全在特賣，弊害也全在於此的話，就未免是拿它來作贖罪羊，遮沒了別的應該研討的地方。試看特賣已廢止三年，而林業當局仍祇能說「漸」「漸」改進；而且幾個哄傳的疑案，依然在發展，就可證明。

幾年前，曾經有過一個盜林案，疑犯長期而且大量地將偷採原木運出，並盜蓋火印。這件事情，並非等閑，因為木材遠在山裏，其運出的孔道，全在林務當局控制之下，除了利用這種運材道路而外，笨重的原木是不能出山的，何況檢印、計量，也全部要經過林務人員，長期的盜採，嚴格來說，是不太可能的。

再如越界採伐，依照現實情況來說，

每一林班的範圍，在圖面上十分明白，而伐木運材，決不是如違章建築，可以一夜之間造成既成事實的。實際上每一越界盜採案，常有將整個林班盜成淨盡的，其決不是一朝一夕的事，不言而喻。在這一段時間內，何以會不被發覺？嚴格說來是頗令人懷疑的。

最近這幾天將要進入司法審判程序的巒大山盜林案，尤其是林政不修的最具體證據。遠在幾年以前，巒大山林場即曾發生省府所派視察人員不能入山執行視察任務的怪事。目前盜林案詳情雖不曾發表，但以其時間之長，牽涉的政府官員之多而且重要，性質必然十分嚴重，僅就官方發表數字，僅已知的盜伐數量價值逾8千萬元。這一數字，超過了41年迄至去年年底，林產管理局所有標售林班代價的總和！這樣大規模的盜伐，而居然至今才被揭發，其中所包含的隱沒、遮掩、串同活動，簡直是不可想像，能產生如此巨案的背景，尤其令人不寒而慄！

以上所說的，還僅是就已經公開揭露情況立論。至於里巷傳聞，缺乏實際可靠的資料的，究竟多少，無從窺測。例如據傳聞在俞院長就任省主席時，就曾經推翻了一件已准的砍伐大案！阻止了許多不正當的活動。這樣的客觀環境，又何能責社會把林務看成神秘的一環？

撇開水土保持，木材利用的經濟利益不談，單純從政治觀點出發，也決不能容許如此不正當的狀況長遠存在。政府要澈底整理林政的決定我們認為是十分正確的。」

1956年2月15日（民國45），林管局以台灣省第一個四年經濟建設即將完成，第二個四年計畫將於明年開始，而木材生產量在第一個四年內，每年產量皆超過預定目標，第二個四年計畫預定砍伐量為79萬2千立方公尺，其中46年預產19萬2千，47～49年各生產20萬；阿里山林場預定每年為伐量2萬6千立方公尺（徵信）；3月5日則報導第二個四年計畫預計全省木材生產量為240餘萬立方公尺。

1956年2月18日（民國45），阿里山林場正派工整修阿里山風景區，也就是櫻花樹，同時香林村增植「無數」的櫻苗；今年櫻花提前於3月初開放，遊覽專車配合提早於3月1日開放，也就是提前半個月，而今梅山、番路、竹崎的山櫻花正盛開（徵信）；3月7日報導，阿里山林場的遊覽專車於3月6日至4月5日發車，欲賞花民眾須於登山前向嘉縣警局山地服務處具領入山證，又，今年遊覽車票價改為單程27元5角，往返50元。

1956年2月21日（民國45），省府嚴家淦主席20日答覆省議員質詢表示，國有林可以委託省營，但森林法並無詳細規定如何委託。去年立法院曾通過由主管部完成本省國有林委託手續，待森林法及施行細則修正後，再予辦理委託手續（徵信）。

1956年3月4日（民國45），林管局訂於3月6日派專家至濁水溪上游之萬大溪之南溪、北溪及卡社溪等，作為期9日之初勘，進行「開發治理濁水溪」，其由台中山林管理所負責，由王國瑞所長召集（徵信）。

1956年3月9日（民國45），徵信新聞記者蔡嘉樹報導阿里山俱樂部鬧鬼鬼話「玉

娘與髯翁的故事」，全文照錄：「阿里山林場，日據時代稱為嘉義營林所，為了促進阿里山事業區的工作效率計，在山上設有分場一所，以統轄事業區域之森林砍伐、集材、運輸工作，並管理製材分廠及發電所等，該場為便利出差人員住宿，傍山建築一座俱樂部，專用紅檜木建造，為日本式兩層樓房，隔成20餘個客室，均極寬敞精緻，樓上的「貴賓室」，要外人登山旅遊時都在這裡下榻，該室裝潢設備極富麗，舖有金黃色的地氈，鬆軟的席夢思床，窗明几淨，清幽異常，每當夕陽西下，憑欄四眺，如身置廣寒宮之想，氣象萬千，心曠神怡，悠然自得，不可言狀，實為旅途勞頓休息最適宜的勝地。

話說這座頗具豪華的俱樂部，原只為林場官員登山視察林班業務時，充作落腳的專舍，罕有其他住宿之客，因甚靜謐無聊，由於空谷傳音，疑心暗鬼，遂有如聊齋誌異中的鬼話連篇，俗稱好事不出門，壞事傳千里，說來令人毛髮悚然，其中有「玉娘」和「髯翁」兩則，像那鬼狐一類的趣聞，人們尤言之鑿鑿，煞有介事，這些捕風捉影的傳說，固不足信，但好事者尚以為茶餘酒後之談助。

聽說10餘年前的某日，有一位旅客下榻該旅社，到了夜闌人靜，萬籟俱寂時，晴空無雲，一輪明月高照樓前，染得庭院粉紅色的櫻花，變成白皚皚地嬌豔欲滴，山間中只有寒風颯颯，蟲聲唧唧，突聞一聲吼叫，震動了屋樑，住宿這裡旅客們均由夢中驚醒，旋見一個中年人，從二樓貴賓室滾下來，背後似有人追迫他的樣子，神色慌張，渾身發抖，有口難言，約略經

過一小時久，驚魂稍定。據說：他看見一女鬼，舌尖伸出二吋多，面白如雪，身穿一席蟬翼，髮邊插有一朵紅花，推窗闖入，邊走邊舞，向他床前而來，他甚害怕，據住在山裡的人們稱她是「玉娘」，未曾害人。

又據說某年冬季，山間陰霾籠罩不開，極其沈寂，有個留宿的客人，於晚上獨在爐邊淺酌禦寒，甫到二更時候，已有八分醉意，寒氣迫人欲僵，因而消燈鑽入被窩底下去，尚未進入睡鄉時，忽覺有人敲門聲，他即睜眼注視，有一位身材矮小而肥胖，約莫50多歲的老人，在房中跑來跑去，又看到老人的銀鬚過臍，手執籐杖，飄飄欲仙，他止住驚悸當中，該老人眼內忽然射出兩道白光，那客人驚得36個牙齒磕磕地相打，慌忙的大叫一聲，陷於人事不省，殆樓中人聞聲趕到時，他已連人帶被跌落床下，許久才甦醒，隨時移住別室。人人稱他是「髯翁」，未嘗出為作祟。

然而，科學昌明的原子能時代，那有這回事呢，儘管這座堂皇旅社怪事頻傳，但每值櫻花盛開，或野蘭山梅怒放的季節，登山賞花仕女更多，爭在這裡下榻。畢竟這些謠傳，何異海市蜃樓，不足徵信，該山著名櫻花剛剛破萼爭妍，遊玩的人們熙熙攘攘而至，該俱樂部的貴賓室仍然是座無虛席，並沒有發現傳說中的神怪現象」。

1956年3月13日（民國45），徵信新聞記者司馬且撰「神木」一文，登錄如下：「凡是到過阿里山遊覽的人們，誰都要向巨大「神木」瞻仰一番。這棵有神木之名而無神

木之實的參天老樹，雖已名聞全台，但是並無神話附會。其他有神木之實而無神木之名的，在台灣卻很多，成為愚夫愚婦燒香膜拜的偶像。

在大陸上迷信，神木雖未嘗沒有，但決無本省之多。大約先民征福建廣東遷移來台時，本省還是洪荒之地，到處都是樹木荊棘，毒蛇猛獸。先民需要鏟除林木開闢耕地，需要木材建築居處，受著大陸上傳說千年老樹通靈顯異的影響，自然發生迷信，希望以祈禱供奉來獲得平安保障。

成為本省人民崇拜的神木，以年齡較大的本省特產樹木為多，屬松、茄苳、樟樹、刺桐、樣子等類。宜蘭的大樹公，原來是棵樣子樹，羅東有一棵大榕樹，傳說有蛇神盤據，樹上掛滿著小袋子，替兒童消災。北斗鳳山鄉下都有松王公廟，斗六的樹頭公是茄苳樹，鳳山稱榕樹將軍，東石稱慶福宮，善化稱樹德尊王，各處不同，樹頭公是神木的總稱而已。

竹山深坑山裏有一棵高六十餘尺直徑七尺餘的百年大樟樹，傳說五十餘年前山洪爆發，流到樟樹旁邊就改變方向，保存了整個部落，就成了該村的守護之神。日據時代製腦會社要想伐木製腦，村人大恐，群起反抗，結果答應住民在保存不必要時，或是該樹枯死時，始得採伐，才免了一場流血事件」。

1956年5月24日（民國45），省林管局接受農復會建議，決將3千名退役官兵安頓從事林業工作，其中2千名分配至全省各山林管理所及林場，1千名分配至各縣市局從事林業。其以造林為主，開闢防火線及林道為副。轉業退除役官兵，將予輔導

6個月，輔導期間生活費由輔導會支給，期滿後永久安置於各縣市政府（徵信）；6月5日再度報導，「政府為加強林業，決定於退除役國軍中挑選其體力適合林業工作者退役軍官51人，除役士兵2千人，由林管局分發各地林業機構……」，並決定分3批辦理。第一批560人，定7月1日開始辦理；第二批490人，定7月15日開辦，其中分到阿里山林場者100人。

1956年5月（民國45），台灣省實施平均地權，嘉義縣開始執行，5月截止申報都市地價。

1956年6月7日（民國45），徵信新聞標題：「三千年來參天抱地，一朝霹靂古樹歷劫；阿里山神木，昨焚於雷火，枝葉化灰去，巨幹仍昂然」，據嘉義警局報告，6月「5日下午4時許，南部普降大雨，4時半左右，轟然一聲巨雷擊中阿里山神木，當即冒煙起火，雖在大雨滂沱中，火勢仍不稍息，迄昨午始行式微，但神木業已面目皆非了；按神木係屬紅檜樹，高53公尺，樹齡達3千年以上，樹幹距地面1公尺半高處的直徑是4公尺66公分，樹幹沿著地面的周圍達23公尺，材積5百立方公尺，為世界著名巨木之一，遊阿里山者，均至神木瞻仰，名山名樹，為台灣著名風景」；「神木的焚燒，經山地服務隊的搶救下，軀幹已得保存，樹枝及樹葉均已燒掉，迄中午止尚有小部燃燒，已無大礙」。

1956年6月7日（民國45），本日下午阿里山區雷雨交加，森鐵神木站紅檜巨木遭雷擊起火致幹部中空焦黑。按終戰後林產管理局派員實測此樹，全高５２．７公尺（1953年經雷擊燒剩35公尺），枝下高13.6公

尺,胸徑4.66公尺,地圍34.3公尺,材積約500m³,樹齡約3,000年,實為兩株合抱而成,為阿里山區4大巨木之最便於接觸者;其餘3大為眠月巨木(胸徑6．88公尺)、水庫巨木(5.51公尺)、香林巨木(4.68公尺)(林局誌)。註,神木全死,神木是單株、2株或3株未有定論,而由林務單位人員未經真正研究證實之前,遽自如此宣布雙木合抱而成,實屬不當,且官方等報告皆以此相抄;另註,此為官方版記錄,其日期錯誤。

1956年6月10日(民國45),嘉義縣吳鳳鄉轄下的塔山煤礦,早為日治時代陸軍測量隊所發現,認為炭質優良且蘊藏量冠於北部各炭礦,但因地處草嶺潭東北端一帶山中,日軍限於運輸設備,未曾開發,直到梅山草嶺公路開通,原可利用該潭水運,銜接該條公路而運出,不幸該潭於數年前潰決,水運不可行,旋又擱置。若由梅山草嶺公路終點,沿原該潭南岸山坡開鑿公路至梅山鄉太和村,長約8公里,則此礦產可立即開發。依據現在露角,炭層厚達3公尺,縱橫面積達2千公頃以上,據前日籍專家估計,礦藏總量將達5千萬噸以上,若每年採掘25萬噸,可採約200年。現由梅山鄉向有關機關建議迅予開發(徵信)。

1956年6月12日(民國45),立法院林產問題研究小組以年餘時間考察研究後,關於國有林之經營管理、林業預算等,業經院會決議請行政院辦理,另外8大問題已獲致結論,定於12日提報院會,8大問題詳列如下:

1. 關於林政與林產機構應否劃分者:為統一事權集中管理,林政與林產機構毋庸劃分。

2. 關於各種作業制度者:(1)特賣制度應徹底廢除,台灣省政府頒佈之林產處分規則第二十條規定第七種特賣事項應重予修訂,其中第六款規定,「其固定設施因政府以木材價格收買尚未完畢,必須繼續經營其?接林班或小班者」,應改以現款收買,不宜繼續特賣。(2)標售制度查尚可行,惟林班之每木調查,底價計算,應力求正確,並嚴防串通圍標等情弊之發生。(3)林場直營制度在目前木材生產之比率為數最大,惟生產成本過高,應儘可能降低生產成本。(4)一貫作業制度政府可以掌握木材收益,亦較其他作業制度為高,應儘可能予以推行。

3. 關於不要存置林野與山地保留地者:(1)規劃土地利用原為基本國策之一,台灣省區尤有需要,亟應調查不要存置林野利用實況,並參照航空測量結果,劃分農林牧地俾農林畜牧各得其宜,以謀國土之保安。(2)現行「台灣省各縣山地保留地管理辦法」,係以推行山地行政為重心,對於山胞生活水土保持未能兼顧,以致養成山胞放火燒山濫墾輪耕之惡習,毀壞森林資源,影響國土保安,應由主管機關重予修正。

4. 關於森林保護者:(1)森林火災事先預防重於事後撲滅。(2)盜伐補繳樹代金,應切實糾正。(3)林地濫墾面積日增,應速設法制止。(4)森林警察過少,應加強訓練,擴充名額。(5)加強推廣有計畫的教育宣傳工作。

5. 關於租地造林者:(1)台灣區荒廢林地

為數甚大,應運用外援,發動民力,使短期內恢舊更新。(2)租地造林辦法第二十二條第一款應予刪除。

6. 關於木材供銷者:(1)木材供應不足,應提高木材生產量,砍伐逾齡林木,整理殘材。(2)配售木材辦法,應將原木供應改配製品,以杜流弊。

7. 關於森林法規者:現行各種林業法規,龐雜錯亂,與森林法及其他法規不免多所牴觸,中央主管機關應擬定台灣省內國有林管理經營條例,送立法院審議。

8. 關於保安林之經營管理者:(1)保安林之編訂,歷時已久,應重行編訂,(2)保安林區域內之荒蕪林野,應儘速復舊造林。(3)保安林的利用價值,不宜忽視,應更新經營。期能導入法正林,永續保持保安價值。

1956年6月14日(民國45),楠梓仙溪新建宿舍及架空機自動索道已完工,阿里山林場本年預定產材27,717.000立方公尺,較去年6,319.856立方公尺擬增產21,397.144立方公尺。而至上月已產4,214.895立方公尺;該林場去年造林新植460公頃,1,526,000株;今年預定新植400公頃,1,392,400株(微信)。

1956年8月(民國45),省府層奉總統指示檢討改進台灣林政,並為配合立法院林產問題研究小組之決議,特於本月成立林務專案小組,由農林廳金陽鎬廳長任召集人,邀請省內林業專家及林學教授多人為委員,研定台灣長期林業政策綱領,期有利於林業之經營發展,並循此制訂台灣林業改革方案。

1956年8月5日(民國45),萬達颱風過後,阿里山連日大雨,森鐵十字路至二萬坪之間的69號山洞一半崩塌,63～65及74號山洞亦遭損害,崩塌處一共15處,而火車可通至十字路。又,十字路至阿里山的電線亦中斷(微信)。

1956年8月14日(民國45),省府主席嚴家淦13日下令將現任農林廳林產管理局長皮作瓊停職,遺缺由副局長陶玉田代理,因皮局長涉嫌木材配售問題舞弊瀆職,貪污數字在千萬元以上,另扣押多人(微信),此案引發系列「檢討」;1957年3月16日報導,昨日宣判,皮作瓊等18人,除了李順卿無罪之外,餘皆判刑。

1956年9月3日(民國45),颱風豪雨來襲,阿里山林場各運輸路線遭遇國府治台以來的最大損壞,阿里山鐵路沿線柔腸寸斷,橋樑毀壞18座,山洞坍塌25處,發電廠遭沖毀,山上斷糧而靠空投濟急。直至12月5日始修復至阿里山段落,修復費用約3,057,451圓;楠梓仙溪公路亦遭沖壞龐多段落。

1956年9月8日(民國45),黛納颱風餘威,陷阿里山如同孤島,阿里山林場場長徐守圍於本月2日前往林場,適值黛納狂風暴雨,於7日下午7時,始輾轉通過滿目瘡痍山路返抵嘉義,同返者尚有困在阿里山渡假美籍人士十餘人;而阿里山林場林工及附近居民計有4千1百18人,大埔、吳鳳兩鄉居民1萬4百41人,皆因森鐵中斷,有待救援。7日,嘉縣府召集救災座談,議決空投阿里山香林國校及奮起湖中和國校;美軍顧問團派直昇機營救美國懷特公司職員5人、安全分署職員1人,美國童子軍15人,實際搭機者19人。

阿里山林場員工有1個月儲糧，但教員、警員及遊客的糧食欠缺，先由林場救濟；達邦發電廠完全被沖毀，修復費需2百萬元以上。而全線鐵路初步統計為山洪沖毀者2百餘處，全線122座橋樑，全毀者7處、半毀者22處；林場巨木傾倒者不計其數，山區建物全倒者10棟，半毀者2百間，全山區受害僅楠梓仙溪輕微（微信）。

9月9日報導，嘉縣府於8日議決，以在阿里山沒有戶籍的3,250人列為救濟範圍，另有臨時林場工人2,000人，通知應即下山參加戶口普查。又，吳鳳鄉區公教人員370人，亦列入救濟；救濟物資為食米5百包空投，預定12及20日空投二萬坪；「據統計為颱風圍困在阿里山上的人員，計有林場固定員工3,000人，臨時員工2,000人，軍工教人員520人，居民6,118人，加上吳鳳鄉山地鄉民一共14,522人」。

阿里山林場徐守圍場長宣稱，該場黛納颱風損失約達500萬元。由於建設達20餘年的達邦發電廠全毀，阿里山分場的工廠全部停工；8日，阿里山林場包工歐清治步行2天，於8日抵嘉義，歐氏回憶黛納掠過阿里山的情況如下：9月2日夜間狂風暴雨，3日上午10時10分阿里山站開出一班車，至63號山洞，因山洞崩毀而停駛。暴風雨至4日凌晨1時始停止。此次風雨，不僅阿里山鐵路受損嚴重，運材線如「東埔線」及「眠月線」亦受害嚴重，木材沖失甚多，而4日晚間失去電力；4日下午有飛機1架前來偵察，向塔山方向飛去；5日下午，1架直昇機在受鎮宮前降落，載走數位外籍人士；6日晨，5位美國童子軍隨百姓至二萬坪登上直昇機；7日直昇機又到奮起湖載走外賓。

9月9日報導，嘉義空軍決定9日上午以C-46型運輸機空投食米至二萬坪；9月10日報導，9日上午已行首次空投；預定12日可通車至交力坪。

9月11日報導，10日已空投第一批食米2,100公斤，C-46258號運輸機駕駛員曾錦芳，於11時許安全達成任務。第二批定11日上午，繼續空投二萬坪車站；10月23日報導，空投救災前後16架次飛機。

1956年9月13日（民國45），林管局預定民國46年度年產製材材積190萬立方公尺，該數字約為本年度產木的4倍，但仍不能滿足市場需求；第二個四年經建計畫中，林管局將逐年大量增加伐木數量（微信）；9月15日報導，民國46年預定木材生產（利用材積）74萬立方公尺，47年85萬立方公尺；48年95萬立方公尺；49年106萬立方公尺。共計260萬立方公尺。

1956年9月18日（民國45），阿里山林場森鐵正搶修中的一些道路、橋樑，又遭芙瑞達颱風沖毀（微信）。

1956年9月29日（民國45），林管局預定明年共生產木材254,822立方公尺。阿里山林場生產總材積46年度為32,000立方公尺，其中，針葉原木12,000立方公尺，闊葉樹原木8,000立方公尺，造林木7,000立方公尺，山地手工製品5,000立方公尺（微信）。

1956年10月30日（民國45）蔣介石第三次到阿里山避壽。（註，出自林務局誌，有誤。1956年10月31日聯合報刊載：總統伉儷下鄉避壽，總統偕夫人已於昨（30）日下午，輕車簡從，前往郊區大溪某別墅避壽。今天中午將

在此一恬靜的風景區邀五院院長便餐。又，
1956年9月3日（民國45），颱風豪雨來襲，阿里
山鐵路沿線柔腸寸斷，橋樑毀壞18座，山洞坍
塌25處，山上斷糧而靠空投濟急。直至12月5
日始修復至阿里山段落，蔣介石不太可能在這
種狀況下上阿里山。）

　　1956年11月（民國45），台灣省政府設
立觀光事業委員會，以交通處處長為主任
委員，各廳處副首長為委員，負責策劃台
灣的觀光事業；此觀光事業委員會於1966
年7月改組為「台灣省觀光事業管理局」，
同年10月，交通部觀光事業小組改名為
「交通部觀光事業委員會」；1971年6月，
交通部觀光事業委員會改組為「交通部觀
光局」，省觀光事業管理局則撤銷，在省
府交通處設觀光組。

　　1956年11月6日（民國45），第二個四年
經建計畫有關林業方案已獲結論，46年需
用材84萬立方公尺，自產74萬立方公尺；
47年用材量90萬，自產85萬；48年用材96
萬，自產95萬；49年用材100萬，自產106
萬，且「第四年則可實行木材輸出」；「今
後四年為實施改良林相工作，應砍伐劣等
闊葉樹林，改造經濟價值較高之樹
種……」，及至1957年1月8日報導，當局
正式確定上述數據（徵信）；1956年11月19
日報導，林管局主管人事已調整，今後著
重伐木、開發森林資源；12月5日報導，
今後25年內擬造林1百萬公頃。

　　1956年11月8日（民國45），省林管局前
局長皮作瓊及前局長李順卿等18人，經偵
辦後，被提起公訴集體貪污（徵信）；前
此，9月18日報導，盜林案徐慶鐘等6人被
判無罪；註，1957年3月15日宣判李順卿無

罪，餘則判刑。

　　1956年12月16日（民國45），林管局各
林場明年作業預定案已編擬完成，送省府
核示中。明年預定生產木材284,822立方
公尺；阿里山林場生產總量為32,000立方
公尺（徵信）。

　　1956年12月20日（民國45），徵信新聞
社論「論林業政策」，立論似乎有微妙的轉
變，全文載錄如下：「日前中美林業專家
在林管局舉行三日會議，獲致六點結論，
交由農復會整理後，送交政府作為林業政
策之參考。這六點結論，大體說，均切合
實際；政府似應慎重研究，酌予採擇，以
制定今後台灣林業的林業政策。

　　台灣林野面積佔全省總面積的64%，
林木蓄積總計2億3百餘萬立方公尺，不只
其本身為台灣一最大富源，而其對於全省
水土保持，氣候調節，乃至對農業生產的
影響，間接關係尤大。是以林業政策之得
失，不僅影響今後林業收益，亦且關係全
島人民生活。政府誠宜特別重視，慎密研
討，妥訂一較長期的林業政策。政府接管
台灣林產，迄今11年，光復之初，雖有5
年造林計畫，然時至今日，荒廢林地問題
仍未全部解決。四年經濟建設計畫之中，
亦有造林計劃，且預定造林面積甚大，但
實際成就亦不如理想。二次大戰期中荒廢
之20餘萬公頃林地，尚不知何日可以完全
恢復。十年樹木，林業之整理，自非短期
所能見效，有人力物力之限制，亦使工作
緩於進行。然過去政府之林業政策偏於一
時一地的措施，過分重視技術性的收穫，
乃至行政的效果，亦使林政失掉其發展方
向。今後重定政策，應力矯此非。

在制定政策的時候，應先設定一永久的或最後的目標。目標設定之後，再訂定個別計劃，工作方案，務使各個計劃，各個方案，均以最後目標為依歸，然後政策手段與政策目標配合，全部政策始能圓滿實現。過去政策只言伐植平衡，實際伐植平衡只是一種政策手段，而伐植平衡之目的何在，更無人深問。因之，林業政策，一如其他政策，當以手段誤為目標，本末倒置，失其中心。台灣山岳地帶為多雨區，平均雨量常在3千公厘以上，而河流短促，地質脆弱，如果夏季暴雨，襲及無林山地，勢必傾盆直瀉，捲帶泥沙，平原之地，盡成澤湖，不但農收無望，工商又何能安！想到此處，則知台灣若無森林，百業均將受其影響，民生亦失保障。此就消極方面設想，若由積極的生產方面著眼，更可知台灣的經濟支柱為農業，農業生產的重點在水稻。台灣三分之二以上的耕地面積為水田，水田之水來自大小河川，河川之水，蓄於山林，是無山林之水，則無水田，無水田則無水稻。可知台灣山林之重要，決非在於林業收益，而在於水土保持。故台灣林業政策之永久目標，亦即最後目標應在於此。圍繞此一目標，再輔以其他附屬措施，無論造林、伐木、更新、均應視為附屬措施，林業生產自亦為林業政策之副收穫。此種副收穫，將因健全林業政策之實施而日增加，其收益亦將由於森林利用技術進步而加大，但無論此種收益如何加大，在政策上決不可宣賓奪主，以手段作目標，此為今後林業政策必須把握之前提。

把握住這一個前提，這次中美各專家獲致的六項結論，均可作為有用的計劃，而成為達成永久目標的個別步驟。首先應對濫墾地作適當的處理。目前中部濫墾地年有增加，坡度極陡之山地均已強墾種植香蕉香茅。墾農收穫有限，而水土沖刷之劇則貽患無窮。對於此種不宜耕墾之地，除勸導墾農以保持水土之耕作方法耕種外，應分別以獎勵方法推廣人造林，乃至以補貼的方法提高農民之造林收益。至其影響較大的濫墾地，亦可以政府命令限制。濫墾地關係水土保持甚鉅，萬不可示民以小惠而失民之大利，否則就太惠而不知為政了。至各專家建議之沖刷流失土地，實施水土保持工作，使其迅速恢復生產能力，應與上述之整理濫墾地之措施，配合實施，否則專事治標，一方恢復流失水土，一方繼續濫墾，沖刷流失將永無已時。

再就林業更新講，其不合理想之天然林，應速砍伐更新，推行人工造林，為刻不容緩之措施。此種措施既可達成永久目標，又可增加未來林產收益，實為一舉兩得的辦法。至保安林之整頓，各方早有建議。目前之保安林，多為日據時代設置，就現代國防觀點視之，大都失其保安價值，而對林道之開闢，林業之更新，反成障礙。應即重行測定，應解除者早日解除，應加強者從速加強，以便利林木採伐，改進森林內容。至於建議仿照美國現行辦法，賦予林業高級人員以適當的司法權力，使其便於處理違反森林法案件，中美國情不同，在台灣似無必要。因為（1）台灣面積小，不似美國之廣大森林人跡罕到，主持森林官吏，若無適當司法權力，

即無法處理違反森林案件；（2）中國司法獨立體系初告完成，決不可輕於割裂，而非司法人員執行司法業務，亦易生流弊。好在中國林業興衰，與司法官關係尚小，與林業政策關係極大。若有一健全林業政策，貫徹執行，則其他較小問題均可迎刃而解。甚望決策當局，今後釐訂政策，多從長期政策著眼，確定永久目標，不必斤斤於技術問題。

年來有關當局，特別是農復會，對於本省森林航測，已有輝煌之成績，此項成績足可作決策之根據，政府但能把握政策目標，利用現有繪測統計材料，定可制定一正確可行的林業政策」。

1956年（民國45），本年不僅神木遭雷擊斃，完工於1928年8月5日的阿里山發電所（長谷川溪左岸），亦遭洪水沖毀。該發電廠所發的100KW電力，提供給距離發電廠7.2公里遠的阿里山製材工廠使用，同時供應阿里山及二萬坪大約800個電燈電力。之後，改為柴油發電。

1956年（民國45），自1912年出材以迄1956年，阿里山林場伐木及出材統計如表5。

據此可知，砍下的材積到用來造材的材積，存有很大的耗損，表中造材率即將造材材積除以伐木材積的百分率。而造材材積再到生產出的材積又耗損一次，以此表的數據，日治時代阿里山林場合計砍伐面積為9,771公頃，伐木材積共計3,469,730立方公尺，生產材積計得1,471,919立方公尺，生產的材積平均僅為伐木材積的42.42%。

另外，依據近藤勇（1957，3～4頁）所

計算的日治時代官方三大林場所謂「運出的木材量」，其實是「生產材積」，然而，其換算或引用日本人資料，在許多年度並不相符於表3，僅將三大林場之生產材積轉引如表6。

1950年代（民國50～60），阿里山實施殘材處理、打撈。

1956年（民國45），阿里山4村戶籍人口2,209人；該年遊客21,257人，全台人口9,390,381人，每千人有2.3人至阿里山旅遊。

1957年1月1日（民國46），林產管理局年前永久性安置榮民4,275人，多有年事已高體能就衰者，因不足齡（未滿60歲）難送養至「榮民之家」，乃創辦安置國有林竹林保育之輕鬆工作，先後共629人（歷經退休、死亡、改派等異動，至1988年4月（民國77）實有竹林保育榮民171人，另繼承者31人，共為202人，迄1992年中（民國81年）保育竹林榮民尚有96人。（林局誌）

1957年1月（民國46），農復會延聘美國林業專家戴孟（E.L.Demmon）、季爾棠（Tom Gill）、柯克仁（H.D.Cochran）3人來台考察林業，根據全台森林航測調查資料，並與林業林學界人士研議結果，提出台灣林業建設方案，建議將林產管理局改組為林務局，並確認此林務局應為政府統一綜理全台林業之主管機關，局內增設林業推廣、教育與宣傳等單位。（林局誌）

1957年1月13日（民國46），林產管理局上年總收入3億4千餘萬元，核定繳庫盈餘6千1百50萬元（徵信）。

1957年2月6日（民國46），46年度造林伐木將「創最高記錄」，5日省府例會照案

【表5】阿里山林場歷年木材生產統計（轉引台銀經研室編，1958，60–61頁）

年度別	伐木面積 （公頃）	伐木材積 （立方公尺）	造材材積 （立方公尺）	造材率 （%）	生產材積 （立方公尺）	備考
1912	43	29,063	18,469	63.55	479	
1913	108	49,214	30,751	62.48	3,651	
1914	74	45,936	38,143	83.03	26,809	
1915	144	117,332	93,486	79.68	74,289	
1916	124	105,586	81,760	77.43	75,180	
1917	116	89,933	69,132	76.87	45,541	
1918	132	142,606	80,282	56.30	50,314	
1919	122	167,688	100,025	59.65	46,474	
1920	117	87,317	47,337	54.21	22,032	
1921	115	104,555	55,679	53.25	50,369	
1922	145	112,484	66,391	59.02	59,255	
1923	112	83,532	53,297	63.80	54,247	
1924	130	78,752	46,444	58.97	39,659	
1925	164	76,871	32,697	42.53	45,080	
1926	108	69,236	41,686	60.21	41,289	
1927	208	91,072	62,986	69.16	39,511	
1928	168	80,668	49,324	61.14	41,322	
1929	199	102,602	58,798	57.31	42,844	
1930	201	78,703	50,029	63.57	42,307	
1931	209	97,347	52,486	53.92	48,076	
1932	260	88,070	54,784	62.21	41,942	
1933	475	120,664	67,530	55.96	41,662	
1934	520	114,798	57,663	50.23	44,773	
1935	558	119,031	65,191	54.77	43,135	
1936	551	110,274	63,639	57.71	44,027	
1937	769	129,535	69,919	53.98	57,432	
1938	479	83,524	66,787	79.96	56,448	
1939	552	133,126	73,219	55.00	48,115	自該年起以在戰爭期間伐木材積無可考，以造材率 55% 還算之，以至光復後 1946 年止。

1940	660	169,374	93,156	55.00	62,310	
1941	654	167,137	91,925	55.00	60,223	
1942	360	137,469	75,608	55.00	51,566	
1943	665	160,411	88,226	55.00	66,550	
1944	445	107,483	59,116	55.00	42,699	
1945	86	18,437	10,140	55.00	13,874	
1946	39	9,546	5,251	55.00	28,209	
1947	18	1,848	924	50.00	24,127	
1948	4	61,882	33,221	53.68	22,533	間伐及殘材整理面積不計，而造材率係該年針闊原木、造林木、殘材整理等之平均值。
1949	20	34,668	19,181	55.33	19,507	
1950	--	42,210	23,714	56.18	22,033	
1951	--	51,069	27,605	54.05	32,812	
1952	132	51,229	30,573	59.68	28,440	
1953	--	46,158	28,434	61.60	21,687	
1954	47	66,103	41,150	62.25	24,820	
1955	64	84,554	47,746	56.48	30,270	
1956	198	66,928	37,256	55.67	33,913	

通過，造林面積46,591公頃；伐木面積14,954公頃，立木材積140萬立方公尺，折合用材73萬立方公尺，薪材27萬立方公尺，兩項合計為1百萬立方公尺，較過去3年平均預定伐木數量增加約1倍（徵信），省府委員並建議擴大獎勵租地造林，加強闊葉樹之利用，增設大型林道等等；而2月16日報導，林管局長陶玉田表示，今年該局工作目標是多伐木、多生產、多繳庫；15日～17日為「全省林業檢討會」。註，三多政策正式開展；2月21日報導，林管局擬定決開發東營大山區。

1957年3月12日（民國46），徵信新聞社論「植樹節感言」，以今日眼光檢視似乎充滿矛盾弔詭，特全文轉錄：「今天是本省光復後第十二屆植樹節，同時又是國父逝世紀念日，每年此日，全國各地都要舉行紀念大會和植樹，一以紀念國父革命建設的精神，一以培養國人愛林護林的觀念。

誰都知道，森林有防旱防洪，保持土壤，調節氣候的功能，更有美化環境，改善生活的功用。台灣由於環境的特殊，造林保林更見重要：第一、本省土質鬆脆，山高水急，山地面積，佔全省土地總面積的四分之一，據林業機關指出，省內的十

【表6】日治時代三大林場木材生產量（轉引近藤勇，1957）

年度	阿里山林場	太平山林場	八仙山林場	摘　　要
1912	479	--	--	1910 年頒佈阿里山作業所官制，阿里山林場至本年 12 月開始運出木材。
1913	3,650	--	--	阿里山受大風雨的災害，損失甚大。
1914	26,808	--	--	阿里山林場製材工廠在 11 月開始工作。
1915	74,289	--	834	八仙山林場開始用管流法運出木材，頒佈營林局官制。
1916	75,179	8,930	658	八仙山林場 12 月置事務所於土牛。太平山林場開始運出木材。阿里山林場造成運出木材最高的記錄。
1917	45,540	7,466	7,595	
1918	50,313	13,109	6,935	
1919	46,474	11,850	3,258	建立八仙山林場鐵路運材計劃。
1920	22,032	18,788	9,010	改革官制，設殖產局營林所。
1921	50,369	14,607	1,096	
1922	59,369	24,963	--	八仙山林場因山地不安，停止工作。
1923	54,247	10,324	--	試驗小型索道。
1924	39,659	32,182	5,661	將宜蘭的太平山林場事務所移至羅東。
1925	45,079	24,973	10,365	
1926	41,289	23,334	13,893	將八仙山林場事務所移至豐原。
1927	39,510	37,017	15,161	
1928	41,321	35,289	14,992	
1929	42,844	34,090	18,882	太平山林場採用自動式山地台車。
1930	42,306	36,327	19,815	太平山大型索道完成。
1931	48,076	38,734	15,598	
1932	41,914	38,212	20,709	太平山事業區轉移至新太平山。
1933	41,662	39,087	22,737	
1934	44,772	41,158	22,864	
1935	42,129	42,846	21,635	
1936	45,989	43,317	21,201	
1937	46,432	42,214	23,521	
1938	43,322	43,624	33,295	八仙山事業區轉移至新八仙山。
1939	48,115	70,617	42,067	太平山運出最大木材，是紅檜，達 13.57m3。

1940	62,310	52,900	35,671	10月太平山林場受極大水災。
1941	60,223	75,022	39,955	
1942	51,566	46,425	24,884	9月1日將官營事業轉移給台灣拓殖會社。
1943	66,550	82,142	43,781	
1944	42,699	34,870	27,991	
1945	13,874	14,137	9,261	8月台灣光復，成立林場管理委員會。
1946	23,107	12,488	17,386	將年度改自1月開始。
1947	24,196	37,510	19,279	
1948	22,583	41,395	13,349	
1949	19,507	51,771	4,501	八仙山林場受山地大火災影響，生產減少。
1950	22,073	57,673	21,650	
1951	22,719	64,787	35,002	
1952	28,440	86,276	41,142	著手開發楠梓仙溪森林。
1953	21,687	81,940	40,386	
1954	25,993	101,965	50,340	八仙山林場樹立開發大雪山森林計劃。
1955	31,231	111,488	43,382	
1956	32,771	93,629	44,817	設立大雪山事業區。
合計	1,774,697	1,773,476	864,559	

註：1924年以前的運出木材量是根據營林所事業一覽。國府治台之後，經營巒大山、太魯閣、阿里山、太平山、八仙山、竹東等6林場，本表中是將巒大山、太魯閣、竹東3林場的產量略去。

三條河流，因上游森林，在光復前後，受到破壞，至今已有十一條河道，被泥沙所充塞，而本省雨水特多，每逢大雨，所有上游各地，在缺乏森林掩護的地區，因崩山和風化的砂石泥土，隨著波濤洶湧的水流，沖至地勢較平的地方，便將河道淤塞，氾濫成災。所以颱風洪水的災害，幾乎無年無之。加強造林保林，即所以減少每年的自然災害。第二、本省的工、農生產，年來皆在積極發展之中，然而工業的發電動力與農田的灌溉，都需要森林來涵養水源，沒有適量的水源便將影響工、農

的生產。第三、森林對於國防軍事，亦有密切的關係，如空防掩蔽，要塞保護以及國防軍事所需的木材，無不有賴於森林，因此，在台灣來紀念植樹節，自更有其重大的意義。

多年以來，政府當局對於保林造林的提倡，不遺餘力，每年植樹節，我們亦看到許多這類宣傳文字，然而，實際的效果如何？說起來卻令人感慨萬千，其癥結之所在，我們不妨從林產管理與林業政策來加以分析：

台灣所有林業資源，十九屬於國有，

所以林產管理之得失，不僅關係森林資源的保養，更亦影響國人對造林保林的觀念。不過，單在最近五年間，本省所發生的林業刑事案件，即達四五千件之多，其中違反森林法者，亦達一千餘件，凡較大案件，幾皆與林業管理人員有關。此由於林產的國有與林業的公營，人民對於造林保林的觀念，原很淡漠，而林產管理的不當，使盜伐、濫伐、盜賣的事件，層出不窮，不僅抵銷了政府造林的功效，更與造林保林的原意背道而馳。

再就林業政策來說，當局過去所標榜的口號是「保林重於造林，造林重於利用，利用重於開發」，此就森林對於水土保養的意義而言，自然是無可非議的。然而，因現代社會的進步與科學的發達，森林除了前述的功用外，木材已為人類日常生活的必需品，不但房屋、家俱、交通工具需要木材，即染料、藥材、香料以及化學工業的造紙、人造羊毛、人造皮革、人造橡皮、人造象牙……火藥等工業也需用木材為原料。木材的用途愈廣，加以台灣人口的增加與生活水準的提高，故近年以來，木材市價因需求的急遽增加而激烈上漲，其上漲幅度且遠在其他物價之上。如果一面林業政策過分著重保林，限制砍伐數量，一面又不另行設法增加木材的供應，未能顧及省內的實際需要，加以法令矛盾與管理的不當，則所謂保林，徒將造成伐木事業的暴利機會，形成盜伐濫伐與林政腐敗的根源，此與維護森林保養水土的原意，南轅北轍，又何能養成國人提高愛林護林的觀念？

在紀念植樹節的今天，我們深覺森林對於現時台灣的重要。我們要達成造林保林的目的，必須改善現時的林業政策與林業管理。要使人民多了解從事造林對於其本身將有如何的利益，再增加人民投資造林的事業的機會，社會上自將逐漸養成造林愛林的觀念，造林者亦必漸形眾多。此外，我們必須顧到現時木材的實際需要，以各種方法來平衡木材的供求，使伐木者無厚利可圖，則盜伐、濫伐的事件便自然會減少。這樣，才能真正的達成造林、保林的目標。」

1957年3月19日（民國46），徵信新聞記者秦鳳棲撰「林業的多植多伐─參觀中部林場看林業政策」，可以反應此等年代的社會與政治些微映象，全文登錄：

除舊布新改絃更轍

森林是本省的一項寶藏，台灣山區面積共有二百餘萬公頃，立木材……方公尺以上，這些林地與立木如果能善加利用的話，則可成為無限的寶藏，相反時則會變成一個無用的包袱。過去一般人在觀念上，大多是有著少砍多植的看法，這觀念數十年潛襲下來，以致始終未能找出一個正確的林業政策來。截至目前止，在主管林業機關中，對於此一概念，已經有了極大的修正，而採取了進步的多植多砍思想，這對本省林業經營說來，將是一個極可喜的現象。省林產管理局局長陶玉田曾經就此一問題，有詳細的說明，他認為：林木是可以連續生長的，由於多砍多植的結果，可以

把劣質林相變為優良林相。過去日據時代的錯誤作法是挑選好的砍伐，壞的林木置諸不理，這樣不但無法改變林相，而且也減少了林地的經濟利用。目前在本省可以砍伐的林地有一百萬公頃，材積約在七千七百萬立方公尺左右，如果把這些林地以四十年為輪伐期，進行伐植工作，則可以材積增加到一倍以上，由此也可以充分說明適度地衡量林地的邊際生產率是非常重要的。

制訂政策改變組織

陶局長並指出經營林業的基本觀念，已經改變為多砍多植，今後制定本省林業政策，也將以此一觀念為基礎來制定。林產管理局將儘可能的先伐闊葉樹，然後再種植價值較高的針葉樹。至於改革林業問題，本月二十四日省林業研究小組將再度集會商討，在原則上決定改進現在林業機構組織，以及經營方法，把林場與山林所的組織系統劃一為林業事業區管理處，每個管理處可轄四、五個事業區，由育苗至伐木成為一個一貫的系統。

過去由於經營林業的不合理，所以在今天改革起來，也是十分困難的。像阿里山林場，就是最好的一個例子，此次記者前往該場參觀時，場長曾經告訴記者說：一般人對於阿里山林場現在多

叫為蛇木礦（？），其原因是過去日人的濫伐，已使可伐的林地所剩無幾。最近七年來已經找出的殘材達十萬立方公尺以上。目前尚有數萬立方公尺待運的木材存在山裡。阿里山林場所以有此一現象的原因，也就是因為過去沒能採取伐植並進的方法所致。

合理採伐取之不盡

森林和其他作物一樣，可種可收，所重的是時間問題。因此，合理的收穫是可以從森林中所砍伐出來的木材，按期得到利潤。若是連續砍伐或是高度的砍伐，將會傷害了森林的價值，而且也將嚴重的影響到未來的木材生產。在時間上說：每數年砍伐一次木材，和四十到五十年間砍伐一次，兩者在經濟價值上比較起來，是相差很大的，故而實施合理的伐採，將會使森林生生不息。

一般人看林業，認為是很重要的一件事，由種樹到伐木，出售，和種稻穀賣米沒有什麼不同，但事實上卻不盡然。因為種樹伐木與出售的過程雖能相同，但其中牽涉到的問題卻極其複雜，在林政、林產處分，和木材供應上，每一項目中，都有若干技術問題存在，一個問題未能處理好，就要影響到全局。過去在林業上發生若干問題，究其原因當不外政策的搖擺不定，執行方法也未

盡完善所致。阿里山林場在今天所以不能有可伐的木材，而僅能挖掘過去未能取出的殘材，固然是日據時期的濫伐所致，但在造林上未能配合需要，才會有今天這個現象，也是主要原因之一。從表面上看，阿里山林場的森林，被日人砍伐殆盡，短時間內無法有新的林木可資砍伐，不過，近年來鼎沸積極的造林，已經有七百公頃以上完成造林，今後配合開發楠梓仙溪，在已經砍伐的林地上進行造林，將來仍可達到保續作業的目的。

殺雞取卵貽患無窮

由阿里山林場的現像，可以看出林業政策是否正確的重要性，因為不合理的砍伐，會使森林資源日趨枯竭，但是僅能不砍，也會徒使林木枯死，而變為廢物。今天木材供應，不可否認的是不足，若果真充裕供應，而大量砍伐，不顧保續作業與水土保持問題，也是同樣的不合理。因為森林是一家銀行，股本是樹木，樹木生長量是利息，樹木到了成熟的時候，就必須要砍伐。不過像日人在阿里山林場那樣的皆伐作業，把所有林木砍光，殺雞取卵，不顧其是否有利，此一情形正好像要銀行業務停止五十年到一百年，然後專辦一樣的嚴重，也是要不得的。

從阿里山林場的實例，可以給我們一個觀念是多植多伐為極端重要，制定適應環境與進步的林業政策，則更為經營本省林業的根本，捨此面外，將會使本省森林資源趨於枯萎。

而3月20日，徵信新聞社論「造林計畫和林業政策」，在此不再引述。

註，1957年無論官方或所謂輿論，拼命製造錯誤、顛倒是非的歪論，為多伐木、多繳庫、多造林的「三多政策」護航，埋鑄台灣原始生態系有史以來最嚴重的摧殘。

1957年3月28日（民國46），經濟部向立法院提出林業全面改革的施政報告，該報告宣稱：1956年底美國林業專家柯克仁、戴孟、季爾棠等3博士來台研究改進台灣林業問題，提出萬餘言建議書，政府刻正依據該等建議，擬具具體辦法，俾供全面改革；1957年起，本於多砍伐、多造林原則，逐年增加伐植，以應社會需要，進而求木材輸出，「林業政策將由消極的管理，轉為積極的經營，以達成永續作業，並提高其經濟價值」；台灣森林蓄積量為2億2千餘萬立方公尺，其中可達到地區之林木約7千6百萬立方公尺，每年砍1千9百萬立方公尺；實際應造林面積約50萬公頃，若在第25年內全部完成，再加上每年砍伐面積約2萬公頃，則每年造林面積須在4萬公頃以上；另，政府考慮改組林業機構（徵信）。

1957年4月13日（民國46），省林管局決定「整理本省伐木業者」（徵信），4月20日社論聲援之。

1957年5月11日（民國46），省主席嚴家淦10日在行政院的新聞局記者會上宣稱，林業改革方案即將完成，按，1956年9月間，省府會指定農林廳長邀請各方林業專家組織林務專案小組，依據舊有資料及航測結果，「並秉承行政院對於改革林業的指示，進行逐步研討，至11月間已獲得林業政策方面初步結論，其間並參酌3位美籍專家意見，重新檢討，現已開會12次，在政策、機構及制度三方面都獲有一致結論，再經一兩次研討整理後，即可作成定案正式向省府提出」，嚴主席說：本省林業改革重點，在於林業政策的確立、林業機構調整、管理制度的革新，以下報導全文轉述如下：

「一、關於林業政策：林業是一個百年大計，它的政策須有一貫性，絕不可換一個局長，便換一個政策，過去多少是犯了這個錯誤，所以今後研訂非常審慎，參考世界各國的政策，計畫我們的特有情況。希望它是一個真正的百年大計，它的中心就是要利用森林的一切功能，給予人類以無窮的福利，欲達此目的，必須使現有低劣林於40年內完全伐除，換植為優良樹種的人工林，到40年後，第一年所植的已成長材可以再伐，以後論序伐植就生生不息，永獲其利，又本省舊有的荒廢地區約有20餘萬公頃，何者宜於農耕，何者宜於畜牧，何者宜於造林，必須策劃清楚，其中宜於造林的變更計畫，於20年內補造完成，這樣每年新伐的同舊有的荒蕪林地，都按年造起林來，才能使林地充分發揮它潛在的生產能力。

二、關於機構調整：本省現有林業機構，不能適應業務的需要，經專案小組多次研究，認為仍以一元管理，將來本省森林將劃為40個事業區，各事業區分設10餘個林區，每區設處管理，將現有的林產管理局改為林務局，預備將該局原屬的個林場，7個山林管理所合併為各林區管理處，使林業經營自造林以至成材利用，由管理處負其全責。

三、關於制度革新：過去糾紛最多，案件迭出者，為林產處分和木材供應。自45年8月以後，林管局首就貯木管理與交貨辦法加以革新，對木材出售辦法，業已修訂，不日就可以公佈實行；林產處分自實行標售以來，制度上確已進步，惟標售成果，未達理想，原因是由於銀根緊俏，伐木商人困於資金，呈現投標萎縮現象，經試行提前枕木根數招標辦法來補救，結果成績很好，又分期繳納樹代金的辦法，和工資單價招標辦法，每立方公尺材積投標辦法，不久也可以實行，這幾項辦法都已分別……修正的林產物處分規則裡面。其他如生產成本制度，財務管理制度，人事管理與互讓服務制度等，均在進一步研訂辦法改革實施中。」（微信）；6月4日報導，嚴主席在省議會施政總報告，關於林業部門如下：「今後林業改進的重點：（一）制訂一個百年大計式的林業政策同經營方針，內容是多伐。使木材能自給自足；更多的造林，使森林的內容更加豐盛。（二）重新區劃國有林，改用林區制。（三）改善木材供應，以後將實行改以指定尺寸製品交付配售之木材。防止套購，民用材概用標售方法，供應市面。（四）改善林班標售辦法，自改特賣為標賣以後，大

體順利。惟近來因資金籌措困難，業者投標趨於萎縮，因此要增加分期繳納樹木代金的辦法，以枕木根數代替樹木價金的辦法，以工資單價招標業者得工資，公家得木材的辦法，用單位材積價金招標辦法，將來全面推行以後，林班處分的工作，定可順利展開」。

1957年5月23日（民國46），在省物資局推動下，省產檜木外銷現已擴及日本、琉球、香港、美國及澳洲（徵信）。

1957年6月6日（民國46），省林管局陶局長5日在省議會報告林政時宣稱，今年預定造林4萬6千公頃、繳庫1億3千4百萬元；而林業基本政策與經營方針的主要內容是將現有天然林應於「可能期間內儘量開發，改造為生長迅速、經濟價值最高之森林，尤以對本省價值較低的闊葉林，以40年為目標，完全輪代為優良樹種的人工林，同時對舊有荒廢林地，以20年為期，全部綠化」；而開發新林區方面，以著手進行開發者有大雪山及楠梓仙溪兩個事業區，最近將開發東部里?事業區（林木蓄積160萬立方公尺）（徵信）。

1957年6月28日（民國46），徵信新聞記者撰「剖析即將實施的林區制度」，全文登錄如下：「台灣林業政策，省府於去年9月間成立林務專案小組，研究了半年多，現已擬定一項具體方案，據說在6月底以前即可核定公佈實施。

在這一新的林業方案中，實施『林區制度』將是一個重大的改革，而這一改革並將接近實施的階段。

為什麼要實施『林區制度』？在林管局長陶玉田最近發表的一篇文章中說得很明白，他說：『林產管理局與其所屬之林場，山林管理所之現行組織，未能應業務之需要，乃是事實，必須加以徹底改組。但因將林務與山林管理所並存之……廢除，改為林區制度，以永杜林產與林政分和之爭，並將林產管理局正名為林務局，成為徹底一元化之管理……』（政論週刊第120期，台灣林業經營之改革）。

從上面的一段摘錄中，我們可以窺見這次林業改革的動機與梗概。採用林區制度，似為仿照美國林務局現行的制度。

美國現行的林務管理制度——林區制度，是否適合我國？根據一位對林業素有研究的專家的看法，答案是否定的。

美國的國有林佔全國經濟林總面積之23%。國有林之總管理機構為林務局（Forest Service）。林區制度的基本精粹在分權。因美國土地面積為1,905,000,000英畝（合770,000,000公頃）。其造林面積為73,500,000英畝（合29,750,000公頃），台灣之土地面積為3,576,000公頃，國有林面積則為1,409,000公頃，就國有林面積言，美國為台灣之21倍餘。美國之國有林面積僅佔全國之土地面積9.5%，以此僅佔全國面積9.5%之國有林地分布全國，其分散情形可以想見。加以美國國土遼闊，各地氣候雨量以及林產樹種等之相異，……將全國所有林分……，採取分權制度，以收因地制宜之效。

台灣的情形是：國有林區域，幾乎在中央山脈的兩邊。台灣本島的面積僅及美國的215分之1，全部國有林之面積不過美國一個國有林區平均面積之10分之4，以如此集中面積甚小之台灣國有林，而欲實

行美國式的分權林區制度，是值得再加研
究的。

　　該專家指出，美國之國有林區，每一
林區並不自營伐木及製材工業。台灣……
之林區內，聞將林？亦予併入，則目前美
國行之有效的一套林區制度之表現，將無
法借鏡。故在台灣實行林區制度，無異
將……一個錯綜複雜……的林管局，搖身
一變，分成10多個小？林管局，屆時分權
之利未獲，反而徒增機構人事之複雜而
已。台灣自光復以來，將全省國有林分別
歸屬於林管局，就一般觀念言，……係屬
生產機構，山林管理所則為林業管理機
構，林產林政幾度分合，……此即所謂林
產林政分合之爭。

　　林業之組成，在光復以前本係企業性
之……組織，以伐木為主要業務，但光復
後林場主管，均係林務人員，林場中主管
伐木部分之主管，亦均林務人員，於是，
所有關伐木集材運材之技術問題，均委諸
包工（組頭），林場生產，成為組頭生產
制，林場失去其為工程組織之特性，成為
組頭與林管局間之橋樑，進而為組頭服
務。

　　山林管理所方面，以轄區內缺乏林
道，實際管理所及之區域，不及全區3分
之1，其餘在深山無路可通知林區，一任
其自生自滅，所謂森林管理工作，在此項
區域內徒存名義。38年間，林管局就林場
運材道路附近之區域，劃為林場作業區，
作業區內林政工作，遂大部分改由林場負
責，以企業性質的林場，兼辦森林管理業
務，這是林管局當年措施的失當，即不實
行林區制度，亦可予以糾正。

　　該專家認為林場應該為一工程組織，
林場所負責之伐木業務係屬於工業，稱為
伐木工業，不應由林務人員辦理。不幸，
光復後台灣林務人員控制全部日據時代之
伐木工業，將實際工作交予組頭，致技術
上無法求進步，如林場裡有集材機70餘
台，每年生產24萬立方公尺，平均每台日
生產約10立方公尺，僅及其應有效率十分
之一，運材方面絕少改善，製材方面連年
虧損，應如何合理經營森林，增加可利用
之材積，以減輕國內木材之饑荒。44年度
按正規處分之材積，僅用材208,202立方
公尺，而被迫繳代金之盜伐木材，竟達
33,242立方公尺，合正規處分材積之7分
之1，其盜伐之未被發現者，當在不少。
此種反常之現象，不思對策，加以林業法
規之未臻完善，處分手續之繁複費時，致
台灣林地面積雖佔全島面積3分之2弱，而
枕木、夾板、紙料材等工業用材，尚須仰
賴輸入，至於其自營之木材生產，世界各
國，任何利用木材為原料之事業都無由建
立。

　　國內若干專家幾度倡導林政與林產劃
分；台灣省臨時議會亦曾於41年8月通過
議案，而事隔經年，尚未見實施。今年初
美國林業專家柯克仁及季爾棠抵台考察之
後，在其報告中關於林管局改組部分，亦
有『劃分伐木製材與森林管理』的建議，而
今僅為『永杜林產與林政分合之爭』而實施
林區制度，目的無非為達成林政組對控制
林產之偏見，與中外專家及民意機構的意
見，完全背道而馳」。

　　1957年間（民國46），阿里山神木下方
的第二神木，由於遭受殘材處理，慘遭電

鋸肢解消失。

1957年7月（民國46），南韓政府以美援款項舉辦國際招標採購枕木69萬根，行政院經濟安定委員會議決林管局應參加投標。按1955年初（民國44）林產管理局曾有柳杉防腐電桿木一批輸售南韓，本年5月經安會轉飭林產管理局，策畫將台產闊葉樹材製成枕木，並加工防腐向南韓洽銷。（林局誌）

1957年7月28日（民國46），徵信新聞報導，林產管理局可能改名為林務局，而6個林場及7個山林管理所，將合併改組劃分為16個林區，隸屬林務局。該項改制，係美國林業專家季爾棠、柯克仁及戴孟三人所建議者；8月3日，社論「論林業機構改制」敘述，此次林業機構改制是美籍季爾棠等建議，大體是模仿美國林業機關的辦法，將林政與林務合一；8月7日報導：「6日舉行之第513次省府例會中，所提出之全面改進林業方案，係將舊日消極之管理改為積極之經營，多伐木更多造林，於可能期間內，將過熟過老之森林，儘速伐採，換植為生長旺盛之人工林，將現有森林重新劃為17個大林區，除大雪山林區另劃為示範造林區外，統一場所名稱，每區設林區管理處經營管理，並充實縣政府林務工作人員，加強公私有林之經營，3年來省府會議時，嚴主席及各委員會曾迭次提出改進森林基本政策意見，去年秋季，中央亦曾迭令省府，切實整頓台灣林業，經嚴主席指定農林廳金廳長當召集人，邀請各方林業專家，組織林務專案小組，針對以往缺點，參照各國經營方法，開會討論，自去年8月至今年6月，共開會18次，

於本年7月初旬，擬就改進方案初稿，其間並曾邀請美國來台森林專家數人舉行聯席會議數次，更為集思廣益計，擴大會議範圍，增邀經濟部、省議會、民、財兩廳、法制室、人事處、工委會、農復會、台灣大學、台中農學院、中華森林會等有關機關、社團及專家推派代表參加討論，數次研討及修改初稿，呈予省府。

據悉，該方案內容包括三個主要部分，一為林業政策，一為經濟方針，一為改善林業機構實行林區管理制。此項政策相信為適合台灣之長期林業政策，將可促進本省林業之蓬勃發展」；8月19日，徵信記者集體採訪報導「轉變中的林業政策」，林業經營最高目標為：「開發天然林，提高土地生產力」等；11月26日，立法院通過「台灣省區國有林經營管理政策」；1958年3月11日，省府例會議通過「台灣林業政策及經營方針草案」，並將公布實施。

1957年10月26日（民國46），徵信新聞市場分析報導「展開闊葉樹材之利用」，全文如下：「本省森林，由於地勢及氣候關係，林木種類，以闊葉樹居多，就面積講，佔林地總面積72%，就蓄積量講，佔總蓄積量55%，每年之林產處分，亦泰半為闊葉樹材，但各界人士，對闊葉樹材，不樂使用，針葉樹材，則成為競求對象，不應使用針葉樹材而濫事使用實為浪費，為善用資材，應推廣闊葉樹之利用，以節省珍貴之檜木，爭取外銷其裨益國家經濟者殊大，此乃請求各界人士，共同倡導者。

各界人士，所以不習慣用闊葉樹材，其原因不外：

一、加工困難：闊葉樹材，質地堅硬，紋理不直，加工費時費力。

二、易於變形：由於闊葉樹材之收縮性大，容易發生開裂、反翹、扭曲等現象。

三、搬運成本較高：闊葉樹材比重大，運輸費用較高。

四、不如針葉樹耐久：易為菌蟲類蛀蝕腐朽。

以上為闊葉樹材之缺點，但此項缺點，如加以適當處理，進可防除，實不亞於針葉樹之利用價值，且所費低廉並有其優點而為針葉樹所不及者：

一、硬度強：闊葉樹材，質地堅硬，耐壓力特大，不易受外力之碰傷、磨損或折斷，能做成理想之家具、地板、工具等，此種性能非針葉樹所能及。

二、花紋美：闊葉樹材，紋理不一，頗為美觀，不若針葉樹材紋理單調。

三、採集易：闊葉樹生長於海拔較低地區，伐木設備簡單，投資小、採伐較易，致市價尚不及針葉樹3分之1，使用闊葉樹材，可稱物美價廉。

所謂適當處理有下列方法：

一、注油防腐：闊葉樹材易為菌蛀蟲蝕腐朽，致使用壽命較短，若以防腐劑處理後，可延長數倍至十數倍，本省現已設有振昌木材防腐公司、台灣木材防腐公司經營是項業務。

二、人工乾燥：闊葉樹材之組織，因含有一種膠性纖維，收縮性特大，故木材在乾燥時，外層已乾，內層仍為潮濕，外層收縮為內層所阻，待內層亦乾又為外層所阻，以致木材本身易於導成開裂、反翹、扭曲等現象，設若以人工乾燥方法，在室內適當的溫度、濕度通風配合下，使之由內部向外部平均乾燥、平均收縮，達到與大氣水分平衡點，則木材不再有漲縮或變形現象，本省林產管理局已在竹東林場開始闊葉樹材乾燥的示範工作，不久當可建竣供人觀摩。

三、天然乾燥：天然乾燥，對於一般戶內外使用之木材，可達到適合之程度，此種乾燥方法，不需特別設備，在任何地方均可以簡單之裝置，藉天然之溫度，施行乾燥，闊葉樹砍伐後，隨之加工製材，則地形稍有傾斜或砂質而排水順利之地，略加設備，而予層積，使有適當之通風，即可收天然乾燥之效果，本省林產管理局為推廣天然乾燥方法，已編印專冊，召集木材業者舉辦訓練，使此項方法廣泛應用。

倘本省對各種用材，展開闊葉樹之利用，則節省之檜木盡量外銷，促使本省森林資源之發展，並充裕國家收益，對國家社會利莫大矣」。

1957年11月19日（民國46），民國47年度造林及木材生產已訂定，擬造林4萬6千7百餘公頃，砍伐2萬4千餘公頃。國有林砍伐材積：用材立木材積1,435,402.8立方公尺，薪炭材材積398,948.39立方公尺，樟樹立木材積56,377立方公尺，人工造林撫育間伐立木材積22,150立方公尺；砍伐總面積24,713.562公頃，其中，皆伐面積14,434.012公頃，擇伐、間伐、造林、障礙木、餘留木、倒木等面積10,

279.55公頃（徵信）。

1957年11月27日（民國46），徵信新聞市場分析報導羅東「木材一片頹廢」，全文轉引如下：「以出產檜木而著名全省的羅東，由於年來木材市況之不景氣，使木材商們大傷腦筋，經營上阻礙重重，多數木材商們皆千心萬計，極力挣扎，意圖挽回木材市況之危局，但均徒勞無功，上月中似略見起色，然因支持乏力，終又節節崩下，止於原來之僵局。近日來市況愈行變劣，各檔聯袂潰跌，檜木上材製品每石再度滑落1百元，作1千3百元，中材亦跌1百元作900元。原木跌50作650元，剖觀其淡風來源不外有：

一、外來木材量多價廉，近數月來，自菲律賓及南洋各地大量輸入「柳安木」及自日本輸入大量「日杉」，因為柳安木及日杉價格遠比本省產檜木便宜，即本省產檜木原木每石650元，南洋的柳安木原木每板石370元（即每石440元），日本杉木每石亦不過550元，由此可見外來木材價格之低微，而消費者皆不計品質如何，莫不樂意承購低價之外來木材，因此省產木材之銷路大受影響，此其一。

二、存貨多，買方弱：每一家木材廠庫存的木材，由於年來生意清淡，銷售量激戰，而林產管理局之標售木材源源而來，致使每家木材廠之現貨堆積如山，甚為豐富，另一方面近年來之所有大小建築物皆利用鋼筋水泥，或紅磚，木材之用途因此由廣而狹，木材消費量因次銳減。各木材商為銷售積貨，只得降價出售，此其二。

三、銀根緊俏：由於積貨多，各木材商之現金皆在現貨身上，流動資金因此缺乏，其利息又不勝負擔，故皆競相抑價出售，此其三。根據上述原因，羅東木材市況，在短期內絕無看秀之可能」。

1956（民國45）以迄1970年代之間（民國60年代）及前後，由於開發之故，係自忠最繁榮時期。斯時以伐木工人、榮民、道班工人……等集聚而形成村莊，不僅設有村辦公處、衛生所、招待所……等等行政或公共設施，亦有雜貨店、肉舖、球間……等市集措施，而自忠在1951年即有教學，但僅在簡陋的工寮內上課，之後，設立阿里山香林國校的分班，但只設低年級生就讀，1956年之後，才增授中高年級生。1964年之後，住民外遷而自忠漸次式微；1970年，最後一任教師陳月琴到校服務時，一至六年級生不過十餘人，1971年暑假香林國小的自忠分班裁撤，陳月琴回到阿里山香林國小校本部任職。1960年代自忠頂盛期，出入自忠人口高達近2,000人，但住在自忠當地則約百餘人。1966年蓋了一座土地公廟，即今新中橫路邊，後來再加以翻修。

1957年12月10日（民國46），南韓標購枕木開標，林產管理局所投以與次低標日本極為接近之總價金全部得標，計為576,091根，總價2,238,403.72美元。（林局誌）

1957年（民國46），阿里山4村戶籍人口2,307人；該年遊客24,318人，全台人口9,690,250人。

1957年12月19日（民國46），徵信標題：「林業政策設施方案，專案小組研擬

完竣，即將與經營方針等合併實施」，報導全文如下：「台灣省林業政策實施方案業經省府林業專案小組，根據前擬之台灣省林業政策及林業經營方針經多次會商研議後，業已於本月9日舉行最後一次小組研討會完成草案，並已呈送省府，即將與台灣省林業政策經營方針及調整林業機構計劃合案公佈實施。

該實施方案草案內容至為詳盡，計包括經營，整理並增訂林業法規，舉辦土地分類及境界勘測，全省森林經營計劃綱要，深山林業開發，造林，森林保護，砍伐，森林利用，林業推廣，人事，林業試驗，學校實驗林等13項，逐項均附有主管單位及開始與完成年，期使省林業政策之推行獲得更切實而有力的一項保證，茲摘誌其中較為重要者5項，其大概內容如下：

一、整理並增訂林業法規，包括森林法，台灣省國有森林原野產物處分規則，木材出售辦法，合作營林辦法之修正，其修正原則為(1)以不採用林班特賣制度為原則，(2)砍伐預定案經奉准後，由林務局負責執行，毋須逐案請示，(3)大材以標售為主，儘量縮小配售範圍，(4)取消優惠價格。

二、全省森林經營計劃綱要分別訂定經濟林經營計劃及保安林經營計劃。

三、造林：從47年起，(1)訂長定期造林計劃，(2)實施合作造林，(3)加強實施高山造林。

四、砍伐從47年起，(1)清理天然林，(2)增加老齡林之砍伐，(3)合理採伐人工林。

五、森林利用：(1)推行木材標準規格，(2)鼓勵闊葉樹材之利用，(3)節約木材利用，(4)提倡木材之人工乾燥防腐及其他用途，(5)發展及維持特種林產用途，(6)研究發展特種林產副產物，(7)調節木材供應發展木材工業，(8)獎勵林產出口」。

1957年12月31日(民國46)，阿里山林場徐守圍表示，嘉義與南投縣境的東埔台大實驗林發生火燒，12月27日起火，阿里山林場派遣5百位員工救火，12月30日撲滅(徵信)。

1958年(民國47)，台灣省政府訂定之台灣林業政策，其林業經營方針第21條：「發展林地多種用途，建設森林遊樂區域，增進國民康樂」，殆為將森林遊樂事業列入林業政策之嚆矢。

1958年1月17日(民國47)，林管局陶玉田局長16日表示，林產管理局改稱林務局，全省林野劃分為17個林區等案，省府已審查完畢，將在短期內提省府會議討論。除了大雪山示範林區仍由該林區籌建委員會工作處負責外，其餘16個林區為：文山、竹東、大湖、大甲、竹山、埔里、巒大、玉山、玉井、旗山、恆春、關山、玉里、木瓜、南澳、蘭陽。

1958年2月9日(民國47)，一項由林業主管單位與農復會合辦的木材消費數量調查已完成，轉載徵信報導如下：「該項木材消費量調查的初步報告，業經定稿，在該項報告中指出，全省自47年起，4年內木材消費量，估計為：47年為826,278立方公尺，48年為829,495立方公尺，49年為833,010立方公尺，50年為836,020立方

公尺。

此次林業主管當局所舉辦的木材消費調查，是以使用木材的消費用戶16類做主要對象，經調查的結果：在使用木材的16類中，以營建業者居首位，佔各業消費總量29%強，證明木材在本省最大之用途為造房子。其次則是各種礦業用材，在量上僅次於營建業，佔20.88%，其與營建業之合計數，幾佔全省各業用材量之半，另有2.53%之木材，用於家具及什項木器製造或修理業，6.05%用於樟腦製造。造船、造紙及火柴業務佔總量4.30%，3.62%，及2%，枕木及電桿計佔2.47%，其餘之5.9%，係包括農具及梭管之製造，車輛及軍事工程用材等。

在該一初步的調查報告中並指出：(1)營建業，家具及什項木器製修業，造紙及火材等業之用材量，將隨入口之增漲而呈膨脹之趨勢，尤以前兩者為最。(2)由於產品在本省消費市場已呈供過於求而外銷困難，故用材量暫停於某一限度之內者，為夾板工業及梭管工業，上項困難一旦解除，則形勢當可立即改觀。(3)需材孔急而本省缺乏理想樹種者為造紙業及火柴製造業。(4)種種之供應無虞匱乏，但用於外銷不振，用材已呈逐漸萎縮之趨勢者為樟腦工業。(5)富有極大之用材潛力，但目前因限於資力不足，以及客觀條件之不利，而不能發展者為造船工業。(6)水泥產量已逐年增加，價格日漸回落，其在營建方面代替木材使用之機會較過去為多，但由於目前本省房屋向空發展之受有限制，此項功能恐不能充分發揮。(7)家具及什項木器之一般代用品為竹、

籐及鋁，前兩者不耐用，後者價格太高，故極大多數消費用戶仍採用木製家具。(8)造船用材之代用品為鋼鐵，但此種鋼鐵亦如營建業中之水泥，僅適於巨型船舶之建造，至於小船或漁船之興修，則仍以木材為主。(9)造紙用材之代用品極多，但所製就之產品均非上乘，無法取木材而代之。造紙板火柴之取代木製火柴，則尚須時日。(10)注油電桿之使用。漸有取代木注油電桿之勢，而水泥電桿則大有席捲整個木製電桿之勢，枕木之情勢與電桿相同，但程度則遠較輕微。(11)火車及汽車車體之製造，已不再大量使用木材。(12)絕對無法使用代用品者為礦柱用材」。

1958年2月13日(民國47)，林產管理局為擴大租地造林，訂定3項原則，將劃定放租林班公告出租，以面積之分收率80～60%投標(徵信)。

1958年3月11日(民國47)，省府委員通過公布「台灣林業政策(15項)及經營方針(23項)」與「台灣林業改革方案實施綱要」；10月7日奉准行政院備查實施。(林局誌)

1958年3月18日(民國47)，徵信新聞社論「有關林業政策的幾點意見」，全文檢附如下：「植樹節的前一天，即3月11日，省府第534次省府會議通過了一件「台灣林業政策及經濟方針」案，可謂適時應節之承。這一項政策草案是省政府林務專案小組經過將近一年的研議才提出的，當然是很週詳慎重的。可惜這一政策全文未經公佈，只發表了幾點要點，尚不能窺其全貌。謹就由要點中所得印象，及我們自己的看法，對本省的林業政策提出幾點意

見，以作今後施政之參考。

　　單從所發表的要點上看，這次政策內容似嫌過於籠統，偏於原則性的規定。如說：「凡森林因國土保安之需要，經政府劃為保安林者，不論所有權誰屬，應以公共利益為重，永保森林被覆，必要時得收為國有」，這在森林法中早有規定，不必列入政策。民國22年9月15日公佈施行的森林法(曾經26年，34年兩次修正)，是有關森林施政的基本法，其第三章即為保安林，無須別具規定。且要點中所稱：「永保森林被覆」，與森林法之精神不盡相符。森林法第十一條規定：「已編為保安林之森林，無繼續存在之必要時，得經農林部之核准，解除其一部或全部」，是既可解除其一部或全部，即不能硬性規定永保森林被覆。又如「經濟林之經營應以經濟觀念為出發點，儘量發揮土地之生產力，促成法正林之狀態，並獲得最高之收益，而成保續作業之再生資源」，這是當然的，也不必多所規定。其他各點亦多屬一般森林經理原則性質，不擬多論。總之，森林政策是經濟政策之一種，經濟政策又屬於公共政策之範圍，其制定與執行均應循公共措施之程序，其內容尤應針對客觀條件與主觀要求，而為切合實際之釐訂。換言之，任何一種經濟政策均應根據詳確統計，配合經濟發展狀況，提出具體可行的計劃。因為政策之實現要靠計劃，計劃之實施更要靠方案；一連串的方案即組成計劃，一連串的計劃可完成政策。計劃不是空洞的，不是原則的，而是具體可行的。制定林業政策，首先須把握住這一點。

　　在兩年以前制定一個確實可行的林業政策是相當困難的，因為舊日日本遺留下的森林資料極不可靠，經過第二次大戰之後，變動尤多。根據不可靠的統計，當然無法制定可靠的政策。自從農復會以兩年的功夫 —43年4月起，45年3月止— 完成了台灣的森林航測之後，制定林業政策，乃至研究森林問題的基本根據是俱備了。訂定任何有關森林的政策或計劃，均應以此次航測的結果為依據。這次台灣的森林航測，一般譽為世界上最正確的測量，其公差僅為1.5%。有了這一種原始資料，研擬林業政策在基本上是無問題的。根據這一次的測量，全島的土地面積共為3,576,000公頃，其中林地佔2,532,000公頃，約合總面積的70%。實際上，在這250多萬公頃的林地上，有林的林地只有197萬公頃，合林地的55%左右。所以就測量的結果看，台灣的林業大有發展之餘地，而且應當積極發展。這是林業政策的第一個大前提。但是台灣的森林實況並不合於理想，在197萬公頃的林地中，針葉林只佔37萬3千公頃，落葉林則佔142萬7千公頃，竹林亦佔11萬4千公頃。而且就材積講，每公頃平均在一百立方公尺以下的佔140萬公頃，每公頃平均在1百立方公尺以上者，只佔83萬公頃。故無論就林相講，就材積講，台灣的森林大部是貧林，有待於人為的努力。這是林業政策的第二個大前提。再就採伐的觀點看，全島森林材積約為1億8千5百萬立方公尺，其中易於採伐運輸的只有8千3百萬立方公尺，1億立方公尺以上的木材，均須大量投資，開闢卡車道及索道之後，始能採伐。此種資源

價值極高，然須研擬較長期計劃，逐步增加設備，始可發揮資源利用之效。日前大雪山運材公路之通車，以及正在修建中之東勢支線，均為開發森林資源之有效措施，應視為林業政策之重點。其次，就目前砍伐情形講，每年約為60萬立方公尺，按這樣的速度，台灣現有林木大約40年內可以砍伐淨盡。故加強人工造林，陸續更新，使每年造林達成4萬公頃之計劃，則目前73萬公頃的森林跡地，25年內可以全部植滿，40年後台灣林業可入於理想之境，這是林業政策之又一重點，亦可說是林業政策之長期目標。

台灣的林業，在各方努力之下，已頗有進步，若再有一長期有效之林業政策，以為今後發展藍圖，林業前途當不可限量，幸負有林業施政決策之當局，努力圖之」。

1958年3月18日（民國47），繼省府通過「林業政策及林業經營方針」之後，林產管理局據之而訂定林業改革實施綱要：（一）整理並增訂林業法規，包括森林法、國有森林原野產物處理規則、木材出售辦法等法規之修正及合作造林辦法之訂定等，從47年開始2年內完成，（二）舉辦土地分類及境界勘測，利用5萬分之1土地利用圖，實際土地調查資料，及2萬分之1地圖，配合航空照片，勘測編繪尚未確定用途之林地，山地保育地，國有林事業區，及原日產林等分類圖，並分期實行農林用地劃分工作，47年起至56年10年內完成。（三）依照新訂林業政策，編訂全省森林業經營計劃綱要，47年開始實施。（四）擬定長期造林計劃，並實施合作造林，加強高山造林

工作，除合作造林定本年7月開始實施外，餘均即日起開始計劃實施，（五）加強森林保護，包括火災、病蟲害、及盜伐濫墾等之防止，49年開始實施，（六）清理天然林，合理採伐人工林，並加強老齡林之砍伐，47年開始實施，（七）提高森林利用效率，包括木材標準規格之推行人工乾燥防腐之運用，林業副產物之培養發展等，47年開始實施，（八）調查全省深山林區，可能開發之面積，及其天然資源，分期計劃開發，並從今年起開始分年修建林道，（九）加強林業推廣工作，包括林業宣傳、森林經營、利用水土保持等之示範及技術推廣與獎勵等，47年開始實施，（十）建立林業人事制度，林業技術人員進修計劃，47年開始實施，（十一）加強林業試驗工作，健全林業試驗所組織，增加經費，充實設備，並確定台灣林業試驗中心工作，47年開始實施，（十二）加強監督輔導各學校實驗林，47年開始實施」（徵信）。

1958年4月11日（民國47），省議會10日舉行駐會委員會議，邀請林產管理局長陶玉田列席報告，報告指出，新林政制度計劃年內實施；林管局訂定「台灣省合作造林規則」，也就是非保安林地及非留供直營造林之林地，經劃定的區域實施之（徵信）；4月19日報導，經濟部及省政府研議半年之久的木材出售辦法，已由行政院核准，交林管局公佈施行，出售辦法分為標售及配售。

1958年4月25日（民國47），國防部呈報，經行政院修正「台灣省山地管制地區內申請進入風景區遊覽辦法」，今後可憑身分證辦理，免除覓保手續，但遊覽證有

效期間以1星期為限。該辦法所列現行山地甲種管制區內的風景區：苗栗之虎山溫泉、台中縣之谷關溫泉、南投之東埔溫泉、嘉義縣之阿里山、花蓮之太魯閣及紅葉溫泉，以及蘭嶼島；乙種管制區內者有霧社及廬山溫泉、三地門及石門、知本溫泉、瑞穗溫泉及鯉魚潭。而申請者得向省警處或該館縣警局或分局申請核發遊覽證（徵信）。

1958年5月1日（民國47），阿里山火燒隧道，作用塔爆炸亦傷人（聯合報）；20日報導，阿里山失火，焚毀3個林班。

1958年5月21日（民國47），省產檜木外銷，「外匯貿易審議委員會」決定開放交由民間辦理出口，而目前皆由物資局辦理，且省府意見擬繼續交該局出口，但外貿會已決定開放民營。據悉，檜木外銷是一項虧本生意，而目前為止，檜木全由林管局標售，民間很難順利出口，何況「目前檜木在日每立方公尺僅售1千餘元，而成本卻在3千元左右，任何貿易商均將不願辦理此種外銷工作」（徵信）。

1958年6月11日（民國47），為加強辦理枕木銷韓，林管局決定於本月13及14日、16及17日，分別在阿里山林場及竹東林場辦理講習，此一規範講習會提供得標之伐木業者暸解防腐、航運等；省產外銷韓國枕木，目前為止，已招標訂約者達66萬根（徵信）。

1958年6月13日（民國47），省政府今年內兩大交通建設計畫，北橫與南橫的勘測工作初步完成，預計下半年內開工興築，號稱：「對開發森林繁榮經濟極具價值」（徵信）；6月15日報導，台灣省政府「現已擬訂一項在台灣林業經營上，最大規模」的「台灣全省林道幹線構築計畫」，將以7億餘元巨資，在全省各重要林區，構築共長936公里的林道幹線25條，分別緩急，在20年內全部完成。本年內已開工構築者有荖濃溪林道、北港溪林道、玉里林道及西巒大山林道等4條，其中，荖濃溪、玉里及西巒大山是由國軍退除役官兵負責承建。此4條林道經費由林管局先籌約5百萬元，但全部資金將由省府申請美援補助。

全台林道幹線，現已確定興建的25條如下：桶後林道，28公里；阿玉林道，30公里；……林道，17公里；檜山林道，30公里；角板山林道，25公里；大南澳林道，27公里；大濁水林道，6公里；大湖大安溪林道，25公里；水長流林道，17公里；羅娜林道（？），30公里；北港溪林道，20公里；清水溪林道，30公里；丹大林道，32（？）公里；郡大林道，40公里；東巒大林道，36公里；陳有蘭林道，20公里；撈水坑林道，18公里；竹頭崎霞山林道，110公里；拔子林林道，13公里；瑞穗林道，48公里；玉里秀姑巒林道，50公里；楠梓仙溪林道，51公里；新武呂林道，10公里；關山荖濃林道，120公里；屏東台東林道，91公里。

由於山高路險，平均每1公里造價約需70萬元，此計畫逐步完成後，可將過去無法砍伐的森林，大部分加以開發利用，「可以使台灣成為遠東地區最具規模與企業化經營的森林王國，在國家經濟方面裨益很大」。

1958年6月29日（民國47），在1千4百餘名退除役官兵的開鑿下，橫貫公路西線工

程可望今秋竣工。工程有3部分，一為主線，即由東勢至合歡溪111.5公里（包括改善路段61公里）；二為宜蘭支線，自梨山至思源埡口計22公里；三為霧社支線，由霧社至合歡埡口計44公里。除了霧社支線早已完成之外，主線及宜蘭支線估計於8月間完成（徵信）。

1958年7月1日（民國47），林產管理局運用之森林警察大隊自本月起裁撤，有關森林警察勤務統歸各地警察局兼掌。（林局誌）

1958年8月17日（民國47），徵信新聞工商透視一篇「木材業慘淡經營」，報導台北市木材業的經營困境，提供今人瞭解1950年末代，木材市場概況，全文轉引如下：「木材業，一向是屬於最熱門而吃香的行業，因此這一門行業的從業者亦特別多，僅以本市木材業商業同業公會所屬的會員而言，已達220家以上，且續有增加之可能。其實，本省木材業的黃金時期早已過去，在最近一年多以來，經營木材買賣生意，更成了一項不簡單的事業。

木材業的黃金時代，起自民國34年底本省光復至45年。在這11年之間，由於修復第二次世界大戰所致的災害，為了解決因本省人口驟增而發生的房荒，紛紛修築大量房屋，以及進行其他種種建設等，均需用鉅量木材，但當時卻因很多原因所致，其產材一直未能上軌道，始終未得使供求平衡。結果，木材得天獨厚，在一天之內，木材商賺得一筆可觀的利潤，曾是一種不罕見的事情。目前所有的大木材商，大部分都是在那個時候起家的。

渡過了這個黃金時期之後，踏進民國46年以來，因戰爭所致的災害均告修復完竣，民間興建房屋的興趣亦因房捐地價稅捐之提高 — 因課稅方法改變之故 — 而大減，遂致使木材的需要量激減，一方面產材量因林產管理局不斷地努力增產之結果，驚人的增加，加以政府准許僑資進口大量的菲律賓柳安木及日本杉丸太等貨，更使供應量倍增。其結果，不僅在短短期間內打消木材的缺貨狀況，進而導致嚴重的供應量過多的情形，因此木材逐漸下貶身價，木材商的營利行為亦隨趨困難。恰在這個時候，淡風襲進本省的工商業，木材業亦未能例外，各種木材的去銷隨著客方購買力之低下而轉淡，一方面業者的銀根亦愈趨緊俏，為了維持週轉之靈活，以期避免倒閉，不得不頻頻抑價求銷，所以在最近的2年來，同業者間的爭銷曾呈現空前慘況，其結果，有了不少實力較微的木材商已虧空資金而關門大吉。

除了競爭激烈的殺價爭銷之外，壓迫木材久陷於困局者，還有一個很大的原因，就是鉅量的軍公用木材之流出市面。軍公機關所需的木材，一向是由林產管理局直接配售的，不僅是配售量非常豐裕，且因其配售價較市價低甚，所以各機關把所剩餘的木材拋售於市面之後，因其價低廉，客方紛紛吸購，而不肯問津木材業戶的貨品。在這種情形之下，賣方不得不忍痛而殺價與其爭銷，遂使木材的跌風更加熾烈，業者的經營更趨困難。

如上所述，目前經營木材商，所能得到的商利實在微乎其微，有時候甚至虧去老本，林產管理局對於木材業的艱苦，亦表示同情，曾經想盡辦法改變其配售及標

售木材方法,同時亦頻頻調整木材牌價,以期有利於該業的經營,但始終未見功效,所以林產管理局對於配售價的決定辦法,在旬日前又給予一次大改革,將過去的以貨物稅之漲跌作牌價的吊高或抑低的標準完全廢止,而決定把配售當時的市價之9折為牌價,以實施配售。林產管理局實施這個新辦法的目的,必定是為了穩定木材價格。所有業者於聽到這個消息之後,莫不搖頭嘆息,而異口同聲地說:如此一來,木材業不僅無法緩和目前的經營情形,勢將更加厲經營之慘苦,終至關門了事。其原因不外出於:按照過去的辦法,牌價與市價的關係不很密切,所以各業者於配得木材之後,可將種種運費、工本費、製材加工費、各種稅賦、消耗費及利錢等各種費用,均加算於成本之後,始決定其價格而出售,因此除了特殊情形從事爭銷之外,多少還有商利可圖的。但這次所實施的新辦法,因其牌價規定為市價的9折,業者於配得木材之後,所能得到的商利絕不及於所需各種費用,然而若將售價提高,在目前這個空前不景氣之時,隨時將影響於去銷,並且將直接影響於林產管理局的牌價。如此繼續下去,各木材業者的處境將無疑問地愈趨慘淡。按照目前的課稅法,木材業者的稅賦,被估計為營業額的17%,加算其他各類費用之後,共約達30%左右,然而,按照新辦法由林產局配得木材後,僅可得一成以下的毛利而已,因此木材商將難能繼續經營,是一個很明顯的事實。

本省的木材業戶,依其規模之大小,而可分別為2種:一是單做製品買賣的商戶,這類商戶的營業對象,大部分均為一般家庭,每次交易數量均不大,但大部分品質均可以較高的代價出售,並且普通均可求得現金付款,所以其營利行為亦比較單純,其所需資金亦較少。另一種即是附設有製材工廠或加工廠者,規模龐大,從業員數以百計者並不罕見,其資本額亦均在千百萬元新台幣。其營業對象均為機關、學校、工廠團體等等,所以其每次交易數量頗鉅。但其營利行為並不簡單,要爭取到生意,照一般情形而言,均要花費宴請有關人員,甚至需要送紅包等,所需交際費相當可觀。並且在爭取生意之後,往往會被控以送賄或勾結貪污等之罪,進而受法律制裁,但如若不肯花費交際,那麼爭取大生意的可能性將很少。

自從民營外匯進口辦法改革以來,菲律賓柳安木及日本杉丸太等貨的進口,均告激減,最近2年來,一直懸案未決的木材的供應量多問題,或可獲解決。所以木材業者均渴望著,正在這個時候,林產管理局能有更有效的辦法實施,以助其打破長期困局,使本省的木材業者,真正的為千百萬省民,能夠安居樂業,同時亦使得本身免陷於倒閉邊緣。

本市木材業戶的分布情形,較其他任何一類行業更為明顯,共有兩個集中地。最大一個地帶,即是環河南路、西寧南路的中央市場後面昆明街一帶。集中在這一帶的木材業戶,不僅其戶數較多,各戶的規模亦較大。第二個大的集中地,即是民權路大橋國民學校對面一帶以及寧夏路、重慶北路二段尾等地。這一帶的木材業戶,其規模較小。

茲介紹本市幾家較大的木材商戶於後：

- 光興號木行，在本市重慶北路二段184號，電話號碼44254號。
- 新高木材行，在本市寧夏路１１９號，電話號碼44631號。
- 東昌木材行，在本市昆明街２６號，電話號碼478？1號。
- 東城木材行台北製材場，在本市中正路2011號，電話號碼22136號。
- 新興鋸木行，在本市中正路1531號，電話號碼25275號。(世隆)」

1958年11月7日(民國47)，林管局陶局長說明明年度木材生產量可超過72萬立方尺，預計造林4萬6千公頃左右；枕木銷韓，本月可交貨10萬根(徵信)。

1958年11月8日(民國47)，基隆市建設局農林課於1956年6月，派員調查暖暖涵養林，同年9月完成擬訂更新林木計畫，徵信新聞3版標題：「基隆暖暖林產遠景如畫，總面積"千"餘萬公頃(註，"千"字錯誤)，40年間更換新林，前期5年擇伐可淨獲千萬元，後7期按計畫輪伐兼施造林」。註，登錄此則新聞係反映，不僅國有林伐木如火如荼，地方政府公有林等亦加速砍伐。

1958年11月26日(民國47)，前南投縣議長蔡鐵龍與巒大山林場場長葛曉東勾結，盜伐巒大山林場72、73、74及76林班林木，拖延7年之後，5人於25日下午被判徒刑(徵信)。

1958年12月2日(民國47)，省府委員會通過：台灣高山森林運用榮民開發計畫。

1958年12月3日(民國47)，省府為配合林業發展政策，以開發森林資源，已擬妥「開發高山森林計畫綱要」，經省府會議通過，要點如運用榮民興建林道網，林道依進度完成後，即移交林業主管機構；設置一「高山森林工作處」專責執行，該處隸屬林管局，並受退除役官兵輔導會之指導等等(徵信)。

1958年12月10日(民國47)，阿里山林區發生火警，焚燒5小時，起火禍首已被捕，肇因吸煙不慎(聯合報)。

1958年12月13日(民國47)，鹿場大山森林大火，自7日中午起，由第21林班起火延燒，11日上午9時全部撲滅(徵信)；註，此場大火報導甚多；12月13日，記者王彤撰寫「雲海深處數火鴉—竹東森林大火現場印象記」，全文轉錄於此，俾供今人參考該年代的「滅火大概」：「2,300名左右赤手空拳的人，經過三天四夜的苦幹，冒著零下結冰的氣候，在高達2,550公尺的雲海上端，終於把延燒猛烈的鹿場山國有林場大火撲滅，儘管林產管理局長陶玉田曾在台北以樂觀的語氣強調說明此次大火損失輕微，並特別暗示這是普通的災情，次數尚未達到相當標準(陶氏稱平均每年發生火災150次甚或300次，今年還不到100次)，但是如果你看見勇敢的山胞用原始的鐮刀在熊熊火光中打滾，百戰的營長率戰士拖著累極的身體躺在結冰的台車上瞌睡，帶病警官率民防隊員用裝牛奶的罐頭盛水澆火，那你的心情一定不是十分輕鬆的。

每年本省林區平均發生火災163次，記者只親眼看到一次，深深覺得這不是平

常的火警，不禁為國家損失的財產叫屈，以檜山林場大火舉例，如果護林工作稍微像樣，也許大火不會發生，就是發生燃燒，也不會有如今日的壯觀了。

能說這是一場微不足道的小火嗎？動員了3縣9個鄉鎮的警力和民防隊員，調派了2個工兵營、1個搜索營的武裝兵力，蔓延了3個事業區、9個林班，燒毀了192公頃的美麗森林！

記者會在大火熄滅後的現場採訪，在燒焦發臭，尚在冒煙的樹根旁遇見一位啃飯糰的戰士，問他對於此次火災的感想，他說：『救火人員連累帶凍病了113位，三天三夜沒睡覺了』。記者說：『辛苦你了，吃不飽，睡不好。』他說：『革命軍人不怕這些，再苦點也沒問題，只是覺得有點不值得……』你道他所指為何？他拿著一個鐵鏟說：『這就是我們的滅火工具，還有鐵棍、十字鎬、鋤頭，你看見那些民防隊員吧，拿罐頭當水龍頭，還有用手的哪……』。

辦公費浩大的林產當局，竟連最起碼的防火設備都沒有，2千多人於林班大火最危急時，在斷崖上手拉結成一隊肉陣，飛下一個火球立刻用剗翻土掩蓋，終於防範得法，未出意外，對於吃苦耐勞的工作人員，旁觀者內心的敬佩是無法描述的。

這次大火當局顯然十分重視，除負責治安的警務處長郭永南下指揮外，農林廳長金陽鎬和林管局長陶玉田也專程趕到竹東，在距離火場約8小時路程的竹東招待所中用電話指揮，火起的第二天，金陶二氏聽說山上救火器缺乏，連滅火彈都沒有，於是下令增加設備，果然9日首先將

18顆滅火彈運上了山，同時，又運送了一批比較原始器具進步一點的手鋸，後來，局長聽說火勢仍在擴大，又下了個手令，於是，當陶玉田局長聽說火勢被控制時，放心的回到台北，對台北報界宣布救火彈已運上山，一切非常樂觀了。

當陶玉田局長於10日中午在台北對新聞界發表談話時，遠在雲海上面救火的國軍營長，新竹縣警察局長，苗栗警局督察長，林場場長等，可是非常焦急，因為20林班餘火死灰復燃，有復活趨勢，如再向下面擴大十數公尺，則萬一火球掉到下面，最密的砍伐林一被波及，那後果就難想像了，為了阻止最危險的部分，苗縣警局督察長李應培率5個部下，衝上山去，結果竟被火舌包圍，5個人一路打滾，連撲帶打，總算跑快了一步，未被葬身火窟，幸虧風向稍轉，有驚無險，死灰復燃的火舌再被控制。據林業官員說，山林大火的撲救方法是特殊的，不像平地一樣，有救火車可噴水，林火一燒燎原，聲勢嚇人，救火只有3種方法，第一種是闢防火線，將火可能蔓延的周圍樹木砍光，切斷火路，將地面枯根用砂土掩埋，靠近水源處灌水施救；第二種是放回頭火，以毒攻毒，火往下燒時，在下面也放一把火，兩火一旦會合，立刻自己消滅；第三種是奢侈的，多用滅火彈和科學用具，目前，因為財政短拙，所以多採用一、二兩種，大概鹿場之火有局長親自指揮緣故，才有數十枚滅火彈增援上山。

鹿場山森林是廣闊的，站在海拔2,650公尺上面下望，千年古樹豎立雲端，天然財富取之不竭，那裡平均每天可砍伐

上等木材1萬立方公尺,為林管局增加近10萬元的收入,可是,走遍工作站、分場、甚或用上等檜木蓋造的招待所牆上掛著不少的防火標語,但連一枚防火彈也找不到,林場的房屋不像平地,連水泥和瓦頂都全部沒有,一根香煙就可以把一棟房子燒得精光。

冷靜的檢討善後,覺得林場的職工負責精神是值得佩服的,兩千多人的補給,居能用各種方法運上山,李場長近60小時未曾睡覺,作業科蕭科長始終和民防隊員並肩工作,任勞任怨,扶病奔跑,他們象徵著一種蓬勃的人性,那麼純摯可愛。

記者在鹿場大山的腦寮、檜山等處,留住了三天兩夜,看到很多絢爛的奇景,山上氣候奇寒,下午4時後泉水結冰,雲海繚繞,群鳥爭鳴尋巢,遠處猿猴長嘶,救火人員三五成群,燒著木材烤火取暖,警局用擴音器指揮喊話,工兵營以電報聯絡總部,有山地青年餓得發抖,用弓箭射下飛鳥烤食充飢,入夜以後,雲海散開,火團隨風飛舞,有如萬家燈火,此時俯瞰下望,可見台北松山機場的指揮燈塔、新竹的市區,以及苗栗的工廠煙囪,讓人感到如入仙境,有:『身在此山中,雲深不知處』的超塵之感」。

1958年12月14日(民國47),阿里山台灣黑熊出沒為患,白晝出山咬傷行人,獵人出動獵熊(聯合報)。

1958年12月18日(民國47),徵信新聞社論「火後談林政」,抨擊林官,並呼籲儘早、積極幹掉原始闊葉林,全文如下:「此次鹿場大山引起的森林火災,被災區域,波及4縣11個林班,損失面積達千公頃,自7日發現起火之後,動員數千人,簞食壺漿,登山滅火益以陸軍、空軍協助補救,至11日始告熄滅,可謂光復以來,最大的一次火災。有人估計此次損失達數千萬元,固無確實根據,而農林廳長金陽鎬的『目測估計』只有百萬元,未免過於文飾,總之,大火是燒過了,燒毀的木材也不能秤斤計兩,一定說他損失的材積只有1,600立方公尺,燒掉的部分僅係周圍表皮,中間木材並未受損,如此說來,這次大火,豈不是福從天降,助我們做了木材去皮工作!往者已矣,火災也不是有司一個人的責任,不必閃躲。林場失火更非中國特有的現象,美國林業經營管理勝於我們,不久以前不是也起了一場大火嗎?只要我們能痛定思痛,亡羊補牢,猶未為晚。損失是國家的,不要說的那麼輕鬆,反容易邀得社會的原諒。為今之計,只有檢討過去,策進未來,對於下列各事,早作有效措施。

一、積極的防護:在林政上,消極的護林、保林防災是和積極的造林伐木一樣重要。因為我們平時的防護工作太欠缺,才會一遇災害便束手無策。這次鹿場山大火之所以星火燎原,延燒5日之久,主要原因就在缺乏林道,救火人員登山困難,不能接近火場,不能攜帶有效救火器材。報載直至火災熄滅,大批滅火彈始行運達,便是平日沒有保林護林設備的證明。今後應不待火災發生,即行修建救火林道,並與運材林道密切配合。重要林區固定面積,開闢火巷,以防萬一火災發生,不致延燒不已。至於林警之設,按時巡邏,不但為防火之所必需,防止盜伐濫

墾，更不可少。他如電話、通訊、警鈴、警號之設，林區的宣導教育，均為護林保林之不可缺者。此為林業人員、技術專家所熟知，不待詳舉。但求注意及此，勿惜小錢，一次大火之損失，足供5年10年防護設備之需，因小失大，最為愚策。

二、積極的開發：主要是造林與伐木工作。年來我們雖在實施伐植平衡政策，但無論是伐木或造林均未達到充分程度。若干原始闊葉林價值極低，早應砍伐代以人工造林，而迄未開始。高山之針葉林價值極高，復以卡車道或索道的設備缺欠，而棄置未用，由經濟方面看，均是極大損失。數年前農復會助我完成森林航測，並根據航測，擬訂開發計畫，對於採伐高山林木，早作有效措施。台灣號稱森林王國，全島面積64%為林地，而木材生產尚不能自給，每年尚有大批柳安等項木材進口所使然，然林政當局未能積極開發本省林產，更未加工製造，亦不啻為外材進口開路。林政當局近設大規模製材工廠，美援方面亦願予我設備與技術之援助，幸望把握時機，積極進展。林產為台灣一大經濟潛力，若或適當開發，對自由中國整個經濟發展，亦有極大貢獻。

三、長期的政策：十年樹木，百年樹人，林業政策本質上應為一長期的政策。蓋造林收益，少則30年，多則50年、100年，始可生效。訂定林業政策必須放遠眼光，不可求直接收益，其間接利益主要指水土保持、調節氣候而言。台灣農用土地，三分之二為水田，主要作物為水稻，又兼高山陡坡，河流激湍，若無適當森林，維護水源，保持土壤，將使農業失卻

保障，整個經濟基礎陷於動搖。故長期的林業政策，不應單由林業本身著眼，亦不應專從有形收益著眼，而應視農林為一體，多從間接的利益方面著眼。至於林業技術設施，乃專家之事，此處所論，僅為原則之議，幸主管當局，從大處著眼，訂長期計畫，農林收益較緩，勿以一次火災，定其功過，則負責者能大膽作去，成就自大」。

1958年12月18日（民國47），省水利局與中國農村復興委員會計畫合組一個水利及開墾機構，預定4年之內，在台東縣開墾荒地2千公頃、在花蓮縣開墾荒地6千公頃，花蓮縣境即木瓜溪南岸4百公頃、支亞干溪北岸1千1百公頃（包括台糖9百公頃）、支亞干溪南岸1千4百公頃、馬太鞍玉里橋溪間地3千公頃、馬蘭鉤溪7百公頃、紅葉溪2百公頃、太平溪4百公頃、清水溪北岸2百公頃、清水溪南岸5百公頃（徵信）；註，東台參考資料。

1958年12月24日（民國47），嘉縣警局23日透露，阿里山距東埔8公里處，23日上午9時突發火燃燒，雪峰派出所警員發動當地居民50餘人往救，下午林場人員2百餘人續救。發火地屬東埔8小班，為草生地，而附近之東南坡為原始林（徵信）；12月25日報導，東埔第31林班8小班的火警，經280餘人（含山青）灌救，已於24日凌晨撲滅，燒毀草生地20餘公頃，起火原因可能是火車煤屑。

1958年12月25日（民國47），阿里山大火自24日起迄今已燃燒16小時，燒毀草坪8公頃，幸未侵及原始森林，前夜已全部撲滅（聯合報）。

1958年12月（民國47），林產管理局通知各伐木林場，普通材造林規格已有規定，針葉樹材為材長1公尺以上、末徑24公分以上、闊葉樹材為材長2.1公尺以上、末徑30公分以上；凡不合上列規格者應留置伐造現場，不必搬出。（林局誌）

1958年（民國47），阿里山4村戶籍人口2,282人；該年遊客24,977人，全台人口10,039,435人。

1958～1962年間（民國47～51），為伐取玉山林區第28林班之雲杉、紅檜等，自楠梓仙溪工作站往南之3.2公里林道以迄溪底竣工。

1959年1月3日（民國48），徵信報導，配合二期經建計畫，本年工礦產量擬定，開發資源加強探勘礦藏，而林業生產配合工業發展。

1959年1月6日（民國48），台灣省府主席周至柔，5日向省臨時會議報告省政，謂今年施政重點將舉辦七大建設：1.經營大雪山示範林區；2.興建國民住宅；3.促進農業機械化；4.繼續興修水利；5.擴建花蓮港；6.修建尖山豐原公路；7.興建北橫公路（徵信）；去年則有六大建設，包括東豐鐵路即將通車。

1959年1月19日（民國48），徵信報導，本年木材生產目標縮減為70萬立方公尺，造林面積亦減少；漁產量24萬2千公噸，豬隻生產目標60萬頭。

1959年1月20日（民國48），省府委員會通過台灣省林政機構改制案，將林產管理局改組為林務局（案經呈報行政院發還修訂後，於8月18日呈覆）（林局誌）。以下簡稱林局。

1959年1月21日（民國48），省府會議20日通過林產管理局改名為「台灣省農林廳林務局」，撤銷現有各林場及山林管理所，將全台林地劃分為12個林區，成立12個林區管理處，待報行政院核准後實施。12個林區之外，另有大雪山示範林區；改為林務局之後，本局及附屬機構之總員額，核定為2,212人，除了原編制名額1,766人仍保留之外，另將現有臨時編制人員446人納入正式編制之中；12個林區管理處為：文山、蘭陽、竹東、木瓜、玉里、關山、恆春、楠濃、玉山、巒大、埔里、大甲（徵信）；2月11日報導，林管局改制6月前可完成；7月25日報導，林管局陶玉田局長表示，林務局預計於明年元月成立。

1959年2月11日（民國48），自1956年7月開工的東西橫貫通路，目前全部工程已完成8成，僅餘洛韶至關源間30餘公里，以及若干隧道、橋樑，預定本年6月底完工；關於為數約3千餘名榮民如何安置，大致有3項方法：1.在橫貫公路中設置車站，並需養路人員，約可安置1千餘人；2.繼續興建北部支線以及其他公路；3.開發橫貫公路沿線資源，使榮民從事農、林、漁、牧各業（徵信）。

1959年2月23日（民國48），林局標供南韓枕木，自1958年5月16日（民國47）第一批裝船至本日第40批（最後一批）裝船，總運交量為576,092根，完全履約。3月林局復標供65,000根。（林局誌）

1959年3月12日（民國48），阿里山建立博愛亭，由何志浩撰「國父頌」文，賈景德題「博愛亭」匾（林局誌）。1999年9‧21大震

受損，林務局斥資129萬6千元，於2001年修復。

1959年3月12日（民國48），徵信新聞社論「植樹節談林業經營」，配合政策主張積極伐木，亦透露美國對台灣林業政策的影響，全文轉錄如下：「今天是植樹節，我們除了紀念 國父的豐功偉業以外，還應當藉這個節日來擴大造林，用符 國父造福人群的偉大精神。在台灣，這個節日的意義尤其重大，因為森林佔全省總面積達70％，而且在地理環境上，本省四面環海，山高水急，經常受季候風、颱風以及海潮侵蝕，對於水土的保持、氣候的調節、災害的防止，乃至增加農工生產，皆有賴森林的保護。故很多人認為「森林是台灣的命脈」，原因在此。

本省森林面積既如此廣大，林業範圍自亦異常廣泛，從造林、保林、伐木以至林產處分，經緯萬端。光復以來，因乏明確政策，各種措施，全憑主持人員個人觀點作為依據，加之機構與人事不健全，以致流弊百出，為各方所詬病。省政當局為奠立本省林業大計，曾於去年植樹節前夕通過『林業改進方案』一種，對林業政策以及經營方針一一列舉，原則均很正確。按照原定計畫，在去年和今年兩年之內，須完成若干重要工作，現在大半時間已經過去，各種工作雖在逐步進行，但成效不太理想，一則由於現行法令制度的束縛；另則因為資金缺乏，以致動輒得咎。過去的情形如此，現在依然如故，長此以往，改進方案的效果，也就大為減色。

我們還記得去年1月間，美國國際合作總署前駐華分署署長卜蘭氏在離台前夕談到發展台灣經濟時，曾發表下面幾句談話，他說：『不要以為台灣只是一塊小小的平地，在大部分的山地區域，還大有開發的餘地。台灣經濟建設應向開發森林資源這個方向去著手，因為台灣的木材品質優良，如果大量開發，增加木材出口，對經濟上將大有裨益』。再根據民國45年航空測量結果，本省林地達197萬餘公頃，林木蓄積總量達2億2千6百餘萬立方公尺，除一部分保安林地外，可作業林地之製材林木在1億5千萬立方公尺以上，若以50年循環一次，則每年可砍伐的木材，將有3百萬立方公尺之巨！收益可逾新台幣15億元。而我們近年來的砍伐量每年不過70餘萬立方公尺，價值僅有3億多元，亦即應伐量的4分之1而已。因為光復以後，我們的林業政策開發利用未多重視，結果若干林木早應伐除者，任其自然枯死、腐爛。據測量估計，原始林內針葉樹製材林木之年死亡達134萬立方公尺，已經枯死的紅檜及扁柏也有此一數字，而目前林管局每年繳庫的盈餘只不過新台幣8、9千萬元，與之相比，乃微不足道。

這種情形的造成，主要的是由於政策上的偏差，現在雖逐漸轉變，但林務機關本身財力有限，經營能力亦受此限制。在過去兩年砍伐數量僅及計畫產量的50～60％，因而影響林產收入；收入既未能達到預定目標，造林、保林等有關措施，亦無法開展。例如最近5年造林數字經常在4萬1千公頃左右，並無顯著增加；保林方面的防火設備，亦復如此。森林火災時有發生，竟無有效對策，如去年12月間苗栗與新竹等兩縣之山林大火，延燒5日之

久，損失達數千萬元，主要原因乃設備缺乏，以致釀成巨災。此外，省內木材市場也發生兩種畸形現象，一方面本省木材蘊藏數量極為豐富，而木材價格卻較其他物價高甚多；另一方面，省內木材未予大量開發外銷，國外木材不斷進口，每年達數百萬美元，我們要增加生產，節省外匯支出，擴展外銷，爭取外匯收入，結果適得其反，顯然是政策上的矛盾。

去年公布的林業改進方案中，對經營方針曾強調國有林地利用民間投資，擴大造林以加速完成現有荒地與蓄積不足地之造林工作；平時鼓勵發展民間伐木及製材工業，減少政府自營業務，以增加民營機會，此一目標非常正確，但未見積極進行，去年成立的大雪山林業公司，資本總額為1億6千萬元，完全公營。但該公司本年度的預算編制，猶在省議會爭議之中，迄今尚未通過，業務的進行當受影響，此乃公營的必然趨勢。固然，森林是國家的資源，不能隨意讓民間經營，以防濫伐而妨害國本。但政府財力有限，欲長時間大量開發，勢不可能，與其讓有用的資源任令枯萎，又何必不讓民間經營？只要原則確定，技術上的問題當尋克服，何況本省目前對林業投資素有經驗者頗不乏人，目前社會游資苦無出路，若能積極誘導，使民間資金與天然資源相結合，兩者充分利用，森林更免於荒廢，盜伐可以減少，人民就業增多，政府收益與稅收亦可增加，而造林與保林建設也可逐漸擴大，可謂一舉數得。

也許有人認為加強採伐，不啻破壞資源，但有計畫的採伐與濫伐、盜伐情形迥然不同，如造林多於砍伐，或伐植平衡，對森林的維護並無不利，相反的，如果任其荒蕪，日久以後，連保安的作用也會失去！總之，森林既為本省唯一資源，如何管理經營，使其潛在力量得以發揮，希望林政當局在這方面多加努力！積極推動」。

1959年3月14日（民國48），林管局陶玉田表示，今年木材銷售將致力於外銷拓展，預計外銷6百餘萬元（徵信）；3月15日報導，民國48年度內，將以9千1百餘萬元新造林木35,985.33公頃，補植11,491.57公頃，合計4萬7千餘公頃，另撫育9萬6千餘公頃。全年造林工作中，將有榮民1千1百人參加。

1959年3月28日（民國48），徵信報導標題：「橫貫公路森林資源，決由林務局開發，以安置退除役官兵為主，開發處刻已在宜蘭成立」。

1959年4月29日午夜（民國48），阿里山森林鐵道第12號隧道發生大火，30日下午始告撲滅。（林局誌）

1959年7月29日（民國48），經濟部農業計畫聯繫組為開發山地資源、增加生產，頃正研修有關對山地開發有束縛的法令。註，其內容即山地發展農業、牧業，及開採森林（徵信）。

1959年8月7日午夜（民國48），強烈颱風葛樂禮於中南部造成大水災（阿里山地區24小時內降雨1,019.7公厘），農地沖失136,000公頃，房舍倒塌41,000戶，人員傷亡2,056人（初步統計死亡672人，失蹤383人，輕重傷者1,001人），農業損失14億元，其餘各項工程損失21億元，總值35億元約占當

年國民所得GNP11%（自9月起重建工作開始，訖次年6月底完成，費17億元，動員兵工623.3萬人日）。（林局誌）

1959年8月9日（民國48），阿里山山洪暴發，嘉縣災情嚴重，15村落陷入澤國，死失沖走約80餘人（聯合報）。

1959年8月27日（民國48），林管局頃擬定一項伐木設備更新計畫，經費達1,562,000美元，已向美援方面申貸中。該計畫擬將花蓮與羅東地區的設備，全部更新為高速度的伐木機與製材機，預計1960年完成，且計畫完成後，出售木材方面，將全部以製材出售，不再出售原木（徵信）；大雪山林業公司已獲美援撥款180萬美元，目前已開始伐木。

1959年8月（民國48），阿里山林場機械技術訓練班在華南寮開訓。

1959年9月（民國48），省交通處成立觀光事業專案小組，按1956年11月（民國45）省府成立觀光事業委員會，負責策畫台灣觀光事業，1957～1959年間（民國46～48）執行3年計畫，林地獲整建者有阿里山、知本溫泉、恆春半島、烏來地區（林局誌）。註，「觀光事業專案小組」於1960年改組為「觀光事業小組」。

1959年9月2日（民國48），省府周至柔主席在省議會正式宣布：八七水災死亡660人，失蹤408人，重傷295人，受災者305,234人，公私財產損失總值34億2,895萬1,697元。（林局誌）

1959年9月11日（民國48），省府就開發橫貫公路森林，以棲蘭山、大甲溪為範圍提出報告，省議會決設專案小組調查研究（徵信）。

1959年9月16日（民國48），省議會建議，將樟腦廠業務改隸林管局（徵信）。

1959年9月18日（民國48），阿里山森林鐵路因上月八七水災致橋樑毀2座、損3座、坍方70餘處，於今日修復全線通車；但昨17日下午列車趕運食米物料，第24號機關車於66.9公里處翻覆，車長柯慶隆、司機劉家慶當場殉職。（林局誌）

1959年9月23日（民國48），省府令農林廳擬具林務局及各林區管理處組織規程暨各林管處員額編制等草案，欲將林產管理局改制為林務局，原屬各山林管理所與各伐木林場合併改組為13林區管理處。（林局誌）

1959年10月19日（民國48），林工互毆爭水源，阿里山發生血案（聯合報）。

1959年10月（民國48），農復會與本局根據完成之航測調查資料，合刊台灣森林經營綱要一種，提供日後森林經營人員編訂及實施各事業區森林經營計畫之準據：1960～1999年間（民國49～88）平均年伐量3,413,360 m3（立木），年均造林面積47,928公頃。（林局誌）

1959年10月30（民國48），蔣介石第三度到阿里山。蔣介石、宋美齡偕兒孫至阿里山渡假。在其渡假期間往自忠之鐵道一號山洞（今台18-79K）發生火災。

1959年12月19日（民國48），行政院已批准林務機構改進方案，明年初實施；林管局「為改變本省森林林相，並提高森林的經濟價值，現正進行改造全省天然林的工作……原有之闊葉樹，將大部分改造為經濟價值較高之針葉樹林」，預定40年為目標（徵信）。

1959年12月29日（民國48），台灣省農林邊際土地利用調查工作已完成，將積極規劃整個林地利用，宜林荒地則將全部造林。前項林地利用即指砍伐林相不整齊、經濟價值低的天然林，改造為高經濟人工林（徵信）。

1959年（民國48），阿里山4村戶籍人口2,301人；該年遊客27,457人，全台人口10,431,341人。

1959年（民國48），沼平火車站由日治時代的純木造，翻修為鋼筋水泥現代化建物，當時承包業者姓莊。

1960年1月8日（民國49），林管局改為林務局，省府改組命令於6日頒布，徵信新聞社論「林管局改組與林政改革」全文如下：「醞釀多年的林產管理局改組案，終於在前天實現了。省府的改組命令業於本月6日頒布，將林管局改組為林務局，下設林政、森林經理、造林、林產、公務、供應6個組及13個林區管理處。這一次的改組，顯然是走林政一元化的道路。

由光復初期的林務局，改為林產管理局，現在又還其原來的名稱，在這十多年間，本省的林政始終糾纏在職掌的紛擾之中。林政與林務，造林與伐木，其職權究竟應否分開，見仁見智，有過不少爭論；如此的爭論，甚至一度在農林廳與林管局之間構成人事上的紛爭。現在，這種一元化的改革，無論如何，應是長年爭辯與試驗的結論，我們為此結論的獲得而感到欣慰。

研討此次林管局的改組，其中最可指述的優點，在於森林經理業務的受到重視以及林場與山林管理所的統一管理。過去有關當局對於森林作業的意義解釋得太單純了，『森林經理』原是現代化林業的一大特色，我們的『迎頭趕上』雖已嫌遲，但以後若能加強這方面的工作，也未為晚。我們希望森林經理組的業務，必須包括計劃、施業、配售、利用各種，並且把過去的森林作業計劃重加檢討，充實改進。

過去林場與山林管理所的分開，事實已證明不但在行政上層床疊架，而且在體制上是根本與林產管理局的組織方式矛盾的。現在上級管理機構的業務與山林管理所的歸併為林區管理處，當然便有必要了。

林政與林務的一元化，是否為最理想的改革方案，我們不擬作事後的批評，但是，我們必須指出一點，那就是，林管局的改組並不就等於林政的改革，……此一努力不止於對林業管理機構作編制上的調整。在我們看來，林業行政組織的改進應是重要的事，但過去本省林政的敗壞，事實上與其說是由於林業行政組織的不夠理想，毋寧說是由於人謀不臧，一方面是森林的管理經營未能做到制度化、科學化；一方面則是林務管理人員風紀的墮落。

我們還須指出，過去林政上的許多弊端，都出自伐木與木材供應的方面，所以，許多受邀來台考察的美國林業專家，如季爾棠及沈克夫等人，莫不主張林政與伐木分開。現在政府雖未採納此議，但應該針對過去……，防止貪污舞弊的重現。

森林法規的整理也是一項急務。台灣現有森林法規的主幹，乃大陸時代的森林法，或日據時代所遺留的一些舊規，至今已不盡適用；而以後陸續訂佈的許多補充

規定與單行法，也漸見繁雜，簡化與統一的工作，應於林務局改組後迅速展開。

林政改革，不外乎除弊興利。制度化與科學化是興利的要旨。改組後的林務局為推行其施業計劃，理想的改革是加強林業經費的預算制度。林業經營是近代一大企業，如無嚴密的事業預算，實在是不可想像的事。造林不是一句口號，要有一套施業計劃作根據，而這施業計劃及其他森林經理的經費自須有配合得上的預算。我們的林業經費，往往決定於伐木的收入，這是不合理的，縱使在林政與林務一元化的前提下，伐木收入與森林事業預算也應該各有其獨立性。

林政改革的最後目的，在於建立永恆的森林事業，使森林的利用與復舊，獲得生生不息的循環。因此，除了一些急功近利的作法以外，管理森林措施也不可忽視。目前歐美的森林經營，甚至探究到土地分類的問題，我們限於人力、財力，當然不必好高騖遠，但植伐平衡與林地的復舊，從今以後無論如何，應有長期的、固定的計劃，有些外國專家建議我們重作森林調查，……，「森林是台灣的生命」，這是一句喊之已久而迄今未受應有重視的口號，我們希望林管局的改組，將為結束過去林政一貫缺失，並為森林經營展開新頁的象徵，它應是林政改革的開始而非完成」。

同日報導，林務局將在2月成立，林政、林產管理一元化，並將伐木業務移轉民營；1月17日報導，2月份改制林務局，局長陶玉田、副局長徐學訓及林務移轉民營；1月31日報導，2月15日正式成立林務局，2月16日分別成立13個林區管理處。

1960年1月11日（民國49），阿里山火車道第25號山洞發生火警，於10日下午3時半發火燃燒，由奮起湖發專車前往灌救；阿里山林場徐守圍稱，距交力坪1公里的山洞火警，該場已派2百餘人前往。該山洞長136公尺，在山洞東邊洞口最先發現火警（徵信）；阿里山鐵路隧道火警（聯合報）。

1960年1月13日（民國49），台省國有林漫植竹木清理辦法，省府會議於12日通過，送省議會審議（徵信）。

1960年1月15日（民國49），花蓮木瓜溪北岸荒地墾殖糾紛已鬧了3年餘，本月險些發生械鬥（徵信）。

1960年1月16日（民國49），行政院院會通過：台灣省政府農林廳林產管理局改制為林務局。（林局誌）

1960年1月20日（民國49），省府通過49年度預定砍伐134萬立方公尺林木案，造林則為3萬餘公頃（徵信）；同日報導，林管局在旗山設新式儲材場。

1960年2月15日（民國49），林務局此次改組，係將7個山林管理所與7個伐木林場合併重整為文山（駐台北）、竹東（駐新竹）、大甲（駐豐原）、埔里（駐台中）、巒大（駐水里）、玉山（駐嘉義）、楠濃（駐台南）、恆春（駐屏東）、關山（駐台東）、玉里（駐玉里）、木瓜（駐花蓮）、蘭陽（駐羅東）等12個林區管理處，另設大雪山示範林區管理處（駐東勢）以監察大雪山林業公司之伐木作業及該林區之林政管理。又此次改組，竹東林場鹿場山分場改為竹東林管處檜山工作站，香杉山分場改為錦屏工作站；太魯

閣林場改為木瓜林管處嵐山工作站，木瓜
山林場改為木瓜處哈崙工作站（設池南轉運
站）；巒大林場望鄉山及西巒大（郡大林道）
2分場各改為巒大林管處工作站，並增設
人倫工作站開發東巒大森林。（林局誌）

1960年2月16日（民國49），15日上午10
時，於省立北商大禮堂舉行林產管理局改
制為林務局的成立典禮，由農林廳長金陽
鎬主持（徵信）；2月17日報導，經建主管
當局鑑於去年八七水災對經濟之破壞，除
了復建之外，為水土保持與開發山地，將
成立「墾務局」。

1960年2月16日（民國49），玉山林區管
理處成立，係合併前阿里山林場及台南山
林管理所所屬嘉義分所改組而成立者。

1960年2月18日（民國49），徵信新聞記
者謝家孝報導中橫，對福壽山上的水池說
是「鴛鴦池」，敘述了一個「淒豔的山地傳
奇故事」如下：「福壽山頂這個水池，山胞
們叫做『鴛鴦池』，水清不深，可以見底，
但水底卻是鬆弛的軟泥，以前這兒是林木
叢生，人類與野獸共同仰賴飲水的源泉！

鴛鴦池其名的來由，是在日本人侵據
台灣的歲月，時間在霧社山胞抗日之前，
日軍亦已向山地進駐，梨山福壽山一帶，
由於野生果甚多，不僅山胞聚居者眾，且
日軍亦有留駐。

山地姑娘多情，異鄉駐軍思家，就在
這樣的原因下，一個日本青年士兵與一個
山地姑娘萌長了愛情，他與她常常偷偷地
避開人，跑到山頂林間的水池邊去，月夜
情歌，黎明散聚，水池做了他們戀愛的印
證，但這一對異國鴛鴦的戀情，雙方都受
到反對，蠻橫的日本軍官根本不准部下與

山地姑娘結婚，而山胞酋長也深恨異國軍
閥的入侵，不允准族女獻身媚敵，這一對
青年人忘卻國家恩仇的純真戀愛，不但不
為人所同情，且雙方都受到了強壓的阻
撓，傷心無望之際，他們雙雙跳下了山頂
的水池，池底污泥埋葬了他們的肉體，淡
水面泛起的波花，圓圓的一圈紋、圓圓的
一圈紋，卻象徵著他們的愛情！自此以
後，這水池山胞們就叫做『鴛鴦池』，多年
水常清而不枯，水面常泛起的圓圈的波
紋！可是水底的污泥在傳說中卻是可怕
的，別看水淺，但若有失足，跌落鴛鴦池
中，卻將愈陷愈深，甚至滅頂」！註，1960
年代台灣人編故事的情節大同小異，阿里山姊
妹池也是瞎編一通，凡此，存疑。

1960年2月27日（民國49），徵信報導，
26日玉山林區管理處表示，該處周芝亭處
長於日前視察阿里山，對森鐵交通將於短
期內改善，火車將改用柴油機車，且將增
設服務小姐播放音樂。

1960年2月27日（民國49），吳鳳鄉樂野
村5鄰67號之1，於26日上午9時50分發火
燃燒，房屋及油桐樹付之一炬，燒毀林木
15甲以上，山青撲救，但下午死灰復燃
（徵信）；2月28日報導，該火燒達17小
時，350餘人撲救，燒毀林場140林班80公
頃麻竹、相思樹、油桐、草地等。火首嫌
犯杜氏，以燃燒稻草釀災。

1960年2月27日（民國49），阿里山樂野
村傳火警，燬毀林木15甲，另埔里大火已
漸撲滅（聯合報）；阿里山鐵道將改用柴油
車火車，新增服務小姐隨車，且沿途介紹
名勝。

1960年3月3日（民國49），阿里山森林

阿里山鐵道改用柴油火車,新增隨車服務小姐;左
邱澄。邱澄提供

1967年的中興號快車小姐,左王淑萍,右吳瑞珍。
邱澄 提供

1963年4月,阿里山森林鐵路啓用「中興號」柴油對號快車,取代原用蒸汽機關車帶動之列車,自此阿鐵由林
業專用鐵路,轉型為觀光旅遊鐵路。邱澄 提供

快車小姐、車長與司機。右一林興，右二徐清。林興提供

1979年的光復號快車小姐黃秀春，右徐清。黃秀春 提供

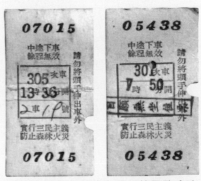

1982–1983中興號車票，兼具政令宣揚。

早期搭乘中興號快車對阿里山人而言，仍是一種奢華。林色、陳月琴、陳月靜於阿里山站（今之沼平站）。

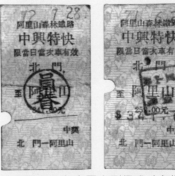

林務局員工與家屬直到很晚才有以員眷的優惠價搭乘中興號特快車。

又傳火警，桃復興鄉山林亦著火（聯合報）。

1960年3月11日（民國49），楠梓仙溪第31林班附近保留地10日下午2時，因開墾稻草引發火災（徵信）；林務局公布4天來各地頻傳火災，如丹大山、木瓜山、林田山、大湖、大甲溪等；3月20日報導，林務局19日表示，預防森林火災設備，10年內可完成；3月21日報導，森林火災受害嚴重，2個月發生41次，有些火災傳說涉有盜林滅跡嫌疑。

1960年3月15日（民國49），便利賞花人暢遊阿里山，台鐵每週辦一次旅行，全部費用僅360元（聯合報）。

1960年3月16日（民國49），陳清祥先生任職玉山林區管理處下的自忠工作站監工。

1960年3月20日（民國49）上午十時半，嘉義市忠義街永興木材行發火，累燒三家，損失150萬元。6月10日瑪麗颱風，帶來豪雨兩天，阿里山雨量最多，計5百餘公厘，損害不少。（嘉義縣政府，1977。嘉義縣誌，第233-235頁。）

1960年3月22日（民國49），經濟部山地開發小組調查，中央山脈西部約有20萬甲的土地可供開發，計畫發展畜牧事業（徵信）。

1960年4月16日（民國49），林務局15日首度舉行該局第一次業務會議（徵信）；4月17日報導，會議通過49年度標售木材日期。

1960年4月26日（民國49），東西橫貫公路完成，今日全線試車，工程費時3年10月，幹、支線共長340公里（徵信）；5月9日，橫貫公路舉行通車典禮，陳副總統至谷關主持剪綵；5月10日起，開始花蓮至天祥、宜蘭至台中縣（在梨山換車）等班車行駛。

1960年5月20日（民國49），蔣介石先生連任第3屆總統，玉山林管處與聯勤總司令部在阿里山遊樂區姊妹潭畔合建「介壽亭」一座。（林局誌）

1960年6月12日（民國49），瑪麗颱風昨遠去，阿里山雨量最大，交通受阻（聯合報）。

1960年6月20日（民國49），林務局擬進行公、私有林普查，預計明年開始辦理，2年內完成（徵信）。

1960年7月23日（民國49），省農林廳為開發山地農牧資源，擬訂設立「山地農牧資源開發局」及「台灣省山地農牧資源開發計畫委員會組織規程草案」兩種。山地農牧資源開發局未成立之前，暫先設立山地農牧資源開發計畫委員會（徵信）；7月25日報導，山地可開發土地，宜農25萬公頃，宜牧25萬公頃，可容納農民85萬人，加上農產品加工等人員，共可容納150萬人。省府規劃的方案，畜牧包括乳牛、肉牛、毛羊等；藥用植物擬生產肉桂、人參、半夏等；果樹如梨、板栗、水蜜桃、蘋果等；其他如茶、蔬菜、雜糧等。

1960年7月26日（民國49），農林廳長金陽鎬在省議會答詢表示，伐木開放民營將從阿里山開始，屆時木材滯銷即可好轉（徵信）。

1960年7月28日（民國49），徵信報導，省議員質詢枕木銷韓措施馬虎，招致重大損失，濫伐破壞水土等。

1960年8月1日（民國49），中南部因雪莉颱風發生大水災，阿里山地區24小時內降雨1,040.40公厘，繼上年八七之後而又有今年八一之災；此皆林務局於各林區野溪辦理防砂治水工程之導因。（林局誌）

1960年8月3日（民國49），8月1日雪莉颱風重創台灣，阿里山森林鐵路損壞10處（徵信）；立委冷彭於8月2日痛斥森林濫伐，導致一颱成災；8月18日報導則以美國資料反駁伐木導致水災之說。

1960年8月29日～9月10日（民國49），第五屆世界森林會議在美國西雅圖舉行，與會者65個國家，我國出席代表為陶玉田，代表張繼正、康瀚，觀察員楊志偉、鄭開孚、馬子斌、葛錦昭等。大會中心議題：「發展森林之多目標經營」，即木材生產、水資源、畜牧、森林遊樂及野生動物管理等五大項；前此，美國國會於1960年6月12日，制訂「林地多方利用永續生產法案」(Multiple Use Sustained Yield Act)，作為美國國有林地經營之依據，將木材、水源、牧草、野生動物、森林遊樂等五項，視為森林之主要資源。

1960年9月16日（民國49），經濟部擬定促進森林工業發展實施方案，目的「在使高山地區逾齡森林及低山地區林相不佳的森林加以開發整理與更新，充分利用森林資源」，其主要內容為：（一）開闢林道幹線930公里，預定20年完成，林務局擬在本年內開工；（二）改善林產處分方法：1.林班標售分長期與短期二種，短期者1年至3年，規定由得標者，負責建築林道支線；長期者5年至10年，由得標者負責建築一部分運材幹線，此項建築幹線費用允許由得標者在逐年應繳之伐木價金內扣還。2.儘量採用單位材積計算林木價金方法，規定處分國有林產價金先依概算數繳納，等待作業完畢再按照實際搬出數量結算，多退少補。3.規定免稅收分期繳納的利息，但為其公平合理，其價款則應照市價變動而予以調整。4.依林產處分方式供應工業原料，於辦理林班處分時規定將所產木材之一部或全部依適合工業發展之價格，供應指定之工廠或用戶，惟林務局因此短少之收入，則申請美援補助之。5.研究實行經理執照制度，凡得標辦理長期伐木業者，如成績良好，得照永續供應工業原材之理由，申請林務局核發經理執照，但此項規定仍須研究；（三）改善銷售辦法：此項新銷售辦法分為合理供應、牌價出售及標售。1.凡屬造紙、人造木板、合板、火柴工業、電桿、造船、枕木及其他木材工業，而長年均有定量需要之工業用材，以及外銷用材，可由各廠商或公會先期將每年需要之數量向林務局申請，簽訂合約，按期照牌價或議定價格供應。外銷者如投標價格低於牌價時，得依照外銷價格供應。2.牌價出售，市價之漲落每10天公告一次，出售不限對象，但購材數量則應在20立方公尺以上，以免過於零星。3.規定適於標售或不適於標售的木材，由林務局公布低價標售，仍不限對象；（四）建議財政當局取消木材貨物稅，提高林務局的繳庫盈餘。此項木材貨物稅取消，旨在使木材經營不專重財政目的，而側重於經濟目的；（五）積極完成荒地、伐木跡地造林，此二種林地應在10年內完成伐木跡地造林，荒地造林應在20年內完成，並規定

應每年造林預計4萬公頃」。

1960年9月24日（民國49），轟動一時的「空頭倉庫」向銀行騙借案，林務局高官涉嫌勾結，導致公庫蒙受鉅大損失（徵信）。

1960年9月28日（民國49），當局為經濟發展擬「上山下海」，也就是林業以及遠洋漁業（徵信）。

1960年10月5日（民國49），為防止森林火災，省府通過方案，經費千萬，3年完成（徵信）。

1960年10月7日（民國49），省議會通過國有林漫植木清理辦法，全文出爐，將處理各地計約8萬公頃林地（徵信）。

1960年11月10日（民國49），林務局頃奉省農林廳命令，自即日起對埋沒木材挖掘之申請案件不再受理。日治時代因天災地變間遺留有埋沒木材，各方向林務機關申請挖掘案甚多，但今後原則上由各林區管理處自行營運，不再受理申請（徵信）。

1960年11月25日（民國49），阿里山森林鐵道改訂行車時刻表，此後除以普通客車雙日上山、單日下山外，加開不定時團體列車一次。前此「阿鐵」為林業專用鐵路本色，全線以運材列車為主，每日貨車定時下行5次另不定時4次，旅客列為附帶運輸，且採人件混合列車方式稱為「便乘列車」，始於1920年，終戰後初期列為定規。（林局誌）

1960年11月26日（民國49），林務局建請遷建台中乙案，省府業務會報不置可否。省府周至柔主席25日在會中表示，今後省府各單位的疏遷，必先徵得省議會的同意（徵信）。

1960年12月8日（民國49），林務局本年度木材生產，決定可達原定285,000立方公尺目標。目前已生產27萬立方公尺；截至11月底，該局標售木材金額已達3億2千萬，接近年度預定3億6千萬元（徵信）；12月14日報導，明年度全省伐木預定目標為1,318,771.717立方公尺，樟樹32,715.2立方公尺，竹材1,398,665支。

1960年12月21日（民國49），省府委員會議20日決定成立「山地農牧局」，專責山地邊際土地252萬公頃的資源開發，例會並通過農牧局民國50年度的工作計畫（徵信）；12月22日報導，省議員對山地資源開發促採「開放政策」；12月29日，由記者閻愈政撰寫「邊際土地資源開發—設立山地農牧局的意義」，全文如下：

「台灣省政府委員會議在上週的例會中，決定成立山地農牧局，在廣泛的意義來說，有著很不平常的政治意味。

可以說：這是試探解決本省日益嚴重的人口壓力與耕地限制所造成的困難問題。

成立這個機構的經過，應該遠溯到舉行全省行政會議的時候，當時，大會認為本省人口逐漸增加，耕地面積卻有一定限制，因而濫墾濫伐，破壞了水土保持，於是會議中通過了某一縣長的建議，成立水土保持局。

會議把議決送呈省府委員會參考時，省府認為與其僅從事水土保持，不如索性配合開發山地資源，就是以水土保持為手段，達成山地資源開發目的，成立一個統籌計畫的山地農牧資源開發局。

後來，事實上卻是以開發資源為目標，這目標將涉及社會的繁榮與經濟的安

定。

小農經營的貧匱

我們且看台灣省土地是如何不夠使用。一般說起來，每一家農戶至少要擁有3公頃土地才能維持其比較合理的生活水準所必需。然而，我們只有10%的農戶達到這個標準。其餘90%農戶中，有46%所經營的耕地不夠1公頃，又有26%農戶甚至擁有的耕地還不到半公頃。

民國48年的調查，平均每一農家人口8人，只有土地1.16公頃。依照最近的估計，台灣省每1公頃的農田平均要負擔12人以上的生活。

不說人口繼續增加的嚴重性，就拿目前這種情形來說，即使再提高單位面積的生產量，但由於這種小農制的經營，台灣農村經濟情形的改進也是件困難事，主因當然是土地不夠利用。

人口壓力與土地利用

說到人口壓力，幾乎是公認的嚴重問題，尤其是對土地的壓力，據統計，本省人口從民國10年開始，逐漸增加，光復以後，不但繼續維持這種趨勢，而且增加率高到35?，每天有1千人增加，其中多數需要土地供養。

並看土地利用的情形：土地利用當然有很多因素，如人口、土質、氣候、有效資本、租佃制度、政治情形、人民智識水準、經濟開發、產品的市場情形等都是，我們很難說出一定的條件，但台灣土地利用所受自然條件的限制卻很厲害。

本省面積雖有3,596,121公頃，但是山多，林地面積就佔了64%，耕地面積充其量不過883,465公頃。在平原地帶，除

了向海邊發展的海埔新生地以外，已經沒有再發展的餘地了。

農林邊際地帶

可是，有待發展的山地面積卻有250萬公頃之多，其中海拔1千公尺以下的丘陵地，就是普通所謂農林邊際地帶大約有1,383,900公頃。

把這些山地按照土地坡度、土壤深厚、沖蝕程度、土壤質地等條件，將它區分為宜農宜牧地帶，估計可供開發作農耕用的有25萬公頃，可作為牧場植牧草用的也有25萬公頃，總計可開發農牧用地50萬公頃。

這種邊際利用土地，將按土地坡度、土層厚度、質地沖蝕情形，分為8級可用限度。

1至4即為可耕地，也可林牧；5至6級為邊際可耕地，均需集約之水土保持處理；7至8級為亞邊際地，只能造林或植草。

鼓勵民間投資開發

當然可以想像到的，開發這些土地並不是件簡單事，不但需要確定政策，長期地經營，而且，非有龐大的人力與財力不能達到目標。

如果僅靠政府力量去進行，在財政負擔上，幾乎是不可能的事。

所以，台省府所確定的主要開發方式之一是鼓勵民間投資經營。這種大規模的開發工作，適合於企業經營方式來進行。

省府將研究制定鼓勵民間投資條例，就好像獎勵工業投資一般，號召民間及僑資，如設立牧場、果園、茶園、藥圃、茶場、製材工廠等。政府將設法解除現有妨

礙開發的各種限制，簡化申請土地及投資經營手續，減免稅捐負擔，並貸款，給予資金方面的周轉和業務上的輔導。

同時採用各種方式鼓勵國民儲蓄，以供應企業所需的長期資金。

安置墾民與退除役官兵

在這50萬公頃中，將安置墾民和退除役官兵。

根據每戶需要3公頃土地計算，可以安置17萬戶，約85萬人。

墾民安置於已開墾的公有土地部分，由開墾人申請，經過當地農林、地政、水土保持機構會勘認可後，交給開墾人在政府輔導下耕植適當的作物或飼養家畜，並且按照土地的規定，免納土地稅，由縣市政府命令規定免納的年限。至於退除役官兵，應該安置在面積較大，還沒有開墾利用的土地上，可以集中經營，可惜目前還很少有這種土地。

優先開發的土地和事業

開發的程序，將選擇交通便利的少數據點為優先實施區，因為這些地方已有部分開發，不少是屬於超限利用，為了避免土地的敗壞與浪費，應該先加強整理。

開發的種類，也將選擇能收速效的事業為優先，譬如牧場的開闢、苧麻、香菇、金針花及蔬菜種子的生產，山地農業推廣工作的舉辦等。

從省府例會所通過的山地農牧局50年度工作計劃中可以看出，第一階段將以設置示範區、整理濫墾地、訓練技術人員、耕地水土保持、輸入家畜等準備工作為主。正式的資源開發工作，尚有待詳細規劃。估計在10年以後，才可見到相當的生產收益。

經濟效用與開發前途

能收到什麼利益呢？生產方面還無從估計，但可以計算出直接受益農戶85萬人，間接受益者，如產品加工、包裝、運銷、農場工廠管理、機械保養修理、交通運輸及日用品供應等從業人員，又有65萬人，既可以增加國民就業機會，緩和人口壓力，也可調節都市人口密度。

在經濟效用上說，除此以外，由於國民儲蓄作為生產投資，儲蓄與所得逐年增加，循環運用的結果，促進國內資本形成，加速了國家經濟發展。

在另一方面，我們卻也不陶醉於這些未知的成果，因為，一切理論與計劃，都要看實際執行的情形如何而定，像這樣龐大目標，而沒有周密的、進步的籌畫與執行，到最後，只能成為永不能實現的政策。海埔新生地的開發頓挫，就是個很好的例子。

倘使，前事能給人的經驗上增加一次教訓的話，山地資源開發，寧可遲緩一點進行，也不應倉促從事，使一向有崇高目標的政治作為，變成政治口號，這是我們深切關懷的」。

1960年（民國49），阿里山4村戶籍人口2,348人；該年遊客22,630人，全台人口10,792,202人。

1960～1966年（民國49～55），阿里山事業區共計發生31次火災，焚毀面積達537.54公頃，估計損失金額2,845,223.54元；對高岳事業區共計發生8次火災，焚毀面積達73.38公頃。

1961年（民國50），管理處僱請爬樹專

家高謙福先生，爬上阿里山神木斷幹上方，釘木板填土，種植紅檜苗木多株。

1961年1月12日（民國50），徵信新聞今日春秋欄抨擊「又傳林官貪污」，全文轉錄如下：「林務局又傳貪污案。省議會前天的質詢說，林務局長陶玉田串通部屬，勾結商人，於標售丹大區第8林班時，事前洩漏底價，接受木材商紅包3百萬元，後來因為分贓不均，引起內訌，迫而下令廢標。周主席於答覆時表示，省府對此事已派員徹查，可見省議員的質詢並非捕風捉影之談。

台灣有美麗寶島之稱，而蔥綠繁盛的林木，則是構成美的重要色素與形態。所以怪不得當年荷蘭人發現台灣，目睹那一片處女林帶，蒼翠欲滴，禁不住呼出讚美之聲。殊不知這些美麗林木竟是藏金貯銀。美麗值幾鈿一斤？把這些林木砍下來才是生財大道。看起來，荷蘭人飄洋過海，雖然稱得上冒險家，還不如我們的林官，把林務局當作是冒險家的樂園。做上林官，有假既可遍走全島林場，住在各林場美侖美奐的招待所，享受當年荷蘭人賞心悅目的樂事，又可坐在林務局大筆一批，金銀財寶滾滾而來。

荷蘭人飄洋過海，有時免不得碰上颱風，舟覆人沒，丟掉性命，而我們林官的冒險，雖有時失風，也不過換一個地方吃官糧而已。譬如前任林務局長，現在在台北監獄「辦公」，莫說「監獄」兩字難聽，其實住進去報酬不小，恐怕監察院陶百川委員算出的數目還算低估了呢！

『森林是台灣的生命』是一句大家聽膩了的口號，『整飭林政』，也是你知我知的

說法，究竟如何，且看省府徹查的下回分解吧」！

1961年1月18日（民國50），為發展林業，主管當局現已決定推行森林經理制度，並決定一個森林經理小組來推動此項工作。該小組係由經濟部、美援會、農復會、農林廳、林務局、農業試驗所、台灣大學、省立農學院等單位組成，「政府實施森林經理制度，是因為美援會主任委員伊仲容曾在一篇論述中討論到改進台灣的森林問題」（徵信）。

1961年1月23日（民國50），阿里山再起大火，焚燬2林班，起火原因不明（聯合報）。

1961年1月25日（民國50），省府通過台灣省伐木業者及製腦業者登記管理規則，俟送省議會審議後實施。規則要點如下：「具有下列各款規定得申請登記為伐木業者：1.領有伐木業務之公司登記執照，或商業登記執照，及營業登記證，並係省木材工業同業公會會員者；2.資本額新台幣20萬元以上者；3.負責人曾直接奉准經營伐木事業滿2年以上者，其經營材積達2千立方公尺以上者，但負責人無上述資格時，得聘用森林技師，或在國內外已立案之大專學校森林科系畢業，並在林業機構服務2年以上者擔任；4.經營之公司或商號及其負責人3年內未違反森林法令，並經法院判定有罪者。

具有下列各款規定，得申請登記為製腦業者：1.領有伐木業務之公司登記執照，或商業登記證，及營業登記證，並係省粗製樟腦生產協會會員者；2.資本額新台幣3萬元以上者；3.負責人或技師曾在

林業機構服務3年以上，或從事製腦業5年以上者；4. 經營之公司或商號及其負責人，3年內未因違反森林法令，經法院判定有罪者。凡申請登記應填具申請書，並附件，向所在地林管處辦理登記，除有特殊情形外，林管處應於收到申請書10日內，轉呈林務局核辦，至已經核准登記之業者，其負責人及技師不得兼任其他伐木或製腦之公司行號同等職務。

業者如有停業，歇業或解散情事，均應事前向所在地林管處申請查核，轉呈林務局核備或註銷登記。

業者有下列情事之一時，應自事實發生之日起1個月內辦理變更登記手續：. 變更公司行號名稱或組織者；1. 變更負責人或技師者；2. 更換印鑑者；3. 開發地址遷移者；4. 變更資本額者（以下略之）」。

1961年1月26日（民國50），國立中醫學院研究所與農林廳合作，組團調查中央山脈豐富的中藥材，報告認為中央山脈所蘊藏的中藥材價值甚大，非但可供內需，且可大量輸出香港、越南、泰國等地。其所列出搶收、隨時可收、明年收採、應繁殖者等，物種林林總總（微信）。

1961年2月5日（民國50），經濟部主管當局為降低木材生產成本與適應國內外市場需求，決採各種改進措施，包括採用鏈鋸伐木造材以代替人工；增添新式柴油及汽油集材機，代替原有之蒸汽集材機；增添新式柴油機車，替代舊有之燃煤機車；改善木材出售辦法等（微信）。

1961年2月12日（民國50），台灣21萬公頃山地保留地，省府決定予以充分利用，著手勘查開發，「計畫除山地同胞所必需

的完耕使用部分外，其餘將開放利用」；山地保留地是未記錄的國有土地，係1928年日本人劃定給原住民使用者，面積約212,771公頃（微信）。

1961年3月6日（民國50），本月1～10日在台北市新公園舉辦「本省光復以來規模最大的農業建設展覽會」，同時，官員表示，台灣50萬公頃山坡地將是今後農業建設的新天地，其中25萬公頃將變成各種旱作和果樹，其餘25萬公頃可開闢為草原牧場，發展畜牧（微信）。

1961年3月11日（民國50），台灣省山地農牧資源開發局組織規程業經行政院正式批准，省府10日明令公布實施，並令簽報該局成立日期。行政院規定：「山地農牧資源開發局，除辦理一般山地農牧資源開發外，石門水庫地方水土保持工作，亦應由農牧局協調石門水庫地方建設委員會辦理。

省府在命令中規定：前頒「山地農牧資源開發計畫委員會組織規程」應予廢止，並由農林廳照前令規定，將應予撥調山地農牧局之人員從速列冊移撥。

根據昨天公布的該局組織規程規定，該局之職掌為：1. 關於山地宜農宜牧之土地調查區劃；2. 關於山地農牧土地利用之法規研擬；3. 關於山地農牧土地整理利用；4. 關於水土保持；5. 關於山地農藝、園藝及其他經濟作物之改進與推廣；6. 關於山地畜牧之改進與推廣；7. 關於其他有關山地發展利用保育等事項。

該局分設下列各組室，分設辦事：1. 秘書室：分文書、事務、出納三股；2. 土地整理組：分資料、整理二股；3. 水土保

持組：分土壤、作業、工程三股；4.農業組：分種藝、植物保護、種苗三股；5.畜牧組：分畜產、飼料、家畜衛生等三股。

該局因實際工作需要，得於呈准後於指定地區設立工作處，其職掌為：1.關於宜農宜牧土地之調查；2.關於山地農牧土地之利用；3.關於山地水土保持設施及推廣；4.關於山地農藝、園藝、畜牧事業之輔導及推廣；5.其他有關山地發展利用及保育」。

1961年3月16日（民國50），嘉義至阿里山將興建山地公路，省府昨已派員測量（聯合報）。

1961年3月27日（民國50），徵信「各地特產」介紹嘉義的筍乾、筍絲，全文如下：「筍乾與筍絲都是本省的特產，輸出日本、香港、南洋方面外銷，它的主要產地，以嘉義縣梅山、竹崎、番路等三鄉為最多，南投縣竹山、鹿谷兩鄉鎮次之，雲林縣古坑鄉又次之，總產量每年估計約在3千公噸之譜，其中嘉義縣產量佔其大半，南投、雲林兩縣約在1千餘公噸，每年外銷數量多達2千多公噸，最少也有1千5百公噸，其餘均供應於省內消費。

它的種類可分為『筍乾、筍絲、酸筍』三種，等級也可分一至四級，其品質之優劣是視水分之多少而定的，水分越少越好，優良貨品應須具有筍乾特有的香味和呈黃金色的色澤，而筍乾與筍絲時有明顯地異處，筍絲係指含有水分10%以上，30%以下者，如含40％以上的水分者即為熟（酸）筍。筍乾是含有水分僅5%者，算是最佳的貨品。

筍乾的原料是『麻竹筍』。當每年夏季，在海拔800公尺以上的山地，由生產業者把長約1公尺左右的麻竹筍砍倒，撥掉粗韌部分和外皮，用4公厘的薄刀切成絲條。納入大型筍鍋蒸煮到適當熟度之後，堆積於高約8台尺，直徑6台尺的土穴或竹製的大型?裡，能夠儲藏1至2年都不會腐敗，竹?或土穴上面及其外圍，要在堆積前後密密地用香蕉葉予以掩蔽，將這樣儲藏的熟筍取出曝曬後，使水分漸漸地減少，就成為筍乾和筍絲。

各市鎮均有中盤和零售商，由產地陸續運到薹貨兌售，現在最乾的筍乾中盤價喊2千8百元，零售30元，次乾的2千元，零售22元，普通貨1千3百元，零售15元，四級貨600元，零售以8元成交。筍絲比較輕身，所以市價無論批價或零售都較筍乾便宜些。由於最近日本銷路……，嘉義縣山貨工會有鑑及此，推派理事吳耿燦（梅山鄉山產業瑞隆行老闆）赴日視察並向有關方面說明，以期改善，擴展銷路，多予爭取外匯。

至於嘉義縣特產愛玉子、仙草乾、紅棕及山產檳榔、荸薺、木耳等之如何生產和市價起落，後日當再詳細分析」。

1961年4月5日（民國50），台省造林今後將取消「合作造林辦法」（徵信）。

1961年4月11日（民國50），今日正式成立「台灣省山地農牧局」，局長張方?、副局長趙元桂就職，省府擬訂山地農牧資源10年開發計畫，自51年度開始實施（徵信）。註，台灣過往山林政策的檢討與保育運動只鎖定林務局等單位，但有史以來，迄今從無人探討山地農牧局對全台山林的浩大破壞，導致今之土石橫流的主凶之一，正是1960年代

樹靈塔原來有四層。劉枝明提供

樹靈塔四層遺失兩層，曾造成阿里山一陣恐慌。圖為陳清祥、陳玉妹細研樹靈塔塔層。陳月霞攝1998.08.22.

地震後樹靈塔傾斜且地基下陷，斥資78萬元整修，2000年1月3日扶正。陳玉峯攝2003.04.14.

樹靈塔祭記留念
五十年四月三十日

1961年4月30日，阿里山工作站成員與林業商等50多人，於樹靈塔前舉行祭拜儀式。　黃坤山　提供

以來，摧毀台灣中、低海拔山林原生生態系的山地農牧局，這個系統正是農業（等）上山的始作俑者。

1961年4月30日（民國50），阿里山工作站成員與林業商等50多人，於樹靈塔前舉行祭拜儀式。

1961年5月18日（民國50），阿里山鐵路即將柴油化（聯合報）。

1961年5月19日（民國50），林務局玉山林區管理處首度實施將部分直營伐木與製材工廠開放民營。今將楠梓仙溪伐木區域之針一級木5,677立方公尺、二級木2,275立方公尺、闊葉樹6,393立方公尺，合計立木材積14,345立方公尺標售給民營，而即將標售的製材工廠，是由該處現在所經營的第二製材工廠與部分貯木池，現正辦理標售手續，即將公告（徵信）。

1961年5月28日（民國50），林務局事業經營成績有逐年衰退趨勢（徵信）。

1961年6月10日（民國50），林務局木材標售辦法下月變更，自7月1日起，各林區生產之木材不再集中該局標售，交由各林區分別自行標售，而本局專辦木材配售事宜（徵信）；10月28日報導，林務局將廢配售。

1961年6月29日（民國50），為便利木材工業發展，自7月1日起停征木材貨物稅（徵信）。

1961年9月4日（民國50），阿里山上豪雨，鐵路災情嚴重，山洞崩塌橋樑中斷，運材列車5節遭掩埋，1人死亡、司機受傷（聯合報）。

1961年9月4日（民國50），3日阿里山大雨，上午9時，玉山林管處一列7節運材火車自山上下駛，經63號山洞之際，山洞崩塌，其中5節被埋在山洞中，檢車工人李雲芳當場身亡，司機陳仁讓負傷。此外，嘉義至竹崎間的平地鐵路交通，因奮起湖以上一處橋樑沖毀，也告受阻（徵信）；9月7日報導，阿里山續降大雨，6日仍有山石崩塌。

1961年10月5日（民國50），交通部路政司及省府交通處路政科司、科長一行，考察阿里山森林鐵路沿線，聽取玉山林管處周芝亭處長報告森鐵現況及柴油化計畫，全線55處山洞及114座橋樑支柱均將改為混凝土；該處將自行分期購進客車6輛，但機動車8輛需款72萬美元，必須爭取美援始能實踐柴油化運駛。（林局誌）

1961年11月15日（民國50），台鐵無意接管阿里山森林鐵道（聯合報）。

1961年11月16日（民國50），監察院彈劾林務局長陶玉田及大雪山林業公司總經理王敏慶，案由係陶、王二人對「振昌木材防腐工廠」蓄意圖利（徵信）。

1961年12月27日（民國50），巒大山區人倫林道由榮民百餘人，歷時5年闢建完成，訂於28日舉行通車典禮，同時舉行該林區管理處辦公新廈落成大典。人倫林道全長預計60公里，現已完成第一階段22公里，耗資1,480萬元；該山區蓄積林木約百萬立方公尺，預計經營36年，木材售價估計18億元以上（徵信）；而巒大林區東巒大事業區係在1956年計畫開發，由水里經新山公路邊斜上，繞經龍神橋上端海拔382公尺處，而今已完成之22公里段落，已達海拔2,200餘公尺。開路殉職之榮民17人，於林道18K處建一紀念碑。

1961年(民國50)，阿里山4村戶籍人口2,415人；該年遊客24,394人，全台人口11,149,139人。

1962年1月26日(民國51)，阿里山上奇寒，積雪淹沒鐵路，住戶用水結凍(聯合報)。

1962年2月11日(民國51)，阿里山傳火警，燒燬1座橋樑(聯合報)。

1962年3月7日(民國51)，阿里山鐵路定15日起，加開賞花快車，車廂舒適、服務週到(聯合報)；14日報導，阿里山賞櫻，將增開遊覽車，定15日起行駛1個月；16日報導，阿里山賞櫻，柴油快車昨日起行駛。

1962年3月2日(民國51)，多年來國有林盜伐、濫墾嚴重，警備總部特成立東部、中部、南部3個取締專案小組，另在陽明山地區設兩小組(徵信)；記者秦鳳棲撰「盜伐濫墾何時了」，全文如下：

「搖頭三嘆不提也罷

政府每年都撥出大批的經費來造林，無論在人力與物力上，都已盡到了最大的努力，但是由於近來一些不法份子的對國有林地的盜伐與濫墾，非但是使政府為造林所花費的金錢與心血化為烏有，而且也嚴重的影響到水土保持，一旦碰到了颱風豪雨，勢必會造成嚴重的災害，這不僅是一個經濟問題，而且也是一個嚴重的社會問題。

本省的國有林地共有160餘(萬)公頃，其保林工作是由省府責成林務局執行，最近由於不法份子的集團盜伐和濫墾，林務局的人員一提到這個問題沒有不搖頭三嘆的。他們認為如果現在不立即著手加強取締的話，則其後果將極為嚴重，所受的損失，也將無法估計。

據林務局的一位主管官員說，在160萬公頃的國有林事業區中，該局僱用的巡視員，因限於經費，僅有4百人，這些巡視員對於個人的盜伐或是濫墾林地，都還可以取締，但是對於有組織的集團不法份子，則就無能為力了。

萬頃以上侵公為私

過去該局的巡視員也曾經有因發現不法份子的集團盜伐濫墾，經前往取締時而有被不法份子殺傷的情事發生。該局也曾請求警察機關協助取締，但是也常因限於警力不足，而有鞭長莫及之感。而林務人員本身雖然已經盡了管理上的責任，但是因為沒有司法權，故對盜伐濫墾業者不能取締。也正因為不能有效的取締，所以在國有林地中盜伐國有林木、濫墾國有林地的現象乃日趨嚴重。截至目前為止，雖然還沒有詳細的調查報告，究竟國有林地被盜伐與濫墾了多少，還不能詳細地指出，但依照該局初步目測的估計，最少有1萬公頃以上的國有林地，已被不法份子盜伐與濫墾了。

該官員說，這是一個嚴重的問題，因為林地應該造林，不能把林木砍掉而改種其他別的作物，像本省北部一帶被濫墾的林地，大多是種植花生、甘薯、柑橘等作物；中部地區則是以種植香蕉、樹薯、雜糧為主；南部地區除了雜糧，還有種植瓊麻的，例如把國有林地盜墾後，除了地上物的林木可以偷偷搬出賣掉外，每一甲地如果種植香蕉，最多可賺到5萬元，少的也不會低於2萬元，利之所在，當然也就

有一些不法份子的甘犯法紀了。

背景紮硬取締為難

目前對國有林地盜罰與濫墾的人，共分為兩部分，一部分是林地附近的居民，他們是佔地利之便，由近及遠的盜伐與濫墾，雖然發現較難，但取締較易，因為這是針對個人的關係。另外一部分則情形就大不相同了，這批人大多是有後台背景的，這些背景又都是地方上小有名氣，常在各機關行走的人物，他們出錢僱人作有組織計畫的盜伐。這本來是犯法的事，但由於這些地方的代表有惡勢力的人物撐腰，所以濫墾出來的林地，大多是出租，行情是每一甲1萬元左右，出售的雖然也有，但比較是少數。這些人難以取締的原因，主要是亡命之徒較多，如果少數的人員前往取締，他們是根本不予理會，人多時，則他就用白刀子進紅刀子出的拼命方法來反抗，結果是弄得前往取締的人束手無策。現在這種濫墾與盜伐的情形，在現場看過的人，都認為是已經到了無法無天的地步了。過去政府也曾嚴加取締，這批人則是到處請願，陳情書滿天飛，從地方議會到中央的立、監兩院，使取締者根本不能取締。

戲法萬般巧妙不同

所謂盜伐，是把國有林木砍下來賣了，濫墾則不但是偷木頭，而且還佔用國有林地種其他作物，或者乾脆租出去。他們根本不管什麼是國家公有的這一套規定，法令規章在這些人眼裡根本不值一毛錢。當然，政府也曾取締了不少人，但是取締後把他原來種植的作物剷除後再行造林時，被取締的人會偷偷地跑去把樹苗通給拔下來，這種造林過後的保護問題，成了最頭痛的一件事。另外，還有一種投機取巧的方法，是在已造林的林地裡與樹苗間種香蕉，等到香蕉長大，索性就把樹苗拔掉，這樣一來，無形中使林地變成了香蕉園，等到巡視人員發現，則為時已晚，造成一種既成局面，使取締的人徒喚奈何！

痛下決心絕不姑息

由於盜伐及濫墾國有林木及林地，已經有泛濫成災之勢，過去政府的取締僅是送法院罰鍰30元了事，並不足以遏止這一趨勢，所以最近省府及警備總司令部決定從嚴加以取締，並對反抗取締的首要不法份子將予以管訓的處分。治安當局曾向林務局表示過這種決心，對違法者絕不稍予姑息。

該林務官員認為，這個問題的最妥善解決辦法，應該是要考慮到濫墾人的出路問題，唯一的辦法是從速開發農林邊際土地，使其有耕種的土地，就不致於再有對國有林地的盜伐與濫墾現象發生了」。

1962年3月15日（民國51），阿里山森林鐵路增駛柴油車對號快車（2節機動車廂），櫻花季每日上下山各1列車，縮短行車約1小時（上山4小時、下山3.5小時），此為阿鐵可運柴油化之開端，先一日上午於嘉義市北門車站舉行通車典禮與招待試乘；普通列車依舊每逢雙日上山、單日下山，並即向日本訂製新型柴油機動車2輛。（林局誌）

1962年4月24日（民國51），23日下午1時15分，阿里山林場小火車之柴油快車兩節組成之混合列車自阿里山下山，嘉義縣公共汽車於下午5時自嘉義開往梅山，兩

車於5時25分駛抵崎頂中山村平交道相撞。火車頭撞及公共汽車三分之一處，汽車被拋出10餘公尺，火車頭出軌。汽車乘客當場1死、6人重傷、35人輕傷，乘客多為學生。玉山林管處發給死者家屬慰問金1千元，重傷者每人3百元（徵信）；25日報導，公車司機有過失。

1962年6月11日（民國51），林務局之經營去年虧損1千餘萬元，省府飭令提出改進計畫。有關單位稱，林務局去年度依照預算應有盈餘1億零5百萬元，但實際只有9千餘萬元。林務局宣稱乃因大甲林區、阿里山林區及巒大山林區的虧損所致（徵信）；6月25日報導，「林務經營不善，上年度虧損4千餘萬元」，改善措施：1.自本年7月1日起，停止新進人員；2.大甲林區上年度虧損4千餘萬元，應裁員、重訂經營方案；3.林務局本局人員太多，立即調整；4.下年度減少不必要開支；5.改善作業方法；6.爭取外銷。

1962年8月9日（民國51），阿里山發生小崩塌，鐵路受損（聯合報）。

1962年8月19日（民國51），徵信報導「木材下跌直營伐木失敗，林務局虧損無法好轉，今年將逾2千萬元，訂定改進計畫，明年起可趨平衡，大甲、玉山等林區決予標售林班」。林務局陶玉田局長稱，53年起可再恢復有盈餘，去年虧損1千4百萬，今年可能虧2千萬元。由52年度起，該局決將虧損最多的大甲、玉山及部分的蘭陽林區的直營伐木，全部予以停止，改為林產處分標賣林班，且今後將儘量縮小直營伐木業務，以減少負擔。據稱：「由於台灣森林中低材積林地所佔面積很大，

且大部分為闊葉樹，伐木業務根本不能賺錢，而且還有虧損。每公頃材積在400立方公尺以上高材積的林地，估計全省的面積僅為8萬立方公尺左右（？）。過去該局有盈餘是用直營伐木的盈餘來彌補林務行政費用，現在則因直營伐木有虧損，無法再用以彌補林務行政費用的支出，故在造林方面乃發生了沒有經費的現象。而林務局今後的政策也是專辦林務行政，不再直營伐木。

據悉，省林務局現在已經將52年度業務經營改進措施擬妥，並送呈省農林廳核示中，如獲批准，該局明年度的業務，即將根據此項措施來實行。茲獲悉該改進內容如下：

一、大甲、玉山林區直營伐木全部停止，專辦林務行政，嗣後並依計畫，續將其他林區直營伐木分年停辦。

二、整理各林區業務：1.阿里山森林鐵路在收支平衡原則下，予以改善或交鐵路局經營。2.各林區之鋸木廠，原則上予以開放民營，自52年度起先將大甲、玉山兩處之貯木場、鋸木廠予以標售或出租民營。3.蘭陽林區在人員與投資均不增加條件下合理生產，土場至羅東鐵路俟公路橋竣工後，改為公路運材。4.各林區不需要之各項固定設施及器材，限期清理，予以處分。

三、加強林產處分：各林區直營伐木業務停止後，仍酌視森林施業及市場需要情形，將應砍伐數量增列林產處分預定案內，加強處分，增加收入，以維林務行政之支出」。

1962年8月27日(民國51)，徵信新聞社論「從枕木銷韓案說林政」，全文如下：「現改為省林務局的林產管理局，從來就有「染缸」之稱，幾乎誰掉了進去，都不容易保持清白。在今日以前，已經有好幾位高級林官因違法瀆職而受到法律制裁，涉嫌事件卻還是層出不窮。最近，連聲譽尚稱良好的陶玉田局長，也為了辦理枕木銷韓失職，連同林務局的另三名屬員一起，被監察院兩度提出彈劾，並移付公務員懲戒委員會處理。銷韓枕木，一部分原定由木材商供給，而林務局則以貯木場檜木標換，依照契約，得標之木材商應於交清枕木後方可提出檜木，但有永豐等4家商行則早已將檜木提去，欠林務局枕木達2萬8千餘根，涉訟經年，毫無結果。這些商行所提供的擔保品，當時曾作價500餘萬元，及至法院準備予以處分時，發現竟是些無人願意承購的廢物，保證人的財產又不足償付欠木，這項損失，現在尚不知應如何彌補。監察院在詳查當時處理經過後，認定『林務局辦理此事之草率，固屬顯而易見，其事前與永豐勾串，亦屬無可掩飾』。

枕木案本身，就其所招致的國家損失而言，也可說是相當重大，但與過去林政腐敗的情形相比較，則就並不顯得如何特殊。類此事件，甚至可說是司空見慣。森林原為本省的大好資源，但由於林政風紀之不良與效率之低落，國家所遭受的損失，歷年累積起來，簡直已大到無法估計，僅以百萬計的數字，只可說是滄海之一粟而已。

本省的林業，首先是由於投資不足，缺乏必要的開採工具與交通設備，以致深山遠地域的自然林，始終無法利用，材木任其在山中腐朽，造成了資源之最大浪費；至於可以開採的地域，則又有濫伐、盜伐、只伐不植等情事，官商勾串、公私不分，甚至於林班一再發生火警也調查不出原因來，致使人懷疑由於盜伐後故意縱火焚燒，藉以消滅證據。林業經營政策，也曾經一再改變，但是變來變去，總是無法改進。林務局自行採伐加工，則成本奇昂，賠累不堪，把林班標售給木材商採伐，則又流弊百出，不法商民似乎已成了一種特殊勢力集團，神通廣大，逼迫得林政人員非同流合污不可。風紀如此，效率就更加的不堪聞問。這些年來，有關方面也曾提出了不少技術上的及制度上的改進方法，但興利則困於經費，除弊則不得其入，究竟是兩方面都無從談起，我們所面臨的，似乎簡直是一個群醫束手的絕症。

林業本來是一種宜乎由國家來經營的產業，因為經營的方式，必須利用與保養並重，而植林的週轉期間，長達30年到50年之久，民間企業家往往不能作如此遠大計畫，但世界各國，也並不是完全沒有民有民營的先例。如美國與菲律賓的林產，即為私人企業所有，其經營成績，至少要比我國優良得多。我們的林產管理與經營，既已連一個改進辦法都提不出來，似乎可以考慮在基本政策上轉換一個方向了。

也許，把林政和林業分開，可以使一些糾結不清的情弊獲得澄清。所謂林政，主要是指保養而言，其重點是在於造林保林之監督與指導；至於採伐、加工、運

銷，則是屬於林業的範圍。譬諸農業、土地是私有的，耕種是農民的事，而政府則可以興辦水利等農政，以為輔助。再把林政與林業的範圍劃分清楚以後，在性質上為政府機構而非公營事業單位的林務局，就只管林政而不顧問林業，一方面減少官商接觸的機會，另一方面可以讓企業精神去提高材木產銷的效率。

當然，這裡所提出的，只是一個極粗略的概念，其詳細辦法，非我們所能設計。我國從來沒有私人經營大規模林業的經驗，林產如何移轉，也包含著許多不容易解決的技術問題。但為了這樣一件大事，我們值得派員到外國去實地考察，看看人家是怎樣辦的，或者聘請外國專家來幫忙計畫。我們只是感覺，林業之經營，已非像我們這樣低效率的政府機構所能從事，而必須走企業化的道路，才可望把眼前這些積重難返的現象糾正」。

1962年8月27、28日（民國51），徵信新聞張九如（立法委員）撰「林務併發症‧禍延外銷案（上）、（下）」，全文轉介如下：

一、我敘述林務併發症的觀點與態度

台灣可供外銷的產物，除少數工業品及糖、米、鹽、茶、香蕉等農產品外，唯木材堪與匹敵。亟待砍伐的高山原始針葉林，與亟待更新的低山闊葉樹，其最可靠的國外銷路，即為最鄰近的日本，每年輸出檜木20萬立方公尺，或杉木等30萬立方公尺，向日本換取美金外匯1千萬並不甚難，這是中日兩國財經專家共持的觀點。職司審議國家政策者，尤不應放棄其過問『國民生產事業及對外貿易應受國家之獎勵指導及保護』憲法第145條規定的職責。

茲值代管國有林佔森林總蓄積量70%以上的台灣省林務局，沈?併發，禍延外銷自更不能已於言。我在本年3月中旬致林務局長函中所說的『前日趨談，慷當以慨，稍伸生平效勞國家社會第一、幫助朋友次之之衷懷，冀兄更能在不計較毀譽勞怨之下，乾綱獨斷，當官而行，為急待代舊植新之本省林木爭取外銷市場，為歷年差額甚鉅之國際收支供求平衡，使公益與三井商訂的柳杉買賣合約能依限核定』，同日致物資局長函中所說的『公益與三井簽訂銷日5萬立方公尺柳杉合約，本成立於弟，迭經鼓勵下，此種苟利國家，總當力爭，爭而失敗，仍必堅持之性行，或堪與兄弟頡頏』，就是我不能已於言的觀點與態度。

二、林業新舊病患纏綿併發

成為林業惡性癌的，是營養失調，一切不配合。例如預定造林地或多於苗圃，致荒山無苗可植，或育苗多於預定造林數，致苗成廢物，是育苗與造林不配合。平時對於應施砍的林區，並無預定幹道與支線的修築計畫，每年僅擇茂美林班標售出去，任得標者自築林道，從事於突襲式的採伐，殆茂林伐盡，路基已壞，如再標售其四周較優或較劣的林班，即必須降低標價，俾得標業者有餘力修築新舊幹道或另闢支線，陷公私於均不經濟，是伐木與築路不配合。阿里山、八仙山林區良材大半伐去，冗員依然如故，並不惜限制經營較能獲利的太平山、太魯閣等林區的年伐量，藉以掩護阿八兩區相形見拙的真相，

是用人與森林經理的不配合。自知造林無幾，濫伐過甚，不惜提高牌價，限制內銷，拘泥牌價，留難外銷，實是皆以不切實際的制度、錯綜牽制的章則、各級模稜推諉的核示，作為蒙面護身的實符，是林政與林業的不配合。由於以上兩種的不配合，便造成以下種種的亂配合，例如局內萬餘名員工尾大不掉的形勢，局外紛紛套購木材圖利的啄木鳥，局上過問林務有名的蓋世太保，就上下其手，乘隙為祟了。這如何不使林業年趨衰落，林務年有虧損，迄不能與年有進步的農工各業齊驅，又如何不當使開發分署的客卿搖頭，常令國內專家焦憂，更如何不能扼殺難能可貴的外銷案。

公益此案，歷時將屆滿1年，會議多至9次，合約核定期限由3月底展至4月底，再度延展至5月中旬，更展至7月上旬，供應量卻從5萬減到3萬3，再減到2萬9，更減到2萬，規格則完全降為20公分以下的中小材，外匯收入則從173萬5千美金減至70萬以內，最後更成為零。如果說一切外銷業務的不易開展，其病患大都同於此案，那麼此案使國外進口商都害怕我國輸出品的多方留難，使國內出口商都有戒心，顯已成為今年各種外銷難症中最突出的一個新病例，其為患的深遠，其實不同尋常，只有最近發生的副霍亂傳染病，堪與並論。如各方能促使林務局完成滅蠅消毒等工作，我決不辭向林官請罪。否則任令新舊病繼續併發惡果，一定不堪想像。

三、禍延外銷的真憑實據

（一）先留難柳杉供應量：上年8月初，公益貿易行代表為言日本三井會社願購本省柳杉原木5萬米，價亦合理，已3次派員來台商談合約，請我在國內助成此案，經詳詢內容後，即向陶局長告知此事，他初露難色，迨語此項原木總產量至少10倍於此數，使允考慮。是月底，三井專員來台，我曾商准他派員陪往各林地考察，並請外貿會尹主委接見。及三井來員返日時，雖值日本百貨跌價，此筆買賣勢必虧本。然因維持其本身信譽，感念外貿會、林務局殷勤接待其所派人員，及查明公益的信譽頗好，仍在今年2月24日分別在台北、東京簽成合約。

3月1日公益譯就合約，檢附各種單表，備文申請，由外貿會、農復會、物資局、經濟部、農林廳、橫貫公路森林開發處、大雪山林業公司退除役官兵輔導委員會各單位組織的木材產銷配合聯繫小組審核。當陶局長接見公益代表之初，即責以如此大案，不先與彼商量，擅自訂約，礙難供應。又詰以三井想利用台灣木材，控制國外市場，並可能使台灣林地變成荒山，你可曾想到，致公益代表大感意外。我曾於是日下午訪陶氏於其辦公室，說明該案產生經過，早經面陳。不料他避開答覆，忙向懷中掏出一紙給我看，卻原來是有人密告他於監察院的抄件，即是最近各日報所載，監察院彈劾他的辦理銷韓枕木時期毀約寬減木商罰款1千數百萬元的舊案，我即問他這和公益此案有什關係，為何因噎廢食，再製造新的錯誤？他才允諾查明產量後再行處理，但在10日的產銷小組會議席上，他對供應量頗持異議，15日即根據林務局及農復會統計杉木總蓄積量

的資料，函述自今年8月起至後年2月運畢止，5萬米的產伐量絕不成問題，並提醒他依合約規定，如3月底不能核准合約即失效，請他在17日的小組會議中助成此案，他仍未改變成見。18日晨，我即向周主席面報此案於其延平南路官邸，20日林務、物資兩局長即奉召赴省。28日召開第3次小組臨時會議之前，又致函張局長，除產量同於前致陶函中所述者外，並言及所計數量，純係林務局造林之數，民有林並未計入，又言及林務局前為達成枕木銷韓之約，曾追加伐木案，意在防止林務局飾詞留難。致公益行3月26日陳覆物資局文中所說的，『據本行調查及農復會在小組會議中所提供之資料，如採疏伐及間伐辦法，不但可藉此整理造林，復可增加大量外銷材積』，亦全屬實情。

3月15日徵信新聞報既刊出林務局主管官員懷疑三井用心叵測的談話，三井台北支店代表即因此趕往林務局解釋，我立即感覺此點如不由我國人公開澄清則影響不小，經商准刊載辨正文字於16日該報的原地位。20日該報又用『如此生意經，買賣上門推不休，林務局用意難測』的標題，報導迭次會議的情況，其他幾家日報，亦各有記載。尤其外貿會代表俞汝鑫的臨陣反擊，擔任會議主席的張局長當仁不讓，各單位委員亦不全作壁上觀，林務局在這四面楚歌之下，才放鬆供應量問題，而在他方面另闢戰場了。

解決的過程裡及其終點，就政風與外銷前途看，都是幾幕悲劇。在3月30日召開的第4次臨時會議中，依據前數次各方協調的基礎，決議以3萬3千立方公尺為最

低額，以後如發現可能增加時，可增加供應。但這一次決議，旋因台大實驗林管理處忽然提出猶比林務局為高的售價，拒絕減低，且不再出席會議，而林務局在心照不宣，竊喜無道不孤之下，也就不再提供資料，以證明其前所說的光復前所造之林，前數年已有間伐，光復後所造之林，不到砍伐時期的確實性。各單位代表均感困擾，也就再退一步，減除實驗林管理處原允供應的4千立方公尺，改以2萬9千立方公尺為討論的對象。此時陶局長既抱定少做少錯主義，而其僚屬又別有打算，便利用各代表的厭煩心理，以及公益、三井少做少虧的設想，終於閹割了9千之數。其間雖經財政廳代表擔保，外銷所需的週轉資金，省府可予支持調度，又經農林廳代表擔保，倘慮外銷將影響內銷供應，當予批准追加伐木案，均未能使林務局回心轉意。於是，供應2萬立方公尺的最後決議，就在如此幾度會議，幾次累退之下，塑造成了。

（二）再爭持價格問題：合約價格訂定每立方公尺為C&F美金34元7角，內包木材價金（依去年10月以前牌價計算）、變更檢尺加成、海路運輸、銀行簽證及佣金等項，本甚合理。但林務局既在3月28日小組會議席上表示異議，我又早有所聞，曾在3月15日致陶局長函中言及『合約中規定之價格，縱在國際木價已落之今日，亦仍高於上年8月間貴局與琉球商人之訂價，蓋琉球係採購15公分以上之巨木，三井則大半為5公分以上之中下等材也。且船運權操之在我，尤可避蹈琉球已因木價下跌而停開信用狀，使原木久置日裂，造成貴局

損失之覆轍。兩相比較，得失易明。祈親自出席於17日之會議，力予維持』。可是他並未出馬，只讓他局員前往糾纏。

同日我致張局長函中亦曾分析利害，並請他提供各委員參考，函中說：『查林務局向就10公分至20公分之末徑，定為標準之價格。9公分以下者減價10%，20公分以上者每10公分加價10%。今合約中規定5公分至9公分，及10公分至14公分者各佔40%，15公分至20公分者佔20%，既能配合林務局疏伐木材之銷路，更當因材定價，自不應純以林務局供銷琉球大材之較高價格，引為衡量三井所出代價高下之依據。何況就記憶所及，前年底林務局及有關機構，為求此間商人外銷檜木5萬立方公尺於三菱合約之易於成立，對合約所訂價格，雖顯較當時牌價低近2成，亦曾毅然予以批准。於是倘無意在定價方面造成此約之不能成立，則弟此種顧慮，甚願自承不合。

又查上年8月琉球4家木材商聯合申請與貴局簽訂1萬5千方杉木合約，及其後企圖毀約之原因，據弟所知為：1.當時正直我方牌價低於琉球市場售價之時，故願簽訂付價較高之約。2.但為時不久，我方調整之牌價忽高於琉球市價，兼以該項合約內又曾規定我方售價得『隨時調整』，致使此4家木商均感虧損，除至今已運回約4千立方公尺之原木材，不復來船續運，計至本年7月即滿限期，自無在今後4個月內運出萬1千立方公尺杉木之可能。3.林務局所訂杉木牌價，向係根據阿里山林所查報之市場一般價格，經打9折以後，始行決定。但自上年10月提高牌價至5.7%，反高

於市價以後不但未能適合國際木價逐步下降之事實，致琉球商人不願履行前約，並已使內銷數量降近於零。4.琉球數家小木材商之誤入陷阱，雖係咎由自取，但我方初則疏於調查琉球商人之實力與信用，繼則近於不合理之提高牌價，似應分負其責。但陶局長除承認這是林務局自己錯誤以外，仍說『供應公益的價格，如較銷琉球者為低，恐遭物議』。其後在3月28日的小組會上，亦僅同意牌價不加選材費而已。

「及以逼近合約核定限期將滿時間，除由公益商得三井同意展期至4月底外，並經我向外貿會俞代表提出疑問，略問：『林務局造林成本究如何計算？保林、撫育、疏伐、間伐是否已列入成本之內？如無本批外銷，此等工作是否應該做？若依合約價格及數量改為內銷，能否在1年半內銷出？且據林務局官員最近表示，針二級本省內市價每立方公尺為800元，伐木成本則常在700元左右，而本批換取外匯的柳杉，其品質顯次於針二級木，然其售價已高達台幣1,060元，卻反說不夠成本。又查三井購價，已較當時標準材價1,039元還高21元。並且採購的非全屬標準材，卻反說價格不合。再查林務局賣給琉球的杉木，雖係15公分以上的大材，但其單價尚僅31元5角至33元，比三井採購中下等材的出價34元7角為少，卻仍要加價。你可知林務局打的是什麼算盤計算，可否請他自己輸出？』俞除苦笑加搖頭以外，未置隻詞。

4月21日公益向小組呈覆三井堅持原訂價格文中，亦言及『拓展外銷應求配合

國外市場之需要，價格尤不應以內銷為依據，本省其他貨品外銷均不乏實例，根據台灣林業政策及經營方針中獎勵林產品外銷時，對價格亦有明確規定』。4月28日的小組會議上，農復會與物資局代表又曾根據公益提供的新資料，報告日本市場柳杉價格每立方公尺為美金32元，且仍有下跌趨勢，但林務局代表仍堅持己見。當時雖經外貿會代表解釋，『琉球合約核定於上年8月間，公益合約核定後開始供應時，最早亦須在今年8月後，供應的時期既相隔甚遠，國際的價格又下落甚多，並無衝突可言』。又經農復會代表解釋『過去本省係向日本進口柳杉，現在日本能向本省採購，實係難得機會，亟應盡力爭取』。復經公益代表委曲求全，『如運費能商得再行減少，願出其所餘，移作木材價金。各方面儘管如此披瀝懇談，林務局代表依然無動於衷。及經濟部代表引伸公益的想法指出移東補西的途徑，『如果在木材單價內扣出陸運費，撥交公益包辦，林務局則改在貯木場交貨，每立方公尺收價27元5角美金，似亦一道』，陶局長始表示同意。

4月30日及5月8日，物資局就此途徑，兩次電邀公益商談，公益代表僅同意貯木場交貨的原則，而於木價金的如此規定，因須虧損美金9角5分3厘，表示無力接受。延至5月14日的小組會議中，公益始接受26元5角的決定，然陶局長則認為仍比內銷單價低約美金9角，須請省府核定，此時，會議主席張局長想到5月15日第二次展期將滿，便當機立斷急就此做成最後的決議。

（三）最後又扯上檢尺問題：檢量材積方式，日本與台灣不同。台灣是就木梢的短直徑加長直徑，除以2，乘體長，日本則用各國通行辦法，只用木梢短直徑乘體長，兩相比較，在材積上自有差度，在售價上即成差額。但此種公差，每4根木材中最多僅有1根。公益為彌補林務局損失，早在合約單價內加入4%的差額補償金，已經不再成為問題。然林務局初則認為仍有損失，繼則認為未便改變舊章，迭在3月28日到5月14日4次會議席上反覆爭持，直到5月14日會議將結束時，才獲致一種病商不利國的解決辦法。

此事我亦曾向物資、林務兩局首長剖析利害得失。如在3月24日致張局長函中曾說：『1. 公益、三井約定之杉木檢尺，本係國際通行方法，初非特定不利於我方之方式。林務局內銷杉木檢尺，雖別成一格，致增加省內木材業者之困難，但因標購及轉售之數量甚少，尚堪應付。倘行之於外銷數量達百萬根以上之大量材積，則買方非將到達之材積重行測量，即不能適應其市場之習慣，此除增加其煩費，延緩其發售時間外，並將阻抑國內商人從事外銷之興趣。2. 即認為非照顧內銷檢尺，公家或不免暗受虧損，但合約中已訂有檢尺差價之補償款額。3. 查林務局前為配合外銷，曾改進延寸辦法，呈准施行。此雖係通案，但已大有助於是年6個月前三菱購銷本省檜木契約之順利進行。因材價延放為15至20公分以後，並未依照標準價格向三菱追加購價故也。前既可為三菱合約作事後事前之計較，總以同樣爭取外銷之成功為依歸』。5月9日，我曾面請陶局長從

速解決檢尺之爭，免得功虧一簣。他允許
與局員研究，他害怕獨自決定後，又加深
了蕭牆之憂。5月13日，距離合約的失效
期只餘2天了，我急撰印『公益與三井合約
促成及垂敗之經過』一文，請物資局分發
各委員參考，促使速決檢尺問題，並暗示
合約如果要摧毀，咎實已有所歸。且言及
『如林務局必拘泥依照外銷琉球杉木之檢
尺辦法，且復由檢尺問題返回到價格問
題，使合約成為惡性循環之爭執，不如將
公益此約，全部讓與林務局自辦』。又面
請尹主委切勸林務局不再此點上多所留
難，尹亦頗為憤慨。

公益行亦及時向小組函陳，『查檜木
外銷，亦曾發生類似問題。對檢尺規程中
延寸辦法一節，林務局曾應日方要求，擬
訂適合外銷之延寸改進辦法，以適應國外
市場之需要，並於58年8月24日以林產字
第35301號令頒佈實施，對本批杉木外
銷，似可援例處理』。良因改變延寸的結
果，實與變通檢尺相同。外貿會俞代表並
在5月14日的會議中痛切說及，『本年度外
匯收入困難，甚望供應單位以整個國家利
益為前提，本案如能成交，可增加外匯收
入，對於價格問題，應考慮減低，尤應考
慮以後賣價是否能較此次為好。至於檢尺
問題，雖應維持國家標準，惟須查明以往
有無例外，重加考慮』。

遠在3月28日的小組會議中，雖曾決
定請林務局確算兩種檢尺的差額，但延至
5月11日才派員向物資局說明分別丈量的
結果，梢徑在16公分以下者並無差別，16
至20公分者相差4.71%，20公分以上者相
差10%以上。並提出解決辦法，梢徑在20

公分以者，可同意照日本檢尺規定，但須
由買方另加4%的差額補貼，20公分以上者
仍應照我方檢尺辦法。公益對此辦法曾向
物資局表示，總價已經訂死，不可能使三
井增加。倘從公益包辦的運費項下，撥付
此項補貼金，則公益與運輸公司原估計的
陸運費，已較林務局的估單減少70餘元，
既無使承運商人再行減少的可能，公益也
就無從挹注。迨5月14日開小組會議時，
經討論出兩種辦法，聽公益採擇。甲辦法
是：1. 梢徑在20公尺以上者，不超過
40%，2. 檢尺辦法仍照我國規定，供應數
量為2萬9千立方公尺，3. 根據以上各點原
則，貯木場交貨，最高能出價若干請公益
行表示意見。乙種辦法是：1. 供應數量為
2萬立方公尺，梢徑全部為20公分以下
者，2. 按日本檢尺辦法辦理，3. 根據以上
兩點原則，請公益行估報貯木場交貨最高
價格。公益代表只得接受第2項辦法，毅
然承當陸海運輸之費。

但三井接公益通知後，不以為然，認
為公益為國家經銷此筆木材，既無利可
獲，反使他代國家負擔運輸重任，實非三
井所願如不能由中國政府辦理，即願解除
此約。公益無可奈何，便於5月28日向物
資局提供兩種解決辦法，其一為：『如合
約期間為1年半，船運及陸運請由物資局
承辦，信用狀亦轉讓物資局。又，陸運費
如照公益接洽之單價，尚可餘新台幣12元
6角8分，亦悉歸物資局支配』。其二為：
『如合約期間能改為1年，則公益願為物資
局訂立C＆F合約，陸海運由物資局辦理，
盈虧則由公益負責』。公益仁至義盡、急
公忘私的的辦法一出，林務、物資兩局就

殊途同歸，都想拉鐵路局貨運服務所與海外航務聯運總處，作他們的貓腳爪或者是替死鬼。幸賴這兩單位不甚講求本位主義，聯運總處同意從每立方公尺，美金6元5角的海運費減為5元計收，貨運服務總所同意自嘉義貯木場於訂約1年內運送至高雄止，包括RSD在內，每立方公尺由150元減為128元。木材產銷小組乃得於6月25日結束全案的會議。張局長乃得於7月6日將該案全部議決，並將木代金27元5角應減為26元5角的實情，呈奉周主席核定，可是已經遲了。

四、我在三井取消合約以後的努力

供量、價格、檢尺，既備受留難，約中其他各點，亦都斤斤計較這些情形，像籃球場上的『搓麻雀』，存心在時間上把合約搓死，終於在合約核定本下達物資局之日，三井已來取消合約之事，這種時間上的巧合，原是事理上的宿命。

但我仍想使他復活，在7月9日上午，面請尹主委向三井主席抗議。理由是：一切已照5月20日三井表示時的意見辦到，日本木材市價亦未更跌，三井已缺乏取消合約的各種理由。尹即託汪公紀約三井支店長池田洽談。7月24日，池田向汪轉達東京總社的理由是：因消費者急需木材，不能久待，正向美、蘇兩國陸續輸入，倉庫已滿，只有取消此約。並提出建議，尹主委如真想對日本增加木材輸出，可仿照台糖輸日方式，商訂一長期計畫，但必須由尹主委出面負責。

但我仍根據前致該局長函中所說『苟利國家，總當力爭，爭而失敗，仍必堅

持』的原則正在商由向具信譽於日本的此間木材業者進行，把這位柳小姐改嫁出去，所以物資局前請公益派員商訂契約的函文，至今未覆，並非閉不發表，而是正在別求生路。如果另找到婆家，不知林官能不再留難否？前當物資局奉到核定合約之後，行文到林務局之時，局員抗不遵辦，及陶局長再督促，則承辦人員已不知何往，涉想及此，仍憂好事多磨也」。

1962年8月(民國51)，林務局50年度決算虧損1,400餘萬元，計其因素：(1)軍協軍眷用材差價負擔；(2)大甲、玉山2林管處直營伐木成本過高；(3)阿里山森林鐵路營運虧累(年約100萬元)；因此停止直營伐木、資遣員工之說，甚囂塵上。(林局誌)

1962年9月16日(民國51)，徵信新聞報導：「省府為有效配合改善林業經營，頃建議中央修改森林法，其主要建議修正之點，省府認為應增列水土保持，並賦予保林人員以警察權，以加強國土保安和森林保護。

森林法為中央法規，以全國為法域，而各省因地理環境因素不同，其對森林經營方針，自亦各異，我國森林法頒行為時已久，省府為求適合目前需要，就其中不適用部分，依本省森林經營政策，建議中央加以修正。其建議重點如下：1、放寬國有公有林地之出租及讓與範圍。由於近年來軍公設施用地增加，農牧事業與山地資源開發事業之發展，使用林地範圍日益增加，原森林法第8條規定之出租讓與範圍擴張，以資配合國民經濟發展。2、租地造林之存續期延長。森林經營實需長久

之時間，林木栽植至可為收益時，恆在10年至數10年，原森林法對林地設權之存續期間並無明確規定，而目前均以土地法作為依據，對森林經營頗阻礙，森林法為特別法，應有最高期限之規定，以配合森林經營原則。3、增訂水土保持條文。水災之成因，與森林經營水土保持有密切關係，故水土保持應為森林經營之重要課題，原森林法並無周詳之規定，省府建議在修訂時，增列水土保持條文一章。4、賦予保林人員以警察權。原森林法第34條規定『森林之保護得設森林警察，其未設森林警察時，應由當地警察代行警察權職務』，目前森林警察合併警務處而保林工作實賴行政警察代行，本省森林面積遼闊，分布於深山交通不便之區，且警察人員有限，警力不能悉達，實際上多由保林人員負責取締濫伐濫墾，但森林盜伐者常集隊行竊，保林人員既無警察權，人力又單薄，盜伐之風難戢，因此省府建議賦予保林人員在警力未能到達時與地，行使警察權。5、森林法罰則。大部分以適用刑法之規定，其科罰甚輕，不足收保林之效，故建議在森林法中加重其罰則。6、原森林法對因森林案件之行政罰鍰之執行程序並無規定，而林業機關既不能執行，移送法院後以法無規定受理，影響政府威信，故應訂明罰鍰由林業機關執行，逾期不納者，移送法院強制執行」。

1962年11月3日（民國51），省府2日明令發布，林務局長易人（註，10日交接典禮），由原就職於退輔會的沈家銘擔任。而省府農林廳邀集林業專家多人研議之「改進本省林業經營方案」，將作為新局長

推行之重要原則。「據分析，此項方案執行後，大甲、玉山林區停止直營伐木可減少損失達1千1百萬元，減少用人計職員50人，技工780人，年可節省經費850萬元，減少軍協及軍眷用材負擔，年可省千萬元。1年之後即可不再虧損，2年後即可轉虧為盈。

該項方案除對本省現行林政作通盤檢討之外，並針對現行林務狀況，建議採取下列8項措施：1、分年減少各林區直營伐木，由於若干林區高價原木已逐漸減少，50年度，大甲、玉山兩林區虧損達2千7百餘萬元，其原因在於員工多，設備費用高，而高價原木少，使木材成本增大，故宜分年減少直營伐木，改為民間經營。2、整理各林區業務，(1)阿里山林區50年度虧損達100餘萬元，今後應使收支平衡，或交由鐵路局經營。(2)各鋸木廠應開放民營。(3)蘭陽地區高價原木減少，應改為公路運材，以減少若干維持費用。(4)不必要之各項固定設施財產及器材，應予處分。3、精簡機構、減少用人，權衡現況，將不必要之機構予以裁併，仿照鐵路局裁員方式予以資遣，其中大甲及玉山林區，停止直營伐木後多職員85人，技工500人，每人以1萬2千元資遣。退休人員不再遞補，計職員30人，技工90人。4、加強造林、改進木材利用，(1)利用各林區荒廢林地植造生長迅速之各種工業原料林，(2)利用木材研究加工，加強外銷，以爭取外匯。5、加強林務處分，以增加收入，維持林務行政支出。6、減輕軍協及軍眷用材負擔，今後應由林務處、大雪山林業公司及棲蘭山森林開發處分

擔。據調查，51年是項負擔原木5萬立方公尺，差價達2千5百萬元，該局50年虧損達1千4百萬元，其原因即在此。7、重訂林務會計制度，將林業預算分編為伐木營業會計，及林務行政會計兩大部門，伐木部門於計納代金之後，所得盈餘全部繳庫，林務行政部門不再動支。林務行政預算，期求收支平衡，估計可能收到行政收入，以85折編列為造林經費之支出。8、林務局墊付大雪山公司之款項，應予撥還」。

同日，徵信新聞社論「善用森林資源」，全文如下：

「台灣是缺乏資源的地區，今日大約無人無人否認。正因為資源之貧乏，僅有的一點點就更值得寶貴。我們討論經濟問題，不喜摻入感情用事或政治宣傳的成分，因而我們不得不說，台灣除了約百餘萬公頃的可耕地和可達2、3百萬瓦的水力外，別的資源都說不上一個好字。而在僅有的林、礦、漁資源之中，可以充大規模開發之用的，森林也許是最好的一項。而森林的利用，十年來成績顯然最差。直到今天，造紙用的木漿，造三夾板用的原木，還是仰給外來。而木材化學工業幾乎是一片空白，全未發展。

據甫將卸任的林務局長陶玉田在考察日本林業歸來後的說法，台灣的森林目前每年砍伐量已超過生長量；同時成本高昂，不能和外國木材競爭。絃外之因，似乎是說林業在台灣算不得一個可利用的大資源。照我們的一貫看法，這是大有問題。

首先要提到的是砍伐量與生長量。我們不知道台灣全省約2萬方公里的林野一年生長多少林木，但我們確知在一個總面積2分之1以上是林地的地方，不可能沒有木材的剩餘。

至於價格的高低，在我們想來，台灣與菲律賓同樣是在砍伐天然林，林木的山間「成本」是一樣的。菲島的輸材線不會比我們的短一因為它的面積大於台灣。然而，它的柳安木可以遠涉重洋來到我國，加上關稅之後還能把我們的木材打敗，則我們這一邊的採木的整個過程，就不能不仔細地自我檢討一番了。

十多年來，林務始終辦不好。問題表現於外的似在兩方面，一是林政的紀綱不肅；一是材木的價格高昂，不能適應各種加工事業的要求。

林政的紀綱不肅可自關係林木的官員及商人累次犯刑事案件為證明。傳聞中的種種「故事」是否確實，固非外人所知，僅僅從不時有林官或木商犯上官司一事而觀，問題已不簡單。林政之不肅，使得林木的經營不能循正常的競爭發展之路前進，是毫無問題的。

林木價格高昂，自然是許多因素的複合結果：投資不足，經營方式不合理，競爭的缺乏等等都是想得到的。依照目前的方式，欲求革命性的改變，大約是不可能。

我們認為既然目前的林務已經證明無法適應經濟的要求，及時考慮作劇烈的改革，已是適宜的了。

照我們的看法，林產經營必須嘗試用民營競爭的路來開拓新機。也就是說，政府應當慎重考慮撤廢一切林場，僅保留林

政單位及森林警察，以制止非法採伐，保護幼林、保安林及維持林區治安，防範林災，而把一切採伐、加工、出售的設備售與人民。此後可以劃定林區，分區標售長期經營權。政府可以構築主要公用集材線，按噸位收取運費，和鐵路一樣。但不能限制商人自構集材線。政府可以規定採伐規程，例如不許伐根，不許全區採伐淨盡，或必須補植之類。違反者可以加以一定的罰款。用這樣的辦法，商人可以投資於山林，自由運售其木材，政府對保林的政令同樣可以執行，可以說有百利無一害。假如有害的話，是紀律維持不能徹底，以致引起盜伐、濫墾。但假如紀律不能維持，同樣的現象在今天也同樣發生，只是無人指責，大家都不知道而已。

伐木業完全民營之後，商人將不能不考慮如何盡量利用其砍伐物以取得最高的利潤並與同行競爭。這樣，今天許多木材交易上不能克服的缺點就會克服了。舉一例說，今天林務局賣木材，向例是只分針葉及闊葉樹兩類，大堆地賣，不分材種。以闊葉樹而論，有很多珍異名貴的木材，混在?木、楠木及別的更不值錢的雜木一起，根本不知道那一種木材有多少。如果是認真自由而公平的競爭的話，這簡直是賭博。世界上貨物售賣竟有用這方式之理？不管是多麼困難，也該把各種木頭大致地選分一下。我們相信，如果木材是由木商賣出的話，決不會採用這種無法估價的賭博方式的。而這一毛病的克服，就可以使木材批發商得以自不同的伐木商那裏選擇他所要買的某種木頭，而形成專業化的供應。到了那一階段，檀木也許集中於

甲批發商，柚木也許集中於乙批發商。有了這種專業化的供應商，許多新的加工事業才有存在和發展的前提。這不過是舉一個小例子而已，事實上，在伐木生意全部自由化以後，利益之大可能遠在我們的預料之上。

森林是我們罕少資源中一個極可貴的項目，既然老路不通，換一條路走，至多不過和老的一樣壞。為了國家經濟前途，我們誠懇地希望新的林務局能考慮徹底，放棄伐木業務，讓積弊已深的木材事業獲得生機」。

1962年11月5日（民國51），台省議會二屆六次定期大會5日下午揭幕，省府周至柔主席將作施政報告，對林業問題將作專案研究（徵信）。

1962年11月20日（民國51），林務局沈家銘局長19日列席省議會報告，宣稱今後林業政策決定首重保安林的重劃，調查那些可以不必造林的保安林地，逐漸開放供民眾農墾，以配合解決日益嚴重的人口壓力。又，砍伐森林工作將漸次民營化，省府明年起決定關閉大甲及蘭陽兩個林區，以減少政府直營伐木（徵信）。

1962年11月29日（民國51），省農牧局為整頓「不要存置林野地」之濫墾地，以推行公有山坡地水土保持，特召開中區濫墾地整理工作座談會，「本省由於年來人口劇增，而平原耕地有限，乃紛向山地開發，農林邊際土地於是首被濫墾，不僅使土地所有權及使用權時起糾紛，且因未按水土保持原理保育土地資源，致土地沖蝕情形日甚，間接導致水旱災害，有關機關雖迭次取締，但因墾民生活問題未能同時

解決，癥結未除，成效難收，故農牧局為徹底解決此一社會問題，特訂定一項『台灣省公有山坡地推行水土保持辦法』，並在該項辦法未實施前，分區舉行座談會，講解實施辦法，聽取縣市政府意見，以期得到合理、合法之解決。

據農牧局計畫，各縣市本年度預定整理之濫墾面積為：宜蘭100公頃，基市100公頃，陽明山50公頃，北市50公頃，北縣200公頃，桃園100公頃，新竹100公頃，苗栗200公頃，中縣100公頃，中市50公頃，南投300公頃，彰化100公頃，雲林80公頃，嘉義300公頃，南縣250公頃，南市10公頃，高市10公頃，高縣400公頃，屏東500公頃，台東1,000公頃，花蓮1,000公頃，全省合計5,000公頃，將在本年度內分別執行整頓。

農牧局調查：『不要存置林野』(農林邊際土地)目前總面積為183,649.9617公頃，其中被濫墾者多達61,840.4072公頃，已放租72,374.2606公頃，剩餘面積中可供開發之宜農土地為6,962.4697公頃，宜牧面積3,219.6公頃，宜林面積為30,446.7945公頃。不可開發土地約為8,806.4297公頃，其中6萬1千餘公頃濫墾地，成為糾紛和災害的根源。據張芳?局長說，農牧局訂之濫墾地整理辦法，刻正在行政院核定中，預定在近期內即可公佈，其整理範圍包括原野、山地保留地、公有林地、其他公有山坡地等，實施要點為：1、濫墾人在該辦法公布後30日內提出申請書，申請濫墾情形。2、規定時間屆滿後經鄉鎮公所催告於10日內提出申報者仍屬有效。3、縣市政府技術調查人員區分宜農、宜牧、宜林類別通知申報人實施水土保持處理，並經檢查合格後，由土地管理機關依法出租。4、經整理之土地如承租人負擔水土保持費用者，依其費用多寡分別免租3年至5年。5、現使用人如不遵規定申報並整理者，收回其土地」(徵信)。

1962年12月2日(民國51)，農林主管機關認為「本省現有森林林相太壞，亟需採取分年輪伐輪植計畫，清除闊葉樹，而使林相有所改善，惟由於伐木成本加上伐木代金，常超出闊葉樹的市價，致林班不易標售，已形成此一改善林相計畫的最大阻礙，為消除此項阻礙，除已商准農復會對於本會計年度美援補助之造林經費500萬元仍照常撥付外，並決定採取下列措施：1.採取植伐連鎖制度，減低雜木生產成本：即將造林經費撥交標得林班之伐木業者，促其於清除伐木跡地後負責造林，並設立闊葉樹材紙漿廠，利用小徑木枝梢材協助造紙工業的發展。2.日本、美國對本省闊葉林樹材製品頗有興趣，應設法打開此等外銷市場。3.指導各合板工廠增加使用省產木材為原料，以擴大省產木材之銷路。4.獎勵枕木、家具及人造木板的外銷。5.各地相思樹林面積頗廣，現因民間原料來源充沛，相思樹造林已漸失其經濟價值，應由林務局協助改種溼地松或其他經濟林木。6.目前對水土保持為害最烈者公有山坡地濫墾與保留地游墾以及民有坡地耕作措施之失當，而外界則有疑為森林伐植計畫配合不善者，關於此點應由農復會森林組就各項資料從技術觀點提出研究報告，加以澄清」。

1962年12月2日(民國51)，連日寒流來

襲，阿里山山頂一帶積雪數寸，呈現銀色奇觀；竹崎、梅山、番路三鄉海拔1,200公尺高地，則降下銀霜（徵信）。

1962年12月11日（民國51），玉山管理處宣佈，阿里山森林鐵路訂購日製柴油機動車2輛即將運抵，明年元月（1963年）起加入行駛，將較原有對號柴油車快1小時，較普通列車快3小時。（林局誌）

1962年12月22日（民國51），林務局依政府政策，決定明年度的直營伐木數量減少三分之一，約有10萬立方公尺的原木材積將開放民營，原為直營之玉山、大甲林區及蘭陽、竹東林區之部分地區，均將停止直營伐木。按，減少直營係自49年度起，已陸續辦理中者計有巒大第31林班、羅東第14林班、楠梓仙溪等，原為直營者均已開放民營，現正辦理者尚有台大實驗林第28林班，以及羅東第21林班等（徵信）。

1962年（民國51），以造林工人烘烤飯盒而引致火災，東埔山等地區之造林地燒夷殆盡；隔年，更發生森林大火，以獵者打獵所肇禍。據云，其在阿里山事業區30林班地所擊發之火星，導致對面第123林班發火，火勢東衍，經124林班，北向鹿林山更延至東埔山，連燒14天。最後以楠梓仙溪林道為防火線，引火回燒始得以控制，不幸的是，燒死了3位達邦的原住民救火員。依昔日參與救火人員引述，其於回燒成功後趕往鹿林山方面援助，在稜線處見成群山羌、臺灣野山羊、水鹿等等原生動物逃命飛躍，其躍出稜線之數量與時景，蔚為奇觀，似為鹿林山之地名下一註腳；今之鹿林山脊白木林，多為鐵杉枯幹

係當時所形成，1985年（民國74）筆者調查時，保存堪稱甚完整；另，1966年（民國55），以火車機關頭所冒火星亦引致大火。

1962年（民國51），阿里山4村戶籍人口2,413人；該年遊客22,998人，全台人口11,511,728人。

1963年1月2日（民國52），林務局長沈家銘表示，今年7月以後，伐木將由現行人工砍伐改為鏈鋸，提高效率；52年度林相改良工作已決定分5區進行，玉山、楠濃、森林開發處等各1區，大甲2區；今年將開發巒大及竹東林區的林道60餘公里；今年全省砍伐木材的總數量為123萬立方公尺，大部分供應內銷，外銷之檜木預計有7～8萬立方公尺，外銷收入可望達美金700萬元左右（徵信）。

1963年1月22日（民國52），省府擬訂「台灣省保林辦法」呈報行政院，批准後即可公布實施（徵信）。

1963年1月29日（民國52），徵信社論「從開發山地談土地利用」，全文引述如下。

「春節已經過去，工商各業均將恢復正常工作。我們知道，在農村中對逢年過節，特別重視，因為他們在平時無所謂假期，也很少有娛樂的機會，所以多利用這段時間來休息和消遣。同時，農民的習性比較保守，每年的工作幾乎是經常性的，在生產方面，除非政府有重大的決策，他們自己很少主動地改變。據最近報導：省府已經決定開發1千公尺以下的丘陵地，供作畜牧與農耕之用。據農林廳調查，目前可供利用的邊際土地，約有17萬1千餘

公頃，這些土地開發以後，將租放農民使用，這是新春帶給農民們的一個很好喜訊，凡是研究台灣農業問題的人，大家都認為，每農民的平均耕地日趨狹小，是農業發展的一大障礙，也是台灣經濟上一大隱憂。據農林廳統計：在民國41年全省計有耕地87萬6千餘公頃，到民國50年只有87萬1千餘公頃。但是，在此期間，農業人口卻由4百20餘萬增至5百40餘萬人，後者較前者增加近30%，惟耕地總面積反而縮小，故農村中隱藏施業的情形日趨嚴重。因為在10年前每一農民的平均耕地尚有0.2公頃，到10年後則降為0.16公頃，亦即短短10年的時間，每一農民平均減少了五分之一的耕地。如果原來的面積很大，還不致有太大的影響，可是，我們農民原有的耕地，已經小得可憐，在經逐年縮小的結果，現在一個六口之家的農戶，平均擁有的耕地尚不到1公頃，即是耕種方法不斷改良，也很難有太多的收入，故開發山地以增加耕種面積，在農業發展上實有迫切需要。

當然，要開發山地，問題並不簡單，除了要研究它的經濟價值之外，還要注意到水土保持；同時，在過去十幾年當中，我們的農業政策一向是注重平地水道與甘蔗的栽培，開發山地則需致力於畜產和果樹的增產，在生產方法上固然不大相同，而且需要新的技術人員。不過，這個方向是正確的，因為這些年來，我們的農業生產不斷增加，但是成長的速度異常緩慢，在第一期與第二期四年經建計畫中，農民的生產力幾乎未有變動，現有的耕種，在改良品種、興建水利以及使用肥料上，即

是非常有限，而且需要高深的技術，不像以前那樣容易。因此，本省農業要想進一步發展，在基本方向上必須轉變。

除了積極開發山地外，我們認為現有耕地在利用上還有兩個根本問題，在政策上需要明確決定。第一是農民耕地面積不滿0.5公頃者，約佔農戶總數50%以上，這些耕地很小的農戶，莫說機械化無從談起，即是以他們的人力去耕種，已綽有餘裕。但其全年所得並不足維持其生活，有賴農業以外的收入來補助。因此，要想他們在生產、加工、運銷等方面，依照企業的方法去經營，自不可能。誰都知道，機械化和大農制不僅是農業經營的基本前提，而且是土地利用的最高原則。試以日本為例，他們原來也是小農經營，但最近5、6年來，日本農村中採用共同經營與農業法人經營的方式，有如雨後春筍，不但使農村躋於現代化境地，而且一些加工與運銷的組織，已與工商界大規模的企業並駕齊驅，農民的所得，因而大為提高。我們應如何擺脫目前不合理的小農制度，以步日本的後塵，亟待研究解決。

其次，自台灣光復以來，農業生產向以糖米為大宗，但因耕地有限，除了種植糖米以外，其他作物即是經濟價值很高，也只有犧牲。其實，以同樣的種植面積，可以換取更多的外匯，或足以節省我們的外匯支出，為什麼在政策上不能改變？最主要的是因為有些人抱怨「除了稻米不是糧」的觀念，而且這種思想牢不可破，因而阻礙了土地的利用，也妨害了農業的發展。雖然，這十多年來，我們的糧食生產，一再打破紀錄，但也不過勉強地自

給。可是，就增進國民營養的立場來說，世界上先進國家，多以蛋白質和維生素的食物為主，澱粉質的食糧不斷降低，我們還不急起直追，永遠落後？

總之，台灣的耕地有限，必須善加利用，已經是不爭的事實，如何使其發揮經濟上的最大效用，在政策上應該早作決定」。

1963年1月31日（民國52），多處山林續傳火警，損失數字相當可觀，大甲事業區延燒3林班，阿里山焚毀林木12公頃（聯合報）。

1963年2月10日（民國52），玉山林管處阿里山森林鐵路購自日本之柴油機動車2輛運抵嘉義市，12日及14日兩度試車良好，自21日起參加行駛，命名為「中興號」，間日上下行，單程票價為84.5元。（林局誌）

1963年2月16日（民國52），林務局準備開發大霸尖山處女林，刻正準備開鑿74公里「大鹿林道」，由榮民工務隊承築，第一期工程30公里，訂19日開工，榮民約500人；大鹿林道將穿越檜木、香杉、肖楠等原始林區，每公頃木材蓄積約300立方公尺以上（徵信）。

1963年2月17日（民國52），嘉義之玉山林區管理處（原阿里山林場）發生集體貪污舞弊案，據聞該處高級官員多人，涉嫌接受包商林身修（因案被判有期徒刑6個月）等之鉅額賄賂，前後達百萬元。本案情節頗為戲劇化（詳情略之）。玉山處周芝亭處長聞已奉命他調（徵信）；玉山林區管理處16日舉行成立3週年擴大會報，發表3年工作績效如下：「1.造林共計2,185公頃，其中

高山造林394公頃，餘為淺山地區造林，成活率平均82%，均已超出預定目標。2.治水工程：興建防沙壩6座，全長共202公尺。3.收回濫墾地：該區共計濫墾地936公頃，已收回886公頃，收回部分已造林者318公頃。4.直營生產：共計12萬5千餘立方公尺。5.革新阿里山鐵路」。

1963年2月19日（民國52），林務局統一標售木材，辦法訂定即可公布，防止圍標將採通訊投標，並整理濫墾地加強外銷（徵信）；林務局擬定開發竹東林區（大鹿林道，投資3千萬，針葉樹蓄積300萬立方公尺），以及巒大林區，即人倫林道，長15～20公里，將投資1千萬元，其立木蓄積150萬立方公尺，包括針葉樹100萬立方公尺。

1963年2月20日（民國52），為顧及林工生活（全台數千人），林務局決定將原領工制改為監工制，而由該局直接按月對林工發放薪資，用以消除中間剝削（徵信）。註，林工指直營伐木的林工。

1963年2月22日（民國52），林務局沈家銘局長「澄清觀念」，「許多人都認為森林是本省無盡的寶藏，但事實全非如此……本省林地，絕大多數是低材積而價值不高的闊葉樹林……如果這些闊葉樹林不能改植為價值高、蓄積量多的針葉樹林，實則等於是地力的浪費」；另一項「澄清」說是許多人誤認為「凡有舞弊案發生，最後都是放一把火了之」（徵信）。

同日報導，「省國有林漫植木，林務局訂定清理辦法，日內正式公布實施，新種漫植竹木將一律收歸國有」；「林地定期檢定，改為5年一次，宜農土地將予放

租」。

1963年3月1日（民國52），阿里山3處起火，警局長被困於山上，另苗栗、礁溪均傳山林火警（聯合報）；2日報導，阿里山火勢逐漸熄滅，大雪山林火再起，台東市郊則焚燬相思林；4日報導，南縣山林大火燃燒23小時，損失達100餘萬元，阿里山林區火警則已熄滅；11日報導，阿里山再度起火，餘燼復燃，已被控制。

1963年3月3日（民國52），阿里山63林班5公頃、64林班12公頃之林木大火，登山火車受阻，但大火已於1日晚間撲滅，2日清除餘燼；2日早上8時30分，阿里山區瞭望台發現南投縣境27、28林班發生火警；又，全台各地頻傳山林火燒（徵信）。

1963年3月12日（民國52），阿里山櫻花盛開，台鐵舉辦賞櫻之旅（聯合報）。

1963年3月16日（民國52），阿里山花季期間，將簡化入山手續（聯合報）。

1963年3月19日（民國52），徵信新聞社論「論林業新政策和經營方針」，全文如下。

「台灣省政府為了開發本省森林資源，特制訂新的林業政策和經營方針，將以造林、保林和砍伐三者齊頭並進。在新的政策中有兩點很值得我們注意，第一、為了儘量發揮土地的生產力，以提高其經濟價值起見，對尚未確定用途之林地及山地保留地，立即劃定用途，宜農者依法放租放領，宜林者編為森林用地，以利開發。第二、國有林地除利用民間投資擴大造林，以加速完成現有荒地與蓄積不足林地之造林工作外，並鼓勵民間發展伐木及森林工業，減少政府自營業務，藉以增加民營機會。

我們知道，台灣有一半以上的土地是森林，它是本省唯一的天然資源，在過去，政府的政策是抓著它不肯放手，但因財力所限，也無力大規模開發，因此，每年枯老腐爛的木材，不下130餘萬立方公尺，若以時價來計算，每年的損失即達新台幣15億元以上！又根據森林資源調查報告，台灣至少有1百萬公頃的草生地、裸地及半荒廢林地，亟需造林，而目前林務局每年造林的計畫數字，僅有4萬公頃左右，於是絕大部分的林地，都在那裡自生自滅。據專家估計，林地每公頃的收入，若以造林成材所需的時間分年折算，每年平均可獲利2萬元，1百萬公頃的林地，任其荒廢，即每年損失將達2百萬億元之鉅！這是多麼驚人的數字。

如果我們可以利用的資源很多，這一筆損失，也許無足輕重。實際上台灣的耕地面積，已接近飽和；礦產也非常貧瘠，想要大量開採，亦不可能，故開發林業是唯一的出路。但是，森林工業需要龐大的資本，而政府經營的林業，非但無力大量投資，並且還有財政收入的目的。因此，每年造林的實際成績，令人懷疑。同時，為了爭取收入，砍伐乃力求方便，得標商人，亦多擇肥而噬，於是濫伐與盜伐之事，層出不窮，結果伐植平衡與水土保持，皆大成問題。加之，政府經營的效率不高，人員眾多，以致生產成本高昂，最後，連財政目的也完全落空，例如前年林務局非但沒有盈餘，還虧損了1千4百餘萬元，便是很好的證明。

今天，先進國家對林業的開發，完全

本著一貫作業的原則去經營。在伐、植、製、銷各方面，採用連鎖的方式，成為一個非常完備的系統。在林產品的利用方面，除了樹幹以外，對樹皮、枝節乃至木屑等，在經過各種化學工業後，其經濟價值皆大為提高，實際收入遠超過我們幾倍以上。台灣的森林，闊葉樹佔72.3％，最近林業試驗所以闊葉樹製造紙漿，業已試驗成功，為本省林業前途，帶來新的遠景。因此，鼓勵民間投資或與政府合作經營，實為最理想的途徑，因為把一部分森林讓給民間經營後，不論在那一方面，他們皆會特別愛護，而且只要善加利用，以獲得最大的經濟利益。

試以造林一項為例，目前政府每年造林4萬公頃，數字看來不大，但所需費用連同補植撫育等開支，即需1億元以上！負擔已算不小。倘鼓勵人民造林，則政府每公頃僅需負擔種苗費2、3百元，其餘利用民間人力、財力，1億元的經費可以造林30餘萬公頃之多，不出數年，現有荒蕪林地，皆可植滿林木。至於林相惡劣、蓄積貧乏的森林，亦採多伐多植和隨伐隨植的原則，若以40年循環一次，到40年後，將全部天然林變成人工林，以後輪序伐植，可永遠生生不息。其因造林、伐木以及建立森林工業所需人工，極為可觀，若干人的就業問題，藉可獲得解決。同時，政府的稅收亦大為增加，對社會安定和經濟繁榮均有裨益。所以，減少政府自營林業，鼓勵民間投資，實為一舉數得。

惟政府遷台以來，對林業經營，曾制訂不少方案和計畫，但多未徹底執行，只是紙上談兵。主要原因乃由於很多人在觀念上總以為林業經營非政府莫辦，而主管機關受財力的限制，抱著「看錢做事」的原則，得過且過，以致1百多萬公頃的山地，既不造林，亦不放租，形同廢棄，對國家的損失，實難以估計。據悉，這一次的新政策，係經中外專家縝密研究，而且他們對本省森林分布與蓄積狀況均有深切的瞭解，然後提出新的經營方針，當屬切實可行。我們深知，本省林政由於多年來積弊太深，在推行新的政策時，避免阻礙重重，例如，林務局為了取消各林班不合理的「包工制」，尚遭遇很大阻力，即明顯的一例。不過，林業經營合理與否，對台灣經濟的影響太大，我們希望負責當局要以最大決心和勇氣，來執行這個新政策，切不可流為空言」。

註，凡此伐木年代的「輿論」，其觀念、主張在今日看來當然荒謬絕倫。

1963年3月20日（民國52），公路局開闢專車路線，供旅客搭乘遊覽阿里山（聯合報）。

1963年4月7日（民國52），林務局訂辦法營造竹林，日內可實施。該項獎勵民間營造竹林辦法，將由林務局培育桂竹、孟宗竹、刺竹、麻竹、長枝竹、綠竹等竹苗，免費供應民間，並由林務局貸放長期貸款，在採收竹林後償還。據稱該局已在文山、竹東、巒大、埔里、玉山、楠濃等6個事業區，開始培育竹苗15萬株作為實驗，並將於明年3月起，在全台國有林地試植600公頃竹林（徵信）。

1963年4月19日（民國52），林務局沈家銘18日在立法院經濟委員會報告，今年木材外銷估計可達6～7百萬美元而供不應

求，他亦表示，林業新政策包括將配給木材改為標售；免除中間剝削，增加林工收入；改善生產設備，提高產量；開發新林區，改善財務狀況；拓展外銷，增加外匯；清除舊的濫墾地（徵信）。

1963年4月21日（民國52），阿里山森林鐵路啟用「中興號」柴油對號快車，取代原用蒸汽機關車帶動之列車，間日對開一次，自此阿鐵由林業專用鐵路，轉型為觀光旅遊鐵路；原有86座木製路橋及66處木架支撐隧道，經已改建成鋼筋混凝土造鐵橋77座及隧道50處，行車時間更縮短2小時。（林局誌）

1963年5月10日（民國52），全台各地山林大火頻傳。阿里山區東高山區（？）大火，9日凌晨燒至南投信義鄉台大實驗林31林班，面積頗大；楠梓仙溪與鹿林山莊交界處之林班大火，9日仍持續燃燒中。嘉義縣警局及玉山林管處昨日商請國軍部隊150人，於凌晨乘鐵路專車趕往支援撲救。此一高山火警曾一度威脅氣象台，以及工作站設備；因撲救阿里山林班大火，葬身火海的3位原住民屍體，9日已運抵嘉義，玉山林管處、縣警局昨假北門車站舉行公祭，並予火葬。此3位因救火殉難者為宰耀進、宰欽香、莊齊互，均為山地服務隊員（徵信）；5月11日報導，楠溪及鹿林山莊林班大火延燒迅速，火頭竄向高雄縣境。此次火警已達1,300公頃，其中包括300餘甲造林地、1千餘公頃草生地，楠溪第9、10林班、台大試驗林班、阿里山第130林班；此次大火撲救人員超過400人，原住民3人死亡，受傷者40餘人；5月13日報導，楠溪、鹿林大火12日已控制，

但火源尚未全部熄滅，註，此次森林火災，形成今之新中橫夫妻樹。

1963年5月11日（民國52），阿里山昨傳火警，焚燬千餘甲草地，農林廳林務局會商搶救事宜（聯合報）；15日報導，阿里山上沛降甘霖，火場餘燼全滅。

1963年5月14日（民國52），徵信新聞記者蔡策撰「燒掉九百萬，杯水看車薪，森林防火的制度」，全文如下。

「『森林是台灣的命脈』，『沒有森林，就沒有台灣』，這是10年前，關心台灣林業的專家，提出的兩句口號，並從這兩句口號，發揮為精闢的理論，指出森林對台灣經濟前途的重要，用這兩句話來警惕一般人，努力於保林和造林的事業。

這句話說了已經10年，但10年來，造林的工作固然不如理想，保林的工作也由於種種客觀條件的影響，人力、物力、財力的限制，尚未達到預期的目標，就中以森林火災來說，其損失就極為驚人。

四個月火災逾百次

尤其在今年，台灣森林的火災特別多，在5月份到現在為止，就有玉里、八仙山、楠梓仙溪、阿里山、荖濃、大甲、木瓜山等多處，同時起火，而且火勢甚大，歷一週而不熄，損失的數字，雖然還沒有統計出來，但其慘重，可以想見。除此之外，據今年1至4月間4個月的統計，共發生森林火災101件，被燒面積1,970公頃，被害林木材積13,500多立方公尺，價值900餘萬元。

從這個統計看出，發生次數，較數十年來的平均數字增加了一倍，較十年來最高數字，增加了3成，而被災的面積比過

去十年中5個年的全年面積為高，被災的材積，也有好幾年的全體損失不及今年4個月的多。

救急不急

昨天，記者在林務局保林課，看見鄭壽久課長辦公桌上的電話，貼上了「火災專用電話」的字樣，示意這具電話繁忙而緊急，他人切勿借用，鄭壽元自己也患了嚴重的肝病，而被火災從病床上拉回到辦公桌上，在火場，3名山胞因救火而殉難的新聞，處處都表現了森林火災的嚴重與急迫。

然而，亦是在同時，同一地方，記者看到發生林火的茗濃工作站，請求撥出5萬元作緊急之用，保林課也將撥款出，可是負責匯款的工作人員，卻？了省庫支票，受款人一定要在銀行立有戶頭，將款匯到戶頭中去才行，但又會不知茗濃有沒有戶頭，保林課為了救急想出靈活的辦法，但辦匯款工作的人，仍然以「責任太大」為由，死啃著規定不放。為這件事，討論了半個多小時，也沒有解決，可是想想看，山上的林火，在這長久時間中，何止燒去5萬多元，而半個小時火勢擴大後的損失，又將有多少，這又是誰來負這個責。

疏忽霜降、漠視水池

保林課長說，今年森林火災頻仍的原因，氣候乾燥，固然是主因，而更重要的，是去年冬天的全省普遍降霜，枝葉大量萎落，積成深厚的積層，春來轉暖，枯枝殘葉，氧化而腐爛，產生了許多瓦斯，而腐爛後的植物纖維，極易燃燒，所以兩枚石塊碰及的火星，也可能燃著瓦斯，而成為不可收拾的燎原。可惜的是，降霜是早在去年的事情，霜後森林所發生的次年易成火災的現象為林業專家預知的事情，奈何卻在火災發生之後，抱病從公，電話作為火災專用。

在多少年前，農復會專家，就曾建議在各林區，普設儲水池，作為森林防火及救火之用，但到目前為止，僅阿里山和橫貫公路沿線，有這項水池，其他廣大的林區，都還沒有建起蓄水池來，據說主要的原因，是沒有錢。

防火與「錢」的問題

防火線，是森林防火的最佳辦法，它的作用，和都市中的「火巷」一樣，是隔絕火勢蔓延最有效的辦法，防火線的開闢，專家認為最好是一個林班就有一條，但到目前為止，全省林區僅有防火線9萬多平方公尺，距離理想還很遠，何以致之？沒有經費。

防火及救火的器材，也是保林課的一個困難，因為這些器材，都是耗損很大的，用一次就要耗損不少，一年不用，即又會敗壞，所以一定要有良好的保養和不斷的補充，但是本來就普遍缺乏的器材，保養不好，補充不夠，只有日漸減少，要做好保養，經常補充，可是錢的問題又不易解決。

政府每年在森林防火及救火的經費到底有多少，林務局說只有1百萬元，要分配到12個林區管理外，一百多個工作站，若干派出所，實在做不了什麼事，然而，今年4個月的時間，燬於火災的森林，就價值9百多萬元，嚴重的5月森林火災尚不計算在內，這對比太懸殊了。

防護人力夠嗎？

在森林防火及救火上，財力和物力，誠如上述之不夠，而人力方面，也是不夠的，尤其在防火上，過去因為森林警察執行巡邏的任務，不知有多少森林火災，在巡邏中發現而撲滅，弭禍於無形。自47年森林警察大隊取消以後，其任務交給了山地警察，任務多，業務忙，所以對森林的保護，遠不如以前有效。

為了補救這一缺憾，林務局方面希望對於保林工作人員，於急迫時，賦予司法警察之權，以便保林工作，這項建議，已經向上級機關提出，正在研究中。

可是林業專家及警察界人士，則認為恢復森林警察這一種專業警察，對於保林工作會更有效，而不易產生流弊，誠然，過去的森林警察也不夠理想，但只是運用上的問題，那時森林警察太過偏重於個別運用，所以警力分散，難見顯著成效，如今取消以後，才顯出他們的力量來，如果能進一步改善運用方法，將警力集中，則不獨是防火，即取締濫墾、盜伐等等侵害森林的事件，都可因之減少，用到森林警察身上的錢，是不會白費的。

火首處罰也太輕

對於森林火災的火首，處罰太輕，也是難收懲戒之效的，過去對於放火燒墾案件，多僅依刑法175條公共危險失火罪處罰，只能以2年以下有期徒刑或千元以下罰金。林務局希望能獲司法的支持，對森林火災的火首，依據森林法51條的規定，處以3年以上，10年以下的有期徒刑，期收戢止森林火災之效。

林務局也承認，各機構現有的救火隊，平時缺乏經常的訓練及演習，一旦發生火警後，召集動員，分配職務，通訊聯繫，現場指揮，救火技術，醫糧供應，善後處理等等，都沒有一個完整的制度，以致臨時慌亂，不能互相配合，這最重要的一件事，建立一套森林防火的制度和計畫，已經是必要的了，一位林業人員說，如果多年來在火災上的損失還換不來一個完整的森林防火與救火的制度與計畫，那麼是10多年的森林火災還沒有灼痛天天高喊愛林護林的人」。

1963年5月15日（民國52），徵信新聞記者蔡策撰 旱象所觸發的問題」，全文引述如下。

「來自警方的消息，昨天清晨，彰化縣秀水鄉，農民為了天旱爭水，竟然引起了兇殺案，發生一死一傷的慘事。

昨天上午4時左右，台北的天空，滿佈著烏黑的雨雲，而雨只如此慳吝地洒了疏落的三點兩點。水利局的主任秘書，正苦著臉，望望那窗外有雲無雨的天，與記者談今年的旱象。

寒霜與春的腳印

這又是去冬嚴霜的另一『傑作』。怎麼？森林的火災頻仍，說是去冬的寒霜有以致之，而今的田園龜裂，又是凌厲的寒霜肇禍？這並非將天然災害的責任諉諸於天然，專家們自有他們的說法。

台灣的地理環境與氣候環境，春之神不是借東風之力，由東方走來，而是她們的腳步，從台灣的南部，走向北部的。所以農民們隨著春的腳印播種、插秧，也是由南而北，南部先插秧，然後，稻田由南而北的逐漸染上碧綠的顏色。

可是，今年，當春神的腳印踏過了南部的高、屏地區，農民們在田園中插上了肥嫩碧綠的秧苗，不料突然來幾陣寒霜，幼苗枯萎，農民們為了爭取一季的收成，不能不趕上時間，作第二度的插秧，而這時候，又到了台南以上，甚至及於中部地區的插秧季節。換句話說，需時一個月以上的延續插秧期，擠在一起進行，各地區輸水的時間也擠在一起，需水量在這同一時間中，突然增加，而供應量，卻無法及時供應，水的供求，便失去了平衡。

雨量與河川流量

更何況，今年的雨量太少，從2月到現在，天公就沒有好好下過雨，雖然，這期間下雨的次數相當多，可是不但量少，甚至可稱之為『沒有雨量』，因為降下來的雨，不夠蒸發，當然談不到滋潤泥土，更談不到供給農作物的養分。

於是，旱了！

旱象到什麼程度呢？水利局的統計，台灣光復以來，民國35年是旱年，43年是旱年，44年是旱年。可是今年裡，全省各河川的水流流量，根據水利局的調查報告，比過去年3次旱災任何一年的流量數字還低，像阿公店的水量，只深及40公分，為破紀錄的枯水現象！

從地面上看，屏東地區，已經有少部分農田龜裂，高雄發現龜裂了的水田是2千多公頃，其中有200多公頃的禾苗已枯死，台南、嘉義、更北上到雲林，都有土地龜裂的現象發生。

所以，彰化秀水鄉的農民，為了灌溉爭水而鬧命案，不是無由的。

及時雨、一週間

所以，省府黃主席已經電召因公尚滯留在日本的糧食局長李連春，迅速歸來，進行抗旱、救旱的工作。

所以，進入了非常灌溉的狀態。

所以，水利局的首腦們，局長、副局長、總工程師，趕到台中去開會。

所以，盼望民政廳、農林廳採取抗旱、救旱的行動。

然而，水利局的專家說，土地的龜裂，並不是嚴重的事情，因為土地龜裂並不表示秧苗必然會枯死。儘管龜裂了的土地上，秧苗呈現了黃色，如果有及時雨或及時水，則黃了的秧苗，仍然可以綠過來，照樣長穗，照樣有收成。問題在雨或水，是否來得及時。

什麼時候的雨，才算下的及時，水利局說，在未來的一個星期以內，如果有適量的雨水下降，則所謂旱也毫無問題，旱象是可以完全解除的。

人定勝天的對策

說到這裡，蕭伯勤主秘，看看窗外，天空一片烏雲，烏雲下可看不見一線雨腳。望雲！總還是靠天吃飯，現在是科學時代，是人定勝天的時代，至於如何勝法呢？『及時水』又如何呢？

『我們在盡人事，聽天命』，蕭主秘說，今年的河川枯水現象，比光復以來任何一年都更嚴重，照理，農民們『救旱』的呼聲要更高，而到現在為止，還沒有聽到農民們提出『救旱』的要求，這就是『人定勝天』的明證。因為多年以來，大量水利工程的建設，和輪灌，非常灌溉等項防旱制度的建立，使農田獲得充分之灌溉，平時增加了單位面積的產量，比日據時多了

若干倍，而在枯水時，不會感到旱的威脅，所以今年的枯水情形雖最嚴重，而農田的損害，已經不是最嚴重的一年了。

事實上，早在今年3月5日，水利局就已經注意到今年農田需要『加強灌溉』的重要性，由水利局長鄧先仁、糧食局長李連春，邀請高、屏、嘉、南地區各縣市的縣市長、建設局長、糧食事務所長、水利局分支機構負責人、水利會負責人，在嘉南水利委員會，舉行過一次『加強灌溉』的會議，為了可以預見的今年旱象，商討妥善的對策。

救旱的六步驟

在這一次會議中，曾經決定了六個步驟。第一步，是儘量利用可利用的水從事灌溉；第二步，由糧食局，無條件供應抽水機，俾缺水的農民，可以儘量利用抽水機，抽取附近的溪流溝渠的水作為灌溉；第三步是開發淺井、與土地銀行商妥貸款，由水利局、糧食局供應技術，並免除申請水權等項手續，儘量使農民獲得取到水的便利；第四步，各縣市有關機關及團體，成立『加強灌溉聯繫委員會』，由縣市長為召集人，負責協調，分配灌溉用水，及權衡工業、飲食、灌溉用水的緩急輕重，作公平合理的安排；第五步實施輪溉；第六步，實施非常灌溉，而今，有的地區，已經進入到第六個階段了，未來的一周，是頗為重要的時間，在這一周間，新的、有效的治旱辦法也將決定而及時實施」。

1963年5月20日（民國52），森林火災正屆危險期，燒墾狩獵全禁，吸煙也在禁列。省府19日指出，今年自元月迄今，發生110次森林火燒，被害林木超過1億元，因而指示林務局研訂計畫實施：「1、改進預防措施，加強組織聯合巡邏隊，嚴禁在火災危險期內燒墾和狩獵。建議司法機關採用森林法51條的特別規定，對放火燒毀森林者，處以3年以上，10年以下的有期徒刑。2、增加防火設備，建瞭望台44座，連同原有的49座，共93座，構成瞭望網。在每座瞭望台普遍增設通訊設備和氣象儀器，並增購救火工具9千套。同時增購消防幫浦300台，使每一套山地鄉分配10台備用。3、開闢防火線路，在珍貴大面積連續的針葉樹林區，開闢10公尺寬的防火線200公里。4、加強通訊聯絡，本省現有森林防火聯絡的新式通訊設備，有無線電話6架，尚有17架向國外增購中，將架設於中南部火災頻仍地區。今後應繼續購置60架無線電話使用」。

1963年6月2日（民國52），經濟部邀請聯合國糧農組織森林經濟學家史密斯自上週抵台後，正與農復會積極部署今後2個月內之全省性調查，作為今後台灣森林和森林工業擬訂計畫之用（徵信）；6月19日報導，月底聯合國另一位林業專家郝維爾亦將來台，調查開發台灣林業資源。

1963年6月3日（民國52），阿里山區的阿里山蜂及小繭蜂，被引渡至美國，用以克制柑橘及瓜果的果蠅（徵信）。

1963年6月10日（民國52），省府積極規劃陸續興建後龍、達見、曾文、關廟、寶山及龍池水庫（徵信）。

1963年6月23日（民國52），林務局前局長陶玉田等7位林官，因處理林地放租違法失職，遭監察院提案彈劾（徵信）；7月

16日報導，省府決心整頓林務，根絕積弊防杜漏洞。

1963年6月（民國52），奉令結束自營伐木，有關單位如貯木場、第1、第2製材廠、阿里山製材廠、修理工廠等，於8月間相繼裁撤。乙技之編制全部取消，職員及甲技大部分辦理資遣，少數由林產課接管。（林局誌）

1963年6月（民國52），沈家銘局長報告「就任半年的回顧與前瞻」（載林友月刊第73期）；林務局財務至1962年10月初（民國51）達極端困難之境，計虧欠6,049萬元，經調整業務、增加收益、節省開支，至12月底已償還前欠，尚有盈餘994萬元；林務局員工所最關心而已告停發之1962年年終獎金，得以補發。（林局誌）

1963年6月（民國52），玉山林管處阿里山工作站開始辦理結束直營伐木（但繼續整理運出殘材至1965年（民國54）），諸業務單位如貯木場、製材廠、修理廠於本年8月間相繼裁撤，乙種技工編制全部取消，職員及甲種技工大部資遣，少數則由林產課接納，大部作業器材調撥其他直營伐木林管處；阿里山森林鐵路繼續營運，但改以客運為主（林局誌）；當時裁撤的修理廠即專修集材機機件、火車等，人員在40～50人之間，工廠內設有翻砂、木工、鐵工、車床、汽車部、發電機等部門，據工作人員陳偕先生提及，1960年代之前，阿里山冬季甚冷，下午3時以後水即結冰，早上樹上有冰柱。

1963年7月18日（民國52），加拿大籍林業經濟專家史密斯於本年5月24日來台，本日離去，曾向聯合國發展方案（UNDP）提出台灣林業及森林工業情況調查報告，據建議4點：（1）台灣年伐木量可較前增3倍，水土保持問題因素甚多，伐木非負全責；（2）各直營伐木業務悉數開放民營；（3）省內木材市場並未飽和，內銷數量仍可增加；（4）採發深山針葉樹材外銷，所得外匯發展木材工業，並更新低山帶林相；經濟部楊繼曾部長邀集沈家銘、楊志偉、馬聯芳等專家交換意見，對其建議原則接受，並決定向聯合國特別基金申請貸款30萬美元，聘請7名專家來台制定台灣林業及森林工業發展方案。（林局誌）

1963年7月18日（民國52），阿里山鐵路遭范迪颱風危害，損壞12處，自嘉義開出的火車17日只能開到竹崎站（徵信）。

1963年7月19日（民國52），省議員陳重光質詢，台灣「每年枯腐木材達130萬立方公尺，估計損失15億元」，「林務局每年造林4萬公頃、經費達1億元，若由民間造林，將可達30萬公頃」（徵信）。

1963年8月21日（民國52），南投、嘉義2縣盛產木材，省府擬籌建產業道路，以作為阿里山鐵道輔助線（聯合報）。

1963年9月11日（民國52），強烈颱風肇致大甲林管處佳保台至久良栖及新山至馬崙二條森林鐵軌道毀損數十處；蘭陽林管處太平山森林鐵路自土場至天送埤橋樑破壞、路基路軌沖毀多處；玉山林管處阿里山森林鐵路橋樑沖毀3座，路基流失多處，10號隧道坍方；竹東林管處運材林道柔腸寸斷。（林局誌）

1963年（民國52），阿里山4村戶籍人口2,173人；該年遊客26,200人，全台人口11,883,523人。

1963年9月15日（民國52），9月11日葛樂禮颱風侵襲北台，中部地區亦重創，阿里山鐵路中斷，又加上13日豪雨侵襲，獨立山區山洞崩壞（徵信）。

1963年9月20日（民國52），美國（註，？）「森林專家」史密斯建議台灣應大量砍伐森林，經濟部長楊繼曾贊同，「史密斯的革命性的建議，係打破台灣的一項一直在執行的政策─即保護森林，用以保持水土。他的建議分為下列五個要點：1.台灣砍伐林木的數量，應較過去多三倍。水土破壞的因素很多，不能由伐木負全責。2.各林場伐木業務，應全部移轉民營。3.省內木材市場並未飽和，如木材品質提高，規格劃一，內銷數量仍可增加。4.伐採深山針葉樹外銷，以所得外匯發展本省木材加工業，並更生低山地帶造林。5.向聯合國特別基金會申請開發基金30萬美元，聘請林業專家來台，對台灣林業擬定新方案」（徵信）。

1963年9月26日（民國52），監察院地方巡察，台東縣長黃拓榮提出開發東部多項建議，主張早日開放台東縣境8萬公頃的「不要存置林野」（徵信）；10月4日報導，台東縣山胞保留地2萬4千公頃即將辦理放領。

1963年9月30日（民國52），國際開發總署29日宣佈，將積極調查台灣發展森林工業。兩位美國「專家」將在台灣停留1個月，再回美國提出初步報告，然後再到台灣調查6個月，此次調查經費預算為12萬5千美元（徵信）。

1963年9月（民國52），交通部觀光事業小組於1961年獲美援資助，擬將陽明山區規劃為國家公園，委託台灣省公共工程局辦理規劃事宜，實施航測，並邀請中國航測隊、農復會、林試所、陽明山管理局，以及預定地內之鄉鎮公所等單位共同策劃，於1963年9月完成，但並未付之實施。

1963年10月6日（民國52），蘭陽林區管理處所屬森林鐵路存廢問題，將由縣府與議會協商作決定（徵信）。

1963年10月14日（民國52），山林土地濫墾、濫伐嚴重，山洪爆發、災害繁多，省府下令加強取締；省府決定將7萬公頃原野土地（不要存置林野）分期整理放租（徵信）。

1963年10月17日（民國52），林務局訂定「台灣省國有林區藥材採取辦法」即日起公佈實施。國有林區內凡具有藥性的植物全部開放採取（徵信）。

1963年10月18日（民國52），台東縣府請省府速行開採台東縣森林，認為其價值達10億元，期待迅速砍伐（徵信）。

1963年10月20日（民國52），加拿大林業經濟專家史密斯應聯合國邀請，來台考察台灣林業，認為台灣林業經營方式過份保守，主張檜木的清理期應由80年縮短為30年（徵信），註，唉！專家！

1963年10月26日（民國52），林務局計畫加強森林火災防救，將試辦跳傘隊（徵信）。

1963年12月8日（民國52），林務局現已開始進行大規模林相變更計畫，低山闊葉林將大量變成紙漿原料（徵信）。

1963年12月17日（民國52），林務局沈家銘宣稱今年木材出口超過6百萬美元，

為空前紀錄，明年度預計將超過1千萬美金，而明年將供應外銷檜木10萬立方公尺，小杉木4萬立方公尺，再加上其他木材，以及大雪山林業公司、森林開發處、民間供應材等(徵信)。

1963年12月26日(民國52)，阿里山森林鐵路因受火災影響，最近3個星期內將無法通車，玉山林管處處長楊元儉於25日，率工程測量隊前往，預定在被火焚毀的12號山洞一側，開闢一條新道行車。新闢路長約數十公尺，自12號山洞二側繞行(徵信)。

1964年前後(民國53)，德籍龐神父至阿里山，向陳玉妹購屋設教堂，是以1964年可謂阿里山引進天主教的始源。而後數年龐神父再於警察所旁購屋創辦天使幼稚園。

1964年1月18日(民國53)晚上10點零4分，發生「白河大地震」，地點在台南東北東43公里，規模6.5。2月17日1點50分，又發生一次，地點在台南東北50公里，規模5.9。

1964年1月23日(民國53)，林務局決定全力開發玉里林區秀姑巒事業區原始森林，並在花蓮市設一規模宏大的製材廠。沈家銘局長22日在花蓮表示，「目前全省各林區木材木質優良者首推木瓜與秀姑巒兩事業區，林務局為了開發此無盡林藏，正全力策劃中」；林務局各林區今年生產量可達60萬立方公尺，如果外銷順利，53年度外銷材可達13萬餘立方公尺，價值千萬美金(徵信)。

1964年2月19日(民國53)，台省公有山坡地的開發整理工作，訂於本月20日起全面展開，「將使台省土地利用邁入一個新境界」；全省可供利用的山坡地共達10萬公頃，2萬8千公頃是國有林班地。省府20日開始整理者，屬於原野、公有坡地、山地保留地的7萬2千公頃，其中3成為宜農地，餘為宜林地，以及少數宜牧地(徵信)。

1964年2月28日(民國53)，台南縣公有山坡地即日起全面開發，面積共1萬公頃，其中4,500公頃屬於原野地，5,500公頃屬於公有山坡地。宜農、宜牧地區將放租給縣民生產，宜林部分將以租地造林方式交民間經營(徵信)。

1964年3月5日(民國53)，東部開發委員會陳友欽4日表示，東部開發工作10年完成(徵信)。

1964年4月3日(民國53)，省產柳杉第一次外銷，定於16日裝船運銷日本(徵信)。

1964年4月5日(民國53)，第二期美援480公法第二章剩餘農產品補助灌溉、防火、水土保持和林業發展等方面之各項計畫，均於最近展開，第一批農產品亦已分別運送中。本期計畫預定明年2月結束。食物代工資計有美援麵粉10,450,000公斤、食油765,000公斤，總價值新台幣7千萬元。我國政府亦已決定撥付6千萬元作為配合款項。在各項工程中，以開發土地和水資源所佔發放食物的總數百分率為最大。

按，美援480公法剩餘農產品補助農業計畫於1962年1月開始，首期於1963年12月結束，共執行9方面、42個計畫，農產品價值達新台幣111,000,000元(徵信)。

1964年4月20日（民國53），台灣省主席黃杰提出「治山與防洪」觀感，以集水區分界，作全面性治理。又表示「樹木已過熟，富源遭廢棄，林相惡劣要改良」（微信）。註，由半吊子、外籍專家等錯誤的觀念，導致政治人物大加提倡，台灣最恐怖的屠殺原始闊葉林於1960年代大肆展開。

1964年4月25日（民國53），中部旱象，農界人士指出必須造林、護林涵養水分，才能免除亢旱現象。由於森林大量砍伐，山地童山濯濯，遇雨成水災，天久不雨即成旱象；中部農民祈雨（微信）。

1964年5月4日（民國53），省府決定將全省被濫墾的公有山坡地10萬公頃，租給人民耕種（微信）。

1964年5月5日（民國53），鼓勵民間種植竹林，首期目標5萬公頃，林務局通令，即日起辦理登記（微信）。

1964年5月12日（民國53），農復會認為台灣森林資源及加工產品具有最大出口潛力，但尚未啟發（微信）。

1964年5月26日（民國53），省主席黃杰25日在中興大學演講透露，他將建議省議會共同研究，研訂本省20年森林發展計畫，且省已接受外籍專家建議，正計畫一項3年計畫，將全台60萬公頃的闊葉樹，改植為針葉樹，以「改良」林相，增加森林富源；「黃杰決貫徹〝治山〞工作」（微信）。

1964年5月28日（民國53），為開發台灣森林，「聯合國糧食和農業組織林業經濟專家何希已協助中華民國政府擬訂一項新的林業發展計畫，向聯合國特別基金申請補助，開發台灣的森林資源。這個計畫的

實施期間為3年，將邀請國外林業及森林工業專家8人來華服務2至3年，短期技術顧問4人，每人服務3個月至6個月，協助中國改進林業及發展木材工業。

中國政府也將派遣林業技術人員13人去歐美及日本接受實習訓練，期間6個月至1年，同時請聯合國補助林產研究及森林調查器材設備。

這個計畫的經費，將申請聯合國特別基金補助680,900美元，作為外國專家費用、獎學金及設備補助。中國政府負擔6,723美元，作為國外專家的部分費用，而中國政府配合美金306,510美元，是中國參加這個計畫人員的薪津、旅費、設備及總務等費用。

經濟部將代表中國政府和聯合國簽訂林業及森林工業發展計畫申請書，由台灣省農林廳執行。

這個計畫如在明年1月聯合國特別基金的會期中通過，明年7月即可開始實行，如這個計畫在今年5月底前發出，於本年6月中旬的會期通過，明年元月就可開始實行。

何希博士是在5月10日來華，曾參觀林場，訪問各有關機構並和各大學教授及專家座談，於19日離華」。

1964年6月7日（民國53），徵信新聞讀者論壇刊出署名周程英撰寫之「應重視森林的保安性」，談如何治山與防洪問題，乃因八七水災與葛樂禮颱風所帶來的省思。其引森林學者的說法指出，太平洋戰爭後，濫伐、盜伐森林，導致土石崩蝕，8處發電所受害嚴重。1948年全台大旱、1950年全台大水災、1951年草嶺潭水災，

以及太平山土石下注等，都是森林破壞的
結局。「台灣經營伐木業者，除了林務局
轄下6個林區管理處和公營的大雪山林業
公司以外，還有約140家民營伐木業者。
統計每年伐木量，在民國48年以前，未超
過80萬立方公尺，48年則為82萬立方公
尺，以後數年大致在80萬立方公尺至100
萬立方公尺之間，而且有與年俱增的趨
勢。這如果是信守著並執行著「生伐平衡」
的原則，嚴格地按著林木的生長去伐木，
當然可以保持森林的「保安」效能，使它在
完整的狀態下，永遠保持水土，長久維持
水利的功效，否則很可能會招致不良的後
果；理由很明顯，一株小樹和一棵大樹對
於水土保持的效能，有天淵之別，是不能
相比的，即使台灣歷年來的造林面積，超
過伐木面積達4倍強，但是造林的功能，
似乎仍不足以抵銷伐木的弊害。造林面積
超過伐木面積，並不意味著森林的有效生
長量超過伐木量或是和伐木量比例平衡，
因此，有些人以為近年洪水為患，與開發
森林不無關係，這種意見，並不是毫無理
由，值得引為警惕的。

　　由於負責實施保管經營台灣林業的有
關單位，是營利事業機構，必須負擔盈餘
繳庫，為了財政上的目的，經營方策，當
然以營利為基礎，因而可能難免削弱了台
灣整個森林的「保安性」，即使能維持佔森
林總面積6分之1的特定保安林之完整。其
次，部份林地標售給民間伐木業者，將林
木皆伐以後，土地空著，因而被私自濫
墾，破壞水土保持。為此，在颱風豪雨季
裡，如果影響洪水為患，財政上的收入和
經濟上的利益，是否能抵銷水災所受的損
失？

　　台灣經濟建設第1期至第3期的農業4
年計劃，有關林產部份的方針和要點是：

　　第1期自民國42年至45年—（1）引用美
援，輸入若干普通建築木材，以應一部份
軍工與主要公營事業的需要，俾減少各方
對省產木材需要的壓力，穩定木材價格，
減免森林濫伐；（2）加強伐木工作的設計
與管理，在不濫伐原則之下，讓省產木材
供應量的逐漸增加，其中高級木材，除省
內必須者外，用以輸出，以抵銷輸入普通
木材所耗的外匯；（3）加強造林工作，以
糾正伐木甚於造林的趨勢，造林工作將不
求新植面積的誇大，而注重撫育已有的森
林，及補植新造林的缺株。

　　第2期自民國46年至49年—為配合國
民住宅興建及軍工建築用材的需要，且為
配合工礦交通的發展，對於廠房、枕木、
橋樑、震桿、造紙、箱板、礦坑等方面用
材，均需充分供應。本其計劃為林業長期
計劃40年輪伐與25年造林的一部份，今後
4年內各年木材生產量（案：實即伐木量），
將與年俱增，預期至49年將達年產80萬立
方公尺，比較45年增加63%。森林為台灣
經濟命脈，求植伐平衡，今後4年造林新
植面積，希望能達到平均每年4萬公頃。

　　第3期自民國50年至53年—必須趨向
多植、多伐與多銷政策，每年砍伐木材
100至110萬立方公尺，其中83%供省內銷
售，其他17%則供外銷之用。並著重選擇
生長迅速的優良樹種，大量實施人工造
林，每年將達4萬公頃，並提倡密植，以
提早鬱閉並增高早期收益。

　　從這3期計劃的要點和方針，可以看

出，台灣林業的經營，主要是：（1）著重於木材的供應，配合客觀情勢的需要；（2）加強造林，求植伐平衡；（3）提高台灣森林的經濟價值，實施人工造林，加速改良林相，增加林木的蓄積。

照此經營台灣林業，是很符合經濟原則，也能充分發揮台灣森林的經濟價值。不過，如果斤斤於木材的利用，只知利用森林的直接效用，而忽略了森林的間接效用，可能為得不償失；因為，森林直接效用的利用，只是用之一時，但森林間接效用的利用，卻可用之永遠。換句話說，不按著森林的生長量去伐木，只能一時達到財政上、經濟上的目的，卻失去了森林的完整，破壞了水土保持，甚且可能後患無窮。但按著林木的生長量去伐木，保持森林有機體的完整，卻能永遠而有效地保持水土，消滅或減少水患，達到水利的功效。其次，如果謀求木材的充分供應，多銷必然多伐，若是植伐平衡，多植並不能抵銷多伐所產生的弊害，所以，為求台灣森林經濟價值的提高，改良林相及增加林木的蓄積，實施人工造林，但卻必須配以天然更新方式，嚴守生伐平衡原則擇伐林木，用新的優良品種在原伐木位置栽植。唯有這樣，才能一方面充分發揮台灣森林的經濟價值，另方面使台灣森林永遠更新，永遠完整，永遠地有效地保持水土達到水利的功效。

總之，台灣林地面積佔全省總面積55%以上，除了12%是海岸的防風防砂林，87.5%是山嶽性的絕對林地，傾斜險峻，而且時有豪雨，因此，台灣森林對土地資源的保護功用，應該特別注意，而要始終維持它的「保安性」的。

據專家的意見：1. 保持並更新天然的資源；2. 充分利用，是經營台灣林業的兩大原則。但目前來說，前者卻似乎比後者更為重要。」

註，此文似可視為1960年代民間保林呼籲的先聲。

1964年6月9日（民國53），省府主席黃杰8日向省議會提出施政報告，強調防洪必先治山，他指出：「本省林地面積佔土地總面積百分之58.9，但經濟價值較高的針葉林僅有19.9%，林木積蓄平均每百公頃不滿100立方公尺者達71%，而其中有半數的針葉林都為過熟林，每年枯腐林木約達232萬立方公尺，因此他認為如不能積極改良林相，無異『有山等於無山，有林等於無林』，因為人造整齊適當的立木度，比原始林更能覆蓋地面。

他強調省府今後將以增加伐木造林數量以改良林相，作為增強森林防洪功能的手段。他認為這些工作是繁重的，要有較長的時間和較多的經費，尤其是需要觀念與認識的統一，他要求省議會給予支持。

關于省府在水土保持和森林經營所採取的措施，他說省府已公佈公有山坡地水土保持實施辦法，將在4年內完成6萬公頃的坡地水土保持，同時自今年起將林務局盈餘省府收入部分，提撥50%作為河川上游水土保持經費。

至于森林經營方面，將先辦5千公頃的改良林相工作，加強防洪、防森林火災，并將成立木材加工試驗館與木材市場中心，以加強林業經營研究工作。」（微信）。

註，凡此所謂「治山」，以現今觀點，其效應恰好相反，正是破壞山林最嚴重的措施。

1964年6月12日（民國53），中國農村復興委員會與省林務局等機構籌設的木材市場中心，將於13日在台北市成立，此財團法人組織設立的目的為促進木材資源的合理利用，加速林產工業發展，促使木竹產品國內外貿易（徵信）。

1964年6月22日（民國53），6月17日阿里山山洪爆發，森林鐵路平遮那地段嚴重損害，坍方達3千餘立方公尺以上，長達近百公尺長度的鐵軌埋沒，迄今搶修已進行6天，尚需1週才能通車（徵信）。

1964年7月5日（民國53），南投縣政府前申請480法案補助，以及地方配合款興建之竹山、鹿谷兩鄉鎮5條林道，縣府4日稱，本月內均將先後完成，屆時對竹材外運，將進入另一新里程碑。該5條林道即竹山鎮大鞍林道，由福興寮至永哮仔段，長3.98公里；山坪頂林道，由山坪頂至大嶺頭段，長3.4公里；大人凍林道，由嶺腳至大人凍段，長7.5公里；鹿谷鄉崩崁頭林道，由崩崁頭至深坑段，長1.8公里；初鄉林道，由初鄉至初坑段，長2.7公里（徵信）。

1964年7月30日（民國53），立委冷彭在徵信撰文「修明林政，治山防洪」，全文如下。

「10年之前，立法院針對林政，累次質詢討論，兩度入山考察。並經根據憲法第57條，以決議變更行政院之政策，逼使俞內閣依預算法，將台境國有林收支，列入中央政府總預算；依森林法，委託省林業機關，經營管理國有林。林政紊亂多

年，從此勉強納入正軌。

台灣林業機關受委之後，經營仍然不如理想，森林繼續破壞不止，水旱災情反較以往嚴重。農林當局，不務正本清源之計，外籍專家，誣指森林不能防洪。幸而，省府主席黃達雲先生，以治山防洪為五項要政之首，從保土與營林兩方進行；營林則包括：優先改造低山闊葉林，加速開發過熟針葉林，加速檢訂保安林，及發展森林工業等4個重點。是為林政勉入正軌以後之第一步，慶幸之餘，略申愚見。

一、扼止森林破壞

台灣自二次大戰末期迄今，除極短期間重視保林外；20年來，林政不修，保林不力，森林破壞已甚，而仍在繼續破壞之中。盜伐濫伐（二者約當合法砍伐之2倍）層出不窮，林火（年平均2,200公頃）濫墾（11萬公頃以上）變本加厲，彼此消長，破壞不停，加以其他作業不良，林道因陋就簡，乃至上游土讓沖蝕，下游洪水氾濫，舉世稱羨之寶島，淪為水旱之災鄉。是以治山防洪，必先修明林政，修明林政，首須扼止森林破壞。

二、宜林荒野造林

台灣尚有325,000公頃之宜林荒野，無論為經濟計，抑或為保安計，均應就此荒野優先造林，不應採納史密斯之建議，先加3倍砍伐而後造林。何況林業機關明年計畫造林，只有8千公頃，準此以衡，30年尚不能完成荒野造林之任務；如官民合力，以年4萬公頃計，尚須8年。捨棄宜林荒野不謀造林，反而增加砍伐尚能維持自然平衡，尚有保土防沖能力之森林，誠

令人百思不得其解。

以上：扼止森林破壞，與宜林荒野造林，均屬當務之至急，均不在當軸營林重點之內，謹先提出，籲請注意！

三、低山林相改良

台灣低山闊葉林，蓄積量少，而利用價值低，但非林無可留之樹，地無可長之材；諸木雜生，良莠不齊耳！理應汰劣留良、撫育改良實施林相改良(Timberstand Improvement)。林業機關不此之圖，竟在治山防洪方針之下，反其道而行之，採取先行皆伐而後造林的改變林相(Forest Conversion)；第1期計劃33,000公頃，預算5億3千萬元，每公頃平均16,000元以上。改良林相則每公頃不過2千元，且能迅速成林，利於保土，是以改造低山闊葉林，應以改良林相為主，其所選留良種，並須適合工業用途。

四、高山貴木永續

從森林開始開發，公營伐木，即集中於高山之紅檜扁柏，多年內用外銷，而不見更新永續，昔之二大林區，八仙山與阿里山已成過去，太平山伐盡之期，亦在不遠，所遺伐木跡地，上者改種品質低用途狹的柳杉木，中者漫長次生林，下者更箭竹叢生不堪入目。倘或加速開發過熟針葉林，而不謀永續更新之道，則現有各林區，勢將步三大林區之後塵。因此，加速開發過熟針葉林，必須先謀永續更新之道，並配合林木育種，以縮短輪伐期。

前述改造低山闊葉林，應以改良林相為主；加速開發過熟針葉林，必須先謀更新之道等兩節，乃林政成敗之關鍵，若不慎始，失毫謬千，經濟與保安俱蒙不利！甚盼當軸加以考慮！

五、檢定施業方案

施業方案係分別事業區之經理計畫，以5年或10年為期；光復之後，對於接收用人之施業方案，既未如期檢定，又未依以實行，林政廢弛，莫此為甚！如果以4年之時間，加速檢訂保安林，則不如稍寬時限，檢定所有施業方案，其未編入事業區之林地，予以編入。並且在施業方案原有造林伐木兩項基案之外，增訂工程基案，包括林道理水防洪及保土等工事。同時，調整林業行政的林區，森林經理的事業區，與天然河流的集水區，取得合理之配合，以收事半功倍之效。

六、促林業工業化

除通常所稱作業機械化，與經營企業化之外，在林業施業方面：選擇樹種，決定伐期，應以適合工業用途為準，更須針對工業之需求而育種，即育種以應工業需要為目標。在林地利用方面：則視地之所宜，事之所需，時之所趨，為最經濟有利之安排，以期發揮最高永久之效益。在森林保安方面：更需維護增益森林保安功能，進而經理水源保育土壤。至於發展森林工業，應先研究現有闊葉材之工業用途，然後再及其他，發展森林工業於林業工業化之中，庶免原料、銷路或成本之困擾。

施業方案乃營林之根本，工業化則為時代之所趨，迎接時代適合需要之政策，透過施業方案，厘為年度計畫而見諸實行。因此建議：由檢訂保安林，擴而為檢

定施業案，由發展森林工業，進而為促林業工業化。

颱風頻傳，水災堪虞，欲求修明林政，以治山防洪，則需長期大量投資。黃主席籌措經費有：租地或合作造林，銀行貸款，請中央撥築路經費，及洽請美援等四途，憑以保障人民生命財產，包括歷年美援建設成果在內。愚見除政府撥款及私人資金之外，莫如一次洽撥相對基金20億（現存40億，今後按年收回者在外），供營林保土治山防洪等基本建設之用，在社會普遍受益之中，分期收回成本及低利，基金循環運用，低利撥充研究經費，俾使林業發展進步於無疆，奠立萬世安居樂業之基礎。希望黃主席，洽得相對基金20億，建立治山防洪百世功。」

而7月31日刊出林務局長沈家銘的回函。

1964年8月30日（民國53），台東縣政府林務課歷年耗資900萬餘元的示範造林案，縣議會專案調查小組經4天實地調查發現，造林成果寥寥無幾，成果顯係虛報（徵信）。註，此為罕見的檢討訊息。同日報導，東台太巴朗近萬公頃山坡地，將安置退役官兵。

1964年9月1日（民國53），徵信報導，大雪山林業公司在日本標售的一批木材，徹底屬於賠本生意。註，歷來銷日木材常見賠本之報導，9月13日再度報導賤賣的現象，本案媒體報導及評論甚多。

1964年9月28日（民國53），木瓜山事業區清水溪上游對岸8個林班針葉林蓄積百萬立方公尺，即將開發（徵信）。

1964年10月16日（民國53），森林法未

修訂前，省府已訂制「台灣省內國有森林經營管理條例」送請中央完成立法程序中，用以彌補森林法之不足（徵信）。

1964年10月28日（民國53），阿里山森鐵歷年來經營不善，虧損甚鉅，省府接獲檢舉，「該檢舉書指出，阿里山森林鐵路服務員工、隨車人員與站務人員，經年私運食米上山，高價出售，另將山產自山上運下山來，出售圖利。因兩者相互勾結，偷漏鉅額運費，使該線鐵陸運費銳減。

阿里山上的居民，包括公教人員及林務工作人員在內，約有6、7千人，終年沒有下山購買食米，所需食米多數係私運上山的。這些食米轉到山胞手中，可獲暴利。山上的人，因為下山購米需要旅運費用，超出米價，多在山上購買。旅運工作人員，便趁機私運。有些主管人員，將山上的工作人數，以少報多，藉口多運食米上山，目的也在圖利自肥。

阿里山上居民的需要，非僅食米一項，因而私運上山的貨物，尚有日用百貨，一年四季私運上山的貨物，不知多少。私運貨物的人，多數是與森林鐵路沿站人員有密切關係的人。圈外人無法不經有權者同意，從事私運工作。

檢舉書透露，森林鐵路進出口的兩站站務人員，服務該線都在一、二十年以上，相互勾結中飽，積弊已深。」（徵信）；又，省府委員侯全成等一行十餘人，27日上阿里山勘查是否要將森鐵柴油化，或改建公路。「據侯委員表示，省府有關廳處，對該條森林鐵路柴油化及改建公路已作初步比較。估計將現有鐵路柴油化，需新台幣2,800餘萬元，如改建公

路，包括路線投資，車輛投資，減去拆除鐵路，廢料折價收入，實需投資額約8,925萬餘元。

若將鐵路柴油化，要買柴油機車及柴油客車。改建公路，非但需要新闢道路，改善林道，也要增建橋樑，購置運材連動卡車。在兩者比較上，鐵路柴油化，可以節省營運成本，增加客運營收，配合觀光需要，縮短行車時間。估計完成柴油化後，全年利益達到537萬餘元。惟鐵路柴油化與改建公路，亦各有利弊。省交通處及公路局，於49年間會勘時發現，改為公路，需工程費甚鉅，亦實難於籌措。縱使能夠籌措鉅款興築公路，由於地形、土壤、氣候等因素，在雨期中亦無法避免災害。開闢林道除去工程本身之難易不計外，應該顧及森林經理問題，依目前情況，為繼續經營，仍以保留鐵路，對林業發展，較能發揮經濟價值。就配合觀光需要設備而論，如以私人車輛為標準，則以公路為佳，惟山區鐵路客運車輛，亦有其特殊之優點，如行車平穩，旅客在車內可有較為自由舒適之活動範圍。

據嘉義玉山林區管理處統計，該條森林鐵路之最高路線容量，每日可達8個往返，依以往實績，全年客運人數最高達46萬人，全年貨運噸數，最高達14萬噸，目前全年客運人數最高達34萬，貨運噸數僅達10萬噸左右。該線行車潛力甚大。因生產量不大，故未能充分發揮」。

1964年10月28日（民國53），阿里山招待所將改建為觀光旅社（聯合報）

1964年10月29日（民國53），林務局將開發新林區，已投資3,300萬元正興建竹東之大鹿林道、巒大之人倫林道、秀姑巒山之光復林道（徵信）。

1964年11月21日（民國53），20日首次舉行空降救火演習，「適應成效測驗結果良好」，「自51年開始，林務局當局3年以來，進行了一連串的加強森林防火與救火的措施，3年共以1,700萬元的經費，組織了深山防火巡邏隊82隊，計共410人，增建瞭望台41座，連前共有88座，增設電話線路837公里，連前290公里已共有1,127公里，增設了防火工具1,318件，救火唧筒、鐮刀、鐵耙、圓鍬、鏈鋸、三槍滅火器、火拍、手斧等十餘種。

空降救火隊，是其中的一部分，也是最主要的一部分，它是由陸軍空降教導團建議及協助，在今年3月1日成立，4月開訓，在該團協助訓練並借用飛機、車輛下，在今年5月中旬，完成了各項訓練，於昨天在屏東三地鄉舉行實地演習，並定名這項演習為『青山演習』。

空降森林救火隊是一支經過精選精練能空降山地森林的小型作業單位，有高度機動性，過去救火人員要3天才能趕到現場，該隊可在2小時內，空運到全省任何一處森林，且配有現代化的救火裝備，該隊人員計有一個行政支援組，3個區隊，每區隊3班，每班7人，但現僅編實一個區隊，共有25人，幹部由空降部隊借調，行政人員由林務局職員兼任，最主要的空降人員，是遴選優秀山地青年中的後備傘兵充任，因為這樣，更能適應在山地中生活和操作。

他們的訓練，非常嚴格，包括有山地及森林跳傘訓練、裝備捆包訓練、山地生

存和地圖判讀訓練、森林救火訓練及一般空中操作的訓練。

　　昨天前往參觀的有立、監委員、省議員、省府各廳及林業等有關方面代表數百人，由農林廳長張憲秋任總裁官，副總裁官為林務局長沈家銘，副局長張世漳及國防部、陸總、空總、警務處等單位代表，由林務局屏東事業區恆春處長滕德新任指揮官，空降隊長董成德為副指揮官」（微信）。

　　1964年11月22日（民國53），省府核定阿里山、合歡山及烏來三處森林遊樂事業，計畫今後3年中栽種梅花、櫻花、碧桃30萬株，合歡山及烏來將設計登山纜車。關於阿里山部分，「該地有山地鐵路71.9公里，原為本省著名的風景區，省府除計畫在明年改善其水電供應，和充實博物館陳列品之外，並計畫在明年改善阿里山鐵路軌道、增加柴油拖車2輛、柴油客車3輛、改建招待所、增西式套房18間、日式客房4間，經費130萬元，已列入林務局明年度預算，預定在明年櫻花季之前完成。另外，並計畫興建觀光旅社一座」（微信）。

　　1964年11月23日（民國53），省府公布上年度林業盈餘1億餘元；內銷木材將全部改為標售；明年預定伐木79萬餘立方公尺，其中40萬餘立方公尺將由民間砍伐（微信）。

　　1964年12月29日（民國53），美國國家公園專家柯克建議，台灣太魯閣、阿里山應建設為國家公園（聯合報）。

　　1964年（民國53），阿里山4村戶籍人口2,028人；該年遊客36,599人，全台人口

12,256,682人，每千人有3人次前往阿里山旅遊。

　　1963～1967年間（民國52～56），嘉義縣府利用480世糧方案，賣出麵粉得款，再度發動義務勞動，將觸口至石桌全長25公里的牛車路，拓寬為4.5公尺的道路，係為伐木的所謂「中興林道」，但民間皆稱「麵粉公路」。1971～1976年（民國60～65）再以乙種林道標準（參考7級公路標準）拓寬為6.5公尺道路。

　　石桌到十字路長約15公里段落，係1968年（民國57），縣府移用大和產業道路的世糧方案物資來闢建。兩端開鑿而完成14公里，但福山（53K）至龜山（55K）之間因懸崖峭壁難渡，留置最後階段開闢，卒因世糧方案停止，而該工程遂告中斷。

　　其後，為伐木運材（深入楠梓仙溪伐木），觸口至石桌由縣政府負責、石桌至十字路由公路局改善、十字路至阿里山則由林務局闢建。林務局基於運材方便，捨棄原先縣府完成的路段，另選他路新闢之，於1973年（民國62）完成，但該路段並非今之阿里山公路上段。

　　1965年1月1日（民國54），本年起，林務局利用部分伐木林場，選擇其復舊造林、景觀優美且有林道通達之地區，整建為森林遊樂區，自大型之阿里山、太平山二區開始，而後及於合歡山、墾丁等非林場地區。（林局誌）

　　1965年1月1日（民國54），本月起林務局首期（1965年1月至1966年6月）林相變更計畫開始實施，由聯合國世界糧食方案以小麥2,721噸、食油120噸、奶油140噸，補助本計畫於八仙山、竹東、潮州3事業區

實施2,000公頃之伐木、整地、林道、育苗、造林等林相變更一貫作業。(林局誌)

1965年1月10日(民國54)，農復會森林組短期顧問白里安博士針對林業計畫提出建言，徵信新聞標題：「本省林業太差勁，運輸費鉅、成本過高，美顧問提改進建議」。

1965年1月(民國54)，林務局重視森林遊樂事業之發展，投資整建阿里山風景區，本年初首先拆除玉山林管處第1招待所，蓋建為2層觀光旅社，命名為阿里山賓館，將於4月底完工，內有套房17間，日式疊蓆房6間，共可接待旅客80人，交由職工福利委員會經營。次為淘汰森林鐵路舊有機關車帶動列車，全部改以柴油機動聯車行駛，2年後將可完成更新(林局誌)。註，阿里山賓館於1964年開始興建，前後期工程歷時5年，耗資3,000萬元，目前係林務局職工福利委員會委託民營，724建坪，套房55間，可住165人。

1965年初(民國54)，林管處設立竹崎檢查站，而將鹿滿檢查站改為檢查分站，隸屬於竹崎檢查站。年底將自忠工作站改為工作分站，隸屬於阿里山工作站。

1965年2月9日(民國54)，省府會議通過改善阿里山森林鐵路營運計畫(聯合報)。

1965年2月17日(民國54)，屏東縣為開發山地資源，決定在8個山地鄉，拓闢、整修9條道路：1.水門至霧台新闢道路24公里，2.三地至大社拓寬工程18公里，3.瑪家鄉北葉至瑪家拓寬工程12公里，4.泰武鄉武潭至泰武，橋涵、駁坎工程18公里，5.來義鄉橫貫道路新闢工程20公里，

6.春日鄉古華路橋涵工程5公里，7.獅子鄉壽卡至牡丹新闢工程6公里，8.牡丹鄉至壽卡路面設施8公里，9.牡丹鄉旭海道路新闢工程6公里(徵信)。註，本消息雖非林道，在此列出，代表1960年代各地道路開闢與山地開發之寫照。

1965年2月18日(民國54年)，林務局沈家銘宣稱歡迎民間投資辦理租地造林；林務局全力爭取大專森林系畢業且高考及格者，希望其到林務局服務。不經高考及格之大專森林系畢業或高農、高工畢業者亦歡迎(徵信)。註，先前人事多非招考而來，今後有缺不補，將採公開招考。

1965年2月22日(民國54)，林務局發展森林遊樂事業，以配合政府之發展觀光，決定於5年內分段完成建設阿里山、合歡山及烏來桶後溪，使之成為觀光事業區。阿里山所有道路均已鋪設完竣，同時該局在阿里山的招待所，予以重新修繕，經費180萬元，本年花季前可竣工。此招待所計有17個房間，樓下尚有團體房。而阿里山森鐵業由省府通過全部改為柴油化，該局最近將以2千8百萬元購買柴油機車，所有車廂亦均整修更新。登山鐵路兩側，全部栽植聖誕紅，而林務局預定培育30萬株梅花今年已著手育苗，將來擬分別栽植在阿里山及橫貫公路(徵信)。又，林務局以180萬元興建合歡山的登山纜車已開工，而可容納60人住宿的招待所(經費130萬元)今年內完工；滑雪場則由該局直營。

1965年2月25日(民國54)，東部土地開發處處長曾夏初認為開發山坡地來安置榮民，其效果較河川地為大，且利用價值亦高。省府黃杰主席指示土地資源開發委員

會，應將山坡地與河川地同時進行開發，安置榮民從事農業生產(徵信)。

1965年3月25日(民國54)，台東縣境19,000多公頃的不要存置林野及山坡地等，已被濫墾盜伐殆盡，「蓁民據山為霸，糾紛迭起」(徵信)。

1965年3月31日(民國54)，花蓮縣公共造林10年，耗資千餘萬元，「成果並不理想，傳有靠山吃山，盜伐也是原因。」(徵信)。

1965年4月9日(民國54)，農復會利用美國剩餘農產品(480專案)來開發山地資源方面，頃決定撥出麵粉1,800噸及食油180噸，供應54及55年在南投及嘉義境內，增建160公里林道。有關計畫工作，將於下月展開。農復會宣稱：「該會主任委員沈宗瀚、委員兼代美國援華公署署長郝夫曼、秘書長謝森中及該會其他人員一行會分別前往南投及嘉義縣視察新近竣工的4條林道工程(南投3條，嘉義1條)。這條道路是美國480公法第2章第202節物資援助下所進行的經濟發展計劃(亦即第2章計劃)成就的一部份。由於這些林道的築成，對該地區居民多年盼望的改善交通和運輸問題已經改觀。

農復會指出，這些道路完成後，單位運輸成本平均可減少約84%。同時可使林產品以較合理的價格出售，利潤亦可提高。此外，日用必需品亦可以較低的成本運往人口稀少的山區，改善當地人民生活，並鼓勵平地人民前往移殖。在道路興建前，林產品以及若干日用品的運輸成本，約佔其全部價款的一半以上。

該會說：農復會曾對利用480公法物資開發山地資源的各種方法予以試驗，其中最為有效的是三邊合作制度，即由農復會及地方政府提供經費(包括第2章物資)與技術協助。而沿路居民則組成工作隊提供勞力及工具擔任實際工程的興建。後者且自行組織委員會協助物資的分發(做為工資)，並就計劃的設計與實施方面和農復會及地方政府保持聯繫。農復會發現人民積極參與計劃工作的結果對於防止物資濫用，降低成本及增進效率極有幫助。由於道路的選擇及設計都以人民的利益為重，地方居民表現了最熱烈和真誠的合作，且毫無保留的表示了他們對於計劃的感激。這些道路的建造較本省任何同等的道路為低，主要因為發放工人做為工資的第2章物資僅以供他們家屬的食用為度，故其價值尚不及通常工資標準的一半。在道路的維護方面，凡地方政府無力負擔足夠的經費與人力時，當地人民均自願提供協助。

農復會在過去3年曾努力協助開發在南投及嘉義境內中央山脈之廣大山麓地帶，使豐富的山地資源得以開發，以供應本省日漸增殖的人口需要。除嘉義縣內之一條窄軌運材鐵路外，這個丘陵地帶內幾無任何貫通之路。而在這廣達2千平方公里的面積竹林即佔2百平方公里以上，其他亦多為森林覆蓋。礦產如煤、石灰石等亦蘊藏極為豐富。人員則僅10萬人左右。由於交通不良，運輸成本昂貴，資源的開發頗受阻礙，而山區的人民生活亦無法獲得改善。」(徵信)。

1965年5月7日(民國54)，省府研擬計畫整建阿里山(聯合報)。

1965年5月13日(民國54)，林業試驗所

林渭訪所長今日陪同外賓，勘查阿里山觀光事業時不幸跌傷，即由林務局直昇機接回台北市送中心診所醫療。（林局誌）

1965年5月27日（民國54），美國盧理（G.C.Ruhle）博士由林務局技正呂福和、技士游漢庭陪同，赴楠濃林管處考察森林遊樂區設置事宜。盧理係美國國家公園專家，經林務局邀請來台，據後建議：玉山、雪山最具國家公園特質，宜保持其原始狀況，太魯閣峽谷宜建為公路型國家公園，日月潭、陽明山等已失原始風貌，僅適為省級公園，烏來、阿里山、珊瑚潭、鵝鑾鼻（墾丁）等地，可建為森林遊樂區（林局誌）。關於玉山區，Dr.Ruhle之9項建議如下。

1. 玉山為臺灣最高峰，地位優越，風景美麗，極具科學價值，應建為國家公園；公園之範圍應包括「五岳朝天」。玉山北方之風景區及陳有蘭溪水源西方，其在較低地區，應包含充分地盤，使公園具有生物學上之完璧。

2. 在鄰接公園之南方，廣設廣大之野生動物保護區，以容納臺灣之野生動物。

3. 所有野生動、植物以及地質形成物，均應妥予保護。

4. 除排雲山莊以外，所有旅客住宿之設備應在公園範圍之外。

5. 在八通關附近，應有登山住宿設備及膳食、導遊等服務措施。

6. 由水里沿陳有蘭溪經和社上山之道路，應關建為簡單之風景路，而不由八通關延伸。

7. 排雲山莊現有之建築應以山石重建。

8. 公園西方外約1公里處之鹿林山莊應予

復舊，作為高山休憩所。

9. 步道及小橋通達國家公園地點或包括於公園範圍內者，應加以修補，妥善養護，以策安全。

1965年6月24日（民國54），花蓮縣議員指責歷年造林了無成績，不能再浪費公帑矣（徵信）。

1965年7月7日（民國54），徵信新聞社論「從台北市一雨成河說起」，但絲毫未提及山林議題。

1965年8月19日（民國54），旅美林木育種專家王啟無博士，在林務局禮堂講演晚近世界林木育種之進展，認為台灣林木育種首應以松樹為對象，全球樹種今後發展趨勢將朝向大面積單純林邁進，若干年後混淆林都將變成單純林。（林局誌）

1965年8月21日（民國54），高雄縣岡山洪水（泥水）為患，高縣境雨多成災（徵信）；8月22日報導，阿公店水庫始建於1942年，1953年竣工，災區居民指摘該水庫僅為「繡花枕頭」，好看不中用。

1965年9月6日（民國54），為配合觀光事業，省府頃決定將阿里山列為特定限建管制區，一切建築「以古色古香」為原則，原建築簡陋者，將准比照國宅貸款辦理。省府已飭令由交通處及公共工程局會同作全盤規劃。阿里山限建區將以車站為中心，共約30多公頃範圍內，今後一切建築申請執照時，均得經審查設計圖，以「發揚我國固有建築特色為原則」（徵信）。

1965年9月16日（民國54），經濟部次長張繼正與聯合國特別基金駐華副代表伊文森，定於16日下午簽署合作計劃，聯合國將撥助76萬5千元美金，協助台灣發展林

業及森林加工業(徵信)。

1965年10月1日(民國54)，本月起，阿里山森林鐵路將雙日上山、單日下山(1960年11月25日起)之普通客車班次，改為每日上下山對開一班次，增強客運服務。(林局誌)

1965年10月20日(民國54)，省府與民間合資創設的花蓮紙漿廠，其原料及林道勘察工作，定20日在3個森林事業區分別展開，也就是木瓜、林田山、太巴朗事業區(徵信)。

1965年11月2日(民國54)，省府主席黃杰施政總報告宣稱，24萬公頃山坡保留地將自55年度起分期開發利用，要把「土地改革工作，推行到山地去」(徵信)。

1965年11月26日(民國54)，行政院25日上午院會核定修正「台灣省山地保留地管理辦法」(徵信)。

1965年12月1日(民國54)，徵信新聞專訪台中市民周鎮，闡述台灣狩獵導致珍禽異獸即將面臨絕種。

1965年12月4日(民國54)，由於檜木外銷價格低於內銷甚多，省議會農林小組3日建議政府停止外銷，並減少55年度預定伐木量(徵信)。

1965年12月4日(民國54)，11月初正式開幕的阿里山賓館，係省府發展森林遊樂區的起站，「計劃中，玉山將建設為國家公園，阿里山將建國民住宅百戶，並供水電」；登山鐵路不久後即可大部份改用柴油車輛，單程時間將縮短為3.5小時；新開幕的阿里山賓館客房近20間，樓上為套房。客房價格自日式的每人60元起，至西式套房每間(雙床)320元止(徵信)。

1965年12月11日(民國54)，入夜阿里山區中正村發生火災，燬屋70餘幢，災民300餘人，多屬工作站員眷，災區即今梅園一帶。(林局誌)(註，應為中山村。)

1965年12月12日(民國54)，阿里山火警，中山村被夷平，57戶無家可歸，300災民已獲安置(聯合報)。

1965年12月22日(民國54)，林務局的闊葉樹直營伐木出售價格不及伐木成本。省議會認為直營砍伐闊葉樹每立方公尺成本為789.72元，售價卻只有683.81元，相差105.91元，因而作成附帶決議，請省府儘量標售給民間砍伐(徵信)。

1965年(民國54)年，阿里山4村戶籍人口2,006人；該年遊客人次49,559人，全台人口12,628千人。也就是每千人當中，3.9人次前往阿里山旅遊。

1966年1月1日(民國55)，玉山林管處阿里山森林鐵路前經擬定動力車柴油化計畫，本月開始執行，據先後添購柴油機車16輛、柴油客車8輛、拖車3輛、對號快車廂11輛、普通客車廂11輛、貨車85輛，參加營運，調整行車時刻，增加行車班次。(林局誌)

1966年1月16日(民國55)，省農林廳長張研田15日表示，為有計劃發展本省特用作物，政府決定今後每年開發山坡地1,600公頃。去年特有作物的成長率為24%，打破了歷年記錄。今後特產物已訂定增產及外銷計劃(徵信)；1月26日報導，農林廳訂定本年香茅油生產計劃，將提高單位面積產量，而逐步減少栽培面積。按，台灣香茅油生產居各國之首位，但世界茅油需要量有限；1963年因受霜

害，一時茅油供不應求，價格飛漲。致令栽培面積急增至2萬餘公頃，重蹈1952年度生產過剩之覆轍；2月18日報導，「外貿會」繼續推動香茅油出口聯營。

1966年1月26日（民國55）宜蘭縣政府請求林務局開放5千公頃林班地，以擴大造林栽植果樹（徵信）。

1966年2月5日（民國55），台東縣境林班地「濫墾風熾」（徵信）。

1966年2月18日（民國55），經濟部表示，台灣鐵杉外銷澳洲極有前途，應加強對澳洲推廣（徵信）。

1966年2月28日（民國55），省府訂定10項工作計劃，協助民營木材工業之發展，輔導民企木材加工製品外銷（徵信）。

1966年3月3日（民國55），林務局決定開發花蓮秀姑巒事業區的論大文山森林（徵信）。

1966年3月13日（民國55），13日凌晨0時35分，嘉義地區發生5級以上地震；徵信新聞標題「15年來最大地震，全省各地均受影響」，震央在宜蘭東南方約110公里處海底，震源深度20公里，震度4度，始動時間為13日0時31分47秒，有感及無感震動長達40分鐘。註，前年初嘉義大地震，地震規模為7.0。

1966年3月27日（民國55），第二期「林相改良」預定今年7月開辦，預定目標3千公頃，費用約8千萬元，省府已向聯合國世糧方案申請補助。本期實施地區為埔里林區、恆春林區及渼濃林區。按，第一期林相改良係於1965年開辦，面積2千公頃，亦由聯合國世糧方案之剩餘農產品，以實物代替工資方式辦理者（徵信）。

1966年3月30日（民國55），高縣記者撰文「開發山坡地與水土保持」，提及高縣土地面積28萬餘公頃，其中，可用耕地僅5萬餘公頃。自1955年開始開發山坡地與水土保持工作，10年來共計開發約2千公頃山坡地；其舉開發農民受益實例，間接鼓吹開發（徵信）。

1966年4月8日（民國55），省議會7日決議，木材配售制度弊端甚多，應請政府一律改為標售。民國54年1年間的配售木材使省府損失達2億1千6百萬元。議員們指出，除了配售制度不當之外，木材外銷多以原木為主，價格甚低，影響省內木材加工業發展，導致減少勞務輸出。又，外銷多為檜木，但本省檜木存量無多，不宜再低價傾銷（徵信）；4月9日報導，省議會建議省府，「本省僅存原始林秀姑巒山」請政府迅予停止開發。議會認為近數年來對森林的開發，多數破壞了山地的水土保持，造成下游洪水成災；4月15日報導，省府黃杰主席強調治水必先治山。

1966年5月6日（民國55），自本年7月1日起，供配外銷木材制度，省府已經由府會通過取消現行按出口實績配售制度，改為標售制度（徵信）；5月10日報導，木材業者如宜蘭、屏東木材工會等，改變原意，反對標售；6月26日報導，省木材產銷聯繫小組25日之委員會議，決定暫緩辦理外銷木材標售，因為無貨供應。此決議將向省府請示；7月2日報導，省議員指責木材外銷制度，群起攻擊配售暫改標售，造成省內價格高漲；7月15日報導，省議員抨擊木材外銷措施，並批判「祇知伐木賣錢，不顧水土保持，林業政策偏差」；7

月16日報導，省議員詢問林政，「盜林之
風十年未戢，嚴重影響水土保持；每年查
緝2千件，儘是芝麻綠豆事；大規模盜伐
銷贓，官商勾結置之不問，省議員促迅予
清除林蟲」。又，監察院提案糾正木材出
口流弊；7月20日報導，立委對木材外銷
實績制，認為不應取消，盼慎重考慮要否
實施標售；8月13日報導，省議員再抨擊
植伐失衡，山林日漸消蝕；8月24日報
導，省議員促追查外銷措施失當之責任，
其導致木材價格暴漲；9月9日報導，物資
局將外銷木材標售辦法送請省府核示；10
月13日報導，外銷木材標售辦法正式通
過。

1966年7月1日（民國55），林務局開始
第2期林相變更計畫（1966年7月至1968年6
月），聯合國世界糧食方案續以小麥2,476
噸、食油137噸、奶粉91噸、肉罐頭91噸
補助本計畫，潮州、大武、恆春、荖濃
溪、濁水溪等5事業區內執行3,000公頃之
林相變更造林。（林局誌）

1966年8月6日（民國55），林務局於玉
山主峰西北方，楠梓仙溪源頭之排雲興建
排雲山莊落成，為石牆紅瓦型宿寮，建地
24坪，工程費近100萬元，可容100人棲
身，為攀登玉山主峰之最高基地（林局
誌）。又，本年內，原鹿林山莊裁撤，漸
荒廢。

1966年8月21日（民國55），颱風過
境，嘉義地區間歇豪雨，阿里山累積雨量
1,200公釐，鐵路損壞情形嚴重（聯合報）。

1966年8月27日（民國55），阿里山鐵
路平遮那以上，改道一公里，預訂雙十節
前竣工（聯合報）。

1966年9月（民國55），玉山林管處為
配合阿里山遊樂區之建設及發展，避免每
年雨季災害，經派員勘察森林鐵路全線應
改善工程，所需經費4,500萬元由林務局
專案報省核撥。

1966年10月4日（民國55），省府核定
56年伐木量減少2%，預定造林3萬公頃
（徵信）。

1966年10月6日（民國55），阿里山鐵
路8日恢復全線通車，另開闢新線1,000公
尺，可望提早52天完成（聯合報）。

1966年11月15日（民國55），玉山林管
處阿里山森林鐵路向日本訂購之第2批中
興號柴油機動車3節運抵嘉義市，13日及
本日兩度試車情況良好。（林局誌）

1966年12月13日（民國55），林務局長
沈家銘12日在省議會表示，外貿會已決定
開放木材進口，以平抑台灣木材價格，而
本省木材年生產量為120萬立方公尺，但
因省內工業發達，木材供不應求，因而開
放進口且將不加限制；省議員抨擊木材價
格年來高漲，係林務局人為因素所造成
（徵信）；16日報導，省議員猛烈抨擊林務
行政；20日報導，沈家銘答詢表示，自光
復以來之造林面積已達40多萬公頃，伐木
僅13萬公頃；造林係自1952年才開始，
而今每年砍伐約1萬公頃；12月22日報
導，省議會決追查外銷檜木價格問題，其
懷疑有無勾結。

1966年12月20日（民國55），省府決定
自1967年至1975年為止，重劃省內全部
農地75萬公頃。按，省府自1962年開
始，制定十年重劃方案，預定重劃農地30
萬公頃，但今僅完成12萬公頃，進度太

于右任塑像時，李景民充當分身，並於1965.04.
10.將此照片贈予陳月琴。陳月琴 提供

1966年12月，玉山主峰被誤為3,997公尺，於籌建
于右任銅像時連台基高3公尺，欲讓玉山長成四千
公尺。圖為籌建中的于右任銅像基座；于右任銅像
運至阿里山時，寄放在陳玉妹所經營的和興商店，
銅像揹上玉山是青年登山協會成員李景民等人負
責，陳玉妹亦同行。 陳月琴 提供。

國家公園成立初期，于右任遙望祖國神州的銅像，
仍屹立不搖；陳月霞拍攝銅像雪景。陳玉峯 攝
1987.03.07.玉山

1970年代，登玉山已蔚為風氣，每年暑假「玉山健
行隊」是救國團活動最熱門項目之一。圖左為陳月
琴。陳月琴 提供。

反映反共跳板期象徵之一的黨國元勳于右任銅像，
在1995年與1996年兩度遭到登山者摧毀。玉管處遂
在1997年6月，改置石塊標誌，上書「玉山主峰，
3952公尺」，另置解說牌。照片為陳月霞為女兒舉
行成年禮。陳玉峯攝2001.07.04

慢,因此決定提前完成,並增加45萬公頃(徵信)。

1966年12月29日(民國55),林務局積極整頓合歡山、烏來、阿里山及鯉魚潭(聯合報)。

1966年12月(民國55),玉山林管處向日本訂製中興號豪華柴油機動車3輛,造價共146,000美元,又向台灣鐵路局台北機廠訂製柴油客車廂2節,造價共新台幣112.5萬元,經月來試車情形良好,將於明(1967)年元旦啟用。(林局誌)

1966年12月(民國55),玉山林管處玉山主峰(實高3,952公尺,俗以為3,997公尺),籌建于右任先生銅像,連台基高3公尺;編列預算重建排雲山莊;本年阿里山事業區第2次檢訂調查,檢訂案施業期預定為1967～1976年(民國56～65)。阿里山事業區總面積為31,160.43公頃,較1932年編訂時減少704.47公頃,其原因係保留地界調整之所致。玉山林區管理處的「阿里山事業區經營計畫」敘述,阿里山年平均雨量4,357公釐、年平均溫10.7℃、極高溫24℃、極低溫-7.6℃。土壤主要為腐植質壤占58.88%、礫質壤占13.08%、粘壤土10.28%、砂壤土6.54%、壤土1.86%,結果壤土之分布面積達90.64%,其餘36%屬石礫地及岩石地。阿里山事業區內檜木現存者,僅佔全天然林立木地面積7%,闊葉樹林則佔80%。此年度,對高岳事業區發生1次火災,焚毀面積12公頃。

1966年(民國55),阿里山4村戶籍人口1921人,該年遊客57,043人,全台人口12,992,763人,每千人有4.4人次前往阿里山旅遊。

1966年(民國55),阿里山森林鐵路幹線可分為:嘉義站至竹崎站14.2公里之平地線,與竹崎站以上57.7公里之山地線。全線山洞有55個,最長者達767.98公尺;橋樑114座,最長者94公尺,軌距76.2公尺,鋼軌重量15～22kg/m。最急坡度1/16,最小半徑30公尺。使用特製齒輪式機車及柴油機車行駛。除幹線外,尚有6條支線,分別為塔山線(阿里山～眠月)長度8公里,塔山後線(塔山4公里處～塔山後),全長0.86公里,水山線(阿里山～新高山),全長10.7公里,水山支線(自忠～星岡山),全長5.2公里,哆哆咖線(新高口～哆哆咖),全長9.3公里,大瀧溪線(塔山4公里處～大瀧溪)全長2.4公里。阿里山森林鐵路長度合計有108.392公里(表7)。當時森林鐵路車輛如表8。除鐵路外,尚有自觸口經獺頭、樂野、石桌、奮起湖至太和之中興公路,來吉至全仔社之來吉公路。當時計劃開築的路線另有達邦公路及觸口經由公田、樂野而至達邦。

1967年1月1日(民國56),阿里山森林鐵路於本月起增加行駛中興號快車,每日上下山對開2班次。(林局誌)

1967年1月2日(民國56),上午嚴副總統伉儷赴阿里山暢遊並巡視森林遊樂區與造林情形,次晨往祝山觀日出,下午北返;林務局沈局長陪同(林局誌)。此一中興號專車司機為劉壽增先生,得一紅包。

1967年1月2日(民國56),警備總司令部為配合山地觀光事業,經國防部核定,元旦起開放梨山及阿里山兩遊覽區,免辦入山手續。而林務局為發展阿里山森林遊樂,先於1966年5月,邀請美國國家公園

【表7】1966年代阿里山森林鐵路一覽

線別	線名	起站	訖站	長度	備註
幹線	阿里山線	嘉義	阿里山	71.900 公里	平地線 14.2 公里 山地線 57.7 公里
支線	塔山線	阿里山	眠月	8.000 公里	山地線
支線	塔山後線	塔山 4 公里	塔山後	0.860 公里	山地線
支線	水山線	阿里山	新高口	10.700 公里	山地線
支線	水山支線	自忠	星岡山	5.200 公里	山地線
支線	哆哆咖線	新高口	哆哆咖	9.300 公里	山地線
支線	大瀧溪線	塔山 4 公里	大瀧溪	2.432 公里	山地線
合計				108.392 公里	

局喬治・盧理博士來台攀登玉山、祝山、阿里山區，勘察設計森林遊樂，並由台大、林試所、地調所、博物館及公共工程局等單位，共派專家約20人，組成調查隊，刻正由台大王子定教授負責整理成果，將成為阿里山森林遊樂的建設藍圖；及至1966年8月，由省建設廳長林永樑擔任召集人之專案小組，包括農林廳、財政廳、公共工程局及觀光局等單位首長，至阿里山2天，勘察規劃各項公共建設方案，目前已逐步分期實施中，而阿里山的各項遊樂設施早在1961年開始即漸次展開。

最初一年，新建阿里山神木旁的一座神木頌，修建450公尺之水泥路面，裝設路燈11盞，姊妹潭四周加設石椅；1962年及1963年，先後添購柴油對號與中興號快車等登山火車各2輛；1964年以後，大植花木、新建道路，整理高山博物館、慈雲寺、三代木、千歲檜、四兄弟、三姊妹、光武檜等。而移植野生苗木與日本櫻

花都在萬株以上，另配許多護網、新設四式花盆與象鼻木欄杆；1966年，阿里山賓館落成。而先前存有少數旅社，以及林務局之一座純塌塌米式的招待所，而阿里山賓館則為合乎觀光飯店標準的二樓建築，可容旅客60～100人。

1966年底，林務局於台北發包了阿里山賓館400萬元的擴建工程，預定興建一座6層樓高的建築，並以一條無遮蓋的走廊，與現在的賓館連成一體，完工後將可容納數百人。

此外，排雲山莊將在3月冰雪解凍後，興建90多萬元的小型招待所，室內將裝置火爐，並有廚房及浴室等設備。同時，玉山林管處以7萬餘元整修東埔（上東埔）至排雲山莊的山徑、棧道及木橋。

規劃中將以大經費解決阿里山特定區的水電等公共設施，其他如沿登山鐵路，由竹崎至最終點的東埔站間，依熱帶、亞熱帶及溫帶區分，分段建設森林樹木標本園；獨立山前行的梨園寮可鳥瞰嘉南平

【表8】1966年代阿里山森林鐵路各類車輛一覽

車種別	總數	能用	待修	進場修理中	備　註
18 蒸汽機車	7	5	0	2	
28 蒸汽機車	11	6	2	3	待修欄內包括封存 1 台
柴油機車	4	4	0	0	
汽油機車	2	1	0	1	現使用 1 台（K-6）因汽缸上部發現有洩出機油
柴油客車	7	7	0	0	其中拖車 2 台
貴賓車	1	1	0	0	
餐車	1	1	0	0	
客車（平地線）	7	3	4	0	待修欄 4 台係由大甲處撥來之小客車
客車（山地線）	12	12	0	0	
客車（支線）	2	2	0	0	
客車（代用客車)	4	4	0	0	
守車（守甲）	2	2	0	0	
守車（守乙）	2	2	0	0	
運材車（平甲）	74	51	0	23	
運材車（材甲）	84	67	0	17	
蓬車（蓬甲）	3	3	0	0	
蓬車（蓬乙）	3	1	0	1	
高邊車（高甲）	10	8	0	2	
高邊車（平高）（平甲改造車）	10	6	0	4	
高邊車（高乙）	4	1	0	3	
其　他	42	6	36	0	包括材丁、材乙、水桶車

原，將建一座展望台；二萬坪未來將供私人興建別墅預定地，將全面栽植為梅花區，並設露營地；奮起湖將遍植李花及碧桃，並在車站前種植四方竹、人面竹及世界各地竹類，形成竹類標本園；阿里山賓館附近滿植梅花，定名梅園，另在姊妹潭旁側飼養梅花鹿；自賓館增闢汽車路直抵祝山，觀看日出；自忠將建寶塔遙望玉山；自忠至東埔沿線栽種楓樹；玉山一帶劃定為自然保護區；為吸引遊客，阿里山

將分為4個花區，增植花木，分設以野餐、日光浴及休息設施。

沈家銘曾於1966年前往西班牙參加世界林業會議，兩度轉道瑞士考察，對該國獨特的電纜設置深感興趣，「並經非正式的接洽，構想著由海拔3,500公尺處的排雲山莊，裝以最新纜車，直達如今已是高達4千公尺的玉山顛峰，據說其未來設置地點的勘察經費已經核定，將於最近期間進行勘察。

阿里山區在去年內曾經吸引了數達十多萬的遊客，其中大部是來自外國的觀光客和歸國華僑，由於林務當局正在加強的一些努力，未來的前途必更大有可為，從他們這條日趨發展的途徑去看，實質上，今後的阿里山區，也將是一個規模龐大，引人入勝的美麗的國家公園」（徵信）。

1967年1月4日（民國56），徵信新聞再度報導阿里山「名勝」，其舉述者：「姊妹潭：該潭距阿里山站西南1千公尺處的低窪地帶，為名勝之一，分為大湖和小湖，兩湖相距有百餘步，兩潭面積不大。但潭水清秀，美麗如花，故名「姊妹潭」。據聞為山胞選出的前任省議員林瑞昌所發現。潭中有涼亭，新近又在潭邊設以石椅，而兩潭間有小橋可通，四周更是樹木蔭鬱，氣氛雅靜，鳥語花香，和風吹拂，令人神馳。

該潭的海拔約2千餘公尺，真是天然美景，其姊潭佔地約160坪，妹潭約20坪，綠林碧水，終年清澈如鏡，潭畔花木倒映，仰望白雲悠悠，應是風光如畫，恍如置身仙景。

將來在附近更養以馴良而又善解人意的梅花鹿以後，必將又是一番情趣。

千人洞：距阿里山鐵路眠月站西北約10公里，在石鼓盤溪水源附近有天然洞穴，洞口高約22公尺，洞口寬約240公尺，洞深約80餘公尺，洞內的面積不下2萬餘平方公尺，足可容納千人，因名「千人洞」，入內直如太虛幻境，不知今世何世。

高山博物館，與「高山植物園」一起，館內陳列有阿里山模型，集材機模型，以及各種昆蟲、鳥類、礦石等其他標本甚多。植物園位於博物館之後，栽植有阿里山熱帶、溫帶、寒帶植物，約百餘種，最近都重新經過整理佈置和充實，可增加遊客們不少的見識。

神木：往阿里山途中，在神木車站前，便可遠遠看到一棵高齡達3千年之久的「紅檜」，因其過於古老，遂稱「神木」。樹高約52公尺，樹身邊略向路旁傾斜，樹前書有「神木」，旁邊並有介紹碑說明其沿革，看來確是雄偉，為台灣唯一最老的古木。

5年前，林管處方面，特建以神木頌一座，以為歌頌，將來其附近一帶並將劃定為紅檜原生林區，予以加強保護。

阿里山的櫻花以吉野櫻為主，與陽明山的稍有不同，開起花來特別嬌豔，所以每逢花季，上山人潮踴躍異常，真是山櫻道上，好不熱鬧。

而上山遊客，更有兩大奇遇，一為欣賞日出，一為徜徉雲海之間，得洗塵囂凡念，其樂無既（？）。

通常看日出的地點，是在祝山，從阿里山賓館出發，約40分鐘可達，其時但見

一輪紅日逐漸出現於遠海層雲之中，滿載萬道金光，閃耀飛舞，宇宙間的雄偉氣象，不覺頓收眼底。

遊客自另一方向步行至小塔山頂，不僅可以俯瞰到阿里山的溪流區域，同時更可浮游於白雲飄紗之間，一如九霄仙境。

而近年來的登山活動極為盛行，不用說每當夏天，阿里山成了天然避暑的聖地，更多的人，似乎還要更上一層，經由阿里山前往東南亞最高峰的玉山一遊，那兒入冬即告積雪，又是一番銀色與空曠的景象。」；關於玉山的介紹，強調建于右任銅像，湊足海拔4千公尺，引文如下：「玉山高原海拔3,997公尺，自從去年由青年登山協會在上面樹立了一座全高3公尺的于右任老先生的銅像，恰好湊足了4千公尺，過去不知有多少中外壯志如虹的登山人士，但以上得此山引為生平俠事，現在上面新增了那位黨國元勳的遺像，上去的人會更覺得意義不同。而如今上登玉山途中的的排雲山莊，行將修建成一座堅固的招待所，林務當局又正計畫另以纜車直達該一頂峰，到時就是體質與膽量較差的人們，也都可以毫不費力地上得山去，享受一番征服自然的快樂了。

前往玉山的一條大道，係乘登山火車通至東埔終站，通常先在東埔休息一宿，然後自東埔開始正式爬山，行程約為14公里而抵排雲山莊，視當天氣候，又往往須在海拔3,500公尺處的排雲山莊駐足一晚，以留出較充裕的時間，而於第三天的清晨，爬完最艱苦的最後2里路行程，達到你所嚮往的目的地。如果機會湊巧，你將再一次看到更見偉大的日出奇景。

在自東埔出發前往玉山的另外一端，步行約40分鐘，又可以到達有名的鹿林山莊，該莊眺望良好，建築雅致，以往日可聽見鹿鳴聲而得名，附近一帶盡是石楠、杜鵑、百合等花，而且散存著天然林野，不失為天然花園。目前係由嘉義縣政府借去，暫作測候所之用，將來可望由林務局收回產權，改建成為山間旅社，當可吸引不少遊客」。

1967年1月8日（民國56），聯合國發展方案中國林業及森林工業發展計畫的外籍專家梅森指出，中國政府於1963年所作全省森林年伐量不得超過130萬立方公尺的規定，已經造成多方面不利的影響，是台灣林業及森林工業發展的最大障礙（微信）。

1967年1月25日（民國56），報載玉山林管處第185林班發生大盜林案，為時已達3年，經嘉義縣警察局破獲，有28人經檢察官提起公訴。（林局誌）

1967年2月21日（民國56），省林務局今年起全力推廣生長最快、最高的闊葉樹種桉樹，其由澳洲引進，短期可供砍伐，獲利為相思樹之5倍（微信）；為平抑檜木上漲，省府建議中央限制出口；2月25日，記者秦鳳棲撰文「最具前途的桉樹造林」；3月22日報導，外貿會不同意限制檜木外銷。

1967年3月18日（民國56），沈家銘局長飛赴屏東市，招待台北各報社負責人參觀恆春林管處林相變更工作，隔日轉往玉山林管處參觀阿里山遊樂觀光設施。（林局誌）

1967年3月18日（民國56），花蓮縣濫

墾、盜伐嚴重，水源涵養大受影響（徵信）。

1967年3月23日（民國56），徵信新聞社論「善用本省林木資源」，指出台灣數十年來關於開發森林一直有兩派不同意見，一派主張水土防護、限制採伐、保留林區；一派以經濟利用木材為主，主張多採多造，以新林代舊林；3月23日報導，工業用材不足，聯合國專家建議放寬進口；3月25日報導，經合會及經濟部等，向行政院建議，凡日產50噸紙漿及資金在4,500萬元以上的工廠，可由林務局與各該工廠簽約，長期供應其所需木材而不必採取標售；標售林班時，枝梢材一律視為副產品，搬出時不必繳木代金；伐木之林道由林務局闢建。註，1968年1月9日報導，行政院核准枝梢材免收樹代金。

1967年3月30日（民國56），林務局將建新樓供遊客觀日出，亦將撥款370萬元，充實阿里山林區遊樂設施（聯合報）。

1967年4月1日（民國56），大雪山、阿里山2處林班失火（聯合報）。

1967年4月24日（民國56），省府決定自57年起有計畫地開發山地，此一定名為「山地綜合開發計畫」，將動用6億元。草案已完成，包括整建山地道路28條，346公里等，將使全省1萬6千餘平方公里的山地行政區（佔全省總面積44.6%）收益年達3億3千4百餘萬元（徵信）。

1967年4月（民國56），林務局完成林相變更5年計畫，擬於1968～1972年間（民國57～61）完成25,000公頃之變更造林。（林局誌）

1967年5月（民國56），據報導：阿里山森林鐵路編號21「阿哥頭」28噸傘型齒輪直立氣缸式火車頭(Lima Shay-type)，披彩掛帶於國人歡送聲中搭載海輪，遠赴澳洲雪梨市進住火車博物館安渡餘年。另據報導：澳洲維多利亞省於1900年建成「噴煙比利(Puffing Bill)火車」森林鐵路，以林務局1972年8月所贈14號18噸機關車行駛，成為當地觀光賣點；林務局否定之，認為其非阿鐵所有14號機關車，而所謂21號「阿哥頭」現陳列於嘉義市中山公園；是以事實應是林務局曾於1972年8月（民國61）以14號機關車贈澳大利亞國家博物館，僅陳列、未行駛。（林局誌）

1967年5月2日（民國56），政府正積極研議提高每年伐木數量，供應造紙等工業原料。目前省議會定每年伐木量為130萬立方公尺，但專家核定每年應可砍200萬立方公尺（徵信）；林務局放寬標售林班資格。

1967年5月6日（民國56），木瓜林區闢建全長45公里的西林產業道路，5日正式開工，預定明年6月底完成，由鳳林鎮林榮里為起點，開往林田山事業區第27林班附近一帶林班，將來更可連接巒大山區及丹大山林道，使花蓮直通南投（徵信）；丹大林道目前有50公里通車，西林道路45公里完成後，只要再建30餘公里，即可與丹大林道連接。

1967年5月8日（民國56），省議會提研究報告指出當前林政三大缺點，並研提14項具體改進建議。此報告由郭雨新等7位議員提出，指責林業經營具有財政偏向（徵信）；5月19日報導，聯合國發展方案專家建請增加伐木量；5月24日報導，省

府會議討論，下年度伐木將增加一成，而經濟部支持林地開放；關於森林工業原料方面，擬擴大、加速林相變更計畫，將海拔1千公尺以下之8萬公頃闊葉林「改良」等；5月31日報導，工業用材孔急，但木材減免關稅尚須立法院通過。

1967年6月6日（民國56），台東縣境關山林區標售木材，數百人聚集台東圍標，該標售地為里壠事業區第19林班及21林班，以及台東事業區第32林班、大武事業區第43林班，林務局決定改至台北開標（徵信）；上月19日標售里壠事業區第19等4個林班林木17,086立方公尺時，參加投標者多達450餘人。

1967年8月6日（民國56），徵信新聞報導「造林不理想，報表文章美麗，確實數字有差」。

1967年8月7日（民國56），上午，玉山之顛豎立于右任先生3公尺高（連台基）銅像，由林務局專員翁廷釗主持揭幕，參與單位有陸軍總部、全國大專學生聯合會、青年救國團、中國青年登山協會、玉山登峰隊等，青年男女80餘人。（林局誌）註，此舉似可反映反共跳板期的象徵之一，但在1995年底遭到登山者摧毀。

1967年8月11日（民國56），8月初輿論大量報導原木進口應免稅，但行政院10日院會決定仍應課稅（徵信）。

1967年9月4日（民國56），農復會將積極推動開發土地及水資源，推行6項計劃用以改進技術、辦理新興事業（徵信）；同日報導，造紙工業之嚴重危機在於原料不足；9月11日報導，造紙原料扼殺紙業；9月19日報導，今年造林逾萬公頃；駐澳洲經濟參事回國表示，我可開拓澳洲木材市場；10月1日報導，林務局決定接受造紙工廠租地造林。

1967年9月21日（民國56），省議會20日通過林業政策研究小組所提報告案，建議政府今後對山林砍伐應科學化，避免過量砍伐，而租地造林應予方便與鼓勵（徵信）。

1967年10月15日（民國56），為充裕森林工業原料，林務局決採5項措施，即由直營林區管理處，直接與中興紙業公司訂約供應原料；積極整理53～55年間各直營作業之伐木跡地殘材，並在不影響水土保持原則下，增加年伐木量，提高工業原料之供應；辦理擴大林相變更方案，自57年至61年度實施25,500公頃林相變更，其所生產之小徑木、枝梢材，限定為木材工業原料；撥出國有林地放租給工業廠商租地營造原料林；扶助發展森林工業，抑低原料材成本，工業原料標售已不收立木代金，招標對象限紙漿、化學木漿、人造板等3類工業（徵信）。

1967年10月17日（民國56），林務局長沈家銘16日向省府例會報告，新的林相變更5年計劃，明年1月開始，其表示：本省林地總面積196萬9千5百公頃中，每公頃蓄積量在100立方公尺以下者佔71.14%，約為140萬公頃，需要實施林相變更。

新的林相變更5年計劃，預定砍伐189萬9千立方公尺，另造林25,500公頃，開闢林道142公里，估計因砍伐收入可達3億2,912萬元，支出則達4億5,825萬餘元，不足的經費將向世界糧食方案申請補助。

沈局長說：在林相變更之後20年，預

計總收入53億9千8百餘萬元，總支出23億8千5百餘萬元，因此將可有20億1千2百餘萬元的收益，並可增加13,000人的就業機會(微信)；10月22日報導，沈家銘希望明年的林相變更可以提高為8,000公頃，「沈局長說：改變林相的工作極為重要，因為台灣林地面積佔全省總面積的55%，共有190餘萬公頃，但林地的蓄積量則不高，闊葉樹每公頃為87立方公尺，針葉樹276立方公尺，每公頃平均蓄積量為122立方公尺。但每公頃林木蓄積量不到50立方公尺者佔51.7%，50至100立方公尺者僅為15%，此種情形即表示在190餘萬公頃的林地中，約有140萬公頃的木材蓄積量不到100立方公尺。

他說：由上述數字可以充分證明台灣林地面積雖然廣，但是木材蓄積量卻是很低，也等於是林地的浪費。為使低材積林地改為高材積林地，因而才進行變更林相的工作，如果能將140萬公頃林地改變林相後，才是對林地的真正經濟作用。

沈局長指出，經營林業是一種投資，不能不勞而獲，而政府卻把林業當作財政收入，所以從光復到53年止，一直未在林業方面投資，因而林業經營也無何進步，到民國53年由聯合國糧農組織補助，才開始進行林相變更工作，現在已經做了5,000公頃，希望明年能爭取更多一點補助，能做到8,000公頃」。

1967年12月24日(民國56)，經濟部23日召集有關單位會議，商討修正國有林地出租造林辦法，修正要點有三，對森林工業工廠承租國有林地面積擴大，最高可達1萬公頃；人民租地造林不得種植其他作物；簡化租地造林手續(微信)。註，請參考1968年10月15日。

1967年12月31日(民國56)，省府會議前於1965年2月(民國54)通過林務局所擬阿里山森林鐵路機動車柴油化經費2,800萬元，分1966～1967年度(民國55～56年)實施；惟標購柴油機動車之規範層轉審核費時，遲至本(1967)年底決標，全部柴油化須延至明(1968)年始可完成，行車路線亦經林務局擬就鐵路主線改善計畫，奉准分5年進行。(林局誌)

1967年(民國56)，阿里山全年遊客人次82,571人，而阿里山4村戶籍人口1,804人(10月份)；本年全台人口13,296,571人，每千人有6.2人次至阿里山。

1968年(民國57)，新建東埔山莊。同時，在今之新中橫86K(註，今之106K)處，亦即玉山國家公園邊界，為實施林相變更造林之業務，興建了造林監工站，亦為苗圃所在地。斯時有造林監工朱傑忠世居此小屋，後亦終老於此而獨留空屋。新中橫工程為執行邊坡植生綠化，此屋再度為工人所利用，另在原屋旁加蓋鐵皮小屋，後來由玉山國家公園改建為管理小站，即今之所見。此地係處於小稜脊，現存植被即斯時(1968)所種植之臺灣二葉松人工林，另於1975年(民國64)左右間植紅檜。

1968年(民國57)，台灣省公共工程局(即後來之台灣省住宅及都市發展局)草擬「阿里山特定區計畫」，提出阿里山森林風景區的若干整建原則。

1968年1月1日(民國57)，為開發森林資源等，省府原則決定58年開始興建蘇澳至花蓮的北迴鐵路(微信)。

1968年1月16日（民國57），省議員呂錦花質詢指出，台灣林業收入近年來年年增加，但除了木瓜、蘭陽、玉山等地，其他林區已到了無木可伐的地步，林業收入的增加，已屬「竭澤而漁」(徵信)。

1968年1月17日（民國57），聯合國發展方案梅森建議，國有林須修訂境界、重劃；出售土地用以發展山坡地農業；將各林區之國有林合併為12個經濟單位或事業區；12個林區各編定經營計畫；由愈高愈佳的上級機構核定該等經營計畫；每5年檢討一次修訂計畫；開發偏僻地區森林、利用低價樹種，以調整、增加年砍伐量；廢除年伐量的限制；保安林及施業限制地准予砍伐等等，梅森抨擊省府限制林務局(徵信)；1月26日報導，行政院下令林務局應依經濟部訂定供應分配辦法，供應森林工業所需原料木材。而該所需枝梢材免收樹代金，林班標售時即算定枝梢材數量。

1968年1月31日（民國57），省府致函省議會，決自1968年起，擴大辦理林相更，每年變更目標增為5千公頃，預定5年內完成2萬5千公頃。今後10年，預定完成必須林相變更之8萬5千公頃的闊葉林。而議員們「對於目前本省在聯合國世界糧食方案援助之下辦理的林相變更，甚為正確，唯進度太慢，如照目前每年一兩千公頃的進度，本省林相變更，勢需百年始可完成」(徵信)；省府稱，林相變更自1966年開辦，已先後實施2期計7千公頃，第1期實施2千公頃，第2期原定3千公頃，又追加2千公頃。第3期自57年開始，每年5千公頃，至於應否增加，則與砍伐後之木材銷售有關。

1968年2月28日（民國57），經濟部定於3月中旬全面檢討林業政策，討論：聯合國森林工業發展處協助我國推行的三年森林改進計畫將於今年10月間屆滿，是否撥出經費與聯合國繼續簽約；如何促進森林工業發展，充裕原料、造林等(徵信)。

1968年3月22日（民國57），阿里山林區內3處森林大火(聯合報)。

1968年3月22日（民國57），玉山林管處所轄新高口至東埔之間，阿里山區第124林班，20日上午11時40分發生火災，迄21日中午，已燒50餘公頃，該地1958年及1962年栽植的松樹、柳杉造林地及部分草生地遭波及。玉山處發動員工60餘人馳往撲救，救火人員必須乘阿里山東埔線運材車至新高口下車，再徒步4小時始能抵火場。該火災20日晚已波及123、125林班，玉山處副處長陳文濤21日率員工160人前往救火，嘉義縣警局余書炎局長派保安課長陳植琚、竹崎分局長王良凱等，發動原住民140人撲救(徵信)。

1968年4月12日（民國57），行政院11日修正通過「台灣區國有林產物處分規則」；工業用枝梢材免費，下週即可公佈實施；全省土地利用已開始航測調查(徵信)。

1968年4月23日（民國57），省府發表統計，去年開發山坡地，1萬2千多公頃的農牧地完成水土保持與利用，種植果樹等，稻作、茶、香茅、甘蔗、柑桔、香蕉、鳳梨、瓊麻、雜作；23日召開水土保持會議，另將討論野溪治理；4月24日報導，省山地農牧局長蘇振杰表示，農牧地水土保持（即農牧開發）工作，今後將向深山推

展，並加強綜合性的計畫。又，過往開發多在私有地，今後將對公有山坡地的濫墾地加強推廣；4月28日報導，山地農牧局呼籲公有山坡地的濫墾人，把握機會做水土保持，政府將予合法放租。

1968年4月27日（民國57），高雄縣政府為配合南橫公路與實施第5期4年經建「鄉公有路計畫」，而預定闢建的山地道路，已進入實施階段（微信）。

1968年5月5日（民國57），省府將成立山地開發合作社，用以開發全省24萬餘公頃的山地保留地（微信）；5月8日報導，57年全省山地行政檢討會7日通過中心議題，決設立機構，開發24萬公頃山地保留地。其通過3方案：成立鄉山地保留地開發公司，由公司合營，資金由山胞認股之外，並以鄉內保留林木處分所得及公司申請貸款為來源；組織林業生產合作社；省府將設山地保留地開發處，分別就全省山地作重點開發。

1968年5月20日（民國57），省府決定58年度起，4年之內投資9,500萬元，完成5處山地鄉公路：牛門至大同；水門至霧台；石桌至達邦；大津至茂林；甲仙至三民，總長82.8公里（微信）。

1968年6月4日（民國57），省府黃杰主席3日強調開發本省土地資源的重要性，省府正實施4項計畫，開發土地資源：海埔地開發計畫，期程10年，已於1965年開始，預計開發5,400餘公頃；東部土地開發計畫，期程10年，主為河川地與山坡地，面積約9千餘公頃，已於1965年開始；山地保留地開發計畫，目前之24萬公頃保留地，讓原住民取得合法的土地權利

定居定耕，並區分為宜農、宜林、宜牧用途，實施水土保持，已於1966年開始實施，預定1972年完成；擴大農地重劃，提前於1971年完成（微信）。

1968年6月5日（民國57），省府4日決定，為穩定省內木材價格，今後將增伐木材（微信）。

1968年6月9日（民國57），南投縣「以林建縣二十年計畫」的首批立木開始標售。南投縣首屆縣長李國楨，鑑於南投縣萬山重疊，而無魚海之利，乃於1953年間倡議「以林建縣二十年計畫」，擬每年由縣府造林100公頃，20年後輪伐，以立木標售所得，彌補縣庫之不足。此項計畫迄洪樵榕縣長任內仍努力推行。但因林務局不能供應大批林地，縣府於1960年起被迫中止新植，但先後造林面積700多公頃，今年起即可按年處分（微信）。

1968年7月7日（民國57），省交通處6日在屏東宣布，下年度起，分4年興建完成高屏沿海公路；高雄縣府為配合南橫公路動工及三民、茂林兩山地鄉道路的開闢，將訂定4年山地經濟開發計畫，自1969年度起付諸實施（微信）；7月9日報導，南橫公路於7月5日施工，預定4年完成。總工程費3億餘元，由台東海端出口，沿路上下1公里範圍，存有價值近10億元的原始林木可以砍伐，且道路兩旁存有近6千餘公頃的荒地可闢為良田，以安置退除役官兵與失業民眾。南橫全長182.6公里，其中新闢段172.6公里；7月12日報導，高雄縣現正積極籌辦山坡地重劃工作。

1968年7月14日（民國57），關山林區林相變更之伐木工作持續進行（微信）；7月

19日報導，恆春林區2期林相變更「成果甚為輝煌」。

1968年7月20日（民國57），省農林廳長張研田19日在省議會表示，全省6萬餘公頃林地，中央將於近期內核准，依宜農、宜牧、宜林放租或放領給農民（微信）；中央決修改租地造林辦法；7月21日報導，高雄旗山地區自20日起，進行57年度整理濫墾公有山坡地勘測工作，預定80個工作天完成。隨後，三民鄉亦將進行之。

1968年8月21日（民國57），農復會表示，第五期4年計劃之林業生產目標已訂定，將兼顧經濟效益、保續作業及國土保安三大原則下，造林、木材生產及利用將平衡發展。「逾齡天然針葉樹林將研究有效更新，低劣蓄積闊葉樹林將逐年伐除，改植最有經濟價值之針一級木，天然檜木林僅有73,000公頃，將作長期經營之規劃」，而第五期4年計劃林業生產目標如下：（單位立方公尺）用材：58年1,034,000，59年1,065,000，60年1,096,000，61年1,128,000。工業原料材：58年180,000，59年220,000，60年260,000，61年340,000。薪炭材：58年至61年每年均為200,000。」（微信）

1968年8月22日（民國57），聯合國世糧方案頃通過約1百萬美元的實物補助，在台灣中部山地發展林道網，以開發林業及改進山地居民生活，此項補助是農復會去年4月向世糧方案申請之一項計劃。據該會說：這是自民國52年本省利用480方案實物補助修築林道以後的一項延續計劃。480方案已於去年10月停止對台補助，故該會決向世糧方案申請協助，以完成本省山地的林道網。

由世糧方案協助實施的林道修建計劃，將在過去工作成績最佳的南投和嘉義兩地進行，全部工程包括19條林道，全長281公里，其中南投縣有12條，147公里；嘉義有7條，134公里，預計需3,741,000個工作天，共約27個月可告完成。

此項計劃的總經費達300餘萬美元，其中除世糧方案補助價值約100萬美元的實物外，尚有當地居民提供之勞力和建築材料與政府配合。工作人員所需之費用約240餘萬美元，以及卸貨、搬運、倉儲等援助物資處理費用46,000餘美元。

世糧方案所補助的食物包括麵粉8,000餘公噸與食油約450公噸。此外並有奶粉及罐頭魚等為前480方案中未有的食品補助。

按本省山地有70%以上是具開發潛力的林地，其中海拔3,000公尺以上的地區不在少數，由於交通運輸不便，每年留棄深山未加利用之林產物多。農復會乃於52年發起利用480方案的補助從事山地林道建設」（微信）。

1968年10月15日（民國57），省府12日修正公布國有林地租地造林辦法，規定報經核准後，可以種果樹，但不得超過承租面積十分之三。新租地造林辦法，申請面積每單位以20公頃以上，100公頃以下為限，但申請優先租地者不在此限；森林工業工廠原料林以1萬公頃為限；租地造林之林木若為政府與造林人共有，採林木分收等（中時）。註，請參考1968年10月25日。

1968年10月15日（民國57），屏東縣為開發山地資源，擬訂長期計劃，爭取世糧

補助(中時);12月10日報導,屏東山坡地整理,經省核定區域,面積達千公頃;1969年1月15日報導,屏縣山地保留地水土保持欠理想。

1968年10月20日(民國57),為開發24萬餘公頃的山地保留地,省府決輔導山地行政單位,組成合作社或公司,作區域開發,政府提供資金及技術。此計劃第一期3年中,「將開闢山地道路32線,共369公里,工程費用達1億4千453萬4千餘元,其中由省府負擔34,574,055元,有關縣政府負擔48,982,520元,其餘6千餘萬元,已申請世糧方案物資援助。

至於山地開發資金,省府計劃,一部分由省內行庫提供,一部分則計劃向國外申請貸款」(中時);11月22日報導,24萬公頃山地保留地已利用者約66%,尚未利用的34%等,政府預定10年後授田山胞。

1968年10月25日(民國57),美國軍機失蹤,墜毀於阿里山(聯合報)。

1968年10月25日(民國57),特權干擾林地放租造林,承租再轉讓圖利,放租辦法有漏洞,且濫墾惡風後果堪虞(中時);10月26日中時社論抨擊租地造林與濫墾流弊;1969年1月22日報導,國有林地出租造林辦法易茲流弊(最主要指工廠可申請1萬公頃林地),省議會退回原案,請省暫停實施;3月30日報導,省府再函請省議會同意;4月16日報導,行政院決定森林工業租地造林面積,仍以1萬公頃為限。註,請參考1969年7月25日。

1968年10月28日(民國57),阿里山第二賓館僅剩內部水電工程建竣後即可落成。此一6層樓高建築,以無遮蓋走廊與現在的賓館連成一體,總工程費380餘萬元,套房50餘間(中時)。

1968年11月14日(民國57),林務局明年國有林伐木量預定為112萬餘立方公尺(中時)。

1968年11月26日(民國57),文山林區濫墾嚴重,林務局派員取締「都被打下來」(中時);12月2日,報上呼籲「速禁濫墾」。

1968年12月25日(民國57),58年度林務局及大雪山林業公司的伐木量,24日省議會正式核定為829,289立方公尺立木材積;省議員郭雨新、陳新發等批評八·七損失50多億元,八一水災損失達38億餘元、葛樂禮颱風損失20億元,乃過度伐木所導致(中時);1969年1月8日報導,省議員指摘租地造林特權作祟、守法吃虧,亟需改善;1月9日報導,省議員認為放寬森林工業工廠的租地造林,給予少數人太大利益;1月10日報導,省議員要求林務局公佈租地造林黃牛的名單。

1968年12月26日(民國57),阿里山森林發生大火,已知焚毀林木30餘公頃(聯合報)。

1969年1月1日(民國58),林務局今年將加強林野保護、擴大林相變更與一般造林面積,並力求降低木材生產成本而增加盈利,預算盈餘編列1億9,160萬元,連同伐木代金繳庫總額可達2億6,667萬元。沈家銘局長向省議會提出工作重點報告:(1)擴大治山防洪辦理水土保持,建築石門水庫集水區攔砂壩;(2)擴大本年度直營造林面積12,000公頃;(3)執行5年林相變更計畫,本年度預定砍伐面積4,801公

頃、蓄積393,670m³，跡地造林5,300公頃；（4）配合觀光事業之推展，繼續實施阿里山、合歡山、烏來、鷺鷥潭、鯉魚潭、墾丁公園等森林遊樂區之整建；（5）改善阿里山森林鐵路之設施及營運。

1969年1月11日（民國58），玉山林管處招考阿里山森林鐵路隨車服務員，限初中以上畢業女性，本日舉行測試，於報到70餘人中錄取8名。按，1963年（民國52）及1967年（民國56）均曾招考隨車服務員，始自中興號柴油快車之開駛。（林局誌）

1969年1月13日（民國58），阿里山森鐵12日橋樑災害，13日搶修恢復全線通車（中時）。

1969年1月14日（民國58），大甲林區烈火經燃燒2天後，已蔓延300公頃；前此，巒大林區大火，至1月11日之際已燒4晝夜（中時）。

1969年1月15日（民國58），本日起，阿里山森林鐵路與省鐵路台北、台中、台南、高雄等大站辦理旅客聯運業務，此與招考隨車服務員同為加強對旅客服務之措施。（林局誌）

1969年1月22日（民國58），阿里山大火（聯合報）。

1969年1月27日（民國58），阿里山26日的氣溫高達23℃，天氣反常，嚴冬季節出現大熱天，老輩阿里山人指出，此乃多年來未見過的現象（中時）。

1969年1月28日（民國58），為擴大耕者有其田範圍，政府決定對原野地、國有財產局管理的農地、公有魚塭地等，予以放領。「依土地法的規定，魚池、農地、牧地，皆為土地中的直接生產用地，台灣魚塭，屬於魚池的一種，為台灣的主要養魚地，係由漁民投資天然水面匯墾而成。原只有使用權，而未取得所有權。台灣光復後，此等土地，歸屬於國有，而現由國有財產局管理出租或處分。同時農地，乃地主投資所得的土地，政府且規定分期給予地價，徵收放領於佃農，魚塭乃由漁民投資而成，而由國有財產局予以出售，所以漁民多認為不平。此類魚塭，亦應依耕者有其田政策的意旨，以合理方法，予以放領。

至於山地保留地，原僅供山地同胞有耕作利用之權，而未准其所有。近年由於台灣省政府積極指導山胞，實施水土保持，設置定耕地，日見增多。此等土地宜以獎勵方法，放領予現耕山胞所有，以培養山胞的經濟觀念。但為防止土地轉讓於平地人民，獲得暴利，自有採取限制移轉的必要。

此外，關於台灣林地，90％屬於國有，但山林的經營，必須依森林施業方案的規定，計劃造林，並限制砍伐，所以不應放領，仍採租地造林辦法為宜。

上述未放領土地，其面積為數可觀，根據統計約有：

一、山地保留地總面積約24萬公頃中，宜農地約有4萬6千公頃。

二、原野地面積約17萬4千公頃中，宜農宜牧地約佔7萬2千公頃。

三、國有財產局管理的農地約有2萬4千公頃。

四、魚塭土地中放租者有8,637公頃，其中公有者，達7,681公頃，為放租魚塭土地總面積88％強。」（中時）

1969年2月3日（民國58），林務局將逐年編列預算，配合嘉義縣治山防洪工程，58年度首先補助竹崎鄉5百萬元，建築攔砂壩（中時）。

1969年2月7日（民國58），省議員蔡李鸞數落林政五大弊病（中時）。

1969年2月8日（民國58），省議員王國秀建議修訂林地放租辦法，以達到「山人有其林」（中時）；2月13日，多位省議員力促加速辦理公有林地放租放領；3月12日報導，為增加耕地面積，6萬8千公頃國有林班地，將放領、放租。

1969年2月17日（民國58），阿里山森林大火15日開始延燒，昨已撲滅，燒毀60餘公頃林木（聯合報）。

1969年3月（民國58），林務局為配合發展觀光事業，訂定建設森林遊樂區計畫，分年編列預算以利實施。林務局構想將阿里山、玉山至日月潭連結成為大型遊樂區；已著手興建遊樂工程者有阿里山遊樂區、合歡山滑雪場、烏來環山林道及森林公園、恆春半島（墾丁公園）遊樂區、各主要山巒登山道、固有樹種及野生鳥獸保護區，另並整建全台各地小型森林遊樂區。（林局誌）

1969年4月8日（民國58），報載林相變更「進行順利」（中時）。

1969年4月21日（民國58），省府20日表示，「水土保持對治山防洪有益，將擴大續辦」（中時）。註，凡此年代之開發一概冠以水土保持名目，埋鑄下1990年代以降的天災地變禍源。4月23日報導，山地農牧局辦理水土保持低利貸款等，通過5項重點開發山坡地，例如國有林解除地開闢農路、農塘、灌溉系統；農地水土保持經費由農民負擔，政府酌予補助；低利長期貸款；本年度起，水土保持推廣以區域性綜合處理為主等。

1969年5月1日（民國58），為充分供應木材需求，政府將加速開採針葉林（中時）。

1969年5月25日（民國58），連日豪雨，阿里山森鐵34公里處24日發生嚴重坍方，全線交通中斷（中時）。

1969年5月27日（民國58），省府為嚴禁濫墾與擴墾，規定以3年為期，全面清理國有林事業區濫墾地，准許濫墾人於限期內向主管機關（林管處）申報，依法補辦租地造林手續，實施造林復舊，為此，擬定台灣省國有林事業區濫墾地清理計畫，本月9日奉院令核定實施，本日公告。依規定凡於今（1969年5月27日）日以後之濫墾地，概予剷除其所植農作物並依法究辦，在此日及以前之濫墾面積計31,543公頃，由濫墾人於40日內向所屬林管處申請派員實測後放租造林（後經新任省主席寬准於1970年5月27日以前墾植者仍予認定；本清理計畫於1973及1989兩年度報奉行政院核定補辦理清理竣事）。（林局誌）

1969年5月（民國58），行政院近對台灣林業經營作出指示：今後對造林工作須予以加強，並應注重水土保持；為配合經濟發展須加強林相改良（變），且適度砍伐針葉樹，配合工業原料材之供應。（林局誌）

1969年6月5日（民國58），中部豪雨傳災情，阿里山鐵路坍方停駛（聯合報）。

1969年6月12日（民國58），政府決開闢至阿里山公路，線路擬經南投延平、溪頭（聯合報）。

1969年6月18日(民國58)，政府已決定清理國有林事業區內現有的濫墾地，為此，政府已擬訂一項「台灣省國有林事業區內濫墾地清理計劃」，俟核定公佈後，將以3年內清理完竣。「計劃中規定，林業管理機關應將其實施的國有林區內濫墾林地，予以清查，並公告各該使用人於限期內申報，俟派員查勘後，依該計劃有關規定辦理。國有林區外的其他濫墾林地清理，亦可適用該計劃。

計劃要點如后：

一、濫墾地如係種植農作物者，將依「台灣省國有森林用地出租造林辦法」的規定，予以訂約並實施造林。如濫墾人拒絕訂約或訂約後未能於規定期限內完成造林者，將予撤銷契約，收回林地。

二、濫墾地如復舊造林，可在不妨礙水土保持的原則下施行間作3年，但保安林地以符合「台灣省邊際土地宜農、宜牧、宜林分類標準」的宜農地為限。間作期滿應自行廢耕，其收入均歸墾民收益。

三、濫墾地已栽植木竹者於查明屬實後，即依租地造林辦法的規定予以訂約。如有補植之必要者，應由該管林業管理機關責成造林人，限期完成補植。

四、濫墾地栽植果樹、茶樹者，則由該管林業機關點交墾民訂約保管，並由墾民限期完成水土保持設施後，按租地造林法處理。但保安林地應即改造木竹，其已栽植的果樹、茶樹，暫准以間作方式保留。

五、濫墾人於林地內已建房屋或開成水田者，應按規定先行呈請核准解除林地，再按其性質分別移交有關機關接管處理。

六、凡在清理計劃施行後所發生的濫墾地，應一律由該管林業機關予以剷除地上物，收回林地嚴禁濫墾的發生與擴墾，並由該管警察機關依法取締法辦。

七、違反該計劃或契約的規定者，將撤銷其契約，並會同該管警察機關執行收回林地與地上物」(中時)。註，參考1969年10月6日。

1969年7月7日(民國58)，阿里山區祝山擬建造「觀日樓」，工程費預定90萬元，俟省府核定後即可動工；賓館至祝山的一條4公里長的山地道路，預定今年底以前竣工，工程費700萬元。而原先由賓館徒步至祝山，約費時40分鐘(中時)；7月9日報導，籌劃多年、數次波折的阿里山電化工程，業已設計就緒，即將於勘查後發包動工裝設，以利阿里山觀光事業發展。電化阿里山之總工程費為4百萬元，由林管處與台電共同負擔，輸電線以奮起湖為起點，經多林、十字路、神木至阿里山，全長26.5公里，以三相11,000伏特的高壓電輸出，預定10月10日前完工。又，阿里山現有2座柴油引擎發電機，將來輸電工程延長至阿里山後，暫時不予拆除；7月14日報導，電化工程近期施工；1970年2月4日報導，耗資410萬元(林務局出7成、台電負擔3成)的阿里山供電設施完成，3日9時開始通電，阿里山先前「間歇性供電」已結束。阿里山供電服務所於3日正式成立。

1969年7月13日(民國58)，林務局撥專

款3,000萬元,由59年度起推動民間造林;省農林航空測量隊決定對全省森林資源進行調查,此工作將分3期,第1期分4年完成,今年為開始的第一年(中時);7月25日報導,林務局實施空中照相,以防林地濫墾。

1969年7月14日(民國58),阿里山觀光區13日發生火警,凌晨5時15分,民屋一棟發生大火,損失約5萬元。起火點為吳鳳鄉阿里山香林村1鄰9號,凌晨6時撲滅(中時)。

1969年7月25日(民國58),國有森林用地出租造林辦法業經省府核定,林務局收到公文後將公布接受申請,森林工業每一工廠可申請10,000公頃,目前已有20餘家提出申請,現均轉送經合會及經濟部審核中(中時)。

1969年7月29日(民國58),衛歐拉颱風嚴重危害屏東、高雄、澎湖(中時)。

1969年8月2日(民國58),中國時報報導幼獅隊阿里山旅遊隊員專訪,所檢附的阿里山神木圖片,顯示神木傾斜角度甚小。由於此報導之敘述阿里山的故事充滿該年代的訛傳,特全文引述如下,俾供解說評比:「不到阿里山,就不知道自己的國家的景色有多麼壯麗一這是今年暑期青年育樂活動阿里山旅行隊的隊員魏宜豪說的。他是廣東五華人,中國醫藥學院學生。他說,阿里山的風景,還有很多富有人情味的神話,聽起來很使人感動。

魏宜豪說,阿里山上的山胞告訴他,神木紅檜有3千多歲,直徑466立方公分(註,錯誤),材積500立方公尺。一共有兩株,一株是男的,一株是女的,結成夫婦;兩株樹的樹枝互相纏繞,像一對夫婦手牽著手,據說有神,所以叫做神木。因為這一對夫婦樹太恩愛了,引起別人的嫉妒,47年葛樂禮颱風時,雷把這對夫婦牽著的手劈斷了,樹也被劈成只有56公尺高。這兩株樹從此離婚,不再和好了。(註,資訊錯誤)

他說,這是山胞把樹人格化以後的故事。

台南市籍的許恆華,是台大商學系三年級學生,她也聽到一個姊妹潭的很動人的神話故事。她說,一百年前,有兩位很英俊的山胞,在山上過打獵生活,有一天,有兩位從平地上來的姊妹,碰見這兩位山胞,這4位男女,分成兩對,一見鍾情,互相傾慕,談起戀愛來,而且很快就覺得難解難分,要準備結婚,兩位山胞在結婚之前,都希望去打一頭很貴重的野獸回來做結婚禮物送給自己的愛人,並約好時間,要自己的戀人,在山上等候,可是,到約好的時間,兩位山胞都沒有回來,姊妹兩個都很傷心,一直流淚,妹妹的淚水,流成一個湖,這就是妹湖,姊姊的感情比妹妹的還要豐富,淚水流成一個更大的湖,這就是姐湖。後來,等了很久,兩位山胞都不再回來,這兩姊妹絕望了,都跳進了自己的淚水流成的湖裏淹死(註,另一訛傳的版本)。

許恆華說,山胞的想像力是很豐富的,從這個神話故事中就可以證明。而且,山胞們的愛情的堅貞和感情的豐富,也可以從這個故事中看出。因為山胞的愛情不堅貞,感情不豐富,就編不出那麼纏綿緋側的故事。(註,並非原住民瞎編的故

1960年之前的姊妹亭，為簡單的木造亭子。圖中為作者舅舅劉壽增與同事。

早期阿里山居民常結伴同遊，照片為1959年陳月霞與兄弟姊妹、表兄弟姊妹，以及母親、阿姨、舅媽，同遊姊妹池，並於木造橋面上合影。

1960年蔣介石連任總統，姊妹亭因而改建成中國庭園式。照片為1961年陳月霞家人與其阿姨家人，同遊姊妹池。

1973年姊妹亭改為木造，而後又經過幾次重建。照片為1988年的姊妹池，周圍攤販林立。陳玉峯攝 1988.10.22.

姊妹池不斷翻修改建，由原來清幽的天然窪池，變成越來越觀光化的人工造景，同時還立上一面以訛傳訛的瞎掰故事。事實上，早期姊妹池一帶幾乎無原住民，遑論是原住民少女！陳月霞攝 2003.05.24.

姊妹池一帶是阿里山森林開發史的最佳解說點；照片為台灣生態研究中心所舉辦的環境佈道師課程「阿里山痛土之旅——台灣綠色二二八」。陳月霞攝 1998.02.28.

位於姊妹池畔的「永結同心」，也是巨大的檜木被砍伐之後，剩餘的樹幹腐朽挖空的結果。照片中陳玉峯為靜宜大學的學生講解「破碎的心」的前因後果。陳月霞攝 1997.11.12.

姊妹池畔的「四姊妹」，巨大的檜木原始樹頭一次可站滿數十人，可見原巨木有多壯觀。照片為1961年陳月霞、家人與舅舅、阿姨、嬸嬸三個家族的人。

之前從沒人發現所謂永結同心，其實是綠色生靈最具代表的「破碎的心」，但自從其被賦予美名之後，數十年來，早已成為阿里山的觀光據點。照片為1966年，右一陳月琴，右二陳惠芳。

姊妹池的「妹池」，也是森林伐除之後裸現的天然窪池，池雖淺，但周圍林木倒影盡收池面。陳玉峯攝 1981.08.05.

「妹池」經過建設之後，由原來的天然窪池，變成水泥人造池塘。陳月霞攝 1996.10.10.

水泥人造池塘的「妹池」再經過綠籬建設，完全與人隔絕。陳玉峯攝 2003.03.26

位於姊妹池畔的「四姊妹」，是巨大的檜木被砍伐之後，附近的紅檜種子在其上面再長出四棵紅檜的二代木。
陳玉峯攝 1982.02.01.

歷經幾度人工改造之後,「妹池」的原始功能,最後化成文字,形同「妹池墓誌銘」。陳月霞攝 2003.05.24.

「妹池」亦被有心人當作「放生池」。陳月霞攝 2003.05.24

1960年5月因蔣介石連任總統而建的「介壽亭」,內有「領袖頌」。照片為1970年,前排由右向左依序為陳月霞、陳惠芳、陳昆輝三姊弟,後排兩人為日本人。

妹池旁的天然林。陳玉峯攝 2002.03.31.

事）

台南市籍的陳美華，是台大法律系三年級學生，她說，阿里山上有一座受鎮宮，供奉著叫做帝爺的神，山上的人都說很靈，說是沒有女朋友的男人，到宮裏燒了香，下山以後就會找到女朋友；沒有男朋友的女人，到宮裏拜過以後，下了山也會找到男朋友，所以香火很盛，這幾天，宮的後面還正在大興土木，準備再蓋幾間房子。

福建福州籍的陳明梓，是政大財稅系三年級學生，她說阿里山上有一處的路邊，左邊有兩株樹和右邊的兩株樹，遙遙相對。山胞告訴她，右邊兩株樹，是一男一女，從小青梅竹馬一塊長大，但，性情不投，長大以後，始終一株面向南，一株面向北，感情不好，不能結婚。左邊的兩株樹，也是一男一女，也是從小青梅竹馬一塊長大，可是，卻很相投，感情很好，所以，長大以後，結成夫婦。

陳明梓說，她看見的左邊的兩株樹，已經連在一起，而且，連得像一棵雞心一樣。人家都叫這兩株樹是「愛情樹」。樹很大，到阿里山的遊客們都喜歡爬到樹上，或在樹下照相留念。

福建南安籍的劉荷生，是台大考古系二年級學生。她說，阿里山上的香林國小的旁邊，有一座樹靈塔，對這座塔，山胞也津津樂道著一件神話故事。故事說，從前，在那座塔的原址，有一株大樹，有一位山胞想發財，就把那株大樹砍下來賣，並得了筆錢，做了間高大的房子。有一天，有一個人來找山胞，但不久就不見了，山胞以為是作夢。又有一天，山胞經過砍那株樹的路上，突然有個人撲過來捏住山胞的脖子，山胞一看，原來就是上次以為作夢看見的人，山胞向那個人說，「我不認識你，也沒有得罪你，你為什麼要這樣對付我？」那個人說：「你不認識我，我倒認識你，我就是給你砍死的那株大樹。人類太殘忍了，我要把全人類都殺死，現在，先殺你！」山胞苦苦哀求，希望能饒他一命。那個人卻說：「你砍死我的時候的威風和勇敢到那裏去了，為什麼現在卻變得那麼懦弱！」最後，那個人要山胞造一座塔，並寫「樹靈塔」三字，來安慰那樹的靈魂，才答允放過山胞，所以，樹靈塔是這樣造起來的。（註，完全一派胡言）

劉荷生說，山胞給了樹以靈魂，並懷著慈悲的胸懷，告訴別人樹是有靈魂的，所以，能創造像「樹靈塔」那麼使人感動的神話。

雲林縣的張聰益，是省立台北工專的學生。他說，阿里山上有一座慈雲寺，寺裡有一尊釋迦牟尼佛像很有名，據說全世界只有三尊，還有兩尊，一尊在泰國，一尊在琉球，是金、銀、銅、鐵、錫、鋅、？等七種金屬鎔鑄成的，只有尺半長，4、5吋寬，卻很重，非7、8個壯男抬不動（註，又是胡扯）。

台北市籍師範大學學生連恭明說，阿里山還有一間博物館，裡面有不少阿里山附近出產的山豬、野鹿等獸類的標本，鳥的標本有1千多種，蝴蝶的標本也有1千多種，另外還有樹的年輪的算法的標本，和最古老的阿里山鐵路的火車頭（註，？!）。

台南縣籍的王明發，是師範大學國文

系的學生，他也是阿里山旅行隊的第二梯次的隊長。他說在阿里山博物館的底下，有株大樹，沒有死，又在樹上長出一株新樹，然後再在長出的新樹上面，又長一株樹，等於三代同堂，人家叫做「三代木」。

他說，那是樹木老朽了，產生泥土的作用，所以，樹上能長新樹。

他說，姐妹潭、神木、愛情的樹、受鎮宮、慈雲寺、博物館、三代木、樹靈塔，被稱做阿里山八景。阿里山旅行隊的隊員都把遊覽阿里山八景當做主要課題。

阿里山旅行隊的隊員許恆華說，從嘉義坐到阿里山的火車一路山洞很多，當她們中午在火車上吃便當時，只覺得每吃一口飯，過一個山洞，有人數了數，一共過了49個。

福建廈門籍的黃婉麗，是省立護專學生，她說，她參加阿里山旅行隊，曾經過一番家庭革命。因為她在家時，正害感冒，身體不舒服，家人不讓她參加，結果，她不顧一切，硬是參加。

黃婉麗說，在嘉義時有人勸她好好大吃一頓，因為從嘉義到阿里山，一路的飯，越走越爛。事實不然，等到了阿里山，她覺得阿里山的飯反而更好吃，色香味俱全。原因是在阿里山，景色美的地方很多，為貪看美景，不免多走些路，常常弄得又累又餓，所以，覺得吃的飯好吃。

屠琍琍，是浙江吳興人，東吳大學經濟系三年級學生，她說，阿里山上到處都有冷氣，她沒有帶外套去只好常常躲在被窩裡。

阿里山原始森林高聳，有點陰森森地，尤其晚上，萬籟俱寂，相當嚴肅。陳尚慧和沈蓉華都在阿里山旅行隊中擔任管理工作，一塊住在阿里山的一家旅社的一個房間裡，她們都算是女隊員中膽子最大的，但是，她們兩個的膽子誰大些呢？有一次，她們討論這個問題時，陳尚慧說：「你膽子大，你上次到洗澡間，為什麼要叫我陪你去？」沈蓉華也提出了反擊，她說：「昨天晚上，你到洗手間時，還不是找我陪你一起去的！」

台大考古系的學生劉荷生，被阿里山旅行隊的隊員們派上了用場，因為阿里山上的樹木，很多都年歲很大，隊員們紛紛要求劉荷生考古一番。

金甄女中的學生陸菊芳說，到阿里山後，飯量增加，起先她還怕將來下山時會增加體重，但，晚上蚊子、跳蚤很多，被吃去不少血，所以，一增一減，將來下山後，一定能夠保持原來的體重」(註，阿里山沒有蚊子)。

1969年8月11日(民國58)，豪雨不斷，阿里山森鐵10日，於59.9公里處土石崩鬆，交通中斷，工程可望12日完成(中時)；9月15日報導，14日上午9時，森鐵12號山洞受到豪雨影響，發生崩塌，全線交通中斷，預定15日恢復通車。

1969年8月16日(民國58)，訖18日，立法院經濟委員會一行22人，由院務人員及林務局沈局長等陪同赴阿里山考察林業建設，入宿新落成之阿里山賓館。(林局誌)

1969年8月18日(民國58)，政府訂定「土地資源開發利用4年計劃」，配合第五期經濟建設4年計劃，將充分開發土地資源。計劃內容包括「土地墾殖、山坡地資源保育利用、土地利用三大部份，估計自

今年起至民國61年4年內,將開發土地6,120公頃,其中包括海埔地開發2,499公頃,東部土地開發3,621公頃,農地重劃216,000公頃。全部計劃要點如下。

一、土地墾殖: 海埔地:預定4年內開發的2,499公頃土地中,包括水田2,058公頃,工業用地120公頃,公共用地67公頃,林地55公頃,魚池199公頃。 東部土地:預定4年內開發的3,621公頃土地中,包括水田1,595公頃,旱田2,026公頃。

海埔地的開發,將由行政院國軍退除役官兵輔導委員會負責北部新竹海埔地,台灣省土地資源開發委員會負責中南部海埔地及東部土地。

二、山坡地資源保育利用:預定至59年完成登記分配租用92,000公頃,造林9,000公頃,作物示範繁殖800公頃;至60年完成水土保持處理18,000公頃。為了貫徹這項工作,將訂定「促進山地保留地有效開發利用方案」,另每年由社會福利基金項下,撥出至少20%,供促進山胞開發利用山地保留地之用,並將提供貸款,協助山胞改善土地利用保育,提高農業生產。

此外,並將整理濫墾公有山坡地,提供長期貸款,協助農民開發及保育土地;自出售及放領公有山坡地之收入中,提出一部份,做為山地農業建設基金。

三、土地利用:自58年至60年,每年進行農地重劃47,000公頃,61年重劃75,000公頃,4年合為216,000公頃。重劃期間,將在農地重劃區內協助興建

區域性的排水工程。至於農地重劃農民整地費用,則將爭取世糧方案的物資補助。

除農地重劃外,同時亦將推行土壤調查、土地利用勘測,以及平原地帶土地改良等工作。」(中時)

1969年8月20日(民國58),為充裕工業用材,開發國內外新林區,政府擬定方案、計畫,鼓勵民間投資印尼林業(中時)。

1969年9月7日(民國58),農復會核定59年度竹林造林貸款1,600萬元,以小農為對象,而工業原料造林貸款部分,將由林務局辦理(中時)。

1969年9月19日(民國58),籌關阿里山公路經費,公路局財源無著落,呈請交通部准予緩辦(聯合報);20日報導,阿里山公路計畫政府仍積極進行,有關單位認不宜緩辦。

1969年10月6日(民國58),行政院核定3年內將國有林地6萬8千餘公頃,辦理放領、放租或出售。上述林地,除太巴塱事業區交由國軍退除役官兵輔導會處理,已被濫墾者交由現使用人承領承租之外,其餘予以整理後辦理放領、放租。省府將分3年處理。

1969年11月3日(民國58),省府2日表示,自明年開始,以5億9千4百餘萬元辦理2萬5千5百80公頃林相變更,分5年完成(中時)。註,如今500億也換不回原始林相!可悲!可嘆!

1969年11月10日(民國58),阿里山對外電話月底將可全部開放(聯合報)。

1969年12月29日(民國58),阿里山至

嘉義超微波長途電話於28日對外通訊，阿里山電信代辦處指出，此後方便阿里山對全台的電話業務，有助觀光（中時）；林務局另決定在阿里山賓館設立電信代辦處。

1969年12月31日（民國58），「阿里山森林道路」之開闢，頃獲世糧方案補助，預定明年正式施工。農復會表示，該阿里山林道係利用嘉義縣太松與太興兩條林道世糧方案補助的物資，移作開闢阿里山林道的第一期工程經費，預定自石桌拓建至十字村，全長12公里。此道路為乙種林道，完成後將連接大華林道（石桌至埔尾），以及中興林道（石桌至觸口），而形成阿里山道路網（中時）。

1969年（民國58），林務局整修登玉山險要地段及橋樑；隔年新設玉山風口之欄干，並改建登山路之棧道，以加強安全措施。其後，雖經多次整修，但在1986年（民國75）之後漸損毀；本年度，台大實驗林管理處為慶祝成立20週年，乃印行紀念特刊。其木材生產一章之結語曾述及：「本實驗林之設立。原係以一完整事業區為基礎，並按照森林寒、溫、暖、熱帶之垂直分布面予劃供學術研究試驗之用。然查本實驗林轄區唯一可供經營、試驗研究、教學實習之溫、寒天然林帶之28、29、31林班，自本省光復之時即暫歸玉山林區管理處經營，至今尚未歸還本處，致使本處徒有完整事業區之名，而無完整經營之實，本處有關溫、寒帶林之森林實驗，非惟窒礙難行，同時有違本實驗林設立之原旨。為此，應請早日予以收回經營。」此段所述及之31林班界即包括目前玉山國家公園之塔塔加遊憩區。

1970年1月1日（民國59），林務局造林募工制改為招標承攬制，得標業者依合約以6年為期，負責標區內新植、補植及幼林撫育之一貫作業，期滿交地成活率應在95%以上。本年起各林管處於接受造林地後應設置護管所，各以100～130公頃為1區單位，繼續撫育管理成林。（林局誌）

1970年1月13日（民國59），省公共工程局計畫在二萬坪設置小型飛機場，以供直昇機起降，並開闢定時航線。此計畫乃因阿里山鐵路每遇暴風雨常有中斷現象所引發（中時）。

1970年1月24日（民國59），國府與聯合國世糧方案簽訂協議書，由林務局依約執行第3期（1970年1月至1974年12月）5年林相變更之一貫作業，其育苗、林道勘測、林產處分等準備工作已於上（1969）年底前完成。按計畫其之首半年（1970年1～6月），林務局亦自執行自編全部預算之1968年次（民國57）林相變更計畫（1968年1月至1970年6月）（林局誌）。註，此系列破壞天然林的行徑，長年來卻被國府視為「政績」！

1970年2月1日（民國59），蘭陽林區管理處王國瑞處長31日表示，國有林班區包括台北、宜蘭、花蓮3縣境內的濫墾地清理，限8日前辦理申報手續，凡58年5月27日以前在國有林班地濫墾林地者，皆可申報（中時）。

1970年2月2日（民國59），阿里山大放光明，森林鐵路沿線裝設電燈（聯合報）。

1970年2月13日（民國59），台灣省物資局為配合林務局拓展省產闊葉樹木材外銷，訂定配售要點（中時）。

1970年2月22日（民國59），阿里山森林

遊樂區及鐵路沿線已由玉山林管處遍植花木，且均已成活，包括櫻花18,080株，梅花32,900株，杜鵑34,325株，美人蕉17,000株，紅莧菜95,000株，楓樹16,000株，石楠8,550株，聖誕紅19,000株，碧桃37,500株（中時）；吳鳳鄉公所為避免交通中斷時缺糧，獲縣府補助10萬元，將於十字路興建1棟儲糧倉庫。

1970年2月26日（民國59），宜蘭縣木材業界人士呼籲有關單位早日核定開闢蘇澳港，俾利木材由蘇澳港進口（中時）。

1970年2月27日（民國59），「阿里山森林道路」已獲世糧方案補助，27日正式施工。此一「阿里山林道，係由嘉義經中興、大華兩林道至竹崎鄉的石卓，而以石卓為起點，開闢至阿里山，全長為27公里，由於其工程龐大費用至鉅，所以有關單位特將該工程分成兩期施工。

阿里山林道，其第一期工程，係由竹崎鄉的石卓開闢至吳鳳鄉的十字路，計長12公里；第二期工程，自十字路到阿里山，計長15公里，全部工程預定在60年底以前完成。

嘉義縣此次經農復會批准，以世糧方案補助開闢石卓至十字路，而至阿里山的森林道路，是嘉義縣近20年來最龐大的一項工程，據有關人員表示：阿里山林道完成以後將有4條林道可以連接，尤以連接尖屏公路，在國防上有極大的功用，並可使山產物林木、竹、水果、蔬菜等，運到嘉義市場銷售，對今後的交通和繁榮貢獻頗大。」（中時）

1970年3月8日（民國59），省府核定林務局自本年開始，設立造林貸款基金3億元，以便利民間造林資金週轉，每年籌列3,000萬元（中時），而有關林業經營，採取下列重點：

一、以國土保安、保續（註，續？）經營為原則，對於年度伐木及造林均計劃執行。

二、對全省保安林因環境變遷，不需繼續保存者，報請削除，改作農地或其他用途。

三、將全省規劃為15個集水區，並訂定十年治理計劃，由林務局繳庫盈餘提撥50%作為治山防洪經費。

四、執行林相變更，自54年起已改變林相7,000餘公頃，目前正以每年5,000公頃的進度實施中，估計廿年後每公頃材積可增3至5倍。

五、在不影響國土保安及林業經營原則下，將淺山交通方便的國有林，宜農、宜牧部分68,000公頃，呈請解除，開放民用。

六、訂定濫墾地清理計劃，確定其面積，作根本解決。

七、開發森林遊樂區，以配合本省新興的觀光事業，並作國民野外活動」；省山地農牧局之發展山地農業，「採取保育、利用並重。

1970年3月13日（民國59），省主席陳大慶植樹節要求全省同胞，努力推廣植樹造林（中時）。

1970年3月16日（民國59），阿里山花季於15日展開，而一、二年來阿里山完成的設施，「投資3千餘萬元大、小工程，都已陸續完成，使遊覽阿里山的遊客方便不少。

阿里山的新建完成的工程計有：（1）電：林務局和電力公司，共同投資了4百餘萬元（其中林務局負擔70%），從山下將電「接」到山上來，使得晚上一向都是黑暗的阿里山，大放光明。（2）水：花了317萬元，分三期工程，在石水山建了自來水廠。（3）火車：目前已全部改為柴油化，分中興號快車和普通車兩種。中興號快車，上下午嘉義和阿里山各對開一次，單程票價75元，一次可坐70～80位乘客。普通車每天上下午嘉義和阿里山對開一次，單程票價48.5元。在花季中（3月15日～4月15日）加開團體加班車，30人以上就可享受85折至6折不等的優待。（4）長途電話：玉山林區管理處協助電信局在山上建設了微波電話，已於58年年底開始通話。（5）車站：玉山管理處花了100萬，新建了一個阿里山車站。（6）建築阿里山賓館，投資了1,200萬元，已完成，可容納120位客人。同時，投資了140萬元，建築了排雲山莊及東埔兩招待所，共容納140位客人。（7）道路：開闢了從阿里山賓館至祝山觀日出的水泥路面，總經費953萬元。同時，從火車站至賓館也花了60餘萬元鋪了石板路。（8）在祝山修建觀日樓一座，由賓館可乘汽車去觀賞日出。（9）美化環境：在遊覽地區和鐵路沿線，新種植了櫻花、梅花、杜鵑花、石楠、桃花、聖誕紅、美人蕉、槭樹、紅莧菜等，共358萬株。（10）充實高山博物館，增加了動植物標本及山地文物。K. 飼養了9隻梅花鹿供遊客觀賞」，而先前上山需要6小時半的「蒸汽火車」，今則以柴油火車上山，僅需3小時40分鐘（中時）。

1970年3月17日（民國59），連日淫雨，阿里山森鐵31～32公里處（梨園寮附近），16日坍方，全線交通中斷。而花季第2天，森鐵卻中斷，林管處採接駁通車，16日約有1,500人上山賞花（中時）。

1970年3月25日（民國59），梨山地區200多人濫墾，盜伐天然林木，公然放火燒山，「莠民無法無天」（中時）；4月28日報導，梨山濫墾，嚴重威脅達見水庫及台中新港口；5月3日報導，梨山濫墾地超過700公頃。

1970年3月31日（民國59），省府表示本省土地總面積359萬公頃，山坡地佔約251萬公頃，應予加速開發，省府擬訂3項措施，將放領、放租25萬公頃（中時）。

1970年4月21日（民國59），阿里山為期1個月的櫻花季結束，浮現諸多問題，例如鐵路交通擁擠，糾紛多；沿線小販、阿里山土產店抬高物價；垃圾、衛生不佳，蒼蠅叢生；房屋破舊不堪（中時）。

1970年5月23日（民國59），世糧方案委員會正式核定給予台灣物資援助，闢建50條山地道路，價值2,230,700美元的物資包括小麥11,288公噸、牛油832公噸、奶粉1,037公噸。省府表示，發展山地經濟、改善山胞生活，今後將以交通建設為重點。而第一年17條道路全長130公里，業已設計完成，預訂今年7月以後開工（中時）。

1970年5月29日（民國59），玉山林區管理處所屬，梅山鄉瑞里村附近9個林班地，發生龐大盜伐案，已查獲者190、191、194、197等4個林班，被盜伐杉木800餘立方公尺（中時）；6月14日報導，多

加了209林班，被盜伐木材1千餘立方公尺。

1970年5月29日（民國59），宜蘭蘇澳港經行政院核定開闢為基隆輔助港之後，宜蘭木材業擬配合成立「木材加工專業工業區」，誘導外資前來設廠，且擴建原有的67家木材工廠，同時將與印尼華僑合作開發南洋森林資源（中時）。

1970年6月30日（民國59），林務局完成1968年次（1968年1月至1970年6月）林相變更計畫作業，在恆春、楠濃、玉山、關山、竹東、大甲、蘭陽等7林管區內，執行面積5,937公頃之林相變更造林。（林局誌）

1970年7月25日（民國59），農復會技正林文鎮鼓吹種植外來樹種麻六甲合歡（中時）。

1970年8月1日（民國59），吳鳳鄉代會9位代表，因「阿里山閣旅社」久未收回，向代表主席李木來提出辭職，並迫使鄉長汪有義也準備辭職。此案乃因鄉代會想要收回「阿里山閣」而自己經營，但鄉公所一直未能回收，代表們認為汪有義與承租人甘天送勾結。按，阿里山閣為吳鳳鄉產，1953年出租，至1964年期滿後，代表會議決收回（中時）；8月4日報導，為收回阿里山閣，代表會設專案小組，要求鄉長撤銷續租公證，而代表請辭事件，縣府派員協調；8月11日報導，阿里山閣擅自續租，有無涉及不法，縣府決送請法辦；8月18日報導，鄉第9屆第9次臨時代表會決議，阿里山閣應收回，否則將集體辭職，發動罷免鄉長；9月15日報導，擅租阿里山閣案，嘉義縣請調查局徹查汪有義瀆職；9月18日報導，汪有義承認失當，具狀申請撤銷契約。

1970年8月2日（民國59），省府新制定「台灣區國有林產物處分規則台灣省施行細則」，送省議會審議，重點如採伐公私有林如不影響公益，免予限制；私有林採運手續改由縣市政府辦理等（中時）。

1970年8月4日（民國59），林務局在新城溪上游加建攔砂壩，防止上游砂石隨流而下（中時）。

1970年8月5日（民國59），林業主管表示，今後台灣林業將以推動民間經營為重點工作。一般林業先進國家中，民營約佔50%以上，而台灣目前民營僅約20%（中時）。

1970年8月9日（民國59），交通部預計今後十年投資92億7千4百萬元發展本省觀光事業，是為「無形的出口貿易」（中時）。

1970年9月5日（民國59），省府各廳處局會勘籌設「阿里山國家公園」，已訂定阿里山遊樂區的整建計劃，並飭令嘉義縣府配合（中時）。

1970年9月8日（民國59），兩日豪雨洪水氾濫，雲嘉地區潰堤處處；阿里山森鐵中斷，此乃芙安颱風的影響（中時）；9月11日報導，省主席陳大慶指派直升機，10日上午由台中飛往阿里山運回被困在阿里山的46名中外旅客。省府2架直升機出動7架次。

1970年9月11日（民國59），豪雨沖斷登山路，阿里山上41名中外旅客被困3天，省府派遣直昇機2架接運下山（聯合報）。

1970年9月27日（民國59），玉山林區管理處阿里山事業區交力坪工作站弊案，涉嫌官商勾結，運出高級木材，26日嘉義地

287

檢處再度開庭偵查(中時)。

1970年10月6日(民國59),國府已向聯合國糧農組織提出開闢森林產業道路延續計畫,可望在明年初獲得核准,預計新築林道700公里及橋樑4千公尺,而請世糧方案補助食物約新台幣4億元(中時);農復會森林組指出,世糧方案補助8千萬元食物,在嘉義及南投兩縣內新築林道281公里,目前已完成7成,但兩縣應繳的共同費用每年新台幣200多萬元仍無力籌撥。

1970年10月17日(民國59),經濟部公布:台灣林業長期發展方案。(林局誌)

1970年10月22日(民國59),關山林區管理處已擬定林相變更五年計劃,預定變更4千公頃,20年後可增加變更前的4倍收益。林管處表示,59及60年預定變更林相1千公頃,首期將大武事業區第37、39及41林班的原始林砍掉,造林300公頃,種植光臘樹、相思樹、琉球松等,今已開始,預定今年12月底以前完成。林相變更經費由省府補助之外,多係世糧物資配合完成者(中時)。

1970年11月1日(民國59),本月起,阿里山森林鐵路與台灣鐵路局台北、台中、台南、高雄等大站,增辦中興號與莒光號聯運業務。(林局誌)

1970年11月6日(民國59),林務局撥鉅資充實阿里山遊樂設備,開闢通往祝山之汽車道。目前增開嘉義往返阿里山對號加班車一次,每日上午8時30分由嘉義火車站開出,12時45分到達阿里山車站(沼平)。下午2時阿里山開回,6時返抵嘉義(中時)。

1970年11月12日(民國59),「阿里山閣

旅社」續租訟案,吳鳳鄉長汪有義向地方法院申請撤銷續租給甘天送案,11日判決,汪有義勝訴。縣府民政局人士表示,不再追究汪有義刑責部份,但行政處分仍無可避免(中時)。

1970年11月16日(民國59),交通部觀光委員會決定與省政府、嘉義縣政府,共同籌建阿里山國家公園,以發展觀光。其建設方案如阿里山公、私住宅,由木屋改建為鋼筋水泥國民住宅;阿里山商戶,由縣府督飭整修,3個月內完成;保護山區野生禽獸,由縣府擬定計畫;美化山區環境(中時)。

1970年11月17日(民國59),林務局於1969年冬,在三義鄉興建水土保持工程多處,其中位於火炎山(伯公坑)的一座攔砂壩,在芙安颱風過境山洪爆發時,壩底被衝破約10公尺大洞,積洪下瀉,沖毀下游邱生初、邱木生、蔡阿苟、蔡阿德、賴魁興等民房,造成60多人無家可歸,尖豐公路義里二橋引道亦同時沖毀,交通中斷。時經兩月,尚未修復(中時)。

1970年11月19日(民國59),第三期世糧方案援助計畫業經核准8項,總值達10億2千餘萬元。8項計劃為:(1)國民學校學童午餐延續計畫,4年內繼續供應貧瘠地帶407所國民學校25萬學童營養午餐;(2)農地重劃整地工程延續計畫,2年內辦理9萬公頃,在重劃後,將高低不平地面予以整平;(3)社區發展公共衛生設備改善延續計畫,3年內改善1,725個社區公共衛生設施,建造公共水井31,050處,排水溝345萬公尺,水泥道路345萬平方公尺,廁所39,675處,改善家庭衛生172,500

戶；（4）灌溉防洪工程改善延續計畫，3年內改善延長紅柴林大堤，二仁灌溉計劃，新城溪等濬浚工程；（5）林相變更計劃，5年內在竹東、玉山、楠濃、恆春、關山、玉里、蘭陽7處，砍伐原始林木1,997,000立方公尺，造林25,500公頃，建築林道142公里，築木馬路3,825公里；（6）南部橫貫公路開闢計畫由台南縣玉井鄉起，經高雄縣甲仙、桃源，至台東縣海端與池上鄉，全長182.6公里；（7）山地山胞輔益道路建築計畫，3年內在13個山地鄉建築7級道路(寬5.5公尺)32線，共長約363公里；（8）彰化、雲林風災海堤重建計畫，緊急修復艾爾西颱風所毀損之海堤共約71公里（中時）。

1970年11月19日（民國59），經濟部指出明年度木材生產目標定為180萬立方公尺，造林3萬公頃。由於自產木材無法供應森林工業的需要，希望進口原料材免稅，財政部原則同意工業用切片木材進口免稅；明年國有林預定伐木120萬立方公尺，林相改良伐木5千公頃（約生產40萬立方公尺），民間標購林班伐木20萬立方公尺（中時）。

1970年11月27日（民國59），林地濫墾日趨嚴重，林務局與省警備總司令部會商取締工作，將分期分區執行，首期第一目標3地區：梨山林區、文山林區、旗山林區，估計此3區被濫墾林地約1萬公頃（全台約5萬公頃）（中時）。

1970年12月1日（民國59），農復會提建議，加強林相變更，以供應森林工業原料；為確保本省林業發展，應大規模進行林相變更（中時）；同日報導，新竹縣政府建設局提「農相變更」構想，水田改種其他作物。

1970年12月6日（民國59），經濟部為確保台灣木材工業發展所需原料，已擬具一項「國內外機構請求林業技術人員協助開發國外森林辦法」草案，協助廠商開發外國森林（中時）；12月10日報導，羅東木材業市場不景氣，盼望政府輔導；12月12日報導，政府責成林務局研擬如何在國外開發森林資源，以印尼為投資採伐地區。

1970年12月12日（民國59），屏東縣林地被濫墾多達6,593件，面積14,496公頃，嚴重影響水土保持，縣府請上級設法防止（中時）。

1970年12月29日（民國59），曾文水庫工程導洪水道將於明年底封口，水庫工程局認為達邦公路的開闢，將導致可觀的土石流入水庫，因而建議該條山產公路應予停工、廢除，何況該路經濟價值不高。然而，山胞縣議員武野仁、地方山胞代表莊野秋等37人，認為達邦公路為山胞生命線，28日向省、縣政府提出陳情，希望維持開鑿計畫。目前，達邦山產公路已進入第二期工程，預定2年後完成。縣府指出，吳鳳鄉於達邦公路停建後，可以開通阿里山登山公路，並且利用阿里山鐵路，而曾文水庫工程費高達60億元，可捨棄達邦公路（中時）。

1970年12月31日（民國59），嘉義縣政府30日報省，動用災害預備金，進行修復因芙安颱風破壞的4條山區林道，即藤埔林道、中興林道、大華林道以及梅山至哈里味林道（中時）。

1971年1月1日（民國60），由於標售林

木遭受圍標，政府每年因而損失達數億元，省府主席陳大慶頒令改進；省府下令將因貪污瀆職等案，經公訴之木瓜林區6名官員停職法辦(中時)。

1971年前後，來自鄒族的陳牧師在阿里山經營「山地民族舞蹈」，首創阿里山森林遊樂區鄒族進駐營生之例。這個舞團，後來又加入歌唱，團員約10多人，雖然後來曾一度由漢人接手經營，但團員一直為鄒族。此歌舞團培育出鄒族第一支進軍台北的合唱團──阿里瑪合唱團，也捧紅鄒族美女鄭喜梅，成為阿里山的第一美女。1981年之後漸式微而解散。

1971年1月5日(民國60)，宜蘭縣政府4日向農復會建議，希望促請實施森林保險，用以確保林業生產(中時)；1月6日報導，玉里林區濫墾地(民國58年以前)，8月可望測量完成，將放租造林。

1971年1月6日(民國60)，台灣區木材輸出業同業公會與日本國台灣材輸入協會聯合召開中日木材會議，林務局沈局長出席報告：台灣外銷檜木皆出自天然林，數量日減，未來僅有10～20年之商機，台檜品質高貴，僅宜用作裝飾材，如供建築則殊可惜。(林局誌)

1971年1月7日(民國60)，中、日木材業6日會議，台灣決定每年出口黃檜(註，扁柏)10萬立方公尺，且雙方同意開拓台灣產針二級木之鐵杉、雲杉銷日(中時)。

1971年1月9日(民國60)，梨山地區山地保留地濫墾嚴重，台中縣下令嚴加取締(中時)；1月17日報導，嘉義蘭潭風景區保安林內之濫墾、違建將定期拆除。

1971年1月13日(民國60)，第一批國有

林地解除，面積23,210公頃，今年內完成放租及放領手續。依主管單位擬訂，全部解除之國有森林用地共68,000餘公頃(中時)；1月18日報導，木瓜、玉里、關山3個林區之濫墾地約1萬公頃，清理、測量後8月可放租。

1971年1月22日(民國60)，林務局蘭陽森林鐵路新增 中華號 對號柴油快車通車典禮，於21日上午7時40分，在該處森林鐵路羅東站舉行(中時)；1月25日報導，環島鐵路北迴線定本年7月1日開工；1973年4月5日報導，蘭陽森鐵虧損嚴重，何去何從待解決。

1971年2月8日(民國60)，中時報導林務積弊與圍標惡風。

1971年3月13日(民國60)，經濟部為發展林業以配合今後森林工業的需要，將修改森林法(中時)；3月23日報導，經濟部建議木材關稅降為10%；4月1日報導，經濟部林業發展聯繫小組定近期舉行會議，商討林業經營現代化；4月4日報導，經濟部林業小組擬推動省產闊葉樹外銷實績配售制度；4月6日報導，經濟部擬設技術中心，協助開採國外森林。

1971年3月15日(民國60)，為加強阿里山鐵路運輸，玉山林管處決定添購現代化設備(聯合報)。

1971年5月7日(民國60)，林務局決定在南投縣仁愛鄉，濁水溪事業區41林班內，開設卓社林道，全長15.3公里(中時)。

1971年5月13日(民國60)，台灣省實施分年解除森林地，辦理土地放領、放租，59年已解除22,905公頃，60年及61年將分

別解除43,000餘公頃;省府籌設10億基金,特辦貸款開發山坡地(中時)。

1971年5月15日(民國60),經濟部決定將保育野生動物,限制山地狩獵(中時)。

1971年5月15日(民國60),嘉義縣議員武野仁(14日)促達邦公路未竟工程應予迅速復工(中時);5月16日報導,武野仁認為阿里山鐵路票價偏高,由嘉義至阿里山72公里,普通車50元,平均每公里約0.7元;中興號對號快車為110.5元,平均每公里約1.5元。而縱貫鐵路嘉義至台北,普通車每公里0.22元,莒光號每公里0.7元。

1971年5月16日(民國60),南投縣議員林火木指山,縣內林班地多被濫墾、濫伐,水土保持受破壞,颱洪期安全堪慮(中時)。

1971年7月1日(民國60),阿里山森林鐵路自本月起,行駛不定期「光復號」快車。(林局誌)

1971年7月25日(民國60),大霸尖山意外發現大神木,體積可能比阿里山神木還大(聯合報)。

1971年9月20日(民國60),阿里山鐵路近20處坍方,百餘旅客歸期受阻,(聯合報);21日,林務局派員照料,22日旅客分批疏運下山。

1971年9月25日(民國60),日人古橋正三至東埔山拍攝伐木集運。

1971年(民國60),開闢祝山林道;建築觀日樓。

1971~1973年間(民國60~62),依據民間檢舉林業弊端,責成省府派參議陳潔先生考察全台12個林區,開了多次報告會

議,提出防止林班圍標、直營伐木跡地殘材處理、取消林產處分規則第18條,以及造林清查與改進等檢討,以今之民主觀點視之,可謂謹慎保守,但在該等年代,實乃罕見的內部反思,可惜的是並未能扭轉積習劣根。

1972年1月2日(民國61),省府認為多年來伐木量未達計畫,今後將增加林道投資,加速砍伐原始森林,用以林相變更,以及加強擇伐、疏伐作業(中時)。

1972年1月3日(民國61),嘉義縣長黃老達宣佈,在其延任一年期中,將以五項建設計畫作為施政目標,第一項即:「完成阿里山公路末段建設」;1月27日,省府令公路局派員勘測阿里山觀光道路;6月16日,分二期進行阿里山公路工程,首期財源已籌妥,訂8月開工;6月27日,所謂前期工程的十字路至石桌路段,縣府決定配合當地義務勞動而興建;9月19日報載,省府決定採取雙線作業,其中,嘉義經石桌、十字路至阿里山線,由縣府報省府令飭林務局及公路局依原協調辦法「早日開關,以利貫通」;9月25日為使公路達到觀光道路標準,縣府派測量隊入山測量。另,1973年1月4日,達邦公路竣工;3月26日縣公車大湖至石桌通車。

1972年1月21日(民國61),雲林縣府經濟農場直營林地被濫墾,情形嚴重(中時)。

1972年1月23日(民國61),蘇澳原木進口港啟用,首艘貨輪「沙拿雅」號進港,22日上午9時在蘇澳區漁會3樓,舉行慶祝會(中時)。

1972年1月28日(民國61),省府陳大慶

1971年前後，鄒族在阿里山經營「山地民族舞蹈」，首創阿里山森遊樂區鄒族進駐營生之例。照片左邊巷道入口處便是當年的廣告牌。陳昆輝 提供

鄒族第一支進軍台北的合唱團──阿里瑪合唱團。中為陳月琴，餘為合唱團成員。陳月琴 提供

「山地民族舞蹈」頗受遊客歡迎，其中尤其日本人。照片攝於1971年4月，其中兩名男士為日人，右二為陳月琴，餘為舞團成員。陳月琴 提供

主席27日表示，決飭公路局派員勘測阿里山觀光道路（中時）。

1972年1月（民國61），省府公布林務局墾丁森林遊樂區組織管理辦法，並成立墾丁森林遊樂區（初以墾丁公園見稱）管理所；同年6月行政院公布國家公園法，墾丁地區將首被勘定為國家公園。同年，林務局所經營之合歡山滑雪場及松雪樓、阿里山賓館及觀日樓等工程，將次第完成。（林局誌）

1972年1月17日（民國61），阿里山上寒意逼人，氣溫降至零度（聯合報）。

1972年2月1日（民國61），省府計畫61年度造林3萬8千公頃，預定伐木169萬立方公尺（中時）。

1972年2月4日（民國61），吳鳳鄉公所與玉山林管處以「阿里山賓館租借」問題發生訴訟，鄉公所以亟需設立設立聯合村辦公室無適當場所，要求林管處繳還「借用」的賓館（中時）；另一租訟案，阿里山閣出租案，林管處證詞對鄉公所不利，嘉義縣府感到「不解」。

1972年2月9日（民國61），行政院核定放寬限制，辦理國有森林地解除後之放領、放租，自今年開始，3年內處理2萬1千公頃林地（中時）；台北市人口1971年底達1,839,640人。

1972年2月16日（民國61），省府頃訂定5項開發原則，加速開發全省低蓄積林地、山地保留地、原野地等約2百餘萬公頃，發展農牧（中時）。

1972年3月12日（民國61），林務局長沈家銘11日表示，林務局正積極興建森林遊樂事業，此乃林業經營新潮流，自1965年起展開，現已建立阿里山、墾丁、合歡山三大森林遊樂區；並在烏來、日月潭、橫貫公路、花蓮池南、大甲鐵砧山等地，興建小型森林遊樂區。同時，為鼓勵國民登山活動，現正逐年整建登山道路及山莊設備，已完成者有排雲山莊、合歡山莊，而雪山、大壩尖、大武山、玉山、秀姑巒山、南湖大山等，正逐步興建中。另一方面，為保護野生動物，擬在各地設置鳥獸保護區，另在楠梓仙溪、荖濃溪、秀姑巒山一帶，設置野生動物保護區（中時）。

1972年3月19日（民國61），日治時代阿里山機車庫主任池田直廣夫婦及長女至阿里山舊地重遊。

1972年3月26日（民國61），阿里山老火車頭，即將放洋出鋒頭，西屋式蒸汽機車60年奔馳不歇，近日赴雪梨靜渡安閑歲月（聯合報）。

1972年3月31日（民國61），所謂「中美森林學者專家」假林務局舉行「中美森林科學研討會」，凡此「學術」大抵即伐木營林的引據。

1972年4月2日（民國61），行政院秘書長蔣彥士1日表示，開發森林更須顧及對森林資源的保護，伐木的後果要瞭解，開發山坡地要注意生態平衡（中時）。

1972年4月23日（民國61），國防部參謀次長率領各友邦駐華武官22日暢遊阿里山（中時）。

1972年5月5日（民國61），阿里山區4日凌晨發生森林火警，香林村阿里山鐵路眠月支線第一隧道附近原始森林（？）起火，燃燒中（中時）；5月6日報導，第19林班地，即小塔山與塔山之間的第2號山洞500

公尺郊野，4日凌晨因雷殛起火，5日下午2時許撲滅，燃燒草生地約30坪（？）。

1972年5月24日（民國61），連日豪雨，阿里山森鐵於55.6公里附近，40號隧道發生災害，5月23日全線通車（中時）；5月27日，十字路附近65號隧道塌崩，遊客2百餘人被困阿里山。

1972年6月13日（民國61），中南部豪雨成災，8人死亡、3人失蹤，屋舍全倒、半倒8百餘間，農田沖毀2百餘甲。

1972年6月14日（民國61），台中地區12～13日豪雨，水災嚴重，千餘人無家可歸，8人死亡，3人失蹤（中時）；嘉義地區連日豪雨，阿里山鐵路柔腸寸斷，共計破壞了約14處；7月8日報導，阿里山鐵路43.43公里，26號山洞坍方，約10日可通車；8月7日報導，阿里山森鐵6日再因豪雨而中斷。

1972年6月19日（民國61），嘉義梅山鄉瑞里觀光區已由梅山鄉公所訂定開發計畫，第一年整建雲潭大瀑布及千年蝙蝠洞設施，第二年整建青草嶺及觀日峰設施，第三年修繕太平至溪尾寮（11公里）公路、溪尾寮至溪坪（3.5公里）公路，新鋪設溪坪至雲潭大瀑布（1.5公里）公路（中時）。

1972年7月15日（民國61），農復會邀請日本林業專家坂口勝美來宜蘭考察，其對林務局、蘭陽林區管理處、中興大學合作，在東山鄉舊寮所設置的琉球松種子園，認為此乃值得重視的工作目標，乃改進林業的正確措施（中時）。註，不料後來松材線蟲導致全台琉球松死光光！

1972年7月15日（民國61），台灣木材經連年砍伐，已漸稀少，為解決「無木材可

加工」的狀況，政府鼓勵由南洋進口原木，另一方面林務局積極進行林相變更（中時）；7月16日報導，大雪山林業公司總經理等11人，行為不法，一律免職。

1972年8月4日（民國61），嘉義縣府為配合曾文水庫興建，以及阿里山觀光事業發展，將輔導樂野村辦理山地區域性開發；8月10日，省府主席提倡「客廳就是工廠」，推廣手工藝、家庭副業，「改善生活、增產報國」。

1972年8月18日（民國61），山崩造成達見水壩宿舍8人死傷（中時）；貝蒂颱風造成中、彰、投嚴重災害；新竹尖石鄉災情慘重。

1972年8月25日（民國61），台東縣達仁鄉土坂村山地保留地內發現罕見珍稀物種油杉，關山林區管理處建請設置自然保護區（中時）。

1972年8月（民國61），林務局將阿里山森林鐵路18噸蒸汽機關車（美國Lima公司承製Shay型）1輛，贈送澳洲國家博物館，係徇該國駐華使節遊覽阿里山時所提要求；按，1971年（民國60）起日本某私人觀光公司迭經洽購或交換，均未如願。（林局誌）

1972年9月5日（民國61），南投至阿里山的觀光道路，省交通處已報請省府專款補助，擬分別於63、64及65等3個年度內施工（中時）；11月15日報導，縣議員指責南投至阿里山道路捨棄工程費僅9百餘萬的和社線，卻選定1,800餘萬的溪頭線；1973年6月15日報導，省府決定不闢建南投至阿里山的觀光公路。

1972年9月9日（民國61），關山林區大武事業區首期林相變更第三年造林工作已

完成，造林面積2,300公頃，使用3千多萬元。關山林區首期林相變更面積為4千公頃，總經費6千萬元，自59年開始，預定5年完成（中時）。

1972年9月10日（民國61），省府主席謝東閔偕同農林廳長張訓舜、交通處長陳樹曦，巡視阿里山林相變更、森林遊樂事業，以及山地教育設施。

1972年9月12日（民國61），吳鳳鄉民代表組團，分別向縣政府、縣議會、國民黨嘉義縣黨部，陳情解決阿里山區民生問題，如飲水、建地等。

1972年10月4日（民國61），阿里山森林鐵路9月28日天雨而第30號山洞崩塌，預定8日起恢復通車（中時）。

1972年11月22日（民國61），中時報導林務痼疾，省府「決心革除」林務弊端。

1972年11月23日（民國61），阿里山香林國中一年級生汪雪美，21日中午乘坐阿里山森鐵52班次普通車往阿里山，於十字路附近第40號隧道裏，由車廂摔出車外，左腿折斷（中時）。

1972年12月5日（民國61），宜蘭縣政府建議林務局擬訂辦法，恢復舉辦林業貸款，協助發展民營造林業（中時）。

1972年12月6日（民國61），鹿谷、竹山之桂竹染患天狗巢病，情形嚴重，枯黃化1,200公頃，筍量銳減（中時）。

1972年12月11日（民國61），省府將對林政作改革，重視治山防洪，伐木將不以財政為目的（中時）。

1973年1月1日（民國62），阿里山森林鐵路加開內附絨皮座椅之高級列車「光復號」，將原為不定期行駛之「光復號」改為定期每日2班次。（林局誌）

1973年1月5日（民國62），省府訂頒辦法，防止濫墾、濫伐（中時）；1月10日報導，行政院開會，嚴防濫墾，徹底取締、從重量刑。

1973年1月25日（民國62），宜蘭木材商向縣府正式租用冬山河利澤附近的舊河道，暫時作為南洋進口原木的貯木池；省農牧局決定在加速農村發展專款項下，補助宜蘭縣政府開發山坡地（中時）；1月27日報導，宜蘭縣府推廣板栗10公頃、2千株，果農若申請，每株發給15元補助；2月20日報導，省府派員規劃宜蘭山坡地之開發。

1973年2月12日（民國62），政府公佈暫停木材外銷之後，木材業公會提出陳情（中時）；3月12日報導，花蓮木材滯銷，業者盼解除外銷禁令。

1973年2月22日（民國62），阿里山風景區每年遊客已逾數10萬人次，但阿里山森鐵對乘客「橫行霸道」，既出售「站票」，另加收「手續費」。中興號票價原為48元，但若買站票上車，另需負擔18元手續費，也就是沒座位還要加錢！林務局解釋此乃嚇阻乘客硬要上車之舉，但山地居民、遊客認為「自欺欺人」；而車長動輒叫嚷罵人，曾發生將客貨扔棄車外事件（中時）；2月24日報導，玉山林管處避重就輕說明，引發媒體再度批判。

1973年2月23日（民國62），嘉義、南投兩縣合力爭取興建之阿里山公路，即由溪頭經日月潭至阿里山路段，以無經濟價值理由而遭擱置。

1973年3月6日（民國62），省府決定將

大雪山林業公司併入林務局，可能改為大雪山林區管理處（中時）。

　　1973年3月12日（民國62），玉山林管處及嘉義縣吳鳳鄉公所為阿里山賓館的訴訟案，糾葛兩年餘後，11日經省府等單位洽商落幕，原屬吳鳳鄉產的阿里山附屬賓館產權自此歸省府所有，仍由玉山處管理，玉山處則將附屬賓館附近的240坪省有土地，撥交吳鳳鄉公所另建縣有招待所，其建築工程費約150萬元，由玉山林管處負擔（中時）。

　　1973年3月16日（民國62），為「徹底革除林務積弊」，省府決定自4月1日起，修正林班標售改進要點（中時）。

　　1973年4月4日（民國62），阿里山森林鐵路嘉義市北門新站落成，舊站留為員工辦事用。註，林局誌列為10月。

　　1973年4月7日（民國62），嘉義縣議會阿里山公路促進小組不滿阿里山公路延未竣工（中時）。

　　1973年4月8日（民國62），阿里山香林國小附近遭雷殛，檜林火勢猛烈（聯合報）。

　　1973年4月13日（民國62），中時報導林務局阻滯阿里山觀光事業發展，批評阿里山物價貴得驚人，食宿價格不合理，賓館車拒載觀日，行李托運延遲等等。

　　1973年4月27日（民國62），省府宣佈，1萬2千公頃解除國有林班地，定7月開始辦理放領（中時）。

　　1973年5月5日（民國62），嘉義市林森路於凌晨2時半發生火災，燒毀426號等9家木材行。

　　1973年5月9日（民國62），省府秘書處第5組陳潔組長向台灣省政府濫墾濫伐處理小組提出工作簡報，界定「直營伐木是林務機關自行僱工將林木砍伐造材，搬運到貯木場再行出售」，主張「現行直營伐木辦法應予廢止，實行公開標售」；但1975年（民國64）6月19日行政院院會通過之林業政策原則之一，是「國有林地應儘量由林務局妥善經營，現有木商業務應逐步予以縮小」。（林局誌）

　　1973年5月12日（民國62），梨山濫墾、濫伐，嚴重危害達見水庫安全，行政院經合會派員檢討、防範（中時）。

　　1973年5月17日（民國62），玉山林管處新建3層辦公大樓落成，各業務單位遷入集中辦公。（林局誌）

　　1973年5月19日（民國62），省農林廳表示，農業在整體經濟中所佔地位日漸式微，今後政府之發展經濟政策，在「以農業培養工業，以工業發展農業」之前提下，應採取適度的農業保護措施（中時）；同日報導如何挽救農村危機。

　　1973年5月23日（民國62），阿里山森鐵竹崎開往嘉義早班運材貨車，22日上午7時許，在竹崎鄉鹿滿站附近出軌，交通中斷（中時）；5月28日報導，阿里山鐵路新5號隧道，27日凌晨4時半發現失火燃燒，交通中斷；5月29日報導，隧道失火後，崩石堵住洞口。

　　1973年5月30日（民國62），玉山林區管理處長許啟祐27日晚間，在阿里山閣簡報指出，台灣林業仍然「大有可為」，「林相變更刻不容緩」（中時）。

　　1973年5月30日（民國62），阿里山觀光區的規劃工作已完成，玉山林區管理處技

術人員於25日完成複勘，將報林務局、觀光局及有關單位後，送行政院核定（中時），許啟祐表示，玉山處人力、財力有限，對阿里山觀光區之建設或發展力不從心，希望奉上級核定之後，展開建設；許啟祐透露，林務局刻正計畫配合青年救國團，在阿里山興建青年活動中心。

1973年5月31日（民國62），林務局造林組長孟傳樓等人，30日赴龜山島勘查，決定在島上實施造林（中時）。

1973年6月1日（民國62），阿里山森林鐵路續與台灣鐵路局台北、台中、台南、高雄等大站增辦阿鐵光復號與台鐵莒光號、觀光號聯運業務。（林局誌）

1973年6月7日（民國62），政府及民間共組投資公司，集資4億元，開採印尼原始森林，確保工業用原木（中時）。

1973年6月16日（民國62），阿里山森鐵遭受連日豪雨，隧道連續崩塌。14日在二萬坪站下的大崩山附近，又發生崩塌，幾天前42號隧道被沖垮，尚未修竣；竹崎鄉農民黃友勝發現阿里山森鐵新11號隧道崩塌，6月9日阻止不知情的光復號客車前進，倖免災難發生（中時）。

1973年7月8日（民國62），阿里山森鐵26號山洞坍方，估計10日始可通車（中時）。

1973年7月9日（民國62），交通部長高玉樹在立法院透露，6期4年經建計畫中，將投資近6百億元於交通運輸（中時）；同日報導，省警務處發表統計，台灣地區人口，61年5月底為止的人口總數為15,112,106人，其中，台灣省13,242,408人，台北市1,869,698人。

1973年7月21日（民國62），阿里山鐵路20日中斷，以接駁通車方式接運200多名受困旅客下山（聯合報）。

1973年7月23日（民國62），南投縣通往阿里山線路，省公路局業已選定溪頭線列為優先，南投縣政府今起進行設計施工。此路原來擬定有2條線路，另一線為南投經和社，到達神木，「經選定的溪頭線全長共47公里，其中從溪頭經鹿屈山東麓為21.9公里，有現行運材卡車路，可以利用鹿屈東麓到原下眠月鐵路終點為2.5公里，可以利用林務局已開闢完成的林道，原下眠月鐵道終點到神木段6公里，有眠月鐵道所改建的運材道路可資利用，至於由上眠月集材場到神木間6公里必須新闢，另外由上眠月集材場到阿里山8公里，將運用現有鐵路。

歐代縣長強調這條具有多方面價值的新闢道路，所以利用現有鐵路主要是在免除改建或新闢公路的鉅額工程費用」（中時）。

1973年8月15日（民國62），南投縣境山區遼闊，濫墾、濫伐層出不窮（中時）。

1973年8月21日（民國62），農復會邀請日本林業專家宮島寬，20日參觀、考察苗栗縣的速生經濟木竹林業，其盛讚速生木竹之經營「前途樂觀」。宮島寬認為苗栗縣民有林地達4萬餘公頃，可大量栽培各種經濟木竹，發揮林地生產潛力。而台灣近年來政府及農民推行泡桐、油桐、麻六甲合歡及各種竹類栽培，是「非常正確的方向」，宮島並提出建議，包括塊狀造林、集約經營、多角利用、混植等（中時）；8月23日報導，宮島認為台灣的竹林資源，

發展潛力甚大。

1973年8月27日（民國62），由林務局建造的十字路至阿里山，全長15公里的阿里山公路完工並試車；9月29日，省府發佈，新闢嘉義至阿里山的山地公路，完成測量工作，並將策劃興建。

1973年8月28日（民國62），林務局施工興建的阿里山公路，十字路至阿里山段落，經9個月工作天後，已接近完工，但不符合觀光道路標準，尚待投下鉅資改善。阿里山公路全長74公里，分上、中、下三段施工，下段由嘉義市至石桌，長40餘公里，沿大華、中興兩條林道開鑿，大華林道工程已完成，中興林道目前只能行駛至觸口；中段由石桌至十字路，長14.5公里，大半已完工；上段自十字路至阿里山，長15.59公里，由林務局施工，月底完成。全線若要建為觀光道路，尚需投資約1億元（中時）。

1973年8月29日（民國62），中華紙漿廠在花蓮縣的中央山脈及海岸山脈大量砍伐原木而不造林，造成缺水現象，花蓮農田水利會28日陳報花蓮縣政府、省水利局及省府，予以糾正改進（中時）。

1973年9月1日（民國62），阿里山公路中興林道石桌至獺頭段（12公里長度）已完成測量設計，送請公路局第5區工程處審核，不日即可招標興建。中興林道由觸口至石桌，全長約30公里，係利用480法案物資補助，由當地民眾開鑿。闢建時因陋就簡，勉強可疏運山產物品，但距離公路標準尚遠。嘉義縣府為發展觀光事業，計畫開闢阿里山公路，除了十字路至阿里山段由林務局開闢，石桌至十字路段部份工

程完成後，將由公路局規劃改善觸口至石桌段，由縣府向農復會貸款自行改善。目前此工作由陳嘉雄縣長動員土木工程人員趕辦，現已完成石桌至獺頭的測量設計工作，預定12月底完工，工程費約5百萬元（中時）。

1973年9月2日（民國62），蘭陽地區奇木手工藝工廠如雨後春筍紛紛設立，林務局蘭陽林區管理處擬定一項計畫，將充裕奇木業者原料來源。林管處將調查所轄7百公頃林班，並將挖掘木根出售。日前有一木材業者以2千萬元的高價，標得中部某林區1萬個樹根（中時）；9月13日報導，省府接受宜蘭縣府建議，將設置造林貸款基金，總額暫訂3千萬元。

1973年9月22日（民國62），阿里山鐵路因坍方受阻（聯合報）。

1973年9月30日（民國62），嘉義至阿里山將闢建山地公路（聯合報）。

1973年10月14日（民國62），余玉賢（教授、農復會技正）在中時發表「農業發展條例與台灣農業遠景」，盛讚 總統於本（62）年9月3日明令公佈『農業發展條例』，是中華民國第一部最完整而且具體的農業基本法規」，係參照「現階段農村經濟建設綱領」及「加速農村建設重要措施」的基本精神而訂定。其說明20多年來，「以農業培養工業，以工業發展農業 政策，奠定工業發展基礎，然而，1968年起，農業部門逐漸陷入停滯階段，經濟結構丕變，農業漸次衰退。由是余氏由農業瓶頸說明，乃至勾勒遠景。

1973年10月18日（民國62），省議員質詢，抨擊直營伐木制度，棄置林木年損數

億元（中時）；10月25日報導，省議會通過大雪山林業公司裁撤，定年底由林務局接管；監察院彈劾林務局長沈家銘，但省府反應冷淡；12月25日報導，大雪山自63年1月3日改制。

1973年10月26日（民國62），娜拉颱風帶來反省，台東縣民認為與濫墾、濫伐有關，且林相變更處分林班時間不宜拖長（中時）。

1973年11月6日（民國62），嘉義縣議員彭布金指出，林務局修築祝山看日出的登山公路，在築路之初，蓄意阻斷後段道路，使一般民營及自備車輛無法駛入觀日樓，林務局涉嫌壟斷營業，縣議會通過臨時動議，組成5人小組調查之（中時）。

1973年11月10日（民國62），台東縣政府提出調查報告，山地保留地濫墾、濫伐甚嚴重，導致娜拉颱風災情（中時）。

1973年11月13日（民國62），林務局玉山林管處興建的阿里山停車場完工。

1973年11月27日（民國62），阿里山公路問題，地方與林管處意見不同，縣議會促報省府請專家勘查。嘉義縣議會小組召集人蔡長銘副議長報告指出，十字路至阿里山段由林務局開闢，已完成95%以上，預定11月底完工，然而，林務局在沼平車站下方約500公尺處的第4分道，開設停車場一處，面積約1公頃，作為公路終點，而公路未能銜接祝山登山路，實為遺憾，其舉數項理由要求打通；林務局則認為公路至第4分道即可，理由如下：

「1. 阿里山火車站一帶稱為沼平，與第4分道及神木為止稱為阿里山。2. 現在我國未建立遊樂法，只仿照先進國家之例辦理，各國有名遊樂地區皆注重防止公害，禁止車輛進入及打獵等，而本省南投縣溪頭遊覽區不准車輛入內，以避免空氣污染、交通紛亂及防止噪音等。3. 阿里山觀光區必須有遠大計畫建設現在有限地區環境，不敷容納未來眾多遊客，將來構想應發展延伸到二萬坪方面，因此以第4分道作為阿里山中心點為宜，且現在該地擬興建員工宿舍。4. 阿里山遊樂區為新興事業，省政府各廳處局均重視，曾派員勘查，所擬計畫停車場，皆設在阿里山外面，又觀光局也認為第4分道為阿里山公路終點比較適宜。5. 林務局建設祝山單行林道是盡了責任，而省府未核准行駛權以前，暫由阿里山賓館經營行駛係過渡時機，權宜措施，將來省府核定後不再由賓館經營行駛。6. 阿里山觀光區由省公共工程局正在細部計劃中，俟完成後照辦」（中時）。

1973年12月5日（民國62），阿里山森鐵4日有隧道坍方，交通受阻（中時）。

1973年12月6日（民國62），檢察官徹查林務局積弊，林務局局長沈家銘因涉嫌貪污，經監察院彈劾後，刑事偵辦中，檢察官下令限制其出境（中時）。

1973年12月20日（民國62），省府整理被濫墾公有山坡地全部完竣，已區分面積達9萬2千多公頃，將放租、放領（中時）。

1973年12月21日（民國62），泰安鄉原始森林資源豐富，省府決優先補助興建產業道路開發檜木、松樹（中時）。

1973年12月25日（民國62），林務局撥款助嘉義縣吳鳳鄉公所150萬元籌建賓館工程計畫，鄉公所藉口無財源配合，擬移

作別用，縣府指令不得移用（中時）。

1974年1月1日（民國63），直營伐木跡地遺留殘材為量可觀，自本年起全面試辦標售處分。對直營伐木全面實施全次作業，不分主材、次材、規格外材或工業原料材，凡利可及費者，以一次作業全部搬出利用，俾利跡地造林工作；另全面推行多徑間長距離集材，並於陡峭地區推行繫留伐木作業方式。（林局誌）

1974年1月2日（民國63），農復會為解決目前木材與竹材的缺乏，決撥款400萬元，補助全省林農造林、病蟲害防治及林產管理。農復會宣稱，該計畫若能順利完成，「則至民國78年時，可增加造林面積2萬7千公頃，並可產生1億3千4百萬元的收益」。而林農本身亦須配合400萬元；該筆貸款利息為年率8.28%，每公頃最高貸款額為9千元，每戶農家最多可貸5萬元，最長期限5年（中時）。

1974年1月29日（民國63），南投縣63年度治山防洪工程養護計畫，經林務局核定7件，所需355萬元經費，林務局補助185萬，其餘由地方籌措（中時）。

1974年1月31日（民國63），62年度經濟成長率經核計，實質成長率為12.1%，僅次於53年的13.3%，為近年來成長幅度最高的一年。國民平均所得合美金467元（中時）。

1974年1月（民國63），交通部觀光局委託省建設廳公共工程局進行「阿里山森林遊樂區規劃」；觀光局早在1968年（民國57）即已擬定阿里山（風景）特定區計畫（林局誌）；此項規劃可謂今之阿里山遊樂區的藍本，行政院於1976年3月1日（民國65）核

定，計畫面積175公頃，且自1976年開始積極整建，整建完成後，於1982年7月（民國71）成立「阿里山森林遊樂區管理所」。

1974年2月9日（民國63），溪頭至阿里山觀光公路，劉安定等民間投資2億餘元，將分年、分段闢建（中時）；2月10日報導，此道路一波三折，又見曙光。

1974年2月18日（民國63），省公共工程局規劃完成嘉義、雲林區域計畫，發展工業、改善產業結構（中時）。

1974年2月24日（民國63），吳鳳鄉地方人士指出，阿里山公路終點位置因受林務局阻撓，可能無法延伸到阿里山（中時）。

1974年3月5日（民國63），公路局預定改善石桌至觸口路基（中時）；阿里山公路目前進行改善工程，而阿里山至十字路段，已由林務局於62年底竣工；十字路至石桌路段，由嘉義縣府將58年間世糧方案物資開闢，63年1月中完成。

1974年3月5日（民國63），繼上任縣長之表態，陳嘉雄縣長將阿里山公路列為建設重點，預期1975年底完工；3月15日，阿里山森林鐵路展開該年的花季加班車。而3月2日，曾文水庫竣工。

1974年3月10日（民國63），阿里山森林鐵路鐵軌失竊宣告偵破，追回價值12餘萬元的新舊鐵軌（中時）。

1974年3月14日（民國63），大雪山區北線48公里鷹嘴山上，發現日本軍用零式戰鬥機殘骸，及駕駛員骨骸一具，一塊鋁製名牌：「決死隊114號」（中時）。

1974年3月17日（民國63），復興鄉拉拉山「復興一號」巨木發現之初，誤傳樹齡近6千年，縣府報請交通處、林務局、觀光

局協助開發拉拉山區為森林公園。幾天前，交通處函文桃園縣府，說是專家鑑定巨木樹齡僅1,900年，價值不高，且拉拉山為甲級山地管制區，不宜闢為森林公園，因而無太大開發價值（中時）；3月19日報導，桃園縣長吳伯雄對省交通處表示「復興一號」神木等拉拉山區沒開發價值，大表不滿，18日去函辯駁。吳縣長表示，自巨木發現以來，已逾4萬人前往觀賞，且拉拉山區風景如畫，巨木成群，主管觀光事業的省交通處輕言沒價值，委實有欠妥當。

1974年3月23日（民國63），南投縣政府昨日通知各鄉鎮公所，徹底清除日治時代帶優越感的殖民統治遺跡。縣府的6項清除要點：「1.日本神社遺跡，應即徹底清除。2.日據時代遺留具有表示日本帝國主義優越感之紀念碑、石等構造物，應予徹底清除。3.日據時代遺留之工程紀念碑或日人紀念碑，未有表示日本帝國主義優越感，無損我國尊嚴，如有保存價值者，應詳據有關資料圖片，分別專案報經省府核定，暫免拆除，惟將來傾塌時，不再予以重建，其碑石移存當地文獻機構處理。4.民間寺廟或其他公共建築物內，日據時代遺留之日式裝飾構造物，如日式石燈等應勸導予以拆除或改裝。5.日據時代建造之橋樑，經嵌立碑石仍留存日本年號者，應一律改換中華民國年號。6.日據時代遺留之寺廟捐題石碑或匾額，以及日據時代營葬之墳墓碑刻等單純使用日本年號者暫准維持現況」（中時）。

1974年4月7日（民國63），玉山林區管理處處長陳文濤表示玉山風口常傳不幸，該處派員勘查有無其他小路登玉山，而不走風口，且在排雲山莊設急救站，並裝設電話。按，前此，登山人員台南市林香蘭、台北市吳錫淵在風口墜崖（中時）。

1974年4月13日（民國63），省府正式核准興辦由民間投資開闢溪頭至阿里山的觀光道路第一期工程，由溪頭至溪底的開鑿工作。「溪頭、阿里山」公路開發公司負責人，南投縣議員劉安定表示，第一期工程由下溪頭至溪底段，該公司聘請專家會同林務局、台大實驗林管處及縣政府等單位，完成實勘與規劃，待道路用地的租撥手續完成後，正式開工興建（中時）。

1974年4月20日（民國63），台北車站發售阿里山森鐵聯運車票（聯合報）。

1974年4月24日（民國63），20家合板及木材製品公司與政府投資的「海外林業開發公司」，今（23日）在台北市正式成立，資本額4億2千萬元，政府佔47.6%以下，程保廉擔任董事長，沈家銘任總經理（中時）。

1974年5月5日（民國63），花蓮縣議會鑑於玉里林區林班砍伐過多，造成下游玉里地區數十年所未見的重大洪水災害，建議林務局慎重處分林班（中時）。

1974年5月7日（民國63），玉山林區管理處之林班林木被大量盜伐，木材商邱藕6日被地檢處收押，全案牽涉廣，被盜伐之檜木係以「夾帶」方式，通過林哨檢查人員後，私運過關（中時）；8月7日報導，此一嘉義盜林案列名被告多達111人，包括林官、警察、木材商、收贓者，分別依違反森林法、偽造文書、詐欺、贓物、貪污等罪名公訴。

1974年5月15日（民國63），宜蘭木材業者專案建議政府，請早日恢復檜木出口；宜蘭縣議員建議縣府，查明蘭陽地區歷年天然災害的原因（中時）；省府為維護產業道路暢通，將由縣市課徵養護費，省府擬定「台灣省產業道路養護辦法」，送省議會審查；5月19日報導，農復會將撥1億元，推動產業道路計畫；6月18日報導，省府擬定6年計畫，投資23億元，全面規劃開闢產業道路。

1974年5月17日（民國63），花蓮縣議員16日建議縣府，今後對漂流木妥為處理，減少地方糾紛、增加公庫收入。去年娜拉颱風來襲，花蓮縣沿海及各溪流，到處堆積如山的水流木，許多人因此而發財，也引發糾紛（中時）。

1974年5月24日（民國63），嘉義縣與省府交通處達成協議，決定於64年6月底以前，完成改善阿里山公路工程全線通車（中時）；阿里山公路只到第4分道。

1974年5月28日（民國63），經濟部物價督導會報公佈台灣地區檜木出口實施要點，恢復檜木出口。按，去年元月4日檜木暫停出口（中時）；檜木出口採公開標售方式，每年出口限額暫訂10萬立方公尺（按原木材積計算）。

1974年6月5日（民國63），阿里山鐵路橋樑被洪水沖毀，即平遮那橋，交通中斷，預計8日通車（中時）；八掌溪水位接近警戒線。

1974年6月5日（民國63），阿里山森林鐵路橋樑遭洪水沖毀，八掌溪水位逼近警戒線，而森鐵交通中斷，遲至7月3日暫採接駁方式通車。

1974年6月10日（民國63），花蓮縣籍省議員李文正以中華紙漿工廠在東部大量砍伐木材，破壞防洪功能，促省府迅予設法制止。4年前中華紙漿公司在花蓮市郊設廠，號稱東南亞第一規模，日需原料木漿材1千公噸，製造紙漿2百噸（中時）。

1974年6月12日（民國63），楠農林區盜伐及濫墾林地案件日增（中時）。

1974年6月19日（民國63），阿里山森林鐵路受山區豪雨山崩影響，交通又告中斷（中時）；6月20日報導，台東縣連日豪雨，山洪爆發；6月20日報導，一場豪雨，苗栗地區農作物損失2百萬元；火炎山堤防19日局部被沖毀；7月3日報導，阿里山鐵路採接駁通車。

1974年6月22日（民國63），觀光局表示，今後大力倡導國民旅遊，加強風景區規劃與整建，興建大眾化國民旅社，吸引國際觀光客，觀光事業平民化，重新開放設立旅行社申請，受理申請觀光護照（中時）；7月10日報導，金山鄉長等申請重新開放獅頭山風景區；7月12日報導，花蓮縣著手研究海岸公路沿線風景區。

1974年6月25日（民國63），台中縣加速農村經濟建設開發山坡地，盛產高冷果菜的梨山由於成立管理局劃歸省府所有之後，縣府又發現摩天嶺山坡地，準備開發為第二個「梨山」。摩天嶺位於和平鄉達觀村，海拔約8百公尺，為達觀段的山地保留地，面積約150公頃，盛產桶柑、橫山大梨、鶯歌桃、枇杷等（中時）；7月報導，民國8年，摩天嶺原住民有一段可歌可泣的抗日故事。

1974年7月14日（民國63），埔里鎮擬開

關虎頭山及鯉魚潭一帶為森林遊樂區計畫遭擱淺，地方人士向省府請願，按，此區域夥同本省地理中心，在民國62年度林務局便編列有6百多萬元預算，63年度亦保持預算，卻遲未實現。據說是省府財政廳以保持自然美為由，將之擱置（中時）；7月15日報導，省議員表示，虎頭山及鯉魚潭關為森林遊樂區初步預定工程費，已追增至2千萬元，故已成定案；7月17日報導，省議員促林務局早日施工。

1974年7月17日（民國63），省議員考察團至復興鄉，鄉長提5大建議案，促請開發山地區，包括拉拉山巨木群區開放為風景區或局部觀光遊覽區（中時）；7月18日報導，台中縣府將大甲郊區鐵砧山，預計關為風景特定區；竹山、埔里重要道路，省府撥款補助興建；7月19日報導，太魯閣風景區1～6月的中、外遊客達24萬5千2百人，係歷年同期最多的記錄。

1974年7月25日（民國63），省府決定全台山地保留地所有權，將無償移轉給原住民，預計10年內解除對原住民的特殊措施。

1974年8月2日（民國63），林務局統計，本省近10年來造林面積30萬1千1百餘公頃，平均成活率約75%，中時記者阮登發報導：「林務局造林雖績效卓著，且曾獲海內外學者讚揚，例如紐約大學的席勒博士、密契根大學林木育種教授特瑞教授，在他們的教材中均引用台灣人工造林成功之實例，並加推崇及介紹，但是部份人士卻認為林務局造林績效不甚顯著，據記者實地瞭解認為可能出於如下誤解：

第一、淺山地區童山濯濯就是造林失敗的地方，但林務局造林組組長孟傳樓解釋說：淺山地區雖不乏國有林地，但絕大部份是私有地，私有地缺乏有計畫的林業經營，自然是造林失敗的地方，目前林務局正計畫幫助私有地造林。

第二、宜蘭棲蘭山一帶，林木稀少，廢材滿地，且林相壞透了，也是造林失敗的地方。但經林務局林基王課長解釋說：該地為山胞保留地，未經開放造林，尤其是山胞濫砍樹木，造成自然環境的破壞，目前林務局正擬就「加速山地保留地造林計畫草案」，俟奉核示後，即可以實施。

私有地不造林，林務局不能越俎代庖，山地保留地又未開放造林，現在林務局正面臨「無地可造林」的窘境，林務局副局長許啟裕說：林務局已經把全省可種植的林地全部重遍，目前為解決無地可造林的窘境，正全部清查全省林地，找出可造林的地方，來達成上級每年交付的計畫種植目標」（中時）。

1974年8月8日（民國63），宜蘭國民黨縣黨部訪問中小企業，建請政府恢復檜木自由出口（中時）；8月14日報導，花蓮業者盼望檜木自由出口。

1974年8月17日（民國63），中國文化學院觀光系自然資源調查隊周揮彥教授等，去年10月在桃縣拉拉山區發現神木群之後，日前，美國亞歷桑那大學樹齡研究中心佛根森博士，以切片法研判，此樹齡高達4千年（中時）；台南市為配合發展觀光事業，將開闢6條主要道路。

1974年8月17日（民國63），吳鳳鄉達邦曹族(註，正名鄒族)豐年季13～15日盛大舉行（中時）。

1974年8月23日（民國63），新竹縣青草湖風景區規劃中（中時）；霧社風景區由台大農院凌德麟規劃中；阿里山區豪雨，鐵路交通中斷。

1974年8月26日（民國63），省府表示，政府決定自65年起，陸續將山地保留地的所有權無償移轉給原住民；決10年內解除山地特殊措施，使原住民徹底平地化（中時）。

1974年8月27日（民國63），台電陳蘭皋26日表示，預計到民國71年，我國6座核能發電廠全部完成後，發電量將可晉列世界第10位（中時）。

1974年9月15日（民國63），為消除林務積弊，今後林產物處分實施全株查定材積，全林標售，直營伐木所有樹材一次搬出（中時）；9月18日報導，蘭陽林區森林開發處宣告，大元山工作站伐木工作停止，發展觀光事業。

1974年9月21日（民國63），行政院長蔣經國在立法院宣布（9月20日），在9項建設完成後，將積極開發中央山脈，除了目前北、中、南3條橫貫公路之外，將另新闢3條橫貫公路（中時）。

1974年9月29日（民國63），玉山林區管理處大埔、荖濃溪及阿里山等3個事業區，11個國有林班，被盜伐牛樟、烏心石、紅檜、梧桐等案，百餘人被起訴，有三大舞弊集團（中時）；范迪颱風造成基隆市山崩，14戶遭土石掩埋；9月30日報導，颱風豪雨，宜蘭重創；基隆山崩造成27人死亡，33人輕重傷，13人失蹤。

1974年9月29日（民國63），報載阿里山公路3期改善工程投標糾紛擴大，南英營造廠向建設廳抗議。

1974年10月2日（民國63），省府完成修訂管理辦法報中央審查，原住民取得山地保留地所有權之後，將准許自由處分，加速開發（中時）；省府指示「拉拉山巨木群」發展觀光3途徑。

1974年10月3日（民國63），在媒體多次報導民間呼籲恢復檜木出口之後，蘭陽林區管理處專案建議，考慮解除限制出口辦法（中時）；10月5日報導，蘭陽木材業者再度促請改進檜木外銷許可證制度。

1974年10月4日（民國63），阿里山公路第4期工程，縣府定8日發包，即觸口至公田的路面改善（中時）。

1974年10月7日（民國63），嘉義農專與玉山林管處實施造林的建教合作成果獲肯定，林務局考慮推廣之。

1974年10月10日（民國63），省府依據蔣院長上月在立法院表示，將開發中央山脈，並新闢3條橫貫公路，指令公路局著手勘查規劃，目前公路局已選擇6條可能路線（中時）。

1974年10月14日（民國63），省府表示，去年6月政府為抑止建材漲風，發佈限建命令後，觀光旅館一律禁建。今已決定將解除禁令，原則上可興建5層樓以上的觀光旅館，但需申請且報交通部核准，而一切建材限於國內供應（中時）。

1974年10月16日（民國63），象牙海岸森林部長彭巴，15日在花蓮中華紙漿公司花蓮工廠主持開工按鈕，使用材料即象牙海岸所產之象木（中時）。

1974年10月（民國63），林務局就國有林事業區內濫墾地清理後放租造林，訂定

簡化租地造林內果樹分收處理程序，對造林地內已有栽植果樹者（現承租面積3/10以內），點交保管並限期完成水土保持設施。（林局誌）

1974年11月2日（民國63），林務局同意將34公頃林地及河川地，提供民間闢為杉林溪風景區，此計畫由南投木商業公會理事長劉安定、省議員林明德等合夥投資8,230萬元，由台大農學院凌德麟、林樂健規劃，總面積41公頃（中時）。

1974年11月3日（民國63），吳鳳鄉公所擴建及修繕阿里山閣，於平地購置大批建材，但玉山林管處控制火車運輸而百般抵制，山地籍縣議員莊安然搜集資料，向縣府申訴（中時）。

1974年11月4日（民國63），政府擬全力開發中央山脈資源，計劃新闢3條橫貫公路，省府提出5條可能路線，即烏來宜蘭線、水里鳳林線、三地門知本線、霧社銅門線、南投信義鄉東埔或嘉義阿里山經八通關至花蓮玉里線（中時）。

1974年11月6日（民國63），東部洪患原因已查明，貝絲、卡門颱風之災害導因，乃濫墾、濫伐之所致（中時）。

1974年11月7日（民國63），嘉義縣議員莊安然指摘玉山林管處壟斷阿里山交通及觀光事業，損及地方財源，認為阿里山閣遭受林管處阻擾，希望縣長出面交涉（中時）。

1974年11月15日（民國63），林務局認為全省木材庫存豐富，建議取消出口一切限制及限額（中時）。

1974年11月21日（民國63），省議員陳義秋要求省府應就伐木、造林問題整頓林業積弊（中時）。

1974年11月29日（民國63），國有林解除地12,000公頃定明年初辦理放領，放領面積放寬為田3公頃、旱6公頃（中時）；省府森林濫伐、濫墾取締小組29日起2天，將利用直升機在宜蘭縣作空中勘察。

1974年12月2日（民國63），省決定繼續大規模造林，設專業區分期實施；林務局訂定林業經營改進方案（中時）；12月3日報導，花蓮縣建設局水利課長認為，高山伐林過甚，導致災難；12月5日報導，省府今後對東部林木將避免大面積砍伐；明年本省煤產量訂為3百萬噸；宜蘭木業再度反映檜木外銷問題。

1974年12月10日（民國63），玉山林管處表示，「阿里山森林遊樂區中心細部計畫」已由省公共工程局規劃完成，俟方案訂定後，可逐年實施，林務局「曾於55年間邀請美國公園專家來台，與台灣大學及林業試驗所等專家共謀開發對策，其間，曾分別擬定了「阿里山特定區計畫」、「風景區開發計畫」及「觀光事業綜合開發計畫」。

該官員指出：中外專家及學者於上阿里山作實地勘查之後，一致認為目前以阿里山車站為中心的觀光社區，因受地形限制，開發有所困難，乃決定在阿里山車站1公里外的森林鐵路第4分道為適當開發地點。

這位官員說：森林鐵路第4分道，是一塊面積約3公頃的平坦山坡，風景宜人，花木扶疏。

該官員透露：由省公共工程局規劃完成的「阿里山森林遊樂區中心細部計畫」的

主要項目包括：阿里山森林鐵路火車站建在森林鐵路第4分道邊的小山上，山下是銜接阿里山公路與祝山林道的區內公路，橫跨天橋通到小山下的商業區，並通到山坡下平地的公路局車站及祝山客運車站，並設停車場與加油站。

而森林遊樂區的大門是設於祝山客運車站與商業區之間。

遊樂區將包括原有的賓館、旅社、慈雲寺、神木、植物園、博物館、姊妹潭、三代木、養鹿園、受鎮宮及牡丹園等。」（中時）；阿里山居民促請將阿里山公路延長至沼平。

1974年12月18日（民國63），台東縣府建議林務局，標售林班應兼顧治山防洪（中時）。

1974年12月19日（民國63），阿里山鐵路38號隧道，18日凌晨，在施工中，突告塌陷，情況至為嚴重（中時）；花蓮水利會建議暫停伐木；苗栗縣認為山坡地的相思樹林經濟價值低。

1974年12月23日（民國63），桃園縣防風林枯死，濱海稻作全無收成；64年起，將由林務局接管，補植防風林（中時）。

1974年（民國63），前阿里山公路勉強從阿里山可下達嘉義出材，但因地質、天候，幾乎經常柔腸寸斷。

1975年1月1日（民國64），阿里山至花蓮之間計畫開闢的新中橫，嘉義縣府組成先遣隊沿線完成踏勘。

1975年1月3日（民國64），為加速發展市郊山坡地，省府決撥款2億，設立土地開發基金（中時）。

1975年1月3日（民國64），阿里山閣旅社經營權，於光復後租給平地人甘天送，經纏訟10年，吳鳳鄉公所終告勝訴，收回自營（中時）。

1975年1月3日（民國64），阿里山閣大旅社經營權的紛爭，纏訟10年後，吳鳳鄉公所終於勝訴，收回自營，而敗訴一方為民間人士。

1975年1月7日（民國64），嘉義媒體鼓吹開發新中橫，可帶來龐大財富（中時）；大湖事業區6個林班地國有林被盜伐。

1975年1月17日（民國64），嘉義縣政府准許阿里山閣旅社由吳鳳鄉公所以公共財產方式直營，但須於半年內補辦手續。按，之前阿里山閣出租給民間營業的營業證照，業經有關單位吊銷（中時）；1月18日報導，花蓮縣木材商業工會陳情，要求政府恢復檜木自由出口。

1975年1月19日（民國64），政府為全面開發山坡地，將從今年起，展開土地資源調查，藉以擬訂開發計畫。本省山坡地總面積約2,561,000公頃，扣除林班地、保安林、實驗林等營林用地之外，全省需要調查、規劃的山坡地共約1百萬公頃，預定每年完成20萬公頃（3～4個縣），5年全部完成調查、規劃（中時）。

1975年1月20日（民國64），嘉義民意機關指責林管處，視阿里山區為禁臠，盼望省府將觀光區計畫交由鄉公所辦理。

1975年1月27日（民國64），台東縣政府闢建蘭嶼及綠島為海上公園，決定「分年興建國民住宅，淘汰現有雅美族山胞穴洞式住宅外，並整建全鄉風景區及環島公路，及在全鄉遍植可可椰子」，而綠島方面，省府決定今後5年投資5千萬元，發展

建設，同時，將該鄉飼養的梅花鹿，展開擴大飼養，使其成為鹿鄉，供觀光客拍照留念，按，先前省府主席謝東閔至綠島巡視時，對該鄉養鹿，發生極大興趣，「他不但認為有擴大飼養的必要，同時有意將目前的綠島鄉更名為鹿島鄉，以便吸引中外觀光客前往觀光」(中時)。

1975年1月29日(民國64)，省府林務局交由公共工程局及觀光局代為設計，將阿里山闢為森林遊樂區，嘉義縣吳鳳鄉公所暨縣議會皆反對，嘉義縣府希望依據地方自治綱要規定，將阿里山列為特定觀光區，交由地方經營，以充裕縣、鄉財源。「據吳鳳鄉鄉長汪有義給嘉義縣政府的呈文指出，省林務局、玉山林區管理處，以阿里山多為國有林班地，勒令阿里山禁建，已前後逾期十年，使民房多年失修，且拒運建築材料上山，致阿里山居民房屋，破損不堪，鄉民代表會屢次建議，應將在吳鳳鄉行政區域內的阿里山列為特定觀光區域，由地方著手經營觀光事業，以充裕地方建設財源。

嘉義縣議會八屆四次大會決議建議縣政府依據法規所賦予之權責，應儘速請省府將阿里山觀光事業交由地方政府，完成規劃，公佈實施，以息地方紛擾。所據理由指出：地方自治綱要第十四條一項九款明訂：縣市觀光事業為縣市自治事項。阿里山為嘉義縣吳鳳鄉之行政區域，位於海拔2,000公尺以上高山，山巒起伏，氣勢雄偉，途經熱、溫、寒等地帶，景色宜人，古木參天，不但國內遊客眾多，且為國外旅客所嚮往，亟宜開發，發展觀光事業，應責成縣府依據法規所賦予之權責，

早日完成規劃，公布實施。

嘉義縣議會在建議縣府依據法規賦予吳鳳鄉經營阿里山觀光事業決議中指出，省林務局玉山林區管理處，在該地興建賓館，經營旅社，竟將抽水馬桶內之大小便糞水，傾流於民用水源中。縣政府已決定將上述情事，依據議會決議提案內容，報請省府糾正。」(中時)

1975年2月1日(民國64)，大雪山區盜伐林木用以種植香菇的風氣日益猖獗(中時)。

1975年2月16日(民國64)，花蓮縣解除國有林地宜農地，1,600餘公頃已奉准辦理放領(中時)；烏來風景區將出現「伏地」纜車。

1975年2月20日(民國64)，嘉義縣府、縣議會指責林管處視阿里山區為禁臠，盼省府將觀光區計畫交鄉公所辦理(中時)。

1975年2月22日(民國64)，阿里山擬建森林遊樂區，省主席謝東閔昨巡視並詢問開發執行情形，見阿里山上登山旅客雲集，旅社間間客滿(聯合報)。

1975年3月21日(民國64)，台灣區木材工業公會理事長孫海建議國貿局取消檜木輸日差異金標售制度，降低檜木外銷成本(中時)；南投縣杉林溪風景區域，決由民間闢為遊覽勝地；花蓮瑞穗鄉瑞北溪上游，因伐木、濫墾、採掘蛇紋石與日俱增，每逢下雨，土石下注，河床日漸淤高。

1975年3月25日(民國64)，全台縣市長遊覽阿里山，嘉義縣長舉行「打通阿里山公路簡報」。

1975年4月6日(民國64)，宜蘭山區盜

伐、濫墾不斷發生(中時)。

　　1975年4月20日(民國64)，警備總司令部19日宣佈，山地管制區域中4處將開放旅遊，即合歡山滑雪場、中橫102K～103K兩側各30公尺、昆陽至武嶺公路兩側各50公尺、屏東瑪家鄉北葉村第1鄰至第8鄰村落，以上改為「山地開放區」；改為山地管制遊覽區者，自眠月下線至阿里山道路兩側各15公尺、高雄茂林至多納道路及兩側各15公尺、茂林村情人谷瀑布多納溫泉區、南橫公路及兩側各15公尺(中時)。

　　1975年5月15日(民國64)，台東縣延平鄉紅葉村深山之蘇鐵原始林發現後，因具經濟價值，引起省府謝主席重視，台東縣府派員調查，擬闢為觀光區(中時)。

　　1975年5月25日(民國64)，報載嘉義縣府新中橫勘查隊認為，此一道路預訂線林產礦藏極為豐富，但沿線日本人遺留墓碑甚多，勘查隊建議「改建為抗日記念碑」。

　　1975年5月27日(民國64)，省議會通過建議阿里山闢為國家公園，並擬命名為「中正公園」。(林局誌)

　　1975年5月28日(民國64)，省議會委會提建議阿里山闢建國家公園，且命名為中正公園(聯合報)。

　　1975年5月29日(民國64)，台東縣紅葉村「蘇鐵林」遭原住民濫伐而廉價銷售，且供不應求，省府會同林業人員今往勘查(中時)。

　　1975年5月30日(民國64)，溪頭至阿里山公路(劉安定投資)第1期工程即可動工(中時)。

　　1975年6月7日(民國64)，嘉義縣民代爭取阿里山森林遊樂區經營權，經省府駁回，議員表示不滿，指林務局侵害地方政府行政職權，涉嫌違反建築法及憲政。

　　1975年6月7日(民國64)，嘉義縣議會於半年前的第8屆4次大會責成縣政府，報請省府撤銷阿里山森林遊樂區，將觀光事業交由地方政府規劃、實施，省府以密件，「於64年4月17日函覆縣府，指出阿里山地區係經中央編定為國有林班地，必須依照森林法經營者，在於兼顧森林資源之維護與促進森林遊樂乃不爭事實，自非一般都市計畫法及觀光特定區適用範圍，當不能按其規定經營」，議員莊安然不服，他認為「建築法『本法之適用地區為：①實施都市計畫之地區。②經中央主管建築機關指定之地區，前項地區外公眾使用及公有之建築物，本法也適用之。本法明指建築物非經縣市主管機關之審核許可，並發給建築執照，不得擅自建造或使用或拆除。他認為省林務局玉山林區管理處係造林、保林機構，不該對政府公佈之法令置之不理，侵越地方政府之職權，不但自己本單位之建築物不向縣政府申請審查許可及建築執照，反攬權指定人民必須向該機構申請建築，有違政府立法的建築法。

　　關於觀光事業部份，該條例所稱觀光事業，係指有關觀光之開發建設及觀光旅客、遊旅、住宿、提供服務於便利之事業；『觀光地區』係指觀光旅客遊覽之風景、名勝、古蹟、博物館、展覽場所及其他供觀光之地區，觀光事業主管機關，在地方為縣(市)政府，玉山林區管理處為林務機關，自不得又攬權經營觀光事業，置地方縣政府事權於不顧。抵觸憲法和法律』」(中時)；又，嘉義縣議會6日「通過臨

時動議案，建議局部開放阿里山觀光區林班地，解決人民居住問題，並請林務局玉山林區管理處尊重地方行政權，禁止干擾地方自治建設，維護人民生活。

提案議員莊安然指出，玉山林區管理處以審查公司建築設計材料，抑制其本機關職守外公私建築，不准林班地租用人使用租地修建房屋。本身卻藉其職工福利會名義，以公家資金不依法令規定辦理建築許可，擅建賓館私人營利，排泄糞便，流於民食水源，妨害住民健康與民爭相經營其職權外之旅遊交通業。置本身事業於不顧，任其職工勾結商人，遂發生林班地重大盜伐國有林案件，喪失國家資源。嚴重侵越地方行政權及騷民擾民情事，影響人民生活」；縣議會亦通過臨時動議案，反對將「神木」改名為「巨木」，「提議人蔡長銘、蔡永溪等指出，省林務局以阿里山「神木」有迷信意味，已決定改名為巨木，各界為之譁然，紛紛反應認為不妥。因阿里山為世界馳名觀光勝地，而「神木」為名勝之一，中外人士對阿里山「神木」印象已深，可聯想阿里山之雄偉，「神木」之為巨樹之「神」，形容其巨大及年代之古老，絕不能認其有迷信意識存在，故不宜更名，破壞其傳統」。

1975年6月14日（民國64），省主席指示台東縣府，在未設立保護區之前，應妥為保護蘇鐵森林，「台東縣政府接獲指示後，立即通知有關單位，採取有效措施，防止苗圃商或附近山胞採伐蘇鐵，並派員赴紅葉山區，實施清除雜木，保護蘇鐵成長」（中時）。

1975年6月19日（民國64），行政院院會通過對台灣林業政策之3點指示：（1）林業之經營管理應以國土保安之長遠利益為目標，不以開發森林為財源；（2）加強水土保持工作，保安林區域範圍應予擴大，減少森林採伐；（3）國有林地應盡量由林務局妥善經營，停止放租放領，現有木商並應在護山保林之原則下逐步予以縮小，以維護森林資源。（林局誌）

1975年6月21日（民國64），行政院長蔣經國於台灣省行政座談會中宣佈，行政院本週院會中已糾正過往對森林的「錯誤政策」，今後將採取「保護森林、擴大造林」政策，「蔣院長是在要求全省各縣市加強完成海岸防風林時作上述表示。他說：森林是台灣的生命線，但是我們一直在砍伐高山的森林，這一錯誤的政策，必須加以糾正」，且造林工作由國家辦理。「蔣院長同時斥責有些木材商利用所謂「開發森林」而發了大財，他說：可以發財的事業很多，今後不能以我們的生命線來作為發財的工具」（中時）。

1975年6月22日（民國64），中時社論報導「欣聞林業政策改弦更張」，其敘述「標售林班」等：「在民國60年以前，圍標的情形，相當嚴重，幾乎是無標不圍，已屬公開之秘密。例如在59年林務局標售丹大79林班時，曾有191人參加，每人都繳納了250萬元的押標金，總數共達4億7千餘萬元，但實際上僅有8人參加投標，而得標金額不過4千8百餘萬元，另外得標人竟以1千萬元給予圍標人朋分。另一方面他們又與林務人員勾結，在查定材積時，將總數儘量壓低，然後按最低底價得標。自60年以後，省府從材積調查、押標金繳

納方式以及底價核定等多方面改進，才使多年來的積弊，逐漸消除。

但是數十年來我們的林業政策一向是砍伐高山的森林，因為高山森林，其成長之年代較久，其林木價值較高，如果一面砍伐，一面造林，使之生生不息，對森林的保護尚無大礙。但是得標的商人在砍伐以後，並不負責造林，結果乃成為「祇砍不造」，使得寶貴的森林資源不斷減少，而且帶來了許多災害。據報導：蘭陽地區的太平山，原有國內最好的松木林，經過十多年來無計畫的採伐，現在松木林幾乎砍完，於是下游的蘭陽平原，經常發生水災，這只是一個例子，但已可見問題之嚴重。註，松木林應為檜木林之誤。

不但如此，林務局每年在造林方面，雖有相當可觀的預算，據統計自民國35年至58年，造林面積應為62萬公頃，而實際僅有31萬公頃。另據聯合國林業專家估計，台灣的人工林累計總數應逾70萬公頃，但實際僅有30萬2千餘公頃。從上述數字可見林務局歷年來的造林數字與實際數字有極大的出入，在長期砍伐超過造林的情形下，台灣的森林資源又焉得不日趨枯竭？其後果之嚴重，當不言而喻。

誠如蔣院長所說，可以發財的事業很多，今後斷不能以我們的生命線來作為發財的工具。我們認為蔣院長的指示，語重心長，並使每個國民都有同感。在過去林務局為了達到繳庫盈餘，乃儘量標售林班，例如大雪山林場，預定砍伐40年的針葉樹，結果在短短十多年便已砍完。而造林數字又距離「伐植平衡」的目標甚遠，這完全是揠苗助長的辦法，這種錯誤的政策，已經給人民生命財產帶來了莫大的損失，現在及時更張，採取保護森林與擴大造林的決策，這是非常明智的」。

1975年6月24日（民國64），林業機關決定遵照蔣院長指示，檢討台灣林業政策及經營方針，改以多造林少伐木為今後主政策（中時）；由中興大學、屏東農專、林試所、林務局關山林管處組成的調查隊，於4月上旬前往蘭嶼，「發現原始林；120餘種本島未發現的樹種，大半根本不知其名」，省府決定設置「自然保護區」。

1975年6月26日（民國64），嘉義吳鳳鄉民代表會專案小組調查民意，提出阿里山觀光發展十大問題，呈縣府民政局，希望當局採納，中時記者劉讓先摘要之，全文轉錄如下：「

1. 阿里山規劃問題

阿里山觀光規劃，除「日案」、「美案」外，現有建設廳主辦之阿里山特定區域計畫及林務局主辦之森林遊樂區計畫兩案，各行其是，前者係循都市計畫法規定辦理，後者只循林業多目標發展計畫進行，缺乏法律依據。目前各方要求公佈阿里山觀光區計畫，解除禁建，安定民生，究何所指，悉皆茫然。

2. 阿里山禁建問題

阿里山都市計畫尚未定案，原無禁建規定，而林政機關，竟實施禁建，且只對鄉民絕對禁建，機關、學校相對禁建，反之對自己建物則任意開禁，不僅

有失持平,更缺乏法律依據,已引起多方物議不滿發生反感。

3. 阿里山公路問題

阿里山公路初案原由嘉義經大湖、光華、樂野、達邦直達阿里山,繼則研議廢鐵路改公路,均未實現,嗣以中興、大華及石桌至十字路產業道路與十字路至阿里山林道相繼興築,乃議定就中興、十字產業道路及阿里山林道改線為阿里山公路,以石桌至十字路懸崖頗多,物產寥寥,且無人居,並不理想。

茲以該鄉鄉治所在地達邦7級公路完成,由達邦至十字路開闢新道,銜接阿里山公路,反較改善石桌至十字路產業道路為有利,且阿里山遊覽區只有雲海、日出、櫻花等觀光資源,常受季節天候限制,不能暢所欲遊,至山胞文化、吳鳳事蹟,俱在鄉治達邦,以致登山遊客見不到一個山胞,大有徒勞之嘆,是故興築十字路銜接達邦阿里山公路,將達邦列入阿里山遊覽區作一整體規劃,需要迫切。

阿里山公路終點問題,林政機關主張止於四分道,另以森林客運火車及汽車銜接內部交通,但外界及民間對此有相反意見,認為阿里山內外道路,應該接通,如顧慮外來車輛,影響內部寧靜,自可以交通管制方式,予以規定。

4. 阿里山車站問題

阿里山火車站位於商業區中心,且地形狹窄,無法開闢地下道或另行架設天橋,將來嘉義、竹山、古坑、信義至阿里山道路全部開通時,以每日2百部遊覽汽車及20節森林火車車廂估計,遊客在阿里山市區即火車站附近之流量,約在萬人左右,勢必迫使火車停駛,故宜將該站遷移四分道或神木,或二萬坪。

5. 阿里山賓館問題

阿里山賓館係省預算所建,租與林務局或職工福利委員會對外經營觀光旅社,其營收由福利機構自行處理並不入庫,無異公務員利用公款公務集體經商,已公開秘密,眾所周知,近更擴大營業,由第一賓館而第二賓館而大眾旅社,並與森林鐵路、育樂中心、祝山觀日實施聯營,與民爭利,而怨聲載道,其是否違反勞工、人事、稅捐等法令規定,似有研究必要。

6. 阿里山觀日問題

林務局編列省預算改善祝山戰備道路為林業專用道路,應以運輸林產為是,茲則於祝山以省款興建觀日樓,於賓館自備交通車3輛,每晨運送其旅客赴祝山觀日,變相收費營業,而不許民間旅社遊客搭乘,復不准民間旅社交通

車行駛，迫使民間旅社遊客只好步行小
道至祝山觀日，形成貴族、平民之界
限，引起各方不滿，難符觀光政策及法
令之規定。

7. 阿里山居住問題

阿里山居民係日據時代營林單位，
因應伐木需要，由平地新竹、南投、彰
化一帶雇用之平地山胞所定居，已有三
代之久。其向林政單位租用之建地及所
有建物，均因人口增加而必需增租土
地，擴建以利分居，但林政單位藉口阿
里山實施特定區計畫，不准居民按照省
府58年濫墾地清理辦法申請清理，增租
建地，反視為侵佔，予以法辦，同時更
以禁建為理由，不准居民改建、增建，
其影響居民已達無法忍受境界。又阿里
山建地出租居民，林務局統一規定切結
書，令居民承諾多數條款，不顧承租人
權益，使民朝夕難安。

8. 阿里山飲水問題

日據時代阿里山自來水係由營林單
位主辦，給水到家。目前水管多已損
壞，林務局則另建水塔蓄水，供應員工
及賓館飲水用水，並以賓館排出之糞
便，污染受鎮宮水源，迫使居民盜用林
政員工飲水，實非常規。

9. 阿里山濫墾問題

吳鳳鄉境內土地均係國有，以林班
地為大宗，山地保留地居次，並有少數
原野地，該鄉其他各村平地人民尚能租
到少數土地耕作，造林謀生，獨阿里山
居民在林業政策、山地政策、民生政策
三不管狀態下無法承租林地，只有違法
濫墾，藉以謀生，應予清理，變非法為
合法，安定民生。

10. 阿里山管理問題

阿里山林政觀光職權，依法應由林
政及行政單位分掌，但因阿里山土地，
全係國有林班地，林政單位得藉管地之
機會，進而管人、管事，以致阿里山整
個觀光大計落入掌握，乃以公款加強觀
光設施及假勞工福利名義，私營觀光事
業，與民爭利，並倡行森林遊樂，視居
民為障礙，處處為難，因而觀光問題迭
起，無法解決，根源在此。

本案嘉義縣議會認為省林務局已侵
犯地方事權——觀光事業為縣(市)地方
自治事項，故認為不勞省方越俎代庖
(中時)。

1975年7月1日(民國64)，嘉義縣府為
開發新林地並撫育林業，決耗資3百萬養
植境內山區林業。

1975年7月4日(民國64)，妮娜颱風來
襲，嘉南受災嚴重，阿里山森鐵千名旅客
受困山上，嘉義市區電話多數不通；5

1906年11月發現超巨大檜木，認為其中有樹神附身，特圍上木柵，並綁上七五三繩（粗稻草繩），視為神木祭⋯。

經過政權交替，神木雖還活著，唯其周遭的同胞皆已遭砍伐而顯得清冷寂寞。1953年春雷第一次擊中阿里山神木，最大枝椏折斷，但神木依然活著。

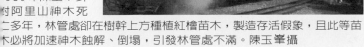

此間經過1953年慶誌蔣介石生日而建「神木頌」，並於1954年慶祝蔣總統華誕，舉行神木頌碑揭幕神木，終至1956年6月6日，神木歿於雷火，枝葉化灰去，但巨幹乃昂然。1961年林務局請高謙福，爬上神木斷幹種植紅檜苗木多株，形成照片中之畫面，以致於誤導群眾神木然活著的假象。1989年陳玉峯針對阿里山神木死亡多年，林管處卻在樹幹上方種植紅檜苗木，製造存活假象，且此等苗木必將加速神木蝕解、倒塌，引發林管處不滿。陳玉峯攝

不料，1995年初，傳出神木裂開，1997年7月1日神木裂落，陳玉峯當年一語成讖。陳月霞攝

留下一個世紀神木的傳奇、荒謬與义化悲劇。陳月霞攝 1998.06.29.

出乎人意料之外，事隔半年，神木居然無預警的被伐倒，徒留老阿里山人與全國民衆之無限欷噓！圖中為
出生在阿里山與神木相伴近一世紀的陳清祥、陳玉妹夫婦。陳月霞攝 1998.08.20.
左頁：其後，多次會議、爭端，討論如何善後，最後以放倒神木烏龍結局。陳月霞攝 1998.06.29.

列半崩解的神木，尚具解說與紀念意義。圖中陳玉峯正為學生解說神木的前世今生。陳月霞攝 1997.11.22.

1975年林務局以阿里山「神木」有迷信意味，決定改名為巨木，各界為之譁然。但1980年謝東閔副總統巡視阿里山，認為神木乃迷信，之後林務局將阿里山神木看牌改為阿里山巨木。陳玉峯攝 1988.10.22

巨木雖然後來又改回神木，但已回天乏術，甚至連身軀都不保。陳月霞攝1998.06.29.

神木實體已殞落，但威權時代的神木頌，雖經921之損壞，卻仍於2000年修護，至今仍屹立。照片為1966年陳月霞與兄弟妹在神木頌前。

1910年，嘉義廳津田毅一廳長曾登阿里山，主司阿里山神木之祭祀典禮。照片為後
藤民政長官一行視察阿里山時所下的影像。菅原昭平　提供

神木的樹幹據估周長為60尺，直徑為20尺7寸，需要十幾名孩童才足以將樹圍住。
伊藤房子　提供

神木影像不斷出現在全國各個角落，但實體卻已成歷史。第013期公益彩券。

阿里山最雄偉的天然紀念，從日治時期開始，便擁有眾多慕名者。伊藤房子　提供

日，山區果園受損、老樹傾倒，義竹、水上形成水鄉澤國；6日，八掌溪氾濫，布袋魚塭遭殃，六腳農作損失慘重。

1975年7月6日（民國64），台林公司奉准在北、宜交界大砍原始闊葉林約5公頃，宜蘭縣府擔心加重水患（中時）。

1975年7月10日（民國64），林務局蘭陽林區管理處離職伐木工人張金晏，向宜蘭地檢處控訴處長等貪瀆，處長聲言原告劣績昭彰（中時）。

1975年8月4日（民國64），妮娜颱風來襲，北縣災情輕微，嘉義縣低窪地盡成水鄉澤國，農作物嚴重損害（中時）；阿里山森鐵一列車受阻於坍方，千名旅客受困；花蓮災情嚴重，房屋倒塌559間，4人死亡、3人失蹤，輕重傷百餘人；各地紛傳災情，尤以花蓮新城最慘重，號稱「20年來所僅見」。

1975年8月5日（民國64），妮娜強烈颱風造成台南縣學甲西部地區，八掌溪、急水溪堤防皆告崩潰，6個里千餘戶4千多人被困水中（中時），各地災情頻傳；河川地一再嚴禁種植高莖作物，但皆無法消除；士林百齡橋下，存有大批建物，颱風季險象環生、阻礙洩洪。

1975年8月7日（民國64），阿里山鐵路接駁通車，運出千餘受困遊客；霧社、蘆山之間的溫泉觀光路，「完工才半年，爛得不像話」。

1975年8月8日（民國64），阿里山森鐵8日恢復全線通車（中時）；台南縣農漁林牧風災受損達1億3千萬元；頭城沿海各處漁港風災嚴重；各地報導災情損失。

1975年8月14日（民國64），為配合治山

防洪第2個10年計畫的實施，省府訂定8項林業經營的改進措施，即：

1. 本省林業經營，應依據永續作業，國土保安、經營效益，以及多目標利用的原則，釐訂森林經營計畫，並配合集水區治理的需要，將全省國有森林用地劃為37個事業區，以每1事業區為單元計畫經營。

2. 今後伐木造林作業，應嚴格依據森林經營計畫的規定執行，著重保護森林資源及國土保安，不以財政收入為目的。

3. 為配合林業政策，擴大造林與加強治山防洪，今後林業收入，全數供為造林及維護國土保安需要之用。

4. 減少採伐林木，以後年度伐木計畫，國有林採伐量應在容許年伐量153萬立方公尺範圍內編訂。

5. 伐木地點應合理分配，並限制為小面積皆伐或擇伐，以免破壞林相。

6. 土地不良的造林困難地區，絕對不予採伐。

7. 將北橫公路、南橫公路、南迴公路、北迴鐵路等兩旁林地、各水庫、電源、自來水廠的集水區，以及有永久水源的溪流兩岸林地等，編入為保安林，並擴增營造海岸防風林，以保障該地區及農田社區的安全。

8. 國有林區內影響水土保持及造林的地區，禁止採取砂石及採礦（中時）。

1975年8月20日（民國64），政府確定「土地使用分區管制」，每一分區內土地將劃編為18類用地：「1.甲種建築用地，2.乙種建築用地，3.丙種建築用地，4.丁種建築用地，5.農牧用地，6.林業用地，7.

養殖用地，8. 鹽業用地，9. 礦業用地，10. 窯業用地，11. 交通用地，12. 水利用地，13. 遊憩用地，14. 古蹟保存用地，15. 生態保護用地，16. 國土保安用地，17. 墳墓用地，18. 特定目的事業用地。

據透露，政府當局已經編定非都市土地之各種使用分區的土地用途，將於適當時機付諸實施：

1. 特定農業區：容許使用為農牧用地，但不容許為甲、乙、丙、丁種建築用地及林業、養殖、鹽業、窯業、遊憩、墳墓用地，經報省政府許可後可變更編定為礦業用地，依事業主管機關之核定編定為交通、水利及特定目的事業用地。

2. 一般農業區：容許使用為農牧用地，但不容許為乙、丙、丁種建築用地，授權縣市政府可編定為甲種建築用地、林業、養殖及墳墓用地，經省政府許可可編定為鹽業、礦業、窯業及其遊憩用地，依事業主管機關核定為交通、水利及特定目的事業用地。

3. 鄉村區：容許使用為乙種建築用地及遊憩用地，但不容許使用為甲、丙、丁種建築用地及鹽業、礦業、窯業及墳墓用地。授權縣市政府可編定為農牧、林業、養殖用地，依事業主管機關核可編定為交通、水利及特定目的事業用地。

4. 工業區：容許使用為丁種建築用地，但不容許使用為甲、乙、丙種建築用地及養殖、鹽業、窯業、墳墓用地。依事業主管機關核定可編為農牧、林業、窯業、交通、水利、遊憩及特定目的事業用地。

5. 森林區：容許使用為林業用地，但不容

許使用為甲、乙、丁種建築用地及鹽業、窯業用地。經省政府許可可編為丙種建築、農牧、養殖、礦業、遊憩及墳墓用地。依事業主管機關編定為交通、水利及特定目的事業用地。

6. 山坡地保育區：容許使用為林業用地，但不容許使用為甲、乙、丁種建築、鹽業用地，授權縣市政府可編定為丙種建築、農牧、墳墓用地，經省府許可可編定為養殖、礦業、遊憩用地，依事業主管機關核定為交通、水利及特定目的事業用地。

7. 風景區：容許使用為林業、養殖及遊憩用地，但不容許為甲、乙、丁種建築、鹽業、礦業、窯業用地，依事業主管機關核定為交通、水利及特定目的事業用地。

8. 特定專用區：容許使用為農牧、林業用地，但不容許使用為乙、丙、丁種建築用地，授權縣市政府編定為甲種建築、養殖及墳墓用地，經省政府許可可編定為鹽業、礦業、窯業及遊憩用地，依事業主管機關核定可編定為交通、水利及特定目的事業用地。

上述8種使用分區須經區域計畫主管機關依法核定後，編定為古蹟保存、生態保護、國土保安用地。」(中時)

1975年8月29日(民國64)，3條新中橫預定線經過南投縣境，一由水里、信義、和社、東埔、八通關到玉里；一由水里、地利至花蓮鳳林；一由霧社、蘆山溫泉、檢查哨至花蓮銅門，下月初將繼續勘選(中時)。

1975年9月10日(民國64)，嘉義至阿里

山路段，公路局已準備斥資4億5千萬鳩工興建。

1975年9月10日（民國64），省府依據行政院指示，擬訂「台灣省林業經營改革措施」，呈報行政院：

1. 國有林經營應依據永續作業，國土保安及經濟效益與多目標利用的原則，釐訂森林經營計畫，並配合集水區經營需要，將全省國有森林地，劃分為37個事業區，實施單元計畫經營，每十年檢討一次，以配合經濟建設需要。

2. 今後每年伐木量最高限額為198萬立方公尺，但每年編擬伐木數量，應在基準以下減編。造林基準面積為2萬3千420公頃。

3. 凡經編入為保安林的森林，不論所有權誰屬，非因施業上的需要，不得採伐，如有林相不整或遭破壞，應限期復舊造林。

4. 在北、中、南部橫貫公路、北迴鐵路、南迴公路兩旁，石門、明德、德基、白河、萬大、曾文、烏山頭、阿公店等水庫地區，沿海地區及電源、自來水源集水區等地區，擴大編列保安林。

5. 國有林區內影響水土保持及造林的地區，應禁止採取砂石及採礦。

6. 國有林內嚴禁濫伐盜墾，並加強防範森林火災及病蟲害。

7. 伐木應限制為小面積皆伐或擇伐作業。

8. 縮小木材商業務，但為供應國內所需木材及林產品，發展森林工商業，得由政府協助民間廠商開發國外森林資源。

9. 一般租地造林及工業原料廠商租地造林，今後一律停止辦理放租，已放租者，應督導完成造林，否則取銷合約，收回造林。

10. 在主要溪流兩岸，設50公尺寬的保護林帶，對有嚴重危害水土保持的地區，將另行規劃加寬。

11. 為達成實施林業改革措施，擴大造林，加強治山防洪，維護森林資源等目標，今後林業收入包括林木價金，不再解繳國庫，但在收支無法平衡時，應另予撥款支應」（中時）。

1975年9月14日（民國64），農復會指出台灣森林資源的經營方法失當，面臨許多瓶頸：「木材生產量遠低於需求量，今後每年砍伐材積僅能維持在150萬立方公尺以下，但因木材工業發展迅速，每年需求量已超過500萬立方公尺，且有增加趨勢，未來森林資源所生產之木材與實際需要之差距將愈擴大。

高山造林困難重重，目前若干砍伐地區已達海拔2,700公尺之高山地區，如施行人工更新，因受氣候及土壤等限制而難以成功，致高山林地復舊形成嚴重之問題。

森林作業方法不當導致更新不易，在執行上，由於地形及林相關係，擇伐作業成本過高，利不及費，故實際均採用皆伐作業，導致林地過份裸露，復舊不易，對森林資源之保育經營極端不利。

森林遊樂區之規劃與經營因陋就簡，由於經濟繁榮，國民所得提高，森林遊樂漸受國民注意，政府在過去雖已積極推動，但各項建設多因陋就簡，或僅限於局部地區之規劃，對未來之擴充及長程之發展鮮有顧及，且多未能發揮自然美及林業

大眾教育,失去森林遊樂之原有意義。

森林經營資金亟待合理改進,目前台灣之森林經營係採取「以林養林」、「量入為出」的政策,遇有盈餘則繳歸國庫,不足則須緊縮支出,但林業經營係長期事業,若干效用不可能立竿見影,故若干國家(如日本)均另訂特別會計制度,遇有盈餘則提撥供作林業準備金,以備緊急之需,今後如欲將台灣森林事業納入正軌,則資金之運用亟宜合理改進」(中時)。

1975年9月16日(民國64),當局加強整飭阿里山區,擬開發成旅遊樂園,且計畫大興土木,期待得以成為「觀光重鎮」;10月5日,阿里山森林遊樂區的建設藍圖已完成規劃,待省主席批准而報院核定。

1975年9月20日(民國64),冷彭撰「納林政於正軌促林業現在化」,認為「台灣省林業經營改革措施」難以解決實際問題(中時);9月21日報導,省府依政院指示,已擬具「台灣省林業經營改革方案」。

1975年9月24日(民國64),中度(強烈)颱風貝蒂過境,花東災情嚴重,23日下午4時為止的報告指出,全省12人死亡,108人受傷,房屋倒了713間,公路多處中斷。橫貫公路文山站9百餘人被困(中時);雲嘉南地區二期稻作災情嚴重,全台各地災情頻傳。

1975年10月2日(民國64),行政院院會中蔣經國院長指示:「森林乃台灣之生命線,如繼續容許過量採伐,其影響之嚴重將無法估計,林務人員應有此認識;又蘭陽、嘉南地區之水患,與以往森林之大量砍伐影響水土保持有關」。嗣於本(1975)年底再度批示:「必須徹底貫徹本院所決定之森林政策,並切實執行不得有誤」。(林局誌)

1975年10月2日(民國64),公路局決在67～68年度,斥資30～40億元開闢第3條中部橫貫公路及新的縱貫線。第3條中橫由草屯、水里、阿里山、八通關,至玉里(中時)。

1975年10月8日(民國64),省府謝東閔主席邀集有關機關(中央經濟、內政、交通3部,省府農林、交通、警務3廳處,林務、公路、公共工程3局,交通部觀光局)代表,至林務局商討阿里山森林遊樂區整建事宜(林局誌),作成結論12項如下。

1. 阿里山森林遊樂區規劃及旅遊中心區遷建實施計畫,可照所擬計畫進行並報行政院核准,俾利國有林經營及公共、公用設施擴建,冀獲中央有關機關之配合支持。

2. 限制定住人口增加之原則甚為正確,除現有住民外不得再有人口之遷入,國有林亦不得租用。

3. 民間在森林遊樂區內之一切建設及經營事項,均須依照計畫辦理,由林務局嚴格執行。

4. 火車站遷建於第4分道,發展為新的旅遊中心區,所需經費可與省府有關單位另行商議。

5. 現有紊亂住宅區遷建,可以整建住宅或國民住宅方式,由社會處興建後租賃與現住居民。因土地為國有,仍由社會處與林務局研究辦理。

6. 舊有房屋拆除後予以美化,清除環境髒亂。以上4.、5.、6.三項應在3年內完成。

7. 保持阿里山森林遊樂區寧靜環境，建築物格式應力求表現我國傳統民間簡樸風俗。

8. 風景地以保持自然景觀為原則，除必要之利用設施外，儘量減少建築物以免破壞自然環境。

9. 先做好阿里山點的建設，然後以線的連絡，向眠月、東埔、達邦等四周作面的擴大，完成中部風景區整體的發展。

10. 多種花木及大量培養種植牡丹花，使各色花卉與常綠之森林隨四季氣候有調合的變化。

11. 森林鐵路沿途富有植物垂直分布變化，具有教育意義，宜隨車加以說明，使遊客對於植物分布發生興趣。

12. 阿里山除日間之野外遊憩活動外，晚間可安排視聽娛樂節目，以宣導森林與人生之關係為主，且收寓教於樂之功效。

而本年度行政院對台灣林業經營提出了3點重要指示如下。

1. 林業之管理經營，應以國土保安之長遠利益為目標，不宜以開發森林為財源。

2. 為加強水土保持工作，保安林區域範圍，應再予擴大，減少森林採伐。

3. 國有林地，應儘量由林務局妥善經營，停止放領放租，現有木材商之業務，並應在護山保林之原則下，逐步予以縮小，以維護森林資源。

換言之，本年度應係林業政策之轉捩點。而台灣省政府仍依照行政院上述指示，頒布「臺灣林業經營改革方案」，並要求各林業機關在提出各年度林木砍伐預定案之際，必須檢附經營計畫書，以作為審查年度伐木計畫之依據。

1975年10月8日（民國64），林務局阿里山森林遊樂區整建計畫報奉謝省主席裁示可行，並應優先辦理，提前於2年內完成（原訂8年內完成）。（林局誌）

1975年10月9日（民國64），南投縣1,400餘公頃的泡桐發生嚴重的萎縮病，又名天狗巢病，縣府通知各鄉鎮防治（中時）；10月10日報導，新中橫八通關線之踏勘，省有關單位80餘人將於10月14日入山踏勘16天；台南縣東山鄉東河村（俗稱吉貝要）平埔族9日舉行一年一度祭典的最後一天，在其祖厝「大公廨」舉行，主神為「老君」，是為西拉雅族；10月11日報導，嘉南平原出土巨角鹿古化石，時期約在100～200萬年前遺物，在頭科山層發現者；省山地農牧局頃訂定苗栗淺山地區開發計畫。

1975年10月19日（民國64），省府批准阿里山森林鐵路古老火車機關頭運往嘉義市陳列，將停放於中山公園進口處展覽。

1975年10月19日（民國64），自6月19日行政院會決定新的林業政策後，省府研訂了本年度林業經營方案，但該方案實施後，仍有不良的批評。蔣院長在最近的一次決策會議中，仍認為砍伐多於造林，並未遵照6月19日的林業政策，省的林業改進方案仍然抱著以林業為財源的不當觀念，並有保障少數木材商人利益的不當作法，應徹底予以糾正。蔣院長指出，水患與森林過度砍伐有關。「據省府官員表示：林務單位已研訂新的改進方案，但對於『並有保障少數木材商人利益不當作法』，尚待與中央有關部會作進一步的研

究。

關於新的林業經營改進方案，在造林方面，已決定由目前的每年2,300公頃，增為30,000公頃，砍伐量仍訂為130萬立方公尺。

該官員說：現行方案，對於防止少數木材商在林業方面得到過分的利益，已作了改進，其中如將每次木材標售數量予以減少，並限制每人得標以一次為限等。

省府官員並稱：目前造林成活率已達80%以上，省府擬訂的每年砍伐是130萬立方公尺，其面積相當於1萬2千公頃，因此，一般而言，造林面積已多於砍伐量，且省府已將過去辦理的林相變更計畫予以取消」(中時)。

1975年10月19日(民國64)，省新聞處公布的「查禁書刊目錄」並無「台灣省通志」，而應是「台灣史誌」(陳常綱著，中華文教出版社出版，封面有陳錫卿題字)，部分警察未察明，將「台灣省通志」查扣(中時)。

1975年10月25日(民國64)，嘉義縣政府已完成開發中央橫貫公路紙上作業，預定月底與花蓮、南投及省府有關單位技術人員會師，共有98人自嘉義出發，展開6天的第2期勘察；嘉義縣政府另提以阿里山為中繼站，向上延伸玉山、八通關至玉里，向下往石桌、瀨頭，轉山美、新美、下茶山，而達台3線之曾文大橋構想(中時)。

1975年10月29日(民國64)，新中橫公路計畫變更，主支線將改為阿里山線，將可縮短16公里(聯合報)。

1975年11月1日(民國64)，「新中橫公路踏勘隊」完成任務，於10月31日抵嘉義，1日簡報，擬於沿路線開鑿9個隧道，並將路面標準提高(中時)；同時，踏勘隊推選5位專家學者著手撰寫報告書，預定月底前蒐集全部資料層報中央核定施工；11月2日報導，新中橫踏勘隊推選5位專家學者著手寫報告；記者劉讓先報導「新中橫公路沿線森林礦產資源豐富」；南投縣堅決反對新中橫信義至玉里線由主線改為支線。

1975年11月3日(民國64)，省府重擬林業政策，山地保留地24萬公頃擬輔導造林，「10年後可提供政府每年2億財源」(中時)；林務局決定在八通關附近設置可供6百人食宿的招待所；南投縣府會一致爭取新中橫公路主線。

1975年11月7日(民國64)，南投縣長劉裕猷堅信，新中橫信義至玉里線仍是主線，反駁變更主線之說。

1975年11月25日(民國64)，林務局南庄工作站被盜伐2,024株柳杉；11月28日報導，花蓮地區檢警會議建議，加強取締濫伐濫墾(中時)。

1975年12月1日(民國64)，省府遵奉中央新林業政策指示，66年度全省伐木「僅編訂127萬1,320立方公尺」(中時)。

1975年12月19日(民國64)，省府原則決定拆除蘭陽林區森林鐵路，但須先解決大同鄉對外公路交通(中時)；省府將對台東縣山地保留地推廣造林，4年內將造林6,900餘公頃。

1976年1月2日(民國65)，政府減少木材砍伐量，木材業者憂心忡忡，建議進口南洋木材加工(中時)。

1976年1月3日(民國65)，行政院以臺

經0004號函示台灣省政府「台灣林業經營改革方案」，其第14條條文：「發展國有林地多種用途，建設自然保護區及森林遊樂區。保存天然景物之完整及珍貴動植物之繁衍，以供科學研究、教育及增進國民康樂之用」。

1976年1月5日（民國65），政府決定今後標售林班之際，限制標售數量及業者一年內的得標數，同時規定國有林地不得放租放領，並不准租地造林（中時）。

1976年1月8日（民國65），阿里山電信局啟用自動電話。

1976年1月10日（民國65），為配合阿里山公路通車，吳鳳廟至觸口段之路基，公路局決定斥資拓寬。

1976年1月23日（民國65），關於阿里山籌建遊樂區，省府成立執行小組。

1976年2月9日（民國65），官方再度裁定阿里山森林遊樂區，不能交給嘉義縣經營，理由為森林資源應由國家「保育及管理」；2月11日，阿里山區第4分道中心社區，林管處已完成測量，預定6月發包施工；4月6日，省府表示將投資2億餘元建設阿里山森林公園；6月19日，由於阿里山居民村地實施禁建，阿里山人不滿；7月17日，阿里山遊樂區即將著手規劃，省府官員預訂21日實地勘查，首期工程費初估約3億元，但於8月19日宣佈，首期建設2年完成，只編列經費9千萬元，至12月1日，省府核增2千餘萬元。

1976年2月23日（民國65），政府全盤檢討非都市土地，規劃為8類區域：

1. 特定農業區—有下列各類情形之一者，得劃定為特定農業區。

（1）曾經或現正進行或決定於近期作重要農業投資之土地，如辦理農地重劃、灌溉、排水等工程地區。

（2）現為田地目土地，或其他地目實際已從事水稻生產之土地。

（3）位於前兩項土地範圍內之零星土地，應一併予以劃入。

2. 一般農業區—特定農業區以外，可供農業使用之土地，得會同農業主管機關劃定為一般農業區。

3. 工業區

（1）工業區之劃定，須經工業主管機關複勘，除儘量避免使用優良農田外，並應注意：①交通方便，②有充分及良好水源，③排水良好，④電力供應方便，⑤勞力來源充裕，⑥不妨礙國防軍事設施，⑦有可供擴展之餘地。

（2）工業區不必於第一次劃定使用區時一次劃定，應視工業發展需要，隨時增減。

4. 鄉村區—凡人口聚居在4百人以上，土地位置距離都市計畫邊緣5百公尺以上者，得就現有建地邊緣為範圍，劃為鄉村區。聚居人口在1千5百人以上者，如區內現有空地，不敷未來5年人口成長需要時，得增加鄉村發展用地。

5. 森林區

①國有林地，②大專院校之實驗林地，③林業試驗林地，④保安林地，⑤其他可形成營林區域之公私有林地。

6. 山坡地保育區

①山坡地範圍內之土地，②依有關法令認為必需辦理水土保育，以維護自然資

源者。

7.風景區

（1）下列土地得會同有關機關，劃定為風景區。①國家公園及區域公園，②風景特定區，③遊樂區、名勝及其他觀光地區，④海水浴場及海底公園，⑤溫泉，⑥水庫，⑦具有保護價值之動物及植物生育地。

（2）風景區之劃定條件：①具有特殊自然景觀之價值，②最小面積25公頃，③與鄰近地區產業開發之配合，④與鄰近風景區遊憩用地之配置。

8.其他使用區域或專用區

根據實際需要，就其使用性質，會同有關機關劃定之」（中時）。

1976年2月26日（民國65），阿里山森鐵最古老火車機關車的全部資料，贈送予美國博物館收藏；2月27日，省府令，禁止採挖阿里山區的一葉蘭。

1976年2月28日（民國65），阿里山「山葵」每公斤售價2百元，各地商人及日本人直接向阿里山人訂購，每年山民收入約3百萬元以上。林管處禁止阿里山森鐵載運，阿里山人由嘉義市訂購紙盒，大盒裝20多公斤，小盒裝10餘公斤，以郵局方式寄往訂購者。阿里山每公斤170元左右，至平地售價在200元以上。有阿里山人將山葵製成山葵麻糬（中時）。

1976年3月1日（民國65），林務局阿里山森林遊樂區整建計畫，由省府轉報行政院核定施行，飭應縮短於3年內完成。（林局誌）

1976年3月2日（民國65），移種栽培於阿里山區的「緋寒櫻」花色緋紅、花期長，玉山林管處認為栽培成功，打算於森鐵沿線栽植。

1976年3月7日（民國65），阿里山葵經中時報導後，林務局通知警方，禁止山產運出，但郵局依然寄出，而民眾盼政府准許自由買賣，拓展外銷市場（中時）。

1976年3月16日（民國65），迄18日，台灣省議會伐木造林調查小組一行8人，由王安順議員率領視察玉山林管處阿里山工作站轄區林業。（林局誌）

1976年3月22日（民國65），阿里山森林鐵路於本日起行駛不定期快車；按，森鐵歷年來營運改善事實：

（1）1960年11月25日（民國49）起，除普通客車雙日上山、單日下山外，加開不定期團體車一次；

（2）1963年4月21日（民國52）起，行駛中興號快車每日對開二班次；

（3）1965年10月1日（民國54）起，將雙日上山、單日下山之普通客車班次，改為每日上下山對開1班次；

（4）1967年1月1日（民國56）起，增加行駛中興號快車，每日上下山對開2班次；

（5）1971年7月1日（民國60）起，行駛不定期光復號快車；

（6）1973年1月1日（民國62）起，將不定期光復號快車改為定期行駛每日2班次；

（7）1976年3月22日（民國65）起，行駛不定期平快車。聯運車票分別由台林旅遊公司、東南旅行社、台鐵台北站、阿鐵嘉義站及北門站發售。（林局誌）

1976年3月26日(民國65)，經濟部核定台中縣大甲溪，水尾山區外保安林為鷺鷥鳥保護區，成為我國第一個野生動物保護區。

1976年3月(民國65)，阿里山本月由日本引進牡丹200株及芍藥50株；其後於1977年(民國66)11月及12月，1978年(民國67)4月及11月，1979年(民國68)3月及11月，1980年(民國69)10月，1985年(民國74)2月，從日本、英國、韓國斷續引進(林局誌)。註，牡丹園於1976年設置，面積2.6公頃；1988年之際，牡丹栽培棚22(12？)座、溫室1間，種植牡丹1,867株、芍藥27株，以及約30種外來植物，但牡丹今已消殞。

1976年4月13日(民國65)，省產木材嚴重缺貨，羅東業者希望引進原木進口(中時)。

1976年4月20日(民國65)，嘉義軍用機場部分開放民航使用，永興航空公司爭取開闢短程航線，由嘉義飛澎湖及阿里山。

1976年4月25日(民國65)，為開發橫貫公路風景區，勘查小組28日起實地踏勘(中時)；大雪山第12林班森林大火。

1976年5月1日(民國65)，嘉義縣議會第8屆第7次大會揭幕，通過3項臨時動議，議員提案請鐵路局接管阿里山森林鐵路；至6月19日，省交通處答覆接管建議「有困難」；6月29日，森鐵嘉義至竹崎路段，省交通處同意停駛普通車。

1976年5月3日(民國65)，省府決投資2億餘元，建設阿里山森林遊樂區(聯合報)。

1976年5月3日(民國65)日治時期阿里山小學校教師發起「阿里山小學校同窗會」，將分散在日本各地的日裔阿里山人集結。聚會者以阿里山小學校的老師、校長、學生為主。此後「阿里山小學校同窗會」便成為一年一度的常態性聚會。由會員輪流充當召集人，聚會地點與時間由輪值的召集人決定。

1976年5月12日(民國65)，七星山夢幻湖將闢為風景區，台大植物研究所寫信給台北市政府保護夢幻湖中的台灣水韭，此稀有蕨類係1971年8月22日發現，隸慕華研究之，為恐台灣水韭有滅絕危機，隸教授及其學生們已著手將水韭移植試種於阿里山和溪頭的水體，成果尚在未定之天。

1976年5月17日(民國65)，交通部重視「阿里山森林遊樂區計畫」之規劃與進度，邀集有關單位開會，得5項結論：「

1.阿里山森林遊樂區計畫開發完成後，不但要擴大管制工作，避免居民濫建，同時要適應觀光遊覽需要及風景資源等工作，加強管理。

2.將新闢即將完成的阿里山低標準山區公路，改善為正式之道路系統，且原森林鐵道亦應作必要的改善，以縮短其行車時間。

3.應重視阿里山境內的自來水設備及污廢水處理，以維持水之充分應用及環境衛生之清潔。

4.有關建築及營業執照等之核發，嘉義縣政府在核發之前，應先徵得林務管理機關之同意，否則不能濫發，至建築法規定之公共建築物，可予免建地下室，以

第一回阿里山小学校同窓会（阿里山会）昭和51年5月3日、大阪

1976年5月3日（昭和51）日治時期阿里山小學校教師發起「阿里山小學校同窗會」，將分散在日本各地的日裔阿里山人集結。聚會者以阿里山小學校的老師、校長、學生為主。此後「阿里山小學校同窗會」便成為一年一度的常態性聚會。由會員輪流充當召集人，聚會地點與時間由輪值的召集人決定。菅原（伊藤）房子提供

減輕居民經濟負擔。

5. 鼓勵民間投資於該遊樂區內的各種建設，有關單位應訂定辦法，以吸引民間投資」（中時）。

1976年5月19日（民國65），森林法將修正，擬加重罰則以防止盜林（中時）。

1976年5月26日（民國65），經濟部物價督導會報決定繼續實施現行標售檜木辦法，本年第3期標售量為8萬立方公尺，原木及製材採4：6比例（中時）。

1976年6月4日（民國65），省府宣布，公有山地保留地將於1977年（民國66）起，將所有權轉移給原住民，預定6年內辦理完成。（林局誌）

1976年6月8日（民國65），嘉義自從阿里山林班停止（自營）伐木，林管處林班不再標售林木之後，木材商人欲標購木材必需至花蓮、台東、羅東、高雄六龜、竹北等地，另靠菲律賓輸入的柳安、拉敏等供應市場。2個月前最佳檜木每才45元，今為55元，而柳安木每才14～15元。

1976年7月5日（民國65），省府宣佈，公有山地保留地將於66年度起，逐年將所有權轉移給本省山胞，預計至71年辦理完畢，總計10萬9千多筆，面積3萬餘公頃（中時）；魯碧颱風餘威肆虐，各地豪雨下，交通中斷、低窪積水、堤防潰決；南迴公路交通中斷；河川暴漲，美濃、東港成水域；縱貫鐵路中斷，千餘旅客被困苗栗火車站；南台豪雨成災，阿里山森鐵嚴重多處坍方、台中縣房屋全倒15間，半倒18間，1人被壓死；梨山至谷關之中橫，坍方多達10處以上；各地水災頻頻報導；7月6日持續報導各地災情。

1976年7月6日（民國65），玉山林管處長陳文濤表示，全力搶修阿里山森林鐵路，預計今日可實施接駁通車（中時）。

1976年7月6日（民國65），阿里山森鐵平遮那段人工隧道突告倒塌，受困旅客將分段接駁下山；8月10日報導，畢莉颱風遠去，嘉義縣豪雨，森鐵坍方，搶修中。

1976年7月7日（民國65），原訂7月6日接駁通車的阿里山鐵路，因平遮那段的人工隧道突然倒塌，且奮起湖與十字路的31號隧道、交力坪18號隧道尚未修復，全線通車又將延期。平遮那隧道興建於民國63年，長20公尺、高6公尺、寬8公尺，全屬鋼筋水泥，工程費3百萬元，除了去年未發生災害以外，每年均曾發生坍方。阿里山豪雨自5日午夜開始，至6日上午仍然傾盆不歇，「人工隧道」6日凌晨突然整個倒塌，該段路基、擋土牆、攔砂壩、潛壩，皆被沖下3百公尺深的溪谷，乃阿里山森鐵近年來最大的一次雨害，初步估計，損失達千萬元以上；7月8日報導，阿里山森鐵需時2月始可修復；阿里山公路尚未通車，此次豪雨導致多處坍方。

1976年7月9日（民國65），被困在阿里山上1,500多位旅客，由林管處派人護送徒步至奮起湖，再改乘小火車接運下山。少數年歲較大、走路不便或自願續留阿里山者，計有百餘人（中時）。

1976年7月12日（民國65），政府決在71年底完成環島鐵路系統（中時）。

1976年7月17日（民國65），省農林廳、建設廳、交通處、林務局、公路局、自來水公司及電力公司等單位定21日，至阿里山實勘阿里山遊樂區的首期計畫，工程費

初估3億餘元，計畫總面積175公頃。計畫草案中擬將第4分道附近的25公頃林地內，規劃為旅社區、商業區、阿里山車站遷建的新車站、公路局車站，而沼平車站區所有商店、旅社均應拆遷。計畫草案中擬由對高岳山腰，搭建一條全長8百至1千公尺的空中纜車鐵索，直達祝山。此一阿里山森林遊樂區包括森鐵第1至第4分道，以及神木、祝山、沼平等範圍。其第一期發展計畫以第4分道為主(中時)；前此，7月初阿里山森鐵平遮那大坍方，已搭建便橋繞過災害地區，13日勉強恢復通車，但車輛經過該處時必須極為緩慢；又，省議會交通小組於14日至嘉義實地考察阿里山鐵路經營權問題，但交通處認為森鐵不符鐵路局鐵路標準，無法接管。

1976年7月19日(民國65)，省府配合區域計畫法公布及6年經建計畫執行後，本省各都市及區域建設的需要，決定分年對台中區域計畫、新竹苗栗區域計畫、嘉義雲林區域計畫，及東部區域計畫，繼續加以修訂。其中，八卦山將列入擴大台中區域計畫範圍(中時)；埔里虎頭山森林遊樂區完成首期工程；省地政局糾正埔里市地重劃之土地重新分配不當處；宜蘭羅東至土場之間，公路交通未解決之前，蘭陽林區森林鐵路暫不拆除，以免影響沿線35公里居民的出入。

1976年7月30日(民國65)，爭議十多年的蘭陽林區森林鐵路拆除問題，獲得解決方案，由各單位合力修護橫貫公路支線來代替(中時)。

1976年7月(民國65)，台大實驗林管理處編訂完成新經營計畫，提交實驗林第45次審議委員會審核通過，其計畫有效期間係1978.7～1988.6(民國67.7～77.6)，凡10年。

依據此計畫書所述之經營目標為教學實習、試驗研究及示範經營。其在第2章，對於1960～1976年間(民國49～65)的經營成果作了檢討，揭示著重天然林之開發利用，改建為高價值之人工林。同時，分析了16年來，實驗林由原有林木蓄積量1,487,000立方公尺驟降成764,600立方公尺的7項主要原因，蓋16年來共搬出立木材積約540,000立方公尺，在不計林木生產量的情況下，仍相差了182,000立方公尺；對於此期之經營計畫，為發揮森林多目標效用，訂定森林遊樂計畫，包括第2項之規劃沙里仙溪森林遊樂區並按期施工經營；對於經營計畫之控制，說明實驗林為一經費自給自足之機構，情況較為特殊，故實際執行時如有困難則可調節之，其調節方法依7項原則執行。

其中第3項列出禁伐地為：①水源涵養區，②主要河流兩旁50公尺以內地區，③保安林，④不能造林之地區，⑤溪頭鳳凰山天然林；第7項則指出，各部門計畫之執行應作確實之記錄，各造林地在經營期間一切施業與林況變動均應詳細記載。本計畫於第1施業期終了時(1983.6)應施行中間檢討，有特殊自然變更及森林面積蓄積有重大變化時，實施檢討以修正計畫。由此看來，當年計畫皆以伐木營林的經濟目的為主。

1976年8月11日(民國65)，畢莉颱風過境，各地災情頻傳，頗為嚴重；阿里山一夜豪雨達6百公厘，森林鐵路橋樑崩坍，5

百餘遊客被困山上（中時）。

1976年8月15日（民國65），吳鳳鄉達邦鄒族一年一度豐年祭14日展開序幕，多項球類比賽登場，15日則為祭典，5千遊客趕往參觀（中時）；吳鳳鄉山胞的豐年祭中，山地男女通宵達旦所唱的祭典歌歌詞內容是何？嘉義縣府山地課10多年來前往探究都無法瞭解，年輕山胞亦不清楚，而元老山胞守口如瓶、拒不說出；據一些研究民俗的大學教授研究結果，「認為有如美國印地安人出征打伏勝利回來的慶功歌」，但山地課官員認為，由於山胞守密到家，使他們感覺內容有「問題」，可能帶有「凶殺」之意。

1976年8月19日（民國65），林商號結束嘉義廠，訂期資遣員工。

1976年8月31日（民國65），嘉義、竹崎之間的阿里山森林鐵路區間車，已由交通處核准停駛，玉山林管處定9月1日起正式停駛（中時）。

1976年9月18日（民國65），嘉義縣政府擬開闢阿里山至曾文水庫連鎖公路，4年施工方案：

第一年：測量、規劃、設計（包括送管）。

第二年：開闢山美至新美段，約10公里（包括橋樑）。

第三年：開闢新美至茶山段，約7公里（包括橋樑）。

第四年：開闢茶山至台3線大埔大橋段，約8公里。

縣府並在計畫中，強調該路有開發之價值，乃誠望中央核撥專款6千萬元，補助嘉義縣開闢該道路，以利繁榮地方」（中時）。

1976年9月22日（民國65），蔣院長宣布，下年度取消鹽稅，公地不再放領，積極開發森林遊樂區（中時）。

1976年10月7日（民國65），行政院蔣院長於立法院本會期總質詢期間，宣佈將使台灣綠化及工業化，將選擇適當山地闢為國家公園，中時社論「綠化台灣」申論之；農復會將建議政府免除木材進口關稅。

1976年10月11日（民國65），嘉義縣政府通知梅山、番路兩鄉加速整建風景區（中時）。

1976年10月13日（民國65），台中港月底通航（中時）；英籍野生動物專家查利斯・沙多華12日表示，他想在七星山下一塊退輔會管轄地，面積約5百公頃，設置非洲「野生動物公園」；10月14日報導，公路局完成踏勘新中橫報告，報請中央核定，預定自68年度起，以36億2千萬元，分年分段施工；15日，中時特稿報導新中橫闢建議題；18日報導，新中橫踏勘隊強調開發前需做好水土保持。

1976年10月30日（民國65），嘉義玉山林區大盜林案，台南高分院29日首次更審判決，37人有罪，20人無罪，郭寶堅判刑15年（中時）。

1976年11月4日（民國65），省擬闢建3條新橫貫公路，各路線已初步選定。

1976年11月9日（民國65），凌晨2點多，阿里山遊樂區中心所在地沼平（舊車站）發生（神秘）大火，實際受災77戶，災民324人；12月4日嘉義縣各界首長上山舉行協調會，因災民堅持自行重建，未獲結果；此度火災發生在林務局遊樂區規劃之

後，災民抗拒林務局安排，演變為阿里山遊樂區空間分布配置的最大轉捩點；隔年(66年)，6月29日林務局配合憲警300餘人，強制拆除「違建」，結束7個月餘的抗爭。

1976年11月10日(民國65)，阿里山車站前鬧區9日凌晨2時10分許，由吳鳳鄉中正村東阿里山117號惠珍食品店及118號和興商店「同時起火」(註：報導有誤)，139家店鋪、旅社及民房中，有81家付之一炬，初估損失在7千萬元以上，由於無充分水源、欠缺消防設施，大火燒至機關車庫前300公尺處，火勢才控制下來，此時殆為上午7時許。受害災民404人，目前集中在阿里山閣及中正村活動中心。

玉山林管處處長指派上午7時45分開出的中興號快車、8時15分的光復號快車，以及10時30分的普通車，將8日上山的4百餘名旅客疏運下山，而上山列車一律停駛。中影公司在阿里山拍攝「秘密相思林」的外景隊，因協助搶救火場附近的儲油庫，被視為救火功臣。參加救火者有導演張佩成，男女主角梁修身、李菁等50餘人。

阿里山對外電信系統，因火災悉告損壞，林管處職工合作社阿里山分社約有20萬元價值的食米被焚毀；火後，5位電信人員異常忙碌，自2時至晚上8時半，營業電話已達千餘次，局長李正毅，機務人員邱永煌，職員陳紹恭、范金蓮、詹玉容等，他們以微波電訊設備，負責對外通訊。陳紹恭的家為中正路122號的南馨食品店，已被焚毀，他和同事范金蓮新近訂婚；兩「涉嫌」火首，中正村118號惠珍商店王海龍、和興商店陳清祥，在派出所相互爭論、各執一詞。

據警方瞭解，火場居民不同意以自己的房子開作隔火道，因而延燒迅速，救火人員勉強開了3處火道，一條在山友商店，救了6戶；一條在燃煤火車車庫附近，救了15戶；另一條在吳鳳旅社，救了10戶。被燒毀的11家旅社為青山、成功、蜜月、中興、忠興、萬國、神木、登山、文山、永福、櫻山，被燒毀的商店34家、住戶36家。災民們已收到縣府的救濟金，每戶一人者2千元，2人以上4千元，最高8千元。目前3家未遭大火的旅社有玉山賓館、吳鳳旅社及阿里山閣旅社。一批投宿在中興旅社的遊客表示，若阿里山水源充分、消防設備良好，則火災不至於如此嚴重。

「81戶404位災民的驚恐，饑寒，換得了一項意外的重大收穫—解決了這個地區濫建、違建房屋商店的遷建問題。

據林務局計畫，這次火場範圍內的商店、居民房屋，均應遷建阿里山站第4分道。由於當地商民在阿里山站前經營商店有年，多不肯遷移，雖經多次協調，也未得圓滿結果。如今這一場大火算是「順利解決」了這個問題。

據玉山林區管理處處長陳文濤說，被火燒毀的大部份房屋、店鋪都係木造，事先未經規劃，且不斷增加違建，因此，火勢蔓延就難以收拾。關於遷建問題，林務局計畫分批遷建。這次被燒毀的大部份包括計畫第一批遷建的全部。

當地商民不願遷建的原因是，原地靠近阿里山火車站前面，有生意可做。遷到

第4分道後，距離火車站遠，不好做生意。

　　阿里山僅有的民間商業區，於9日凌晨2時10分發生火警時，玉山林管處處長陳文濤正陪同林務局副局長在山上考察。他已於9日下午6時返回嘉義，據陳處長說，阿里山火災區的商店，因建築未經規劃，起火後即很難灌救，現場清理後絕不准在原地復建。

　　據下山旅客說，火在燃燒中，災民均急忙搶救財物，在救火過程中，中央製片廠山上的外景隊隊員曾出力不小。

　　被燒毀的民房商店中，有屬於林管處的7、8幢員工宿舍，也被燒成廢墟一片。」

　　記者王金永、陳信孝略加討論火災，全文轉錄如下：「阿里山森林遊樂區，是舉世聞名具有原始美的旅遊區，每年，吸引了數百萬遊客上山觀日出、看雲海，並倘佯在山野林間，沐浴在大自然秀麗的懷抱裡；不料，9日的一把無情火，燒毀中心區的店鋪、旅社及住宅的一大半，使原來洋溢著一片生氣勃勃的景象，成為到處殘垣碎瓦，好不淒涼。

　　這一場大火，燒去了4百餘人生活棲身及依恃，也燒出了2個問題，即水源及消防設施的缺乏，而這2個問題，也就是造成這一場大火的蔓延，設非玉山林管處阿里山機關車庫的一位機工的機智，以古老火車頭來當「擋火牆」的話，所造成的損失，將是非常重大的，而店鋪、旅社及住宅的燒毀，也將不止於81家了。

　　現在，來談一談阿里山地區目前所欠缺的，也是急需謀求改善的問題：

　　首先，就以水源問題來檢討。阿里山地區的水源，一向就很缺乏，尤其在大批旅客向山上湧的花季期間，缺水更形嚴重。

　　據旅客們指出，在阿里山登山旅遊，自來水時常不自來，旅客們盥洗時，經常無法暢所欲用，即使洗臉，也不能過於大方，否則，大家如此，水荒就會發生。

　　居住在山上的人，也有此種感覺，無怪乎，火警發生，許多人只有『望火興嘆』，無法加入救火行列，僅由部份搶救人員，以火車廂權充蓄水庫，由蓄水池以幫浦將水抽送進車廂，而後再以人工壓汲車廂內的水，以水管接向火警現場，此種古老的方法，豈能有效的防範及在緊要關頭發生效用呢？

　　因此，有人認為玉山林管處在阿里山森林遊樂區尚未整建完成前，宜應設法先解決水源問題，如多建造一些蓄水池，並備妥自來水輸送設施，同時在人口密集的地區，施設消防拴，一有緊急情況發生，當不致手忙腳亂，無法展開施救行動。

　　第二個問題，即是消防設備。阿里山雖不是一個房屋密集，人口擁擠的地區，但無可否認的，火車站前面第4分道將來也是一個小型的新社區型態，人口及房屋在遊樂區整建後，一定會直線上升，同時四周圍有原始森林，在天乾物燥時，極容易發生火警，因畢竟旅客多，萬一當中有1、2位不守法的人隨地丟棄煙蒂時，卻無從避免及防範火警了。

　　可是，此次的大火災，竟然沒有消防器材可供使用，如滅火器、滅火彈一類的消防器材，反而以古老的方式來救火，如

是，何能戰勝火神呢？

因為阿里山的地形特殊，天氣也變化多端，如果本身無足供救火的消防設施，要憑外力支持，在時效上，必會發生於事無濟的現象，再說，遠水也救不了近火。就以這一次大火警來說，雖向空軍單位求援，在氣候不良、能見度低的狀況下，直昇機也成了『英雄無用武之地』。

此次，幸好有民眾及警方、林管處人員的充分發揮團隊精神，合力進行救災，才未發生傷亡的不幸事件。

由這一場山區大火的教訓，有關單位應該徹底檢討山區的水源及消防設施問題，速謀有效的改善方案，以『亡羊補牢』，不然，再有一次山區大火時，那豈不是又要眼巴巴的看著火神得逞嗎？」（中時）；9日下午開往阿里山最後一班登山火車，行至距奮起湖站上方約5百公尺處，曾發生貨車車廂「脫勾」；11月11日火災消息陸續報導之。

1976年11月10日（民國65），東阿里山鬧區大火，400多人無家可歸，嘉義縣府運糧救災，林管處籲遊客暫時不要上山（聯合報）。

1976年11月10日（民國65），報載處理阿里山大火善後問題，嘉義縣議會要求縣府協助，縣府已撥50萬元救災；12月2日，阿里山遊樂區專案小組邀請「有關人士」，研商災區建設問題；12月20日，阿里山災民強搭違建案，嘉義地檢處表示重視，指示縣警局查辦；而12月18日，吳銘輝議員押運建材上阿里山災區，且拒絕到警察局應訊，警方決定將全案移送法院；年底，阿里山災民堅持在原地建家園，有

關方面正設法疏導；1977年1月3日，阿里山臨時商店住宅完工，5日，火災戶向縣長陳情，要求森林遊樂區仍設在火災區；1月12日，百餘火災戶感謝各界援助，堅持原地重建；1月13日，吳銘輝到庭應訊，檢方准交保候傳，14日吳被起訴；3月5日，縣議會臨時會揭幕，以阿里山災區善後處理問題，議會變更議程，將予專案討論；1977年5月3日，林務局展示阿里山遊樂區計畫，期待災民「早日消除疑慮」；6月25日，林務局表示，災區擅建住戶尚未自動拆除者，將強制執行拆除；6月29日，林管處強制拆除23戶房舍，災民貼大字報抗拒；7月1日，違建案獲解決，災戶「對遊樂區整建計畫表示支持、合作」，已有22擅建戶立切結書證明；1977年6月3日，觸犯兩罪被判刑的吳銘輝「突傳失蹤，已引起治安單位重視」。

註，此為媒體版阿里山火災事件，用以對照林務局版。此外，尚有民間版，將另行專案查訪與敘述。請參考專書（陳玉峰、陳月霞，2002）。

1976年11月12日（民國65），阿里山大火災民安置事宜，省社會處11日派員抵嘉，與十餘單位洽商，原則上2週內覓地建屋暫作安置，但不准災民原地復建（中時）；火災涉嫌火首王鎮江將於12日被依公共危險罪移送法辦；81戶災民陳情，請改公園預定地為商業區，原地重建；阿里山小火車11日恢復正常通車；警局指派人員運送1百床棉被上阿里山災區；阿里山大戲院董事長廖金火捐白米10大包、蔬菜10籃救濟；11月13日報導，阿里山森鐵12日清晨，平遮那段47號隧道突告崩塌；涉

嫌火首王吳鎮江被當庭收押；11月14日報導，嘉義縣議會13日通過發動各界捐助寒衣，救濟阿里山災民；11月15日報導，各界續捐款、救濟品等，送往阿里山。

1976年11月15日(民國65)，阿里山香林國中遷建案，省府同意撥款，舊址改為教師會館。

1976年11月17日(民國65)，阿里山災戶災民與搭建臨時屋勘查小組意見相左，協調未成，嘉義縣警察局嚴防災民舊地重建，玉山林管處決在下旬撥款將災區整建成為公園(中時)；11月20日報導，阿里山災民將聘請律師控告林管處涉嫌侵犯災民權益；11月21日報導，大部分災民20日已不再堅持在原地重建。

1976年11月22日(民國65)，阿里山火災善後問題，吳鳳鄉全體鄉民代表與81戶災戶、404位災民，21日晚上7時，在阿里山村聯合辦公室召開阿里山中正村及中山村聯合村民臨時大會，作成8項決議，包括「退回玉山林管處阿里山災戶救濟款」；11月23日報導，省府首長會談決定，阿里山森林遊樂區全部工程，責由林務局於3年內完成，並於第2期工程內，優先興建火車站3座大型旅館，另對災民救助，作成4項原則：火災區為遊樂區整建重點，禁止搭建及設攤；另規劃搭建臨時攤棚(每間4坪)及住家(每戶2人以下6坪，3～5人10坪，6人以上12坪)，廁所及浴室公用；由嘉義縣政府及省立嘉義醫院支援醫護站；日用民生必需品由嘉義縣政府充分供應；11月24日報導，玉山林管處決定將阿里山森林遊樂區正在興建中的大眾化旅社，縮短施工時間，明年1月底前完工

使用；省府核准的58家臨時房舍，將分別在阿里山莊前的網球場及受鎮宮前的香林國中操場搭建，包括商店25家、旅社業住家9家、一般住戶18家，及阿里山工作站的員工宿舍6家；林管處長陳文濤表示，若願意遷離阿里山者，可獲遷移費18萬元，去年有一位鄧姓居民遷出而領得18萬元；11月26日的中時專題報導，站在阿里山災民觀點陳述；林務局決定將阿里山居民所佔用的林地2公頃全部收回，積極展開整建計畫。

1976年11月27日(民國65)，省府謝東閔主席26日電令嘉義縣警察局，妥為處理阿里山大火區災民擅自在原地搭建臨時棚帳案，先勸阻，後強制拆除。目前強行搭建者有許清富等3人，他們於25日將材料搬入災區搭建(中時)。

1976年11月28日(民國65)，南投縣鹿谷鄉的「鷺鷥園」，由於人為「消除髒亂」，數以千計的鷺鷥被覆巢紛飛，此農村美景消失(中時)；此一鳥群聚出現在40多年前，出現於海拔約6百公尺的土地公山上，山上長滿楓香及楠木，光復之初，土地公山的原始林遭到大量砍伐，鷺鷥遷移至山腳的麻竹林。幾年後，大量繁殖而過度棲息，鳥糞堆積如山，麻竹因而凋萎，鷺鷥第2次大搬家，遷至鹿谷鄉公所對面的一株大芒果樹上。2年前，鹿谷鄉為了消除髒亂，決定趕走鷺鷥，試了許多方法，鷺鳥皆不願離去，最後採取「覆巢完卵」方式，將大芒果樹上的爬藤，夥同鳥巢、鳥糞一併除去，鳥群被迫離去，大芒果亦死亡。

1976年11月28日(民國65)，嘉義縣警

局27日指派保安課長上阿里山火災區,取締災民擅自搭建的棚帳(中時)。

1976年11月30日(民國65),政府決定在今後6年中,開發及改善山坡地5萬公頃、開發海埔地4千公頃,開發河川地6千5百公頃,並辦理土地重劃3萬公頃,以增加農業生產(中時);北、中、南3條(新)橫貫公路,探勘工作已完成,68年起陸續施工;大雪山盜林案「疑雲重重」,零星盜伐不勝取締。

1976年12月1日(民國65),省水利局決辦理嘉義、雲林、彰化、南投的濁水溪之治山防洪整體規劃(中時);觀光局擬將曾文水庫闢為風景特定區;商人申請在大安溪上游打撈漂流木,工人趁機侵入大雪山林區砍伐高貴樹木,並越界打撈未標售漂流木。

1976年12月3日(民國65),吳鳳鄉民代表會主席莊野秋建議變更阿里山森林遊樂區為法定風景特定區一案,省府以8項理由駁回(中時)。

1976年12月4日(民國65),政府准許院、省轄市住宅區內興建觀光旅館(中時);省府將依民意代表意見,建議中央早日成立農林部;台北市政府建設局為推展國民旅遊,明年度開始,分5年再開闢6處風景區,內湖觀光風景區今年完成規劃;台中縣大甲林區28林班,3日中午發生森林大火;。

1976年12月6日(民國65),根據蔣院長及省府謝主席特別指示,南投縣政府擬定鳳凰山風景區開發建設計畫,將與溪頭並行發展,銜接阿里山、溪頭、日月潭、霧社、合歡山及廬山溫泉等風景區,形成中部觀光帶;12月7日報導,省府謝主席親書「八通關古道開闢百年紀要」業已立碑完成,成為鳳凰谷另一盛事(中時);12月8日報導,南投縣政府進行委託規劃鳳凰谷及東埔溫泉風景區。

1976年12月20日(民國65),阿里山火災現場18日晚間,許清富、許清華、陳紹寬、莊聯成、黃國欽等5人,雇用註發、嘉聯、興榮等貨運公司大卡車,載運建材上山,衝毀山地檢查哨的擋路拒馬,在災區搭建屋頂鐵皮的木造平房,每間約3坪,搭建完成者有陳錦秀、廖再添、歐金貴、黃國欽等5間,縣警局長盧金波19日率員入山「依法處理不法之徒及拆除違建」。此違建案,傳有民意代表在山上與山下相互接應,才使建材得以連闖3關到達災區,消息指出,梅山鄉籍議員彭布金18日上午上阿里山「部署」,吳銘輝議員於18日下午3時許,在災民許清海陪同下,僱3部大卡車連闖3關(中時);議員強押運建材車,硬闖3處檢查哨(聯合報)。

1976年12月21日(民國65),阿里山上強搭違建案,嘉義地檢處重視,昨指示縣警局查明真相,並將偵辦涉嫌違法者(聯合報)。

1976年12月22日(民國65),押運建材上阿里山搭「違建」,吳銘輝「咆哮」警衙,阿里山災區「違建」21日增至14間(中時);12月23日報導,吳銘輝簽發空頭支票,被提公訴,吳涉嫌押運木材闖關阿里山,控告分局長毀損公文。

1976年12月24日(民國65),阿里山3部卡車載運建材闖關案,檢查官陳耀能偵查中;阿里山災區重建問題,政府與災民僵

持（中時）。

1976年12月25日（民國65），嘉義縣營公車處為配合阿里山公路預定於明年2月底先行通車至十字路，必須採取因應措施，要求縣府整修埔尾至觸口間原有之產業道路（中時）；大壩尖山台灣黑熊出沒。

1976年12月26日（民國65），阿里山建材闖關案，竹崎警分局27日傳訊吳銘輝，偵查涉及刑責部分；押運建材案，吳銘輝及卡車司機違警各被罰鍰60元（中時）；阿里山森林遊樂區與曾文水庫之間的一條觀光道路，公路局勘查後，確認其具開發價值。

1976年12月27日（民國65），阿里山建材闖關事件，吳銘輝縣議員26日表示，拒絕竹崎警分局再次傳訊，亦不承認曾有「妨害公務」的舉動（中時）；12月28日報導，縣刑警隊長陳傳灝、竹崎分局長張劍石，27日上午將部分資料向檢查官陳耀能提出報告。27日下午2時，吳銘輝並無依警方傳訊至竹崎分局，由其母吳方金鑾代為提出申請延期傳訊，理由是吳銘輝出外旅行未返家；12月29日報導，竹崎警分局可望於近2天內，將闖關案移送嘉義地檢處偵辦；玉山林管處28日要求嘉義縣警局，在阿里山公路沿途各要隘設置管制站，加派警察人員駐守，防範再運建材上山搭違建；12月31日報導，省府決定通知阿里山災民所搭違建限期自動拆除，收容災民之臨時屋下月5日竣工；省議會駐會委員會30日通過，阿里山遊樂區計畫未公布前，商人營業必須具結，日後願無條件拆遷；1977年1月3日報導，省府函件指稱少數人幕後煽動阿里山災民。

1976年底（民國65），林務局開鑿玉山林道，即由新高口沿鹿林山等山腹銜接楠梓仙溪林道，交會點路側存有一株鐵杉巨木及路徑標示牌。此林道長約9公里，用以取代舊有新高口至上東埔集材場的塔塔加鐵路（阿里山塔塔加支線），接運開發楠梓仙溪、南玉山一帶的木材。而隔年底開始，發包拆除塔塔加支線鐵道，但後來之新中橫路線大抵沿襲此道路。

1977年1月4日（民國66），玉山林管處興建收容阿里山火災區民眾的50間店舖、住宅，3日全部完成，刻正裝配水電，災民可望7日遷入居住。香林國中操場興建店舖26間，阿里山莊前的網球場建有住宅24間，全以杉木搭建，屋頂為石棉瓦，地板鋪木板。店舖每間4坪，住宅每戶人口2人以下6坪，3～5人10坪，6人以上12坪，每戶造價6萬元，社會處補助1萬5千元，林務局負擔4萬5千元，7日上午將在里辦公處辦理公開抽籤分配，分配後限本月10日前完成搬遷（中時）；阿里山災民認為阿里山森林遊樂區尚不曾依法公告；阿里山火災區「違建」，林管處研擬3個步驟，研議是否執行拆除。

1月8日報導，吳銘輝縣議員控告竹崎警分局長張劍石毀損公文書案，檢察官7日下午4時首次開庭偵訊，吳未到庭；1月14日報導，吳銘輝13日接受檢察官偵訊，10萬元交保候傳；1月15日報導，阿里山押運建材案，檢察官偵結，吳銘輝、廖國榮、許清簾、黃國欽、吳銘洲等5人，被依妨害公務罪嫌提起公訴，許清富不起訴；1月16日報導，吳銘輝指控警分局長毀損公文書，檢察官偵察後，認定張劍石

罪嫌不足，予不起訴處分；1月17日報導，阿里山災民16日表示，行政院派人南來調查阿里山森林遊樂區規劃真相，玉山林管處長陳文濤曾奉召北上，返嘉後對阿里山火災議題即未表示意見。

林管處所建災民收容屋，災民均拒遷入；1月18日報導，嘉義縣議會8屆15次臨時會17日上午揭幕，阿里山災民請願，要求轉請政府准許原地重建；登山旅社（被焚毀）負責人許清富、許清簾兄弟，涉嫌阻止林管處人員執行災區圍籬工作，檢查官陳耀能17日展開偵察，被告出庭之外，證人有阿里山工作站主任李忠義，工作人員林銅海、葉賢良、羅仕橋及羅仕良。去年11月27日下午3時，李忠義等人奉令在火災地圍籬，許清富等阻撓而被控妨害自由；1月20日報導，19日嘉義縣警局行政課長榮延江及竹崎分局長張劍石，協調災民遷入臨時屋舍，災民26戶堅拒遷入，且原已遷入的18戶，商店戶8戶、住宅戶3戶，共11戶，於19日又復遷出。據聞林務局長將於20日抵嘉，出席嘉義地方黨部召開的協調會。

1977年1月7日（民國66），台灣黑熊出沒拉拉山，與山胞父子混戰，兩敗俱傷（中時）。

1977年1月10日（民國66），台東縣國有林地共有22萬3千餘公頃，縣府人員（建設局視導）認為政府應積極辦理林相變更，「將原始無用植物全部砍光，換植有用植物，所砍雜木選擇製造紙漿，原料可用之不盡，目前已就地供應永豐紙廠」（中時）；行政院蔣院長巡視南投縣惠蓀林場，指示縣府闢建為森林公園。惠蓀林場原名「能高林場」，位於國姓鄉與仁愛鄉交界，面積7,434公頃，共有19個林班地，民國55年11月20日，中興大學校長湯惠蓀在視察此一處由其親手籌設的林場造林工作時，心臟病突發逝世，乃以民國56年5月1日，將場名易為「惠蓀林場」，蔣院長念念湯校長功在杏壇，指示將松楓山易名為「惠蓀山」；開闢蝴蝶谷觀光區原選定在美濃雙溪上游的翠谷，縣府已著手規劃，不料去年12月間，六龜紅水溪畔，發現種類更多、數量更大的彩蝶谷，且附近有溫泉、天然氣，自然景觀更優美，黃蝶在美濃、彩蝶在六龜，兩鄉鎮力爭開發計畫。

1977年1月13日（民國66），六龜紅水溪彩蝶谷觀光區，獲林務局支持，初勘開發面積約1,400餘公頃，林務局認為應闢為森林公園（中時）；嘉義梅山鄉太和觀光區所見大塔山，遠眺有大壩尖山的風貌。

1977年1月14日（民國66），行政院院會13日核定「中華民國66年台灣地區經濟建設計畫」，將今年經濟成長目標訂為8.5%，平均每位國民所得達到898美元（中時）；南投縣政府13日專案報請省公路局，請將神木林道列為新中橫的支線，以便行政院核定新中橫開闢時，能同時予以拓寬。

1977年1月17日（民國66），政府原則決定，今後逐步縮減國有林木的標售，增加政府直營伐木量，確保森林資源，杜絕木材商人投標砍伐林班的壟斷。過去每年標售民商砍伐案，均達1百個以上，多集中在採運方便地區，而直營者多在作業不便地區，成本高昂、利潤降低。今後將以每年5%為標售目標，每一標號針一級木以不

超過4千立方公尺為限,針二級木以8千立方公尺為限,闊葉樹則為1萬6千立方公尺(中時)。

1977年1月18日(民國66),今年農地重劃將超過5千公頃(中時);1月19日報導,立法院通過「平均地權條例」,將諮請總統公布施行。平均地權條例8章87條文,係根據現行「實施都市平均地權條例」予以大幅修正而成,旨在貫徹憲法所定「平均地權」之基本國策,促進地盡其利、地利共享,發展地方建設,遏止土地投機。本條例草案自65年5月間,由行政院送達立法院,經半年而完成立法程序,條例中明訂,征地以當期公告地價補償。而施行細則將於近期完成;政府規定,今後山坡地在未依區域計畫法劃定使用區及編定各種使用地之前,非都市使用的土地,將依土地法的規定編定各種使用地。

1977年1月21日(民國66),阿里山森林遊樂區規劃案,嘉義地方人士、縣議員、議長等,多主張應由省府辦理公告,林務局副局長則認為國有山林沒有公告之必要,吳鳳鄉公所秘書黃齊恆引阿里山不同於墾丁之無居民,應辦公告(中時)。

1977年1月23日(民國66),阿里山火災善後問題,22日上午,經嘉義縣黨部召開協調會議小組,圓滿順利獲得8項結論:

1. 請林務局必須首先確定,不得新興經營任何與民爭利事業。
2. 請以原有商店或住宅之面積,在第4分道分等級規劃房屋(商店、住宅一個規格),然後分類抽籤分配,如能准其自行籌資按政府設計之規格興建,或由政府興建完工後,以分期付款方式出售予居民更屬允當,准其土地其繼續使用(民法規定使用年限為20年),建議省政府採納辦理。
3. 將於元月底完工之大眾旅社,請林務局速擬訂出租辦法,向旅社災戶公告。
4. 請另行按原經營旅社之房屋面積劃撥土地,准其依政府設計之規格自行籌資興建,建議省府採納辦理。
5. 民國64年10月8日以前領有營業執照者(含玉山林管處退休員工)應一律在四分道分配商店(林管處現任員工有類似情形者,由林務局自行處理)。
6. 旅社商店住宅,均應納入森林遊樂區管制範圍內,建議省府採納辦理。
7. 准許在現在火車站前設置臨時攤位,公佈之規格過小,實際有困難,請警局執行時,應權宜准其向攤位之左右稍作伸出,以應事實之需要(俟災後搭建之14戶拆除,騰出空地後,再照建議意見辦理)。
8. 省府專案小組今後召開會議時,應推定居民代表4人參加(非災戶、旅社、商店各推出1人,請縣議員莊安然協調產生)」

建議省方採納實施;1月26日報導,縣議會25日通過組織3人專案小組,追究吳銘輝運材闖關時,傳警方曾毀損公路,應予查究責任。蔡崇樑議員認為玉山林管處以斷水、斷電方式對付災民,「簡直是無法無天」;1月27日報導,鑑於阿里山火災,奮起湖4百餘戶、千餘居民陳情省縣政府,要求專款補助,購買消防設備;縣議員吳銘輝年來訟案累累,被指控指使友人竊取支票使用,26日開庭,吳銘輝矢口否認;甫因強押建材涉嫌妨害公務的吳銘輝,頃又被控強佔他人標售之嘉義市中正

路原豪華歌廳建地，嘉義警分局26日以侵佔罪嫌移送法辦；1月28日報導，省府核准災民在警方管理下，在阿里山車站前空地，設立臨時攤位，但應自動拆除現有違建，災民拒絕之，仍然堅持原地重建；1月29日報導，吳銘輝闖關案28日首次開庭審理，吳否認有闖關行為，因無須申領入山證，並不構成違法；1月31日報導，阿里山火首王吳鎮江，以罪證不足，予以不起訴處分；2月5日報導，地方法院4日下午再度開庭審理吳銘輝、廖國榮、許清簾、黃國欽、吳銘洲等人，是否糾眾包圍十字路派出所，吳銘輝並未到庭，被告要求傳警員對質；闖關案中案，警方被指損毀公路，縣議會定8日作現場勘查；2月9日報導，周明輝議員8日上午8時搭吉普車至第4分道，調查警方破壞公路事件；2月10日報導，9日下午吳銘輝連趕2場「官司」，禍不單行；2月12日報導，嘉義縣議會懷疑玉山林管處奉核定之森林遊樂區為一無法令依據之措施，要求林管處拿出公文影本；阿里山運材闖關案初審，11日辯論終結，定15日下午宣判。

1977年2月16日（民國66），阿里山大火後，吳銘輝縣議員強押建材上山案，嘉義地院15日依妨害公務罪，將吳銘輝判處8個月徒刑，廖國榮、黃國欽、吳銘洲各6個月、許清簾5個月；吳銘輝簽發空頭支票530餘萬元違反票據法案，15日被判處徒刑6個月，併科罰金5萬4千元，又，吳亦因開空頭支票23萬餘元，經台南高分院判處拘役75天，併科處罰金2萬3千元，於14日下午發監執行拘役中；有議員認為吳銘輝涉訟、起訴、判刑，以至被收押拘

留，「並不涉及政黨背景與政治因素」，「純屬其個人行為所造成」，另有人指稱，吳之5百多萬元支票並非他直接開出者，「是別人用他的支票發生的違反票據案」（中時）；嘉義縣議會專案小組調查阿里山公路被破壞情形（第4分道附近），確有2條寬約1公尺、深約2公尺，與公路6公尺等寬的深溝，目的在阻止吳銘輝率領的運材車隊進入阿里山火災區，王姓議員說，專案小組上山調查前夕，玉山林管處將數條水泥涵管運至現場埋於溝中，解釋說為了埋導水管而非為阻擋運材車；有人建議今年春節期間，不宜上阿里山。據估計，每年春節前往阿里山旅客至少有1萬人以上，而今年恰逢火災後，食宿問題難以解決。

1977年2月16日（民國66），嘉義縣議會專案小組堅持反對阿里山風景區變更為遊樂區，將請省府作「明白解釋」（註，在此年代，梨山果農及水土保持早已亮起紅燈，2月27日梨山50餘萬株果樹「面臨被砍危機」，此番爭議延續迄今，依然無能解決）。

1977年2月17日（民國66），嘉義縣議會專案小組16日邀請嘉義縣籍省議員簡維章、蔡端仁等開會，5項結論：「1.省府於59年公告阿里山為風景特定區，又於64年4月公告變更為森林遊樂區前後矛盾。2.省府於65年12月公告阿里山中正村災區禁建，缺乏法令依據，對於災後重建，怎可列為違建，予以拆除。3.處理火災區問題，縣府有處理專案小組，林管處竟建議有關單位不供給災區水電，違反人道。4.林管處派人挖掘阿里山公路後，為避免責任問題，事後假裝派人埋設排水管，其故

意破損公路，不無涉及刑責，提請省府予以查明議處。5. 玉山林管處曾表明阿里山遊樂區之設置，係根據森林法第六條規定辦理，並經行政院核准，但調查後，行政院並未核准辦理。」(中時)；玉山林管處呼籲要上阿里山的遊客，盡量不要開小客車上山；3月2日報導，王朝英縣議員指稱，為阻止阿里山災民運建材上山，不擇手段挖毀公路者，係玉山林管處，而非嘉義縣警察局；3月11日報導，嘉義縣議會10日聽取專案調查小組報告後，認定玉山林管處涉嫌公共危險，通過決議移送司法機關法辦。

1977年2月21日(民國66)，國人所得，貧富差距大為縮小，總戶數百分之20最高收入與百分之20最低收入家庭個人所得的比率，1964年為5.3：1，1974年降為4.4：1(中時)。

1977年2月24日(民國66)，去年12月底為止，台灣現住人口1,650萬8,190人，台北市有2,089,288人(中時)。

1977年3月2日(民國66)，大雪山盜林案偵結，3人被起訴，21人免訴(中時)。

1977年3月7日(民國66)，省府決自66年度起，擴大實施造林，在「多造林、少砍伐」的原則下，預計至民國69年，全省宜林山地，均將完成造林，66～69年每年將造林3萬公頃(中時)；林口鄉福山區6日上午發生山林大火，百餘公頃林木、雜草被焚。

1977年3月9日(民國66)，嘉義縣議會8日討論後，通過組成3人小組(副議長蔡長銘、議員李雅景、吳銘輝)，解決阿里山火災後災民善後處理，將依今年1月22日在實踐堂協調會中之協議為藍本，其8項內容如下：「1. 請林務局必須首先確定，不得新興經營與民爭利事業。2. 請以原有商店或住宅之面積，在第4分道分等級規劃房屋(商店、住宅一個規格)，然後分類抽籤分配，如能准其自行籌資按政府設計之規格興建，或由政府興建完工後，以分期付款之方式出售予居民更屬允當，其土地准許居民繼續使用(民法規定使用年限為20年)，建議省府採納辦理。3. 將於1月底完工的大眾旅社，請林務局速擬定出租辦法，向旅社災戶公告。4. 請另行按原經營旅社之房屋面積劃撥土地，准其依政府設計之規格，自行籌資興建，建議省府採納辦理。5. 民國64年10月8日以前領有營業執照者(含玉山林管處退休員工)應一律在第4分道分配商店(林管處現任員工有類似情形者，由林務局自行處理)。6. 旅社商店住宅，均應納入森林遊樂區管制範圍內，建議省府採納辦理。7. 准許在現在火車站前設置臨時攤位，公布之規格過小，實際有困難，請警局執行時，應權宜准其向攤位之左右稍作伸出，以應事實之需要。8. 省府專案小組，今後召開會議時，應推定災民代表參加。」(中時)；吳銘輝在議會激昂慷慨陳述阿里山災變言論，代理縣長張炳楠「當面疏導」。

1977年3月10日(民國66)，省交通處為配合阿里山遊樂區整建計畫，為避免大改善施工中阿里山公路全面中斷，應利用大華公路予以局部改善，作為阿里山公路改善中的輔助線，以及施工補給道路，其需款1億元，將之列入中橫公路之預算。大華產業道路沿線風景區有10餘處，人口眾

多，但該路年久失修，車輛難行，若能改善，對山區資源開發裨益甚大（中時）；台北縣石門鄉、金山鄉交界山坡地9日火燒，面積3百多公頃；樹林鎮發生3起火警，大批林木、雜草被毀；林口鄉草生地火燒。

1977年3月11日（民國66），陽明山花季自2月1日迄今，遊客超過35萬人（中時）。

1977年3月18日（民國66），南投仁愛鄉東埔第7林班靠近武界山區，造林地大火，14～16日焚燒3百公頃（中時）。

1977年3月18日（民國66），阿里山火災戶拒絕遷入臨時房舍，災民仍住在災區搭建的違建（中時）；3月25日報導，阿里山風景區被核定變更為森林遊樂區後，一直並未公開此項計畫書，嘉義縣議會曾函請有關單位送下該計畫書，卻遭踢皮球；3月29日報導，阿里山公路通車在即，公、民營客運爭路權，省府似屬意由嘉義客運營運。

1977年3月24日（民國66），中橫大甲林區73林班發生森林大火，23日上午9時40分發現，位於中橫105公里處，屬仁愛分局轄區（中時）；南投仁愛鄉濁水溪事業區第7林班大火。

1977年3月31日（民國66），「吳鳳鄉民代表會阿里山風景特定區促進小組第一次會議」於阿里山召開，堅持必須恢復阿里山風景特定區，並作成沼平地帶重劃商業旅館區等等決議（中時）；阿里山路權將鋸成3段；省府林務局直升機共搭載14人，由林務局副局長許啟祐招待媒體記者，準備前往採訪阿里山火災後森林遊樂區新建工作，30日上午10時35分在距台北機場西面

7哩的林口墜毀於水田中，幸虧駕駛處理得宜，救了全機人性命；4月1日報導，民航局調查林務局直升機墜毀案；玉山林管處建議嘉義縣政府，暫時禁止所有車輛在第4分道管制站大門至阿里山公園道路通行，理由為避免發生意外的安全問題；4月12日報導，嘉義縣警局11日函覆縣議會，凡持合法證明文件者，可自由通車阿里山及載運建材上山；4月13日報導，昨日為止，欠缺明確的依據可資支持省林務局將阿里山風景特地區，改為「阿里山森林遊樂區」，林務局白副局長書面資料宣稱，阿里山風景特定區先前省府僅為公告名稱，並無勘定範圍，未曾依法報內政部核定，既未完成法定程序，自無違法變更之可言，而「阿里山森林遊樂區」係行政院秘書長致省府65年3月1日，台交字第1647號函：「貴省政府函送阿里山森林遊樂區計畫，經陳示請參考交通部會商辦理」，其認為是「行政院的核定」，但媒體及議會皆質疑之；省交通處突於4月12日，將阿里山森林遊樂區計畫影本送嘉義縣議會，林務局進一步提說明。

1977年4月2日（民國66），台東地方法院發現近半年內，違反森林法案件比例高，顯示盜林風熾（中時）。

1977年4月4日（民國66），嘉義縣千餘人舉行追思登山，紀念蔣公逝世兩週年，阿里山總統賓館（招待所）3日起，「開放供民眾瞻仰一代偉人生活儉樸情形」。

1977年4月11日（民國66），台大實驗林20林班梧桐樹被盜伐（中時）。

1977年4月12日（民國66），嘉義縣府在記者會說明實施阿里山遊樂區計畫諸疑

點；隔日，公路局出面協調阿里山路權爭執；4月20日，省府展示阿里山遊樂區全部計畫，公佈設計藍圖。

1977年4月13日（民國66），嘉義縣人力三輪車將於6月1日起全面淘汰（中時）。

1977年4月14日（民國66），即將全線通車的阿里山公路營運權爭執，省交通處通知省公路局請嘉義客運公司及嘉義縣營公車處協調（中時）；4月17日報導，阿里山第4分道工程，玉山林管處預定本月底發包，總工程費1億2千萬元，由榮工處承包，250工作天完成；阿里山森林遊樂區第4分道處的大門位置將更動，決策單位擬將第4分道的旅館、商業區設在大門以內；阿里山火場仍然廢墟斷垣、一片髒亂，官民談不攏；縣議會為暸解阿里山特定區變更為森林遊樂區法的依據，19日推派正、副議長等5人，前往中興新村，與省府「研究」；4月21日報導，議會5人小組晉省歸來透露，省農林廳長堅持認為阿里山風景特定區已經依法變更為阿里山森林遊樂區；4月22日報導，觸口村「地久吊橋」破爛，面臨拆除，但全村村民反對，認為應整修而保留作觀光用途；4月23日報導，阿里山災區又出現新違建；4月28日報導，阿里山森林遊樂區整建資料，近日在縣府公開展覽，之後再送阿里山災區展出；4月29日報導，阿里山公路嘉義縣公車與嘉義客運聯營不成，嘉義市至觸口段路權屬嘉義客運，縣公車無法借道，公車處決定打通埔尾至觸口2公里路段，以行駛阿里山；5月1日報導，吳鳳鄉山美村森林大火，10餘公頃林班及桂竹燒毀。

1977年4月17日（民國66），因應十大建設完成後公路交通結構之改變，新公路網共長7,373.4公里，分為6大系統：高速公路國道、省道環島公路、橫貫公路、縱貫公路、濱海公路、聯絡公路；本省公路在光復初期僅幹道公路3,689.7公里，日本人將之劃分為西迴線（即今日西部幹線）、東迴線（即今日東部幹線）、台北基隆線，及中部橫貫線4個系統，組成台灣公路史上最早公路網，光復後，為整修二次大戰的破壞及8‧7水災後重建，曾於46年及51年2度修訂本省公路網，當年主分為環島公路、橫貫公路、濱海公路、內陸公路及聯絡公路5類。民國51～61年間，工業區開發，62年再行修訂公路網系統，重新確定3條橫貫公路路線，內陸公路分為主線及2條支線，濱海公路定為11條，增列聯絡公路，共計57條，本次全省公路網系則重新規劃（中時）；5月4日報導，太平山森林觀光遊樂事業區規劃完成。

1977年5月4日（民國66），阿里山火災後問題，林務局讓步，今後林務局絕不經營與民爭利的任何事業，白副局長在昨日阿里山森林遊樂區整建計畫展覽會場特別強調；而原計畫中3個旅館區及別墅旅館區決定修改停辦（中時）；5月8日報導，阿里山災民仍然心有不服，正收集資料準備與林務局對抗；5月10日報導，大塔山附近的阿里山事業區17及18林班火燒，該等林班屬原始林，玉山林管處、竹崎分局及山地青年服務隊百餘人前往撲救，近十餘公頃林木波及，初估損失2百萬元以上；5月11日報導，9日上午9時40分被發現的塔山火燒，9日深夜已告撲滅；5月12日報導，吳鳳鄉新美村第4鄰，因山崩而危害

居民安全，莊安然縣議員籲請全額補助居民，且建議撥林班地以便遷村；5月17日報導，阿里山鐵路的鐵軌常被偷，警察局正追緝；連日豪雨，阿里山鐵路56號橋下方，距十字路派出所1百公尺處，路基於16日上午坍方十餘公尺；5月19日報導，嘉義縣府決在吳鳳鄉地區，設置「山地文化村」；5月21日報導，阿里山大火燒毀的10家旅社，嘉義縣府公告撤銷其營業登記，即文山、登山、永福、神木、成功、忠興、中興、青山、櫻山、萬國等，而商店自公告當天起，一年內未能復業而停業一年後始告撤銷；5月26日報導，嘉義國際獅子會將在北門車站，贈建一座電動音樂時鐘台；5月28日報導，27日在嘉義玉山林管處秘密舉行取締阿里山災區違建，由張炳楠代縣長主持，第一梯次拆除工作將於6月底前完成。

1977年5月5日（民國66），苗栗銅鑼山林大火持續延燒（中時）；大雪山第68林班原始林發生火燒；5月11日報導，泰安鄉大安溪漂流木未經核准查價及放行手續，大批高級材已失竊。

1977年5月22日（民國66），；第6屆中日木材貿易座談會21日召開，雙方一致認為檜木出口差異金非廢除不可，日本「台檜輸入協會」會長將向我國經濟部具函建議。

1977年6月1日（民國66），山胞為栽植香菇，在國有林班地濫墾、濫伐，大雪山林區管理處人員在台中縣「全縣防止、取締濫墾、濫伐擴大會報」中，提出此問題，要求取締之（中時）。

1977年6月2日（民國66），嘉義縣中埔鄉觸口村「地久吊橋」1日開始整修，以保存古蹟性質，將整修為觀光吊橋（中時）；內湖成美吊橋已使用30年，8月將遭拆除，居民表示護橋到底。

1977年6月2日（民國66），阿里山區豪雨，森林鐵路再度坍方；6月3日，阿里山公路觸口至瀨頭的9彎18拐路況危險，公路局決定另闢一條直路。

1977年6月6日（民國66），阿里山火災案，縣議員吳銘輝行蹤成謎，外傳已偷渡赴日（中時）；6月7日報導，吳銘輝失蹤疑案，省警務處下令嘉義縣沿海治安單位嚴加查緝；6月8日報導，阿里山6月份的平均總雨量為885.3公厘，但7天來阿里山已降雨834公厘；6月9日報導，前礁溪鄉長張金策因收受賄賂，被判刑10年，畏罪潛逃，依法通緝中（註，吳銘輝與張金策一說同時離開台灣）；吳銘輝被控竊佔案，嘉地院8日開庭，吳並未到庭。連日來盛傳吳銘輝已偷渡日本；嘉義縣政府及玉山林管處將嚴格執行取締阿里山災區的違建拆除工作，為顧及災民權益，將在本月中旬與9位災民代表召開協調會議；6月11日報導，有關單位懸賞20萬元查緝吳銘輝縣議員；6月14日報導，吳銘輝押建材案，5名被告的吳銘洲、黃國欽、廖國榮，13日自動至嘉義地檢處接受執行，而因判刑均在6個月內，檢察官簽准易科罰金而釋回。許清簾及吳銘輝未到庭，檢察官洪慶鐘將通知許清簾到案執行，而遭通緝的吳銘輝，本週內若不自動投案，其交保10萬元將沒收；6月17日報導，省府令阿里山火災跡地違建6月25日以前，由災民自行拆除，逾期由林務局執行；6月18日報導，

吳銘輝未到案服刑，10萬元保證金被沒收；6月19日報導，吳鳳鄉公共造產阿里山閣旅社賓館部完工後，被發現佔用林地7坪，玉山林管處拒發「土地使用同意書」，無法領得使用執照，導致完工半年後，迄今無法正式營業，公所要求縣府出面協調；6月21日報導，玉山林管處將對經常坍方的屏遮那地段，實施「拱門式混凝土造人工隧道」；6月23日報導，嘉義縣府22日下午3時，邀集災民代表9人，說明火災跡地違建25日前必須拆除，而國有林地無永久租賃權；6月25日報導，傳吳銘輝係「坐船偷渡」出境，先到日本，再逃亡美國。

1977年6月18日（民國66），阿里山閣第二賓館完工一年尚無使用執照，耗資三百餘萬而無法營業，縣府決定查究失職責任。同日，嘉義縣府宣布，人力三輪客車將自7月1日起全面禁行。

1977年6月20日（民國66），行政院表示，台灣林業經營改革方案實施後，原野地及區外保安林地的解除地，國有林班解除地，其宜農、宜牧者，可不受該方案限制，准予繼續辦理放租，但不辦放領（中時）。

1977年6月28日（民國66），嘉義吳鳳鄉民代表會秘書張平，協助阿里山災民，被嘉義縣府以瀆職罪嫌移送法辦，偵辦檢察官陳耀能開庭偵訊，張平否認有違背職務行為（中時）；6月29日報導，玉山林管處決定執行強制拆除阿里山災區違建前夕，災民蔡添文等人，在違建商店住宅前張貼反對拆除公告。林管處會同警方，定今日上午強制拆除違建，28日下午百餘名員警

至嘉義集合，漏夜至阿里山「維持秩序」；6月30日報導，29日強制拆除5戶違建後，災民要求暫緩繼續拆除，並具結接受政府安置，謝東閔並指示由林務局代蓋臨時商店，以供災民營業等。又，拆除工作曾一度陷入僵局；7月1日報導，阿里山官民糾紛落幕。

1977年6月28日（民國66），阿里山新建火車站設計中欠缺避難設備，縣都市計畫課拒發建照；7月12日，林管處希望以切結方式，補建火車站地下室等避難設備，縣府批駁於法不合；9月5日，林管處達成切結保證。

1977年7月2日（民國66），阿里山災區違建拆除解決後，檢討會結論如下：「1.本次執行工作，事先計畫周詳，有關單位配合密切，更值得稱道的是一般災民十分合作，所以進行極為順利，未受任何抗拒或發生意外。2.已拆除散建於災區中心的4間違建及跡地上物品，均由違建人自行處理搬走，火災跡地已全部整平，應立即種植苗木，不日再鋪設草皮，予以美化。3.未拆違建22家，均已具結，保證和政府合作，共同為促進森林遊樂區的建設而努力。4.未擅建之守法受災商戶12家，不日即將在火車站前，予以搭建臨時商店，供其營業。5.現在舊火車站前，已看不到災區跡象，更看不到斷垣殘壁及石塊瓦礫，稍假時日，該處將為一片青綠，提供遊客賞玩的宜人景色」（中時）。

1977年7月8日（民國66），阿里山森林鐵路獨立山站，嘉義縣議會於上次大會中提案通過應予遷建，玉山林管處7日答覆縣議會，獨立山站坡度約達百分之50，且

旅客甚少，平均每日上山只有6人，下山只有13人，該站設備已足以應付，並無遷站之必要（中時）。

1977年7月12日（民國66），為適應鐵路電氣化工程完成後，鐵路型態之改變，交通部正著手修訂「鐵路法」（中時）；花蓮山區盛傳盜林。

1977年7月15日（民國66），八仙山林場從1915年開始出材，至1965年砍伐始告段落，全盛時期山上工作人員多達2千餘人，1965年最後一批工人撤走後，闊葉樹不斷長出，林務局將規劃為森林遊樂區（中時）；南投縣府在鹿谷鄉鳳凰谷風景區收遊客門票，與台大實驗林槓上。

1977年7月24日（民國66），阿里山違建案失蹤的吳銘輝議員，又被人檢舉指其曾經非法向災民收重建費，將專款40餘萬元捲逃。檢舉指示，吳銘輝的父親吳金山曾向阿里山人承租120坪地，再轉租與別人，承租人在此建屋，吳氏父子要求收回土地未果，去年11月9日大火，該建物被焚毀，吳銘輝乃活動要收回。吳銘輝於大火後，向70～80戶災民收取重建活動費，並在阿里山郵局設立專戶，先後收款40餘萬元，其中15萬元說明付予律師訴訟費，但律師拒絕收費。此筆專款悉數被吳領走（中時）。

1977年7月27日（民國66），嘉義吳鳳鄉公共造產阿里山閣旅社增建賓館部份，8月1日營業（中時）。

1977年7月29日（民國66），行政院核定阿里山森林遊樂區興建之大眾化旅社，免建地下室，而一般規定興建旅社應建防空避難設施（中時）；8月3日報導，阿里山鐵路北門站，發動員工，僅以30萬元經費，將車站前廣場鋪設柏油，同時掘設一噴水池，廣植草皮，使北門站煥然一新；8月12日報導，百餘名旅客購得阿里山車票，卻無法上山，東南旅行社濫售車票造成疏忽；8月15日報導，吳鳳鄉鄒族豐年祭在達邦舉行3天；8月19日報導，嘉義縣公車66年度各種優待票負擔過重，而醞釀加價，又，嘉義縣公車擬延伸石桌至阿里山，以及石桌至奮起湖2段長途線。

1977年8月11日（民國66），台東縣國有原野地及租地造林伐木計畫，林務局核定總面積397.9公頃，將公告標售（中時）。

1977年8月12日（民國66），林務局長徐學訓表示，今後林業發展重要工作之一，發展國有林地多種用途，建設自然生態保護區及森林遊樂區（中時）。

1977年8月22日（民國66），省府特准阿里山森林遊樂區整建計畫中的12家旅社，免建地下室，玉山林管處近期發包施工。此12家旅社工程費3千20萬元（中時）；8月23日報導，南投縣神木村至嘉義縣阿里山的產業道路，已列入省山地農牧局的規劃系列，此路段長8.5公里；8月24日報導，阿里山鐵路及公路皆因愛美颱風而中斷，25日起接駁通車；8月25日報導，嘉義縣府配合阿里山整建，24日函請阿里山山地歌舞文化村企業公司，徹底整頓該山地歌舞場所，應改進項目：1. 應編印中文資料，介紹山胞生活概況及歌舞節目表，介紹節目內容，2. 表演節目應以山胞傳統生活及習俗為主題，3. 男演員留鬍，與山胞生活習俗有異，請改善，並請用山胞傳統樂器，4. 應加強充實舞台及觀賞席，劇院

外觀過份簡陋，四周環境應改善、美化，通行劇院人行道，應予整修。

1977年8月26日（民國66），阿里山鐵路搶修後，26日起接駁通車，9月初可望全線通車（中時）；8月28日報導，阿里山閣增建貴賓館部，經縣府勘查，尚符規定，舊屋則限期改善設備；8月31日報導，阿里山鐵路兩旁髒亂不堪，尤其由嘉義到圳頭里段落，令人不忍卒賭。

1977年9月3日（民國66），嘉義縣政府決定11月中旬對阿里山公路改善工程開工，首期由觸口至龍頭，全長24公里，工程費1億元，而阿里山公路全長75公里，由後庄至阿里山第4分道，預定4個年度完成（中時）；9月6日報導，為配合阿里山公路改善工程，將先進行整修山區輔助路線；9月8日報導，62～63年間發生的玉山林區官商勾結大盜林案，二次更審34人仍判有罪；9月9日報導，嘉義客運公司認為擁有阿里山公路嘉義至石桌之間的絕對路權，斷然拒絕縣府公車行駛；嘉義縣府公車處決定明年初，在阿里山興建宮殿式車站，佔地60坪，經費5百萬元；9月13日報導，阿里山公路雖已完工，因寬度不夠，省交通處不開放客運車行駛。

1977年9月21日（民國66），公路局完成設計改善阿里山區公路，預定下月施工。

1977年10月（民國66），台大實驗林管理處概況所述，實驗林面積合計33,522公頃，分為42林班。其中第28、29與31等3個林班面積凡5,902公頃，係因台灣省政府未一併撥交給實驗林接管，故暫由林務局所屬玉山林區管理處採伐經營；關於實驗林實權轄區之經營原則，揭示永續收

穫，然而基本觀點強調「……往昔林地，多被低價之闊葉樹天然林所據，且其林分經已成熟，生長量幾與死亡量相抵，蓄積既低，材質又劣，故必須予以更新，改為價高質優生長迅速之經濟樹種，以期充分利用地力」，充分說明其傳統的唯用主義、反自然的人本觀念。

1977年10月2日（民國66），嘉義縣營公車處為促進阿里山觀光事業發展，嘉義到阿里山車費依平地一般公路價格便宜收費，嘉義至阿里山全程75公里只收30餘元，而行駛路權方面，不考慮與嘉義客運公司聯營，但埔尾至觸口路段尚未打通。

1977年10月13日（民國66），嘉義縣運用「加速農村建設款」，興建8條產業道路，發展吳鳳、梅山、中埔山區及東石濱海交通，嘉雲南3縣山區連成一線，將可促進文化、經濟及觀光事業（中時）。

1977年10月22日（民國66），阿里山公路拓寬為7米柏油路面，全長75公里，總工程費約4億元，預計70年完成，沿線兩旁居民同意拆遷地上物（中時）。

1977年12月9日（民國66），嘉義縣阿里山公路首期改善工程，縣府核定用地及地上物徵收補償標準，居民同意，定於春節前發放，日內可發包施工（中時）。

1977年12月24日（民國66），嘉義縣有關單位提2建議，解決阿里山公路沿途交通，一為促請縣府於68年度編列200萬元預算，開闢埔尾至觸口公路，另協調嘉義客運及嘉義市公車處互借行車路權（中時）。

1978年1月16日（民國67），為配合中部山區觀光道路系統，連接阿里山至曾文水

庫公路,嘉義縣府規劃兩案報省;隔日,涂德錡縣長表示開發吳鳳鄉山地經濟,可促進嘉義縣觀光事業,決予全力支持;11月9日前往大埔事業區林班地勘查開發事宜。

1978年1月23日(民國67),阿里山來吉村鄒族山胞解囊,擬官民合建產業道路(聯合報)。

1978年2月18日(民國67),行政院核定經建會提於中部新闢三條橫貫公路路線,嘉義至阿里山麓、水里至阿里山2線可於69年度開工,玉里至阿里山線,對地質、水土保持、及河川淤塞現象妥為研究後,再定施工年期,南部屏東至台東與北部新店至宜蘭2條橫貫公路路線研妥後另議(中時)。

1978年4月30日(民國67),阿里山森鐵「中興號」傳重大車禍,於十字路附近3車廂轉彎時翻覆,26人受傷。5月27日,依鑑定書認定,天雨、地震導致地基鬆軟而翻車;9月14日報載,阿里山森鐵年代久遠,隧道木架年久腐朽、險象環生。

1978年5月1日(民國67),阿里山森林鐵路於十字路附近3節車廂翻覆,26人受傷,肇因天雨軌滑,轉彎時剎車出事(聯合報);阿里山森林鐵路中興號列車,30日上午11時15分在距嘉義站54公里60公尺處翻車,係因枕木下陷而生意外,27人受傷(7人重傷)(中時);5月2日報導,森林鐵路2日起接駁通車,旅客接駁下山,暫停運送旅客上山;林管處長陳文濤迄1日下午尚未出面慰問傷者,住院旅客至表不滿;嘉義縣長涂德錡慰問受傷旅客;北門站長陳光寅從善如流,退還回程溢收票款

(慢車高價收費部分);5月3日報導,檢察官勘察阿里山車禍現場,林管處3單位推責任;林管處成為眾矢之的,今後將限制發售車票,無票者一律不准登車上山;5月4日報導,3日上午2百餘名無法搭車上山的旅客,聚集北門站不肯離去,警方出動大批警力始未發生意外。這批無票旅客導致列車延遲1小時才開出;車禍原因尚無結論;5月5日報導,鑑定車禍責任,交通處派專家5日前往現場;5月6日報導,專家鑑定,仍未能找出具體因素,懷疑機件不良;翻車事件餘波蕩漾,阿里山居民抗議林管處因噎廢食,兩項措施開倒車;5月7日報導,6日下午2時,阿里山鐵路全線通車,7日起恢復正常;5月8日報導,玉山林管處目前採取「快車以上之車票可出售站票,普通班車不售站票」措施,但旅客及沿線居民不滿,抱怨厚此薄彼。

1978年5月10日(民國67),阿里山森鐵營運虧損逐年增加,林務局再度請求鐵路局接辦;5月30日,票價獲調整,用以增加收入彌補虧損、增購機車頭及維修。及至1980年1月2日公布,阿里山森鐵營運甚佳,上年度破億元大關。然而,好景不常,1988年2月初,省府表示森鐵每年虧損約1億2千萬元,指示林務局儘速研究開放民營的可行性。

1978年5月13日(民國67),報載阿里山火車票一票難求,旅客夜宿排隊等候,期盼當局改進;6月8日,再度報導車票難買,旅客視為畏途云云;1981年6月下旬,民代要求林務局增加車次,以利購票。

1978年6月8日(民國67),為打扮阿里

上面三圖：1978年4月30日，阿里山森鐵「中興號」傳重大車禍，於十字路附近3車廂轉彎時翻覆，26人受傷。依鑑定書認定，天雨、地震導致地基鬆軟而翻車。徐光男攝

右圖：2003年3月1日，阿里山小火車翻覆，傷亡慘重，為歷來最嚴重災情，17死171傷。四節車箱當中，一節撞山壁，三節跌落橋。
陳月霞攝 2003.03.03.

2003年3月1日，阿里山小火車翻覆，傷亡慘重，為歷來最嚴重災情。陳玉峯攝2003.03.03.

肇禍乃因角旋塞未開，確定人為疏失，角旋塞為連接車頭車廂間氣管，用以控制煞車氣壓輸送。陳玉峯攝2003.03.03.

車廂撞壁跌落橋頭，稀爛的車體，可想而知當時驚人的撞擊力。陳月霞攝 2003.03.03.

正在拖吊跌入溪谷裡的車箱。陳月霞攝 2003.03.03.

跌落山谷的車體吊上輪座上。陳月霞攝 2003.03.03.

跌入溪谷裡的車箱吊上路邊,滿是泥巴。陳月霞攝 2003.03.03.

右圖:四節車箱當中有三節跌落橋。陳月霞攝 2003.03.03.

山，林務局將自英國引進牡丹花（聯合報）。

1978年7月30日（民國67），原改善阿里山公路計畫，決定併入新中橫公路之施工。

1978年9月14日（民國67），林務局表示，阿里山森林遊樂區新車站及住宅完工，商店及大門月底可完成（註：該大門於1999年9‧21大震後拆除，2001年另蓋新建物）；及至1980年12月，阿里山業者對新建遊樂區尚未正式啟用，要求早日開業。

1978年10月31日（民國67），阿里山森林鐵路阿里山新站（原第4分道）竣工，據於上（1977）年8月31日開工，工程費1,400餘萬元，係依山建築之宮殿式站房，建地面積523.4坪，候車室69坪（林局誌）。（註，毀於1999年9‧21大震，而此存在21年之久的車站，曾被抨擊為違反在地景觀的中國沙文建物，詳見洪致文，1994，86-87頁。）

1978年11月3日（民國67），新中橫公路測量，南線隊員60餘人由隊長呂秀崑率領，入山展開為期8個月的測量及設計工作；1979年2月19日，嘉義至玉山線（塔塔加）完成測量；5月18日核定阿里山公路起點，包括吳鳳路全部，吳鳳北路將由省方負責提前拓寬；9月1日，新中橫嘉義玉山段工程處正式成立，首期工程10月開工，至12月已全面施工，預定3年後完成；1980年2月1日，嘉義玉山段估計須費21億元，持續施工中；9月11日，施工單位表示，嘉義至十字路段，10月間將開放通車；1982年3月28日，規劃阿里山公路通車以後，公車處擬與台鐵聯運，旅客可買一票登上阿里山；4月27日宣佈，最遲至

10月前全線通車，警方則管制交通，阻止野雞車闖關；6月2日，公路坍崩，交通完全中斷；1985年7月29日，省府決定撥款整修永樂站路段。

1978年11月17日（民國67），奉省府函示：阿里山區濫植山葵應由政府收回（沒收），視同森林副產物處理，如墾民有以申採，可依國有林產物處分規則之有關規定辦理專案採取。（林局誌）

1979年1月2日（民國68），拓寬阿里山公路二期工程開工，沿線居民拜拜慶祝。

1979年（民國68），新阿里山公路（新中橫）開工，包括新闢若干路段，於1982年10月1日（民國71）正式通車。通車之後10年間，農業上山的情況甚為嚴重，引發曾文水庫上游及廣泛阿里山區的生態災難方興未艾（陳玉峯，1993；1994a）。

從阿里山遊憩區大門口至自忠（台18-83+14K）約8公里，自忠不遠處即新高口（台18-86.4+14K）。新高口即日治時代鐵路終點站，同時也是登玉山之登山口。今玉山之登山口為塔塔加鞍部。塔塔加鞍部在今之台18線95+14公里轉往楠梓仙溪之林道旁。

以塔塔加鞍部為0K計，至排雲山莊約8,530公尺長，其間棧道共有81座（1985年調查）；排雲至往玉山南峰叉路口為843公尺，排雲至主峰頂為2,360公尺長；排雲至玉山西峰頂為2,230公尺，再走132公尺見有玉山西峰小廟，先前筆者服務公職時簽請依原型重建，即今之所見；從玉山前峰登山口至前峰為796公尺，但甚陡峻。

塔塔加鞍部（0K）經第一個棧道（0.418K），走了1,368公尺之後即孟祿斷崖；1.68K有一涼亭，2.74K即往玉山前峰登山

口。至約5K處即置身白木林，但今已凋殘。5.05K為原白林山屋處；6.703K處即抵大削壁，至此已經走過了56座棧道及21個山徑轉彎點。再走1,827公尺即為排雲山莊門口。從玉山風口走至玉山北峰三角點為2,248公尺；風口至北北峰山頂為2,689公尺；從往玉山南峰叉路至玉山南峰頂約為3,120公尺。

玉山風口往北，從往八通關叉路口計算，走到荖濃溪營地大約1,550公尺，上述叉路口至八通關小屋則為6,360公尺左右，八通關小屋至觀高坪叉路口為1,760公尺，再走380公尺即到觀高。

1979年1月11日（民國68），日本櫻花協會增送嘉義縣300株「櫻花女王」，縣府將移植於阿里山，並將轉贈梅花回報，12日報導，日櫻花訪問團今上阿里山參觀歷來櫻花生長發育情形。

1979年1月24日（民國68），阿里山上林務局玉山林管處所屬0.15公頃土地糾紛案，土地所有權者土地遭侵佔，卻反挨告，原告為吳鳳鄉公所，該地一部份為阿里山閣旅社，光復後由政府撥交吳鳳鄉公所，鄉公所則向林務局租用土地，再轉租予甘姓居民經營，此時阿里山閣旅社旁土地早已遭吳姓人士興建2平房，民國51年甘某以自己土地與吳某交換，65年租約期滿吳鳳鄉公所收回旅社，67年甘某將2平房改建為樓房，附近土地則鋪上水泥，且租予林姓男子作為攤販用地，玉山林管處發現土地遭侵佔，函請吳鳳鄉公所要回被佔土地，吳鳳鄉公所則要求玉山林管處轉交該地給鄉公所，土地歸屬目前仍由法院處理中。

1979年2月21日（民國68），玉山林管處指出，阿里山鐵路山洞、橋樑之木質部分，均將改為鋼筋水泥，總經費高達7千萬元，預計民國70年可全部完工，全線50多處需改建，最早自民國57年起已動工，目前已完成3分之2工程，阿里山鐵路由運材功能轉為觀光載客，為確保行車安全，玉管處逐年編列預算，加速改善安全措施（中時）。

1979年3月14日（民國68），登山遊客指出，阿里山區大鬧水荒，造成遊客不便，恐影響觀光發展（中時）；阿里山今年的花季，將由本月15日開始為期1個月。

1979年3月18日（民國68），阿里山鬧水荒，影響觀光事業，水公司表示將「徹底改善」；4月9日，媒體報導阿里山旅遊亮紅燈，黃牛操控購票云云；12月19日報紙反映，阿里山部分商家缺乏商德，令遊客印象惡劣。

1979年3月23日（民國68），阿里山觀光熱季登山火車票供不應求，傳遭旅行社壟斷，一般旅客一票難求，發展觀光事業似大打折扣，旅行業者建議改變售票方式或可改善，林務局則表示，車票太少屬事實，但已在最公平的原則下賣出車票（中時）。

1979年3月24日（民國68），中國時報記者熊中嵐專欄報導：聞名中外觀光區阿里山，目前除車票難買引來詬病之外，尚有多項缺失待改進，旅社少、供水不足，再加上餐飲售價昂貴，相關單位應擬定策略加以改善（中時）；阿里山火車票一票難求問題，且由某旅行社出售予同業一事，嘉義地檢署首席檢察官表示重視，正密切注

意中，林管處表示北門車站每班車至少留有17張對號車票，普通票則可達85張；25日報導，阿里山森林鐵路北門站24日週末，發生群眾購票糾紛，爭購遊客大排長龍，微薄警力險些鎮壓不住。

1979年4月9日(民國68)，中時記者熊中嵐專文報導「阿里山觀光旅遊亮紅燈」，其敘述黃牛猖獗操縱森林鐵路車票，遊客登山困難，警方查不勝查，唯有增加北門站車票量及鐵路車班，才能根本解決黃牛問題(中時)。

1979年4月15日(民國68)，經南投縣府增取多年，由信義鄉神木村至阿里山路段改築省道案，近日由省交通處、公路局及縣府勘查後，認定極具開發價值，全長32公里，海拔自950公尺至2,274公尺，當地觀光遠景可期(中時)。

1979年5月10日(民國68)，耗資2千億元闢建之阿里山森林遊樂區，即將於明年6月完工，但仍有多項問題尚待當局解決：1.水源不足亟待開闢，2.火災受災戶安置補償仍有爭議，3.森林鐵路存廢問題(中時)。

1979年7月起(民國68)，公路局對新中橫公路開始雙向施工，即由嘉義經阿里山、自忠抵塔塔加遊憩區入口處(3線交會點)，與自水里經和社上會3線交會點；前者謂之嘉義玉山線，全長96公里，後者即水里玉山線。嘉義玉山線由後庄至觸口橋20公里、觸口至阿里山長55公里，係利用原有公路拓寬，俗稱阿里山公路，已於1982年10月1日(民國71)通車。而阿里山至東埔山前的3線交會點長21公里屬新闢路段，亦隨後通車。此段路旁植被僅以雲杉

林稍具完整，餘則如紅檜、昆欄樹、森氏櫟等孑遺木，以及台灣紅榨楓、阿里山榆、薄葉虎皮楠等次生植被散生。

1979年8月15日(民國68)，雲嘉山區暴雨，草嶺峽谷發生地變，山崩堵塞成為堰塞湖，隨時可能潰決；16日，嘉義縣長為草嶺湖善後問題，強調應先闢施工道路；8月17日報載，總統指示要妥善處理，而省府召集專家研商應變；18日積水續增，專家建議炸壩洩洪；24日午后，積水潰決，沿清水溪、濁水溪傾瀉入海，秒速15公尺，對下游造成災害，而潭水只剩30公尺深，不復威脅；又，8月25日，阿里山公路五虎寮橋被豪雨沖斷，交通中斷。

1979年10月12日(民國68)，阿里山森林遊樂區整建工程進度已超前，可望年底完成。然而，1980年1月28日始完成97%。

1980年2月1日(民國69)，新中橫公路開闢順利，阿里山段4月即可通車。新中橫公路自嘉義，經觸口、阿里山至沙里仙溪上游，全長97.73公里，總工程費21億餘元(中時)。

1980年3月1日(民國69)，省府決定將投資2億8千萬，針對阿里山森鐵進行擴充改善。

1980年3月7日(民國69)，當局宣佈玉山林區被濫墾林地達7千餘公頃。

1980年3月16日(民國69)，玉山楠梓仙溪上游森林發生大火，燃燒面積跨越高、嘉兩縣，可能自14日晚間即開始燃燒，15日傍晚警方才接獲通報，起火點該地去年也曾發生森林大火，目前波及第3、4、35、36等4個林班，火勢熊熊尚無法撲滅，損失可能逾億元，據阿里山方面報

告，大火現場距有人居住處需徒步8～9小時，竹崎警分局已發動阿里山山地青年工作隊，前往施救（中時）。

1980年3月20日（民國69），阿里山森林大火，延燒數日，玉山林管處初估133公頃造林地、草生地22公頃成灰，如以高級木材每公頃價值200萬元計算，損失逾2億元，林管處調查員認為可能13日中午即開始燃燒，大火起自高雄田子工作站34、35林班，再延燒至嘉義縣境內楠梓仙溪事業區第3、4林班（中時）。

1980年4月1日（民國69），候鳥灰面鷲，過境阿里山山脈，遭獵人張網捕殺，引起國際抗議，據日本人於民國57年間統計，台灣製作的「灰面鷲」標本銷入達5萬隻，因而近年聯合其他國家，向我國提出抗議，灰面鷲專吃蝗蟲與野鼠，可維持生態平衡，灰面鷲每年飛經台灣時期，北飛自農曆春分到清明節，以阿里山山脈為路線，尤以八卦山、大肚山區為最，順著大肚、大安、大甲溪群飛，南飛則自雙十節起約15天，經屏東滿州鄉飛往南洋，4月3～9日為中華民國保護動物週，政府宜加強禁獵宣導，擴大保護益鳥（中時）。

1980年5月14日（民國69），謝東閔副總統巡視阿里山。（註，其認為阿里山神木乃迷信，應更名為阿里山巨木。之後林務局將阿里山神木看牌改為阿里山巨木。阿里山神木於1906年由小笠原富二郎等經過封神祭拜儀式始取名為神木。）

1980年6月12日（民國69），阿里山自來水擴建，首期工程竣工，15日起供水。

1980年6月15日（民國69），嘉義縣府建議新闢第3條縱貫公路經由阿里山，由阿里山瀨頭，入吳鳳鄉山美、新美、茶山、大埔橋與台3線銜接，通高雄三民鄉接台21，已完成路線踏勘及地質實勘，中央、省、縣有關單位原則同意嘉義縣府所提路線，其深入內陸較具國防戰備、民生、經濟及觀光多重目標（中時）。

1980年7月8日（民國69），台中二中一學生攀登阿里山，於巒大林區（？）失蹤，警方組隊入山搜救（中時）。

1980年7月9日（民國69），嘉義吳鳳鄉公所計劃拆除具60年歷史的阿里山閣旅社，改建7層樓觀光旅社，預定明年7月動工（中時）。

1980年7月19日（民國69），阿里山森林遊樂區內原住戶獲林務局分配新建住宅，定下月遷入，30餘住戶代表盼同時取得產權及轉移權，省府表示無法給予產權，另，64年10月之後設籍遷入者，不得分配，另案研議（中時）。

1980年7月27日（民國69），為處理阿里山遊樂區垃圾，決興建3～5噸容量之焚化爐，經費初估約500萬元，將由吳鳳鄉公所、省林務局及交通部觀光局共同負擔，3單位若協調順利，年內即可動工。

1980年8月21日（民國69），阿里山公路由嘉義至阿里山，全長76公里，列為新中橫公路之一段，路面將為7.5至9公尺寬，最大坡度10%，可望於明年底以前開放通車，客運業路權，已核由嘉義縣公車處經營，大客車行駛時間約2小時，將增購10輛新車並與鐵路局採聯合經營方式服務（中時）。

1980年8月28日（民國69），「諾瑞斯」颱風帶來豪雨，阿里山鐵路中斷。

1980年8月29日（民國69），由於28日諾瑞斯颱風過境帶來豪雨，阿里山鐵路20餘處坍方，大約700餘名遊客受困山區（中時）。

1980年8月30日（民國69），阿里山鐵路坍方，火車接駁通行，1千餘名被困遊客及民眾一天內爭搶下山，旅客接駁時需於交力坪附近步行一個多小時，而留在山區者尚有5～6百人，玉管處表示阿里山區的「災害存糧」充足，不致斷炊（中時）。

1980年9月12日（民國69），吳鳳廟整建工程，預定下年度起施工2年，總工程費1億5千萬元，由中央、省、嘉義縣平均分攤，以配合新中橫公路嘉義至阿里山段完工通車時程（中時）；新中橫公路嘉義段，五虎寮橋至66公里處（阿里山前3公里），預定72年6月底至阿里山段全部通車，目前工程已達80％；其築路砂石無法就地取材，需由嘉義遠運，且專家研判觸口至瀨頭段屬新生代第三紀中新世地質，地盤不穩易崩塌，更增加工程困難度。

1980年9月13日（民國69），阿里山森林遊樂區整建工程完竣，林務局近日公告拆遷補償辦法，原有住戶105戶、商店35家、旅館12家，一律於第4分道由林務局整建分配予原使用人居住及營業，據悉，原住戶一再對補償辦法不服，要求提高，經協商已圓滿達成協議，林務局將於9月中旬公告，並限期1個月內遷入（中時）。

1980年9月25日（民國69），林管處公告阿里山遊樂區整建搬遷計畫，預計2個月內完成搬遷，事實上至隔年1月21日始啟用。

1980年10月12日（民國69），阿里山森林鐵路道班技工楊長維北門站命案，初步認定為墜車遭輾斃（中時）。

1980年11月10日（民國69），原住民對吳鳳神話的質疑漸顯現，嘉義縣長涂德錡為吳鳳辯護，認為「不應因質疑而發生動搖」；1981年9月14日，嘉義縣各界舉行祭典「紀念吳鳳成仁」；1982年1月1日，嘉義縣府促整修吳鳳廟如期完工；1984年7月29日，謝東閔再遊吳鳳廟，擴建工程年底可完工；10月5日，觀光局長為吳鳳廟紀念園招徠遊客；1985年2月8日，園方決定將吳鳳「成仁」故事，製作卡通影集，長年在紀念園放映；3月9日，紀念園即將揭幕，「藝文名家」紛紛捐贈作品；3月12日，紀念國父逝世60週年，嘉義縣在吳鳳廟舉行並獎勵植樹有功人員；7月30日，庭園擴建完成，31日局部開放；1986年9月9日，嘉義縣紀念「吳鳳成仁」217週年，於吳鳳廟舉行祭典，縣長主祭；1986年9月11日，整建完成的吳鳳廟12日開放；1987年8月31日，嘉義縣第36屆運動會聖火在吳鳳廟由縣長點燃傳遞；1987年9月9日，「吳鳳成仁」218週年祭典，由何縣長主祭，全國19個原住民團體人士，在縣府門口靜坐抗議，要求「全面刪除吳鳳神話」；1987年10月5日，嘉義縣市政府教育局通知各國小，對於編入國小「生活與倫理」及「社會」兩種教科書的吳鳳教材部分，從本學期開始不必講授，數十年來的「吳鳳故事」將走入「歷史」；1987年11月5日，吳鳳鄉7個村村民大會決議提議更改鄉名案，鄉公所提交代表會定期大會議決。經熱烈討論後，決議將該案提交下次會議再行討論。而各村村

民大會通過的更改鄉名為「玉山鄉」（註，此為吳鳳鄉鄉民代表大會第13屆第3次定期大會）；鄉公所於1988年11月，再行提請鄉民代表會第13屆第5次定期大會，且議決通過更名為「阿里山鄉」，12月12日函報縣政府。縣府於12月24日函報省府「擬予同意並准自78年3月1日起實施，請核備」，然而，省府於1989年1月17日函示縣府，要縣府再「確切瞭解實情，民意反映，並分析利弊研議後，送府憑辦」；1989年1月25日，縣府以同樣態度覆函，省府於1989年2月13日同意備查，因而1989年3月1日正式變更吳鳳鄉為阿里山鄉。

另一方面，公共造產的吳鳳廟（紀念園區）受到投資日趨停擺的種種「客觀因素」，門票收入自1986年度開幕初期的平均每月150餘萬元，劇減至1988年初的每月50～60萬元；1988年11月15日，縣府擬在「吳鳳成仁地」建嘉義縣童子軍永久營地，並將請省教育廳補助5百萬元，做為規劃、整建經費。而1989年3月27日，阿里山鄉曹族原住民訪問吳鳳故居，會見吳鳳後裔「化解隔閡」；3月28日，關於全國童子軍第四營區因有「吳鳳」的敏感問題，嘉義縣議會決議成立專案小組協助勘查地點。4月10日，議決地點不變，但名稱改為「嘉義童子軍露營區」，將於7月間舉辦全省童軍大露營。

而省旅遊局經評定後，於1989年6月23日宣稱，吳鳳廟特定區為全省最具發展觀光潛力者，將第一優先規劃為「農漁村社區更新——鄉土旅遊事業發展計畫」實施地區；7月14～18日，童軍第10次大露營如期完成。1989年9月9日，何縣長主

祭「先賢吳鳳公成仁220週年紀念日」；1990年5月25日，嘉義縣府再度召開專案小組研議決定，吳鳳紀念園區開放民營，將擬具開放辦法，送縣議會審議。

由農委會輔導開發的「中埔吳鳳廟地區旅遊發展計畫」，於1990年8月31日宣稱，已委託旅遊局規劃完成，將於年底執行，該規劃將轉變農業經營型態的鄉土旅遊計畫，結合吳鳳廟的「文化古蹟」，將使中埔成為嘉義縣的第一個新型態的旅遊重鎮。1990年11月8日，縣府鼓勵民間投資經營吳鳳紀念園區，由於乏人問津，將另訂日期辦理第二次招標；1991年4月26日第三次招標，由慶藝園藝有限公司以每個月62萬元，以及必須投資1,500萬元條件得標，經營最長期限18年。8月25日報載，慶藝園藝公司投資1億5千萬承租經營之吳鳳紀念園，將更名為「阿里山遊樂世界」，預定光復節開放。而12月1日即已正式開放營業。

至於每年9月9日的祭典從未間斷。及至1995年8月28日，中埔鄉公所建議將「吳鳳成仁地」與承租業者解約，規劃為鄉民休閒公園，縣府與慶藝園藝公司協調結果，達成解約協議，並決定由環保署規劃為環保公園。

「阿里山遊樂世界」於1996年9月11日因整修內部，向縣府報備，該公司表示，整修後該園將易名為「中華民俗村」。

1980年11月15日（民國69），阿里山遊樂區12家旅館業者，14日聯名陳請林務局玉山林管處迅速改善相關設備，以便如期遷入營業，要求改善內容包括：鍋爐附近林木尚未砍除、排水溝尚未改善、發電機

迄未安裝、部分旅館廁所、浴室未開工，以及旅館業者住居問題未解決等（中時）。

1980年12月23日（民國69），自忠原木造火車站（日治時代之兒玉車站）及其旁宿舍、住家等，發生火災，毗連建物付之一炬。其後在該車站址，於1983年（民國72）興建「嘉義縣警察局竹崎分局雪峰派出所」，同時擔負檢查哨任務；1980年代自忠尚存日治時期招待所木製房屋一幢，係最古老建物。此外，已式微之自忠陋舊住宅、兩條已廢棄鐵路等，或可作為人文等解說素材。然而，1999年9・21地震住宅全毀。2003年謝山河回自忠著手重建其家園。

1981年1月3日（民國70），阿里山旅遊最豪華的光復號火車每人來回票價540元，旅館套房1夜約8百元，加上包辦3餐，一次阿里山之旅約花1,600元，若由旅行社代辦，約1,800元（中時）。

1981年1月6日（民國70），新中橫最艱難的一段，即東埔山至八通關，現正進行測量、選線，預定4月底定線，全長30公里，自東埔山，經塔塔加鞍部、玉山前山、玉山西山山腹，越沙里仙溪，接玉山主峰及北峰山腰，至八通關（中時）。

1981年1月6日（民國70），蔣緯國將軍提議「植梅」，嘉義地方人士認同，建議林務局玉山林管處應在阿里山風景區多種梅花，取代目前過多的櫻花及杜鵑。地方人士指出，櫻花是日本國花，中日目前無邦交，阿里山不普種梅而種櫻，「實已本末倒置」（中時）。

1981年1月11日（民國70），阿里山新建火車站啟用；1月21日，新建遊樂區亦啟用，商店多已遷入，分別開始營業。（註，事實上阿里山新建火車站，早在一年前已使用，當時除了大眾旅社之外，沒有任何商店或旅社搬遷到第4分道。林管處在居民不肯搬遷之下，火車只開到第4分道的新站，造成阿里山居民相當不便，雖遭民怨，卻也逼迫居民早日搬遷。）

1981年1月20日（民國70），阿里山新建旅館區9家業者聯名向林務局玉山林管處陳情，認為租金不公。按，林管處職工福利金經營的阿里山賓館佔地1,200坪，每月租金6萬元，大眾旅舍占地400坪，每月租金2萬5千元，但其他永福旅舍等9家，佔地108坪，每月租金約為2萬元，而且必須每6個月繳租金一次（中時）。

1981年1月24日（民國70），阿里山閣旅社係縣府代吳鳳鄉公所經營者，阿里山車站遷至第4分道後，經營更加困難。縣府民政局表示應予改建成3樓計畫，觀光局原則同意補助1,500萬元，省公共造產基金也核准貸款5百萬元，但鄉公所尚未積極執行改建工作（中時）。

1981年1月27日（民國70），宜蘭縣木材工業前途堪虞，業者盼望林務局開放檜木限伐量。1976年起實施森林資源保護政策，省產木材限制在年伐100萬立方公尺以下，新近研擬的方案係調高為160～200萬立方公尺。依統計，台灣每年進口木材支付的外匯為石油進口的4分之1；總就業人口中，每10人有1個人從事木材或與木材有關的職業；此報導另強調30多年來造林「已經彌補了濫伐?喪的元氣」（中時）。註，此報導係站在積極伐木的角度發聲。

1981年1月28日（民國70），林務局決定

儘速開闢池南森林遊樂區，現正與花蓮縣府協調用地中（中時）。

1981年1月29日（民國70），南迴鐵路71年度動工，經費350億元（中時）；花蓮籍省議員張俊雄建議全面開放花蓮美崙山，開發為類似小型森林遊樂區的風景區。

1981年2月9日（民國70），玉山森林火警，延燒3個林班。

1981年2月13日（民國70），苗栗縣18鄉鎮推行公共造產造林，現存造產價值估計達3,260餘萬元，以相思樹為主（中時）。

1981年2月13日（民國70），台灣人口成長迅速，每年增加34萬人。69年7月達17,704,242人，每分鐘出生0.8人。每平方公里492人，居世界第二位，僅次於孟加拉國。台灣必須認真實施家庭計畫（中時）。

1981年2月21日（民國70），省林務局訂定「防止林務弊端執行措施」，採重獎重懲辦法（中時）；2月24日報導，南澳地區盜伐林木栽培香菇。

1981年2月25日（民國70），阿里山未受色情污染，日本尋芳客團體碰壁退租，當日離開阿里山，而阿里山旅館業從來堅守聲譽，拒絕色情（中時）；2月27日報導，阿里山閣國民旅社將改建為3層樓房，工程費約3千萬元。其佔地450坪，建於民國元年，由於全係木造榻榻米式房間，不合現代觀光旅遊需要。

1981年2月26日（民國70），宜蘭、台北兩縣共有的原台北州貸渡地造林松木，台北縣政府決定不予砍伐，而闢為森林遊樂區及松樹母樹林，並補償宜蘭縣政府4,677,581.58元（中時）。

1981年3月10日（民國70），花蓮木瓜林區管理處自今年度起，加強辦理林相變更工作，分6年完成4千公頃面積（中時）。

1981年3月11日（民國70），阿里山森林遊樂區經3年之整建如期完成，本日正式啟用。

1981年3月12日（民國70），新中橫阿里山公路可望於10月31日完成碎石子路面通車，2年半以後完成全線柏油路面鋪設（中時）；「知本森林遊樂區」甫告闢成，面積70公頃。

1981年3月21日（民國70），「政府決定以阿里山遊樂區為基礎，設立第2個國家公園」；阿里山森林遊樂區整建工程第一、二期大致已完成，玉山林管處長陳文濤表示，71年度將繼續整建博物館、植物園、建觀日樓纜車、改善姊妹池、建別墅旅館、整建慈雲寺、樹靈塔、受鎮宮及其他公共設施，眠月線將作為遊覽性小火車之用。預計完成後，阿里山年遊客量可達50萬人次。

1981年3月24日（民國70），阿里山森林遊樂區首期工程大致完成；4月1日，林管處表示，阿里山原有遊樂區將整建為自然公園，範圍內未拆除的房舍，限月中前拆除；至5月1日，對未拆地上物決定強制拆除；1982年4月15日，原遊樂區完成拆遷部分，著手闢為自然公園，未拆地上物決定移法院強制執行。

1981年4月3日（民國70），阿里山遷村第4分道分配新建房舍太小，中正村長林朝等人請求改配，林管處愛莫能助（中時）。

1981年4月11日（民國70），新中橫公路阿里山至玉山段改線重測已完成，全長原

101.73公里，其中在北?山腹至八通關段，應建一處長1.2公里的隧道，但因工程艱鉅，且維護困難，遂決定改道，致全長增為107公里。而嘉義至玉山段，「嘉義市林森路起之吳鳳北路至後庄長4公里，將由公路局五區工程處進一步改善；後庄至五虎寮橋長10公里，現正拓寬中；五虎寮橋至阿里山長60公里，路基已完成，即將舖設柏油，預定年底可提前通車；阿里山至玉山段長37公里，目前改線重測工作已完成，將進行內部作業定線，預定71年度可開工，73年度完成。」(中時)。

1981年4月14日(民國70)，玉山林管處陳文濤處長表示，阿里山遊樂區即將整建完成，林管處決定新購火車機車頭5部、車廂22節，把現有每天5班次車(快車4、普通車1)，均以2部機車頭輸送，如此，每班次可加掛多節車廂，估計每天可增加載客量1千至1千5百人，解決一票難求老問題。而阿里山現有旅社、賓館約可容納2千5百人至3千人左右(中時)。

1981年4月19日(民國70)，說是為防止濫墾、濫伐，花蓮縣府認為非公用山坡地，應予放租、放領(中時)。

1981年4月22日(民國70)，花蓮縣長吳水雲向行政院副院長徐慶鐘建議，要求政府將原野地及區外保安林解除地之租地造林地，改以放租方式租予林農。吳水雲指示，省府為獎勵造林，於1956年起頒行「公地出租造林辦法及其施行細則」，後經修正為「台灣省國有森林用地出租造林辦法」，依該法，係將原野地以契約方式租給林農，租期9年，可再申請續約。造林人在砍伐收益時，依分收率2成歸政府，8成歸承租人，但改種其他作物時，政府無收益。而林農承租後多不積極造林，或改種果樹，或任其荒蕪，因而租地造林迄今20餘年，成效不彰，故而吳氏建議，將原野地清理，測量編號及評定等則，訂租額標準後，以耕地出租(中時)。

1981年4月24日(民國70)，由於連日豪雨，阿里山森林鐵路隧道坍方，砸中通行之列車，造成9死13輕重傷(註，另報導敘述11人死亡)。

1981年4月25日(民國70)，阿里山森林鐵路24日中午12時45分發生大車禍，35號隧道坍方，巨石擊中登山火車，造成3死、18傷、7人下落不明。先前，1976年亦發生車禍慘劇(中時)；4月26日報導，8人以上失蹤者尚在挖掘搶救中；報導宣稱，此一大車禍是阿里山鐵路70餘年來之空前，而省農林廳長許文富25日表示，阿里山鐵路正積極改善中，但林務單位希望移歸鐵路局接管經營，許文富指林務單位缺乏專才，對改善措施難收預期效果；4月26日報導，林管處以小量炸藥配合人力挖掘土石，8名失蹤乘客凶多吉少，坍方嚴重，現場血肉模糊，清理困難；4月27日報導，搶救結束，合計11名旅客罹難。調查認為係落磐引起；約4天後可全線通車；4月28日報導，每名死者發給家屬45萬元撫卹金。

1981年4月28日(民國70)，正要在花蓮地區大量推廣之薩爾瓦多巨型銀合歡，27日突然傳來不知名病害，震驚花蓮林業人士，而病因交由林試所研究(中時)。

1981年4月29日(民國70)，嘉義縣政府官員勘察山區建設，在阿里山與塔山之

間,「發現一處新風景區,巨石、甘泉、山洞、一大片第二代紅檜木,谷中到處杜鵑、一葉蘭」;「自阿里山步行約3小時可到,當地民眾說,除了少數登玉山的人士曾去過之外,平時極少有人發現、前往」;「該風景區海拔約3千公尺」(中時)。註,凡此報導多矛盾、錯誤之處;另則報導,古坑鄉民盼將草嶺建為觀光區。

1981年5月2日(民國70),嘉義縣議會建議政府開放阿里山公路,並免辦入山證;5月4日對阿里山公路的營運提出計畫,直達車行駛中興號同等級車,普通車沿途各站停車。

1981年5月5日(民國70),阿里山公路即將於年底通車,縣公車處決定行駛直達冷氣對號班車,每天往返8班次;嘉義至觸口全線20公里,日行20班次普通車;嘉義至石桌,長49.4公里,日行16班次普通車;石桌至阿里山,長25公里,日行6班次普通車。該4線班車估計平時每日最高載客量可達2千人,例假及年節機動加班(中時);5月8日報導,縣公車經營阿里山公路票價僅為鐵路的5分之1,議員建議比照祝山客運票訂價,公車處表示將比照祝山客運專案報省另訂票價,若省不准,則以原訂票價營運。

1981年5月12日(民國70),省議會農林委員會決定舉行聽證會,聽取學者專家對台灣年伐木量的看法。70年度砍伐量預定499,132立方公尺,71年度列為687,030立方公尺,增加將近4成(中時);5月20日報導,聽證會專家意見不一,多人主張限制伐木量;5月27日報導,省議會審查林務局預算,小刪砍伐量30,750立方公尺,附

帶決議研究是否可於72年度起全面停伐2年。林務局71年度原編砍伐量687,030立方公尺。

1981年5月25日(民國70),阿里山鐵路隧道工程等被指安全堪虞,治安機關調查中,初步認為有偷工減料之嫌。第35號隧道於4月20日發生崩塌,造成10人死亡,17人輕重傷之後,承包工程被發現有水泥不足、建材規格不合現象(中時);5月29日報導,奮起湖監工區主任林鴻凱等涉嫌索賄被收押;7月8日報導,弊案又有新發展。

1981年5月30日(民國70),阿里山鐵路工程弊案,偵察目標指向民代(中時);5月31日報導,阿里山工程弊案官商勾結、偷工減料,5人涉案,3人被押。

1981年5月31日(民國70),阿里山森林鐵路傳偷工減料,監委促追查(聯合報)。

1981年6月4日(民國70),登玉山自由車隊2日自阿里山奔東埔,登玉山成功(?)(聯合報)。

1981年6月13日(民國70),嘉義市發展中型公車,並配合阿里山公路通車,嘉義縣公車將增資1,600萬元購新車。阿里山公車班次,淡季每日3～4班次,旺季每日5～6班次,年節酌情增班(中時)。

1981年6月19日(民國70),阿里山新闢公路觸口至阿里山段路基不穩,行車危險,警方決限制車輛行駛(中時)。

1981年6月24日(民國70),阿里山森林遊樂區整建,將執行遷村,居民許清富認為非法欺騙,申請省府釋示是否經行政院核定。「阿里山森林遊樂區於64年發生火災,其後災民搶建,在原地修建臨時商

店，未經核准，亦未做有秩序整建，被列為違章建築。

玉山林管處為整建凌亂的遊樂區，並配合國家公園修建，於67年整建阿里山遊樂區，在第2（？，應為4）分道新建車站及商業區，做為整建遊樂區的商業據點。

玉山林管處根據計畫，要求居民遷居新建商業區，然居民以該地距離舊遊樂區甚遠、不便，不願遷往。向上陳情。玉山林管處遂以行政院65.3.1台65交字第1647號函轉居民，稱奉行政院核定，要求居民如期遷移。

該地居民吳鎮江於70年5月5日向行政院提申請，解釋是否經政院核定。行政院秘書處答覆該函僅係供參考，並非核定。然林務局於70年1月5日林政字第2116號函，卻強調曾奉核定，顯有欺騙之嫌」(中時)；6月25日報導，阿里山購票比登天還難，省議員呂秀惠促省府改善。

1981年7月9日（民國70），嘉義縣府2月間通知省建築師公會轉知，踴躍參加阿里山閣旅社重建徵圖，迄今5個月，只有2件應徵，審查結果不理想，改請觀光局推荐適當建築師設計，省建築師公會依據建築師反應，認為有違公平、公正、公開原則（中時）。

1981年7月13日（民國70），民國67年德基水庫集水區內1,700公頃超限使用的山地保留地，每年流失1百萬立方公尺泥沙，引發70萬株果樹是否強制砍伐的爭論。如今，濫砍又起，一批梨山的開墾者，翻過福壽山農場，轉移至國姓鄉砍伐保留地的原始林，蠶食國有林地，今年6月為評估國姓水庫，才發現山地保留地被

超限利用已逾1,500公頃，尚不包括被盜墾的國有林班地（中時）。

1981年7月18日（民國70），新中橫嘉義阿里山段，路基工程全部完成，現正全段鋪設碎石子路面，年底可先行通車，再逐步鋪設高級柏油路面。此公路長72公里，而石桌至十字路段因為變更路線新開闢，故而趕工追進度，全路預計71年12月底全部完工。此公路在距嘉義市25公里處起，有5處回頭彎，遇雨經常坍方，施工單位至感困擾，現正研究如何根本改善（中時）；阿里山鐵路工程弊案開偵察庭。

1981年8月2日（民國70），立委專案小組11位，由蔡友土率領，至梨山勘查，決促請政府在梨山成立農業試驗所，停止砍伐果樹，管制蘋果進口，已砍之果樹，若屬於民國63年以前種植者，應可依法請政府補償（中時）。

1981年8月9日（民國70），觀光局推薦建築師設計阿里山閣旅社，可望今年內開工（中時）。

1981年8月26日（民國70），阿里山森林鐵路25日下午車禍，嘉義師專副教授張權駕駛自小客車，上載2名子女，過平交道被火車撞及，地點位於嘉義市維新街平交道，3人受傷（中時）；阿里山隧道工程舞弊案，7人涉嫌貪污被起訴，另5人不起訴。

1981年8月29日（民國70），吳鳳鄉全鄉6,200餘居民及番路鄉草山、中寮、梅山鄉太和，竹崎鄉的光華等地上萬民眾，出入交通靠大華及中興（阿里山）公路，但這2條路遇雨即斷。大華公路係十餘年前，運用世糧方案經費所開闢，全長46公里，

至今仍為碎石路面，經常坍方中斷，只能走路至奮起湖，改搭火車出去市區；中興公路(阿里山公路)至石桌段，有碎石路通達邦各村，但該路經過蕃薯山，路況呈180度的死彎，且山坡土質鬆軟。居民咸盼阿里山公路儘速完成(中時)。

1981年9月10日(民國70)，阿里山公路在9‧3水災時嚴重坍方，路基遭水沖擊損毀，必須重新開闢路面，阿里山公路延至明春完工(中時)。

1981年9月25日(民國70)，阿里山森林遊樂區的開發案，林管處與區內商店、住戶糾紛尚未了結，今又發生拔菜、阻路風波，「阿里山森林遊樂區內的商店、住戶，大多數是日據時代即在當地定居的「緣故戶」，林務局進行森林遊樂區的興建、開發，發展觀光事業，另外興建了旅館、商店、住戶，配租給原有的業者、住戶，在林管處方面的看法，認為對這些民眾來說已是「夠優惠」了，然而，區內旅館、商店業者及住戶卻認為林管處「太霸道」，堅持他們「善意佔有」，土地依民法規定應歸他們所有或讓售，最後還為了搬遷費、租賃費、補償費等問題，雙方長期紛爭，經過協調再協調，至今仍未全部解決，一些區內民眾還是在到處奔走陳情中。

林管處這次採取強硬措施，據林管處的人透露，是「被迫」不得不如此，因為，第4分道附近民眾佔用美化環境之用的公共設施用地種植蔬菜，林務局曾一再勸導，民眾不予置理，林管處一直未有取締行動，最近，有人向省林務局等有關單位檢舉，指林管處人員「包庇」、「處理不公」

等，林管處正好新舊處長交接，新任處長林澄祺乃決定採取「殺雞儆猴」措施，把民眾在該公共設施用地上種植的蔬菜一部分拔除，期望其他種菜的民眾自行拔除或不再任意佔用。」(中時)

1981年10月9日(民國70)，新任玉山林區管理處長林澄祺到差後，將逐步改善阿里山鐵路。森鐵在今年發生大車禍之後，引起省府重視，原本1公尺長20公斤重的鐵軌，全部抽換成22公斤重，並洽購5部新的機車頭(中時)；而班車冷氣化將先從光復號開始。

1981年10月10日(民國70)，交通部9日函請省交通處會同鐵路局評估阿里山森林鐵路，是否改為觀光專用鐵路經營，若可行則投資改善。「阿里山鐵路原是森林專用鐵路，目前係客貨兩用，但以客運為主，以69年營收為例，全年收入1億零5百餘萬元中，客運收入佔80%，但因成本高，收支仍無法平衡，省府有意改為觀光專用鐵路，請交通部觀光局補助投資進行改善。

交通部函促省交通處會同鐵路局就多項問題進行評估，包括是否符合客運標準？安全有無顧慮？如不合標準又有安全顧慮，如何改善？阿里山公路通車後，對阿里山鐵路營運有何種程度的影響？目前一般乘客與觀光客每年人數多少？比例如何？改為觀光鐵路後，票價勢必提高，乘客負擔能否適應？」(中時)

1981年10月21日(民國70)，配合阿里山遊樂區整建計畫，玉山林管處在新年度內增購5部登山火車，20節車廂，以及5部遊覽車。屬於祝山客運的中型巴士，原有

左圖：
1982年10月26日標榜「全國最高」的「阿里山蔣公銅像」竣工。圖為靜宜大學生態研究所師生與台灣生態研究中心成員，中為陳月霞。陳玉峯攝 2002.09.23.
下圖：
蔣介石銅像所在的位置，日治時期為修理工廠的事務所。岡本謙吉攝

8部，每部載客20人，新增購者每部載客29人。加入營運後，每天可載客2千人次以上（中時）。

1981年10月22日（民國70），阿里山公路通車後，公路營運權省交通處核定由嘉義縣公車處取得（中時）。

1981年10月31日（民國70），成立在阿里山興建蔣介石銅像的「籌建委員會」；1982年8月9日，標榜「全國最高」的蔣氏銅像破土典禮；1982年10月26日，由嘉義台灣涼椅公司捐贈的「阿里山蔣公銅像」竣工。（註，此為媒體版）

1981年12月8日（民國70），阿里山森林遊樂區主管單位的玉山林管處表示，71年1月中旬將成立「阿里山森林遊樂區管理所」，成立後開始收取管理費，遊客成人30元、孩童15元。「阿里山遊樂區過去一直未設立管理費制度，一般民眾自由進出旅遊。林務局於年前投資整建新遊樂區，耗資2億餘元，加上遊樂管理，因此，今後決比照台北市陽明山、屏東墾丁公園，收取管理費」（中時）。

1981年12月17日（民國70），蘇澳港工程處決定把興建完成後，從未使用的蘇澳港貯木池，填平一部份，做為貨櫃堆積場。「貯木池水域面積原規劃為9萬平方公尺，可容納進口原木60萬噸，後因木材進口量成長率漸緩，施工完成後已縮小為7萬平方公尺，亦即目前已完成之貯木池。

貯木池興建完成後，因受出口原木國家實施保護森林政策大量減少原木出口之影響，由蘇澳港進口之原木銳減。而進口原木之木材業者均使用自備之內陸貯木池，不願使用蘇澳港貯木池，致使耗費3千5百萬元興建的這座貯木池，完全派不上用場。

因此，蘇澳港工程處決定在7號貨櫃碼頭後側貯木池，修築護岸一段，後側予以填平，做為貨櫃碼頭的貨櫃堆積場，護岸則做為工作船靠泊之用，填平貯木池面積15,000平方公尺，保留55,000平方公尺。這項計畫已報交通處審核中」（中時）。

1981年12月17日（民國70），梅山鄉公所日前邀請觀光局前往瑞里勘察，希望規劃為觀光勝地（中時）；12月18日報導，台南市政府將在未來4年，推動4處市地重劃。

1981年12月30日（民國70），新中橫玉山玉里段72年度預算將續編（中時）；士林區訂中程計畫發展觀光遊樂；省府主席李登輝指示，新竹市明年7月1日如期升格為省轄市；苗栗縣府決籌千餘萬元，整修偏遠地區村里道路工程；台南縣基層建設後續計畫，將於元旦發包，明年6月全部完成；新營糖廠空污問題，市民呼籲改善。

1982年1月5日（民國71），南投縣巒大林區管理處去年下半年發生11件盜林濫伐案，保林工作亮紅燈（中時）。

1982年1月6日（民國71），竹山、鹿谷的桂竹遭受天狗巢病肆虐，紛紛枯死。竹山地區桂竹種植面積達1萬多甲，十餘年前出現天狗巢病，發筍能力減退，且漸次枯死，目前病害竹林已達約千甲（中時）。

1982年1月6日（民國71），阿里山森林遊樂區將自16日起收門票，而阿里山警察派出所員警擔心公共廁所不足（中時）。

1982年1月7日（民國71），阿里山每年

冬天請人整理每株櫻花樹，去除枯枝、雜枝。記者林春元專訪阿里山，有段慈雲寺的敘述：「遊客們為慈雲寺添加香油錢予銅鑄金砂已碎裂另行裝盒供奉的「千年古佛」(傳為泰王所贈，日據時期由日本移來)，旁邊「賽錢箱」也被新年假期的遊客們塞得快滿了。

慈雲寺裡兩尊彌勒佛像，客串「鐵口直斷」的相士地位，只要投入舊式5元硬幣，佛像內就響起一陣梵唱，聲音停止後撿起紙籤，上寫的就是未來命運了。

香林國中鄭老師談起她所聽到的「傳說」，她說慈雲寺內眾女尼中原有一名長得特別美麗，引得男女遊客都要忍不住多看這位女尼一眼。

據說就是因為常常被人多看一眼，寺中住持為了避免引起困擾，特地安排把這位女尼送到日本唸書。

傳說這位女尼就是為長相奇美而被拒在此出家，後來她自行剪髮，使得慈悲為懷的慈雲寺住持師父不得不為她決心所感動，收留了她」(中時)。

1982年1月8日(民國71)，中時嘉義記者林春元再度報導阿里山，其敘述阿里山區傳出省府主席李登輝將前來巡視而忙於修整之際，嘉義縣新科省議員廖枝源7日來到阿里山查訪，以下登錄報導內容：「阿里山舊火車站前的幾家商店和住戶不願拆掉遷走的理由，是因為他們認為沒有獲得合理分配，無法像從前一般，在新車站照常居住和營運。

鐵道旁的大陸迎賓小吃，是數年前阿里山商店區遭回祿時少數僅存建築物之一，店東顧小平因為當時照顧不少災戶免費吃飯而見聞於阿里山區，今年他們卻因為雖在該處居住十餘年，但戶籍不設在當地而不願把房子拆遷。

小吃店老闆娘說，好多人在新車站區都獲得分配店鋪，她店面若是拆掉了，那要吃什麼？其他尚未拆遷的房子理由也大多相同，都是因不滿林務管理單位的作法而堅持固守原址。

在阿里山大火災區，於數年前一夜之間搶建完成的房子算是違章建築，而目前新車站與新店鋪住宅區都已另地規劃建設完成開始營運，但火災區仍有三三兩兩木造房子孤立著，使當地勝景仍殘存著幾分破落景象。

有居民反映說，當年那場大火燒得莫名其妙，至今仍無法查出是從那裡起火，是不是有人故意縱火以達到拆遷目的？

居民反映，那次無名火起時，林管處一名某處長也在現場指揮救火工作，他叫喊居民要迅速遠離，以防瓦斯桶爆炸。

就這樣，阿里山商店區幾乎被燒成平地，居民們事後檢討，當時如果能夠在火勢初起，即拆除一部分房子打成防火巷，災情就不會這麼慘重了。因此他們懷疑，這場大火是由於某種原因所引起的。

當地林管人員當然否認居民的這種說法，因為沒有公務員會大膽地拿民眾生命財產開玩笑。

阿里山區居民已在這幾年發生過多次聯名請願、陳情風波，如今大部份問題雖獲處理，但仍餘波蕩漾。因當地屬於省有林地，縣政府管不到這一段，因此成為誓言不作「聽」長、鼓「掌」新任省議員廖枝源的訪查瞭解重點。

新年期間阿里山當地還流傳了一個笑話，他們看到當地管理單位動員了堆土機，在假期中忙著翻修馬路，大概又有高級長官要來視察了。

他們說，快要來阿里山巡視的是新任省主席李登輝，堆土機翻修地面，是要創造新的景象，所以希望上級單位高級首長多多到阿里山，才有更多建設的機會。

居民們談到這件事，在調侃之中，口氣還帶著幾分無奈。

目前的阿里山區，被形容為處於「變局」之際，舊火車站前大火災區房屋拆遷後留下一片淒涼，有些居民正好利用這機會在空地上種菜，從前一度成為香林國中師生飲用水源的「姊妹潭」，如今冬天水也快乾了。

尤其阿里山公路開通後，汽車可直通阿里山頂，必然影響當地旅館業者的生意，也可能因為上山人更多而帶動商店繁榮，至於治安方面更因不必依賴登山火車，汽車即可直接上下山而說不定使歹徒更為「機動化」了，這正是阿里山警察派出所主管翁榮直巡官等警方人員引以為憂的事」(中時)。

1982年1月11日(民國71)，南投縣府地政科重劃股長率同工作人員至中興大學蕙蓀林場，以怪手、電鋸，將植物標本園內8百餘株林木剷除，執行市地重劃(中時)；南投縣長吳敦義表示，砍除中興大學實驗林樹木乃奉令行事，協商砍伐，縣府執行無誤；縣議員候選人抨擊中興實驗林7百餘株珍貴老樹被伐，發起愛林運動。

1982年1月19日(民國71)，嘉義縣公車擬與鐵路局訂定聯營計畫，旅客可以一票到達阿里山。聯營車站計有基隆、台北、桃園、新竹、苗栗、豐原、台中、彰化、員林、台南、高雄、屏東等12個站，車種包括自強、莒光、復興及對號快車。阿里山公車初步核定對號冷氣車約70元，直達車約60元，聯營車票依鐵路局計算方式，來回打85折加上公車來回票價，單程則為兩段票價總和。

1982年2月7日(民國71)，省山地農牧局72年度選定吳鳳鄉來吉村10公頃山坡地，進行示範種植高冷蔬菜，若成果良好，將推廣至山區各鄉鎮，用以調節冬夏蔬菜供需平衡及價格穩定。嘉義縣每年蔬菜生產量約15萬公噸，均集中在夏天生產，但夏季颱風及豪雨頻多，蔬菜常受損，影響供需問題，因此山地農牧局選擇嘉義海拔700～800多公尺的山區坡地試驗之。同時，嘉義縣政府也選定竹崎鄉交力坪2公頃山坡地，作為72年度試種高冷地區的冬季蔬菜區(中時)；新中橫阿里山段將於6月完成拓寬，阿里山客運班車將由嘉義縣公車及台汽公司共營，初步決定，林管處租借3百坪土地予台汽公司，另租1百餘坪土地給縣公車處興建站房，2百坪做保養場。次外，班次、起站等亦已議定；由於公車壓力，阿里山森林鐵路必然受影響，玉山林管處希望公車票價得以酌量調高。目前森鐵有光復、中興、平快及普通車，行車時間自4小時至5小時，票價光復號單程367元，中興341元，平快252元，而公車直達車僅70元，且火車行車時間由北門至阿里山最快約4小時10分，火車平快則需5小時，但台汽金馬號試開結

果，上山2小時40分，下山2小時30分。阿里山森鐵近幾年來皆虧損，最多一年虧2～3千萬元。

1982年2月16日（民國71），新中橫自民國68年7月分3路向玉山推進，被列為12項建設工程之一，而阿里山段大抵依舊路拓寬、改建，由後庄經阿里山到沙里仙溪頭的97公里中，新闢者只有20公里餘，目前嘉義至石桌已可通大型遊覽車，7月鋪好柏油後即可完成。

1982年2月18日（民國71），媒體報導達邦為世外桃源（中時）。

1982年2月27日（民國71），南投縣境新中橫公路水里玉里支線，有關方面可能變更為主線，原玉山玉里段主線，經建會正考慮予以撤銷，省府將重新研議神木到阿里山計畫，用以取代之，預計可節省經費5億元（聯合報）。

1982年3月1日（民國71），林務局財務自69年度起開始出現短收，70年度已短絀8億3千餘萬元，71年度預算赤字達5億餘元（中時）。

1982年3月5日（民國71），省府李登輝主席重視闢建新中橫，72年度可能編列1億元經費（花蓮縣境）（中時）。

1982年3月7日（民國71），嘉義縣府擬定嘉義縣觀光事業發展計畫，將開發全縣7個風景區，與阿里山、曾文水庫相連，需經費6億餘元，決分年分期辦理（聯合報）。

1982年3月12日（民國71），作家韓韓以「永遠的阿里山」一文，宣揚沒有森林就沒有台灣，森林是我們台灣的命脈（聯合報）。

1982年3月17日（民國71），竹山鎮6分之5以上隸屬於巒大林區阿里山事業區，區內頂林、瑞竹、大鞍等3個林業生產合作社進行改選。老輩竹農盼望政府早日辦理林地解除，重新檢視「竹林事件」（中時）；台大及興大實驗林與南投縣民糾紛頻生，南投縣長飭全面蒐證，為農民爭權益；花蓮縣政府決定全面開發富里鄉六十石山台地，使之成為農業綜合經營專業區；省府補助下年度高雄縣6項水利工程，經費7千餘萬元；台中市府72年度擬新闢16條重要道路。

1982年3月25日（民國71），台大實驗林願提供資料給南投縣政府，讓當局決定是否放領、放租（中時）。

1982年3月25日（民國71），阿里山櫻花目前約有2千餘株，其中近千株樹齡在30～40年以上。玉山林管處現正研究栽種牡丹、菊花、毛地黃、梅花，使原有春天櫻花季，增加12～2月梅花季，3～4月櫻花，5月牡丹，6～8月菊花，9～11月為毛地黃（中時），註，毛地黃花期錯誤，應在5～6月。3月26日報導，省交通處長表示，新中橫玉山玉里段因財務困難，完工期限將延後。

1982年3月28日（民國71），於阿里山鐵路放置鋼軌，火車險出軌，查係一學生惡作劇，昨依法送少年法庭收容（聯合報）。

1982年3月31日（民國71），阿里山森林遊樂區商店、住戶與林管處之間尚有爭執，村民大會提案：「提案之一：阿里山民眾居住舊社區相沿已四代或70餘年，省林務局玉山林管處興建之第4分道新社區類似國民住宅，宜將配租之民房及出租之

建地出售現住戶。

提案之二：阿里山森林遊樂區內旅社、商店、住戶遷居尚有未了案件，建議省林務局早日放寬處理，以利阿里山觀光建設早日完成。

提案之三：建議成立阿里山社區配合觀光建設，所需基礎工程經費配合款，居民負擔部份由中正、中山、香林三村村長負責請居民樂捐。

提案之四：阿里山副產包心菜、芥藍菜及山葵，尤以山葵名聞中外，可美化自然生態，適合林地多種用途，與造林有益，和觀瞻無礙，且有益於庫收、民生，不宜剷除，請玉山林管處准予保留居民所種蔬菜。

按，阿里山部份住戶在住宅四周任意種植蔬菜，被認為破壞環境觀瞻，林管處曾下令全部剷除」(中時)。

1982年4月1日(民國71)竹東林區管理處表示，桃園復興鄉盜伐國有林嚴重，70年9月至71年2月止，被查獲盜伐案25件(中時)。

1982年4月3日(民國71)，台大實驗林擬開闢沙里仙溪上游為森林遊樂區(中時)。

1982年4月5日(民國71)，記者楊樹煌報導清靜農場，部份摘錄如下：「清靜農場位於南投縣仁愛鄉合歡山下，中部橫貫公路霧社支線的幼獅山莊，全場土地面積765公頃，自海拔1千公尺至2千公尺，南距埔里40公里，距日月潭57公里，北距合歡山20公里，是個風景優美，氣候宜人的高冷山區農場，故原名「見晴農場」，先總統 蔣公特予改名為「清境農場」。

清境農場自民國50年起，先後安置有滇緬義胞及退除役?民百餘戶，約近千餘人，他們都是歷經北伐、抗戰、戡亂以及防衛復興基地的諸次戰役，流血奮戰，立功建勳的英勇鬥士。

難得的是，他們退役之後，經政府的安頓於荒蕪的偏遠山地，尚能本著軍中歷練的苦幹精神，憑著智能技巧，披荊斬棘，抱著人定勝天的堅決意志，將一片荒蕪的山地，變成翠綠的良田果園，開發得幾近人間仙境，直接參加生產報國行列，繼續對國家社會作重大貢獻。

農場歷經榮民義胞們，幾近20年的辛勤耕耘下，目前已是全省高冷、溫帶蔬菜的生產專業區，有水密桃、蘋果、各式各樣引人垂涎的大梨、板栗；還有甜、脆可口的溫帶蔬菜，諸如高麗菜、甘藍、結球萵苣、豌豆苗等等，都在這海拔1千至2千公尺的山麓、丘陵上種植成功，行銷全省各主要市場。

另外，清境農場還肩負著本省畜牧事業的飼養、繁殖中心，肉牛品種的改良繁殖、育牛痘疫苗的綿羊飼養、美國貝次維爾火雞的改良繁殖等等，直營牧區達17區，86公頃，源源不斷供應國內需求」(中時)。

1982年4月7日(民國71)，阿里山公路尚未完工通車，野雞車已擅自通行2個月，森林鐵路減少百餘萬元收入(聯合報)；春假期間由溪阿縱走前往阿里山的遊客太多，導致阿里山森鐵下山車大爆滿，訂房困難、一票難求(中時)。

1982年4月17日(民國71)，蘭陽林區直營伐木6月30日止全部停止伐木，該區17

萬公頃林地的標售部分，仍然依年伐量繼續砍伐，林相變更及造林繼續進行，「對於雜木如闊葉林將繼續砍伐，殘材整理亦不受影響」(中時)。

1982年4月21日(民國71)，省議員廖枝源認為阿里山火車北門站與嘉義站之間鐵路應撤銷，改以交通車代替(中時)。

1982年4月21日(民國71)，省府及各縣市民政人員建議林務局，劃定10～50公頃大面積區域，提供種植香菇所需要之木材(中時)。

1982年4月24日(民國71)，為減緩盜伐種植香菇原料木，屏東縣農林務局23日通知各鄉鎮市公所，加強獎勵山地保留地及公私有林種植香菇原料木(中時)；復興鄉從新年度起，將加強辦理「山地保留地租地造林地上物收益分收」。

1982年4月25日(民國71)，南投縣府倡議10年之神木至阿里山道路，開闢工程將緩辦，南投縣府原編列1千萬元經費取消，今後仍繞道新中橫公路，聯絡阿里山至南投縣各風景區(聯合報)。

1982年4月26日(民國71)，林務局逐年開闢太平山森林遊樂區已支出7千萬元，今觀光局撥1千萬元專款，擴建太平國民旅遊中心(中時)；4月27日報導，宜蘭陳定南縣長及各級主管至翠峰湖及太平山參觀，呼籲保護天然資源，發展觀光；宜蘭縣府決定籌組「縣自然生態環境保護委員會」。

1982年4月27日(民國71)，嘉義縣警局設關卡管制車輛行駛施工中的阿里山公路，值勤偏差、矯枉過正，居民怨聲載道(中時)；台灣農林公司魚池茶場國有原野土地，奉行政院核令辦理放租給現耕農民；南投縣長吳敦義擬在埔里建昆蟲館，形成多角觀光據點；台南縣7條主、次要河川污染列管區，依然黑流滾滾。

1982年5月5日(民國71)，嘉義縣議員陳明文應縣長涂德錡之邀上阿里山公路，遭觸口管制哨值勤員警擋駕案，縣警局長列席議會賠罪落幕(中時)。

1982年5月6日(民國71)，行政院頒布「觀光資源開發計畫」，玉山地區應於2年內完成規劃為國家公園，內政部乃著手生態及人文資源之調查，委託國立臺灣大學及中央研究院進行調查，研商玉山國家公園之區域範圍。經綜合分析研究後，提送國家公園計畫委員會審議、通過，報請行政院核議。經行政院第1806次院會核定區域範圍後，於1983年1月1日公告生效。此範圍之劃定，包括原隸屬台大實驗林之和社及對高岳兩營林區之6,849公頃林地。此計畫之遊憩分區有5處，塔塔加遊憩區面積凡90公頃即位於東埔山南北向稜脊與鹿林山支脈間。

1982年5月7日(民國71)，阿里山公路即將通車，阿里山森林鐵路初步構想將降低營運成本，縮短行車時間，改善服務品質，與公車一較長短(中時)。

1982年5月19日(民國71)，山胞縣議員為梨山果農請命，反對砍除德基水庫附近果樹(中時)。

1982年5月23日(民國71)，嘉義縣議員再度反對由林務局管理、開發阿里山森林遊樂區；嘉義縣議員莊野秋抨擊省林務局視阿里山為禁臠，侵犯地方自治權。原住民莊議員認為林務局獨佔阿里山區道路，

作風霸道，阿里山閣（縣府公共造產）亦無法行駛車道，而縣長涂德錡則為林務局辯護（中時）；嘉義縣吳鳳鄉籍議員莊野秋認為，阿里山森林遊樂區應由地方開發，反對由林務局兼管觀光事業（聯合報）。

1982年5月25日（民國71），雲林縣政府計畫在草嶺石壁山區，開發一處該縣唯一的產業與遊樂兼顧的森林遊樂區，「雲林縣石壁山坡地多目標利用開發規劃」將開發5百公頃巨型森林遊樂區（中時）。

1982年5月30日（民國71），南投縣長爭取台大實驗林地放領、放租（中時）；日治時代強行徵收各寺廟土地，嘉義縣議會通過提案，以「贈與」名義發還18家寺廟現使用之土地。

1982年6月3日（民國71），雲、嘉、南豪雨，阿里山公路山崩受阻（中時）。

1982年6月8日（民國71），阿里山濫植高山蔬菜，遭林管處拔除，部分民眾不滿（聯合報）。

1982年6月21日（民國71），台北遊客在嘉義搭野雞車上阿里山，路況不佳、車費昂貴、時間又長，投書中時提醒民眾。

1982年6月24日（民國71），南投縣辦理基層建設後續計畫，信義鄉神木至阿里山產業道路由於用地皆屬林務局林班地，林務局不同意，故而工程費1千萬元改列增建其他12項工程（中時）。

1982年6月26日（民國71），阿里山公路野雞車業者，不惜要脅林管處，並干擾鐵路營運（聯合報）。

1982年7月4日（民國71），阿里山閣旅社新建工程發包（聯合報）。

1982年7月9日（民國71），阿里山加油

站動工建築中。

1982年7月13日（民國71），玉山林管處阿里山森林鐵路決定比照鐵路局訂定來回優待票，以因應公路通車後競爭。來回票價打85折，20人以上團體亦將比照大鐵路優待辦法。又，其將目前行車速度提高至30公里，以縮短行車時間在3小時左右。林管處林澄祺處長表示，計畫中中興號直達車約3小時、觀光號約3小時40分，光復號約3小時35分，另有對號車、普通車、加班車，此外，將增加播音服務，沿途介紹鐵路沿革、特色、風光、森林、人造林（中時）。

1982年7月17日（民國71），嘉義縣政府決定先規劃阿里山風景特定區，委請觀光局規劃範圍包括梅山鄉太平、瑞？、瑞里、太和、太興，竹崎鄉奮起湖、石桌，吳鳳鄉達邦、豐山、來吉等風景區，規劃內容如土地分區用途及景觀遊憩設施（中時）；嘉義縣長向省府李登輝主席爭取補助高速公路交流道附近，水牛館風景區之開發。

1982年7月18日（民國71），阿里山森林遊樂區位於嘉義縣轄區，但區內營利事業執照等有關證照之核發、車輛行駛等，縣政府卻要經過省林務局玉山林管處同意，自治權與行政權是否遭侵犯，縣府向省府請示釋疑（中時）。

1982年7月23日（民國71），宜蘭縣政府指出，各縣市每年造林面積在1萬1千至1萬5千公頃，幾乎達到全省造林面積之一半，所需經費往年均由林務局補助，71年度開始，林務局經費困難，原列9千萬元未能核撥，其中，宜蘭縣277萬6千元，由

縣庫先行墊付。此外，宜蘭已辦理完成的92萬餘株苗木，卻無法培育，面臨廢耕危機，希望省府、中央解決（中時）。

　　1982年7月24日（民國71），台汽公司原訂7月1日起阿里山公路行駛客運，因工程受阻，延遲至10月1日通車。台汽日前第2度勘查，觸口上方至瀨頭，以及十字路一小段，約有15公里路尚未鋪設柏油路，係因路基不夠紮實，而觸口段仍有數處有坍方之虞，故為安全計，延後通車。未來阿里山公路將行駛中興號及金馬號車（中時）。

　　1982年7月30日（民國71），安迪颱風過境阿里山鐵路坍方，山崩擊中一簡易橋樑（聯合報）；強烈颱風安迪過境，全台12人死亡、3人失蹤，3百多棟房子倒塌，東部地區首當其衝（中時）；台大新近將茶園列為合作造林中的經濟樹種，順應鹿谷等鄉鎮發展茶業趨勢，亦緩和竹林改闢茶園引發的「拔樹」紛爭。

　　1982年8月6日（民國71），阿里山公路原訂9月通車，因受安迪颱風影響，多處坍方、路基流失，公路柔腸寸斷，通車時間延後1～2個月。此公路於67年開工，原訂7月通車，後因觸口上方5公里段落屢次發生坍方，幾經改道，故延至9月通車。目前除十字路附近5～6公里尚未鋪設柏油外，其餘60公里均為高級柏油路面（中時）。

　　1982年8月9日（民國71），省農林廳為加強山坡地保育利用管理，72年度擬運用4,900餘萬元，加速辦理山坡地利用，以及清理國有林地之濫墾地，並建立山坡地巡查制度（中時）。

　　1982年8月10日（民國71），全國最高的蔣公銅像，阿里山上行破土典禮（聯合報）。

　　1982年8月12日（民國71），配合阿里山公路通車，嘉義縣政府決定在石桌另闢一條高級柏油道路直通梅山地區風景區。

　　1982年8月14日（民國71），經濟部決會同內政部等，成立自然文化景觀諮詢審議委員會，珍稀生物禁止捕捉、砍伐、出口（中時）。

　　1982年8月15日（民國71），阿里山舊火車站附近，玉山林管處以鐵欄柵圍住，禁止車輛通行，嘉義縣政府經營的阿里山閣旅社交通車無法通過，14日提出抗議，報導敘述：「縣府民政局人員昨天抗議說，林管處如此做，顯然是不准『借道』」，由於林管區職工會也經營阿里山賓館，極易被誤解與生意競爭有關。

　　林管處昨天則表示，阿里山舊車站一帶，決闢為展示中心，把阿里山開發史有關資料納入供遊客觀賞，月台將當展望台，阿里山閣旅社車輛任意越過火車軌道，壓壞了月台附近設施，林管處不得已才以鐵欄柵圍住。

　　按，林管處經營阿里山森林遊樂區（全在嘉義縣轄內），不准非公務車輛行駛區內，且自行收門票，縣議會認為劃地為限，侵害了地方自治權與行政權，曾向省府請求釋示，並要求把阿里山森林遊樂區移交地方政府管理，但省府不同意」（中時）。

　　1982年8月26日（民國71），阿里山從無色情入侵，阿里山派出所人員表示，數十年來未曾有女子在當地賣淫，也沒有地下

酒家或應召站，此乃因其與嘉義市遙遠，過往僅依賴森林火車車程4小時旅程，無法形成吸引色情業的有利條件，而上阿里山的遊客多純為自然觀光，不致於為色情而迢迢上山，更且，當地一切設備及建築皆由林管處規劃管理，旅館、飯店生意均佳，不需為色情而違法犯禁，乃至喪失經營權。如今，10月起，阿里山公路將通車，屆時人多份子雜，有待觀察（中時）。

1982年8月28日（民國71），省公路局、林務局、中油公司組小組，9月初勘查阿里山公路，將規劃為觀光道路。嘉義縣政府26日在交通部召開的「執行觀光資源開發計畫」研商會中，提出開發阿里山公路成為觀光道路計畫草案，交通部、經建會等均表支持（中時）。

1982年8月31日（民國71），阿里山公路將於10月1日通車，台灣汽車客運公司及嘉義縣公車處均將行駛直達冷氣車，台汽將由台北、台中、台南、高雄，新開直達對號冷氣車至阿里山；嘉義縣公車處則以5部中華號冷氣大型遊覽車行駛。阿里山公路全長71公里，目前尚有16公里未舖設柏油，工程處將積極趕工，9月底前完成。為迎接山上住宿問題，縣府之公共造產經營的阿里山閣旅社平房部分，決斥資3千萬拆除改建3層樓旅館，玉山林管處亦打算以獎勵民間投資方式，在阿里山森林遊樂區內興建3座觀光大飯店（中時）。

1982年9月3日（民國71），阿里山公路通車後路權由縣公車處獨家經營，嘉義客運不服，向省府陳情但被駁回（中時）；為配合阿里山公路開發為風景道路，嘉義縣府擬在吳鳳鄉興建曹族民俗村，發展山地觀光事業；9月4日報導，連日間歇性豪雨，阿里山鐵、公路中斷。

1982年9月4日（民國71），阿里山森林鐵路，63號隧道坍方（聯合報）；開發阿里山公路為風景觀光道路，有關單位實地勘查，並察看民俗村地點，省道台3線舖裝柏油案，交通部允予補助。

1982年9月4日（民國71），為將阿里山公路開發為觀光道路，沿路公共設施地點初步擇定；9月30日，正式通車；10月6日，台汽公司宣佈，11月1日起開闢台北、台中、高雄等，直達阿里山路線；10月8日，嘉義縣公車「中華號」及台灣客運「中興號」完成阿里山公路試車；11月4日，交通部觀光局就阿里山公路通車後，如何因應旅遊需求而召開協調會；1983年4月20日，嘉義縣公車處將阿里山公路班次減為6班次。

1982年9月5日（民國71），省營唐榮公司資金週轉困難，而林務局最近亦亮紅燈，積欠補助各縣市政府造林款9千萬元，以及國有林發包造林工資2億元，無法償還，林務局自69年度起，因執行林業經營改革方案及省議會決議，開始限制伐木量，又逢國際不景氣，木材內、外銷價格低落，開始發生虧損（中時）；山上鄉公共造產林地近5百公頃，年年虧損。

1982年9月6日（民國71），為應變阿里山公路通車，林務局玉山林管處訂製首批5輛新機車頭交貨，將增駛冷暖氣坐臥二用觀光列車阿里山號，此批新型機車頭以柴油為動力，重28噸，550匹馬力，可拖載5～6節車輛，每輛造價1千4百餘萬元，以直達使用，行車時間約3小時（中時）。

1982年9月22日（民國71），國家賠償法公布實施年餘以來，一宗賠償150萬7千7百36元5角6分，創最高額的案件，乃因今年2月11日，省地政處測量總隊臨時測工金雲樵，於南投仁愛鄉霧社山上辦理三角點測量，由於雜草叢生找尋困難，乃放火燒山，不料燒及林地及果樹，面積１７.８６７２公頃，省地政處對該肇禍者將求償（中時）。

1982年9月30日（民國71），阿里山公路今通車，看雲海遊客有福，但旅客上阿里山需先領入山證，沿路落石情況嚴重，仍需小心（聯合報）。

1982年10月1日（民國71），阿里山公路（全長75公里）加入輸運阿里山森林遊樂區旅客行列，其輸運能量甚強，首日有車1,000輛，人7,000名，使阿里山森林鐵路經營頓陷困境（當年虧損額4,780萬元，嗣增達1.1億餘元）。公路通車前日（9月29日），林務局派副局長白酒義於玉山林管處召集有關單位，研討阿里山森林遊樂區新增食宿、公廁、停車等問題之因應措施。

1982年10月1日（民國71），阿里山公路30日中午12時正式通車，沒有舉行任何儀式，縣長等前往慰問工程人員。此公路由民國68年9月起，耗時3年，花費10億元（中時）；嘉義縣公路處擬定阿里山班車行駛計畫，每天行駛6班次，來回計12班，以火車站為起點，中途僅石桌停留約10分鐘，單程60元，車程2小時30分，5天前預售車票，目前擬定開車時間為7、8、12、13、14、15時；阿里山公路通車，台汽、嘉義縣公車將自10月12日起發車，但欠缺足夠旅社，被視為隱憂；嘉義市政府將成立嘉義市文獻委員會，編纂「嘉義市志」與「嘉義文獻」。

1982年10月3日（民國71），阿里山首度公路通車，千餘輛大小汽車2日下午在阿里山入口處造成嚴重交通阻塞，車隊長達4公里，由66公里擺陣至70公里處，估計2日有萬人湧進阿里山（中時）。

1982年10月5日（民國71），阿里山公路通車後，食宿及停車均成問題，縣府建議省府考慮將阿里山森林遊樂區開放由地方政府及民間投資興建旅館及停車場。阿里山現今只可容納約2千人的旅館（中時）；10月6日報導，林務局對阿里山公路常見堵塞，表示莫可奈何。

1982年10月6日（民國71），台汽客運將開闢直達阿里山路線（聯合報）。

1982年10月7日（民國71），阿里山公路通車後，形成熱門旺盛旅遊點，但食宿大成問題，商人大敲竹槓，「旅遊阿里山受盡窩囊氣」（中時）；10月9日報導，台灣汽車客運公司訂於10月10日起，增闢高雄—台南—嘉義至阿里山線中興號班車，每天暫訂3班次。

1982年10月10日（民國71），新中橫阿里山公路開通，台汽及嘉義縣公車定15日起，分別行駛長途直達及區間普通車，台汽將由台北、台中、高雄直達阿里山，嘉義縣公車則由嘉義開直達及普通車，台北至阿里山5小時45分，台中至阿里山4小時，高雄至阿里山4小時40分，台北—阿里山票價291元，台中149元，彰化132元，高雄169元，台南128元。嘉義縣公車之金馬號60元（中時）；台中台汽公司南站每天開阿里山3班車，經彰化，可提前3天

購票；嘉義縣長涂德錡對阿里山商戶之抬高物價，促警方先勸導後取締；玉山林管處呼籲往阿里山旅遊客，事前應有準備，否則吃住成問題；10月11日報導，阿里山公路最早由縣府規劃、勘查線路、闢建為產業道路，其後，玉山林管處協助養護，並負責闢建十字路至阿里山段落，民國67年中央擬定新中橫公路為12項國家建設之一，改由省公路局接辦。而最早縣府建設局長吳秀崑，先後帶工程人員測量及開闢產業道路；10月14日報導，阿里山公路初開通，須防落石；阿里山公路石桌一帶為防濫建，擬規劃特定區；15日報導，新中橫公路環評報告指出，可能造成崩塌災害計有62處，面積4,040公頃，其中以玉山一玉里線分布最廣。

1982年10月16日（民國71），玉山林管處對阿里山區之稀有鳥獸迭遭濫殺，呼籲設法保護。阿里山的帝雉已近絕跡，數年前英國生物學家菲立浦韋爾，曾帶了15對原取自阿里山在英國繁殖的帝雉，將之放生在阿里山林中，始得以重新繁衍（中時）。

1982年10月21日（民國71），阿里山公路自10月16日零時起，各類車輛行駛一律收費，收費站設於50公里處的石桌（中時）；修築阿里山閣國民旅社工程，爆發洩底價弊案。

1982年10月26日（民國71），阿里山森林遊樂區內蔣介石先生紀念銅像建成，位於阿里山鐵路舊車站（沼平）右方，為嘉義地區全體後備軍人發起籌建，曾振農捐200萬元所建，銅像及基座高12公尺，基座平台高1.3公尺，面積約100平方公尺。

1982年10月（民國71），林務局職工福利委員會報告：該會所有投資事業單位阿里山賓館、墾丁賓館、台林旅遊公司、嘉義築才工藝廠（羅東木材工藝廠已於1977年8月停辦），1982年度（民國71）營業決算阿里山館盈2,772,431元，墾丁館盈4,504,409元，依規定各應繳所得稅35%，繳林務局30%，提公積金10%，提員工獎勵金10%；台林公司盈1,315,364元，應免繳林務局30%，餘提繳55%如前2館；嘉義工藝廠虧400,838元，無可提繳。

1982年10月27日（民國71），改建阿里山閣旅社案，嘉義縣府民政局有關人員傳索取回扣，公共造產課自請徹查，縣長指示由人事二室調查，必要時移送治安單位（中時）。

1982年10月28日（民國71），阿里山遊樂區內蔣公銅像，由嘉義後備軍人發起，青年企業家曾振農獨捐200萬元興建，27日由何應欽將軍揭幕，銅像位於海拔2,174公尺處，高12公尺（中時）。

1982年10月29日（民國71），省、縣有關單位協商解決阿里山公路通車後，阿里山森林遊樂區各項問題，會中協調問題分三大部分：1.急待改善部分，由省林務局闢建停車場、公廁、公營大眾食堂、並擴建旅社，可開放民間投資興建，避免民營商家趁機抬高物價。2.次要改善部分，充實遊樂區管理維護人員，改善環境衛生，配置公路交通警察疏導交通，假日尤應加強；迅速設立石桌服務區，並洽商取消警車過路費。3.配合改善部分，早日鋪設阿里山公路石桌至奮起湖段柏油路面，並於奮起湖建停車場，整建石桌、奮起湖風景

區，興建汽車旅館及國民旅社，研擬石桌特定區並設曹族生活示範設施，阿里山公路沿線美化，研擬瑞里觀光區為大型遊樂區(中時)，30日報導，29日下午的協調會場面不融洽，林務局林政組人員表示阿里山公路通車，遊客蜂湧而至，協調不週致林務局遭省議會指摘，省交通處及公路局反擊，且是否需要大量闢建停車場及旅社，雙方意見紛歧；需經費辦理事項，多數提交省府首長會議協商；竹崎警分局報告，週一至週五上山車輛約300部，遊客5千人，週六、日車輛500部，約7千人，光復節約1,500部，遊客1萬至1萬3千人，目前山上旅館(含民宿)只可容納2千人，停車場可停150部車，女廁30間，男廁58間，皆不敷激增遊客需要。協商最後達成決議如下：旅館方面，林務局同意規劃設計興建，必要時開放民間投資；停車場部分，由公路局於遊樂區大門外500公尺處，新闢3處可容納124輛之停車場，另在公路沿途規劃臨時停車場；遊樂區內道路及停車場鋪柏油工程，則由林務局負責；車輛通行費部分，建議省同意公務車等免收；公廁部分，決新建3處，並請香林國中、小假日開放學校廁所；警衛方面，假日加派14人支援，並嚴加取締流動攤販；清潔維護方面，各單位互推責任，各自負責。

1982年11月7日(民國71)，日本動物學專家金泉吉典，抵仁愛鄉採集鼠類標本，日前則於阿里山採集到珍貴的「短尾山鼠」，此種山鼠於日本已絕跡10萬年以上，阿里山上數量仍不少，深具研究價值，其此行指出，台灣動物資源豐富，值得推廣研究，也建議我國應維護自然生態

平衡(中時)。

1982年11月9日(民國71)，嘉義縣山岳協會為協助民眾旅遊阿里山免遭剝削，成立「阿里山攬勝服務隊」，負責食宿及行程安排，提供最經濟、切實的服務(中時)。

1982年11月12日(民國71)，阿里山遊樂區一片髒亂，神木區除了神木之外，還伴隨著滿地的垃圾，少數遊客缺乏公德心，認為買了門票即可丟紙屑，「不丟紙屑，那入山時每個人繳30元門票幹什麼？」(中時)

1982年11月13日(民國71)，阿里山公路石桌至阿里山遊樂區段，長25公里，海拔2千公尺以上，立冬過後多濃霧，能見度僅5公尺以內，嘉義縣府籲自行開車上山民眾多加注意，時速應保持30公里以下(中時)。

1982年11月16日(民國71)，阿里山森林鐵路中興號柴油快車，提昇為中興號直達對號快車，嘉義市至阿里山站間行車不及3小時，以與10月初通車之阿里山公路相抗衡，原有混合列車(旅客列車加掛貨車)逐漸式微(1988年11月起全部停開)。

1982年11月19日(民國71)，阿里山公路收費站傳「吃票」，議員促警方調查(中時)；警方講求技巧、謹慎辦案，計劃不定期派便衣人員往阿里山收費站附近，突檢上下山汽車，一旦查獲證據，將立即查扣收費站資料。

1982年12月2日(民國71)，3位嘉義縣議員昨天促請縣府，儘速整頓北回歸線等名勝，以增加阿里山觀光區遊客量(聯合報)；國泰關係企業擬於阿里山觀光區投資，但因土地使用限制，尚在考慮中，省

政府決專案報中央尋求突破。

1982年12月4日（民國71），阿里山森林鐵路市區段，省林務局堅持不應廢除，地方人士則認為公路通車後，搭火車遊客銳減，嘉義火車站至郊區阿里山森林火車總站北門站之間的鐵路，阻礙市區發展，因而多方爭取廢除，促省府再議（中時）。

1982年12月5日（民國71），南投縣府經十多年爭取闢建信義鄉神木村至阿里山道路，盼加速觀光事業，惟玉山林管處堅拒，認為該路段地形急峻、地質脆弱，恐影響國土保安及水土保持（中時）。

1982年12月9日（民國71），阿里山公路通車為阿里山鐵路帶來強大的營運競爭壓力，玉山林管處決改善鐵路營運，闢直達車且實施折扣辦法（中時）；阿里山公路通車後帶來的人潮與商機，吸引企業投資興建觀光旅館，嘉義縣長表示歡迎，但希望不要一窩蜂，鼓勵轉至附近觀光區投資；中油公司及省、縣有關單位決於阿里山公路47.8公里處設置服務區，興建中途加油站，但鄉民及吳鳳鄉公所則盼改置於石桌地區，縣府表示，服務區距離石桌僅1.8公里，石桌中心已另作規劃，不宜變更。

1982年12月10日（民國71），議員建議阿里山閣業務，縣府應放棄輔導歸還吳鳳鄉公所，吳鳳鄉代認為係多管閒事，不勞縣議會過問，其將於阿里山閣新建旅社完工後再行考慮（聯合報）。

1982年12月14日（民國71），嘉義縣公車處表示，基於安全及人員調度問題，目前暫時無法行駛夜班車；阿里山工程處長則表示，阿里山公路較危險路段，均設有護欄，180度轉彎處設有2面反光鏡，90度

設有1面，安全無虞，似可增加夜間班車（中時）；阿里山公路車禍頻仍，肇事司機多經驗豐富熟手者，疏於注意反易肇禍，警方再度呼籲千萬當心（聯合報）。

1982年12月15日（民國71），玉山林管處決闢眠月線森林鐵路，以爭取乘客，並免費載送購買來回票遊客。眠月線全長9.2公里，為阿里山舊站通往溪頭風景區的登山火車，昔為運送木材專線，十餘年來木材砍伐殆盡，已形同虛設，林管處計劃以原始火車頭拖運車廂，全程行車時間1個半小時（中時）；記者吳清河報導，阿里山公路通車，除便利觀光、山區運輸之外，最重要的是礦產及油氣開發，據悉，阿里山公路至新中橫公路沿線，結晶石灰岩及白雲石礦相當豐富，另由於阿里山地質為複背斜構造，地層屬第3世紀中新世上部，可能儲有油氣，值得探勘。同則報導，阿里山公路闢建歷經數階段：第1階段，觸口至石桌段，日治時代至民國45年，完成牛車路，初具雛形；第2階段，民國52年至56年間，縣府拓寬觸口至石桌段為4.5公尺的中興林道，可行運材車，至民國60年，貸款2千萬，拓寬為6.5公尺七級公路；第3階段，民國57年，闢石桌至十字路段，民國60年，改由公路局闢十字路至阿里山段，然因經費無著落，再改由林務局接手開闢，更改原設計路線，另擇有利林業經營運送路線。全線至民國63年，勉強可直上阿里山，但仍非常危險；第4階段，自民國68年至71年9月，阿里山公路成為新中橫公路之一段，由公路局辦理改善，拓寬及路線改道，耗資12億元，歷時3年完成。

1982年12月16日（民國71），阿里山公路通車後，多處造林地遭變更使用，非法轉讓、搶建房屋，縣府決嚴格執行租約（聯合報）。

1982年12月19日（民國71），為抒解阿里山公路擁擠，嘉義縣長提議開發奮起湖風景區，交通部認為構想佳，縣府可逐年編列預算辦理（中時）。

1982年12月21日（民國71），政院正式核定玉山國家公園範圍，面積廣大，包括南投、嘉義、高雄、花蓮、台東5縣山區，海拔2,800公尺以上，以保護自然生態環境為主，區內不再受理探、採礦申請，嚴禁狩獵，國有林經營管理由行政院專案小組研究；闢建中的新中橫公路，原經過國家公園區內者，內政部建議改道，另案處理（中時）；玉山林管處職工福利會經營之祝山客運，獨家壟斷阿里山觀日遊客載送業務，限制每日載客數600人，因而遊客敗興，黃牛四起，票價飆漲。

1982年12月29日（民國71），阿里山遊樂區假日又髒又亂，業者遊客宜應共同維護清潔（聯合報）。

1983年1月1日（民國72），林務局玉山林管處成立阿里山森林遊樂區管理所。註，林務局《阿里山事業區經營計畫》記錄為1982年7月。

1983年1月1日（民國72），內政部公告玉山國家公園區域範圍，面積10萬5千餘公頃。

1983年1月8日（民國72），省府決議軍、憲、警巡邏車、救護車等，行經阿里山公路收費站之際免費通行，農產品搬運車、公車、大客車亦有優待（聯合報）；旅館容納不足，阿里山一宿難求，最高學府香林國小及國中操場，假日成了露營區。

1983年1月11日（民國72），阿里山上水源缺乏，姊妹潭變成小池塘（聯合報）。

1983年1月16日（民國72），省府李登輝主席巡視阿里山森林遊樂區，要求林務局維護風景區環境，及時完成綠化。

1983年1月17日（民國72），阿里山森林遊樂區內林務局、縣府、吳鳳鄉公所「三頭馬車」各自為政，違建無法處理、道路破損、髒亂等問題，經省主席李登輝指示後獲得解決（聯合報）。

1983年1月17日（民國72），省府首長會談，李登輝主席認為：（1）阿里山公路兩旁有民眾大興土木建造房舍；（2）阿里山遊樂區美化環境整體規畫頗佳，但細部工作（如整潔衛生、公共設施等）未能落實，景觀仍欠理想；（3）阿里山森林遊樂區管理所人力不足，不能落實管理；（4）遊樂區內有林管處之醫務室及鄉公所之衛生所，資源設備未免重複浪費。

1983年1月20日（民國72），「阿里山公路違法使用查處小組」發現搶建案10件，限期改正。

1983年1月21日（民國72），阿里山公路沿線搶建風熾，嚴重破壞景觀，縣府組成查處小組實地勘查，發現搶建案10件，限期改正（聯合報）。

1983年1月25日（民國72），阿里山從大前天起飄雪，上山賞雪人多，公路上燈火通明，林管處呼籲因天氣轉晴，路面溼滑，務請小心駕駛（聯合報）；為維護阿里山遊樂區的環境衛生，林務局將嚴格取締

流動攤販，並增設貯水池和公廁；阿里山森林鐵路嘉義車站至北門段，有關單位研商後認為仍不宜予廢除。

1983年1月28日（民國72），闢建服務區、設立停車站，阿里山公路逐步「觀光化」（聯合報）；配合阿里山公路通車及發展觀光事業，觸口至石桌特定區計畫昨公告，範圍內禁建2年，不容搶建濫建。

1983年2月2日（民國72），嘉義縣依省主席指示，與有關單位協調達成5項協議，充實阿里山醫療設施服務。

1983年2月6日（民國72），為恢復阿里山的寧靜，不准車輛夜行，定於11日起執行「宵禁」，每晚9時以後關閉至凌晨3點，旅客夜間勿上山（聯合報）。

1983年2月10日（民國72），阿里山公路兩旁百餘居民請願，請求暫緩拆除房舍，省議會決進行調處並實地勘查（聯合報）。

1983年2月11日（民國72），阿里山森林鐵路眠月線（又名塔山線）舉行客運列車（使用直立氣缸蒸汽車頭）通車典禮，每日定開2班次，其終點有巨型石猴，其附近景點命名為眠月石猴遊憩區，有早期腦寮、筍寮、炭窯等憶古設施。本支線全長9.26公里，前此僅供「便乘」。

1983年2月11日（民國72），阿里山眠月線鐵路今通車，採免費優待，其終站為石猴，沿途風景美妙（聯合報）；24日報導，阿里山鐵路眠月線因陰雨連綿而乘客稀少，改為每天往返兩班次（聯合報）。

1983年2月25日（民國72），興建阿里山石桌服務區，終於達成重要協議（聯合報）。

1983年2月26日（民國72），遊客反應阿里山遊樂區門票每人40元太貴，漲價招致不滿，遊客要求擴建公設，林務局則表示，人工建設太多將會破壞自然景觀（聯合報）。

1983年4月8日（民國72），5家旅館業者在阿里山租地經營旅社，擅自擴建旅館設施，被控占用國有林地被提公訴。

1983年4月9日（民國72），業者於阿里山事業區第5林班地內租地經營旅社，擅自擴建旅館設施，林務局指控占用國有林地，美鳳、萬國、永福、神木、大峰等5家旅館業負責人依森林法被提起公訴（聯合報）。

1983年4月11日（民國72），國寶級一葉蘭開花，只阿里山才可看到（？），林管處已列為保護區，再度呼籲遊客勿採摘（聯合報）。

1983年4月14日（民國72），為改善阿里山遊客住宿問題，林務局有妙計，擬將舊車廂改裝為旅館（聯合報）；16日報導，阿里山上旅館荒，燃眉之急亟待改善，觀光客慨嘆一榻難求，興建飯店計畫宜早實現。

1983年4月23日（民國72），阿里山通信中樞之電線桿高達30公尺（聯合報）。

1983年5月（民國72），阿里山中山村、中正村、香林村戶籍人口數共1,025人。

1983年5月29日（民國72），阿里山公路收費員吃票，遭判刑1年（聯合報）。

1983年5月31日（民國72），阿里山遊樂區春節前夕起，晚上9點至凌晨3點執行宵禁，避免林道遭破壞為由，議員指責林務局，拒絕持票遊客進入，服務態度欠佳，並傳有私縱野雞車上山之弊（聯合報）。

1983年6月4日（民國72），阿里山鐵、公路因連日豪雨造成大坍方。

1983年6月5日（民國72），全台連日豪雨，阿里山雨量最大，2天內降下480公釐（聯合報）。

1983年6月14日（民國72），阿里山公路石桌服務區，議會通過歲入預算，歲出部分則意見紛歧，預料將掀起兩派激爭（聯合報）；22日報導，阿里山公路石桌風景特定區開始測量，預定1個月完成；27日報導，阿里山公路籌建石桌服務區，問題重重，議會專案小組發現違建戶也列入補償，將責成縣府重估並追究責任（聯合報）。

1983年6月（民國72），林務局委託交通大學交通運輸研究所，辦理阿里山森林鐵路營運策略規畫研究，據書面報告建議：政府應編列文物保存或維護經費，將阿里山森林鐵路列入考慮；阿里山森林遊樂區與森林鐵路之關係將逾形密切，應將兩者併成統一經營單位並提昇其位階，以利業務之協調、運作與推行；並建議朝向開放民營之方向發展。（1990年3月，林務局復委託該研究所進行阿里山森林鐵路開放民營策略規畫之研究，據書面報告開放民營之多種模式，其中有鐵路營運宜與賓館食宿一併委託民營之建言）。

1983年7月8日（民國72），阿里山森林鐵路改訂行車時刻表，「光復號」列車取消營運，僅存每日2往復之「中興號」直達對號快列車。

1983年8月3日（民國72），阿里山森林鐵路擬開闢大瀧溪線（聯合報）；阿里山上慈雲寺旁日人「琴山河合博士旌功碑」，有人指為國恥標誌，有人認為是歷史文物，中央及省各級國民黨黨政有關單位引發對立爭論，中央及地方各單位將會勘裁判最後命運。

林務局表示此碑為旌表日治時代河合博士調查開發阿里山林有功而樹立的紀念碑，嘉義縣府山地課指出，此碑之前已被檢舉2次，首次時間不可考，第2次，則於民國63年間，當時縣府呈報資料予內政部，經認定為歷史文物應予保留，縣府人員表示，根據根據台灣研究叢刊內所載台灣之伐木事業，「公元1899年台南縣技手小池三九郎進入探險，提出阿里山大檜林之報告」，「1902年總督府特託林學博士河合鉎太郎踏查士倉氏計畫之木馬道縣路，阿里山一帶之林相等，提出實況報告，力主開發」，此乃有關阿里山開發擬議之最早記述文獻，「1904年10月，民政長官後藤率……河合林學博士及嘉義廳長等實查森林鐵路計畫，並視察阿里山森林實況」，「1906年5月，鐵道部長長谷川技師長、河合林學博士指導藤田組設辦事處於嘉義，7月著手嘉義、竹崎間之鐵道工事」。

嘉義縣志卷七人物誌，也有河合博士之記載，河合與田村並列為阿里山開發功臣，文獻亦記述阿里山鐵路鋪設景致，「火車機車掛在最後，推上山坡，沿途峰迴路轉，峭壁危崖，巨幹古木，掩天蔽日，幽蘭櫻花，漫山滿谷，令人有『五嶽歸來不看山，阿里歸來不看五嶽』之念」。

1983年8月4日（民國72），名列世界3大高山鐵路之一，阿里山森林鐵路，步入夕陽，年虧1億餘，面臨存廢關頭，省林務

局希望自74年起，列入公務預算而不計盈虧，省府委員會多數委員認為應以文化資產方式加以維護，並視為國家古蹟，省主席李登輝會中結論，阿里山森鐵應分段檢討，考慮廢止平原段，保留奮起湖至阿里山段。

然而，若平原段廢除，將來有意搭火車上山的遊客將更加不方便，需於奮起湖轉車。阿里山森林鐵路的特色，即自海拔30公尺的嘉義平地，攀升至海拔2,274公尺高的阿里山上，全長71.34公里，自竹崎站開始駛入山線，一路盤旋而上，夾道綠蔭成林，在獨立山之迴旋路線上，每至一層可俯瞰樟腦寮站6次，更可遠眺嘉南平原，美景如畫，到了山頂再以「8」字型離開獨立山，沿途歷經熱帶林、暖帶林、溫帶林及寒帶林（？）。

阿里山森林鐵路虧損，除了因公路通車可縮短上山時間為2小時，而吸走大量旅客數的衝擊外，鐵路本身維持的經費高亦是主因，鐵路人事費高達52.9%，折舊費28.3%，合計81.2%（聯合報）。

1983年8月16日（民國72），阿里山公路石桌服務區之開發，決定由民間投資興建。

1983年9月18日（民國72），阿里山公路新建的山美橋，完工僅數月橋墩已下陷，護欄也斷裂，遭致封閉（聯合報）。

1983年9月23日（民國72），被日本人稱為「銀河鐵道」，與瑞士、瑞典齊名為世界3大高山鐵路的阿里山森鐵敗部復活，省府委員會專案小組建議保留阿里山鐵路，省府決予保留不拆除，明日將探討經營生存方式，內容主要為：1.眠月線的開闢，

2.眠月風景區規劃，3.現有風景區整理，4.如何飲用奮起湖水源，以便興建觀光飯店供遊客使用，5.擴大旅遊服務，如「一票玩到底」等套裝旅遊行銷等（聯合報）。

1983年9月29日（民國72），阿里山森林遊樂區常遭停水困擾，近日分區供水，每區用水僅1小時；豐山村居民飲用有毒溪水，亟盼速建簡易水廠（聯合報）。

1983年10月6日（民國72），南部區域計畫草案亟需修訂，阿里山觀光系統等將列為要項，內政部昨派員至嘉義實地勘查（聯合報）。

1983年10月17日（民國72），省府例會決議：林務局阿里山森林鐵路原則保留，繼續並加強經營，研擬開闢祝山觀日路線。

1983年10月18日（民國72），吳鳳鄉召開臨時大會，鄉長提案自營阿里山閣旅社（聯合報）；10月30日報導，自66年起因吳鳳鄉公所經營不善，由鄉代會委由嘉義縣府代管阿里山閣，接管6年後盈餘3千餘萬元，充裕鄉自治財源，今交還吳鳳鄉公所（聯合報）。

1983年12月13日（民國72），「高山青」作詞人鄧禹平由林二及范光陵等陪同，首度登臨阿里山，許願續作「新高山青」詞曲；鄧禹平早年所作「高山青」，為1950年（民國39）拍攝電影「阿里山風雲」之插曲（張徹作曲），二部合唱歌頌：「阿里山的姑娘美如水，阿里山的少年壯如山；高山長青、澗水長藍，姑娘和那少年永不分」；氣勢與意境（壯與美）兼而有之，故得長期流行，甚至吸引中國仕女對台灣阿里山與日月潭之嚮往。2年後鄧禹平貧病以終，

「新高山青」之詞，由林二、范光陵唱誦以祭：「阿里山青日色青，紅泥小屋臥白雲，莫歎年華似濁水，吉他幽幽無限情」。註，此乃不瞭解阿里山的外來文化。

1983年12月14日（民國72），百「唱」不如一見，阿里山美得令人陶醉，聞名中外已33年的「高山青」一曲作詞者鄧禹平（現年56歲，之前未曾登訪阿里山）「初登臨」，讚美道：「真是相見恨晚」，「旭日初昇，萬物喜樂，一片歌聲，高山青吟」，鄧禹平登阿里山一償33年宿願，返途遊遍附近名勝，亦為鹿谷茶園寫詞（聯合報）。

1983年12月17日（民國72），省府第1679次委員會決議，阿里山森林鐵路應予保留繼續經營；其後省議會專案小組於第7屆第10次臨時大會建議，由政府專案經費補助阿里山森林鐵路之營運。

1983年12月19日（民國72），專家建議重塑阿里山風景區新面貌，由於假日設施供不應求，平時宜採折扣優待；森林鐵路營運欠佳，則宜強調觀光功能，另飲水攤販問題，亦應速改善（聯合報）。

1983年（民國72），由於公路通車第2年，阿里山遊樂區在本年內湧進約百萬人次，1983～1988年間（民國72～77）則每年在70～80萬人次左右，平均每天約2,000人次，未來預估平均每年約在90萬人次。註，1973～1994年（民國62～83）年的阿里山遊客統計表見1994年。

1984年1月4日（民國73），寒流兼細雨，元旦3天假期阿里山遊客量稀，不滿2萬人（聯合報）。

1984年1月8日（民國73），配合阿里山公路通車，台3線嘉義至曾文水庫段拓寬，聯結阿里山觀光帶，嘉義縣府決重新規劃曾文水庫風景特定區部分景觀，增添遊樂設施，開放民間投資開發（中時）。

1984年1月11日（民國73），省議會建議林務局於阿里山遊樂區內，速建一批簡易木屋（聯合報）。

1984年1月26日（民國73），春節、寒假旅遊旺季期間，阿里山森林遊樂區內出現旅社爭搶生意，玉山林管處堅拒吳鳳鄉公所經營之阿里山閣旅社車輛於專用林道間載客，要求縣府督促（中時）；阿里山鐵路增添冷暖氣列車「阿里山號」營運，省林務局玉山管理處搭配推出「999全套觀光」服務；阿里山公路係新闢觀光道路，沿線地層均屬新生代，容易滑落，施工單位引進新技術，削山護坡，進行水土保持，與山爭勝堪稱英雄。

1984年1月27日（民國73），阿里山森林鐵路新猷，推出「阿里山號」冷暖氣客車，以「999專案夜快車」名義，將自2月3日起每逢週日行駛，方便旅客能於1日（0:01～18:03）之內往返阿里山與嘉義市，票價千元有找（退1元），另並將報廢車廂裝修成旅舍型式，供客留宿。

1984年1月27日（民國73），新中橫公路阿里山至新高口段，新闢工程炸山施工不慎，炸毀自來水管，阿里山全區斷水，旅館業者不滿，自來水公司要求公路局春節觀光旺季前修復（中時）。

1984年1月28日（民國73），登山鐵路新里程埤，阿里山號列車昨通車，無噪音且附冷暖設備，農曆除夕之前，票價5折優待；31日報導，阿里山森林遊樂區，春

節期間將無水供應；2月1日報導，春節期間，各地風景區旅館多已預訂一空，溪頭、草嶺都已爆滿，太平山一房難求，阿里山人客較稀還有餘房（聯合報）；省林務局玉山管理處為解決阿里山遊客食宿及加強公共設施，訂定多項計畫，包括於舊火車站以舊車廂改裝成列車旅館、於現有阿里山賓館附近興建22間林間小屋、於上石猴新開發風景區內興建林間小別墅、遊樂區內規劃3處觀光大飯店，將鼓勵民間投資興建、增闢阿里山至祝山觀日樓6公里觀光鐵路、新闢溫帶植物林等（中時）；新推出「阿里山號」森林鐵路班車，27日正式通車，車速快，單程只需3小時12分鐘，票價低廉與光復號同。

1984年1月30日（民國73），阿里山鐵路支線大瀧溪線，原為運木專用已廢棄，省林務局為配合阿里山遊樂區觀光事業再發展，擬改為觀光鐵路（中時）；阿里山公路石桌服務區闢建案，中油決委鄉公所販售汽油，取代設置加油站，如縣議員諒解，春節後可動工闢建服務區；阿里山鐵路眠月支線終點站石猴，勝景優美、漸為人知，眠月沿線還可看到珍貴「紅檜」。

1984年2月8日（民國73），住宿阿里山閣旅客深夜患高山症，緊急送醫途中，遭林務局玉山林管處阿里山工作站祝山林道崗哨攔下，堅稱專用林道不得載客，下車徒步至衛生室就醫，縣府及鄉公所抗議，林務局調查稱，管制站人員研判係欲闖關推託之車，故堅不放行；已有60年歷史的阿里山閣木造國民旅社，改建3樓現代建築，即將啟用。

1984年2月21日（民國73），林管處堅持阿里山森林遊樂區內「專用林道」，只准載貨，不准載客，嘉義縣府致函省交通處要求協調，盼准吳鳳鄉公所經營之阿里山閣旅社，專車搭載投宿旅客，以祝山客運3成票價作為林道過路費（中時）。

1984年3月23日（民國73），縣議會通過嘉義縣府補助阿里山建設民眾活動中心，不足經費百餘萬元。

1984年4月6日（民國73），阿里山公路社口村，昨發生2起車禍，同時同地大小9輛車撞成一團，波及1商店，1人重傷2人輕傷（聯合報）。

1984年5月11日（民國73），阿里山閣旅社落成，12日開始營業，可容納旅客345人。註，阿里山閣國民旅社新建工程共350個工作天，1984年1月起合併舊賓館部經營，舊賓館部於1984年1月開始整修。

1984年5月13日（民國73），阿里山閣國民旅舍落成啟用，12日已開始營業，雖11日曾報導，議會拒絕參與工程複驗，阿里山閣國民旅社明日開張大有問題（聯合報）。

1984年5月16日（民國73），阿里山義勇消防隊明成立，將結合大眾力量維護阿里山消防安全（聯合報）。

1984年5月21日（民國73），玉山林管處開工興築阿里山森林鐵路祝山觀日支線，預定全長6.25公里，以往遊客往祝山觀日僅有羊腸小道可循，1971年間（民國60）開闢專用林道並築觀日樓，成立祝山客運以中型巴士運送旅客，但自1982年10月（民國71）阿里山公路通車後旅客激增，乃增闢此鐵路線。

1984年7月31日（民國73），嘉義縣以阿里山為避暑勝地加強宣傳，盼吸引觀光

遊客（聯合報）。

1984年8月1日（民國73），阿里山森林鐵路車廂臥舖旅舍（舊車站前）開始營業，利用12節客車廂改裝為套間6節、家庭間2節、單人間4節，計可容客62人，傍附餐廳一大間；本年3月28日動工，7月底完成；1984年11月13日，媒體報導車廂旅館假日房間被預訂一空。

1984年8月19日（民國73），擬連結溪頭草嶺阿里山成為中部觀光遊憩帶，雲林縣長昨陪交通部長視察時提出建議（聯合報）；11月10日報導，興建阿里山經草嶺至溪頭的聯絡道路，魏巍實地視察後認為可行，將分2期撥款8千萬元，同時，其二度乘坐空中流籠，發現景觀遭嚴重破壞。

1984年8月31日（民國73），監委巡察，吳鳳鄉長建議政府該對國有林班地被濫墾現象採取保護對策。

1984年11月2日（民國73），海拔2,100公尺阿里山加油站為全台海拔最高者，今啟用（聯合報）。

1984年11月16日（民國73），縣議員建議阿里山各機關名稱統一更名（聯合報）。

1984年11月30日（民國73），神木道路拓寬完成，鄉代建議行駛客運班車，並促鄉公所整修阿里山林班道路（聯合報）。

1984年12月14日（民國73），阿里山森林鐵路沿線10戶人家屋後圍欄杆佔用公地，遭移送法辦，被告只稱係因林管處未在鐵路兩側建欄杆（聯合報）。

1984年12月27日（民國73），政府決定繼續闢建新中橫的玉山玉里線；1985年11月2日，省府表示，避免影響自然環境生態，玉山玉里線決定放棄興建。

1984年12月31日（民國73），許啟祐局長提業務簡報：林務局財務於1980～1984年度間（民國69～73），累積短絀13.6億元（向土地銀行貸款7億元，統收統支專戶透支6.3億元），其中負擔林業經營以外事業之費用累積28億2,535.7萬元，計為縣市造林5億8,142.3萬元，治山防洪補助4億4,309萬元，試驗研究補助750.9萬元，負擔航測製圖2億2,111.9萬元，負擔直昇機使用1億2,096.8萬元，補助金馬林業478萬元，負擔縣市林業推廣員薪津1億3,860.6萬元，阿里山森林鐵路虧損3億4,705.4萬元，負擔安置榮民工資9億6,080.8萬元（以上合計累差28億2,535.7萬元）。

1985年「阿里山森林鐵路」出版，作者為松本謙一。

1985年1月19日（民國74），玉山事業區第35林班造林地，以打獵引發火災，燒夷35公頃樟樹、杉木造林；3月27日，第4林班亦發生造林地火警。

1985年2月27日（民國74），媒體報導吳鳳鄉偏遠原住民，患關節炎病例特別多，應研究原因救治。

1985年4月10日（民國74），玉山國家公園管理處成立，5月3日喬遷水里臨時辦公處。

1985年4月15日（民國74），嘉義縣府為輔導原住民栽培香菇，達邦、樂野兩村決定設置示範區。

1985年5月2日（民國74），阿里山森林鐵路一列載運砂石貨車行駛中出軌，列車長林慶國不幸罹難，另行車人員呂文聲、謝仁財受傷。

1985年5月3日（民國74），阿里山鐵路運貨機關車出軌撞上山壁，車長慘遭夾死（聯合報）。

1985年6月27日（民國74），林務局政策與居民利益級立場對立，導致阿里山森林遊樂區糾紛迭起，（聯合報）；阿里山姊妹潭木亭被焚案，林務局懷疑居民蹤火，商家認為不可思議。

1985年6月（民國74），新建中部橫貫公路北段水里至玉山線63.2公里預定本月完工通車，前此往八通關入玉山捷徑之郡大林道相形車少人稀，惟有利於野生動物之保育。按巒大林管處轄內郡大林道，起自南投縣信義鄉十八重溪入山檢查哨前，至海拔2,500公尺之觀高站，全程56公里，原為開發郡坑山、望鄉山、郡大山森林而開設，前屬西巒大工作站，1966年6月（民國55）直營伐木結束後併入水里工作站。

1985年7月15日（民國74），中國青年反共救國團以教育部名義租用阿里山事業區7、8林班地面積2公頃3521（註，二萬坪），做為興建青年活動中心案，林務局准予借貸使用。（林管處）

1985年8月6日（民國74），廢氣污染阿里山遊樂區，民眾建議應以電動車取代燃油車，且限制行車班次，同時鼓勵遊客多步行（聯合報）。

1985年8月12日（民國74），省議員呂秀惠建議，擬訂阿里山鄉街都市計畫，使居民據此向地方政府申請營建房舍，可發展觀光，又可照顧民生，但省府反對擬定都市計畫，亦反對將營建房屋事宜轉交嘉義縣政府管理（聯合報）。

1985年8月14日（民國74），阿里山鐵路不堪累賠，將規劃與公路一票聯營型態經營（聯合報）。

1985年8月27日（民國74），阿里山公路沿途休息站經營困難，業主咬緊牙根苦撐，咸感前途茫茫（聯合報）。

1985年8月28日（民國74），尼爾森颱風來襲，造成阿里山公路60多處坍方，施工人員連夜搶修，卻因豪雨不斷，69公里處又續坍方，受困旅客400餘人，25日即以森鐵運送下山（聯合報）。

1985年10月8日（民國74），阿里山森林鐵路祝山觀日專線竣工，係於1984年5月21日（民國73）開工，新線開闢3.286公里，由眠月線2.900公里處支出，故總長6.186公里，工程費用3,680萬元。按新建祝山線又名對高岳線，祝山站址標高2,451公尺；復按阿里山森林鐵路本線全長71.340公里，支線有眠月線9.260公里及祝山線6.186公里為營業線，另自忠線10.70公里，大瀧溪線2.43公里，則已廢棄多年。阿鐵自新高口分歧3條運材支線：（1）霞山線8.0公里，使用期間1934～1963年；（2）石山線4.0公里，使用期間1947～1953年；（3）哆哆咖線9.3公里，使用期間1949～1978年。

1985年10月21日（民國74），行政院文化建設委員會於本日及11月14日，邀集有關機關研討阿里山森林鐵路存廢問題，決議應予保留經營，由於林務局提出3年經營改善計畫，並針對開放民營與轉租民營比較研析。（嗣於1986年9月8日省府省長會議時，就「阿里山森林鐵路之存廢與發展前瞻簡

報」討論決定，由省府於1987年、1988年度各補助5,000萬元，如仍無法平衡收支，再行考慮存廢問題。1987年8月林務局成立專案小組，由林產組長張一山任召集人，9月改以簡任技正黃國豐召集之，評估開放民營之可行性；1989年3月，付委交通大學運輸研究所進行有關策略規畫之研究）

1987年10月23日（民國76），林務局有償租用，教育部於1986年7月16日之台（75）總30336號函增租阿里山事業區7、8林班地。（林管處）

1985年10月25日（民國74），阿里山鐵路絕處逢生，遊樂區積極規劃神木線、眠月線一票到底的促銷活動，用以凸顯文化景觀，招徠遊客，盼再現公路開通前之昔日風光（聯合報）。

1985年10月27日（民國74），省府規劃興建超級中橫鐵路，路線初步踏勘完成，工程費初估2,000多億。

1985年11月28日（民國74），阿里山石桌服務區將闢茶城，販賣嘉義縣高山茶（聯合報）。

1985年12月31日（民國74），林務局許啟祐局長赴日促銷台檜時應邀參觀大井川鐵道，有感於與阿里山森林鐵路之歷史背景、發展條件及目前經營困境頗為相似，雙方認為有親善交流、互換營運技術心得之必要；林務局為此於本月26日簽呈農林廳，轉奉省府邱主席於同月31日核准締盟。

1986年1月13日（民國75），玉山林管處經營之阿里山森林鐵路祝山觀日專線通車，全長6.186公里（其中2.90公里利用眠月線），每晨每隔15分鐘發車1班，計約3班

次，乃以前後輛機動車，中掛8節客車廂，前呼後擁，以因應5.5%之最大坡度。

1986年1月21日（民國75），耗資4千萬元打造的阿里山祝山觀日出鐵路，訂於23日通車。該路自73年5月動工至今，由阿里山新站沿眠月線3.01公里處分支而出，至祝山山腰牡丹園入口處，全長3.286公里（聯合報）。

1986年1月24日（民國75），阿里山森林鐵路與日本大井川鐵道締盟為姊妹鐵路，本日下午在嘉義市北門站舉行締盟剪綵典禮；次（25）日上午在台北市林務局禮堂舉行締盟簽署儀式，林務局許局長與訪華之大川井鐵道會社社長後藤共同主持，互勉成為文化資產而永久保存之鐵路。日本大井川鐵道本支線共長65公里，井川支線25.5公里原用於輸送水壩建築工程所需物料，其後轉用於運輸附近山區所產木材，並發展為載運觀光客。井川支線最大坡度9%，最小曲徑50公尺，隧道65座，橋樑45座，具日本唯一長達1,500公尺之「齒軌鐵道」。

1986年1月26日（民國75），阿里山森鐵昨與日本大井川鐵路締盟為姊妹鐵路，以爭取日本遊客來台，並交換意見，改革經營形態（聯合報）。

1986年2月14日（民國75），玉山林管處大埔事業區228林班發生火災，延燒至15日中午撲滅；3月18日，大埔事業區100林班火警，延燒1公里餘。

1986年3月14日（民國75），報載阿里山森鐵不堪虧損累積，玉山林管處決定大量精簡人員，預定3年分3批裁遣150餘人。

1986年3月（民國75），奉核示，林務局

1986年1月24日，阿里山森林鐵路與日本大井川鐵道締盟為姊妹鐵路，在嘉義市北門站舉行締盟剪綵典禮，林鐵以此爭取日本遊客來台，並交換意見，改革經營形態。林務局訂定阿里山森林鐵路與大井川姊妹鐵路互訪研習交流計畫，此後十幾年，雙方交誼頻繁，更舉行五週年與十週年慶。　邱澄　提供

僅各工作站與阿里山森林鐵路適用勞動基準法；餘於局本部，各林區管理處本部、航空測量所，均不適用。

1986年5月13日（民國75），阿里山公路59K附近（十字路與石桌之間）嚴重坍方，長度約200公尺，全線交通中斷，由公路局第5區工程處工務段連日搶修。

1986年7月3日（民國75），由原阿里山林場、嘉義製材廠的貯木池填土建成的嘉義文化中心，以諸多建築問題，嘉義市政府拒絕接管，經省住都局鑑定安全結構需再補強，估計需經費170萬元；7日，嘉義縣府表示將於日內開工補強；9日，省教育廳召開協調會獲結論，善後工作應於9月底前完成，10月15日辦理交接。事實上，補強工程於10月14日起進行；11月23日，省府同意延遲至12月15日交接。

1986年8月21日（民國75），韋恩颱風過境，阿里山公路坍陷，遊客被困；23日修復通車；韋恩颱風同時中斷阿里山森林鐵路，遲至9月3日恢復行車；9月18日，艾貝颱風來襲，阿里山公路再傳坍方。

1986年9月11日（民國75），阿里山正式成立消防小隊，義消分隊同時成立。

1986年10月（民國75），阿里山林間小屋13間（分甲、乙、丙3種型式）及旅客服務中心1間，本月落成，距於1985年12月（民國74）開工，費資1,700餘萬元。

1986年11月4日（民國75），林務局函嘉義林管處：凡於本（1986）年6月30日以前在轄區林地濫植山葵者，自公告日起15日內，向該管工作站依處分規則辦理副產物申採手續。經查此期內辦妥申採登記者計632筆，合計面積73.38公頃，連同1976年

（民國65）實測之17.61公頃，共計90.99公頃，分布於森林遊樂區內者28.54公頃；但辦妥切結者僅80.06公頃。

1986年12月13日（民國75），嘉義縣高海拔梅山烏龍茶參加75年全省冬季高山茶比賽，獲特等、頭等等獎項；阿里山事業區發生森林大火，初估燒毀50公頃林地。

1986年（民國75）以後，阿里山公路沿線出現茶園，1988年（民國77）之後大肆泛濫，芥茉（山葵）、檳榔等亦乘勢拓展之。

1987年1月13日（民國76），省林務局、嘉義縣府、警備總部、團管區及警察局等單位，前往吳鳳鄉勘查達邦、來吉、豐山等村，有無必要繼續實施甲種山地管制，研商開放遊覽的可行性；8月3日，嘉義國民黨縣黨部對吳鳳鄉山地管制未能隨政府解嚴而解禁，建請全面開放；8月4日，吳鳳鄉各界代表在縣議會籲請開放，否則將走上街頭；9月1日，警總初步同意，將送國防部作最後決定；9月7日，嘉義團管區通知縣議會及縣黨部，國防部已同意放寬吳鳳鄉的山地管制辦法，由甲種改為乙種，並盼疏導民眾停止9日上午在嘉義市的抗議遊行。及至9月14日，國防部已同意調整為山地特定管制區（即乙種管制區，也就是可憑身分證隨到隨辦入山許可），由省警務處函縣警察局，要求繪製調整管制區公告圖及公告表，呈報警務處後實施。

1987年1月20日（民國76），阿里山水源不足，消防隊難竟全功，亟盼興建蓄水塔或水池（聯合報）。

1987年1月21日（民國76），大埔山區發生森林小型火警；2月17日，大埔林班地再傳火災，連燒3天。

1987年2月9日（民國76），全國76年自由車環台公路賽第2站由縣府直往阿里山；全省各縣市議會第11屆正、副議長上阿里山聯誼，假阿里山閣舉行研討會。

1987年4月3日（民國76），阿里山盜林集團終於現蹤，林務局玉山林管處會同警方，於位於吳鳳鄉十字村附近阿里山第12林班地查獲盜林集團，該林班地種植珍貴牛樟，為上等雕刻木材，廟宇神像金身幾乎全來自牛樟，玉山林管處在幾經遭盜伐後，決以守株待兔方式，迫使盜伐集團主腦現身；另引發一議題，即盜伐經濟林或保安林，犯刑孰重孰輕？通常認定上，無水土保持可處分之經濟林，如遭盜伐，罪刑比保安林輕微（聯合報）。

1987年5月14日（民國76），阿里山上蓋房屋何處找建築師？議員認為目前土地編定極不便民，嘉義全縣各鄉鎮均已列入非都市計畫區土地編定使用辦法之適用範圍，規定區內建築房屋需經建築師設計才能取得建築執照，但偏遠地區居民極為不便，盼上級修正；地政科表示，農民興建農舍，若採用政府提供設計的藍圖，即可不必再請建築師設計（聯合報）。

1987年6月23日（民國76），颱風下雨，阿里山森林鐵路空車廂於北門站出軌翻覆，無人傷亡（聯合報）。

1987年7月21日（民國76），費南颱風豪雨導致阿里山公路58K坍方，交通中斷；7月27日，亞力士颱風過境，阿里山公路再度嚴重坍方；8月15日，中埔鄉台3線公路沄水村幽谷橋下，下午3時餘發生因暴雨引致山洪爆發，沖走烤肉中的3個家庭12名遊客。

1987年7月28日（民國76），亞力士颱風挾帶豪雨來襲，阿里山區雨量444公釐，多處傳災情，坍方、洪水、交通中斷、農作物泡湯，被困在阿里山上遊客，昨下午循鐵路下山（聯合報）。

1987年8月13日（民國76），阿里山名不虛傳真是美，但垃圾、攤販、野雞車卻殺風景（聯合報）。

1987年8月18日（民國76），阿里山禁種山葵，農民埋怨擋財路（聯合報）。

1987年9月2日（民國76），阿里山山葵生病，復興鄉可能接棒種植（聯合報）。

1987年10月28日（民國76），嘉義縣竹崎鄉石桌的高山茶，由總統府資政謝東閔命名為「阿里山珠露」，於本日下午經何縣長主持命名發表會後，「珠露茶」正式問世」。

1987年11月4日（民國76），曼陀羅花惹禍，阿里山遊客母子中毒，衛生局重視，上阿里山查處（聯合報）；4母子中毒，皆呈現呼吸困難現象，係購自阿里山小販的植物，據推測為曼陀羅花所致，榮總已出現連續4病例；5日報導，阿里山商販早知道曼陀羅花有毒，否認販售。

1987年12月10日（民國76），阿里山濫建嚴重（聯合報）。

1988～1993年（民國77～82），民間森林保護運動。不幸的是，如丹大林道及林田山等東部的森林開發已屆會師台灣脊稜，代表台灣成為徹底開發的年代，真正原始天然植被僅殘存約全台面積之24%。

1988年1月3日（民國77），嘉義縣府為發展山區精緻農業，提高農民所得，依適地適作原則，選定茶葉、白柚、香菇、愛

玉子等4種「高品質作物」，予以劃分專業區，「計畫大面積推廣，輔導農民種植，以創造山區農業特色，加速農業升級」；1月17日，報載嘉義縣山區「烏龍茶」在政府不斷的輔導茶農經營管理及改善栽培技術後，品質特佳」，因而「供不應求」；1988年6月25日，吳鳳鄉成立「山地精緻農業展售中心」；1988年12月14日，嘉義縣推行精緻農業連續2年獲省府考評第一名，首獲150萬元獎勵。

1988年1月28日（民國77），林務局接受中國青年反共救國團嘉義團務指導委員會76.12.23.字第802號請援例以借貸使用方式訂定，同意將原有償租用二萬坪，改以無償暫准借貸使用。（林管處）

1988年1月29日（民國77），媒體報導，近年來果價下跌，檳榔價揚，農林廳的調查顯示，近年大量農戶轉作檳榔，檳榔農戶激增；3月15日，嘉義地區檳榔缺貨，1粒達15元；及至1989年6月，檳榔生產青黃不接，一粒零售價高達25元。

1988年2月1日（民國77），報載阿里山居民因種植山葵，與林務局玉山林管處屢次發生衝突，林管處備感困擾；1988年8月9日，媒體大捧山葵為「前景頗為看好」。

1988年2月11日（民國77），梅山鄉茶農的高山烏龍，在台中市舉辦的全台冬茶競賽「再度囊括特等、頭等等29個大獎」；1988年8月29日，石桌茶區舉行「阿里山珠露茶」泡茶說明會。

1988年2月22日（民國77），媒體抨擊阿里山風景區於春節期間充斥攤販、垃圾。

1988年3月12日（民國77），玉山林管處推出「在阿里山上種株樹」活動，13日當天遊客可植樹留名，讓旅客留下美好回憶（聯合報）。

1988年4月6日（民國77），吳鳳鄉罹患B型肝炎的比例，平均高達30.7%，遠高於其他鄉鎮的18.3%平均值。

1988年4月25日（民國77），阿里山公路石桌至十字路段坍方，公路局第5工程處公告，即日起至5月25日，每日上午10至12時、下午3至5時，實施道路搶修，禁止人車通行。

1988年6月6日（民國77），豪雨導致阿里山森鐵沿線落石不斷，奮起湖至多林站運輸中斷，預定8日下午4時恢復通車。

1988年6月25日（民國77），阿里山違建問題，林管處與商戶協調違建爭議，決定5棟35間商店戶針對違建重新統一規劃，力求美觀整齊。

1988年8月16日（民國77），山路坍方而數千遊客受困，草嶺和阿里山已出動直升機救急（聯合晚報）。

1988年9月13日（民國77），阿里山森鐵竹崎鄉中正平交道發生大車禍，大貨車闖越竹崎段13.550公里處平交道，撞及中興號列車，11人受傷；9月24日，森鐵第2號鐵橋上，小型台車撞上2名遊客，1死1重傷。

1988年9月16日（民國77），省府正進一步規劃「大阿里山風景區」，擬將草嶺、瑞里兩觀光區連接，估計所需經費約5億1千萬元；經建會會同省府各有關廳處及雲嘉兩縣人員，於1988年10月7日勘查「大阿里山風景區」聯鎖道路闢建計畫，決定採行嘉義縣提出的修正案路線，將由公路局規

劃設計後，函送中央自1990年度起，分4年補助關建。

1988年9月28日（民國77），嘉義縣已編列預算購置冷暖氣公車6輛，準備投入行駛嘉義、阿里山線。

1988年10月8日（民國77），嘉義縣府為激勵茶農提升生產品質及製茶技術，「以利加速進軍消費市場」，訂於12月初舉辦1988年高山冬季優良茶比賽及展售會。

1988年10月19日（民國77），省民政廳「為培養山胞社會倫理觀念」，將以3年時間輔導全台各族原住民建立族譜30,600戶；10月29日，嘉義縣府正著手建立吳鳳鄉曹族原住民族譜，2年來已完成2村300餘戶。

1988年10月29日（民國77），阿里山森鐵行駛70餘年的普通車，決定自11月1日起「退休」，由中興號取代。

1988年11月1日（民國77），嘉義縣長最近宣佈將番路鄉阿里山公路旁，公田等地區的茶統一命名為「阿里山烏龍茶」，並計畫自明年起，與「梅山烏龍茶」及「竹崎石桌珠露茶」聯袂向國外市場進軍；11月9日，決定下月中旬擴大舉行一年一度的高山冬茶比賽；12月23日，報載嘉義高山茗茶香傳千里，「十年來的進步，令人驚喜」，比賽茶價格，特等茶每台斤3萬元，頭等茶5千元；1989年1月7日，縣府在高山區推廣種茶工作，茶園設施試種百喜草取代傳統土石護坡，「積效良好，已告成功」。

1988年11月14日（民國77），嘉義縣政考察團抨擊阿里山及國家公園之停車場及登山道路兩旁，垃圾泛濫成山；12月3日報載，阿里山公路隙頂至石桌一帶，出現妙齡女郎攔車推銷劣質茶葉，或傳聞色情交易。

1988年11月27日（民國77），曹族山胞走出吳鳳陰影，高山青潤水藍阿里山可望成鄉名（聯合晚報）；吳鳳鄉改名阿里山鄉？鄉代會已通過決議，將報請省府核定（聯合報）。

1988年11月30日（民國77），日本櫻花會全國櫻花皇后一行5人，抵巒大林管處轄內日月潭青年活動中心舉行儀式，贈送梅、櫻樹苗各500株。日本櫻花會每年均舉辦全國櫻花皇后選拔，自1977年（民國66）起均由新后率團來台致贈梅、櫻樹苗，種植於阿里山、太平山、日月潭等風景名勝區。

1988年12月21日（民國77），教育部於所租阿里山事業區第8林班青年活動中心用地內興建青康山莊，以中國青年反共救國團名義辦理興建案（林管處）。

1989年1月13日（民國78），吳鳳鄉改為阿里山鄉，而吳鳳廟是否易名為和平館，邱主席說俟獲知真相再談（聯合報）。

1989年1月21日（民國78），農委會依據行政院核定的「森林遊樂區設置管理辦法」，公佈施行。

1989年1月25日（民國78），林務局規劃奮起湖森林遊樂區業已完成，預計將投資3億元；4月1日，玉山林管處表示關建後將開放民營。

1989年2月1日（民國78），嘉義縣議會促請衛生局，為解決垃圾問題，擬在阿里山興建焚化爐。

1989年2月16日（民國78），吳鳳鄉將成

為歷史名詞，下月起更名為「阿里山鄉」；吳鳳事件續起餘波，數十團體將遊行，為鄒族爭取除污名(聯合報)。

1989年3月1日(民國78)，吳鳳鄉易名為阿里山鄉。

1989年3月4日(民國78)，阿里山鄉代表建議裁撤阿里山公路石桌附近的收費站，理由為入不敷出，干擾當地農作物價格；3月17日，縣府擬修正鼓勵民間投資要點，用以建設石桌服務區。

1989年3月8日(民國78)，報載嘉義山區近年來盛行「天狗巢病」，嚴重殘害竹林。

1989年3月10日(民國78)，台灣大學校友會館有自稱台灣綠色和平組織所召開之搶救森林運動聽證會(按去年此日亦有搶救森林宣言之聯署宣傳活動及街頭表演)，主其事者為東海大學教授林俊義及玉山管理處課長陳玉峰等，林務局蔡丕勳副局長及李桃生課長受邀列席觀察，台灣大學陳昭明教授曾以林業經營立場發言維護；前此台灣新生報沈岳社長曾為公正之言：「林業無罪，罪在無口」。註，保留林務局全文。

1989年3月17日(民國78)，林務局訂定阿里山地區山葵管理暫行要點。

1989年4月10日(民國78)，嘉義縣番路鄉「阿里山茶」之茶農在公興村長的推動下，組成生產合作社，於中寮舉行開幕式及烏龍茶品嚐會；1989年8月15日，阿里山鄉原住民在承租保留地種茶被判刑，嘉義縣府決定為其提出非常上訴；10月20日，阿里山茶葉生產合作社舉行秋茶比賽及展售會，省農林廳茶葉改良場派員評審；12月31日，阿里山新開發的高海拔茶

作區，於26日在合作社中寮營業處舉辦冬茶比賽，獲選茶農參加31日在觸口的頒獎典禮及展售會。

1989年4月10日(民國78)，竹崎警局於阿里山區查獲盜伐牛樟及柳杉案件；4月11日，林務局透過縣府轉發至竹崎、梅山等鄉的造林苗木油茶、楓香等，在鄉公所免費發放。

1989年4月22日(民國78)，林務局4月下旬在阿里山、鞍馬山和觀霧3處展出賞牡丹活動(聯合報)。

1989年5月12日(民國78)，省主席核定自7月1日起，阿里山公路通行費停止徵收。

1989年5月30日(民國78)，全國體協會同林務局、省農林廳及阿里山鄉代表，實地會勘興建高地運動訓練中心用地，預定1991年完工；6月1日，全國自由車協會副總幹事建議未來阿里山高山體育中心興建後，能配合開闢一條環山自由車專用競輪公路；7月3日，林務局表示將全力配合，土地絕不吝給。

1989年5月31日(民國78)，阿里山高地訓練中心順利取得土地，其地距阿里山5公里的公路旁，面積7.67公頃，為民國74年造林地，海拔2,300～2,400公尺，預定民國80年完工，總預算近7億元，將作為奧運選手培訓之用(聯合報)。

1989年6月1日(民國78)，竹崎農會決定在石桌附近設立竹崎農會農產購物中心。

1989年6月3日(民國78)，玉山林管處封閉阿里山香林國中對外道路，縣議員要求教育局、建設局單位協助解決。

1989年6月5日（民國78），竹崎等山區民眾多次促請台汽開往阿里山的中興號班車，得以在石桌增設招呼站牌，但因牽涉嘉義縣公車路權行駛問題，一直無法解決，協調結果，6月15日，台汽公司同意中興號停靠石桌站。

1989年6月7日（民國78），為求解決阿里山森林遊樂區內髒亂，玉山林管處已以180萬元委請東海大學環境研究中心進行整體規劃。

1989年6月12日（民國78），竹崎鄉的「轎篙筍」正值採收期，產地價格1斤20～30元。

1989年7月1日（民國78），林務局受命由事業機構及事業預算改制為公務機構及公務預算，由原設7組5室計34課暨13林區管理處計72工作站，編制員額職員2,190人及工員5,040人，調整精簡為5組3室計27課暨8林區管理處計34工作站，編制員額職員1,531人及工員2,555人。阿里山及墾丁森林遊樂區管理所撤銷，改由嘉義及屏東林管處育樂課接辦，嘉義林管處特設森林鐵路管理課；農林航空測量所體制依舊。註，原「阿里山森林遊樂區管理所」被併入嘉義林管處的「阿里山工作站」，而原「玉山林管處」改名為「嘉義林管處」。

1989年7月4日（民國78），不是神木是枯木！阿里山神木已死，林務局造假象，插植紅檜苗，專家指出將會加速敗壞（聯合晚報）。

1989年7月5日（民國78），林務局玉山林管處於阿里山神木上插植紅檜苗，讓遊客以為神木雖死猶生，製造「活」樹的假象，玉山國家公園管理處認為活苗侵入，將加速樹幹腐化，林管處不滿此項說法，盼邀真正專家進行評估（聯合報）。

1989年7月9日（民國78），上午10時30分，遊覽車行經阿里山公路66K處附近，突遭落石擊中，當場造成乘客張秀鳳死亡、黃玲慧受傷。遊覽車公司請求國家賠償，1990年4月4日，嘉義縣府拒絕之。

1989年7月10日（民國78），阿里山觀日小火車2車廂出軌翻覆，祝山觀日遊客多人受傷（聯合報）。

1989年7月27日（民國78），嘉義地區大雨，山洪暴發，阿里山公路58K再度嚴重坍方，達邦村的達邦橋被沖毀，阿里山森林鐵路多處坍方，鐵公路全部中斷；28日，搶修接駁受困遊客；30日，竹崎鄉山區朴子溪上游山洪暴發，11名遊客被沖走，4人自救、3人獲救、2人死亡、2人失蹤。

1989年7月（民國78），任職於玉山國家公園保育研究課課長的陳玉峰，針對阿里山神木說明其早已死亡多年，林管處卻在樹幹上方種植紅檜苗木，製造存活假象，且此等苗木必將加速神木蝕解、倒塌，引發林管處不滿，認為陳「無的放矢」，延請一票林業專家「隔空對罵」；雙方僵持，後來林管處以要立牌說明神木之插植檜苗典故收場。不料，1995年初（民國84），傳出神木裂開，1997年7月1日（民國86）神木裂落，陳玉峰1989年一語成讖。其後，多次會議、爭端，討論如何善後，最後以烏龍事件，終於放倒神木，留下一個世紀神木的傳奇、荒謬與文化悲劇。

1989年8月6日（民國78），阿里山鐵路開放民營，無人問津，不賺錢的生意沒人

想做(聯合報)。

1989年8月22日(民國78),豪雨毀路基而交通中斷,阿里山千名遊客受困(聯合報);23日報導,阿里山公路雖已通車,但隨時可能再度坍方。

1989年9月1日(民國78),供奉玄天上帝的竹崎真武廟,起程前往中國湖北武當山謁祖進香,預定9日返駕,將舉行盛大遊行及慶祝活動;10月11日,嘉義縣長前往迎接返台的玄天上帝,安座於溪口鄉北極殿,參加繞境民眾數千人。

1989年9月11日(民國78),嘉義縣新港鄉、阿里山鄉與台中縣大甲鎮的義務消防警察隊,在新港奉天宮香客大樓結為姊妹隊。

1989年9月16日(民國78),莎拉颱風過境,阿里山公路坍方,50餘名遊客受困,阿里山山美村則斷炊,直升機空投白米、乾糧救急(聯合報);17日報導,阿里山公路勉強可單線通車,公路局極力搶修中,遊客仍需徒步12公里才能接駁。

1989年11月6日(民國78),阿里山上疑發現「燭星」,由極亮轉暗到消失, 過程約4～5分鐘,可能是台灣首宗發現(聯合報)。

1989年12月21日(民國78),省農林廳委託交通大學進行評估阿里山森鐵是否應開放民營,預定1990年2月完成後再研辦。

1989年12月25日(民國78),嘉義電信局自零時起,包括阿里山等20個局處,全部併入嘉義局的室內電話區域。

1990年1月15日(民國79),不堪長期虧損,以及無法與公路競爭的情況下,阿里山森林鐵路改訂行車時刻表,原先每天固定行駛的中興號普通列車停駛,平常日(非例假日)僅餘對開阿里山號各1班次(上行13:30,下行13:20),例假日則增開加班車(12:30)。

1990年1月19日(民國79),嘉義林管處為紓解阿里山住宿不足所興建的13棟森林木屋已大致完工,預定20日開始對外營業。

1990年1月(民國79),嘉義林管處完成「阿里山森林遊樂區計畫」,也就是依據1989年1月21日(民國78)公佈的「森林遊樂區設置管理辦法」第23條,所辦理的修訂工作,使阿里山遊樂區適法。

1990年2月8日(民國79),阿里山鄉公所以公共造產經營的阿里山閣旅社,獲省旅遊局評選為78年度全省優良旅館之一。

1990年2月16日(民國79),阿里山大埔林區自15日中午發生火燒山,16日撲滅,延燒50餘公頃。

1990年3月(民國79),林務局委託交通大學運輸研究所,進行阿里山森林鐵路開放民營策略規畫之研究,本月提出書面期終報告。該研究係以多準則評估方法,按移轉後之(1)整體營收績效;(2)移轉之時效性;(3)維持經營之效果;(4)政府須對森鐵再行投資之成本;以及(5)民間企業之接受性等5項準則,評估得出優勢順序,以供參酌抉擇。建議:(1)最宜採行鐵路維護由林務局負責(每年成本2,811萬元),而營運業務(包括賓館食宿)併委託民間從事,另於奮起湖遊樂區之旅遊設施,亦宜採聯合開發方式;(2)次優方式,將鐵路維護亦委之民營,以免行車效率及安

全責任之爭議。

　　1990年3月10日（民國79），不堪鉅額虧損賠累，林務局擬將阿里山森林鐵路開放民營（聯合報）。

　　1990年3月12日（民國79），阿里山森林鐵路即使只賣1元恐怕也賣不掉，林務局以超廉價兜售，台鐵卻不想帶回賠錢貨（聯合報）。

　　1990年4月24日（民國79），凌晨豪雨造成阿里山公路中斷。

　　1990年4月28日（民國79），阿里山登山鐵路嚴重虧損，瀕臨關閉（聯合報）。

　　1990年4月29日（民國79），報載日本財團有意至阿里山興建空中纜車，於日前曾和國內私人育樂公司至阿里山進行勘察工作。

　　1990年4月29日（民國79），嘉義縣番路鄉農會舉辦79年「阿里山茶」春茶比賽；5月13日，農委會主委、農林廳副廳長巡視嘉義縣的農業建設，參加竹崎鄉農會舉辦的高山茶比賽及展售會；1990年9月1日，嘉義縣製茶公會決定自行舉辦冬茶比賽，以增加公費收入；12月19日，嘉義縣高山冬茶比賽，參加茶農達643名之多。

　　1990年6月8日（民國79），嘉義縣土地公告現值，阿里山鄉山區地價為最低，每平方公尺400元。

　　1990年6月25日（民國79），歐菲莉颱風肆虐，阿里山鐵、公路中斷；8月6日，豪雨迫令曾文水庫自5日起實施10年來首次洩洪；8月20日，阿里山鐵、公路坍方中斷。

　　1990年7月12日（民國79），林務局組成阿里山森林鐵路開放民營專案小組；20日

省議會建請省府研擬阿里山森林鐵路開放民營方案；林務局抑或農委會經費補助辦理阿里山森林鐵路資產評估之研究，做清查、登錄、建檔及淨值之計算。

　　1990年8月24日（民國79），李登輝總統巡視嘉義地區表示，阿里山森鐵應予保存；10月5日，省議會農林小組視察森鐵，一致認為森鐵必須保存，虧損經費由省府編列預算彌補。

　　1990年8月29日（民國79），造成國內、外人士重大傷亡的日月潭翻船慘劇後，旅行業者卻提出質疑，阿里山小火車、太平山載客卡車……何者不超載？全台遊樂區，處處呈現無政府狀態（聯合報）。

　　1990年9月11日（民國79），地震，13日觸口段的阿里山公路嚴重山崩，全線交通中斷；9月13日，楊希及黛特颱風使得阿里山鄉的道路柔腸寸斷；9月18日，嘉義縣副議長商請軍方直升機運送白米、糧食，前往新美、茶山、山美等村落賑災。而阿里山公路30K及40K係屬地滑地，易生「走山」現象。

　　1990年9月20日（民國79），阿里山森林遊樂區大門實施深夜的門禁管制多年，阿里山中山等三村村民大會譴責彷同監獄，造成村民不便，要求林務局改善，方便當地居民可以24小時出入。

　　1990年9月27日（民國79），日本大井川鐵道會社台灣阿里山親善友好訪問團，造訪阿里山森林鐵路並遊覽森林遊樂區。

　　1990年11月13日（民國79），阿里山公路石桌旅遊中心計畫經縣府檢討變更後，變更內容函送省旅遊局審查；11月24日，阿里山休閒農場經中央列入鄉土發展計

畫，並自80年度起，分5年由中央及省補助辦理各項公共設施，本年度補助3,000萬元，縣府決定委託僑龍工程顧問公司進行規劃設計。

1990年12月12日（民國79），報載為全面開發大阿里山風景區，並建立山區交通網，縣府計畫以19億6千餘萬元經費，於阿里山鄉新闢改善道路155公里與12座橋樑。

1990年12月19日（民國79），阿里山風景區3個月來未降雨，自來水水源短缺，自來水公司第5區已採分區供水措施。

1991年1月1日（民國80），新中橫水里玉山線正式通車，與1986年6月完工通車的嘉義、阿里山、玉山連貫，形成新旅遊路線，由水里至阿里山車程約須2小時。水里玉山線全長71公里，自1980年2月施工，迄1990年12月22日完工，合計施工10年餘，全線海拔最高點為塔塔加鞍部下的2,680公尺處，總工程經費27億元。

1991年1月1日（民國80），新中橫水里至阿里山段變成旅遊新焦點，處處人滿為患（聯合報）。

1991年1月2日（民國80），嘉義縣高山冬茶比賽頒獎。（特別附註）：茶園等山地農業由阿里山公路開通後而快速擴展，更由地方甚或中央政府各單位推波助瀾，而民眾業者當然唯價、唯利導向，因而導致山林破碎、水土不保、洪峰加劇、水庫淤積、天地災變。揆諸台灣山地農業的生態破壞，弊病根源在於政府完全欠缺自然生態及環境概念與知識，加上台灣歷史上資源開拓史的終極盲點，也就是將大陸性農業生產的觀念及技術，用來經營高山島脆弱的台灣，在各級政府之間、同級政府不同部門之間的施政矛盾衝突之所致，「放火」的單位太多，「救火」的單位從來都是積弱不振，因而台灣山林土地潰決的不歸路，在20世紀最後10年終於引發大地反撲事件接踵而至，且今後數十年必將愈演愈烈。

從茶園、芥茉、檳榔、果園、新造鎮的泛濫，雖引發環保團體的運動與呼籲，終不敵短暫近利、私利的「政治利益」，讀者不難由此部阿里山歷史讀出關鍵與始作俑者的機制。本「大事」誌所登錄的公家記錄，「故意」遺漏保育運動，且只提倡開發牟利、歌功頌德的手法，凡此「範例」，整部台灣20世紀開拓史上罄竹難書。本誌關於茶園「茶事」的比賽助銷等，只登錄至此，事實上，直到2001年5月4日的「比賽、展售」，從未停止，今後亦然！

1991年1月3日（民國80），大埔事業區116林班，阿里山鄉里佳派出所轄區，凌晨發生森林火警。

1991年1月5日（民國80），由於阿里山森鐵平地路段穿越竹崎鄉都市計畫區中心地段，鄉長認為嚴重阻礙地方整體發展，準備聯手嘉市民代，爭取拆除森鐵竹崎至嘉市路段，改由竹崎起站；2月8日，省農林廳長實勘後，允諾專案評估遷站竹崎的可行性；1991年7月21日，竹崎平交道發生死亡車禍，再度引發遷站議論。

據報導，竹崎由於森鐵貫穿，造成境內平交道多達卅多個，地方多次陳情未果，1995年7月4日，鄉長、縣議員及地方人士商議前往省府請願。7月12日，竹崎地方各界成立「建議廢除阿里山鐵路嘉義——竹崎段籌備會」，會中決議發動全鄉24村人民前往省農林廳遊行抗議。7月25日，林務局與台鐵管理局會勘現地，研究

遷站及如何開放民營問題。

阿里山森鐵面臨續絕存亡關卡，1995年8月7日，於竹崎鄉召開協調會，地方一面倒要求遷站拆軌，林務局則「力挽狂瀾」。11月21日，林務局委託中華民國運輸協會研究森鐵嘉義至竹崎段的存廢問題，在竹崎鄉舉行與地方各界座談會，有縣議員表示，若維持現狀，將率鄉民抗爭到底。然而，12月29日，一群熱愛阿里山森鐵的竹崎鄉民，於森鐵85週年慶時，集體前往北門站為森鐵請命，抨擊部分民代廢除嘉義至竹崎的森鐵及遷站，存有與財團掛勾的嫌疑；中華民國鐵道文化協會則於1996年2月25日，舉辦北門至交力坪觀光列車智性之旅，反對廢除森鐵嘉義至竹崎段。

1991年1月18日（民國80），為籌措在阿里山公路沿線興辦國中及職校經費，由阿里山區居民組織「大阿里山區發展健全國民教育促進會」，一連3天在嘉市旭豐花市，義賣阿里山區茶農捐出的5,000斤烏龍茶，作為爭取設校經費。

1991年1月24日（民國80），縣府再度表示將協助阿里山鄉曹族原住民建立族譜。

1991年1月27日（民國80），阿里山森林遊樂區每年冬季缺水問題，由於2萬5千噸蓄水池的施工完成，將有改善。

1991年1月28日（民國80），報載中興新村的省府，已將阿里山森林遊樂區列為考慮開放民營的行列。

1991年2月6日（民國80），報載全台30個山地鄉主要道路系統建設計畫，業經省山地行政局報請行政院同意自81年度起至84年間，列入基層建設第2期4年計畫辦

理，嘉義縣阿里山鄉的達邦村至高雄三民鄉間的路段，將自81年度起開始興建。

1991年2月～11月（民國80），陳玉峰調查林試所六龜分所砍伐櫸木林案件，4月完成現地搜證，4～6月研撰多篇運動文章，會同環保團體，於6月24日至農委會、林試所陳情、抗議，責成8月16日農委會召開研討會，會中環保團體集體抗爭退席，留下陳玉峰與主婦聯盟1人繼續與會，官民爭論點落在天然林禁伐與否。9月4日農委會發布不再砍伐天然林原則，9月27日行文行政院核備自81年度起全面禁伐天然林，11月18日行政院函覆農委會，11月2日農委會轉達各機關此禁令。

1991年3月7日（民國80），阿里山森鐵與日本大井川鐵道締結為姐妹鐵道5週年，大井川鐵道社長加藤下午率領親善訪問團至北門車站慶賀及訪問且上山。

1991年3月18日（民國80），嘉義縣80年優良兒童讀物巡迴展在阿里山鄉舉行，將展出「吳姊姊講故事」等「優良讀物」。

1991年3月（民國80），省府公布實施台灣省林務與警察機關加強執行保林工作聯繫方案，於159處重要山林地區，增設警察員額172名，代行森林警察勤務，加強推動森林資源之維護。

1991年4月6日（民國80），春遊遊客無處住宿而搭帳篷過夜，阿里山綻現蒙古包另類景觀（聯合報）。

1991年4月11日（民國80），行政院郝院長於院會提示：阿里山遊樂區環境甚為髒亂，交通擁擠、垃圾充斥，尤以假日為甚，請省府飭林務局切實改進管理，院研考會並應派員實地瞭解。同月18日，院會

就研考會所做該區環境衛生調查報告，亦飭省府參辦，並責成於3個月內負責改善。

1991年4月14日（民國80），玉山國家公園塔塔加遊客中心正式啟用，林管處配合舉辦高地路跑比賽。

1991年4月25日（民國80），耗資近50億元的八掌溪整治計畫，殆已完成鹿草鄉重寮、下潭段，連接義竹鄉五間階段的堤防亦將完工；8月9日，省水利局耗費600萬元在八掌溪中埔鄉興建的隆恩圳灌溉渠道攔水壩無法發揮功能。

1991年5月1日（民國80），省「山胞行政局」執行「新山村計畫」，本年度已擇定在阿里山鄉新美村補助辦理社區發展綜合規劃；阿里山鄉遭洪流沖毀2年的山美大橋重建工程，於5月7日舉行通車典禮。

1991年5月18日（民國80），省府連戰主席赴阿里山巡視時表示，省府將支援1億元，作為興建該地區焚化爐及污水處理設施之專案經費。

1991年5月20日（民國80），省府連戰主席於首長會談時提示：阿里山森林遊樂區之整頓，務必由農林廳（林務局）掌握進度，於3個月內徹底改善完成。

1991年5月30日（民國80），嘉義縣長向國民黨中常會爭取支持「成立大阿里山管理處」等3項建議案。

1991年6月2日（民國80），報載政府大力推廣精緻農業，阿里山公路沿線適宜栽培茶樹，但因茶農缺乏水土保持觀念，日前省主席連戰視察時「發現其弊」，指示有關單位迅謀改善，以免日後茶葉發展受到阻礙。

1991年6月7日（民國80），嘉義縣連續嚴重乾旱，農漁業損害慘重，縣長及議長踏勘災情；6月10日，連戰視察蓄水不到4年的嘉義仁義潭水庫，泥沙淤積量已高達140萬立方公尺；6月20日，專供民雄農田灌溉水的南埔子水庫，出現建庫以來第一次完全乾涸現象；山地保留地限於造林之用，原木價格卻滑落一半，阿里山鄉民盼望實施造林補助；22日以後山區降雨，旱象稍解；至26日豪雨而低地四處積水。

1991年6月26日（民國80），今年梅雨阿里山累積雨量1,200公釐，為全台之冠，全台旱象亦解除（聯合報）。

1991年6月27日（民國80），嘉義北回歸線地標重建工程破土動工，預訂1992年底前完工。

1991年7月2日（民國80），台灣的天氣預報由原先12個預報區調整為16個區，嘉義、雲林從原先嘉南大區域中區劃出來，民眾期盼多年的玉山山麓預報區終告出爐。

1991年7月21日（民國80），小客車闖越嘉義北門至竹崎間森林鐵路7.820公里處平交道，撞擊阿鐵列車，致1死4傷。

1991年7月28日（民國80），媒體報導縣府本年度將再斥資250萬元，為阿里山鄉豐山村開闢登山健行步道。

1991年7月31日（民國80），連日豪雨，阿里山公路觸口段土石嚴重坍方；10月16日報載，省公路局將在阿里山公路常坍方落石的山壁，鋪設攔砂網無效後，改以興建隧道，預計年底完工。

1991年8月3日（民國80），媒體報導林務局已訂出辦法，將在2年內消除掉阿里

山的山葵園。

1991年8月17日（民國80），阿里山鄉山區溪流的高身　魚售價一斤600元，縣府將列為精緻農業輔導山區農民養殖；9月13日報載人工養殖試驗成功。

1991年8月28日（民國80），嘉義縣府表示阿里山風景區有待整體規劃，縣府將推動成立專責機構，統籌管理提升觀光品質。

1991年8月（民國80），張新裕發表「回憶我的阿里山鐵路生涯五十年」。

1991年9月26日（民國80），報載為因應假日大批遊客，嘉義林管處將興建祝山鐵路支線迴車線。同日，縣府為執行行政院訂定的「自然生態保育方案」，已調查所謂「珍貴老樹」32株，建檔列管。此32株「老樹」於1992年4月25日經省農林廳專案小組審查通過列管保護。

1991年10月3日（民國80），媒體反映阿里山公路已通車10年，但60多公里路線迄今無任何公、民營加油站，在地住戶盼早日設站；10月9日，位於番路鄉公田村阿里山公路旁的龍頭休閒農場，是政府在全台闢建17處休閒農場中最大的一處，由農委會委託逢甲大學規劃一年後，已獲行政院核定，將以3億元於明年動工興建。而吳鳳廟地區的「阿里山休閒農場」計畫，於1992年4月已規劃完成，列入嘉義縣1992年的基層建設方案。

1991年10月18日（民國80），阿里山鄉山地保留地所種植的杉木，自9月中旬出現毒素病肆虐；1992年2月21日報載，杉木染上赤桔病，為避免擴大病蟲害，目前開始砍伐，鄉公所免費提供山茶樹苗，彌補杉農損失。

1991年10月22日（民國80），媒體報導，阿里山受鎮宮於農曆3月3日玄天上帝生日之際，「群蝶拜壽」的「傳奇」。

1991年11月1日（民國80），本月起，政府全面禁伐天然林、水源林、生態保護區、自然保留區及國家公園之林木。

1991年11月9日（民國80），李登輝總統巡視嘉義縣，縣長反映意見，盼望阿里山林區土地得以開放予民間，並要求林務局將阿里山賓館撥給嘉義縣政府經營。

1991年12月5日（民國80），經由多次呼籲鼓吹，阿里山鄉豐山村漸成為觀光據點。

1991年12月7日（民國80），阿里山鄉原住民至縣府請願，爭取開放林班地供鄉民擴建房舍及種植山葵，並擬向省府陳情。

1991年12月（民國80），二萬坪中國青年反共救國團青年活動中心啟用（林管處）。

1992年1～3月（民國81），陳玉峰發起農林土地關懷運動，以阿里山公路發展10年為例，揭發阿里山區芥茉（山葵）、茶園、檳榔問題。

1992年1月23日（民國81），報載，農委會在番路鄉龍頭地區推廣種植油茶已有顯著收益。

1992年2月16日（民國81），林務局與阿里山鄉公所合作，在阿里山第10林班地將興建垃圾掩埋場，已規劃完畢，所需1億1千7百萬元經費，由中央、省府及林務局各負擔1/3。

1992年2月22日（民國81），阿里山鄉杉木染病，因找不出病名且不知如何防治，

鄉公所決輔導農民改種山茶樹,以增加收益(聯合報)。

1992年2月26日(民國81),阿里山鄉20多件小型工程之品質令人質疑,得標價竟與底標相近或相同,鄉代會將組成專案小組實地勘察(聯合報)。

1992年3月3日(民國81),因山上留不住醫師,居民、遊客醫療權益受損,阿里山香林衛生室醫生懸缺2年,李總統當年專案設置美意,如今大打折扣(聯合報)。

1992年3月12日(民國81),農委會與經濟部依文化資產保存法會銜公告設置:出雲山、插天山、南澳闊葉樹林、阿里山台灣一葉蘭等4處自然保留區,一葉蘭保留區位於阿里山事業區第30林班,面積51.89公頃。

1992年3月17日(民國81),開春寒流影響花期,阿里山花季遲到,嘉義林管處預料下旬群花可盛開(聯合報)。

1992年3月18日(民國81),阿里山森林遊樂區花季,林管處設置電腦顯示人車看板。

1992年4月1日(民國81),省府執行「富麗農村」專案,82年度選定竹崎鄉石桌地區規劃為示範區。8月8日報載,中選的竹崎鄉光華、中和地區,即將辦理13項重要工作,總經費2,100餘萬元,由中央及省補助1,900餘萬,縣府配合款216萬元;8月12日,縣府決定以250餘萬元輔導10戶養殖鯝魚示範戶,也就是說,將鯝魚的養殖與「保育」並列為「富麗農村」的重要項目。

1992年4月14日(民國81),阿里山高山茶園春茶上市,沿路廣設賣點促銷,阿里山公路因連接縣境4鄉鎮,乃遊客必經之地(聯合報)。

1992年4月23日(民國81),林務局通知各林管處:天然林林相改良(含林下栽植)工作,自本年7月起停辦。

1992年4月29日(民國81),農委會舉辦「全國中小學教師國家農業建設參觀座談」活動,參觀嘉義縣的「高山農業」,並暢遊阿里山,參觀重點為阿里山高山茶及山葵的種植。註,台灣山林水土的摧毀元凶不是政府是誰?5月19日,嘉義縣府卻說「正全面清查山坡地遭濫墾及非法使用」,並「籲請民眾千萬不要違規使用山坡地,以免破壞自然生態環境」造成災害!

1992年5月20日(民國81),日本大井川鐵道發行1套以阿里山森林鐵路為畫面之紀念車票,部分照片為阿鐵退休站長張新裕之作品。

1992年6月(民國81),鍾秋香發表農委會委託計畫報告「阿里山森林鐵路資產評估之研究(上)」。

1992年7月8日(民國81),連日間歇性大雨,嘉義縣部分鄉鎮傳出災情,阿里山鄉新美村對外交通中斷,400餘村民被困(聯合報)。

1992年7月12日(民國81),嘉義縣內首度獲省府全額補助1億2千萬元興建阿里山掩埋場,11村落及森林遊樂區垃圾有落點(聯合報)。

1992年8月23日(民國81),阿里山發現兩大「新神木」,樹頭比一棟別墅還粗,目測比舊神木還大(聯合晚報)。

1992年8月28～30日(民國81),因受寶莉颱風影響,阿里山公路26K、58K坍方中

斷；海岸地區布袋、北港溪、朴子溪及漁塭堤防多處潰決，市中心積水盈尺，海水倒灌而觸目驚心，初步估計造成嘉義縣損失約7億1千4百餘萬元；9月3日歐馬颱風來襲，嘉義縣停止上班、上課，沿海損失慘重。

1992年8月31日（民國81），中油公司在阿里山公路的石桌加油站落成啟用。

1992年9月1日（民國81），寶莉颱風夾帶連日豪雨，阿里山公路交通完全中斷，公路持續流下泥漿，近百輛車主棄車先行下山，搶修重點將設法疏通引流泥漿（聯合報）；石桌加油站落成啟用，遊阿里山將不怕困於途中。

1992年10月7日（民國81），凌晨，阿里山區台灣省自來水公司新建3.5萬噸蓄水池突然破裂，大水毀損森林鐵路橋樑5座及路基1,500公尺。獲理賠金4,300萬元，於次（1993）年2月26日修復通車，此日在嘉義市北門車站補辦阿里山森林鐵路通車80週年紀念（阿鐵係於1912年12月25日通車）。

1992年10月8日（民國81），聯合報記者董智森以「阿里山的未來急轉彎」一文，記錄阿里山的農業，向陽茶葉、背陽山葵，世代過著苦日子的阿里山鄉民，近年來在高山茶和山葵的帶動下，生活逐步改善，亦讓不少外流的阿里山少年回家鄉，阿里山鄉農會總幹事鄧順治表示，當地農業需走向精緻化，才能提高所得。阿里山鄉土地都是國有林地，供原住民租用的土地面積佔15％，6,390公頃，其中5分之4為超限坡地，且全部位在曾文水庫的集水區上，農業發展非常有限，高度開發更是困難。該記者仍將鄒族稱為曹族（註，今已正名為鄒族），記述鄒族使用高山林地種植茶葉及山葵的情形（聯合報）。

1992年10月9日（民國81），阿里山鐵路30年來大災情，受蓄水池破裂影響，修橋、停駛損失計2千萬元（聯合報）。

1992年10月24日（民國81），大雪山紅檜巨樹3千歲，胸徑勝過阿里山神木，中空主幹可站30人（聯合報）。

1992年10月29日（民國81），阿里山鄉從山美村到瀨頭觀光道路彎道多，縣長允撥款配合，將逐步改善9個大彎道（聯合報）。

1992年11月27日（民國81），縣議員質詢，指阿里山鄉兩處林班地10幾公頃的樟樹遭人砍伐、破壞水土、污染山美村居民的水源，但警方檢查哨就在附近，令人不解。

1992年12月1日（民國81），阿里山山葵墾民組團赴省議會陳情，經妥協決定由林務局會同有關單位專案研究；嗣經林務局嘉義林管處全面查測，未辦妥切結者1,154筆，合計面積189.4744公頃，已辦妥切結者僅80.0570公頃。

1993年1月9日（民國82），塔塔加森林大火，自本月6日起燃燒4日始熄滅，延燒面積292.4公頃，焚毀幼木14.7萬株。

1993年1月10日（民國82），玉山大火自1月6日起延燒，玉山西峰嶺線下火勢又增強，3個火團往嶺線延燒，與阿里山等2地火警，受災面積已逾150公頃（聯合報）；12日報導，玉山大火昨天傍晚撲熄；16日報導，署名「阿里山居民」函省主席要求責辦林務局，否則有將「第3場大火」，林務局

推測玉山大火疑為人為縱火。

1993年1月30日（民國82），阿里山冒煙範圍擴大中（聯合晚報）。

1993年2月2日（民國82），阿里山森林遊樂區嚴重缺水，實施單日定時供水。

1993年2月8日（民國82），你喝的阿里山茶，好貴！台灣生態中心發表調查報告指出：由於嚴重濫墾，使茶園主人每賺1元，社會就得賠上37～44元（聯合晚報）。

1993年2月9日（民國82），阿里山茶園濫墾，暴露「違規農業上山」問題，台灣生態中心邀民代實地勘查（聯合晚報）。

1993年2月15日（民國82），省府預定以12億7,940餘萬元，加強整建維護太平山、滿月圓、東眼山、內洞、大雪山、八仙山、武陵、奧萬大、雙流、阿里山、墾丁、藤枝、富源、知本、池南等15處森林遊樂區，並擬重點開發觀霧、合歡山、向陽、卓溪等4處森林遊樂區；按原訂6年國建農業調整方案之實施林業計畫──落實水土保持項下發展森林遊樂子計畫，預定1992～1997年度（民國81～86）之6年間，共可編列經費26億4,360萬元執行，其中1992～1994年度（民國81～83）應行投資12億5,550萬元，但實際僅獲編9億2,008萬元，故自1995年度（民國84）起調整執行計畫。

1993年2月16日（民國82），報載嘉義縣府從下學期開始，在阿里山鄉的學校開辦課業輔導班，每班補助3,000元，提高原住民國中小學生的基本學科學習能力；2月19日，嘉義縣教育局決定在阿里山香林國小等8所學校，推展家庭教育。

1993年2月26日（民國82），停駛4個多月的阿里山森鐵，上午恢復營運通車，林務局長指稱，森鐵因連年虧損，正規劃開放民營，但不輕言廢除。若開放民營有困難，將保留二萬坪至阿里山之間的森鐵，只集中經營「高山鐵路」。

1993年3月1日（民國82），山葵逐漸殺死阿里山森林，山葵種植必須剷除樹苗才能種下，阿里山上遍見農民違法濫植，林務局取締則引來燎原洩憤，青山蒼翠已在哭泣（聯合晚報）。

1993年3月18日（民國82），台灣生態入不敷出，「阿里山贏了茶園，輸了環保？」聯合報記者楊正敏報導，據台灣生態研究中心指出，阿里山地區種植高山茶的茶農每賺1元，社會就要損失37～44元，該中心負責人陳玉峰表示，「這項數據絕非危言聳聽，而且，還算是保守的估計。民國75年，阿里山開始出現茶園，77年後，阿里山如樂野村、來吉村，在政府推廣精緻農業時期改種茶園，自民國77年起，茶園氾濫轉劇，目前保守估計，已有數千公頃茶園。

阿里山公路沿線的高度開發，已埋下台灣環保的危機。阿里山公路沿線土地，大致分3類，分別是山地保留地、林務局造林地及私有地，無論哪類，民眾先將柳杉林改植為竹林，藉地下莖深竄拓展領域面積，而林務局每5、10年林地清查，是依民眾申報資料釐定，因此神鬼不知下，竹林不斷變更為茶園。這類開發好比癌細胞孳長，從81年起，阿里山公路沿線山區大抵已全盤開發。1斤好高山茶叫價2～3千元以上，但鮮少人知道貴的不只是表面上的價錢，而是開發森林種茶整個社會所

要負擔的損失。

根據美國林務署統計，每消失一株50年生的樹木，每年將增加國家6,825元的支出，台灣地勢陡峭，土層淺薄加上極端氣候風化下，保守估計，樹木對台灣水土保持效益為美國的10倍，台灣1棵50年生樹木，每年至少有2萬2千元的效益。以阿里山兩側山地為例，每年1公頃林地的經濟利益至少有2千2百萬元。

在森林砍掉的第1年，泥土就會被沖掉百分之80，集水區水量因少了樹木吸收，蒸發增加，不到4～5年水量就會減少，而在集水區下游發生問題。以阿里山為例，77年茶園大量增加，78年因大雨沖刷，已經沒有樹木吸收水分，就發生嘉南水災，現在台灣各地沒下雨就缺水，一下雨就淹水，這種現象是近十年才嚴重開展的。

另一重大問題是，嚴重的水土流失迫使水庫泥沙淤積，未來5～10年，隨時都有可能垮掉，將陷入「水庫定時炸彈」時期。而茶園大量施肥，所帶來的污染亦不容忽視。

高山茶園，只是整個大問題的一個小針尖，要拯救台灣的土地，從現在起要有百年、千年的土地大計。」(聯合報)。

1993年3月21日(民國82)，報載梅山鄉愛玉子經農政單位輔導推廣之後，目前在阿里山公路旁已可見一株株水泥柱上的愛玉子植物，愛玉子每斤500元以上，係政府鼓勵栽種的精緻農業。

1993年3月28日(民國82)，立法院內政委員會考察嘉義縣，阿里山鄉茶山、山美、里佳、新美、達邦等村民希望政府協助開發天然景觀資源。

1993年3月(民國82)，台灣生態研究中心再度發起阿里山公路沿線農林土地關懷，環保團體於阿里山公路舉行封山儀式，並預測大災變即將發生。凡自1991以迄1993年的環境運動，引發阿里山區對台生中心之敵對態度。註，嘉義文獻及林務局等，將此等環境及土地運動「留白」。

1993年4月8日(民國82)，嘉義縣山區山坡地濫墾使用，嚴重破壞水土，縣府即日起宣導一個月，5月中旬起，將針對不當使用山坡地加強取締、「威力掃蕩」。

1993年4月11日(民國82)，陳月霞專文「無法『馴化』本土，阿里山吉野櫻將消失」，摘要如下，「植物的馴化等於人的歸化，由日本移植而來的吉野櫻，由於無法認同台灣，未來勢必被本地固有的山櫻花取代。……40年後的今天，我們在阿里山逐年發現，大和魂的花終究抵不過風土的淬煉；當老樹逐漸凋零，新株卻無以生根。……

植物『馴化(naturalized)』是指移民植物不需經過人工輔助，而能靠自身的種子自然萌發成長，並拓展其族群，也可以稱為「自然化」。所以對「移民植物」來說，在新的土地要世世代代傳遞下去，「馴化」是唯一的策略。……

日本櫻花雖然能短暫的適應台灣的水土，可是無法認同台灣，成為本土一員；所以阿里山的櫻花在雪白的日本櫻花衰退之後，起而代之的將是早年剷除而今又復甦，屬於本地固有種的緋紅台灣山櫻花。

有朝一日，當你到達阿里山，撞見漫山遍野熱情如火的台灣山櫻花時，事實

上，你才終於欣賞到了真正的「阿里山櫻花」(聯合報)。

1993年4月20日(民國82)，林務局森林遊樂組在阿里山森林遊樂區舉辦阿里山一葉蘭生態研討觀摩會；阿里山台灣一葉蘭自然保留區進行監測工作。

1993年5月20日(民國82)，櫻花謝了毛地黃開了，現在阿里山上另有一番賞花情趣(聯合報)。

1993年6月6日(民國82)，阿里山公路因連日豪雨落石，交通受阻。

1993年6月(民國82)，農委會補助林務局進行阿里山森林鐵路資產評估之研究計畫出爐，會計資產帳面價值為2億3,313.2萬元，其中交通及運輸設備為1億8,656.4萬元，佔80%。

1993年7月8日(民國82)，林務局編製世界3大登山鐵路比較表：(1)阿里山森林鐵路，主線長度71.34公里，軌距762公釐(2'6")，最大坡度1/16，最小半徑40公尺，標高差距30-2,216公尺，車廂長度10.8公尺，通車年1912年12月；(2)印度大吉嶺喜馬拉雅鐵路，主線長度80公里，軌距610公釐(2')，最大坡度1/23，最小半徑20公尺，標高差距121-2,077公尺，車廂長度8.0公尺，通車年1881年7月；(3)南美洲智利與阿根廷間橫貫鐵路，主線長度254公里，軌距1,000公釐(3'3.3")坡度大、半徑小，一段為有齒軌道，最大標高3,191公尺，通車年1910年。

1993年7月23日(民國82)，李登輝總統由宋楚瑜主席及邱茂英廳長陪同巡視嘉義市，至嘉義林管處聽取何德宏局長簡報，李總統指示：(1)阿里山森林鐵路應予積極規畫繼續經營，加強各支線之遊樂據點，並研究租與民間經營之措施。(2)濫植山葵無妨與林木共生，在不打枝、不放租林地等原則下，研究妥善處理方法。註，註定無法善後處理的政治手腕惡例。

1993年8月13日(民國82)，林務局研擬阿里山地區國有林班內濫植山葵清理要點報核。

1993年8月23日(民國82)，台灣省議會質詢，督促救國團依原租目的及契約約定用途使用二萬坪救國團青年活動中心，勿作為營利使用(林管處)。

1993年8月24日(民國82)，先前香林國中與林務局的紛爭，經協調後，於1993年6月發包香林對外聯絡道路，但仍為寬度問題雙方僵持，縣長今與林管處再度協調後，確定近期修改設計圖後即可施工興建。

1993年8月(民國82)，林務局森林育樂組提出阿里山森林鐵路重振計畫，擬於本(1994)年度編列1億2,910萬元，下(1995)年度編列9,160萬元，用於機動車購置(3輛)、客車廂製(17輛)、遊憩據點設施、車輛維修、媒體宣傳等。

1993年8月26日(民國82)，縣府與阿里山農會再度鼓吹?魚養殖；省議員邀林務局長至阿里山了解山區居民的諸多困境。

1993年8月28日(民國82)，嘉義林管處日前在觸口設立電腦看板，隨時報導阿里山公路路況。

1993年9月14日(民國82)，阿里山鄉山美村對達娜伊谷溪鯝魚的「保育」(養殖?)3年來成果顯著，「山美觀光促進委員會」主任高正勝村長估計超過100萬尾，該委員

會正與政府有關單位商議區劃漁業權問題；12月1日報載，利用循環水流飼養又名「苦花」的鰡魚甚為成功，此乃3年前阿里山農會投資200萬元的成果。

1993年9月14日(民國82)，財政部國有財產局續商解決中國青年反共救國團所使用之國有土地相關問題會議。11月18日，林務局在林務局5樓，由何德宏局長主持研商「中國青年反共救國團所使用林班地問題」會議。會議結論，救國團以租賃方式重新自1994年(民國83)1月1日起訂約承租(林管處)。

1993年9月19日(民國82)，報載嘉義縣83年度治山防洪工作計畫業經省府核定，將以1億1千5百多萬元辦理28件工程，分別由省水利局、嘉義林管處、嘉義縣府執行，經費由中央及省府輔助。

1993年10月10日(民國82)，來自玉山的天籟「鄒族樂舞」，兩廳院主辦「台灣原住民族樂舞系列1993鄒族篇」，將於10月15～17日舉行，邀集嘉義縣阿里山鄉、高雄縣桃源鄉和三民鄉計百餘鄒族人，共同表演傳統樂舞精華，內容與形式多彩多姿，在社會各界呼籲保存發揚原住民文化聲中，鄒族樂舞寶藏值得大眾深入了解與欣賞(聯合報)。

1993年10月27日(民國82)，嘉義縣府為配合發展觀光事業，決定以3,650萬元辦理包括來吉、達娜伊谷、豐山、達邦、太和、瑞峰、瑞里及竹崎公園的多項公共設施。

1993年10月27日(民國82)，林務局於5月11日委託寰宇財務顧問公司，研提阿里山森林鐵路開放民營具體方案今日完成報告；結論：(1)阿鐵開放民營應屬可行；(2)開放項目包括本支各線及沿線車站、遊樂區內賓館別墅等食宿及停車設施，並提供「素地」1.5公頃，興建300間套房之國際觀光旅社；(3)開放民營定位為出租經營，由單一承租人為對象，收取土地及設施之租金與經營權利金，合約期限以20年為基準，期滿可續約一次而以20年為限。8月13日該公司曾向林務局作期中簡報。

1993年10月28日(民國82)，「高天原前卷寫真集」出版，作者為外岡平八郎。

1993年11月16日(民國82)，阿里山鄉民代表會進行總質詢，部分代表針對國民黨阿里山鄉黨部利用公有廳舍一事，要求鄉黨部主任到會說明遭拒。12月15日，阿里山鄉代會副主席溫英峰等，發動50餘位原住民，至國民黨阿里山鄉黨部抗議，要求歸還被黨部佔用的公有房舍歸還，且撤換鄉黨部主任。

【表9】嘉義林區管理處行政組織系統
(轉引台灣省林務局，1993，32頁)

台灣省林務局
↓
嘉義林區管理處
↓

林政課　治山課　作業課　育樂課　森林鐵路管理課　會計室　人事室　行政室　政風室

阿里山工作站	奮起湖工作站
1-9，17-25，27-55，57，60，214-222林班	10-16，26，56，58，59，130-213林班

1993年12月4日（民國82），報載阿里山公路沿線因濫墾嚴重，林木愈來愈稀少，但竹崎鄉中和村存有一片約400公頃的林木，在地方人士的維護下，保存良好。

1993年12月16日（民國82），青年救國團邀請農業委員會、國有財產局、省府有關機構，研商該團使用林務局轄管國有林班地問題；結論：因依1989年（民國78）政府訂頒「人民團體法」前，以租用辦理青年活動有案，准自1994年1月（民國83）起，重新以租賃方式訂約承租，並依政府所訂租金率計繳租金，但仍應檢討將無須使用部份交還林務局管理。按救國團及教育部共租用林務局轄管立霧、關山、阿里山、巒大等事業區內5處為活動基地，合計面積12.9109公頃，年納租金共375,595元。

1993年12月16日（民國82），青年救國團邀請農業委員會、國有財產局、省府有關機構，研商該團使用林務局轄管國有林班地問題；結論：因依1989年（民國78）政府訂頒「人民團體法」前，以租用辦理青年活動有案，准自1994年1月（民國83）起，重新以租賃方式訂約承租，並依政府所訂租金率計繳租金，但仍應檢討將無須使用部份交還林務局管理。按救國團及教育部共租用林務局轄管立霧、關山、阿里山、巒大等事業區內5處為活動基地，合計面積12.9109公頃，年納租金共375,595元。

1993年12月26日（民國82），嘉義縣山區國有林地頻遭人民濫墾、毒殺林木，改種經濟作物等，國有財產局南區辦事處日前函文各鄉鎮公所，請其「嚴加查緝」，並依山坡地保育條例有關規定處理。

1993年（民國82），阿里山森林遊樂區

所隸屬的嘉義林區管理處的行政組織如表9。

1994年1月1日（民國83），阿里山事業區7、8林班地（註，二萬坪）改以救國團名義承租並就其實際使用房屋用地重新實測面積為0.8163公頃予租用，年租金為32,652元（三年公告地價一次）（林管處）。

1994年1月1日（民國83），新中橫公路塔塔加到阿里山之北路段，路面結冰（聯合報）。

1994年1月21日（民國83），合歡山、阿里山大雪紛飛，玉山更是降到零下12度新低點（聯合晚報）。

1994年1月26日（民國83），德國溫神父整理完成鄒語大字典，民國55年到阿里山山美部落傳教的溫神父，第一件事便是學鄒語，結果深深著迷，現在已說得一口標準而熟練的鄒族話（聯合報）。

1994年2月18日（民國83），阿里山缺水限水措施解除。

1994年3月25日（民國83），「阿里山森林鐵路紀行」出版，作者為洪致文。

1994年3月30（民國83），阿里山公路沿線山坡地遭破壞，嘉義地檢署顏榮松檢察官深入查辦，今日將在公田段，將蓋小木屋者收押偵辦，檢察長強調一定「嚴辦到底，絕不會雷大雨小」；4月8日，縣府拆除了番路鄉2棟違建，並將儘速將另外82棟大型違建拆除。

1994年4月11日（民國83），阿里山櫻花競豔，「立志」勝過日本，嘉義林管處培育新植栽頗費苦心，期待本土山櫻出頭展新妍（聯合報）。

1994年4月12日（民國83），嘉義縣府調

查林地違規使用後，已通知違規的169公頃林地相關人，限20日前完成造林，並將向上級爭取每公頃林地持續8年，每年補助8萬元補貼金，以保障山區居民生活，「使不致再違規砍伐林木」。

1994年4月21日（民國83），阿里山豐山村仍保有一處紅檜林，林務局已逐一編號列管。此片紅檜位於豐山風景區仙夢園與石夢谷之間，屬於第26林班。

1994年4月24日（民國83），立法院接受阿里山濫墾濫建民眾陳情，於25日之財政、預算聯席委員會中附帶如此決議：「在政府未依山坡地保育利用條例每5年通盤檢討前而有違規者，無論民、刑事獲行政處分均暫緩執行；應予民生息而免擾民」。

1994年5月4日（民國83），嘉義地區年度久旱缺水，自3日起降雨而旱象稍解。

1994年6月（民國83），本月下旬，嘉義林管處鐵路課徐竹松與吳勝雄2股長，奉局派赴日本大井川鐵互訪研習交流，經費由林務局林聯會與嘉義處產業工會共同負擔。林務局訂定阿里山森林鐵路與大井川姊妹鐵路互訪研習交流計畫，每年1次雙方各派2人；前此2鐵路高層人員有不定期之互訪。

1994年7月14日（民國83），嘉義縣府在阿里山鄉山美、新美、里佳、茶山村進行的風景區整體規劃工作，今已完成期末檢討，將報請中央及省府補助4億元，分3期計畫，7年開發完成。1995年3月14日報載「完成山美、新美、里佳、茶山村整體規劃」，開發經費卻膨脹為5億餘。

1994年7月18日（民國83），省鐵路局與鐵路旅遊聯營中心推出「阿里山鐵路之旅」，將一連試辦10梯次。台汽公司則自23日起，推出由台中站直達阿里山的旅遊專車。

1994年8月1日（民國83），監察委員李伸一前往番路鄉，實地瞭解阿里山公路沿線濫墾、濫建問題，並接受民眾陳情。註，筆者等多年多次呼籲、運動之後的官方反應，然而，情況從無真正改善。

1994年8月3日（民國83），報載由於阿里山區濫墾嚴重，縣府農業局為規劃山坡地「長期有效利用」，準備推廣兼具造林及果園功效的種植「日本甜柿」政策，以維護「水土保持並避免破壞自然生態環境」。註，又是一項自欺欺人的文宣及山地傷害政策，推廣農業生產又如何避免破壞自然生態？8月28日報載，番路鄉宛如柿子之鄉，栽植面積400公頃。

1994年8月8～13日（民國83），嘉義縣山區豪雨，茶山村受困；山區道路嚴重受損，初估搶修經費將達1億2千餘萬元，農業受災面積3,060公頃。

1994年8月9日（民國83），道格颱風帶來豪雨，阿里山今晨下了160公釐雨量；13日報導，成功空投物資至阿里山；23日報導，阿里山鐵路10月才能修復（聯合晚報）。

1994年8月15日（民國83），阿里山鄉「交通不便」，以致各項建設落後，省府決定以1億7千餘萬經費，辦理21件有關公共工程，「期能提昇山區居民生活品質」。8月20日，嘉義縣府表示，受道格颱風及豪雨侵襲，初步統計復建經費及救濟金共18億餘萬元，縣府將向上級爭取補助。

1994年8月22日(民國83)，強烈颱風佛雷特造成阿里山公路3處坍方，鐵路10月才得修復(聯合報)；一連4個颱風侵襲下，東部海濱沖上萬噸漂流木，台灣山林林木慘遭浩劫，大部分為山區濫墾、濫伐及盜伐的樹種，暫棄於山坡地，豪雨之下為洪水沖下，其中亦有高海拔的檜木、扁柏、杉木，業者僱請挖土機選取上等木材，牟取暴利。

1994年9月(民國83)，監察院14位監察委員聯袂赴阿里山區，考察山坡地濫墾濫建情況，認為民間問題嚴重，各級主管機關失職，對立法院前此於4月25日委員會中「應予民生息而免擾民」之決議不苟同，表示仍應立法(尤其是民法刑法)處置。

1994年10月6日(民國83)，監察院經濟委員會巡察阿里山、玉山地區，在塔塔加遊客中心召開檢討會，與會人員一致認為阿里山濫墾、濫建與超限使用程度嚴重，必須儘速找出解決之道。檢討會由康寧祥與陳孟鈴主持，嘉義縣府、省農林廳、環保署、營建署及國有財產局等人員提出報告。

而林務局針對阿里山國有林班地的山葵，「初步」擬訂清理計畫，將分區逐年收回林地管理，監委認為限期收回可能無法解決問題，建議設置山葵專業區輔導栽種。

媒體另於10月31日指出，農委會已完成阿里山公路沿線兩側山坡地全面清查，發現宜林地超過1/3被超限利用，國有林班地濫植山葵的面積，比1976年擴張了15倍(見後)。

1994年10月7日(民國83)，報載：阿里山公路兩側山坡地濫墾濫建問題嚴重，監察委員於上(9)月巡察後指責，除民眾守法習性不良外，政府有關機關未能落實執法、公路沿線開發計畫欠缺，亦不能辭其咎。

1994年10月13日(民國83)，報載阿里山區目前尚有近百株700至千年的紅檜，係供採種子的母樹，林管處皆定期派員巡邏保護。

1994年10月31日(民國83)，農委會宣布完成阿里山公路沿線兩側山坡地全面清查，發現宜林地被超限利用，種植高山茶及檳榔者逾1/3(169/491公頃)；國有林施業地內濫植山葵(即芥末)之面積較1976年(民國65)擴增15.3倍(269.53/17.61公頃)；此種情形應與省府當年開闢阿里山公路，低貸款鼓勵青年返鄉種植高經濟價值農作物之政策有關(立法委員侯海熊言)；當局於1993年7月(民國82)亦有「山葵與林業無妨共存」之指示。

1994年11月1日(民國83)，阿里山公路沿線3分之1宜林地超限使用，且國有林班地濫植山葵面積，比18年前增加15倍，監院關切濫墾、濫建問題，今研商挽救阿里山，同時調查責任歸屬。監委斥責主管機關，立院則決議緩處違規(聯合報)；林務局不堪虧損，阿里山鐵路計畫開放民營，已擬定具體方案，另遊樂區旅館、停車場也將開放。

1994年11月3日(民國83)，阿里山濫墾問題將成為監院巡察重點，擬定3階段改善方案，要求各單位落實(聯合報)。

1994年12月8日(民國83)，為了解山坡地濫墾、濫建等超限利用，行政院研考會

赴阿里山公路沿線勘查，並了解地方政府查禁現況，將以專案解決之。（註，民間運動後，政府的回應大抵如此而已！）

1994年12月15日（民國83），阿里山林地，將逐年收回（聯合晚報）。

1994年12月17日（民國83），嘉義縣府觀光課長指出，水資會計畫興建的瑞峰水庫，由於涵蓋的水質、水量保護區，擴及到省旅遊局正規劃中的「大阿里山地區觀光遊憩計畫」區域範圍，未來的觀光遊憩計畫可能將抵觸自來水法。

1994年12月17日（民國83），規劃掩埋場涉圖利廠商，阿里山鄉長等9人被訴（聯合晚報）。

1994年12月19日（民國83），大火吞噬阿里山森林，延燒3天6公頃林地付之一炬（聯合報）。

1994年12月21日（民國83），省府核定公布阿里山地區國有林班濫植山葵處理要點，規定山葵濫植於森林遊樂區內2年內收回，一般林地內者於採收6年後全部收回，其擴墾、新墾或損傷林木者一律移送法辦。按阿里山區山葵之種植，始自1919年日治時代林場員工之「便植自用」，逐漸形成濫墾濫植，國府治台後1976年（民國65）實測，已達220筆17.61公頃，呈奉省府1978年11月17日（民國67）核示，山葵應由政府收回視同國有森林副產物，墾民得依國有林產物處分規則申採。1984年10月（民國73）阿里山公路通車，人口回流、業商收購，山葵濫植範圍大為擴增，1986年11月（民國75）受理申採後實測，迄當年6月底之濫植面積達90.993公頃，1989年3月17日（民國78）省府訂定阿里山地區山葵管理暫行要點，重申應依國有林產物處分規則申採，依此要點切結者有80.057公頃。

1993年7月23日（民國82）李登輝總統巡視嘉義林管處時指示：「山葵無妨與林木共存，在不打枝、不放租林地等原則下，研究處理方法」，林務局遵經另擬阿里山地區山葵管理要點，並於1994年9月21日（民國83）奉命改擬為阿里山地區國有林班內濫植山葵處理要點，報請省府核定。

1994年12月22日（民國83），公路局第5區工程處第6工務段表示，為防止阿里山公路經常發生車輛衝落斷崖事故，將分3年施工設置安全護欄。

1994年12月22日（民國83），阿里山上濫植山葵林地，林務局研定將分2階段收回，森林遊樂區內2年內收回，園區外則6年內漸進收回，農委會表示，國有林班地濫植山葵面積，於65年間為17.61公頃，82年已增為269.5公頃，17年來擴張了15倍（聯合報）。

1994年12月27日（民國83），監察院年終地方巡察總檢討，農林廳提報1993年（民國82）地方機關巡察委員指示事項辦理情形彙報表，林務局何局長提出阿里山濫墾濫建等有關問題報告。

1994年（民國83），阿里山森林遊樂區自1973～1994年的遊客數量如表10。

1995年1月1日（民國84），元旦假期阿里山首日湧入1萬2千餘名遊客；2日，萬餘遊客，迫使阿里山工作站，自夜間8時起實施車輛管制；1月6日，阿里山飄雪。

1995年1月9日（民國84），阿里山公路沿線濫墾、濫建問題嚴重，經行政院列為專案查處後，縣政府召開檢討會，「針對

【表10】阿里山森林遊樂區遊客人數統計表（轉引台灣省林務局，1993）單位：人

月\年	1	2	3	4	5	6	7	8	9	10	11	12	全年合計	月平均	日平均
1973	9,988	19,508	21,337	21,808	16,756	7,964	13,572	15,598	12,117	11,376	13,251	11,615	174,890	14,574	479
1974	17,180	12,674	20,829	23,524	15,198	7,022	17,547	14,983	12,193	10,784	12,811	9,277	173,932	14,494	477
1975	15,530	17,105	24,839	21,687	16,605	8,967	19,563	14,020	12,926	15,914	15,154	15,573	197,883	16,490	542
1976	17,897	28,091	34,672	33,669	19,873	12,023	15,028	17,765	16,870	22,540	11,477	9,047	238,952	19,913	655
1977	8,578	13,529	13,949	18,626	11,991	7,855	16,621	14,293	13,714	21,152	14,868	15,837	171,013	14,251	469
1978	14,102	28,275	30,882	32,881	14,978	14,948	20,560	17,032	7,412	13,828	16,888	14,773	226,559	18,880	621
1979	19,135	23,804	23,576	24,725	18,440	17,414	25,737	19,542	15,220	14,162	16,754	15,448	233,957	19,496	641
1980	16,065	24,757	26,022	28,325	22,968	19,536	26,649	27,918	22,121	23,356	19,647	15,499	272,863	22,739	748
1981	16,041	23,738	23,383	24,657	5,260	4,951	15,039	15,669	11,705	16,169	14,410	12,131	183,144	15,262	502
1982	16,453	14,866	20,168	21,636	16,966	13,290	23,299	24,817	17,838	167,372	157,028	92,680	586,413	48,868	2,622
1983	61,042	74,109	73,996	108,655	103,373	54,906	102,804	92,827	75,447	89,943	69,170	50,847	957,119	79,760	2,622
1984	41,451	88,863	62,013	77,016	52,448	45,893	81,010	58,286	72,660	48,152	64,595	51,704	744,096	62,008	2,033
1985	36,762	47,408	55,430	74,620	63,336	50,951	76,153	68,404	48,717	64,435	56,993	45,492	687,701	57,308	1,854
1986	38,718	96,375	58,640	82,606	46,790	26,282	66,922	58,482	46,097	56,534	48,212	47,939	676,597	56,383	1,854
1987	75,186	74,254	64,583	66,558	50,310	46,116	62,284	75,615	33,451	48,633	58,979	44,576	700,545	58,379	1,919
1988	53,300	85,099	62,954	64,992	55,111	52,518	94,739	55,074	43,342	60,388	55,789	57,285	740,591	61,716	2,023
1989	58,222	99,004	64,748	73,078	58,137	50,870	95,310	73,472	36,129	56,893	60,597	54,827	781,287	65,107	2,140
1990	81,231	72,928	88,229	82,517	52,517	37,983	99,263	72,170	35,348	47,999	62,793	71,366	804,404	67,033	2,234
1991	77,881	112,790	125,209	118,884	64,712	57,131	81,640	79,879	60,490	57,253	58,457	61,474	949,800	79,150	2,602
1992	55,655	102,323	90,299	77,738	58,377	58,406	87,658	66,743	41,505	57,839	28,447	56,304	780,934	65,078	2,134
1993	100,100	70,646	67,038	81,626	50,568	29,246	96,582	102,264	45,661	80,244	72,214	49,355	863,593	71,966	2,366
1994	56,011	83,236	74,971	124,695	52,460	48,241	97,911	24,024	36,574	63,315	63,141	59,101	783,680	65,307	2,147

現行法令缺失進行探討」。最後決議建議省與中央全面重新規劃山坡地。2月8日，省府成立專案督導小組，並召開第一次會議，會中決定3年內解決公有林違規使用，收回造林及取締違規事件，辦理區域計畫及非都市土地編定通盤檢討的問題。2月10日，嘉義縣長向行政院長簡報，提出8大建議案，其中關於阿里山公路兩側濫墾、濫建案，應提高造林補助金，審定阿里山特定區都市計畫，山區飲用水應加解決，並專款補助處理污水，至於取締違規使用「應成立專業警察及運用航照科技」（註，埋下無能解決的伏筆）。5月2日，省府農林廳及嘉義縣府決定輔導阿里山公路兩

側山坡地違規使用者，辦理私有林地造林，並依「台灣省獎勵私人造林實施要點」規定，每公頃於6年期間共核發獎勵金15萬元，希望在本年度內完成造林。

1995年1月20日（民國84），阿里山2萬噸蓄水池已完成；中國遼寧電視台長等，在省府原住民行政局專員及兩岸影業協會會長等人陪同下，至達邦拍原住民歌舞等影片，受到石信忠鄉長的「熱烈歡迎」。

1995年1月21日（民國84），阿里山濫墾濫建問題，跨部會決議3年解決，濫植山葵將收回土地，違建農舍則就地合法（聯合報）。

1995年2月8日（民國84），嘉義林管處積極改善阿里山森鐵營運交通工具、縮短乘車時間，更優待購買阿里山來回票的旅客，上阿里山時免費搭乘眠月線小火車，招待遊覽眠月、石猴。

1995年2月27日（民國84），省府完成「阿里山公路沿線山坡地處理實施計畫」，將採「先嚴格取締，後輔導合法」方式，預計於86年通盤解決阿里山濫墾濫建問題，農委會並擬建議行政院，往後採「阿里山模式」，處理台灣地區所有影響國土保安的濫墾濫建案（聯合報）；目前全台44家占用國有地高球場，其中20家已取得合併開發證明書，有機會合法化，國產局仍在環保團體告發後，提供業者合法佔用的機會。

1995年3月15日（民國84），嘉義林管處至大埔、中埔、番路3鄉交界處國有地，砍除違法栽植檳榔，遭到近200名居民抗議，取締行動受阻。

1995年4月10日（民國84），水社寮純樸鄉土味，漸成阿里山線新興景點（聯合報）。

1995年4月11日（民國84），嘉義縣府為解決偏遠地區居民民生方便，決定在石桌地區興建一座300坪的購物中心。

1995年4月24日（民國84），阿里山森林火車1年虧損1億元，森鐵乃台灣人美麗的回憶，卻也是嘉義人的煩惱，地方要求遷站解決30多處平交道（聯合報）；阿里山神木斜了，樹幹裂成兩半，林務局長表示，樹要倒下，如何教它不倒？神木是生物，不是鋼筋水泥建築可用工程補強，是保存的最大難題。

據主持台灣生態中心的陳玉峰表示，1906年日本人於阿里山發現巨木群，於是興築阿里山森林鐵路，以利伐木及運送，而阿里山神木這株大紅檜為何免於砍伐，是因樹心已被蓮根菌噬光，成為無用的廢木。當神木的兄弟姊妹被砍光後，孤伶伶的巨木成為眾目焦點，開始神化。民國42年神木遭電殛，45年再遭雷劈起火燃燒，神木上半身枝椏全被砍除，成為枯木，此時神木已終結了天年，51年，嘉義林管處派員爬上枯木頂端，搭上木塊，覆上泥土，種植紅檜苗木，狀似枯木發出新芽，林務局稱為「二代木」，但實為綠色神話的大謊言。

神木的知名度仍持續造就著阿里山森林遊樂區的發展，並帶來可觀的外匯，成了阿里山的代名詞，之後，雖然又發現許多更大、更老的神木，但阿里山神木仍是最有名的。

從另一個角度看，神木所代表的，是台灣自然生態系被摧毀的不幸，陳玉峰說：「神木之所以成為神木，是因為和它

同時代的樹木被砍光了」，建議大家往後看，神木代表的是砍伐的時代，那個時代已經過去了，阿里山上活著的巨木還很多，我們該努力的是，留給子孫整片的巨木林。

1995年4月25日（民國84），阿里山小火車「要活一百歲」，林務局決苦撐到底，準備重新掛上蒸汽火車頭（聯合報）；而火車加上錄音解說，畫冊則留下神木之美，阿里山生機，需靠創意促銷。

1995年5月1日（民國84），省府省政會議決定，阿里山森林鐵路不宜因營運虧損即予拆除，交通（旅遊）、農林（林務）等單位應組成專案小組，就其開放民營及起站遷移等問題，配合現存觀光、旅遊及森林遊樂系統，通盤研究與評估。

1995年5月2日（民國84），阿里山鐵路變成自然教室，交通處計畫跟林務局合作開發，並分段開放民營（聯合報）；10日報導，森林鐵路民營化受矚目，是否具國家級風景區條件則待評估。

1995年5月15日（民國84），阿里山森鐵經過的獨立山，存有一株「百年黑松」，被列為老樹保護。

1995年5月19日（民國84），阿里山神木樹幹顯著開裂成兩半，有可能倒塌，林務局初步決定將頂端種植的紅檜苗木拿掉，以減輕神木負荷。月底將邀學者專家會勘，研商對策。註，先前陳玉峯之預言成真。

媒體於6月1日報導，阿里山香林國小後方，「發現」3株千年紅檜，「高大雄偉不亞於神木，勢必成為未來的觀光焦點」。1995年7月6日，由於神木死亡長年，林務

局阿里山工作站已「尋找到千年紅檜20株」，計畫開闢步道，提供遊客參觀，並「重新樹立阿里山的神木景觀」。

1995年5月31日（民國84），專家會勘阿里山神木認為應予保留，定位為台灣重要地標，深具人文意義，將研究保護措施，短期內不做處理，社會學者蕭新煌認為應該建立神木群的觀念，建議林務局整理出阿里山地區千年以上神木資料，出版神木生命史介紹、導遊手冊等資料，記錄神木演變，讓大眾迎接更多的神木，藉此疏導民眾對阿里山神木的感情（聯合報）。

1995年6月8日（民國84），萩安娜颱風來襲，嘉義縣農作物災害面積約5,723公頃，阿里山公路、達邦公路等，坍方、落石、中斷。

1995年6月21日（民國84），報載阿里山公路沿線2千多住戶，4萬3千2百多公頃的土地，面臨違建拆除與就地合法的十字路，省長指派副省長專案處理，省議會今通過配合通盤檢討「給予放租或放領」；6月27日，監察院則將違建案列為重大案件，予以追蹤管制；縣府函請省府補助執行經費，附帶編列整頓的財源。

1995年6月21日（民國84），中央及省府人員由省旅遊局組長率領，於今日起3天，實地勘察「大阿里山風景特定區經營管理範圍」，並將送交通部觀光局評鑑後報行政院核定。23日在瑞里活動中心召開勘定會議，會中決議將南界擴大至草山，北界延伸至清水溪，同時，將瑞峰、大峽谷、芙蓉山、畚箕山、半天岩等風景區納入經營管理範圍。

1995年6月（民國84），林務局森林育樂

組本月工作：（1）提出阿里山森林鐵路開放民營方案；（2）編印1994年度(民國83)森林溪流淡水魚類保育工作報告；（3）完成德基水庫集水區第3期整體治理規劃保育宣傳工作第3年報告。

1995年7月1日(民國84)，林務局阿里山地區國有林班內濫植山葵清理要點，公告自本日起3個月內所有濫植者應完成切結，務期於1997年9月底(民國86)前將濫植山葵自行採收，拆除一切設施，交回林地(其新墾者50筆7.19公頃嗣經劃除，並拆除工寮4間、索道9條)。註，實際狀況如何，現地可驗！

1995年7月2日(民國84)，嘉義縣大埔鄉有片廣達290公頃的林地，由於遭受侵佔利用，形成燙手山芋，縣府及國有財產局都不願接管。這片大埔段的林地，於1951年由縣府等13個單位組成的護林協會租用，後來改組為大埔造林管理委員會，且一向為縣府管理。由於管理不善，部分土地被竊佔，縣府決定將土地歸還國有財產局，國有財產局堅持應清理後才願接收。

1995年7月21日(民國84)，報載阿里山濫墾的山葵，農委會已決定1997年9月前「全部解決」，並由嘉義林管處於1995年7月起3個月內，與山葵農辦妥切結書，保證於1997年9月前，由濫墾人將濫墾山葵自行採收，並拆除一切設施，林地交由該處收回，不得要求任何補償。

1995年8月4日(民國84)，阿里山公路沿線濫墾、濫建處理小組，限期要求縣政府議處有關失職人員，縣府認為政府的錯誤，不能由執法人員承擔，縣府今開會後認定，此案冰凍三尺非一日之寒，處理礙難執行，將建議比照台灣涼椅公司違建處理模式，「修法輔導其就地合法化，不提懲處之事」。註，1991～1993年民間環境運動所掀起的反省，政府回應以一系列調查、專案小組、限期處理、列管……等所有的「大雷聲」，至此完全淪為虛招，案情急轉直下，「全民盜墾，就地合法」從來都是台灣「傳統美德」，根本關鍵完全在「政府」！

1995年8月7日(民國84)，嘉義縣府建請省旅遊局將「大阿里山風景特定區」計畫，更名為「大阿里山風景區」，並將阿里山森林遊樂區、觀音瀑布遊憩區系統，以及阿里山鄉里佳、茶山、新美、山美4村，納入規劃範圍。

1995年8月21日(民國84)，由於林相、水土都被破壞，阿里山的山葵不種了，林務局9月底前將和山葵農完成切結(聯合報)。

1995年8月31日(民國84)，實施約20年的阿里山森林遊樂區計畫，省府完成首次修正內容，遊樂區內設施可望「大幅改觀」，將增加阿里山自然人文博物館系列設備，「頗有爭議」的車廂旅館將改成阿里山森林鐵路開發史蹟館。9月18日，林管處另表示，舊阿里山電信局將改成阿里山自然生態保育資料館。

1995年9月4日(民國84)，報載阿里山滿山遍野的山葵，經林務局限期於5日切結，且未簽切結者2年後全面剷除。外傳有葵農揚言，一旦政府進行剷除，他們將放火燒山、盜砍櫻花。10月初，9月底前登記的濫植面積計有269公頃。

1995年9月5日(民國84)，「鄒族要為自

己寫歷史」，聯合報記者陳佩同專題報導，鄒族文教基金會今年8月7日成立，代表這一群長久沈默的人，終於要為自己說話、做事了，根據人類學者王嵩山對鄒族觀察描述，鄒族是一個相當保守自持，而且呈現嚴格極體主義的民族，這樣的特性讓他們即使面對外界的誤解，也咸少為自己辯解，「吳鳳事件」就是最佳例子，長久以來背負「吳鳳殺戮者」的污名，也不曾主動抗爭，民族性加上是少數民族中的少數，目前僅約4千人，讓整個社會很少聽到他們的聲音，尤其近年來原住民民族意識覺醒，相較之下，他們更顯沈默。

外來文化的衝擊，一樣發生在鄒族社會中，基金會董事長汪明輝表示，台灣原住民普遍面臨的文化流失、族群解體的痛苦，即使是平均教育、經濟水準都較高的鄒族同樣無法避免，而原住民族長期被剝削、詐欺、壓榨情形，鄒族亦無法豁免，「我們似乎總是被虎視眈眈的環伺著，我們努力地追求經濟上的累積，卻總是遭受外界不斷的侵蝕！」。

此外，外來的誤解卻也從來沒停止過，目前新的罪名是「破壞水土生態」，大量平地人因著政府開通的道路，大舉進駐，上山大肆種植山葵、高山茶的罪名，卻全由鄒族承擔。鄒族人盼透過基金會的成立尋回自主性，建立起以鄒族為本位的主體性。

王嵩山認為，從「謅是會議」到鄒族基金會，可以看出鄒族嚴謹有系統的組織能力與分工合作的條理性，這是其他原住民族少見的現象，這是第1個完全由本族人所主導成立的基金會，面對文化重建、社會發展、環境復育宏圖，可以想見，在一個不利於少數族群的大結構中，這個文化事業的艱辛（聯合報）。

1995年9月15日（民國84），阿里山公路沿線濫墾、建等問題延宕多年，國有財產局在番路鄉龍頭山莊舉行政令宣導，強調「取締決心」，但居民指政府推卸責任，並憤怒撕毀宣傳資料，最後「不歡而散」。

1995年9月18日（民國84），報載阿里山公路搶建、違建死灰復燃，石桌服務區加油站北側被連日趕工，進行大批違建。縣府簽報建管單位採取強制執行。註，有政府先前的處理過程，難怪人民趕搭搶建列車，俾供就地合法，台灣「政府」「無政府」的水準可見一斑。又，此新違建案至12月中旬仍未處理，外界議論紛紛。

縣府於10月4日向省府提出「申訴」，認為阿里山公路沿線問題係法令不週所衍生，且原承辦人員均已卸任或更換，建議政府不再追究為宜。及至12月5日，省府處理小組在副省長率領下，前往阿里山公路實地瞭解，並訂8日在省府開會協商。

1995年10月17日（民國84），阿里山公路沿線農地水土保持調查規劃座談會，於龍頭山莊舉行，省水土保持局將推動「阿里山公路沿線農地水土保持計畫」，將針對宜農宜牧地辦理水土保持，預計在1997年6月完成。註，民間運動「總算幫忙違法、違規者」就地合法，且帶來技術措施及國家資源。而另一方面，縣府在繼鼓吹種茶的精緻農業10～20年後，多年前推動的日本甜柿，於今年10月17日宣稱，已編列250餘萬元推廣輔導，用以取代檳榔、茶葉，凡有意種植的農民，每公頃可獲1萬元的獎勵輔助。

1995年10月17日（民國84），林務局委託中華民國運輸學會，承辦阿里山森林鐵路嘉義竹崎段存廢問題之研究案，另林務局森林育樂組亦積極研擬「阿鐵」之開放民營方式、檢修森鐵硬體、規劃最佳旅程、重振遊客意願，推展生態旅遊活動，與旅遊業者共辦套裝旅遊。

1995年10月20日（民國84），林務局為挽救連年虧損的阿里山森鐵，絞盡腦汁希望在鐵路沿線開拓新觀光據點，新近開始規劃已有200多年歷史的「獨立山古道」，期待注入新希望。

1995年11月10日（民國84），阿里山森林金礦油盡燈枯（聯合報）。

1995年11月11日（民國84），由省府補助600萬元興建的阿里山民生必需品供應中心已完工。

1995年11月（民國84），玉山頂于右任塑像在11月初，有登山者在山谷發現塑像頭部，係遭人以利鋸鋸下棄置。玉山國家公園管理處將之裝回身座。然而，1996年5月22日（民國85），復被發現遭人徹底砸毀而無法復建，玉管處遂在1997年6月（民國86），改置1石塊標誌，上書「玉山主峰，3952公尺」，另置解說牌，即今所見。

1995年12月18日（民國84），瑞峰水庫恐無法於阿里山立足，因與觀光、農業發展衝突，加上居民反對（聯合報）。

1995年12月27日（民國84），森林鐵路85歲慶生，蒸汽火車頭開下阿里山，第一代蒸汽機車將於嘉義火車站北門展出（聯合晚報）。

1995年12月29日（民國84），林務局假嘉義市北門車站舉辦省政記者招待會暨阿里山森林鐵路85週年慶生系列活動，何偉真局長報告林務局新措施：（1）行道樹擴大建造；（2）電子佈告欄（BBS）誕生；（3）第3次森林資源調查成果；（4）森林火災防救現代化；（5）高山地區治山防洪工作加強；（6）阿里山森林鐵路成為文化遺產。會場外有嘉義市各幼稚園學童前往參加「老爺爺」(指26號、31號、中興號及阿里山號退休車頭機車)彩繪寫生比賽，明年植樹節並將舉行「為老爺爺穿新衣」活動。

1995年12月29日（民國84），嘉義林管處為舉辦林務局省政記者招待會暨慶祝阿里山森林鐵路跨入85年，本路係於1912年12月局部通車，自本日起展開一系列慶生活動，新任立法委員蕭萬長致詞；阿森鐵具備歷史、觀光、經濟等價值，雖然連年虧損，為政府沈重負擔，但對國家形象有正面意義，將來應以公正、公平、公開方式朝向民營化發展。台灣民間企業活動力強大，假如僅將森鐵開放民營，民間定必不願接手，應將森林遊樂區一併開放陪嫁過去，方能吸引民間投資意願；惟為防範民營後可能發生保留盈利的遊樂區而關閉虧損的森林鐵路，應預將限制條款詳確訂入契約。

1995年12月29日（民國84），追溯阿里山森林資源之開發，由於日人羅掘以從事1904年日俄戰爭之戰費，其運材鐵路係於1910年興工，1912年12月25日嘉義至二萬坪間66.6公里段通車運材，3月14日通車至阿里山71.34公里(阿森鐵總長曾達110.318公里，以利採運各伐區原木，若干支線隨子拆除，現有總長為85.44公里)。1911年至1915年間共購進美國Lima公司製Shay型蒸

汽機關車頭20輛，編號11～18者為18頓重，編號21～32者為28頓重，多年于役先後報廢者為11、27、30等號車頭，14號係於1972年8月(民國61)贈與澳洲火車頭博物館，1976、1977、1979、1980年間(民國65、66、68、69)，將21、13、22、16號車頭分別遷往嘉義市中山公園、台北市中影文化城、台北市三軍大學、花蓮縣池南林業陳列館，第18、28號車頭現留置在阿里山沼平舊車站，第26、31號現存放於嘉義市北門車站，第15號車頭則於1993年8月23日(民國82)被焚毀後解體。

1996年1月2日(民國85)，1995年11月底(民國84)至本(1996)年1月初，各林管區林火頻傳(計33次)，其中以花蓮林管處林田山100林班(11月26日至12月1日)、南投林管處丹大7～8林班(11月27～30日)、東勢林管處大甲溪22～23林班(12月3～6日)，延燒面積較廣，嘉義林管處阿里山公路自本日起連續發生5次林火，據查以人為因素居多。

1996年1月2日(民國85)，阿里山發生森林火災，至4日受到控制，但旋又發生2處起火點，估計燒掉23.5公頃竹林及草生地；大埔事業區於1月16日發生竹林、草地火災。

1996年1月9日(民國85)，曾文水庫水位下降嚴重，全面停止供應灌溉用水，此乃曾文水庫興建以來的第3次停供灌溉用水。1月下旬，嘉義縣一期稻作決定休耕。

1996年1月12日(民國85)，阿里山公路旁的「無彌壽院」大違建，終於拆除。

1996年1月24日(民國85)，林務局阿里山森林鐵路(阿鐵)與日本大井川鐵道(大鐵)締結姊妹關係已屆10年，雙方經營者定期互訪及從業人員之經驗交流，增進人民友誼，發揚產業文化，何偉真局長特以感謝狀致贈「大鐵」技術服務會社白井昭社長。

1996年2月1日(民國85)，行政院日前核定阿里山森林遊樂區計畫(實施20餘年)之首度修訂計畫，將斥資1億2千多萬改善相關遊憩設備，且阿里山賓館、森鐵、計畫新建的觀光大旅館、山地文化廣場等，將開放民間投資經營。

1996年2月1日(民國85)，阿里山限水，每天僅供水2小時，民眾、業者叫苦連天(聯合報)。

1996年2月2日(民國85)，政院核定修訂計畫，將動用1億2千餘萬元改善阿里山遊樂區遊憩設備(聯合報)。

1996年2月7日(民國85)，林務局呈報阿里山森林鐵路車輛購置計畫，擬自國外購置28頓13-B型附柴油發電機75-KVA機車6輛，合價3億元(按現在同型機車5輛係1982年9月購入，又主線阿里山號客車21輛、對號客車5輛，車齡已達12～21年)；林務局曾構想車廂由民間購買而包辦售票方式，並擬與東帝士企業洽談工作。

1996年2月13日(民國85)，阿里山鄉籌設完全中學案，最近獲土地所有人提出免費提供用地的切結書，縣府將報省教育廳核准而著手籌備；8月22日，縣府正式向省府提出設校於樂野地區計畫，經費預估4億元。

1996年2月14日(民國85)，阿里山森林火警延燒9公頃，天乾地燥擴散迅速，又

遇缺水困境搶救困難（聯合報）；阿里山籌設完全中學，加快腳步，用地獲解決，縣府將報請省府核准，設校工作希望今年展開；3月8日報導，承租人支持設校，同意依查估標準補償，阿里山完全中學用地解決。

1996年2月15日（民國85），阿里山森林火災延燒3天已獲控制（聯合報）。

1996年2月16日（民國85），鄒族瑪雅斯比祭典，千人與會，勇士們依傳統禮俗迎神送神，莊嚴肅穆，晚上歌舞祭通宵達旦（聯合報）；阿里山農民陳情，暫緩取締山葵。

1996年2月17日（民國85），竹山大鞍林地火燒近兩百公頃，延燒第3天，阿里山林地受威脅；信義丹大林區部分火熄，人員轉支援巒大林區滅火（聯合報）。

1996年2月17日（民國85），阿里山鄉公所由於房舍老舊，決定由達邦遷至樂野村，遷建經費約5千萬，預計今年度發包施工，但4月11日傳出遲遲未能進行，3,400萬重建經費僅能保留至86年度，若未能於期限前發包，將遭註銷。6月13日，縣府審核通過，並由鄉公所公告招標；6月28日，流標，緊急簽辦保留經費；7月15日，3度流標；9月14日，7度流標；9月26日，由於8次流標，決定第9次發包。

1996年2月23日（民國85），本月23～25日林務局繼續辦理阿里山鐵路85週年（1911年2月8日通車）慶生系列活動；台灣世界展望會參與，招待花蓮縣秀林鄉3所國民中學女學生，乘坐阿里山森林鐵路並遊覽森林遊樂區。25日，林務局另與台灣鐵道協會合辦阿里山森林鐵路觀光遊樂列車活動。

1996年2月（民國85），林務局編印「台灣林業」月刊，第22卷第2月期刊載目前調查記錄之巨木排名前10大者：（1）大安溪75林班（東勢處230林道35K）紅檜，胸圍25m，樹高55m。（2）阿里山森林鐵路神木站紅檜，胸圍23m，樹高50m。（3）大溪89林班紅檜，胸圍20.5m，樹高35m。（4）達觀山巨木18號紅檜，胸圍18.8m，樹高42m，樹齡1,900年。（5）大溪61、62林班（唐穗山）紅檜，胸圍17.4m，樹高50m。（6）觀霧檜山紅檜，胸圍16.3m，樹高47.1m，樹齡2,000年。（7）阿里山222林班（信義鄉神木村）樟樹，胸圍16.2m，樹高43.6m，樹齡1,500年。（8）達觀山巨木21號紅檜，胸圍14m，樹高55m，樹齡2,700年。（9）達觀山巨木12號紅檜，胸圍13.6m，樹高48m，樹齡2,200年。（10）達觀山巨木5號紅檜，胸圍13.4m，樹高40m，樹齡2,800年。

1996年2月29日（民國85），三民至桃源連貫道路見雛形，省府決投資開闢，據估將可縮短南橫與阿里山間交通時程（聯合報）。

1996年3月10日（民國85），阿里山森林鐵路85週年慶系列活動──為老爺爺穿新衣，於嘉義市北門車站舉行，並有兒童寫生比賽頒獎儀式。

1996年3月21日（民國85），監察委員翟宗泉等3人巡查阿里山區文教情況，阿里山鄉中山村長陳源隆陳情表示，山葵乃阿里山重要產業，政府去年限期剷除，影響農民「生活困境」，希望監委協助「以林業多角化經營」，將山葵納入管理。6月18日

報載，阿里山山葵種植戶揚言將抗爭、抵制林務局明年9月前的山葵剷除。

1996年3月（民國85），林務局委託中華民國運輸學會承辦之阿里山森林鐵路嘉義至竹崎路段（14.2公里）存廢問題之研究，期末報告初撰完成，據結論：（1）森林鐵路方面，嘉義至竹崎重要路段以共構方式為主，預留捷運路線用地納入捷運系統規劃，積極利用平地段行駛蒸汽火車，嘉義（北門）站宜改建成一小型月台配合台鐵地下化；（2）森林遊樂方面，美化平地段沿線景觀，改善車廂配合民眾旅遊要求；（3）文化資產方面，於竹崎附近設立森林鐵路博物館，結合地方人士成立森林鐵路保存基金會。

1996年3月22日（民國85），三監委巡查阿里山，村長為山葵請命解決農民生計，盼以林業多角化經營方式納入管理（聯合報）。

1996年4月4日（民國85），尋找鄒族未來，鄒是會議昨舉行，討論政治地位、恢復姓名等議題，鄒族學者汪明輝盼凝聚共識（聯合報）。

1996年4月5日（民國85），阿里山受鎮宮玄天上帝誕辰，蝴蝶祝壽添傳奇，每年飛到神像上駐留，今年已有十三隻，遊客稱奇不已（聯合報）。

1996年4月6日（民國85），鄒族建館紀念遭槍決的首任民選鄉長高一生，二二八紀念碑將矗立阿里山上（聯合報）。

1996年4月9日（民國85），阿里山原住民保留地，省府擬統一開發，訂定新規定，部落四周或道路二側50公尺範圍，由鄉公所統一規劃，杜絕違建濫墾歪風（聯合報）。

1996年4月10日（民國85），阿里山鐵路穿過，竹崎鄉都計道路成死巷，鄉民不滿，再不解決揚言抗爭（聯合報）。

1996年4月10日（民國85），阿里山鄉鄒族最古老的部落特富野，已獲准遷村到距離1.5公里的米斯基亞那重建，省原住民行政局已撥款2,500萬元辦理特富野新部落的規劃設計。

1996年4月12日（民國85），嘉義縣議會議員至阿里山鄉考察，鄉長石信忠提出要求協助解決山葵種植問題。

1996年4月13日（民國85），阿里山區達邦、特富野附近發現多達千株的牛樟及紅檜林木，被砍伐棄置現場。達邦村長汪光男解釋，此乃日治時代伐除而未運出者。註，本訊息登錄於1997年12月出版的「嘉義文獻第27期」136頁，而嘉義林管處認為：「經查並無發現該等情事」。

1996年4月14日（民國85），阿里山鄉3村遷村，部分村民反對，指等於要將他們趕離世居地，除非安置完善，否則將發起抗爭（聯合報）；17日報導，阿里山鄉中正等3個村，明舉行遷村說明會，20年前有次失敗經驗，村民更加小心，居民希望周全且符合實際（聯合報）。

1996年4月16日（民國85），阿里山公路沿線濫建問題，擬議修法解決，居民提出4項建議，盼內政部等研議優先配合，以免除隨時被拆除恐懼（聯合報）。

1996年4月17日（民國85），林務局提出阿里山森林遊樂區新構想，建議將遊樂區內大部分公、私有設施，以及3個村全部遷出，移往鄰近的國有林班地內，以50公

頃林班地規劃住宅及商業用地。

1996年4月18日（民國85），林務局於嘉義林區管理處，召開阿里山森林遊樂區景觀環境改善及設施新社區構想之說明會。

1996年4月18日（民國85），阿里山森林鐵路平地段，竹崎鄉部分人士促保留（聯合報）。

1996年4月19日（民國85），阿里山擬設新社區初步構想，公私設施及3村村民遷出，遊樂區外規劃住宅、商業區，讓「遊憩歸遊憩，社區歸社區」（聯合報）。

1996年4月21日（民國85），解決阿里山公路沿線濫建，縣府促修改不合時宜法令（聯合報）；大雨紓解旱象有助益，阿里山鄉水荒解決大半，然蓄水量必須超過2萬5千噸，阿里山遊樂區才能正常供水。

1996年4月21日（民國85），台灣企業家王永慶夫婦，東帝士集團陳由豪及耐斯集團陳哲芳等人，由林務局何偉真局長陪同循阿里山森林鐵路入山，何局長曾作簡報並言及阿森鐵民營化政策，徵詢各企業家意見供林務局規劃民營案之參考。

1996年5月15日（民國85），阿里山森鐵貫穿竹崎精華區，在地方廢道壓力下，林務局有意採行全國首座鐵公路共構方式解決；6月6日，中華民國運輸學會的調查指出，有2/3的百姓支持保留嘉義至北門段的森鐵，或共構案；6月18日，林務局決定保留森鐵嘉義、北門段，並依共構辦理。

1996年5月16日（民國85），眠月石猴景觀步道已完工，係嘉義林管處斥資120餘萬元重新整修者。又，1996～1999年間，在石猴遊憩區及附近火燒跡地補植台灣紅

榨楓15,000株，面積約10公頃。

1996年5月18日（民國85），嘉義縣府決定拓建奮起湖至石桌段的169線公路，總工程費預計2億4千4百萬元，省補助1億8千4百萬。

1996年5月19日（民國85），協調阿里山公路沿線濫墾濫建問題，番路鄉盼國產局暫緩取締（聯合報）；農舍變違建，因遲遲未處理，阿里山公路沿線亂蓋情形嚴重。

1996年5月25日（民國85），林務局成立阿里山森林鐵路開放民營督導小組，嘉義林區管理處則成立執行小組。

1996年6月4日（民國85），阿里山鄉里佳村棚積山存有廣達近百公頃的樟樹群，縣府擬列冊保護。

1996年6月5日（民國85），阿里山豐山聚落近期報請解除管制（聯合報）。

1996年6月6日（民國85），阿里山鄉豐山村3村民蓋違建，遭通知解約，豐山村長不滿指林務局玩法濫權（聯合報）。

1996年6月7日（民國85），阿里山鐵路平地段，建議與公路共構（聯合報）。

1996年6月15日（民國85），阿里山數十梱大樹根被盜挖案，檢方將再傳訊承採商查證，林務局官員指證疑點（聯合報）。

1996年6月16日（民國85），省府專案小組為阿里山種植山葵找到生機，已指示從法令及現實環境間找出平衡點（聯合報）；6月7日曾報導，阿里山葵農決自擬「管理條例」，草案6月底擬定，再與林務局協商爭取生存空間。

1996年6月20日（民國85），阿里山鐵路起站改北門站，地方與林務局意見不一，地方人士認為，拆除火車站至北門間鐵

軌，無損林務局卻有利地方繁榮，是為兩全之計（聯合報）。

1996年7月1日（民國85），台灣寶島銀行與林務局合作發行阿里山森林鐵路認同卡，已於6月底上市。

1996年7月22日（民國85），林務局為了加速阿里山森林鐵路及各森林遊樂區開放民營之發展，經與交通部路政司協調後，於本日秉辦府函，請交通部修法將阿里山森鐵及各森林遊樂區納入「獎勵民間參與交通建設條例」（惟農業委員會嗣於1996年10月30日函交通部，認將引致權責混淆問題，且與觀光風景區及風景特定區之土地用途屬性不同，管理方式有異；事待協調解決）。

1996年7月26日（民國85），阿里山國有林班地濫植山葵納入管理案，在嘉義林管處進行第二階段會議，參與單位：農委會、葵農、各級民代，決議再由林務局延聘「學者專家」進行山葵生態影響評估。

「阿里山鄉山葵促進會」農民於9月27日通過「自律公約」，爭取山葵免於全部剷除。

1996年7月31日（民國85），賀伯颱風來襲，下午嘉義縣停止上班。8月1日，阿里山區雨量累聚2天近2,000公釐，鐵公路完全中斷。森鐵估計要在12月始能修復通車。山區斷糧，洽請空軍空投食品，8月3日執行。至8月5日，嘉義縣漁業損失超過8億元，8月6日，縣府初步統計，公共工程復建經費約42億、農漁牧損失約15億5千萬；森鐵復建約須1億元以上，修復時間至少要8個月；8月16日，縣府統計災損達62億以上；17日，阿里山鄉公所表示該鄉復建約須10億元；8月21日，阿里山公

路搶通；8月27日，阿里山鄉長至縣府表示樂野等3個部落必須遷村；10月5日，特富野等遷村計畫，省府先行撥款9千萬，凡列入遷村之原住民戶，於移居後，每戶補助40萬元；10月30日，阿里山鄉公所完成遷居計畫，合計136戶。

1996年8月1日（民國85），瘋狂賀伯破記錄，單日雨量1,094公釐，阿里山62年來之最（聯合晚報）；6日報導，阿里山災區仍滿目瘡痍，80公尺長橋一夜不知去向，良田失蹤，山谷成石谷，豐山村災情特別嚴重（聯合報）；阿里山火車12月方可復駛，林務局表示，10處森林遊樂區將暫時關閉。

1996年8月2日（民國85），強烈颱風賀伯橫掃台灣造成滿目瘡痍，總計有22人死亡、40人失蹤、15人重傷，農林漁牧及一般人民財物損失逾100億元，林務局林道網頗受損毀。阿里山地區連日大雨，7月31日已逾台灣單日雨量記錄，至8月1日晚8時之累積雨量達1,986公釐（全年降雨量高達4,647公釐），直逼1969年10月3日（民國58）芙勞西颱風在陽明山竹子湖（鞍部）所創2,146公釐之紀錄。此次賀伯颱風所創阿里山森林鐵路，17.840公里處路基流失30公尺，52.705公里處28號橋及58.131公里處53號橋均被激流沖毀，估計須於11月底搶修竣事。

1996年8月6日（民國85），省旅遊局為推展旅遊觀光事業，舉辦台灣12風景名勝全國票選活動，初選列名者有：野柳、陽明山、大壩尖山、龜山島、故宮博物院、梨山、太平山、西螺大橋、日月潭、清水斷崖、關仔嶺、溪頭、太魯閣、澄清湖、

玉山、合歡山、鵝鑾鼻、阿里山、秀姑巒溪、澎湖跨海大橋等20處所。

1996年8月8日（民國85），阿里山兩部落照常舉辦年度祭典小米祭，遭賀伯颱風重創的大地再度活潑起來，各家族喝酒互祝，灑脫中仍難掩愁容（聯合晚報）。

1996年8月13日（民國85），省府進行85年度年終考評，對阿里山公路沿線濫墾、濫建及林地超限使用問題，認為「嚴重性不容忽視」，政府應輔導民眾轉業，並強制實施造林等；9月6日，行政院指出濫墾、濫建是人為疏失，將處分失職人員，嘉義縣長李雅景消極抵制；9月16日，阿里山公路沿線濫墾、濫建處理小組召開4次專案會議之後，問題繞回由地方提供意見的原點。「阿里山公路沿線護產促進會」強調合理分配建地與土地合理使用係關鍵。

1996年8月25日（民國85），年輕賀伯，吹散阿里山老鐵路，四座橋樑斷裂，兩個隧道掩埋，軌道歪七扭八，災情慘重明年才能修復（聯合晚報）。

1996年9月21日（民國85），報載阿里山鄉垃圾掩埋場工程弊案，經台南高分院審結，將一審獲判無罪的鄉長石信忠等9名官商分別判處徒刑。鄉長於24日停職。

1996年10月28日（民國85），取締濫墾再出擊，阿里山檳榔園遭就地「正法」，林務局動員檢警收復「失土」，砍除5公頃檳榔樹，改種上萬餘棵台灣杉（聯合晚報）。

1996年10月28日（民國85），嘉義林管處動員70餘名員工，於農委會陳溪洲處長及林務局何偉真局長、余春榮處長監督下，由嘉義地方檢察署檢察官指揮100餘

名警力，並邀請環保團體參與助陣，陳玉峰、林聖崇等人前往，剷除阿里山鄉大埔137林班5.13公頃保安林地濫植檳榔樹，隨即種植台灣杉樹苗；濫墾者已依法被判刑有案。

1996年11月15日（民國85），省水土保持局在嘉義縣府召開說明會，為查報山坡地違法利用人員講解如何利用衛星影像監測系統來協助取締。

1996年11月16日（民國85），省旅遊局公布全民票選台灣新12名勝為：太魯閣（魯格幽峽），阿里山（阿里曉日），溪頭（溪頭朝霧），陽明山（陽明春曉），玉山（玉山層峰），合歡山（合歡積雪），日月潭（明潭清波），鵝鑾鼻（鵝鑾觀海），故宮文物（故宮瑰寶），野柳（野柳聽濤），大壩尖山（大壩九仞），秀姑巒溪（秀姑漱水）。按1953年6月（民國42）省府核定省文獻委員會所選定台灣8景為：玉山積雪、阿里雲海、大屯春色、安平夕照、魯谷幽峽、清水斷崖、澎湖漁火、雙潭秋月；日治末期（1937～1942）所選出之8景為：八仙山、阿里山、日月潭、淡水、鵝鑾鼻、台南安平、八卦山、烏來；另說8景，係以台南安平、八卦山、烏來，易為基隆（旭丘）、壽山、清水斷崖。

1996年11月20日（民國85），阿里山森鐵石猴眠月支線於賀伯災後，恢復通車。

1996年11月27日（民國85），為執行中央政府全民造林運動計畫，嘉義縣府舉行會議。

1996年12月2日（民國85），林務局森林遊樂組在嘉義林管處會商阿里山新社區規劃案，擬以變更原阿里山森林遊樂區計畫

方式，擴大其範圍納入新社區(43公頃)，並配合進行遷村移民計畫。

1996年12月5日(民國85)，嘉義縣府為促進阿里山及石桌地區的觀光發展，訂定「輔導阿里山公路石桌服務區原住民創業委託經營計畫草案」，輔導原住民經營管理。

1996年12月18日(民國85)，報載已引種阿里山公路旁側，種植4年的「明日葉」頗受歡迎，業者開始生產茶包，並大量栽植。

1996年12月24日(民國85)，阿里山鄉香林醫療大樓完工，未來啟用後，將提供阿里山遊客及新中橫山友緊急醫療救護。

1996年12月26日(民國85)，國有財產局針對棘手的阿里山公路沿線濫建問題訂出新規定，住戶只要提出1970年以前「居住與延續使用證明書」，即可獲准續租，因而使違建案「重現曙光」，番路鄉內165戶住戶近來陸續至公所申請證明。

1996年12月31日(民國85)，林務局16所森林遊樂區全年遊客量統計(衰減約20%)：墾丁76萬人次(-4%)，阿里山61萬人次(-32.6%因賀伯颱災)，太平山28.8人次，知本24.2萬人次，奧萬大22.5萬人次(惟一正成長因賞楓熱潮)；餘於滿月圓(閉園半年)、達觀山(人數限制)、藤枝等區遊客人數均萎縮。

1997年1月4日(民國86)，阿里山上香林國中為全台最高學府，海拔2,195公尺(聯合報)。

1997年1月6日(民國86)，報載由民間集資經營，農委會及嘉義縣府全力輔導的竹崎鄉光華休閒農業區，經由年餘規劃開發後，將於1月下旬對外開放。

1997年1月8日(民國86)，阿里山中午降雪。

1997年1月9日(民國86)，瑞雪紛飛，整個中央山脈2千公尺以上地區全白了頭，阿里山昨日凌晨3:30開始飄下瑞雪，積雪最厚地區達20幾公分，最低氣溫出現於凌晨4:51，這是阿里山地區14年來第4次下雪，距上次81年1月14日已5年(中央日報)。

1997年3月1日(民國86)，李登輝總統巡視嘉義，促整建阿里山賓館，以符合實際需要(中央日報)。

1997年3月11日(民國86)，阿里山森林鐵車經賀伯肆虐中斷7個月，今重新上路恢復通車趕上花季，載客率達七成(中央日報)。

1997年3月17日(民國86)，阿里山櫻花季昨湧進1萬5千名遊客，創下單日最多記錄，嚴重塞車，回堵近10多公里(聯合報)。

1997年4月7日(民國86)，阿里山魅力不減，從青年節到清明節幾天假期，湧進11萬名遊客，賞櫻人潮絡繹不絕(聯合報)。

1997年5月27日(民國86)，嘉義林管處多年來培育「阿里山十大功勞」灌木，已育出約200株幼苗，3年前移植祝山牡丹園，未來將在阿里山遊樂區大量種植。

1997年6月13日(民國86)，連日豪雨造成阿里山嚴重災情，兩千人困陷，豐山、來吉、茶山等村與外隔絕，鄉公所全力搶修坍方道路(中央日報)。

1997年6月16日(民國86)，嘉義林管處

1997年7月14日，官方、民代、媒體與阿里山人共同會勘阿里山神木倒塌現場，此時倒塌樹幹已被截斷移離鐵軌。

眾人齊心思索如何善後

被鋸斷留在原處的頂端枝幹,與人相較,猶顯巨大。

裂成兩片被鋸斷移至軌道邊的樹幹,更見龐然。

被壓壞的鐵軌,移開巨幹之後,馬上進行維修。

會勘之後眾人將搭乘火車,回到阿里山遊客服務中心舉行會議。

阿里山神木倒塌後續會議

會議由林務局長何偉真親自主持

嘉義林管處余處長發言

台大實驗林黃英塗發言

阿里山工作站退休人員陳清祥發言

媒體猛拍攝裂成兩片樹幹

靜宜大學陳玉峯教授發言

中正村村長陳清廷發言

鄉民代表徐俊樹發言

會議結論為保留神木於安全高度，並將已倒塌的擇
取部分扶正與原樹合併，同時成立神木博物館。
以上P428~433頁照片由陳月霞攝

為增闢阿里山遊樂資源，於4月間斥資6百萬元，闢建對高岳森林步道，長1,400公尺，寬1.5公尺，對高岳位於216及217林班範圍；1998年春，對高岳森林浴健康步道完工，工程費500萬元，全長1,573公尺，以森林鐵路所淘汰的枕木做步道路基，在舖上火力發電廠的煤渣，終之以海拔2,405公尺的對高岳山頂。

1997年（民國86），阿里山鄉來吉村發生大火，10餘戶民宅被燒毀，省府輔助6千餘萬供鄉公所辦理來吉社區更新、承租土地、搭建簡易住宅，奈何更新案一波三折，工程發包又解約、被檢舉而延宕多年。2001年6月24日，奇比颱風雨勢迫令災戶臨時屋漏水叫苦。

1997年6月25日（民國86），省旅遊局辦理甄選「台灣12名勝」，阿里山排名第二。

1997年6月27日（民國86），林務局延請樹醫楊甘陵為阿里山樹齡約80歲老櫻花樹動外科手術，防治病蟲害，另外埋設植物氧氣筒回復老樹生機（聯合報）。

1997年7月1日（民國86），阿里山神木裂開傾倒半株。隔年6月29日伐除另半。神木正式終結。

1997年7月2日（民國86），阿里山地標神木1日倒下，一半樹幹橫劈倒臥鐵軌上，林務局將以鋼筋水泥固定，同日，阿里山森鐵事故不斷，前後都坍方，小火車卡住，34名乘客受困，下午接駁下山（中央日報）。

1997年7月14日（民國86），阿里山神木現場會勘與後續會議。由林務局長何偉真親自主持，與會人士有嘉義林管處長、靜宜大學陳玉峰教授、台大實驗林黃英塗、中正村村長陳清廷、阿里山工作站退休人員陳清祥與阿里山眾多居民等。會議結論為保留神木於安全高度，並將已倒塌的擇取部分扶正與原樹合併，同時，成立神木博物館。

1997年7月16日（民國86），阿里山神木是否保留3公尺，林務局廣徵意見，將依原樹型恢復兩棵合抱共生舊觀（中央日報）。

1997年8月4日（民國86），嘉義縣府主秘表示，嘉義縣不能沒有神木，建議以光武檜代替阿里山神木。

1997年8月6日（民國86），聯合報鄉情版刊載「神社、古道、悶柴窯——阿里山鐵路中點站，奮起湖也是悲情城」一文，作者梁喬，有關奮起湖地區文史資料豐富，摘要如下。

「奮起湖是阿里山森林鐵路的中點站，日據時期即是阿里山鐵路線上最繁榮的山產市集與伐木重鎮，後來因伐木業沒落與阿里山公路的開通，逐漸失去繁榮。但奮起湖至今仍遺留著不少日據時代的鐵路、車站、老街、房舍等，且由於歷史背景與山城的地理環境與北部九份接近，因而被稱為「阿里山的悲情城市」。

從地方耆老的口語相傳，概略得悉奮起湖的聚落附近，仍保留著不少近百年歷史文物史蹟，但並無文獻記載。最近經地方人士組成「奮起湖文史工作室」，有計畫地找尋、整理文物史蹟。7月間，奮起湖聚落傳出喜訊，荒蕪近1世紀的日本神社、汗路古道、悶柴燒相繼被發現，並略經整理，成為奮起湖珍貴的文化資產。

深藏在奮太（奮起湖至太和）公路上方

杉木、竹林間的日本神社遺蹟，仍保存非常完整。

據研究近代台灣史和中日關係史的吳文星博士指出，神社為日本神道信仰的中心，在日據初期，對台灣固有的宗教信仰，雖然採尊重和籠絡的態度，但是，也試圖利用神道信仰作為同化的手段，因此，首先於1897年時，將台南奉祀鄭成功的「明延平郡王祠」易名為「開山神社」，繼於1901年，在台北建造「台灣神社」，奉祀日本開拓三神大國魂命、大己貴命、少彥名命，以及1895年率領近衛師團鎮壓「台灣民主國」的抗戰，而歿於台南的北白川宮能久親王，作為官民尊崇參拜之神祇，象徵日本開拓、征服、經營、守護新領土台灣的決心。

日本神社的等級有官幣社、國幣社、縣社、鄉社、無格社五等。就實際情況來看，1930年以前，神道信仰仍未對台人社會產生作用，僅是在台日人信仰的宗教，因此，神社大多建造在日人聚集的地區。在1930年以後，隨著同化政策之強化，總督府展開神社建造運動，訂定「一街庄一神社」之目標，積極鼓勵甚或強制台灣民眾改信神道，以培養日本國民精神，從此，日治末期神社大增，同時，不少台人在強制或半強制下接受神道信仰而參拜神社，在家中奉祀神宮大麻等。

奮起湖「汗路」古道，俗稱「糕仔崁」，小徑是先民使用傳統式丘陵山路的建築技術，以當地最常見的砂岩石材，造成長方形石塊，似糕仔餅，鋪成一崁崁的石階，走在上面有原始荒涼之感。這條步道是早期聯絡奮起湖（含石桌、達邦等地）與太和、瑞里聚落間最重要的交通孔道，居民利用此步道擔挑山林物產到奮起湖趕集，換取日常生活用品，再挑著走原路回到自己的聚落，由於道路陡峭，又是石階，上坡走起來非常吃力，經常是汗流浹背，於是，有人將它稱為「汗路」。隨著時間推演，產業開發，汗路也扮演著婚姻道、茶道、筍道、薪炭道等角色，更加豐富了汗路具有悠久歷史及意義的人文色彩。

奮起湖早期居民的收入，據耆老說，部分是靠燒木炭維生，因為以相思樹作為燒材，所燒出來的木炭品質優良，所以，地方民眾教育小孩，常掛在嘴上的一句話，就是要求燒火炭的精神，如今，隨著經濟結構的變遷，瓦斯取代木炭，碩果僅存一座悶柴窯遺跡，為奮起湖百年拓墾史值得記載的燒火炭，留下見證！」（聯合報）

1997年9月6日（民國86），行政院農委會強調，阿里山地區竊佔國有林地非法種植之山葵，限期剷除，濫墾民眾本月底前不動手，下月起林務局將代勞強制剷除，以保護森林水土（中央日報）。

1997年10月19日（民國86），嘉義縣老照片展1895-1945「嘉義風華」，從19日到26日在嘉義縣朴子鎮中山公園舉行，10月28日至11月2日在竹崎國小舉行，其中有多幅為日治時期阿里山影像。

1997年10月21日（民國86），名為「熱情‧奔放‧阿里山」的台灣區運動會自21日起，共在嘉義縣舉行6天。

1998年（民國87），中正大學歷史研究所學生吳仁傑，完成其針對阿里山森林鐵路1896～1915年間的文獻研究。此一碩士

1997年10月19日，嘉義縣老照片展1895–1945「嘉義風華」，在嘉義縣朴子鎮中山公園舉行；照片鳥居下方站立者為陳玉峯母親許秋菊（吳味）女士。

「嘉義風華」老照片展現場之一

其中有多幅為日治時期阿里山影像

上了年紀之後，仔細觀賞老照片，重回兒時記憶。

現場觀眾絕大多數為年邁之人。
以上照片陳月霞攝　朴子鎮中山公園

論文嘗試作出若干歷史解釋。

1998年1月13日（民國87），省府態度轉變，山葵有了生機，函文農委會，指阿里山農民已自律，建議提供適合栽種地區予其適量種植（聯合報）。

1998年1月18日（民國87），根據林務局最新調查記錄，全台前10大巨木排行榜，再出現2株新巨木，發現地點為阿里山及觀霧，阿里山29林班地發現之紅檜神木更取代原排名第二的眠月神木，榜首為位於大安溪75林班之紅檜神木（中央日報）。

1998年春，紅檜巨木群步道開放，步道兩旁有沿山坡生長的20株千年的紅檜原始巨木（林阿網）。

1998年3月3日（民國87），阿里山原住民組成大阿里山旅遊休閒諮詢工作室，帶遊客以原住民觀點看部落之美，提供阿里山鄉6個原住民部落，各具特色的旅遊資訊及原住民嚮導（聯合報）。

1998年3月6日（民國87），嘉義林管處為美化森林鐵路阿里山新站沿線景觀，於管制站前2面擋土牆上，以馬賽克鑲嵌2幅巨型「阿里山森林鐵路沿線景觀圖」，其中一幅內容記述阿里山地區鄒族原住民聖山──塔山群峰，其下一片樹海，樹頂雲海環繞，一旁森林鐵路「神木站」駛來一列「阿里山號」觀光火車，至為壯觀（聯合報）。

1998年3月14日（民國87），「鳥瞰阿里山街仔」林藝斌以空照圖及文字，介紹阿里山街仔沿革（聯合報）。

1998年3月17日（民國87），阿里山對高岳步道新完工，人車分道設計，森林浴、觀日出皆佳（聯合報）。

1998年4月2日（民國87），阿里山一葉蘭自然保留區14日啟動生態解說專車（聯合報）。

1998年4月3日（民國87），玉山山林大火，逾60公頃燒毀，南大水窟山起火悶燒，直升機無法起降，狀況不明，阿里山昨晚也傳火警（聯合報）；4日報導，除秀姑巒14林班還在悶燒，玉山、阿里山火勢已熄滅。

1998年4月8日（民國87），從小生長於阿里山的嘉義市民吳宗成，於阿里山上闢植無毒「生態茶園」，堅持不用化學農藥與肥料，生產成本高出4倍、利潤低，自製無毒農藥及利用生物天敵原理驅蟲，為維持生態平衡，以區塊方式種植，間雜種植漆樹、桂花、樟樹、甜柿等，在總面積2.5公頃茶園內，保留1公頃生態樹種，同時保留茶樹下的雜草，提高涵養水源，吳宗成表示：「紅蜘蛛在茶園裡，一年可繁殖14代，若要噴灑農藥不知要噴多少？」，他於生態茶園內培養瓢蟲吃紅蜘蛛，培養草蛉專吃「煙仔」小綠葉蟬，另一種盲椿象則尚未發現天敵，只能靠自製的無毒農藥驅趕，這是回歸老祖宗的自然農耕法，他亦希望推廣有機農耕法，同時也等待消費者認同，當消費者都指名要喝「有機烏龍茶」時，所有茶農才會改變過度使用化學農藥和肥料的種茶方式，大地也才得喘息（聯合報）。

1998年4月27日（民國87），阿里山鄉大火焚毀21民宅，為賀伯以來最重大災情，來吉村水源不繼，眼睜睜看著家園付之一炬，鄉公所全力安頓災民（中央日報）。

1998年5月（民國87），內政部會同農委

會及國產局，會商阿里山公路兩側，包括番路、竹崎、阿里山鄉2,200餘公頃的山坡地，將修改國有地的歸屬問題，用以解決歷來紛爭。

1998年5月22日（民國87），阿里山森鐵起點站，嘉義舊北門車站已逾87年歷史，其遭回祿之後，3分之1紅檜木結構受損，專家籲請讓其再生（聯合報）。

1998年6月7日（民國87），人工加固形同木碑又有風險，專家學者不支持，林務局決將阿里山神木放倒，回歸自然（聯合報）。

1998年6月16日（民國87），阿里山賓館7月1日轉民營（聯合報）。

1998年6月29日（民國87），林務局嘉義林管處將殘存半幹阿里山神木伐除，電鋸工作2小時餘，於中午12時53分鐘半截神木倒地，一代神木至此形跡終結。

1998年6月29日（民國87），枯死40年阿里山神木緩緩躺下，兩株紅檜從此不再合抱，台灣地標 走入歷史（聯合晚報）；林務局基於尊重自然生態法則及遊客安全，放倒去年斷成2截的阿里山神木，屹立阿里山3千年「神木倒了，山林哭了」（中央日報）。

1998年6月30日（民國87），清香繚繞中電鋸啟動，200多人現場見證阿里山神木放倒（聯合報）。

1998年7月（民國87），興建於1920年左右，原為日本皇族及高階官員遊覽阿里山時之行館，正式對外開放參觀，參觀時間：每週三上午8時至下午5時。貴賓館建材完全採用珍貴的阿里山紅檜，建地約180坪，總面積380坪，為中西合璧式之平房建築。日本皇族及高階官員曾6次住宿本館。蔣介石亦下榻過3次，館內仍保留其所使用之桌椅寢具。（林阿網）

1998年7月6日（民國87），作家楊子專欄，題為「阿里山神木與我」，抒發阿里山神木倒伏後對「永恆」的詮釋，無論幾度上阿里山，總覺得似「穿越巨檜林走向永遠是『依舊在』的青山」、「站在每一座巨木下，．深感生命的某種神聖意義；人生雖然不滿百，卻常有千歲的思慮」（聯合報）。

1998年7月17日（民國87），嘉義梅山地區中午發生芮氏規模6.2地震，阿里山鐵路位於震央帶，森鐵由樟腦寮至奮起湖段落受創嚴重，鐵路變形，第4、5、11及15號隧道塌陷或擠壓，沿線土石崩坍將近4,000立方公尺，交通中斷；8月4日，奧托颱風來襲，樟腦寮至奮起湖段6千多立方公尺土石坍塌，森鐵路基、鋼軌大量流失；10月17日，瑞伯颱風豪雨，竹崎鄉緞繻村科尾路發生大規模土石流，森鐵1號隧道出口遭土石掩埋。凡此災害之森鐵修復工程歷時5個月，耗資8,900萬元。

1998年7月18日（民國87），17日發生芮氏規模6.2 嘉義大地震，造成5死27傷，竹崎、梅山、番路多處房屋倒塌、落石傷人，嘉義縣7條道路中斷，阿里山森林鐵路受損，主線預計停駛3個月，眠月等3支線則可照常營運，森林鐵路主線停駛期間，將另闢區間車服務獨立山遊客（聯合報）。

1998年7月19日（民國87），雲嘉地區發生規模6.2地震，阿里山森林鐵路13路段坍方，鋼軌扭曲，整修需時3個月，預算最少3千萬（中央日報）。

1998年8月24日（民國87），省林務局預定今年10月完成阿里山森林遊樂區及阿里山森林鐵路民營化方案，以BOT方式公開徵詢民間經營者（聯合報）。

1998年8月（民國87），阿里山巨木群棧道完工，全長600公尺，費資800萬元，由香林國中旁為起點，連接千歲檜，終之於阿里山神木原址。沿途可見20餘株紅檜，為當年刻意保留，迄今殘存者。

1998年9月21日（民國87），阿里山神木去年7月1日裂成2半，1截倒臥鐵軌，另一半仍站立，林務局今年6月29日將其放倒後，另一株樹齡2,300多年的光武檜，將成為阿里山新地標（中央日報）。

1998年9月30日（民國87），台灣巨無霸第一大神木命名票選揭曉，苗縣泰安大樹取代阿里山神木地位（中央日報）。

1998年10月5日（民國87），阿里山鄉里佳村民自組巡守隊封溪護魚11年，維護生態有成，魚群繁衍量豐，里佳溪（族人稱烏哈奇溪）自84年起劃分為上游禁制區4公里與下游開放區1公里，昨、今開放垂釣2日，釣客聞風而至，每年僅供垂釣2天，每人收費800元，盈餘充作社區發展經費，去年1天即湧入600人，每人收費1,500元，盈餘63萬元，今年將限制人數每日僅200人，並降低收費（聯合報）。

1998年11月17日（民國87），今夜星雨燦爛滿天謫星入凡塵，巔峰期每小時可見2千到1萬顆流星，而滿山寒意，玉山、合歡山、阿里山氣溫只有2～6℃（聯合晚報）。

1998年11月7日（民國87），曹族即起正名為鄒族，行政院原委會主委華加志昨抵阿里山鄉公所宣布，鄒族頭目帶領族人告知祖先後歡慶，鄒族語中的「TSOU」即指人，也是該族的自稱，日治時代以日語發音，台灣光復後，政府根據日文音譯稱之為「曹族」，鄒族人認為發音不對，有失鄒族尊嚴，多年來極力爭取正名，以免後代子孫連自己族名都弄不清楚（聯合報）。

1998年12月9日（民國87），阿里山集水區水質惡化，中興大學教授謝豪榮調查指出，由於阿里山濫種山葵，大量施用肥料及農藥，造成水質惡化，總含磷量較其他地區森林水高出351倍，濫植山葵亦對林地及生態造成衝擊，專家呼籲節制（中央日報）。

1998年12月16日（民國87），阿里山森鐵恢復全面通車，舉行復駛剪綵。

1998年12月17日（民國87），因7月大地震及風災停駛5個月的阿里山森林小火車復駛，災後第1班列車通車（聯合報）。

1998年1月～2000年3月（民國87～89），台灣生態研究中心先後舉辦5梯次的「環境佈道師培育營」，山林開拓史之授課、解說，即以阿里山區為例，至現地講解。

1999年1月25日（民國88），嘉義市文化中心自製「森林鐵路傳奇」紀錄片於文化中心首播，以森鐵員工為拍攝主軸；嘉市府進行「北門驛舊車站景觀區周遭環境設計」規劃，擬將舊北門站列為嘉義市三級古蹟。

1999年2月19日（民國88），阿里山森林大火，延燒面積已達53公頃。嘉義林管處龍美、奮起湖工作站所轄大埔事業區6林班，除夕夜起火，起火點散布，一度延燒

至阿里山公路(中央日報)。

1999年2月24日(民國88),26號蒸汽火車頭再上阿里山,民國3年正式加入阿里山森鐵營運,民國65年退休後首度復駛,將掛上蔣公專用列車,重現全盛期風采,於鐵道文化節(27日起)亮相(聯合報)。

1999年2月27日～3月7日(民國88),嘉義市府及嘉義林管處合辦嘉義文化節,於舊北門車站舉行16項活動,解說阿里山森鐵歷史等。

1999年3月8日(民國88),阿里山考古熱,茶山村出土10餘具石棺,疑為消失的「達古布亞努族」再現,茶山村民經常挖出石棺、石匕首,當地小孩還把骷髏頭當球踢,傳說為已滅絕的原住民族達古布亞努族遺蹟。當地父老傳言,茶山村後方高山為鄒族與布農族交界處,由於2族不合,常有征戰,夾在2族間居住的達古布亞努族體型矮而壯碩,據信該族武力堅強,使得於中間地帶生存,而現今茶山村,則可能為達古布亞努族的農耕地帶(聯合報)。

1999年3月18日(民國88),阿里山神木倒伏,身後淒涼,林務局推出神木保存展示工程,經費約1千萬元,盼透過3千高齡神木展示,認識台灣林業及阿里山人文資產的發展史,對外募款,盼大家一起讓它善終(聯合報)。

1999年3月30日(民國88),紐西蘭青年魯本骨骸,疑於阿里山鹿港仔崁尋獲,推測其手中持有的路線圖,千人洞往石夢谷山徑,已廢棄20年(聯合報)。

1999年4月18日(民國88),聯合報記者林秀芳介紹阿里山樹靈塔,謂日本人砍樹後的贖罪證據,為安撫伐木工人,日本人於檜木巨林間建立一座樹靈塔,向樹神懺悔,現今,樹靈塔座落於高高密密的柳杉林間,這些清瘦修長的柳杉林,與當年神木相比,不過是稚嫩的嬰兒,當年的濫砍,後代子孫就算花上數千年也未必能彌補,樹靈塔的存在是人們傷害自然所留下的歷史見證,提醒人們不要再重蹈覆轍(聯合報)。

1999年6月27日(民國88),「跨世紀社區環境願景——生活環境改造工作經驗研討會」,昨日於台北舉行,台日經驗交流,阿里山鄒族部落發表山美村遵循古老河川管理規範,成功建立鯝魚故鄉的經驗,日本則報告妻籠宿地區,街景保存運動,會中首度喊出「議題結盟」,結合面臨類似環境議題的社區,如山坡地社區、海岸聚落型社區、原住民部落社區及鄰避型社區(指社區中有令人避之唯恐不及的公設,焚化爐、垃圾場、水庫。)等,共商解決問題之道,促進社區環境意識的覺醒(聯合報)。

1999年7月1～2日(民國88),阿里山公路隙頂社區居民邀請陳玉峰等,為今後生態規劃作研究,對1992～1993年之環境運動,產生當地態度之改變。

1999年7月10日(民國88),阿里山地區連續3日發生5起有感地震(中央日報)。

1999年7月23日(民國88),新中橫公路阿里山與玉山之間,出現「新景點」,獼猴成群結隊攔車討食,由於業者規劃清晨改至塔塔加觀日出的行程,取代至祝山觀日,之後導遊再帶往玉山國家公園,業者為遊覽車準備土司,每至清晨6時許公路旁,即有台灣獼猴成群圍攏討食,玉管處

雖三申五令禁止餵食，但業者配合度不高（聯合報）。

1999年8月5日（民國88），神木「尾日戳」吸引郵迷，阿里山郵局今起將改用「石猴戳」（聯合報）；阿里山郵局更改原神木郵戳為石猴。阿里山郵局因阿里山神木已倒，原戳圖不符現實，郵政總局特為新地標郵戳舉行啟用儀式，改以聞名於世的阿里山森林火車及石猴為戳圖。但因921地震景點受損，新戳圖11月1日停用（清清集郵網）。

1999年8月13日（民國88），山胞優待票，阿里山鐵路特有（聯合報）。

1999年8月14日（民國88），連日豪雨重創南部山區，土石崩落，阿里山鐵公路癱瘓，森鐵53公里處多林及十字路站間，土石嚴重坍方（中央日報）。

1999年9月5日（民國88），阿里山飯店街景煥然一新，初秋走訪淡淡寒涼別有滋味（聯合報）。

1999年9月11日（民國88），阿里山遊樂區民營化，3村反對，村民憂心犧牲百姓權益成全財團利益，社區協進會達成3決議，盼政府重視民意（聯合報）；20日報導，阿里山遊樂區民營化招怨，擬計畫遷出住戶及機關學校，居民強烈不滿。

1999年9月21日（民國88），南投、台中大地震。阿里山遊憩區公共建築多所受損，眠月石猴猴頭巨石殞落，眠月線受損嚴重。

1999年9月22日（民國88），9‧21大地震重創台灣，大阿里山如同孤島，11村落對外交通阻隔，面臨封山威脅（中央日報）；阿里山交通中斷，千餘遊客受困，

嘉義縣山區道路全斷，上萬居民無法下山，而雲林縣境內一座山，倒塌後變成嘉義縣轄區（聯合報）；阿里山、奧萬大受創嚴重，知名風景區危機重重，籲民眾暫勿前往。

1999年9月30日（民國88），阿里山9‧21災情，森鐵扭曲，石猴崩坍，祝山觀日樓欄杆坍陷，香林國中、國小教室受損，阿里山火車站岌岌可危，遊樂區景觀全走樣，重創當地旅遊業（聯合報）。

1999年10月18日（民國88），阿里山遊樂區昨僅21名遊客（聯合報）。

1999年10月22日（民國88），上午10點30分發生規模6.4的嘉義大地震，眠月石猴猴頭巨石殞落，大塔山稜震塌2道切口，眠月線受損嚴重，阿里山遊憩區公共建築祝山觀日樓、新火車站、阿里山賓館等多所受損。

1999年11月6日（民國88），震災善後，阿里山車站決拆除（聯合報）。

1999年11月18日（民國88），獅子座流星雨報到，阿里山上眾多學生徹夜守候（聯合晚報）。

1999年11月22～27日（民國88），遊樂區大門牌樓拆除。

1999年11月30日（民國88），阿里山里佳村原住民自訂自治公約，嚴禁遊客捕捉魚蝦卻觸法，阿里山鄉12村中，8個村落有河川經過，目前縣府僅將山美村達娜依谷溪列入保育區，議員建議阿里山河川皆列入保育區（聯合報）。

1999年12月2日（民國88），鄒族原住民持有獵槍者眾，依法申請自製獵槍日增，阿里山區約有200餘支，至今未聞持槍鬧

事事件（聯合報）。

1999年12月8日（民國88），新草嶺潭堰塞湖遊客如織，觀光局與雲嘉義縣府官員會勘，認為可結合阿里山風景區，規劃為國家公園（聯合報）。

1999年12月11日（民國88），阿里山森林鐵路預計明年元月底復駛，主線終點站將改至沼平車站（聯合報）；阿里山遊樂區BOT案降溫，新任林務局長黃永桀興趣不大；15日報導，新任林務局長指BOT閉門造車將暫緩，對於林務局政策轉彎，阿里山地方觀光業者協會大為興奮，鄉公所則樂觀其成，肯定其重視地方意見。

1999年12月15日（民國88），林務局組織研擬重大變革，擬提升森林遊樂區與林地管理的位階，與森林管理平行，未來林區管理處將專責森林保育，森林遊樂區提升位階後，再結合地方發展觀光，亦即，林務局將重新劃分一級單位的權責，轄森林遊樂區管理處、森林管理處、林地管理處3單位，唯一擁有森林鐵路的阿里山遊樂區，則繼續保留鐵路課、車站、機廠等單位，新組織條例最快明年3月送行政院研議；林務局於民國78年，曾有一次體質大變革，從事業單位改制為公務機關，下轄13個林管處，被併為8個，76個工作站併為38個，林業政策從伐木爭取利潤，成功轉型為環保、遊憩、觀光，歷經11年，第2次大變革，台灣林業史上角色的大改變（聯合報）。

1999年12月16日（民國88），阿里山森林鐵路祝山線元旦復駛，森林鐵路89歲迎千禧（聯合報）。

1999年12月23日（民國88），冷！阿里山氣溫降至零下3.5℃，嘉義最低氣溫不到7度（聯合報）。

1999年12月24日（民國88），千禧迎曙光，太麻里金針山日出猶勝阿里山，活動將吸引5萬民眾（聯合報）；嘉義市4.1℃，13年來最低溫，阿里山自來水管還沒「解凍」，2天後氣溫才會明顯回升。

1999年12月27日（民國88），瑞太古道重現震前盛況，重新啟用吸引千餘人前來健行，大阿里山居民對它寄予厚望（聯合報）。

1999年12月31日（民國88），祝山觀日樓開始拆除，至2000年1月24日（民國89）拆除完畢。

2000年1月（民國89），新火車站拆除。

2000年1月2日（民國89），約6千名遊客於攝氏5度低溫下，登祝山爭賭玉山千禧日出曙光（中央日報）。

2000年1月3日（民國89），樹靈塔扶正（傾斜且地基下陷，斥資78萬元整修）。

2000年1月19日（民國89），屏東縣牡丹鄉牡丹溪不堪毒害，亟盼封溪保育，遠赴阿里山山美村取經，鄉公所請求准許仿造辦理，縣府農業局促先擬計畫呈報（聯合報）。

2000年1月22日（民國89），阿里山遊樂區民營案，嘉義市府樂觀其成，林務局提簡報，範圍涵括北門車站，森鐵則不開放民營（聯合報）。

2000年2月1日（民國89），阿里山森林鐵路於9‧21震災後，耗時4月餘修復完成，於2月1日假北門車站前廣場舉行修復通車典禮。此一阿里山鐵路本縣的搶修經費約7,000餘萬元。

2000年2月2日（民國89），行政院長蕭萬長主持森林鐵路修復通車剪綵，積極催生阿里山升格國家級，盼重振森林遊樂區國際旅遊市場（中央日報）；於去年9‧21大地震中嚴重損壞的阿里山森林鐵路，歷經4個月整修，昨恢復行駛，行政院長蕭萬長宣布3措施，1.將擴大阿里山森林遊樂區的範圍，將鐵路沿線梅山、竹崎鄉境內遊樂點納入，2.整合政府各項獎勵民間投資公共建設辦法，鼓勵民間參與開發鐵路沿線景點，3.提高遊樂區管理處的位階，成立國家森林育樂管理處（聯合報）；阿里山森林鐵路全長71.9公里，去年2次震災損壞嚴重，經嘉義林區管理處全力搶修，耗資約6千萬元，於1月下旬完成試車，昨正式復駛並 舉行通車典禮，邀請達娜伊谷鄒族原住民表演歌舞、嘉南高商管樂社演奏樂曲，林管處特別印製9‧21震災修復通車紀念車票，限2月7日前使用，不少鐵路迷爭相搶購，昨上午通車典禮後，試行一列車搭載參觀者到竹崎車站，下午1：30發出復駛後第一班列車往阿里山，4節客車廂滿載可乘坐100人，計有60餘人搭第一班車上山。

2000年2月2日（民國89），鄒族戰祭將於2月14～16日盛大舉行，阿里山達邦社與特富野社為北鄒2代表部落，至今仍保存相當完整的祭典活動，每年隆重舉行母語稱為「MAYASVI」的戰祭，祈求戰神庇佑族人，台原基金會配合祭典出版祭歌CD「高山的禮讚」（聯合報）；聯合報記者施美惠報導，阿里山鄒族即北鄒，主要居於嘉義縣阿里山鄉與南投縣信義鄉，有別於高雄縣桃源鄉、三民鄉的南鄒，南北鄒族人口合計僅6千，為台灣少數族群中的少數族群，鄒族文化工作者浦忠勇指出，鄒族神話中，天神在山林間留下足印給族人建立部落，當洪水淹沒大地，族人避居台灣第一高山的玉山，逃過天地大災難後，便以玉山為據點，分別在山林間建立家園，也建立了象徵古老部落的精神圖騰「庫巴」（KUBA），即「部落會所」。

鄒族的生活文化從部落組織、社會價值觀、狩獵文化、農作文化、土地觀念、生態保育、祭典儀式、藝術表現、民俗特色與家屋建築等，均以山林為主要背景。務農的鄒族是一重禮守法的族群，長幼尊卑，行儀有序，社群中實行頭目制，部落主要事務由頭目召集各家族長老開會研商決策，再由頭目率眾執行。

台原董事長林經甫指出，鄒族的戰祭是在征戰凱旋後舉行的儀式，過去台灣原住民常為了生存，為了保護或開拓領域，部落間常發生衝突，戰爭結束後，族人為了祈求戰神繼續庇佑族人，便在會所舉行隆重祭典。現今，部落戰爭不復存在，但鄒族人每年在另一個祭典「小米收成祭」的長老會議中，討論決議當年是否舉行戰祭，其祭典內容包括迎神祭、部落團結祭、送神祭、道路祭、歌舞祭，以及兒童的初登會所祭與成年禮等重要儀式，鄒族人以嚴肅莊重的態度辦理祭典，並遵循各種傳統儀式與禁忌。

台原基金會錄製「高山的禮讚——鄒族祭典之歌」，祭歌內容大意是向戰神祈求佑助，勉勵族人效法先人英勇作為，藉此祭歌的傳唱砥礪族人心志，凝聚部落力量。但祭歌中的語言，至今無人知曉其字

意，關於其曲調及語言來源有2種說法，其一為「神話說」，指有一個孩子被天神接到天上學習祭歌和儀式後，回到部落教導族人，族人雖不懂歌詞之意，但天神卻聽得明白，此說不僅強調鄒族神與人之間的超然關係，更為其祭典音樂加添幾分神秘色彩；另一為「古語說」，認為鄒族戰祭是根據征戰歷史而創作並流傳的歌謠，其歌詞為鄒族古老的語言，但因年代久遠，語言的流傳發生變化，以致無法瞭解其意。

2000年2月5日（民國89），吉祥景點祈福遊，聯合報記者林秀芳採訪報導：「傳說中摸摸幸運草，就會帶來好運道。阿里山派出所對面的梅園，就長了一大片幸運草，但是要找到真正的幸運草並不容易。阿里山高山青飯店總經理李文華，小時候就常常去摸幸運草。他說，以前阿里山賓館到阿里山閣的路上，都看得到幸運草，最明顯的是在阿里山派出所對面的梅園。幸運草是綠色的小草，4片的不多見。當地人說，如果能在草地上找到4片的幸運草，那一整年都會很順利幸運（聯合報）。

2000年2月8日（民國89），阿里山2起地震，中央氣象局地震測報中心昨中午及晚間分別在阿里山西方及東北方測得規模4.3及4.5地震（聯合報）；17日報導，嘉義阿里山地區昨清晨分別發生2起芮氏地震儀規模5.6與4.5地震，引起當地民眾驚慌，中央氣象局副局長辛在勤表示，根據相關資料分析顯示，昨天2起地震都是去年9‧21集集大震的餘震，和觸口斷層無關，也不是大地震的前震，民眾不必驚慌；23日報導，阿里山觀光業不滿地震測報標的；26日報導，中央氣象局地震測報中心指

出，昨下午2：13：02在彭佳嶼東偏南方213.7公里的太平洋，發生一起芮氏地震儀規模6.0地震，地震深度112公里，各地最大震度分別是：宜蘭南澳、台東成功、花蓮市二級，南投日月潭、雲林古坑、嘉義阿里山、彰化市一級。

2000年2月16日（民國89），神木頌亭修護竣工。

2000年2月23日（民國89），2原住民歌謠專輯，布農族與鄒族祭典之歌推出上市，並發行英文解說版，盼透過網路推向國際舞台（聯合報）；陳國峰專文介紹阿里山「老機頭復出，示範三角線轉向」，內文摘要如下：「阿里山森林鐵道，於竹崎站內設置了三角線車輛轉向軌道。當車輛駛入此三角線後，即可藉軌道切換以前進及倒車方式來進行車輛轉向作業。此舉為因應機車頭於上、下山時之行車安全，而須變換方向，及改善阿里山鐵路特殊路況，所產生車輛偏磨所需而設。近來森鐵為因應各項活動之舉辦，耗資將26號蒸汽老火車頭修復，並拖運車廂行駛於北門至竹崎站間，於此示範三角線軌道車輛轉向作業，經常吸引了不少遊客與鐵道迷的眼光」。

2000年3月（民國89）之後，陳玉峰、陳月霞正式拜會嘉義林管處，研撰阿里山區開拓史。

2000年3月8日（民國89），林班地遲未解決，地方砲轟農委會，阿里山鄉怒指官員刁難，指總統指示協調卻拖了2年無下文（聯合報）。

2000年3月10日（民國89），泛藍總統候選人宋楚瑜阿里山造勢，原住民熱烈支

持，同時至嘉義拜票，承諾當選後將撥千億做農業安定基金（聯合報）。

2000年3月15日（民國89），吉野櫻美得讓你耳目一新，阿里山櫻花季今起為期1個月，賞櫻公車加班，縣府籲觀光業者自律（聯合報）。

2000年3月17日（民國89），阿里山發生規模5.3地震（中央日報）。

2000年3月18日（民國89），高雄縣三民鄉民生村，縣府詳加規劃，積極推廣為深度渡假城，農委會核定為休閒農業區，日出美景不遜阿里山（聯合報）。

2000年3月28日（民國89），人潮如蜂擁，賞花品質低落，林務局呼籲非假日上阿里山，可從容來去不掃興（聯合報）。

2000年4月1日（民國89），9．21地震後阿里山發現高山湖，位處石鼓盤溪源頭，長1公里，寬200公尺，藏身原始林中人跡罕至（中央日報）。

2000年4月6日（民國89），中鋼承製阿里山小火車新車廂13輛，保持懷舊原味，並將加強內部裝設（聯合報）。

2000年4月7日（民國89），林務局決復建眠月線鐵道，局長黃永桀視察阿里山鐵路後，指示將祝山線規劃為環山雙向線（聯合報）。

2000年4月9日（民國89），博愛亭修護完成。

2000年4月11日（民國89），飯店業者透過媒體報導推廣阿里山春季旅遊，阿里山上吉野櫻已落幕，換上帶著7、8層花瓣的八重櫻領銜演出。高山青飯店負責人李文華表示，1周後，百葉櫻、牡丹櫻接著進入盛開期，這幾種櫻花主要分布在阿里山

的飯店區一帶，這波賞櫻期約可持續至20日。到阿里山除了賞櫻，這時節還可到森林遊樂區內的受鎮宮見識「神蝶」。受鎮宮林姓管理人表示，每年宮內主神玄天上帝誕辰（農曆3月3日）前後約30～40天，一種特殊的大蛾便會飛到宮內，並停在神像身上，這種奇特的情形已持續一甲子了（註：？）。目前已有6、7隻「神蝶」報到，預期22日以前均可欣賞到這個奇景（聯合報）；聯合報休閒旅遊訊息，4～6月是毛地黃的花開期，花朵偏向側、下垂生長，花形大而美麗，上為紫紅色、內部為白色，多處有深紫紅色的斑點，它的故鄉在西歐等溫帶地區，民國以前由日本引進，其葉片自古即為強心利尿藥，但全株有毒，誤食中毒表現與冠狀動脈的心臟病表現相同，賞花時要特別注意，目前在中海拔山區如太平山、新八仙山、清境農場、阿里山和南橫天池都有成片群落，前往旅遊時可順道遊覽這片奇美又奇毒的花海。

2000年4月26日（民國89），阿里山公路易坍方，邊坡損壞處呈等比級數激增，公路局將尋治本之道（聯合報）。

2000年5～8月間（民國89），阿里山公路落石頻繁，多事故，而對高岳、祝山、萬歲山、二萬坪、阿里山公路、新中橫等地區的山葵持續拓展中。

2000年5月25日（民國89），阿里山部分茶農改種明日葉，一年四季均可收成，利潤不比茶葉差（聯合報）。

2000年6月8日（民國89），乾坑溪便道遭土石流淹沒，豐山村第3度傳災情，石鼓檢查哨撤站，阿里山鄉公所搶修後坪道路（聯合報）。

2000年6月13日（民國89），豪雨造成土石崩塌，阿里山上5百人受困，交通中斷（聯合晚報）。

2000年6月14日（民國89），阿里山觀光業追求永續發展，大阿里山升格仍待努力，立委陳明文積極催生成為國家級風景區，各方大都支持，但問題仍多，震災後景點多所破壞，加上風景區的面積及經營權等，仍待協調（聯合報）。

2000年6月15日（民國89），連日豪雨阿里山森鐵奮起湖段44.7公里處，鐵軌遭土石掩埋70公尺，自9‧21地震受損後修復，於今年2月主線通車以來，土石鬆軟，土石崩塌災情不斷（中央日報）。

2000年6月16日（民國89），阿里山森林鐵路冒險搶修，奮起湖段落巨石，鐵軌嚴重變形，火車上山緊急折返，阿里山公路則明可搶通，縣消防局呼籲避免上山（聯合報）。

2000年6月18日（民國89），出生嘉義的政務委員陳錦煌返鄉勘災，走訪梅山、阿里山災區，允諾反映民意，表示將視地方實際需要，通盤解決災害準備金不足的問題（聯合報）。

2000年6月27日（民國89），阿里山鄒族原住民不滿地方發展受限，積極爭取設立自治區，若獲准將要求發還土地等（聯合報）。

2000年6月29日（民國89），阿里山小火車司機面臨斷層，缺額達6人，新人難耐艱苦訓練，遇缺不補，問題更嚴重（聯合報）。

2000年7月3日（民國89），大雨落石多，公路局搶修受阻，縣消防局呼籲遊客暫勿上阿里山，遊客多敗興而歸，觀光業生意跌谷底（聯合報）。

2000年7月4日（民國89），阿里山火車新車廂恐難上路，林務局花4千餘萬元打造，然煞車系統未達標準，試車未過關，已要求包商中鋼儘快改善（聯合報）；5日報導，阿里山火車站，震災重建缺錢，農委會副主委促爭取特別預算。

2000年7月9日（民國89），業者發起自發性觀光行銷活動「阿里山神木周年祭」，推廣林務局新巨木群林道，展現山之本色，林管處門票半價配合鼓勵（聯合報）。

2000年7月11日（民國89），阿里山鄉茶山村打響名號，辦活動有聲有色，遊客大增，農委會選定為休閒農業示範村（聯合報）。

2000年7月17日（民國89），雲嘉山區大雨，紛傳路坍、土石流，阿里山公路零星落石，豐山村爆土石流；19日，阿里山森鐵因崩塌中斷而停駛（聯合報）。

2000年7月20日（民國89），阿里山鄉將規劃發展休閒農業，震災後觀光產業、農業陷入瓶頸，農委會等官員昨天深入山區勘察，盼能輔導再造新契機（聯合報）；「臺灣神木郵票」發行。曾是臺灣風光象徵的阿里山神木於86年7月1日遭雷擊後，國內深山巨木的生態保育備受矚目。為喚起國人關心森林、重視自然保育，郵政總局特以八十七年「臺灣十大神木命名票選活動」中，樹幹最大的「臺灣巨無霸神木」及樹齡最高的「眠月神木」為主題，印製「臺灣神木郵票」一組二枚（清清集郵網）。

2000年7月30日（民國89），布拉萬颱風豪雨加上4級有感地震，阿里山森林鐵路

及公路斷腸（中央日報）。

2000年8月8日（民國89），阿里山鄉樂野村社區發展協會自發性行動保育湖底溪，規劃如審議通過，湖底溪可望公告禁漁（聯合報）。

2000年8月19日（民國89），阿里山添異國風，出現峇里島風情小木屋（聯合報）。

2000年8月22日（民國89），阿里山森林英雄石碑，震斷無人問，位於二萬坪進藤熊之助氏石碑，見證阿里山伐木興衰史，地方人士盼林務單位儘快修復（聯合晚報）；阿里山公路路面隆起，公路局研判係為「走山」所致（聯合報）。

2000年8月24日（民國89），強風豪雨，嘉義縣山區道路柔腸寸斷，阿里山公路、台3線及嘉162甲線，全部交通中斷（聯合報）。

2000年8月25日（民國89），碧利斯颱風過境除重創梨山農損高達7億元外，阿里山森林鐵路沿線30多處落石坍方或枝幹倒伏，交通中斷（中央日報）。

2000年8月29日（民國89），阿里山森林鐵路列車擬規劃車廂餐廳（聯合報）。

2000年9月6日（民國89），嘉義林管處訂定阿里山深度主題旅遊，將一路玩到12月（聯合報）。

2000年9月6日（民國89），走過傷心地921周年，溪頭、阿里山、梅山等地道路不通，飯店靜得快窒息，茶農損失難估計，觀光業仍處寒冬（聯合報）。

2000年9月30日（民國89），對高岳步道地震毀損，已修復，阿里山觀日有路（聯合報）。

2000年10月1日（民國89），觀光局有意結合草嶺地震奇景、阿里山風景區，成為全國第8座國家公園，為重振觀光業，阿里山系風景區呼之欲出（聯合報）。

2000年10月4日（民國89），阿里山郵局90歲，阿里山鐵道文化協會將辦3天嘉年華會慶祝（聯合報）。

2000年10月13日（民國89），為紀念阿里山郵局建局90週年，由阿里山鐵道文化協會主辦，交通部嘉義郵局協辦，於阿里山第4分道停車場舉辦為期3天的阿里山嘉年華會。

2000年10月20日（民國89），達娜伊谷鯝魚節今登場，鄒族原住民將表演傳統歌舞及趣味競賽（聯合報）。

2000年10月21日（民國89），李雅景縣長率縣警局員警及十餘位員工，一同攻上玉山主峰。李縣長表示，本縣部分山區林象（註，相）尚屬完整，只是阿里山森林遊樂區遊客稀少，商業蕭條，兩次地震雖未對遊樂區本身造成嚴重毀損，卻對遊客旅遊 心理形成莫大衝擊。當地業者殷切期盼早日恢復昔日旅遊盛況。李縣長也語重心長的表示，玉山、阿里山都是台灣最珍貴的原始林象（註，相），也是台灣人的精神象徵，經歷兩次大地震之後，山林雖遭受損害，但始終陪伴在台灣人民身邊，是台灣人民心中的歸依，因此希望 中央部會包括內政部、農委會等能多加重視，好好保護、重視這片祖 先留給後世子孫的資產。（縣府網聞）註，延續地方政府過往搶奪阿里山區的技法。

2000年10月26日（民國89），地方政府以各種理由搶奪阿里山區。由嘉義縣政府公布的新聞可見一班。全文照錄如下：

「呼籲中央正視阿里山觀光資源。為因應政府將開放兩岸大小通政策，嘉義縣工業策進會近日發函總統府、交通部等單位，建請迅速訂定「大阿里山風景特定區開發計劃」，以大力發展國家級之風景區，再造阿里山觀光遊樂之第二春。

工策會王宗州總幹事表示，本縣阿里山是台灣最富盛名的觀光地區，「一二三到台灣　台灣有個阿里山」及「阿里山的姑娘美如水　阿里山的少年壯如山」等俚語、歌謠，早讓阿里山之名享譽國際。

但近年來阿里山地區因管理不善、環境髒亂，違規之野雞車、攤販、違建等，都嚴重影響阿里山風景區的國際形象。而鄰近幾處新開發景點，跨越梅山、竹崎、番路及阿里山四鄉鎮，分別由最基層的鄉公所自行管理，但因管理層級太低，再加上人力、財力等因素，讓許多國外觀光客慕名而來，卻失望而歸。

工策會表示，阿里山風景區早該重新整頓，提升管理層級，引入專業觀光經營等人才，必可恢復昔日風光。

嘉義縣政府早於八十六年委託專家成「大阿里山風景特定區發經營計劃」，並送請交通部觀光局核定，觀光局亦認為深具意義而交付評鑑，雖深獲評鑑委員認同，但因林務局堅持不放棄管轄權而延宕多年。

王總幹事表示，隨著兩岸關係急速變化，大小三通及加入WTO之後，台灣與國際間互動將更為密切，因此大阿里山風景區的開發必需把握開發時程，大力整頓，方可再度吸引觀光人潮，再造阿里山的第二春，為地方帶來繁榮新氣象。」（縣府網聞）

2000年11月1日（民國89），象神颱風過境，阿里山鐵路全線停駛，林務局表示，將視颱風狀況再當決定復駛時間（縣府網聞）。

2000年11月3日（民國89），國際觀光戰略會議今起2天於台北召開，建設局觀光及交通課長涂碧堂嚴正的表示「政府是一體的」，嘉義縣山區有將近百分之70～80的土地屬國有林班地，管理權責屬農委會林務局，但數十年來，林務局只持「保育」的保守論點，一概拒絕投入任何觀光產業建設，甚至不允許適度的開發，放任各具開發潛力的各景點，遭受人為、自然等因素破壞，相當可惜（縣府網聞）；撥用阿里山石桌服務區土地，嘉義縣府前主秘等人被控圖利業主，遭起訴（聯合報）。

2000年11月4日（民國89），水社寮站附近遊客多，干擾安寧，將迫使蝙蝠群遷居，嘉義林管處為保護生態，將於廢隧道口加裝柵欄（聯合報）。

2000年11月8日（民國89），嘉義林管處為防病患害，再度將栽植在阿里山上的日本老櫻花，全面噴灑銅劑藥物（中時）。

2000年11月9日（民國89），嘉義縣府農業局依據農委會「山坡地超限利用種植檳榔土地輔導實施造林計畫」，於本日正式公告，積極輔導獎勵山坡地超限利用土地改正造林並至12月底止，未依規定申請造林之超限利用人，將依法處罰並通知限期改正，種植檳榔以外之其他農、漁、牧利用人，亦需比照本計畫申請造林（縣府網聞）。

2000年11月21日（民國89），阿里山鄉

豐山村開發新景點，積極重建有成，遊客漸回流，瑞草公路豐山支線明年即可通車，將舉行盛大慶典重振觀光業（聯合報）。

2000年11月24日（民國89），阿里山鄉茶山村將發展部落公園，完整保存原住民景觀，茶山涼亭節今起3日，將供遊客深入探索，一座涼亭一個故事，茶山村分享文化表徵（聯合報）。

2000年11月26日（民國89），阿里山鄉來吉村民清亮歌聲迴盪山谷，921震災後首次社區活動，表演罕見鄒族諷刺舞，動作誇張有趣（聯合報）。

2000年11月28日（民國89），阿里山鄉山美村長高正勝保育達娜伊谷溪有成，成功復育瀕臨絕種的台灣鯝魚，獲讀者文摘頒贈「仁勇風範」獎表揚（聯合報）。

2000年12月2日（民國89），4年前賀伯颱風來襲，溪水暴漲將巨石沖上岸，如今，賀伯紀念石成阿里山豐山鄉新景點（聯合報）。

2000年12月23日（民國89），公路局將於阿里山公路增設2座明隧道，因遇雨易坍方，計劃與噴漿工程雙管齊下，明年底完工，施工中道路維持通車（聯合報）。

2000年12月24日（民國89），林管處辦阿里山、新中橫賞楓之旅，成功吸引人潮，預定明年再推賞櫻活動（聯合報）。

2000年12月25日（民國89），阿里山5大步道系統明年將可上路，嘉義林管處決斥資整建，未來將可串聯森林遊樂區及周邊觀光景點，提供遊客們更便捷的登山路線（聯合晚報）。

2000年12月27日（民國89），為重振阿里山觀光生機，林管處擬重修復駛荒廢多年的水山支線，以開發水庫紅檜巨木景點。林管處日內將派員實地勘查，預定半年內完成鋪設路軌、橋樑修復及增建簡易公共設施（中時）。

2001年1月6日（民國90），農民偷種山葵，嘉義林管處決收回林班地（聯合報）。

2001年1月12日（民國90），農曆年前保全進駐阿里山無望，為彌補警力短缺，因應春節大量遊客，第1次招標卻因規定有瑕疵廢標，嘉義林管處表示，櫻花季前可望完成（聯合報）；2月21日報導，阿里山遊樂區保全下月駐守。

2001年1月20日（民國90），嘉義縣政府公布：「大阿里山地區將成立國家風景區，重燃嘉義縣觀光發展願景。

從84年起嘉義縣政府即積極爭取提昇大阿里山成為國家風景區，卻因林務局以經管目標、法源殊異等理由反對將『阿里山森林遊樂區』納入『大阿里山風景區』，因而無法順利推動，又囿於嘉義縣是個農業縣本身財源極為困窘，以及接二連三震災發生，使得嘉義縣觀光產業之發展嚴重受挫。

同為嘉義人的行政院陳政務委員錦煌，積於縣長李雅景積極爭取的心意，於日前行政院觀光發展推動小組召開之「研商劃設大阿里山國家風景區範圍」專案小組會議中，嘉義縣政府建設局長曾漢洲於會中力爭，並經與會內政部、經建會交通部、觀光局等單位表示認同，農委會終於鬆口同意將『阿里山森林遊樂區』納入『大阿里山風景區』範圍內，依規定仍繼續負責『阿里山森林遊樂區』及『森林鐵路』之經

營管理，會中並指示縣府儘速彙整相關範圍、有利資源等資料陳報交通部辦理評鑑，使大阿里山地區成立國家級風景區指日可待。

　　未來成立國家級風景區，中央將編列預算並藉由觀光局專業重整大阿里山地區豐富的觀光資源，另山區旅賓館礙於林班地與建築法規無法合法問題一直為業者所報怨，亦將可能因重新檢討土地之編定而重燃一線生機，且配合東西快速道路開通後，嘉義縣山海一線，將以嶄新風貌迎接開放大陸三通後之商機，回復阿里山美譽，重振嘉義縣觀光產業之發展。」(縣府網聞)；阿里山森林火車春節加開列車班次，初一至初五，每天往返嘉義與阿里山各4班，前往神木與祝山區間列車亦增加，而遊樂區公車則機動加班(聯合報)。

　　2001年1月23日(民國90)，森林遊樂區震出新排名，墾丁超越阿里山，躍居第一，東眼山、藤枝終於出頭天(聯合報)。

　　2001年1月27日(民國90)，中國大陸人登台最愛阿里山，但千里著迢迢慕名而來，卻失望的多。業者指出，阿里山住宿條件不佳，景觀髒亂，去過的客人普遍反應「想像」比「實際」的美(中時)；阿里山好山好水，大年初一至初三3天內，湧入兩萬名遊客，各旅遊景點皆大爆滿，住宿預定一空(中央日報)。

　　2001年1月29日(民國90)，阿里山迎接櫻花季，春節總計湧入逾3萬遊客(聯合報)。

　　2001年1月31日(民國90)，總經費2仟餘萬的縣道市嘉九線的拓寬工程，已完工通車，對於日漸回復生機的阿里山風景區觀光車流的順暢，有相當正面的效果。工務局表示：縣道市嘉九線道路長1300公尺，自88年7月開始動工，至90年1月完工，西起嘉義市忠義橋，東至中埔鄉司公部與台18線阿里山公路銜接。(縣府網聞)

　　2001年2月3日(民國90)，阿里山上日式警察宿舍修復停擺，地方惋惜，因建材與當初設計不符，無法通過驗收，隔鄰彈藥庫亦面臨相同命運(聯合報)。

　　2001年2月9日(民國90)，阿里山自忠神木遭遊客破壞，平日無人管理，周圍沒護欄，遭人鋸掉部分木材，底層樹皮也有被剝掉痕跡(聯合報)。

　　2001年2月12日(民國90)，政府為澈底解決「檳榔問題管理方案」之保育水土資源，並兼顧山坡地農民生計目標，特訂定山坡地超限利用種植檳榔土地輔導實施造林計畫，期間自民國89年12月至109年止。該計畫規定時程及措施為民國90年12月底前每公頃應完成混植造林600株以上或達造林規定株數3分之1以上；民國92年12月底前，應全面完成造林達每公頃規定株數；民國93年12月底前，全面砍除檳榔，並應維護造林木正常生長；自民國94年1月起，經輔導單位檢查全面完成造林及全面砍除檳榔者，核發每公頃新台幣22萬元造林輔導金；民國95年1月起檢查合格者，核發每公頃新台幣3萬元造林撫育費；民國96年至民國109年止，經檢查合格者，每年每公頃發給造林管理費新台幣2萬元，但公有租地造林者減半核發、退輔會土地不予發給管理費。

　　嘉義縣原住民保留地共有43筆林業用地違規種植檳榔，大部分位在茶山、新

美、山美、來吉等段，嘉義縣政府除公告外，並個別通知土地使用人務請於本(2)月15日前逕向阿里山鄉公所申報造林樹種，並於前開規定期限完成造林。如未於2月15日前申請造林，或屆滿各期實施造林期限經檢查不合格或未完成造林者，除依法處罰6萬元以上30萬元以下之罰金，並連續處罰至改正為止，嘉義縣政府籲請各原住民保留地違規種植檳榔之管理人務必依規定期限申報並完成造林(縣府網聞)。

2001年2月15日(民國90)，富野社的『庫巴』舉行『瑪雅斯比』祭典，長老汪念月代表該族，提出『廿一世紀宣言書』，表達阿里山鄒族成立自治區之意願，宣言書並透過鄒族青年梁錦德以國語宣讀後，由鄉長湯保富轉交前來與會之行政院原住民委員會參事歐蜜·偉浪，再上轉總統陳水扁(縣府網聞)。

2001年2月16日(民國90)，阿里山梅園開不出花，乃品種問題，景觀打折扣，商家建議改種楓樹或櫻花(聯合晚報)。

2001年2月19日(民國90)，為提升旅遊品質，阿里山遊樂區加強服務，新印製萬份導覽圖，園區解說牌亦全面整修，並組成導覽團隊，歡迎遊客多加利用(聯合報)。

2001年2月21日(民國90)，嘉義林管處為提昇阿里山森林遊樂區服務品質，27日28日將在阿里山工作站舉辦阿里山服務形象改造專題班，3月將選拔鄒族俊男美女，並在花季前大淨山。林管處莊樹林處長強調，這次林管處總動員進行阿里山森林遊樂區的改善工程，成敗關鍵在於當地居民是否能夠和林管處攜手合作，徹底改善攤販和野雞車雜亂的現況。(中時)

2001年2月22日(民國90)，為認定原住民身分，保障原住民權益，總統新頒佈原住民身份法自本年1月1日正式施行。(縣府網聞)

2001年2月24日(民國90)，阿里山大埔林班地昨2處火警，總面積1公頃多，一處仍在悶燒，已派出50人搶救(聯合報)。

2001年2月27日(民國90)，中國人士最嚮往的觀光地點為阿里山，開放三通後來台旅遊，嘉市列為首選，旅行公會將把握機會創造商機(聯合報)；4月30日報導，2名新華社記者走訪阿里山，認為台灣應盡快開放大陸人士來台觀光。

2001年3月2日(民國90)，3隻台灣黑熊現身玉山工寮，翻找食物，農民相機全記錄(聯合報)。

2001年3月3日(民國90)，林管處、中廣、台灣農會發展基金會，在嘉義北門車站舉辦全國鄒族勇士和美少女選拔，所選出的6位人選，未來一年將擔任親善大使，讓阿里山觀光與鄒族文化相輝映。(中時)

2001年3月6日(民國90)，山地保留地短期作物超限利用鬆綁。

2001年3月6日(民國90)，農委會行文同意將阿里山森林遊樂區納入大阿里山風景特定區評鑑。嘉義縣建設局觀光課指出，大阿里山風景特定區的總面積約28,085公頃，涵蓋瑞里、奮起湖、豐山、來吉、達邦、特富野等6大遊憩地區。(中時)

2001年3月8日(民國90)，首套『臺灣山

岳郵票——玉山 發行。為使國人了解臺灣山岳的宏偉壯麗，並提升國人登山遊憩品質，郵政總局特以玉山、雪山、南湖大山及奇萊山等山系瑰麗壯觀之山容為主題，發行「臺灣山岳郵票」系列郵票，以介紹臺灣山岳之美。首套「臺灣山岳郵——玉山」特選玉山主峰、玉山西峰、玉山北峰、玉山東峰為題材，發行一組四枚。（清清集郵網）

2001年3月15日至4月14日（民國90），櫻花季期間，嘉義縣公車處推出『賞櫻專車方案』，來回票價312元、單程票價156元，櫻花季期間，天天都供應，另除凡滿20人以上之團體可另開出加班車外，視候車民眾多寡隨時機動調派車輛輸運旅客，讓旅客要多方便就有多方便；每日固定開出五班次賞櫻專車，時間分別為7：10、9：10、11：10、13：30、15：30自嘉義站出車，每日08：30、09：40、12：00、14：00、16：00自阿里山站返回，平均每兩小時就有一班。

另嘉義台汽客運也推出，『阿里山賞櫻一日遊活動』受理預約，凡團體預約或滿25人即發車，但僅售來回車票，票價為315元（含保險），發車時間為凌晨零時30分（約凌晨3時到達阿里山），當日中午12時30分自阿里山返回嘉義，有意民眾可事先預約。（縣府網聞）

2001年3月15日（民國90），香林國中與香林國小舉辦校慶迎接花季。

2001年3月17日（民國90），由於土石崩落淤積河道，為確保行水區安全，嘉義林管處報請疏濬豐山堰塞湖（聯合報）。

2001年3月18日（民國90），因媒體用力

報導，上阿里山賞櫻車班班客滿，吉野櫻卻還沒睡醒，阿里山遊客失望而返（聯合報）。

2001年3月23日（民國90），紓解阿里山賞花人潮，林務局籲遊人配合假日方案（聯合報）。

2001年3月24日（民國90），阿里山花季第一個週休2日，櫻花還含苞待放，卻已吸引約3萬遊客湧進，非但造成交通癱瘓，看不到盛開櫻花的遊客還不斷打電話責罵林管處。近日吉野櫻盛放，遊客不分假日，已造成阿里山森林遊樂區人滿為患，林管處呼籲遊客疏散到奮起湖等地，以免大塞車敗興而歸。林管處表示，阿里山森林游樂區最佳品質約容納4,000人，花季其間，平日遊客就約7,000人，即將來到的週日恐怕會超過3萬人，遊客不要盲目上山。（中時）

2001年3月26日（民國90），阿里山35,000人「爆到」，人海湧向花海，遊賞品質大打折扣（聯合報）。

2001年3月27日（民國90），據聞阿里山地區有不肖業者利用櫻花季遊客眾多期間，趁機哄抬物價，大敲竹槓，造成賞花遊客抱怨四起。嘉義縣吳副縣長邀集警察、稅捐、衛生、環保、建設、觀光、工務等7單位，組成聯合稽查小組於上午9時30分出發，前往阿里山遊樂區停車場、沼平車站及受鎮宮等商店、攤販聚集眾多地區，從事輔導及執行取締工作。

縣府表示，林務局負責管理該處，並收取費用，就應全面負起提供高品質旅遊環境責任，並確實做好維持區內商業秩序，發揮公權力，取締流動攤販，為了風

景區的觀光遠景，如有需要，縣府自會從旁協助處理。（縣府網聞）

2001年3月28日（民國90），林務局設置全新網站，民眾只要上網便可欣賞阿里山的櫻花。林務局同時透過網站，招募國家森林志工。（中時）

2001年3月30日（民國90），阿里山森林遊樂區土地編定問題。有關阿里山森林遊樂區土地編定問題，地政局表示，該地係屬行政院農業委員會林務局經管之國有林班地，與現行非都市土地使用編定作業法令相扞格，早於去年12月已函文內政部請釋，迄今仍未回覆。

地政局表示，阿里山森林遊樂區早在民國75年11月非都市土地使用編定前即有建築設施，且申請編定範圍面積超過10公頃以上，達一千多公頃，與現行核定之國有林班地地籍測量及土地登記計畫中土地編定作業方式扞格，二者法律位階不同，為此於89年12月間已函文內政部請示中，迄今尚未回覆，並非如林務局所稱因本府推動之大阿里山風景區計劃尚未定案，以致遲延土地編定及震災修復工作。

依據台灣省國有林班地地籍測量及土地登記計畫第1期3年修正計畫，為求簡便編定作業，其中有關土地使用分區編定之作業方式為「本計畫內未登記土地為國有林地，其使用分區劃為森林區，使用類別原則上編定為林業用地，不製作非都市土地使用分區圖及不繪製土地使用現況調查」。

但經本縣竹崎地政事務所派員實地調查結果，阿里山森林遊樂區土地於非都市土地使用編定公告（75.11.1）前即有建築設施，內容包括學校、郵局、電信局、加油站、旅館及住宅等設施，如依前開規定直接改為森林區林業用地顯然不符。

且其建築面積依據林務局所提供之資料顯示，已達非都市土地使用管制規則第12條所定之規模，即開發規模10公頃以上涉及分區變更者，其土地使用計畫應先徵得各該區域計畫擬定機關審議同意。而林務局函送本府相關資料中，並無區域計畫擬定機關審議同意之文件，為求周延，早於去年12月間即函報內政部請示，迄今仍未回覆，並非不予編定。（縣府網聞）

2001年3月30日（民國90），山坡地超限利用。嘉義縣山坡地超限利用種植違規作物未申報造林作業，上午於縣府第七會議室舉行，由農業局副局長蘇純興主持，水土保持局、嘉義林區管理處、國有財產局南區辦事處嘉義分處及中埔等六鄉鎮公所人員約五十多人參加。

會中並決議，各鄉鎮市公所應儘速依未申報名冊，排定勘查日期後，由縣府發函通知各水土保持義務人。財政部國有財產局管理違規超限使用之林地部分由縣府與林管處嘉義分處訂定日期後，會同檢測。（縣府網聞）

2001年3月30日（民國90），有關日前阿里山森林遊樂區傳有不肖業者哄抬物價及流動攤販管理等問題，下午2時於嘉義縣建設局局長室舉行座談會，由建設局局長曾漢洲主持，嘉義縣林區管理處、縣消保官、稅捐處、衛生局、環保局、計畫室、建設局觀光課等相關單位與會，針對『阿里山森林遊樂區旅客消費權益』等相關問題進行研商，會議中決議請嘉義縣林管處

依據消費者保護法第四十三條的規定，設置『消費者申訴中心』，民眾可直接透過申訴專線將問題預先做初步調查與處理，再依問題型態轉報至縣政府相關單位做後續處理事宜。會議中所做出的五項重要決議如下：

(一)關於流動攤販問題：依據森林法第五十六之三條及遊樂區管理辦法第十三條規定，依法不得經營流動攤販，違者將處新台幣一千元至六萬元罰款，目前林管處已處份十件，另有十二件正送裁處中，已將處分書寄交行為人，原則上第一次初犯處新台幣五千元，累犯者將加倍處分並連續告發，籲請業者切勿以身試法。

(二)關於物價部份：民眾若有疑慮或不滿可直接先向事業主管機關『嘉義區林管處』所設的『旅客申訴中心』投訴，有足以影響交易秩序公平者，經林管處作初步調查與蒐證後，轉報縣政府相關單位處理。(如販賣食品標示不清，衛生局於接獲林管處案件後，將依食品衛生管理法第十七條規定處以新台幣三萬至十五萬罰款；販賣過期商品者也依同法第十一條規定處以新台幣三萬至十五萬不等罰款；另若有關商品標示問題建設局也將依法處理；而廢棄物處理及公平交易等問題也將由縣政府環保局及商業課依法辦理，將依案件性質的不同，轉交縣政府相關單位依法處理。)

(三)另關於哄抬物價部份：嘉義縣消保官翁煥然表示，若有違交易公平原則者，將陳報公平交易委員會專案處理，經查屬實者將處依公平交易法第四十一條規定限期改正，違者處以新台幣五萬元至二千五百萬元罰款；若仍未改正將再處新台幣十萬元至五千萬元罰款，罰金很重業者千萬不要以身試法，也呼籲民眾為了自己的消費權益及日後舉證之需，儘量向業者索取統一發票或免開統一發票之收據，若業者拒開，可經申訴後請稅捐單位派員稽查。

(四)另再次呼籲欲前往賞花的民眾，除注意台十八線15k處及36k處之電子字幕訊息顯示外，請隨時收聽中廣及警廣的最新路況報導，以免影響旅遊品質，另交通紓解的問題警察局及監理所已開協調會決定先派駐強大警力維持路況。

(五)關於民眾若遇有『強迫買賣』的情事，可先就近至最近的派出所報案處理，而路況的問題則可撥打一一○專線電話請求協助，關於消費權益的問題可撥打『阿里山森林遊樂中心旅客服務申訴中心專線』(05)267-9917或打消費者服務專線電話1950均可獲得解決。(縣府網聞)(中時)

2001年3月31日(民國90)，嘉義林管處設阿里山消費問題申訴中心，遊客普遍反映部分業者哄抬物價，縣府邀林管處研商對策(聯合報)。

2001年 4月4日(民國90)，嘉義縣90年春季製茶比賽假番路鄉隙頂舉行。(縣府網聞)

2001年4月5日(民國90)，草嶺潭好景不常，觀光業盼儘速開放，阿里山土石流沖刷造成淤積，專家評估至少有15年壽

命,但業者認為頂多7、8年即填平潭水,在安全無虞下應快開發(聯合報)。

2001年4月7日(民國90),阿里山森林鐵路一年虧損1億5千萬元,經營成本非常高,成為嘉義林管處一大負擔(聯合報)。

2001年4月10日(民國90),行政院政務委員陳錦煌大力支持下,農委會終於同意將「阿里山森林遊樂區」納入「大阿里山國家風景區」,此舉除有利風景區評鑑外,對於林班地內山莊、旅館及民宅,可於不影響水土保持安全的前提下,依國土分區重新檢討編定,重燃合法生機,對阿里山區觀光業及土地使用為一大利多;大阿里山風景區以奮起湖為中心,東至阿里山森林遊樂區,與南投縣信義鄉為界,西至觸口、大湖、太平等地為界,南以阿里山公路之南側山谷為界,北至嘉義與雲林縣界,行政區域分屬番路、竹崎、梅山、阿里山4鄉鎮,總面積約2萬8千公頃(聯合報);疑取締阿里山野雞車遭不滿,嘉義林管處員工座車輪胎被割破。

2001年4月11日(民國90),拓寬仁義潭至阿里山公路,抗議徵地補償費過低,地主拒領補償費,認為連修復闢路破壞的排水設施及農路都不夠用,遑論還需維持生計(聯合報)。

2001年4月13日(民國90),豐山國小教室災後重建昨動土,將趕在下學年開學前啟用,為國內首座引進日本隔震系統建物(聯合報);因應國家風景區成立,立委陳明文舉辦「山區觀光、造林、土地問題研討會」,邀集政府官員與當地民眾溝通,阿里山居民要求提高造林獎勵金(目前農委會編定每公頃20年獎勵53萬元)、簡化林班地

放租辦法,同時輔導風景區區內旅館業者轉型,以促進嘉義縣山區整體發展。

2001年4月14日(民國90),阿里山農業嘉年華會。為因應1022地震對山區觀光影響,及積極推展阿里山鄒族原住民特有生活及農工業產品,行政院農委會、台灣農業策略聯盟發展協會及嘉義縣政府合辦,嘉義縣農會承辦「阿里山農業嘉年華會」於4月14、15兩日,假阿里山香林國小操場(受鎮宮前)舉行,並於14日上午9時30分舉行盛大開鑼儀式。 會場除了售各項精緻農特產品外,亦安排山地歌謠表演、山地手工藝編織、教學、品嚐原住民美食及美食DIY等活動。(縣府網聞)

2001年4月19日(民國90),阿里山櫻花季消費權益檢討。經統計櫻花季期間縣府消費者保護專線及網站留言版共接獲消費者陳情案件6件,其中交通疏導3件、哄抬物價2件、販賣過期商品1件。林務局嘉義林管區取締遊樂區內流動攤販15件、野雞車1件、交通違規(以超載為最多)31件。嘉義縣衛生局輔導稽查食品販賣商店21家、餐飲店12家。縣公車處除固定每天來回五班次外,共加開97班機動專車,以增加旅客運輸。嘉義縣警局於台十八線阿里山公路15K至36K沿線,加派警力維持路況,對交通違規情況有大幅改善。將來也會參考台北市花季所採取之車流量限制辦法,以加強交通疏解。(縣府網聞)

2001年4月20日(民國90),林管處首度採用空中播種造林,乾坑溪上游陡峭,人工造林不易,近日將敲定實施時間(聯合報)。

2001年4月28日(民國90),阿里山電纜

明年可地下化，遊樂區內電線桿林立，干擾賞櫻，林管處決花費六千萬元改善（聯合報）；雲嘉十大美景阿里山奪冠，上萬民眾參與票選，第二名為劍湖山，第三名曾文水庫。

2001年5月3日（民國90），阿里山上毛地黃盛開，有毒勿近（聯合報）；阿里山公路通車近20年，觸口段至遊樂區部分私有地尚未收到徵收補償費，阿里山沿線私有地主，盼速徵收，公路局阿里山公務站表示，沿線私有地數量有待清查，等將來拓寬時一併徵收。

台18線阿里山公路，自嘉義縣中埔鄉和睦地區起，至阿里山森林遊樂區，全長76公里，民國71年通車，從中埔鄉至番路鄉觸口段，約20公里路段，屬都市計畫區內土地，道路用地均已得到補償費，觸口段至森林遊樂區共計50餘公里，沿線土地迄今未辦理徵收補償，當地業主表示，內政部辦理10公尺以上道路用地補償，僅限都計內道路，阿里山公路沿線不在補徵收內，業主權益受損，陳姓地主表示，當初配合公路施工需要，先行提供土地使用同意書，方便施工，如今已通車近20年，仍未徵收，實不合理。

早期大阿里山地區對外出入及農產品運銷，仰賴森鐵及阿里山各部落間的羊腸小徑，經地方民眾爭取，公路單位拓寬原中興公路，並銜接部落間的道路，終於建闢完成阿里山公路，成為阿里山主要聯外道路。

2001年5月5日（民國90），鄒族Siuski傳統節慶，中斷數十年後重現，今明聯歡（聯合報）。

2001年5月9日（民國90），交通部觀光局會勘大阿里山風景特定區。大阿里山地區即將成為國家級風景區，但因等級評鑑及範圍界定上，尚未定案，因此由交通部觀光局副局長蘇田成所帶領召集的勘察小組，今日開始於阿里山奮起湖等地，實地進行二天的會勘行程，為即將於5月15日在交通部所辦理的『大阿里山風景特定區範圍勘定等級評鑑會議』做準備。

李縣長表示，希望藉由此次的會勘，讓阿里山風景特定區提昇為國家級風景區的工作，能更順利且迅速推動，讓飽經天災摧殘後的阿里山觀光，再度打響世界知名度，為嘉義縣重新帶來新契機。

今日的會勘行程，上午10時30分於由縣長李雅景、議員湯進賢、縣府建設局長曾漢洲、林務局代表等人的陪同下，會勘小組一行人，自觸口停車場出發，一路勘覽最著名的天長地久橋、樂野村休閒渡假中心、奮起湖老街、鐵道倉庫文史資料館、達邦村等地，沿路並做詳細的簡報及導引說明，明日則由嘉義林管處導引至阿里山森林遊樂區內勘察，今明兩天參覽的各景點，將做為5月15日『大阿里山風景特定區範為勘定與等級評鑑會議』之參考（縣府網聞）；大阿里山風景特定區有進展（聯合報）；10日報導，阿里山風景區升級可能性高，觀光局勘查小組實勘，縣長全程陪同，15日交通部將舉行等級評鑑會議，縣府、民眾樂觀其成。

2001年5月13日（民國90），林管處擔心「西馬隆」颱風帶來豪雨，決定13日起停駛阿里山森林小火車，直到颱風過境、安全無慮之後再復駛。林管處表示，921地震

後，鐵路沿線每逢豪雨就容易發生坍方或落石，因此林管處從去年起就決定，只要遇到颱風、豪雨或地震，小火車就暫停行駛，以保障乘客與行車安全。（中時）

2001年5月15日（民國90），由日籍阿里山人在日本成立的「阿里山小學校同窗會」最後一次於在日本大阪舉行，共30人參加。

「阿里山森林鐵道1912-1999」出版，作者蘇昭旭。

2001年5月16日（民國90），大阿里山升格國家級，範圍擴增近一倍，交部同意，嘉義縣雀躍，將納入里佳等原住民部落，西南側延伸至番路五虎寮橋附近（聯合報）。

2001年5月18日（民國90），嘉義縣府輔導阿里山非法旅館合法經營，將配合「民宿管理辦法」，先劃定實際範圍，再辦理土地分區使用變更（聯合報）。

2001年5月21日（民國90），中南部豪雨效應，阿里山森林鐵路列車今全面停駛（聯合報）；交力坪土石滑落，22日可望搶通。

2001年5月22日（民國90），嘉義縣議會為瞭解山區休閒農業推展情況，上午侯清河副議長，李雅景縣長及縣府各局室主管一行四十多人，前往竹崎、梅山等地進行二天實地縣政考察。李縣長表示，竹崎、梅山區內現有多處風景優美地區，闢如瑞里、瑞峰等地，今已納入國家級大阿里山風景特定區範圍，並預定7月1日正式掛牌運作，往後每年政府投入經營開發經費就高達10億元，目前已有麗景集團等大企業相繼與縣府相關單位接洽大型投資企劃，

社會各界對大阿里山地區的觀光產業前途是相當看好。大阿里山地區提升為國家級風景特定區後，困擾已久的土地編定問題即將放寬，山區民眾及相關經營觀光旅遊業者也應做好心理準備，做好合法化工作，以迎接光明的未來（縣府網聞）；連日豪雨阿里山森林鐵路39.9公里交力坪段落石坍方，鐵路交通中斷，相同的豪雨亦重創高屏農作，損失逾2,444萬元（中央日報）。

2001年5月23日（民國90），重建阿里山火車站可望定案，25日召開審查會，施工期間附近將設臨時車站（聯合報）；府會考察阿里山國家風景特定區，看好山區休閒農業。

2001年5月25日（民國90），阿里山獅子會捐贈全新福斯2500c.c.救護車乙輛給嘉義縣消防局轉發中埔消防分隊，提供到院前緊急醫療救護服務，於下午3時，假嘉義市滿福樓海宴餐廳舉辦新舊會長交接典禮中捐贈。（縣府網聞）

2001年5月30日（民國90），阿里山鄉公所赴曾文水庫管理局爭取回饋，回饋金由1千萬大幅縮水為8百萬，地方不滿揚言抗爭（聯合報）。

2001年6月2日（民國90），聯合報記者張文彬報導分析，阿里山圓夢，需靠觀光局與林務局攜手，天然景觀雖迷人，鄒族原住民文化更是珍貴資產，應先釐清特色與定位（聯合報）。

2001年6月3日（民國90），嘉義阿里山豐山村爆發土石流，大雨沖刷淹沒溪底便道，交通中斷（聯合報）；阿里山公路坍方。

2001年6月5日（民國90），整治豐山村溪流，林務局邀集學者成立委員會遴選優良廠商（聯合報）；土石掩埋公路，阿里山交通中斷；疑涉圍標新美村擋土牆護坡堤防工程案，調查站兵分多路搜索阿里山鄉公所，查證無所獲。

2001年6月7日（民國90），崩塌土石多達1萬立方公尺，3部挖土機每天清晨5點起開始作業，搶修3天阿里山公路恢復通車（聯合報）。

2001年6月11日（民國90），2層樓高巨石堵住豐山村便道，影響出入，村民期盼有關單位協助解決（聯合報）；15日報導，持續豪雨，阿里山公路又落石。

2001年6月16日（民國90），阿里山鄉來吉村開發百洞探險，刺激驚險，吸引山友參加（聯合報）。

2001年6月19日（民國90），林管處表示，拆除阿里山違建商家立場不變，同意近日會勘決定範圍，商家則期待高抬貴手（聯合報）；22日報導，阿里山遊樂區內大面積違建，林管處堅持拆除。

2001年6月（民國90），9‧21大震後祝山觀日樓（海拔2,489公尺）毀損拆除，嘉義林管處新建2座小型觀日亭，以進口木材依古法建造，屋頂以中國式琉璃瓦鋪蓋；觀日平台面積1,376平方公尺（416坪）。5月完工，但因配合「阿里山國家風景區籌備處」掛牌，觀光局擬訂於7月間舉行，且將視陳水扁總統的行程，而「隨時準備剪綵」（6月23日報載）。工程經費2,600萬元。

2001年6月23～25日（民國90），「為促進阿里山國家風景區的發展」、「重振山區觀光事業」，嘉義縣觀光協會結合鄒族原

住民，於來吉村來吉渡假村舉辦「鄒族原藝高峰會」，進行系列歌舞、徒手捉蝦、劈柴、捕獸夾等狩獵技巧，招徠遊客。

2001年6月27日（民國90），嘉義縣觀光協會下月成立服務中心，因應阿里山國家風景區設立，盼提昇旅遊服務品質，並將培訓導覽人員（聯合報）。

2001年6月29日（民國90），因應國家風景區成立，阿里山加強景點規劃擁抱商機，鄉公所辦研討會，附近觀光業者聞風而來，鄉公所將積極爭取管理處設阿里山鄉境內（聯合報）。

2001年7月5日（民國90），尤特風災襲台，森林鐵路停班旅客受困（中央日報）；林管處派人進駐豐山村，縣府各單位進駐消防局（聯合報）；阿里山風景區籌備處23日掛牌，觀光局選定番路欣欣水泥員工宿舍，預估籌設期至少2年。

2001年7月7日（民國90），百年颱風史，韋恩超怪，賀伯超猛，賀伯在一天即降下近2000公釐雨量（聯合晚報）。

2001年7月11日（民國90），阿里山火車站短期內無法重建，林管處為方便遊客乘火車，並遏止野雞車營業，決建臨時月台（聯合報）。

2001年7月14日（民國90），阿里山森林鐵路汰舊換新提高載運量，近日招標添購新車頭（聯合報）。

2001年7月17日（民國90），蘭嶼成立原住民自治區恐難如願，原民會官員未否認未證實，但指阿里山鄒族態度積極，條件比蘭嶼好（聯合報）。

2001年7月18日（民國90），林管處玉井工作站新大樓落成，林務局長指示加強阿

里山整體經營成效（聯合報）；嘉義縣府推動休閒農業，舉辦研習營。

2001年7月23日（民國90），觀光局設立阿里山國家風景區管理處，專責全區規劃建設及經營管理工作。並於 9月 4日承陳總統親自蒞臨揭牌運作（阿管處）。

2001年7月24日（民國90），阿里山廢棄隧道發現蝙蝠生態活教材，因人跡罕至聚集棲息，吸引遊客湧入參觀，為避免干擾，嘉義林管處已設起圍籬（聯合報）。

2001年7月31日（民國90），桃芝颱風過境，阿里山鄉6幹道全數寸斷（中央日報）；阿里山區雨量700公釐，豪雨成災阿里山聯外道中斷，公路坍方、鐵道停駛、4橋梁被沖毀，近500人受困（聯合報）；土石流令豐山村民噩夢重演，5年前賀伯讓全村與外界隔絕1個月，這回又遭桃芝重創；8月1日報導，阿里山公路搶通進度不如預期，500遊客滯留森林遊樂區。

2001年8月4日（民國90），土石流摧殘豐山村滿目瘡痍，桃芝風災後橋斷路毀，對外交通全中斷，全村缺水缺電，阿里山鄉長請求政府儘速搶通道路（聯合報）；達邦橋毀，聯外僅靠產業道路，鄉長亦盼拓寬部分路段，阿里山工務段指將速於3號橋修築便道。

2001年8月7日（民國90），特富野部落荷滅雅雅小米祭登場，鄒族人穿傳統服飾互訪道賀，祈禱明年大豐收（聯合報）。

2001年8月8日（民國90），林管處人員搭直升機勘查豐山堰塞湖，發現湖水已緩慢向下游溢流，水位降低，無潰堤危險（聯合報）；宜蘭礁溪消防隊呼籲阿里山龜殼花幼蛇，毒性強，體褐黑，喜盤蜷，勿誤為蚯蚓而遭咬傷。

2001年8月9日（民國90），興築中的瑞草公路豐山支線，因沿山壁開鑿，路基流失、嚴重崩塌，地方人士主張沿石鼓盤溪等河床鑿路，以兼顧水土保持，公路局將評估可行性（聯合報）。

2001年8月11日（民國90），聯合報地方公論專欄題為「阿里山鐵公路」，摘要如下：桃芝為阿里山帶來700公釐雨量，不及5年前賀伯的一半，災情卻有過之而無不及，鐵公路交通的不便，不僅帶來生活、農產運銷、就醫的困擾，更為觀光產業鋪上陰影，921之後國內旅遊業不景氣，要拯救國內觀光業，除了人要爭氣外，還得拜託老天爺幫忙（聯合報）。

2001年8月13日（民國90），為防範土石流，豐山將加速造林，921震災重建委員會勘災後，允諾補助經費人力（聯合報）；14日報導，林管處趕工疏濬，整治豐山村河川，為免土石流再度爆發，定50天內將土石移至河床。

2001年8月16日（民國90），觀光導覽服務站17日開幕（聯合報）。

2001年8月18日（民國90），阿里山風景區籌備處入厝（聯合報）。

2001年8月20日（民國90），阿里山森鐵養護工，守護國寶級鐵道，身負大鐵槌、拔釘器，每出一趟任務步行數十公里，不分日夜換枕木、搬鐵軌，但他們甘之如飴（聯合報）；21日報導，阿里山森林鐵路恢復通車，桃芝風災後，歷經3週搶修，小火車滿載200多名旅客上山。

2001年8月21日（民國90），豐山村檢查哨傳將裁撤村民疑慮，擔心影響當地治

安，多盼能保留並願提供土地改建（聯合報）；26日報導，豐山村檢查哨毀於桃芝風災，將覓地重建，村民提出3地點供縣警局選擇。

2001年8月24日（民國90），一山之隔觀光收益大不同，高雄縣長建議串聯景點，遊罷阿里山再到三民鄉（聯合報）。

2001年8月29日（民國90），雨後螢光蕈為阿里山豐山村山林夜遊增添特色，遊客驚奇（聯合報）。

2001年8月31日（民國90），阿里山國家風管處9月4日掛牌（聯合報）。

2001年9月3日（民國90），協助阿里山區桃芝災民重建家園，嘉義縣觀光協會捐周遊券義賣募款，所得全部作為災區重建經費（聯合報）。

2001年9月5日（民國90），阿里山國家風管處4日由陳水扁總統揭牌，期許由林業轉型為綜合觀光發展，成為美麗寶島新指標（中央日報）；阿里山國家風管處揭牌，嘉義觀光產業發展列車啟動，地方民眾盼於政府帶動下，再創名勝的春天（聯合報）。

2001年9月12日（民國90），林務局擬美化阿里山森鐵，沿線住戶陳情，擔心房舍被拆，林務局強調有租約者絕不拆（聯合報）。

2001年9月19日（民國90），納莉肆虐，嘉義縣2,000公頃農田受創，全縣淹水30餘處，台18線阿里山公路多處坍方交通中斷，數萬人受困山區（聯合報）。

2001年9月20日（民國90），納莉颱風重創阿里山觀光，阿里山森鐵遭掩埋，一號隧道東口土石堆積，森鐵17.1公里處，路基淘空40餘公尺，鐵軌憑空懸吊，「森林鐵路通車90年來受創最嚴重」，更甚於賀伯及9‧21大震，估計修護經費高達2,600萬元（中央日報）。

2001年9月21日（民國90），阿里山鐵路鐵軌懸空溪谷間，土石坍方、路基、道碴流失，至少57處災情，目前逐步搶修，預計年底才能全線通車（聯合報）。

2001年9月26日（民國90），利奇馬颱風來襲，阿里山持續休園，預定10月1日重新開放（聯合報）。

2001年9月27日（民國90），阿里山公路搶通，全靠養護工人不眠不休搶修，近年來豪雨成災，他們常需冒生命危險清理落石（聯合報）。

2001年9月28日（民國90），阿里山森鐵真難修，數十公尺鐵軌懸在山谷，沿線多處路基淘空流失，搶修人員搖頭，而阿里山公路目前僅能單線通車（聯合報）。

2001年9月29日（民國90），阿里山鐵路重創集中於竹崎監工區，20多名道班工忙得體力透支，是默默守護森鐵的無名英雄（聯合報）；阿里山菜農下山便宜賣菜。

2001年10月3日（民國90），阿里山公路坍方問題有解，公路局擬設蛇籠固地基，並改善地下排水線，預計年底前完工（聯合報）。

2001年10月4日（民國90），921災後重建委員會副執行長郭清江，建議修復阿里山公路可採「生態工法」（聯合報）。

2001年10月5日（民國90），阿里山鄉山美社區發展協會推動達娜依谷溪護溪有成，魚群數量增加，開放垂釣，釣魚高手可日釣數十斤（聯合報）；8日報導，阿里山

達娜依谷生態遭破壞，電魚賊橫行，護溪員難防。

2001年10月13日（民國90），阿里山公路邊坡坍方，土石滾滾，約200公尺路面被覆蓋，預計至少5天才能搶通（聯合報）；24日報導，阿里山公路十字路段65.5公里處，自11日因嚴重坍方，中斷12天後，經公路單位搶修後恢復單線通車，由於森鐵亦因納莉受創，一度造成森林遊樂區千餘遊客受困，經改走二萬坪繞道十字路產業道路才得以下山。

2001年11月1日（民國90），阿里山風管處協調地方開發觸口風景區（聯合報）；颱風、地震重創阿里山交通，大凍山觀日步道亦遭殃，林管處將編經費修建步道。

2001年11月2日（民國90），921重建獨漏阿里山公路，重建委會將速查明（聯合報）。

2001年11月4日（民國90），保育有成，阿里山山美社區獲玉山獎（聯合報）。

2001年11月6日（民國90），阿里山、竹崎、梅山、番路與中埔5鄉大團結，共同振興觀光業，成立大阿里山地區商業重建聯誼會（聯合報）。

2001年11月9日（民國90），阿里山南三村觀光、農業資源豐富，可望成為大阿里山黃金觀光路線（聯合報）。

2001年11月13日（民國90），阿里山鐵路搶修工程動工，首段搶修處將用28個舊貨櫃當基礎再回填土石，林管處預計年底前全線通車；16日報導，阿里山森鐵下月22日通車，修復工程如期進行，目前僅剩2處斷點尚未搶通，其餘災區土石流已清除完畢（聯合報）。

2001年11月19日（民國90），阿里山森林鐵路北門站重生，化身現址博物館，結合阿里山第一製材所等景點，車站廣場及周邊美化工程昨落成，26號高齡蒸氣火車頭亮相，民眾爭相合影（聯合報）。

2001年11月20日（民國90），向左或向右走？入山遊客常進退兩難，阿里山交通指標將全面整頓（聯合報）。

2001年11月22日（民國90），開發阿里山隙頂峭壁將再評估，因登山步道陡峭難行，國家風景區管理處長鍾福松一行會勘體力不支，中途折返（聯合報）。

2001年11月23日（民國90），阿里山鄒族河祭，重現達娜依谷溪，已停辦逾50年，今晨族內長老再度遵循古禮，祈求河神庇佑，並將祭祀儀式傳承下去（聯合晚報）。

2001年11月24日（民國90），阿里山發現數百年老櫸木，隙頂居民帶領風管處人員會勘表示，拜地形隱蔽才能倖存，將發展新景點（聯合報）；睽違50年 鄒族河祭緬懷傳統再現，阿里山山美社區復育有成，寶島魚節登場，將重現河祭儀式，他族觀摩（聯合報）。

2001年11月28日（民國90），阿里山山區「竹筒水」清涼又解渴，居民表示，不是橫斜竹子都有水，全靠經驗研判，可惜已漸失傳（聯合報）。

2001年11月29日（民國90），阿里山國家風景區管理處籌備接駁業，計畫將遊客藉由小型接駁車載往深山原住民部落，例如：來吉、達邦、特富野、豐山等，一來增進地方就業機會，二來開發觀光資源（聯合報）。

2001年12月6日（民國90），奮起湖樟葉槭神似阿里山神木，樹齡三百年，位於森鐵46.3公里旁，距奮起湖7、8分鐘步程，地方居民積極爭取開發成為新地標（聯合報）；防範阿里山森林火災，林務局廣設防火蓄水池。

2001年12月13日（民國90），阿里山森林鐵路祝山支線清晨發生火車脫軌意外，造成8名乘客輕傷。

2001年12月23日（民國90），阿里山觀光彩繪列車啟用，森林鐵路昨歡慶通車90周年，彩繪列車票價1,000元，林管處決採包車方式營運（聯合報）；阿里山觀日小火車出軌，20餘人受傷，上路才5分鐘，車子就突然轉彎出軌，大人小孩驚聲尖叫，6百餘人嚇壞，乘客不滿危機處理，有人坐鐵軌抗議；阿里山森鐵祝山支線脫軌事件，前站長表示：鐵軌銜接有問題，祝山支線通車17年，早期亦曾脫軌發生意外，當時無人受傷（聯合晚報）；24日報導，阿里山小火車出軌，昨頭班賞日出列車2節車廂脫軌，林管處致歉並賠償。

2002年1月1日（民國91），清晨7點3分，數千名遊客聚集在零下0.1℃的阿里山祝山觀日坪，迎接2002年第一道曙光，讓自921地震後低迷已久的阿里山觀光再現生機。林管處莊處長表示，為因應今年開放中國大陸人士來台觀光，被列為觀光重鎮的阿里山將有一番新作為（台日）；阿里山上第1道曙光2千人相迎，零下1度中，守候2小時，大家互道「新年快樂」（聯合晚報）。

2002年1月2日（民國91），山櫻花開阿里山遊客驚艷（聯合報）；阿里山觀光業硬體升級，阿里山賓館改善暖氣、熱水、廁所，並改建商務中心，方便中國、外籍人士，盼振興業績。

2002年1月3日（民國91），整頓豐山村交通，政院核定2億餘元，阿里山鄉公所將於3月底前完成發包，6月底前完工（聯合報）；嘉林管處籌劃阿里山姑娘跳山地舞，重新詮釋「高山青」，於沼平安排迎賓舞，以為觀光業添新意。

2002年1月7日（民國91），阿里山部分旅館二星設備五星收費，櫻花季「痛宰」遊客，普通房一晚索價5～7千元，林管處籲業者勿殺雞取卵，斷送「錢途」（聯合報）。

2002年1月9日（民國91），阿里山豐山村發現百年櫸木，取名為龍頭木，盼與鄰近九芎林相呼應，成為豐山地區觀光景點（聯合報）。

2002年1月16日（民國91），三義木雕師傅黎永川將雕刻美國雙子星大廈，原木為阿里山5千年牛樟（註：？），強調合法取得（聯合報）。

2002年1月17日（民國91），山美村的「達娜伊谷」成果讓人欽羨，新美村跟進將積極推展生態觀光（聯合報）。

2002年1月21日（民國91），阿里山茶山村公廁蓋得像涼亭，推動「部落公園化」有成，盼能吸引觀光人潮（聯合報）。

2002年1月23日（民國91），阿里山再傳森林火警，嘉義林管處大埔事業區100林班地，昨中午發生火警，為該處轄區今年來第11起火警（聯合報）。

2002年1月25日（民國91），載運砂石阿里山森鐵出軌，因煞車失靈過彎失控，車頭與3節車廂傾斜，幸無人受傷（聯合報）。

2002年1月27日（民國91），阿里山茶反攻大陸成為高檔貴族（聯合晚報）。

2002年1月29日（民國91），阿里山茶山村部落公園化迴響熱烈，多了遊客少了浪漫，村民盼控制人數，以避免過度商業化而破壞氣氛（聯合報）；阿里山鐵路老骨董蒸汽集材機，為早期伐木運輸主要動力來源。

2002年1月30日（民國91），阿里山森鐵具有近百年歷史，且為世界三大高山鐵路之一，市府將提報為世界文化遺產（聯合報）。

2002年2月6日（民國91），嘉義林管處林班地今年以來發生十多起火災，檢警將配合林管處，於林班地主動佈線偵辦，奮起湖工作站轄區種植大批台灣珍貴「牛樟」，早已成為「山老鼠」覬覦地區，去年曾發生4株牛樟遭盜伐案，亦需警方配合偵辦（聯合報）。

2002年2月12日（民國91），阿里山森林遊樂區農曆大年初一湧進大量遊客，林管處實施車流管制，除了阿里山當地居民以及有預約訂房證明的遊客可優先放行，其餘將被拒絕通過管制點，但仍阻止不了蜂擁而上的車流，車輛回堵達3公里，交通幾乎癱瘓。（自由）

2002年2月15日（民國91），阿里山森林遊樂區春節期間吸引大批遊客，據遊樂區統計，初一至初三，約有25,000名遊客。（自由）

2002年2月18日（民國91），由於加強交通管制及事前宣導得宜，阿里山5萬遊客春節盡興（聯合報）。

2002年2月27日（民國91），阿里山鄒族送「鎮山之寶」木雕，鄒族文化祭明年相約「札哈木公園」（聯合報）。

2002年3月1日（民國91），嘉義林管處為迎接阿里山花季，將於8日辦理「愛青山、迎花季」淨山活動，每年3月中旬阿里山上千島櫻、吉野櫻、大島櫻及八重櫻相繼綻放，吸引大量遊客（聯合報）；玉山氣象站釘掛門牌，地址為南投縣信義鄉玉山北峰1號（中時）。

2002年3月5日（民國91），阿里山水荒嚴重，櫻花季將屆，嘉義縣長陳明文要求中央「解渴」（聯合報）；阿里山櫻花季醫療服務不打烊，縣衛生局爭取成功，健保局同意日、夜間門診及急診均可享全額給付，讓遊客玩得安心。

2002年3月12日（民國91），阿里山豐山村擬規劃國家森林步道，石夢谷步道、仙夢園、紅檜巨木群等景點，嘉義林管處認為值得開發（聯合報）。

2002年3月13日（民國91），阿里山公路山坡地起火，消防人員花2小時撲滅，幸未波及珍貴林木（聯合報）。

2002年3月15日（民國91），阿里山花季首日雖不是假日，阿里山森林遊樂區約有3,000多遊客。花季期間嘉義縣公車週一至週五每天加開2班，假日再加開3班。鑑於每年花季期間，不肖業者哄抬物價，嘉義縣政府相關單位已組成聯合稽查小組。阿里山花季已開始，但水荒未獲紓解，林管處每日以鐵路運水60噸應急，並呼籲遊客自備飲水，甚至作好沒水洗澡的心理準備。（聯合報）

2002年3月14日（民國91），一輛滿載阿里山賞花遊客的嘉義縣公車，上午10時55

分左右，經47.5公里處石卓路段，疑因煞車失靈翻覆，42名遊客有3人重傷，32人輕傷，由於正逢櫻花季，一時交通大亂，車子回堵約2公里。

2002年3月16日（民國91），阿里山櫻花季揭幕，為期1個月，媒體大量推廣阿里山觀光：櫻花綻放Easy遊，阿里山春意濃；春天到賞花去，陽明山與阿里山花盛開；花景迎春，入山踏青最相宜，陽明山、阿里山櫻花盛開，向您招手。山區細雨紛飛，擋不住賞櫻興致，上萬人潮湧入（聯合報）；蓄水撐不過月底，呼籲自備飲水上山，林管處每日將運水60公噸應急，遊客要有沒水洗澡的心理準備，飯店、餐飲業者憂心，紛接山泉水備用。

2002年3月19日（民國91），阿里山區為台灣山椒魚（俗稱土龍）主要棲息地，林管處委請兩棲爬蟲類專家研究，保育山椒魚（聯合報）。

2002年3月22日（民國91），今年冬季少雨，嚴重影響成長，阿里山春茶減產5成（聯合報）。

2002年3月23日（民國91），阿里山森林失火，除阿里山外，台中縣和平鄉大雪山、南投埔里鎮，各林班地紛傳火警，都已控制；嘉義大埔事業區濃煙瀰漫，消防車無用武之地，落石危及人車（聯合報）。

2002年3月24日（民國91），鳥瞰阿里山火警，縣長搭直升機會勘，發現12公頃山坡地一夕巨變（聯合報）。

2002年3月25日（民國91），觀光旺季阿里山公路車禍不斷，公車翻覆，遊客受傷（聯合報）；26日報導，縣長致歉，盼加速汰換賞櫻專車。

2002年3月29日（民國91），阿里山鄉各民間團體組成「台灣阿里山促進會」，將扮推手促成阿里山、武夷山結盟（聯合報）；自然科博館開挖鄒族遺址，盼能大範圍多點式挖掘，但因年代久遠恐難窺全貌。

2002年3月30日（民國91），盜採阿里山一葉蘭將罰六萬元，嘉義林管處籲愛花族勿攀折以免違法受罰（聯合報）；阿里山受鎮宮神鬚又見蛾影，枯球籮紋蛾一年一度飛來停駐，蛾身花紋宛如神像衣裳圖案，有人稱是神蝶朝拜。

2002年4月2日（民國91），阿里山花季進入觀光旺季，例假日每天近2萬人次的觀光人潮雖為地方帶來豐厚收入，但嚴重破壞風景區景觀。有許多遊客搭小火車時頭手伸出窗外，大呼小叫，亂吐檳榔汁；森林遊樂區內也常見帶小孩的家長帶頭攀折花木，隨手丟垃圾，嚴重破壞景觀。嘉義林管處諭請遊客在要求觀光區有國家水準之際，自己的素養也該有「國家級」。林管處表示，阿里山森林遊樂提昇為國家級風景區之後，遊客素質未見提昇，平均每位遊客上山製造的垃圾量約為0.15公斤，若以15,000人計算，每天要產生2,250公斤的垃圾量。（聯合報）

2002年4月6日（民國91），花季缺水、塞車，嘉義縣長陳明文批林務局，認為係老大心態與本位主義造成，應由阿里山風管處接管，嘉義林管處表示，換單位可能弊大於利（聯合報）。

2002年4月7日（民國91），清明連續假期萬人擁入賞櫻，阿里山公路車龍綿延8公里，車潮擠爆停車場，被引導停放在道路兩旁（聯合報）。

2002年4月12日（民國91），陳水扁總統從奮起湖搭小火車到阿里山，成為繼蔣介石之後，第2位搭上阿里山小火車的中華民國總統（聯合報）；推動阿里山觀光主要三巨頭終獲共識，縣府、林務局及風管處將定期召開聯繫會報，共解難題。

2002年4月13日（民國91），阿里山鄉醫療品質大幅改善，多年前尚無醫鄉，現由本地人擔任衛生所主任，改善計畫成效卓著（聯合報）；古蹟北門站整修不失原貌，將規劃為阿里山森鐵北門博物館，但蒸汽火車頭及車廂恐難展示；阿扁搭小火車登上阿里山悟出道理：領導人要懂得往後退，就像阿里山小火車必是退一進二，否則就會「碰壁」，領導人如同車頭般，不見得總在最前頭；14日報導，總統走訪阿里山山美村，鯝魚從此叫鄒魚，肯定達娜伊谷生態公園保育成就，鄒族原住民樂得高聲歡呼；陳水扁總統清晨4點起個大早，由總統府秘書長陳師孟、重建委員會執行長陳錦煌與林管處等人陪同下，摸黑從祝山林道徒步約40分鐘上祝山欣賞日出。隨後觀賞櫻花、三代木、千歲檜與巨木群。（台日）

2002年4月（民國91），文建會於2002年（民國91）起陸續徵詢國內外學者專家，推薦台灣具「世界遺產」潛力點名單，並由各縣市政府與各地方文史工作室提報，4月召開評選會議選出11個具「世界遺產」登錄潛力點名單，蘭嶼、棲蘭檜木林區、太魯閣峽谷、金門島、阿里山森林鐵路、金瓜石聚落、紅毛城及周邊地區、台鐵三義舊山線、澎湖玄武岩自然保留區、陽明山國家公園及卑南遺址等11處。（人間福報）

2002年4月18日（民國91），阿里山花季落幕，1個月間吸引23萬遊客，林管處估計創造2億觀光產值，縣府承擔為民服務義務，卻沒得分文好處，縣長抱屈，指示副縣長與林管處洽談，爭取林務局提撥門票收入一定比例為縣府觀光規劃費（聯合報）。

2002年4月25日（民國91），縣府決爭取水資源局補助200萬元，協助阿里山鄉住戶及商家旅館，換裝兩段式抽水馬桶沖水器，阿里山遊客用水量將年省7千公噸（聯合報）。

2002年5月7日（民國91），各商家旅館引用山泉水，雖缺自來水，山泉水未間斷，均能充足供水讓遊客使用，阿里山暫不缺水（聯合報）。

2002年5月11日（民國91），阿里山管理處大手筆，將分3年3期投入上億元經費，改善奮起湖交通，增設停車位，並打造環湖景觀步道（聯合報）。

2002年5月13日（民國91），隙頂休憩園區假日遊客上千，將結合阿里山遊樂區、奮起湖商圈，形成帶狀觀光動線（聯合報）。

2002年5月17日（民國91），縣議員力爭嘉義縣民得免費遊阿里山，建議縣府籌組「爭權奪利護產小組」爭取回饋（聯合報）。

2002年5月23日（民國91），阿里山鄉遠水難滅近火，議員促增設消防分隊，並普設蓄水池，消防局長同意朝此方向努力（聯合報）。

2002年5月30日（民國91），阿里山將於水社寮車站附近設置蝙蝠即時觀察站，7月完工，採紅外線監測系統，可在電視上

觀察附近廢棄隧道內蝙蝠生態（聯合報）。

2002年6月1日（民國91），鄒族文化產業發展協會將成立（聯合報）；阿里山區連日大雨，阿里山給水站至昨總蓄水量1萬5千公噸，阿里山遊樂區分區供水解除。

2002年6月17日（民國91），攤位簡陋有損達娜依谷形象，阿里山風景區管理處表示，將積極輔導當地居民提升品質（聯合報）。

2002年6月21日（民國91），推動阿里山觀光已獲金援，嘉義縣府表示，交通部所擬建設計畫已獲政院經建會議原則通過，將分4年投入45億元，旅遊主軸訂於「生態觀光」、「精緻旅遊」、「鄒族文化」、「產業觀光」等4大方向，期盼93年，遊客量可達200萬人次（聯合報）。

2002年6月27日（民國91），林務局表示，阿里山獨立山登山步道人車分道工程3度流標，嘉義林管處將檢討並擇期4度招標；獨立山位於海拔1千公尺左右，日治時代即有鐵路穿越，由於坡度適中，吸引許多登山遊客沿鐵路登高，林務局為確保自然景觀不受破壞，要求包商需減少大型機具出入，枕木鋪設工程因而得仰賴大量人力，包商多因成本不敷而無意競標（聯合報）。

2002年7月4日（民國91），嘉義縣長陳明文表示，「嘉義出好茶，世界第一等」，利用阿里山高知名度，計劃整合行銷嘉義縣梅山、竹崎、番路及阿里山4鄉出產茶葉，將「阿里山茶」推向國際市場（聯合報）。

2002年7月6日（民國91），阿里山林區承租林地農民上個月接獲林務局存證信函，要求不得於租地內種植檳榔，農民透過立委張花冠向林務局陳情，林務局最終同意以「租地漸進式改正造林」方案執行，農民需簽具切結，於今年底完成600株林木造林，93年底完成2,000株林木造林，並維持其正常成長，將檳榔作業逐漸減少（聯合報）。

2002年7月7日（民國91），午後雷震雨引發土石崩塌，阿里山豐山村爆發土石流（聯合報）。

2002年7月9日（民國91），光武檜神木新地標，林務局嘉義林區管理處完成巨木群登山步道及觀景台，方便遊客觀賞（聯合報）。

2002年7月28日（民國91），阿里山蝙蝠生態站啟用（聯合報）。

2002年8月1日（民國91），深山裡的部落生態樂園茶山村，從達娜伊谷再往深處走，茶山部落裡的鄒族人結合農業與人文，讓家鄉變得更美麗；從高速公路嘉義交流道下，接阿里山公路後經觸口、龍美、山美村，車程約2個半小時可抵茶山部落（聯合報）。

2002年8月2日（民國91），嘉義縣阿里山鄉豐山村蛟龍大瀑布，落差高達近千公尺十分壯觀，由於交通不便人跡罕至，豐山村民正積極爭取規劃開發，並設置纜車，成為大阿里山觀光新景點（聯合報）。

2002年8月3日（民國91），阿里山區山葵種植因水土保持與環保問題遭政府限制，立委張花冠與阿里山鄉中山村長陳源隆為農民請命，希望政府能推動「林地內山葵植栽示範區」，落實環保也兼顧地方產業發展（聯合報）；困擾阿里山數十年的

全長600公尺的阿里山第一期巨木群登山步道。照片中為陳清祥與陳玉妹夫妻。陳月霞攝 1998.08.20.

光武檜成為新地標。陳月霞攝

千歲檜為阿里山第一期巨木群登山步道的進出點。
陳玉峯攝 2003.04.20.

陳玉峯帶靜宜學生在巨木群步道上生態學課程。
陳月霞攝2003.01.21.

缺水問題，經原住民委員會及經濟部等單位研商，決定由各相關單位自編預算，工程費1億元，將興建2萬5千公噸的蓄水池，預定明年9月完工驗收，後年起櫻花季缺水窘境可望改善；阿里山奮起湖大飯店及鐵路便當老闆林金坤，蒐集當地老照片，盼為奮起湖發展留下第一本文史資料，廣招民間相助，亦請日本友人協助，籲請曾住過當地的日本人提供相關資料；玉山國家公園管理處與救國團阿里山青年活動中心合辦「玉山生態系列講座」活動，10日舉辦「阿里山鐵路歷史」講座。

2002年8月5日（民國91），嘉義縣阿里山森林遊樂區的硬體設施不斷提升水準，四處林立的攤販鐵皮屋在青山綠水間卻愈見突兀，嘉義林區管理處已委請規劃宜蘭冬山河景觀的顧問公司，協助改善遊樂區的整體景觀，期讓遊樂區呈現國家級風景區的風貌（聯合報）。

2002年8月6日（民國91），921重建會昨、今日於嘉義縣阿里山鄉達邦村，舉辦「5縣市、13原住民鄉防災整備示範觀摩演練」，重建會執行長陳錦煌強調「預防重於救災」，並頒獎表揚阿里山鄉獲得91年防災整備工作唯一考積列為甲等的成果（聯合報）；嘉義山區多日來連續降雨，阿里山公路持續傳出零星落石，65公里路段顛簸難行。

2002年8月7日（民國91），林務局嘉義林管處積極開發阿里山巨木群登山步道，近日完成阿里山森林遊樂區內第二期步道工程及觀景台，從香林吊橋至香林神木全長418公尺，以南美檜木鋪設而成，總經費820餘萬元，遊客將可飽覽2千年以上的巨木群林相（聯合報）；嘉義縣府昨指出，嘉義縣高山茶品質非常優良，將輔導農會和茶農成立產銷合作社，以阿里山高山茶為品牌，向全球推展行銷，依品質價格分為五等級，盼阿里山高山茶聞名全球；豪雨造成阿里山公路部分路段坍方，並發生土石流，經搶修維持單線通車。

2002年8月8日（民國91），百餘名鄒族耆老昨於原委會舉辦「阿里山風景特定區對鄒族部落影響」的協調會中，對行政院原住民委員會未知會鄒族人即進行特定區規劃作業相當不滿，會場並懸掛白布條抗議；原民會表示未來一定會與地方溝通（聯合報）；9日報導，原住民委員會專員楊貴榮昨天表示，鄒族強烈不滿交通部對阿里山風景特定區的規劃作業，鄒族人對未受交通部知會與尊重表示不滿；原民會為維護鄒族權益，將更積極參與阿里山風景特定區的規劃，持續為鄒族人爭取權益；10日地方公論專欄以「鄒族的聖山」一文指出，阿里山是原住民鄒族發源地，也是安身立命、延續種族、文化的樂土，此次交通部規劃阿里山風景區，事先未知會鄒族耆老，結果引起鄒族強烈反彈，政府近年來不僅重視國家公園或國家風景區自然生態的保護，也希望能跟人文、產業、文化結合，以達到生態保育與觀光遊憩雙贏目的。

2002年8月9日（民國91），阿里山上半年遊客遞減，比去年同期下滑近6萬人次，景氣差與缺水應是主因（聯合報）。

2002年8月17日（民國91），嘉義縣阿里山鄉達娜伊谷封溪十餘年，成功復育高山鯝魚，使達娜伊谷成為魚的家鄉，每逢週

末假日，湧進千餘名觀光客，年觀光收益已逾千萬元，成為阿里山旅遊景點耀眼的珍珠(聯合報)。

2002年8月20日(民國91)，嘉義縣阿里山公路多處路段遇雨坍方情況嚴重，公路總局阿里山工務段決定興建明隧道，並加強護坡噴漿工程，以維護交通安全(聯合報)。

2002年8月22日(民國91)，阿里山竹崎鄉石桌地區海拔1,000～1,200公尺間，「珠露」茶的知名度日益提升，而較高海拔的阿里山鄉「頂湖茶」，位於海拔1,500～1,800公尺間，不遜珠露卻因缺乏推廣，銷路不佳，許多茶農慨嘆(聯合報)。

2002年8月27日(民國91)，行政院推動「觀光客倍增計畫」，交通部觀光局阿里山風景管理處著手規劃當地鄒族文化的觀光建設，但當地認為觀光規劃過於粗淺、粗暴，找更多人來「看山地人唱歌跳舞喝小米酒」？不見深度規劃，嚴重傷害鄒族文化，最近已在串連鄒族部落和外界同情原住民的力量，不排除封山，阿管處表示未定案，歡迎溝通(聯合報)。

2002年8月28日(民國91)，嘉義縣長陳明文「拚觀光」與行政院長提出「觀光客倍增計畫」，不謀而合，27日2人為嘉義勾勒未來願景，將舉辦國際研討會，使阿里山成為國際知名景點(聯合報)。

2002年8月29日(民國91)，嘉義縣政府、阿里山風景區管理處今天將會同劍湖山遊樂區業者，會勘阿里山鄉山美村達娜伊谷，山美村民認為這是財團介入的徵兆，揚言將休園抵制，捍衛自主權(聯合報)。

2002年8月30日(民國91)，阿里山國家風景區管理處長鍾福松昨強調，絕未引進財團介入阿里山原住民部落開發，對於部分鄒族村民誤解，將秉持誠意繼續溝通，阿里山鄉民代表溫英峰指稱阿里山風景區管理處、嘉義縣政府預定昨天會勘達娜伊谷溪，劍湖山業者被疑為介入經營前兆，會勘緊急叫停(聯合報)；「阿里山達娜伊谷清澈的溪流，大群魚兒在水中悠游，誰忍心再加破壞？」視阿里山為聖山的鄒族人，擔心財團介入，已揚言抵制到底，捍衛自主權。

2002年9月4日(民國91)，阿里山鄉來吉村鄒族居住於「塔山」之下，將塔山視為聖山，鄒族以陽具為「鎮山之寶」，因傳說掌管山林的是女神，族人相信當受山崩危害時，將木雕的男性性器官指向危害處並誠心祈福，就會回復平靜，名為「鎮山之寶」(聯合報)(註：？)。

2002年9月7日(民國91)，嘉義縣阿里山鄉茶山村積極推動觀光，村民整合當地的自然景觀資源，規劃成2天1夜行程，包含交通、食宿僅收1,600元，遊客廉價享受山林野趣，獲得好評，茶山村位於阿里山鄉遍遠山區，近年因舉辦涼亭文化節而打知名度(聯合報)。

2002年9月13日(民國91)，公路總局阿里山工務段進行阿里山公路65.5公里處，邊坡養護工程，工作人員身繫繩索於近40層樓高的崖壁作業，遊客直捏冷汗(聯合報)。

2002年9月19日(民國91)，嘉義縣159甲線大華公路部分邊坡落石嚴重，來往人車像在賭命，沿線竹崎、番路鄉約2千居

民亟盼改善，公路總局阿里山工務段副段長王熙松表示，因生態工法意識成主流，但待修路段卻不適用，交通安全與生態環保難兩全（聯合報）。

2002年9月26日（民國91），阿里山拚觀光，交通部正計劃爭取專案解編阿里山林班地，爭取解開「發展死結」，擬連接台18沿線景點，興建5星級旅館、觀日據點、空中纜車等，建構為國際觀光線（聯合報）。

2002年9月27日（民國91），阿里山國家風景區管理處昨邀集嘉義林區管理處、公路總局阿里山工務段等單位，共同研商「阿里山觀光客倍增」辦法，提出舉辦國際少數民族文化祭、增加自動化設備與遊園車輛等多項方案，將於近日提請行政院觀光推動發展委員會討論（聯合報）；台18線阿里山公路31公里處路基持續下陷，公路總局人員近2個月來回填補4次，但路況仍不佳，許多車輛行經險象環生，公路總局阿里山工務段長蔡長利表示，近日將拉平當地坡度，俾維護行車安全；近兩三年來，許多果農在高海拔地區種植的甜柿，台中縣和平鄉的摩天嶺、嘉義阿里山的隙頂，是最早成功栽種甜柿的地區。

2002年10月（民國91），「火龍119──阿里山1976年大火與遷村事件初探」出版，作者為陳玉峰、陳月霞。

2002年10月1日（民國91），嘉南地區發生最大震度4級有感地震，搖晃30秒，震央位於阿里山鄉境內（聯合報）。

2002年10月2日（民國91），百年老茶樹茶業發展活見證，竹崎鄉光華村位於阿里山海拔1,000公尺偏遠地區，村內僅餘十多株，每株都有成人高，如今村民多改種本土種烏龍茶，老茶樹的經濟效益幾近於零，村民不捨砍除，反成為觀光一景（聯合報）。

2002年10月3日（民國91），陳澄波1935年畫作60號大畫「阿里山之春」，預估拍賣價約2,000萬元，受矚目（聯合報）。

2002年10月4日（民國91），總統府地方文化展「雲湧阿里山‧活力新嘉義」開幕（聯合報）。

2002年10月5日（民國91），總統府地方文化展昨天起由嘉義縣登場，象徵「拚觀光」的阿里山蒸氣老火車頭駛進總統府（聯合報）。

2002年10月9日（民國91），林務局轄屬的阿里山森林遊樂區為慶祝國慶日，當天門票優惠價僅10元，阿里山森林遊樂區平日門票全票200元、半票100元、優待票40元，配合國慶日優惠價僅10元（聯合報）。

2002年10月10日（民國91），阿里山森林鐵路「競逐「世界遺產」。嘉義市文化局大力促成阿里山森林鐵路提報「世界遺產」的登錄工作，9日起至20日在文化局一樓大廳及二、三、四樓樓層川堂以靜態展示11處「世界遺產」潛力點中英文圖文簡介與導覽解說，同時與金龍文教基金會共同策劃後天上午在文化中心中廊開幕，讓市民參加和關心世界文化資產（人間福報）；嘉義縣阿里山達娜伊谷鄒魚節訂明日登場，為期3天，開幕首日門票一律8折優待，鄉長歡迎各界前往品嚐各類山產、欣賞原住民歌舞，享受當地自然悠閒的氣氛，達娜伊谷生態公園因鄒族人自發性復育台灣?魚而聞名全國（聯合報）；阿里山鐵道爭取

登錄世界遺產，已列「候選名單」，行政院文建會主辦的「台灣世界遺產潛力點特展」，首場巡迴展嘉市展出。

2002年10月12日（民國91），阿里山石桌觀光站啟用，嘉義縣府於阿里山公路50公里附近石桌檢查哨，成立警察與服務兼具的觀光服務站，擴大遊客服務範圍，昨啟用（聯合報）；嘉義縣阿里山鄉山美村，昨舉辦寶島鄒魚節活動；13日專題報導，山美村鄒族護魚成功，一條達娜伊谷溪傳奇式地養活全村人，鄒魚回來，遊客則跟著來，山美村9成外流人口回流，大發觀光財。

2002年10月13日（民國91），國立嘉義大學與嘉義林管處昨舉辦重陽登高敬老健行活動，數百位阿公、阿嬤先搭阿里山森林火車於樟腦寮下車，後爬上獨立山，渡過一個「健康、活力」的重陽節（聯合報）；文建會準備向聯合國推薦阿里山森林鐵路為世界遺產潛力點。

2002年10月15日（民國91），經濟不景氣失業人越來越多，許多人自怨自嘆，但阿里山鄉山美村民卻發揮自助人助精神，在達娜伊谷溪封溪護魚成功，吸引大批觀光客，帶動就業機會，山美社區位於海拔500公尺處，長達18公里的達娜伊谷溪，溪水清澈，稱為鄒族聖水，十餘年前由於濫捕，台灣?魚一度面臨滅絕，如今自助助人，9成外流人口均已回流。

2002年10月17日（民國91），嘉義縣番路鄉甜柿進入產期，番路甜柿一顆上百元，一般僅7、8兩重，阿里山隙頂區上品則可達18兩（聯合報）；縣府委託顧問公司，規劃阿里山國家風景區4條遊憩系

統，預計民國100年達到國民旅遊300萬人次、國際觀光客20萬人次，創造87億元觀光產值目標，縣長表示，這是嘉義縣發展觀光的希望；嘉義縣「拚觀光」有缺溫泉之憾，俟溫泉法立法通過，縣府將與阿里山國家風景區管理處合作開發「中崙溫泉」，不讓關子嶺溫泉專美於前。

2002年10月19日（民國91），陸軍十軍團52工兵群昨爆破嘉義縣阿里山鄉乾坑溪床中13塊巨岩，爆破巨聲於山谷間迴響，碎石炸射百餘公尺遠，乾坑溪排水受阻問題，得以有效改善（聯合報）；嘉義縣府積極推動鄒族選美，尋找高山青代言人，評選姑娘與勇士，首獎獎金各得60萬；中國杭州舉行的國際茶葉博覽會300斤阿里山茶熱賣，標價高達台幣2,800元，現場銷售一空。

2002年10月22日（民國91），嘉義縣阿里山鄉達娜伊谷餐飲業者，正籌備飼養「中華鱘」，並研發相關菜色，盼成為地方新產業，再創商機，縣府農業局人員查證後，確定中華鱘非台灣保育類魚種，但要求業者不可放養於溪流裡，以避免外來魚種破壞本土生態（聯合報）。

2002年10月23日（民國91），嘉義縣長陳明文參加行政院觀光發展推動委員會會議，會中提出阿里山國家風景區整體規劃建議，同時表示：游錫?院長認同其構想，並要求相關單位研究規劃，讓全國每一位高中生在畢業前至少攀登一座十大名山（聯合報）。

2002年10月25日（民國91），教育部長黃榮村昨原則同意嘉義縣香林國中遷校，這所位於阿里山海拔約2,200公尺的香林

國中，一向號稱「全國最高學府」，如遷至樂野部落，海拔僅剩1,100公尺，高度降了約1,100公尺，恐將讓出「最高學府」稱號，將成為南華大學附中（聯合報）。

2002年10月26日（民國91），一支來自日本平均年齡75歲的老人登山隊將挑戰玉山，因天氣變化，84歲木夏是雄等人怕連累同伴，折回阿里山遊樂區休息（聯合報）。

2002年10月29日（民國91），阿里山觀光蝙蝠列車啟動，阿里山森林鐵路訂11月2日起，每逢星期六、日行駛「阿里山到奮起湖」及「奮起湖到水社寮」的區間車「觀光蝙蝠列車」，方便民眾吃鐵路便當、賞蝙蝠，飽覽阿里山地區的人文美景，嘉義林區管理處處長洪明川表示，配合行政院推動「觀光客倍增計畫」，森鐵營運將朝觀光化方向發展，此舉同時推廣奮起湖、大凍山步道、水社寮蝙蝠及觀日峰等景致（聯合報）；茶山村位於嘉義縣阿里山鄉最南端，當地好山好水，近年來吸引無數遊客前往，村內鄒族原住民組成的「珈雅瑪樂團」更屢屢代表全縣參加全國活動，茶山村因而盛名遠播；「茶山」是達故布亞努語「珈雅瑪」的日語譯音，原意為「半山腰的平原」，人口以6成鄒族、3成漢人和其餘布農族人組成；阿里山鄒族停辦300多年的「生命豆祭」，將訂11月2-3日於嘉義縣阿里山鄉達邦村綜合運動場重現。

2002年11月1日（民國91），嘉義縣府豐山國小於9‧21地震震毀，重建工程設計自日本引進避震器，原應於去年完工啟用，卻因建築師設計圖與實際建物不符等原因，完工迄今仍無法取得使用執照，縣府將依規定懲處建築師，同時將組成專案小組處理（聯合報）。

2002年11月2日（民國91），開始行駛阿里山站至奮起湖站，奮起湖站至水社寮站之區間列車。

2002年11月3日（民國91），嘉義縣阿里山鄉公所為了鼓勵鄒族原住民結婚生育，昨於鄉治達邦村首次舉辦「生命豆祭」傳統結婚典禮，共有24對新人參加（聯合報）。

2002年11月6日（民國91），嘉義縣政府計劃籌辦大規模的茶葉博覽會，將於年底先行小試身手，舉辦阿里山高山茶「金茶獎」熱身（聯合報）。

2002年11月7日（民國91），今年雨量少，冬季又乾又暖，創52年來最嚴重乾旱，其中阿里山、澎湖、花蓮等3地，1～6月降雨量還創下52年來最少的紀錄（聯合報）。

2002年11月8日（民國91），林務局於奮起湖砍伐林木興建停車場，遭嘉義市人文關懷協會等環保團體抗議，阿里山風景區管理處指該地是山溝，且學者評估不會影響安全，然擔心太管處長去職事件重演，已於10月停工（聯合報）；嘉義縣政府將舉辦「金茶獎」，整合大阿里山產茶區的4個鄉鎮農會統一推出「阿里山高山茶」，議員質疑，已出現仿冒品，對整合行銷沒信心，縣長陳明文表示，為打擊仿冒更須統一品牌，註冊商標。

2002年11月11日（民國91），阿里山奮起湖大飯店老闆林金坤長子林耿逸，昨包下阿里山小火車一節車廂作為結婚禮車，林金坤說，35年前他也是靠阿里山小火車娶老婆，兒子婚禮讓他緬懷過往，盼兒子

傳承其事業與志向，讓奮起湖的故事繼續寫下（聯合報）。

2002年11月14日（民國91），嘉義縣阿里山鄉豐山村一年一度的村內廟會，除了維持上百桌的流水席讓外賓享用外，今年將配合放流近千尾的魚苗，凸顯當地在9‧21震災後的生態保育成果，豐山社區發展協會理事長簡天賞表示，豐山村古山宮祀奉吳鳳，廟齡50年，今年於石盤鼓溪積極復育高山鯝魚及石斑（聯合報）。

2002年11月20日（民國91），嘉義縣阿里山鄉豐山村為恢復當地石鼓盤溪生態，昨於溪畔舉行石斑魚放流活動，當地居民、學童及嘉義大學水產生物系師生共100多人，一起將魚苗倒入溪中，盼不久將來，石鼓盤溪又可恢復魚蝦成群的舊觀與活力（聯合報）。

2002年11月21日（民國91），為積極協助年代公司「阿里山數位媒體科技園區」開發案早日進駐嘉義，縣長陳明文表示，將積極爭取中央專案開闢60公尺寬主要聯外道路，縣府將全力配合科技園區的開發進度，盼聯外道於95年園區開始營運前完成（聯合報）。

2002年11月22日（民國91），遊客抱怨阿里山部分鄒族烤山豬肉業者採用一般豬肉，名不符實，一片豬肉賣40、50元太過離譜。鄉長湯保富表示，業者太多，鄉公所難以控管品質，目前全力宣導並籲請業者憑良心作生意，不要成為國際笑話（聯合報）。

2002年11月23日（民國91），陳清祥、陳玉峯與陳月霞至二萬坪探勘第7林班棄土區伐木開挖預做棄土區之生態環境影響。12月16日，陳玉峯與陳月霞二度至二萬坪探勘第7林班棄土區伐木開挖之生態環境影響。

2002年11月26日（民國91），嘉義縣議會昨通過副議長余政達等14位縣議員提案，建請交通部觀光局將仁義潭及周邊公園綠地納入阿里山國家風景區，以利嘉義縣拚觀光（聯合報）。

2002年11月27日（民國91）阿里山、玉山再現低溫，達攝氏3度、零下6.1度，上山民眾應加強禦寒（聯合報）。

2002年11月30日（民國91），陳玉峯為文「二萬坪站崩塌的危機」，揭露阿里山森林鐵路重鎮因柳杉遭砍除致使地下水侵蝕（自由時報）；嘉義縣阿里山鄉茶山涼亭節今天登場，為期2天，村內百餘戶人家計有69座涼亭的特殊景觀為一大賣點（聯合報）；來自台灣、日本、韓國的20個教會醫院的數十位高階主管，昨天參觀嘉義基督教醫院於阿里山鄉山美村札札亞社區，推動社區健康營造工作的成果，並與鄒族原住民共舞、搗小米。

2002年12月2日（民國91），嘉義縣阿里山奮起湖冬螢現身數百隻，當地居民預料1週後將進入活動高峰期，屆時奮起湖車站鐵道上，將出現千螢共舞美景，愛好自然生態民眾可把握傍晚6、7點最佳時機前往觀賞，奮起湖冬螢自前年發現，經學者證實學名為「鉅角雪螢」，為台灣4種冬螢之一，通常出現於高海拔深山地區（聯合報）。

2002年12月3日（民國91），因阿里山鄒族地方人士傳出異議，「發現青山少女與勇士」活動險些喊停，經溝通，縣府全部

接受鄒族所提建議，首獎獎金60萬元將一次給付，選拔活動延後1周舉行（聯合報）。

2002年12月5日（民國91），嘉義縣阿里山鄉公所經營的「阿里山閣」大飯店，決明年3月調漲住宿價格逾2成，強調將大幅提升服務品質，爭取客源，在經濟不景氣之際，引起阿里山森林遊樂區內飯店業者關切，部分業者正醞釀跟進（聯合報）；聞名全國的阿里山奮起湖鐵路便當，即日起將推出八角型與圓型木盒精裝版，容量加大，價格不變，仍維持一個一百元；當地世代經營的林金坤家族，目前每個月約賣出上萬個鐵路便當，今年與統一超商簽約後，知名度更響，全台3千家統一超商一天即可賣出1萬多個鐵路便當；嘉義林管處表示，在阿里山公路尚未開通前，遊客皆以森鐵上阿里山森林遊樂區，3～4小時搖搖晃晃的車程中，多數遊客選擇於森鐵中點站「奮起湖」購買鐵路便當，目前當地仍保留古早味，吸引不少遊客專程前來；阿里山高山茶冬茶，從農曆立冬即開始採收，現進入採收尾聲，目前採收的「冬片仔」數量很少，香味特殊又耐泡，物稀為貴，批發價每台斤高達2,000元；嘉義縣府下年度僅編列90萬元拆除違建，不過，阿里山國家風景區管理處為拆除阿里山公路沿線違建，一口氣「補助」縣府1千2百萬元，請其代為執行違建拆除，係縣府自編預算的12倍。

2002年12月6日（民國91），阿里山奮起湖風景區的百年肖楠林景致優美，林務局嘉義林區管理處在當地鋪設景觀步道與觀日台後，吸引許多遊客流連其間，成為當地的新興觀光景點。奮起湖風景區以老街、鐵路車站、鐵路便當及地方小吃聞名全台，但大凍山步道及高海拔區罕見70株百年老肖楠樹群聚（註：？），林相優美更顯珍貴（聯合報）；阿里山遊樂區日出茶行新開發的「柴頭餅」，連皮帶餡內外共三層，成了阿里山的招牌特產之一。

2002年12月7日（民國91），阿里山車站重建，工程土方擬堆置於二萬坪車站附近林班內，約1公頃面積的土石資源堆置場，因闢設土資場時曾砍伐不少柳杉，生態學者陳玉峰質疑二萬坪車站附近地基有崩塌危機，縣府昨天表示，近期內將派員勘察，確認是否危害水土保持（聯合報）；嘉義縣18個鄉鎮市，除阿里山鄉外，其餘17鄉鎮市垃圾均已送至焚化廠處理，縣議員湯進賢昨帶領百餘位阿里山鄉村鄰長，參觀鹿草鄉焚化廠，讓村鄰長了解垃圾焚化廠作業，以解決阿里山鄉每天3公噸、櫻花季期間每天12公噸垃圾問題，目前僅來吉村有一標準衛生掩埋場，但因苦無運送經費，尚須協調阿里山風管處及林務局補助經費，才得以運送至焚化爐處理；嘉義縣阿里山奮起湖風景區張金蘭經營的「河北水餃」，是卅多年的老字號「鐵路水餃」，採用佛手瓜當餡料，口味獨到，「死忠」饕客不少，每個月包上萬個水餃還不夠賣。奮起湖鐵路便當原本就有不錯的口碑，透過統一超商全台行銷後，名氣更大，鐵路水餃雖同期發展，卻因宣傳少，名氣沒那麼大，僅靠口耳相傳。

2002年12月11日（民國91），嘉義縣梅山鄉太興村玉鑫萱茗茶產銷班今年初成立後，已設計出自有的商標品牌，配合冬茶採收進行分級評鑑包裝，希望提升金萱茶

的品質，梅山鄉太興村位於大阿里山山脈，海拔高度介於800～1,700公尺間，茶區經年雲霧繚繞，是嘉義縣新品種金萱茶主要產區，品質高、口味獨特（聯合報）。

2002年12月12日（民國91），阿里山奮起湖風景區百年雜貨店「合興商店」，保留了2塊「鹽牌」，其中歷史較久的日治時代鹽牌近日遭竊，另一些早期的汽水廣告商標也陸續被偷，讓業者心疼不已。合興商店老闆陳華林表示，早在日治時代父親就接棒在奮起湖老街經營，目前擺設仍與昔日相仿，盼遊客發揮公德心，一起維護老街文物（聯合報）。

2002年12月16日（民國91），政務委員林盛豐抵阿里山邀陳玉峰、陳月霞等人堪察商店區、旅館區，晚上於阿里山工作站會議。

2002年12月17日（民國91），政務委員林盛豐與陳玉峯、陳月霞等堪察祝山、小笠原山、牡丹園、貴賓館、招待所。

2002年12月19日（民國91），玉山變顏，數百年鐵杉林大量枯死，疑似感染病蟲害，玉管處延請專家勘驗查明原因，以避免疫情擴大（自由時報）。

2002年12月21日（民國91），呂秀蓮副總統中午在嘉義市北門車站，搭乘阿里山森林小火車到奮起湖，欣賞阿里山跨年音樂會預演。晚上8點30分在阿里山賓館與地方召開觀光發展座談會，了解嘉義縣整體觀光發展。22日第3度上阿里山看日出。（縣府網聞）

2002年12月24日（民國91），阿里山遊客服務中心前廣場，舉辦「阿里山跨年音樂會活動（聖誕夜）」，晚上有為全國最高海拔耶誕樹點燈儀式、古典音樂表演及詩歌禮讚報佳音等（縣府網）；副總統呂秀蓮曾兩度上阿里山，都沒看到日出，前天終於如願，興奮地說：看到光芒萬丈的日出，景象正代表台灣，更有如嘉義的未來，並指台灣真是個寶島，阿里山直是蓬萊仙境（聯合報）；嘉義縣長陳明文指出嘉義縣阿里山是國際知名景點，行動電話接通率卻不到三成，將會成為縣府拚觀光的障礙，指示各單位全力協助電信業者，但各通信業者興建共構的基地台，卻面臨破壞景觀的難題，嘉義林管處同意由業者先尋覓適當地點再議，基本上反對設於祝山，而沼平舊工作站則較適宜。

2002年12月25日（民國91），下午7點，阿里山遊客中心前廣場，舉辦「發現青山少女與勇士選拔決賽」。為了實現歌詞中的「阿里山姑娘美如水、阿里山的少年壯如山」意境，嘉義縣政府與阿里山國家風景區管理處、林務局嘉義林管處合辦了「發現青山少女與勇士」選拔活動，希望能選出擔任阿里山地區觀光產業代言的親善大使，積極推動阿里山的觀光活動，讓阿里山的美能躍上國際舞台。經過辛苦的複賽，最後選出十位青山少女與勇士，將在今天晚間的決賽中決定由誰脫穎而出（縣府網聞）；嘉義縣政府、觀光局和林務局決定以音樂來讚嘆阿里山的美景，首度舉辦「日出印象阿里山跨年音樂會」，迎接阿里山日出，悠揚樂音揭序幕，並為全台最高海拔耶誕樹亮燈，昨（24日）下午5:30於海拔2,300公尺的阿里山森林遊樂區揭幕，悠揚樂音中，號稱全國海拔最高的耶誕樹燈點亮後，現場遊客一陣歡呼，今起

2002年12月7日聯合報報導，阿里山車站重建，工程土方擬堆置於二萬坪車站附近林班內，約1公頃面積的土石資源堆置場，因闢設土資場時曾砍伐不少柳杉，生態學者陳玉峯質疑二萬坪車站附近地基有崩塌危機。陳月霞攝 2002.12.16.（左下圖）
12月16日縣府派員並邀請陳玉峯會同勘察，確認是否危害水土保持。陳月霞攝 2002.12.16.（下圖）
陳清祥表示，此地為阿里山溪集水區，早期伐木之後，成一低凹易積水區，為免積水過盛造成二萬坪崩塌危機，曾在此設抽水系統，後來因柳杉造林已成森林，抽水系統才廢去。伐木開挖之後，果然發現數具抽水機器。陳月霞攝 2002.12.16.（左上圖）

由嘉義縣政府、林務局、觀光局等單位所辦的「阿里山月光森林搖滾」，因為遊客稀疏，讓這場耗資近兩百萬，企圖在阿里山「滾動夏日夜晚」的活動，喧嘩有餘，熱鬧不足，而提前結束。陳月霞攝 2003.09.11.

至元旦一連舉行8天（聯合報）。

2002年12月25日（民國91），由林務局嘉義林管處、嘉義縣政府、觀光局阿里山管理處等三個單位所舉辦的「日出印象阿里山跨年音樂會」，自25日起至元旦當日的每個日出時分，均安排音樂家在祝山觀日樓平台為民眾演奏一個小時迎曦晨光序曲。

2002年12月27日（民國91），嘉義縣政府召開第26次主管會報，相關單位將訪查「日出印象阿里山跨年音樂會」及「發現青山少女與勇士」民意，若民眾反應不錯，「發現青山少女與勇士」選拔活動將每2年辦一次，至於「日出印象阿里山跨年音樂會」將會每年舉辦，成為推動阿里山觀光的固定活動。這次活動美中不足之處，是當地居民多不知一府二處在阿里山舉辦活動，且地方民代出席的情況似乎不甚踴躍。（縣府網聞）

2002年12月29日（民國91），嘉義縣政府為整合嘉義縣茶區生產的茶，訂定統一的品牌以利行銷，上午10點假竹崎親水公園舉辦金茶獎頒獎暨品茗活動。嘉義縣茶葉種植面積約2200公頃，主要分佈在梅山、番路、竹崎及阿里山等四鄉。嘉義縣長陳明文希望藉此活動，整合目前各農會及團體所舉辦之茶賽，統一建立阿里山高山茶的品牌，把阿里山高山茶的口碑推向國際市場。（縣府網聞）

2003年1月19日（民國92），地方要求阿里山至杉林溪闢建高山纜車，游揆強調將兼顧生態謹慎評估（聯合報）。

2003年1月28日（民國92），阿里山熊蹤乍現，玉管處關切黑熊出沒，阿里山遊樂區警戒，鄉民稱目睹蹤影並發現疑似爪痕與排遺，將送特生中心化驗待專家鑑識（聯合報）；春節旅遊，阿里山森林遊樂區新闢巨木步道（民生報）。

2003年3月2日（民國92），阿里山小火車每天從亞熱帶駛向溫帶，颱風坦方、9‧21大地震、翻車，十年來命運多舛幾經磨難，之字形鐵路為鐵道工程藝術品，為爬升困難度最高的森林鐵路，阿里山鐵道將申請列入世界遺產潛力點，其為全球僅存3座高山登山火車之一（民生報）。

2003年3月2日（民國92），阿里山小火車1日翻覆，傷亡慘重，為歷來最嚴重災情，17死171傷（中時）；3日報導，肇禍乃因角旋塞未開，確定人為疏失，角旋塞為連接車頭車廂間氣管，用以控制煞車氣壓輸送；10日報導，阿里山小火車復駛；11日報導，阿里山小火車復駛漏氣，研判遭飛石擊中氣軔管，接近翻車現場自動煞車，引起乘客騷動（聯合報）；12月18日報導，阿里山火車翻車案，檢車士判刑3年，駕駛、副駕駛及列車長疏於檢查，各判2年半。

2003年3月3日（民國92），阿里山鄉達娜伊谷山美社區保育生態有成，辦鄒魚節，每年獨立營收高達2千萬餘元，已有寬裕經費及人事權，透過訂定社區公約，同時爭取政府補助，目前鄒族基金會期盼成立自治區，以提升鄒族政治地位，保護鄒族傳統領域（中時）。

2003年3月4日（民國92），交通部與農委會達成協議，阿里山鐵道監理回歸交通部，同時由台鐵組成技術顧問團（中時）。

2003年3月5日（民國92），阿里山賞櫻

替代路線紛出爭豔，當地觀光業者推廣瑞里、奮起湖、來吉、豐山等不同路線招攬遊客（工商時報）。

2003年3月15日（民國92），為期1個月的阿里山花季今登場，正副總統昨特搭小火車上山，盼揮別兩周前森鐵意外陰影，為阿里山觀光產業加油打氣（民生報）。

2003年3月30日（民國92），瑞太遊客服務中心啟用，瑞里、太和、瑞峰地區螢火蟲季正式登場（民生報）。

2003年4月9日（民國92），業者推銷奮起湖老街、鐵路便當及鄰近景點（民生報）。

2003年4月21日（民國92），游揆走訪阿里山期勉全力拚觀光，表示SARS風暴期間，國人若取消海外旅遊行程，可轉向國內景點來趟健康之旅，帶動國內經濟發展（民生報）。

2003年5月26日（民國92），SARS遠離，恢復正常生活，遊客回籠，衛生署長李明亮信心喊話收效，阿里山、東部遊樂區再現人潮，遊客比上周多出3倍（聯合報）。

2003年7月2日（民國92），阿里山翻車案，國內消保團體首宗對公法人提出團體訴訟案，代家屬求償5.7億（中時）；10月9日報導，阿里山火車事故，弄錯求償對象，敗訴（聯合報）。

2003年8月11日（民國92），揮別SARS，國內森林遊樂區遊客回升，1～6月遊客量，以太平山漲幅最大，阿里山下滑最多，但7月後人氣漸旺（民生報）。

2003年8月25日（民國92），阿里山風管處斥資2千萬元打造石盤谷新風貌，進行豐山石盤谷遊憩據點整建美化工程，年底可望完工（民生報）。

2003年9月6日（民國92），瑞里地區以生態工法整修完成，沿步道將可造訪蝙蝠洞、燕子崖及青年嶺，體驗山林野趣（民生報）。

2003年9月10日（民國92），阿里山森鐵添購小火車，農委會3年內將斥資4億元，採購7個火車頭及17節車廂（聯合報）。

2003年9月11日（民國92），由嘉義縣政府、林務局、觀光局、台灣青年旅遊協會等單位所辦的「阿里山月光森林搖滾」，假阿里山森林遊樂區停車場於中秋節舉行，這場原本為吸引遊客上山的活動，因為遊客稀疏，讓這場耗資近兩百萬，企圖在阿里山「滾動夏日夜晚的奔放因子」活動，喧嘩有餘，熱鬧不足，而提前結束。

2003年9月24日（民國92），台中市永續生態旅遊協會將協助阿里山鄉達邦社區發展觀光，塑造出具鄒族特色生態旅遊點（民生報）。

2003年10月20日（民國92），配合觀光客倍增計畫，觀光局將採BOT方式，推出觀光景點公辦民營，掀起搶標風，業者因不必負擔開發成本，可大幅降低投資風險，阿里山賓館等標案逾10家搶進（經濟日報）。

2003年11月9日（民國92），林務局初步評估玉山、阿里山、大霸尖山等發展觀光纜車條件不佳，專家指台灣地質不穩定，不宜與瑞士相提併論（民生報）。

2003年11月11日（民國92），政院撥款49.73億打造新阿里山，增建設施以吸引投資（民生報）。

2003年11月13日（民國92），朝麗投資5

億元擴建阿里山賓館，標獲BOT案最優先開發權，下月中旬簽約，目標躋身五星級飯店(工商時報)。

2003年11月14日(民國92)，阿里山鄒族新美村邁向無菸部落，半數家戶室內禁菸，下一步將納入社區生活公約(聯合報)。

2003年11月19日(民國92)，觀光局以12億請出大師，為台灣景點變裝，地景國際競圖決選，日本、西班牙及美國建築團隊出線，將重塑日月潭、北海岸、阿里山新風貌(聯合報)；阿里山之美居民解說最貼切，奮起湖、瑞太、豐山等地區，推動居民自發擔任解說員，可望讓區內遊程更趨精緻(民生報)。

2003年12月18日(民國92)，阿里山火車3月1日大車禍造成17死、202傷案件，嘉義地院17日宣判，檢車士溫福銘未開啟角旋塞，業務過失致死罪被判刑處3年有期徒刑，列車長蘇銀福、司機蔡振森、副司機劉柏岳疏於測試步驟，判處2年6個月，可上訴。該4員自3月起停職停薪(自由)；阿里山火車事故後，林務局採一戶一人服務方式善後，但尚有48人迄今未達成和解，而已發出賠償金額近1億9千萬元。

2003年12月21日(民國92)，林務局嘉義林管處為慶祝阿里山森林鐵路92週年，昨舉行「北門驛風華再現」活動，推出阿里山森林鐵路尋根之旅，林管處出動已退休27年目前92歲的26號蒸汽老火車頭，載著132名旅客「一樣夠力」，奔向奮起湖展開尋根之旅，與29號會合，完成歷史性任務，共同見證森林鐵路的輝煌歷史(聯合報)(民生報)。

2003年12月23日(民國92)，散佈大肚山麓中油王田供油中心週邊林地，22日再度火燒，情況一度危急(自由)；埔里觀音瀑布附近112林班火燒2公頃，21日出動3部直昇機空中灑水未能控制，22日空消隊再以5部直昇機來回鯉魚潭汲水，每部一次載送1.5公噸前往澆灌，配合地面防火線開闢而控制。

2004年1月7日(民國93)，嘉義縣阿里山鐵道文化協會最近於八掌溪源頭奮起湖「石幻谷」開挖2個大坑，保護苦花(高身鯝魚)，並積極籌組護溪巡守隊，盼藉此恢復「放魚坑」古名意象，活絡地方觀光文化產業(聯合報)。

2004年2月2日(民國93)，為提振國內觀光前景，觀光局即將提報於花蓮興建高山纜車案，事實上，包括經建會、林務局甚至各地方政府，近日亦曾提出太平山、阿里山等地纜車興建計畫，其中以台北市連接陽明山北投間的纜車，推進速度跑最快(聯合報)；觀光纜車經費每公里約需2億元，包括阿里山等多條路線政府評估中。

2004年2月6日(民國93)，去年雖有SARS攪局，林務局轄下的17處森林遊樂區，仍吸引超過300萬人次走進森林享受風光，比前年280萬餘人增加近26萬人次，阿里山森林遊樂區儘管聯絡道路一再因雨坍方中斷，遊客滑落9萬人次，仍以70萬餘人次，搶下遊客量第1名(民生報)。

2004年2月16日(民國93)，嘉義縣阿里山鄉鄒族頭目汪傳發，去年於山區扣下陳姓養蜂人蜂蜜，被依搶奪罪判刑6個月、緩刑2年定讞，部分鄒族人認為汪傳發乃

捍衛原住民傳統領域，昨於鄒族MAYASVI祭典中，連署聲援汪傳發，要求政府尊重原住民傳統，還汪清白（聯合報）。

2004年2月20日（民國93），阿里山公路旁林地，小火苗變火海，由於風勢助燃，延燒約1公頃，交通一度管制，研判係玩鞭炮肇禍（聯合報）。

2004年2月25日（民國93），嘉義縣府表示嘉義縣土石暫不開放開採，全縣合法廠商目前僅兩家，阿里山溪盜採情形正監控中（聯合報）。

2004年2月26日（民國93），八掌溪、阿里山小火車事件後，鑑於政府空中救災、救難資源不足，行政院決定將警政署空中警察隊、消防署空中消防隊、交通部民用航空局，以及海巡署空中偵巡隊合併，於3月10日成立「內政部空中勤務總隊」，強化海陸空聯合救災動能（民生報）。

2004年2月29日（民國93），阿里山國家風景區管理處為帶動瑞里、太和地區觀光產業，將於嘉義縣梅山鄉瑞里村設置北管理站，管理站設於嘉122線及169甲線交會處，居瑞太、豐山及來吉等地交通樞紐位置（聯合報）；3月1日，阿里山風景區北管站今掛牌，讓遊客更接近山林（民生報）；3月7日，阿里山國家風景區管理處於瑞里成立北管理站，服務遊客（中時）。

2004年3月1日（民國93），阿里山國家風景區管理處投入2,000萬元經費全力打造豐山石盤谷景點，現已完成區內長達1,500公尺步道系統和涼亭整建，而方便欣賞石盤谷瀑布的吊橋將於3月完成，另豐山新闢20公頃土石流公園，也將於3月底完成（民生報）。

2004年3月2日（民國93），和達那伊谷相去不遠的杉林溪，也決定加入苦花復育行列，目前已於杉林溪河段備妥3處潭區做為復育基地，等著魚苗入駐，杉林溪森林遊樂處表示，盼此處可成為高身鯝魚的第2個家（民生報）；阿里山森林小火車慘劇已屆滿周年，行政院今將公布國內首部「公共安全管理白皮書」，建立公安事故標準作業程序（S.O.P），以降低重大公安事故發生及緊急應變的防救機制；阿里山森林小火車去年3月1日於阿里山神木站附近翻覆，造成17死、202人受傷，嘉義林管處昨於事故地點，舉辦周年追悼法會，並立下「人為失誤、咎無可辭」的碑文。

2004年3月6日（民國93），為維護阿里山高山茶品質水準，促進地方茶產業發展，嘉義縣政府決定推動阿里山高山茶認證制度，並委託生技公司於通過認證的茶葉包裝盒上製作DNA防偽標籤（經濟日報）。

2004年3月7日（民國93），臺灣一葉蘭原是臺灣高山原生蘭之一，原產於海拔1,500～2,500公尺的山區，目前海拔高度僅98公尺的南元休閒農場，已復育成功，遊客不必登上阿里山、溪頭等山區就可觀賞（經濟日報）；阿里山鄉治大樓啟用，58年來鄉治歷經3次遷移，現正式從達邦村遷往全鄉中心點樂野村，位於阿里山公路52公里右轉500公尺處，新樓美輪美奐，交通便利，鄉民鄒、漢儀式齊用歡慶（聯合報）。

2004年3月18日（民國93），公路總局監測台18線阿里山公路五彎仔路段，發現第4彎處50公尺深的地層有滑動現象，為避免去年百公尺道路完全坍陷狀況再現，緊

急施設地錨及橫向導水管,且不排除花季後,封路一周全面施工加固(聯合報)。

2004年3月20日(民國93),阿里山森林遊樂區花季16日即登場,阿里山花季主角吉野櫻盛開,慈雲寺前、林務局工作站、派出所,以及阿里山賓館附近,皆可看見台灣的吉野櫻花綻放,日本東京市區內也已揭開櫻花季序幕,長達1個月的花季,不僅可欣賞來自日本的吉野櫻、千島櫻和牡丹櫻,還有台灣原生種的森氏杜鵑和台灣一葉蘭(民生報)。

2004年3月起,各大媒體大量報導廣宣阿里山櫻花季及大阿里山各地旅遊訊息。

2004年3月26日(民國93),為讓民眾能夠深入體驗、享受大阿里山的生態魅力,由阿里山風景區管理處與永續生態旅遊協會共同主辦,嘉義市鳥會協辦,台灣生態旅遊推廣中心承辦,推出「阿里山 氧生之旅」活動(經濟日報)。

2004年3月27日(民國93),竹崎鄉公所為發展觀光產業,計劃於阿里山森林鐵路旁,開闢一條自行車專用道,提供遊客休閒旅遊,地主多表贊同(聯合報)。

2004年4月6日(民國93),嘉義縣府表示,以保育聞名的阿里山鄉鄒族傳統聚落山美社區,達娜伊谷自然生態保育公園,已經獲准以社區合作社名義永續經營,村民以後藉由合作社開發模式,可共同改善經濟條件,並可解決稅賦問題(聯合報);石桌到奮起湖替代道通車,阿管處首度撥款委託竹崎鄉公所,拓寬石桌經吳王廟到奮起湖間產業道路,合作模式未來可能推廣。

2004年4月10日(民國93),阿里山國家風景區奮起湖山城展現新風貌,經管理處2年餘規劃闢建,今年年初完成山城2,700公尺長的環湖步道系統,並結合老街和聚落,規劃闢建人文生態區域,值得玩味,當中最新完成之南側步道,獨擁居高臨下眺望視野,遊客得以從高處和低處欣賞奮起湖山城美景(民生報)。

2004年4月16日(民國93),阿里山櫻花季落幕,嘉義林管處統計,1個月來共吸引214,979人次上山賞花,前年23萬餘人次,去年因SARS僅15萬餘人次,今年成長率34%,顯示賞花人潮已回流(聯合報)。

2004年4月30日(民國93),嘉義、雲林2縣府昨研商決定,將邀集2縣約80家業者,於嘉義縣阿里山設置「催花溫室」,培植蝴蝶蘭,期以企業經營方式,提升花卉市場競爭力(聯合報)。

2004年5月1日(民國93),阿里山森林小火車去年3月1日翻覆,造成17死185人受傷慘劇,公務員懲戒委員會昨懲處決定,農委會林務局嘉義林區管理處長洪明川申誡,司機蔡振森撤職(中時)。

2004年5月7日(民國93),朝麗旅館經營顧問公司向林務局標得阿里山森林遊樂區阿里山賓館改善、擴建及營運BOT案,第1期改善工程將於6月30日完成;朝麗旅館經營顧問公司同時取得32年的經營權(經濟日報);9月28日報導,嘉義阿里山森林遊樂區內阿里山賓館第一期整建工程,已於今夏完成,展現全新面貌,林務局和取得經營權之朝麗旅館管理顧問公司,將於明午4時舉行賓館啟用暨開幕典禮(民生報)。

2004年5月12日（民國93），奮起湖老街上約5分之2的木造房舍付之一炬，延燒5小時，燒毀23間房舍，倖未波及前段旅館區，半數商店可繼續營業，知名便當、翁婆餅皆未受到波及，研判對觀光影響不大（聯合報）；5月19日報導，奮起湖再出發，新步道展現活力，日前老街火警影響不大，幾家老店雖沒了屋頂，仍持續營業（中時）；15日報導，奮起湖老街火災後重建達共識，合法承租戶原地原貌重建，其餘由縣府撥用林班地整體開發。

2004年5月13日（民國93），嘉義阿里山、大埔山區林班地與柳營鄉分傳火燒山（聯合報）。

2004年5月15日（民國93），交通部公告阿里山國家風景區擴大經營範圍，增加8,800公頃，涵蓋梅山鄉太平、太興、龍眼、碧湖村，竹崎鄉文峰、金獅、仁壽、光華村及阿里山鄉豐山村等9村，整體旅遊動線將更為完整，預估至民國100年，遊客數將可達到300萬人次（聯合報）。

2004年5月17日（民國93），地被植物花期報到，阿里山處處驚艷，阿里山各種地被植物陸續開花，包括紫紅的毛地黃、白色的白花三葉草、小灌木植物的埔里杜鵑等（民生報）。

2004年5月18日（民國93），透過健保局南區分局「嘉義縣阿里山鄉醫療服務提升計畫」，兩承辦醫院派遣醫療隊進駐高山，秀傳進駐排雲山莊，聖馬爾定支援阿里山（民生報）。

2004年5月19日（民國93），位於嘉122縣道12.5公里處，嘉義縣竹崎鄉金獅村龍山國小金獅分校可以全覽小火車繞山的全景，成為私房新景點（聯合報）。

2004年6月4日（民國93），林務局嘉義林區管理處將於9～11日推出「93鐵道節」及「關懷奮起湖」兩項活動，展出阿里山國寶級26號、31號2列老火車頭（聯合報）。

2004年6月10日（民國93），阿里山31號老火車頭高齡90，重生上路（中時）。

2004年6月15日（民國93），嘉義縣阿里山鄉居民，利用高山地區特產植物「山豬耳」葉包粽子，由於葉子本身有濃濃粽香味，與一般粽子滋味不同，居民稱為「山豬耳粽子」，豐山地區居民則發揮巧思，以南瓜當粽餡，金黃色粽餡稱為「山豬耳黃金粽」，成為當地特色（聯合報）。

2004年6月16日（民國93），阿里山風景區奮起湖、石桌、瑞太、達邦、豐山等山區，海拔1,000～1,500公尺，最適合轎篙筍生產，也是大阿里山區5～7月間的季節特產（聯合報）。

2004年6月25日（民國93），由阿里山鄉公所經營管理的阿里山閣大飯店，近年來因天災道路坍塌，加上SARS疫情影響，營運狀況已走下坡，昨鄉公所轉向縣府求援，縣長陳明文建議儘量於2個月內完成以地易地及BOT方案（聯合報）；林務局與縣府贊成於阿里山森林遊樂區內設「鄒族歌舞表演區」，但鄒族人反對鄒族歌舞走出部落，鄒族人主張「要看鄒族歌舞，請深入部落」。

2004年6月29日（民國93），嘉義縣阿里山森林鐵道十字路車站，海拔約1,500公尺，在當地社區居民合力經營下，成為風光迷人的懷舊小站，除保留日式古建築，亦新建觀景台，當地生態豐富，另為串聯

阿里山公路與嘉155線往來吉、豐山等部落觀光線，嘉義縣政府民政局建請嘉義林區管理處，整修十字村至來吉村古道及產業道路，林務局同意整修往來吉部落古道（聯合報）。

2004年6月30日（民國93），神木放倒六周年，至今仍曝晒戶外，鐵道協會與地方人士建議，興建檜木屋安置，並設置劇場解說神木的故事（聯合報）。

2004年7月1日（民國93），中國時報刊登陳月霞所撰「姊妹池的故事」，該故事以阿里山開發史為背景，敘述阿里山姐妹池故事的真相與原貌。

真相之一，1920年之前，姐妹池的所在地，是雲霧飄渺，終年不見天日的檜木天地。不僅沒有人的足跡，連哺乳動物也罕見。

真相之二，1920年左右，姐妹池的所在地，發生一場慘不忍睹的曠世大屠殺。俯仰天地千餘年的古木，一夕間魂飛魄散。

真相之三，1927年之後，散落在姐妹池一帶的屍骸被啃蝕清理，曝露在月影日光之下的兩個窪地，旋聚淚成池。

真相之四，直到1935年，靜臥在阿里山飯包服山麓的兩個窪池，是日人用來供養附近苗圃的水源。那之前，除了一些苦命的男工，幾乎無人踏入這片裸裎跡地。

如果姐妹池有淒美浪漫的愛情故事，故事發生的時間應該是在1941年。那時候阿里山旅遊業方興未艾，成立阿里山國立公園的呼聲正響，雖然已暴發大東亞戰爭，但彼時阿里山卻仍是世外桃源。

那時候姐妹池一帶的林木經過十幾年的生息，環繞在兩個窪池的森林竄出翠綠俊俏的模樣，且紛紛以池為鏡，更與遠處的塔山相互輝映，形成一幅劫後重生的寧靜畫面。阿里山姐妹池最為人所道的，無疑是兩對年輕寶貴的生命以淚水攪拌性命所寫成的故事。

兩對戀人是，兩名台籍兄弟與兩名日籍姊妹。

當年荳蔻年華的姐妹時常在阿里山遊走嬉戲，她們最喜歡的地方，便是後來被稱為姐妹池的林班地。當時有兩位健壯俊逸的少年，在窪池附近的苗圃工作。苗圃工作枯燥無味，然而，朝氣蓬勃的女子，卻教少年激昂的情趣，油然而生。不久少年便深深陷入少女白皙光滑的異族風情裡。在雲來雲往的霧氣中，兩對少男少女年很快墜入情網。

妹妹與情郎在較小的水池幽會，姐姐與哥哥則在較大的池邊談情，她/他們的愛情，連周邊碩果僅存的紅檜都為之動容，而逐漸開花結籽。

然而，好景不長，姐妹倆的戀情被監督父親發現，為了阻止這段情，兩姐妹將被遣回日本，每思及此，姐妹倆便熱淚盈眶。妹妹的眼淚裝滿了小池塘，姐姐的淚水覆蓋了大池塘。

倆姐妹被送回日本之後，落單的倆兄弟，從此無心工作，正日望著戀人的淚水發癡，最後為一解相思之苦，雙雙投入愛人的淚池中殉情。

故事並沒有就此打住，兩位癡心的姐妹，勇敢的擺脫家族束縛。可是當她們千辛萬苦舊地重返時，業已失去昔日所愛，傷心之餘，姐妹再度淚滿池塘，最後終於

各自投入自己溫熱的淚池裡。

　　兩對戀人雖然結束凡間的戀情，但是她/他們的愛卻化做無數台灣紅檜；就在她/他們殉情之後，原已被砍伐的周圍林地，一夕之間冒出許多紅檜小苗。

　　為了紀念這故事，後來的人將此地取名為姐妹池，池畔也奇蹟地聳立欣欣向榮的天然檜木。

　　這種開花結籽愛情綿延的故事，讓熱戀中的男女趨之若鶩，傳說若要讓情人生死相許，只要在無人的時刻漫步雲霧裊裊的姐妹池，許下今生今世，便能靈驗。

　　只是，同樣殉情，為什麼不是兄弟池而是姐妹池？

　　1941年，阿里山仍是日本殖民地，日本姐妹的地位自然凌駕台灣兄弟之上。

　　然而，池，指的是積水的凹地；潭，是深的水坑。過去是「姐妹池」，不知為何後來成了「潭」？（註，這篇報導扭轉過去以漢族沙文所編撰的原住民少女殉情記；事實上，日治時期，姊妹池一帶幾乎無原住民出現，遑論是鄒族少女！）

　　2004年7月4日（民國93），敏督利洪災後，新草嶺潭遭阿里山土石填平（中時）；受到敏督利颱風影響，阿里山公路受創，阿里山森林鐵路因沿線落石、倒木多亦停擺（聯合報）；目前台灣降雨強度前3名地區，以阿里山為首。

　　2004年7月6日（民國93），阿里山奮起湖地區生態豐富，日前發現稀有的長臂金龜，奮起湖村民正設法人工飼養復育，期能增加長臂金龜數量，長臂金龜是台灣特有亞種，被稱為全台最大最美的甲蟲，身長6公分（聯合報）。

　　2004年7月7日（民國93），嘉義縣阿里山鄉豐山村由於石鼓盤溪、蛟龍溪與乾坑溪環繞，七二水災3溪水同時暴漲，衝垮聯外便橋，豐山村一夕成了孤島（聯合報）；8日報導，政院游揆表示，每遇颱風受創嚴重的村落，政府願配合居民意願，協助覓地遷村，不與大自然爭地、不與河流爭道，然，阿里山豐山村民誓死反對遷村，認為政府應做好疏浚，兩橋則應改為懸臂式；阿里山達邦國小校長浦忠勇一文「從天災中，重建土地信仰」，表達鄒族原住民對土地的信仰（中時）；聯合報4月21日報導，嘉義縣阿里山鄉達邦兼里佳國小校長浦忠勇，今年以第一名錄取台大農業推廣學系鄉村社會學組博士班，未來將成為國內極少數博士級原住民國小校長（聯合報）。

　　2004年7月9日（民國93），觀光局轄下提供旅遊資訊的服務中心進駐火車站，「嘉義旅遊服務中心」為全國火車站內首座，日前開幕（經濟日報）。

　　2004年7月13日（民國93），湯保富鄉長認為，生態工法不適用於阿里山，並質疑曾文溪攔砂壩釀成坍方，建議獎勵造林捨棄生態工法（聯合報）。

　　2004年7月15日（民國93），北門驛是嘉義市早期經濟發展重心，隨著禁伐林木而日漸沒落，嘉義市文化局昨規劃建設北門新地貌，將結合周邊的文化、生態園區及阿里山鐵路文化等，開創全新市區遊憩景點（聯合報）。

　　2004年7月19日（民國93），阿里山國家風景區管理處將於24日，啟動台灣觀光巴士嘉義阿里山旅遊線（中時）；25日報導，

北門驛是嘉義市早期經濟發展重心,照片為1970年陳月琴(右一)與友人王仁隆(中)等人,自阿里山搭火車下嘉義北門車站。

北門新站。陳玉峯攝 2000.04.24.

重新整修過後的舊北門車站正門。陳玉峯攝 2000.04.24.

作為展覽室與古物保存處的北門驛。陳玉峯攝 2000.04.24.

阿里山運送有限公司。陳玉峯攝 2000.04.24.

為推進大阿里山觀光旅遊業發展，阿里山國家風景區管理處輔導旅遊業者，推出3條台灣觀光巴士——阿里山套裝旅遊行程（聯合報）（民生報）。

2004年7月21日（民國93），阿里山鄉達邦橋段的曾文溪河床不斷高升，敏督利颱風期間河床砂石高度更臨近橋面，鄉代會主席葉秋源等人，質疑攔砂壩是禍首，表示有民眾建議炸掉壩體，否則洪流繼續四處侵蝕，將危害居民安全，水資局表示，攔砂壩內砂石明年將開始清除（聯合報）。

2004年7月30日（民國93），七二水災重創嘉義縣山區，縣府調查全縣共有40處易淹水及12個易受土石流危害的村落，獲農委會核准梅山、竹崎、中埔、番路、阿里山、大林等鄉鎮，5,900萬元補助款進行治山防洪工程，8月初將可發包施工（聯合報）。

2004年7月31日（民國93），阿里山豐山新闢土石流紀念公園，讓遊客發現生態樂園，豐山黃金粽則野味十足（中時）。

2004年8月6日（民國93），台灣世界展望會運用熱心人士贊助的「飢餓30——人道救援」經費，舉辦阿里山鄒族原住民竹編、籐編等技藝養成班，協助部落重建，效果顯著（聯合報）。

2004年8月10日（民國93），林務局計劃於全國北中南各設置樹木銀行，收容老樹或因施工面臨砍除的樹木，南區樹木銀行將設於番路鄉阿里山公路旁，佔地1公頃，預定9月完工（聯合報）。

2004年8月11日（民國93），阿里山鄉香林國中號稱全國「最高學府」，下學年僅招收到2名學生，這所當年特別為原住民

（註：？）設置的學校，如今全校學生僅剩15人，縣府納悶阿里山鄉10所國小何以「養不起」一所國中，為搶救香林國中，決問卷調查，再對症下藥（聯合報）。

2004年8月14日（民國93），竹崎鄉圖書館災後整修，於入口處特別佈置隧道和鐵軌，地板上繪製阿里山森林鐵路以蝸牛狀環繞獨立山的特殊路線，獲得文建會評選為全國8個「重建區公共圖書館經營管理金點子計畫」之1，成為全縣唯一入選的圖書館，獲得1,200萬元補助（聯合報）。

2004年8月19日（民國93），樂野部落位於阿里山公路50公里處附近，鄒族原名「拉拉吾雅」，意指美麗的楓香林地，目前積極推動觀光民宿，每家經營各具特色，各風景據點亦將恢復鄒族原名（聯合報）。

2004年8月25日（民國93），為提升阿里山森林遊樂區旅遊水準及吸引國際觀光客，行政院農委會林務局已針對總投資額超過10億元阿里山森林鐵路、沿線場站及區內第一家五星級觀光飯店BOT案，舉辦招商說明會，即將公告招標選出合宜投資者，據指地點將位於沼平車站對面，可容納250個房間（經濟日報）。

2004年8月26日（民國93），艾莉颱風災情，嘉義縣阿里山森林鐵路近奮起湖段，前天傍晚路基淘空，林務局嘉義林管處昨到場會勘，發現長約80公尺鐵軌吊懸半空中，已無法通行，若復舊需時1年，因此決花4個月將鐵路內移改道，施工期間再以臨時步道接駁（聯合報）；因路基淘空，森鐵奮起湖段決採貨櫃屋裝載石頭，加打鋼軌強化穩定度。

2004年9月20日（民國93），阿里山國家

風景區管理處將於新完工的「鄒族主題式
樂園」配合阿里山鄒族生命豆祭，舉辦一
場鄒族傳統婚禮（聯合報）。

　　2004年9月23日（民國93），嘉義縣阿里
山鄉今年連續遭遇七二水災及艾利颱風侵
襲，災害修復經費高達2千多萬元，鄉公
所卻僅編列328萬元，短差1,700餘萬元，
鄉長求助縣府，縣府財政局表示，中央核
可即可動支預備金（聯合晚報）。

　　2004年9月25日（民國93），阿里山國家
風景區管理處近日投入經費2,200萬元，
以鄒族傳統茅草頂涼亭造型及木結構欄
杆，興建完成茶山、新美部落社區遊客服
務中心、工藝館和涼亭步道等遊憩設施
（民生報）。

三-2、阿里山區歷史年表評注——代結語

日落檜木林。陳月霞攝

　　阿里山區之歷史年表誌略乃依據官方或統治觀點的記錄，媒體報導等資訊而摘述者，筆者雖然修訂若干文字，仍避免不了其主流風格，且雖加進一些口訪及其他事件，但求提供背景引據，或脈絡敘述而已，故而在本節試作若干評注，以為後續研究的重點參考，但並非作歷史解釋，畢竟此誌略僅僅為基本資料。

1. 阿里山區在文明開拓尚未染指之前，原住民的生活領域以海拔約1,500公尺以下地域為中心，也就是闊葉林區，檜木林及其上之溫帶，僅只提供狩獵場。

2. 檜木林帶的阿里山區（高於海拔1,500公尺），係日本治台後的開拓史，配合全面調查之後，筆者宣稱20世紀上半時期的阿里山區，基本上為日本的山林文化；20世紀下半則為國府治台的中國文化，至於台灣人文化，則以隱性、體制外的方式，在政治主導力下，作各種因應與蛻變。

3. 二次大戰之前，日本的政治文化深切結合土地意識，具備本命土概念，也就是國家、政治、生活、文化、經建等，深入土地特徵，且突顯土地的性格與特質（陳玉峯，1996），並非單純耗竭性利用自然資源而已，雖以「農業台灣、工業日本」為最大施政原則，其保育、國土規劃及施業水準可圈可點，相較於國府治台尤其突顯。然而，就台灣生界觀點，毫無疑問其乃軍國主義之資源掠奪。

4. 阿里山鐵路之開拓，以及檜木林的開採前調查，充分反映19世紀末及20世紀初，日本文化的踏實、精確功夫及效率。此但為時代相關背景之評比，不同時空之衡量自有各異觀點。

5. 阿里山區最早期的勘查探險，以齊藤音作最為可觀，他先是在1896年11月13日，由竹山、和社、東埔溫泉，沿陳有蘭溪上游，越八通關攀登至玉山東峰頂，《阿里山年表》說他望見一大片針葉林，推測即後來發現的阿里山森林北端，筆者存疑，若其所見真為阿里山森林的北端，則必須在和社之前的低海拔地區，望往松山、大塔山方向較有可能，否則，進入沙里仙溪、陳有蘭溪最上游，不大可能望見所謂阿里山大森林；1897年12月1日～1898年1月5日的探險，則由竹山，沿清水溪進入石鼓盤社，再前往北方的和社，復南下上溯，通過大塔山山麓等等，其實已窺見大量的阿里山區檜木林，然而，同樣在《阿里山年表》敘述的發現阿里山大檜林，卻歸功於1899年2月的石田常平及其後（5月）的小池三九郎，也就是說，「阿里山大森林」僅指二萬坪、神木一帶的檜木林？夥同1902年5月，河合博士經由達邦、十字路、阿里山，進入曾文溪流域、清水溪流域、石鼓盤溪流域等，卻又說眠月地名之由來，係1906年，河合博士首度經石鼓盤溪入山之際所命名。凡此矛盾以及諸多地名、探勘路線，迄今似乎未曾有人釐清，值得考據及實地對照，宜進一步詳實追溯一系列歷史懸疑。

6. 據此歷史沿革，阿里山區最早興建房屋硬體似乎是1904年，小笠原富二郎建於萬歲山下的木屋。而現今阿里山遊樂區

範圍內，最早的建物位於「檜御殿」，後來改建為「華南寮」，即今之阿里山賓館下方，於1906年藤田組進行調查時所建之根據地；1907年1月，砍伐今之賓館下方右側的檜木林（紅檜為主），興建工程事務所、員工宿舍及倉庫。故而賓館前下右側小區正是阿里山開闢的始源中心。今後阿里山之規劃，應予立牌或軟體解說此歷史發軔；1910年10月完成警察、官吏駐在所建物；1911年郵局開辦；而二萬坪伐木宿舍，係1912年初始測量、興建；1914年開設沼平車站、設置學校；1919年，阿里山寺、神社落成。

7. 阿里山檜木林的正式開採可以1912年12月12日為起點，是日由嘉義至二萬坪的森林鐵路完全竣工。此後，由二萬坪向阿里山區進行所謂「林內線」的鐵路鋪設，正是伐木的進展方向及地區，提供開拓先後順序的基本資訊。

8. 日本人開拓阿里山區，對諸多山頭、河流、地點之命名，誠然多以官僚姓名來稱呼，但對腳踏實地、實質貢獻的基層員工，亦賦予命名依據，顯示其官僚文化的心胸與格局，惟此亦舊時代規範使然？！

9. 阿里山區原始森林經開採僅約16年之後（1912～1928年），日本當局即進行保育及風景區規劃；國府治台後，踵繼伐木且大拓新伐區，對舊伐區進行殘材處理、「打撈」之徹底搜刮，且伐木30餘年之後（1945～1980年），才有保育具體措施，但皆為伐木終結後的產物。更不幸的是，世紀末仍然誓欲剪除殘存最後一

片檜木美林（棲蘭）。姑不論時代變遷與民主進展，兩大政權的自然觀實有天壤之別。

10. 終戰後，阿里山大約半年無政府狀態，係由台灣人自組民間行政代理，一切作業如常，反映日本治台半世紀的社會規範或文化水準，也說明1940年代，台灣人皇民化或日本化的特徵。

11. 國府治台之後，幾次全面摧毀天然林，似皆與外籍顧問或學者專家有關，不知是當局蓄意製造之設計？抑或外籍兵團、學者專家錯誤觀念及不識台灣之所致，無論如何，政府難辭其咎。專家興國，專家更能誤國？！

12. 百餘年阿里山開拓史或可劃分下列時期：（1）1896～1906年：調查及規劃時期；（2）1906～1912年：鐵路施工及試伐期；（3）1913～1927年：木材量產盛期；（4）1928～1940年：內山拓展暨保育發軔期；（5）1941～1955年：終戰前後濫伐期；（6）1956～1963年：殘材處理、打撈耗竭利用期；（7）1964～1976年：民營伐木、殘材處理暨觀光遊憩發展期；（8）1977～1982年：鐵路觀光遊憩期；（9）1983～2000年：公路觀光遊憩暨農業上山濫墾期。

13. 台灣山林開拓史最重要的特徵之一，在於因應自然資源之營取，產生諸多短暫性聚落，例如自忠（兒玉）、水山部落等，一俟資源消失，則聚落荒廢，徒留廢墟而原始生態系不復存在。此等模式未能將源自資源特性所導致的生活型保存，且無法形成活體文化，更有別於原住民的自然文化。此面向的探討，係台

灣土地倫理的切入面。

14. 阿里山區百年開拓史之制式記錄，充滿外來主觀文化偏見，抹殺真正土地特徵，儘在外來強權歌功頌德、奉迎系列徘徊，無法洞燭自然生界特色，是為百年遺憾。此乃歷史解釋權的扭曲議題，而當今及往後之能否擺脫歷史的悲劇，端視這代人覺醒的程度，以及未可知的變遷。。

15. 國府治台後期的阿里山區，在觀光遊憩、公營民營、農業上山、政治妥協、假生態旅遊、多頭馬車等等長年爛仗中，苟延殘存。此系列對土地的耗竭利用、官僚無能，以及當權為拉攏選票的惡例，總體反映於全台，阿里山區僅為其中一例，而原本阿里山為檜木原鄉，亦是超過250萬年（註，台灣島浮出海平面的年代）來地球孑遺珍稀活化石生態系，為自然文化的世界遺產，卻在舉國唯用、專家摧殘之下，漸次淪為商品掠奪下的自然廢墟。世紀交替，台灣人依然忽視或無法認知此等悲劇，是為政教文化之所致。

16. 國府治台之後的大事記，諸多所謂措施、決策，往往政策與現實有天壤之別，行政效率、效能或施政實效，甚難由文字記載評估。例如1990～1993年間的農林土地保育運動，官方幾乎不著一墨。

17. 除了嘉義至二萬坪（後來延伸沼平）的森林鐵路主線之外，歷來為伐除鐵路上下林木的所謂林內線鐵路、輕便鐵道，或人力運送道等，迄今為止，似亦無人釐清究竟有多少；各林班原伐木台帳亦多

焚毀、死無對帳，資源耗竭而不留蛛絲馬跡，凡此，於今追溯，即令甚為困難或已不可能，無論如何，仍應急速進行追溯探究。

18. 阿里山區第一代山林人員幾乎全由日本人囊括，其所引進的台灣人苦力、工人等，則形成現今阿里山人始源。追溯各類工作群，以迄今之生活型，是為本系列研究人文面向的基本內容，包括松柏嶺、客家人、原住民等族群興替，由營林所員工遞變為現今種種，可由特定家族、宗教信仰、土地或資源利用、價值觀等延展探討。

19. 國府治台初期，多為機關制度更替議題；其後，阿里山區進入殘材處理及造林木伐採，夥同闊葉林及日治時代保留林的砍伐，至1960年代末，林業進入終結期，代之以觀光事業，且記錄轉趨政府施政，尤其交通事務之開發份量甚重，本史誌重點殆由嘉義文獻中摘錄；1980年代以降，讀者不難看出，幾近所有的山地破壞，皆由「政府」不同單位率先倡導，等到不可收拾的違規、違法氾濫，再「修法」符合「違法」，終而「就地合法」的惡習養癰遺患，因而無法扭轉或每況愈下的生態悲劇加速沈淪。

20. 本開拓史年表志略但依時間為軸，收錄事件必將隨訪談及文獻而陸續增加，未來或可依足夠份量之收集，作增補刪訂。

21. 後續系列研究成果，將依特定空間、區域，交織時間軸背景，延展為實質土地倫理探討。

22. 本誌略但引證、輯錄基本訊息，而無

法下達歷史解釋等評議，為評議必須針對個案之全盤來龍去脈作瞭解，且對其所產生的影響，有足夠客觀的評價。而本報告僅止於輯錄，待後續系列專論（例如陳玉峯、陳月霞，2002）深入追蹤討論後，始可進行。

23. 關於「阿里山區歷史年表誌略」中敘述，1945年8月15日以迄隔年4月1日期間，筆者等評述為「無政府狀態」的「自治」時期，依統治者角度與民間在地觀點恐怕有天壤之別，特在此補充說明。

　　1945年8月15日，日本接受「波茨坦宣言」，台灣總督安藤利吉發表日本天皇的「終戰紹令」，隔天，為防止全台妄動，廣播「等待善後措施」。

　　1945年10月25日（民國34）臺灣改隸，阿里山之森林經營由臺灣省行政長官公署農林處、工礦處會同監理。日本人也在這一天將職務自動移交阿里山當地台灣人，並交待不可怠忽工作，且退居幕後協助。阿里山區台灣人組成「自警團」由游德坤（游本職為修理工廠電工）帶領維護地方秩序。此間，除了平時對台灣人不善的日本人，被集體修理之外，一切行事如常。除此之外阿里山人也在公務人員中互推台灣人起來接替日本人的主管位置，這其中由嘉義營林所人員推舉周爐（本為營林所運輸課人員）擔任臨時所長，阿里山則有賴福星擔任阿里山派出所臨時主任、紀水龍任臨時伐木股長、陳保貞任集材股長等等。

　　上述，乃筆者等依據口述歷史採訪整理而得，然而，10月25日至隔年4月1日期間，中國政府所派遣上阿里山的人員究竟何月何日上山，受訪者並不確定，但肯定者，在此期間殆有少數（2～3人）代表在阿里山，由於語言隔閡，並無介入上述台灣人實質工作及生活的自主與自治，此即筆者等，依民間觀點認定其為「大約半年無政府狀態的自治時期」。

　　不僅如此，政府各種接收紀事，由台北到嘉義，由嘉義到阿里山，實質作業與「官方說法」的落差，絕非幾段政府「紀事」所能代表。茲依阿里山人陳清祥親身經歷及派令公文再予說明如下。

　　雖然1945年12月8日（民國34）台灣省農林處林務局已創立，但直到1946年3月15日（民國35）林務局接收委員會監理阿里山伐木事業期滿，阿里山森林事業才由農林處正式接收，成立阿里山林場，以尹傳鐸為首任場長。

　　然而，1946年4月1日（民國35）陳清祥所接獲的派令所屬單位卻仍為：台灣拓殖株式會社林業部嘉義出張所，顯見政令從中央到地方的落差。陳清祥所接獲的派令公文，漢文與日文夾雜，所使用的紙張則是原日文公文的空白背面，且還是截半手寫，但上有騎縫章與黃紂等人的圓形印。陳清祥則由原來的甲種傭被降職為乙種傭。而先前由日人手中接下主管工作的台灣人，亦因為其暫代職務由國府派員接續而再度恢復原職或降職。

　　有趣的是，政權交接之後，中國人與台灣人卻有著文字上與語言上的隔閡。雖然主管大多為操北京語但又帶著濃濃鄉音的中國人，但辦事人員仍為受過日本教育不諳中文的台灣人。台灣人書寫公文仍沿用日文，中國主官雖看不懂，但一來語言不通、二來不熟悉環境、三來不懂林務，

於是姿態柔軟，只負責蓋章，可以說整個林務工作全然由台灣人做主，且仍延續日治形態而進行無礙。

1946年5月(民國35)林務局相繼成立嘉義、台南、高雄等山林管理所，阿里山隸屬於嘉義山林管理所，首任所長為康正立。

1946年9月15日(民國35)林務局奉令成立林產管理委員會，11月，阿里山分場改稱農林處林務局林產管理委員會第1組阿里山林場阿里山分場。

1947年年4月8日(民國36)陳清祥始接獲首張政權改變與所屬單位改制後的派令。即台灣省行政長官公署農林處林務局林產管理委員會第一組阿里山林場公文，陳清祥改為甲等檢尺技工，負責的業務是監督的巡山工作。

1947年5月30日(民國36)林業接收工作大體完成，改組林務局為林產管理局，局長—唐振緒。

1948年發生228事件，台灣步入緊張時刻，在風聲鶴唳中，阿里山卻顯得風平浪靜，除了極少數人前進至嘉義之外，一切如常；幾位外省籍主管生活作息依然，絲毫不受政局的影響。由此可見阿里山地區與台灣政局存有一段距離；同時也展現出阿里山人自日治時期延續下來的，與出外人和平共處的精神。

1949年國府遷台之後，始強力介入阿里山行政乃至生活起居等種種習慣，自此年度之後阿里山進入全面改變期。

換句話說，如果依據阿里山在地工作者所接受的公文書派令，1946年4月1日的所謂公文，竟然還是台拓會社，說明交接

時期青黃不接，過渡期漫長，中央政令到地方實質運作，恐難以今日觀點所能想像。

筆者等調查、研究阿里山史的的基本立場，以土地、在地、事實之釐析為風格，絕非延用官方資料所可了事。本報告但為初步資料，冀求在欠缺全面資訊的阿里山區，建立大體結構。而進一步研究、釐析，則為後續詳細追溯專論之系列。

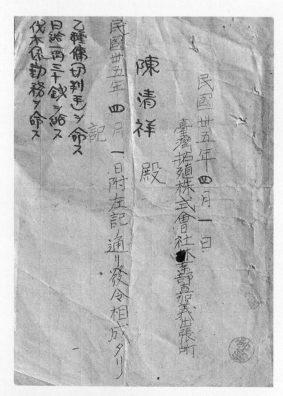

過渡政府公文：1946年的公文仍依日治時代發佈，可見政令與事實的差距。

四、阿里山區伐木營林開拓史

陳月霞攝

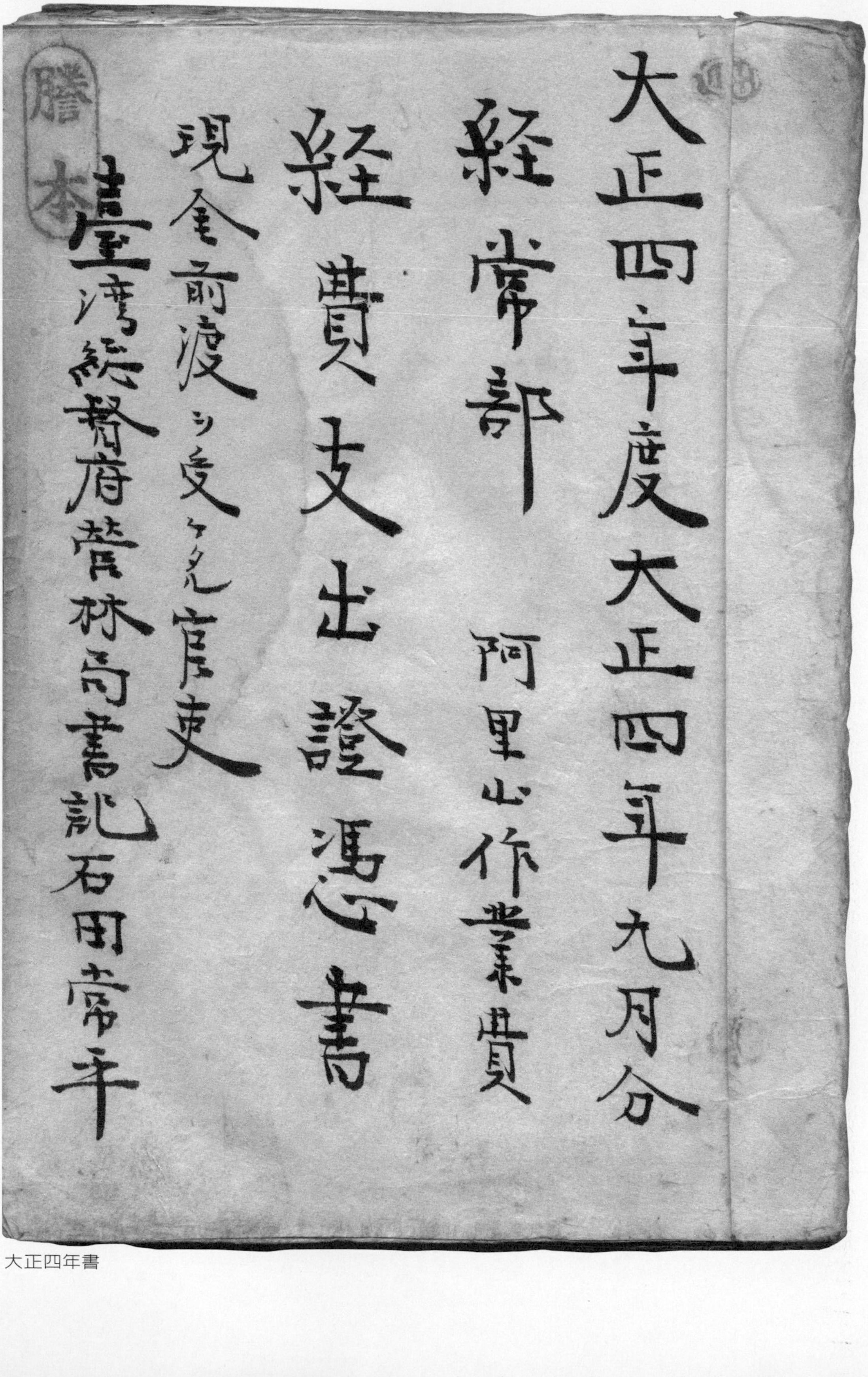

謄本

大正四年度　大正四年九月分

經常部　阿里山作業費

經費支出證憑書

現金前渡ヲ受ヶタル官吏

臺灣總督府營林局書記　石田常平

大正四年書

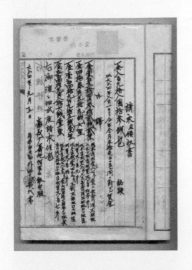

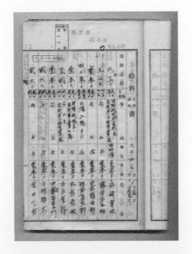

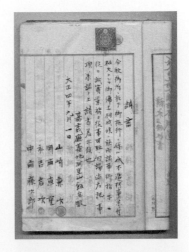

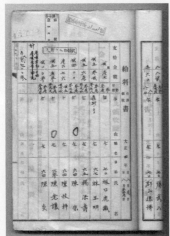

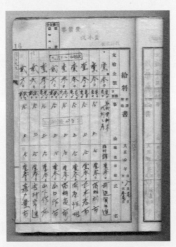

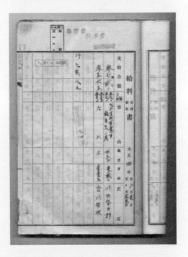

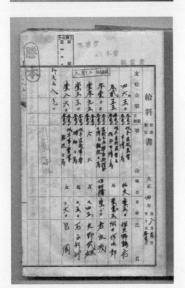

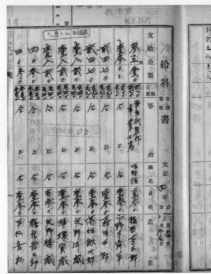

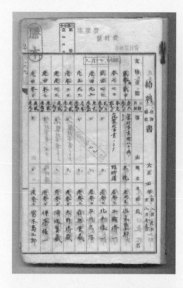
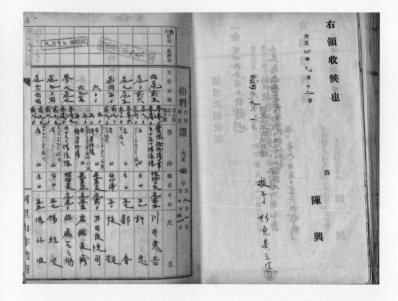

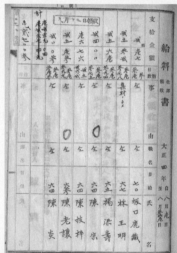
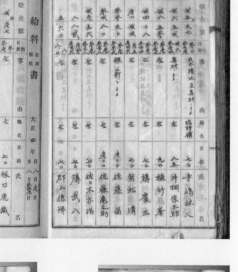

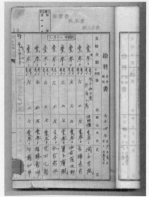

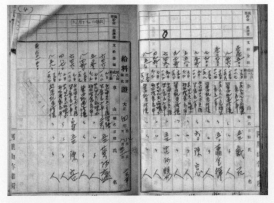

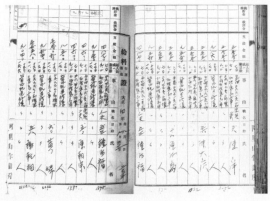

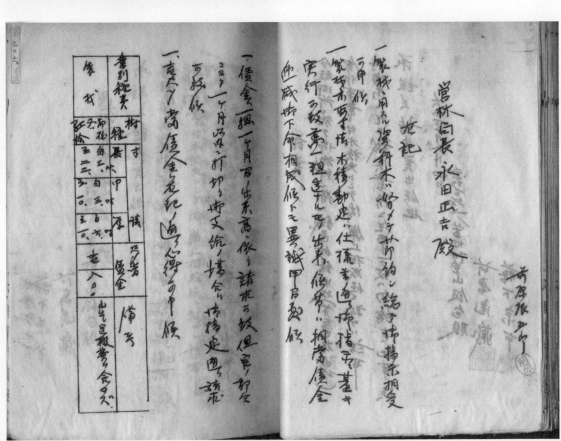

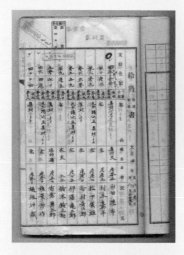

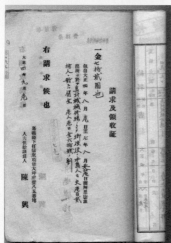
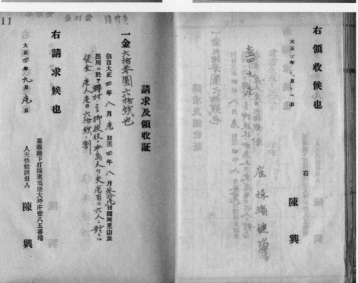
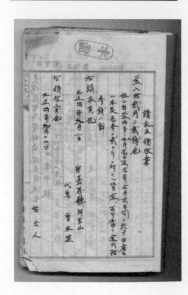
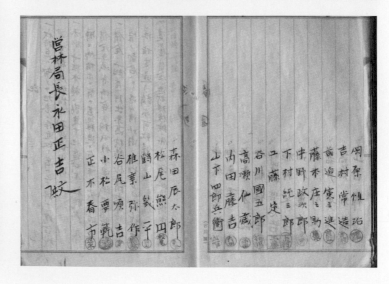

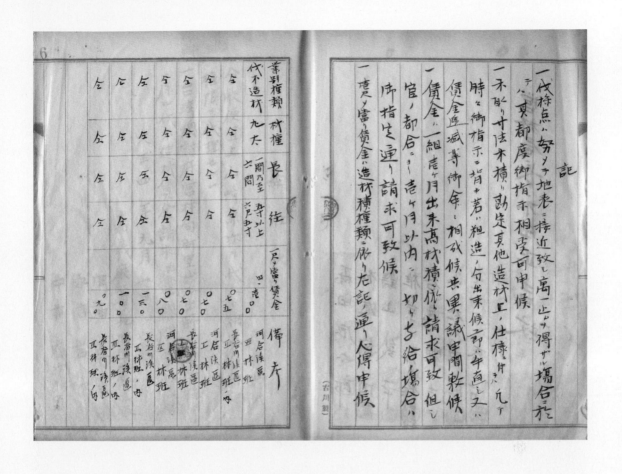

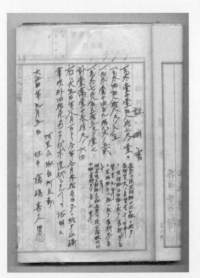

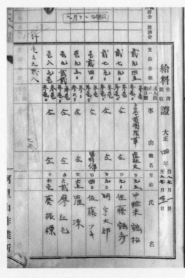

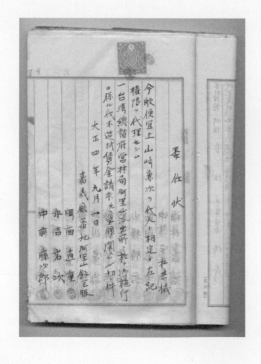

阿里山　永遠的檜木霧林原鄉

四-1、由編年史整理的伐木進展

阿里山森林鐵路在上抵第一階段伐木指揮中心的二萬坪之前，存有2個之字型的分道，第1分道即位於第4林班內，火車抵達第1分道的方向是東北，至分道盡頭，頭尾易位，朝西南向前進，漸轉西向，抵達第8林班內的第二分道，第2分道盡頭後，首尾再易位，朝東向前進，進入第6林班的大彎道，復南向至另一個大彎道的二萬坪。而二萬坪位於第7及第8林班交界。

二萬坪朝東偏北前進，則抵達阿里山神木，即第3分道處，位於第2及第4林班交界。神木處車頭首尾互換後，往上先朝南東方向，再轉西南向，抵達第4分道，即震毀於921大地震的新火車站，新火車站之後，火車頭即第1分道前的原方位，開抵沼平車站。

而阿里山檜木林的開採，文字記錄的最早年代係在1901年，5月由鐵路局與木材商大倉組派遣調查隊入山，砍製了一些枕木，原本打算利用曾文溪的流水運出，但並不成功，當時砍伐的地點究竟在何處則未可知，惟筆者推測係在飯包服山附近。5月15日，在台南關組關善次郎運作之下，伐木負責人中川淺吉由台南出發，於5月20日抵達飯包服，同行有鋸木工人日本人2位、台灣人50位，進行開採，6月24日，僅僅運出少量木材至台南。此處所伐取的木材，殆以紅檜為主。此段伐木史的詳細引述如下。

1900年，台南地方人士倡議興建台南神社，委請專營寺廟建築的湯川麻造負責起造，然而，建築木材何處覓頓成大難題，當時適逢1899年發現阿里山大檜林，台南縣廳的小池三九郎技手主動與湯川麻造聯繫，告知大檜林僅距嘉義18里，且是座從未伐採的處女林，「如果能將最初開採的木材用於台南神社的建築，相信神明與當地住民都會感到欣慰，至於木材的運出方面，只要在山中先行加工，製成木柱、樑及板材等成品，便能夠以人力運搬方式運出，且殖產課願意無償提供」(湯川麻造手記阿里山的追憶；轉引自外岡平八郎，1993)。

湯川氏聞訊大喜，立即以電話召回前往日本採購木材的中川淺吉，並且要他募集50名伐木工人，殖產課小池三九郎則連絡山上的石田常平，由石田氏邀集達邦社頭目Won(音譯)及15～16名原住民，先於飯包服附近的森林裏搭建工寮(日後阿里山神社附近)，中川氏再率領50餘位伐木工人，依原訂計畫於1901年5月15日啟程，沿途營火夜宿，群體唱歌。

由於此乃阿里山「首次的」伐木作業，而且係為採伐神社建材，中川等人為求好兆頭，特別在飯包服的小山崗上紮營，希望未來的伐採作業得以萬事平安，且順利運出。

不久，製材成品陸續完成，由工人挑運至密林外，然而要將成品運至嘉義，時程至少需3～4天，且上山時必須帶足糧食，危地又甚多，工人們

抱怨長達6尺以上的長材，根本無法抬運下山，不得已，由日本聘來土木建築專家，研究可行的搬運之道，奈何危險山徑，實在無法利用人力運搬，雖然經過激烈的討論，眾人一致同意唯有鐵道才能解決運材。至此，湯川氏被迫放棄人力運輸之可能，8月25日，全體人員下山，鎩羽而歸。

50餘名伐木工人、費時3個多月所伐採的檜木，只能靜置現地，遲至6年後，藤田組興建（1907年1月）事務所、宿舍及倉庫之際，始派用上場，據聞，這些木材係用來建築檜御殿。

真正底定阿里山檜木林的開發政策之決策，係1902年5月河合鈰太郎之勘查，由民政長官後藤新平採納河合博士之建議後，1903年所下達的大政方針，自此而總督府全面調查與規劃，後藤新平更於1904年10月登上萬歲山勘驗大檜林真面目。

1906年7月9日正式起造森林鐵路，且阿里山現今遊樂區地域，最早伐木的施鋸處，或可謂1906年5月，於今之阿里山賓館前，砍除一些紅檜及闊葉樹，建造工寮，充當最早的辦公基地。前此，1904年小笠原富二郎在萬歲山下伐除一小撮扁柏林，蓋了阿里山區第1棟小木屋，此小屋除了提供後藤新平住宿之外，也可能是1906年10月10日設置的氣象觀測所的前身；1906年8月則於萬歲山下建了7棟宿舍。然而，伐木面積稍大些的地點，即1907年1月，於今之阿里山賓館右下方，用以興建工程事務所1棟、宿舍3棟及倉庫2棟。但筆者反覆推敲後，認為1906年8月的建築，可能係1907年1月完工的同一批建物。

此等零星伐下的木材，經達邦運往嘉義，於1907年3月運抵日本大阪展示，但正式伐木，必須遲至1912年前後，也就是民營、官制、財務與規劃的諸多折騰後，年底12月20日整條森鐵貫通，伐木集材始漸上軌道。

稍大規模的伐木區，大約在1911年8～11月期間或之前，砍伐二萬坪車站及附近的散生型紅檜，也就是第7及8林班交界處，這些木材提供十字路以東的橋樑及隧道等工程之用。

專為伐木舖設的所謂林內線第1工區，即二萬坪至神木2,742公尺於1911年11月動工，預訂5個月竣工（1913年4月1日通車）；第2工區為神木至香雪山，長1,473公尺，1912年1月16日動工，預訂比第1工區更早完工；第3工區即香雪山至沼平，長1,230公尺，1912年4月10日動工，預訂7月完成。

1912年5月，來自美國的集材機運達，香雪山腳開伐，且5月25日由沼平另開鑿往萬歲山而止於香雪山鞍部的集材路，長1,386公尺，謂之「集材路第1工區」；10月10日繼續由香雪山鞍部開鑿往長谷川溪越鞍部路段，長830公尺的「萬歲山集材鐵道第2工區」。

1912年11月15日起，利用二萬坪至萬歲山的林內鐵道路面，修築木馬道，12月6日起，開始以木馬沿林內線周邊進行集材，每天集約17立方公尺，暫時堆積在二萬坪附近，此項作業在林內鐵道開通後終止；1912年12月3日起，另

由沼平開築「塔山線集材路」，至對高岳鞍部，長1,864公尺；1912年12月20日，森鐵自嘉義至二萬坪開通，12月25～26日，來自二萬坪的7輛木材聯結列車運抵北門，展覽7天。這生產材運出的第1年，只運出了479立方公尺材積；1913年仍未大量運出，僅3,651立方公尺，但1912年的伐木面積為43公頃，伐木材積為29,063立方公尺，1913年伐木面積增加為108公頃，砍下49,214立方公尺材積，運出的生產材積仍然少量，為3,651立方公尺，順暢將木材運出即1914年之後，1915及1916年則達到空前絕後的運出最大量。

1914年3月14日沼平車站開張，其在1912年即已通車，但中途有災難受阻。

1915年起，7部集材機作業，1部的集材範圍為半徑1,200公尺左右，也就是說，一部集材機定點之後，可收集面積達約452公頃。而林內作業的運輸路達20餘公里以上，扣除上述由二萬坪-神木-香雪山-沼平-香雪山鞍部-長谷川溪越鞍，以及沼平-對高岳鞍部核計9,525公尺的鐵路，至少尚有10多公里以上的運材路線，散布在林地而筆者尚未考據，有可能即1915年興建的眠月線，即沼平至松山的14.371公里鐵道。又，依資料顯示，伐木速率每年推進約1.6公里。

依筆者研究調查習慣，甚難忍受查無過往台帳，僅憑二手資料推論，遺憾的是多方探尋，慨嘆於終戰後相關從業人員不僅史觀全無，深宮舊帳但付火焚、拋棄，甚至於盡力湮滅，尤其1960年代，將日治時代龐大資料焚毀最為遺憾，無奈之下，只能放大尺度，以粗放方式追尋；1952年之後則有國府治台以降的台帳。

1916年6月8日～11月13日完成調查石鼓盤溪流域針葉林；1916年10月26日～1917年3月3日完成水山地區針葉林；1918年石鼓盤溪地域已延展鐵路；1919年6月～1921年3月開鑿完成八通關越嶺路；1920年準備伐木前調查鹿林山及帝大演習林，1923年帝大演習林劃分為38個林班；1926年9月17日～11月14日完成登玉山步道開闢；1929年～1938年砍伐沙里仙溪針葉林；1927年，沼平成為火車機關車庫(由二萬坪移來)；1931年鋪設完成沼平至兒玉(自忠)長8公里鐵路，隨後再延至新高口；1931～1932年眠月西線集材；1932～1933年大瀧溪線伐木集材；1933年由新高口開鑿了12公里600公尺的鐵路至東埔山下(東埔下線)，1934年兒玉(自忠)伐木中；1940年大瀧溪下線伐木集材中；1941年架設自忠往水山的水山線鐵路，長7.8公里伐木(1945年之後廢棄)。註，上述時間只是確定有作業時刻，並不盡然為起訖時程。

1942年建造塔塔加(哆哆咖)線鐵路，用以取代東埔下線。1940年代係新高口繁盛時期，因其由新高口築有左側霞山線9公里，延伸至兒玉山腹，右側為石水山線，長2公里500公尺，延伸至鹿林山支稜溪邊；1946年自忠附近支線集材工人不慎引起火災；1947年開始調查楠梓仙溪森林，為伐木作準備。

1950～1954年砍伐東埔山上部鐵杉

及少量扁柏、紅檜、雲杉、華山松等，1955年結束；1953年10月12日～1954年1月中開闢完成楠溪林道，年底出材。1955年之後，對高岳營林區28、29、31林班，計5,905公頃天然林，由台大交玉山林管處伐採；1950年代，阿里山林場地域進行殘材處理。

1966年之後，兒玉（自忠）聚落式微；1958～1962年間楠溪林道伐木出材旺盛，楠溪工作站再往南下溪底開鑿3.2公里林道。1963年林管處結束直營伐木，阿里山相關單位裁撤；1965年起，森林遊樂漸次替代營林；1966年尚存鐵路合計108.392公里，即主幹線、塔山線、塔山後線、水山線、水山支線、哆哆咖線，及大瀧溪線等。

1976年，林務局開闢玉山林道，即由新高口沿鹿林山山腹，接楠溪林道；1977年拆除哆哆咖鐵道；1979年新中橫阿里山公路開工，1982年通車。

1984～1985年，玉山林管處開築阿里山至祝山的觀光鐵路，前此，1971年則建觀日樓及祝山林道。

本小節之年代與其他口訪存有若干誤差，為求謹慎，不下肯定的判斷。

四-2、交通運輸線路開發史

1906年7月9日～1912年12月20日完成嘉義至二萬坪的全線鐵路，且1912年～1913年間，陸續完成神木至第4分道（香雪山下）、二萬坪到神木（第3分道）、第4分道至沼平；而沼平至對高岳鞍部（十字分道），謂之「塔山線集材路」，也在同一時程內完工，此即沼平往北集材路段；沼平往南則為萬歲山方向，即1912年5月，沼平至香雪山鞍部的集材路，再於10月10日延展至長谷川溪越鞍（曾文溪上游）。

此即最早階段伐木、集材、運輸交通網的地域，也就是二-1節所敘述的阿里山山脈左側第2方格集水區系。

以萬歲山下北至十字分道直線距離約3公里，東西以二萬坪至沼平東方稜線，直線亦約3公里，面積共計約900公頃；依據表5，由1912年至1919年合計砍了863公頃，也就是說，假設其為全面皆伐，8年以內即將此一方格所有林木伐盡，然而，二萬坪鄰近地區多闊葉林，紅檜僅只散生，另由每公頃立木材積計算，1920年代之前的單位面積材積甚為可觀（表11），是以推論，1919年左右，伐木地區早已超越此第2方格內，何況訪調耆老得知，日治時代保留相當面積的保安林。

查前述已知1916年完成石鼓盤溪針葉林調查，1917年水山地區亦調查結束，更且1918年間，由沼平北上十字分道的鐵路，早已延長至眠月（註，一說1915年即已開至松山），以致於河合鈰太郎1919年抵達眠月舊地重遊，眠月附近已蒙斧斤而殘破不堪了。換句話說，筆

【表11】1912～1938年阿里山林場伐木面積與平均材積之比較

年度別	伐木面積	平均每公頃伐木材積（立方公尺）	伐木可能性地點或地區
1912	43	675.9	（待考證）
1913	108	455.7	
1914	74	620.8	
1915	144	814.8	
1916	124	851.5	
1917	116	755.3	
1918	132	1,080.3	
1919	122	1,374.5	
1920	117	746.3	
1921	115	909.2	
1922	145	775.8	
1923	112	745.8	
1924	130	605.8	
1925	164	468.7	
1926	108	641.1	
1927	208	437.8	
1928	168	480.2	
1929	199	515.6	
1930	201	391.6	
1931	209	465.8	
1932	260	338.7	
1933	475	254.0	
1934	520	220.8	
1935	558	213.3	
1936	551	200.1	
1937	769	168.4	
1938	479	174.4	
合計	6,351	405.7（總計2,576,393）	

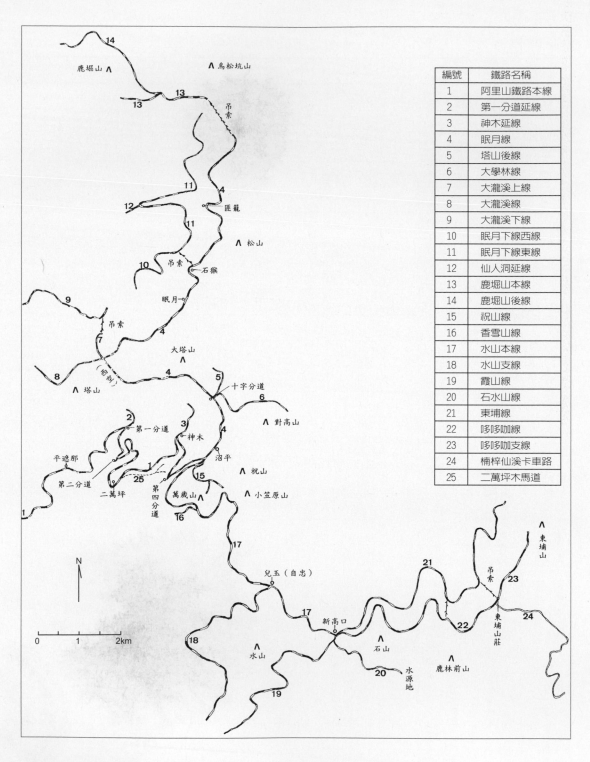

編號	鐵路名稱
1	阿里山鐵路本線
2	第一分道延線
3	神木延線
4	眠月線
5	塔山後線
6	大學林線
7	大瀧溪上線
8	大瀧溪線
9	大瀧溪下線
10	眠月下線西線
11	眠月下線東線
12	仙人洞延線
13	鹿堀山本線
14	鹿堀山後線
15	祝山線
16	香雪山線
17	水山本線
18	水山支線
19	霞山線
20	石水山線
21	東埔線
22	哆哆咖線
23	哆哆咖支線
24	楠梓仙溪卡車路
25	二萬坪木馬道

圖4、阿里山歷來伐木及運輸動線全圖（包括林內線）

者推測1917年或1918年伐木已達眠月，由於伐木之後往往間隔1～5年甚或以上時段始予集材，故而伐木常遠比集材更早，而張新裕（1996）敘述：「自1914～1938年間，眠月線全域平均1日30輛出材量為最盛期」，筆者則懷疑1914年似乎存有疑議，但可以確定原始林的伐採順序，應是由阿里山區向眠月山區及自忠山區，作雙向拓展的大趨勢。

在此，先將阿里山區已知運輸動線繪製全圖。

由所收集資料及口訪匯聚，對照地圖、現地勘查後，歷來運輸動線如圖4。

圖4所示各編號，說明如下。

1.編號1即阿里山森林鐵路本線，1906年7月9日動工，1912年12月20日二萬坪以下正式完工，但實際上同時期內亦已完工至沼平，即今阿里山中心站，而當年二萬坪以上概稱林內線，詳細施工等資訊見於三-1節歷史年表。本線總長71.9公里，崩山改道後共計72.7公里。

2.編號2可稱之為「第一分道延線」，長度約600公尺，1912年之前完工，係為方便搬運木材、集材，而自本線延伸的林內線，1912年曾收集第20及19林班下部位的紅檜伐材，但1948、1954年20、19林班之伐木與之無關。

3.編號3或謂「神木延線」，長度約1公里，延展至約第3及第20林班交界，也就是在對高岳與大塔山之間的凹鞍（十字分道）下方，功能如同編號2，主要收集第3及第4林班木材，亦屬最早完建的林內線之一。拆除時間不詳，

而陳清祥先生力主阿里山未來規劃，應考慮將本延線復建，且將之與十字分道處（眠月線）銜接，形成環繞沼平一帶遊憩區的鐵道動線。

4.編號4即今之所謂「眠月線」，係阿里山區伐木的最重要產區之一，其以分段完成，故有其他稱謂。最早於1912年12月3日起，由沼平開闢了1,864公尺鐵路，抵達十字分道之前，此段路日本人謂之「塔山線集材路」，提供該年砍伐第3林班。接著，1913年往塔山方向闢路推進，推測1915年之前或最遲1917年，已開至第48林班，也就是眠月線過了眠月站再北推約6～7公里，至烏松坑山山腳。（註，有簡略說法即1915年完建眠月線14.371公里）

以沼平車站正中點（平與車兩個字的中間）為基點0公尺，沿鐵軌以皮尺丈量，朝十字分道及眠月方向標記，測量時間為2000年8月3日。

沼平車站鐵軌筆直，方向為N30°E。在105.5公尺處，另一鐵軌轉換銜接點出現，150公尺右前方即公路轉進阿里山閣終點的平交道。面對阿里山閣大門的正中點為193公尺，鐵路轉N9°E，至250公尺左右，鐵軌轉N60°E，接著即259公尺處，左側一小間木屋，其搭建的木板存有規則圓洞，顯然是日治時代木製橋樑拆除後的木材再利用所製成，為堆放養路工具的倉庫。281公尺處，沿左轉石板台階，即下姊妹潭的步道。

509公尺處，右側有一廢棄售票亭，乃1980年代專為由溪阿縱走而來的健行客，收取

進入阿里山遊樂區的門票費用。該票亭2.85×1.98公尺，即將腐壞、消失。面對票亭右側，有條小山徑，即通往舊水山的步道，1982年筆者曾由此徑，前往舊水山，該地僅住李番古一戶，靠山產、釀水果酒為生。

由廢棄售票亭處朝眠月方向右側山坡望去，可見一條宛似山徑的路跡斜上，此即1912～1913年，為伐木而未顧及坡度，強行建築的鐵路，因而放棄與拆除的痕跡，此或為1912年所稱的塔山集材路，後來，1930年代，沿此路跡往右上，在伐木跡地開闢了軍用靶場。註，廢棄售票亭已於2002年拆除。

距沼平766公尺處，即舊1號橋頭，橋另一端為824.5公尺，林務局的標示為「眠月線第3號橋樑長度58.50公尺」，第3號橋係自新車站(921震毀)算起第3座；舊1號橋係指由沼平車站算起，阿里山住民皆用舊稱，筆者延用之，橋長度與筆者所測差1公尺，係起訖點的量法不同。站立此橋右望(東北方向)，可見原「大學林線」的鐵路遺跡。

931公尺處右側存有1間鐵皮屋，至942公尺處為屋另一端，為種芥末工寮，而942～978公尺段落的鐵道兩旁，原本存有5棟工寮，即國府治台後，重啟眠月線伐木、殘材處理的工寮或聚落，名為「2號橋部落」，居住時段為1948～1976年。

996公尺處，左側有塊大理石面、水泥外殼的里程碑，標示「塔01」，即日治時代沼平算起1公里處，與筆者的測量相差僅4公尺。此等里程碑並非日治時代所立，日本人設置的標誌為木製長條，1956年林務局將原木製條處，換上此系列里程碑。

1,108公尺處為舊2號橋起點，此即「2號橋部落」名稱的由來，然而，如今舊2號橋完全消失，也就是已被填土而匿跡。

1,155公尺處，右側有一登山口，為1980年代登對高岳的入口，昔時路線解說牌今已模糊，其左為舊鐵柱路標。此路口另可下抵神木村。

前此1公里多的鐵路多為曲線，罕有較長段落的直線，1,250公尺左右較為筆直，方向為W335°N；1,300公尺附近左側，存有新里程長條碑「2.5K」。

1,456公尺處為舊里程碑「塔11/2」，誤差達44公尺，但「塔1」公里處誤差僅4公尺，筆者認為係因「舊2號橋」填土改變、日治及國府之拆除與後鋪鐵軌所導致。

1,603公尺處，左側一株圓形或橢圓形的「柳杉」，分枝幹繁多分歧，為柳杉的另一品系，日名「さつますぎ」，日治時代以插枝無性繁殖方式來栽種，沿眠月線鐵路旁種不少，國府治台後砍掉一些，如今沼平至十字分道沿線，多株尚存。

1,704～1,713公尺處即新建祝山觀日鐵路叉出的段落，左側設有鋁製票亭或管理小亭，附一巡邏箱，幾步路後一間舊道班房小木屋(1,725公尺)。新3公里長條碑處，我們的測量為距沼平

1,786公尺。

1,900公尺左右，到達舊十字分道廣場。1,900～1,923公尺段落右側即日治時代最早期伐木鐵路區之一。「十字分道」這地名，今被林務局移往東北方向約320公尺遠處，即現在的祝山鐵路上。

舊十字分道廣場處，眠月線左彎，左彎前鐵軌方位為W320°N；準此測方位點，在登大塔山步道（台階寬路）的右側，W350°N方向的路跡，為原「塔山後線」鐵路路跡；而E180°S方向為另一路跡，即「大學林線」路跡。筆者等由眠月鐵軌往祝山鐵路沿此路跡測量，此2條新、舊鐵軌距離218公尺。由舊十字分道眠月線鐵軌算起，第95～150公尺段落，原大學林線的路跡已被闢為芥末園。

1,953公尺處，眠月線左側有舊「塔2」公里里程碑。測量至此為止。

自1.8公里處，經十字分道，以迄2.8公里之間，也就是第20林班的眠月線兩側，係日治時代的禁伐林，不幸的是，於1948年被皆伐，且1954年再將闊葉林砍光，復進行殘材處理；20林班之後為第19林班，及至2號隧道之後，再大右轉往眠月方向。第19林班曾是1912年最早的伐區之一，砍伐後，於1931年造林，此等造林木復於1954年皆伐之，1959年第二次造林，即今之所見。至於眠月、石猴、匿龍一帶伐木期主要落在1918至1930年之間。

因此，編號4由沼平至十字分道，最早謂之「塔山線集材路」，後來，由沼平至塔山北東方的十字路口（三角地段）之前，進入阿里山區有名的2號隧道或山洞，台語讀如「西空」或「西坑」，洞內伸手不見五指，長度約達1公里，沼平至2號隧道謂之「塔山線」，長度約5.6公里。爾後，皆統歸於「眠月線」名稱。眠月山區或沼平以北地域的鐵軌，約於1939～1940年前後，全面拆除（註，一說1934年拆除之），國府治台後，1947年為伐木始再度復原至石猴段。而眠月線的客運始自1926年10月1日，國府治台後的觀光客運則始於1983年2月11日，但9‧21地震後停止。

5. 編號5謂之「塔山後線」或「塔山裏線」，長度僅約600公尺，即由十字分道往北東方向進入東京帝大演習林，後屬台大實驗林。闢建年代筆者推測係在1916年，帝大與總督府營林局訂立3年伐木協定之際。

6. 編號6謂之「大學林線」，即在塔山後線旁，由十字分道叉出，東南大轉向，往對高岳山麓延展，長度約1.2公里以上。搭建時代或在1916年之後。其伐木對象為帝大演習林第28-3林班，最早伐期為1917年，鐵路旁設有演習林的詰所（事務所）、工寮等，先前曾利用溪谷水流為動力，行大刨木材的工事。

7. 編號7稱之為「大瀧溪上線」，長度僅約700公尺，盡頭處西眺景觀優美，約在1931年之後建築，最主要功能係以索道收集「大瀧溪下線」的木材。此線有一隧道，其旁有2棟集材工寮，集材機置於末端。

8. 編號8為「大瀧溪線」鐵路，主線長度約2.3公里，計有7個隧道，在第6號隧道(山洞)出口，右側另延伸一條小支線約300公尺，小支線另有1個隧道，小支線端置一集材機。大瀧溪線第6號隧道之後，兩側計有集材工寮、監督寮、伐木工寮等8棟建物，在第23及第24林班界附近，有一巨石看台，可眺望西向景觀、塔山雲海。鐵路末端位於第22林班，亦設集材機。本線約在1931年闢建，1932年集材，作業時期約5～6年，1936年結束。

註，林務局解說手冊(葉士藤、黃淑芳，2001)說是：「自塔山站分歧有大瀧溪線，長2.474公里，有隧道及橋樑各7座，於1919年興建，1933年拆除」，筆者據口訪作業人員，對此說存疑。

9. 編號9謂之「大瀧溪下線」，長度約1.8公里，分布於第27、25、24林班，止於第24及21林班交界。開闢時間約在1929～1931年間，伐木期並不連續，落在1930～1937年間，間有空檔期，故年代記錄與各林班伐木年代容或有差異，大瀧溪線亦然。1955年曾實施殘材處理，但本線應在1938年即撤離。

10. 編號10即「眠月下線西線」，由石猴下方的索道下接點算起，西南段即指西線，長度約2.5公里，西線上方即第35及32林班，下方即第39及34林班。本路段約在1929～1930年舖設，同時伐木，亦有謂在1921年即已伐木而未集材，但全面伐木落在1930～1937年間。

11. 編號11稱之為「眠月下線東線」，長度約7.5公里，開闢及伐木年代同於

西線，東、西線合稱眠月下線，此線木材皆由石猴下索道沿陡坡(溪阿縱走之好漢坡)吊上至眠月線出材，國府治台後改以修成公路，卡車集材，上吊至眠月線。

12. 編號12即「仙人洞延線」，由眠月下線東線大轉彎處伸出，以集材機吊集仙人洞43林班的紅檜，最早伐木為1921年，然而尚待考証，推測應與眠月下線同時施業。

13. 編號13謂之「鹿堀山本線」，長度約3.5公里，約在1933年開鐵路，伐木、集材期間為1933～1937年，木材集中線路端點，以索道吊集至眠月線運出，此線即伐運鹿堀山南面的檜木。

14. 編號14稱之為「鹿堀山後線」，長度約2公里，自鹿堀山本線叉出，開路及伐木集運晚本線2年，1937年出材，但已非阿里山林場，而係屬於竹山事業區的第9、10林班。

15. 編號15為「祝山線」，長度約3.5公里，位於最早期的伐木區，係1912年闢建的林內線鐵路，約1915年以後拆除、廢棄。此線達到85林班，將近銜接今之新中橫。而落成於1933年3月15日的萬歲山氣象測候所，於1933年前後，為運送建材，將此廢棄鐵路跡整理為人力車可通之小徑，終戰後仍為小徑。1949年前後，軍隊駐紮祝山，將此路跡拓展為石子路，謂之戰備道路，阿里山遊客漸增後，形成順道載客，當時為局部水泥路(輪胎著地處為水泥，中間及旁側仍為石子路面)。1971年成立祝山客運、觀日樓，始修

築為柏油路面。

16. 編號16謂之「香雪山線」，長度僅約1公里，可能建於1910年代，收集第66林班或萬歲山下部分木材。

17. 編號17指由沼平至兒玉(自忠)且延伸新高口的「水山本線」或「兒玉線」，長10.7公里。本線前段之開闢，最早係由沼平開鑿的「集材路第一工區」(1912年5月25日動工)，以及「第二工區」(1912年10月10日動工)，開至萬歲山之南而後止(註，存疑)，但開至兒玉係1919年完成，1931年並延伸至新高口，而水山本線以及此等東南半壁的伐木年代，係阿里山區伐木的最後階段，全屬1930年代以降事務。後來新中橫的路基，大致沿本線拓展(鐵路則自1976年開始拆除)；新高口以東，亦沿哆哆咖線闢築。
換言之，阿里山區伐木基本上區分3大區，其一為阿里山沼平的中心區，其二為眠月線主動脈的北區，其三為兒玉、新高口的南東區，南東區即以水山本線為主幹道。上述雖依主要伐木期而區分，但水山本線在兒玉之前的兩側，最早的伐木可溯自1917～1919年前後，例如第61、62、85、84、83、82及81林班等，也就是發展動線早在1910年代即已定案。

18. 編號18稱為「水山支線」，即由水山本線在兒玉叉出西南，長度約7.5公里的分線，係1941年所開鑿，實際上的鋪路及伐木，如同許多其他線路，並非一次完成。水山支線最早的伐木為1919年，僅砍81林班兒玉站附近局部林分，是為第一階段；終戰前集中在76～80林班的伐採為第二階段(1942～1943年)；1944年以後，乃至國府治

台以降，鐵路再延展至93林班界，1950年代的殘材處理等為第三階段。水山支線另名為「星岡線」。

19. 編號19係自新高口南西叉出的「霞山線」，總長約9.2公里(林務局及一般資料列為8公里，開闢及使用期間登錄為1934～1963年)，開闢年代應在1931年，也就是兒玉、新高口的鐵路完成後，接續開鑿霞山線，且伐木同時展開，伐取第134、135及118林班，1932年砍伐119、120、121及122林班。依據口述史訪調，筆者推測日本人伐木計畫，在阿里山區的南東區應以新高口為中心，向楠梓仙溪流域推進，而水山支線(編號18)則保留為阿里山水源及曾文溪上游的保安林，並無計畫伐取，故霞山線、石水山線的開採較早，後因戰爭，所謂軍需而罔顧計畫，才將水山支線大肆砍伐。

20. 編號20稱為「石水山線」，林務局及其他資訊登錄使用期為1947～1953年，長度4公里，但本研究訪調認為本線的闢建，應為1941年，闢建了2.6公里長，1943年砍伐第133、132及131林班。本線末端為水源地。伐木後殘材處理、造林等，殆自1953年撤除。

21. 編號21稱之為「東埔線」或「東埔下線」，自新高口延展至東埔山腳，長度達12公里600公尺，係1933年開闢，新高口下方有3個隧道。最早伐木為31-1林班，在1929年；第31-2林班則在1931年，這條平坦輕鐵路完工後，於1940～1941年(終戰前)即已將東埔山莊下方的31林班砍伐完

畢，原木在現地大割也完成，這批作業的工人組則遷移至水山支線，於1942年開始作業(編號18)。後來，國府治台後，本線留置伐木現場的木材，始於1952～1953間集材。

1942年東埔線上方另闢「哆哆咖線」，施工之際，上方土石砸毀下方的東埔線，因而東埔線無法銜接新高口，故而1952～1953年間東埔線的集材，係以索道上吊至哆哆咖線，上下兩條鐵路各自有2個集運點，末端的在東埔山莊，另一組點在中途。東埔山莊下方的集材之際，順便更往前推，於1957年砍伐31-3林班的原始林。

22. 編號22謂之「哆哆咖線」，又稱「塔塔加線」，林務局及其他資訊記載係1949年闢建長度9.3公里，事實上有誤，應於1942年始建，由新高口延伸至東埔山莊廚房處(車站)，且1954年之後再延展至東埔山下，長度約9.7公里，而自東埔山莊延展出的這段，謂之「哆哆咖支線」，長約800公尺，編號23。這條鐵路依日本人設計，將打隧道，延通楠梓仙溪流域，隧道打一半之際，二次大戰結束，此計畫遂擱置。國府治台後，改採卡車路，即編號24。

23. 編號25係二萬坪的木馬道，1912年之前闢建，阿里山本線開通後即棄置，但因其銜接第4分道至二萬坪，當鐵路中斷時，提供阿里山人步行至二萬坪，因而路跡維持不墜。

此外，圖中無標示者另有林務局於

1976年開闢的玉山林道(卡車路)、1984年闢建的祝山鐵路(觀光用)。東埔線(21)、石水山線(20)、霞山線(19)、眠月下線(10及11)等等鐵路皆屬小軌，以內燃機車運材(台語讀如gasoline)；附帶說明，二次大戰末期金屬欠缺，新高口等阿里山區之南東伐區之建鐵路，大抵係拆自眠月線的鐵軌。而終戰前砍伐最劇烈者即水山支線、萬歲山下等南東伐區。

四-3、阿里山地域伐木營林各林班施業史

本節主依口述受訪人陳清祥先生記憶敘述，為求簡要，先以表12列舉各林班資訊。

表12先劃分分區或運輸路線分區，次列林班編號。林班的劃分年代，依陳清祥先生推算，應在1914年之後，筆者判斷或可能在1917年營林局完成「官有林邊界測量」之際，然而，依據官方資訊(台灣省林務局，1993)則敘述，阿里山事業區森林施業案始於「營林所砍伐事業計畫」，於1923年2月～12月2日之調查後，將17,427.96公頃的林地分為135個林班，編成臨時的「阿里山事業區施業案」，實施至正式施業案之編訂。

1931年3月～1932年2月期間，完成2期外業調查，將原先預定地域向西擴展，總面積增至31,864.92公頃，編成233個林班，於1935年度起實施，施業期為10年。此即阿里山區正式的第一次施業案編訂。

第一次編訂案由1935年至1944年實施，故原預訂於1945年施行檢訂，但因當時係終戰後，無法檢訂，延至1952年2月～1953年1月才完成外業調查，以致第二次編訂案之實施期為1954年至1963年。

第二次檢訂(1966年)之後，編訂1967～1976年為第三次實施期，但因1975年7月起，國有林事業區境界重劃，以及林區經營範圍調整方案實施，故將原有林班重新編排，就原有資料編擬經營計畫，執行期限為1976年7月至1982年6月為止。

第三次經營計畫檢訂，於1981年實施，執行期為1983年至1992年；第四次檢訂調查於1986年3月至10月完成，實施期為1993年至2002年。

因此，日治時代與國府治台後通用的林班編訂，即1935年至1975年期間，施行長達40年以上的林班，即本研究所稱之林班編號。由於此等舊林班邊界，往往以鐵路等人為界址為標誌，並非全部依據山川地貌來劃分，反映阿里山開拓史在殖民地時代的特徵，而筆者推測明確林班劃分之前，另有一套作業界址，且1935年延用之，故實質林班分界可能在1910年代即已漸次形成。

凡本研究指稱之林班，見於圖5。

表12之木材生產比率，僅指該(等)林班內針葉樹的大約百分率，除了紅檜及扁柏為針一級之外，台灣杉、鐵杉、松樹皆列為二級木，闊葉樹指天然植群，造林木分為皆伐或間伐，其伐採當然係第一次造林成長之後的林木；林木砍伐年代通常指始伐年度，不盡然該年得以伐盡，有些年度僅為推測，因伐木

台帳已在國府治台後焚毀。此外，伐木後通常留置原地或集中特定位置長達數年，以致於集運出山的木材，樹皮皆呈黑黝，且為防止蛀蟲之腐蝕等，往往在林地將樹皮剝除，避免昆蟲等以樹皮為窩。而實際伐木年度之與官方所記錄，亦不盡然相同。

表中殘材處理僅列直營與分收，其實係為方便歸納而已，事實上關於林產物之處分，由終戰前以迄1960年代甚為混亂，在此必須說明，此乃因戰爭、政權轉移與組織結構的高度變化之所致。

阿里山檜木林的發現，早於全台底定，阿里山伐木進行得轟轟烈烈之際，全台的林業並無現代化計畫，直到1925年台灣才有第一次森林計畫，而阿里山森林砍了約一半左右，林班才劃分，也就是說阿里山區的資源實際上屬於總督府的禁臠，歸隸1920年之前的營林局，及1920年9月1日之後的殖產局課的營林所下，嘉義的業務單位謂之「嘉義出張所」，阿里山伐木現場的單位名稱謂之「阿里山派出所」。1941年進入戰時體制，三大林場悉歸「台灣拓殖會社、嘉義出張所、阿里山派出所」執行，但在行政系統上仍然保持「山林管理所」的運作。

1946年3月15日，上述伐木單位改為「林產管理局、阿里山林場、阿里山分場」，行政單位的山林管理所仍存在，直到1959年9月23日林務局成立，行政與伐木單位整合為「林務局、嘉義管理處、阿里山工作站」。

因此，殆於1942～1960年代(至1966年左右)，阿里山區的木材生產方式殆可分為5類。

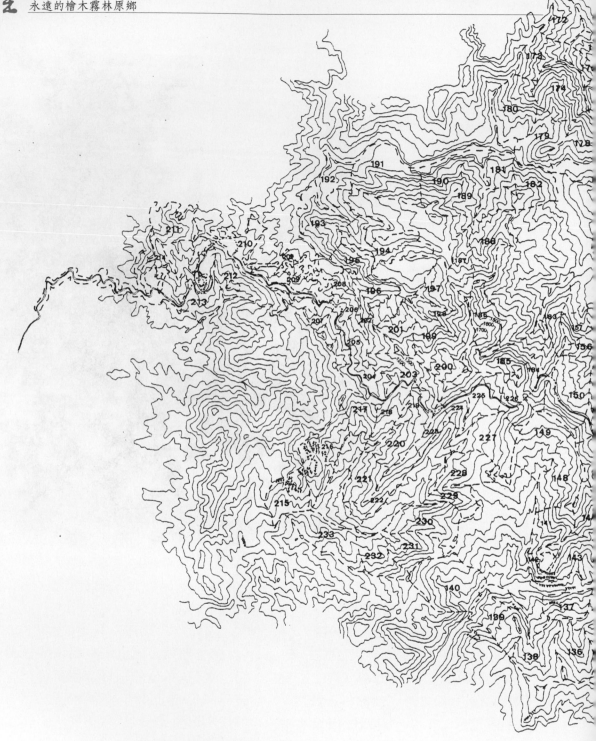

圖5、 1935～1975年阿里山林場各林班分布圖(1923～1934年僅至第135林班)

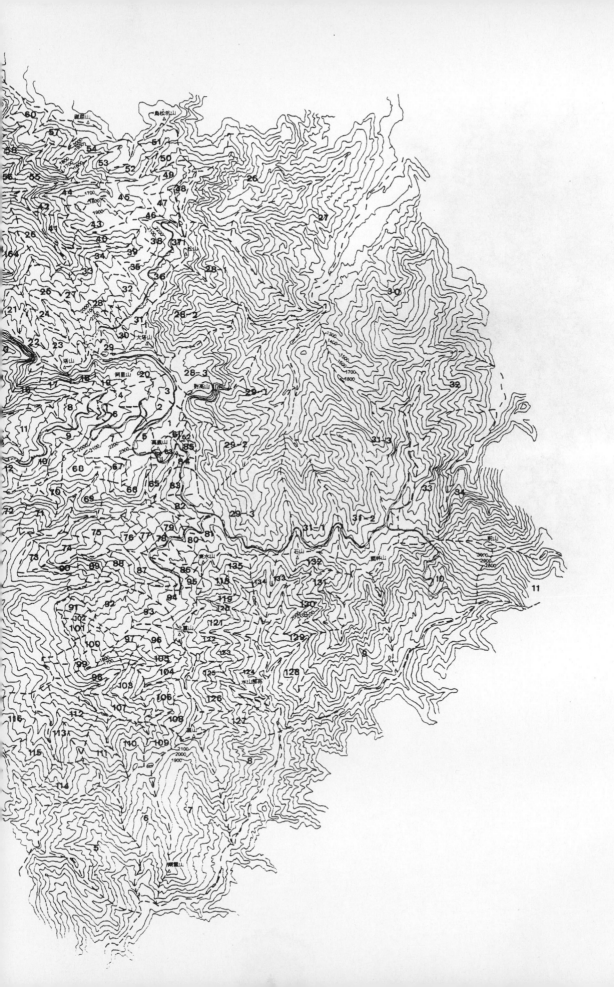

嘉義林區圖

圖二：阿里山事業區略圖
Figure 2. Map of A-Li-Shan Working Circle.

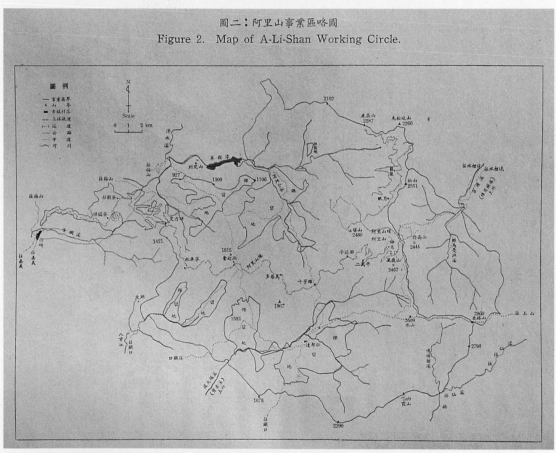

1966年阿里山事業區略圖

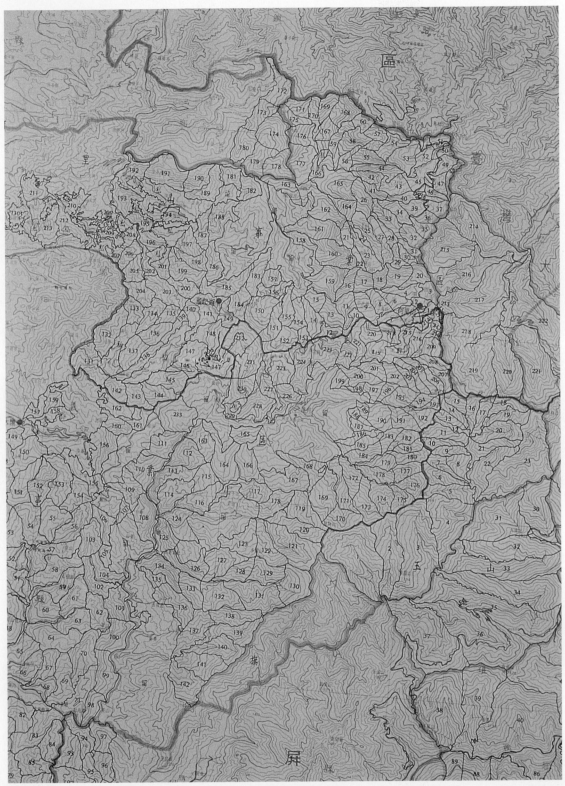

事業區圖

事業區近圖

【表12】阿里山地域各分區林班施業誌要表（陳清祥、陳玉峯製表，林班編號以1935～1975年編訂者爲準）

區別	林班	木材生產比率級與類別					林木砍伐年度			殘材整理年度		造林年度		採製檜木精油	備註
		紅檜	扁柏	二級木	闊葉樹	造林木	針葉樹	闊葉樹	造林木	直營	分收	第一次	第二次		
阿里山分區	1	40	50	10		間伐	1912 1914~1915(?)		1951	1951		1914		V	造林年度約在1914年之後
	2	65	30	5		皆伐	1911			1951	1954	1914	1945		〃
	3	35	60	5		皆伐	1912	1956	1957	1957	1953	1914	1921	V	〃
	4	65	30	5		皆伐	1912	1943	1957	1957	1953	1914	1945	V	〃
	5	60	30	10		局部	1913	1957	1944	1957	1953		1955	V	
	6	80	15	5	皆伐	皆伐	1912	1955	1943	1956	1953	1914	1955		〃
	7	75	20	5	皆伐	皆伐	1911	1953	1944	1954	1953	1914	1956		〃
	8	90	5	5	局部	皆伐	1911	1955	1944	1955	1953	1914	1956		
	9	闊葉林散生針葉樹			局部	皆伐		1955	1955			1914	1959		〃
塔山分區	19	70	15	15	皆伐	皆伐	1912	1954	1954	1948	1959	1931	1959		
	20						1948								
大瀧溪分區	22	40	50	10			1932 — ?			1955	1950		1961	V	
	23													V	
	25													V	
	27													V	
	21	40	50	10			1937 — 1938			1955	1950		1961	V	
	24													V	
	25													V	
	27													V	
	17	80	5	15			1955			1955			1961		
	160														

區別	林班	木材生產比率級與類別					林木砍伐年度			殘材整理年度		造林年度		採製檜木精油	備註
		紅檜	扁柏	二級木	闊葉樹	造林木	針葉樹	闊葉樹	造林木	直營	分收	第一次	第二次		
眠月線分區	28	55	35	10	局部		1917	1957		1953		1920	1959	∨	第一次造林並非全部造林，只在土壤處種植
	31	30	40	30	皆伐		1951			1951			1959		
	31	30	60	10	皆伐		1918｜1920		1953	1953	1957	1920	1959	∨	
	36				皆伐									∨	
	37													∨	
	48													∨	
	29	30	50	20	皆伐		1918｜1920		1953	1953		1920	1959	∨	第一次造林約在 1920 年代
	30													∨	
眠月下線	32	60	35	5	皆伐		1921｜？		1953	1953			1961	∨	
	33													∨	
	35													∨	
	38													∨	
	39													∨	
	43	90	5	5	皆伐		1921｜？		1954	1954			1961		
	45														
	52														
眠月線上下方各半	47	80	15	5	皆伐		1923		1954	1954			1961	∨	
	49													∨	
	50													∨	
	51													∨	

區別	林班	木材生產比率級與類別					林木砍伐年度			殘材整理年度		造林年度		採製檜木精油	備註
		紅檜	扁柏	二級木	闊葉樹	造林木	針葉樹	闊葉樹	造林木	直營	分收	第一次	第二次		
水山線	63 64	35	60	5			1942			1950	1956	1954			
雪山線	65 66 67	70	25	5	局部		1943	1953		1950		1957		∨	
	69	90		10	全部		1956	1956		1956		1959			
霞山線	135 118	55	40	5			1931			1955	1950	1943		∨	
	119 120 121 122	40	55	5			1932			1955	1950	1943		∨ ∨ ∨ ∨	
石水山線	131 132 133	70		30			1943			1951	1955	1957			
	134	80		20			1931			1951	1955	1935			
十字分道後線	28-2 28-3	60	30	10	局部	皆伐	1917	1959	1948 1961	1953	1959	台大	1956		
	29-1	80	10	10	局部	局部	1919			1953	1958	台大	1961		
新高口線	29-2	85	10	5	局部	局部	1929	1957	1957	1957	1959	台大	1963		
	31-1	85	5	10	局部		1929			1953	1959	1957			
	31-2	75	5	20	局部		1931	1957		1953	1959	1967			

區別	林班	木材生產比率級與類別					林木砍伐年度			殘材整理年度		造林年度		採製檜木精油	備註
		紅檜	扁柏	二級木	闊葉樹	造林木	針葉樹	闊葉樹	造林木	直營	分收	第一次	第二次		
哆哆咖線	31-3	60		40			1957			1957			1971		
阿里山鐵路本線	71 72 12					皆伐		1948				1921	1951		十字路分區
	150 151 152					皆伐		1943							多囉焉分區
	153 154 155					皆伐		1957				1926 | 1930	1961 | 1966		桃仔湖分區
	183 185					局部	1957					〃	〃		加里味分區
	225 226 227 228					皆伐	1954					〃	〃		石桌分區
	224					皆伐	1954					〃	〃		奮起湖分區
	203 204 205 206					皆伐	1954					〃	〃		水車寮 分區 交力坪

　　其一，無價金特別處理。處理類別為「交付軍事用材」，也就是因應戰爭的軍需物資；處理林班計有64、65、66、77、78、79、80、86、94及95等10個林班；承辦人為鄭阿財，鄭氏進行7～8個月後，因財力問題，將此作業轉包給南洋木行的林章合辦；實施年度為1944～1948年；處理方式係以山地「手工製材」，由人工擔運至鐵路裝車運出。

鄭及林氏當初承接本案的方式，係營林所指定林班，他可任意伐木，不用付錢給營林所，只付鐵路運輸費用，木材交軍部時，由軍部付錢給鄭氏，終戰後，不料在運出嘉義500餘立方公尺材，且另有2,000多立方公尺的製品，人工運至水山及水山支線鐵路旁，等待外運之際，國民政府接收日人的「嘉義山林管理所」卻認為此等「軍用材」即「日產」，必須全數沒收、扣押，故將2,000立方公尺的製材，由山林管理所主辦、阿里山林場協辦(1946年)，另行僱工裝車，運至嘉義貯木場處理。所謂另行僱工，事實上係由管理所直營，依殘材方式，交由徐傳乾承包「裝運」工作而運出。

無價金特別處理的另一案例即杉林溪的蕭蓋富，其由1937年開始經營軍部用材，且將鐵軌拆除改用木馬道等(戰爭需要之物資)，後來命運同於鄭案。

其二，特權承辦。處理類別為「打撈殘材整理」；處理年度為1958～1966年間；承辦人為行政院特准的林統、章勳義與鄧龐光；處理方式為業者承包、放行裝出。所謂放行即指業者要運出的木材，必須運搬證、數量清單，接受檢查哨檢驗。

關於殘材之所謂「打撈」乃民間台語用法，國府的公文書稱為「掘撈」。以1956年12月22日台灣省政府的命令，(45)府發監會字第019號為例，受文者為省農林廳，事由即：林班地內，前日人遺留或埋藏物資，除木材外，其未經政府接收有案者，均應由掘撈委員會依法處理。

此乃因先前行政院頒布「統一掘撈前日人埋沉物資辦法」，省政府行文給行政院探詢究竟國有林班地，日本人遺留下來的木材、銅鐵等金屬物資，是否符合該辦法第12條所稱之「隱匿無主物資」，行政院指示，依森林法規定，國有林地林產物由林產機關統一處理，因此，日本人遺留的木材不應歸於「掘撈辦法第12條所稱之日人遺留、隱匿無主物資」，至於木材以外的物資如銅、鐵等，應由省政府召集農林廳林產管理局及「省掘撈日人埋沉物資監理委員會」核議後再行核辦。

於是，省府由盧姓委員召集農林廳法制室掘撈委員會及林產管理局開會，結果達成3點結論，(1)凡省掘撈會所受理林班地區內日人遺留埋隱木材案件，移由林產管理局自行辦理；(2)林班地區內，除了木材之外，凡日人遺留隱藏之物資，均由省掘撈會依照院頒辦法處理；(3)省掘撈會核准發掘之物資施工時，使用林班地在不砍伐林木、不妨礙現有交通設施之原則下，由掘撈會專案簽報省府核示。

該省府的函令強調，第一、二點結論「既經與會各單位同意辦理，應准照辦處，至結論第三點，關於施工發掘日人遺留埋隱物質時使用林班地區土地一節」，依據省掘撈會的簽呈敘述，此打撈工作不適用土石採取、租地造林、礦業法等法令，而打撈「係中央既定政策，頒有專用辦法，況施工為時短暫，似可免於辦理租用土地手續，惟為顧及國土保安起見，先由本會函請林產管理局同意後辦理」。

由上可知此一打撈辦法係超越一般法規，有些類似9·21之後的「緊急命令法」，反映當年各單位對日治時代物資，似乎存有強烈企圖，因而引發爭奪現象，顯然的，林務單位總算要回木材的處理權，但其他物資則由省掘撈會包辦。

阿里山曾遭打撈的林班，林統大致取水山支線80、81、79、78、77、76、86、95、94等林班；章勳義打撈大瀧溪、塔山線如19、20、25、27、23、22林班等；鄧龐光則收集鹿堀山線如53、54、57、60林班等。

其三，營林所、局、山林管理所或嘉義林管處等官府管理單位自己伐木運輸、販賣等作業謂之「直營」，直營又分兩小類，一為僱工，以按工作日計工資方式行之，另一為包工，即計件，也就是由組頭(包頭)集結工人承包，依生產材積或車次計算工資，加上給予組頭的1～2成計資。

其四，為普通業者「分收」，分收意即讓包頭自行處理，生產的木材再依兩小類處置，先是分收材積，例如生意人分得7部車、官方分得3部車的材積，然而，易生糾紛，故改以分收販賣木材之後的金錢，依七·三分帳。事實上殘材整理並非一次，有些林班進行二、三次。又，分收殆由林場直接指定業者姓名及承辦林班，木材運至嘉義貯木場才分收，根本上當然是特權。

其五，標售處理，1960年代之後的公開招標。

綜合上述5種類型的殘材處理或任何林產物處分方式，皆涉及實地伐木、集材、運搬等實務工作，不管任何類型皆須僱工，凡此生產木材的成本費用，自日治時代皆訂有標準依據，以下舉民國47年所訂標準如下。

1958年省府農林廳林產管理局(47林政字第14784號令)經「林產處分研討會議」議決事項責成命令，包括木材市價調查之改進、生產費調查之改進。每木調查方法、運出超過利用材積之計算方法、薪炭材之規格標準問題、林木標售採用單價方式、搬出限期問題、林產物處分規則修正意見，以及伐木代金計算方式問題等9項。其中，關於生產費之各種工作能力的標準訂定如下。

1. 伐木造材能力

　A. 造圓材

　　a. 每日每工針葉樹訂2.0～3.0立方公尺。

　　b. 每日每工闊葉樹訂1.2～1.5立方公尺。

　　c. 每日每工薪炭材訂1.2～1.3立方公尺。

　B. 造角材

　　a. 每日每工針葉樹0.6～0.7立方公尺。

　　b. 每日每工闊葉樹0.5～0.6立方公尺。

2. 擔送集材能力

　A. 針葉樹每立方公尺850公斤計算；闊葉樹每立方公尺1,000公斤計算。

　B. 針葉樹一次能力0.07～0.05立方公尺；闊葉樹一次能力0.06～0.04立

方公尺。

C. 一日擔送總距離約20～24公里（10～12公里1日1次往復）。

3. **人力轉材能力**（舊稱手出集材）

距離	每日往復次數	針葉樹每次能力	闊葉樹每次能力
100公尺	20～14次	0.3～0.2立方公尺	0.28～0.2立方公尺
200公尺	14～10次	0.3～0.2立方公尺	
300公尺	10～7次	0.3～0.2立方公尺	

4. **木馬運材能力**

A. 每次搬運能力：針葉樹0.5～1.0立方公尺；闊葉樹0.45～0.8立方公尺；薪炭材0.3～0.5立方公尺；木炭6～8籠。

B. 一日搬運次數：5～11公里1次；2～4公里2次；1公里3～4次。

5. **索道運材能力**

A. 索道運送木炭每次能力與木馬相同，其餘比照木馬最高能力計算。

B. 一日次數：0.6公里以上25～35次；0.6公里以下30～40次。

C. 每組人數4～6人。

6. **牛車運材能力**

	木材	木炭	每天次數
用牛2匹	0.8～1.5立方公尺	26～32籠	6～10公里：1次
			3～5公里：2次
			1～2公里：3次

7. **台車運材能力**

每台能力1～1.5立方公尺。

8. **卡車運材能力**

按各地汽車貨運公司協定價格計算。

9. **管流**

每次能力與人數

A. 大河流：150～200立方公尺，工人30人。

B. 小河流：80～120立方公尺，工人20人。

C. 每日管流距離2～3公里。

10. **其他各種設施能力**

A. 工寮（監督寮）新設每工0.5～1坪（資材按照市價查定）。

B. 木馬路：岩質每工2～4公尺；土質每工5～10公尺，兩者皆包括橋樑。

C. 牛曳路：廢止，因有害山土保持。

D. 牛車路新設每工4～5公尺。

E. 台車路：岩質每工1.5～3.0公尺；土質每工3～6公尺。

F. 卡車路、索道：卡車路依規定規格辦理；索道應照立地形勢酌定。

G. 岩窯：2,000公斤30～40工。

而1966年7月1日起，實施「標售（民營）林班林木生產費查定暫行準則」，試驗年餘後，林務局召集7個林區管理處組成小組研討，修訂為「林產物處分生產費查定暫行準則」（56.10.19林產字第44864號令），於1967年11月1日起實施，對伐木生產作業林產物的處分，分為伐木造材（人力、鏈鋸）、集材作業（機械集材、人力集材）、運材作業（卡車、木馬、索道、台車、牛車、人力擔送）、土場作業，及燒炭作業（包括築窯）等5種，詳細實務的量化規定，各項目之與1958年比較，互有增減。

造林年度不盡然精確，更有多次補植；採製檜木精油大抵以扁柏殘材為主。

上述直營及分收的負責人係由林

場指派，1960年代之後，經民間抗議，始採公開招標及標售，招標後，殘材、闊葉樹、造林木等採放行搬出方式管理。

除了表列重點之外，各林班的若干附註如下。

第1 林班由於係觀光區，禁止皆伐，夥同1975年之後的新編林班阿里山事業區第1～5、16～20、31、32、35、36等林班，以及第216、217林班之部分，加上大埔事業區的212～215林班，面積共1，400公頃為「阿里山森林遊樂區」，作業依相關現行法規處理。

第2～6林班在1953年的殘材整理之分收，係由陳清風組承辦；大正年間（1914年之後）的造林工作，則由日本政府派遣勞務工人參加，造林木的搬運工作，亦由勞務工人協助。

第5 林班由於今之興建遊樂區建物，佔約15公頃林地。

1914年以前，第4、5、6、7、20林班的砍伐木材，以木馬人力搬運方式，匯集至裝車場（二萬坪）。

第7林班的闊葉樹，於1951年伐採部分，由木馬道運至二萬坪，1954年期的剩餘闊葉樹材，則以集材機收集至第4分道站。

第8 及第9 林班，日治時代末期至1948年以前，其內的牛樟枯死木、倒木，以及花樟等，由光華（木行）公司採運。

第19、20、21、22、23、24、25及27林班，在1950年第一次辦理殘材整理的分收，由林統組承辦，但1955年的直營整理，則由榮民隊盧組辦理，且由陳可組的集材機集材搬出。

第19～25等7個林班，於1959年，由章勳義組「打撈分收」，再度搜刮殘材。

第17及160林班係1955年由陳可的直營組承辦伐採原始林（日治時代禁伐）其所砍伐者，以塔山之小山（圓山）鄰近之原始林為目標，經由三段集材線，集至大瀧溪線運出。

第21～25林班的伐採林木（近戰爭時期），由大瀧溪下線，運至第27林班內的大瀧溪中線（長約600公尺）處，裝置火車運出。

眠月線第31林班，在日治時代編定為水源林而禁伐，國府之後，1951年砍光天然林。

第31、36、37及48林班，1957年殘材分收係由陳良存組承辦。

眠月下線東8公里、西2.5公里，以卡車路卡車運材，由林身修組於1953年搬運至集材線，再以吊索吊至眠月線運出，其後的殘材處理及人工柳杉林木，亦由同一組承辦。

鹿堀山線之第53、54、57及60林班，以及竹山區的第9、10林班，曾由鄧龐光組負責「打撈」殘材。

鹿堀山線之木材係由鐵路運至索道車場，吊上至眠月上線裝置運出。

水山線第61、62及85林班，1917年所砍伐的檜木，係由祝山鐵路（林內線，現今之祝山林道）運出。此3個林班的造林木，於1955年的間伐，砍柳杉而將扁柏保留，且此等柳杉以直營方式，分小區持續砍伐，及至1964年以後，則改採標

售分區砍伐。

第61、62、81～85等林班之殘材整理（1955年），由退輔會承辦，鄭阿財負責。

第81林班標為81A者，在1919年砍伐，標為81B者，日治時代編為兒玉區水源林而禁伐，不幸的是，1947年遭皆伐。

水山（兒玉）支線全部林班，即76～81、86、93～95林班，於1956年由陳山龍組承辦殘存之分收。

第77～81林班，複於1959年，由林統組以「打撈」名義，承辦再度的殘材處理。

水山支線第76、77林班，於1944～1947年間，曾由光華公司伐採牛樟枯死木、倒木及花樟木材。

第94林班於1951年辦理直營殘材整理，派高一生（鄉長）任組頭，陳添源為現場承辦人。

1945年（終戰前）為急速搬出木材，即水山本線及水山支線的64～66、77～80、85、94、95林班之木材，將集材跡地的林木交由商戶（當時的南洋商行），由經理人林章承辦，及至1948年，當時的山林管理所以違規為由，將全部木材扣留，交由林產管理處搬出，計約2,000多立方公尺（見前述）。

第69林班（雪山線）以闊葉林為主，針葉樹僅約1成，1956年砍伐，以木馬道搬運至平遮那運出。

霞山線的殘材整理，1950年由林統組（當時稱為五人組）承辦分收3年。其後，由組頭魏傳煌、陳清程繼續接辦直營工作，以迄1963年而後止。

石水山線第131～134林班，於1951年辦理殘材直營，之後，1955年後由魏添信組蔡類負責分收處理，主要砍伐區即今之水源地域，以及132、133林班林道上方的二級木。

帝大（後來台大）演習林第28、29林班地，於1917年起由總督府營林局砍伐3年的針葉樹，面積174公頃，但界外的殘留枯立倒木則由帝大自僱商戶伐採之；1945年起，則有若干小區賣給魏忠組搬出，隨後，管理處以直營及分收方式砍運柳杉造林木，參與直營或分收的廠商如孫海、新竹防腐公司等。

台大29-2林班，於1959年的殘存分收，由陳良存組承辦。

台大29-1、31-2林班的殘材處理，由洪西明組承辦。

台大第28、29及31林班地，於1961年之後，以「林相改良」為由，將所有闊葉林及少數檜木散生木全部伐除。

台大28～31-1林班內的部份林木，由台大實驗林自行標售，業者眾多，木材由阿里山線運出。

以上大抵為各林班施業附註。

關於原始植群及林班其他資訊收錄如下。

1. 各林班若並存紅檜與扁柏，則扁柏通常在山稜、上坡段，紅檜常聚居溪谷、下坡段。

2. 第8林班的植被主體為闊葉林，其相對上坡段為闊葉林中散生紅檜，扁柏及台灣杉僅為稀量伴生，相對下坡段全由闊葉林組成；第6林班亦略似，

但扁柏稍多；第2、4、5、7林班的扁柏增加至20～30%，夥同全部林班紅檜與扁柏的分布顯示，扁柏為山稜上坡族群，紅檜為中、下坡族群。

3. 第9林班以闊葉林為主，且多崩塌地，紅檜點狀散生。

4. 第10～12林班無檜木(表中無列出)，是闊葉林，其內多牛樟。

5. 第16、17林班以闊葉林為主，多崩塌地、石壁。

6. 第18林班存有紅檜，量不多，多石壁、闊葉林。

7. 第20林班內，第一分道近鄰曾經設為農校的實習林。

8. 第29林班以鐵杉、扁柏、紅檜混合的針葉林存在；第30林班以鐵杉為優勢，族群優勢順序約略為鐵杉、雲杉、扁柏、紅檜。

9. 第31林班的植群以「鐵杉-扁柏社會」為優勢，其他針葉樹種為雲杉、紅檜。

10. 第32林班為「扁柏-鐵杉社會」。

11. 第33、34、35林班紅檜多於扁柏；第36林班扁柏多於紅檜。

12. 第37、38林班，扁柏多於紅檜。

13. 第40林班以闊葉林為主，散生紅檜。

14. 第43林班以紅檜純林為主，尤其仙人洞附近，此林班內多巒大杉。

15. 第47、48、49等3個林班，以扁柏純林為絕對優勢；第50、51林班上坡段以扁柏為主，下方為紅檜，整個林班則紅檜多於扁柏。

16. 第59林班為紅檜、闊葉樹混生林；第60林班以紅檜為優勢。

17. 華山松在阿里山區的分布較顯著者如松山、祝山、鹿林山、眠月第47及48林班的山頂、稜線；以植物而言，存有扁柏分布地區，華山松多可見之。

關於造林部分，表12所列第一次、第二次造林年度為口述歷史採訪所得，但因每個林班內劃分為甚多小塊地，前後造林亦有高達一、二十次以上，無法依據林班說明，且記錄正確與否，仍有諸多疑問，在此先以口訪登錄留作參考，至於較完整的造林台帳及圖面，另闢四-6節專論。

四-4、存有台帳之林產物處分登錄

阿里山區主要伐木營林的年代大約落在1911～1957年間，1963年奉令結束自營伐木，裁撤營林單位之前，伐區已屬楠梓仙溪而非阿里山區。目前在嘉義林管處的林產台帳，保存起自1952年的「國有林主產物處分登記簿」，承蒙該處核准後，筆者將之全套影印，並將阿里山區、楠梓仙溪、台大實驗林或可能相關者，每一筆資料悉數登錄如表13。此等資訊，理論上應是阿里山區1952年以降，最忠實的施業記錄，可提供土地變遷的根本依據，本研究特予全部採用。

【表13】1952年至1960年阿里山區相關林產處分登錄

時間	處分方法	處分地點	作業別	面積（ha）	物種	材積（m³）/數量（支）	承買人 牌號	承買人 負責人	承買人 開設地址	備註
1953/5	追	阿里山區8林班	盜伐					高×福		盜取林木，阿里山林場追賠代金移由本所繳庫。

時間	處分方法	處分地點	作業別	面積（ha）	物種	材積（m³）/數量（支）	承買人 牌號	承買人 負責人	承買人 開設地址	備註
1960/4	標	阿區187林班	盜		孟宗竹	43		翁×朝	竹崎鄉中和村	
1960/4	標	阿區187林班	盜		杉木	0.4706		劉×柴	梅山鄉瑞里村	
1960/4	標	阿區187林班	盜		烏心石	用材0.3155		陳×國	竹崎鄉中和村	
1960/4	標	阿區227林班	阻礙木		雜木	薪材18.90		蔡×考	竹崎鄉中和村	造林阻礙木
1960/5	標	阿區202林班	盜		桂	360		鐘×貴	竹崎鄉仁壽村	
1960/5	標	阿區207林班	盜		杉木	0.65		黃×忠	竹崎鄉仁壽村	
1960/5	標	阿區187林班	--		楠木	用材2.95		劉×彬	竹崎鄉中和村	
1960/6	標	阿區206、207林班	--		孟宗竹	170支		玉山林區管理處		嘉義苗圃用
1960/6	標	阿區195林班	盜伐		楠木	用材0.136		林×泉	竹崎鄉仁壽村	
1960/7	標	阿區213林班	除伐		相思樹	薪材1.56		鄭×	嘉義市檜村里共和路	火燒木
1960/7	追	阿區218林班	火燒		杉木	根株32株		李×延	竹崎鄉光華村	（每株0.01計算）
1960/8	標	對高岳29林班	擇伐		柳杉	用材18.991		陳×香	水裏鄉太平街	風倒木
1960/8	標	阿區194林班	盜		杉木	用材2.396		王×芳	竹崎鄉仁壽村	
1960/8	標	阿區195、205、206林班	盜		杉木	用材0.626		王×芳	竹崎鄉仁壽村	
					孟宗竹	14				
1960/8	追	阿區186林班	皆		櫸木	用材9.14		陳×龍	嘉義市博愛路	追繳代金
					烏心石	用材3.85				

537

1960/8	標	阿區 210、213 林班	擇伐		相思樹	薪材 3.76		鄭×頂	梅山鄉太興村	風害木
1960/9	標	阿區 205 林班	盜		孟宗竹	81		葉×枝	竹崎鄉仁壽村	
1960/9	標	阿區 204 林班	盜		孟宗竹	219		劉×沈	竹崎鄉仁壽村	
1960/9	標	阿區 207 林班	風倒		杉木	用材 0.329		鄭×	嘉義市共和路	
1960/9	標	阿區 211 林班	風倒		相思	薪材 0.85		阮×海	竹崎鄉緞繻村紅南坑	
1960/9	標	阿區 210 林班	風倒		相思	薪材 0.42		阮×海	竹崎鄉緞繻村紅南坑	
1960/10	標	阿區 146 林班	枯死		柯仔	用材 0.61		李×來	吳鳳鄉十字村	
1960/10	標	阿區 185、221 林班	風倒		杉木 柳杉	用材 0.50 用材 1.12		簡×靜	梅山鄉太和村	
1960/11	專	阿區 185、225、227、228、149、187、207、200、201、203、204、205、206 林班	擇伐		孟宗竹	8,455		馬祖指揮部政務委員會		
1960/11	標	阿區 204 林班	盜伐		孟宗竹	25		劉×南	嘉義市博愛路	
1960/11	標	阿區 202 林班	盜伐		杉木	用材 0.98		余郭×女	吳鳳鄉多雲峰村自忠	
1960/11	標	阿區 205 林班	盜伐		杉木、柳杉	用材 1.69		黃×輝	竹崎鄉仁壽村交力坪	
1960/11	標	阿區 207 林班	盜伐		孟宗竹	18 支		邱×來	竹崎鄉仁壽交力坪	
1960/11	標	阿區 204 林班	盜伐		孟宗竹	104 支		邱×來	竹崎鄉仁壽交力坪	
1960/11	標	阿區 185 林班	盜伐		杉木	用材 0.184		許×曉	梅山鄉太和村	
1960/11	標	阿區 149 林班	枯死		牛樟	用材 16.34		簡×陶	梅山鄉太和村樟樹湖	
1960/11	標	阿區 112、113 林班	枯死		牛樟	用材 33.47		王×江	吳鳳鄉十字村平遮那	
1960/12	專	阿區 200、201、204、205、206、207、228、149、187 林班	擇伐		孟宗竹	3,016 支		馬祖指揮部政務委員會		
1960/12	專	阿區 218、217、206、216、203、204、201 林班	擇伐		桂竹	3,066 支		王×春	竹崎鄉光華村	
1960/12	標	阿里山區 141 林班	擇伐		烏心石	用材 22.54		李×貴	竹山鎮雲林里	風倒木

紅檜。陳月霞攝 1997.2.16. 阿里山員工宿舍區

四-5、1960年以降的林產統計

雖然現今嘉義林管處保存有1952年以降的林產物處分登記簿或每一筆台帳，事實上由阿里山鐵路所拿出的木材，筆者認為不止於此，因為至少由1950年以迄1959年等，將近10年期間的殘材處理，似乎完全無帳可查，而筆者多年查訪調查得知，此段時期所處分的木材，包括日治末的軍事用材，表11中臚列各林班的直營與分收的「殘材」(未必都是殘材)，其數量必然十

分可觀，目前為止，筆者依然搜尋無門，或已湮滅。

由1960年之後，出現於四-4節表13的台帳者，或為每個林班40年來的生產記錄，可提供各林班土地記錄史的若干印象，在本節，僅以阿里山核心區的第1至第9林班為例，逐一整理出各林班自1960年迄今的每一筆出產，藉此，可追溯該林班生產史。

表14～22分別代表第1～第9林班歷年林木處分。

【表14】阿里山區第1林班歷來林木處分表

時間	處分地點	物種	材積種類不明 材積(m3)	用材/利用	立木	換算	比較結果	年度小計	備註
1966.7	1	柳杉		1.870		2.671	2.671	2.671	
1968.1	1	柳杉		118.255		168.936	168.936		
		紅檜		18.021		25.029	25.029	193.965	
1969.5	1（火藥庫）	扁柏		2.075		2.882	2.882		
		柳杉		26.384		37.691	37.691		
1969.10	1	紅檜		0.440		0.611	0.611		
		柳杉		4.200		6.000	6.000		
1969.11	1	柳杉		23.860		34.086	34.086		
		紅檜		2.420		3.361	3.361		
1969.11	1、2	柳杉		17.320		12.371	12.371	97.002	該筆1項，以平均1/2計算
1970.5	1	柳杉		7.046		10.066	10.066		
1970.10	1（3小班）	柳杉		2.087		2.981	2.981		
1970.11	1～9、61	柳杉		332.410		47.487	47.487		該筆5項，各以平均1/10計算
		紅檜		18.450		2.563	2.563		
		扁柏		3.950		0.549	0.549		
		松		2.430		0.338	0.338		
		鐵杉		0.430		0.060	0.060		
1970.11	1	柳杉		0.263		0.376	0.376	64.420	
1971.1	1、2、3等	柳杉		992.577		472.656	472.656		共計16筆，以總和平均1/3計算
1971.1	1、2、3等	杉木		530.500		252.619	252.619		該筆1項，以平均1/3計算

時間	林班	樹種						備註
1971.7	1	柳杉	23.860		34.086	34.086		
		紅檜	2.420		3.361	3.361		
1971.7	1、2、3	柳杉	409.425		194.964	194.964		共計 9 筆，以總和平均 1/3 計算
1971.10	1、2	柳杉	17.320		12.371	12.371		該筆 1 項，以平均 1/2 計算
1971.12	1、2、3 等	造林木	238.917		113.770	113.770	1083.827	共計 5 筆，以總和平均 1/3 計算
1972.1	1、82、84	紅檜	3.580		1.657	1.657		該筆 2 項，各以平均 1/3 計算。
		柳杉	24.120		11.486	11.486		
1972.1	1、2、3	柳杉	149.169		71.033	71.033		共計 3 筆，以總和平均 1/3 計算。
1972.2	1	柳杉	6.230	37.790	8.900	37.790		
1972.2	1	紅檜	28.340	8.310	39.361	39.361	161.327	
1973.4	1、3、20、對高岳 28-3	柳杉	32.210	10.738	11.504	11.504		該筆 3 項，各以平均 1/4 計算。
		扁柏	6.230	2.075	2.163	2.163		
		紅檜	63.260	21.085	21.965	21.965		
1973.7	1	柳杉	0.980		1.400	1.400	37.032	
1974.11	1、3、4、5、6	扁柏	0.145		0.040	0.040		該筆 3 項，各以平均 1/5 計算。
		紅檜	0.514		0.143	0.143		
		柳杉	0.611		0.175	0.175		
1974.11	1、3、5	柳杉	1.666		0.793	0.793		該筆 3 項，各以平均 1/3 計算。
		紅檜	0.486		0.225	0.225		
		扁柏	0.259		0.120	0.120	1.496	
1980.2	1、大埔 214	扁柏	17.895	24.185	24.854	24.854		該筆 3 項，各以平均 1/2 計算
		紅檜	9.665	13.060	13.424	13.424		
		松樹	5.300	7.360	7.361	7.361		
1980.7	1、大埔 214	紅檜	6.925	9.360	9.618	9.618		該筆 5 項，各以平均 1/2 計算
		紅檜		0.115		0.115		
		扁柏	1.850	2.450	2.569	2.569		
		扁柏		0.185		0.185		
		松樹	1.495	2.075	2.076	2.076	60.202	
1981.4	1	柳杉	7.930		11.329	11.329		
		扁柏	0.190		0.264	0.264		
		紅檜	0.820		1.139	1.139	12.732	
1985.7	1	柳杉	22.435	31.160	32.050	32.050		
		紅檜	0.320	0.430	0.444	0.444		

時間	林班	樹種						備註
1985.9	1	柳杉	29.848			42.640	42.640		該筆視為用材換算
1985.10	1	松		3.130	4.350	4.347	4.347	
		紅檜		4.258	5.760	5.914	5.914	
		扁柏		0.452	0.610	0.628	0.628	
		紅檜	2.280			3.167	3.167	此項視為用材換算
		扁柏	0.220			0.306	0.306	此項視為用材換算
		柳杉		7.500	10.710	10.714	10.714	
1985.11	1	扁柏		26.910		37.375	37.375	
		紅檜		8.340		11.583	11.583	
1985.12	1	紅檜		17.330		24.069	24.069	173.237	
1986.4	1	柳杉		0.490	0.700	0.700	0.700	
		紅檜		1.210	1.640	1.681	1.681	
1986.5	1	柳杉	0.475			0.679	0.679	該筆2項視為用材換算
		紅檜	1.190			1.653	1.653	
1986.6	1、2	紅檜		10.475	14.155	14.549	14.549	該筆5項各以平均1/2計算
		扁柏		1.5795	2.135	2.194	2.194	
		柳杉		5.2745	7.535	7.535	7.535	
		松		0.553	0.790	0.768	0.790	
		雜木		2.740	4.090	4.090	4.090	33.871	

林班總計　1921.782

【表15】阿里山區第2林班歷來林木處分表

時間	處分地點	物種	材積種類不明 材積(m3)	用材/利用	立木	換算	比較結果	年度小計
1965.1	2，台大28	松		0.420		0.292	0.292	
		紅檜		2.130		1.479	1.479	
		扁柏		0.130		0.090	0.090	
		柳杉		10.091		7.208	7.208	
1965.7	2	柳杉		0.110		0.157	0.157	9.226
1966.12	2	柳杉		1.803		2.576	2.576	2.576
1969.4	2	柳杉		1.690		2.414	2.414	
1969.5	2	紅檜		6.650		9.236	9.236	
1969.9	2	柳杉		0.540		0.771	0.771	
1969.11	1、2	柳杉		17.320		12.371	12.371	24.792
1970.2	2、3、6	柳杉		46.754		22.264	22.264	
1970.3	2、3、6	柳杉		140.764		67.030	67.030	
1970.7	2、3、6	柳杉		62.910		29.957	29.957	
1970.11	1～9、61	柳杉		332.410		47.487	47.487	
		紅檜		18.450		2.563	2.563	
		扁柏		3.950		0.549	0.549	
		松		2.430		0.338	0.338	
		鐵杉		0.430		0.060	0.060	170.248
1971.1	1、2、3等	柳杉		992.577		472.656	472.656	
1971.1	1、2、3等	杉木		530.500		252.619	252.619	
1971.7	1、2、3	柳杉		409.425		194.964	194.964	
1971.10	1、2	柳杉		17.320		12.371	12.371	
1971.11	2	紅檜		4.050		5.625	5.625	
		柳杉		20.410		29.157	29.157	
1971.12	1、2、3等	造林木		238.917		113.770	113.770	1081.162
1972.1	1、2、3	柳杉		149.169		71.033	71.033	71.033
1973.6	2	紅檜		3.760	5.370	5.222	5.370	5.370
1974.1	2	鐵杉		0.320	0.460	0.444	0.460	
1974.4	2～6、8	柳杉		43.376		10.328	10.328	
1974.8	2～6、8	柳杉		572.214		136.241	136.241	
1974.10	2～6、8	柳杉		267.314		63.646	63.646	
1974.12	2（1小班）	柳杉		1.940	2.580	2.771	2.771	
1974.12	2～6、8	柳杉		780.291		185.784	185.784	399.230

日期	班別	樹種						
1975.2	2~6、8	柳杉		67.812		16.146	16.146	
1975.5	2（2小班）	扁柏		0.058		0.081	0.081	
		紅檜		1.437		1.996	1.996	
		柳杉		2.223		3.176	3.176	
1975.5	2~6、8	柳杉		130.689		31.116	31.116	
1975.9	2	柳杉		0.680	0.910	0.971	0.971	53.486
1982.12	2、6、8	紅檜		0.913	1.233	1.268	1.268	
		柳杉		1.463	2.032	2.089	2.089	3.357
1983.5	2	松		0.500		0.694	0.694	0.694
1984.5	2、3	松			3.170		3.170	
		紅檜			62.110		62.110	
		扁柏			12.915		12.915	
		柳杉			66.135		66.135	
1984.6	2	鐵杉		0.270	0.380	0.375	0.380	
1984.7	2、3	松	1.685			2.340	2.340	
		紅檜	9.845			13.674	13.674	
		扁柏	2.640			3.667	3.667	
		柳杉	10.949			15.641	15.641	
1984.9	2	柳杉		1.200	1.660	1.714	1.714	
1984.10	2、3	紅檜	8.615			11.965	11.965	
		扁柏	1.435			1.993	1.993	
		柳杉	7.192			10.274	10.274	
1984.11	2、3	紅檜	1.675			2.326	2.326	
		扁柏	0.875			1.215	1.215	
		柳杉	3.1195			4.456	4.456	
1984.12	2、3	紅檜	5.700			7.917	7.917	
		柳杉	10.8935			15.562	15.562	237.454
1985.3	2、3	紅檜	14.180			19.694	19.694	
		柳杉	12.003			17.147	17.147	
1985.8	2、3	紅檜	5.580			7.750	7.750	
		扁柏	3.370			4.681	4.681	
		柳杉	3.323			4.747	4.747	54.019
1986.4	2	柳杉		6.360	8.840	9.086	9.086	
	2	紅檜		0.240	0.330	0.333	0.333	
1986.5	2	柳杉		0.170	6.403	0.243	6.403	

1986.6	1、2	紅檜		10.475	14.155	14.549	14.549	
		扁柏		1.5795	2.135	2.194	2.194	
		柳杉		5.2745	7.535	7.535	7.535	
		松		0.553	0.790	0.768	0.790	
		雜木		2.740	4.090	4.090	4.090	44.98
1987.12	2	紅檜		0.890	1.600	1.236	1.600	1.600
1991.5	2	台灣杉		29.050		40.347	40.347	
		雜木		14.600		21.791	21.791	62.138
1992.7	阿里山森林遊樂區	紅檜		1.510		2.097	2.097	2.097
1994.5	2	柳杉			2.750		2.750	2.750

林班總計　　2226.212

545

【表16】阿里山區第3林班歷來林木處分表

時間	處分地點	物種	材積種類不明 材積(m3)	用材/利用	立木	換算	比較結果	年度小計	備註
1964.7	3	針一級丹鋸製品		7.250		10.069	10.069		
		針一級丹鋸資材		12.350		17.153	17.153		
		丹鋸機製材 邊？材						27.222	
1967.1	3	柳杉		1219.420		1742.029	1742.029		
1967.3	3	--			--				
1967.5	3	紅檜		2.770		3.847	3.847		
		扁柏		2.120		2.944	2.944		
1967.6	3	--			--			1748.820	
1970.2	2、3、6	柳杉		46.754		22.264	22.264		該筆1項，以平均1/3計算
1970.3	2、3、6	柳杉		140.764		67.030	67.030		共計2筆，以總和平均1/3計算
1970.7	2、3、6	柳杉		62.910		29.957	29.957		該筆1項，以平均1/3計算
1970.11	1〜9、61	柳杉		332.410		47.487	47.487		該筆5項，各以平均1/10計算
		紅檜		18.450		2.563	2.563		
		扁柏		3.950		0.549	0.549		
		松		2.430		0.338	0.338		
		鐵杉		0.430		0.060	0.060	170.248	
1971.1	1、2、3等	柳杉		992.577		472.656	472.656		共計16筆，以總和平均1/3計算
1971.1	1、2、3等	杉木		530.500		252.619	252.619		該筆1項，以平均1/3計算
1971.7	1、2、3	柳杉		409.425		194.964	194.964		共計9筆，以總和平均1/3計算
1971.12	1、2、3等	造林木		238.917		113.770	113.770	1034.009	共計5筆，以總和平均1/3計算。
1972.1	1、2、3	柳杉		149.169		71.033	71.033	71.033	共計3筆，以總和平均1/3計算
1973.4	1、3、20、對高岳28-3	柳杉		32.210	10.738	11.504	11.504		該筆3項，各以平均1/4計算
		扁柏		6.230	2.075	2.163	2.163		
		紅檜		63.260	21.085	21.965	21.965		
1973.12	3、21、82、83	柳杉		1.741		0.622	0.622		該筆2項，各以平均1/4計算
		扁柏		0.224		0.078	0.078		
1973.12	3、20	紅檜		8.060		5.597	5.597		該筆4項，各以平均1/2計算
		扁柏		0.940		0.653	0.653		

年月	林班	樹種						小計	備考
		柳杉		1.410		1.007	1.007		
		松		0.190		0.132	0.132	43.721	
1974.4	2～6、8	柳杉		43.376		10.328	10.328		該筆1項，以平均1/6計算
1974.8	2～6、8	柳杉		572.214		136.241	136.241		共計11筆，以總和平均1/6計算
1974.10	2～6、8	柳杉		267.314		63.646	63.646		共計5筆，以總和平均1/6計算
1974.11	1、3、4、5、6	扁柏		0.145		0.040	0.040		該筆3項，各以平均1/5計算
		紅檜		0.514		0.143	0.143		
		柳杉		0.611		0.175	0.175		
1974.11	1、3、5	柳杉		1.666		0.793	0.793		該筆3項，各以平均1/3計算
		紅檜		0.486		0.225	0.225		
		扁柏		0.259		0.120	0.120		
1974.12	2～6、8	柳杉		780.291		185.784	185.784	397.495	共計11筆，以總和平均1/6計算
1975.2	2～6、8	柳杉		67.812		16.146	16.146		該筆1項，以平均1/6計算
1975.5	2～6、8	柳杉		130.689		31.116	31.116	47.262	共計3筆，以總和平均1/6計算
1984.5	2、3	松		2.280	3.170	3.167	3.170		該筆4項各以平均1/2計算
		紅檜		45.960	62.110	63.833	63.833		
		扁柏		12.915	12.915	17.938	17.938		
		柳杉		47.615	66.135	68.021	68.021		
1984.7	2、3	松	1.685			2.340	2.340		該筆4項視為用材換算，各以平均1/2計算
		紅檜	9.845			13.674	13.674		
		扁柏	2.640			3.667	3.667		
		柳杉	10.949			15.641	15.641		
1984.10	2、3	紅檜	8.615			11.965	11.965		該筆3項視為用材換算，各以平均1/2計算
		扁柏	1.435			1.993	1.993		
		柳杉	7.192			10.274	10.274		
1984.11	2、3	紅檜	1.675			2.326	2.326		該筆3項視為用材換算，各以平均1/2計算
		扁柏	0.875			1.215	1.215		
		柳杉	3.1195			4.456	4.456		
1984.12	2、3	紅檜	5.700			7.917	7.917		該筆2項視為用材換算，各以平均1/2計算
		柳杉	10.8935			15.562	15.562	243.992	
1985.3	2、3	紅檜	14.180			19.694	19.694		該筆2項視為用材換算，各以平均1/2計算
		柳杉	12.003			17.147	17.147		
1985.8	2、3	紅檜	5.580			7.750	7.750		該筆3項視為用材換算，各以平均1/2計算
		扁柏	3.370			4.681	4.681		
		柳杉	3.323			4.747	4.747	54.019	

林班總計　　3837.821

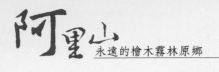

【表17】阿里山區第4林班歷來林木處分表

時間	處分地點	物種	材積種類不明材積(m3)	用材/利用	立木	換算	比較結果	年度小計	備註
1964.9	4、5 等，台大28	柳杉		–			0.000		該筆1項，以平均1/3計算。
1964.12	4、5、6、9、10、11、79、20，台大28	柳杉		–			0.000	0.000	該筆1項，以平均1/9計算
1970.11	1～9、61	柳杉		332.410		47.487	47.487		該筆5項，各以平均1/10計算
		紅檜		18.450		2.563	2.563		
		扁柏		3.950		0.549	0.549		
		松		2.430		0.338	0.338		
		鐵杉		0.430		0.060	0.060	50.997	
1971.11	4	柳杉		0.300		0.429	0.429		
1971.11	4	紅檜		4.767		6.621	6.621	7.050	
1974.4	2～6、8	柳杉		43.376		10.328	10.328		該筆1項，以平均1/6計算
1974.8	2～6、8	柳杉		572.214		136.241	136.241		共計11筆，以總和平均1/6計算
1974.10	2～6、8	柳杉		267.314		63.646	63.646		共計5筆，以總和平均1/6計算
1974.11	1、3、4、5、6	扁柏		0.145		0.040	0.040		該筆3項，各以平均1/5計算
		紅檜		0.514		0.143	0.143		
		柳杉		0.611		0.175	0.175		
1974.11	阿區林班一小班31—14—5	紅檜		2.300		1.597	1.597		該筆1項，以平均1/2計算
1974.12	2～6、8	柳杉		780.291		185.784	185.784	397.954	共計11筆，以總和平均1/6計算。
1975.2	2～6、8	柳杉		67.812		16.146	16.146		該筆1項，以平均1/6計算
1975.5	2～6、8	柳杉		130.689		31.116	31.116	47.262	共計3筆，以總和平均1/6計算
1976.6	4、6、7	柳杉		357.718		511.026	511.026		共計17筆，以總和平均1/3計算
1976.8	4、6、7	柳杉		346.305	461.743	494.721	494.721		共計18筆，以總和平均1/3計算
1976.10	4、6、7	柳杉		170.472		243.531	243.531		共計10筆，以總和平均1/3計算
1976.10	4 等	柳杉		13.455		19.221	19.221		共計1筆，以原材積換算
1976.11	4	龍眼	0.400			0.597	0.597		該筆視為用材換算
1976.12	4 等	柳杉		110.336	147.110	157.623	157.623	1426.719	共計2筆，以原材積換算
1977.4	4、6、7	柳杉		95.361		136.230	136.23		共計6筆，以總和平均1/3計算
1977.6	4、6、7	柳杉		148.179		211.684	211.684		共計7筆，以總和平均1/3計算
1977.10	4(3 小班)、20(14 小班)	柳杉		8.315	11.550	11.879	11.879	359.793	共計1筆，以總和平均1/2計算

1982.3	4-6 等	柳杉		26.816		38.309	38.309		共計 2 筆，以總和平均 1/3 計算
1982.3	4 等	柳杉			29.237		29.237		共計 1 筆
1982.5	4-6 等	柳杉			180.808		180.808		共計 9 筆，以總和平均 1/3 計算
1982.6	4 等	柳杉			229.094		229.094		共計 4 筆，以原材積計算
1982.8	4 等	柳杉			1033.666		1033.666		共計 17 筆
1982.11	4 等	柳杉		234.051		334.359	334.359		共計 3 筆，以原材積換算
1982.12	4 等	柳杉		65.334		93.334	93.334	1938.807	共計 1 筆，以原材積換算
1983.4	4 等	柳杉		135.002		192.860	192.860	192.860	共計 3 筆，以原材積換算

林班總計　　4421.442

【表18】阿里山區第5林班歷來林木處分表

時間	處分地點	物種	材積種類不明材積(m3)	用材/利用	立木	換算	比較結果	年度小計	備註
1964.9	4、5 等，台大28	柳杉		–		0.000	0.000		該筆1項，以平均1/3計算。
1964.12	4、5、6、9、10、11、79、20，台大28	柳杉		–		0.000	0.000	0.000	該筆1項，以平均1/9計算
1968.5	5、6、63、83，台大 29、台大31	紅檜		1.830		0.424	0.424		該筆3項，各以平均1/6計算
		松		0.070		0.016	0.016		
		柳杉		29.346		6.987	6.987	7.427	
1970.11	1～9、61	柳杉		332.410		47.487	47.487		該筆5項，各以平均1/10計算
		紅檜		18.450		2.563	2.563		
		扁柏		3.950		0.549	0.549		
		松		2.430		0.338	0.338		
		鐵杉		0.430		0.060	0.060		
1970.11	5、36	柳杉		5.355		3.825	3.825	54.822	該筆1項，以平均1/2計算
1971.7	5	鵝掌楸		0.320		0.478	0.478		
1971.12	阿里山第四岔道及嘉義貯木場	紅檜等		405.748		281.769	281.769	282.247	該筆1項，以平均1/2計算
1972.12	5	紅檜		0.010		0.014	0.014	0.014	
1973.1	5	紅檜樹頭		0.010		0.014	0.014		
1973.2	5	紅檜		0.170		0.236	0.236		
		柳杉		3.040		4.343	4.343		
1973.7	5、6、8	柳杉		9.620		4.581	4.581		該筆2項，各以平均1/3計算
		紅檜		0.850		0.394	0.394		
1973.10	5、7、9、68、67、70	柳杉等4種		760.298		181.023	181.023		該筆1項，以平均1/6計算
1973.12	5	紅檜		12.410		17.236	17.236		
		柳杉		15.450		22.071	22.071		
1973.12	5、7、9、68、67、70	--			--		0.000	229.898	該筆1項，以平均1/6計算
1974.4	2～6、8	柳杉		43.376		10.328	10.328		該筆1項，以平均1/6計算
1974.5	5	柳杉		209.501		299.287	299.287		
1974.8	2～6、8	柳杉		572.214		136.241	136.241		共計11筆，以總和平均1/6計算
1974.10	2～6、8	柳杉		267.314		63.646	63.646		共計5筆，以總和平均1/6計算
1974.11	5（16小班）	紅檜		2.050		2.847	2.847		
		柳杉		1.040		1.486	1.486		

年月	班	樹種		材積		材積	材積	合計	備註
1974.11	1、3、4、5、6	扁柏		0.145		0.040	0.040		該筆 3 項，各以平均 1/5 計算
		紅檜		0.514		0.143	0.143		
		柳杉		0.611		0.175	0.175		
1974.11	1、3、5	柳杉		1.666		0.793	0.793		該筆 3 項，各以平均 1/3 計算
		紅檜		0.486		0.225	0.225		
		扁柏		0.259		0.120	0.120		
1974.12	2～6、8	柳杉		780.291		185.784	185.784	701.115	共計 11 筆，以總和平均 1/6 計算
1975.2	2～6、8	柳杉		67.812		16.146	16.146		該筆 1 項，以平均 1/6 計算
1975.5	5（24 小班）	柳杉		35.570		50.814	50.814		
1975.5	5（16 等小班）	扁柏		0.061		0.085	0.085		
		紅檜		5.593		7.768	7.768		
		柳杉		8.491		12.130	12.130		
1975.5	2～6、8	柳杉		130.689		31.116	31.116		共計 3 筆，以總和平均 1/6 計算
1975.12	5（14、16 小班）	紅檜		0.719		0.999	0.999		
		柳杉		11.891		16.987	16.987		
1975.12	5（16 小班）	紅檜		1.474		2.047	2.047	138.092	
1977.4	5	柳杉		435.755		622.507	622.507		
		紅檜		115.814		160.853	160.853		
1977.8	5 等	柳杉		282.925		404.179	404.179		共計 5 筆，以原材積換算
		紅檜		9.672		13.433	13.433		共計 2 筆，以原材積換算
1977.10	5 等	柳杉		168.832		241.189	241.189		共計 4 筆，以原材積換算
		紅檜		2.317		3.218	3.218		共計 3 筆，以原材積換算
1977.12	5 等	柳杉		95.585		136.550	136.550		共計 2 筆，以原材積換算
		紅檜		17.962		24.947	24.947	1606.876	共計 2 筆，以原材積換算
1978.3	5 等	柳杉		40.138		57.340	57.340		共計 1 筆，以原材積換算
1978.5	5 等	紅檜		2.856		3.967	3.967		共計 1 筆，以原材積換算
		柳杉		57.189		81.699	81.699		共計 2 筆，以原材積換算
1978.8	5 等	柳杉		266.824		381.177	381.177		共計 6 筆，以原材積換算
		紅檜		19.920		27.667	27.667		共計 2 筆，以原材積換算
		鐵杉		0.205		0.285	0.285		共計 1 筆，以原材積換算
1978.10	5 等	柳杉		50.184		71.691	71.691		共計 1 筆，以原材積換算
		柳杉紅檜		18.098		25.854	25.854		共計 1 筆，視為柳杉材積計算
1978.12	5 等	柳杉		16.455		23.507	23.507	673.187	共計 1 筆，以原材積換算
1979.12	5 等	柳杉		115.658		165.226	165.226	165.226	共計 2 筆，以原材積換算

1980.2	5	柳杉		8.040	11.170	11.486	11.486	11.486	
1982.6	5	柳杉		0.220		0.314	0.314		
1982.7	5	柳杉		29.650	41.180	42.357	42.357		
		紅檜		2.028	2.740	2.817	2.817		
1982.11	5	柳杉		18.794		26.849	26.849		
1982.12	5	紅檜		19.625	26.520	27.257	27.257	99.594	
1983.1	5、7	紅檜		0.910	0.910	1.264	1.264		共計2筆，以總和平均1/2計算
		柳杉		14.636	14.636	20.909	20.909		
1983.3	5(10、14小班)	柳杉		15.782	21.920	22.546	22.546		
1983.4	5(14小班)	柳杉		3.823	5.310	5.461	5.461		
	5(15小班)	柳杉		0.317	0.440	0.453	0.453		
		紅檜		28.845	38.980	40.063	40.063		
1983.5	5、大埔215	紅檜		14.4095	14.410	20.013	20.013		共計1筆，以總和平均1/2計算
		柳杉		0.153	0.153	0.219	0.219	110.928	共計1筆，以總和平均1/2計算
1986.6	5	柳杉		2.220	3.170	3.171	3.171	3.171	
1987.11	5	紅檜		7.110	9.610	9.875	9.875		
1987.12	5	紅檜	7.100			9.861	9.861	19.736	該筆視為用材換算
1989.5	5	紅檜		1.050	1.420	1.458	1.458	1.458	
1990.4	5	柳杉		55.383	76.920	79.119	76.920	76.920	共計2筆
1991.8	5	柳杉		2.550	3.070	3.643	3.643		
1991.11	5	紅檜		53.617		74.468	74.468	78.111	
1993.1	5	柳杉		3.000	4.380	4.286	4.380		
1993.4	5	柳杉		144.790	207.100	206.843	207.100		
1993.6	5	柳杉		42.721	61.030	61.030	61.030		
1993.8	5	紅檜		2.270	3.240	3.153	3.240		
		二葉松		2.080	2.970	2.889	2.970		
1993.11	5	柳杉		50.660	72.370	72.371	72.371	351.091	
1994.4	5	紅檜		0.570	0.690	0.792	0.792		
		櫧木		1.390	1.530	2.075	2.075		
		柳杉		15.910	22.540	22.729	22.729		
1994.5	5	紅檜		0.310	0.420	0.431	0.431		
		台灣二葉松		0.460	0.640	0.639	0.640		
		雜木		0.230	0.340	0.343	0.343		
1994.6	5	紅檜		0.640	0.790	0.889	0.889		

1994.7	5	柳杉		3.850	5.500	5.500	5.500		
		紅檜（樹頭材）		14.100		19.583	19.583		
1994.8	5	柳杉		0.990	1.420	1.414	1.420	54.402	

林班總計　　4665.801

【表19】阿里山區第6林班歷來林木處分表

時間	處分地點	物種	材積種類不明 材積(m3)	用材/利用	立木	換算	比較結果	年度小計	備註
1964.12	4、5、6、9、10、11、79、20、台大28	柳杉		–		0.000	0.000	0.000	該筆1項,以平均1/9計算
1968.3	6、8	紅檜		46.570		32.340	32.340		該筆1項,以平均1/2計算
1968.5	5、6、63、83、台大29、台大31	紅檜		1.830		0.424	0.424		該筆3項,各以平均1/6計算
		松		0.070		0.016	0.016		
		柳杉		29.346		6.987	6.987	39.767	
1970.2	2、3、6	柳杉		46.754		22.264	22.264		該筆1項,以平均1/3計算
1970.3	2、3、6	柳杉		140.764		67.030	67.030		共計2筆,以總和平均1/3計算
1970.7	2、3、6	柳杉		62.910		29.957	29.957		該筆1項,以平均1/3計算
1970.11	1～9、61	柳杉		332.410		47.487	47.487		該筆5項,各以平均1/10計算
		紅檜		18.450		2.563	2.563		
		扁柏		3.950		0.549	0.549		
		松		2.430		0.338	0.338		
		鐵杉		0.430		0.060	0.060	170.248	
1971.5	6、8、61	柳杉		9.960		4.743	4.743		該筆3項,各以平均1/3計算
		扁柏		0.540		0.250	0.250		
		紅檜		0.320		0.148	0.148	5.141	
1972.7	5、6、8	柳杉		9.620		4.581	4.581		該筆2項,各以平均1/3計算
		紅檜		0.850		0.394	0.394	4.975	
1973.7	6	扁柏		1.170		1.625	1.625	1.625	
1974.4	2～6、8	柳杉		43.376		10.328	10.328		該筆1項,以平均1/6計算
1974.8	2～6、8	柳杉		572.214		136.241	136.241		共計11筆,以總和平均1/6計算
1974.10	2～6、8	柳杉		267.314		63.646	63.646		共計5筆,以總和平均1/6計算
1974.11	1、3、4、5、6	扁柏		0.145		0.040	0.040		該筆3項,各以平均1/5計算
		紅檜		0.514		0.143	0.143		
		柳杉		0.611		0.175	0.175		
1974.12	2～6、8	柳杉		780.291		185.784	185.784	396.357	共計11筆,以總和平均1/6計算
1975.2	2～6、8	柳杉		67.812		16.146	16.146		該筆1項,以平均1/6計算
1975.5	2～6、8	柳杉		130.689		31.116	31.116	47.262	共計3筆,以總和平均1/6計算。
1976.6	4、6、7	柳杉		357.718		511.025	511.025		共計17筆,以總和平均1/3計算

1976.8	4、6、7	柳杉		346.308	461.743	494.726	494.726		共計 18 筆，以總和平均 1/3 計算
1976.10	4、6、7	柳杉		170.472		243.531	243.531	1249.282	共計 10 筆，以總和平均 1/3 計算
1977.4	4、6、7	柳杉		95.361		136.230	136.230		共計 6 筆，以總和平均 1/3 計算
1977.6	4、6、7	柳杉		116.392		166.274	166.274	302.504	共計 7 筆，以總和平均 1/3 計算
1978.3	6 等	柳杉		313.939		448.484	448.484		共計 4 筆，以原材積換算
1978.5	6 等	柳杉		238.152		340.217	340.217		共計 3 筆，以原材積換算
1978.6	6 等	柳杉		430.981		615.687	615.687		共計 6 筆，以原材積換算
1978.8	6 等	柳杉		102.829		146.899	146.899		共計 2 筆，以原材積換算
1978.10	6 等	柳杉		484.976		692.823	692.823		共計 10 筆，以原材積換算
1978.11	6 等	柳杉		52.608		75.154	75.154		以原材積換算
1978.12	6 等	柳杉		287.116		410.166	410.166	2729.43	共計 18 筆，以原材積換算
1980.4	6 等	柳杉			1195.978		1195.978		共計 20 筆
1980.6	6	柳杉			91.533		91.533	1287.511	
1982.3	4-6 等	柳杉			26.816		26.816		共計 2 筆，以總和平均 1/3 計算
1982.5	4-6 等	柳杉			180.688		180.688		共計 9 筆，以總和平均 1/3 計算
1982.12	2、6、8	紅檜		0.913	1.233	1.268	1.268		該筆 2 項以總和平均 1/3 計算
		柳杉		1.463	2.032	2.090	2.090	210.862	

林班總計　　6444.964

【表20】里山區第7林班歷來林木處分表

時間	處分地點	物種	材積種類不明材積(m3)	用材/利用	立木	換算	比較結果	年度小計	備註
1970.11	1～9、61	柳杉		332.410		47.487	47.487		該筆5項,各以平均1/10計算
		紅檜		18.450		2.563	2.563		
		扁柏		3.950		0.549	0.549		
		松		2.430		0.338	0.338		
		鐵杉		0.430		0.060	0.060	50.997	
1972.8	7	柳杉		0.140	0.180	0.200	0.200	0.200	
1973.10	5、7、9、68、67、70	柳杉等4種		760.298		181.023	181.023		該筆1項,以平均1/6計算
1973.12	5、7、9、68、67、70	--			--		0.000	181.023	該筆1項,以平均1/6計算
1976.6	4、6、7	柳杉		357.718		511.025	511.025		共計17筆,以總和平均1/3計算
1976.8	4、6、7	柳杉		346.308	461.743	494.726	494.726		共計18筆,以總和平均1/3計算
1976.10	4、6、7	柳杉		170.472		243.531	243.531	1249.282	共計10筆,以總和平均1/3計算
1977.4	4、6、7	柳杉		95.361		136.230	136.230		共計6筆,以總和平均1/3計算
1977.6	4、6、7	柳杉		116.392		166.274	166.274	302.504	共計7筆,以總和平均1/3計算
1981.5	7	柳杉			208.216		208.216		
1981.6	7	柳杉		207.710		296.729	296.729		
1981.12	7	柳杉			209.599		209.599	714.544	
1983.1	7	柳杉		5.443	7.560	7.776	7.776		
1983.1	5、7	紅檜		0.910	0.910	1.264	1.264		該筆2項各以總和平均1/2計算
		柳杉		14.636	14.636	20.909	20.909	29.949	
1984.9	7(2小班)	柳杉		3.413	4.740	4.876	4.876	4.876	
1985.4	7	柳杉		1.560	2.160	2.229	2.229		
		柳杉	1.436			2.051	2.051		
1985.9	7	柳杉		0.160	0.230	0.229	0.229	4.509	
1986.8	7	柳杉		1.094	1.520	1.563	1.563		
		柳杉	0.910			1.300	1.300	2.863	
1987.3	7	柳杉		65.600	93.710	93.714	93.714		
		雜木		1.140	1.700	1.701	1.701		
		楠木		1.180	1.760	1.761	1.761		
		柯椎		1.180	1.760	1.761	1.761		
1987.4	7	柳杉		5583.17	7975.960	7975.957	7975.960		

1987.4	7	柳杉		5583.17	7975.960	7975.957	7975.960		
1987.5	7、大埔 218-220	柳杉		2.618	3.738	3.739	3.739		該筆 3 項各以總和平均 1/4 計算
		檜木		0.100	0.135	0.139	0.139		
		雜木		0.248	0.370	0.369	0.370		
1987.6	7、大埔 218-220	柳杉	2.457			3.510	3.510		該筆 3 項各以總和平均 1/4 計算
		檜木	0.090			0.125	0.125		
		雜木	0.020			0.030	0.030		
1987.10	7	柳杉		7.190	9.990	10.271	10.271		
1987.12	7	柳杉			5.350		5.350	8098.431	
1988.2	7	柳杉			37.130		37.130	37.130	
1989.11	7、9、大埔 218、大埔 220	柳杉		190.280	67.958	67.957	67.958		該筆 3 項，各以平均 1/4 計算。
		紅檜		5.380	1.818	1.868	1.868		
		雜木		47.460	17.708	17.709	17.709	87.535	
1990.4	7	柳杉		311.856	445.500	445.509	445.509	445.509	
				林班總計	11209.352					

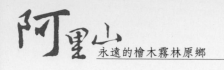

【表21】阿里山區第8林班歷來林木處分表

時間	處分地點	物種	材積種類不明材積（m³）	用材/利用	立木	換算	比較結果	年度小計	備 註
1953.5	8	－		－			0.000	0.000	
1963.1	8、10、68	牛樟		48.290		24.025	24.025	24.025	該筆1項，以平均1/3計算。
1968.3	6、8	紅檜		46.570		32.340	32.340	32.340	該筆1項，以平均1/2計算。
1970.11	1～9、61	柳杉		332.410		47.487	47.487		該筆5項，各以平均1/10計算。
		紅檜		18.450		2.563	2.563		
		扁柏		3.950		0.549	0.549		
		松		2.430		0.338	0.338		
		鐵杉		0.430		0.060	0.060	50.997	
1971.5	6、8、61	柳杉		9.960		4.743	4.743		該筆3項，各以平均1/3計算。
		扁柏		0.540		0.250	0.250		
		紅檜		0.320		0.148	0.148		
1971.11	8	柳杉		3.030		4.329	4.329	9.470	
1972.7	阿區第2盆道及貯木場	杉木		－		0.000	0.000		該筆1項，以平均1/2計算。
1972.7	8、9	牛樟		24.940		18.612	18.612	18.612	該筆1項，以平均1/2計算。
1973.7	8	柳杉		4.810		6.871	6.871		
1973.7	5、6、8	柳杉		9.620		4.581	4.581		該筆2項，各以平均1/3計算。
		紅檜		0.850		0.394	0.394	11.846	
1974.4	2～6、8	柳杉		43.376		10.328	10.328		該筆1項，以平均1/6計算。
1974.8	2～6、8	柳杉		572.214		136.241	136.241		共計11筆，以總和平均1/6計算。
1974.10	2～6、8	柳杉		267.314		63.646	63.646		共計5筆，以總和平均1/6計算。
1974.12	2～6、8	柳杉		780.291		185.784	185.784	395.999	共計11筆，以總和平均1/6計算。
1975.2	2～6、8	柳杉		67.812		16.146	16.146		該筆1項，以平均1/6計算。
1975.5	2～6、8	柳杉		130.689		31.116	31.116		共計3筆，以總和平均1/6計算。
1975.10	阿區8林班1小班、阿里山鐵路第二盆道	柳杉		89.080		127.257	127.257	174.519	
1980.9	8	柳杉		11株				11株	因單位不同，材積總計不包括該筆數量。
1982.12	2、6、8	紅檜		0.913	1.233	1.268	1.268		該筆2項各以平均1/3計算
		柳杉		1.463	2.032	2.089	2.089	3.357	
1986.6	8	柳杉		0.759	0.759	1.084	1.084	1.084	

林班總計　　722.249

【表22】阿里山區第9林班歷來林木處分表

時間	處分地點	物種	材積種類不明材積(m3)	用材/利用	立木	換算	比較結果	年度小計	備註
1964.12	4、5、6、9、10、11、79、20，台大28	柳杉		–		0.000	0.000	0.000	該筆1項，以平均1/9計算。
1965.6	9	紅檜		8.890		12.347	12.347		
1965.9	9	紅檜		0.300		0.417	0.417	12.764	
1967.12	9、10	台灣赤楊		29.500		22.015	22.015	22.015	該筆1項，以平均1/2計算。
1970.11	1～9、61	柳杉		332.410		47.487	47.487		該筆5項，各以平均1/10計算。
		紅檜		18.450		2.563	2.563		
		扁柏		3.950		0.549	0.549		
		松		2.430		0.338	0.338		
		鐵杉		0.430		0.060	0.060	50.997	
1972.7	8、9	牛樟		24.940		18.612	18.612	18.612	該筆1項，以平均1/2計算。
1973.10	5、7、9、68、67、70	柳杉等4種		760.298		181.023	181.023		該筆1項，以平均1/6計算。
1973.12	5、7、9、68、67、70	--		--		0.000	0.000	181.023	該筆1項，以平均1/6計算。
1987.6	9、12、146、大埔220、大埔227	櫸木		1.308		1.952	1.952		該筆4項各以平均1/5計算
		樟		0.392		0.585	0.585		
		牛樟		2.530		3.776	3.776		
		柳杉		0.026		0.038	0.038	6.351	
1989.11	7、9、大埔218、大埔220	柳杉		190.280	67.958	67.957	67.958		該筆3項，各以平均1/4計算。
		紅檜		5.380	1.818	1.868	1.868		
		雜木		47.460	17.708	17.709	17.709	87.535	
1991.1	9	紅檜			13.190		13.190	13.190	
1993.3	9、10	柳杉		1992.340	967.155	1423.100	1423.100		該筆7項，各以平均1/2計算。
		牛樟		20.180	4.475	15.060	15.060		
		雜木		221.750	89.480	165.485	165.485		
		楠木		60.880	24.690	45.433	45.433		
		櫧櫟		30.770	12.500	22.963	22.963		
		柯椎		55.010	22.350	41.052	41.052		
		烏心石		1.260	0.510	0.940	0.940	1714.033	

林班總計　2106.520

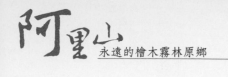
時間	處分地點	物種	材積種類不明 材積(m3)	用材/利用	立木	換算	比較結果	年度小計	備註
1964.12	4、5、6、9、10、11、79、20，台大28	柳杉		--		0.000	0.000	0.000	該筆1項，以平均1/9計算。
1965.6	9	紅檜		8.890		12.347	12.347		
1965.9	9	紅檜		0.300		0.417	0.417	12.764	
1967.12	9、10	台灣赤楊		29.500		22.015	22.015	22.015	該筆1項，以平均1/2計算。
1970.11	1～9、61	柳杉		332.410		47.487	47.487		該筆5項，各以平均1/10計算。
		紅檜		18.450		2.563	2.563		
		扁柏		3.950		0.549	0.549		
		松		2.430		0.338	0.338		
		鐵杉		0.430		0.060	0.060	50.997	
1972.7	8、9	牛樟		24.940		18.612	18.612	18.612	該筆1項，以平均1/2計算。
1973.10	5、7、9、68、67、70	柳杉等4種		760.298		181.023	181.023		該筆1項，以平均1/6計算。
1973.12	5、7、9、68、67、70	--		--		0.000	0.000	181.023	該筆1項，以平均1/6計算。
1987.6	9、12、146、大埔220、大埔227	櫸木		1.308		1.952	1.952		該筆4項各以平均1/5計算
		樟		0.392		0.585	0.585		
		牛樟		2.530		3.776	3.776		
		柳杉		0.026		0.038	0.038	6.351	
1989.11	7、9、大埔218、大埔220	柳杉		190.280	67.958	67.957	67.958		該筆3項，各以平均1/4計算。
		紅檜		5.380	1.818	1.868	1.868		
		雜木		47.460	17.708	17.709	17.709	87.535	
1991.1	9	紅檜			13.190		13.190	13.190	
1993.3	9、10	柳杉		1992.340	967.155	1423.100	1423.100		該筆7項，各以平均1/2計算。
		牛樟		20.180	4.475	15.060	15.060		
		雜木		221.750	89.480	165.485	165.485		
		楠木		60.880	24.690	45.433	45.433		
		櫧櫟		30.770	12.500	22.963	22.963		
		柯椎		55.010	22.350	41.052	41.052		
		烏心石		1.260	0.510	0.940	0.940	1714.033	

林班總計　2106.520

　　茲將表14～表22等9個林班，只依年度生產統計，得出表23。由表23可得知每個林班由1960年之後的年度生產及總生產量，也就是各林班歷來的處分量。準此作業，任何人由四-4節龐大的基本資訊可得知土地(各林班)生產史。

【表23】阿里山區第1～9林班各年度林木處分統計表

年度 \ 林班	1	2	3	4	5	6	7	8	9	年統計
1953	－	－	－	－	－	－	－	0.000	－	0.000
1960	－	－	－	－	－	－	－	－	－	-
1961	－	－	－	－	－	－	－	－	－	－
1962	－	－	－	－	－	－	－	－	－	－
1963	－	－	－	－	－	－	－	24.025	－	24.025
1964	－	－	27.222	0.000	0.000	0.000	－	－	0.000	27.222
1965	－	9.226	－	－	－	－	－	－	12.764	21.990
1966	2.671	2.576	－	－	－	－	－	－	－	5.247
1967	－	－	1,748.820	－	－	－	－	－	22.015	1,770.835
1968	193.965	－	－	－	7.427	39.767	－	32.340	－	273.499
1969	97.002	24.792	－	－	－	－	－	－	－	121.794
1970	64.420	170.248	170.248	50.997	54.822	170.248	50.997	50.997	50.997	833.974
1971	1,083.827	1,081.162	1,034.009	7.050	282.247	5.141	－	9.470	－	3,502.906
1972	161.327	71.033	71.033	－	0.014	4.975	0.200	18.612	18.612	345.806
1973	37.032	5.370	43.721	－	229.898	1.625	181.023	11.846	181.023	691.538
1974	1.496	399.230	397.495	397.954	701.115	396.357	－	395.999	－	2,689.646
1975	－	53.486	47.262	47.262	138.092	47.262	－	174.519	－	507.883
1976	－	－	－	1,426.719	－	1,249.282	1,249.282	－	－	3,925.283
1977	－	－	－	359.793	1,606.876	302.504	302.504	－	－	2,571.677
1978	－	－	－	－	673.187	2,729.430	－	－	－	3,402.617
1979	－	－	－	－	165.226	－	－	－	－	165.226
1980	60.202	－	－	－	11.486	1,287.511	－	－	－	1,359.199
1981	12.732	－	－	－	－	－	714.544	－	－	727.276
1982	－	3.357	－	1,938.807	99.594	210.862	－	3.357	－	2,255.977
1983	－	0.694	－	192.860	110.928	－	29.949	－	－	334.431
1984	－	237.454	243.992	－	－	－	4.876	－	－	486.322
1985	173.237	54.019	54.019	－	－	－	4.509	－	－	285.784
1986	33.871	44.980	－	－	3.171	－	2.863	1.084	－	85.969
1987	－	1.600	－	－	19.736	－	8,098.431	－	6.351	8,126.118
1988	－	－	－	－	－	－	37.130	－	－	37.130
1989	－	－	－	－	1.458	－	87.535	－	87.535	176.528

1990	—	—	—	76.920	—	445.509	—	—	522.429
1991	62.138	—	—	78.111	—	—	—	13.190	153.439
1992	2.097	—	—	—	—	—	—	—	2.097
1993	—	—	—	351.091	—	—	—	1,714.033	2,065.124
1994	2.750	—	—	54.402	—	—	—	—	57.152
林班統計 1,921.782	2,226.212	3,837.821	4,421.442	4,665.801	6,444.964	11,209.352	722.249	2,106.520	37,556.143

　　上述是舉例說明而已。準此，統計阿里山區所有林班，也就是四-4節全部數據，得出表24，用以代表阿里山森林鐵路自1960年以迄1994年，運出的木材總量，實際數量必然高於本數據。

　　據此而知，阿里山區在日本人砍伐原始林之後，經由1945年至1960年等約15年的數據空窗期，而在1960年以迄1994年之間，35個年頭總計出材量為1,332,380.632立方公尺，以及竹材3,560,962支。

【表24】由阿里山森林鐵路運出的木材生產年度最小量可能性統計

年度	處分材積　　（單位：立方公尺）				竹林
	阿里山	對高岳	楠梓仙溪	年度總計	（單位：支）
1952	―	―	―	0.000	―
1953	0.000	―	―	0.000	―
1954			―	0.000	
1955				0.000	
1956				0.000	
1957				0.000	
1958				0.000	
1959				0.000	
1960	147.632	27.130	―	174.762	15,571
1961	316.960	―	―	316.960	1,257
1962	477.606	―	5,989.371	6,466.977	2,085
1963	67,407.631	―	9,113.575	76,521.206	7,520
1964	38,284.654	―	9,108.862	47,393.516	14,057
1965	31,851.840	―	―	31,851.840	19,921
1966	33,412.752	―	26,270.210	59,682.962	118,243
1967	40,429.972	―	18,742.355	59,172.327	16,896
1968	24,024.362	52,486.152	24,333.667	100,844.181	32,326
1969	7,683.712	12,019.490	26,153.954	45,857.156	23,421
1970	26,016.484	58,616.851	26,830.187	111,463.522	86,260
1971	33,560.114	100,222.410	20,868.962	154,651.486	149,956
1972	13,320.297	68,331.982	49,038.170	130,690.449	438,341
1973	19,683.625	29,469.073	15,443.162	64,595.860	188,566
1974	14,169.672	5,480.015	1,213.347	20,863.034	199,738
1975	52,045.244	11,113.475	3,806.380	66,965.099	147,496

1976	32,388.569	20,401.630	141,783.298	194,573.497	248,736
1977	627.815	375.406	—	1,003.221	34,066
1978	12,696.281	1.090		12,697.371	169,507
1979	7,315.116	—	—	7,315.116	122,822
1980	14,972.583	3,670.444	—	18,643.027	156,430
1981	1,789.991	4,545.357	—	6,335.348	170,512
1982	16,695.244	47.116	—	16,742.360	272,267
1983	9,799.503	2,050.096	—	11,849.599	172,207
1984	23,081.437	412.704	—	23,494.141	151,208
1985	8,378.204	10.845	—	8,389.049	107,935
1986	13,503.957	—	—	13,503.957	134,640
1987	26,807.186	—	—	26,807.186	112,393
1988	3,474.996	—	—	3,474.996	117,040
1989	1,417.222	—	—	1,417.222	115,091
1990	635.507	—	—	635.507	1,796
1991	3,540.212	—	—	3,540.212	987
1992	158.631	—	—	158.631	3,962
1993	4,129.668	—	—	4,129.668	5,654
1994	159.187	—	—	159.187	2,055
區域總計	584,403.866	369,281.266	378,695.500	1,332,380.632	3,560,962

註，請注意木材材積為小數點後3位；而竹材單位為完整的計支。

　　由表24製圖6及圖7，可得出阿里山、對高岳及楠梓仙溪年度出材量分布印象，表、圖合併研判，則各類訊息得出。例如，楠梓仙溪出材係1962年至1976年等15個年度；1960年之後，阿里山森鐵運出量最主要集中在1963年至1977年之間，相當於阿里山歷史上，第三波林業鼎盛期，也就是阿里山人的經濟力相繫之所在。

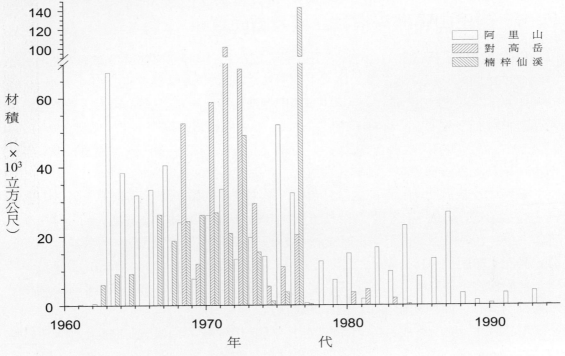

圖6、1960年以降阿里山‧對高岳及楠梓仙溪林木處分材積量

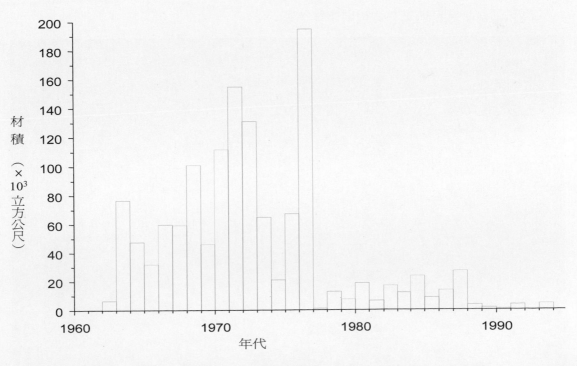

圖7、阿里山鐵路1960年以降歷年可能性運出木材材積量

四-6、阿里山區歷來造林台帳及圖面資訊

1907年10月，藤田組正在架設、測量鐵路之際，在哆囉焉原住民舊部落遺址上，未展開伐木之前，即已開闢苗圃，培育未來造林之苗木。

1908年2月，藤田組解散，阿里山民營開發階段終止，直到1910年2月，日本議會通過台灣總督府官營阿里山林業，4月公佈官制，6月開鑿鐵路再度上工；同年(1910年)11月3日，為紀念內田民政長官視察阿里山，遂沿阿里山鐵路沿線，人工栽植杉木等多種苗木，殆為阿里山區最早一批的人造植栽。

嘉義林管處目前保有所有的造林台帳，後來登錄的第一筆記錄如下。阿里山事業區，經字第1號，1910年新植，151林班第1小班，裸根苗造林，造林地先前為草生地；地當海拔1,100～1,200公尺；北東坡向；坡度20～35°；腐植質壤土，厚度約50～90公分，潤溼；總面積1.18公頃，每公頃種298株；實施經費不詳；1940年3月由監工員矢野定治實施打枝；1954年3月，由林草山監工，執行切蔓；成活220株；苗木樹種為扁柏、紅檜及台灣杉。此地屬於奮起湖工作站管轄。

筆者將林管處所有舊台帳，以及重新打字整理後的全套台帳清冊完全影印，用以整理造林史。然而，並非所有實務或記錄得以全部吻合。

經抄錄、簡化後，為求圖面與造林台帳並列對照，依據原始資料，轉化製作成圖面，圖8～圖26即代表第1～第60林班的結果。

而對高岳事業區的造林台帳則列錄為表25。

第一分道一帶的柳杉人造林，右下凹處為第一分道鐵道。陳玉峯攝 2002.12.16. 塔山

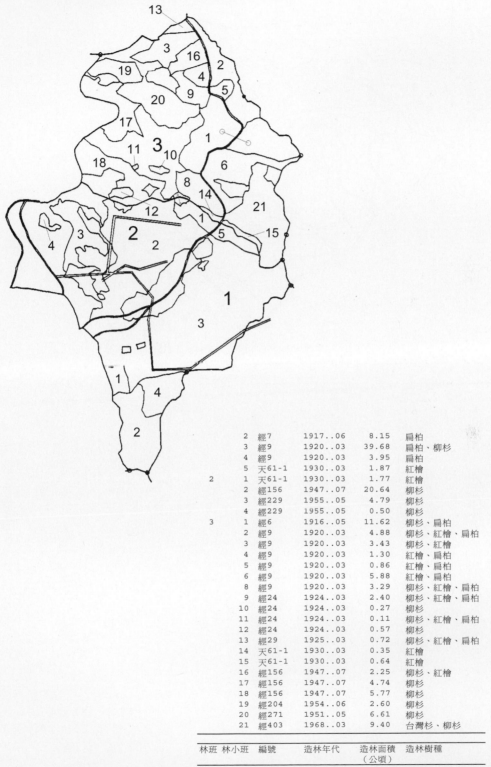

林班	林小班	編號	造林年代	造林面積 （公頃）	造林樹種
	2	經7	1917..06	8.15	扁柏
	3	經9	1920..03	39.68	扁柏、柳杉
	4	經9	1920..03	3.95	扁柏
	5	天61-1	1930..03	1.87	紅檜
2	1	天61-1	1930..03	1.77	紅檜
	2	經156	1947..07	20.64	柳杉
	3	經229	1955..05	4.79	柳杉
	4	經229	1955..05	0.50	柳杉
3	1	經6	1916..05	11.62	柳杉、扁柏
	2	經9	1920..03	4.88	柳杉、紅檜、扁柏
	3	經9	1920..03	3.43	柳杉、紅檜
	4	經9	1920..03	1.30	紅檜、扁柏
	5	經9	1920..03	0.86	紅檜、扁柏
	6	經9	1920..03	5.88	紅檜、扁柏
	8	經9	1920..03	3.29	柳杉、紅檜、扁柏
	9	經24	1924..03	2.40	柳杉、紅檜、扁柏
	10	經24	1924..03	0.27	柳杉
	11	經24	1924..03	0.11	柳杉、紅檜、扁柏
	12	經24	1924..03	0.57	柳杉
	13	經29	1925..03	0.72	柳杉、紅檜、扁柏
	14	天61-1	1930..03	0.35	紅檜
	15	天61-1	1930..03	0.64	紅檜
	16	經156	1947..07	2.25	柳杉、紅檜
	17	經156	1947..07	4.74	柳杉
	18	經156	1947..07	5.77	柳杉
	19	經204	1954..06	2.60	柳杉
	20	經271	1951..05	6.61	柳杉
	21	經403	1968..03	9.40	台灣杉、柳杉

圖八、阿里山區第1至第3林班造林圖表對照

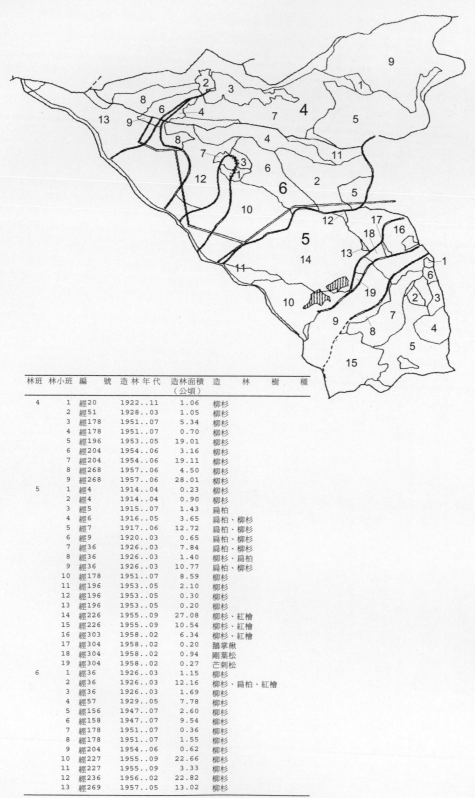

林班	林小班	編　號	造 林 年 代	造林面積 （公頃）	造 　 林 　 樹 　 種
4	1	經20	1922..11	1.06	柳杉
	2	經51	1928..03	1.05	柳杉
	3	經178	1951..07	5.34	柳杉
	4	經178	1951..07	0.70	柳杉
	5	經196	1953..05	19.01	柳杉
	6	經204	1954..06	3.16	柳杉
	7	經204	1954..06	19.11	柳杉
	8	經268	1957..06	4.50	柳杉
	9	經268	1957..06	28.01	柳杉
5	1	經4	1914..04	0.23	柳杉
	2	經4	1914..04	0.90	柳杉
	3	經5	1915..07	1.43	扁柏
	4	經6	1916..05	3.65	扁柏、柳杉
	5	經7	1917..06	12.72	扁柏、柳杉
	6	經9	1920..03	0.65	扁柏、柳杉
	7	經36	1926..03	7.84	扁柏、柳杉
	8	經36	1926..03	1.40	柳杉、扁柏
	9	經36	1926..03	10.77	扁柏、柳杉
	10	經178	1951..07	8.59	柳杉
	11	經196	1953..05	2.10	柳杉
	12	經196	1953..05	0.30	柳杉
	13	經196	1953..05	0.20	柳杉
	14	經226	1955..09	27.08	柳杉、紅檜
	15	經226	1955..09	10.54	柳杉、紅檜
	16	經303	1958..02	6.34	柳杉、紅檜
	17	經304	1958..02	0.20	鵝掌楸
	18	經304	1958..02	0.94	剛葉松
	19	經304	1958..02	0.27	芒刺松
6	1	經36	1926..03	1.15	柳杉
	2	經36	1926..03	12.16	柳杉、扁柏、紅檜
	3	經36	1926..03	1.69	柳杉
	4	經57	1929..05	7.78	柳杉
	5	經156	1947..07	2.60	柳杉
	6	經158	1947..07	9.54	柳杉
	7	經178	1951..07	0.36	柳杉
	8	經178	1951..07	1.55	柳杉
	9	經204	1954..06	0.62	柳杉
	10	經227	1955..09	22.66	柳杉
	11	經227	1955..09	3.33	柳杉
	12	經236	1956..02	22.82	柳杉
	13	經269	1957..05	13.02	柳杉

圖九、阿里山區第4至第6林班造林圖表對照

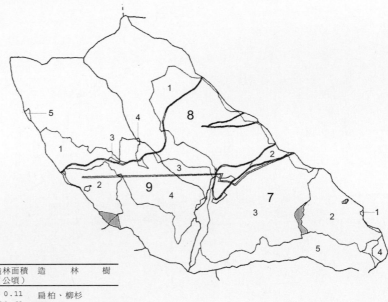

林班	林小班	編　號	造林年代	造林面積（公頃）	造　林　樹　種
7	1	經36	1926..03	0.11	扁柏、柳杉
	2	經178	1951..07	20.62	柳杉
	3	經186	1952..06	47.40	柳杉
	4	經228	1955..06	1.62	柳杉
	5	經270	1958..01	21.51	柳杉
8	1	經186	1952..06	45.32	柳杉
	2	經216	1955..05	2.48	柳杉
	3	保466	1978..05	5.26	柳杉
	4	保466	1978..05	0.05	柳杉
9	1	經96	1936..11	9.24	柳杉
	2	經96	1936..11	10.25	柳杉
	3	經310	1958..01	0.25	柳杉
	4	保466	1978..05	24.21	柳杉
	5	經469	1981..05	0.27	紅檜、台灣杉

圖十、阿里山區第7至第9林班造林圖表對照

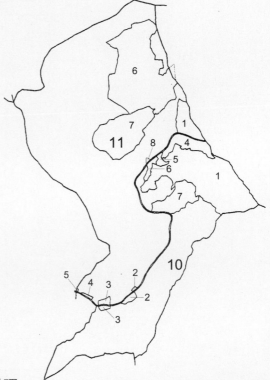

林班	林小班	編　號	造林年代	造林面積（公頃）	造　林　樹　種
10	1	經97	1936..11	15.47	柳杉
	2	經464	1977..05	0.42	柳杉
	3	經464	1977..05	0.28	柳杉
	4	經474	1982..04	2.84	台灣杉
	5	經474	1982..04	0.10	台灣杉
	6	經474	1982..04	0.58	台灣杉
	7	經474	1982..04	4.10	台灣杉
11	1	經97	1936..11	2.95	柳杉
	2	經464	1977..05	0.08	柳杉
	3	經464	1977..05	0.35	柳杉
	4	經464	1977..05	0.17	柳杉
	5	經464	1977..05	0.04	柳杉
	6	經469	1981..06	20.00	紅檜、台灣杉
	7	經469	1981..06	9.00	赤楊、楠木、什木、櫧木

圖十一、阿里山區第10至第11林班造林圖表對照

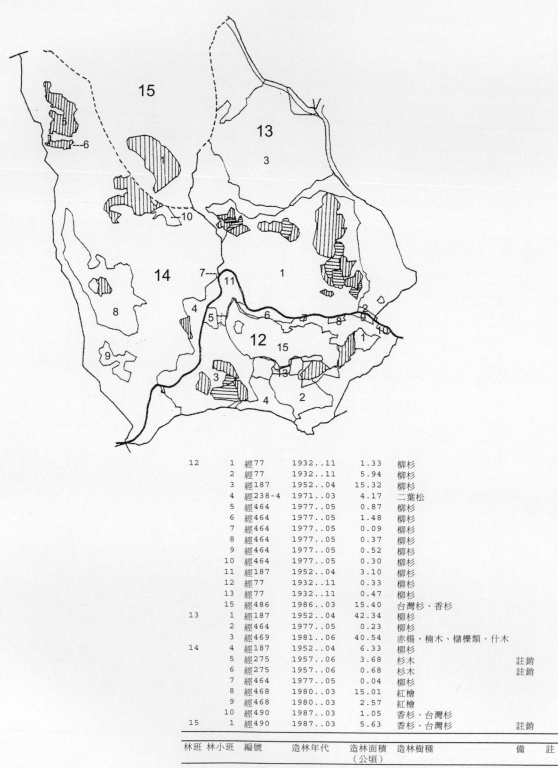

林班	林小班	編號	造林年代	造林面積 (公頃)	造林樹種	備　註
12	1	經77	1932..11	1.33	柳杉	
	2	經77	1932..11	5.94	柳杉	
	3	經187	1952..04	15.32	柳杉	
	4	經238-4	1971..03	4.17	二葉松	
	5	經464	1977..05	0.87	柳杉	
	6	經464	1977..05	1.48	柳杉	
	7	經464	1977..05	0.09	柳杉	
	8	經464	1977..05	0.37	柳杉	
	9	經464	1977..05	0.52	柳杉	
	10	經464	1977..05	0.30	柳杉	
	11	經187	1952..04	3.10	柳杉	
	12	經77	1932..11	0.33	柳杉	
	13	經77	1932..11	0.47	柳杉	
	15	經486	1986..03	15.40	台灣杉、香杉	
13	1	經187	1952..04	42.34	柳杉	
	2	經464	1977..05	0.23	柳杉	
	3	經469	1981..06	40.54	赤楊、楠木、櫧櫟類、什木	
14	4	經187	1952..04	6.33	柳杉	
	5	經275	1957..06	3.68	杉木	註銷
	6	經275	1957..06	0.68	杉木	註銷
	7	經464	1977..05	0.04	柳杉	
	8	經468	1980..03	15.01	紅檜	
	9	經468	1980..03	2.57	紅檜	
	10	經490	1987..03	1.05	香杉、台灣杉	
15	1	經490	1987..03	5.63	香杉、台灣杉	註銷

圖十二、阿里山區第12至第15林班造林圖表對照

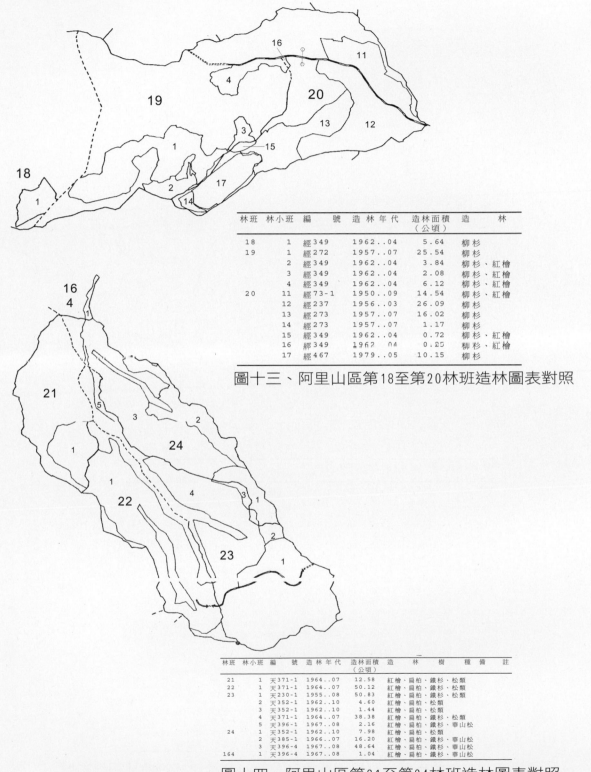

林班	林小班	編　　號	造林年代	造林面積（公頃）	造　　林
18	1	經349	1962..04	5.64	柳杉
19	1	經272	1957..07	25.54	柳杉
	2	經349	1962..04	3.84	柳杉、紅檜
	3	經349	1962..04	2.08	柳杉、紅檜
	4	經349	1962..04	6.12	柳杉、紅檜
20	11	經73-1	1950..09	14.54	柳杉、紅檜
	12	經237	1956..03	26.09	柳杉
	13	經273	1957..07	16.02	柳杉
	14	經273	1957..07	1.17	柳杉
	15	經349	1962..04	0.72	柳杉、紅檜
	16	經349	1962..04	0.25	柳杉、紅檜
	17	經467	1979..05	10.15	柳杉

圖十三、阿里山區第18至第20林班造林圖表對照

林班	林小班	編　　號	造林年代	造林面積（公頃）	造　　林　　樹　　種	備註
21	1	天371-1	1964..07	12.58	紅檜、扁柏、鐵杉、松類	
22	1	天371-1	1964..07	50.12	紅檜、扁柏、鐵杉、松類	
23	1	天230-1	1955..08	50.83	紅檜、扁柏、鐵杉、松類	
	2	天352-1	1962..10	4.60	紅檜、扁柏、松類	
	3	天352-1	1962..10	1.44	紅檜、扁柏、松類	
	4	天371-1	1964..07	38.38	紅檜、扁柏、鐵杉、松類	
	5	天396-1	1967..08	2.16	紅檜、扁柏、鐵杉、華山松	
24	1	天352-1	1962..10	7.98	紅檜、扁柏、松類	
	2	天385-1	1966..07	16.20	紅檜、扁柏、鐵杉、華山松	
	3	天396-1	1967..08	48.64	紅檜、扁柏、鐵杉、華山松	
164	1	天396-4	1967..08	1.04	紅檜、扁柏、鐵杉、華山松	

圖十四、阿里山區第21至第24林班造林圖表對照

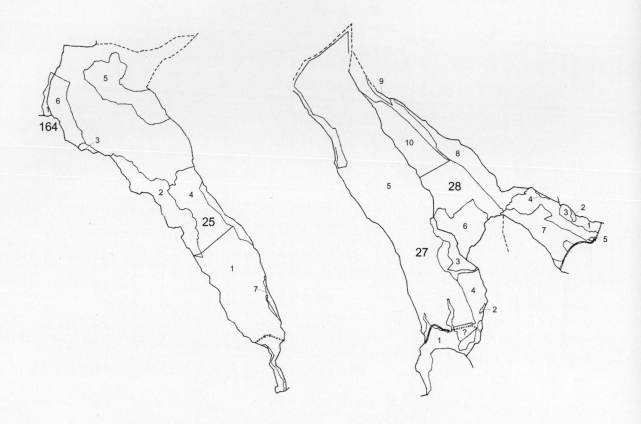

林班	林小班	編　號	造林年代	造林面積 （公頃）	造　林　樹　種	備　註
25	1	天352-1	1962..10	38.55	紅檜、扁柏、松類	
	2	天385-1	1966..07	15.39	紅檜、扁柏、鐵杉、華山松	
	3	天385-1	1966..07	0.65	紅檜、扁柏、鐵杉、華山松	
	4	天396-4	1967..08	16.38	紅檜、扁柏、鐵杉、華山松	
	5	天396-4	1967..10	16.56	紅檜、扁柏、鐵杉、華山松	
	6	天396-4	1967..08	9.07	紅檜、扁柏、鐵杉、華山松	
	7	天396-4	1967..08	0.72	紅檜、扁柏、鐵杉、華山松	
164	1	天396-4	1967..08	1.04	紅檜、扁柏、鐵杉、華山松	
27	1	天73-1	1931..12	10.87	紅檜、扁柏、鐵杉、松類	
	2	天73-1	1931..12	0.17	紅檜、扁柏	
	3	天377-1	1965..04	4.46	紅檜、扁柏、鐵杉、華山松	
	4	天385-2	1966.12	7.56	紅檜、扁柏、鐵杉、華山松	
	?	天17	1966..12	0.04	紅檜、扁柏、鐵杉、華山松	?伐除
	5	天396-4	1967.08	103.93	紅檜、扁柏、鐵杉、華山松	
28	1	經80	1933..11	2.90	柳杉	
	2	經80	1933..11	0.21	扁柏	
	3	經80	1933..11	1.10	柳杉	
	4	經85	1935..02	0.25	扁柏	
	5	經307	1958..03	0.11	紅檜	
	6	天377-1	1965..04	11.64	紅檜	
	7	天385-2	1966..12	11.98	紅檜、扁柏、鐵杉、華山松	
	8	天396-2	1967..09	14.04	紅檜、扁柏、鐵杉、華山松	
	9	天396-4	1967..08	0.69	紅檜、扁柏、鐵杉、華山松	
	10	天396-4	1967..08	15.70	紅檜、扁柏、鐵杉、華山松	

圖十五、阿里山區第25及第27至第28林班造林圖表對照

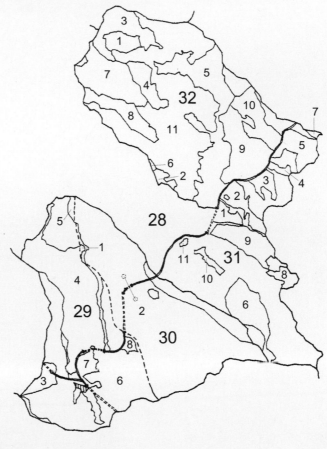

林班	林小班	編　號	造林年代	造林面積 （公頃）	造　林　樹　種
29	3	天73-1	1931..12	1.91	紅檜、扁柏
	4	天377-1	1965..04	17.51	紅檜、扁柏、鐵杉、華山松
	5	天385-2	1966..12	0.38	紅檜、扁柏
	6	天385-2	1966..12	27.16	紅檜、扁柏、鐵杉、華山松
	7	經405	1968..03	3.06	台灣杉、柳杉
	8	經405	1968..03	0.63	台灣杉、柳杉
30	1	天377-1	1965..04	0.26	紅檜、扁柏
	2	天385-2	1966..12	45.65	紅檜、扁柏、鐵杉、華山松
31	1	經307	1958..03	0.79	紅檜
	2	經384	1966..07	2.74	紅檜、柳杉
	3	經384	1966..07	1.80	紅檜、柳杉
	4	經384	1966..07	0.54	紅檜、柳杉
	5	經384	1966..07	3.20	紅檜、柳杉
	6	天385-2	1966..12	5.61	紅檜、扁柏、鐵杉、華山松
	7	經387	1967..06	0.24	紅檜
	8	經404	1968..05	1.33	柳杉
	9	經404	1968..05	4.80	柳杉
	10	經404	1968..05	0.73	柳杉
	11	經404	1968..05	0.15	柳杉
32	1	天67-1	1930..05	1.91	扁柏、紅檜、台灣杉
	2	經80	1933..11	0.72	紅檜、柳杉
	3	經80	1933..11	5.22	柳杉、紅檜
	4	經80	1933..11	2.85	柳杉
	5	經80	1933..11	14.62	柳杉、扁柏、紅檜
	6	經85	1935..02	0.14	紅檜、扁柏
	7	經85	1935..02	7.70	柳杉、紅檜
	8	經238	1956..04	4.07	柳杉
	9	經386	1967..03	8.03	柳杉
	10	天396-1	1967..10	4.60	紅檜、扁柏、華山松
	11	天418-1	1969..02	34.75	紅檜、扁柏、華山松

圖十六、阿里山區第29至第32林班造林圖表對照

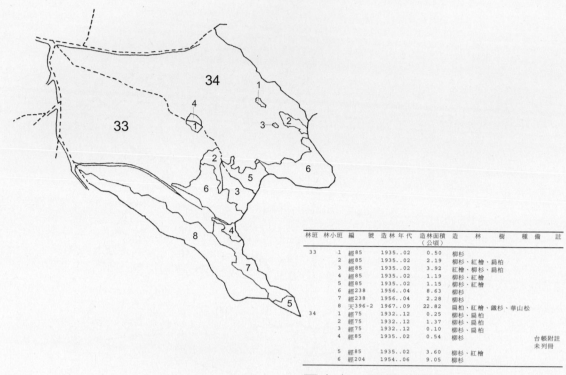

林班	林小班	編　號	造林年代	造林面積（公頃）	造　林　樹　種	備　註
33	1	經85	1935..02	0.50	柳杉	
	2	經85	1935..02	2.19	柳杉、紅檜、扁柏	
	3	經85	1935..02	3.92	紅檜、柳杉、扁柏	
	4	經85	1935..02	1.19	柳杉、紅檜	
	5	經85	1935..02	1.15	柳杉、紅檜	
	6	經238	1956..04	8.63	柳杉	
	7	經238	1956..04	2.28	柳杉	
	8	天396-2	1967.09	22.82	扁柏、紅檜、鐵杉、華山松	
34	1	經75	1932..12	0.25	柳杉、扁柏	
	2	經75	1932..12	1.37	柳杉、扁柏	
	3	經75	1932..12	0.10	柳杉、扁柏	
	4	經85	1935..02	0.54	柳杉	台帳附註未列冊
	5	經85	1935..02	3.60	柳杉、紅檜	
	6	經204	1954..06	9.05	柳杉	

圖十七、阿里山區第33至第34林班造林圖表對照

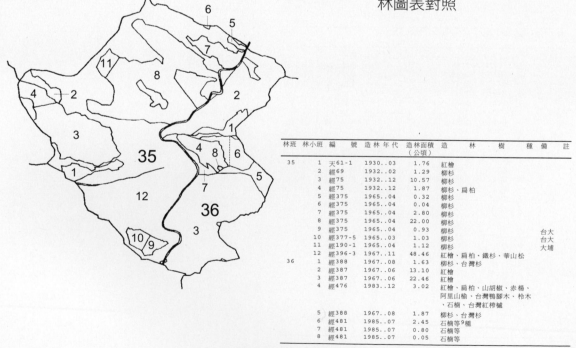

林班	林小班	編　號	造林年代	造林面積（公頃）	造　林　樹　種	備　註
35	1	天61-1	1930..03	1.76	紅檜	
	2	經69	1932..02	1.29	柳杉	
	3	經75	1932..12	10.57	柳杉	
	4	經75	1932..12	1.87	柳杉、扁柏	
	5	經375	1965..04	0.32	柳杉	
	6	經375	1965..04	0.04	柳杉	
	7	經375	1965..04	2.80	柳杉	
	8	經375	1965..04	22.00	柳杉	
	9	經375	1965..04	0.93	柳杉	
	10	經377-5	1965..03	1.03	柳杉	台大
	11	經190-1	1965..04	1.12	柳杉	台大 大埔
	12	經396-3	1967..11	48.46	紅檜、扁柏、鐵杉、華山松	
36	1	經388	1967..08	1.63	柳杉、台灣杉	
	2	經387	1967..06	13.10	紅檜	
	3	經387	1967..06	22.46	紅檜	
	4	經476	1983..12	3.02	紅檜、扁柏、山胡椒、赤楊、阿里山榆、台灣鴨腳木、柃木、石楠、台灣紅榨槭	
	5	經388	1967..08	1.87	柳杉、台灣杉	
	6	經481	1985..07	2.45	石楠等9種	
	7	經481	1985..07	0.80	石楠等	
	8	經481	1985..07	0.05	石楠等	

圖十八、阿里山區第35至第36林班造林圖表對照

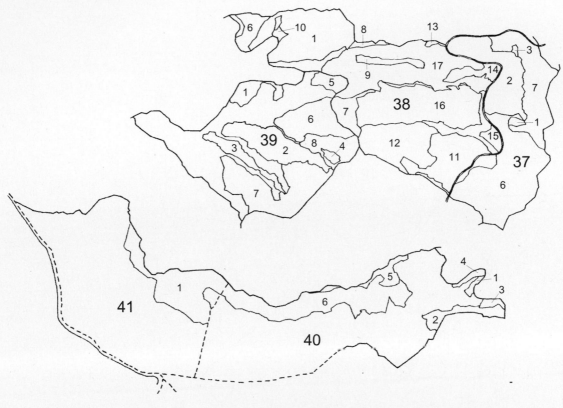

林班	林小班	編 號	造林年代	造林面積 （公頃）	造 林 樹 種
37	1	經15	1921..07	0.41	扁柏
	2	經432	1969..05	13.07	紅檜
	3	經42	1927..02	0.24	黃檜（扁柏）
	6	經38	1926..06	21.30	紅檜
	7	天21	1968..03	11.70	扁柏、紅檜、鐵杉、華山松
38	1	經51	1928..03	16.84	柳杉
	6	經57	1929..05	3.40	柳杉
	7	經69	1932..02	3.05	柳杉
	8	經69	1932..02	0.74	柳杉、黃檜（扁柏）
	9	經69	1932..02	1.66	柳杉
	10	經104	1938..06	0.36	柳杉
	11	經375	1965..04	9.75	柳杉
	12	經21	1967..12	11.36	扁柏、紅檜、鐵杉、華山松
	13	經406	1968..03	0.31	柳杉
	14	經432	1969..05	1.72	紅檜
	15	經432	1969..05	1.18	紅檜
	16	經439	1970..04	18.80	柳杉
	17	天418-1	1969..02	22.14	紅檜、黃檜（扁柏）、華山松
39	1	經69	1932..02	2.83	柳杉
	2	經69	1932..02	9.00	柳杉
	3	經69	1932..02	3.17	柳杉
	4	經69	1932..02	0.66	柳杉、紅檜
	5	經204	1954..06	1.91	柳杉
	6	經204	1954..06	8.06	柳杉
	7	經204	1954..06	14.11	柳杉
	8	天23	1969..02	4.20	紅檜、黃檜（扁柏）、華山松
40	1	經51	1928..03	0.52	柳杉
	2	經69	1932..02	2.74	柳杉、扁柏
	3	經204	1954..06	0.43	柳杉
	4	經204	1954..06	0.99	柳杉
	5	經204	1954..06	1.94	柳杉
	6	經497	1991..05	16.35	紅檜、台灣杉
41	1	經497	1991..05	12.82	紅檜、台灣杉

圖十九、阿里山區第37至第41林班造林圖表對照

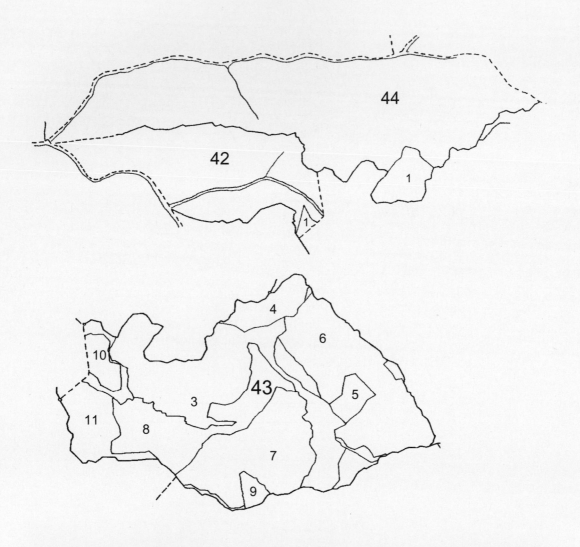

林班	林小班	編 號	造 林 年 代	造林面積 （公頃）	造 林
42	1	經497	1991..05	0.96	紅檜、台灣杉
44	1	經80	1933.11	7.42	柳杉
43	3	經80	1933.11	35.18	柳杉
	4	經80	1933.11	6.08	柳杉、扁柏
	5	天418-1	1969..02	3.00	紅檜、扁柏
	6	經447	1971..05	28.80	柳杉
	7	經471	1982..06	22.98	紅檜、台灣杉
	8	經479	1985..04	19.63	紅檜
	9	經479	1985..04	1.73	紅檜
	10	經497	1991..05	3.48	紅檜、台灣杉
	11	經497	1991..05	8.39	紅檜、台灣杉

圖二十、阿里山區第42至第44林班造林圖表對照

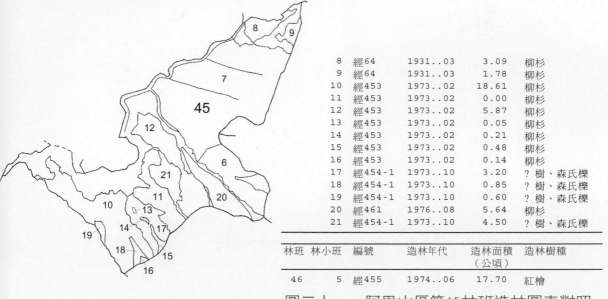

林班	林小班	編號	造林年代	造林面積（公頃）	造林樹種
	8	經64	1931..03	3.09	柳杉
	9	經64	1931..03	1.78	柳杉
	10	經453	1973..02	18.61	柳杉
	11	經453	1973..02	0.00	柳杉
	12	經453	1973..02	5.87	柳杉
	13	經453	1973..02	0.05	柳杉
	14	經453	1973..02	0.21	柳杉
	15	經453	1973..02	0.48	柳杉
	16	經453	1973..02	0.14	柳杉
	17	經454-1	1973..10	3.20	？樹、森氏櫟
	18	經454-1	1973..10	0.85	？樹、森氏櫟
	19	經454-1	1973..10	0.60	？樹、森氏櫟
	20	經461	1976..08	5.64	柳杉
	21	經454-1	1973..10	4.50	？樹、森氏櫟

林班	林小班	編號	造林年代	造林面積（公頃）	造林樹種
46	5	經455	1974..06	17.70	紅檜

圖二十一、阿里山區第45林班造林圖表對照

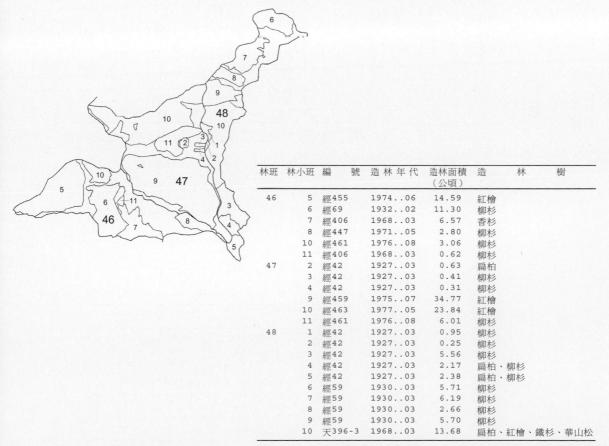

林班	林小班	編　　號	造　林　年　代	造林面積（公頃）	造　　林　　樹
46	5	經455	1974..06	14.59	紅檜
	6	經69	1932..02	11.30	柳杉
	7	經406	1968..03	6.57	香杉
	8	經447	1971..05	2.80	柳杉
	10	經461	1976..08	3.06	柳杉
	11	經406	1968..03	0.62	柳杉
47	2	經42	1927..03	0.63	扁柏
	3	經42	1927..03	0.41	柳杉
	4	經42	1927..03	0.31	柳杉
	9	經459	1975..07	34.77	紅檜
	10	經463	1977..05	23.84	紅檜
	11	經461	1976..08	6.01	柳杉
48	1	經42	1927..03	0.95	柳杉
	2	經42	1927..03	0.25	柳杉
	3	經42	1927..03	5.56	柳杉
	4	經42	1927..03	2.17	扁柏、柳杉
	5	經42	1927..03	2.38	扁柏、柳杉
	6	經59	1930..03	5.71	柳杉
	7	經59	1930..03	6.19	柳杉
	8	經59	1930..03	2.66	柳杉
	9	經59	1930..03	5.70	柳杉
	10	天396-3	1968..03	13.68	扁柏、紅檜、鐵杉、華山松

圖二十二、阿里山區第46至第48林班造林圖表對照

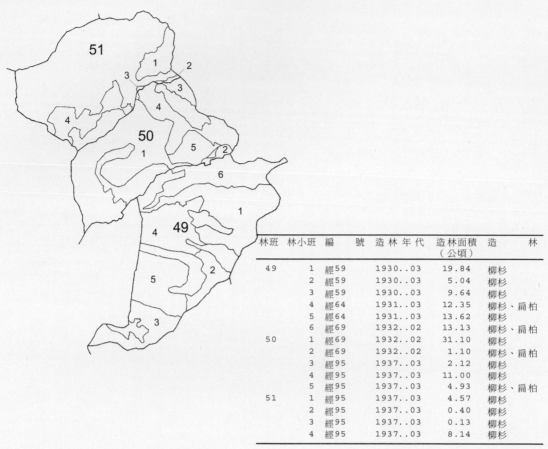

林班	林小班	編　　號	造 林 年 代	造林面積（公頃）	造　　　林
49	1	經59	1930..03	19.84	柳杉
	2	經59	1930..03	5.04	柳杉
	3	經59	1930..03	9.64	柳杉
	4	經64	1931..03	12.35	柳杉、扁柏
	5	經64	1931..03	13.62	柳杉
	6	經69	1932..02	13.13	柳杉、扁柏
50	1	經69	1932..02	31.10	柳杉
	2	經69	1932..02	1.10	柳杉、扁柏
	3	經95	1937..03	2.12	柳杉
	4	經95	1937..03	11.00	柳杉
	5	經95	1937..03	4.93	柳杉、扁柏
51	1	經95	1937..03	4.57	柳杉
	2	經95	1937..03	0.40	柳杉
	3	經95	1937..03	0.13	柳杉
	4	經95	1937..03	8.14	柳杉

圖二十三、阿里山區第49至第51林班造林圖表對照

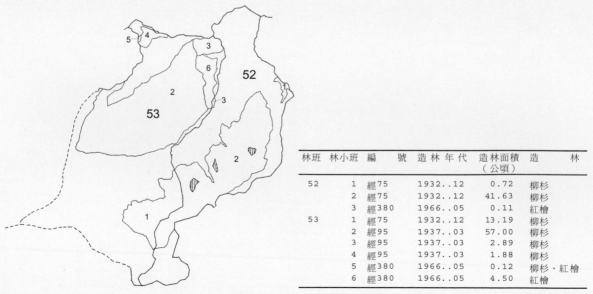

林班	林小班	編　　號	造 林 年 代	造林面積（公頃）	造　　　林
52	1	經75	1932..12	0.72	柳杉
	2	經75	1932..12	41.63	柳杉
	3	經380	1966..05	0.11	紅檜
53	1	經75	1932..12	13.19	柳杉
	2	經95	1937..03	57.00	柳杉
	3	經95	1937..03	2.89	柳杉
	4	經95	1937..03	1.88	柳杉
	5	經380	1966..05	0.12	柳杉、紅檜
	6	經380	1966..05	4.50	紅檜

圖二十四、阿里山區第52至第53林班造林圖表對照

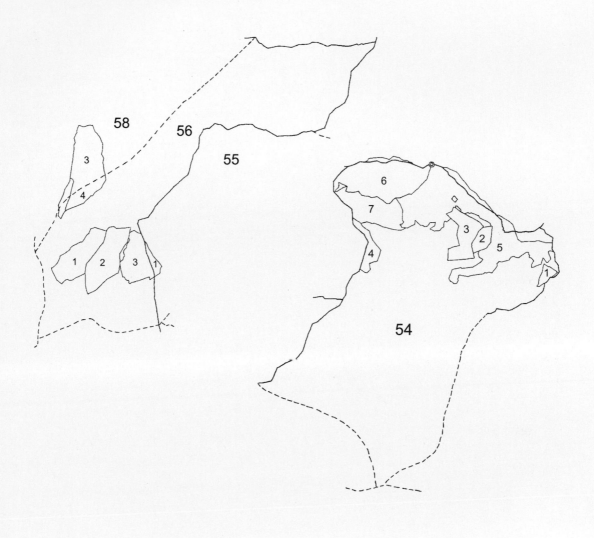

林班	林小班	編　　號	造林年代	造林面積（公頃）	造　林　樹　種	備　註
54	1	經95	1937..03	0.79	柳杉	
	2	經99	1938..02	1.35	紅檜、扁哦、柳杉	台帳記錄
	3	經99	1938..02	4.18	柳杉、扁柏、紅檜	種植柳杉
	4	經99	1938..02	2.02	柳杉	
	5	經380	1966..05	19.92	柳杉、紅檜	
	6	經381	1966.03	10.78	紅檜、扁柏	
	7	天418-1	1969..02	6.15	紅檜、華山松	
55	1	經427	1969..05	0.90	油桐	
56	1	經223	1955..04	6.62	相思樹	
	2	經340	1960..04	7.80	相思樹	
	3	經427	1969..05	5.58	油桐	
	4	經427	1969..05	2.34	油桐	

圖二十五、阿里山區第54至第56林班造林圖表對照

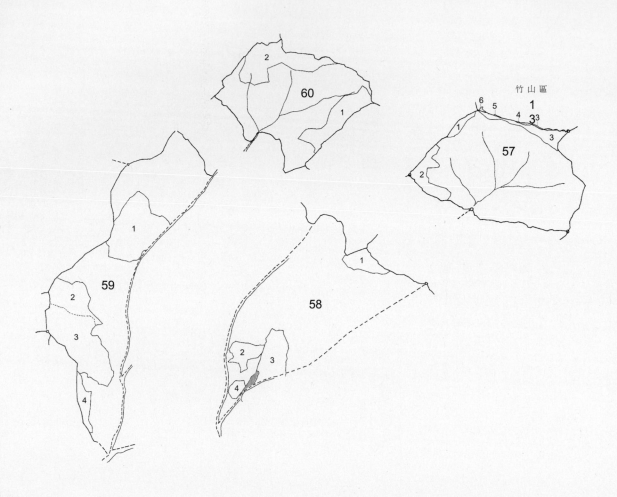

林班	林小班	編　　號	造林年代	造林面積（公頃）	造　林　樹　種	備　註
57	1	經99	1938..02	1.32	柳杉	
	2	經99	1938..02	5.85	柳杉	
	3	經381	1966..03	3.95	紅檜、扁柏	
	4	經381	1966..03	0.03	紅檜、扁柏	註銷
	5	經381	1966..03	0.08	紅檜、扁柏	註銷
	6	經381	1966..03	0.12	紅檜、扁柏	註銷
58	1	經99	1938..02	4.54	柳杉	
	2	經224	1955..04	4.36	杉木	
	3	經427	1969..05	8.32	油桐	
	4	經224	1955..04	1.57	杉木	
59	1	經315	1968..03	18.34	油桐	
	2	經400	1968..03	8.60	油桐	
	3	經400	1968..03	20.16	台灣欅	
	4	經400	1968..03	3.28	油桐	
60	1	經99	1938..02	10.33	柳杉	
	2	經99	1938..02	13.38	柳杉	

圖二十六、阿里山區第57至第60林班造林圖表對照

林班	林小班	編號	造林年代	造林樹種	造林面積	備　　註
28-1	3	更436-2	1969..01	二葉松	16.53	阿里山214林班
	4	更436-2	1969..01	二葉松	3.38	
	5	更436-2	1969..01	二葉松	0.33	
	7	經465-1	1977..08	紅檜、杉木	65.71	
	8	經477	1985..04	愛玉子、紅檜	50.00	
28-2	2	經27-1	1923..05	扁柏	2.90	阿里山215林班
	3	經34-1	1926..01	柳杉	13.93	
	4	經38-4	1926..03	柳杉	1.30	
	5	經38-4	1926..03	柳杉	0.18	
	8	經62	1929..05	柳杉	10.56	
	9	經454-5	1973..05	柳杉	35.31	
	10	經466-2	1978..07	台灣杉	18.02	
	11	經432	1985..04	柳杉	11.60	
28-3	1	經13-1	1920..06	柳杉	2.05	阿里山216林班
	2	經13-1	1920..06	柳杉	0.21	
	3	經13-1	1920..06	柳杉	0.29	
	4	經13-1	1920..06	柳杉	0.75	
	5	經13-1	1920..06	柳杉	0.50	
	6	經16-1	1921..	柳杉	0.32	
	7	經16-2	1922..	紅檜	0.54	
	8	經16-2	1922..	紅檜	1.04	
	9	經16-3	1922..	紅檜	11.59	
	10	經20-1	1922..	柳杉	1.01	
	12	經27-2	1923..04	柳杉	1.30	
	13	經27-1	1923..05	紅檜	1.06	
	14	經27-1	1923..05	紅檜	0.25	
	15	經27-3	1923..	紅檜	2.24	
	16	經27-4	1925..	扁柏、柳杉	0.85	
	17	經38-1	1925..	柳杉	0.47	
	18	經38-2	1925..	紅檜	5.34	
	19	經38-3	1926..03	扁柏	7.02	
	20	經38-5	1926..03	柳杉	1.48	

林班	林小班	編號	造林年代	造林樹種	造林面積	備　註
	21	經38-4	1926..03	柳杉	7.20	
	22	經46-1	1927..03	紅檜	3.10	
	23	經46-2	1927..03	紅檜	4.11	
	24	經79-1	1932..02	落葉松、扁柏	0.68	
	25	經79-2	1933..03	扁柏	4.10	
	26	經83-1	1934..03	柳杉	5.90	
	27	經107-1	1938..	柳杉	4.76	
	28	經107-1	1938..	柳杉	0.56	
	29	經107-1	1938..	柳杉	0.45	
	30	經191-1	1952..06	紅檜	19.51	
	31	經210-1	1954..06	紅檜	6.68	
	32	經320-1	1958..06	杉木	7.84	
	33	經341-1	1960..06	油桐	0.18	
	34	經371-3	1964..05	紅檜	19.08	
	35	經377-5	1965..03	香杉	0.56	
	36	經377-5	1965..03	香杉	5.18	
	37	更436-6	1969..06	柳杉	10.75	
	38	更436-11	1969..07	柳杉	2.41	
	39	更436-7	1969..06	柳杉	13.00	
	40	更436-11	1969..07	柳杉	32.62	
	41	更436-8	1969..06	柳杉	12.47	
	42	更436-7	1969..06	柳杉	39.31	
	43	更445-6	1970..04	柳杉	0.86	
	44	更445-6	1970..04	柳杉	0.65	
	45	更445-6	1970..04	柳杉	4.89	
	46	更445-6	1970..04	柳杉	16.10	
	47	更445-6	1970..04	柳杉	13.58	
	48	更460-1	1975..01	泡桐	2.73	
	49	經465-1	1977..08	紅檜	2.84	
	50	經483	1986..06	台灣杉	0.36	
29-1	1	經38-2	1925..	紅檜	0.32	阿里山217林班
	2	經46-2	1927..03	紅檜	0.50	
	3	經79-2	1933..03	紅檜	3.00	

林班	林小班	編號	造林年代	造林樹種	造林面積	備　註
	4	經191-1	1952..06	柳杉	1.22	
	5	經107-1	1938..	柳杉	0.29	
	6	經191-1	1952..06	柳杉	0.82	
	7	經191-1	1952..06	柳杉	0.11	
	8	經191-1	1952..06	杉木	0.06	
	9	經191-1	1952..06	杉木	1.04	
	10	經341-1	1960..06	杉木	2.59	
	11	經191-1	1952..06	梧桐	0.36	
	12	保333-1	1959..06	油桐	1.51	
	13	保333-1	1959..06	油桐	1.80	
	15	更436-2	1969..01	楓香、柳杉	3.31	
	16	更436-2	1969..01	二葉松	3.92	
	17	更436-2	1969..01	二葉松	2.12	
	18	更436-2	1969..01	楓香、柳杉	13.39	
	18	更436-2	1969..01	楓香、柳杉	13.39	
	19	更436-5	1969..06	杉木、柳杉	22.85	
	19	更436-5	1969..06	杉木、柳杉	22.85	
	20	更436-10	1969..07	柳杉	35.13	
	20	更436-10	1969..07	柳杉	35.13	
	21	更436-10	1969..07	柳杉	3.99	
	22	更436-10	1969..07	柳杉	2.00	
	23	更436-10	1969..07	柳杉	6.41	
	24	更445-6	1970..04	柳杉	1.71	
	26	經465-1	1977..08	紅檜	4.15	
	27	經475	1984..03	愛玉子	57.02	
	28	經470-3	1981..04	愛玉子	3.42	
	28	保333-1	1959..06	油桐	1.44	
	29	更436-2	1969..01	二葉松、柳杉	6.04	
	30	更436-2	1969..01	楓香、二葉松、柳杉	1.62	
	31	經485	1986..03	楓香、江某	3.00	
	31	更436-10	1969..07	柳杉	0.15	
	32	經485	1986..03	楓香、江某	6.69	註銷2.46公頃
		保339-1	？	？栓皮櫟	？	

林班	林小班	編號	造林年代	造林樹種	造林面積	備　　註
	33	經494	1988..02	台灣杉	2.84	註銷0.8公頃
	34	經494	1988..02	台灣杉	1.66	
	35	經499	1993..04	台灣櫸	27.74	
	35	經500	1997..04	柳杉	0.56	
	125	更447-1	1971..02	柳杉	2.41	
29-2	1	經371-2	1964..04	柳杉	12.53	阿里山218林班
	4	更436-8	1969..06	柳杉	23.58	
	5	更436-2	1969..01	楓香、柳杉	19.30	
	6	經436-1	1969..04	孟宗竹、桂竹	2.16	伐除
	7	經436-1	1969..04	孟宗竹、桂竹	0.11	伐除
	8	經436-1	1969..04	孟宗竹、桂竹	0.72	伐除
	9	經436-1	1969..04	孟宗竹、桂竹	0.28	伐除
	10	更453-4	1972..06	柳杉	21.38	
	11	更453-4	1972..06	柳杉	12.25	
	12	更453-4	1972..06	柳杉	19.02	原記註19.24公頃
	13	更454-4	1972..06	柳杉		
	14	更453-2	1972..10	柳杉	10.30	
	15	更453-3	1972..12	柳杉	22.68	
	16	更453-3	1972..12	柳杉	5.65	
	17	更453-3	1972..12	柳杉	17.00	
	18	更454-3	1973..03	柳杉	13.75	
	19	更454-4	1973..08	柳杉	23.65	
	20	更454-4	1973..08	柳杉	1.65	
	21	天118	1977..06	紅檜、赤楊		
				楠木	10.44	?無台帳卡
	22	經465-1	1977..08	紅檜	1.30	
	23	經465-2	1977..02	紅檜	5.36	
	?	經468-1	1980..09	紅檜	4.85	
	?	試驗	?	泡桐	0.65	
29-3	1	經191-1	1952..06	柳杉	0.22	阿里山219林班
	2	經191-1	1952..06	柳杉	3.47	

林班	林小班	編號	造林年代	造林樹種	造林面積	備　　註
	3	經191-1	1952..06	柳杉	8.65	
	4	經191-1	1952..06	柳杉	4.10	
	5	經191-1	1952..06	柳杉	4.90	
	6	保333-2	1959..05	紅檜	3.10	
	7	更445-5	1970..03	柳杉	18.82	
	8	更453-3	1972..12	柳杉	47.80	
	9	更453-2	1972..10	柳杉	38.32	
	10	更453-3	1972..12	柳杉	6.19	
	11	更453-3	1972..12	柳杉	2.52	
	12	更454-2	1974..03	柳杉	58.22	
	13	更454-2	1974..03	柳杉	16.92	
	14	更454-4	1973..08	柳杉	47.33	
	15	更454-4	1973..08	柳杉	5.00	
	16	更460-2	1974..11	柳杉	20.91	
	17	更460-1	1975..01	泡桐	11.72	
	18	更460-1	1975..01	泡桐	1.44	
	19	天466-1	1978..01	紅檜、鐵杉、雲杉、櫧楠類、什木	35.54	
	20	天466-1	天466-1	天466-1	0.03	
	21	經470-2	1981..03	紅檜	11.41	
	22	經470-2	1981..03	紅檜	1.87	
	23	更453-3	1972..12	柳杉	3.20	
	25	經493	1988..04	紅檜	51.00	
	?	經人468-1	1980..09	紅檜	1.58	
	?	?	1973..	柳杉	2.10	柳杉不同種源試驗地
31-1	4	天341-3	1961..12	紅檜	13.97	阿里山220林班
	5	天341-3	1961..12	紅檜	0.76	
	6	更436-4	1969..03	二葉松	5.40	
	7	更436-4	1969..03	二葉松	11.32	
	8	更436-4	1969..03	二葉松	3.49	
	9	更436-9	1969..11	二葉松	4.70	
	10	更456-1	1974..06	紅檜	3.57	
	11	更456-1	1974..06	紅檜	2.50	

林班	林小班	編號	造林年代	造林樹種	造林面積	備　註
	12	更456-1	1974..06	紅檜	2.80	
	13	更456-1	1974..06	紅檜	13.71	
	14	更456-1	1974..06	紅檜	11.52	
	15	更456-1	1974..06	紅檜	1.08	
	16	更456-2	1975..03	紅檜	7.72	
	17	更456-2	1975..03	紅檜	0.32	
	18	天466-1	1978..01	紅檜、鐵杉、雲杉、櫧楠類、什木	14.94	
	19	更461-1	1976..04	紅檜	56.32	
	20	更465-2	1977..02	紅檜	6.88	
	21	更465-2	1977..02	紅檜	4.98	
	24	更465-3	1974..11	紅檜	10.47	
	25	更470-1	1981..04	櫧櫟類、楠木類赤楊、其他闊葉樹	34.58	
31-2	1	天210-2	1954..06	五葉松	3.76	阿里山221林班
	6	天314-2	1961..04	華山松	12.66	原記註12.94公頃
	7	經352-2	1962..04	雲杉	1.64	
	8	經352-2	1962..04	雲杉	1.52	
	9	經352-2	1962..04	雲杉	0.30	
	10	經368-1	1963..07	二葉松	14.23	
	11	經368-2	1963..06	華山松	4.90	
	12	經371-4	1964..05	華山松	0.72	
	13	經371-4	1964..05	華山松	9.61	
	16	經377-6	1965..03	二葉松	3.53	
	16	經377-6	1965..03	二葉松	3.53	
	18	經385-4	1966..04	華山松、二葉松、紅檜	1.80	
	19	經385-5	1966..06	二葉松	6.27	
	20	經385-3	1966..09	紅檜	0.75	
	21	經396-6	1967..08	雲杉	36.53	原記註38.89公頃，伐除0.64公頃
	21	經396-6	1967..08	雲杉	38.88	

林班	林小班	編號	造林年代	造林樹種	造林面積	備　註
22	經396-7	1967..05	華山松	6.99	
23	經396-6	1967..08	雲杉	12.28	
24	經396-6	1967..08	雲杉、紅檜	4.67	
24	經396-6	1967..08	紅檜	4.67	
25	經396-6	1967..08	雲杉、紅檜	3.16	
25	經396-6	1967..08	雲杉、紅檜	3.16	
26	更436-3	1969..03	二葉松	16.84	
27	更436-3	1969..03	二葉松	25.10	
28	更436-3	1969..03	二葉松	3.56	
28	更436-3	1969..03	二葉松	3.56	
29	更436-3	1969..03	二葉松	4.54	
30	更436-3	1969..03	二葉松	3.78	
31	更436-4	1969..03	二葉松	4.52	原記註7.99公頃
32	更436-4	1969..03	二葉松	4.21	
33	更436-4	1960..03	二葉松	2.70	
34	更436-4	1969..03	二葉松	8.85	
35	更436-4	1969..03	二葉松	28.64	
36	更436-4	1969..03	二葉松	14.57	
37	更436-9	1969..11	二葉松	13.74	原記註15.60公頃
38	更445-4	1970..04	二葉松	16.16	
39	更445-4	1970..04	二葉松	1.05	
40	天445-1	1970..05	赤楊	34.42	
41	天445-2	1970..10	赤楊	17.60	
42	更456-1	1974..03	紅檜	4.22	
43	更456-1	1974..06	紅檜	17.07	
44	更456-1	1974..06	紅檜	0.72	
45	更456-1	1974..06	紅檜	2.48	
46	更456-1	1974..06	紅檜	4.82	
47	更456-1	1974..06	紅檜	5.16	
48	更456-2	1975..03	紅檜	2.12	
49	更456-2	1975..03	紅檜	4.49	
50	更456-2	1975..03	紅檜	20.26	
50	更456-2	1975..03	紅檜	20.26	

林班	林小班	編號	造林年代	造林樹種	造林面積	備　註
	51	更456-2	1977..02	紅檜	5.06	
	52	更456-2	1974..11	紅檜	13.78	
	53	經465-2	1986..03	台灣杉、香杉	2.58	
	53	更456-3	1974..11	紅檜	4.89	
	54	經396-7	1967..05	二葉松	4.91	
31-3	1	經97-1	1937..03	柳杉	2.05	阿里山222林班
	2	經337-6	1965..03	二葉松	24.77	
	3	經385-3	1966..09	二葉松、紅檜	15.48	
	4	經385-4	1966..04	華山松、二葉松、紅檜	15.70	
	5	經385-3	1966..08	紅檜	1.89	
	6	經396-7	1967..05	華山松、二葉松、紅檜	7.45	
	7	經385-3	1966..08	二葉松	9.10	
	8	經385-3	1966..08	紅檜	1.64	
	14	更445-3	1970..04	二葉松	78.78	另一圖面記註83.73公頃，伐除1.38公頃
	15	更447-1	1971..02	柳杉	9.01	
	16	更447-1	1971..02	柳杉	2.45	
	17	更447-1	1971..02	柳杉	2.72	
	18	更447-1	1971..02	柳杉	16.67	
	19	更447-2	1971..05	柳杉	21.00	
	20	更447-2	1971..05	柳杉	14.09	
	21	更447-3	1971..08	柳杉	14.82	
	22	更447-3	1971..08	柳杉	2.81	
	23	更447-3	1971..08	柳杉	1.08	
	24	更447-3	1971..08	柳杉	2.41	
	25	更453-1	1972..04	二葉松、紅檜	57.71	
	26	更453-1	1972..04	二葉松	20.80	
	27	更445-3	1970..04	二葉松	13.89	
	85	經475	1984..03	愛玉子	43.30	
	86	經470-3	1981..04	愛玉子	1.00	

凡此造林成果之檢驗，陳玉峯、楊國禎、林笈克、梁美慧（1999）、陳玉峰（2001）曾以6個樣區為例，面積25～35 × 30～40平方公尺不等，以生長輪條取樣，求出378株立木胸徑，夥同生長木條年齡之計量，探討各樣區樹齡結構、樹齡與胸徑之關係，以及生長速率，推估以阿里山森林遊樂區內林班，應以成林後，每公頃約100株巨大立木為標準，可望仍有機會發展為巨木林，而目前阿里山檜木造林木最老齡者約在85～90年。

而阿里山區造林年代遠自1910年即已進行，早期造林木多已分年辦理更新造林，造林成果曾獲頒為全台特優單位，例如1973年、1975年等等（玉山林管處1976年7月20日之業務報告）。目前全山區可謂造林木鬱鬱蒼蒼，整體而言，可謂符合森林遊樂區之名實。

自從1960年代朝向觀光遊憩、森林遊樂區發展以來，原則上已完全禁伐，遊樂區範圍內立木度及覆蓋度均佳。然而，千禧年之後，筆者發現部分柳杉呈現死亡現象，有可能與福州杉（杉木）之病害相關，殆為今後應予重視的問題。

關於阿里山區造林議題，筆者見解如下：

1. 阿里山森林遊樂區之景觀植栽（包括賞花區、行道樹、圍籬等等）應與一般林業造林，作系統區隔，且造林區不應與一般景觀植栽相混。

2. 阿里山森林遊樂區之造林木，除了原植之紅檜、扁柏、華山松等原生物種之外，如柳杉等外來種死亡之後，應以紅檜等在地物種補植。

3. 阿里山森林遊樂區範圍內應重新規劃原始檜木林的復育區，以恢復原巨檜森林為終極目標。

4. 森林遊樂區範圍外之造林木，可依據未來整體嘉義林管處林業經營管理及政策而重新研訂。

由於本研究僅止於交代歷史，有關造林等其他議題於此略之。

附帶說明植栽景觀規劃原則如下：

1. 目前櫻花區儘可能維持每年度之盛花季：

　（1）老樹可以補救者，在符合經濟原則下盡量延遲其老化、腐敗。

　（2）每隔3～5年，在距離原櫻花樹約1公尺處，增植櫻花苗木。

　（3）櫻花苗木之花色、品種等，依景觀原則搭配設計。

　（4）考察日本櫻花景觀或延請日人專家另行設計長年引種計畫。

　（5）上述櫻花栽植區及既有賞櫻區依現狀規劃為特定範圍，其餘地區不應再種。

　（6）此等櫻花區的文化特徵即日治50年，開發阿里山歷史的日本藝文區。

2. 梅園區亦可考量研發合宜梅花品種，依上述櫻花栽植原則規劃種植之。（註，若本區規劃為林業村，則梅園可廢除。）

　（1）先前梅樹似乎適應性不佳，有必要重新研究、規劃。

　（2）亦可考慮桃、李、杏等溫帶薔薇科樹種並植。

　（3）本區代表國府統治時代藝文區。

3. 除了上述代表日本及中國特徵的春花區

域之外，阿里山區全區植栽原則：

（1）最大原則為阿里山區原地原生物種為種植依據。

（2）行道樹、綠籬可採取人為造景或園藝景觀為植栽依據，但樹種乃以在地化為準則。

（3）除了強烈表達造景意志的行道樹、綠籬之外（包括建物圍景），其他阿里山全區以原生植物之自然度為依據。

（4）所有原生自然植物，筆者可提供22年來研究調查的在地經驗規劃之，舉例：

　a.二萬坪原始時代曾存有大量台灣？樹（珍稀次生物種）。

　b.姊妹池先前存有妍美之深紅茵芋、硃砂根、阿里山寶鐸花、阿里山根節蘭…。

　c.阿里山蘭花殆已滅絕，可考量復育之。

　d.阿里山十大功勞等可做防衛性綠籬。

　e.本土阿里山原生優良造景植物類：台灣紅榨楓、青楓、尖葉楓、森氏杜鵑、阿里山榆、昆欄樹、紅檜、扁柏、華山松、黃花著生杜鵑…。

　f.二萬坪以下至十字路之間：山胡椒、山桐子…。

　g.特定動物、鳥類、昆蟲植物：水麻、山櫻花…。

　h.毛地黃為馴化最成功的外來種，形成5月的妍美地景，缺點為有毒…。

（5）任何植栽施業以遊樂區之特定人工栽植區為限，在總規劃之其他分區中，則不得進行人工植栽。

（6）阿里山森林鐵路兩側，選擇一段落恢復原來森鐵防火植物紅莧菜；全線森鐵兩旁應依海拔、地域，研究之後，復育日治時代原在地樹種，以符合跨越熱、暖、溫帶的樹種變化。

全年度連鎖植物花葉變遷景觀設計之必要。

五、阿里山區聚落百年發展史

　　阿里山區聚落史的最重大特徵乃「遊木而居」，也就是依檜木伐採營運而形成諸多工寮，由工作場地臨時性棲所，因應開發實務漸進為小聚落，一俟資源耗竭，自無造鄉、造鎮之可能，此乃因國有林地，非關早期移民史。

　　一個聚落之能否長期適存、發展或沒落、消失，取決於資源生產、聯外交通之是否持續，今之阿里山聚落(3個村)之得以存在，係拜伐木營林之後的觀光遊憩及森林鐵路續存(1980年代之後，則由公路取代大部分運輸)之賜，而早年拓荒小聚落如兒玉、新高口、水山支線、2號橋、大瀧溪線、眠月等等，皆已消失，此等開拓聚落係20世紀台灣發展史關於山區的重要模式，但史上不僅毫無著墨，遑論文化意義之探討，是以本章依據多年口訪耆老，逐一追溯可資留下記錄的聚落空間分布，聊盡登錄變遷史失落之記憶。

陳月霞攝

五-1、二萬坪聚落

1911年8月，阿里山森林鐵路的分段鋪設工務，進行主線最後一段落的工事，也就是第10工區的平遮那至二萬坪之間。然而，該年8月31日至9月1日，發生「60年來罕見大型暴風雨」，重創鋪設中鐵路工程，且隔年6月1日至20日的豪大雨，造成二萬坪西向坡發生大地滑，原本日本人擇定二萬坪處，作為集材、運材與伐木營林的前進指揮中心，其基本用意有二，其一，二萬坪附近先天地形較平坦，加以人工整平後，開闊地廣達2萬餘坪，故以之命名該地（發現且命名的時日為1907年4月10日前後），正可作為火車機關庫、土場等停泊的最佳地區；其二，二萬坪標高約2,000公尺以下，係阿里山檜木林分佈的下部界，以此據點延展伐木的「林內線」，也就是前進中心；換句話說，二萬坪在正式通車的1912年12月20日之前，土地已因大地滑而向後退卻1鎖（註，約20.1公尺，係明治時代的單位）的距離，即令如此，自二萬坪向廣大檜木林拓荒的浪潮依然洶湧前進，二萬坪逐形成1911～1927年間的行政中心，其聚落雖因1927年火車機關庫上遷沼平，但截至終戰前，乃形成所謂平地向山地的「疏開」地域，換句話說，二萬坪在日治時代始終是重點聚落。

茲以1940年代初，口訪追溯出的屋舍空間分布如圖27。

圖27所示各編號簡略說明如下。

編號1之工寮，即阿里山開拓史最早的火車機關（車頭）庫（編號2）之工人住宿處，火車頭自機關庫燒煤出發前必須吃水，編號3為水塔所在地。

編號4即三角線鐵道區。

編號5為各類宿舍；編號6為原辦公室，後來挪為倉庫用；編號7即1912年大地滑所崩落地區；編號9為公務等招待所；編號10即終戰前，為日本政府較高階人員往阿里山疏開時，為其釀酒的清酒製造廠，後來連同兩大棟宿舍區，闢為今之救國團國民旅館所在地。

鐵路往阿里山方向，右側叉出的路線為最早的木馬道，鐵路左側往山上走進造林地，可見編號12的二宮英雄紀念碑，有小路通往進藤熊之助紀念碑，921地震遭震毀。由進藤碑走出森林，在鐵路三角線附近，見有巨石壁，上刻「南無阿彌陀佛」，係1924年農曆七月，為鎮邪所雕刻，且奉香爐祭拜，為紀伊麓先生斥資獻立者。而此傳說故事，留待解說文稿敘述。

二萬坪已消失的屋舍另有火柴工廠，係取材檜木林帶的次生樹種台灣?樹，當地人稱之為「山梧桐」，以其材質輕，且量多，故而設廠，如今似已在該地區滅絕矣。

五-2、阿里山中心或沼平區聚落

現行阿里山遊樂區的中心，其實即昔日阿里山林場伐木的核心區，而闢建屋舍的歷史亦較二萬坪為早，不過兩地的功能設定不同罷了，基本上沼平等阿里山中心區是林場，二萬坪是集運中心。

由本研究歷史年表及伐木進展等敘述，大抵勾勒聚落發展趨勢。1906年5月起造最早的辦公基地，位於今之阿里山賓館下方，隔年的6棟宿舍、事務所及倉庫當然純粹為伐木施工用，而1911～1912年間，沿林內線（二萬坪以上），也就是1～7林班皆為伐區進行中，自無聚落之可言。

依據陳清祥先生於2000年9月，在日本的訪錄，確定日治時代開發的大正初期，日本人官派至阿里山工作者，其家眷無法上山居住，皆住在嘉義北門車站附近的宿舍區（Hi-no-ki Mu-la或檜町，但檜町係1932年1月1日之後使用的行政區），直到1914年之後，眷屬始得進駐阿里山，也就是說，1914年之開設沼平車站、設置小學校，或可視同阿里山中心區聚落的始成年，但1912～1914年左右，阿里山工作人員約有150戶、500餘人作息，除學校外，公共設施另有派出所1、郵局1、警察所1。

阿里山區純粹因為檜木林木材資源而開發，伐木營林時期的生活型完全以取出木材為導向，其制度設計當然係日本總督

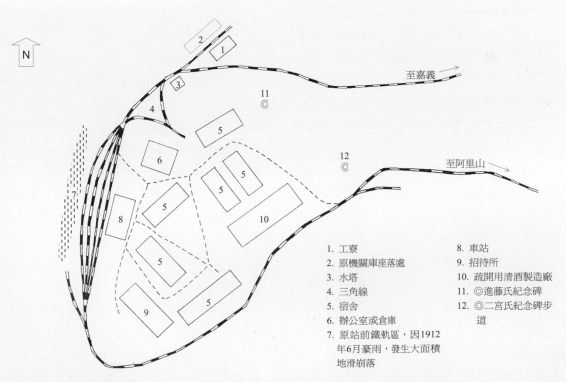

N

至嘉義

至阿里山

11 ◎

12 ◎

1. 工寮
2. 原機關庫座落處
3. 水塔
4. 三角線
5. 宿舍
6. 辦公室或倉庫
7. 原站前鐵軌區，因1912年6月豪雨，發生大面積地滑崩落
8. 車站
9. 招待所
10. 疏開用清酒製造廠
11. ◎進藤氏紀念碑
12. ◎二宮氏紀念碑步道

圖二十七、二萬坪於日治時代房舍簡略相對分布圖

府的強權運作，但其文化、社會規範、價值依歸毋寧才是根源。日人強調學徒制，階級分明，賞罰直接，甚至頻常採用暴力，但謹守紀律，恩威並施；其所導引出的分工，猶如蜜蜂、螞蟻之分群，因而伐木營林之工群涇渭分明，主要可區分為伐木群、製材群、闢平路或開路群、集材群、造林群，以及鐵道群，各群或組，選擇領導人招集工人，招集方式以人際關係為主，故而扛木材、割草隊大抵為員林工，鐵道系統多客家人，製材以名間南投人為特徵，組、群組成多為親朋好友、同鄉緣故。

分工、分組之後，同質性工作之器材聚集一處，起居作息亦規律，因而有聚居現象之發生，且父子相傳、兄弟牽引，加以階級觀顯著，形成聚落分群的特徵。另一方面，募集工人來來往往，早期台灣僱工大部分工作段落後即離開阿里山，且最重要的，工寮、聚落隨伐木、集材而東西遷徙，木材伐盡則另闢新地，故而阿里山人口、族群的變動甚鉅，基本上，「阿里山人」的定義甚為困難。

隨著林場南征北伐，阿里山中心聚落大抵為相對穩定者，終戰前或1930～1940年代，伐木跡地的沼平附近，合計約有近百棟各類型木製屋舍、工寮，如今尚得保持日治時代原建物者幾希。

為追溯1940年代之前的聚落空間分佈，延請陳清祥先生畫圖勾勒大要，再一一現地校驗，查訪失落若干人事，總成圖28a，二萬坪及十字分道的建物不計，畫出者計約90棟，代表日治時代阿里山聚落大本營。

然而，由於屋舍與時俱變，圖28a僅止於日治時代末期大略，國府治台以後迭有繁雜變遷，尤其經歷3次大火災、遷村第4分道，以及整建遊樂區，終而形成現狀，故而圖28a之標示若因應特定議題或敘述，另予細部放大，製作詳圖，並填具使用細目等等。

圖28a大抵為昭和17年前後，也就是終戰前1942年左右，阿里山聚落分佈的狀況，代表開拓後30年，且正朝塔塔加、楠梓仙溪方向拓展伐區之際，依然為倚賴木材生產的聚落。

圖中建物，除了極其少數如氣象測候所、慈雲寺、車站基底、總統賓館之外，時至如今，已經完全為新建物所更替，或消失無蹤。

以下，依圖28a的編號簡述，由東北方向往南西敘述。

編號1並非建物，即前述由沼平往十字分道、眠月方向的鐵路，最早開闢時，坡度太陡而放棄的鐵軌跡右斜上的山坡，二次大戰期間闢為靶場。

編號2及3為萬歲山氣象測候所工作人員的宿舍，測候所除了其下的宿舍外，在火車站附近的這些宿舍，土地屬權並無登記，光復後，其與林務局仍釐不清，後來陳釘相主任依陳清祥先生建言，以「不要存置林野地」的名義，終於取得地權，現今改建新宿舍。

編號4為日治時代製材工廠（編號35）員工宿舍。

編號5為磨鋸工廠（編號6）工人宿舍，該工廠屬民營，舉凡各類用鋸鈍拙或齒牙受損的修護場所，日本人黑木氏所經營，

即今之林務局小木屋供宿處。黑木被遣返日本之後，客家人林永寶承接磨鋸工廠，而林永寶先前則為伐木工人。

編號7較偏遠，即火藥庫，置放工事用炸藥、雷管等，為一磚造屋，後來荒廢。

編號8為大水塔，可囤置約200噸生水，供應機關庫及附近用水，今尚可見，係1927年所建。

編號9為阿里山閣，今已改建、擴建。原先係由日本人上野氏經營，1942年曾由兒玉支線運來木材加蓋。

編號10～12皆為日本人花澤所有，10號為木製手工藝品的加工廠；11號為花澤先生的家；12號為花澤木藝廠的辦公室。花澤氏在製售手工藝品之前，為阿里山林場的木材組頭之類，後來轉而經營藝品店。花澤過世後，埋骨慈雲寺旁墳墓區，其後人（花澤的女兒，在阿里山唸小學校）在多年前曾由日本來電詢問，後來斷續與阿里山人連繫，陳清祥先生幫其整理花澤之墓，拍照寄至日本給她，她以照片在日本祭拜。

編號15、16及18為機關庫的員工宿舍。

編號19、20及22為鐵路養護工人（工伕）及機關庫工人的宿舍。

編號21為火車機關庫。

編號23即集材機工人的招待所，深入山區作業前的住處。

編號24及25為宿舍，屬阿里山林場所有，光復後即林務局宿舍，先前殆為轉轍夫、火夫、桶水夫等居住。

編號26為朱姓的造林工頭所有，其為大型住宅，餘則參看編號32。

編號27為雜貨店，彭姓台灣人所經營，其原先可能擔任機關庫的職務。

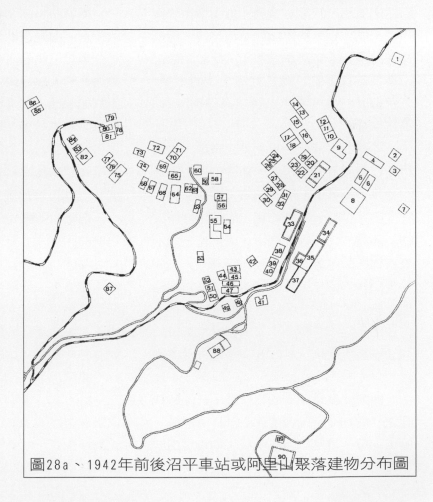

圖28a、1942年前後沼平車站或阿里山聚落建物分布圖

編號28即理髮店，葉姓台灣人所開設。

編號29簡姓人家，即簡準先生。

編號30為登山旅社，該時代唯一一家台灣人所經營的旅館，姓許，經營旅館之前係從事燒製木炭，取材多為殼斗科如校力等木材。此屋更早之前為日本人所有，後來許金鐮先生購得。許氏於1949(?)年冬，燒製木炭後，拿回倉庫置放，引發第4分道附近火災。

編號31為雜貨店，李帶先生所經營，李氏即後來高山青旅館的老闆。

編號32即造林工頭黃添福先生的家。阿里山區第一代造林業務大抵由黃添福與朱姓工頭包辦。阿里山停止造林後，黃氏待在阿里山多年後舉家遷出，此屋舍後來改建為萬國旅社，此乃終戰之後的事。

編號33為沼平車站，海拔標高2,274公尺。

編號34～37位於車站對面廣場，係製材、修理機具的核心區。編號34即製材後的倉庫；編號35為製材工廠；編號36為製材工廠、製材倉庫及修理工廠的聯合辦公廳；編號37即修理工廠，火車系統、伐木集材機器的維修工廠，1916年創設。1963年玉山林管處結束直營伐木，製材廠、修理工廠、倉庫於8月裁撤，但建物則遲至約1965年之後才拆除；又，製材工廠曾於1930年發生火災，且波及宿舍區，當年重建。

編號38為車站旁的合作社，日治時代謂之「購賣部」，購賣部係由營林所經營，僱工管理，供應全阿里山民生物資，由於係官營，物資運送不用運費，因而民間無法與其競爭。

編號39即合作社員工的宿舍。

編號40為山產藝品店，經營者為日人I-no-li，樓下製作木頭藝品，I-no-li先前在大學演習林做木材生意，之後前來阿里山經營藝品店。

編號41為阿里山派出所，也就是阿里山林場現地工作的辦公指揮、領薪處，並非今之警察「派出所」。派出所即今之已廢林務局阿里山工作站。

編號42為公共澡堂，今尚可見地基，但係後來被改為民家，再完全拆除後的地基。

編號43、45、46及47皆為阿里山林場的宿舍，由於日本人尊崇階級制度，住宿亦分等級，此處宿舍區屬於中、下階層；故居住的人以台灣人較多、日本人較少，大抵如車站、車庫、購賣部等工人，也就是以鐵路系統員工為主。

編號44為日本人岡本謙一先生所開設的照像館，其本名上野謙一，入贅於岡本家，也就是嫁給岡本節子，因而改姓。

編號48即郵局所在地，1911年10月11日開設。

編號49為警察(駐在)所，大正年前由二萬坪移來，且指台灣拓殖株式會社接管阿里山林場之前。

編號50及51，日本人前迫先生所開設的旅館。

編號52為日本人開設的商店，謂之「Ki-Ku-Su」，也就是牧口先生，係當時2家雜貨店之一，但牧口氏只賣餅等食品，尤為特色者，他賣櫻花麻糬、番酒及Coo-Kie糖，一種類似款冬的菊科植物，取其

葉柄及莖，脫水、去皮、灌糖，好似冬瓜糖，以木製盒裝，內裝一束束的Coo-Kie糖，外標娃娃圖案，甚著名。

編號53、60、63、66～77等，共計約15棟屋舍，以今之阿里山賓館下方，朝向神木方向延伸，為日治時代林場(營林所)人員的集中宿舍區，是為中、高層人員及其眷屬所居住，以日本人為最主要，台灣人僅為少數，凡此宿舍區日本員工及眷屬大約80餘人。終戰後日人離去，台灣人進駐，自行調配，例如雇員去住原雇員宿舍、傭員就佔傭員宿舍，當時住進的人如郭永寬先生(已故)。

編號55謂之「協會旅館(Hotel)」，後來改建為阿里山賓館，其旁即編號54的員工宿舍。協會旅館為日本人所開設，大抵是高階長官級人物投宿；54的宿舍原為日本商人經營木材及鞋店，集結而投資協會Hotel，大抵是資勞局系統的人，與營林所無關。終戰後由台灣民間接收，後來拆除。

編號56為華南寮的單身宿舍；編號57即華南寮的Club。56及57合稱華南寮，56住的是營林所事務所的單身漢，用餐則至Club那邊吃，Club即招待所，也就是外來出差、辦公的人員投宿在Club。華南寮上方另有一間Hotel(編號55)。

編號58為醫務室；編號59即醫務人員宿舍，當時的日本醫生名為今岡，終戰後被遣返日本。此醫務室約在1966年移往第4分道附近。即林間學校旁，也就是今之第二宿舍區外。

編號61及62為林場主任宿舍，伊藤猛住此，伊藤手植日本黑松，約在1998年死亡，2000年夏，遭伐除，今剩地面樹頭可分辨。但2002年停車場工程將之完全剷除。

編號64為網球場，推測與建造日人宿舍區同時闢建，年代約起自1925年前後。

編號65即公共澡堂。

編號78及79為營林所人員早期宿舍，也就是「傭員」宿舍，屬低階；相對高階謂之「雇員」，雇員拿月薪，傭員拿日薪。大正初(1912年之後)營林所人員住此，也就是神木延線附近，約在1925年前後，往華南寮方向上移。此等地區，今已成為受鎮宮及學校屬地。

編號80及81為抽水馬達工作人員的工寮，現今的受鎮宮就是位在編號80、81及78附近或其上。日治時代高謙福先生及家人即住在此工寮，另如劉紹銘先生亦是，後來有多次改建，阿里山人稱此地為「幫浦仔」。

編號82為日本小孩就讀的小學校，終戰前完全沒有禮堂，僅教室而已，約在1940年初加建禮堂。

編號83為創設於1935年的阿里山博物館。

編號84為創設於1919年的阿里山寺，但1924年發生火災，1925年重建完成，後來改名為慈雲寺。1919年的建築較簡陋，重建時則嚴謹、用心。

編號85及86為箍桶工寮，兼造林工寮，台灣人謂之「桶寮」，1976年以後荒廢、消失。此處工寮大抵是做雜工者所住，曾住過的人士中，如藍石玉、陳再(陳樹根之父)、新竹紅毛港來的郭德賜(製材工人)等，其中一部分人係由原帝大演

習林28林班移來。此等工寮很可能是1910年代最早搭建者，終戰前後大約住有6戶人家。

編號87為林間學校所在地，今改為第二宿舍區。

編號88為貴賓館，光復後或稱總統行館，有2棟，面對館正門左側，另有1間為僕役或隨從人員住宿用，台灣人稱之為「附屬館」；日治時代為皇親國戚、總督等高官專宿處，例如1927年11月7日「朝香宮殿下」、1928年4月3日「久邇宮朝融王殿下」、1929年9月21日石塚總督、1934年10月7日「梨本宮守正王殿下」等等。

編號89為氣象測候所人員宿舍；編號90即萬歲山的氣象測候所。

附帶說明，日治時代工寮、房舍大抵無特定所有權或屬權，可依優先佔住為原則，遷移後，若有人遷入則歸遷入者，加以修理、補裝即相當於暫住「主權」宣誓。

上述90棟建物、林場公共設施，估計在1930年代底定，也就是阿里山聚落自1914年起的發展，1927年火車機關庫自二萬坪上移至沼平，至1930年代，阿里山大致形成穩定的木材生產聚落，且截至終戰前並無大變化，1936年的調查（台灣總督府殖產局農務課，1937）顯示，阿里山事業區內總人口數，由1月至12月，每月均是1,501人，眠月則於12月底是52個人；參與生產工作的日本人，由1月至12月，每個月內大抵在117人至122人之間，台灣人則在381人至404人之間，總勞動人數計在507、502、514、504、525、520、507、508、510、521、518、509人，平均每月勞動者計有512人，也就是總人口數1,501

人當中，34.12%的人係生產投入者。

以90棟建物計算，平均每棟建物人口數為16.87人，構成阿里山聚落的大概。二次大戰末期，日本人以戰事之故，逐漸調離阿里山區，1936年全阿里山1,501人中，日本人有574人，也就是38.24%是日本人，集中在宿舍區。

1920年4月，乘客可「順道」搭乘材車抵沼平站，介紹阿里山林場及勝景的資訊也入登日本國小教科書；1926年開通登玉山步道，前來阿里山的遊客雖非開放，亦與日俱增，以該年為例，計有1,639人；1927年阿里山的遊客量為3,426人，但官員佔37%，而1926年的官員則達60%，換句話說，1920年代之旅遊阿里山者，以特權為主，另一方面，1920年代末，整個阿里山僅有一家旅館，觀光客大多住宿於營林所的俱樂部（club）。1928年總督府聘請田村剛博士規劃大阿里山公園，1931年設置阿里山國立公園協會，而1927年阿里山入選台灣八景之一，是以1927年以降，阿里山實質上已成為風景勝地。然而，1930年代並無實質硬體建設及規劃之實施，且1930年代末已進入戰爭時期，故而上述1936年前後，正是日治時代阿里山最鼎盛時期，此等空間暨人口，亦即寫實的勾勒。

國府治台之後，以殘材處理、再伐木等，乃至觀光區密集聚落發展史等，導致1970年代的遊樂區規劃與遷村事件，乃至1976年阿里山信史以來最大火災等，詳見陳玉峯、陳月霞（2002），而1976年火災之前之沼平聚落分布圖如圖28b。

編號	說明	編號	說明	編號	說明
1	宏興商店（曾榮泰、原瑞泰商店）	40	玉山軒食品店（蔡添文）	⑤	陳偕
2	勞工之家	41	順利號（廖再添）	⑥	陳月靜
3	青山旅社	42	文山旅社	⑦	瞿金山
4	洗衣部	43	陳清廷宅	⑧	徐光男宅
5	理髮店	44	新三和特產行（歐新貴）	⑨	呂阿松宅（有榮園、今尚在）
6	倉庫	45	阿里山食品店（李金傳）	⑩	徐傳乾宅
7	成功旅社	46	中興特產行（李金權）	⑪	吳家振宅
8	員工宿舍	47	金德商店（李金德）	⑫	陳阿水宅
9	華馨餐廳（陳嶧焜）	48	統一特產行（簡文旦）	⑬	林阿妹宅
10	欣欣食堂（陳清廷）	49	阿里山特產行（黃國欽）	⑭	羅運麟宅
11	聯寶食堂（徐青鳳）	50	文山旅社（原黃添福宅）	⑮	吳鳳旅社
12	惠珍食品店（吳鎮江）	51	登山旅社	⑯	雲庭別墅
13	和興商店	52	簡準宅	⑰	宿舍
14	天主教堂	53	李帶宅	⑱	劉德輝宅
15	歐新貴宅	54	宿舍區	⑲	工寮（江斧、江水）
16	張火松宅	55	萬國旅社	⑳	測候所宿舍
17	工寮	56	葉通宅	㉑	新環遊商號（徐光男）
18	陳清程宅	57	薛台湖宅	㉒	大陸館
19	黃文彬宅	58	永福旅社	㉓	日出商店（王振昇）
20	員工宿舍	59	錢三郎宅	㉔	廢棄發電廠
21	阿水宅	60	宿舍區	㉕	阿里山閣
22	吳振水宅	61	徐金鳳宅	㉖	林宅
23	日順號（詹玉嬌）	62	羅永山宅	㉗	高峰山莊
24	祝山飯店（原劉國榮理髮店）	63	涂庚松宅	㉘	大峰旅社
25	合作社	64	診生藥店（張仲宣）	㉙	山地歌舞
26	中興旅社	65	保線宿舍區	㉚	（不依序各為）謝朝來、陳主琴、林如祿、吳新琴宅
27	香林食品店（吳振水）	66	宏昌商店（羅結球）	㉛	江秋虎兄弟宅
28	三角店仔	67	忠興旅社	㉜	羅圳德宅
29	海山商號（林金福）	68	集材俱樂部	㉝	劉鐵榮宅
30	星光號（蕭炎星）	69	成發商店（陳黃吟）		
31	朱一旺宅	70	工伕寮		
32	鄭國榮宅	71	宿舍區		
33	三角店仔宅	72	神木旅社		
34	聯興商號（涂登山，原運送店）	以下為無遭祝融波及者			
35	祝山軒餅鋪（蕭炎全，原運送店）				
36	陳家館（原運送店）	①	協源商店（徐彭協、徐源桶）		
37	建豐商店（朱昌勝，原運送店）	②	雲山食品店（劉紹銘）		
38	菊順商店（黃世勇）	③	山友食品店（曾蔡秀鳳）		
39	新聯發商店（莊文考）	④	葉韭宅（原公共浴室）		

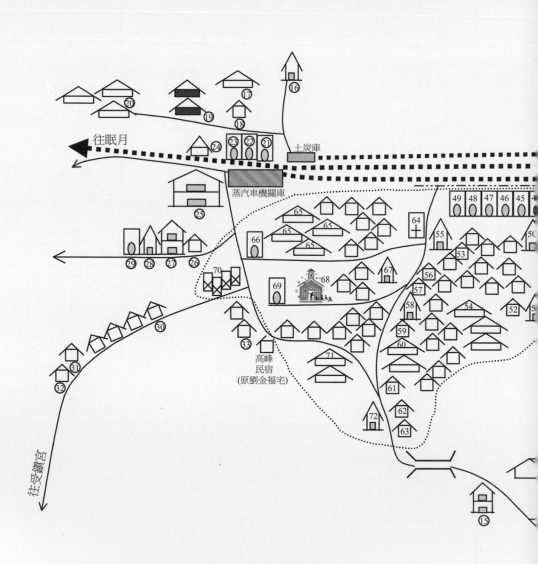

圖28B

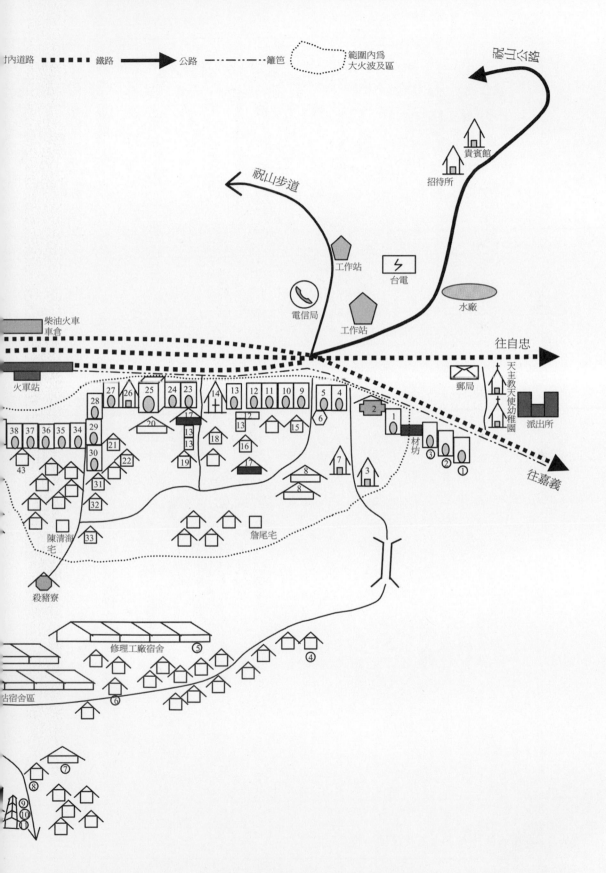

本圖為陳清祥先生憑藉記憶手繪

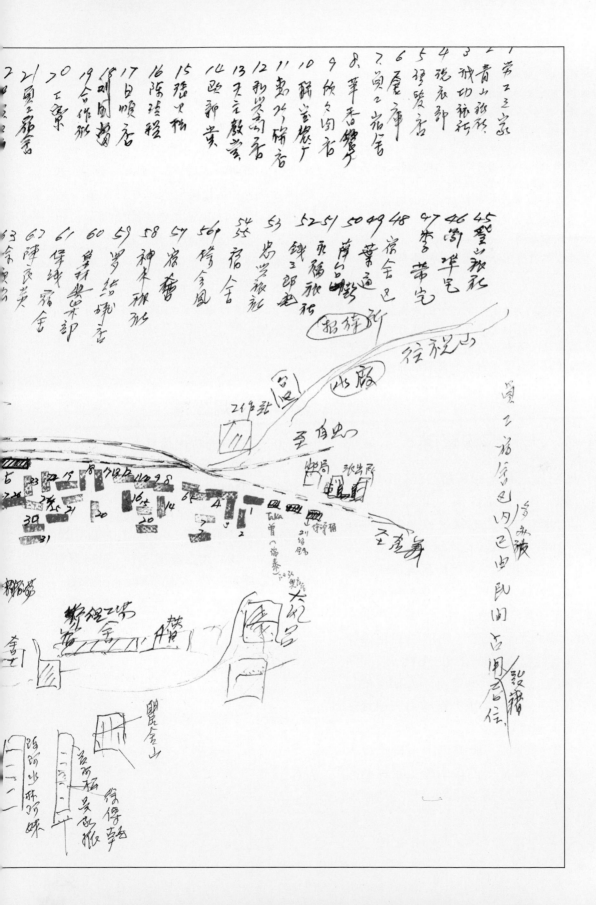

1 勞工之家
2 青山教職社
3 成功祀社社行
4 統辰郎
5 經驗客
6 厘庫
7 奧之招公室
8 草香譽々
9 倩々陶客
10 解产堤厂
11 嘉郊稀客
12 和村勝客
13 天元教教言
14 歐郊郊黄
15 張史稿
16 陳琮稿
17 日順店
18 供國增
19 合作形
20 工業
21 國工郊客

45 警山教社
46 洞準宅
47 李带宅
48 寄舍巴
49 蒲台崂崎
50 永福教社
51 錢三郎宅
52 交通室
53 忠學教社
54 宿舍
55 修唱舍
56 修參風
57 宿舍
58 神未那形
59 罗结婚客
60 吴林巢粟郡
61 保錢宿舍
62 陳辰黄
63 余澄澄

往說山

水廠

招旅行

註一：
1. 編號1～72號和虛線範圍內為於1976年11月9日遭受大火燒毀之建物。
2. 編號～號和虛線範圍外為倖免於祝融之災之建物。
3. 許多店號登記在女方或子女名下，本圖說店號取用之人名為眾人較熟悉的代表人，其絕大多數為阿里山第二代。
4. 員工宿舍區多處已由民間佔用設籍居住。
  5. 宏興商店房旁之材坊被燒毀一半。
6. 高峰民宿屋簷有一角被燒毀。
7. 詹尾與陳清海宅在火災之前就已自行拆除。

註二：
此為1976年11月9日火災之前的建物圖。此圖為陳清祥先生憑藉記憶手繪，由陳月霞比對阿里山舊相片，再和徐光男、陳清程先生等查對後修繪，最後交予黎靜如由電腦繪製而成。此事件距今已相隔26年，如有疏漏，在所難免。

五-3、大瀧溪線聚落

　　如前述大瀧溪線鐵路約在1931年闢建，旋即進行伐木作業，而集材作業稍晚，以陳其力先生的集材組為例。係在1933～1936年期間，在本線末端作業，且在1936年結束工作，遷移至鹿堀山線續工。是以大瀧溪線的伐木、集材所形成的短暫聚落，殆只存在於1931～1936年間。然而，國府治台之後，再度沿舊路線複軌，進行殘材處理或隨後之造林，時間則在1955年之後，以搬運擔工人柳桂枝為例，其在1958年為工人搬運每天糧食工作，即大瀧溪線。

　　大瀧溪線，一般阿里山人皆唸成大「龍」溪線，事實上前後兩段工寮集結人員，並非真正「聚落」，該地因施工的屋舍

空間分佈如圖29。

　　圖29示1930年代，由阿里山往眠月的鐵路，在2號山洞（西空）之後即三角線，其中樹立一木柱，標示「大日本帝國最高鐵路」，其海拔約2,350公尺。其旁有兩棟工寮，但並非本小節敘述範圍，其係「大瀧溪上線」，以及集材機以索道銜接下方「大瀧溪下線」的工區；本小節所稱聚落只指自3迄4的大瀧溪線及其支線1至2。

　　本聚落共計2部集材機，總人數約百餘人，1棟監督工寮，2棟伐木工寮，以及5棟集材工寮。A點為一巨石看台，可下瞰塔山風雲。

五-4、眠月聚落

　　圖30示日治時代眠月車站附近的聚落。眠月聚落大致在1916年前後所建設，且持續至1940年左右，但1940年之前眠月線之鐵軌全數拆除，用以鋪設兒玉方面的新鐵道，故而此聚落1940年左右即已淨空，然而，1947年之後為伐木、殘材處理等，以美援等經費，復鋪鐵軌至石猴段，至1960年代中葉而中止林業。1983年2月11日以降，則開始行駛觀光客運列車，以迄1999年大地震為止。

　　眠月聚落的實質內涵，由於迄今為止，筆者尚未能訪問到當年居住者，僅憑有限資料，拼湊如是圖解。

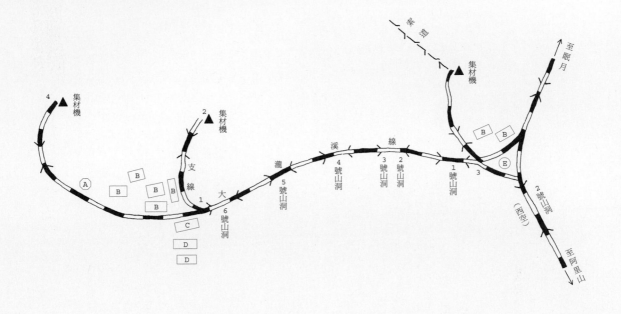

圖二十九、1933~1936年間大瀧溪線伐木、集材概況：

A-巨石看台，B-集材工寮，C-監督工寮，D-伐木工寮，E-木柱（大日本帝國最高鐵路處），

▲-集材機，1~2≒300m，3~4≒2.3m。

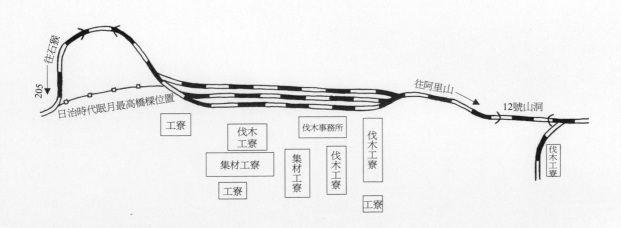

605

本章搜集阿里山開發史上重要的文獻資料，重大事件或影響阿里山歷史的結構變革，有些即令未形成實質影響，卻是暸解時代變遷中，對阿里山的重大論述。此外，日治時代耆老盡已凋逝，文獻中可代口述史者亦錄於此。

六-1、阿里山森林鐵路闢建史

《阿里山鐵路》

江天生譯，陳玉峯重校

【前篇　藤田組經營時代】
第一章　阿里山之發現

明治32年（註，1899年），台南縣一位技術員小池三九郎被派任前往台灣南部森林作探查工作，從林圮埔（註，竹山）的清水溪逆流而上，進入阿里山地域內，確認大檜木林是否存在，回報其位置、地形、林況及林木種類，此為阿里山森林經營起了開端。當時台灣縱貫鐵路敷設，需要大量的木材供給，除本島以外，日本母國也仰賴供給，鐵道部技師長（工程師）長谷川謹介推介阿里山森林，認為其供給量足夠而希望無窮，由技術員飯田豐二調查研究運搬上的難易問題。33年3月，飯田氏奉命從林圮埔的清水溪，沿河岸上溯，到達石鼓盤社、阿里山飯包服，且越過分水嶺，走出曾文溪，又經達邦社公田村下山至嘉義。飯田技術員雖確認了森林之豐富及其可利用之價值，然運至平地仍頗有困難，將此狀況向上級報告，即清水溪兩岸多絕壁，到處急水奔流。河川若非散流則無法利用，曾文溪上游溪底巨岩甚多，無法以人工搬移，而且下游之後，大埔附近賊匪橫行而無法通行，今後需要專家再次調查（參照鐵道部技術員飯田氏探查記）。

一年後即34（1901）年5月，經大倉土木組岸本順吉指名，長谷川技師長再度指派一位具備多年林業經驗之竹村榮三郎前來調查。竹村費時1個多月實地勘查，利用曾文溪水流之木材散流法，計畫搬運到縱貫鐵路沿線，同時仔細調查諸多溪底巨石，然而，處理巨石非常困難。為使下游容易散流，完全毋需建築堰堤，可使溪流暢通且遇雨水期亦不怕水勢高漲（？），報告指出此種有利事業應該經營。及至35年3月，欲利用曾文溪之計畫，亦即由林業專家土倉龍次郎規劃，自飯包服至十字路，經橫越鬼仔嶺至公田村（庄）再到觸口村，於其間約8公里路程敷設木馬路，再由觸口村以輕便車路將木材運往嘉義的計畫，向總督府提出許可申請，不過，由於經濟上之評估實為不可能，而無法得到核准（必須再次評估）。第二次為5月，林學博士河合鉽太郎奉總督府之特令，自嘉義出發，經由公田村、達邦社、十字路到達飯包服，勘查曾文溪區、清水溪區、石鼓盤溪區等阿里山一帶之森林，其林相優秀、材質良好且蓄積甚豐，經詳細研究認識之後，覆命勘查實情，報告其甚富經營希望，同時提及於財政及經濟上，可得到很大利益。36年決定經營阿里山森林之大概方針，開始森林蓄積調查及森林鐵路之測量，命令當地各機關積極進行之。阿里山

鐵路就此時發出呱呱聲矣。

　　明治36年11月，技術員岩田五郎奉鐵道部之命，從嘉義出發向公田村東邊的鬼仔嶺，聘雇福山道雄，從飯包服出發向鬼仔嶺，著手測量鐵路線路，至37年3月，測量工作完成，確實證明森林鐵路務必開通的重要性。可惜在鬼仔嶺有多處地方火車須作Z字形上陡坡（Switchback），致使列車運轉困難而甚感遺憾。此時，另一位技術員川津秀五郎奉命勘查其他方向之可能路線，自打貓出發至樟腦寮，以螺旋狀環繞的方式步行，攀登前方的獨立山，經由交力坪、奮起湖，到達十字路，發現此為最佳路線，則受命立即著手測量。37年3月起進行測量，5月測量完成，該路線除在獨立山有3回旋的麻煩之外，處處地形竣險，施工方面頗有困難，但唯一好處是無Switchback，與公田村相較，發現遙遙領先，又勘查清水溪柑仔宅線及其他數線，相互比較之後，確定其為他線所不及之最優良路線。此時殖產局亦配合派遣技術員小笠原富二郎著手調查森林，如林區面積、各種材積等概況。首先預定每年需要量，其次如伐木、集材、運材、製材、販賣、造林等方法，研究最有利於森林經營之專案。其大要如下。

第一，材積（木材體積）

　　材積針葉林1,418萬尺締，闊葉樹384萬尺締，合計1,802萬尺締，樹齡200年乃至800年最多。

第二，鐵路

　　鐵路，嘉義至阿里山距離42哩，建築費需230萬圓（日幣）。

第三，林業費

　　林業費包括伐木、集材。運材、製材、貯木場等設備費用，及林內鐵路，約需150萬圓。

第四，收支預算

　　每年運出15萬尺締，預計1尺締10圓即收入150萬圓，營業費用需75萬元，收支相抵有75萬圓利益。

第五，造林

　　伐採跡地立即施以人工植裁造林，永續經營事業。

　　後藤民政長官率領殖產局長、長谷川鐵道部技師長（總工程師）、河合森林學博士、岡田嘉義廳長等人，於37年10月，自嘉義出發，經由交力坪、奮起湖、十字路到達飯包服。實地勘查並觀察阿里山林況，確認了很有希望的價值（?），提供開發森林鐵路之參考及計畫。後編製經營預算，於37年底提報議會審查該事業之可行性，但是恰逢日俄戰役，以財政不富裕、須經內閣同意為由而停止本計畫。

　　不久，於38年日俄和平克復後，再度提出本計畫，不過仍以財政窮乏、無法繼續發展新事業而未獲准。以創業觀點視之，無論近代或將來性，阿里山之開發，對本島開拓上，並非等閒之附屬事業；以理番政策（原住民政策）重要性來檢討，即使犧牲財政利益，針對原住民之創業政策仍必須急速發展。委託適當民間企業與大阪有名大公司等，組織一個合作公司（藤田組）的計畫刻正交涉中，並成立協定，於39年2月，總督府、藤田公司相互交換合作開發及經營阿里山森林之有關契約書。

日治時期的機關庫成員劉壽增，作者陳月霞舅舅。

國府之後森林鐵路成員。蹲者右1林興（陳月霞姨丈），右2劉壽增。

從日治時期即擔任阿里山森林鐵路工作的成員,國府之後少有變動,可謂終身以阿里山森林鐵路相伴。右5劉元為陳月霞祖父。

第二章 阿里山經營

第一節 緒言

　　藤田組被認定是總督府合作公司中，共同經營阿里山森林之總負責，其將總督府的調查資料列為基礎，規劃企業方針，於39年5月在嘉義成立出張所（註，差遣人員事務所），由副社長藤田平太郎兼任出張所長，分設林業、鐵道及經理三課，農商務省聘請後藤房治任林業課長，總督府聘請菅野忠五郎任鐵道課長，立石義雄任經理（會計）課長，開啟嘉義與阿里山間鐵路之測量，以及阿里山森林每株林木的調查作業，7月著手嘉義、竹頭崎間的鐵路工程。40年4月，鐵路測量及森林調查完成。

　　鐵路預算及森林材積統計，以前總督府已調查，其概算卻比先前預算增加150餘萬圓日幣，而針葉林材積卻減少500餘萬尺締，無法得到預期收益，於是再行精密調查，一方面與鐵路設計變更後之測量線路作為比較，用以削減鐵路經費，又從其他方面下手，擴大森林區域以增加材積，積極推廣使能達到最初預期，而將收益拉近。近來發現宜蘭廳下番界棲蘭山檜木林，當時仍在隘勇線外，且林相材積仍不比阿里山森林，阿里山森林依然遙遙領先，棲蘭山雖是次級森林，但仍可將一小部分針葉林，利用溪流的簡單方法運出。不過，藤田組考慮到其他經營原因，顧忌迫害到阿里山事業，因而於39年提出棲蘭山森林開發之申請。但在總督府方面，阿里山檜木林只許可交由藤田組開發，這此以外（？）認為不宜再委託其開發，40年11月，斷然對藤田組發出不許可指令，於是

藤田組於阿里山森林之大量投資，其獲利之期待顯然無望。在此種困難情形之下，加以擔憂競爭之同業者今後將陸續出現，因此經營阿里山在根本上產生了巨大危機，此為意料中事，故有必要重新再次調查，遂於41年1月向總督府提出，於獲得終止事業之認可後，除暫留數名林業課員之外，其餘派遣人員全部免職遣散。藤田組今後經營分類如下，鐵路測量及工程概況如記。

第二節 測量

　　鐵路測量依照先前總督府鐵道部調查資料，以打貓至阿里山間之預測線為基礎，測量打貓與樟腦寮間路線之地形並探取沿途產物，接續停車場便利探取（？）並變更嘉義與樟腦寮間線路計畫。

　　從嘉義起點測量，為方便起見，全線分5區逐步進行，詳說如下。

一、嘉義竹頭崎間

　　39年5月7日，測量主任川津秀五郎從嘉義起實測，經由灣橋、鹿麻產，同月13日到達竹頭崎，立即準備製圖及買收用地。

　　當時總督府之契約尚屬祕密，無法公告於社會，同時為防止私利，於實測進行中一併徵收土地，向土地所有者買斷其用地！為掩人耳目，數日間即徵收完成。

　　此線長8哩75鎖，最急斜坡50分之1，最小曲線半徑15鎖，係全線最平易的線段。

二、竹頭崎樟腦寮間

39年5月26日，測量主任進藤熊之助始著手實測，為不受障礙而修整阻力，直線最急斜坡20分之1，曲線半徑變小。次緩斜坡半徑2鎖半，曲線最急斜坡25分之1，為使達預期等量阻力而採此方針進行。

7月10日到達樟腦寮，比先前預測線低50餘尺，仍採用前述方針繼續測量，全面延展隧道，其工事遭遇最大的困難，然察覺到線路要曲直，所以使用最急坡20分之1的計畫。

遂決定7月13日起再從竹頭崎開始實測，8月17日到達樟腦寮，製成工程圖面，研究利害關係，測量出幾條比較路線。10月中旬工事開始，在工事中還將諸處線路變更、改良，測量區間5哩半多的路線，總長度為19哩。

三、樟腦寮梨園寮間

39年8月21日，測量主任川津秀五郎開始實測，預測線路如左迴螺旋狀環繞進行，8月22日到達紅南坑，然該處躍及700餘尺高地，必須三迴螺旋狀環繞，爬坡是重點。

其他困難如隧道十餘處，工事很大，所以製成圖面以配合實地，而且慎重調查。預想以右迴的線路最好。11月30日，測量主任進藤熊之助再次實測，以右二迴、左一迴螺旋狀環繞測量，精查結果，與原線比較，必須增加隧道且延長之。

興建高70尺橋樑，以及建築50尺河堤，貫通斷崖中腹隧道等工事，工事非常困難且須節省經費，故變更採用右迴線，自紅南坑經過牛稠溪及清水溪二溪分水嶺，貫通之而到達梨園寮。40年2月下旬，再度調查各處，改良多處使5哩20鎖線路，測量完成後總長約18哩。

四、梨園寮十字路間

39年8月24日，測量主任川津秀五郎著手實測，經過交力坪、風吹礤、奮起湖、多羅焉，40年1月31日到達十字路。奮起湖東側隧道，其預測線為70鎖，屬於長隧道。因對於具彎曲地形而長度為38鎖及26鎖之二座短隧道加以極大的改良，於是大體上實測完成。

雖然完成實測，尚有幾分改良的餘地，故再度從梨園寮出發改測，比較調查結果雙方全部符合。因欲進行將長37鎖之奮起湖西側隧道，縮短為26鎖如此巨大的改良工程，故6月上旬越過奮起湖到達距其30哩處之際，即將多羅焉十字路間約4哩處之改良工程延期而中止測量。專事梨園寮風吹礤間工程的趕工，至8月，為不廢棄奮起湖東側隧道，經過石棹彎彎曲曲的地形，並通過多羅焉背面曾文溪側面山腹。試測比較路線後發現，可減少隧道長度，雖然路線大約延長5哩，相較於多羅焉之險惡地勢，延長線路屬唯一的好辦法。自奮起湖起，火車作Z字形上陡坡，至八掌溪與清水溪之分水點(奮起湖東側隧道之頂點)，是以百分之1的逆向斜坡接續多羅焉，另以60分之1的逆向斜坡接續十字路。由試測結果得知，兩線之共同點在於皆可省略2個長隧道，距離增加、斷崖又多，非常耗費工程費用。其共同觀點在於，除不廢棄線路之外，並認為梨園寮十

字路間雖延長約14哩半，經多處比較後變更改善之，使測量約達50哩長。

五、十字路阿里山間

40年1月28日，測量主任新見喜三開始實測，仿效預測線方式，在十字峠南面斷崖2千尺中腹(腰)之處貫穿通過，途經平遮那，於4月10日到達終點飯包服，不過此地終點停車場過於狹隘，到底其利用價值如何？又搜索各處，再開山中腰，結果發現約2萬坪平地，將線路移到此處，決以此做為終點停車場，並進一步設置2個Switchback，火車作Z字形上陡坡，預測3哩餘即到達飯包服宿舍上方，穿出後極易到達塔山下之分水點，此構想為最佳計畫。因此，將林內線正在進行的工作停止，但仍有多處必須改良。5月21日開始測量該線，欲將30座隧道延長1哩50餘鎖，十字峠地方南側到處可見斷崖，此實為困難之處。8月上旬，試測十字路至十字峠北方清水溪側面山腰(腹)及勘查，發現十字路起點及奇觀堂兩地，三面包圍著千尺高的絕壁，即使如此，與曾文溪側面路線相較，仍屬最佳路線，測量主任川津秀五郎希望立刻預測，並調查比較，確認其利顯著，11日著手實測，11月29日完成實測，全線變更，並延長約7哩，且測量約達總長30哩。

嘉義竹頭崎間欲得平易線路，須採用最急斜坡50分之1，雖然竹頭崎阿里山間最近距離不超過15哩半，高低落差6千餘尺，彎彎曲曲迴轉長32哩，所幸仍到達目的地，故線路方向或為螺旋狀、圓形、馬蹄形，畫出約可連續之曲線，以半徑3鎖

以下之銳小曲線，長12哩餘，不受分水嶺之囿限，處處降低斜坡，改為次緩斜坡，但遇有必須使用最急斜坡之處，則用最急斜坡，將其延長至21哩餘，即竹頭崎阿里山間線路，3分之2使用20分之1的急斜坡。

地形極險惡又急峻、山岳重疊，幽深溪谷縱橫其間，處處為高度超過2千尺的斷崖，而且梨園寮以東雜木密生、荊棘繁茂，各班測量必須使用繩梯攀登，砍荊棘、樹木，依賴樹根下岩石戰戰兢兢地一步步前進，困難重重而且有多人死傷，工作人員產生懼怕而屢次逃亡，曾有一時經常招募工作人員，全面意氣消沈而幾乎停止工事，遭遇如此悲慘命運，僅能以講述百方善後之策，苦心慘澹回復沮喪士氣。不但山勢險峻加以作業危險，且從6～9月之4個月間多降雨，晴天僅佔3分之1，10月以後又以濃霧期阻礙工作，加上刻正進行20分之1固定斜坡的工作，故多少產生方向誤差，結果產生極顯著的高低落差，只好再度向後逆行改測，以一進一退行程，如牛隻緩慢步行，各種工事之研究調查全部重來，增加比較測量，同時大大縮減經費，採取〝愛惜時日並惜用經費〞方針，於竹頭崎阿里山間、長約32哩之間測量。其間測量之總長約達120哩，並預留今後自奮起湖至阿里山間之改測餘地。

嘉義阿里山間費用消耗，測量費總金額達5萬餘圓之上，自39年5月開始，前後花費1年半之歲月，可見測量實為困難，為我邦最困難的一個測量工事，任何人皆稱讚不已。

第三節　建設工事

建設工事將全線分為10個工區施工，第一工區嘉義竹頭崎間由鐵道課長管轄，設置樟腦寮派出所，由進藤熊之助擔任主任。第二工區至第四工區負責擔當竹頭崎梨園寮間工事，在交力坪設置第二派出所，由川津秀五郎擔任主任。第五工區至第六工區即擔當梨園寮奮起湖間工事。於39年7月開始著手工事，以迄41年1月工事停止為止，此期間內完成嘉義風吹礓間大部分工事。各工區工事進行狀況如下。

第一工區　嘉義竹頭崎間　自0哩至8哩75鎖

39年7月9日，橋樑、土木工程及涵洞工事，皆由吉田組後藤傳五郎承辦委託，締結契約後立即著手工事，雖然同月中小屋勞工組準備其他工事，但因恰逢雨期，7、8、9三個月當中，晴天日數僅有22日，未滿總日數之4分之1，特別因9月初旬為舊盂蘭盆會，苦力（勞工）皆休息，土木工程僅完成五分形（五分模樣）。過了10月之後，工事大有進展，大部分僱用熟練工人從事橋樑土木工程，著手架設電話線，須於11月將大部分工事完成，預計12月鋪設軌道。40年1月下旬，完成鋪設軌道。

土木工程重點為土砂填溝，較容易。橋樑全部木造，木材為巒大山出產的檜木，唯一獨特處為鹿麻產橋樑因為溪廣且深，為防止瞬間大水沖垮橋樑，河心之徑間做成60呎，橋墩用石材架設並用鋼鐵上架，其軌道之軌間（闊度）用2呎6吋寬，及使用1碼25封度軌條。

此區間很平坦但沿途產物甚少，因此計畫只有運送一般旅客貨物，所以準備機關車2輛、貨車6輛，預定竹頭崎支線20餘鎖鋪設軌道，採取牛稠溪左岸砂石（Ballast）運出，計畫開始營業，立刻運送砂石運轉列車，將砂石撒布於軌道上。建設嘉義員工宿舍4棟，竹頭崎設立工人宿舍1棟，嘉義、竹頭崎各建設事務所1棟，其他倉庫3棟，機關車庫2棟建設亦完成，新建築重要工事竣工數量概略如下。

　　本線鑿通4,793坪（完成）
　　本線築堤防10,731坪（完成）
　　川道變遷1,729坪（完成）
　　停車場土木工程1,883坪（完成）
　　橋樑12座長635呎（完成）
　　建物478坪（完成）

第二工區　竹頭崎樟腦寮間　自8哩75鎖至14哩34鎖60節

原8哩5鎖至10哩78鎖20節區段，由吉田組後藤傳五郎承建，工程變更10哩78鎖20節到14哩34鎖60節，移轉給大倉組新見七之丞來接辦這區域工事。39年11月1日，土木工程、隧道、涵洞工事等重計契約後，立即開工，但恰逢乾燥期降雨甚少，人工供給充足，工程進行順利，至40年4月，水泥工部份大抵完竣。

至6月為止，第1號至第4號隧道完成，僅剩第5號隧道工事。將長17.5鎖之第5號隧道，全部採用20分之1斜坡線，同時，將水湧劇烈部位之上游，掘鑿西口一處，使排水自如，但下游掘鑿東口一處，抵擋不住排水量，即使以抽水機排放亦無法維持正常排水量，但遇到少有下雨時，

一瞬間水湧大量出現，必要增加數台抽水機也無法克服困難，而掘鑿工事停止。為了後述之意外，致使工事完成日期延遲，直到40年12月才逐步完成，即計畫著手10哩段間建築2座橋樑，橋樑工程於40年10月下旬完工，其中1座橋樑建築一半尚未完成即先延長1哩鋪設軌道。

　　第二工區因地形上的關係，以第5號隧道做為分界線，東西地質軟硬度差甚多，第5號隧道以西多為土砂地質，以及石質地形各參半，即所謂土灰層。而軟岩石之開鑿隧道工事容易，但是第5號隧道以後路段，大部分因地質變化所形成之砂岩、粘板岩層錯雜於本路段之內，掘鑿工事進行困難。所以建築木造橋樑，使用日本防腐公司製品、注入一種藥品名為「Creosote防腐用」之松木材，徑間（直徑）共20呎，唯9哩10鎖之橋樑高度為30尺，第5號隧道附近所有溪流整合起來流入牛稠溪中，流心（溪心）築立石造之橋墩（腳），徑間（直徑）60呎之檜木材（Deck Howe Truss）橫跨橋墩上方，並鋪設1碼30封度軌道，於40年11月30日完成，又鋪設1哩軌道後立刻以20分之1斜坡試運轉，結果成績良好。牽引力比預計的表現更優越。

　　重要工事竣工數量如下：
　　本線鑿通29,772坪（完成）
　　本線築堤防17,672坪（完成）
　　停車場土木工程施工550坪（完成）
　　土石流擋土牆1,215坪（完成）
　　隧道5座　長26鎖90節7分（完成）
　　掘鑿數量1,195坪
　　橋樑3座　長360呎（未完成）
　　以外未施工6個所長555呎

　　臨時建物120坪

　　第三工區　樟腦寮紅南坑間　自14哩34鎖60節至17哩48鎖
　　第三工區即所謂獨立山（Spiral螺旋）線，開鑿隧道共有11個，其中最長為第7號隧道，其長度為33鎖，因很慢完工而大大影響工程進行。40年2月15日，除委託大倉組新見七之丞開鑿本隧道以外，再委託其著手其他工事施工。土木工程施工方面為先進行上部工事，但唯恐破壞下部工事，故首先完成最頂部之三迴旋，再者為中部，最後完成下部。正當3月下旬施行某些工事之際，遭逢雨期，隧道工事坑內作業障礙甚多，因而未見水泥施工進度。10月降雨停止，且勞動者供給豐富，進行施工順利，水泥施工大致完成。除第7號、第10號隧道外，其他11號隧道，第15號隧道全部竣工。導坑全貫通之掘鑿進度約六分形狀態。

　　地質除14號隧道以外皆屬砂岩，更特殊的是，6號、7號、10號、16號等隧道最堅硬，需使用支保工之處甚多，因此掘鑿頗為困難，平均進度1日僅2尺5寸，幸好湧水較少，只須以2台手動抽水機（唧筒）抽水，即已充分發揮排水功能。

　　隧道支保工，除少數之檜木材、龍眼木材以外，全部使用防腐松木材；水泥施工大致皆使用砂岩、粘板岩塊，一塊粘著一塊砌成坑內牆。

　　土砂部分僅有約10分之1左右，所以掘鑿頗為困難，工事進行中卻突然停止，應當完成總竣工卻未完工，精算數量成交額大致如下：

本線鑿通12,173坪（約8成）

本線築堤防862坪（約8成）

土石流擋牆510坪（約9成）

隧道11個　長1哩26鎖7節3分

掘鑿數量2,094坪（約6成）

橋樑預定3座　長450呎（未施工）

第四工區　紅南坑梨園寮間　自17哩48鎖至19哩47鎖

鹿島組新見七之丞受命負責工事，40年3月著手水泥部分施工，6月開始掘鑿隧道。隧道共有4個，其中最長者為第18號隧道，其長度為27鎖，貫通牛稠溪及清水溪分水嶺。該隧道西口曾造成土砂崩塌，加上恰逢雨期，雖然提起勇氣再三殺出，但因泥沙埋沒無能進行工事，等到9月下旬降雨停止，準備著手導坑工事之際本事業即停止，本事業停止前尚有貫通某些隧道。其他貫通隧道有17號、20號，2處大致完工，水泥施工部分屬於第三工區，因無降雨，未受妨害故進度意志甚強，10月以後極有進展，完成約9成。隧道地質大致是多砂岩部分，屬於優良地質，但第18號、19號隧道殆使用支保工。第20號隧道地質軟弱，多呈一節一節，是以必須使用支保工，而且支保工材料大多使用防腐杉木材。水泥施工部分土砂僅少，大部分是岩石，不過多屬於脆弱的粘板岩，因此掘鑿非常困難，紅南坑則僅有少量，約30餘坪，屬於切割堅石的砂岩。硅石（矽石）結晶牢固，成一層一層的形狀，各層各異，使用炸藥（Dynamite）效果好，而掘鑿施工非常困難。

本區間尚未完工，只有概數之成交額

如下：

本線鑿通9,584坪（約9成）

本線築堤防2,912坪（約9成）

土石流擋牆39坪（竣工）

隧道4個　長54鎖91節2分

掘鑿數量744坪（約4成）

橋樑預定2座　長200呎（未著手）

第五工區　梨園寮風硐間　自19哩47鎖至25哩

本工區工事承造人為吉田組後藤傳五郎。40年5月，二工區要完工的本島勞動者及從日本來台灣之新人隧道坑夫分配後全面開始工事，因降雨多，水泥施工部分遲緩，第五工區與三、四區工事情況不同，自10月以後，一口氣完成9成以上，隧道第30號、第31號竣工，其他竣工的導坑貫通隧道達過半。

隧道地質大致為砂岩，但第21號、第22號、第28號、第30號及第31號隧道，由如轉石混合之土砂構成，非常堅牢，無法使用支保工，因為第24號、第27號及第29號屬於堅硬的岩石，不必使用支保工。全部使用沿途的雜木，加以選擇之最佳木材者。

本區間同三、四工區，工事尚未完成前即停工，大約完工情形如下列：

本線鑿通20,222坪（約9成）

本線築堤防12,647坪（約9成）

土石流擋牆917坪（約9成）

隧道11座　長57鎖27節8分

掘鑿數量1,300坪（約7成）

橋樑預定8座　長810呎（未進行）

臨時建物130坪（完成）

　　第六工區　風吹碹奮起湖間　　自25哩至29哩

　　工事指定由吉田組後藤傳五郎建造，於40年7月成立小屋組事務所宿舍，著手掘鑿各處隧道，可惜僅進行些微工事之際，該社受到通告，亦即日本本社的影響，而將工事中止。10月中旬，全部工事停止，將勞動者解散。

　　本區段間38號隧道，長度為26鎖，屬於很重要的施工，然而，發生種種困難且施工日數少，幾無工事進度，僅列出下記預定數量供參考：
　　　　本線鑿通11,000坪
　　　　本線築堤防7,350坪
　　　　土石流擋牆400坪
　　　　隧道11座　長71鎖95節
　　　　掘鑿數量2,571坪
　　　　橋樑11座　長920呎

　　第七工區乃至第十工區　奮起湖阿里山間　　自29哩至40哩74鎖

　　奮起湖阿里山間各工區並未進行工事，有多處重新改測，尚無法確定工事數量，以下列出當時預定概數供參考：
　　　　本線鑿通31,380坪
　　　　本線築堤防12,310坪
　　　　土石流擋牆1,430坪
　　　　隧道32座　長2哩37鎖85節
　　　　掘鑿數量6,712坪
　　　　橋樑39座　長4,630呎

　　以上概括列舉。嘉義竹頭崎間工事容易而不必討論。從竹頭崎至阿里山為止，共32哩間，但少見困難工事，利用軌間2呎6吋之輕便鐵道（輕便台車）協助工事者處處可見，即本區段，開鑿本線約126,000坪，築堤防約61,000坪，合計187,000坪，1哩平均約5,840餘坪，遂減去隧道長度，本線路長度達約25哩半，1哩平均實際上有7,300餘坪。與軌間寬度3呎6吋之普通鐵路（台鐵）相互比較，就平地線路而論，亦須耗費2倍多的經費，阿里山間線路鑿通困難度顯見。而且，隧道總共有70個，長度達6哩35鎖，相當於全線路之5分之1。水泥施工部分全為堅硬砂岩，開鑿非常困難，使用炸藥而消耗異常超出上限用量。

　　即令如此，亦很少使用隧道支保工，且支保材料是以木材加強支撐，此工法甚有效。

　　鐵路經費比較上是減低很多，橋樑全用木造，與隧道使用支保材料之共同點為，全部使用阿里山森林木材，可更新又耐用，是以採取此策略。

　　於竹頭崎阿里山間預定架設橋樑，總長合計約8,000呎，比其他工事施工稍易。通過近山頂部分，無大溪流經，皆可避開棧道，但大部分須建築石流擋牆以防止崩山，導致土石流擋牆建築工事甚多，全線使用達4,008坪之極限。軌間寬度採2呎6吋，預計嘉義竹頭崎間軌道使用1碼25封度，竹頭崎以東則為1碼30封度，枕木長度5呎6吋，寬度（幅度）6吋，厚度4吋。1哩約120坪，預計採撒佈鐵路石碴（Ballast），竹頭崎附近牛稠溪部分路段亦撒佈之；而山地部分則因砂土易取得，故使用打碎機（破石機），將硬岩打碎。同時使用美國（Borer）公司製造同系列之機關

車，其重量為２０噸半，並購入２台(Sandroll Tank Consoleteion)混砂兼貯水用機械。另計畫購入美國(Limer)公司(Shay)式機關車，以平均斜率約20分之1的坡度試運轉，如此長距離試運轉為首見而別無他例，故累積甚多經驗，結果認定此型機關車最適合選購。

以平均斜率約20分之1的坡度，約7哩以內的距離，限設1站補給水。竹頭崎阿里山間32哩中設置：樟腦寮、紅南坑、交力坪、風吹礏、奮起湖、多羅焉、平遮那等7個給水停車場兼列車會車站。列車為1日3回返，輸送量1回60噸，1年為6萬噸，即運出木材20萬尺締之多的計畫。

水泥施工的設計為，路基面寬度11呎，隧道長度20鎖以下者，其寬度為9呎6吋，高度為13呎；20鎖以上者，寬9呎6吋，但高為13呎6吋。本應於40年10月前，依照此設計進行施工，不過至40年4月全線即已測量完成，同時森林調查亦近完成。本鐵路工程費中應增額之針葉樹材積反而減少，加以一方面預計擴張森林區域，另一方面又企圖減少鐵路工程費，造成鐵路工事設計費用，須大幅縮降至最小額度，而致使水泥施工部分將路基面的寬度變更為9呎、隧道寬度減為8呎，高度亦變更為12呎。41年1月，本工事因故停止約3個月之久。如此消極計畫，只好將車輛及軌道重量減輕，同時縮小橋樑材料，除全面節約之外毫無其他辦法。隧道開鑿勉強完成，但僅將導坑貫通而已，以粗造丸形大脊骨架，草草完工而無水泥施工，甚至尚有導坑未貫通的隧道，某些原因造成錯雜狀態。

第四節 材料之供給及運搬

一、材料之供給

本鐵道工事殆全屬臨時性建造，使用木材大多產自森林鐵道附近，此所以取其耐用又易更新之便，故本鐵道在非不得已條件下，不使用石煉、石材、水泥、鐵架等永久性材料，即為節省投資費用，大家皆研究尋找木材供給的問題，因台灣原來近山地之平原被濫砍濫伐而造成森林荒蕪。深山各處普遍缺乏優良木材，除有限度利用本島出產的木材之外也別無他法。

精細調查森林概況後，由風吹礏附近往阿里山方向前進，發現有樫木類，但道路險惡，搬運費用高，紅面坑以西之木材搬出費用1尺締高達20圓以上。竹頭崎、樟腦寮附近林木多屬於龍眼樹，堅牢耐久，原以果樹為主而年多收益，老果樹和一般果樹價格相同，且質地堅硬，故可挽回價廉木材。但其木材矮小、多彎曲，到底是否可用為橋樑之架設材料則難以逆料。

嘉義竹頭崎橋樑所使用之柚木，價格由1尺平均15圓挽回至20圓（使用二八分帳法），尋獲鹿島組所經營之巒大山檜木林做為材料，另一方面竹頭崎樟腦寮間隧道支保材試用龍眼樹，但耐久度尚未測試完全，先以堅硬度作比較，所得平均稍脆弱。

現場收購供給每尺16圓，與本島生產之木材相較，價格甚高又不經濟。故轉向日本本國，調查出適合隧道鐵道的木材即松木材。雖本鐵道材料至少使用3～4年，又為本島自產之木材，容易更新又耐用，但綜合以上考量後，決定與日本防腐木材

公司交涉，的確得到廉價之防腐松材。

首先自嘉義竹頭崎間開始，枕木約需25,000支，由高雄交貨，以平價58錢（1尺締約7圓）購入，其次，增加竹頭崎樟腦寮其餘部分，以及樟腦寮梨園寮間之隧道支保材所用的材料，分2次運入，約1尺締3,400多支，由高雄交貨，單價10餘圓（運至現場，加上運費平均約15圓左右）。竹頭崎樟腦寮間橋樑材約1尺締800餘支，由高雄當地單價、以平均每支12圓50錢購入。將以上情況相較後，使用日本木材較合算，廉價且強力耐久。故專案採用防腐木材，且更進一步研究交力坪、風吹碙隧道支保材，若不使用防腐木材，則現場搬運工資極為昂貴，其包含運費在內的價格，1尺締約25餘圓。

本區間附近有樫木、紅楠、烏心石及其他優良木材，共有2、3種可供選用，雖然如此，但由於沿途雜木交錯，選定後之木材搬運至施工現場的距離約1哩左右，沿途山路運行困難，加上使用木材係在各隧道施工現場交貨，其價格1尺締平均約12圓左右，如此高價的木材是否可用？故再轉往阿里山方面調查是否有優良木材可用，結果為優良木材豐富且搬運距離短，可減低預購價格。

採用美國（カーネギー）形機械，由三井物產公司及高田商會代理進口，自美國輸入鐵物類（屬於鐵道部工場具械），由大阪汽車公司台北分公司供給。土管類由澤井組自日本購入最優等物品，其他器具、機械附屬品等，則各由其專門商店購入。為了不影響材料供給，大家苦心研究才得以順利購入，不單為木材而傷腦筋，連同其他購入之器具機械等，同樣煞費苦心。

二、搬運

嘉義竹頭崎間原有平坦道路，可通行人力車、牛車，交通頗為方便。但是竹頭崎、阿里山間道路狹隘如羊腸小道，山路崎嶇，而且上坡遭逢千尺高山峻坡、下坡為500尺高險路，又連接著要再往上行2千尺左右的斜坡道路，接著又是千尺下坡，這樣一上、一下爬山越嶺步行，單走10步即氣喘不已，走百步更困難，何況身攜重物上上下下，真是不容易走的道路，故本鐵路開工前，第一步所要研究的即如何便利地搬運重物、以何種方式才可將貨件搬運出山。

自竹頭崎經由覆鼎金到達阿拔泉，較為平坦方便，故在此鋪設輕便線（台車）（軌間2呎，軌條1碼12封度）；至於阿拔泉至梨園寮之分水點（19哩47鎖），則架設鐵索流籠，搬運鐵道材料及糧食，則較易達成預定計畫。於39年8月27日開始測量，至9月24日完成測量工作，此計畫對其便利性確實功用甚大。輕便線長3哩60鎖，最急斜坡10分之1，線路長1哩26鎖，最急斜坡1.8分之1。11月上旬，輕便線開始進行土木工程，40年3月佈設線路，當時竹頭崎至梨園寮間工事進行順利，於41年6月左右全部竣工。而預定投資2萬餘圓架設的鐵索流籠，實際只利用1年多即遭廢棄，此政策為不得已矣！鐵索施工計畫至此完全失敗。之後，修改先前預定鐵索終點梨園寮至十字路間之山路，無法修改者則另鑿新道。利用道路可搬運許多重物，道路具有寬度3尺、最急斜坡4分之1以內的限制。40年1月，進行改修梨園寮至水車寮

（風吹礩）其間道路，水車寮至十字路間與鐵道距離較遠，但峻坡容易修改，故鐵路沿線又開鑿一條道路，自梨園寮十字路間新設道路，可如期到達且輸送方便，將架設鐵索停工，以阿拔泉輕便線路，終至梨園寮之間山路，改至近輕便線3哩附近的樟腦寮為止，區間通路加以修理，並新開自樟腦寮經紅南坑直達梨園寮的路線。另一條道路為自竹頭崎至交力坪間，選定較佳舊路加以改（整）修，可通往嘉義竹頭崎間，已竣工。十字路阿里山間森林道路亦完成。40年4月之後，嘉義阿里山間沿途交通面目全新，以前路程須花費4天，現在嘉義阿里山間旅客行程可縮短一半，亦即2天路程；以往每人僅有搬重30～40斤的能力，現在一人搬運物資重量可增加到70～80斤。由於新道路開鑿長度為14哩，加以舊道整修後長約9哩，如此即可解決搬運問題。

第五節　勞動者

本島勞動者多半為本島人，其中僅有少數先前曾從事開通基隆－打狗（高雄）西部縱貫鐵路的工作，如石工、煉石磚工、鍛冶工、鷹架工、木材工等專職工人，這些人員過半為日本人所採用。

水泥工（土方）、坑夫等多數勞動者大約皆本島在地人（原住民），其中極少數的日本人為指揮監督者，多屬平地粗工，少有土砂經驗，而多處隧道建築，使用土砂、土炭層以及爆炸物者則少有熟練工。為了賦予粗工掘鑿經驗，薪資部分水泥工為30～40錢、隧道坑夫50～60錢、水泥工70～90錢，而隧道坑夫則為1圓～1圓20

錢，與日本人相較，工程工作多少有差，大體上有利於本島人粗工。阿里山鐵道工事，多半由水泥土木工人從事堅硬岩石的開鑿，開穿洞孔、投遞爆炸物以碎石的工作，普通粗工全無經驗，須以日本人熟練職工來差遣。同時，嘉義地方許多勞動者皆從事土工（土木工程）、搬運等苦力工作，故不得已須自彰化、鹽水港管轄區內招募勞動者。竹頭崎以東之工作者，水泥工40～60錢，坑夫60～80錢。日人土木工程工80錢～1圓，坑夫1圓～1圓20錢，價較高。各負責人皆僱用日本人勞動者，大倉組、鹿島組於39年9月至40年8月，自日本大分、長崎附近募集坑夫260人，土木工程工180多人；吉田組則於在40年6月至同年9月為止，募集坑夫250人，土木工程工人150人，坑夫為自美濃、廣島、大分附近募集，土木工程工人則為自廣島、敦賀附近募集而來。

每人契約1～2年，到達台灣時間若逢新年或掃墓節，勞動者必須於此時返歸日本，因而無法招募到日本工人，故在此期間使用許多本島工人，約2,000人，其中尚保留休假期1,000人留待日本工人。坑夫有從基隆附近的礦山募集而來，亦自三叉河（三義）附近，招募從事隧道工事工人；苦力殆從彰化、鹽水港、澎湖島集合而來，此為不得已之情事。若仰賴日本職工，不如培養本島工人成為熟練工，從事適當工事，而時間稍久後，日本人職工勞動者漸轉狡猾懶惰，不願意做本島人工作，且厭惡勞役工作。新到台灣的日本人，第一年工作非常認真拼命，但漸次相互感染不良習慣，遠比台灣工人不敬業，

因患病而服藥者亦不比此惡習的開銷來得多，非常不經濟。

第六節　衛生狀態

嘉義地區飲用水缺乏，市民飲用不潔井水，官府人員則遠自八掌溪取河水飲用。由於四季風砂，造成水質與空氣不良，影響人員健康，故嘉義出張所職員工，常有數名病患。4月至9月的雨季期間，病患人數增加，至40年8月左右，所內職工有過半陷於病痛呻吟，多半罹患的疾病為瘧疾及胃腸病症。竹頭崎之牛稠溪上游溪水純潔，但瘧疾到處流行，住民無一不得此病。而樟腦寮交力坪高處2,000尺以上，有天然甘醇的清流，水質純淨，冬天無寒風刺痛，夏天清涼而不覺炎熱，對健康方面為優良的居住地，工事開始之際不聞病患發生。然而，開始測量工事之後，多數勞動者集中移住，漸漸產生瘧疾，且胃腸病蔓延。40年6月至10月，出差員工及負責人、勞動者等，有總數之百分之10至百分之15發病，冬季期間復降為總數之百分之5，過4月份之後流行病再度發生，此為大致之趨勢。

第七節　天災天變

嘉義的地震素負盛名，古今發生多次強震，新近於39年3月17日發生者最強，幾千人畜蒙遭受震害，甚至須將工事暫停。有感地震大大小小數百次，微震則無法感受，大地震常損害工事，專家預言，地震損害可達料想不到的鉅大；其次，台灣固有暴風雨，風和水造成的大災害，平野比山地頻繁發生，本鐵道施工後嚴重受

創者如下：

1. 39年7月大洪水，但無工事遭害。
2. 同年9月暴風雨，無受災。
3. 40年6月豪雨，第2號隧道東口崩塌約12尺。
4. 同年8月30日至9月3日，大雨不停，造成牛稠溪洪水沖流7尺浪濤，受害處為10哩50鎖之水拔隧道下流坑門口（Arch）拱門崩塌，隧道內側壁崩塌20尺左右，上流坑門口後約50節處，流失側壁約16尺，其他如各處本線堤防崩壞移動，約花費6千圓復舊。

測量及工事當中因地勢險惡，發生死傷多人，茲列舉如下：

1. 39年10月10日，23哩附近刻正進行測量工作之際，突然有2尺長、直徑8尺之腐朽樹木倒地，職工、本島工人走避溪底，多人負傷，其中雇工鳴海直矢大腿挫折，治療3月餘復癒。
2. 同月28日，於風吹礷隧道測量之際，砍伐工小松新吾受倒樹連鎖影響，頭部遭倒下之腐朽木壓碎，當場死亡。
3. 同年11月29日，奮起湖分界處，測量工古谷宇吉野於工作中，為射殺山豬而誤傷自身膝蓋，造成切斷一腳之犧牲。
4. 40年8月13日，於十字路阿里山間測量工作間，小池喜六因患瘧疾而病故。

工程人員不知詳細死傷情形，但有所見聞。綜合而言，大倉組勞動者中，因岩石崩塌而死傷者，有日本人1人、本島工人2人；於10號隧道口被落石誤撞而死者，有本島工人1人；其他各處負傷者約數十人；吉田組同樣遭到岩石崩塌或墜落岩石誤撞者，有日本人1人、本島工人6人

死亡，其他負傷者則記錄無法查出。

第八節　預算及決算

　　40年5月，嘉義阿里山間實際測量大致完成，阿里山鐵道建設總預算列製報告如下：

　　阿里山鐵道建設工事預算中，測量費以「特別費用」作為預算。自39年7月工事進行開始，至40年10月間，該預算依據工事進行詳述，但因必須查核大工事費用，多處與測量費用相較之後，在土木工程方面，路基面寬度及隧道大幅縮小，車輛、軌道重量皆減少，甚至在其他方面全面縮小其規模，為非常極端的節約主義。大幅削減預算的結果，雖有多處理應興建卻被迫停止，故預算核定亦省略之。工事進行未及一半即突然停止，直到目前成本額精算調查，測量及建設工事支付總決算全額如下：

用地費	18,000（圓）
諸建物費	45,000
土木工程費	999,070
運搬費	60,000
橋樑費	188,500
建築用火車費	8,000
煤炭運送機	25,500
建築用具費 Coal belt コルヘト	8,000
涵洞費	20,000
柵牆及分界地費用	2,000
隧道費	1,532,250
電話線架設費	8,000
軌道費	325,900
工事監督費	104,000
停車場費	11,400
預備費	173,000
車輛費	182,000
器械廠費	25,000
1哩平均	93,391
合計	3,735,620

測量費	50,808.153（圓）
器械場費	1,669.718
用地費	11,997.346
諸建物費	43,757.052
土木工程費	449,760.111
運搬費	45,057.725
橋樑費	36,556.738
建築用火車費	596.587
煤炭運送費 Coal belt コルヘト	13,980.246
建築用具費	8,219.323
涵洞（管）費	6,921.989
柵牆及分界地費用	190.790
隧道費	355,881.204
電話架設費	6,134.936
軌道費	65,718.565
工事監督費	56,013.189
停車場費	2,561.379
貯藏物品金	130,219.599
車輛費	36,728.075
合計	1,313,772.725

【後篇　官辦】

第一章 阿里山官辦

第一節　緒言

　　阿里山森林經營殷盛一時，可惜於明治41年(1908)1月14日，藤田組突然停止本事業，造成阿里山鐵道沿線一時燈火殞滅，再次回歸寂寞深山情景。藤田組員1、2人於阿里山山嶺獨守孤城，巡視員不用交通車輛出入，與世隔絕、人煙稀少。同年3月下旬，佐久間總督乘巡視中部番界之便，由鐵道部技師新元鹿之助、殖產局技師賀田直治等陪同，從嘉義出發，沿鐵道路線到達阿里山，目睹鐵道完成實況及其工事之雄偉，並視察森林，感想到熱中於此片山林。4月，宮尾殖產局長巡視周圍森林區域，閒暇時可見野獸奔馳。他認為藤田組停止經營本事業是個好機會，可依當初計畫由官辦繼續經營，大島民政官亦持同樣看法而贊同本計畫。遂命令鐵道部、殖產局、財務局等單位，與藤田組接洽，商談買收價格、鐵道建設預算、森林經營案等事項。同年9月，大島民政官率領長尾土木局長、峽事務官、稻垣鐵道技師、河合博士等人視察藤田組經營事業方法，沿其足跡進入阿里山視察森林實況。細察結果，認定係極有利益之事業。於第25次議會提出此計畫，並獲得內閣同意與協助。當時總督府對藤田組產生誤解，引起各種臆測甚至於讒誣中傷，某些愚者貶惑而企圖反對，以政策攻擊政府，造成一時騷然，發生眾議院之大爭議。但是，另一派的當局則很熱心，急於計畫經營阿里山森林而遊說坊間，主張維持原案。最後，於42年2月13日的眾議院預算會議中，本案以調查不充分為由遭到否決。總督府再度進行精細調查，一方面說明疑問誤解，另一方面加強說明事經營業的利益或好處，並於第26議會再度提案，獲得預算委員會的同意，提交審議討論，於43年2月12日預算會議中，通過補償金60萬圓，同時以創業費再多支40萬圓查定之。官辦創業解決方案獲得貴族院的通過，於4月16日勒令第206號中明定阿里山經營由政府接續經營，並於5月15日訓令第102號發表公布之，並公布作業分課規則，且任命作業所長。

　　藤田組停止經營阿里山森林事業之後，曾引起社會大論戰，議會提出二期論辯，相互波瀾重疊，當局熱烈積極，經歷約2年有半之歲月，不屈不撓終於獲得最後勝利。而決定官辦正是本島拓殖史上一大慶事也。

第二節　組織權限及人員分配

　　台灣總督府阿里山作業所分課規則等發布，並同時任命職員，官制後規則如下：

　　台灣總督府阿里山作業所任官制度明治43年4月16日勒令第206號

　　第一條　台灣總督府阿里山作業所屬於台灣總督府管理，掌理下列有關事務事項：

一、阿里山森林產物之採伐、加工，販賣有關事項。

二、阿里山之造林及保護有關事項。

三、阿里山嘉義間鐵道及山林中(內)鐵道建設運輸有關事項。

四、依據鐵道之貨客運輸營業有關事項。

五、前各條附帶有關事項。

第二條　台灣總督府阿里山作業所設置如下職員：

所長　　　　敕任

事務官　　　專任2人　奏任

技師　　　　專任8人　奏任

書記、技手　專任64人　判任

技師兼任者，其本官昇?任時得為?任官職。

第三條　所長聽命於台灣總督並指揮監督掌理全所中一切事務及監督部下之責。

第四條　事務官聽從上司之命掌理全所所務。

第五條　技師聽從上司之命掌理技術。

第六條　書記聽從技師之指揮從事庶務工作。

第七條　技手聽從上司之指揮從事技術工作。

第八條　台灣總督具有認定於他處設置出張所之權益。

第九條　出張所長得以事務官或技師充任，並聽從所長指揮監督掌理出張所之事務工作。

任官制度依據明治44年4月18日?令第114號。定員專任事務官由1人改為2人，專任技師由4人改為8人，專任書記技手由27人改為64人。大正元年12月鐵道開通之後多少有所變更，其分課規則如下：

台灣總督府阿里山作業所分課規則明治43年5月15日訓令第102號

第一條　台灣總督府阿里山作業所設置庶務課、鐵道課、林業課。

第二條　庶務課掌理以下事務工作：

一、有關機密事業。

二、所長之任退及身分有關事項。

三、所長之官印及所印之保管有關事項。

四、公文書類及案件文書收受、發送有關事項。

五、公文書類編纂保管及圖書保管有關事項。

六、統計有關事項。

七、會計有關事項。

八、建物之新設、改造，修繕及保存有關事項。

九、他課主管所屬有關事項

第三條　鐵道課掌理如下有關事項：

一、鐵道建設有關事項。

二、鐵道改修保存有關事項。

三、鐵道運輸有關事項。

四、車輛機械器具之修繕及保管有關事項。

五、鐵道用地有關事項。

六、鐵道附帶之電話、電信有關事項。

第四條　林業課掌理如下有關事項：

一、森林施業(開發)案編成有關事項。

二、森林產物採伐、貯集、加工有關事項。

三、森林產物販賣有關事項。

四、森林保護有關事項。

第五條　各課設置課長，以高等官派任之。

第六條　出張所掌理如下事務有關事項：

一、各課所屬事務之管理有關事項。

二、所長特命之有關事項。

　　附則

　　本令由台灣總督府阿里山作業所任官制度公布，即日起實施。

　　任官制度及分課規則設置後，其次為職員任命。由財物局主計課長事務官峽謙齊兼代理所長；技師菅野忠五郎任命為嘉義出張所長兼鐵道課長；技師剛島政吉任命為林業課長；殖產局林務課長技師賀田直治任命為代理庶務課長。明治44年3月，峽謙高等官二等昇敘任命為阿里山作業所長，同年6月17日峽謙齊辭職，遂任命鐵道部技師新元鹿之助為所長辦理事務工作。明治45年1月9日，賀田直治除去代理庶務課長，另任命事務官神谷由道為庶務課長之職。先前阿里山作業所設立，依據任官制度，於嘉義設立出張所，並立即進行鐵道建設及森林調查工作。43年5月，出張所長菅野忠五郎率職員至嘉義赴任，開始事務工作，準備進行鐵道建設施工，出張所事務分掌規則如下：

　　阿里山作業所嘉義出張所事務分掌規則（明治43年6月15日決定）

　　第一條　阿里山作業所嘉義出張所設立各組分掌事務如下：

　　庶務組、工務組、林務組，各組設置組長，聽從所長之命令掌理主務。

　　第二條　庶務組掌理如下有關事務工作：

一、人事機密有關事項。

二、所印及所長印之保管有關事項。

三、文書之收受發送及統計有關事項。

四、文書之檔案編纂保存有關事項。

五、鐵道用地有關事項。

六、預算決算有關事項。

七、經費、出納有關事項。

八、財產整理有關事項。

九、竣工明細書製作有關事項。

十、會計檢查有關事項。

十一、工事施行手續辦理工作有關事項。

十二、物品、購買、修理、驗收並請求有關事項。

十三、物品之出納命令保管有關事項。

十四、物品、分給及搬運有關事項。

十五、協助他課所屬主要業務有關事項。

　　第三條　工務組掌理工務有關事項如下：

一、鐵道建設有關事項。

二、鐵路暨建築物保存有關事項。

三、圖、表類整理及保管有關事項。

四、鐵道用地監守有關事項。

五、電線保管有關事項。

六、建築列車運轉及車輛保管有關事項。

　　第四條　林務組掌裡事務有關事項如下：

一、森林調查有關事項。

二、林道開鑿及保管有關事項。

三、木材採集及加工有關事項。

四、森林看守及一般保護有關事項。

五、林務有關圖書整理、保管有關事項。

　　附則

　　本規則於明治43年5月15日起實施之。

　　其次出張所長專權決議委任事項如下：

　　出張所事務分掌規則決定同時由各組員配置完成，派命書記岡本鉦吉郎為庶務組長，技手小山三郎派任工務組長，林務

組長從缺。此外，又認可在各所得設立派出所，技手進藤熊之助調任樟腦寮派出所主任，技手川津秀五郎調任交力坪派出所主任，技手島崎二郎調任為奮起湖派出所主任，監督鐵道測量進行及建設工事。各工務組及各派出所建造簡單辦公室，隨著業務擴張，於多羅焉及阿里山新設派出所，且組長及派出所主任更換甚多。有時因工事進行的需要，必須廢棄派出所辦公室，將其變遷狀態臚列一覽表如下（各組長及派出所主任更換順序與管轄區域設置期間）：

　　鐵道創業之初，阿里山作業所長為方便處理鐵道從業人員之人選，以及事業之管理，委託鐵道部長全權管理，選定適當事務員及技術員調任至阿里山作業所工作。鐵道部長又兼任支付官，支付各種經費，並作為出納會計整理、外物品購買、驗收、支出，鐵道測量建設工事、列車運轉等有關鐵道一切事務之監督。且於會計及物品整理、工事施工方面等訂定規則，其規則適用於全體鐵道部職工，鐵道從業人員如同阿里山作業所職工一般。這種計策係由阿里山作業所長所構思者，即適才適用，針對少數有正確觀念之從業人員而言立意甚佳，且可迅速推行事業、急速處置狀況，此乃最佳構想。

工務組及各派出所管轄沿革

工務組及派出所名	管轄工區	設置期間	辦公室	設置期間
工務組	一工區及全線軌道敷設	自43年5月15日至元年8月31日	竹頭崎	自43年8月11日至現在（1910~1913）
	一工區、二工區、三工區、四工區及全線軌道敷設	自元年9月1日至現在	樟腦寮	自45年2月1日至現在
樟腦寮	二工區、三工區、四工區	自43年5月19日至45年2月29日		
交力坪	五工區、六工區	自43年5月19日至44年1月31日	奮起湖	自43年8月11日至44年1月31日
奮起湖	七工區、八工區	自43年5月19日至44年1月31日	交力坪	自44年2月1日至現在
	五工區、六工區、七工區	自44年2月1日至元年8月31日	多羅焉	自元年9月1日至現在
	五工區、六工區、七工區、八工區、九工區、十工區	自元年9月1日至現在	平遮那	自元年9月1日至現在
多羅焉	八工區	自44年2月1日至44年8月8日		
	八工區、九工區、十工區	自44年8月9日至元年8月13日	平遮那	自44年8月9日至元年8月31日
阿里山	阿里山一圓	自44年2月1日至現在		

第三節　線路測量

　　有關線路選定仍沿用藤田組之經營方針，例如費用及日期。按照原訂計畫，歷經1年半之歲月及高達5萬餘圓的費用，提出幾多比例測量線路，經細心研究及審查後，除原有藤田組預定線以外，更增加數條良好的路線，並引繼藤田組之圖面講表為參考，定出線路方向及高低。

　　當時之標柱已腐朽，有痕跡不清或僅少許形跡存在等情況，因此，最終決定線路係依照比較調查的方式來判

定，以竹頭崎風吹礧間線路既成的基面為根據，風吹礧以東則利用圖面及地形相互對照。因不希望超出預定線之外，故預定線路可改良就改良，由發現以迄測量中、工事中，皆毫無躊躇，諸如運轉安全、設計變更、經費節減等，一切正常而無任何差錯。

明治43年6月初旬，進藤技手由竹頭崎往梨園寮方向開始測量，同時，川津技手由梨園寮前往奮起湖測量此區間線路。此區間線路原係藤田組最細心調查測量者，因此多不必改測，唯一問題在於停工期間，多處受破壞，多少必須移動線路。第4號隧道前後，破壞閉塞的修復費用甚高，因此，發覺應將線路稍往南方迂迴，如此變更非常有利。確認後，將線路移動，迅速測量出中心點及高低，並調查數量，並於7月初旬著手，施行土木工程及隧道掘鑿工程。其次，鳥崎技手亦前往奮起湖至多羅焉區間線路進行測量，此區間有阿里山森林鐵道全線最長之第43號隧道，以及次長的第45號隧道，毋需改測即可暢通，唯第44號隧道，經高度及地質調查後，結果認定其在經濟上無價值，因而廢棄之。同年11月，小山技手於多羅焉十字路區間測量。多羅焉阿里山間之線路於藤田組時期已實測完結，又屬精密調查，但隨後被停止，此時各出張所再度比較測量，試將十字路附近2個小隧道廢棄，並將第48號及第51號隧道長度縮短約5鎖。第50號隧道分為2段，長度減去約2鎖，又將大部分橋樑廢棄。經由如此改測、切入，以及增加土石流防土牆的變更，隧道長度減去約15鎖，橋樑又縮短約1，500呎，很明顯地削減工事經費。44年6月，小山技師調查十字路阿里山區間，此區間自十字路至十字峠之地面山嘴迂迴，奇觀台崖下爬行必須伏身手腳並用始可通過。行至平遮那，此路段為峭壁中腰，特別在奇觀台附近，仰頭上看，全為千尺高之奇岩，空中懸掛的太陽若隱若現；往腳下看

各組長各派出所主任更迭順序

職名	官氏名	在職期間	
		自	至
庶務組長	書記　岡本鉦吉郎	43年6月1日	現在
工務組長	技手　小山三郎	43年5月27日	43年11月14日
	技手　川津秀五郎	43年11月15日	44年8月16日
	技手　進藤熊之助	44年8月17日	元年8月30日
	技師　進藤熊之助	元年8月31日	現在
樟腦寮派出所主任	技手　進藤熊之助	43年6月15日	43年8月31日
	技手　小山三郎	43年9月1日	43年11月14日
	技手　進藤熊之助	43年11月15日	45年2月29日
交力坪派出所主任	技手　川津秀五郎	43年6月15日	43年8月4日
	技手　島崎二郎	43年8月5日	44年1月31日
奮起湖派出所主任	技手　島崎二郎	43年6月15日	現在
多羅焉派出所主任	技手　小山三郎	44年2月11日	44年4月25日
	技師　小山三郎	44年4月26日	44年8月16日
	技手　川津秀五郎	44年8月17日	44年10月9日
	技師　川津秀五郎	44年10月10日	44年10月17日
	技師　小山三郎	44年10月18日	元年8月31日
阿里山派出所主任	囑託　中里正	45年2月16日	45年3月8日
	技師　中里正	45年3月9日	現在

去，則為深深交錯的千尺斷崖；向前看，山麓更令人頭昏眼。凡此困難，為仔細比較而測量多處，全數線路變更改測，大大減少土木工程量，又廢棄2個隧道及橋樑，長度縮短約1,400呎。建築工事施工前亦經精密測量調查，不過在工事進行多少有變動，在設計中常有變更。受到44年8月及45年6月之水災影響，多處被破壞，但僅少處線路變更而已，現今完成之線路狀態，見附加之曲線表、斜度表即可詳知。

竹頭崎阿里山間鐵道規定最急斜坡20分之1、最小曲線半徑2鎖半，車輛構造以半徑百呎以下之曲線作運轉。為節約工資起見，使用半徑2鎖之曲線有數十處，對於列車抵抗並無補償作用，為了最急斜坡22分之1的限制，將牽引量統一。

第四節 工事建設

阿里山官辦再興最急需建設鐵道，鐵道建設完成後鋪設山林內線，並設置集材機、輸送伐木集材使用之器具機械，以及供給勞動者之日用物資。尚未完成鐵道建設之前，無法預期伐木集材活動。於嘉義

曲線表

半徑	第一工區 箇所	延長	第二工區 箇所	延長	第三工區 箇所	延長	第四工區 箇所	延長	第五工區 箇所	延長	第六工區 箇所	延長	第七工區 箇所	延長	第八工區 箇所	延長	第九工區 箇所	延長	第十工區 箇所	延長	合計 箇所	延長
2鎖	—	—	1	2	2	5	1	2	11	23	—	—	—	—	15	26	6	9	2	4	38	71
2鎖5分	—	—	40	1.20	17	34	11	28	65	1.44	49	1.22	11	19	53	1.18	36	64	88	1.77	370	9.06
3鎖	—	—	19	42	14	29	7	14	30	44	18	30	7	9	7	6	9	11	27	22	138	2.46
3鎖5分	—	—	3	6	—	—	—	—	—	—	—	—	—	—	1	1	—	—	—	—	4	7
4鎖4分	—	—	8	13	5	11	1	3	7	15	1	36	—	—	3	4	—	—	2	3	27	52
4鎖7分	—	—	—	—	—	—	1	2	—	—	—	—	—	—	—	—	—	—	—	—	1	2
5鎖	—	—	13	21	3	5	2	5	8	11	8	5	3	2	5	5	5	6	8	6	55	68
6鎖	—	—	2	4	1	2	—	—	—	—	—	—	—	—	—	—	—	—	—	—	3	6
8鎖	3	11	4	8	1	2	3	6	1	3	—	—	—	—	—	—	—	—	—	—	12	29
8鎖5分	—	—	1	1	—	—	—	—	—	—	—	—	—	—	—	—	—	—	—	—	1	1
10鎖	—	—	5	17	7	11	3	4	6	5	8	6	1	—	2	1	—	—	5	6	38	50
15鎖	10	1.13	1	2	—	—	—	—	—	—	—	—	—	—	—	—	—	—	—	—	11	1.15
20鎖	5	49	—	—	—	—	1	—	—	—	—	—	—	—	—	—	—	—	—	—	6	50
30鎖	1	11	—	—	—	—	—	—	—	—	—	—	—	—	—	—	—	—	—	—	1	11
40鎖	1	12	—	—	—	—	—	—	—	—	—	—	—	—	—	—	—	—	—	—	1	12
曲線合計	—	2.15	—	2.55	—	1.17	—	65	—	2.66	—	1.65	—	31	—	1.63	—	1.12	—	2.37	7.06	—
直線	—	6.60	—	2.65	—	1.76	—	1.18	—	2.43	—	2.15	—	1.09	—	1.51	—	1.24	—	2.11	—	—

註，依據原文表格轉錄；「箇所」即「個」或「處」；「延長」即長度，本文中凡書寫為「延長」者，皆為中文「長度」的意思。長度的單位為「哩」與「鎖」，例如1.65即1哩65鎖。下表亦同。

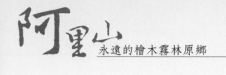
勾配表

勾配	第一工區	第二工區	第三工區	第四工區	第五工區	第六工區	第七工區	第八工區	第九工區	第十工區	合計 上	合計 下
1/20		5.07	2.69	1.42	2.38	2.58	33		1.01	4.14	20.20	
1/22			2		9	21			1.40		46	
1/30					20		23				43	
1/33					32	27					59	
1/35					6						6	
1/40					45	31		26			1.22	
1/44					23						23	
1/50	2.08	4									1.30	62
1/60	1.38				16		18				1.72	
1/66									68		68	
1/75	37										37	
1/80	12										12	
1/88	61										61	
1/100	55										55	
1/120	36										36	
1/132	5										5	
1/165	10										10	
1/200							19	7			26	
1/300	15		3								15	3
1/330	20											20
1/600	25										25	
1/660	30										30	
1/1,000	15										15	
平旦線	1.41	16	20	41	79	24	28	301	32	34	7.77	

出張所設立同時，派任官吏迅速進行測量調查，著手工事建設，此期間藤田組停止營業而造成工事停止，此種驟然發表停止營業或處理上過於草率，但竹頭崎風吹礦隧道土木工程在某程度上仍持續進行，竣工區域確認後，或許日後可預防破損，但在尚無適當處理前，當日即停止營業，造成一時混亂狀態，而且任意放置

工程本應竣工的提防，或者隧道掘鑿仍凹凸不平、尚無填土整平即欲請求費用，最終完工坪數是依據契約單價計算，但是藤田組做出假帳要求支付餘額，以官辦機構而言，難以明白其所要求的費用是否符合預算、支付之標準。官辦計畫之鐵道預算，需以藤田組預算餘額作標準，財政上則須經由財務局向議會提出減額核定，因此而受到大幅削減，所以工事施行方法、預算之運用、承包人之選定等，必須加以嚴密注意並有果斷覺悟。欲召集當年藤田組承包人，以及大倉組、鹿島組、吉田組等各組出面，大倉組、鹿島組代表者（吉田組以已廢止承包事業為由不願出面），對於藤田組未完成之工事，雙方協議以當時時價無條件完成，承包人於道義上繼續施行其義務承諾，於此並無異議，簡單指名投標，以大倉組及鹿島組全權代表隨意契約，使達節約並能確實迅速進行工事。建設工事施行分區，則以藤田組建設為準，全線分為10個工區，即自明治43年6月開工，於大正元年12月竣工，同時於25日至26日運出阿里山檜木林，試運轉成功，依序完成工區工事如下。

第一工區　嘉義竹頭崎間　自0哩至8哩75鎖

此區間由藤田組施工，在土木工程、橋樑、涵洞、Coalbelt（帶式煤炭運送機）、建物等完成後，鋪設軌道，並於全線軌道下方撒下砂石（Ballast）。43年6月，修復第一棟家屋，並更新橋樑木材，崩壞的土木工程亦修理完成，路面雜草暫除而尋求大面積用地。向鐵道部借用13噸餘之

「Tank engine水箱機車」，又購入運土車10輛，迅速完成組裝，於7月中旬試運轉以後，全部車輛回轉至竹頭崎。自7月19日起，採竹頭崎牛稠溪砂石，開始運轉建築列車（亦即採取砂石撒布於軌道下方），因適逢雨期，每日驟雨，有時遭雨水破壞，致砂石流失，但仍一步步地進行，最後，9月下旬嘉義竹頭崎間砂石撒布工作完結。

原本建設阿里山鐵道的目的，即作為運出阿里山森林木材之專用，一般旅客貨物之運送並非主要用途。然而，嘉義支廳內竹頭崎地區附近山地，多種果實、竹紙、薪炭、木材等產量甚多，得從事貨物營業而交通頻繁正是地方人士的期望。因此，決定於嘉義竹頭崎間施行營運，遂於阿里山作業所設立官方運輸營業機構，推行僅9哩的輕便鐵道之營業運輸，並規定各項經營項目，任用許多從事人員，期間雖然遭遇甚多麻煩，為了地方方便，以及經濟價值，認為須委託鐵道部規劃。交涉後得到鐵道部認可，立即在北門、灣橋、鹿麻產、竹頭崎等地設置臨時停車場，並緊急打造臨時客車，於43年10月1日起開始一般性之貨客運輸營業。

官舍假藤田組原先的宿舍暫時住宿，所內職工增加後，漸漸不敷使用。43年6月，於嘉義購入民宅1棟（26坪25），與殖產局元製紙廠尚未利用的家屋2棟（44坪），引繼作為住宿之所。44年5月，員工宿舍2棟（54坪5）新建完成。

43年11月，於竹頭崎建築官舍2棟（49坪25），以及勞動者臨時小屋1棟（24坪86）。44年7月，購入民家1棟（16坪75）；45

年5月，建造官舍2棟（52坪5）；大正元年8月，又購入民宅1棟（16坪75）。45年5月，再完成官舍2棟（52坪5）之建造；大正元年8月，又購入民宅1棟（53坪），另計畫增建官舍2棟。又，45年4月，由於運輸營業迅速發展，再於鹿麻產新建官舍1棟（17坪5）。

竹頭崎機關車庫由藤田組所建，因遭受44年8月底暴風雨侵襲而倒塌，經多方克服困難，完成更大可容納6輛機關車的車庫1棟（67坪5），又建造機關車庫辦公室1棟（8坪）、修理工場1棟（38坪25）。新建築工場內有Lathe（車床）1台、Drill（鑽孔機）1台，以及Chaving（成型機）1台等設備，使用石油發電機所產之4.5馬力為動力，其他尚有如鍛冶（鑄冶）工，完成品之最後加工器具、機械等設備。

第二工區　竹頭崎及樟腦寮間　自8哩75鎖至14哩34鎖60節

土木工程隧道方面，於藤田組經營時期曾一度完成，但隨後全部停置。2年半以來，各處土木工程崩壞，隧道支保工之楠木、龍眼木腐朽不堪而無法使用。自第2號隧道至第5號隧道皆有崩壞，坑道閉塞不通，尤其第4號隧道全毀，即使大膽修復亦為最困難的工事。從經濟方面考量，且為未來安全之計，決定變更設計移動線路，並於尚未移動之前，加快隧道復舊工事，得使交通暢通無阻。43年6月，測量調查完結，立即指定大倉組簽訂修復橋樑土木工程之承包契約。於7月上旬開始施工，適值雨期，工事受阻，土木工程之石牆、開溝等，須特別加強。雨期中大半修

復工作亦持續進行，但在隧道修復後，每日大雨導致湧水量增加、排水困難，已完工之臨時工程再遭破壞，第2號、第3號各2次，以及第5號的3次破壞，使僅能維持安全度而已，至11月乾燥期，才得以進行大工程且略為竣工。然後鋪設軌道，將2台「Shay」式機關車運達本工區，立刻組合後開始運送橋樑材料並施工築造，軌道及橋樑建築並行，其中有小段不需於軌道下撒布砂石，因此利用竹頭崎出產之山砂，運送撒布在需要之軌道下，使線路大略完工。自44年2月17日起，竹頭崎樟腦寮間每日建設，並運轉建築列車，故第三工區、第四工區隧道支保工用材，可獲得大量供給。

至於樟腦寮，藤田組所築之建物全部倒潰，僅餘1棟勞動者宿舍仍然維持原形，尚可居住。故於43年6月到8月，以最快速度建築事務所1棟（30坪75）、宿舍2棟（73坪），以及附屬廁所、浴室等（7坪）新建物，舊家屋亦修復完成。竹頭崎樟腦寮間11哩60鎖附近，線路工宿舍於44年4月完建臨時小屋1棟（30坪855）。

此區間重要新建工事之竣工數量概略如下：

本線鑿通1,273坪
停車場土木工程556坪
本線鑿通639坪
橋樑7處　長695呎

第三工區　樟腦寮江南坑間　自14哩34鎖60節至17哩48鎖

獨立山「Spiral螺旋路」線之藤田組施工，是以隧道土木工程約8成為標準，實

際竣工約6成，隧道第11號、第15號全部完成，除第7號及第10號外，其他隧道導坑全部貫通，第10號隧道導坑尚餘80多呎，較易解決，第7號隧道導坑仍剩餘約850呎，其入口處於停業期間崩壞閉塞，出口處逆斜度積水，該隧道長33鎖，為本線之咽喉，其竣工遲速，直接影響全線進度，故須盡全力處理。首先將入口處墜落部位修繕，先開鑿小坑，6月28日著手掘鑿導坑，出口排水最初用「Deckpomp平台抽水機」2台，再增加4台，最後用6台，極力排水，但湧水量有時仍逼近導坑終點附近，全無減水效果，認為需購入「Centrifuge pomp離心作用抽水機」，以石油發電為動力來源，抽取並排除湧水。很幸運的，10月乾燥期到來，湧水大量減少而「平台抽水機」亦發揮排水功效。11月初旬進行導坑掘鑿，出口處積水排空，施工不滿4個月，發現入口導坑進度平均每天只有1呎5吋，到底何日才能完工？因而極力加快進度，承包人以懸賞方法獎勵堅強坑夫，並加強督促，結果平均進度由3呎變為4呎，最後達到5、6呎。44年2月4日，導坑貫通時機來臨，各處架設大脊樑，漸次擴張工事。4月20日，掘鑿及支保工全部竣工，其次，開鑿排水溝，將一塊塊大石築成水溝，5月底完工後立即鋪設軌道，入口處設置以石油發電為動力的「Blower鼓風機」作為通風之用，運轉時將風送入隧道內，並於出口處設置大型長管送風器，利用溪流落差達到換氣作用。

本工區隧道土木工程承包商為大倉組。土木工程運用3回旋，由頂部先竣工，然後順次至下部，於44年3月中全部完成，土石流擋牆大多由藤田組竣工，唯有16哩20鎖附近，岩層斜面橋樑、石牆，因調查利害關係而遭停工。至官辦時，構築方面獲得好計策，認為土石流擋土牆下半部可以混凝土粘著堆疊，亦即「Concrete混凝土填充法(練積)」；上半部則以石塊堆積成牆，但其內部不填充混凝土(空積)，而得到很好的效果。又於第12號隧道入口附近，切下的岩層有剝落現象，但也無法停工，隧道僅6尺，光是穿孔的直徑即須6呎1吋，故以鐵棒及「水泥Cement」填充縫合各岩層面。日後並無岩石剝落的意外發生，效果甚佳。

除第7號隧道以外，施工仍困難重重，逐步進行至43年10月，藤田組為節約經費，又須將原隧道直徑的5呎改為9呎以上寬度，實際拓寬施工甚困難。但具熟練經驗後，第7號隧道首先提前竣工，支保工僅用少數彎大山檜木為材料，此外，大部分使用防腐松材。

橋樑在第7號隧道入口處僅有1座，河中硬岩出露，降雨時溪流飛騰劇烈，橋墩以大石堆積，高達36呎，構成3座連的「Arm beam橫樑支架」。以44年5月橋樑、隧道同時完成，故立即鋪設軌道。雨期中隧道各處屢次破損，工程進度遲遲無法推進。8月底，於第13號隧道等候修復之際，遭遇罕見的暴風雨，第13號、第14號隧道受損，造成暫時停工。至同年12月下旬，復舊工程完成，再延長施工線路，沿線放置「砂石」，將大岩石打碎成小碎石，以人力肩擔及建築列車方式撒布於軌道下。44年8月末，第13號隧道的損害為出口處遭破壞，而第14號隧道則為入口處及

隧道中央至出口處崩塌。兩隧道間工程使用坪數約千餘坪，第13號隧道出口處使用9吋角材，末口使用9吋木材，由支保工建築而最為堅固；第14號隧道入口處80餘呎，出口處140餘呎，之前以磚塊堆積，保持其永久性。兩隧道間線路向左移動以後，全部採用混凝土建造。

官辦重要施工概數如下：

本線開通3,423坪

本線堤防建築130坪

橋樑1座　長104呎6吋

隧道掘鑿2,582坪

第四工區　紅南坑梨園寮間　自17哩78鎖至19哩47鎖

原藤田組施工，土木工程約達9成，隧道約達4成，剩餘工事及營業停止期間受損的修復工事，由大倉組承包。於43年7月上旬開始施工，此間急需施工者為第18號隧道，長度為26鎖，其導坑工作尚餘900餘呎，平均一日進度約5呎，而第7號隧道施工期間並無障礙。44年1月22日，導坑施工逐漸進入擴寬及排水溝修築部分。4月底隧道完工，其他隧道及土木工程皆如期順利完工，等待鋪設軌道。在此期間，8月底遭逢暴風雨侵襲，隧道土木工程多處受損，特別是第17號隧道全部毀滅，單憑支保工以木材修復甚為困難，遂利用建築列車，與第14號隧道共同採用磚塊修復。於44年12月底，完成受災後之復舊工事，並立即鋪設軌道、建造橋樑。45年11月初旬，完成全線工事，於軌道下撒佈砂石，自第18號隧道起進行開鑿，將採得之砂岩打成碎砂石，且利用建築列車撒佈於軌道下。

官辦施工重要工事數量概略如下：

本線開通852坪

本線堤防建築940坪

停車場土木工程1,023坪

橋樑3座　長度340呎

隧道掘鑿1,528坪

第五工區　梨園寮風吹硐間　自19哩47鎖至25哩

本區間於藤田組施工期間，土木工程完成約9成，隧道約7成完工，並完成第30號、第31號隧道，其他導坑工事大多貫通。不過於營業停止時期，隧道土木工程崩塌，支保工因使用腐朽物甚多，而修復很少。剩餘及修復工事一併由鹿島組承包施工，並於同年11月大略竣工。當時需將藤田組施工後的9呎以下徑間加以擴寬，較原規定為大，第三、第四兩工區同時進行擴寬工事，於44年3月悉數完工。同年8月遭逢罕見暴風雨，該工區隧道土木工程受到異常災害，受害最大之處在23哩60鎖前後、第27號至第28號隧道間之山上約600呎處，線路中心遭土石淹沒，增加50呎之高，全部地形走樣。第28號隧道崩塌、全毀。其次，於22哩13鎖附近、第24號隧道前，岩層滑落，失去原形，復舊困難，需耗費多時，是以廢棄之。第28號隧道待其乾燥後，依其地形重新鋪設臨時線路，至45年6月又遇水災，第28號隧道新建臨時線路倖免於災，而舊有線路全毀，所以再度修復臨時線路，相互討論中。45年2月初旬，第四工區趕工，將新建臨時線路併入工區，與橋樑建築同時施工。2

月中旬，經交力坪之施工完畢。4月上旬，進入第六工區施工範圍，沿途採取砂石撒佈於軌道下。

藤田組建築之竹造辦公室宿舍，修補後有幸仍能使用，並再增建竹造宿舍1棟（20坪）。

官辦重要施工數量概略如下：
本線開通4,800坪
本線堤防建築2,400坪
停車場土木工程110坪
隧道掘鑿1,072坪
橋樑7座　長703呎

第六工區　風吹砠奮起湖間　自25哩至29哩

藤田組經營時期，此區施工甚少，後又停止營業，大約僅餘形跡而已。全數為新工事，亦為本區間重要部分。第38號隧道長26鎖餘，以及第24號隧道長16鎖，前後分別於43年7月3日、同年7月14日進行導坑掘鑿。其他自第32號隧道至第37號隧道部分，同年7月到8月間才著手施工；自第39號隧道至第42號隧道，則於同年12月至44年1月進行掘鑿。土木工程之一小部分在雨期中施工，於43年11月起逐漸進行。44年5月，大部分屬於本工區隧道土木工程，以及其他急需施工者，就由鹿島組承包，盡全力以硬質砂岩建造第38號隧道，費盡心力進行導坑掘鑿工事，但出入兩口合計，平均一日僅掘鑿5呎。44年5月底豪雨來襲，西口約400呎之處，異常湧出大量溪水，水勢極猛，隧道大半被沖壞，只好以一根根支架，構成如蛛網的部分才倖免於災難。同年7月18日，導坑貫通後數日，因不敵溪水猛勢，導坑遭泥土閉塞，立即以支保工縫合及掘鑿，並加強坑道堅固度。8月下旬將坑道開通，各處以大背擴張技術施工，但於同年底，暴風雨又來襲，坑道再度陷落，致使西口被迫完全停工之悲慘命運。同年10月，進入乾燥期而再度開鑿坑道，經嚴厲督促而進度火速，並於同年12月底，將未完成及損害部分，以9吋角材建築、鞏固。45年6月，水災破壞支保材，緊急處理妥當才免於崩潰，但可瞭解木材支保工仍無法對抗猛烈溪水。長1鎖餘間、湧水的左方側壁，使用磚塊築成厚度為3呎6吋之牆，並於大正元年12月上旬完工；第34號隧道，以堅硬粘板岩築成，當時導坑施工進度，出入兩口一日合計平均不過5呎。44年2月9日貫通，5月底全部完成，為地質堅固起見，使用支保工將範圍擴大。同年8月底，暴風雨來襲後，地下水侵蝕岩層，發生抵擋不住而脫落之危險，因此全部使用6吋角材，由支保工施工，其他隧道因無受損可進行施工，至44年4月全部完成。再者，土木工程方面，施工時意外遭遇多處硬岩，掘鑿困難，尤其是奮起湖附近，進行切除斷岩、硬岩施工或築成土石流擋土牆之際，多處皆困難重重。

45年4月上旬，進行本工區軌道鋪設，因未受阻而速有進展，以沿線砍伐之良材鋪設軌道，因先前即用木材築造橋樑，故軌長鋪設迅速。4月23日施工至奮起湖停車場，數日後再度鋪展軌道，於5月上旬進入第七工區範圍，切取岩石打碎或自隧道內掘出碎石，碎石多以人工肩擔集中，撒布於軌道下，部分憑建築列車撒

佈。作業所預定進行竹頭崎阿里山間木材運送列車的運轉，但因尚未避開往返列車交會狀況，而將運材列車班次減少，供長距離、長時間運行的建築列車通過，並以安全考量，以奮起湖停車場做為分界站，將運轉區域分為兩部分，計畫擴大奮起湖停車場作為中途站，供建築列車中途休息。本工區重要工事竣工數量如下：

　　　　本線開通13,380坪
　　　　本線築堤防7,819坪
　　　　停車場土木工程1,338坪
　　　　土石流擋土牆873坪
　　　　橋樑7座　長422呎
　　　　隧道11座　長70鎖90節
　　　　掘鑿3,038坪

　　第七工區　奮起湖多羅焉間　自29哩至34哩40鎖

　　鹿島組受任承包隧道土木工程工事，並於43年10月3日締結承包契約後，立即著手工事。本區間重要工事為長37鎖50節的第43號隧道，以及長26鎖的第45號隧道，特別是第43號隧道為全線最長隧道，可見隧道係與全線同時完工。調查測量後，在溪口以正切（Tangent）法試鑿一假坑，但湧水甚多，工程試驗極為困難。於10月進入乾燥期後，進度逐漸加快。同年10月29日，東口導坑進行施工，西口導坑亦於11月16日起施工，以督促勉勵之故，士氣大振，進度迅速。沿線地質為砂岩，且松林密集錯綜，需要支保工，而砂岩堅硬，掘鑿困難。初時進度出入兩口合計每日7～8呎，暫退為6呎，最後更退為5呎，如此遞減下去，至44年6月左右，令人失

望地退至僅餘2～3呎進度。承包人極力選擇坑夫（挖坑勞動者），給予大量償賜，企圖推展進度，以增加達到5呎的施工進度，但坑口遭數次破壞，輸送通路也受害，淹沒溜水脛或致使送風機換氣失效，阻礙重重。45年2月20日，佳機來臨，導坑漸漸貫通，其次各處施用大脊背擴張法，至5月初旬全部完成。第45號隧道於43年10月8日進行東口導坑掘鑿，並於10月15日進行西口工程，且很順利進行，44年5月25日貫通。全程1日平均（出入兩口）合計進度實際僅7呎6吋，最後施用大脊背擴張法，於同年12月20日全部竣工。

　　此區間有關重要工事竣工數概略如下：

　　　　本線開通4,890坪
　　　　本線堤防建築590坪
　　　　土石流擋土牆530坪
　　　　橋樑1座　長70呎
　　　　隧道2座　長63鎖50節
　　　　掘鑿2,844坪

　　第八工區　多羅焉十字路間　自30哩40鎖至34哩74鎖40節

　　44年1月6日，指定大倉組為承包人，締結承包契約，進行隧道土木工程。多羅焉山腹處處急峻，斜坡築造甚多土石流擋土牆，但隧道很少，施工後屢次移動路線，加以調查比較，希望節省經費。44年1月21日，第49號隧道掘鑿施工，同年2月21日第50號隧道動工，其次，自3、4月起，其他隧道悉數進行掘鑿，7月至10月為止順利完成，土木工程在雨期來臨前大半竣工。8月底暴風雨來襲，築造的堤防

受損，復舊多日，終於44年12月全部竣工。

本工區於45年5月中旬起鋪設軌道，同月底到達多羅焉。6月之連日大雨，各處遭破壞，建築列車無法運轉，雨期中工事停止。同年10月8日再度施工，同月下旬到達十字路，選定附近雜木，築造牌坊形橋墩，暫時鋪設軌道於桁架橋上(Rail)，使列車運轉通過。軌道全通後，更換為阿里山檜木材，架於本桁之上，得永久保固。

44年2月，多羅焉設立派出所，4月新建事務室、官舍2棟(80坪75)，以及附屬炊事場(廚房)、浴室、倉庫、廁所等(13坪7)，同時增加人員。同年12月，既成建物增加10餘坪。

本工區重要竣工數量概略如下：
本線開通15,456坪
本線堤防建築7,723坪
土石流擋土牆1,853坪
橋樑4座　長323呎
隧道10座　長40鎖
掘鑿1,735坪

第九工區　十字路平遮那間　自34哩74鎖40節至36哩30鎖

本工區後半部位置皆屬奇觀台崖下，山勢奇秀，峭壁峭立，步道開鑿、物質供給或材料運輸等，最為困難。指定大倉組承包隧道土木工程，於44年8月起施工，但因適逢雨期，故先進行隧道外工事，待11月，完全無雨才著手全線土木工程。隧道就屬11鎖的第67(？)號最長，其他皆為7鎖以下的小隧道亦逐步進行。45年4月上旬，各隧道全部竣工，其他土木工程亦在4月底大略完成。同年6月，又逢連日大雨，隧道土木工程受損，其中34哩43鎖附近崩壞3千坪，而第67(？)號隧道東口附近，於隧道長約60呎間山頂處缺潰裸出；9月中旬又受風水災害，擴大受損範圍。原自9月初旬即進行復舊工事，但至11月下旬才大略竣工，可見工事之艱難。

此區間橋樑前半屬於第十工區。沿途並無用及施工材料，工事進行順利。將阿里山二萬坪處預備木材加以利用，以3吋角材之木軌條鋪設木軌道，依藉該假軌道，自二萬坪以手推車(Trolley)運送橋樑材料，迅速完成橋樑建造。軌道延展工事毫無阻礙，45年3月再度施工，進行第十工區鋪設工作，同年4月底第九工區亦進行橋樑用材搬出，5月底第1座橋樑完成。正準備構築第2座橋樑時，因6月受災，無法運送材料而暫時停工。

10月雖為降雨期亦同樣開工，至11月下旬全力投入軌道鋪設工作。10月下旬之際，第八工區亦持續施工，但災害復舊及橋樑架設工事在進度上多少受阻，11月底勉強抵達第九工區內。

重要竣工數量概略如下：
本線開通12,723坪
本線堤防建築3,882坪
土石流擋土牆1,015坪
橋樑4座　長403呎
隧道8座　長38鎖55節
掘鑿1,672坪

第十工區　平遮那二萬坪間　自36哩30鎖至40哩78鎖45節

此區間工事全部由鹿島組承包，44年8月與第九工區共同施工，恰逢雨期，土木工程無法進行，僅在隧道標記，以利日後施工。9月初旬至11月下旬，各隧道施工順利。45年1月下旬至4月下旬為止，所有隧道掘鑿完成。其他土木工程方面，44年11月起施工，至45年4月下旬大略完工。但於6月間每日大雨，尤以16日至20日5天期間雨勢甚猛烈，隧道土木工程各處受災，二萬坪至第67號隧道間發生廣大地滑，第67號隧道全毀，致使該隧道距出口約2鎖半處變為50尺溪谷且持續崩壞，二萬坪停車場預定地缺潰而成絕壁，鬱蒼森林變為荒地。同年9月著手復舊，開鑿第67號隧道，全部使用9吋角材修復。而二萬坪停車場靠山部分大約移動1鎖。其他各處亦晝夜趕工復舊。除二萬坪停車場土木工程以外，同年12月復舊工事全部完成。

橋樑由二萬坪往十字路方向設置木軌道臨時線路（註，木馬道），當時僅能依賴臨時線路運送材料。45年3月至5月預定完工。同年6月之大雨致使堤防流失多處，日後復舊施工之新設橋樑多達13座，軌道於大正元年11月底進入本工區，每日鋪設27鎖長，至12月12日才抵達阿里山二萬坪停車場入口處。

44年8月，平遮那設立辦公室，9月建築辦公室官舍2棟（57坪75），同時增建職員官舍1棟（9坪58）。

本工區重要竣工工事數量概略如下：
本線開通14,946坪
本線堤防建築7,268坪
停車場土木工程1,083坪

土石流擋土牆545坪
橋樑18座　長718呎
隧道9座　長35鎖90節
掘鑿1,660坪

官辦計畫之初，阿里山鐵道設定竣工期以4年為目標，開始施工後改定3年，後又縮短3個月時間，於45年12月鐵道完工，預定46年1月開始運出木材。44年8月，罕見暴風雨來襲，釀成大災害，一時因竣工期受影響而憂慮，幸好復舊工事順利、迅速完成，並不影響土木工事進行，於是迫切進入軌道鋪設，希望依預計時間完成，44年7月中旬，軌道鋪設完成。不料8、9月災害再度來襲，雨期過後進行復舊工事，以最迅速並兼顧安全計策，先將原預定於45年5月底完工之第43號隧道提前1個月於4月底完成，並嚴令承包商絕對達成。至於第六工區至第八工區，此段橋樑材料採用沿線出產的雜木築造之。

軌道鋪設期間不受阻礙，以逆送法自阿里山往十字路方向運送儲備之普通枕木，以3吋角木築造木馬道 Trolley手推車，輸送橋樑木材，寄望有立即可用、價格又便宜之枕木得以使用。

進入6月雨期，首先考慮者即第27號隧道出口處，此處之臨時線路有崩壞的可能性，故到達奮起湖停車場，以及直接通往阿里山終端停車場所必要的全部軌道，皆集聚於奮起湖停車場，同時留置1台機關車（火車頭），可向奮起湖以西行駛列車，且軌道可往阿里山方向延展。

及至45年1月實施以上計畫以後，進展顯著，於軌道鋪設到達多羅焉之際，大致可達成預期目標，但5月中旬至6月下

旬，怪異的降雨導致殆無晴天，6月1日至20日期間大雨連綿，特別是16日至20日5天，阿里山雨量多達866耗，全線受害，其中以軌道延展前之路線，即第九工區、第十工區受害最大，全部工事停頓，原來周詳的計畫泡湯而陷入絕望，是為一大挫折。迅速調整災後復舊經費之預算，迫令總督府支出預備金，並於9月初開始復舊工事。同月中旬再度遭遇暴風雨，但此次受害較小，仍可繼續施工。10月無降雨，遂召集2,000餘名勞動者，於隧道晝夜不停拚命施工。

同時，運轉建築列車之軌道延展工程，於12月13日抵達阿里山終端停車場，高奏汽笛勝利之聲。12月20日，第27號隧道出山復舊工事完成，嘉義至阿里山間線路開通。25日、26日二天試運木材出山，如期成功，此時堪稱鐵道全線開通完成。

45年6月之災害對於經營事業而言，實乃大挫折，當時預先將機關車1台、貨車3輛，以及全部軌道聚置於奮起湖，雖然第27號隧道出口線路閉塞，但軌道長度不受影響，而且可往阿里山方向進行復舊施工，全線開通的如期完工，全歸功於速成計畫效果。

第五節　材料供給及運輸

阿里山鐵道用材所使用的為稀有水泥（Cement，日文煉火石）、鋼鐵橋樑等永久性材料，但大部分工事皆使用木材。供給材料的方法，是延續藤田組經營時代的方針。

竹頭崎梨園寮間（即第二工區至第四工區）隧道，以及竹頭崎風吹礏間（即第二工區至第五工區）之橋樑，由東洋防腐公司及日本防腐公司於基隆港交貨，以1尺單價為12～13圓左右，購入防腐松材，供小部分補充使用，此法於藤田組經營時代即已實施。巒大山檜木材以二、八利潤法購入，每尺締15圓左右。梨園寮風吹礏間（即第五工區）隧道，可選擇沿途雜木中之最好良材，時價為12圓，費用由鹿島組繳納。風吹礏十字路間（即第六工區到第八工區）之隧道及橋樑材料主要來源，係於沿線雜木林中，選定最佳木材砍伐使用，且材料及工資合計請款，因而每尺單價計算精確。隧道用材約11圓，橋樑用材約12圓。十字路、奇觀台間（即第九工區一部分）隧道，沿途無良材可用，但第八工區沿途雜木林茂盛，可以直營方式選伐木材，運輸以供使用，原產地伐採之每尺締單價平

橋樑表

	第一工區	第二工區	第三工區	第四工區	第五工區	第六工區	第七工區	第八工區	第九工區	第十工區
箇所	—	5	11	4	11	11	3	9	8	9
延長	—	24.62節	107.89節	54.75節	55.29節	73.04節	63.50節	42.13節	34.28節	34.24節

隧道表

	第一工區	第二工區	第三工區	第四工區	第五工區	第六工區	第七工區	第八工區	第九工區	第十工區
箇所	10	10	1	5	7	7	1	4	3	18
延長	334呎	1,052呎	105呎	364呎	702呎	422呎	77呎	322呎	303呎	718呎

均約6圓90錢。十字路阿里山間（即第九、第十工區）之橋樑及奇觀台阿里山間（即第九工區一部分及第十工區）之隧道，亦即近阿里山二萬坪附近之處，生產扁柏及紅檜，可直營伐採，運往二萬坪貯積，每尺締單價平均約5圓80錢，枕木則選伐竹頭崎十字路間日本出產的栗材，而十字路阿里山間則用自產之檜木材，不過栗材不一定可供給，要視產地或供給人當時情形而定。1株碩大的紅檜木約40錢左右，相當於基隆港交貨所需價格，但紅檜木為直營，可砍伐製材，碩大的1株運至二萬坪貯積須付13錢左右。而紅磚、煉瓦等用於災害復舊工事的數量超出預期，須用建築列車，自嘉義紅磚工廠搬運一等品至三等品，平均千枚約13圓才能購入。水泥（洋灰）則採用淺野或是小野田所製者，依時價變動，一樽平均單價，基隆港的交貨標準為4圓。橋樑鋼鐵高18吋、寬度7吋、長1呎者，付75封度之英國製（I-Beam，I型鋼），全部使用長30呎～36呎、1封度以6錢2、3厘為單價者交貨；軌道方面，竹頭崎奮起湖間使用美國製（Andden carnegie，美國產業資本家「鋼鐵王」）之30封度材料，奮起湖阿里山間運轉鐵道部保管轉換，以德國製30封度，以及清朝政府時代使用之36封度混用。材料運輸則利用藤田組經營時代開鑿的步道，除以人力肩擔以外，竹頭崎、奮起湖至阿里山間之百斤運搬費各2圓30錢，此區間以此費用為標準，以距離遠近來計算運費，不過分配工事之現場步道分岔甚多，加上全無路跡，又須通過峻險山谷，因此報酬不能以標準計算，需以因地制宜核算報酬，或以直營方式進

行，故常出現運費超出原價之怪現象。本鐵道使用大量木材，其理由為阿里山盛產木材，具永久可更新之方便，其他原因則為搬運之運費須以重量計算，經數次計算結果，決定部分則使用永久材料如紅磚及水泥等。

第六節　車輛與運轉

最急斜度20分之1，最小曲線半徑2鎖在日本本國的規定是不允許的，如此急斜彎曲的情形，在世界上並無其他類似案例，故必須選定適當運轉的機關車，當初官辦計畫則將之列入最重要的研究課題。藤田組經營時代，以美國（Porter）公司所製之20噸（Saddle Tank Console貯槽裝甲車操作式）機關車試運轉，為提高效率，認為在斜度線上一旦停車，再運轉之際必須沒有困難，而銳突小曲線的阻力大才能如此，經種種考慮、複查之後，認為美國（Lima）公司所製的（Shay）型（Gearde齒輪傳動裝置）機關車最適當，故於43年6月7日，向H. Y. LEN公司代理店柵瀨商會訂購2台重量18噸之Shay機關車。同年11月初旬，2輛機關車到達後，立即組裝運往竹頭崎。同月23日，以3輛重量約21噸之四輪運土車推進機關車，並以20分之1斜坡度，長2哩往回測試運轉，結果上行速度4哩、下行7哩而成績不良。以牽引量30餘噸、比較重量21噸來計算，速度4哩稍嫌遺憾，且煤炭消耗量甚多，上下行平均1哩需百餘斤。新造的機關車機械部分摩擦甚多，因而再選異型機關車，或能適於熟練運轉之機關車。後來逐漸習慣、熟練行駛現今使用之（Bogie Car）貨車，約可牽引30噸，

可達速度5哩,煤炭消耗量為50～60斤。至於該機關車有多處製造不完善之處,經漸漸試驗,逐步改善。例如Boiler(鍋爐)距離斜坡線路約9吋高,但給水若不充足,則會造成Lead Plug(鉛製插塞)熔解,所以鍋爐以80分之1的斜度附著固定於機關車上,然後試用;又如Flame(火焰)在Fin Truss(散熱片支架)搖晃情形嚴重,故下回改造成Built Beam(輻射造型);並將Cross Head(十字型交叉頭)及Piston Rod(活塞桿)連結,做成單一Screw(推進機)。經使用2月餘後,出現Thread(螺絲螺紋)磨滅而忽然分離、Cylinder Cover(汽缸蓋)損壞等情形。之後,以Pin(插頭)或Set Square(矩形四角型組)插入,Injector(噴射器)改變為Elna(品牌名)型,但乃因給水不充分,故改為Cellar(可貯水)型。而Brake(制動器煞車)則使用Steam Brake(蒸汽煞車),蒸汽消失時可啟動,並可以蒸汽或普通運轉兩方式交互並用,非常方便。

增設Hand Brake(手煞車),其他如Oil Cup(油蓋筒/帽)、Sand Box(砂箱)、Piping(導筒)等調適改良之。依以上規畫再訂購1輛機關車,於45年1月到達後立即組裝,2月8日試行運轉,結果比先前購入者情況稍佳,但Boiler(鍋爐)在斜坡線路40分之1之處太多,後經改造成60分之1之最適斜坡。十字叉頭可連結在Piston Mat(活塞面層)上,十字叉頭本身甚脆弱,常損及汽缸蓋,因此增加其厚度強化之。建設工事期間往上行駛之際,常滿載貨物,但下行時常為空車運轉,逐漸熟練上行運轉後效率增加,至於下行則容易控制;日後開始

運材,則為先空車上行,滿載木材後下行,其效果如何尚多疑問。以「小砂石」或堆積建築用材之列車的下行試驗顯示,各車之控制或開動,各有緩急差異,運轉上頗有困難,故採用貫通式Air Brake(空氣煞車),以一人駕駛、控制全車為最上策。45年3月預購2輛機關車,裝設Air Brake後,於大正元年10月運到,現正行駛使用中,然而,貨車因未裝設Air Brake,未達貫通式標準。如今於木材運出車輛加裝Hand Brake(手動煞車)後,測試下行運轉,且再預購「Shay」機關車3輛,預定於大正2年3月底交貨。嘉義竹頭崎段於建設期間,曾向鐵道部借用重量為13.5噸之Tank Engine(蒸汽引擎車)1台,開始運轉營業列車。不過在44年12月,借用之機關車歸還鐵道部而移至台東縣使用,另由英國Berkeley公司(原美國加州中部學術工業都市,借為其公司名)製造採Tank Engine(蒸汽引擎)的六輪連結式機關車2輛備用。

當時計畫貨車行駛嘉義竹頭崎間,故需準備容量5噸之四輪式運土車10輛,其中2輛作為緩急車使用,8輛裝設Side Brake(副煞車器),於43年6月底運抵,7月下旬運回竹頭崎,運轉作為撒布小砂石之用。其次,竹頭崎以東之斜坡路線需要同型緩急車5輛,遂委託大阪火車公司製造,又向美國Lima公司購入載積量9噸、車長2呎之Bogie式運材車10輛。44年5月,運材車進行試驗運轉,因為製造不周全,尤其是制動機械部分設計錯誤,故將制動機械部分拆除,車輛加長為30呎,待軌道延展完工後,用於運送軌道材料。然

而，由於運出木材乃計畫重點，因而經再
研究後，將制動機再度裝上。45年5月，
另設計車長24呎、載積量12噸(Bogie式，
為前後2台車之串連車)之無蓋貨車10輛，由
大阪火車公司製造，指定大正元年8月底
交貨，9月開始測試，結果運轉熟練，成
績頗佳，不過曾發生數次車輛脫軌狀況，
導因為線路不良，加以「Bogie」公司製造
不完善所致，故日後針對「Coupler連接
器」設計必須特別細心，全部改良之，使
不再發生意外事故。

關於運材車長度、載積量及型式等，
尚待研究之處甚多。此外，伐木製材技術
方面，亦有相當關係存在，目前刻正研究
調查中。

最適合陡坡的機關車為Mallet(槌型/
鏈骨)型，其與Gearde(齒輪傳動裝置)之機
關車為同類型，皆屬High speed rail
型。運材車方面亦有許多特定型式，今後
須將重大考驗列入後續研究以製造適合車
輛，包括運用技術、運轉車輛技術，進行
運材活動等。

第七節 預算及結算

除測量費用外，藤田組所計畫之阿里
山鐵道總預算為3,735,620圓，決算金額
為1,261,964圓餘，扣除殘額為2,473,650
圓餘。41年7月，官辦計畫再興，鐵道預
算以先前殘額為標準來估算，審查為245
萬圓以外，加上為期一年的工事暫停期
間，既成工事受損之復舊預算10萬圓，合
計為255萬圓。預算內容製表如下：

用地費	6,000(圓)
軌道費	227,460
土木工程費	530,960
停車場費	8,840
橋樑費	148,030
車輛費	123,270
帶式煤炭運送機費	14,020
機械場費	23,330
涵洞費	13,080
諸建物費	3,240
隧道費	1,040,280
運搬費	14,940
建築用汽車費	7,400
工事監督費	113,000
建築用具費	3,470
預備費	169,000
柵牆及分界地費	1,810
既成工事復舊費	100,000
電信線架設費	1,870
合計	2,550,000

財務局於第25次議會中提出，當時政
府官員及公司兩方面在計算上互有差別，
監督費非但未增反以財政困難為由，削減
其預備費及復舊費，其內容如下：

工事費	2,167,960(圓)
監督費	149,906
預備費	96,594
復舊費	50,000
合計	2,464,450

阿里山森林經營案於第25次議會中遭
否決，翌年於第26次議會再次提出。當時

提案官員加薪，料想議決通過可增加監督費，但最後乃以財政困難為由，預備費遭全數削除。連既成工事之復舊費15萬圓亦被擱置，1年後其中10萬圓被刪，僅留5萬圓，其內容如下：

工事費	2,184,262(圓)
監督費	164,640
復舊費	50,000
合計	2,398,902

議會中僅為無意義的討論，因先前即遭削減甚多，最後金額為225,520圓，其內容如下：

工事費	1,958,742(圓)
監督費	164,640
復舊費	50,000
合計	2,173,382

43年5月鐵道開工之際，藤田組之決算金額為3萬6千餘圓，連帶將車輛賣出而無留存，再者，藤田組施工之隧道以徑間8呎完工，因日後須將隧道擴大為9呎以上，故需額外增加6萬5千圓，但議會以其性質不同，而將22萬5千餘圓全部刪除。最後向鐵道部交涉，以3件合併計算約32萬6千圓、36封度軌道10餘哩，在轉換保管約定下減少約5萬圓。43年9月製成預算表，原訂經營阿里山森林以5年為創業期，被縮減至3年。將預算逐次改定後，向第27次議會提出才議決通過。

用地費	6,000(圓)
器械費	23,330
諸建物費	34,450
土木工程費	446,888
搬運費	45,000
橋樑費	129,730
建築用汽車費	11,500
帶式煤炭運送機費	17,350
建築用具費	51,000
涵洞費	9,424
棚牆分界地費	1,810
隧道費	1,149,290
電信線架設費	12,400
軌道費	195,478
工事監督費	159,463
停車場費	12,600
既成工事復舊費	50,000
車輛費	140,000
合計	2,447,813

復舊費約需13萬圓，今則欠缺8萬圓。第43號及第45號隧道支保工、掘鑿費等不足約6萬元，況且，預計土木工程若遭天災危害，需要預備金，故而提出增加20萬圓預算之議，卻全遭刪除，不得已則由森林經營總額中，決定各項目費用依序計算、相互流用。44年5月，鐵道預算獲增額，改訂預算後，其內容如下：

用地費	0（圓）
器械場費	10,903.74
諸建物費	41,133.05
土木工程費	579,937.81
搬運費	45,146.20
橋樑費	98,398.96
建築用汽車費	18,242.03
帶式煤炭運送機費	16,251.96
建築用具費	4,771.75
涵洞費	16,378.82
棚牆分界地費	839.94
隧道費	1,310,746.73
電信線架設費	9,785.29
軌道費	169,215.37
工事監督費	181,346.51
停車場費	10,737.31
既成工事復舊費	各項目互相流用
車輛費	133,977.54
合計	2,647,813.00

土木工程費	623,166.722
搬運費	83,220.355
橋樑費	39,012.475
建築用汽車費	17,321.049
帶式煤炭運送機費	21,756.627
建築用具費	7,571.234
涵洞費	3,119.431
棚牆分界地費	588.622
隧道費	1,318,286.304
電信線架設費	9,982.232
軌道費	114,351.871
新營費	8,797.282
停車場費	15,746.786
器械場費	1,871.669
合計	2,544,893.650

阿里山森林鐵路的開發，從來都是邊做邊修改預算，而且皆被要求按預期全線通車，目前進行的工事當中，尚有一些未完工之處。自大正元年12月底迄今，其決算金額詳述如下：

俸給（薪資）	63,380.170（圓）
旅費	26,017.530
廳費	27,065.680
修繕費	17,559.414
雜給雜費	39,909.860
車輛費	64,251.033
鐵道工事費：	
諸建物費	41,917.294

預算總額中扣除該決算，尚餘102,919圓35錢，至大正元年度尚有未完工之處，則加緊完成全部費用支出。44年8月底，因暴風雨來襲，要求災害復舊費之預算為251,348圓62錢，指定配合44年10月之預算251,350圓；復舊工事於44年度全部竣工，決算費用為249,884圓5錢；45年6月及大正元年9月要求2個月風雨災害費用，災害復舊費6月份預算為237,333圓75錢，9月份為51,356圓89錢9厘，前者於大正元年9月預算237,334圓支付，後者則以同年12月預算50,749圓50錢支付。工事大半完結後，於大正元年度內支付全額預算。

第八節　天災地變

台灣每年皆有暴風雨來襲，經常發生土木建築工程之災害，44年8月底來襲之

暴風雨，可說是台灣60年來第一次大豪雨。45年6月之霖雨亦罕見。動工後受災者其概略如下：

1. 43年7月17日至18日暴風雨接連而至，於第5號隧道東口附近，巨石墜落，坑道閉塞，其他隧道土木工程亦處處發生小損害。

2. 43年9月1日、2日，暴風雨接連來襲，第2號隧道入口之山上各處龜裂，以支保工壓鎮，防止再度龜裂，出口坑門上方崩壞約百坪左右，坑門閉塞。其他如第二工區各處隧道，以及第五工區本線工程則出現較小的損害。

3. 44年5月9日，以及13至15日降下豪雨，第8號隧道出口岩層崩落，24呎支保工倒潰，坑道閉塞；第10號隧道出口處之20呎支保工倒壞，坑道閉塞；第14號隧道出口上方岩層崩落，6呎長支保工倒潰，坑道閉塞；第40號隧道山上多處發生龜裂現象，支保工全遭壓偏變形，緊急施工以防止再度崩塌；第43號隧道截（切）取入口崩塌，線路閉塞。其他隧道土木工程亦有多處損害。

4. 44年5月中旬以後連日降雨，5月下旬各處出現災害。第12號隧道上方土層下壓，造成上部支保工下沈5吋～1尺；第13號隧道距離入口13呎處因落石閉塞，出口處亦有崩塌50呎之損害，合計前方災害約70呎；第14號隧道坑內，右側遭壓偏致危態出現，實施臨時應急工事，以防止繼續壓偏。第38號隧道距出口約400呎處，有多處湧水，支保工破損，進行應急工事以防損害；第41號及第42號隧道坑內土層下陷甚厲害，下部支

工漸變狹窄，為保護眾多支撐桿，即進行工事以防災害繼續發生。其他如第43號隧道入口處，出現支保工歪斜現象，刻正進行應急施工。

5. 44年7月豪雨來襲，16哩70鎖附近，右側截（切）取處發生多處龜裂現象，百餘坪土砂崩壞，淹沒線路。

6. 44年7月17日暴風雨來襲，同月21日為止豪雨不停，第38號隧道距離西口約400餘呎處，土地陷落、坑道閉塞。

7. 44年8月27日、28日，暴風雨連連來襲，不幸的是，緊接著於8月31日至9月1日，遭逢台灣60年來前所未有之大暴風雨，於31日上午10點至1日上午10點為止，奮起湖一晝夜之雨量高達1,035耗之多，至9月6日風雨尚未停歇，全線遭受異常損害。列舉較重要者，如牛稠溪橋樑全部流失，11哩32鎖附近丘陵崩壞，淹沒暗渠高達50呎，築堤全部流失。第5號隧道入口之溪流移動，將橋樑部分沖垮破壞。第8號隧道出入兩口、第10號隧道入口，以及第13號隧道出口等，土石落下，崩壞線路並遭土砂淹沒。第13號及第14號隧道之間，於16哩70鎖附近截（切）取處，地勢移動約1千餘坪，線路遭土砂淹沒，而第14號隧道入口處部分損壞，隧道中央至出口之間倒潰破損。第17號隧道山上崩壞更大，隧道大半遭毀滅之命運。20哩68鎖處，50餘呎築堤因丘陵崩壞，水拔隧道入口，全部淹沒流失，22哩15鎖附近線路約6鎖之間，地勢變動，築堤全數流失，毫無痕跡留下，故重新建造2處溪谷。23哩60鎖附近右方，山上高約600

尺之岩層，土石沿路滑動數十萬坪，而形成左方約400尺之大窪處，土砂甚至流至大窪處再堆積上來，線路中心亦遭土砂堆疊高達50呎。第28號隧道全遭毀滅，第27號、第28號隧道之間約12鎖線路，毫無形跡留存，附近供隧道坑工居住的臨時小屋亦遭淹沒，有2名日本人、4名本地勞工遭壓死。第34號隧道出入兩口皆崩壞，坑口閉塞。第38號隧道坑內再度受損而閉塞。第43號隧道兩坑口，線路遭崩壞土砂所淹沒。第八工區溪流氾濫，臨時小屋流失，約有數名坑工遭洪水沖失下落不明。其他除土木工程受損，隧道崩壞以外，竹頭崎機關車庫全毀，樟腦寮派出所辦公室等建物全數受損，3棟宿舍半倒，其他建物多少有所破損。

8. 45年5月中旬至6月下旬，尤以6月1日至20日每日豪雨而發生大災害，雨勢之大，不輸前年。如第14號、第17號隧道之石磚牆，左右兩側皆有一條龜裂；23哩60鎖附近臨時線路截（切）取處，再度發生大崩壞；第38號隧道坑內，前年受損後，以9吋角材支撐鞏固復舊，但此次再度不敵大水而廢毀；第43號隧道入口截取處大崩壞，坑口再度出現歪斜情形，坑內各處遭土砂壓陷，只能進行防止倒潰的應急工事；34哩43鎖附近截取處，距離200餘尺的山上，有崩壞數千坪，流下的土砂淹沒線路。二萬坪停車場預定地往第67號隧道方向，地形變動，線路缺潰，第67號隧道全遭廢毀，該隧道出口新造之50尺溪谷亦崩壞，淹沒線路。

第61號隧道出口附近約60尺之間，山上200尺高處之岩層流失，隧道裸露。第66號、第68號，以及第70號隧道等，全遭壓偏而呈現歪斜情形，其他土木工程亦崩壞，其損害程度可與前年匹敵。

9. 大正元年9月16日，暴風雨猛烈來襲，嘉義官舍1棟、竹頭崎官舍2棟，以及北門、灣橋兩停車場主屋全倒，半倒者有7棟。其他嘉義、竹頭崎建築物等，多有破損情形，而線路、隧道、土木工程處處受損，樟腦寮、交力坪、奮起湖宿舍倒潰或受損嚴重。

10. 44年11月25日，16哩17鎖附近，採集小砂石撒布於第10號隧道坑內的小砂石列車，於第4次運轉中，制動機械部分失效，發生危險狀態，機關手（駕駛員）清田清極力欲停車，不幸於15哩50鎖附近曲線，因誤判為曲線外方，而遭擇出車外，火工園田兼一緊急代為逆轉控制桿，又以手動制動機減速，等候處理時機，很幸運地於15哩20鎖附近停車。事故原因為圓柱體煞車器之主散熱箱內的石綿或皮革溶解，侵入活塞圈，致使活塞作用停止、蒸汽逸漏甚多，制動功能失效。此次意外，除機關手輕傷外，車內其他乘坐人員皆幸運地安好無事。

11. 44年8月1日，獨立山山頂墜落約400才岩石，撞及中央岩石後而裂成兩半，其中一半落在第10號隧道出口，破壞支保工；另一半則墜落於16哩2鎖附近，破壞隧道及軌條，因此移開前後屈曲軌道數鎖。

12. 45年1月8日，於阿里山二萬坪停車場內，承包商藤田組的工人於切斷阻擋線

路的大樹同時，波及刻正於距此90餘尺外之林業宿舍附近進行測量工作的二宮英雄技師，致其當場慘遭倒樹壓死。

13. 45年3月9日，自交力坪開往紅南坑方向之砂石撒布列車空車運轉時，第13號「Shay」機關車前部之「Bogie」車於19哩56鎖27節處四輪脫軌。導因為該處地當梨園寮斷崖地，以曲線半徑2鎖、斜坡度40分之1往下行駛之際，速度稍快而脫軌。

14. 45年5月31日上午5時，自奮起湖停車場駛往多羅焉方向滿載木材之建築列車，行至28哩60鎖橋樑處，因後部旋轉軸線路折損，無法繼續行駛，一時剎車，因軌道上之「Bogie」車並無裝設制動機械，故枕木載積貨車之剎車充分緊縮而發生故障，以緩速開往奮起湖。試車運轉時恰遇細雨，機關車滑轉，關鍵的剎車裝置失靈，速度逐漸加快，機關手極力將制動機械(Reversing Rever回動裝置)反轉數回，但速度未減反增，至28哩32鎖(第40號隧道入口處附近)2鎖半徑曲線急彎而脫軌，列車行走於地面後，墜落橋下40呎深之溪底，機關車、貨車皆粉碎，機關手龜山熊吉、火工園田兼一及1名鹿島組員工當場死亡，建築監督牧野富太郎、線路工長鈴木喜藏、員工橋木數馬，以及3名勞工等受重傷，列車長河野吉郎輕傷，2名乘坐員重傷，其中1名數小時後傷重不治死亡，此事件乃建設工事中最大悲劇。

15. 大正元年8月17日，31哩4鎖附近，數百尺高之山上落下約3坪大巨石，當場壓倒同處河川石砌牆。其他，建築列車運轉事故，例如有機關車車軸折斷1次(Line Shaft旋轉軸線路)、十字頭叉頭折損1次，未完全作用而損及汽缸蓋2次，還有2次鉛製插塞熔解損壞，2次機關車脫軌，數十次貨車脫軌，加上承包商員工、勞工墜落山崖，或土木工程中誤觸木馬車，或是爆炸物使用不當等，造成多人死傷，數據無法詳加報導。

第九節　衛生狀態

鐵道建設之成敗，與從業人員的衛生設備是否完善息息相關。本鐵道地勢峻險，深山延亙，沿線又有瘧疾等本土傳染病類滋生，故需注意環境衛生，特別是衛生設備部分，因沿途高山斷崖、溪谷沖流，而森林雜木橫生，交通極為不便，從事鐵道建設者，若犯病魔，下山送醫不及，則無法於可救治時期接受醫療，患重病者輒死於非命，因此，急救方面於建設鐵道過程中，乃最重要之事，當時即聘請渡邊慈為囑託醫師，從事治療工作，嘉惠從業人員。明治43年8月23日，首先開設樟腦寮醫務室，日後逐漸增設各所，合計共6所。至大正元年12月止的2年4個月期間，接受治療患者高達13,346名，治療日數72,922天，將其概要詳述如下：

患者疾病類別及死亡者百分比詳列如下。

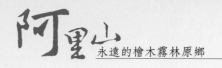

各醫務室死亡者一覽表

病類	種族	性別	竹頭崎	樟腦寮	交力坪	奮起湖	十字路	阿里山	計
第一類 傳染病	內地人	男	—	—	—	(一)14	2	(一)5	21
		女	1	—	—	1	—	—	2
	其他	男	(一)(3)4	—	—	(2)6	2	（1）4	16
		女	3	—	1	—	—	—	4
第二類 發育及營養器病	內地人	男	2	—	(一)	(一)2	—	—	4
		女	—	1	—	—	—	—	1
	其他	男	(一)(1)2	—	1	—	—	—	3
		女	(1)2	—	—	—	—	—	2
第三類 皮膚及筋病	內地人	男	—	—	—	—	—	—	—
		女	—	—	—	—	—	—	—
	其他	男	—	—	—	—	—	—	—
		女	—	—	—	—	—	—	—
第四類 骨關節病	內地人	男	—	—	—	—	—	—	—
		女	—	—	—	—	—	—	—
	其他	男	—	—	—	—	—	—	—
		女	—	—	—	—	—	—	—
第五類 血行器病	內地人	男	(1) 1	—	1	—	—	1	3
	其他	男	—	(1) 1	—	2	—	—	3
第六類 神經系及五管器病	內地人	男	—	—	—	(1) 1	—	1	2
		女	—	—	1	—	—	—	1
	其他	男	4	—	2	(1) 3	—	(1) 1	10
		女	(1)4	—	—	—	—	—	4
第七類 呼吸器病	內地人	男	1	—	—	(一) 1	—	—	2
		女	—	—	—	—	—	—	—
	其他	男	(1) 5	2	1	6	1	—	15
		女	2	—	—	—	—	—	1
第八類 消化器病	內地人	男	(一) 2	—	—	3	1	(一) 1	7
		女	(一) 1	—	—	2	—	—	3
	其他	男	(一) 13	1	2	1	1	—	18
		女	2	—	2	—	—	—	4
第九類 泌尿及生殖器病	內地人	男	—	—	—	1	—	—	1
		女	1	—	—	1	—	—	2
	其他	男	(1)2	—	—	1	—	1	4
		女	1	—	1	—	—	—	2
第十類 外襲及外科的疾患	內地人	男	—	(1) 2	—	(三)(2) 4	—	(一)(1)1	7
		女	—	—	—	—	—	—	—
	其他	男	(2) 2	—	—	(6)7	—	—	9
		女	—	—	—	—	—	—	—
第十一類 中毒症	內地人	男	—	—	—	1	—	—	1
		女	—	—	—	—	—	—	—
	其他	男	—	—	—	—	—	—	—
		女	—	—	—	—	—	—	—
第十二類 病名不詳	內地人	男	—	—	—	—	—	—	—
		女	—	—	—	—	—	—	—
	其他	男	—	—	—	(1) 1	—	—	1
		女	—	—	—	—	—	—	—
自殺	內地人	男	—	—	—	—	—	—	—
		女	—	—	—	—	—	—	—
	其他	男	(2) 2	—	—	—	—	—	2
		女	—	—	—	(1) 1	—	—	1
合計	內地人	男	(一)(1)6	(2) 2	1	(六)(3)27	3	(三)(1)9	48
		女	(一) 3	1	1	4	—	—	9

再揭	類	病名	別	性							
		其他		男	(三)(10)33	(1) 4	7	(10) 26	5	(2) 5	82
				女	(2) 14	—	4	(1) 1	—	—	19
再揭	第一類中	瘧疾	內地人	男	—	—	—	3	1	—	4
				女	1	—	—	—	—	—	1
			其他	男	(一)(1) 3	—	—	(2) 2	—	3	8
				女	3	—	1	—	—	—	4
		腳氣	內地人	男	—	—	—	(一)11	1	(一)5	17
				女	—	—	—	—	—	—	—
			其他	男	—	—	—	3	1	(1) 1	5
				女	—	—	—	—	—	—	—
		癩病	內地人	男	—	—	—	—	—	—	—
				女	—	—	—	—	—	—	—
			其他	男	(1) 1	—	—	—	—	—	1
				女	—	—	—	—	—	—	—
		花柳病	內地人	男	—	—	—	—	—	—	—
				女	—	—	—	—	—	—	1
			其他	男	—	—	—	1	1	—	2
				女	—	—	—	—	—	—	—
	第七類中	肺結核	內地人	男	1	—	—	1	—	—	2
				女	—	—	—	—	—	—	—
			其他	男	(1) 1	—	1	4	—	—	6
				女	—	—	—	—	—	—	—
合　計					(五)(13)58	(3) 7	13	(六)(11)58	8	(三)(3)14	—

備考	1.括弧中文數字爲阿里山作業所直屬死亡者。 2.阿拉伯數字爲死體檢驗數字。

註，數字似乎存有筆誤。

	開始	關閉	開設日數	治療患者數	治療日數
樟腦寮醫務室	43.8.23	45.1.28	520	1,771	10,562
竹頭崎醫務室	43.9.27	—	824	3,373	15,959
交力坪醫務室	43.9.16	44.7.26	310	1,036	4,500
奮起湖醫務室	43.10.7	—	814	4,761	30,136
十字路醫務室	44.10.17	—	440	1,275	5,936
阿里山醫務室	44.8.1	—	485	1,130	5,829
合計	—	—	3,393	13,346	72,922

各醫務室疾病類別患者總計一覽表

	病類	竹頭崎	樟腦寮	交力坪	奮起湖	十字路	阿里山	合計
第一類	傳染病	1,245	519	345	1,020	235	227	3,591
第二類	發育及營養器病	10	13	3	20	8	23	77
第三類	皮膚及筋病	217	156	70	253	110	64	870
第四類	骨關節病	21	7	3	11	1	1	44
第五類	血行器病	37	15	13	48	—	3	116
第六類	神經系及五管器	244	110	80	452	168	43	1,097
第七類	呼吸器病	482	233	129	858	192	317	2,211
第八類	消化器病	777	426	234	1,099	268	204	3,008
第九類	泌尿及生殖器病	79	34	15	105	25	13	271
第十類	外襲及外科的疾	247	251	136	867	224	167	1,893
第十一類	中毒症	1	1	—	3	1	6	12
第十二類	病名不詳	13	5	8	25	43	62	156
合計		3,373	1,771	1,036	4,761	1,275	1,130	13,346
再 第一類中	瘧疾	1,056	425	278	543	148	81	2,531
	腳氣	38	6	8	191	28	99	311
	癩病	—	—	—	1	—	—	—
揭	花柳病	173	86	62	285	54	47	707
第七類中	肺結核	14	—	2	5	—	—	21

對於各醫務室分別治療患者數之病類別百分比例表

病類		竹頭崎	樟腦寮	交力坪	奮起湖	十字路	阿里山
第一類	傳染病	36.94	29.23	12.33	21.42	18.38	20.00
第二類	發育及營養器病	0.30	0.73	0.29	0.42	0.62	2.03
第三類	皮膚及筋病	6.46	8.81	6.75	5.37	8.62	5.66
第四類	骨關節病	0.62	0.39	0.29	0.23	—	—
第五類	血行器病	1.09	0.85	1.25	1.00	—	0.26
第六類	神經系及五管器病	7.23	6.21	7.72	0.46	13.17	3.80
第七類	呼吸器病	14.28	13.15	12.45	18.02	15.05	28.05
第八類	消化器病	23.03	24.05	22.58	22.98	21.02	18.05
第九類	泌尿及生殖器病	2.34	1.91	1.44	2.20	1.96	1.15
第十類	外襲及外科的疾病	7.32	14.22	13.12	18.21	17.56	14.77
第十一類	中毒症	0.03	—	—	0.06	—	0.05
第十二類	病名不詳	0.38	0.28	0.77	0.52	3.37	5.48
再 第一類中	瘧疾	31.33	23.98	26.84	11.19	11.60	7.16
	腳氣	1.12	0.33	0.77	4.03	2.19	8.76
	癩病	—	—	—	—	—	—
揭	花柳病	5.12	4.85	5.98	5.98	4.23	4.16
第七類中	肺結核	3.90	—	0.19	0.10	—	—

六-2、田村剛(1929)的阿里山規劃報告

1920年代日本當局即已產生國立公園規劃構想，1927年日本本土成立國立公園協會，而台灣之規劃國立公園與日本本土同步，只可惜戰爭等影響，日治時代並無付諸實踐，此外，林業與保育之衝突，其實在20年代即已發生。

田村剛博士係台灣第一份森林帶報告人本多靜六(陳玉峯，1995a；1997d)的學生，1915年由東京帝大林學科畢業後，改行專攻景園學(造園學)，1920年獲得博士學位，1921年以降，仍追隨本多門下，先後參與日本國內16個國立公園預定地的調查、規劃工作，因而聲名大噪，且促成國立公園之設置。

1927年，台灣總督府殖產局長高橋親吉擬進行規劃阿里山國立公園，由營林所造林課長關文彥推薦田村剛來台。1928年2月12日以迄3月18日執行研究調查與規劃，但在其回日本船運過程中受傷，1929年春，以口述方式，由助手代其研撰《阿里山風景調查書》(李若文，2000)，為阿里山區最早涵蓋保育、觀光、林業的規劃報告，其內容反映20年代保育思潮，以及日本人之特定學派對阿里山的基本主張，特將之摘要或詳錄其內涵。本章節依據田村氏報告，將之條例轉譯介。

六-2-1、阿里山、玉山地區風景或其特徵

一、地理上，阿里山、玉山地區位居台灣中心。

二、自然地形方面可區分阿里山區域及玉山區域，阿里山區交通方便，摻雜殖民暨人文風景；玉山地區保持原始狀態，足為背景依峙。

三、阿里山區的風景資源

1. 地形獨立、完整。

2. 森林資源舉世難匹(但今天大體全毀)。

3. 登山鐵路景致變遷，嘉義至樟腦寮為平坦部，往上獨立山轉變為山岳性，觀光心理由俗界進入天然。交力坪的大竹林壯觀，水社寮及奮起湖的部落為情趣山上殖民地，而穿過奮起湖山麓的第45號隧道之後，望見塔山山脈，可謂進入阿里山大風景區的「關門」，前此只是前門，沿熱帶景致漸入暖帶，而在十字路站則為暖帶型風景的中心，之後即進入溫帶。

4. 阿里山風景最重大特色即塔山大斷崖及第3紀地層的雄偉地形(包括另名後藤岩的大塔山)、紅檜及扁柏的大森林，以及以玉山為首的山國雄偉展望；其他如溪谷、洞窟、原著民部落、雲海、天然避暑勝地等。

5. 可稱為阿里山塊的區域即約有25,000公頃的山區，海拔落差在600～2,676公尺之間，標高高於2,400公尺的山頭如：石水山2,905公尺、石山2,694公尺、大塔山2,676公尺、水山2,627公尺、兒玉山(自忠山)2,623公尺、塔山2,520公

尺、祝山2,504公尺、萬歲山2,476
公尺、對高岳2,455公尺。

四、玉山區域的風景資源

1. 寒帶原始景觀。

2. 含東埔等原住民文化要素

3. 包括3,952公尺玉山及超過3,000公
尺高山，如東峰、南峰、北峰、
西峰、南玉山、郡大山、玉山前
山等，若從嘉義算起，拔高接近
4,000公尺，乃世界級高山偉觀。

4. 景致氣魄入躋世界之級，奇峰、
絕壁、深谷、溫泉、瀑布、各式
森林帶，以及豐富動植物，莊嚴
而屬東亞的「阿爾卑斯山」。

5. (1920～1930年代)登山路線三出入
口，鹿林山休泊所等已有3處旅社
基地。

六-2-2、規劃原則、方針與計畫

一、順應地形、地物，盡量避免過分改造
自然。

一、強調在地經驗，細部計畫必須至現地
核對後更正。

二、發揮阿里山、玉山之世界格局的資源
特色，主目標擺在全球性的風景區、
休養地，向世界宣傳本區域的價值，
推動在地動植物、地質、氣象、人類
學、考古學、史學及其他各方面的研
究，闡明其為學術及趣味寶庫的原
委。

三、阿里山的風景區必須要包括玉山山
塊，才足以成為世界格局。

四、大風景計畫必須設定永遠不變的大方
策，計畫必須宏大，但實施則緩慢而

踏實。

五、本區須設置「絕對保護區」與「相對保
護區」(原文用保存區)。

六-2-3、風景的保護措施—
保育及保護呼籲

一、阿里山區森林及地形甚為莊嚴，面臨
伐採壓力下，應予保存壯觀的一部
分，否則將損及阿里山風景的價值，
也消滅了世界性寶貴的天然紀念物。

二、應予強制禁伐區如塔山及香雪山，乃
基於風景之必要；應劃訂山林水土保
持的保安原始林區，包括1927年9月
公告的第一、二號，即自陳有蘭溪與
沙里仙溪流域至玉山，約8,000公頃
的保安林(其中約6,559公頃是東京帝大
演習林，即今台大實驗林)；鹿林山至
玉山區域欠缺經濟價值，亦該保存，
換句話說，整個玉山地區幾乎全部列
入風景保護區。

三、阿里山區除了神木、獨立樹的保護
外，為保安、風景、水源之保護區如
下，完全禁伐。

1. 塔山斷崖地及大塔山(後藤岩)附近
風景林，即河合溪區，約365公
頃。

2. 神木、二萬坪、香雪山一帶風景
林，亦屬河合溪區，約205公頃。

3. 石鼓盤溪區水源涵養林，約47公
頃。

4. 長谷川溪區水源涵養林，約2.4公
頃。

四、人在自然界中行為的管理，例如原住
民的火獵應予禁止，狩獵、植物採集

等皆應有所禁止或規範。

六-2-4.實施計畫或規劃

一、相當於今之保育上所稱「嚴正保護區」，田村剛所列的風景保護區如下，其報告謂之寒帶型、溫帶型及暖帶型的「絕對保存區域」，「雖一木一石也不加以人為的變化」。

　1.寒帶型絕對保存區：以玉山為中心約8,100公頃，另有沙里仙溪已編入保安林的約8,025公頃。

　2.溫帶型絕對保存區：阿里山之沼平、二萬坪及香雪山區域，約432公頃的檜木林，略嫌不足代表阿里山檜林，但加以禁伐保護，未來必可呈現鄉土國有之壯觀（註，可悲的是後來已伐盡）。

　3.暖帶型絕對保存區：由十字路下降到外來吉社的道路兩側之土地，約253公頃。

二、實行住宿、休養、享樂的人為設施地區有10處，即哆囉焉、十字路、第一「スキッチ」附近、二萬坪、莓平、沼平、鹿林山、八通關、東埔、和社溪合流點。阿里山區域以沼平及二萬坪為大中心；玉山地區以東埔及和社溪會流點為大中心區。此外，展望台、山屋另述，區域外的獨立山、樟腦寮、嘉義車站附近，也希望分別增加適當設施。

三、各計畫區及面積如下。

　1.計畫區域總面積：48,127公頃

　a.東京帝大演習林：15,616公頃

　2.為國土保安或風景保存之禁伐區：8,590公頃

　a.香雪山風景林：204公頃

　b.塔山斷崖及大塔山附近風景林：365公頃

　c.眠月水源林：47公頃

　d.小笠原山水源林：2公頃

　e.玉山保安林：8,000公頃

　3.計畫區域內要施業限制的區域：22,217公頃

　a.十字路保存區（暖帶型）：253公頃

　b.香雪山保存區（溫帶型）：432公頃

　c.玉山保存區（寒帶型）：8,025公頃

　4.風景區：5,855公頃

　a.哆囉焉風景區：137公頃

　b.包括阿里山、鹿林山風景區（塔山、大塔山、眠月、小笠原山）：5,053公頃

　c.千人洞風景區：75公頃

　d.東埔風景區：367公頃

　e.和社風景區：223公頃

　5.附加風景的施業地區：7,652公頃

　a.哆囉焉施業區域：397公頃

　b.十字路施業區域：92公頃

　c.松山施業區域：501公頃

　d.千人洞施業區域：591公頃

　e.和社溪施業區域：1,157公頃

　f.兒玉山施業區域：60公頃

　g.陳有蘭溪及沙里仙溪施業區域：4,673公頃

　h.和社溪合流點施業區域：180公頃

　6.計畫區域外風景區：460公頃

四、交通概況及工具（略）

　1.阿里山鐵路主線之平坦線即嘉義至竹崎的8哩9分，竹崎以東謂之

山線。竹崎至二萬坪的31哩9分係最高坡度20分之1，包括獨立山的「迴折線」。二萬坪到沼平的3哩3分之間有2處，最高坡度達16分之1，因而到二萬坪可掛客車4輛，二萬坪以上只掛3輛。速率為每小時8哩。

2. 沼平經眠月到鳥松坑謂之「塔山線」，約8哩多。

3. 將來從沼平往水山、兒玉山將開採森林，正在建鐵路，可達到鹿林山附近的海拔2,300公尺。

4. 已開步道者為祝山、萬歲山、大塔山、對高岳等，塔山、香雪山欠缺步道。

5. 陳有蘭溪等玉山方面，平地至水里為鐵路，水里至內茅埔是臺車路，未來將延長運演習林的出材；八通關道路先前以每里1萬元代價，開鑿了坡度13分之1，寬約1.2～1.8公尺，將來可改修為馬車路。

六-2-5、個人評註

田村剛此份報告在規劃面向的重點，乃在7張圖面的規劃分區或配置，其後雖無實施，相對照於今日華而不實的所謂規劃，最大的差異係在保育文化或價值觀，以及腳踏實地的苦工，筆者對其規劃原則、方針與計畫最為激賞；其遠見包括自然至上、強調在地實證經驗、世界格局、訂下方針計畫要求「永遠不變」的堅持，以及實施必須緩慢而不躁進，大相逕庭於今之價值觀。

今昔對比，阿里山公路的開通，事實上相當於阿里山特質的淪亡，田村氏的預警成讖！

就歷史變遷的轉捩點而言，田村剛的報告，其前後因緣，實乃總督府內部伐木派與保育派相抗衡下的產物，加上民間對觀光遊憩的經營呼籲，複雜交纏的反映，然而，《阿里山風景調查書》本身並無此等較勁或衝突的著墨，吾人也不能以現代保育與開發對立的觀點去看待，然而，真正爆發對阿里山及嘉義縣市發展的多元論戰，大致發生於1900～1930年代。

新近李若文(2000)依據若干文獻及當年報導，簡單化約田村剛與營林所的二分對立，並強調嘉義市「民間」催化國立公園等情節，肯定阿里山區資源具備成立國家公園的條件(卻無真正內涵的陳述)，是否列為國家公園殆為「為與不為」的問題。

李文引述田村剛的「保育」主張，並非來自1929年2月出爐的《阿里山風景調查書》，而是如1936年的林業座談會，以及多篇輿論報導等等；其將嘉義市與阿里山國立公園化運動，硬是將遠在1900年代藤田組時代的開發繁榮連結一起，乃至1931年國立公園協會之成立，以及1937年總督府的公告，終將阿里山納入「新高阿里山國立公園」的波折，似乎強調「嘉義民間」是台灣史上第一個爭取成立國立公園者，巧妙的將不著墨的保育，滲透至田村剛的主張，恐怕有待深入檢討。至少，筆者無法苟同日治時代的「民間」是否具備如田村剛的保育觀，田村剛是否採納美國國家公園的根源概念，在在存有廣大模糊地帶。即令如此，田村剛在林業座談會上之認為

林業破壞景觀，遭受破壞地區，應以自然更新方式令其逐步恢復，使之再度恢復原始的主張，的確全同於今之筆者主張「次生演習」與保育觀念。

無論如何，田村剛及當時期待以阿里山為資源，力圖促進嘉義地區繁榮發展的「利益巧合」，的確是阿里山區在1928～1938年間，由林業轉型為觀光遊憩的關鍵，也奠定今之阿里山依然續存的原因之一。

六-3、阿里山區的農牧普查

台灣總督府殖產局農務課(1937)曾以極短期時間，全面普查了山地開發現狀，由自然資源、人文戶口、農林牧、病害、交通運輸等鉅細資料，其中嘉義奧地第一調查區涵蓋塔山地區、清水溪上游地區、曾文溪上游左岸、曾文溪上游右岸、Niyauchina地區、Takubuyan地區及草山地區，而阿里山區亦涵蓋在其內，其調查報告披露的，係以農業觀點的一手資料，可彌補單由林業觀點下的阿里山史。

此一調查的塔山地區範圍，指大塔山及松山連線以西，北界以石鼓盤溪支流為限，南以大塔山、塔山轉北上稜線為界，東西寬約6.5公里、南北長約4公里，面積約1,690陌，並不包括阿里山沼平區，但農業的敘述卻涵蓋阿里山。

筆者認為可資參考者全文照錄，筆者修訂年代等細節，其撰述編號亦修改成為12項如下。

一、林況

本調查區為嘉義奧地調查區當中海拔最高者，整體而言，區內的樹林覆蓋極為完整。本區之東部與南部境界一帶，則為營林所之造林地帶，主要樹種為杉木、紅檜、扁柏等，其生育狀況概稱良好。

其他則多為天然林地，溫帶林樹種的植生狀況極為良好。

本區之西北部一帶，屬於海拔較低的範圍，因此林相多為溫帶闊葉樹林，朝向東南方海拔逐漸爬昇之後，樹林中便開始摻雜紅檜、檜木與台灣杉等針葉樹種，待海拔更高之後則開始出現這些針葉樹之純林。

下表為塔山地方的林況細目區分資料。

林況項目		佔地面積（陌）	與總面積之比例（%）
樹林地	天然密林地	1,156	68
	造林地	444	26
草生地		-	-
除地、旱田、水田		90	6
合計		1,690	100

二、動物

有用、有害動物之種類與生棲狀況

由於地屬高山性氣候區，據說深山腹地仍有熊、豹等猛獸出沒，但並不常見。

一般較常見的野生動物包括鹿、松鼠、田鼠與鳥類等，這些動物對於造林苗木或苗圃都造成不小的破壞。

三、土地的緣故（傳統佔有與使用）關係

1. 林野整理調查區分

本區無本項之該當事務。

2. 森林計劃調查區分

A.應保留林野　1,690陌

在本調查區內全境內—

Ⅰ.保安林　無。

Ⅱ.施業案編成地區　1,690陌。

（Ⅰ）營林所指定林野　1,690陌

本地方係屬於嘉義營林所阿里山事業區內之初期施業地區，其總面積之4,833陌中之一小部分。

自1920年起至1934年之間，本調查區根據暫行施業案之規定，進行了558陌之造林計劃，其中杉木8成、檜木2成。

（Ⅱ）初期施業地區　474陌

阿里山事業區之施業案係於1936年度起正式展開，預定花費10年的時間加以完成，目前尚未實行至本調查區之範圍。

將來預定之造林面積為8,200陌，而天然更新之面積預計為112陌，境內之杉木、扁柏與紅檜將進行喬木皆伐的作業。

B.準應保留林野　無。

C.不須保留林野　無。

（3）蕃地開發調查區分　無該當之事項。

（4）官廳用地　無。

下表為本調查區內之土地傳統佔有與使用關係資料。

四、住民

1.種族、戶數

本地區雖屬於蕃地範圍內，卻沒有傳統的蕃社所在。由於本區地屬營林所之事業地，因此境內的住民多為警察職員或營林所之相關工作人員。

區內之戶數與人口數一如下表所示。

2.習性、風俗習慣

本區內之住民多為暫時居住之勞動者集團，因此個人主義極為盛行，但大致上性情尚稱溫和，同時具有儲蓄的習慣。此外並沒有本地區住民特有之風俗或習慣。

3.勞力

本區內除了警察職員之外，其他盡為營林所相關之聘僱勞動者及其家屬，此外並無任何可供利用之剩餘勞

土地使用項目	面積（陌）	與總面積之比例（%）
總面積	1,690	100
林野整理調查區分	—	—
森林計劃調查區分	1,690	100
應保留林野	1,690	100
施業案編成地區	1,690	
營林所指定林野	1,690	
初期施業地	474	
準應保留林野	—	—
不須保留林野	—	—
蕃地開發調查區分	—	—
官廳用地	—	—

年別	部落名	內地人(日本人)			本島人(台灣人)			高砂族			合計
1936年底	眠月	戶數	男	女	戶數	男	女	戶數	男	女	52
		1	1	1	10	30	20	—	—	—	

備考：內地人為警察職員，本島人則為營林所相關工作人員與其家屬。

動力。

以下並列出營林所於阿里山事業區內，1936年度之相關勞動者聘僱狀況以供參考。

五、產業

1. 住民之農耕狀況

一如前項所述，本區內之住民概為臨時性的勞動者，因此全都以官方發給之工資維生。即使有少數的耕地存在，也大抵為住民本身家庭用之菜園。在阿里山方面有2名本島人之阿婆係以生產販售蔬菜維生，但其面積極為有限，可視為副業型的小型生產者。

2. 住民之畜牧狀況

此地亦有住民畜養豬、雞等禽畜，然其數量甚為有限，大抵僅供自家食用。並沒有特別值得記載之畜牧產業。

3. 住民之林業狀況

無本項之該當事項。請參照前（4）項中所敘述之土地傳統佔有與使用關係中，營林所指定林野之項目。

4. 住民之天然生產物利用狀況

無本項之該當事項。

六、住民之衛生狀況

此地可說為一勞動者之集合部落，一般說來民智較低，衛生思想也較為缺乏。不過本區之標高位於1,200～2,800公尺之間，氣候非常溫和，所以並沒有瘧疾或其他特別之風土病，故一般衛生條件堪稱良好。然而近年來阿里山一帶據傳發生多起傷寒病例。

病名別、罹患率、死亡率

由於此地缺乏可靠之疾病統計數據，因此無法了解確切之情況。據口頭瞭解以冬季之感冒居多。此外則以工作上不小心所受之外傷佔大多數。

七、附近的既有企業之狀況

本區之標高約為2,000公尺上下，屬於高山性氣候區。此地之氣象狀況大致上為四季冷涼，溫差較小，若用以栽培高地蔬菜、果樹等作物，將來必定大有發展。事實上，目前已有不少試種、試作之成績。不過以其事業體之規模觀之，似乎還不及稱為企業的地步，然而推廣高地園藝之呼聲已處處可聞。以下將現地之栽培狀況略作記述。

此外，位居本調查區域與新高山間約略中央地帶的塔塔加平原，亦正由台南州農會經營和牛（日本牛）之改良與育成實驗，本項中亦針對其實況略作介紹。

阿里山上果樹與蔬菜之栽培狀況

阿里山地方的氣溫一如前述，年均溫僅為10.4度，恰與內地之秋田縣一帶相仿。然而秋田縣之月均溫落差高達25.3度，阿里山的月均溫落差卻僅有9.4度，可見阿里山溫差變化之小。而阿里山之最低月均溫出現於1月的4.5度，約等於內地的熊本、松山一帶，而最高月均溫則為7月的13.9度，甚至較北海道敷香之15.8度更低。

由此可見，氣溫冷涼且溫差甚微是為阿里山氣候之特色。但從另一方面來看，當地溼度之變化甚劇，且日照時間有限，加以高達3,886公釐之降雨量，同時大多

阿里山勞動者僱傭狀況調查（註：內地人指日本人，本島人指台灣人）

月份 （昭和11 年；1936）	種族別	勞動者 人數 （人）	工程僱傭		固定僱傭		勞動者及其家 屬總人數		合計
			使役 總人數 （人）	工資 （圓）	使役 總人數 （人）	工資 （圓）	男 （人）	女 （人）	
1 月	內地人	122	78	5,006.50	44	1,980.00	244	230	1,501
	本島人	385	236	6,994.51	149	4,023.00	577	450	
2 月	內地人	121	78	5,222.30	44	1,980.00	244	230	1,501
	本島人	381	236	6,578.68	149	4,023.00	577	450	
3 月	內地人	117	72	3,353.09	44	1,980.00	244	230	1,501
	本島人	397	236	7,377.41	149	4,023.00	577	450	
4 月	內地人	121	78	7,489.51	44	1,980.00	244	230	1,501
	本島人	383	236	10,524.51	149	4,023.00	577	450	
5 月	內地人	121	78	7,106.86	44	1,980.00	244	230	1,501
	本島人	404	236	10,294.00	149	4,023.00	577	450	
6 月	內地人	121	78	7,335.95	44	1,980.00	244	230	1,501
	本島人	399	236	7,750.84	149	4,023.00	577	450	
7 月	內地人	121	78	6,821.02	44	1,980.00	244	230	1,501
	本島人	386	236	9,742.13	149	4,023.00	577	450	
8 月	內地人	121	75	4,574.42	44	1,980.00	244	230	1,501
	本島人	387	235	8,918.95	149	4,023.00	577	450	
9 月	內地人	121	75	4,854.31	44	1,980.00	244	230	1,501
	本島人	389	235	8,867.60	149	4,023.00	577	450	
10 月	內地人	121	76	8,184.23	44	1,980.00	244	230	1,501
	本島人	400	236	9,439.71	149	4,023.00	577	450	
11 月	內地人	121	78	4,898.02	44	1,980.00	244	230	1,501
	本島人	397	236	8,787.51	149	4,023.00	577	450	
12 月	內地人	121	70	4,445.53	44	1,980.00	244	230	1,501
	本島人	388	236	6,602.99	149	4,023.00	577	450	
合計	內地人	1,449	914	65,345.74	528	23,760.00			
	本島人	4,698	2,830	101,881.84	1,788	48,276.00			

備考附表

種族別	工作別	固定僱傭工人工資（圓）	工程僱傭工資（圓）	
			最高	最低
內地人（日本人） 本島人（台灣人）	伐木	5.26 3.07	5.26 3.07	2.07 1.14
內地人 本島人	集材	2.35 1.40	5.00 1.80	2.00 1.00
內地人 本島人	運材	1.85 1.05	— —	— —
內地人 本島人	造林	1.58 1.06	— —	— —

集中於夏季的豪雨季，這些對於園藝栽培都帶來不少的負面影響。尤其是夏季偏多的雨量，對於阿里山難得的冷涼氣溫條件大打折扣，這也是阿里山夏季高山蔬菜栽培的一大障礙。

　　針對這些氣候條件進行更基礎的研究之後，相信將對阿里山的園藝事業大有幫助。以下將對目前的果樹與蔬菜栽培進行概略的敘述。

八、果樹

　　目前阿里山上栽培的果樹種類包括了蘋果、桃、李、櫻桃、梨、栗子與草莓，其中蘋果、櫻桃與梨係於1916年左右，由台北的石井氏（應該是前總督甫農事試驗場技師故石井仁三郎氏）寄至阿里山上來，由營林所人員試驗性地栽種於營林所官舍附近，因而殘留至今的植株。而草莓與茶苗則是於1936年，由大谷光瑞師寄贈予營林所，因而定植於營林所之苗圃內。其餘種類之引進過程則不明。

1. 蘋果

　　目前之株數為11株，遍植於營林所官舍、警察官駐在所庭院內以及阿里山神社境內。

　　由於這些植株係於1916年左右引進，推算其樹齡應有23年，然其品種不詳，著生之果實呈稍扁之圓形小果，並非十分良好之品種。以下係為針對這些蘋果樹進行生育狀況調查的結果。

　　開花其為每年的4月上旬，而果實的成熟期為9月左右。過去從未進行任何剪枝或整理的工作，完全放任期自由生長，然各株之間的生長情況大不相同，且樹勢略有貧弱之感。依現狀而言，並沒有進一步企業化的可能性，可能尚需要深入的研究。

2. 梨

　　目前植株樹木為5株，與蘋果同樣散植於官舍與阿里山神社附近。引進之時期為1916年，因此樹齡應為23年生，然品種不明。根據其果實的形狀與其他相關條件推測，應該是「長十郎」種。

編號	樹高（公尺）	莖幹直徑（公分）	樹型	生育狀況	花芽著生良窳	備考
1	約 3.0	10.0	杯狀	良	良	昭和十一（1916）年時，2 株共結果 15 顆
2	約 3.1	7.5	自然	稍良	良	
3	約 3.2	12.0	自然	稍不良	不良	樹身長大但枝條稀少
4	約 2.5	11.0	杯狀	稍不良	不良	
5	約 2.0	（1）5.0 （2）β）6.0	杯狀	稍良	不良	地上部主莖根部以上一分爲三
6	2.0	約 6.0	自然	不良	不良	昭和十一（1916）年結果 2 顆，管理不良
7	2.0	約 7.0	自然	不良	不良	管理不良
8	2.5	約 12.0	杯狀	良好	稍良	昭和十一（1916）年時，全部植株共結果 5 顆
9	2.5	約 20.0	杯狀	良好	稍良	
10	2.5	約 20.0	杯狀	良好	稍良	
11	2.5	約 20.0	杯狀	良好	稍良	

編號	樹高（公尺）	主幹直徑（公分）	樹型	生育狀況	花芽著生之良窳	備考
1	5.1	10.0	高自然	良	良	昭和 11（1936）年結實 120 顆
2	4.0	12.0	高自然	良	良	昭和 11（1936）年結實 200 顆
3	4.2	17.0	杯狀	良	略良	昭和 11（1936）年結實 100 顆

上表為本次調查植株之生育狀態與結果情況之資料。

開花期為4月下旬，成熟期為8月，所結果實肉質較平地販售之產品堅硬，且渣滓較多，果實品質難謂優良。不過著花、結果的情況尚稱良好，以此點而言可說是較有開發前途的果樹。

3. 櫻桃

目前區內之栽植株數約20株，與蘋果相同皆栽植於營林所官舍庭院，且樹齡亦約為23年左右。

品種不明，果型較小，稱不上是優良的品種，現在被當作庭園樹木栽種，放任生長而缺乏管理，樹形與枝條的發育都不太自然，不過其生長勢堪稱旺盛，結實的狀況也頗為良好，應該是本區內發展最有希望的果樹。

下表為本次調查植株之生育與結實狀況。

開花期於3月上旬，成熟期為7月，每株的結實狀況皆極為豐碩，風味也屬尚可。

編號	樹高（公尺）	主幹直徑（公分）	樹型	生育狀況	結實狀況	備考
1	5.5	20.0	自然	良	良好	一株約結實 300 顆以上
2	5.0	20.0	自然	中	稍不良	
3	5.2	17.0	自然	良	良	
4	6.5	同一株上有5根15公分左右的枝條	自然	良	良	

4. 栗子

目前於阿里山神社境內栽種有8株，定植時間為1916年，每一株之生育狀況皆十分良好，樹高大抵在7～10公尺左右，據目測可知主幹之直徑應在25公分上下，然樹枝的生長錯綜交叉，顯得有些過密。

結實的情況良好，然果實成熟的時候果皮會迸裂，此為其缺點。此外松鼠的為害也相當嚴重。

依此情況觀察，栗樹除了用來作為果實生產之外，更適合造林栽種藉以生產幹材。

5. 草莓

此地最初的草莓為1936年時，大谷光瑞師寄贈予營林所的植株，其品種屬於「明石」與「錦」兩類，二者皆是優良之草莓品種。株數合計為12株，目前全數栽培於阿里山營林所的苗圃之中，由於調查當時尚屬於其發育期，因此無法判定其結實情形良否。不過阿里山上原本即存在許多野生的「TAIWAN-SHIROBANA-HEBIICHIGO（蛇莓）」，其亦屬於可食用之野生草莓，由是可推論本區應十分適合草莓生長。1931年時，曾有美國的育種專家數度造訪阿里山，採集「SHIROBANA-HEBIICHIGO」以供草莓之品種改良。

本地之草莓係於4月上旬開花，5～6月時成熟，每株於長度7～8公分時結實。

除了上述之果樹之外，本區尚有李、桃等作物，李子之結實狀況良好，然果實之品質欠佳。桃子之植株生育狀況良好，然結實的狀況不佳。這2種果樹都是阿里山上之在來種。

九、蔬菜

早在阿里山開發伐木事業之初，此地並沒有栽培蔬菜的記錄。因此山上勞動者生活所需之蔬菜，完全須要由十字路方面供應，後來在增進勞動者之營養衛生與經濟利益的考量下，開始獎勵眾人於本地自行栽種蔬菜，後來蔬菜種植的習慣才漸漸散佈開來，到了後來甚至有人稱讚說，阿里山上生產的大蘿蔔（大根；DAIKON）風味更勝於平地。

不過本地所生產的蔬菜一向僅供自家食用，只有1名本島人（台灣人）阿婆係以種植販售蔬菜維生，她所生產的蔬菜種類主要包括蕪菁、蕗蕎與大蘿蔔等。

根據調查者向居住於阿里山上十數年之內地人（日本人）婦女訪問的結果，可得出下表中所列之相關資料。

一如下表所列，阿里山上栽培的蔬菜

蔬菜名	播種期	移植期	收穫期	備考
根菜類				
聖護院大根	9 月	—	11～12 月	每年由內地取得種子，根徑 5 寸（每寸約為3.03 公分），品質良好
宮重大根	9 月	—	11～12 月	
美濃早生	特種栽培 5 月	—	8 月	雨季時須於地表舖設乾稻草
時無大根（Tokinashi -Daikon）	年中隨時	—	年中隨時	以夏作之生長情況最好
蕪菁	8～9 月	—	11 月	不可春播
紅蘿蔔	4 月左右	—	8～9 月	
牛蒡	7 月左右	—	11～12 月	生育情況略為不良
芥茉（Wasabi）		3～4 月	年中隨時	定植後 2～3 年採收
莖菜類				
馬鈴薯	2～4 月	—	6 月	
薑	（苗）6 月	—	12 月左右	
土當歸（Udo）	（苗）3～4 月	—	6～7 月	
韭菜	（苗）7 月	—	翌年 6 月	
蔥	6～7 月	8 月左右	12 月左右	
葉菜類				
白菜類	7～9 月	—	11 月左右	夏季地表須舖乾稻草，播種後約 70 日可採收
芥菜	幾乎可全年栽培	—	—	
京菜（塌柯菜）	7～9 月	—	翌年 1 月左右	
恭菜	秋播 9 月 春播 2 月	—	1～2 月 7～8 月	
菠菜	生長不良	—	—	
甘藍菜	年中結球	—	—	葉片較平地厚，適合燉煮食用
茼蒿	年中隨時	—	—	
萵苣	年中隨時	—	—	
蕗蕎	5～6 月	—	年中隨時	

葉用芥茉	（多年生）	─	4月左右 收穫較多	
果菜類				
南瓜	2月左右	4～5月	8～10月	
小黃瓜	2月左右	─	6～7月	
莢豌豆	3月中旬	─	6月左右	
菜豆	3月中旬	─	7月左右	
蠶豆	1～2月	─	6月左右	

以葉菜類與根菜類為多，且其生長狀況大致良好，但果菜類則不然，其中尤以小黃瓜與其他瓜類的生育情形較不理想。蕃茄與茄子等甚至無法於本地栽培，但二萬坪一帶的蕃茄栽培情況還不錯。

除了表列的蔬菜之外，本地由於椎樹眾多，因此野生的香菇也十分常見，梔山氏曾於此地進行人工栽培。此外野生的芥茉於4月時最為繁盛，但一年到頭都可採收，備受眾人珍惜。

十、和牛育成實驗

台南州農會於「塔塔加」平原進行之改良和牛育成實驗

1. 位置

橫跨台南州嘉義郡蕃地鹿林山與台中州新高郡蕃地，南邊鄰近楠梓仙溪，與高雄州旗山郡蕃地相連。

距離阿里山登山口大約14公里，約位於登山口至新高山之中間位置，屬於京都帝大演習林的一部分，是一片極為平緩寬廣的大草原。此地之海拔約為2,800公尺上下，屬於高山性氣候地帶，四時氣溫冷涼，自然條件大致與內地之改良和牛生產地相仿，牧舍與鹿林山莊、塔塔加駐在所相鄰。

2. 面積

牧場的概略面積為3,000陌，其中可用作牧場利用面積約為1,000陌。

3. 目的

針對此次改良和牛育成實驗，重點在於瞭解飼牛個體於此地之生育狀況，尤其是個別之體長、體高與胸圍等變化。

台南州農會於1936年度預算中編列了2,126圓，於同年3月購入兵庫縣美方所產之改良和牛(然是為馬牛)─牡1頭(滿2歲)、牝2頭(一頭滿1歲，另一頭為10個月)。並於3月10日起移至塔塔加平原放牧，進行育成與繁殖之實驗。

4. 飼育狀況

當地配置1名牧夫長期駐場，負責監視與管理牛隻，日間牧牛可至原野遊走，但夜間則趕回牛舍休息。食用的濃厚飼料包括豆粕、米麩、米糖與食鹽等，1936年度花費於飼料購買之費用為107圓，平均每頭每日所需之飼料費略多於10錢。

至於牧場的用水方面，主要來自於鹿林山莊下之自然湧泉，此外稜線上處處可見低漥積水，水草繁茂之水坑，相對於本場之牧草面積而言，用水上並無匱乏之

虞。整體而言，此地由於氣溫寒冷，因此牧草(箭竹)的生長速度並不算快，但如果四處栽植遮蔭樹木，應有益於箭竹之叢生與新芽產生。

此地幾乎不見各種病蟲害發生，這可說是高地牧場特有的優點，對於牧牛的飼養與保健來說，算是相當適合的場所。

5. 生育狀況

下表為牧牛之體長、體高與胸圍等之比較結果。紀錄之時間分別為購入當時(1936年3月)與經過一年之放牧後(1937年春天3月)的結果。

由於上述之實驗至今僅得出一年的短期成績，因此還無法全面性地論斷，但其生長情形確實優於平地牧場，因此足以佐證本地應為飼牛之適合牧地。此外在交通工具方面又有阿里山鐵道之便，稱得上是一處交通便利之高山牧場。但反過來說，卻有距離市場稍遠之慮，同時在飼料與其他必要物資的運搬、產品之運出方面，花費較高是其缺點。

十一、交通狀況

1. 調查地區與外部之交通

A. 道路

本調查區內並沒有任何與外界的聯絡道路，唯一的往來方式便是利用阿里山鐵道林內線，可搭乘火車直接前往阿里山。

本地區內之住民僅限於眠月車站之站員與駐在警察等，因此代用道路之交通量極低。

B. 鐵道

阿里山鐵道

a. 位置

阿里山鐵道以嘉義市為起點，經竹崎、樟腦寮、奮起湖(以上皆屬於嘉義郡竹崎庄境內)與十字路(嘉義郡蕃地)，再抵達營林所阿里山事業區，於嘉義竹崎間大抵沿著牛稠溪畔行走，及至竹崎後進入山岳地帶蜿蜒前行。

種別

屬於輕便鐵道(營林所經營)。

b. 總長度

嘉義至阿里山間72.0公里，阿里山至新高山口間11.0公里，兒玉山方面集材線為4.0公里，林內線為12.5公里，總路線長合計99.5公里。

c. 軌間

775公釐(2呎6吋)。

d. 坡度

最急坡度為17分之1，大部分為20分之1。

詳細之資料請參閱阿里山鐵道圖。

e. 利用狀況

本鐵道之最主要目的為搬運砍伐下來之阿里山材，加以沿線農林畜產之搬出，與當地所需之雜貨、肥料與建築材料等物資，當然還包括了當地住民與阿里山、新高山方面登山客之往來交通。

f. 運費

貨物運費調查表

種類	運輸公里程別運費（錢）							摘要
	10公里為止	20公里為止	30公里為止	40公里為止	50公里為止	60公里為止	70公里為止	
普通小型包裹	2	2.4	2.8	3.2	3.6	4	4.4	
普通大型貨物	百公斤/公里＝4.2 錢，但竹子與竹筍百公斤/公里＝3.0 錢							
火藥類	百公斤/公里＝最低運費 14 圓，但 30 公斤以下者為每單位 10 錢，故最低運費為 3 圓，然而竹崎至眠月之間並不依此項處理							
豬羊類	百公斤/公里＝2 錢，竹崎至眠月間不依本項處理，然畜腳不得捆綁							
危險品	嘉義至竹崎間為百公斤/公里＝1.3 錢，竹崎至眠月間為 5 錢							
普通貨物（車廂整廂租用）	嘉義至竹崎間為百公斤/公里＝6 錢，竹崎至眠月間 25 錢，但竹筏僅需百公斤/公里 15 錢							
危險品（車廂整廂租用）	嘉義至竹崎間為百公斤/公里＝8 錢，竹崎至眠月間為 30 錢							
最大規格飼育成績表	單項貨品之長度達 8 公尺以上；重量達 2 噸以上者，抑或容積達 5 立方公尺以上者，其運費須以當場簽訂之運送契約決定							

乘車費用表

區間	每人/公里	每人/公里	摘　要
	二等	三等	
嘉義竹崎間	0.044圓	0.025圓	
竹崎眠月間	0.086圓	0.086圓	

本鐵道目前每日之輸送量一如下表所示。

鐵道輸送量表

列車種類	運轉次數	一列車車廂數	一日運輸量	摘　要
運材列車	3	8	75公噸	自家用品
			13公噸	一般貨品
載客列車	1	4		

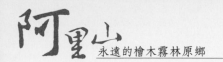

附記：

　牽引車

附屬於本鐵道之牽引車分為蒸汽火車頭與柴油火車頭，詳細資料一如下表所列。

蒸汽火車頭	28噸	Shay型	20輛
柴油火車頭	4.7噸	2輛	合計5輛
	7.0噸	3輛	

　客貨車

運材車方面有美國Lima公司出品之載貨量9噸、Bogie式、全長6公尺(20尺)，以及大阪汽車會社出品之載貨量12噸、Bogie式、全長7.3公尺(34尺)2種，車輛總數為110輛，客車方面則為Bogie式14輛。

　軌條

軌條之大小為10公斤(30封度)。

　隧道

隧道之構造主要為斷面短型、木造裝工(檜材)，其他部分為混凝土塗裝，亦有少數為無支柱、直接挖空型。

斷面尺寸為高度2.79公尺(12.5尺)，橫寬為2.7公尺(8.9尺)。

　運輸能力

目前狀態下之最高運輸能力(一日運輸能力)

列車種類	運轉次數	一列車車廂數	一日運輸量	摘　要
運材列車	4	8	100公噸	自家用品
			100公噸	一般貨品
載客列車	1	4		

　　上表係於現有工作人員編制之考量下，所能產生之最大運輸能力，但最多僅能持續1個星期。

　　若需增加一班次的載客列車時，可增派一班次的運材列車代替。

　　目前的隨車工作人員為12名，站員4名，其他相關人員若干名，若增加數名人員支援，至多可再增加一班列車。此時其最大運輸能力如下表所示。

　最大運輸能力

列車種類	運轉次數	列車車廂數	一日運輸量	摘　要
運材列車	5	8	125公噸	自家用品
			125公噸	一般貨品
載客列車	1	4		

其他

本鐵道線路之最小彎曲部位之半徑為20公尺。

C.軌道　無

D.索道　無

2.調查地區內之交通

A.道路

本地區內除了蕃路之外，並沒有任何的通路，同時蕃路之交通量極為稀少，主要通行者為登山客。

B.鐵道

本調查區內部分地區曾舖設有木材採集線路，然現今已無運材之需要，因此該路線已經撤廢。

C.軌道　無。

D.索道　無。

十二、河川狀況

(1)集水區

本調查區內之河川為石鼓盤溪之上游(清水溪之上游)，其發源自塔山之懸崖，朝向西北方向湍流下山。

本溪諸支流之流域多屬急陡傾斜地形，且大部分為阿里山事業所採伐之遺跡，本區境內地表多由極硬質之砂岩所構成，表土流失甚為嚴重，呈現出壯年期之山形。

(2)降雨量

適用於總括項內降雨量表中之阿里山觀測所數據。

(3)水量

A.最大渴水量

在最大渴水期內，幾乎沒有任何溪水。

及至海拔2,100公尺以下時，始見得處處地下泉水湧出。

B.平日水量

由於過去從未進行過類似調查，故資料不詳。

C.最大洪水量

由於此地溪澗流洩於岩石之間，因此其洪水痕跡極難辨識，故最大洪水量無法推算。

(4)水質

無色、無臭且極為透明，據判斷極適用為飲用水。然水中應含有若干石灰成分。

(5)河床坡度

整體坡度說來極為陡急，一般約為5分之1，但某些地方的坡度亦較為平緩。

(6)河床寬幅

由於本地之溪流地處上游，因此河床寬幅並不易決定，大致上可認定為3〜5公尺之間。

(7)流路長度

第一號溪長度為4,450公尺，第二號溪為4,500公尺，第三號溪為3,200公尺。這些僅為本區域內主要溪流路線之長度。

(8)其他

河床的狀況

各溪流底部多砂岩層露出，其形狀多稜角，且處處可見礫石堆積。

早期阿里山的高麗菜又大又脆，如今已少見。照片中為陳相云。陳玉峯攝　1988.10.23.　阿里山

六–4、近藤幸吉回憶錄

近藤幸吉係日本宮城縣栗原郡金成町人，接受政府招募，於1913年前來阿里山林場工作，伊藤猛之所以來台，係近藤的關係；阿里山成為賞櫻聖地，始自近藤幸吉；其弟近藤勇更為台灣留下伐木工程最珍貴的實務記述。

近藤幸吉應山林會邀稿，於1943年發表在「台灣の山林第209號，1～17頁」的「阿里山の事業懷古」，正可彌補阿里山開發史早期已作古人士的口訪缺憾，因而依據原文，完整字句逐一翻譯如下。文中年代或有若干筆誤，為保留原味，不作更動。

「阿里山的事業懷古」全文

這次接到山林會通知，謂對山林事業有什麼奇聞希望能投稿。我在台灣已住了29年，但只在營林所服務，對其他的山林關係一無所悉，因此予以婉辭。但又謂可以就阿里山事業寫一點東西，懶於執筆為文的我雖覺將貽笑大方，因盛情難卻，乃決定將創業當初至今天發達的情形，憑著記憶加以記述。但這記事因為不是公記，與實際情形或許多少有差異，如有所發覺請多多指教。

關於阿里山作業當初的計畫

我到阿里山是大正2（1913）年5月30日。阿里山鐵路的運營也是從這一年4月開始的。當時是シエー式18噸火車頭，貨車是12噸或5噸車，將這盈車只3、4輛為一列車而牽下。當時在伐木的地方是，沼之平線的上部萬歲山區，我到的時候是剛剛開始採伐的。從那裡以至祝山是很優秀的林相，完全蔽住天空。又集材及裝載是，將前年所採伐的地方，即沼之平車站的下方醫務室上部者集材，開始運出。其次關於造林是，在小笠

原山西南西的草生地，於僅少的面積栽種內地杉。大正2(1913)年春天為止的，山的作業大致是這樣的程度。我從內地來台，在嘉義俱樂部投宿那一夜，當時的阿里山派出所主任中里技師之外，另有4、5名所員集合，在傍聽到他們的談話，初次的我不知他們在談什麼，好像在說「那個大崩潰在這雨期不知會怎樣，某某地方也不能放心等等」。談話一直繼續了很長時間。後來才知道，是因二萬坪下與63隧道附近的崩壞地點，不知雨期中會怎樣，為此感到不安而在會商。因憂慮這雨期中的被害，結果將運材作業如此計畫者。諒必知道，竹崎阿里山間的橋樑數雖不明，但隧道有72個，又線路的距離至沼之平有43哩，在這當中最大的不安是，二萬坪下方的大崩壞處，及63號隧道附近的大斷崖。因這兩處在雨期必然會大崩壞，而交通斷絕。所以於乾燥期中盡全力運材至奮起湖，一在該處卸貨，利用因風水災等而奮起湖阿里山間線路不通的期間，將奮起湖的儲材運至嘉義。為此在奮起湖車站上部造押　線，又安裝ドンキー以裝載貨車等，作了萬全的準備。一方面關於在阿里山居住者的糧食其他物質，估計火車不通的期間約4個月，而決定將所需數量儲藏在阿里山。但在多溼的阿里山，長期的儲藏白米將會腐蝕，而改儲稻穀。依需要而隨時輾製白米配給。在這方針之下，於神木上部(沿溪)安裝三基磨臼建立水車等，作萬全的準備。然而，雖自大正3(1914)年4月起火車開通，但因路基未堅固，及一切尚未熟練，運材作業不甚順利。不大一會兒，因自當年7月18日至20日3天的大

颱風，全線遭到莫大的災害。隧道的流失，或塌毀記得有3個。尤其二萬坪下的大崩潰，及63號隧道附近特別嚴重。如二萬坪下在車站境內崩壞，大約17、18間(1間＝6尺)。因此其下面的隧道橋樑流失殆盡。為全線的復舊費了8個月，及24萬5千圓經費。完成了復舊工程而試車，是在1914年的3月11日。當時進藤技師坐在運材車圓木上，於通過二萬坪崩壞處時，或因線路尚未十分堅固，不湊巧進藤技師所乘的貨車，脫軌顛覆於線路上部石垣那邊，被壓在墜落的圓木下面，終於悽慘地殉職，真是可憐。而當年即大正3(1914)年，以為不會有像前年那樣的災害，今年要大幹一番，而上下一致正在鼓起勇氣。不料，這一年也於7月12日起的颱風，全線遭到不遜於前年的災害，為其復舊費了5個月及大約20萬圓經費。當時河合博士馬上由東京前來，全部主腦者集合，而熱烈地討論善後對策。雖也有提出對於二萬坪崩壞處利用集材機械連絡如何等之說，但似乎沒有想出好辦法。如果年年有如此災害，阿里山作業也只有停止，別無辦法。如此的謠言也滿天飛。為此，一度為憂鬱的氣氛所籠罩，一直繼續不安與不愉快。對於此事，上層的說法並不知悉。到了1915年初，當時任青森大林區署長的永田正吉氏，到任當本所所長。這位所長卻很幸運，自到任至大正9(1920)年6年當中，並無前兩年那樣的颱風。因此也無線路顯著的災害。又事業方面及事務方面都採用了有相當才能的人，策劃新的事業計劃，及大行事務的革新。因此各方面都漸漸有了成績，為之面目一新。一方面全年

有25萬尺締的，龐大的出貨，大量送往內地，不惜相當的犧牲，盡了全力為台灣木材作宣傳。因此，最初受到惡評的台灣材，也明顯地提高其聲價，神社佛閣或需要大材的建築，甚至於非台灣材不可的情形。在此要特別提出的是，對這宣傳致力的永田所長（後來為局長），東京出張所的齊藤囑託（職稱），門技手。說話離開了正題，很抱歉。如上所述，內外都很順利地運作。但是儘管如此，有一個問題就是運材上的事故頻繁。那是二萬坪阿里山之間16分1的，坡度線的機關車（火車）貨車的顛覆脫軌等。為防止這等事故，安裝了美製的空氣制動機，但使用上似乎不得要領，自大正3（1914）年至同7（1918）年止，在二萬坪阿里山間的曲線，沒有不脫軌顛覆的地方。如此頻頻發生事故，對此幾乎束手無策。為此，綱島技師（政吉）分配了使用書致力於防止，但並無效果。因感到非常困難，遂聘請美國 リマ公司的キットル、シヤトル氏、及貨車公司的クリス、ウエル氏，進行了16分1的坡度線二萬坪與阿里山之間的試車。當然河合博士及各主腦人員也集合，在鈴木司機開動下，與2位美國人同乘，最初5、6、7、8、9，如此每一開動就加盈車，終於連結了12輛，但在2天當中，未發生任何故障，以良好的成績結束了這次試車，以此證實了空氣制動機的有效與安全。然而，後來照這要領運作還是不順利，顛覆脫軌依然繼續發生。大正7（1918）年，那位鈴木司機在二萬坪稍為上方，自己遭了難，他本身成為殘疾，又有2名死亡。然而，這事故是最後的悲劇，嗣後一直到今天，

這種故障未曾再發生一次，這是何等不可思議。其原因除了神之外，可能沒有人知道，但總是值得慶幸的。大致經歷如上的歷程以至今天。但對於在這當中，參與的負責人河合博士、永田正吉、綱島政吉、重松、中里正諸位的艱難與苦心，一直親眼看過的我，實有筆墨無法形容的感覺。在此特別表示敬意。

關於阿里山的發現

在營林所創業當時的報告書，以小池三九郎氏為阿里山森林最初的發現者，但這完全是錯誤的。前幾年嘉義市的早川直義氏曾反駁聲明，謂其發現者實為當時達邦社第2任駐在的警部石田常平氏，此說乃是正確的，因我也在石田氏之下，6年間服務在一起。對於發現以至作業開始的經過，巨細一字不漏地聽他說過。已經了解小池氏是根據石田警部的報告，而從台南縣被派遣為作實地調查的見聞者。特在此加以記載。

關於伐木

關於採伐，並無特別需要記述的事項，但以前因為萬歲山的西邊，即沼之平車站上部一帶是，阿里山中最優秀的林相。因此，為留供將來參考，而對這一班未加採伐。但永田所長到任後，相反地認為如此良材，正可以採伐作為樣品，送到內地去宣傳較宜，而將其採伐運出。姑不論誰是誰非，現在感到很可惜。最初的製材因貨車的關係，以二間材為主。但運材方法經改良，又以四間材較適合內地需要，所以隨著貨車的改良，改以四間材為

標準。只因全面積11,000町步的山，一看是檜海，後藤民政長官登上萬歲山時，曾留下「臨海移山巔」3尺 × 6尺的板書。如此在外行的眼中是一遍廣大的森林。據藤田組的調查，針葉樹有900萬尺締，假定其「步止」(註：可能指製材率)為5分5厘，即有495萬尺締。分配於33年(註，原稿23應為33之誤)，每年有15萬尺締，依這樣的桌上計算而建立了33年計畫(這計畫我也在場而見聞過)。西田又二技師到任嘉義出張所所長，首次登山到烏松坑方面時，瞭望塔山以西的林相，說製材材積約有200萬尺締。現在回想起來，大致被猜中而為之吃驚。有樹木時山也很高，而且以為要經過多少年才能伐盡的阿里山，如果每年採伐25萬尺締，將很快地伐盡，看起來山也會變低，外行的我們都為之啞口無言。

關於集材

關於集材，河合博士曾經說了很有趣的話。他說「代議士(國會議員)」是什麼都不懂的。說明美國有集材機械，從千尺下面一次可以吊起7噸木材，竟沒有一個相信。最初在阿里山購買集材機械是大正元年。這就是現在還在使用中的第一號機。記得當時值7,000圓。據說在美國機械的壽命是5年，而這第一號機雖內部經過補修，至今已經使用了29年，美國人如聽到了將不會當真吧。第七號機據說在2,000尺的スパン有7噸的能力，如今真是驚嘆其偉大。就因有這樣的機械，所以阿里山的作業也才能完全完成的吧。總之，集材機械也好，スエ式機關車(火車)也好，可說由日本人才真正發揮其全能力。

關於造林

採伐跡地的造林，最初的計畫主要是種植內地杉(註：柳杉)。大正2(1913)年雖是少數，在小笠原山南西栽植。大正3(1914)年在沼之平車站上部，仍然以杉造林。可是這杉的造林發生了一個大問題。原來交替在平遮那苗圃的樹苗(註：可能指換苗床)，生了叫「コシンタィ」的蟲。侵入新芽內部妨礙其成長，變成宛如內地的多行松的形狀。雖致力於驅除及預防，但因蟲吃進苗心的內部，驅除液不發生效果，這被害終於遍及全部植株。一方面觀察大正3(1914)年的造林木，了解其也受到同樣的災害，達到阿里山的杉木的造林完全無效的結論。終於大正4(1915)年，將所栽植的樹苗大約50萬株燒毀，而以扁柏代替。然而，造林的樹木(大正3(1914)年的造林地即萬歲山區)經2、3年，則從多行松形狀當中長出芯，害蟲也毫不在乎地迅速伸長，3、4年後已長到3、4尺。這大正3(1914)年的造林地因大正7(1918)年的火災而燒毀。而當時的造林現在殘存者，即在沼之平線下的西對面，原火藥庫附近，及萬歲山線的一部分者，就是災後殘存者，事到如今覺得非常可惜。燒毀杉苗時，在哆囉焉苗圃送給索取的本島人者，現在在已是幼樹林，生毛樹方面長到根部周圍2尺以上，那都是拿當時的樹苗去栽植者。又順便一提的是，在阿里山遭鼠害的造林木，杉雖也有若干的被害，但內地扁柏當中只吃吉野的種類，而台灣在來種、紅檜都不吃，這是確實的。而吃其皮的部分只限於被雜草竹木覆蓋的地方。若

周圍什麼都沒有，則絕對不會被害，特附記于此。

以上作業上的事情記述到此為止，最後擬報告我直接聽到的，河合博士的直言。

河合博士的直言

我想是博士最後的登山時，曾經說了創業當時的苦心談。當時聽他說的只有福本技師(林作氏)和我而已。原來河合博士有飯後馬上仰著躺下來的習慣，那一夜也仰臥下來，而將兩隻腳擱在桌上侃侃而談。

攜帶阿里山作業的預算到第25、第26議會，一直到獲得通過，不是一般普通的辛苦。對代議士們暗地活動，在議場也實力地說明。但第一次未能如願，第二次即第26議會才勉強通過。但議員們庸庸碌碌地，也不好好聽人家的說明，又不大了解。如舉一例，在美國有集材機械，以蒸汽開動，用鋼索從山下一次吊上7噸的木材。阿里山的樹木都是巨木，所以非用那樣的機械無法作業。又該機械一方面集材，一方面也可以把圓木裝載於貨車。如此詳細說明，他們仍然不相信能從幾千尺的谷底一次吊上7噸的樹木。真是想不到那麼不理解。所謂代議士實在很愚笨(博士對任何人如不合其心意，就會在末尾說「真愚笨、或不是很愚笨嗎」的習慣)。相對的，峽先生真是偉大(這位峽先生是當時的財務局長峽謙齊，現在的大石技師的義父)，雖大家都反對採購集材機，只有局長相信我的話。他說「河合先生，錢我會想辦法，照你的希望採購試試看」而給我預算。因此

首次採購者，就是現還存在阿里山的第一號機。他說峽局長對阿里山作業真是一位大恩人。談話一直繼續下去。起初擬從大塔山上至神木，利用2吋徑的鋼索將木材運下去。但因距離過長，由鋼索的自力而斷掉，歸於失敗云。(現在想起來，如果當時近一步考慮這利用法，就發展出會利用現在的索道)。又與此類似的話題是，大正12年，為了十字路交力坪之間的沿道造林，調查雜木的出售，但當時在哆囉焉上，從山澗將木炭運上去，每100斤需30錢，燒木炭也不合算。說這話時嘉義出所長永山事務官說，「如果那樣，將鋼索拉到谷底而裝一滑輪，從上面放泥土或水滑下去，以其滑下的力量，木炭不就容易升上來嗎」，此事現在想起來，當時有林業專業人員跟著一起去，如依據這樣的話深一層思考，以此為動機，則今天的索道應該早就被籌劃了。

講話意外地離開了本題，非常抱歉。博士的話結束後，我說於大正元年(忘了是幾月)的國民新聞刊載的，「關於阿里山作業的經營」的記事。有每年採伐二、三十萬尺締，可以繼續75年的蓄積。而在檜的腰斬切口前，後藤長官站著的照片也登載著。又說此木直徑8尺，樹齡750年。記得曾看過這樣的記事。但現在據藤田組的調查是900萬尺締，又依前幾年的計畫不是33年嗎。這麼說當時的記事是指哪一處呢？聽到我的請教，他哈哈大笑而起身說，你也知道那篇記事嗎，當時如不那樣說，內地人不會有效應，所以那樣寫也是宣傳之一嘛。不過，如將雜木也加進去，該有那麼多吧(註：為說服議員，將阿里山林

木的蓄積誇張了2～3倍）。誠然，聽了這些話，諒必在議會也是以這要領說明的。偉人的頭腦畢竟不同，而為之感佩不已。

又關於嘉義製材工廠的事也曾談了。該工廠是東洋第一的，一天有800尺締製材能力。鋸刀連障子（日式房屋的木框糊紙的拉窗）的格子也可以鋸開。其它也有完備的乾燥室，但沒有將全部機械開動而閒置，很可惜云。擬就此擱筆。而對於創業當初，為阿里山作業而備極辛勞，使其至今的河合博士、永田正吉、綱島政吉、重松榮一、中里正以上諸位的功績特表敬意，同時對於自創業當初至大正8年為止，為該作業而殉職的二宮、進田兩位技師外42名的英靈，謹表追悼之意。

雜錄

關於明治神宮御鳥居材

明治神宮的御鳥居材是，永田局長畢生盡力的事業之一。即擬將世界第一的木造大鳥居，而且以世界無比的阿里山「ひのき（檜）」建造的。終於接到了尺寸長短的說明書，一看其規模之大，在阿里山也大吃一驚。為供參考，特將其說明書揭載於後。

鳥居的笠木作二丁接（以兩截接合？）

以上是其定購的尺寸。為取得這木材而調查了萬歲山，7,000平間。結果大體上雖有了目標，無奈因參道的笠木是長57尺，末口4尺5寸的龐然大物。不但第45號隧道很狹窄，也有內部成曲線的隧道，無論如何這樣的長度是無法輸送的，因此決定為二丁接。而島木的55尺貨則用一整株

的。雖說把這些圓木帶皮不要刨削送來，因如上所述無法通過隧道，所以刨削成為可以通過的程度送去。不過，將元口各切成一圓片一起送去。現在台北博物館陳列著該圓片的一部分。上表是最初的造材訂購書，結果能配合其訂購而發送者如下表。

【第一表】明治神宮御鳥居材調查書

名稱	削上丈尺			員數
	長（尺）	太（尺）		
東鳥居柱	29.0	2.5		
樋檔	33.0	1.5	0.7	
俞	3.5	2.0	0.7	
島木	33.0	2.3	1.7	
笠木	37.0	2.7	2.8	
西鳥居柱	24.0	2.0		
樋檔	25.0	1.25	0.60	
俞	3.0	1.5	0.6	
島木	26.0	2.5	1.4	
笠木	30.0	2.2	2.0	
械木	12.0	1.0	0.6	
表參道口鳥居柱	42.0	徑 3.6		
樋檔	48.0	2.3	1.0	
俞	4.5	2.6	1.0	
島木	51.0	3.5	2.8	
笠木	57.0	4.5	4.0	
械木	17.0	1.0	0.9	
同	12.0	1.0	0.97	
裏參道口鳥居柱	37.0	3.3		
樋檔	43.0	2.2	1.0	
俞	4.5	2.5	1.0	
島木	45.0	2.8	2.5	
笠木	52.0	3.8	3.5	
械木	12.0	0.8	0.6	
同	12.0	1.20	1.0	
合　　　　計				

【第二表】 明治神宮御鳥居材製材完結調查書

名稱	樹種	註文寸法（訂購尺寸）		造材寸法（製材尺寸）		備考
		長（尺）	末徑（尺）	噸（尺）	末徑（尺）	
表柱	扁柏	45.0	4.0	45.0	4.0	①另外47尺貨有4支。②表鳥居島木重量有25噸，因基隆、高雄都沒有裝載它的起重機，所以該是用軍艦運送的。
同		45.0	4.0	46.0	4.1	
笠木		32.0	5.4	36.0	5.4	
同		35.0	5.4	34.0	5.6	
同		32.0	5.4	48.0	4.7	
島木		53.0	4.7	55.0	4.8	
樋槫		51.0	3.8	55.0	4.0	
裏柱		40.0	3.7	40.0	3.8	
同		40.0	3.7	45.0	4.0	
裏笠木		29.0	5.0	29.0	5.3	
同		29.0	5.0	30.0	5.1	
島木		48.0	4.2	48.0	4.6	
同				47.0	4.2	
樋槫		52.0	3.8			
東柱		32.0	2.9	32.0	3.4	
同		32.0	2.9	32.0	3.0	
同				32.0	3.0	
笠木		40.0	4.1	40.0	3.5	
島木		36.0	3.3	36.0	3.6	
同		36.0	3.3	36.0	3.6	
西柱		27.0	2.4	29.0	2.8	
同				29.0	2.5	
笠木		32.0	3.2	36.0	3.5	
島木		39.0	2.7	29.0	3.1	
樋槫		28.0	2.7	35.0	3.4	
東扁		35.0	2.7	33.0	4.3	

關於阿里山的內地櫻

　　大概是在大正元年(1912)左右吧，嘉義妓館客樓為了招徠客人，在其院內曾移植內地櫻，大肆散發過內地氣氛。但如所知悉，內地櫻在台灣平地只有1年，以後就不開花。於是，新高樓就將開過花的櫻木送給嘉義的林木試驗所，試驗所也無法處理而送到阿里山。當時的所長是小野三郎氏，當時才在阿里山首次栽植了櫻木。我到任阿里山恰好是大正2年(1913)的5月底，登上阿里山時，則在原來的俱樂部前有10株內地櫻，而正在開花。樹苗大約4尺高，開花的以八重櫻較多。原本就愛花的我，於當年加以2次施肥，結果成長很好。從此因年年會開花，所以想要使阿里山成為櫻的名勝，而與當時的工仕重松技師、石田書記商量結果，他們雖不大感興趣，但我仍下定決心，向內地人工人每人捐募1圓，獲得大約134圓的資金。乃採購

了2年生苗1,900株，在俱樂部、官舍、神社、阿里山寺、小學校及其沿路兩側及至眠月加以栽植。當時的募款因未與一般商量過，而受到各方面的責難。但今天阿里山已如所預料的，成為台灣第一的櫻的名勝，而稍為感到愉快。後來看到這好成績，嘉義出張所的全體職員，將5年生苗左右者5株捐獻於神社境內。而尚永山所長說要把獨立山以東造成櫻的隧道，從製糖公司方面獲得樹苗3,000株左右的捐贈，予以栽植，但依然十字路以下，漸漸花的數量減少，花朵也變小，而且顏色似乎也不好，這可能是氣候完全不適合的關係。有一次對永山所長說，在小笠原山頂建一棒球場，周圍栽植櫻樹，又，在祝山東南面的台地，核准設旅社、飯店如何？如果時期到來，說不定也未必是夢想吧。

明治神宮。圖中女孩陳相云為阿里山第四代，右陳惠芳阿里山第三代。陳月霞攝　1987.07.12.　日本

冰川神宮鳥居是來自阿里山區的扁柏，左下方為來自阿里山的陳清祥、陳惠芳、陳玉珠。
陳月霞攝2000.08.31.

明治神宮鳥居與願意牆。陳月霞攝　1987.07.12．日本

明治神宮。右2女孩陳相云為阿里山第四代。陳月霞攝　1987.07.12．日本

六-5、宮本延人的鄒族神話

阿里山區檜木林的發現係由鄒族人引介石田常平而揭露於世,而此片舉世無匹的檜林也是鄒族原先的獵場,日本人開發阿里山的過程中,動用了甚多的鄒族人為苦力,不幸的是,歷來阿里山文獻中卻罕見有鄒族人的歷史,在此,但引譯介宮本延人一篇文章作代表。

宮本延人(1936)撰述「靈山新高山與人間發源神話」一文,敘述阿里山區北鄒族關於玉山的神話,在此譯介全文,提供阿里山區原住民的若干資訊。

「台灣的原住民當中,有很多把山視為神聖,又把山認為是故地,將自己祖先的發源地置於山者。泰雅族的某一部分,及賽夏族以大霸尖山為其故地,同族是從大霸尖山下來散居各地者,而以大霸尖山為靈山。阿美族的一部分尊崇花蓮港廳的チラガサン(註,太魯閣大山)為靈山,排灣族的一部分以大武山為靈山,認為人死後其靈魂將歸於大武山,以為是祖先之靈存在的地方。鄒族的一部分則以新高山為靈山,認為是祖先的發源地。

以新高山為發源地的鄒族是,鄒族中稱為北鄒族者。原來鄒族從系統上分類,可以分為魯富都(Lufutu)、伊姆茲(Imutsu)、特富野(Tufuya)、達邦(Tapangu)、卡那市(Kanakanabu)及四社蕃(Laroa)(註,有翻譯為沙阿魯阿)的六部族。因前四者的土俗大體上一致,所以一併稱為北鄒族,而後者兩族稱為南鄒族。所謂鄒(Tsou)是人類的意思,乃北鄒族所用的名詞,在南鄒族則稱為Tsua或Tsutsu。

鄒族的社會結構很複雜,擁有很多民族。多數小民族被統一為若干中民族,而中民族被統一為幾個大民族。各部族具有一定的領域,分別參加其個別大社的祭祀(註,以現代語言來說,鄒族以大社(hosa)為基本社會及政治單位,前述魯富都、達邦等皆屬之)。

北鄒族在大約150戶當中,有50個小民族。一民族自1戶至16戶大小不一。這小民族被統一為13個中民族,而中民族成為7個大民族(註,在本文中的「民族」可以是小社或大社)。

小民族都對其發源各有其口碑,而在以新高山為其故山這一點是一致的。

新高山在北鄒族間以八洞關(Patungkuwonu)之名被稱呼。而以為是在這新高山叫ハモ(Xamo)的神,以及ニブヌ(Nibunu)的女神創造了人類。他們小民族的祖先分別自新高山下山後,或在現在阿里山地方的山嶽一帶嘉義郡方面,或在嘉義平地地方轉來轉去,定住於現在的阿里山方面各社的土地。(移住徑路的詳細參照台北帝大土俗人種學研究室著「高山族系統所屬的研究」本篇179〜198頁)。

以新高山為其祖先發源的神話,在下面所舉一例,即特富野社的神話表現得很仔細。

往昔叫ニブヌ的女神在新高山首次創造了人類。當時的人幾乎可說是長生不老的長壽,一如阿里山的檜木那樣經常很年輕。而即使是死亡,只要ニブヌ神施術,就馬上生還。如此施神術5次以內是不會死的。偶然有一次將2個,或第二次死亡者留在床上而外出,卻有叫ソエソエ的神

南鄒女子傳統服飾正面

插羽毛的頭飾上插有避邪的金草
左頁：南鄒男子傳統服飾正面

由peogsi為首，眾人到廣場進行迎神歌舞。

matkaya（初登會所儀式），男童由母族男性成員接到會所內，由長老們祝福，成為社內的一員。

鄒族惜日做為防衛敵人的瞭望台，現在已不存在。

戰祭儀式結束，盛裝的鄒族女子加入歌舞行列。

南鄒男子傳統服飾背面

南鄒女子傳統服飾背面

peogsi（頭目）和長老們到會所換上傳統鄒族服飾

同歡舞，特地由南部來的南鄒族貴賓。

參與mayasvi（戰祭）的男子須綁上由木槿樹皮製成染紅的fuguo，以用來拔除邪靈、避免不淨。照片手舉
fuguo者為達邦國小校長蒲忠勇。

鄒族部落地理位置為面溪背山

北鄒族女子早期常用萬壽菊做為頭飾

修砍赤榕樹枝之後眾人取出身上金草沾豬血插到樹
幹上的茅草束上

會所內的屋宇

前來，看到這情形非常傷悲，而在內院掘穴埋屍，在其上面掩土正在哭泣。（據說現在原住民有死者時，把他埋在家中而在墓旁哭泣，是根據此說云），ニブヌ回來看到這情形為之大驚。但因ソエソエ悲泣之後，神術也已來不及而永久地死亡了。從此其他的人也自第二次起就會永久死亡。後來，子孫繁殖而散居四處時遇到洪水，平地固不用說，連丘陵也掩沒於水中。人人狼狽再度聚集於新高山頂。那時候尚無穀物，大家都在吃野獸。有一次一個壯丁欲屠狗吃，而先以棍棒打死，戲將狗頭插在棍棒揮舞。其次殺猴時，也將其頭插在竹竿揮舞。因覺得很有趣，而說如果是人頭當更加愉快，因此有一次殺了加害蕃社某人的惡童，將其人頭插在竹竿上舉起來，覺得非常有趣。故認為如果是他社的人的頭，當更加有趣。後來水退而大家下山時，擬嘗試以前所想的事而去獵取人頭，這就是馘首的開始。從新高山下來的祖先，到了現在的地方，有一夜得了一個吉夢，便決定為永居之地而命名為「特富野」，從當時一直綿延至今天。後來有叫アホサ者從新高山下來，渡過特富野社南邊的山峰，同樣地到了此地而成為祖先的第二人。又有叫ペオンシイ者到テーバ地方；叫ヤイシガナ者到マアガナ地方；而叫トスク者到ニヤクバ地方，後來遷移到イシキアナ。（中略）後來他社的人來到トフナ社者漸漸增加，勢力變得很旺盛。ヤシユグウチナ最初從新高山下來，沿著山峰出濁水溪，到達現在的嘉義附近叫トイギアナ的地方建社。當時的嘉義附近不像現在這樣平地相連，而是一山又一山的野

獸的住地。在此遇到叫「マーヤ」的種族的人，共住了幾年。有一天他們與鄒族中叫ヤシユグ者結伴離開此地。當要離別時拿出一把弓，為作將來再會時的證物而折成兩截，自己留著本截，將來截交給ヤシユグ的子孫。（下略）（引自臨時台灣舊慣調查第一部調查報告，鄒族中）

上述傳說很有趣地說明了祖先從新高山下來的狀況。但下到平地與叫マーヤ者相遇，而稱將弓折為二而分執的，傳說中的マーヤカ日本人，也很有趣。有的社也有稱マーヤ（或マアラア）同住在新高山，下山後分開，マアラア將弓一折為二，留其半截，而前往日本。

マーヤ為日本人，這當然是沒有根據的事。可能是說明著與住在平地附近的熟原住民接觸者。

世間被洪水侵襲而大家逃上新高山，後來生存的祖先下山的故事，其類似的傳說分布於全島。與各族的山嶽發源的神話，都成為不可或缺的要素。

這次洪水的傳說不只是台灣，是分布全世界的傳說，乃由多數學者議論的問題。

其最有名而廣泛地分布地是，舊約聖經創世紀，諾亞的洪水的神話。這是希伯來的傳說，與基督教的布教同時更廣泛的傳播。古代希臘也有這種神話流行。又在日爾曼民族間也流行了這種話。在印度這種神話也流行著。但這種神話具有一些共同點值得注意。高木敏雄市在其著作「比較神話學」指出，世界性洪水神話的五個特徵即：

1. 有了洪水乃是世界的起源。

2. 其原因是由於人類的墮落。

3. 特別被選者以外都溺死。

4. 這被選者以船逃過災難。

5. 擺脫災難者成為人類之祖。

具有這特徵的，歐洲地方的洪水神話，或說是同一根源的，由同一起源傳播者。或說是個別地發生者。但是歐洲方面的神話，其出於同一系統的地方很多。在支那的洪水神話是所謂堯舜禹的治水事業，而禹是完成了治水的大業，被後世傳為聖人者。禹的父親鯀，奉堯的命令從事洪水的治水，但經9年未能成功，到了舜的年代由禹完成了治水，一躍成為英雄，與世界性的神話多有不同。對這一點高木氏謂：支那的洪水神話是，北部支那上代的自然狀況多被洪水侵襲，從這實際情形發生的傳說，不在其他方的洪水神話的範圍內。

在太平洋諸島ポリネシア的各島也流傳著洪水神話。其形狀類似歐洲方面的神話，所以說是受其影響者很多。

把我們台灣的洪水傳說與廣泛分布於世界的形式，即前述五個特質比較，則第一，有了洪水是世界的起源，是沒有變化的；第二，洪水是由於人類的墮落，這一點不同，台灣的神話並沒說到這一點，但是這一點可能是猶太的宗教思想特別強烈地影響的結果；第三，只有某特定的人生存這一點，在台灣的神話也有出現；第四，被選者依船而逃生，這一點必需加以注意，在台灣是說逃到山上的；第五，免於災難者成為其種族之祖，這一點也是相同的。

總之，將廣泛分布於世界的洪水神話，與台灣的洪水說加以比較，則其原因為人類的墮落這一點沒有。又，不依船逃生而逃到山上這一點也不同。除此，其大綱並沒有像支那的洪水神話那樣根本上的差異。這兩個不同點是怎樣發生差異，還有很多研究的空間。在此雖無敘述私見的功夫，但與全世界的洪水神話大致同種的故事在本島流傳，或許是同一系統者。在此當可允許如此推察吧。

在鄒族間流傳的新高山發源的傳說，這樣與世界共通的洪水傳說關連，乃自古作為靈山而一直流傳至今。」

特富野部落，鄒族的部落已漢化、現代化。
頁682-695。陳月霞攝
1997.02.15. 特富野

六-6、玉山天路首闢側記

　　1926年9月17日開鑿，11月6日完工的阿里山-玉山登山步道，代表玉山探險期30年的終結，自此之後，玉山神祕的外紗褪盡，大眾化的山岳旅遊登場。

　　此一新闢路線即日治時代登玉山的三口之一，北口即水里、東埔、八通關上躋，東口為玉里橫越，西口指由阿里山叩關。

　　西口以阿里山沼平火車站為起點，步行至玉山頂共計28公里743公尺，闢建之初，一般登山的行程大致如下。清晨6時自沼平出發，中午前可至鹿林山，下午3～4時可抵主峰下的排雲山莊。隔日早上6時起步，8時餘登頂，當日可折返阿里山，如此腳程以今人體能而言，皆屬甲級登山客。

　　未開步道前由阿里山健步登玉山耗時19小時，開通後僅需9小時（至玉山下），而此步道的緣起，主要是為連接阿里山林場、玉山、八通關以出台中，早已談論多年，真正規劃則係依據1925年10月，台南州的探險隊所釐訂，配合日漸蓬勃的登山熱潮，州政府於隔年追加預算壹萬元，經總督府認可而定案。

　　實闢之路線乃1926年春，由台南州大竹內務部長率領的探險隊，實地踏勘規格而確立，但阿里山沼平至鹿林山大約15.7公里路段，事實上已由阿里山營林所為伐木事業而開鑿中，因而登玉山新路係開鑿鹿林山以西至玉山之間的大約12公里山徑。

　　實際負責開路施工的，同於日治時代絕大部分的山地道路，都是由警察單位執行，作業人員概屬服務原住民地域的警官，他們分擔監工、勞動工、樵夫等指揮系統，依據1926年11月22日～12月12日的台南新報，以及9月18日～11月22日的台日新報報導，9月17日下午在鹿林山舉行形式上的開工典禮，18日開始作業，編制計有警部隊長1名、巡查部長2名、巡查15人、原住民50人、苦力（粗工）若干人，以及工程指導員州土木技手（相當今之技士）1名。至11月，增加挑運工15人、工程工25人，終於在11月6日開達主峰頂，同期間，建造了鹿林山、玉山前山及玉山下（排雲山莊）三處「避難所」（登山小屋），但僅玉山下有水源。

　　開路前後約2個月期間，工程進度約略可分4期。第1期：由雪峰（今自忠）至鹿林山，由於施工作業尚未適應、工具不足、欠缺週全準備，以及連日下雨，進度不若預期；第2期：鹿林山經塔塔加鞍部至玉山前山路段，因為氣溫漸降、海拔挺高、天候不佳、岩石堅硬、斷碎片岩橫陳而環境惡劣，斷崖及陡峭處多採架橋、棧道銜接；第3期：玉山前山與主峰之間路段，氣候雖較寒冷，但原住民工人已適應，進展迅速；第4期：雪峰附近的凹地平台路段，僅2天完工。

　　這些手腳並用的人力開路隊，離鄉背井深入蠻荒，冒著酷寒險巇，盡日勞動，艱苦寂寞難以想像，為排遣肉體、心理困頓，很可能由巡查所編唱出的清唱歌謠鼓舞著苦工：「嘶嘟口動！嘶嘟口動！唱呀唱！大家提起精神來開路，不怕寒風不怕雨，此謂勇敢開路隊！嘶嘟口動！嘶嘟口

動！唱呀唱！衣襟沾滿污泥臉沾垢，伊是隊員也是蕃，要用什麼來分辨？」，「開路隊，為了開路攀玉山，漫長日夜住山崗，為了世人受苦耐勞勇承擔；開路隊，出了帳棚就登山，前頭無路橫斷崖，為了世人快快關路上玉山！」

艱苦困乏中完成的玉山天路並非今之登山步道，最大的差異在塔塔加至排雲這路段，日治時代乃沿山稜而上玉山前峰，坡度遠比今之步道陡峭甚多，因而「之」字形迂迴路段多，木架棧道塔塔加鞍部附近計有15處、主峰下12處、玉山前峰下12處，合計39處，全路路寬約90~120公分，但險巇處僅30~60公分寬。

1926年11月14日正午，在工程起點的鹿林山莊舉行開通典禮，警備部長、代理殖產局長、嘉義郡守、警察署長等官僚及嘉義商工會員等出席，11月20日則在嘉義公會堂為開路隊員舉辦慰勞會。

此一登山步道的關建反映日治殖民政權的效能或效率，由其報導也透露台灣人、原住民勞工的悲辛，微薄的日薪、人種的階級差距（同樣工作，日本人的薪資為台灣人的4.6~2倍，原住民又比台灣人低一級），

剝削的餘音可由教唱勞工的歌謠中流露，正如創造吳鳳的神話情節，原住民的悲情山海樑繞！

註，阿里山——玉山登山步道尚未開鑿之前，登新高山，走的是，路途遙遠，險象環生的渡陳有蘭溪，到東埔，由八通關循玉山北峰下攀行的路線。而早在1926年之前，台北第三高等女學校便已循此路線登頂。依時間推測，這一群女生可能才是第一隊穿裙子上玉山的團體。她們登頂的時間為7月6日，所以可能在1925年7月6日。在她們之後，才有下一梯次於1927年從阿里山登頂的同校同學。

可能在1925年7月6日，第一支穿裙子登頂的團隊，18名學生，3名老師，1名寫真師。永井繁樹攝。

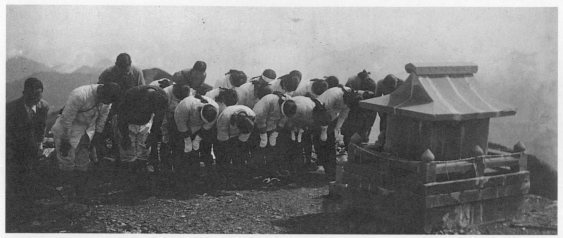

登上標高13035尺的新高山，心懷感激，向新高神社鞠躬致敬。永井繁樹攝。1925年7月6日

由八通關循玉山北峰下攀行的路線，路途遙遠，險象環生，照片下方成之字形的隊伍，正由北峰與主峰間的風口按部緩緩上行。永井繁樹攝。1925年7月6日

左圖：
1926年完工的阿里山─玉山登山步道，設有一「新高登山道開鑿之碑」。照片攝於1939年，右陳淑華（住苗栗縣苑裡鎮），左阿猛（住嘉義）。

右圖：
新高山標高點。左立者為攝影師岡本謙吉。岡本節子提供。

下圖：
玉山登山步道，由前峰廷進。伊藤親男 提供

七、阿里山人物誌

前註：日本訪談摘錄

2000年8月26日，由台灣啟程飛抵東京，轉崎玉縣，電繫千葉縣的岡本恭子，準備採訪、見證第一代阿里山日本人碩果僅存的岡本節子(89歲)。

8月27日，經日高至千葉市，抵高師荻鄉村，面訪岡本節子，及其大女兒岡本琴路、二女兒恭子及其夫婿，另找尋「阿里山小學校同窗會」的名冊。

8月28日，電話連絡未果，至圖書館找資料，但逢星期一休館。

8月29日，找資料、寫信及電繫，得知伊藤家族電話，此間多曲折。

8月30日，翻拍岡本家族舊照片，連絡了奧野孝成醫師；至大宮尋找阿里山檜木鳥居，即冰川神社所在地。

9月1日，由日高梅原，轉搭高麗川火車，經川越、大宮市，轉新幹線，至伊藤故居，當場拍攝舊照片，口訪及找尋可用資料，再至伊藤猛的墳墓訪視。

以上，由陳月霞主導訪談行程，陳清祥等日語訪錄。

9～10月間，由陳清祥先生於日本崎玉縣，依據「阿里山小學校同窗會」名冊(1981年編)，一一去電查訪或晤談。該名冊錄有170位日本人資料，另有25位亡故者，多年輕時因戰爭等死亡。而名冊內親屬關係者居多。

配合日治時代沼平或阿里山中心區的聚落分布誌，本節所採訪得人事滄桑或可相參考。

七-1、阿里山日本人短訊

本小節登錄口訪得知的阿里山日本人，為已消逝煙滅的舞台，若干浮光片影，略加存錄。

1. 西ノ原和則，住大阪旭區太子橋，先前為阿里山營林所的總務主任，其子西ノ原登於阿里山出生，而西ノ原和則主任已歿；西ノ原登的電話已換，無法連絡。

2. 林久子，住兵庫縣，舊姓為「西出」，原阿里山小學校的日籍老師，生死未知，託人輾轉詢問，不知何去何從。

3. 深江盛好，住長崎縣佐世保市，先前為看顧鹿林山莊者，已往生。其子為深江直子，其女為深江千代子(有謂為其妻，存疑)。

4. 藤本務，住大阪阿倍野區，原本於總督府營林所嘉義出張所阿里山派出所(作業所)服務，已過世。藤本務與陳清祥先生曾為同事。
   其子為藤本吾吉，無法聯繫；兩個女兒藤本順子(宮下順子)及藤本桃枝(宮下桃枝)，皆因資料老舊而查詢無門。依國籍法，他們都是阿里山人。

5. 財間捨二郎，日治時代林場伐木後大剖組的組頭，終戰後回日本，87歲歿。台灣人陳其邦之父陳清華，當年就是在財間組頭下做大剖工作。
   財間捨二郎有一女兒謂之財間文子，婚後改姓為　口文子，今住在福岡務農，她在阿里山出生，曾在阿里山小學校任教，終戰後回日本才結婚，現年76歲(故可推其於1925年出生於阿里山)。

陳清祥先生已連絡上文子。由於農忙期間，她正在田間割稻，前往訪談未果，但由電話得知，她家原先住在學校球場旁，也就是三代木再往上的宿舍，最後一間。文子電話中呈現老實質僕，應知阿里山事。

6．今岡はつ，住八王子市，她的先生是今岡，也就是終戰前阿里山醫務室的醫生，也是當地校醫，已過世。今岡醫師下任後，由許姓醫師進駐，待了4～5年，又換成余姓醫師；今岡之前另有多位日籍醫師；今岡的女兒即今岡淳子，也是阿里山所孕育。

7．濃明晃，住廣島縣三原市，已歿，原為阿里山寺（終戰後改名慈雲寺）的看顧者。有兩子，濃明活？與濃明國華，住在明石市大藏谷，曾接通電話，似乎不願受訪。

8．太屋末吉，住崎玉縣深谷市，先前擔任「保線」，也就是阿里山森林鐵道的監工事務，包括測量、興建鐵道等。1910～1920年代，他擔任眠月縣施工的測量（註，可能有誤，因年代及其年歲似不符）。1994年前後，他曾再度返回阿里山舊地重遊，時年83歲，始與陳清祥先生結識。

9.久保タツ子，住佐賀縣佐賀市，尚健在，連絡未果，原阿里山小學校老師。

10．林善次，住兵庫縣？野市，為原「保線」主任，已歿。

11．西ノ原金助，住鹿兒島縣垂水市，為原總務主任，已歿。

12.黑木キヨノ，住宮城縣日南市，她是機關庫上方修鋸工廠黑木先生的太太，已歿。

13．池田喬，住練馬區永川台，為原機關庫主任，妻為池田？廣，不明。

14．大谷定生，住大阪府富田林市，為林場伐木的檢尺，大谷留雄及大谷安雄可能為其兒子，未能連絡。

15．前迫先生原先在阿里山開旅館，名為櫻花園，更早之前則為林場檢尺。大女兒為入江明子，住和歌山縣伊都郡，曾以電話連繫到其本人；二女兒和田信江，住室蘭市高平町，也就是「阿里山小學校同窗會」的創辦人，先前常有聚會，近年則無疾而終；三女兒為石垣清子（？）。

櫻花園並非典型的旅館，而是近似於民宿，住宿者多為勞工階層的散工，例如以伐樟取腦的人為多。

七-2、阿里山日本人物誌

一、河合鈰太郎與眠月

因緣非宿命，但內因、外緣擁有無窮多的逢機或巧合，演化論其實與佛法緣起說，存有最佳互為印證的輝映，只可惜今人詮釋因緣，不是傾向「萬事合理化」的無聊，就是誤把因緣當宿命。

百年台灣大約經歷五代，以阿里山開拓史而論，第一代日本菁英多屬「明治時代」遺風，為人正直樸實、行事嚴謹、謙沖自足，被尊稱為「阿里山開發之父」的河合鈰太郎便是典範之一。

1866年出生於名古屋的河合鈰太郎，1890年畢業於東京帝大農科大學（今之農學部）林學科，在前往德國留

學深造，探究西方先進國的森林經營制度與運作期間，巧遇由台灣前來歐洲考察的總督府民政長官後藤新平，河合氏與之暢論對台灣森林開發的見解，後藤氏留下深刻的印象。1897年，河合氏擔任東京帝大林學科森林利用學講座之首任指導教授，可說是日本近代森林學的先聲。

1896~1899年風起雲湧的山林探險發軔期，雄偉浩大的阿里山檜木林遂見知於世，官民奮力前往調查此一空前絕後的珍貴資源。由於在德國的一面之緣，後藤新平遂延攬河合鈰太郎前來參贊，1902年5月，河合博士接受總督府特命，由嘉義入山，經公田、達邦、十字路，首度進入阿里山，時年36正值青壯，曾深入曾文溪、清水溪上游石鼓盤溪流域，探勘後認定林相優秀、材質極佳、蘊藏豐富，但對原先民營業者提出的木馬道或水運不表贊同，力主應用美式運材方案開發。這份首勘報告，讓後藤新平下達開採阿里山的大政方針，1903年由是而展開實務調查規劃，此後，以日俄戰爭等財政問題，阿里山開發的投資改由民間藤田組擔綱，1906年河合氏仍受聘之。

河合氏二度入山係1904年10月，陪同後藤新平等百餘人，深入至萬歲山頂；第三次則在1906年6月20~28日，此行或曾到達「薄皮仔林」(今之眠月車站附近)，依《阿里山年表》記載，河合氏等人係「首度經石鼓盤溪入山之際」，命名了「眠月」此地名，然而，河合氏三次入山皆是由嘉義東向進入。嘉義入山，經達邦到十字路是曾文溪流域，由十字路要到石鼓盤溪至少要北上15公里，由來吉、社發坪(今豐山)才能進入清水溪流域，再東向上溯石鼓盤溪，以現今巡山員由豐山村走到千人洞必須耗時約2小時，加上再上溯至眠月，僅由十字路出發計算，估計需時3~4天。

河合氏的第3次探勘阿里山，係陪伴藤田組副社長、鐵道部長谷川技師等人，另有老阿里山森林發現人石田常平引導，石田常平發現的大森林即後來鐵路4個分道及沼平等區域，若說在1906年6月的河合氏第3次之旅抵達眠月，以前後8~9天時程，很難由「石鼓盤溪入山」，或應由阿里山經塔山、松山下抵眠月為宜。

事實上1900年6月12日，總督府派遣技師小西成章、技手小笠原富二郎，以及小池三九郎、石田常平，由竹山經烏松坑、匪籠(有些地圖誤植為龍飛)、松山、眠月、大塔山進入阿里山，此一南下路線之抵達眠月，可能係鐵路未鋪設前更容易的方式。

查1906年6月20日為農(陰)曆4月29日，1906年為閏(陰曆)4月，故6月21日為陰曆4月30日，6月28日為陰曆5月7日，河合氏等人6月20日才由嘉義出發，可以抵達眠月且夜宿，最快的可能日期約在6月23或24日，或說陰曆5月2日或3日，如何如張新裕(1996；107頁)描述的「露宿、月夜」？或如洪致文(1994；92頁)：「有一天晚上，他躺在大石頭上睡覺，看見明月緩緩爬上山頭，四周盡是千年參天古木……」？

究竟「眠月」這地名的由來，是否真是緣起於「…躺在林中的巨石上露宿，夜空中明亮的月光叫人幾乎難以入眠，黑暗中蓊鬱的巨大森林，在清澈的月光下顯得無比的幽靜，此情此景不禁令人黯然心醉」，因而將此地取了一個極其優雅的名字（名越二荒之助、草開省三，1996），命名依據是在1906年、舊地重遊的1919年，或是1906年之前？實有必要追溯河合氏一生中的遺著，而1919年的賦詩：「斧斤走入翠微岑，伐盡千年古木林，枕石席苔散無跡（蹤？），鳴泉當作舊時音」，據筆者口訪得知，原字跡寫在布上，置放於高山博物館，但後來卻丟失，卻形成後人望文生義、想像杜撰的藍本，真情實相若何，尚屬羅生門。

筆者認為可有如下推演、考據或處理態度。

其一，19及20世紀之交，對阿里山地區的探險路線必須較完整的追溯，考證各文獻上地名、原住民部落所在地，相對明確的顯示先人足跡。之後，各種敘述才可能有所實際引據及推演，此乃做學問的基本態度與準備，若難以追溯下，下筆宜多保留。

其二，眠月舊名「薄皮仔林」，意即紅檜大森林，係19世紀末台灣開拓先人早就存在的地名，而日名「眠月」似乎可確定是「月光下睡覺」，而不是「月亮睡覺」，則河合氏在1906年的入山，除非日期有誤，否則不可能在月光下睡覺。慎重的地名考據必須從頭來，包括河合氏本身的記錄及客觀史料。至於眠月要否恢復「薄皮仔林」的本土名，係另一問題。

其三，我們亦可採取口述文學的態度，容許代代遞變、美化或馳騁遐思，而非得引經據典、事事嚴謹如金鐵，但須視場合、範疇而存有若干分界。河合氏之與眠月固有相關，「事實」如何仍待研究。而「研究」此等案例之「意義」，又屬另外議題。

河合氏實乃開發阿里山決策的引據，也就是之所以被尊為「開發之父」的理由，他在阿里山事業步上常軌之後，投入太平山的開發規劃，亦曾參與滿州、蒙古一帶的森林開發事業，1926年由東京帝大退休，退休後則潛心研究木炭，開發了著名的「煉炭」；1931

河合鈰太郎碑。陳玉峯攝　2003.04.14.

年於東京家中往生，享年66歲，據聞其死因，得自台灣感染瘧疾的後遺症，亦為因素之一。

往生訊息傳至台灣，嘉義郡為其舉辦一場盛大的遙祭儀式；1933年2月3日，由京都帝大文學教授撰書的記功碑在阿里山樹立，舉行揭幕儀式。這塊石碑正面文刻書「琴山河合博士旌功碑」，但「博」字少一點、「功」字的力邊刻成「刀」，「傳說」河合氏謙沖不敢居功，遺言如有任何對他個人的尊讚，不敢承受，後人尊其遺志，故如此刻法(待考證)。

盱衡河合氏一生付諸山林開拓，誠然係時代之趨，20世紀末台灣山林破碎、水土橫流、物種滅絕的慘劇中，固不能全然怪咎如河合氏等先鋒，何況日治時代伐木謹守土地倫理，絕非國府治台後的耗竭刨根、慘淡經營，百年而後，921地震下，中部山區地肉山骨竟成爛泥，生界浩劫當然相關於伐木營林；非理性的感慨，吾人或可認為台灣地土正在還債，精靈憤怒，因而大震中

阿里山區記念開拓史的石碑如「近藤熊之助」巨碑震斷、「二宮英雄」殉職碑位移歪邊、樹靈塔傾斜、中國式車站毀滅、遊樂區大門倒塌、祝山觀日樓亦已消失，而河合石碑亦受輕微震裂，經林務局略加修復後依然健在，或乃台灣土地生靈慈悲，以河合氏謙虛，應允其長存，況且，河合氏亡於台灣傳染病，功過或可付之山嵐飄緲間？！

河合鈰太郎之於阿里山或世界山林，代表19及20世紀之交，全球重商主義、帝國或軍國文化下，開發及拓展勢力範圍主流的菁英，然其以明治時代篤實、淳樸、剛正遺風，其智能及價值觀之有無偏差，實乃時代共業，以當年際遇，成為主導台灣山林命運的關鍵性符號，由時空省視，蓋乃巧遇後藤新平之結局，非大化因緣無以致之，捨河合氏，必有他人代之。而河合氏留給阿里山淒美、偉大、災難，以及一連串「非戰之罪」的謎樣記憶，令人不禁懷疑，

阿里山眠月一帶的針葉林。佐佐木舜一　1922

歷史、想像與創作，從來都是夢幻膠體，除了當下的了悟之外，所有文字皆虛妄！

二、 草場純一家族

草場純一1889年生，係1910年代(大正初)被政府募集，前來擔任總督府營林所嘉義出張所阿里山派出所勤務，其與家人自日來台，家族先是居住在嘉義，他獨自上阿里山工作；而營林初期，直至1913、1914年左右，始有少數家庭成員隨工作者進住阿里山區，且一開始係住在二萬坪，後來才移往華南寮一帶，也就是飯包服。「飯包服」指一個方形地區，包括第4林班較平坦處，且一角落尚伸入第7林班，之所以命名為飯包服，乃因其地四四方方，像是包綁起來之意。

1918年，明治神宮需要巨木建構鳥居等，草場純一擔任現場指揮，被選定為神社用材的巨木被繫以繩圈，伐木前須先祭拜，由日本法師頌經後開工。由於當時集材能力有限，以5噸為準，而神宮鳥居用材長約15公尺，直徑約2公尺，重達31噸，短短300公尺的距離，好似螞蟻搬巨物一般，竟然耗費7天，也就是說，有時1天才拖動幾尺幾寸，更且，1919年才運至日本。草場純一也因此事，受到營林所獎勵。

草場純一在阿里山林場係擔任伐木、集運的現場總監督，工作內容殆從指定留木、如何伐採，到集運的指揮等。

1941年，草場純一帶人至楠梓仙溪進行森林調查、測量與規劃；1942年草場與陳清祥、伐木主任安間、檢尺田邊、2個工人、負責飲食的女士阿桂，先至兒玉(自忠)招待所住1夜，再至山水腦寮宿1夜，之後往南玉山區調查。當時，楠梓仙溪第15林班正在興建宿舍，建材由組頭魏傳煌承辦，陳清祥與田邊進行檢尺工作，也就是校驗那些做好的宿舍建材，由建材材積、數量計算，從而核發工資，當時楠溪的房舍已蓋一半；另一方面，亦進行林班復查，約耗半月時間後，返抵阿里山。

1942年底，草場純一被調往八仙山林場，其家人遂自阿里山遷往豐原居住，終戰後則全家返抵日本長崎縣佐世保市白岳町228號。

1958年，草場純一過世，享年69歲。回顧其一生，25歲時(1914年)前來阿里山，其妻在阿里山上生下3個女兒，其中，接受訪談的是中里ミチ子，於1926年在阿里山出生，現年75歲，她的2個姊姊都歿於阿里山。ミチ子少女時期即擔任阿里山小學校的老師，1943年(18歲)時離開阿里山，跟隨父親轉任而至豐原，她也是阿里山小學校的畢業生，再至嘉義唸3年初中，初中畢業即可任教小學。

草場純一的太太後來任職於阿里山招待所，中里ミチ子的童年就住在招待所的宿舍。

陳清祥先生於2000年9月16日拜訪中里ミチ子，晤談中她出示孩童時期登上玉山頂的舊照片等。

草場純一

草場純一之子當兵之前，前往阿里山神社祭拜並留
影。

右一：登新高山。右1深江千代子，標示牌木下中
央蹲者為中里ミチ子，左2為中里ミチ子之兄嫂-
其夫當兵。
右二：貴賓館附屬館。右1台人女傭，右2妹-草場
豐子，右3母-草場夫人，右4中里（草場）ミチ子，
右4前弟-草場義隆，右5妹-草場豐美子，左2田迫
之妻，左1田迫美代。
＊以上照片為中里（草場）ミチ子提供，真矢博勝翻
拍。
右三：訪問中里（草場）ミチ子。左陳惠芳，左2陳
玉妹，右2中里（草場）ミチ子，右1陳清祥。真矢博
勝攝2000.9.16．日本長崎
右四：訪問中里（草場）ミチ子。左1中里之孫，左2
陳玉妹，左3中里（草場）ミチ子，右1真矢博勝，右
2kay-陳惠芳之女，右3陳清祥。陳惠芳攝2000.9.
16.日本長崎

日治時期的貴賓館
「附屬館」，國府之後
改名為「第二招待
所」，後又改名為「第
一員工招待所」。陳
月霞攝 1997.03.31.

三、伊藤猛家族及親友（近藤幸吉等）

日本台灣總督府開發、經營阿里山
檜木林合計長達約46年，正式營林的35
年間(1910～1945)，阿里山作業所係1915
年之前，林政與林產合一的單位，1915
年之後則在營林局下設嘉義出張所、阿
里山派出所，管轄阿里山區現地作業，
先後共有11任的所長當中，任期最長、
從工人起家、最得民心的所長，即最後
一任的伊藤猛先生，直到終戰，擔任了
11年的所長職務。

伊藤家族、親友等之與阿里山，不
但是其第一或第二故鄉，設若不是政治
情況不許可，伊藤本人及其子女可謂已
歸化為阿里山人，在人地關係的案例
中，不僅其二女兒伊藤とみ子（適奧野後
改夫姓）過世前念念不忘要一飲阿里山
水，遺囑更交待其子拿撮骨灰，回葬至
童年玩耍的阿里山宿舍前的松樹下；伊
藤本身，其實亦誤以為自己可以終老阿
里山。

伊藤猛的父親謂之伊藤福松，母つ

る，伊藤猛為長男，1892年4月1日出生
於宮城縣栗原郡金成町有馬片馬合，5
歲時遭遇大地震，母親抱著他從窗戶爬
出。小學1年級要入學時天降大雪，父
親背著他去學校。學校的算術課由算樹
木的計數開始，童駭期大抵皆在農村作
息間渡過，家門口的廣場當然是戲耍的
地方…，凡此，形成他成年後在台灣對
故鄉回憶的場景。由於年幼時身體屢
弱，無法如常人運動，小學唸了4年，
靠補習2年而畢業。

1905年，14歲的伊藤猛任職於荻野
村役場，職位為實習書記，而伊藤家屬
貧窮，他有個同鄉的親戚近藤幸吉，在
明治時期即到台灣，任職於阿里山林
場，當時台灣為日本本土外的殖民地，
對貧窮族群而言，代表充滿新希望的開
拓區，1912年近藤幸吉來自台灣的信件
（註，可能有誤，因為近藤幸吉係在1913年5
月30日才到阿里山工作；近藤幸吉即伊藤太
太的姊夫），讓伊藤猛憧憬不已，因而向
近藤幸吉的哥哥表達前往台灣的意願，

然而，家人反對，因為家中連前往台灣的旅費亦闕如。又，伊藤猛有個義兄叫佐藤昌，當時在台灣的東京帝大演習林服務。

延宕2年後，義兄佐藤昌回日本，前往台灣發展的念頭終於獲得父親首肯，由佐藤昌帶他到台灣。就在阿里山沼平車站正式開張的1914年3月14日，伊藤猛在基隆港登陸，旋南下，坐車到奮起湖過夜（奮起湖夜宿，生平首次住在竹屋中，甚感不慣），隔日直奔阿里山。來到阿里山之後，住進工寮，被分配的工作屬於集材組。當時該工寮有4個日本人，除了伊藤之外，都是監督、指揮台灣工人的階層，也就是說，伊藤猛如同一般台灣工人，由最基層的集材工開使學習。

伊藤上工的集材組，擔任監督者係兵庫縣出身的捐場健治（えばさん）先生，他是當時阿里山上唯一會講英語的人。當年阿里山林場拚命趕業績，1年預定出材25萬石，都由捐場作現地指揮，他表現優異，依時達成目標，後來，捐場辭職，改換至中國東北，擔任火車施設工作，卻在工作過程中發生爆炸，傷重身亡。

1915年，24歲的伊藤猛返回日本故鄉訂婚、結婚，妻為佐藤家族成員，名為とり，佐藤家屬望族。與妻共飲一杯酒（完成結婚儀式）之後，伊藤旋返阿里山繼續工作，妻並未同行。由於當時阿里山仍屬開拓之初，日本領導者常回鄉里招募前來阿里山工作者，1912年3月9日就任阿里山派出所第1任主任的中里正技師，於1915年回日本盛岡招攬木工高橋夫婦來台，趁此機會，由近藤幸吉帶

著とり前去盛岡，雙方約在石越火車站會合，由中里正帶他們前來阿里山，夫妻由是生活在一起。

婚姻生活之初，伊藤月薪25元，生活基本費約12元，餘錢多在購買部及俱樂部花光。年後，長男伊藤真於出生1個月後，以肺炎而夭折。其後，再生了3個兒子、3個女兒。

伊藤猛在山上做工之際，其他的日本人都是「當官」，只有他擔任勞工，因而發憤讀書，通過了任官考試，依各等級高升。捐場離職後，伊藤接替了監督的總管，後來又榮升為主任，1935年終於從第10任所長大野手中，接下阿里山的最高主管，直到終戰，無人可替代其地位。也因為只有他是腳踏實地、步步踏升的所長，深知工人辛苦，具備完整或全套作業經驗，更且，他會傾聽工人意見，因而備受員工敬重；另一方面，緣自一絲不苟的行事風格，加上熟稔業務，工人無從偷懶，偶見他逼工、責罵下屬，自成威嚴。

當時伐木後集材以旗子打信號，阿里山第1代台灣工人多了解伊藤為人，且無論抱怨、讚賞或正反評價之餘，台灣工人慣用一句話形容他：「以前他不也是拿旗子的？！」，任何怨尤、感激都消弭於山林恬淡的雲霧中。

伊藤之所以前來阿里山的因緣人近藤幸吉，服務於阿里山再轉任台灣總督府，於大正初年（1912年）前後，就在二萬坪試種吉野櫻（註，有疑問），1914年之後，阿里山沼平附近完成建屋後，亦種至阿里山區。大正年間試種成功，觀櫻

會特將阿里山小學校附近的2,000株吉野櫻命名為「近藤櫻」，也就是說，1926年之前，阿里山已遍植吉野櫻，且是近藤所為，伊藤猛協助種植，種植3年後開花，原本阿里山具有山櫻，但花期不同，近藤遊說鄰居，一戶募集50錢，購買2,000株苗木渡海來種。然而，另有一說，係1927年才由日本移來3,000株吉野櫻，筆者傾向近藤櫻之說。

近藤幸吉的弟弟謂之近藤勇，服務於台灣拓殖會社本社，此會社的前身即總督府的營林局，因應二次大戰而改制。近藤勇於終戰後乃留滯台灣一段長時間，他撰寫的「台灣之伐木工程」等，成為20世紀台灣林業的總成與絕響，由于景讓教授翻譯，1957年台灣銀行經濟研究室編印，列為「台灣研究叢刊第74種」。筆者檢溯台灣龐多歷來文獻，對實務之踏實工夫、歷史價值、台灣經驗等，推崇為最佳記錄與用心的專著；而近藤幸吉工詩文及工藝。

佐藤昌則在帝大演習林服務期間，自日本引進芥茉，在宿舍附近種植，也因而引入阿里山區，換句話說，台灣引進芥茉最早應在1910年代。另，二次大戰之前後，台灣人如鄭阿財、魏添信、羅俊德、柯溪木、魏忠等，之所以做演習林的木材生意，殆皆因認識佐藤昌的關係。

伊藤猛在擔任集材監督時，曾多次指揮運搬神社材，由於巨木體大量重，以2部集材機，將1條繩索捲成8或16條才拉得動，有時地形不佳，一天才拉了4公尺遠，運出阿里山往往耗時數月。日本的許多神社、佛寺、金國寺等，皆採用阿里山的檜材，已知伊藤猛曾經指揮運拿4株直徑將近2公尺的巨檜出去。事實上不只一般神社用，陳清祥先生亦曾經在1942年，於萬歲山上當檢尺，查點過要做祭祀戰死士兵魂位的神社運材，作鳥居橫樑用者。阿里山博物館入口處存有一節樹頭，正是當年伊藤猛運出神社材所遺留者。

簡約劃分伊藤猛在阿里山的工作階段，大致可分工人、監督、主任與所長，以全林場實務幾乎做遍，當時阿里山人遇有疑難雜症大多找他，加上日治時代道德觀與威權使然，到後來，伊藤猛彷同阿里山神，擔任主任期間，阿里山多次火災也都是他所指揮撲滅，無論大小事務，從每年神社的祭拜，到學校禮堂的安樑儀式，缺他不可，1941年禮堂的安樑祭拜，他爬到屋頂拜禱後，往下丟麻糬團，讓觀禮者撿拾。

他在阿里山的32年期間，除了剛來回鄉結婚，以及被遣返日本的最後返鄉之外，只回日本4次，第1次係來台5年後的1919年；第2次係因母親過世；第3次是父親重病；第4次為父親往生。他根本就想終老於台灣，因為包括日本人及阿里山人相處融洽，人情味濃厚，是最佳的故鄉。1946年，得知必須返回日本後，擇日作阿里山最後巡禮及留影。離開阿里山之前，他至樹靈塔前祝禱，將硬幣投入樹靈塔左側的石縫中作紀念，當時他的禱祠如何不得而知，但自許為阿里山人的那份永別的割捨，山林可感？！

1946年3月，帶著家人及大小行李9件離開阿里山，全山人都前來送行，台灣婦女抱著他太太痛哭，邊走邊回頭，

一路上淚水靜靜的流。3月4日在基隆搭船北歸，很幸運的，9件行李並無被中國兵沒收，原本規定只能帶走行李1件。船上擁擠不堪，立足之地都欠缺，只能坐在行李堆上。他從阿里山攜帶了一些米、小麥及鹽製食品充饑，3月24日於田邊港靠岸。

3月27日回到家鄉一關，除了2升米、1罐醬油、幾個燈泡之外，家徒四壁，原本他離開阿里山之際尚有7,000元現金，也就是夫妻二人及5個小孩，台灣當局每人准予1,000元放行。在一關之際尚存6,000元，不料這些錢被郵局凍結，一分錢也拿不回。時代戰亂後民生凋敝，何況去國32年一回來卻是一貧如洗的伊藤家。在阿里山儼然一山之主、事業正達巔峰，時年55歲的伊藤猛，情境可想而知。幸虧其兄連夜以牛車載來數包4斗米，以及3,000元，隨後，岩手縣善心人士伸援救助，不時送來米、鹹魚等濟窘。

歸日之後，伊藤旋從事幫人建築房舍工作，半年後生活始漸好轉。不幸的是，60餘歲之際，中風而右半身不遂，惟生存意志堅強，堅信自己可活百歲，改學左手書寫，88歲米壽日，病榻上的他仍可左手寫字。

如前所述，第一個兒子夭折後，二男秀男1917年生，二次大戰中入伍投入空軍，29歲戰死於沙場；三男伊藤義，終戰返日後，在岩手縣保健所工作，約於1986年歿；四男伊藤親男，離台時小學4年級，長大後於農協工作；長女よし子與阿部福治結婚，60歲過世；二女とみ子，與奧野友孝婚配，68歲往生，依其願，子女將一撮骨灰重葬阿里山，且帶回阿里山的山泉水，澆灑在她的墓碑

上；三女房子，於國小6年級之際回日，之後於中學教書，與菅原昭平結婚。

千禧年9月，陳月霞、陳清祥等至日本，輾轉找到菅原，口訪房子等，並至伊藤墳前參拜。一個19世紀出生的日本人，在20世紀認同於阿里山；21世紀前夕，一群台灣的阿里山人前來伊藤墳前，感受一段土地的滄桑，而時序已入深秋。

附記：伊藤猛回日本後，仍念念不忘阿里山故事，1963年4月29日，將近20位在台灣的林業工作者，假山口市湯田山口縣婦人會會館，舉行「台灣機械化林業座談會」，由前東京帝大演習林所長福田次郎擔任司儀，關於伊藤發言或阿里山等林業情事，特摘譯如下文。

又，關於伊藤猛的資料係伊藤的三女婿菅原昭平，於昭和60年(1985年)伊藤往生時(7月21日)所記述；2000年9月1日，交由陳清祥、陳月霞攜回台灣，翻譯後擇錄、改寫而成。

＊伐木作業方面

上田(信)：當時發明改良鋸的人是⋯

光富：應該是太平山的井戶彥之助，時間大約在大正12年(1923年)左右。

下村：可是我的印象好像不是這樣。我在作業課工作時曾經看過相關紀錄，當時獲局長頒發發明獎的受獎者應該不是井戶，不過確實的姓名我現在真的想不起來。後來，據說負責打造改良鋸的土佐(今高知縣)鐵匠發現訂單不斷，竟然捷足先登將這項發明送去登記。活字典伊藤先生，您說是不是？

伊藤：發明者應該是負責磨鋸齒的川口

安太郎。本來阿里山上用的是美國進口的鋸子，後來在實作的過程得到許多啟發，在大正7 年（1918 年）完成第一把實驗作品（註，可能是5 齒空的大鋸子）。交給伐木工使用之後發現，不僅重量減輕，而且工作效率也提高，因此大受好評。這把原型鋸後來被送到土佐去打造，沒多久便交給全體伐木工人使用，後來更推廣到太平山與八仙山一帶。

伊藤：手錐（Gimune）、穿孔線鋸（鼻入鋸）（註，台語謂之落頭鋸）則是阿里山的伐木工椎葉彌作在大正9 年（1920 年）發明的，後來便開始從內地訂製直徑2 寸左右的手錐及穿孔線鋸。

木尾（？）：據說阿里山上巨木的數量龐大，究竟有多少呢？

伊藤：最有名阿里山神木其實是紅檜，直徑為21 尺，然而沼之平到萬歲山一帶的林相亦十分壯觀，直徑多在12～18 尺之間，2 名伐木工得花上5 ～6 天，才能夠伐倒1 株樹木。這種大小的巨木比比皆是，簡直就像苧麻田一般密密麻麻，連板斧都沒法好好揮動…

下村：在太平山的栂之尾深處，有1 株立木材積超過500 石的台灣杉，光是為了伐倒這株巨木，便整整花了一個星期。原本想將根部的圓板（Syaibe）送到台北來，可是費盡心思研究的結果，即使將圓板裁為2 片，也沒有辦法通過隧道，最後只好死心。天野先生沒見過那棵樹嗎？

天野：這個嘛，我好像不太記得…

上田：當時也曾經使用千斤頂，據說這也是台灣首開先例…

伊藤：千斤頂被應用在橫切（胴割）（註，應該是縱切）或切塊（玉切）（註，切截）上，是從大正9 年（1920 年）左右開始，是什麼人想出來的則無從考察。在更早以前，如果遇到人力無法搬動的大木材，就只好將集材機直接搬運上山，在主纜線搭設好之前，木材只能原封不動地置於原地。而且在集材機進行集材作業的同時，必須調整巨木的方位（日返；註，翻動倒地的木身），因為沒有比主纜線下的圓木橫切作業更危險的了。

上野：接下來請大家談談集材機方面…

*集材機作業方面

伊藤：最早曾由美國進口兩具板車（skidder）及一具輔助引擎（donkey engine），後來則一概採用嘉義工場的產品。

植山：我記得7 號機與2 號機特別大，而且都是橫向鍋爐（註，台語謂之臥鼎），120 匹馬力。

福田：橫向鍋爐？

上田：只有這兩台是橫向鍋爐，120 匹馬力。

日高：目前日本國有林所使用的為Y 型2 胴，最近雖然逐漸出現Y 型3 胴的機型，但是與台灣當時使用的集

材機比較起來，簡直跟玩具沒有兩樣。5 立方米以上的木材還能拖吊。

伊藤：阿里山當時集材作業以5 噸為標準，然而最高紀錄為大正6 年（註，應該是大正7年，1918年）的明治神宮鳥居用材。長度50尺，直徑6尺3寸，148石，重量為31噸。當時曾將滑架（carriage）下方的滑動墊具（skidding）增為雙層，結果短短300公尺的距離，竟然足足耗了7 天。在巨木的集材與運材方面，可說留下無數工作者的苦心與心血。

伊藤：大正7 年，御料林的技師曾經到阿里山來訪。原來他們希望在木曾地區也採用架空式集材機，所以專程到阿里山來取經，不但畫下集材機的機械構造，同時也積極研究操作的方法。後來聽說木曾的木材比較小，所以他們最後採用較小的機型。

伊藤：毫無疑問地，接駁式（中繼）集材法也是阿里山發明的。大正5年，某次在萬歲山地區進行集材作業時，碰上稜線受阻無法通行。結果集材主任捐場健治便做了個大木橇，將輔助引擎整個裝在上頭，再利用引擎本身的動力，將木橇一步步地送上山頂去，這可說是接駁式集材的肇始。後來也曾經利用同樣的方法，將板車（skidder）下滑至谷底，前後共進行4次之多。利用集材機本身運轉的動力，將大木橇緩緩送下山。不過下山時會在木橇後端緊緊繫上兩條繩索，分別牽絆在2株大樹上，每條繩索由5名壯漢牽引，藉以控制木橇的速度。大正8年8月左右，在七千平下方再度採用這種作業方式，然而卻不幸發生木橇翻覆，導致8人死傷的慘劇。自從這場意外發生後，便改為直接分解機械，再以其他集材機吊送的方式進行。息木集材法也是阿里山的發明（註，發明人可能是東吾一），首次作業是在大正6年，於DAIYAMONDO（註，即十字分道）下方的河合溪進行。這也是掛場（註，應為捐場）主任的主意，由於集材途中圓木有暫停休息的機會，因此名之為「息木」。後來更陸續衍生出2段息木或3段息木的方式。在RIJJYA-Wood（音譯）的目錄上，雖然也詳細記載著如何在head spur或tail tree上裝設滑輪的方法，但是並未明記如接駁式或息木式的集材方式。雖然使用說明上還寫著，可以不必將圓木完全懸吊至滑架（carriage）上，而採用接觸地表的拖行作業方式，但是阿里山並非平坦的地形，因此還是以懸空的方式較為理想。在輔助引擎集材的說明書上，甚至還畫著騎士將其固定於馬鞍上拖行的圖樣，像美國那種平坦的大陸地形，工作起來可輕鬆多了…

＊森林鐵道方面

上野：接下來要請各位談談森林鐵道方面的事。

上田：阿里山森林鐵道沿途的隧道數量非常多，大大小小至少有70個以上。

安達：從嘉義車站到阿里山的沼之平車
站，共計有７２個隧道。而且鐵道
的最小曲率半徑為１５公尺，最大
坡度為１６分之１，是條極為艱鉅
的高山鐵道。

下村：尤其是獨立山的３圈半螺旋路線，
更是全日本首見的困難路線。而海
拔２,３４６公尺的塔山車站也是日
本鐵路的最高點…

伊藤：阿里山材最早運出的時間為大正2年，
當時運出的數量僅為500石。我從大正
3年3月8日到戰爭結束為止，都任職於
阿里山上。當時運材列車多為3～4輛
的編成，雖然空氣制動機根本沒有
用，但是不裝的話上頭又囉唆得很，
只好裝在車上當做裝飾品。有時甚至
在各輛車上配置1名制動手，利用手動
制動機進行煞車。但是在16分之1的坡
度下滑時，老實說這些都沒有什麼幫
助。說得誇張一點，沒有脫軌事件發
生的日子反而讓人覺得不正常。機關
車與運材列車一起翻覆，同時有人員
死傷的大型事故，前後總
計有8次之多。不過隨著時
間的經過，駕駛員也逐漸
適應空氣制動機的操作方
式，尤其是每年7～8月之
間，颱風危害的情形十分
嚴重，中斷通車的時間少
則3個月，多的時候甚至長
達半年，在這段休息時間
當中，駕駛員們便趁機分
解空氣制動機，了解其中
的構造及原理，常常一面

吐著煙圈，一面苦思改進的方法，就
這樣靠著技術面及設備面的不斷改
進，終於達到零事故的理想。大正6
年，在某次米增車長隨車的機會中，
機關車與貨車之間的空氣管連結器不
知為何脫落，結果整輛列車便猛然停
頓下來，機關庫(機務段)主任伊藤孝治
郎由此得到靈感，發明了BAN-valve(音
譯)，在下山列車的最後一輛車，以及
上山列車的最前一輛車上裝設這種氣
閥，果真讓阿里山鐵道進入安全行駛
的時代。大正7年初阿里山鐵道的機關
車首次牽引客車，當時阿里山居民的
興奮之情，簡直非筆墨所能形容。後
來修理工場還製造了貴賓專用車，專
門用來接待皇室成員上山遊覽之用，
回想阿里山鐵道通車當初篳路藍縷的
種種，令人不禁有恍如隔世之感。後
來空氣制動機不僅在阿里山鐵道上全
面採用，同時還普及到台灣國鐵全
線，最後甚至連內地的國鐵車輛也採
用。

伊藤猛（左四）陪同長官於樹靈塔前。菅原（伊藤）房子提供

伊藤猛擔任主任期間,彷同阿里山神,阿里山多次火災都是他所指揮撲滅,無論大小事務,從每年神社的祭拜,到學校禮堂的安樑儀式,缺他不可;圖為1941年禮堂的安樑祭拜,他爬到屋頂拜禱後,往下丟麻糬團,讓觀禮者撿拾。菅原(伊藤)房子提供

1935年(昭和9年)元月,36歲的伊藤夫人抱著五個多月的么女房子,於官舍門前。菅原(伊藤)房子提供

伊藤夫人、子女與佐藤昌等人於櫻花樹下。菅原(伊藤)房子提供

1939年(昭和14)阿里山寺婦人會副會長送別紀念照。菅原(伊藤)房子提供

伊藤房子（前右二）
登新高山時，於嘉
義郡新高下警察官
吏駐在所前。菅原
（伊藤）房子提供

1942年（昭和17）阿里山寺婦人會會長送別紀念照。
菅原（伊藤）房子提供

1946年，得知必須返回日本，離開阿里山之前，伊
藤猛至樹靈塔前祝禱，將硬幣投入樹靈塔左側的石
縫中作紀念。菅原（伊藤）房子提供

伊藤猛二兒子秀男1917年生於阿里山，二次大戰中
入伍投入空軍，29歲戰死於沙場。圖為伊藤秀男入
伍前場面壯闊的紀念照。　伊藤親男提供

1945年（昭和20年）10月，在阿里山念小學校的師生，終戰後不久，於小學最後的留影。最後一排右三為六年級的伊藤房子，倒數第二排左五為念四年級的伊藤親男。菅原（伊藤）房子提供

伊藤猛的官舍，位於今阿里山工作站正前方。菅原（伊藤）房子提供

原伊藤猛的官舍，日本黑松已被砍除，且成了阿里山工作站的停車場。　陳月霞攝 2000.03.21.

歸日之後，伊藤旋從事幫人建築房舍工作，半年後生活始漸好轉。伊藤親男提供

伊藤猛親植於官舍前的日本黑松，在主人離去之後乏人
照顧，到1990年，已呈凋零。陳玉峯攝1998.01.26.

2000年9月1日，伊藤家族闊別阿里山55年之後，歡喜與來自阿里山的鄉人相會。由左向右，伊藤親男、菅原昭平、陳清祥、陳玉妹、陳月霞、菅原（伊藤）房子、kay、伊藤親男妻。陳惠芳攝　日本一關伊藤家

千禧年9月，陳月霞在伊藤親男的帶引下，至伊藤猛墳前參拜。一個19世紀出生的日本人，在20世紀認同於阿里山；21世紀前夕，台灣的阿里山人前來伊藤墳前，感受一段土地的滄桑，而時序已入深秋。陳惠芳攝

伊藤猛遺留下來的像本，斐頁蓋有「新高阿里山國立公園」的戳印。伊藤親男提供

1935年（昭和9年）元旦，伊藤猛一家人與佐藤昌家人於官舍門前；由右向左：1伊藤義，2伊藤夫人抱著么女房子，3伊藤猛，4伊藤大女兒，5伊藤二女兒，6佐藤昌妻，7佐藤昌岳母，8佐藤昌。菅原（伊藤）房子提供

手稿
伊藤60餘歲之際，不幸中風而右半身不遂，惟生存意志堅強，堅信自己可活百歲，改學左手書寫。而其文字間念念不忘的，還是他遙遠的故鄉阿里山。無論是昭和56年寫給女婿的信函，或前後所書寫的，無不與阿里山相關。菅原昭平提供

伊藤猛家人：由右向左：1伊藤二女兒，2伊藤大女兒，3 么兒伊藤親男，4伊藤夫人，5伊藤猛，6伊藤房子。菅原（伊藤）房子提供

伊藤猛先生簡歷

西元	日治	事項	備註
1892.4.1	明治 25	於日本宮城縣栗原郡金成町有馬片馬合誕生。	
1905	明治 38	於萩野村役場當實習書記。	14 歲。
1914.3.14	大正 3	至台灣阿里山營林所當集材工人。	23 歲。
1915	大正 4	回日本與とり（to-ri）結婚，婚後伊藤猛先與近藤幸吉回到台灣，妻子則於之後由中里正（註：阿里山第 1 代營林所所長）帶領前往。	24 歲。
1917	大正 6	二男秀男，於阿里山出生。	
1919	大正 8	回日本一趟。	來台第 5 年。之後於母親過世，父親生病、過世時回日本 3 次。
1919	大正 8	三男義，於阿里山出生。	
1923	大正 12	長女よし子，於阿里山出生。	
1929	昭和 4	二女とみ子，於阿里山出生。	
1933.7.26	昭和 8	三女房子於阿里山出生。	猛 42 歲。
1935	昭和 10	么兒親男於阿里山出生。	自 1945 年親男當時為 4 年級而推算。
1941	昭和 16	阿里山小學校禮堂落成。	50 歲。
1941.7	昭和 16	阿里山駐在所宿舍落成。	50 歲。
1946.3.4	昭和 21	離開阿里山。	於台灣生活 32 年，23-55 歲。
1946.3.27	昭和 21	回到日本一關，因所有現金被郵局凍結，生活陷入困境。	生活第 2 次困境則於妻子過世後的 5 年期間。
1985	昭和 60	過世。	94 歲。

註：1、據資料顯示，當時年紀採虛歲計算。

2、資料中並無記載第2～4次回日本的時間、其他小孩出生月日及妻子何時過世。

七-3、阿里山台灣人物誌

阿里山區口述歷史受訪人有204名（其中台灣受訪人有192名），此兩百多名受訪者當中，有些可就其在阿里山的特定工作敘述其個人生活史，有些則可針對其家族交代遷移史，然此部份非在本計畫範圍。

由於前述已簡列阿里山日本人物誌，焦國模教授質疑何以僅寫日人而捨中國人？特別又提到在本計畫中站有舉足輕重的陳清祥先生，應該列入阿里山人物誌中。故今將陳清祥列入阿里山台灣人物誌，事實上在兩百多名受訪者當中以陳清祥：1.資料最為詳實；2.年代最為清晰；3.代表官方經營與民間營業；4.跨越日治時期與國民政府，至今仍活躍於阿里山。

其餘兩百多人，將另外以其他方式，呈現在另外的書籍上。

陳清祥部分，將以其生活、生計、官方公文與其他事件進行為主軸，配合台灣林務變遷。由於陳清祥所擔任的職務為公務人員之最基層，以其所收受的訓令和工作內涵，相較於上級林業政策，一來檢視政策的落實或落差，二來由基層的實踐反應政策的實體面向。而且由陳清祥身上也足以透視阿里山林業史，因為陳清祥雖然僅77歲，但生性好學，博學多聞，特別自父執輩強聞博記諸多彌足珍貴的山林訊息。

陳清祥

陳清祥先生1926年（大正15）4月2日出生於阿里山香雪山下（第4分道，即今之阿里山新站），可以說是跨越日治時代與國民政府阿里山百年歷史當中，涉及官方與民間資訊暨經營管理，且至今仍活躍在阿里山碩果僅存的人物。

本報告中諸多文獻便得自陳清祥金頭腦一般的超級記憶，尤其報告中的部落圖繪皆出自其手繪。

陳清祥的祖父陳如章先生1876年生於南投赤水，為前清秀才。1895年台灣割讓給日本，不久之後以教書為業的陳如章，孩子陸續出世，但也失去教職而淪為勞工。雖有祖產，無奈人丁旺盛，土地貧瘠，以至於秀才非但無法讓子女上學，更將一名兒子過繼給他人。

陳清祥的父親陳其力先生為秀才的二兒子，1900年出生於赤水，1917年與兄弟隨叔伯兄長陳宗、陳愛等，到阿里山從事集材工作。陳清祥的母親陳謝蘇女士1907年出生於彰化社頭，1924年與陳其力結婚而到阿里山區跟著丈夫過著逐木而居的生活，也輾轉在阿里山區的各個林班陸續生下13名子女，陳清祥為老大。

陳謝蘇個兒嬌小，聰敏伶俐，尤其對所經歷過的人、事與物，有著過目不忘的超強記憶。陳其力穩健沉默，有著老莊無為而治的處世態度。陳清祥除了遺傳父母特質之外，身上更流著和秀才祖父一樣的書卷氣質。

幼年陳清祥因隨著父親集材據點四處遷移，足跡遍及香雪山一帶、塔

山下的眠月西線、大瀧溪下線等。

　　1935年(昭和10)陳清祥暫別阿里山區,到赤水與祖父母同居,就讀台灣公立台中州皮子寮公學校。得自秀才祖父的遺傳,陳清祥在校成績優異,小學四年級更參加學校詩文比賽而得獎,學校贈「二宮金次郎」塑像予之鼓勵。二宮金次郎為日本優秀的文學者,幼時赤貧,必須經常到山區撿拾薪柴;二宮極為好學,然能閱讀的時間有限,常利用揹薪柴的時間閱讀;所以校方以其滿揹薪柴、孜孜不倦的塑像做為獎盃來勉勵後進。

　　雖然陳清祥因戰亂等種種因素,沒有成為文學者,但手不釋卷卻是一向的風格。

　　就學當中,陳清祥每年放假期間都往返赤水與阿里山之間。更因為父親集材地點的更迭,每一回回到山中都要經驗一次新環境;也因為年紀尚小腳程跟不上大人,常常讓伯叔輩揹著在山中鐵道行進;印象最深的是,有一回駝在叔叔背上,欲前往鹿崛山,行經眠月線最長最高的橋樑,高聳的木造橋樑應著人的步伐,發出吱吱喳喳聲響,同時也上下震盪,俯瞰萬丈深谷,真是讓人心驚膽顫。

　　1940年(昭和15)3月24日陳清祥小學畢業,之後清祥隨身攜帶二宮金次郎塑像,回到阿里山林場的大瀧溪下線。大瀧溪畔的住家為臨時居所,但是出門在外,其父母不忘從老家割來香火。所以大瀧溪畔的居處供奉著書記玄天上帝的香火包。二宮金次郎上

山之後,陳母見其形象似神,將其置放在香火旁。

　　就這樣二宮從一介書生晉升為神祇,並且以其負重薪柴的身影,輾轉從大瀧溪畔到大塔山下的石鼓磐,又一路到玉山西南面的兒玉(今自忠),再進入曾文溪源頭,閱盡20世紀日本人在台灣最血腥的檜木森林大屠殺。

　　陳清祥回到大瀧溪下線充當父親助手時,父親已當組頭。在木材為官方直營的年代,要當上一名集材組頭,必然需要得到官方十分的肯定;陳其力成熟穩健、堅苦卓絕、負責與耐性等等特質,終於被官方付予重任。集材工人俗稱「機器工」,每一組「機器工」負責一架集材機(陳其力當時負責6號集材機),且以此集材機的編號,為組織或領域中心。集材為阿里山工事當中最耗費人力的工程,每一集材機有20至30名「機器工」。換句話說,陳其力必須負責招募、指揮與安養20至30個人,甚至於20至30個家庭。

　　初時,清祥每天幫忙搬運蒸汽集材機的薪柴,休息時大人可吸煙,還是孩子的他卻無所事事。在工地等大人,經常要等到天黑收工,才能回去吃飯。有時候等得肚子已餓,便偷轉手錶,俟大人問起時間,便可提早回去吃飯,而此為其一天最樂,也顯見當時的靈活與少不經事。

　　在蛋白質普遍缺乏的山林中,清祥偶見大人生吞「土龍」。「土龍」即為阿里山山椒魚,喜歡躲藏在檜木腐蝕涵水處。大人們抓到「土龍」,只用清

水洗滌其身上黏膜，便生吞入喉，讓清祥看得喉頭發癢。不過清祥也嚐過土龍的滋味，那是經過烤熟帶著香味的。

年少的清祥，在山林中真正的一次震撼是，目睹一名與自己年齡相仿的少年，慘死的過程。那是做大水的颱風天，位於大瀧溪畔的集材工寮，有一大半被大水沖擊崩倒，幾乎所有的人都適時逃出屋外，躲過一劫，但是住在工寮最尾端的一對父子，卻來不及逃避，雙雙活活被房屋壓住，雖經眾人搶救，但血水和著雨水，硬是奪走父子生命，且死狀奇慘。

在這之前，清祥也耳聞不少山中災難，其中最為人知的便是堂伯父陳曾事件。

1927年(昭和2)陳曾在千人洞一帶負責6號集材蒸氣機的燒柴工作，因為在添柴火打開蒸氣集材機的燃料火門時，經常看見鬼影從火門飛出，久而久之因驚嚇過度而精神致病，此事亦導致人心惶惶。以日本人為主導的山區，日本人除了廣設日本神社祭拜天照大神，企圖平息台灣人的恐懼之外，並不鼓勵，甚至於是禁止台灣人公開祭祀。但是若陳曾這般無法承受山中鬼魅的人，就只得離開阿里山。日本政府為了安撫人心，不得不同意赤水人，從家鄉請來傀儡戲，在千人洞一帶作戲祭祀。人稱山頂人的赤水鄉親在人心惶惶之餘，對帝爺公的依賴亦與日俱增；特別又有一些山區，不時發生白色的米煮成紅色的飯。

清祥後來除了搬運蒸汽集材機的薪柴，也加入母親與舅舅的鋸材行列。大瀧溪一帶滿山遍野的石楠(森氏杜鵑)，清祥跟著舅舅四處砍伐石楠，當時的石楠多到取之不盡的程度，他們將石楠截成尺把長，當成柴火販賣。

1941年(昭和16)塔山一帶的工事結束，陳清祥一家轉到新高口霞山一帶。不久日人由兒玉(今自忠)架設長7.5公里的水山支線森林鐵路往水山一帶伐採林木。清祥一家人也移轉至此，居住在水山支線2.2公里處的聚落。

一天來了一位名叫島田長平的日籍檢尺，尋問清祥願不願進入政府部門工作。清祥回家問過家長，得到同意之後，隔日便至阿里山派出所(今沼平車站上方之阿里山舊工作站)報到。16歲的清祥特地找件乾淨衣服，著一雙若水船稱為ta-mi之日式工作大鞋，並仿傚成年勞工，在項領綁毛巾，於島田長平的推薦下，與幾位新人首度與阿里山派出所主任伊藤猛見面，卻被伊藤猛責問項上毛巾。清祥對當時阿里山的最高長官伊藤的威嚴留下深刻印象。

往後陳清祥曾幾度和同事一齊接受伊藤的邀請，至主任官邸做客，對伊藤親切友善的招待同樣留下深刻印象。最有趣的是，逢年過節，清祥和一干同事，各自攜帶自家土產，或是水果，或是雞鴨、蘿蔔等，一一排隊等著贈送伊藤長官的情景。

1941年(昭和16)8月20日，陳清祥正式收到任命令，成為公務員。日治時

期，政府部門大多為日本人，清祥是少數進入公部門的台灣人之一。當時上班的台灣人只有4至5人，日薪一塊錢，領月奉(若以物資計算，月入7～8石米，當時十斗米才5～6元)。至於非公部門日薪8角，領日奉。

清祥的工作為助理檢尺，也就是當檢尺的助手。一開始要先了解檢尺的工作，學會持刀在受檢的原木上刻字。一根原木必須登計11項代碼，內容與例子如下：

地區(八)2.林班(十)3.小班(二)4.編號(一二三四五)5.樹種代號(ヒ=扁柏)6.長度公尺(Ⅷ)7.直徑公分(152)8.缺點(八>半洞或△透洞)9.缺洞公分(74)10.檢尺者代號(チ=陳清祥)11.伐木者代號(x)

陳清祥進入政府機關工作之後，便離開家人，住在兒玉的員工宿舍，配合不同的檢尺，到各林班地工作。因為生性活潑、好奇、好學又好問，穿梭各林班地工作時，一有空閒，也會對工作以外的其他事務多所涉獵，因此逐漸對阿里山區的地理環境、林木與林場作業有著廣泛的認知。

1941年(昭和16)12月8日，太平洋戰爭爆發。17日，清晨4時30分，發生大地震，兒玉聚落出現三吋寬、數十公尺長、深達一公尺的龜裂，所幸無房屋倒塌或人員傷亡。然而阿里山鐵路卻多處中斷，陳清祥特地從兒玉到二萬坪察看，目睹火車震倒，巨大原木散落，以及停車坪大片崩落的災情。

1942年(昭和17)6月30日，陳清祥為台灣總督府營林所嘉義出張所乙種傭(日給1圓10錢)。

此時公務員8成為日人，台灣人佔2成。

一日，清祥隨島田進入水山支線5公里處的林班地，和一隻台灣黑熊迎面撞個正著，所幸年長富經驗的島田叮囑清祥如何應對，終於安然脫困。

9月，阿里山營林事業公營制廢止。阿里山營林事業，由營林所移轉由台灣拓殖株式會社經營，後改稱台灣拓殖株式會社林業部嘉義出張所。陳清祥亦於9月1日接穫兩張新令，前為台灣總督府營林所乙種傭，後為台灣拓殖株式會社乙種傭(日給1圓10錢)。

這一年，陳清祥因為協助查點，預做祭祀戰死士兵魂位的神社運材，隨伊藤猛等人在萬歲山下(今台18線81k)，首度見識到砍伐神社用材的祭典儀式。

不久之後，陳清祥再與草場純一、伐木主任安江、檢尺田邊1、2個工人、負責飲食的女士阿桂，先至兒玉招待所住1夜，再至水山腦寮宿1夜，之後往南玉山區調查。當時，楠梓仙溪第15林班正在興建宿舍，建材由台籍組頭魏傳煌承辦，陳清祥與田邊進行檢尺工作，楠溪的房舍已蓋一半；另一方面，亦進行林班復查，約耗半個月時間，才又返抵阿里山。

1943年(昭和18)1月1日，陳清祥晉升為台

灣拓殖株式會社林業部嘉義出張所甲種傭。

一日，居兒玉支線5公里的楠組日本婆，三、五個相偕，往兒玉的購賣部前進。經過橋樑時，清祥和幾個傭工正在橋樑下檢尺，抬頭望見楠組的日本女子，穿著簡易和服，趿著木屐。一名傭工突然興致的站起來，仿照日本女子扭著身體，一邊還故意曲膝弓起下臀說，「有看到了無？看到無？」惹得大夥兒暴笑不止。清祥當然也娛樂著。原來包裹著長和服的日本女人沒穿內褲，從下往上的角度，自然容易引起遐思與窺覷。

1944年(昭和19)3月24日陳清祥與劉玉妹(婚後改夫姓)於水山支線2.2公里處的聚落結婚。由於陳清祥具備官方身份，父親又為民間首腦之一，所以當時來自官民的閩南、客家與日本賀客約百來人。時值戰爭後期，物質匱乏，民生物資採配給制，陳清祥的婚禮可謂難能可貴。婚後陳清祥離開兒玉單身宿舍，回到水山支線的聚落與父母、妻子同住。清祥為免妻子因客家身份在家族中受到歧見，遂幫其取了「豐子」的日本名。

隨著父親集材機的移動，即集材地點的更動，陳家又往水山支線更內部約5公里處居住。於是清祥每天必須步行5公里，才能抵辦公室報到，執行勤務。

7月1日，陳清祥為台灣拓殖株式會社林業部嘉義出張所甲種傭(日給1圓54錢)。8月太平洋戰爭延伸台灣，10月美軍開始轟炸全台。12月31日陳清祥接獲「在鄉兵」徵召令，到嘉義受訓，受訓期間明顯發現，同樣被殖民，韓國人卻受台灣人所歧視。受訓之後，轉往台南安平，1~2個月後，覆轉回阿里山萬歲山，跟十幾個一、二十歲的台灣人，輪流監視與報告美機來襲動向。

1945年(昭和20)2月10日，陳清祥接獲台灣拓殖株式會社林業部嘉義出張所退職包金60圓。

陳清祥在萬歲山值勤期間，家室移住沼平警察駐在所。在這期間大兒子出生，為其接生者為同住在警察駐在所的鄒族人汪青山先生(汪，1911年生於樂野，1945年已為人父，且為受過醫療訓練的警察；光復後調職嘉義，清祥出差曾至其處做客；汪於嘉義、達邦、阿里山等地擔任警察工作，1950年因政治迫害被捕，之後同高一生等四人遭槍決，此即為白色恐怖時期之湯守仁事件或高一生事件。而清祥的大兒子也在三歲時因病而故。)

1945年(昭和20)8月15日，日本接受「波茨坦宣言」，台灣總督安藤利吉發表日本天皇的「終戰紹令」，隔天，為防止全台妄動，廣播「等待善後措施」。陳清祥結束萬歲山戰時軍屬職務，恢復平民之身，搬遷到疏開寮居住。疏開寮原為日本平地要員，為躲避戰事，疏散到阿里山，所居住的地方。

1945年(民國34)10月25日，臺灣改隸，阿里山之森林經營，由臺灣省行政長官公署農林處、工礦處會同監理。日本人也在這一天，將職務自動移交阿里山當地台灣人，並交待不可怠忽工作，且退居幕後協助。阿里山區台灣人組成「自警團」，由游德坤(游本職為修理工廠電工)帶領維護地方秩序。此間，除了平時對台灣人不友善的日本警察，被集體修理之外，一切行事如常。除此之外，阿里山居民也在公務人員中，互推台灣人起來接替日本人的主管位置。這其中，由嘉義營林所人員推舉周爐(本為營林所運輸課人員)擔任臨時所長，阿里山則有賴福星(原為集材事務員)擔任阿里山派出所臨時主任、紀水龍任臨時伐木股長、陳保貞任集材股長等等，這些人都是

當時年紀較大、資歷較深者。至於阿里山庄戶籍，則由陳顯全權負責。此後，直到隔年4月1日，中國主管擔任體制行政派令為止，大約半年無政府狀態，而阿里山大抵正常運作。

陳清祥因當兵而停公職，因戰爭結束而成為平民百姓，在這期間，其運用在職時所認識的人脈，成為木材業者魏忠底下的一名「小頭」，負責總理米菜和伐木工人的打理。但不幸的是由於資金運轉不順，賒欠人稱大胖海的王海龍豬肉錢達三個月，遂被大胖海辱罵：「抔少年，跟人家做什頭路！」這事讓年方19歲的清祥，備受屈辱，因此再怎麼困頓也跟人有息借貸，還清帳目。

1946年(昭和21，民國34)3月4日，55歲已在阿里山生活32年的伊藤猛，原以為可以繼續留在阿里山當一介阿里山平民，卻礙於「留用原日本人僅限技術人員」條例，而不得不帶著在阿里山出生的子女，舉家離開。最後一批日本人也相繼離開，至此阿里山已無日人。而陳清祥也在隨後接到恢復公職的派令。

雖然1945年(民國34)12月8日台灣省農林處林務局已創立，但直到1946年(民國35)3月15日林務局接收委員會監理阿里山伐木事業期滿，阿里山森林事業才由農林處正式接收，成立阿里山林場。然而，1946年(民國35)4月1日陳清祥所接獲的派令，所屬單位卻仍為台灣拓殖株式會社林業部嘉義出張所，顯見政令從中央到地方的落差。陳清祥所接獲的派令公文，漢文與日文夾雜，所使用的紙張，則是原日文公文的空白背面，且還是截半手寫，但上有騎縫章與黃紂、雲卿等兩個圓形印。陳清祥被降職為乙種傭(日給1圓30錢)。而先前由日人手中接下主管工作的台灣人，亦

因為其暫代職務由國府派員接續，而再度恢復原職或降職。

有趣的是，政權交接之後，中國人與台灣人有著文字上與語言上的隔閡。雖然主管大多為操北京語且帶著濃農鄉音的中國人，但辦事人員仍為受過日本教育不諳中文的台灣人。台灣人書寫公文仍沿用日文，中國主官雖看不懂，但一來語言不通、二來不熟悉環境、三來不懂林務，於是姿態柔軟，只負責蓋章，整個林務工作在台灣人的操作下，仍延續日治形態而進行無礙。

1946年(民國35)5月林務局相繼成立嘉義、台南、高雄等山林管理所，阿里山隸屬於嘉義山林管理所，此時發生令人扼腕的軍用材事件。戰爭末期，日本人為軍方所需，大量砍伐木材；但是這些軍用材尚未完全取出，戰爭已結束；負責搬運這些軍用材的業者，並沒有因戰爭結束而停止作業；然而當山林管理所成立時，國府便以「日產」的名義，將軍用材一概接收，非但讓眾多業者血本無歸，更因此讓業者與承包工人之間債務四起、官司連連。這其中許多都是陳清祥所熟識的人，他為這些人的遭遇不勝噓唏！

1946年(民國35)9月15日，林務局奉令成立林產管理委員會，11月阿里山分場改稱農林處林務局林產管理委員會第1組阿里山林場阿里山分場。隔年(民國36)4月8日，陳清祥接獲台灣省行政長官公署農林處林務局林產管理委員會第一組阿里山林場派令，改為甲等檢尺技工，負責的業務是監督巡山工作，即監工，兼內務。巡山有二：一為業務監督的巡山工作；二是與林政有關的巡山，巡視有無盜伐或火災。

這段期間，由於陳清祥擔任分派檢尺人

員至各山林工作，所以疏開寮的住家，便成為眾人集聚的地點。檢尺人員每日清早即各自帶著便當，至陳家等待工作，尚未出勤之前，眾人喝茶、聊天、玩牌或幫陳家劈材等等，人與人的相處，延續日治時期的共患難、同分享的山林情誼。

陳清祥秉持一向好學精神，努力跟中國同事學習新的語言。

不過他也目賭了在日治時期從不發生的奇異現象，就是外行的組頭如雨後春筍到處林立。日治時期被政府指派為組頭，必須要有相當的林務智能與沉穩人格，所以當時的組頭寥若晨星；但甫光復，一些人便利用權勢與關係，跟林場索取組頭的名份與權利，以至於無端冒出許多不諳林務的組頭，一時之間，山林人手沸騰，也讓辦事人員眼花撩亂。

1948年(民國37)發生228事件，台灣步入緊張時刻，在風聲鶴唳中，阿里山卻顯得風平浪靜，除了極少數人前進至嘉義之外，一切如常；幾位外省籍主管生活作息依然，絲毫不受政局的影響。由此可見阿里山地區與台灣當局的距離，同時也展現出阿里山人自日治時期延續下來的，與出外人和平共處的精神。4月1日，陳清祥接到台灣省政府農林處林產管理局阿里山林場的調薪令(月支薪70元正)。這一年，阿里山居民自赤水請來乩童與工作人員十來名，在網球場搭建一臨時廟堂，日夜觀神，經過三個多禮拜之後，終於在幫浦池塘邊選定建廟地點。清祥因職務關係，只能選在夜間關切此事。5月初，阿里山首座聚落廟宇，主祭玄天上帝的受森(鎮)宮落成。

1949年(民國38)1月起陳清祥改支80元；但9月27日接到的訓令，文案卻為：1本局阿里山林場，奉令緊縮該員經列編餘，應自9月30日起，以額外人員降低待遇留用(照原實領薪津7折發給)，其留用期間以6個月為限。2.在留用期間應照常出勤，如工作努力成績優良，遇缺可以正額人員補用；倘工作成績不佳，仍得隨時予以資遣。台灣省政府農林處林產管理局，局長李順卿。

可以說自陳清祥擔任公職以來，所屬單位的名稱一改再改，主管更是來去頻繁，然而此對最基層職務的人員，並沒有任何影響，但是無故被降職降薪，甚至於淪為「額外人員留用」，就不能等閒視之！

1949年(民國38)國府遷台之後，強力介入阿里山行政，乃至生活起居等種種習慣，自此阿里山進入全面改變期。省方先是派來更多的外省籍公務員；接著公文嚴禁使用日文、開會不能講日語、日本木屐與日式工作布鞋不准穿。陳清祥深深感觸到政權轉移的改變，也領受到真正由外省人掌權之下的壓力。雖然清祥受的是日本教育，但是日文中大量使用漢字，使得清祥在文字書寫上很快進入狀況；只是在中國公文的撰寫上，讓陳清祥最頭痛的，就是申亥巳戊戌等等，對其而言，奇奇怪怪的用字。

1949年(民國38)11月4日，蔣介石首次至阿里山，隨行人員有蔣經國等，宿貴賓館。蔣介石當時雖不是中華民國元首，但是在黨國不分的年代，中國國民黨總裁蒞臨，阿里山再也沒有發生比這更嚴重的事情，整個阿里山進入前所未有的緊繃階段。為讓總裁留下好印象，粉刷清潔阿里山總動員；居民更接受禮貌指導；為迎接總裁阿里山更施放煙火，學生獻舞；五步一崗、三步一哨更是難

免；除此之外，還動員修理工廠與製材工廠員工，進駐附屬館，充當蔣介石扛夫；蔣介石待了一星期便下山，阿里山人旋恢復正常生活。

1950年(民國39)，陳清祥接獲訓令：自4月1日起為甲種技工，日薪240元，派在阿里山分場。此時農林處亦更名為農林廳，清祥工作單位全稱為：台灣省政府農林廳林產管理局阿里山林場阿里山分場。

這年春天，阿里山發生一場大火，火勢從集材柱對面的倉庫，延燒到宿舍、合作社及車站前之商店。起火原因是燒碳工人許金連，將尚未完全冷卻的木碳，送入倉庫庫存；而後，木碳悶熱加溫，終至起火。

火勢控制之後，手腳俐落敏捷的居民，不久便在原地重建數棟檜木房舍。而這其中一間也是清祥後來的住家。

1951年(民國40)10月27日，蔣介石總統65歲生日，再度進入阿里山，隨行人員有宋美齡、張群夫婦及國畫家黃君璧等。這次蔣介石將前往兒玉，為領袖安全陳清祥被派在水山線的橋樑看守，橋樑上下與周圍先做一翻徹底檢查，看看有無任何可疑爆裂物，一切無恙之後，便要躲在橋樑下，兩人一組，負責橋樑安全，看守時間自領袖往返結束行程為止，歷時十多個小時。這次蔣介石乘森林鐵路專車至水山線時，指示林場徐守圍場長將兒玉站改名自忠站，兒玉山改名為自忠山，以紀念在中國大陸抗日殉難之張自忠將軍。

1951年之後，陳清祥發現公務員原本勤勞清廉的作風，在新進的某些外省人身上並不存在，在這之前他從不知道什麼叫「官商勾結」或「貪污」。隔年，他便參與調查台灣最大宗的官商勾結貪污案

1952年(民國41)，26歲的陳清祥，接到前往巒大山林場，協助調查林班的公文訓令。這是發生在巒大山林場的盜林案，更是台灣有史以來，盜伐面積最廣，涉案人員最多，層級也最高的一個案件。

陳清祥接到的公文為「奉 林產管理局四一卯東林枕作字第五二五三號代電，以巒大林場一實作業處理林班，情形亟待調查；唯該場技術員工短缺，著調本場副技師許韶秀、技助員郭永寬及檢尺技工陳清祥、劉有定等前往協助」。

除了阿里山林場四名人員之外，林產管理局也自其他三個林場派員，夥同一日本技術人員，在林產局技正蕭建洲的帶隊下，一行人浩浩蕩蕩，前往巒大山林場。業者為新高木材行。調查過程中，所有的伙食皆由商家提供，雖然林務人員皆有付款給業者，但是少許的基本菜金，得到的卻是每日菜色豐盛，雞鴨魚肉樣樣俱全，特別是鮮嫩可口的鵝肉，最讓人唇齒留香；當然汽水、啤酒等飲料更不能省。不到一個禮拜，調查人員即與業者打成一片，和樂融融。只是調查的工作仍然必須進行。

調查過程原本便極為艱辛，但又因為幅員遼闊，迫令困難度加倍許多，不到兩個月，陳清祥即病倒。山區交通不便，變通方式是冒險緊急趴坐在原木上，隨原木自索道吊滑至淺山，再自行搭公車至水里，之後轉回赤水，經診斷，是疲勞過度的黃膽病。

陳清祥在赤水靜養數週之後，才回阿里山繼續勤務。是年12月30日，台灣省政府農林廳林產管理局阿里山林場頒發獎狀「查該工對于動員公約實踐履行認真努力成績優異特

頒發獎狀用示嘉勉」。12月31日，台灣省政府建設廳也頒發獎狀。

這一年，阿里山人開始增加，最多達4,000人，學校就有四百名學生，自忠也有分校。

1953年(民國42)，陳清祥與徐傳乾交換住屋。徐傳乾住屋位於車站附近，與集材柱隔著鐵路相對。4月，正當搬遷之際，阿里山神木遭到雷擊，頂端枝椏斷裂。之後27歲的陳清祥經客家人林進發引介，加入中國國民黨，成為吳鳳鄉產業黨部黨員。當時加入國民黨，純粹是為了穩定工作。

1954年(民國43)3月，28歲的陳清祥在民眾補習班成人班初級部，修業期滿成績及格，由嘉義縣吳鳳鄉香林國民學校發給畢業證書。補習班所補的以注音、會話為主。

同年，由阿里山林場聘為「分場檢尺指導協助訓導各檢尺人員，並抽查現場各員檢尺技術」，同時也擔任嘉義農校等實習生的講師。然而，雖名為「指導、訓導」與具備「抽查現場」權限，但是陳清祥卻頗為苦惱，主要是受其「指導、訓導」或「抽查現場」的檢尺，除了尋常怠忽職守之外，更頻頻接受業者招待，沉迷賭博有之，花天酒地更稀鬆平常。陳清祥不禁想到光復初期，曾經碰到一名大剖工人，從海口回來贈其鹹魚一隻；在物質缺乏的年代，一條鹹魚是很讓人感動的；可是當這工人跟他提出人情通融時，受日式訓練的清祥怎麼樣都覺得不妥，在工人苦苦哀求之下，遂同意讓其提早提領工資，但必須隨後補足工作量。換句話說，在無損於官方利潤之下，給予工人一時方便。然而，才隔沒幾年，世事之演變，讓清祥慨嘆宛如隔世。

1955年(民國44)5月1日，29歲的陳清祥當選台灣省嘉義縣吳鳳鄉鄉民代表(堂兄陳石廖為代表會主席)。

這一年，因為發生美國孟祿博士上玉山跌落山谷致死，林務局為此欲重整登山道路，陳清祥負責沿途登山路線的勘查。勘查路段的修整，材料的取用，與經費、食糧與材料的概算等。他單獨一人由阿里山出發到玉山，當天往返；除了去時搭車到自忠之外，之後全都步行。

1956年(民國45)2月1日，清祥曾參與調查的巒大山3個林班盜伐案起訴。此案前後調查3年，起訴書長達2萬餘言，資料裝滿2大木箱，重約80公斤，被盜檜木約2萬餘立方公尺，價值約億餘元，盜伐時間起自1947年，至1952年案發為止；本案為當時監察院所糾舉的十大盜林案中之最大案。當年的報紙寫著：「已知的盜伐數量價值逾8千萬元。這一數字，超過了1952年迄至去年年底，林產管理局所有標售林班代價的總和！這樣大規模的盜伐，而居然至今才被揭發，其中所包含的隱沒、遮掩、串同活動，簡直是不可想像，能產生如此巨案的背景，尤其令人不寒而慄！」

1956年(民國45)6月7日，30歲的陳清祥受聘為，嘉義縣吳鳳鄉調解委員會委員。6月14日，楠梓仙溪新建宿舍及架空機自動索道完工。陳清祥負責楠梓仙溪一帶的林班，經常來回阿里山與楠梓仙溪，跟伐木工人等講解木材的處理。

楠梓仙溪天然林，是在1954年正逢阿里山林場即將伐盡，因應嘉義市木材界人士之力促政府而開發。開發業主之一的陳清程為清祥二弟。陳清程在日治時期也擔任過林場

檢尺，但喜歡嚐試各行各業的陳清程，沒多久就離開公職。經歷過無數行業之後，最後還是承接父親陳其力的山林工作。

只不幸1956年，一個傍晚，在11林班流籠頭，吊在鋼索上的原木，因索勾脫落，木材落下，清程閃避不及，跨在鐵軌上的腳，被三、四噸若一台車重的木材狠狠蓋下，腳骨隨即斷裂；之後清程被綁在一塊木材上，放到流籠尾，再放車下來到楠梓仙溪底，託卡車載到東埔，阿里山方面再開車來東埔接人，之後連夜放台車到嘉義，撿回一條性命。

這一年，林管局接受農復會建議，決定將3千名退役官兵，安頓從事林業工作。同時為加強林業，決定於退除役國軍中，挑選體力適合林業工作之退役軍官、士兵，由林管局分發各地林業機構，其中100人分到阿里山林場。陳清祥為帶領與訓練這批榮民的負責人之一，當時分派在其下的人員將近60名，陳清祥負責監督訓練這批人員達半年之久。訓練過程中一度發生外省人對台灣人的誤解；台灣人拿五齒鋸教外省人鋸木頭，外省人認為台灣人故意整他們，非但不給好鋸的細齒鋸子，還故意將鋸子雕成一大凹一大凹，刁難他們。最後外省人才發現，原來一大凹一大凹的五齒鋸只要操作得宜，既省時又省力。結訓之後榮民們打造一具大盾牌，送到清祥家以答謝之。

1957年(民國46)9月，31歲的清祥受聘為，嘉義縣兵役協會吳鳳鄉分會第五屆委員。

1958年(民國47)陳清祥被告知，以其工作經歷與表現，將可提出申請，由甲等技工升為雇員。此乃源自1949年(民國38)陳清祥因林場縮編，被處以降職降薪留用，但其符合「在

留用期間工作努力成績優良，遇缺可以正額人員補用」。只是合理的提出申請之外，居然還需要「依慣例」支付意思意思的5千塊錢「活動費」。5千塊錢在當時可是一個不小的數目，清祥經過衡量，決定放棄申請。一來不想額外支出；二來在山林自由自在慣了，恐怕無法適應固定坐辦公室；三，顧慮到升為雇員固然將來可再升遷，但以其學歷必然有限；四，特別是父母與妻小都在阿里山區，一但升為雇員將可能因職務而被調往他處。陳清祥決定繼續當技工，而這也就是他直到退休都一樣的職等。6月1日，32歲的陳清祥連任吳鳳鄉鄉民代表，國民黨原本規劃其當代表會主席，經其巧妙的「據理力推」，才沒有當上。

1959年(民國48)8月7日亇夜，強烈颱風葛樂禮於中南部造成大水災，此即為8、7水災。阿里山地區24小時內降雨1,019.7公厘，導致橋樑毀壞2座、坍方70餘處，但9月18日修復，全線通車。10月30日，蔣介石總統和宋美齡、蔣經國、蔣緯國及媳孫等祖孫三代，一齊到阿里山渡假。蔣介石因為已來過兩次，而且第三次待的時間較長，所以戒備比之前鬆散。不過當時香雪山一帶往自忠的鐵路旁森林，恰好發生火警，委實把陳清祥等救火人員嚇壞了，還好火災規模不大，火勢即時撲滅，沒有驚動元首。有趣的是，蔣介石明明到阿里山，媒體卻報導：「總統在台北近郊一個風景秀麗的鄉村，安靜的度過他的七三誕辰。」

1960年(民國49)3月16日，陳清祥被玉山林區管理處，調充為自忠工作站監工。這一年，他因打撈案件，備受困擾。由於這是由行政院直接下令做的特權案件，林務局明知

不可行，卻也只能硬著頭皮，艱難地執行。但是原本林班營運必須採招標，此案卻由行政院直接下令，讓香港華僑章勳義、鄧龍光，台人林統等人營運，引起其他業者不滿，而向上檢舉打撈過程中種種不法。黨政關係良好的章、鄧無人敢碰，遂拿台人林統開查，而林統所屬林班，恰好為陳清祥監工的責任範圍。於是陳清祥也涉及調查。事實上所謂打撈，最受苦的就屬陳清祥這類最基層的執務人員。因為在打撈過程當中，何者可撈，何者不可撈的界定，存有相當大的灰色地帶。雖然規定露出外面的木材不可拿，但是往往一些木材在冬枯季節與春草茂盛之間，形成可與不可，合法與不合法的爭議。又木材要打印蓋章才可取，而埋在地底下的如何蓋章打印？又，露出外面的如果經過打印蓋章卻也可取，此又形成限制的混淆。

遭受調查的林統，只能暫停作業，但是其底下的工人開支不能免，在這過程中林統對外借貸，直到案情終結還其清白，准予繼續營運，林統卻已無力回天。陳清祥相當同情林統，卻也看不慣一些林班經過伐木之後，再行殘材處理，再經過一回又一回的打撈，非但讓土石慘不忍睹，留下日後土石橫流的嚴重問題，還讓那些打撈不到木材的業者，挺而走險，盜伐頻頻，卻都安然無恙。

5月24日，陳清祥受聘嘉義縣吳鳳鄉調解委員會委員。

1963年(民國52)2月17日，嘉義玉山林區管理處發生集體貪污舞弊案，據聞該處高級官員多人，涉嫌接受包商林身修等之鉅額賄賂，前後達百萬元。本案情節頗為戲劇化。但不幸的是，當時適巧被臨時編派到案發地區協助監工的陳清祥，卻也被無端牽連。由於自懂事以來一直單純的在阿里山區的工作崗位，關於司法的污濁雖有所聞，然一旦涉入其間，才知道所謂司法黃牛的可怖。當時的傳言是，被判罪與否，並不在於是否清白，而是在於願意付出多少錢打通關。換句話說，即便清白但付不出通關錢，也只有死路一條。所幸陳清祥並未掉入司法黃牛的陷阱，而是請律師為其辯護。遭受拘押偵訊期間，陳清祥可謂心力交瘁。此案偵訊調查近半年，半年之中陳清祥暫停職務，以便隨時往返嘉義接受偵訊。所幸偵查終結之後，陳清祥安然回到工作崗位，政府也補其半年所損失的薪資。而涉案的玉山處周芝亭處長，雖奉命他調，卻在案件尚未終結，竟已疲勞過度而斃命。

5月9日，雖官司未了，但當阿里山東埔山區大火，已燒至南投信義鄉台大實驗林31林班，與楠梓仙溪、鹿林山莊交界處，陳清祥還是投入救火的行列。因火災範圍遼闊，嘉縣警局及玉山林管處商請國軍部隊150人支援撲救。此一火警曾一度威脅氣象台、工作站設備，且讓3位山地服務隊的原住民救火人員，葬身火海；另外也造就了而後玉山國家公園的「夫妻樹」。

1965年(民國54)12月11日夜晚，阿里山中山村發生大火，火勢火速蔓延，陳清祥趕至現場協助居民搶救財物。這次大火燬屋70餘幢，災民300餘人，多屬工作站員眷，包括陳清祥的堂妹、妻舅、小姨等三家親人都失去家園。

1967年(民國56)陳清祥因對山林工作的熟稔，且通曉各項業務，無論在引領後進，或協助上司，都表現得可簽可點，以至於發生「搶人事件」。

　　陳清祥原屬於自忠與楠梓仙溪監工,當時楠梓仙溪工作站主任為徐金泉。但是阿里山工作站主任吳煥昭,卻要將陳清祥調回阿里山;原因是,阿里山工作站缺少對林政熟稔的人材,業務推展已陷入困窘。可是徐金泉不肯放走這名得力助手,不僅跟林管處據理力爭,甚至於還和吳爭吵且大打出手。最後陳清祥還是被林管處調回阿里山坐鎮,其工作內容屬雇員,林管處要調升其職,但被其婉拒。事實上,陳清祥一直從事雇員的工作,但領技工薪俸。

　　1969年(民國58)陳清祥由監工改任檢尺工。

　　這年觀光局規劃重建原阿里山區,但林務局恐失去權力,主張規劃森林遊樂區,而將第四分道建設成今之阿里山站,原阿里山改為沼平公園,並欲遷移阿里山居民至第四分道,但遭百姓反對。

　　1973年(民國62)8月22日,47歲的陳清祥,當選為中國國民黨生產事業黨部第九支黨部第二區黨部的黨代表。但是在參加黨代表大會時,發現所謂的黨代表,其實只是執政黨用來搖旗吶喊的旗子,或背書用的棋子,根本沒有發言的餘地。如果敢發表意見,就會如同修理工廠的某人,被調得遠遠的,甚至於連原來的村長都做不成。

　　然而,國民黨不只可讓人做不成村長,也會逼人當村長或民意代表。這一年,陳清祥被黨規劃指定當吳鳳鄉鄉民代表且為代表會主席。黨發給陳清祥候選人合格證書,再發給他生產事業黨部第九支黨部,第一屆委員會候補委員證明書。但壯年氣盛的陳清祥硬是不願意,他覺得這是不講道理的黨,雖未退黨,但實際上已屏棄這個黨;雖承受黨部壓力,他仍以拖延方式,宣稱候選人合格證書遺失,免除當選。

　　1976年在陳清祥或絕大多數的阿里山居民而言,都是關鍵又難過的一年,特別是陳清祥。原來早在1969年(民國58),阿里山人便極力反對林務局因規劃阿里山為森林遊樂區,預將居民遷往第4分道。就在林務局與阿里山居民尚在談判,居民掙扎在搬遷與否之際,11月9日凌晨2點多居然發生中正村大火。火苗從陳清祥住處右側與右鄰餅店之間,相隔不到一米的防火巷竄出,濃煙自2樓窗戶侵入,嗆醒陳清祥幼女陳惠芳與女傭,之後2人高喊火災,喚醒陳清祥夫婦。陳清祥衝出門,立即奔向隔著鐵道的右上方阿里山工作站,緊急敲鐘,試圖叫醒熟睡中的阿里山人。

　　陳清祥衝往工作站之前,僅見巷內濃煙滾滾騰冒,而僻拍聲響大噪,但尚無火花出現;敲鐘後跑進工作站,扛起滅火器返回起火處,前後估計僅約3至5分鐘,火舌烈焰即已爆裂式升起,住處與鄰家頓陷火場。清祥衝進住家僅取得重要文件與帳簿一冊,即被煙火嗆出,眼睜睜地看著火勢往四周迅速擴散。

　　由於天乾物燥,加以所有房舍盡由富含油脂的檜木建造,延竄速率難以想像,毗連房舍,幾乎同時擴展,火勢連綿而急劇竄揚,延燒至車站前之整排木屋,同時向下爆發。

　　陳清祥住家,由太太所經營的商店,剛進20大包白米、糖百多公斤,還有大鋸等貴重工具與雜貨煙酒等等,夥同3間倉庫,完全付之一炬,最嚴重的是顧客賒賬帳簿被焚毀,帳款無從追

討，因而合計損失殆約4百餘萬元。

即便陳清祥可謂是，在這次火災當中，損失最為慘重的受害者；但更不幸的是，為了喚醒居民，犧牲了搶救自家財物時機，居然還有人惡毒傳謠，指稱這把火是他放的！這惡毒的傳謠，只因為他在林務局工作，鄉親無的放矢，可真傷透他的心。

一次大火讓陳清祥備受人世冷暖，接下來阿里山居民再發生搶建風波，他也就不便參與。此後熱心公益的他，也逐漸自鄉民之間淡出。

1978年，陳清祥克服萬難，將吸食達36年的菸戒掉，戒菸動機純粹只是不願妨害他人。1978年1月，三女兒與澳洲人結婚；是年夏天，陳清祥搭乘公車，前往機場接女兒與女婿，於車內吸煙時發現周遭有人蒙鼻，並擺動紙張驅散由其所製造的煙霧，此事讓清祥覺得百般失禮，於是下定決心戒菸。戒菸當中清祥以口香糖代煙，雖致使口腔嚴重潰瘍，但最後終於戒菸成功。

1981年(民國70)在行政院長蔣經國主張不買屋而租屋的命令下，陳清祥夥同阿里山居民搬遷到第四分道，即今之阿里山新站。

1982年(民國71)10月1日，全長75公里的阿里山公路，加入輸運阿里山森林遊樂區旅客行列，大大地改變仰賴森鐵維生的阿里山人　。

1983年(民國72)，即便陳清祥早就不再參與國民黨的任何活動，但在7月仍接到國民黨生產事業黨部第九支黨部委員會證書，成為該黨部委員。然而，此

時在林場工作42年的陳清祥，雖然才57歲，卻萌退意。關鍵點之一在於，陳清祥想偕妻子出國探望移居國外的女兒，卻因公務人員身份備受限制，於是毅然提出退休。12月1日正式退休。

退休之後的陳清祥，除了經常遊歷世界各地，同時也轉而參與家庭所經營的旅館事業。對陳清祥而言，旅社管理沒技術但有技巧，而待人和待樹絕對有別；旅館事業是有趣的工作，要能隨時應變，不同於公務員一就是一、二就是二。

但是由於其對林務的熟悉，昔日同僚頻頻前來請教，所以退休前幾年，實際上，他並沒有與林務疏離。可以說，直到共事過的同僚一一退休或離去，他才正式放下林務。然而，每當林管處有任何企劃，都會請他提供見解或建議，但是他熱心公共事物的建議，並沒有真的被接納，久而久之，他也為之氣餒。

至於其旅館，是在1971年阿里山觀光業興起，遊客眾多的情況之下，有人主動提供場所請他合作；當時陳清祥三女兒陳月琴，甫自學校畢業回來，由於陳月琴喜好登山，人脈與衝勁十足，於是便由其負責一切對外生意招攬與業務的開創。取名為高峰山莊的陳家旅館，由女兒全權負責。高峰山莊後來與合夥人拆夥另闢地重建，但陳清祥卻遭到檢舉；檢舉其身為公務員，竟然經營旅館與商店，並盜伐等等；案經上級查證之後，發現皆為子虛烏有，其旅館與商店是女兒與妻子所經營，而陳清祥並無怠忽職守；當時主管為免瓜田李下，主張

將其調離阿里山，卻為處長阻止，主要是因為其為林管處與工作站不可或缺的得力人員。

高峰山莊自1971年到1983年，分別由陳清祥的三個女兒輪番擔任莊主，負責營運。1983年最後一名女兒結婚離開之後，陳清祥便和妻子一齊承擔旅館的經營業務。陳清祥個人從林業轉入旅遊觀光業的時機，恰好也是阿里山區全面由林業轉入旅遊觀光業的階段。

陳清祥對阿里山的觀光經營，自有一套長遠宏觀的見解。就阿里山區的遊憩而言，沒有人比他更有眼界。一來，阿里山區的每一吋土，曾經都是他職務所在的管轄之地；二來，他親身經歷過日治時期的阿里山區保育與觀光對壘的辯證時期；三，他腦筋靈活、記憶奇佳，且無時無刻吸收新知，舉凡林務、歷史(日本史、台灣史與中國史)、政經、旅遊與文學都在涉獵範圍，除了手不釋卷，更經常到世界各地旅遊；四，42年公務人員的資歷，讓其在行事上，懂得組織架構與提綱挈領的工夫；五，最難能可貴的是，他具備客觀的認識，與宏觀的企圖。

1986年，陳清祥60歲，兒子陳昆茂回阿里山協助旅館經營，高峰山莊也改名高峰大飯店。由於兒子善於公關、交友廣闊，政商關係良好，地方人士欲推其參選從政，卻為陳清祥極力反對。事實上，早在十多年前便有人建議，其經營旅館年方23，生性活躍的女兒，應該出來競選民代，但都未被陳清祥接受。台灣政壇的烏煙瘴氣，年輕時陳清祥便

已深刻體驗，這就是為什麼他不贊成下一代投入政治的原因。此時的陳清祥，不僅志趣於自己的事業，也關心阿里山區域的保育暨觀光的平衡點，同時更關切阿里山居民。

曾經陳清祥的妻子笑他如同法官，專門判樹死刑，只要他印章一打下去，該樹就要面臨死亡。事實上，陳清祥並不贊成砍樹，打印判樹之死，只是時代變遷的奈何，當台灣面臨過度砍伐，造成種種災難之際，陳清祥便主張保林造林救水土，無奈人微言輕，上級並不採其建言。

陳清祥也頻頻為阿里山居民叫屈，舉攤販為例。原來攤販擺在廟口，因為零亂不雅，為了擺攤人的生路，政府在新站一帶蓋了攤販區，無論蓋得理不理想，都可謂用心良好，20幾個攤販安居後，生活不成問題。但沒多久，林務局又弄了一個臨時攤販在舊車站(沼平)，廟口也一區；最後變成原來的攤販無法生存，房子只能留做倉庫或堆垃圾。之後，又有新措施，居民等到最後又沒結果，叫這些人如何生存？

又當阿里山地區需要新進人員，政府偏要用外地人。為什麼阿里山當地人不用？何況請外地人還要提供宿舍。

事實上，立足阿里山，論財力、論生活，陳清祥皆屬上層；但為什麼要發出這些言論？只因為天生的公義心，所謂路見不平；而他的無奈是無能拔刀相助。他舉百姓與政府溝通為例，政府頻頻開會、協調，他說：「根本沒有協調的餘地。」因為當百姓提出意見，得到

的反應是，「上面的規定是這樣。」

在林務單位工作40幾年，陳清祥能理解，公務員有責任、無權力的苦衷，但他質問，為什麼不改變？為什麼不下放權力與責任給公務員？假使在日本時代或是降服初期，即使只是一名技工，只要讓他做現場監督，他說的就是話（命令）；任何人被信任之後，就要為自己負責，如果做錯了要引咎自刎，要有這樣的魄力才足以任事。但是，現在的公務員非但無法具有這等魄力，相反的還被逼得陽奉陰違。

對於台灣的政局，陳清祥也感慨，他說，上面的吃飽只為搶奪權力，老百姓卻恆處痛苦。

1989年(民國79)，吳鳳鄉改名為阿里山鄉。1990年(民國79)8月8日，64歲的陳清祥當選阿里山鄉首屆的模範父親，代表阿里山鄉12個村前往嘉義縣水上國中，接收縣長頒獎。在其接收頒獎之後，兩名國中生靠過來要扶其下台，陳清祥本能的甩開少年家，矯健的回到座位。環視所有模範父親當中，就屬清祥最為硬朗。而這次的受獎，陳清祥為阿里山寫下了一段歷史；隸屬於山地鄉的阿里山鄉，此後規定只有山地人的模範父親，才能代表阿里山鄉對外領獎，因此陳清祥成了有史以來，唯一的阿里山鄉平地人模範父親。

1993年(民國82)當陳清祥從事文化工作的女兒，有心編纂阿里山歷史時，陳清祥旋加入訪調研究的行列。除了提供第一手資料以外，更陪著女兒上高山下溪谷，追尋前人足跡，甚至於陪女兒遠

渡東洋，尋找日籍阿里山人，與日治時期的各式各樣資料。其實在更早的十年前，陳清祥便已開始提供其做學術研究的女婿，關於阿里山林業的種種。

1996年(民國85)8月，強烈颱風賀伯橫掃台灣，造成滿目瘡痍，總計有22人死亡、40人失蹤、15人重傷，農林漁牧及一般人民財物損失逾百億元。此次颱風也重創阿里山森林鐵路與公路，造成阿里山觀光業全然停擺，陳清祥所經營的大飯店利用此空檔，全面重新裝潢。

1997年(民國86)7月1日阿里山神木裂半倒塌，當各方都在討論後續處理時，陳清祥也積極參與，在出席爾後的神木後續公聽會議之後，陳清祥頗滿意安全保留神木的會議結果。但是就在林務局要執行此計畫時，突然冒出一群不明究理的團體，阻礙此事，以至於隔年，林務局又在北部重新召開沒有阿里山居民參與的會議；6月，林管處斷然伐倒神木。這件事讓與神木相伴72年歲月的陳清祥，萬分不捨與忿恨，為此他用日文做了一首詩，大意是「由一粒微小的種籽，好不容易發出小小的葉芽；經過千百年，終於成長為一棵高聳巨木在雲霧中；但是你終究還是抵擋不住大自然的雷電身亡而成枯木；沒料到，現在卻因為那無情的學者，連你最後的身軀也不保；我只能說，再見啊！再見！～再見啊！再見！」一株枯立神木的瓦解，直讓「老山林」心如刀割啊！

1999年阿里山觀光業好不容易有起色，卻發生震驚全球的921大地震。

不幸的是阿里山才躲過921肆虐，卻旋遭遇較921更直接的10月22日地震。22日上午10點30分，規模6.4的嘉義大地震，讓阿里山繼神木之後，新的地標石猴斷了頭，同時讓阿里山區最高峰的大塔山，崩塌兩道大切口，眠月線鐵路嚴重受損中斷；同時，阿里山新火車站、觀日樓與阿里山賓館等多所受損。2000年1月，當阿里山新火車站拆除之後，陳清祥主張，應該馬上在新站附近建臨時車站。他熱心規劃與設計藍圖，並積極與林管處溝通，結果林管處找來多方人員，請陳清祥報告，並收下其規劃圖與建議，但接下來就無下文。沒多久，林管處將臨時車站設在阿里山舊站-沼平車站。陳清祥為此相當氣惱，因為他知道此一錯誤決策，將為阿里山區製造另一後患。

2000年(民國89)，74歲的陳清祥再度當選模範父親，只是這次僅代表中正村。

陳清祥育有七名子女，澳洲政府規定，只要有半數子女移民該國，父母便可順理成章成為澳洲國民。換句話說，陳清祥只要簽名，務須任何麻煩便可拿到澳洲國籍，但是源於對鄉土的濃郁情愫，陳清祥放棄讓國人趨之若鶩的雙重國籍。

年輕時，陳清祥箭步如飛，可一天來回玉山，更可在一天之內巡視楠梓仙溪、眠月、交力坪、奮起湖、哆哆焉、阿里山；而今，高齡77的他，身手雖不若過去敏捷，但仍矯健。

當阿里山絕大多數與陳清祥年齡相近的人，不是漸次凋零，便是退隱養老之際，陳清祥卻仍然活力充沛地計劃自己的生活與事業，除了頻頻外出旅遊，更無時無刻閱讀與吸取新知，同時對阿里山的未來仍投以企盼。他住家牆壁，高掛兩幅巨大的阿里山區等高線圖與遊憩規劃圖，上面塗滿五顏六色，一筆一畫都是他的智慧菁華，一字一句都是他對出生土地的情感與冀望。

陳清祥參與過阿里山最艱困但也最踏實的被殖民時代，參與過阿里山最混亂但也最奢華糜爛的國民政府時期；無疑的，陳清祥的生活史，足以見証一部阿里山林業與觀光各階段，活生生的縮影史。

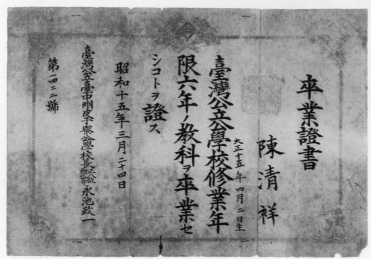

畢業證書。1940年(昭和15)3月24日陳清祥小學畢業，有趣的是，5年後的這一天，他正好也結婚。

工人服務證明書

1954年3月，28歲的陳清祥在民眾補習班成人班初級部，修業期滿成績及格，由嘉義縣吳鳳鄉香林國民學校發給畢業證書。

1976年阿里山發生大火，陳清祥為救火與敲鐘警示，以致於無法及時搶救自家的財物，而從火場中唯一搶救出來就是從童年到退休，所伴隨他的文件。此處所呈現的是其中一小部份。

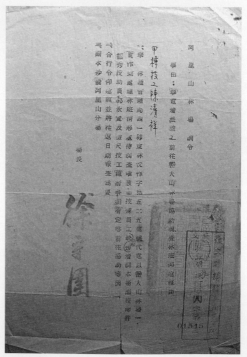

1952年，26歲的陳清祥，接到前往巒大山林場，協助調查林班的公文訓令。這是發生在巒大山林場的盜林案，更是台灣有史以來，盜伐面積最廣，涉案人員最多，層級也最高的一個案件。

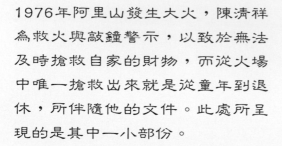

徵召令。1944年12月31日陳清祥接獲「在鄉兵」徵召令。

當選黨代表證書

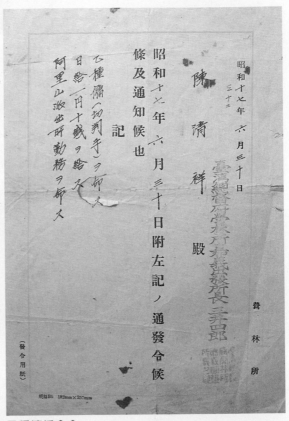

乙種傭任命令

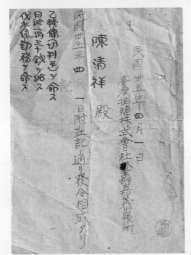

過渡政府公文：1946年的公文仍依日至時代發佈，可見政令與事實的差距。

兵役協會委員證書

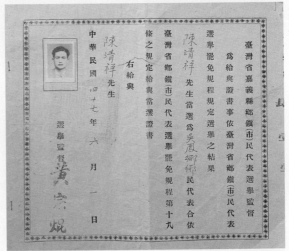

鄉民代表證書，1955年5月1日，29歲的陳清祥當選台灣省嘉義縣吳鳳鄉鄉民代表；而後再於1958年連任第二屆鄉民代表。

陳清祥的父親陳其力為
日治時期的集材組頭

陳清祥的母親陳謝蘇女士

1965年之後，陳清祥一家人熱衷溜四輪鞋
運動，尤其陳清祥得空就在家門前勤練技
巧。

大戰期間，日本大勝陳清祥也要
參加慶祝。

最小的女兒結婚，與母親、弟妹合照。

1973年當鄉民代表時

1965年與子女在工作站前留影；
女兒為陳月霞。

眠月線最長最高的橋樑，為陳清祥的童年增添許多難忘的記憶。

右頁：退休後含飴弄孫；長孫。陳月霞攝 1993.07.

參與女兒與女婿阿里山人文史調查：解說小笠原山。陳玉峯攝

十字分道舊站牌。陳月霞攝

鐵軌消失的舊十字分道。陳月霞攝

退休後含飴弄孫；孫女陳相云。陳月霞攝

1953年搬到車站前居住。陳清祥與徐傳乾交換住屋。徐傳乾住屋位於車站附近，與集材柱隔著鐵路相對。

左頁：1983年後陳清祥和妻子一齊承擔旅館的經營業務。陳清祥個人從林業轉入旅遊觀光業的時機，恰好也是阿里山區全面由林業轉入旅遊觀光業的階段。陳月霞攝

今已消失的橋樑。陳玉峯攝 2000.07.23

往大塔山途中。陳玉峯攝 2000.08.04

解說扁柏。陳月霞攝

塔山背面。陳玉峯攝 2000.07.23

大塔山。陳玉峯攝 2000.08.04

指消失的霞山線鐵道。陳玉峯攝 2001.02.20

左頁、上圖：新中橫81.5K；帶著女兒陳月霞尋找
日治時期遺留下來的巨木。陳玉峯攝 2000.03.20

站在祝山與玉山登山界線。陳玉峯攝 2000.08.14

日治時期在自忠上班的建物已消失。陳清祥所在處
早期為兒玉員工宿舍。陳清祥進入政府機關工作之
後，便離開家人，住在兒玉的員工宿舍，配合不同
的檢尺，到各林班地工作。陳月霞攝 2000.08.20

與女兒尋找日治時期建物。陳玉峯攝 2000.08.14

日治時期在自忠上班的建物消失後成菜圃。陳月霞攝

經營旅館時結識世界各地的朋友

1988年，和子女、孫女團聚。

高峰山莊的位置現已變成廢水處理廠

1997年7月1日阿里山神木裂半倒塌，當各方都在討論後續處理時，陳清祥也積極參與，且為最後的神木哀悼。

2003年女婿陳玉峰得總統文化獎，應邀與總統合照。　呂正松攝

退休後出國旅行

77歲時與太太、女兒、女婿一齊在日本登山。

2003年參加阿里山老人旅遊活動

少年時大戰當「在鄉兵」在萬歲山雇飛機之處。
陳月霞攝 2000.05.17

模擬少年時大戰當「在鄉兵」在萬歲山雇飛機。於萬
歲山下之測候所，與陳釘相回憶輪流監視美機來襲
動向。陳玉峯攝 2000.05.17

少年時大戰當「在鄉兵」在萬歲山雇飛機之處建於
1933年。陳月霞攝 2000.05.17

模擬少年時大戰當「在鄉兵」在萬歲山雇飛機之二。。陳玉峯攝 2000.05.17

每逢過年全家人都在家門前合照留念

和美國的親家在印度旅行

除了自己家人之外，因為好客，也將許多外人視同家人。

70歲生日，大舅子劉壽增贈禮。

接受登山界友人贈旗

40多歲時，夫妻合照。

父親陳其力80歲大壽，和自己的家人歡喜合照。

下班後和親朋共聚，左一陳清祥，左二劉壽增，左三日本友人，左四林興為連襟。

1995年結婚50週年金婚紀念照

七-4、咱厝的日本人

陳月霞

母親打造兩條黃金項鍊，囑咐小妹為岡本姐妹載上。高齡八十九的岡本節子，欣慰地觀賞這一幕。這是公元兩千年八月，日本千葉縣偏遠小鎮幽雅日式平房。

不甚寬敞的榻榻米會客室，集聚十多人，顯得侷促。平時這兒只節子獨居，為了迎接遠道從台灣來的我們，岡本家遠嫁東京的小女兒，特地從三個小時車程的住處趕到母親偏僻的居所，為不良於行的老母清理居家，並準備迎賓午膳。

探訪岡本之家，這旅程我等了漫長地數十年。

年少即耳聞這至親般的日本家族，他們是母親少年時的東家。母親小學畢業不久，即到岡本家幫忙照料嬰孩，當年襁褓中的岡本琴路，是家中老大，如今年近一甲，唯經打扮，依舊美麗；我手持當年還是少女的母親懷抱嬰兒的照片，請琴路和母親再度合影，這時候她倆的歲數共一百三十二。

岡本姐妹在阿里山出生，1945年日本降服之後岡本舉家遷返日本，1964年岡本姐妹重返阿里山，母親熱情招待並為她們安排一趟環台灣島旅行，臨別更贈予厚禮。1970年台灣尚未開放出國觀光，母親以商業考察名義，獨自來到日本。岡本夫婦親自到機場迎接，見到母親的剎那，岡本夫婦熱淚盈眶。「伊未

似看到自己的查某子！」母親回憶說。那一次母親離開日本，岡本夫婦亦不捨的再度流下眼淚。之後台灣與日本斷交。

台灣正式開放出國觀光之後，我的姐妹幾番到日本，岡本之家成了自己的家。

將近五個小時的會晤，我們跟節子辭行，所有的人都將離去，包括節子的兩名女兒和女婿。「我不敢給伊看，我驚伊流目屎！」母親說。我其實也很沉重，因為這可能是此生我與節子的第一面也是最後一面。

揮別節子，在日本崎玉縣的環山溪畔，我頂著炙熱的太陽，沉思在節子與母親的世界。

細數母親與節子的主僕關係，不過四個月！究竟這短短數個月如何用來維繫兩個家族一甲子的情愫？我只能推敲這四個月當中，母親與節子必然如母女般的親密，才可能發酵出一甲子的情軸。然而事實卻不然。

「伊日本郎看咱足無的！」出乎意料之外，母親脫口而出。

母親那個年代受教育的女子原本不多，家境清苦的少女更頻頻失學。然而，不識字的祖父卻竭盡所能讓母親完成小學教育，就是這番呵護之心讓母親與岡本之家結緣。

相較於日本人，被殖民的台灣人，無疑是次等國民。日本人即便在日本本島清寒，一但渡海抵台發跡，個個事業有成、經濟富裕，幾乎每個家庭都請台灣幫傭，這個幫傭無論是用來陪伴官夫

人、或帶小孩，最好是家境清白且讀過書的少女。讀過書的女孩，因為經由六年日式教育的洗禮，進退之間已然有了規矩。母親正符合此要件，學校甫畢業，旋到監督家，陪伴監督夫人。俟監督離開阿里山，母親即轉至岡本家，幫忙照顧八個月大的嬰孩，而斯時她也不過是個年僅十三歲的小女孩！

母親記憶中節子並非容易親近之人，她深居簡出，沉默寡言，居家皆著日本和服，處處顯現高人一等的身份。

節子出生日本，兩歲隨父母到台灣，父親為攝影師，在嘉義當時最熱鬧的大通，開照相館，也供應節子讀到嘉義女子中學畢業。岡本父親請一名來自東京的孤兒謙吉當助手，後來助手入贅岡本之家，成了節子的夫婿。昭和七年（1932年），岡本謙吉與節子夫婦到阿里山開設岡本支店的照相館。此相館亦為阿里山百年史中的唯一。

照相館由岡本謙吉負責拍照，另外雇用台灣少年，協助照片沖洗、看顧店面與野外扛照相器材。

岡本家為標準的男主外、女主內。除了照顧嬰孩，年少的母親也幫忙清潔屋宇，主人外遊或參與活動，亦跟隨。可想而知，當年母親的身份，宛若今日台灣之菲傭。

進住岡本家四個月的一日，母親陪同主人一家，於阿里山小學校新落成的禮堂，觀賞表演。不幸地，年少的母親跌入禮堂鋪地的木板縫隙，不得不帶著重傷離開。很快的，岡本家又找到另一少女，填補了母親的職缺。

對岡本家而言，母親不過是諸多幫傭的其中一位；離開岡本家，他們之間再也沒有任何連繫。換句話說，橋歸橋，路歸路，而後互不相欠，也互不往來。這是兩種生命軌道截然不同的階級人生，殖民者與被殖民者，分道揚鑣的必然結局。

是什麼機緣，致使階級南轅北轍的異族得以匯聚？是什麼力量，令主僕關係幾乎乾坤異位？

當一無所有，最令人特別懷念曾經擁有；對岡本家族而言，這滋味再貼切不過。

在阿里山居住十三年的岡本家，三名子女陸續在阿里山出生。1945年的前半年，岡本家一如往常，隸屬於高貴的殖民者，後半年卻如入地獄。

1945年8月14日，母親滿18歲這一天，日本政府宣佈投降，阿里山人稱這一天為「降服」；對全世界的人而言，這一年是關鍵年，也是戲劇性十足之年。

降服之後，日本人的身份地位一落千丈。

岡本家如同許多移民至阿里山定居的日本人一樣，以為可以以平民之身入籍台灣，成為中華民國政府轄下的子民。熟料，國民政府非但將他們驅逐，更奪其家產，以至於辛勤累積的財富一夕之間化為烏有。

重回日本的岡本家族，除了隨身之物與一千日幣，一無所有。岡本謙吉雖有一技之長，可惜城市無容身之處。他們選擇在偏僻的鄉野落腳，初時生活仰賴鄰居救濟。岡本謙吉最後在學校覓得

工友職務，節子居家照料子女，一家人生活極為清苦。

反觀在阿里山的母親，憑藉在地身份與客家女子的勤奮，不出十年便擁有自己的店面，且生意興隆，經濟漸入佳境。幾年後，除了雜貨店之外，另外又經營休閒茶室，甚至於還有旅館。

阿里山，一向是外國人喜歡駐足的旅遊區，其濃郁的日本文化尤其是日本人的最愛。憑藉流暢的日語，母親很快結識一些到阿里山旅遊的日本人。巧的是其中一名專事賞鳥錄音的日人，認識岡本謙吉，當他將母親的蹤跡傳遞至日本，岡本家宛如覓得失散多年的親人，熱絡地與母親連繫。

莫要說出生成長且受教育於日治時期的母親，對日本多少懷有同文化的情結；對移民阿里山十多年，生養子女、創業有成的岡本家族，阿里山更是日夜思念的家鄉。即便母親與岡本家絲毫談不上任何情誼，彼此之間更遙隔二十年互不聞問，可是鳥人的傳音，對岡本家而言，猶如今生今世思念的最佳情緒輸出管道，而母親也意外的成為岡本家族，最理所當然的思鄉的想望。

1964年，書信往返數年之後，甫成年的岡本姐妹，兼負父母期望，重返毫無印象的出生地，與毫無記憶的「褓姆」重聚。母親之所以熱情招待並為她們安排環台旅行，贈予厚禮。這其中委實奧妙地抒發被殖民者或被雇傭者的反撲情緒。這番情緒經年累月，根深柢固，且不著痕跡。

1970年，岡本家境雖略為好轉，但相較於風光赴日，投宿高級觀光飯店的母親，經濟面的差距更覺浮顯。然而，對岡本夫婦而言，委實無暇感受那經濟面的衝擊，因為光

是要把握思鄉之苦，便叫他們音容憔悴。對他們而言，母親所代表的，是朝思暮想的故里、是遙不可及的實體、是輝煌年輕的過去、是許許多多惦記在心頭的曾經。也因為如此，當母親將離去，岡本夫婦不捨的眼淚，照映地是否也是當年與阿里山別離、再也無緣的痛楚？

無論如何，親情、國情與鄉情渾沌中，兩個家族默認了彼此。儘管歷經台日斷交，岡本之家有台灣阿里山陳家，陳家有日本岡本之家，是不爭的事實。而催化造就這份事實的，是二次大戰的變數。

我只能說，這份台日情誼，其實並不是尋常私密的情感。母親與岡本家重續，純屬巧合，而維繫母親與節子這兩個女人一輩子關係的，其實是造化的戲弄，這段貧血荒謬的歷史故事，事實上，也是阿里山日本人的時代悲劇。

【原載於2004年2月20日中國時報人間副刊】

1941年（昭和16）襁褓中的岡本琴路與未滿14歲的母親劉玉妹，攝於阿里山。　　岡本謙吉攝

2000年（民國89年）59歲的岡本琴路與73歲的母親陳玉妹（改夫姓），攝於日本。陳月霞攝

岡本夫婦與大女兒琴路，在阿里山自家所開的照相館合影，時為1942年，生活堪稱優渥。岡本琴路提供

2000年8月31日母親探望89歲已不良於行的岡本節子，並贈予琴路姐妹金項鍊。陳月霞攝

岡本夫婦與在阿里山出生的三名子女，回到日本以後，生活極為清苦，照片攝於1949年的日本，老二岡本光司入小學時。岡本琴路提供

1941年春於阿里山檜橋，岡本謙吉夫婦與大女兒琴路和盛開的櫻花留影，背後的建築物為阿里山俱樂部，即後來阿里山賓館的前身。岡本琴路提供

八、參考文獻

1. 于景讓，1953。台灣之土地，台灣
   銀行經濟研究室印行。

2. 中國農村發展規劃學會，1998。嘉
   義縣番路鄉全鄉性休閒農業整體發
   展調查規劃期末報告，共86頁。

3. 中華林學會編，1993。中華民國台
   灣森林志，中華林學叢書936號。

4. 王子定，1967。台灣之林業政策，
   台灣銀行季刊18(2)：1-38。

5. 王國瑞，1977。我國森林遊樂之發
   展史略，台灣林業3(3)：26-31。

6. 王嵩山，1990。阿里山鄒族的歷史
   與政治，稻鄉出版社，共251頁。

7. 台灣省林務局，1993。阿里山事業
   區經營計畫(82年7月～92年6月)，
   共202頁。

8. 台灣省林務局，1997。台灣省林務
   局誌，共325頁。

9. 台灣省林務局玉山林區管理處，
   1988育林業務報告，共19頁。

10. 台灣省林務局森林企劃組彙編，
    1998。國有林事業區經營計畫檢訂
    概況與沿革，共212頁。

11. 台灣省林務局暨職工福利委員會，
    1986。阿里山森林遊樂區，共74
    頁。

12. 台灣省政府，1976。阿里山森林遊
    樂區之整建，共23頁。

13. 台灣省農林航測隊，1966。阿里山
    事業區森林資源，台灣省農林航測
    隊調查報告第25號，共56頁。

14. 台灣銀行經濟研究室編，1955。台
    灣交通史，台灣研究叢刊第37種，
    共98頁。

15. 台灣銀行經濟研究室編印，1958。
    台灣之伐木事業，台灣研究叢刊第

16. 行政院農業委員會，1999。農業法
    規彙編，共1,719頁。

17. 吳永華，1996。被遺忘的日籍台灣
    動物學者，晨星出版社，共320
    頁。

18. 李文良，2001。帝國的山林－日治
    時期臺灣山林政策與行政史研究，
    台灣大學歷史學研究所博士論之，
    共314頁。

19. 李若文，2000。日治時期阿里山國
    立公園，嘉義文獻29：59-94。

20. 李岳勳，1905。採訪二年，公論報
    社出版，共193頁，梅山鄉。

21. 近藤勇，1953。台灣之森林工程，
    台灣銀行經濟研究室，台灣研究叢
    刊第21種。

22. 近藤勇，1957。台灣之伐木工程，
    台灣銀行經濟研究室，台灣研究叢
    刊第74種，共237頁。

23. 林渭訪、薛承健，1950。台灣之木
    材，台灣銀行金融研究室，台灣特
    產叢刊第7種，共186頁。

24. 周鍾瑄，1717。諸羅縣志，台灣銀
    行經濟研究室，台灣文獻叢刊第
    141種，共300頁。

25. 洪致文，1994。阿里山森林鐵路紀
    行，時報文化出版社，共202頁。

26. 黃豐富，1979。阿里山屏遮那山崩
    (地滑)觀測研究報告，中華林學季
    刊12(3)：85-117。

27. 國立台灣大學農學院，1969。國立
    台灣大學農學院實驗林管理處成立
    二十週年紀念特刊。

28. 國立台灣大學農學院，1976。實驗
    林經營計畫，實驗林管理處編印。

29. 國立台灣大學農學院，1977。實驗
    林管理處概況。

58種，共172頁。

30. 葉士藤、黃淑芬，2001。阿里山森林遊樂區解說手冊，林務局嘉義林區管理處印行，共93頁。

31. 國立台灣大學農學院，1984。實驗林管理處簡介。

32. 張新裕，1996。阿里山森林鐵路縱橫談，自立晚報社文化出版組印行，共184頁。

33. 喻肇川建築師事務所，1999。阿里山森林鐵路及阿里山森林遊樂區適用獎勵民間參與交通建設條例之方案研究，林務局嘉義林區管理處印行。

34. 嘉義縣政府，1963。嘉義縣志卷首，嘉義縣政府印行，共246頁。

35. 嘉義縣政府，1967。嘉義縣志（卷一）土地誌，嘉義縣政府印行，共181頁。

36. 嘉義縣政府，1977年，嘉義縣誌。

37. 嘉義縣政府，1975～1999。嘉義文獻第6～第28期，共23期。

38. 嘉義縣政府，2000。嘉義文獻第29期，共172頁。

39. 嘉義縣政府網站-新聞室。

40. 嘉義林區管理處森林鐵路管理課，1991年。阿里山森林鐵路簡要發展史。

41. 陳玉峯，1992。人與自然的對決，晨星出版社，共237頁。

42. 陳玉峯，1994。土地的苦戀，晨星出版社，共271頁。

43. 陳玉峯，1995a。台灣自然史—台灣植被誌(第一卷)：總論及植被帶概論，玉山社出版社，共303頁。

44. 陳玉峯，1995b。台灣人文生態學新面向初探，黃美英編，凱達格蘭族文化資產保存：搶救核四廠遺址與番仔山古蹟研討會專刊，93-104

頁，台北縣立文化中心出版。

45. 陳玉峯，1996。生態台灣，晨星出版社，共267頁。

46. 陳玉峯，1997a。農村生態保育的若干省思與前瞻，台灣人文·生態研究1(1)：149-161。

47. 陳玉峯，1997b。人文與生態，前衛出版社，共196頁。

48. 陳玉峯，1997c。台灣生態悲歌，前衛出版社，共189頁。

49. 陳玉峯，1997d。台灣自然史—台灣植被誌(第二卷)：高山植被帶及高山植物(上)、(下)，晨星出版社，共621頁。

50. 陳玉峯，1999a。從台灣山林境遇談土地倫理，中華民國生態關懷者協會、國立台灣師範大學環境教育研究所「定根台灣，看顧大地-跨世紀土地倫理國際研討會」論文集3-18頁。

51. 陳玉峯，1999b。全國搶救棲蘭檜木林運動誌(上)，高雄市愛智圖書公司出版，共206頁。

52. 陳玉峯，1999c。台灣檜木林的生態研究及經營管理建議(高屏地區)，台灣人文·生態研究1(2)：65-156。

53. 陳玉峯、陳清祥，1987。塔塔加遊憩區預定地及其鄰近地區之歷史沿革，玉山國家公園管理處出版，共56頁。

54. 陳玉峯、李根政、許心欣，2000。搶救棲蘭檜木林運動誌(中冊)台灣檜木霧林傳奇與滄桑，高雄市愛智圖書公司出版，共169頁。

55. 陳玉峯、楊國禎、林笈克、梁美慧，1999。台灣檜木林之生態研究

及經營管理建議(中部及北部地區),台灣省林務局保育研究系列87-4號,共125頁。

56.陳釘相,1999。交通部中央氣象局阿里山氣象站業務簡報,共10頁。

57.陳潔,1973。台灣林業考察研究專輯,共208頁。

58.劉棠瑞、劉枝萬,1956。南投縣植物誌,南投縣文獻委員會發行。

59.賴彰能,1995。日治五十年嘉義有關大事記,嘉義市文獻11:111-194。

60.戴廣耀、袁行知、楊志偉、劉凌雲,1957。台灣大學實驗林之森林及土地利用,中國農村復興聯合委員會特刊第21號1-52頁。

61.川上瀧彌,1905。台灣新高山採集紀行,植物學雜誌229:30-36。

62.山邊行人,1936。八通關越,台灣の山林123:140-144。

63.台灣總督府阿里山作業所,1913。阿里山鐵道,台灣日日新報社,共83頁。

64.台灣總督府營林所嘉義出張所,1935。阿里山年表,共62頁。

65.台灣總督府殖產局,1921。林業要覽,台灣日日新報社,共142頁。

66.台灣總督府殖產局農務課,1937。嘉義奧地地方第一調查區 山區開發調查現狀調查書,共438頁(手抄搞)。

67.外岡平八郎,1993。高天原寫眞集(前卷),東京都足立區神明南2-11-14,日本,共160頁。

68.田村剛,1928。台灣の風景,雄山閣發行,共202頁,東京。

69.田村剛,1929。阿里山風景調查書,規劃報告書。

70.早坂一郎,1936。台灣の國立公園,台灣博物學會會報26:(151)182-189。

71.竹越與三郎,1905。台灣統治志,博文館印行,東京。

72.伊藤武夫,1929。台灣高山植物圖說,台灣植物圖說發行所。

73.名越二荒之助、草開省三,1996。台灣と日本・交流秘話,展轉社,日本。

74.佐佐木舜一,1922。新高山彙森林植物帶論,台灣總督府中央研究所林業部報告第1號。

75.佐佐木舜一,1924。新高山の植物帶竝其生態學的觀察,台灣博物學會會報69:1-54。

76.佐佐木舜一,1928。新高山探險の懷古,台灣山岳3:1-50。

77.佐佐木舜一,1936。台灣國立公園候補地域內に於ける植物,台灣の山林會報123:1-16。

78.近藤幸吉,1943。阿里山の事業懷古,台灣の山林209:1-17。

79.金平生,1927。阿里山と新高へ上りてじ,台灣山林會報28:22-25。

80.金平亮三,1927。台灣八景と國家公園,台灣山林會報27:2-5。

81.金平亮三,1936。台灣樹木誌(改訂版),台灣總督府中央研究所林業部發行。

82.青木繁,1927。新高登山のしをり,台灣山嶽會。

83.長友祿,1936。阿里山森林發現事情,台灣の山林117:123-132。

84.長友祿,1937。阿里山に於ける鐵道運材,台灣の山林133:6-14。

85.松本謙一(編),1985。阿里山森林

鐵路，株式會社エリエイ出版部，
日本，共232頁。

86.T.Y.生，1931。新高山下沙里仙溪
の伐木事業を見る，台灣山林會報
63：23-31。

87.U生，1934。營林官制發佈阿里山
事業創始二十五週年紀念に參列の
記，台灣の山林97：81-93。

88.Hayata B.，1908。Flora Montana
Formosae，Journal of the Col-
lege of Science，Imperial
University，Tokyo，Japan。

89.Kawakami, T，1906。Botanical
excursion to Mt.Morrison·To-
kyo Bot，Mag.pp：30-36。

90.Price, W.R.，1982。Plant Col-
lecting in Formosa，The Chi-
nese Forestry Association Gen-
eral Technical Report No.2，
pp.1-247。

91.Taiwan Forestry Bureau，1985。
Introduction of Alishan Forest
Recreation Area。

92.林務局阿里山森林遊樂區網站。

93.清清集郵網站。

94.人間福報電子報。

95.徵信新聞。

96.中國時報。

97.自由時報。

98.台灣日報。

99.中央日報。

100.聯合報。

【附錄一】

阿巴里與阿里山的大烏龍？

陳玉峯

阿里山紅遍全球，但阿里山地名的由來，卻烏龍了40餘年，而且，現今也沒人說得清。

千禧年前後，阿里山旅遊的摺頁，開宗明義介紹阿里山的由來：「相傳於250多年前，鄒（曹）族有一酋長名「阿巴里」勇敢善獵，由達邦翻山越嶺，至今之阿里山打獵，滿載而歸，（之）後常常帶族人入山打獵，每次均有豐富成果，其族人為敬仰其英雄，乃將其地名稱為『阿里山』」。

2001年7月出版的《阿里山森林遊樂區》，破題介紹「阿里山發展簡史」敘述：「相傳於200百多年前鄒（曹）族有一酋長…」上段文照抄一次，但「250年」變成「200百多年」，不知是被誰偷了50年，還是暴增了19,750年？然而，這只是印刷錯誤，不必挑剔，重點是如此解釋阿里山的地名，且被奉為官方與民間的「標準答案」，則台灣人的文化水平，不禁令人搖頭三嘆！

是誰創造了「阿巴里」？筆者在1981年登上阿里山區即已耳聞此說，但阿里山的地名以信史而言，必然是在1690年代即已出現，也就是說至少307年（距今）之前已有「阿里山」，怎麼會是200多年前的酋長之名？「阿巴里」的出處何在？（註，酋長一詞是否合用於台灣原住民族，是另一問題）

而且，原住民的獵區各自涇渭分明，怎麼會是「酋長帶族人入山打獵」？這種說法分明是不瞭解原文化的漢人所杜撰？更荒謬的

是，今之阿里山、昔日之獵場並非達邦的氏族所有，而是特富野。

是以筆者推測酋長之名說很可能出自「口傳創造」，於是，由地方史誌搜尋之，果然，在嘉義縣志中找到「始作俑者」？

1967年6月出版的嘉義縣志（卷一）土地志，由賴子清纂修，嘉義文獻委員會出版，其「地名沿革」一章中，對阿里山的敘述（69頁），全文如下：「康熙五十六年（公元一七一七年）即二百四十五年前所修諸羅縣志山川，已有阿里山之名稱。吳鳳鄉柳竹青云：阿里山本狩獵地區，相傳昔日山胞首領名曰阿里，遂將此獵區稱為阿里山。自嘉義市至阿里山築有登山鐵路。穿山築路，崎嶇峻險，別具風格」。

這本段文字提供的訊息如下。

1.1717年已出現阿里山的地名。

2.這段文字是1962年所撰寫（其謂245年前的諸羅縣志，故推算為1962年）。

3.依據吳鳳鄉人口述，阿里山地區是原住民的獵場，傳說以前原住民的頭目名叫「阿里」，因此就將這獵區叫做阿里山。

問題來了，此一口傳者，是何許人也？聽信何人傳說「阿里酋長」，或逕自瞎掰出來的？「阿里」又如何加了一個「巴」字，變成「阿巴里」？縣志是怎麼「修」的？

筆者查訪了三～五代長居阿里山的台灣人，無人知曉「酋長之名更換為阿里山地名」之說。

官大學問大，嘉義縣志撰稿人請教阿里山伐木主管，隨口一說卻成了後世烏龍？

「阿里」為何變成「阿巴里」，或是「阿巴里」變成「阿里」？目前為止，仍是無厘頭的無頭公案。奇怪的是，40餘年來全台無人懷

疑且訛傳歷久不衰？！因此，有必要再追。

「阿巴里」的由來，依據《嘉義縣志》卷首102-103頁敘述：「光緒十二年二月，嘉義知縣羅建祥，令墾戶葉陽春，馳往前山大南勢諸番，勸諭歸化，羅建祥又親往招撫。所有上下八社社長「阿巴里」等一千七百餘人，咸薙髮歸化……」，則「阿巴里」是一個人名或「社長」皆謂「阿巴里」？而光緒12年已是1886年，若說獵場位於阿里山的「阿巴里」是250年前的酋長，且同於光緒12年的「阿巴里」，則1886年被招降之際，年齡至少也得150歲？！

而上下八社是鄒族？按鄒族部落的政治組織之權威型態，部落領袖叫peo?si，屬世襲酋長（chief），由peo?si氏族的首長擔任之；祭司叫moesubutu；軍事領袖euozomu……（王嵩山，1990），搜尋一大串鄒族的名稱，也找不出「阿巴里」的同音或諧音。而現今鄒族有許多男生叫「A-buy」，但須冠上家族名，是否由「A-buy」轉成「阿巴里」也未可知。

於是，筆者請鄒族朋友溫英傑先生解釋。

結果，傳來另一版本。據說日本人發現阿里山大檜林之後，曾問原住民今之阿里山大檜林處，其地屬於何人？原住民告知，乃特富野高氏人士的獵場，也就是高一生先生的祖父輩，名為「A-buy」所屬。日本人的發音不怎麼標準，因而說成「阿巴里の-ya-ma」（阿巴里的山），於是，日本人提出二條件，讓高氏「A-buy」選擇，其一，日本人出錢買斷；其二，不付錢，但讓高氏擔任達邦警察派出所的工友，且讓高氏兒孫接受日本人的教育。高氏選擇後者，當工友且兒孫可受教育，因

而高一生接受完整的日本教育。

然而，溫氏認為，上述只是先前他作田調，詢問兩位耆老的說法，並未深究真偽。而且，探訪所知，高氏父祖輩的獵場應落在二萬坪一帶，往上的沼平區，殆屬武姓者所有的獵場，更且，整個阿里山地區不只屬於高氏、武氏所轄獵場，應尚有多人所有，因而地名不該僅止於一個。

至於林官的說法，溫英傑笑稱：「另一個吳鳳的神話，不瞭解鄒族文化的大漢沙文之說」。

整部台灣史本來就是外來沙文信口開河、扭曲自大的霸權解釋，完全忽略原住民或在地的文化傳統。只不幸，原住民文化亦已花果飄零，新生代又很快地學會漢人的「創造想像」。歷史只是一大串弔詭與神話？

至此，我們可以認為，阿巴里變成阿里山的神話，很可能是漢人將「A-buy」的傳說，加進《諸羅縣志》，所作的「時空大融合」！

如此，讓我們再溯清代史誌。

1695年或正式刊行於1696年的《台灣府志》，其「諸羅縣山」中敘述：「其峙於東北者，曰畬米基山（在木岡山之西北、縣治之東北。阿里山社東界至此山；自此山以東，皆係內山）、曰大龜佛山（在阿里山八社東南）、曰阿里山（在縣治東北。其山下有土蕃，共八社）……」。

而1717年的《諸羅縣志》以圖文標示的阿里山與玉山，其「阿里山」顯然傾向於淺山，筆者質疑根本不是現代所指的阿里山區，而且，最重要的反證是，1696年與1717年的所謂中國畫地圖，玉山與「阿里山」的距離根本不符合現今地理山勢，更且，其圖示的「阿里山」，比較傾向是一座寬闊型的近山，直

接毗連平地者。又，17世紀末、18世紀初華人所稱的「阿里山八社」原住民，究竟是否鄒族，依科學檢證原則，筆者仍然充滿疑慮。若硬要拗成「阿里山社」、「阿里山」皆與現今阿里山區同義的論調，筆者只能「尊重」不同學養人士的不同見解，但無法苟同。

無論如何，清初所稱的阿里山及阿里山社，筆者僅能認定其為嘉義地區一團淺山系，以及其內散布的原住民聚落，而不確定是現今之阿里山區。何況，現今阿里山區在19世紀末為完整的原始檜木林，根本不可能存有稍具規模的人種聚落。

那麼，阿里山的地名又緣何而來？

1937年12月落款撰畢，安倍明義的《台灣地名研究》一書，其解釋阿里山地名的由來不可考，但先引《諸羅縣志》之記載：阿里山距離縣治大約10里(華里)，山廣深峻，原住民剽悍，嘉義(諸羅山)的哆咯嘓番(平埔族?)都很害怕，一旦遇上了，立即逃避。安倍氏說：「阿里山係玉山西峰延伸支脈山彙之總稱，而佔據該山地的鄒族亦因而又名阿里山蕃。阿里山之地名起源無由考證，但有一說認為，鳳山平埔蕃稱呼該地山地生番為「Kali」，漢名則取諧音，稱之為「傀儡蕃」(註，閩南語仍保留Kali原音)，諸羅平埔蕃亦與其為同一語族，遂以此稱呼該地之山地蕃。Kali相傳之後，Kali便轉為訛音Ali。此外，依據台灣蕃語方言變化的研究，所得到的通則(之一)，K子音的逸失大抵為一般常態。然而，今日(1930年代)諸羅平埔蕃語既已成為死語，由是而無法考證，不過，其原有語彙與鳳山平埔蕃語多所類似，確為事實」。

雖然安倍明義對阿里山脈的述敘存有瑕疵，筆者懷疑其是否暸解阿里山區，但安倍氏先是坦承阿里山地名「不可考」，再以「一說」做推測，且言之合理，其不敢作肯定式斷語，誠乃學者之風，值得肯定。然而，另一問題尾隨而至，1899年才正式發現阿里山的大檜林，日本人認定的阿里山，是否由史誌「阿里山」內推而得？實不得而知矣！

因此，如果我們接受安倍明義的推測，或可宣稱「阿里山」地名的由來如下。

遠在17世紀末，阿里山的地名即已存在，其泛指嘉義東方的淺山及深山地區。清代華人承襲平埔族稱呼內山原住民的通稱「Kali」，用以籠統指稱鄒族等山地原住民聚落，及其所在山區。由於平埔族的「Kali」音，在歷代口傳過程中，遺失了子音K，或由清朝漢人轉化，將嘉義內山地區，約定成俗地通稱為「阿里山」。日本領台後，有可能將「阿里山」的範圍內推，且可能係大檜林發現人石田常平，或小池三九郎等，日治早期探險人無心的用語，遂將古史的阿里山，置放於大檜林的所在地，也就是今之所謂阿里山區。

筆者仍然只是推測，但至少不至於將阿巴里改名為阿里巴巴。

(附註1)巨大檜木林內是否為良好的獵場存有疑義，且原住民在日治前期及之前，嗜用火獵或焚獵法，也就是在高地草原或松林三面放火，留一面讓野生動物逃出，守在出口區打獵，更且，火燒後隔春，植被嫩芽大出，又能吸引食草族前來啃食，是為好獵場。而密集森林，尤其檜木林內除了飛鼠等，是否為好獵場，筆者向原住民朋友提出質疑。溫英傑先生再向耆老探詢後的回答：旱季期間，檜木林內之原始凹窪，例如未開發前姊妹池地域，存有天然水窪，乃至紅檜

林下小溪澗，其水源不絕，野生動物於特定旱季，為水而來，此外，檜木林內附生植物及蕨類或林下草、根系等，皆為食物來源，故而檜木林仍不失為獵場條件。

此說符合生態現象，可以採信。

(附註2) 鄒族人稱現今阿里山地區或阿里山為「so-si-on-ga-na」，意即「很多檜木的地方」，但「si-on-ga」也可指稱松樹。又「p-so-si-on-ga-na」則指「太陽照射的地方」，溫英傑先生認為「太陽照射的地方」若用來指稱阿里山，似乎不宜，因為其帶有基督教文化的色彩。

【附錄二】

阿里山及對高岳神社
——阿里山的宗教之一

陳玉峯

台灣總督府民政長官後藤新平,於1903年底定開發阿里山大森林之後,1904年2月10日日俄宣戰,官營投資受制於財政窘境,帝國議會及內閣未能通過預算案。1905年日俄戰爭終止,仍以財力困境,否決台灣總督府的再度提案,因而總督府於1906年2月,決定將阿里山的開發開放民營,委託大阪藤田組來台經營。

1906年5月,藤田組設立嘉義出張所,立即進行開築鐵路的測量、森林調查、立木測量,以及興建宿舍,6月24日成立阿里山林業事務所,8月23日在萬歲山下蓋了7棟屋舍,即事務所所在地,年底及1907年1月,每天投入阿里山的工作人員已達381人。

當年的效率委實嚇人,但讓筆者嘖嘖稱奇的是,1906年底阿里山可謂完全未開發,阿里山鐵路剛起造,且大部分路段仍在紙上作業及實地調查階段,11月3日,阿里山上檜木林內的阿里山神社卻已落成;無獨有偶,1907年3月30日,對高岳的山頂亦已完建另一神社。

可以說,軍國主義的神權魂魄,有如台灣鄉人隨身攜帶的媽祖香火,人跡剛到神社即已就座。戰前日本人的神社,雜揉了帝國神權、祖靈、軍國主義、君父思想、武士道、土地意識或大和文化的濃縮體,總成國之太廟,更且在領土的任何山頂,總是想辦法蓋個圖騰。先前全台最壯觀、規模最龐大的,首推北大武山的大武祠,也就是即令在二次大戰中,敗相全露、即將全面潰決的1944年,日本人仍然堅持在北大武山稜接近主峰頂下,完建一座南進基地的望海大廟,只可惜未能得享香火而日人遁離台島。

依據個人片面感受與瞭解,日本民族殆自神武天皇創制以降,莫不以自然崇拜,尤其太陽神為主的所謂「高天原宗教」或「八百萬教」為其立國神權的根源,歷代天皇皆以神社、稻米工技等,作為屯田拓殖的教化手段,用以擴展領域,其神社即為社稷凝聚與政教中心的象徵,祭拜的,可以是天照大神、山神、特定天皇或自然物的雜揉體,日本史上有名的蝦夷東征,皇太子武尊遭蝦夷族民火攻,落難遁逃,登上正在噴火爆發的富士山,在一處熔岩分流的小丘上,雙手合十下跪,向富士大神禱祭,後來火山停息後,森林植物再度長上熔岩區,後人遂將武尊當年祭拜的空間(已長出樹木),豎立石柵圈圍,形成「山宮淺間神社」,換句話說,這個神社根本沒有一般神社的「本殿」,拜的只是一個空間,神體就是林木間的空間。

昔日玉山頂的神社純為石造,拜的是一面鏡子,鏡面上書寫「御神體」三個字,亦即象徵型的神體,當然,也可以是太陽的映照。

阿里山的神社則設有一小型的本殿,阿里山人戲稱為雞棚那般大,1906年底初設時可能只拜山神、日照大神等,1919年4月25日則舉行「鎮座祭典」,左邊祀拜大山祇命、火貝津智等四神;右邊祀奉大國主命、北白川宮能久親王命等四神,從此規定春秋兩祭

的日期為4月25日及11月3日，但筆者尚未查出緣由。

祭祀時簡單肅穆，以唸經文為主，對主殿諸神祝禱。主殿前是為廣場，1916年在廣場左右兩側各種植4株板栗，1937年的農牧普查說是生長良好，樹高7～10公尺，樹幹直徑25公分上下，「樹枝生長錯綜交叉，顯得有些過密」，2003年6月，筆者檢視，僅存2株，胸徑各為39.8、53.8公分，已呈衰敗現象。又，日治時代廣場外、內各一鳥居座落。

此一神社至1947年春被拆除，主殿部位後來於1950年代，曾設置小型孔子廟，旁側搭建一間教室，即阿里山公學校收納東國民小學校之後，教室容量不足而增建者，後來亦荒廢、拆除。1959年在神社舊址附近，新建博愛亭，也就是紀念孫中山先生的八角亭，但1999年921大震損毀，林務局斥資129萬6千元，於2001年修復。

對高岳的神社，以面對玉山山脈的日出而著名，亦在1947年前後被拆除，但1950年代曾有印製假鈔集團在該地操作，破案後台灣赤楊林漸次長出，1982年筆者前往調查時，見有一中國式涼亭，今已更新。

除了阿里山神社、對高岳神社之外，大塔山頂另有一小型神社，可惜已完全不見痕跡，筆者也不知其始終。

代表大和魂的自然崇拜教，總計在阿里山盤佔約41年之久，此間，日人一方面禁止台灣人的廟宇興建，一方面引進日本佛教宗派，至於台灣民間信仰與基督宗教，遲至終戰後才引進檜木林帶。

【附錄三】
誰人「發現」阿里山大檜林
——石田常平、齊藤音作與小池三九郎？

陳玉峯

　　雖然一些日本人或今之報導，都將「發現」阿里山大檜林的歷史，歸賦予1896年11月，林圯埔的撫墾署長齊藤音作，甚至於有人誇張上溯至1896年9月的長野義虎，然而，真正直接接觸阿里山檜木林的第一位日本人係石田常平。

　　齊藤音作之於台灣山林的歷史記錄，最主要是被誤認為有史以來第一位首登玉山頂的文明人，事實上他誤登了土山東峰，但他這趟玉山探險之旅，帶了一位森林學者本多靜六。罹患瘧疾的本多博士雖然無力登上峰頂，卻在東埔到觀高之間，採集了植物研究史上，第一份的紅檜標本，回來之後，寫了一份台灣最早的森林帶報告，因而齊藤氏知道玉山西麓擁有檜木林是可接受的說法，但他的足跡是郡大山脈，並非阿里山區。

　　1897年3月，齊藤氏衙命調查玉山西側森林及開發的可行性，他進行的是同原住民部落洽詢，對森林似乎僅僅為推估；1897年12月，齊藤氏再度籌組探險隊，由竹山東進山區調查，其踏勘地域包括石鼓盤溪、陳有蘭溪、楠梓仙溪、曾文溪上游等，似乎獨漏了今之阿里山中心區，然而，同行的原住民，卻包括熟知阿里山的特富野社頭目Moru。

　　直到1899年農曆年(春節)期間，所謂阿里山大森林才由石田常平氏正式「發現」。

　　石田常平於1888年畢業於宮城師範學校，擔任國元小學校的教員，再升等為仙台市八幡町小學校的校長，筆者尚未查出他何時前來台灣，但知其於1896年2月24日，由台灣總督府學務部，轉入林圯埔(竹山)撫墾署任職，1897年4月，則調往嘉義辦務所第三課，職位為主記，而第三課管轄的事務包括山地原住民的撫育、開發、教育及其他一般事務。因此，推估石田氏應屬第一批來台的教育人員，可能1895年即已參與總督府的工作。

　　1899年1月，轄區內的達邦社正要興建第一所派出所的宿舍，也就是原住民事務官吏駐在所的房舍，石田常平奉派為工程監督，於是，由公田聘請兩名竹材建築師傅，一同前往達邦施工。

　　2月，農曆新年期間，台灣師傅及工人放假返鄉，日本人及原住民雖無過節，也只能跟著放假。石田從1月來到達邦之後，常聽原住民提起其地東北方約7公里附近的深山，存有雄偉廣袤的大森林，因而萌生不如趁此休假一探究竟的想法。於是，他要求特富野頭目Moru(音譯，其可能是齊藤氏運用政治力提拔者)當嚮導，夥同2名原住民，一行4人，攜帶3天份糧食，由十字路附近入山。

　　經由一天的跋涉之後，終於遇見一處鬱鬱蒼蒼的擎天巨木林，推測或在二萬坪附近或之上，當下立即展開初勘。歷來記錄並無敘述第2及第3天他們的行程或經過，只知道石田敘述，在巨林下簡直不見天日，大白天亦異常昏暗，巨檜的最下方枝條，往往離地20～30公尺，那股無邊無際的數大與寧靜，彷彿有種神祕的力量牽引，令人不由得感知

造物主的偉大。石田氏敏銳地感受到，這片森林的規模，遠遠超越他的想像。

由於糧食有限，第4天，他們返抵達邦，俟駐在所2月底竣工，石田氏一回嘉義，立即向辦務署的岡田信興署長報告勘查經過，岡田署長亦立即向台南縣知事磯貝氏報告概要。由於粗略記聞不足以上報，縣知事遂責成技手小池三九郎進行較專業的勘查。

1899年4月，小池三九郎由竹山出發，沿清水溪上溯，進入檜木林帶實地調查，回台南後向縣廳殖產課提出報告，再上呈總督府。然而，這趟勘調推測僅調查眠月以下的森林，並非石田所見，因而5月，小池三九郎再次上山，由石田導引，沿八掌溪，經十字路上抵大檜林，二次確定阿里山檜林的位置、地形、林況，輾轉回報總督府，此所以正式的官方報告上，小池三九郎變成阿里山大檜林的「發現人」，而小池的報告，掀開了開發阿里山浪潮的序幕，1900年以降，各類調查遂洶湧上山。

石田氏後來又參與了多次的勘調，包括1900年6月及8月，兩次由竹山、鳥松坑、松山、眠月、大塔山、阿里山，出十字路、達邦、公田、嘉義之旅；1901年5月15日，石田亦前往飯包服，參與砍伐神社用材之旅(無法運出)等。

石田常平雖無正式報告或撰文留史，但他遺留了諸多信件，記載了如大倉組擬以河川放流木材的試驗等。1906年6月，他亦參加藤田組的阿里山視察，此行，包括河合鈰太郎、長谷川謹介、小笠原富次(二)郎等人的專業評估。

所謂「發現」阿里山大檜林的人，當然是台灣原住民，但第一位向文明世界報導的「發現人」始歸石田常平，至於尊重行政倫理的公文書說是小池三九郎；最早隱約知道阿里山檜木林的日本人，則為本多靜六及齊藤音作，但真正識得檜木的最早採集人當然是本多靜六，畢竟他於1896年11月的採集品，經由東京帝大松村任三教授，於1901年命名、發表了紅檜的學名，至此，學術上才算真正了知台灣特產的檜木(紅檜)；而扁柏的學術命名，則遲至1906年的正式採集、1908年的學名發表。

【著者】

陳玉峯

　　台灣民間自然保育、文化改造的代表
性人物。畢業於台灣大學植物系，台大理
學碩士，東海大學理學博士。先後任教台
大、逢甲、東海、靜宜大學，曾任靜宜大
學副校長、靜宜大學通識教育中心主任、
台灣生態學會理事長，現為《山林書院》負
責人、台灣生態研究中心負責人。專業研
究台灣山林植物生態與分類，積二十餘年
山林調查經驗，從事生態保育運動與教
育、社運、政治運動、自然寫作、生態攝
影、社教演講等。2003年榮獲第二屆總統
文化獎－鳳蝶獎。1991年創設「台灣生態研
究中心」。2000年創設全國第一所生態學系
暨研究所，並捐獻‧募款3千萬元，興建生
態館。2003年10月成立台灣生態學會。著有
「台灣植被誌」專業書籍及其他論述、散文
等數十冊。2007年辭職，勘旅全球、搶救
熱帶雨林，並學習、探索台灣宗教哲學。
2012年開創《山林書院》。

陳月霞

　　出生於阿里山沼平。長年從事攝影、
寫作及兩性、親子、社區、環保、自然教
育、社教演講等工作。曾任阿里山高峰山
莊莊主、台灣生態學會常務理事、勵馨基
金會台中站顧問、台灣婦女團體全國聯合
會理事、台灣民族誌影像學會理事、行政
院新聞局中小學優良課外讀物評審委員。
現為台灣生態研究中心協同負責人、台中
市社區婦女成長協會理事長、台中市社區
婦女成長協會理事長。

　　1987年台北春之藝廊舉行「植物之美」
攝影個展。1997年《認真的女人最美麗》廣告
拍攝。著有攝影集『植物之美』『自然之美』、
植物圖文集『認識老樹』『童話植物』『大地有
情』、兩性暨親子教育散文集『這一家』『跟狐
狸說對不起』兩性散文暨論述集『聰明母雞
與漂亮公雞』『阿里山俱樂部』等書。2002年
與陳玉峰合著「火龍119」－1976年阿里山大火
與遷村初探。

■ 第一卷　總論及植被帶概論

一部以台灣土地為主體的生態史。

第一本從台灣島地體形成，談到現今生界演化的專書，是建構讀者對台灣自然生態整體認識的入門書。

16開精裝／1000元／前衛出版

■ 第二卷　高山植被帶與高山植物（上下冊）

一部代表廿世紀台灣高山植物的研究總結。書中交織歷史、文化與若干反省，是橫向思考的前導，也是當今自然科學教育本土化的範本。上冊以台灣高山植被帶的探討及高山植物社會的分類為主幹；下冊則以高山植物個論為肌理，圖文並茂，是深入台灣高山植物世界的典藏之作。

16開精裝／缺書／晨星出版

■ 第三卷　亞高山冷杉林帶與高地草原（上下冊）

曾經號稱黑暗世界的台灣內山高地，百年來不斷有博物學家默默搏命調查研究，逐次揭開台灣身世與變遷之謎。上冊是歷來研究調查報告、文獻的總整理。下冊是作者就亞高山冷杉林及高地草原苦行調查16年的成果濃縮，是台灣亞高山地域植群生態帶最完整的全記錄。空前的荒野踏查苦工資料，提供台灣人當須一知的本土自然教材。

16開精裝／2200元／前衛出版

■ 第四卷　檜木霧林帶

林木蒼鬱、雲霧繚繞的霧林景象是台灣子民得天獨厚的大自然賞賜，也是台灣子民應當善予珍惜保護的天命良心。本書循「台灣自然史」命題的系列研究撰述，推進到亞高山冷杉林帶及鐵杉林帶之下的檜木霧林帶，嚴謹回溯歷來有關檜木霧林帶的學術研究記錄，冷靜反芻前行代（尤其是日治時期）學者苦心研究所得的科學數據，析論全台原始檜木天然林的背景、蓄積、更新模式、植被帶……衍申台灣原始檜木林生界與台灣地體生態血肉交融的天演故事，並以苦行僧的「踏實」功夫，實地調查全台各地區的檜木林林分及植群概況，總結成研究檜木霧林帶的第一手資料。允為獨到者，作者提出檜木林的更新模式正與台灣地體變動相關，解決百年來的懸疑，戳破「伐木有理」的神話。此外，作者也對民間的恣意「伐林」及官方的「盜林、造林」經營管理提出一針見血的檢討。全書附有六百餘幅幻燈圖片，寫真解說台灣檜木霧林的傳奇與滄桑。

16K精裝／1600元／前衛出版

《台灣植被誌》

第五卷：台灣鐵杉林帶（上下冊）

全書
156表
89圖
325張幻燈照片

霍榮齡美術設計

- 台灣鐵杉林首度為文明人見證其存在，殆以本多靜六1896年11月13日前後為嚆矢，自1908年早田文藏命名為台灣鐵杉迄今。

- 台灣鐵杉林型之分布，就全台海拔而言，以2,700～2,900公尺為第一分布中心，佔35.81%；第二分布中心為2,400～2,600公尺。兩者佔約七成弱；台灣鐵杉林帶由南至北，呈現不對稱拋物線分布，中部海拔最高，南部或北部稍高約200公尺。

- 就全台而言，台灣鐵杉林主要分布於海拔2,400～2,900公尺，形成甚為顯著的台灣鐵杉林帶，且上會冷杉或少部分的玉山圓柏，下交檜木林帶，尤其在下部界可形成諸多過渡帶，許多樹種混生，加上本身演替或更新現象，因而形成種種社會單位。

- 本台灣鐵杉林帶相關研究，除了探討主要優勢族群的台灣鐵杉之外，將台灣雲杉、台灣二葉松及華山松等，皆列為代表性物種，一併敘述或討論。

- 所見實物，依據形相、物種組成劃分之，且加上氣候分析而賦予生態意義；研究、調查樣區之後，則綜合諸多環境因子來敘述。

- 植被帶的探討通常以氣候帶為依據，或互為印證，所引用參數或數值，如海拔（間接因子）、平均溫、降水溫、各月分佈、溫量指數等，與植群之相關論述之；然而，陳玉峰歷來的調查，採取植群實體為圭臬，以植物社會為對象，由下往上歸納之。

- 自1984年前後，陳玉峰確定台灣鐵杉林帶正往冷杉林帶上遷，且冷杉與台灣鐵杉之截然有別，係台灣最大的形相變異之一，也就是森林界線與冷杉、台灣鐵杉之交會帶，後者由三角形樹形斷然轉變為傘形樹冠，敏感地反應降雪壓力之形成天擇的限制因子，從而推論自上次冰河北退，台灣鐵杉林上逼冷杉林的現象。

16K精裝／2200元／前衛出版

國家圖書館出版品預行編目資料

阿里山：永遠的檜木霧林原鄉 / 陳玉峯, 陳月霞著.
-- 初版. -- 台北市：前衛, 2005[民94]
776面：26×19公分. -- (台灣自然資源開拓史系列)
參考書目：4面
ISBN 978-957-801-458-9(精裝)
1.林業-歷史-台灣　2.阿里山

436.09232　　　　　　　　　　　94000047

阿里山：永遠的檜木霧林原鄉

著　　者　陳玉峯　陳月霞
攝　　影　陳月霞　陳玉峯
照片翻拍　陳月霞
研究策劃　台灣生態研究中心
研究贊助　行政院農委會林務局
出版贊助　陳色絹　陳月靜　陳月琴　陳昆茂　陳惠芳　陳昆輝
研究助理　王曉萱　黎靜如　吳菁燕
美術編輯　方野創意周奇霖
出 版 者　前衛出版社
　　　　　10468 台北市中山區農安街153號4F之3
　　　　　Tel：02-2586-5708　Fax：02-2586-3758
　　　　　郵撥帳號：05625551
　　　　　e-mail：a4791@ms15.hinet.net
　　　　　http://www.avanguard.com.tw
出版總監　林文欽
法律顧問　南國春秋法律事務所林峰正律師
製版印刷　漢藝有限公司
總 經 銷　紅螞蟻圖書有限公司
　　　　　台北市內湖舊宗路二段121巷28‧32號4樓
　　　　　Tel：02-2795-3656　Fax：02-2795-4100
出版日期　2005年1月初版一刷
　　　　　2013年1月初版二刷
定　　價　新台幣1000元
© Avanguard Publishing House 2005
Printed in Taiwan　ISBN 978-957-801-458-9

*「前衛本土網」http://www.avanguard.com.tw
*加入前衛facebook粉絲團，搜尋關鍵字「前衛出版社」，按下"讚"即完成。
更多書籍、活動資訊請上網輸入"前衛出版"或"草根出版"。